생화학 약어 모음

A	adenine
aaRS	aminoacyl–tRNA synthetase
ACAT	acyl-CoA:cholesterol acyltransferase
ACP	acyl-carrier protein
ADA	adenosine deaminase
ADP	adenosine diphosphate
AIDS	acquired immunodeficiency syndrome
ALA	δ-aminolevulinic acid
AMP	adenosine monophosphate
ATCase	aspartate transcarbamoylase
ATP	adenosine triphosphate
BChl	bacteriochlorophyll
bp	base pair
BPG	D-2,3-bisphosphoglycerate
BPheo	bacteriopheophytin
BPTI	bovine pancreatic trypsin inhibitor
C	cytosine
CaM	calmodulin
CAM	crassulacean acid metabolism
cAMP	cyclic AMP
CAP	catabolite gene activator protein
CDK	cyclin-dependent protein kinase
cDNA	complementary DNA
CDP	cytidine diphosphate
CE	capillary electrophoresis
Chl	chlorophyll
CM	carboxymethyl
CMP	cytidine monophosphate
CoA or CoASH	coenzyme A
CoQ	coenzyme Q (ubiquinone)
COX	cyclooxygenase
CPS	carbamoyl phosphate synthetase
CTP	cytidine triphosphate
D	dalton
d	deoxy
DAG	1,2-diacylglycerol
DCCD	dicyclohexylcarbodiimide
dd	dideoxy
ddNTP	2′,3′-dideoxynucleoside triphosphate
DEAE	diethylaminoethyl
DHAP	dihydroxyacetone phosphate
DHF	dihydrofolate
DHFR	dihydrofolate reductase
DNA	deoxyribonucleic acid
DNP	2,4-dinitrophenol
dNTP	2′-deoxynucleoside triphosphate
E4P	erythrose-4-phosphate
EF	elongation factor
ELISA	enzyme-linked immunosorbent assay
EM	electron microscopy
emf	electromotive force
ER	endoplasmic reticulum
ESI	electrospray ionization
ETF	electron-transfer flavoprotein
F1P	fructose-1-phosphate
F2,6P	fructose-2,6-bisphosphate
F6P	fructose-6-phosphate
FAD	flavin adenine dinucleotide, oxidized form
FADH·	flavin adenine dinucleotide, radical form
$FADH_2$	flavin adenine dinucleotide, reduced form
FBP	fructose-1,6-bisphosphate
FBPase	fructose-1,6-bisphosphatase
Fd	ferredoxin
FH	familial hypercholesterolemia
fMet	*N*-formylmethionine
FMN	flavin mononucleotide
G	guanine
G1P	glucose-1-phosphate
G6P	glucose-6-phosphate
G6PD	glucose-6-phosphate dehydrogenase
GABA	γ-aminobutyric acid
Gal	galactose
GalNAc	*N*-acetylgalactosamine
GAP	glyceraldehyde-3-phosphate
GAPDH	glyceraldehyde-3-phosphate dehydrogenase
GDH	glutamate dehydrogenase
GDP	guanosine diphosphate
Glc	glucose
GlcNAc	*N*-acetylglucosamine
GMP	guanosine monophosphate
GPI	glycosylphosphatidylinositol
GSH	glutathione
GSSH	glutathione disulfide
GTF	general transcription factor
GTP	guanosine triphosphate
Hb	hemoglobin
HDL	high density lipoprotein
HIV	human immunodeficiency virus
HMG-CoA	β-hydroxy-β-methylglutaryl-CoA
hnRNA	heterogeneous nuclear RNA
HPLC	high performance liquid chromatography
Hsp	heat shock protein
HTH	helix–turn–helix
Hyl	5-hydroxylysine
Hyp	4-hydroxyproline
IDL	intermediate density lipoprotein
IF	initiation factor
IgG	immunoglobulin G
IMP	inosine monophosphate
IP_3	inositol-1,4,5-trisphosphate
IPTG	isopropylthiogalactoside
IR	infrared
IS	insertion sequence
ISP	iron–sulfur protein
kb	kilobase pair
kD	kilodalton
K_M	Michaelis constant
LDH	lactate dehydrogenase
LDL	low density lipoprotein
LHC	light-harvesting complex
MALDI	matrix-assisted desorption-ionization
Man	mannose
Mb	myoglobin

mRNA	messenger RNA
MS	mass spectrometry
MurNAc	*N*-acetylmuramic acid
NAD^+	nicotinamide adenine dinucleotide, oxidized form
NADH	nicotinamide adenine dinucleotide, reduced form
$NADP^+$	nicotinamide adenine dinucleotide phosphate, oxidized form
NADPH	nicotinamide adenine dinucleotide phosphate, reduced form
NAG	*N*-acetylglucosamine
NAM	*N*-acetylmuramic acid
NANA	*N*-acetylneuraminic (sialic) acid
NDP	nucleoside diphosphate
NER	nucleotide excision repair
NeuNAc	*N*-acetylneuraminic acid
NMN	nicotanamide mononucleotide
NMR	nuclear magnetic resonance
nt	nucleotide
NTP	nucleoside triphosphate
OEC	oxygen-evolving center
OMP	orotidine monophosphate
ORF	open reading frame
P or p	phosphate
PAGE	polyacrylamide gel electrophoresis
PBG	porphobilinogen
PC	plastocyanin
PCNA	proliferating cell nuclear antigen
PCR	polymerase chain reaction
PDB	protein data bank
PDBid	PDB identification code
PDI	protein disulfide isomerase
PE	phosphatidylethanolamine
PEP	phosphoenolpyruvate
PEPCK	PEP carboxykinase
PFGE	pulsed-field gel electrophoresis
PFK	phosphofructokinase
2PG	2-phosphoglycerate
3PG	3-phosphoglycerate
PGI	phosphoglucose isomerase
PGK	phosphoglycerate kinase
PGM	phosphoglycerate mutase
Pheo	pheophytin
P_i	orthophosphate
PIC	preinitiation complex
PIP_2	phosphatidylinositol-4,5-bisphosphate
PK	pyruvate kinase
PKA	protein kinase A
PKB	protein kinase B
PKU	phenylketonuria
PLP	pyridoxal-5′-phosphate
pmf	protonmotive force
PMP	pyridoxamine-5′-phosphate
PNP	purine nucleotide phosphorylase
Pol	DNA polymerase
PP_i	pyrophosphate
PRPP	5-phosphoribosyl-α-pyrophosphate
PS	photosystem
PTK	protein tyrosine kinase
PTP	protein tyrosine phosphatase
Q	ubiquinone (CoQ) or plastoquinone
QH_2	ubiquinol or plastoquinol
r	ribo
R5P	ribose-5-phosphate
RER	rough endoplasmic reticulum
RF	release factor
RFLP	restriction fragment length polymorphism
RIA	radioimmunoassay
RNA	ribonucleic acid
RNAi	RNA interference
rRNA	ribosomal RNA
RS	aminoacyl–tRNA synthetase
RT	reverse transcriptase
RTK	receptor tyrosine kinase
Ru5P	ribulose-5-phosphate
RuBP	ribulose-1,5-bisphosphate
S	Svedberg unit
S7P	sedoheptulose-7-phosphate
SAM	*S*-adenosylmethionine
SCID	severe combined immunodeficiency disease
SDS	sodium dodecyl sulfate
SNAP	soluble NSF attachment protein
SNARE	SNAP receptor
snRNA	small nuclear RNA
snRNP	small nuclear ribonucleoprotein
SOD	superoxide dismutase
SRP	signal recognition particle
SSB	single-strand binding protein
STAT	signal transducer and activator of transcription
T	thymine
TAF	TBP-associated factor
TBP	TATA box–binding protein
TCA	tricarboxylic acid
THF	tetrahydrofolate
TIM	triose phosphate isomerase
TNBS	trinitrobenzenesulfonic acid
TPP	thiamine pyrophosphate
tRNA	transfer RNA
TTP	thymidine triphosphate
U	uracil
UDP	uridine diphosphate
UDPG	uridine diphosphate glucose
UMP	uridine monophosphate
UTP	uridine triphosphate
UV	ultraviolet
VLDL	very low density lipoprotein
V_{max}	maximal velocity
XMP	xanthosine monophosphate
Xu5P	xylulose-5-phosphate
YAC	yeast artificial chromosome
YADH	yeast alcohol dehydrogenase

LIFE OF THE MOLECULAR WORLD

생명의 분자 세계

생화학

| 저자대표 **양철학** |

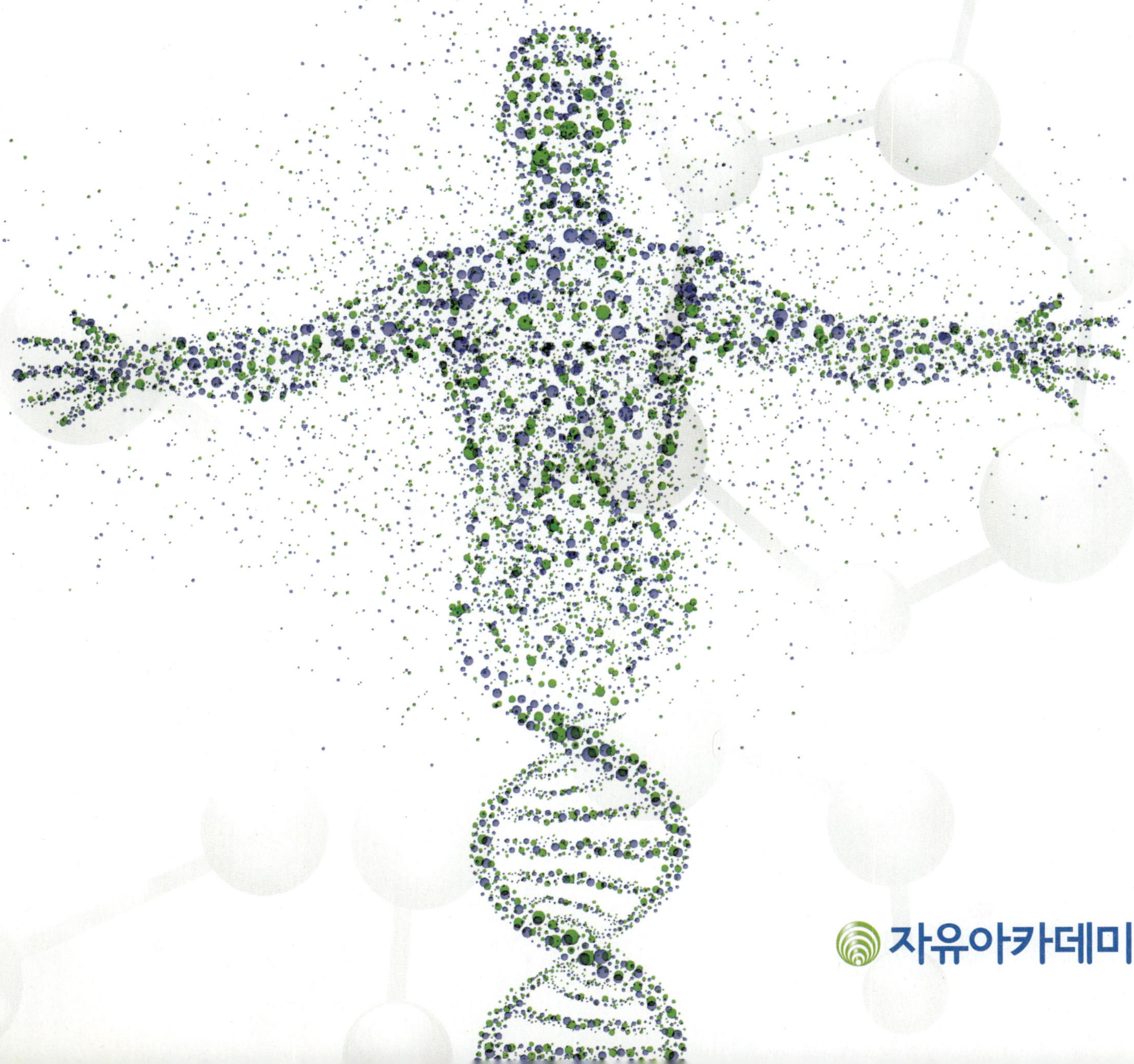

자유아카데미

서 문

교재를 쓰게 된 동기 및 목적

스스로 성장하면서 똑같은 다음 세대를 만들 수 있는 유기체들을, 분자수준에서 근본적으로 이해하려는 끊임없는 노력은 인류가 질병과 굶주림에 대항하여 현재와 같이 많은 인구를 지구상에 살아남아 있도록 하게 해 주었습니다. 그 동안 생화학은 하나의 독립적인 생체물질과 현상연구의 분야로 분류되어 왔습니다.

그러나 21세기에 들어와서 축적된 생화학적인 연구기법들은 거의 모든 생명과학분야들의 연구와 생체물질의 제조에 필수적이고, 근본적인 이해와 문제해결의 수단으로 사용하게 되었으며, 그래서 생명과학의 가장 기초가 되는 학문연구 및 그 지원분야가 되었습니다. 마치 수학을 통하여 물리적인 현상을 자세히 정의할 수 있듯이, 생명체 내외의 모든 현상은 화학기호를 사용해야만 정확한 표현이 가능하게 되었으며, 이러한 사실은 앞으로 시간이 갈수록 더욱 정착되게 될 것으로 보입니다.

그래서 이번에 저술하게 된 생화학 교재명을 "생명의 분자 세계-생화학"으로 정하게 되었으며, 실제로 모든 생명과학 분야의 학생들이 쉽게 생화학적인 연구기법을 이해할 수 있도록 교과서 집필과정에 최대한 노력을 기울이게 되었습니다. 저자는 평소 강의 준비를 할 때 기준으로 삼고 있는 "새롭고, 재미있고, 유익"하도록 이 책을 저술하는 데 심혈을 기울였습니다. 학문의 연구나 전문가로 성장하는 과정에서 "기초가 가장 중요"하다고 생각하는 저자의 신념에는 항상 변함이 없습니다.

위에서 언급하였듯이 훌륭한 교과서를 만들기 위하여, 국내에서 사용되는 기존의 외국교재들이나 번역된 교과서들을 참고의 대상에서 제외시킴으로써 더욱 독창적인 교재가 되도록 하는 배려와 노력을 집중하게 되었습니다. 이 교과서는 주로 총설들의 기초자료와 또 최근에 완성된 연구성과들을 정리하여 참신한 교재가 되도록 준비하게 되었습니다.

화학부 학생들에게 생화학을 가르치면서 "대학에서 교과서는 반드시 영어 원본의 교재를 사용해야한다"고 항상 주장해 왔습니다. 그러나 사실 많은 내용이 포함된 생화학 교재를 단기간에 이해하고 소화시키기에는 영어에 익숙하지 않은 대다수의 학생들에게 큰 무리가 되고 있다는 것을 알게 되었습니다. 그 동안 비교적 쉽고 꼭 필요한 내용을 요약하여 기술한 교재가 우리나라의 생명과학분야의 학생들에게 꼭 필요하다고 생각하고 있었는데, 마침 자유아카데미의 임철석 상무님이 우리나라에서 제대로 된 생화학 교재를 개발해 달라고 부탁을 하여, 작업이 어려운 줄은 미리 생각해 보지도 않고 흔쾌히 승낙하게 된 것입니다.

사용되는 어휘의 원칙

지금까지 생화학의 교재를 저술하는 과정에서 적절한 우리말의 어휘들이 부족하여 저술에 가장 어려운 해결해야 할 문제가 되고 있었습니다. 아마 이러한 이유 때문에 다른 학자들이 선뜻 교재의 저술을 시작하지 못하게 된 이유가 아닌가 생각합니다. 그러나 최근 대한화학회에서 화학술어를 개정하면서 외국어의 어휘는 가능한 한 원어의 발음에 충실하도록 교정하게 되어 초 · 중 · 고등학교의 교재에 사용하도록 결정한 것은 대단히 시기가 적절한 조치였습니다.

교재에 사용되는 모든 어휘들 중에 우리말로 정착된 것은 최대한 사용하기로 원칙을 정하고, 특히 아미노산 및 여러 생화학에 사용되는 용어는 대한화학회에서 정한 어휘들을 모두 규정대로 사용하였습니다. 그러나 우리말화되지 않은 어휘들은 국제적으로 통용되는 발음을 사용하려고 시도한 것이 이 교재의 가장 큰 특징 중의 하나입니다. 이것은 우리 한글이 가진 가장 훌륭한 장점 중의 하나가 되고 있기 때문입니다. 그러한 시도가 논란이 없지는 않겠지만, 이미 우리말화된 몇 개의 중요한 어휘, 예를 들어 "비타민"을 "바이타민(어원이 vitality, 생명력)"으로 표기하여 원어에 더욱 충실하도록 발음을 교정하여 사용하였습니다. 그러한 과정에서, 영어를 교과서에 그대로 사용하는 모든 단어들은 가능한 한 국제적으로 통용되는 발음으로 교정하여 사용하는 시도를 하게 되었습니다.

저자의 생각으로, 어떤 어휘가 아무리 정착되어 오래 사용되어 우리말화된 말이라고 할지라도, 발음을 할 수 없어서 원어에 충실하게 하지 못하는 외국어를 그대로 옮겨와 사용하는 것은 불합리한 일이라고 생각되어, 언젠가는 후세들을 위하여 교체하여 쓰게 해야겠다고 생각해 왔었습니다. 그래서 이 교과서에서는, 우리말화되지 못한 모든 효소들의 명칭은 "~아제" 대신 어미에 "~에이스"를 붙이기로 하였습니다(엘라스타아제 → 일레스테이스). 저자가 처음 유학했을 때 겪은 황당한 경험을 소개합니다. 빙초산을 "아세틱에시드"로 발음하였더니, 상대방이 전혀 알아듣지 못하였으며, 실제로 "어씨딕에시드"로 발음해야 합니다. 이제 50여년이 지나서, 누가 이러한 문제를 해결해서 요즘 초등학교에서 원어민에게 영어를 배우는 꿈나무 과학자들에게 뜻있는 선물을 해 주어야 된다고 생각하고 있습니다. 우리들의 잘못된 결정으로, 후세들에게 이상하게 만들어진 "게놈(genome, 지놈 또는 유전체)" 같은 발음을 그대로 사용하고 있는 현실을 변명하지 않도록 해야 하겠습니다.

최근에 어린아이에게 장난삼아 "굳도 보이"라고 하였더니 곧바로 그 아이도 칭찬받을 일을 하고선 "굳도 보이"라고 해서, 더욱 저자가 어휘를 교체해야 하는 시도, 즉 우리말화되지 못한 어휘를 원어 발음에 더욱 충실하게 하는 것을 이제 더 미룰 수 없는 과제라고 생각하게 되었습니다. 또한, 대학생들이 원어 논문을 읽을 때나 또는 외국인과 의사소통을 해야 할 경우, 외국인과 쉽게 접근하도록 대학에서 이러한 교재를 통하여 훈련시킬 필요가 절실히 필요하게 되었습니다. 이제는 대학 캠퍼스에서 외국학생들을 수시로 접하는 시대가 되었습니다. 저자는 언젠가는 불가피하게 한번은 외래어를 적을 때 원어 발음에 충실하도록 하는 작업이나 노력이 모든 젊은 교수들로부터 호응을 얻게 될 것이라 믿고 있기 때문입니다.

그래서 저자는 생화학의 어휘를 아예 우리말화할 수 있으면 새로운 말을 만들어서라도 우리말화하는 작업이 선행되어야 한다고 생각하였습니다. 그러한 시도의 예를 들면, 영어의 "zipper (일본어, 작구)"에 대한 우리말이 없어서 이번에 "루신지퍼"로 번역하려다가, 고심 끝에 "루신줄단추"로 새로운 말을 만들어 사용하였더니 학생들도 거부감이 없이 받아들여서 다행이었습니다. 생화학 교재에서 흔히 사용되는 "pool"은 "모임장소"로 또한 "electron sink"는 "전자받이", 또 "pattern"을 "무늬모양"으로 순우리말화하는 시도를 하게 되였습니다. 특히 효소명이나 생화학적인 어휘들에 대한 띄어쓰기는 하나의 명사로 가능한 것은 모두 묶어 쓰기로 하였습니다. 또한 이 교재에서 "글루코오스"나 "호르몬"은 모두 "글루코스"와 "홀몬"으로 고쳐 쓰고 있습니다.

교과서의 체제와 편성범위

이 교재의 편성은 생화학의 이해에 가장 기초가 되는 중요한 과제인 단백질, 효소 및 유전자 기능의 개념을 근거로 모든 현상을 설명하기 위하여, 전통적인 생화학 교과서의 체재를 과감히 탈피하게 되었습니다. 그래서 아미노산-단백질-효소의 순으로 시작하여, 핵산의 구조-유전자의 복제, 전사 및 번역의 순서로 교재의 앞부분을 편성하게 되었습니다. 그리고 신진대사와 기타 생리현상 등을 앞부분의 여러 개념을 사용하여 설명할 수 있도록 하였습니다.

교재의 내용을 구성하는 과정에는 몇 가지 중요한 주안점을 두고 기술하게 되었습니다. 저자의 기획된 의도는, 배운 지식이 기말시험을 끝으로 영원히 사장되지 않고, 반드시 차후 실험실에서나 또는 일상생활에서 실제로 직접 도움이 되어야 한다는 것입니다. 교재를 사용하는 상당수의 학생들이 의-약학 계열에 종사하려는 학생들이므로, 생화학적인 성분과 유전자들이 병의 원인이 되는 대사와 관련되는 질병에 관하여 많이 다루고 있습니다. 대사와 관련하여, 스포츠나 건강의 유지에 관련되는 에너지원의 내용을 자세히 다루고 있으며, 많은 토픽을 첨부하여 우리 실생활에서 생화학적인 원리를 이용한 건강의 관리에 중점적으로 활용하도록 기술하려고 하였습니다. 유학시절 저자가 겪은 경험으로, 수퍼마켓에서 한 달분의 식량으로 20Kg 짜리 봉지쌀을 카트에 담고 돌아 다녔더니, 어떤 할머니가 쌀자루와 별로 살이 찌지 않은 저자(당시 체중 65kg)를 번갈아 쳐다보면서 의아해 하는 것을 발견하게 되었습니다. 참으로 놀라운 것은 탄수화물이 지방산 및 아미노산의 초기원료가 된다는 사실을, 이 할머니는 이미 알고 있어서 그러한 행동이 당연한 것이었습니다.

교수님들께 교재 활용에 관하여

이 교재의 내용을 편성하는 과정에는, 국내의 모든 생명과학 관련분야인 생물학, 화학, 의학, 약학, 생명공학, 농학, 수의학, 치의학, 식품영양학, 병리실험, 간호학, 보건관리 및 환경관련학문을 공부하려는 초급학년의 학생들이 사용할 수 있도록 배려하였습니다. 특히 의학, 치의학 및 약학 전문대학원을 진학하려는 학생들에게 강의하면 큰 도움이 될 것으로 생각합니다. 이 책을 활용 하는 데에 참고할 사항으로 한 학기에 강의하기에는 약간 분량이 많으므로 생화학의 가장 요점이 되는 1장의 소개, 생체구성의 기본물질을 소개한 2장 3

장, 핵산 유전물질, 단백질의 합성의 4, 5장 그리고 에너지대사와 생합성의 6~10장들은 모두 강의하도록 권하고 있습니다. 그러나 분자생리학을 다룬 11장의 면역과 12장의 홀몬, 운동생체감각 등의 마지막 부분의 내용은 학문의 성격상 매우 압축되어 있어 초급학생들에게 이해시키기 어려우므로 해당 분야의 전공예정자들에게 선별하여 강의 해 주었으면 하는 바람입니다. 이 책은 깊은 유기화학이나 물리화학의 배경이 없이도, 일반화학의 고급과정을 이수한 학생들이 이해할 수 있도록 가능한 쉽게 기술하려고 노력하였습니다.

교재에 사용된 도형 및 구조

이 책을 저술하는 과정에서 해결되어야 할 또 다른 문제점으로, 많은 설명을 도형이나 삼차구조를 사용하여 저술해야 하는 것이었습니다. 저술 초기에는 이러한 문제점으로 고민을 하였으나 출판사의 파격적인 배려로 훌륭한 디자이너를 만날 수 있어서 우수한 도형을 첨부할 수 있게 되었습니다.

교재에 사용된 단백질의 삼차구조의 그림들은 대부분 생명과학연구원의 유성언 박사와 선임연구원 우의진 박사의 도움으로, 인도인 학생 아띠 군과 이동희 양이 protein data bank에서 얻은 자료로, 새롭게 그려 주어서 크게 도움이 되었습니다. 라이보솜의 삼차구조는 서세원 교수의 도움으로 확보하게 되었고, DNA칩의 그림은 건국대의 채치범 원장이 제공해 준 것입니다. 모두들 진심으로 고맙게 생각하고 있습니다.

교재를 사용한 학생들에게

학부과정에서 어떤 분야를 흥미 있게 충분히 이해하고, 또 얼마나 그 분야의 전체를 골고루 공부했는지의 여부가 차후 특정한 분야에서 일생을 종사하게 되거나 실제로 전문가로 성장하는 데 큰 도움을 주게 됩니다. 특히 생화학은 다루는 범위가 방대하고, 생물학과 화학이 합성된 독특한 기초학문분야이기 때문에, 언젠가는 이 분야의 주제가 학생들의 관심의 대상과 깊이 관련될 수 있게 된다고 보고 있습니다. 그래서 이 교재의 내용을 충실히 공부해 두시기 바랍니다. 이 교재는 실제로 개인과 가족생활에서도 항상 합리적으로 건강을 유지하기 위하여 필수적으로 알아야 할, 내 자신의 안팎에서 일어나는 모든 현상을 다루고 있기 때문입니다.

고마운 분들께

이 교재가 빛을 보게 된 배경에는 모든 도형과 편집을 맡아주신 월기획의 디자인팀들의 수고와, 자유아카데미 방철호 편집부장, 윤현숙, 이호정, 박승수 등 편집진들의 세심한 편집기술과 원고교정, 기획 및 여러 가지 지원을 아끼지 않으신 김지영 이사, 그리고 책이 만들어 지도록 총괄적인 협조를 아끼지 않으신 임철석 상무님의 헌신적인 수고와 배려가 있었으며, 이 분들의 노력이 없이는 교재의 출판이 불가능하였을 것입니다. 마지막으로 국내에서는 처음 시도된 많은 도형이 들어간 생화학 교재를 출판할 수 있도록 파격적인 재정지출을 결정해 주시고, 우리 대학교육을 위해 우리 저자가 저술한 책을 사용할 수 있도록 해 주신 주정희 사장님의 특별한 배려에 대하여 진심으로 깊은 감사를 드리는 바입니다.

이 교재의 일부 교정에는 서울대학교 관악 캠퍼스에서 화학생물학 강의를 선택하였던 의예과 및 타과의 고학년 학생들이 참여하였습니다. 교재의 교정을 위하여 참여해 준 여러 학생들에게 진심으로 고마움을 표시하고자 합니다. 특히 사범대학 화학과의 허우실 양과 생명과학부의 이수정 양의 정성어린 교정과 충고는 이 책을 완성하는 데 큰 도움이 되었음을 밝혀두는 바 입니다.

끝맺음

아마 이 책이 2년 반의 비교적 짧은 기간에 집필이 가능하게 된 것은, 저자들이 자료들을 직접 컴퓨터에 입력하여 정리할 수 있어서 훨씬 적은 노력으로 작업이 가능하게 된 것으로 보고 있습니다. 컴퓨터는 저술과정에 있어서 마술상자입니다. 그러나 최신 교재들에서처럼, 학생들이 웹에 접근하여 실제로 연습문제를 풀게 하고 여러 실험이나 모형을 시연해 볼 수 있도록 교재를 만들지 못하여 아쉽게 생각하고 있습니다.

국내에서 처음 시도되어 저술되고 제작된 생화학교과서의 정착을 위하여, 많은 부족한 점은 항상 충고해 주시고, 특히 잘못된 점이나 조언은 저자들에게 연락해 주셔서 더 좋은 교재가 되도록 협조해 주시기를 간절히 바랍니다.

서울대학교 관악 캠퍼스에서
저자대표 양 철 학

차 례

Chapter 1
생명의 화학: 지구상에 어떻게 생명체의 존재가 가능할까?

Chapter 2
아미노산과 단백질

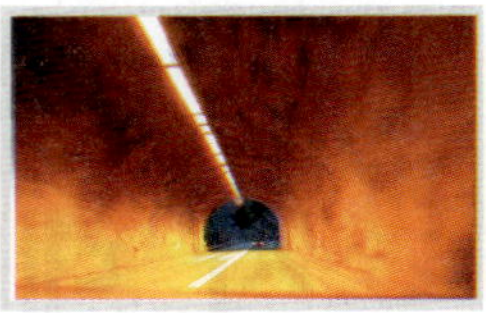

Chapter 3
생체반응의 촉매: 효소의 기능과 조절

Chapter 4
핵산과 DNA의 구조 및 복제

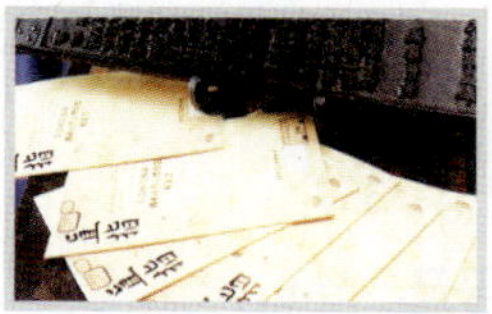

Chapter 5 유전정보의 전달 및 단백질의 합성

Chapter 6 탄수화물 및 글루코스의 분해

Chapter 7 탄수화물합성과 산화적 인산화

Chapter 8 지질구조, 대사 및 세포막의 기능

Chapter 9 광합성

Chapter 10
질소화합물의 대사

Chapter 11
면역단백질과 세포방어체계

Chapter 12
운동, 홀몬 및 생체감각체계

지구상에 유기체의 생존이 가능한 것은 전적으로 물이 있기 때문이다. 물이 가지는 독특한 화학 구조 때문에 지구상의 온도가 비교적 일정하게 유지될 수 있으며, 유기체가 필요한 모든 물질들도 수용액에서 생체반응을 통하여 만들어지고 있다.

Chapter 1

생명의 화학: 지구상에 어떻게 생명체의 존재가 가능할까?

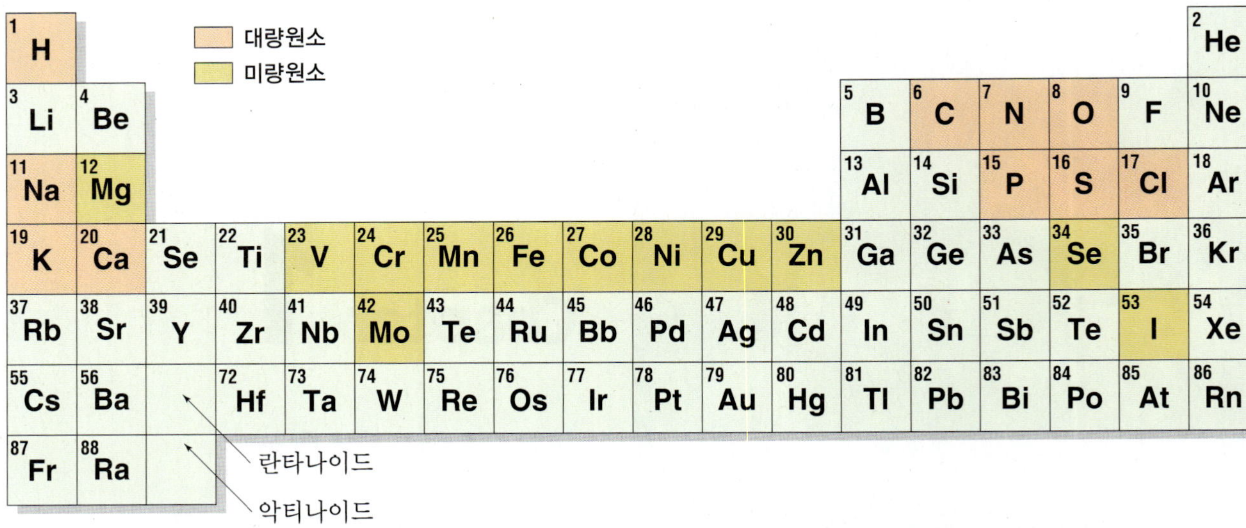

그림 1-1 주기율표에서 생체 구성원소들의 분포: 동물의 생활과 건강에 필수적인 대량의 원소들(주황색)은 세포나 조직의 구조성분으로서 매일 음식물을 통해 그램의 양으로 섭취해야 한다. 미량원소(노란색)들 중 Fe, Cu, Zn은 사람에게 수 밀리그램이 필요하다. 기타의 미량원소는 훨씬 적게 필요하다.

현재 지구상에 존재하는 모든 종류의 생물체들은 다행히 그 기본 구성물질에 있어서 상당한 규칙성을 갖추고 있다. 생체물질을 구성하는 기본원소는 극히 제한된 몇 개의 원소, 즉 탄소(C), 수소(H), 질소(N), 산소(O), 황(S) 및 인(P)이 대부분을 차지하고 있고, 극미량의 몇몇 금속원소인 철, 망가니즈, 마그네슘 등을 포함하고 있다(그림 1-1). 생명체 내부에서 주요기능을 하고 있는 물질의 대부분은 탄소를 주축으로 하는 화합물들이다. 탄소의 독특한 화학적 결합성질 때문에 생명체에 필요한 다양한 생체물질이 만들어지며, 그래서 모든 생명체를 유기체라고도 한다. 또한 탄소의 화합물이 지구상에서 가장 다양한 화합물을 만들기 때문에 탄소 동위원소 ^{12}C 질량의 1/12을 원자질량단위(atomic mass unit)로 정하고, 이를 생화학에서 흔히 사용하는 원자질량단위, **돌턴(Dalton, D)**으로 사용하고 있다.

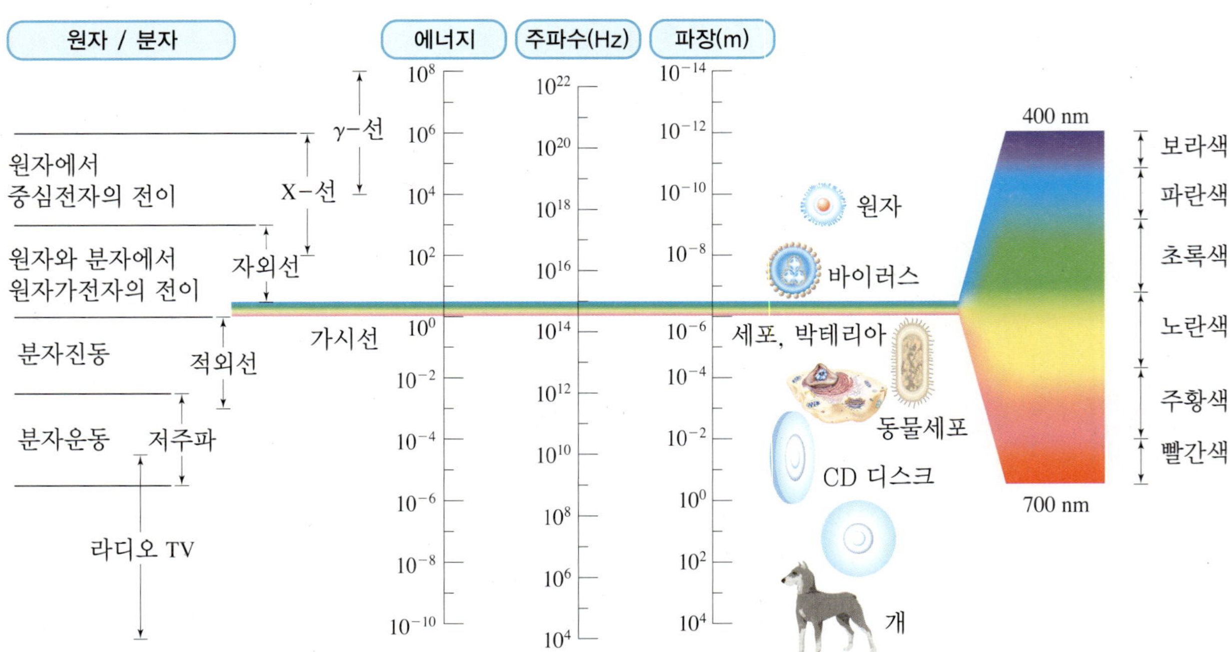

그림 1-2 전자기 스펙트럼. 사람의 눈에는 적은 부분만이 보이게 된다. X선, UV, IR 등의 빛은 화학물질의 구조확인 등에 사용된다.

생물체가 지구상에서 어떻게 생존이 가능한지를 여러 화학적 조건을 근거로 이해하게 되면, 생명체의 생존 및 발생 등에 관하여 생화학적으로 이해하는 데 큰 도움이 될 것이다. 모든 생물체가 공통적으로 사용하는 생체에너지인 ATP는 탄수화물이 분해될 때 발생된다. 생체의 모든 생리현상을 세포에서 일어나는 생체화학반응으로 본다면 단백질의 복잡한 삼차구조를 통한 촉매기능, 중합고분자인 DNA의 유전정보 전달기능 등의 생명현상을 화학의 분자로 설명할 수 있을 것이다. 이러한 자연질서의 정교함, 간결함, 규칙성 등에 대하여 새삼 감탄하게 될 것이다.

1.1 생명을 가능하게 한 태양에너지와 물

태양에서 지구상에 보내지는 다양한 파장의 빛들인 가시선, 원적외선 등은 생명체를 지구상에 존재하게 하는 가장 중요한 요인이 되고 있다. 또 물이 갖는 독특한 화학적 성질은 빛과 함께 지구상에 생명체가 존재하게 하는 가장 중요한 요인이 되고 있다. 따라서 물의 물리적 또는 화학적인 성질을 이해하는 것은 생물체의 생화학적인 기능과 생명의 존재를 이해하는 데 큰 도움이 된다.

1.1.1. 태양에너지의 활용

태양의 빛은 다양한 파장으로 구성되어 있다 (그림 1-2) . 생물체 중에서 특히 식물이나 미생물은 태양에서 오는 빛 중에서 특정 파장의 빛 (760, 650 nm) 의 에너지를 사용하여 광합성을 하고, 이를 통하여 공기 중의 탄소를 고정하여 활용하게 된다. 이 과정에서 대기 중 또는 지표에 있는 탄소는 대부분 물에 녹게 된다. 대양의 플랑크톤이나 식물은 태양에너지인 빛을 이용하는 광합성과정을 통하여 탄산가스 (CO_2) 를 탄수화물이나 아미노산과 같은 탄소를 포함하는 화합물로 전환시킨다. 이때 탄소는 식물을 먹고 사는 초식동물에게 옮겨지고, 초식동물은 사람 같은 육식동물이나 잡식동물에 의해서 소비된다. 사람은

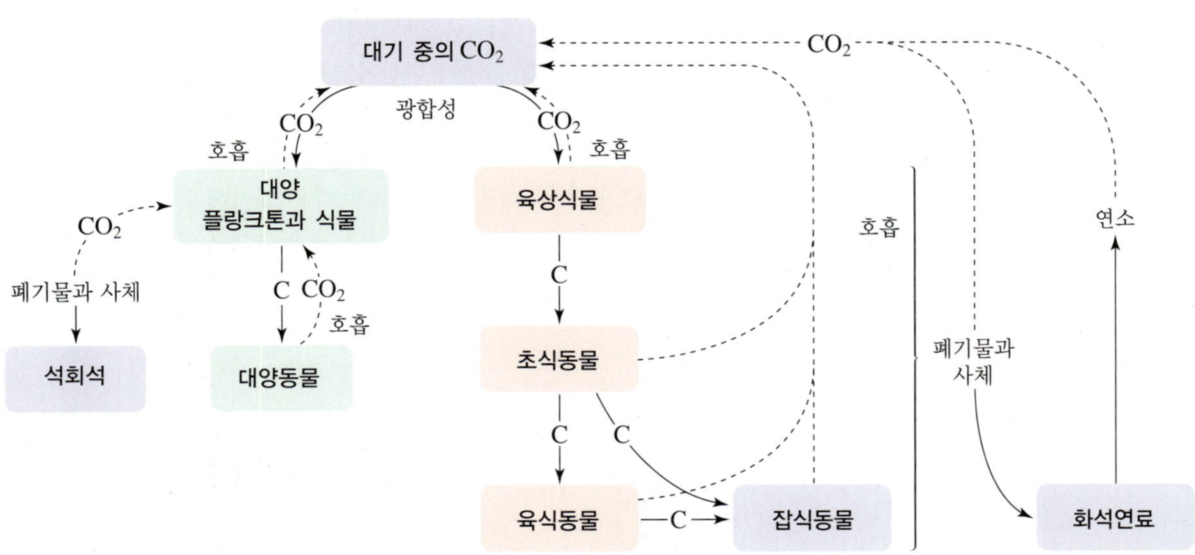

그림 1-3 탄소순환과정.

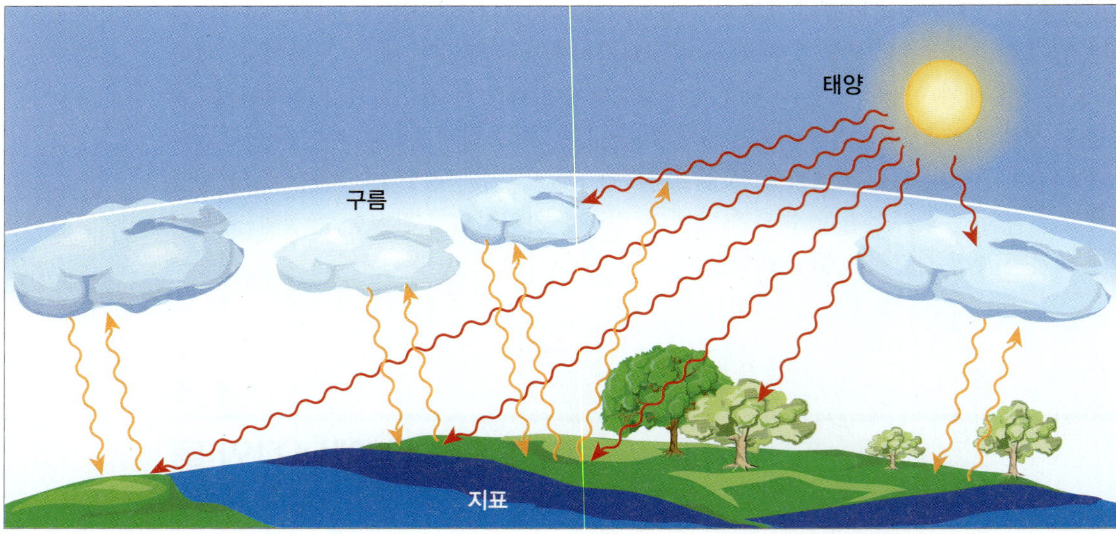

그림 1-4 수증기나 다른 기체에 의한 보온막의 영향으로 지표의 온도에 큰 차이가 나지 않도록 한다.

다른 육식동물을 섭취하여 탄소를 공급받기도 한다. 각 단계마다 탄소는 음식물의 사슬을 통해 옮겨지게 된다. 생명의 유지나 번식에 필요한 에너지는 식물, 동물 및 미생물에서 일어나는 호흡작용의 과정을 통하여 탄소화합물로부터 추출된다. 이때 호흡작용의 산물인 탄산가스는 다시 대기 중으로 배출된다. 따라서 생물의 생존에 필수적인 이러한 **탄소순환(carbon cycle)**의 운영에는 태양에너지가 필수적이다(그림 1-3).

태양으로부터 오는 대부분의 짧은 파장의 빛은 대기권 밖에서 흡수되어 지구표면에 도달하지 못한다. 지구에 도달하는 태양광은 우주공간에 방사된 태양광과 평형을 유지하게 되는데, 이러한 현상은 생물체가 생존이 가능한 온도를 유지하도록 도와준다. 대류권의 어떤 기체들은 지구의 따뜻한 표면에 의해서 방출된 적외선을 우주공간으로 나가지 못하도록 하고, 오히려 흡수하는 역할을 함으로써 지구의 온도를 따뜻하게 유지해 준다. 겨울이 되면 구름이 많이 낀 밤에 증기가 보온막 기능을 하여 지구에서 대기로 방출된 2×10^{-5} m 파장의 빛을 흡수하고, 지구 표면에 다시 방사함으로써 맑은 낮과 마찬가지로 온도가 급격히 내려가지 않도록 하여 생물체가 살아남도록 하고 있다(그림 1-4). 비교적 완만한 온도의 차이는 생물체가 세포 안에서 생체반응을 일으킬 수 있고, 특히 이 반응에 관여하는 촉매 효소가 기능을 할 수 있는 중요한 조건이 된다.

그러나 원적외선을 흡수하는 기체 중에서 탄산가스는 보온막의 기능을 하며, 산업혁명 이후에 화석연료의 사용량이 급격히 증가하여 2050년에는 대기 중 탄산가스의 농도가 현재의 배가 될 것이라 예측하고 있다. 이러한 변화는 환경운동가들이 경고하고 있는 "온실효과(greenhouse effect)"로 인하여 지구상의 온도가 다음 세기에 2~3°C 증가하게 되어 결과적으로 극지방의 빙하가 녹게 되고, 대양의 수위가 상승하게 되며, 온도의 상승으로 경작할 수 있는 땅이 사막으로 변화될 것이라고 해서 우리 모두의 걱정거리가 되고 있다.

1.2 물의 특성과 생체반응

지구상에 물이 없다면 생물체의 존재는 불가능하다. 생물이 존재하는 데 있어서 물의

표 1-1 신체에서의 물의 분포

구 분		전체 신체의 물 (%)
세포내 액체		55.0
세포외 액체		
혈장	7.5	45.0
장과 림프	22.5	
밀집된 연결조직		
연골과 뼈	15.0	

표 1-2 사람이 하루에 섭취하고 배설하는 물

흡수 (mL)		배설 (mL)	
액체	900	소변	1,050
식품	800	변	100
식품의 산화	300	증발 (피부 또는 폐)	850
	2,000		2,000

필요성은 생명의 기원이 물로부터 시작되었다는 것을 연상하게 해 준다. 생물학적인 과정의 화학반응은 물을 용매로 하여 진화하였다. 물은 유기생체분자는 아니지만, 살아있는 세포의 모든 곳에서 가장 많이 발견되는 성분이며, 무게로 따져서 세포의 60~95%를 차지하고 있다. 사람의 몸에서 물은 세포내외에 골고루 분포되어 있다(표 1-1). 물은 효소가 촉매하는 생화학반응에 용매로 반드시 필요할 뿐만 아니라 세포막을 통한 물질의 운송, 체온의 유지, 소화액의 생성, 노폐물의 배출에도 반드시 필요하다.

물의 양을 평형으로 유지하기 위한 물의 흡수와 배설이 신진대사와 생명의 유지에 가장 기본이 된다. 성인이 하루 동안 섭취하고 배설하는 물의 양은 2000 mL 정도이다(표 1-2). 물의 몇 가지 독특한 물리적인 성질이 생물학적으로 생명체의 생존에 여러 가지 장점을 제공해 준다. 물의 두 가지 물리적 성질은 생물체들이 생존에 필요한 일정한 내부 온도를 유지시키는 데 중요하다. 그 중의 한 성질은 물의 높은 증발열로, 물의 증발에 의한 열의 제거는 생물체가 열을 배출하는 효과적인 생리적메커니즘이 되고 있다. 또 다른 물의 중요한 물리적인 성질은 물이 높은 **비열(specific heat capacity)**을 가지고 있다는 것이다. 결과적으로 물은 열을 잘 흡수하고, 따라서 생물체가 온도를 일정하게 유지하는 데 큰 역할을 한다. 물이 4°C에서 최대의 밀도를 갖는 것도 많은 생물이 생존하는 데 중요한 조건 중의 하나이다. 물은 0°C에서 고체화되어 얼음으로 만들어지므로, 물 위에 부유하게 되는 밀도가 작은 상이 얻어지게 된다. 그래서 물은 바닥부터 얼기 시작하여 위로 올라오지 않고, 표면부터 얼기 시작하여 물에 뜨기 때문에 겨울 동안에 물에서 사는 생물체들이 생존할 수 있는 것이다. 반대로 기온이 올라가면 물의 온도가 가장 낮은 부분이 표면에 있으므로 태양이나 대기에 노출되어, 얼음은 쉽게 녹을 수 있다.

물은 생명체가 지구상에 존재할 수 있도록 합리적이면서도 독특한 화학구조를 가지고 있다. 다시 말해서, 물이 지구상에 엄청난 양이 존재하는 것과 생물이 생존가능한 것은 화학적으로 깊은 연관성이 있는 것이다. 물의 구조뿐만 아니라 생명체를 존재하도록 가능하게 하는 필수적인 수용성 체계와 수소이온에 의한 이온성 환경을 이해하는 것도 중요하다.

1.2.1. 물의 구조와 성질 및 용매로서의 기능

물은 물리적인 성질 중에서 비슷한 크기의 분자량을 갖는 다른 용매들과 비교하여 현저하게 다른 특징을 가지고 있다. 물은 산소의 수소화물로서, 같은 수소화물인 황화수소(H_2S)나 질소수소화물(NH_3)과 비교하여 높은 끓는점, 기화열, 표면장력을 가지고 있다(표 1-3). 이러한 성질은 액체인 물에서 강력한 분자 간의 힘이 작용하고 있음을 제시하고 있다. 이런 힘은 물분자의 전기적 쌍극자 성질로서 설명할 수 있다. 물분자에서 높은 전자친화성을 갖는 산소원자는 두 수소원자의 전자를 끌어당김으로써(그림 1-5) 결합을 극성화시킨다. 결과적으로, 부분적으로 양전하를 띠는 지역이 수소핵 주위에 만들어지게 된다. 이들 부분적인 양전하지역과 산소원자 근처의 음전하지역 때문에 물이 쌍극자분자가 된다(그림 1-5). 이 극성 물분자는 분자들 간에 전기적인 인력을 가지게 한다. 이렇게 얻어진 한 물분자의 산소원자와 다른 물분자의 수소원자 사이에서 일어나는 인력의 결과를 **수소결합(hydrogen bond)**이라고 한다. 산소의 전자들이 거의 정사면체의 배열을 이루기 때문에 각 물분자는 네 개의 다른 물분자와 수소결합을 할 수 있다(그림 1-6). 물의 액체 구조에 대한 연구결과로 한 분자당 평균 3.4개의 수소결합이 만들어짐을 알게 되었다. 물분자들끼리 서로 결합하는 능력 때문에 물은 구조적으로 좋은 용매로 작용하고, 액체로서 내부적으로 강력한 흡착력을 갖게 되었다.

물의 독특한 화학구조 때문에, 분자의 이온성 부분과 물분자의 쌍극자 사이에 얻어진 인력이 이온들 사이의 인력을 능가하게 되고, 이런 이유로 염과 같은 이온성 화합물의 우

표 1-3 산소, 황, 질소수소화물들의 물리적 성질 비교

수소화물	녹는점(°C)	끓는점(°C)	증기열(cal/g)
H_2O	0	100	540
H_2S	−85	−60	132
NH_3	−78	−33	327

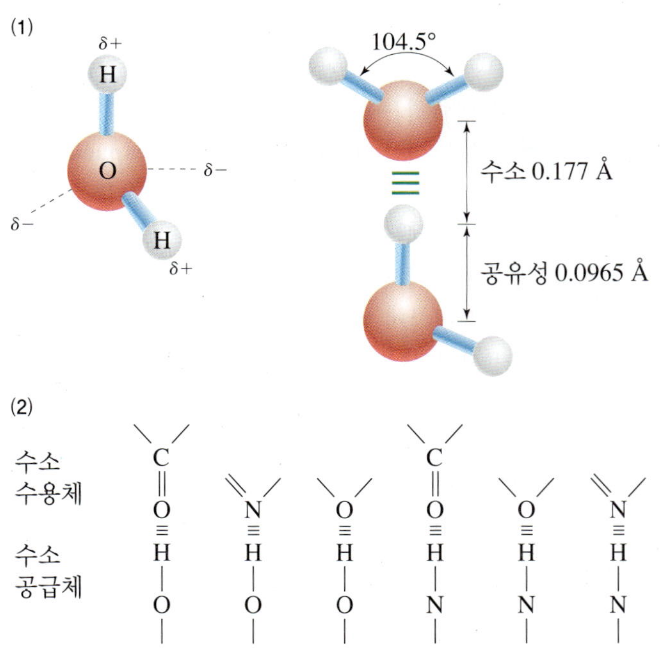

■ 그림 1-5 ■ 물분자의 구조. 물분자의 쌍극자 성질을 나타낸 (1) 공-막대 구조. 물분자는 수소결합으로 서로 연결되고 있다. 수소결합은 O−H 결합에 비교하여 길고 약한 결합이다. (2) 생체계에서 가능한 수소결합들.

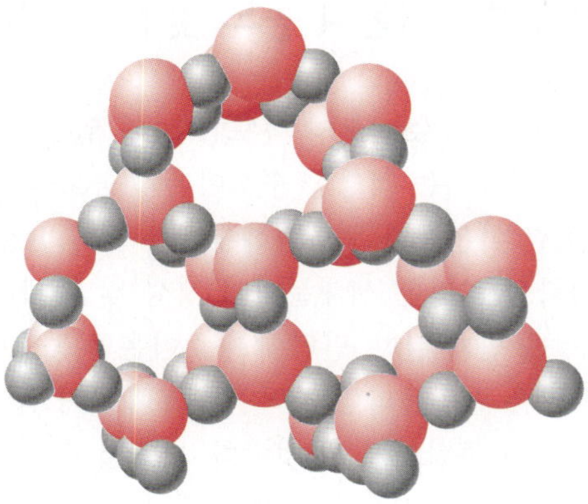

■■ 그림 1-6 ■■ 얼음에서 물의 구조. 물분자는 열린 육각형으로 배치되며, 각 산소원자는 (붉은색) 두 수소원자 (회색) 와 공유결합으로 결합되고 있다. 각 산소에 두 개의 수소원자가 수소결합을 형성하고 있다.

수한 용매로 작용하게 된다. 그래서 당이나 알콜 같은 비이온성 극성화합물도 물에 매우 잘 녹는다. 비이온성 화합물의 하이드록실기는 극성작용기들을 쉽게 물분자와 수소결합을 만들게 하고, 물분자들 사이에 화합물을 분산시키게 한다.

극성 **(polar**, 친수성) 기와 **비극성** **(nonpolar**, 소수성) 기를 갖는 **양쪽성** **(amphoteric)** 분자가 물에 분산되어 있을 때 재미있는 현상이 나타난다. 지방산의 염 (그림 1-7) 은 그 분자들의 극성 머리부분 (카복실기) 과 비극성 꼬리부분 (탄화수소 사슬) 을 갖기 때문에 양쪽성 분자의 좋은 예가 된다. 수용액의 환경에서 지방산의 염은 **미셀** **(micelle**, 그림 1-8) 을 형성한다. 미셀은 외부에 있는 극성 카복실이온과 내부에 있는 탄화수소 사슬분자들의 응집으로 내부에 소수성 환경을 만들게 된다. 이는 물에 녹지 않는 오염물질이 비누 (지방산의 염기성 염) 에 의해 포획됨으로써 세척 작용이 이루어지는 원리가 된다. 이러한 실질적인 이용성과 더불어 미셀의 형성은 양쪽성 물질이 세포막의 형성 및 구조에 관여되고 있기 때문에 독특한 구조가 갖는 세포막의 기능을 이해하는 데 매우 중요하다.

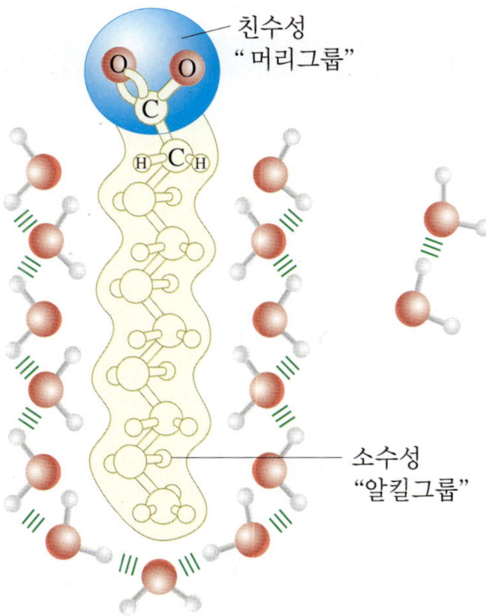

■■ 그림 1-7 ■■ 지방산에 둘러 싸인 매우 질서정연한 물분자들.

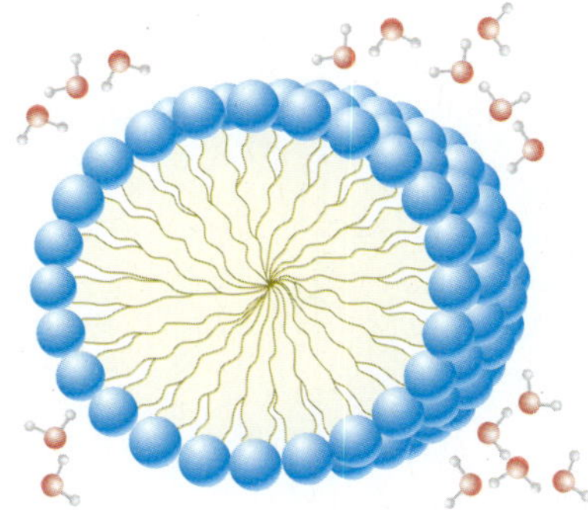

■■ 그림 1-8 ■■ 지방산의 염은 미셀을 만든다. 물분자와 극성 머리부분(카복실이온)은 바깥쪽으로, 비극성 꼬리부분은 안쪽으로 모이게 된다.

1.2.2 생물체계에서 수소이온의 농도 및 pH 척도

생물체계는 수용성 환경에서 수소이온의 농도(H^+)가 일정하게 유지되고 있다. 어떤 유기체의 생명을 유지하기 위해서는 적당한 수소이온의 농도를 유지하는 것이 근본적으로 중요하다. 왜냐하면, 이런 이온들의 농도변화에 생화학적 반응들이 매우 민감하기 때문이다. 신진대사의 동력학에서 많은 생체분자의 생성 및 존재는 지속적으로 유지되는 H^+의 양에 따라 크게 영향을 받게 된다. 만약에 수소이온의 농도변화를 조절하는 메커니즘이 없다면 신진대사의 많은 반응들의 효과적인 협조체계가 곧 상실될 것이다. 다시 말해서, 생체의 모든 대사과정이 중단되게 될 것이다. 그래서 수소이온(H^+) 환경을 전적으로 조정하는 메커니즘을 이해하는 것은 생명체가 필요로 하는 적절하게 조절된 수용성 체계를 이해하는 데 필수적이다.

물은 이온화하여 매우 적은 양의 수소이온(H^+)을 만들어서 공급하고 있다. 이 이온은 수용액에서 수소이온(H^+)으로 존재하지 않고 물분자와 결합되어 하이드로늄이온(H_3O^+)을 형성하고 있다.

$$H_2O + H_2O \rightleftharpoons H_3O^+ + OH^-$$

질량작용법칙의 개념에 의해서 물의 해리는 아래 식으로 표현한다.

$$K_w = \frac{[H_3O^+][OH^-]}{[H_2O]}$$

이 식은 평형에서 해리되어 얻어진 생성물농도들의 수학적인 곱을 해리되지 않은 물의 농도로 나눈 값으로, 물의 **이온곱상수(ion product constant, K_w)**의 값이 된다는 사실을 말해 주고 있다. 이 식으로부터 순수한 물에서 H_3O^+의 농도는 K_w를 알면 곧 계산될 수 있음을 알 수 있다. 물이 해리할 때 25 °C에서 이온곱 상수는 매우 적게 해리된 1.8×10^{-16} M로 정확히 측정되었다. 해리되지 않은 순수한 물의 농도는 1,000 g의 물(물 1 L의 무게)을 분자량(18 g)으로 나눈 값으로, 55.5 M이 된다. 물은 매우 적게 해리되어, 물의 농도 55.5 M의 값은 일반적으로 위의 식에서 해리되지 않은 물의 농도값으로 잘 알려

표 1-4 pH 척도

H^+, *M*	pH	
1.0	0	↑
0.1	1	
0.01	2	
0.001	3	산성
1×10^{-4}	4	
1×10^{-5}	5	
1×10^{-6}	6	↓
1×10^{-7}	7	중성
1×10^{-8}	8	↑
1×10^{-9}	9	
1×10^{-10}	10	염기성
1×10^{-11}	11	
1×10^{-12}	12	
1×10^{-13}	13	
1×10^{-14}	14	↓

표 1-5 온도의 변화에 따른 K_w값의 변화

t(°C)	K_w	물의 pH
0	0.114×10^{-14}	7.47
10	0.292×10^{-14}	7.27
20	0.681×10^{-14}	7.08
25	1.01×10^{-14}	7.00
30	1.47×10^{-14}	6.92
40	2.92×10^{-14}	6.77
50	5.47×10^{-14}	6.63
60	9.61×10^{-14}	6.51

지고 있다. 순수한 물에서 실제 농도가 현저하게 다르지 않기 때문에, 보통 수용액에서의 물의 농도로 볼 수 있다. 위 식에 K_w값과 $[H_2O]$를 대입시키면 다음과 같이 이온곱의 값이 얻어진다.

$$[H_3O^+]\,[OH^-] = (1.8 \times 10^{-16})\ (55.5) = 1.0 \times 10^{-14}\ M$$

물이 해리할 때 $[H_3O^+] = [OH^-]$이므로 $[H_3O^+]$는 다음과 같이 얻어진다.

$$[H_3O^+]^2 = 1.0 \times 10^{-14}\ M$$
$$[H_3O^+] = 1.0 \times 10^{-7}\ M$$

따라서 순수한 물의 $[H_3O^+]$값은 1.0×10^{-7} M이 된다. 비록 이 값이 간단하고 분명한 숫자로 얻어지고는 있지만, 모든 목적에 쓸모 있는 정확한 값으로 사용되기에는 불편하다.

수용액에서 하이드로늄이온농도는 항상 pH값으로 간편하게 나타낸다. pH의 정의는 하이드로늄이온농도의 $-\log$값으로 정한다. 따라서

$$pH = -\log_{10}[H_3O^+]$$

정확하게는 pH가 하이드로늄이온활성도로 표시되어야 하지만, 이온활성도와 농도가 서로 거의 차이가 없다. 표 1-4에서 보이듯이 pH값은 광범위하게 변화하는 $[H_3O^+]$의 농도를 간단한 값으로 편리하게 나타낼 수 있다. pH값은 0에서 14까지로, $[H_3O^+]$ 농도로 1 M에서부터 1×10^{-14} M까지를 나타낼 수 있다. 가장 흔히 접할 수 있는 $[H_3O^+]$은 1 M 이하이며, 따라서 대부분의 경우 pH가 양의 값을 갖도록 하기 위하여 로그 앞에 음의 부호를 붙여 정의되고 있다. 25 °C의 순수한 물은 $[H_3O^+] = 1.0 \times 10^{-7}$ M이므로 pH는 다음과 같다.

$$pH = -\log_{10}(1.0 \times 10^{-7}) = -(-7.00) = 7.00$$

그래서 pH값이 7이면 중성 pH를 나타내고, $[H_3O^+]$가 증가(pH값이 7보다 작은)하면 산성이 되고, 감소하면(pH값이 7보다 크면) 염기성 또는 알칼리성을 나타낸다.

만약 0.10 M HCl 용액은 $[H_3O^+] = 0.10$ M이므로 pH는 다음과 같이 계산된다.

$$pH = -\log_{10}(0.10) = -\log_{10}(1.0 \times 10^{-1})$$
$$= -(-1.00) = 1.00$$

다른 온도에서 물의 pH는 7.00이 되지 않는다(표 1-5). 또 pH가 7에서 6으로 변하는 것은 $[H_3O^+]$이 10배로 변하는 것을 의미한다. 수용액의 pH는 대부분 pH 미터를 사용하여 직접 측정한다(그림 1-9).

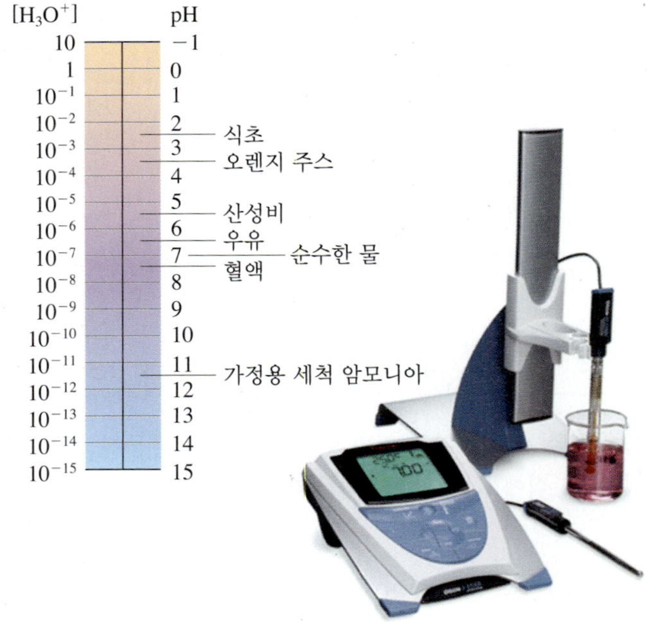

그림 1-9 디지털 pH 미터와 pH 크기의 비교.

1.2.3 브뢴스테드-로우리의 산-염기의 개념

수용액에서 수소이온의 첨가나 제거는 브뢴스테드-로우리(Brönsted-Lowry)의 산-염기의 개념으로 설명되고 있다. 브뢴스테드-로우리 산은 프로톤(H^+)을 제공할 수 있는 물질로 정의된다. 반대로 염기는 수소이온을 수용할 수 있는 물질을 말한다. 이러한 광범위한 산-염기의 정의는 보통 산이나 염기로 여기지 않았던 많은 물질들을 산-염기에 포함되도록 하였다. 일반적인 표현은 다음과 같다.

$$HA \rightleftharpoons H^+ + A^-$$
$$HB^+ \rightleftharpoons H^+ + B:$$

여기서 HA와 HB^+는 브뢴스테드-로우리의 산들이고, 수소이온의 제거로 만들어진 A^-와 B는 각각의 짝염기들이라고 부른다. 주의해 볼 것은 각 짝염기가 수소이온을 받아 해당하는 산으로 재생될 수 있다는 것이다. 표 1-6은 몇몇 브뢴스테드-로우리의 산과 짝염기를 나타내고 있다. 이와 같은 산의 분류는 간단하고 매우 유용하다. 많은 생체분자는 수

표 1-6 브뢴스테드-로우리 산과 짝염기

산	해리되지 않은 산(HA)	짝염기(A^-)
아세트산	H_3CCOOH	H_3CCOO^-
프로피온산	H_3CCH_2COOH	$H_3CCH_2COO^-$
피루브산	$H_3CCOCOOH$	$H_3CCOCOO^-$
인산	H_3PO_4	$H_2PO_4^-$
	$H_2PO_4^-$	HPO_4^{2-}
	HPO_4^{2-}	PO_4^{3-}
암모늄이온	NH_4^+	NH_3
물	HOH	OH^-

소이온을 내놓을 수도 있고 받아들일 수도 있다. 그렇게 해서 생체계의 [H^+]에 영향을 주게 된다.

산은 강산과 약산의 두 종류로 구분된다. 강산은 물질에 수소이온이 낮은 흡착력을 가지고 있어, 물에서 쉽게 완전히 이온화되는 물질을 말한다. 반면에 약산은 분자가 수소이온에 높은 흡착력을 가지고 있어, 물에서 쉽게 해리되지 못하는 화합물을 말한다. 아세트산 (CH_3COOH) 과 같은 유기산은 약산이다. 물에서 약산의 선택적인 해리는 수용액의 [H_3O^+]에 영향을 주는 기능 때문에 생화학에서 매우 중요한 특성이 되고 있다.

1.2.4 약산의 이온화 및 헨더슨-하셀바흐의 식

아세트산과 같은 유기산의 해리는 다음과 같다.

$$H_3CCOOH + H_2O \rightleftharpoons H_3O^+ + H_3CCOO^-$$

주어진 온도에서 아래의 식은 평형에서 이온화의 정도를 계산하는 데 사용된다.

$$K_a' = \frac{[H_3O^+][H_3CCOO^-]}{[H_3CCOOH]}$$

1 M의 아세트산 용액 ($K_a' = 1.8 \times 10^{-5}$ M, 25°C에서) 의 이온화된 양을 계산해 보자. 이때 $x = [H_3O^+]$와 $x = [H_3CCOO^-]$로 놓고, 비교적 큰 농도의 [H_3CCOOH]는 계산에서 제외시킨다. 얻어진 적은 양의 x는

$$x^2 = 1.8 \times 10^{-5}\ \text{M} \quad x = 4.2 \times 10^{-3}\ \text{M 또는 } 0.0042\ \text{M}$$

그래서 25 °C에서 1 M의 아세트산 용액에서 0.4 % 조금 넘는 양이 이온화된다. 이때 용액의 pH는 2.38 ($-\log 0.0042$) 이다.

생화학에서 평형식의 표현은 대부분 다른 형태인 헨더슨-하셀바흐 (Henderson-Hasselbalch) 식으로 쓴다. 헨더슨-하셀바흐 식은 다음 방법으로 얻어진다:

1. K_a'식을 H_3O^+로 풀기 위하여 다시 쓴다.

$$[H_3O^+] = \frac{K_a'[HA]}{[A^-]}$$

2. 이것을 로그함수로 바꾼다.

$$\log[H_3O^+] = \log K_a' + \log\frac{[HA]}{[A^-]}$$

3. 이 식을 음의 부호로 다시 정리한다.

$$-\log[H_3O^+] = -\log K_a' - \log\frac{[HA]}{[A^-]}$$

4. $-\log[H_3O^+]$는 pH로, $-\log K_a'$는 pK_a'로 바꾼다.

$$-\log\frac{[HA]}{[A^-]} \longrightarrow \log\frac{[A^-]}{[HA]}$$

5. 헨더슨-하셀바흐 식이 얻어진다.

$$pH = pK_a' + \log\frac{[A^-]}{[HA]}$$

이 식은 산과 염의 농도가 알려진 용액의 pH를 계산하는 데 매우 유용하며, 주어진 pH의 용액을 만들기 위하여 필요한 산과 그 염의 양을 결정하는 데 사용될 수 있다.

1.2.5 생리적인 완충체계와 완충용액의 제조

완충용액(buffer solution)은 산이나 염기가 약간 첨가되어도 pH가 거의 변하지 않는 용액을 말한다. 완충용액은 생화학적 또는 생리적인 과정에서 일정한 pH를 유지하고자 할 때 많이 쓰인다. 완충용액에서 pH가 어떻게 일정하게 유지되는가 알아보기 위하여, HA의 이온화에 대한 평형식을 다음과 같이 써 본다.

$$[H_3O^+] = K_a' \frac{[HA]}{[A^-]}$$

이 식에서 하이드로늄이온의 농도는 짝염기의 농도에 대한 약산의 농도의 비에 따라 좌우된다. 효과적인 완충작용을 만들려면 이 두 농도를 거의 같게 한 상태를 만들어야 매우 정확하게 pK_a값에 해당하는 pH가 유지되는 완충용액이 얻어진다. 효과적인 완충용액에 적은 양의 염기를 더하면 수퍼센트의 HA가 A^-로 변하게 되고, A^-의 농도는 처음의 농도에서 수퍼센트 증가하게 된다. 그 결과 [HA] /[A^-]의 비는 감소하지만 아주 적게 감소하게 된다.

많은 생화학반응이나 생체물질이 pH에 민감하므로 [H_3O^+]나 [OH^-]를 좁은 범위 이내로 조절할 필요가 있다. 사람의 여러 다른 체액에서 pH는 소화액 (pH 1~2) 과 장내부의 액 (pH 8~9) 에서 보듯이 상당히 다르다. 건강한 사람의 혈액 pH는 7.40이다. 혈액의 pH가 일정하게 유지되는 것은 매우 중요하다. 왜냐하면 겉으로는 ±0.2~0.4 pH 단위의 적은 변화에도 심각한 의학적인 문제를 일으키고, 만약 곧 교정하지 않으면 생명을 잃게 되는 상황이 올 수도 있기 때문이다. 혈액은 수소이온을 받아들일 수도 있고, 또 내놓을 수도 있는 혈장 단백질과 헤모글로빈에 의해서 완충작용을 하도록 되어 있다. 세포 외부의 주된 완충작용체계는 **중탄산계(bicarbonate system)**로, 조직에서 신진대사에 의하여 발생하는 이산화탄소(탄산가스)를 제거하는 데 필수적인 수단으로 사용되고 있다.

수용성 환경에 용해된 탄산가스는 탄산을 만들고, 해리되어 수소이온과 중탄산이온 (HCO_3^-) 을 만든다.

$$\underset{\text{탄산가스}}{CO_2} + H_2O \rightleftharpoons \underset{\text{탄산}}{H_2CO_3} \rightleftharpoons \underset{\text{중탄산이온}}{H^+ + HCO_3^-}$$

보통 혈액에서는 산성 조건이 생기지 않는다. 왜냐하면, 발생되는 수소이온과 혈장에서 수소이온을 제거하는 적혈구세포의 헤모글로빈 사이에 형성되는 중요한 평형 때문이다. 이들 평형은 녹아 있는 이산화탄소와 폐에 존재하는 기체 이산화탄소 사이에 서로 연결되어 있다.

$$CO_2\,(\text{용해된}) \rightleftharpoons CO_2\,(\text{기체})$$

위의 평형은 신체의 내부환경으로부터 신체의 외부환경과 혈액의 수소이온농도의 지속적인 조절로 이산화탄소를 제거하는 효과적인 메커니즘이 되고 있다. 성인은 24시간 동안에 폐로부터 20~40 리터에 해당하는 1 N의 탄산이 제거되는 것으로 알려지고 있다.

혈장의 pH가 7.40으로 유지되기 위해서는 중탄산계에서 [HCO_3^-]에 대한 [H_2CO_3]의 비율이 20으로 유지되어야 한다. 만약 [H_2CO_3]가 유리한 쪽으로 비율이 변하게 되면 **산**

독성(acidosis)에 걸리게 된다. 대사성 산독성은 $[HCO_3^-]$의 감소가 원인이고, **케토독성(ketosis)**을 갖는 조절되지 않는 당뇨환자에게서 일어난다. 또 산성염에 의해 중독된 신장질환이나 비산성 체액의 손실로 나타나는 구토증세도 산독성에서 나타난다. 호흡기 산독성은 호흡장애를 동반하는 병으로, 기종(emphysema), 천식, 폐렴 등에서 일어난다. 이것은 이산화탄소가 적당히 제거되지 못하고 $[HCO_3^-]$에 비교해서 $[H_2CO_3]$가 증가하기 때문에 나타난다. **알칼리독성(alkalosis)**은 중탄산/탄산 비율에서 $[HCO_3^-]$가 유리한 쪽으로 비율이 변할 때 일어난다. 대사성 알칼리독성은 HCO_3^- 부분과 H_2CO_3에서 변화가 거의 없거나 부수되는 변화가 없을 때 나타난다. 과도한 구토(염산의 형태로 수소이온의 상실)가 이런 조건을 만든다. 호흡성 알칼리독성은 혈액의 $[HCO_3^-]$ 감소로 인하여 혈액으로부터 여분의 CO_2를 제거하는 과도한 기체교환 때문에 나타난다.

신체의 세포내 액체는 인산의 두 번째 이온화를 주된 완충체계로 이용하기도 한다.

$$H_2PO_4^- \rightleftharpoons H^+ + HPO_4^{2-}$$

해리상수 pK_a'은 7.21로 많은 세포내의 환경에 필요한 pH와 근접하고 있다. 따라서 생리적인 조건하에서 $[H_2PO_4^-]$와 $[HPO_4^{2-}]$의 농도가 거의 같다. 따라서 이 완충용액의 **완충능력(buffering capacity)**이 매우 높은 것이 특징이다.

생화학실험에 필요한 완충용액의 설계에 관하여 살펴보자. 이제 어떻게 하면 최선의 약산–짝염기의 계를 선정하고, 필요한 산–염기의 비율을 계산할 것인지 알아보자. 완충계에서 산과 염기의 평형농도는 초기의 농도에 가까웠다. 이런 경우에는 산성 완충용액이든지 염기성 완충용액이든지 다음의 식이 성립하므로 pH 계산은 매우 간단해진다.

$$K_a = \frac{[H_3O^+][A^-]}{[HA]} \approx \frac{[H_3O^+][A^-]_0}{[HA]_0}$$

$$[H_3O^+] = \frac{[HA]_0}{[A^-]_0} K_a$$

$$pH = pK_a - \log_{10} \frac{[HA]_0}{[A^-]_0}$$

여기서 마지막 식은 상용로그를 취한 후 부호를 바꾸어 얻은 것이다. 이 식은 근사식이므로 $[H_3O^+]$와 $[OH^-]$ 모두가 (이온화된 정도가) $[HA]_0$와 $[A^-]_0$에 비하여 상대적으로 작을 때에만 유효하다.

pH와 pK_a를 연결하는 이 식을 이용하면 주어진 pH의 완충용액을 설계할 수 있다. 최적의 완충용액은 산과 그 짝염기의 농도를 가능한 한 1:1로 만든 용액으로, pK_a값이 원하는 pH가 된다. 만약 농도의 차이가 너무 크면 산이나 염기가 첨가되어야 하므로 원하는 pH에 가까운 pK_a값을 갖는 산을 선정해야 한다. 그 다음 정확하게 원하는 pH가 되도록 산과 짝염기의 농도를 조절한다. 완충용액에서의 pH를 결정하는 데 있어서 산과 그 짝염기의 절대농도는 그들의 농도비보다 덜 중요하다. 그렇지만 절대농도는 산이나 염기의 첨가 시 pH가 변하지 않도록 하는 용액의 완충용량에 전적으로 영향을 준다. 완충물질의 농도가 크면 클수록 일정량의 강산이나 강염기가 첨가될 때의 pH의 변화는 작아진다. 완충용액의 농도가 낮을 경우 pH 변화에 대한 저항력은 약하다. 어떤 완충용액이든지 원래 존재하는 약염기(또는 약산)를 화학반응으로 완전히 소모시킬만큼 충분한 양의 강산(또는 강염기)을 첨가하면 그 완충능력은 없어진다.

생화학실험에서, 특히 효소연구용으로 많이 사용하는 완충용액을 만드는 약산이나 약염기들은 표 1–7과 같다.

표 1-7 생화학실험(효소실험)에 쓰이는 대표적인 완충용액의 pH 범위

약산	약산의 염	pH 범위
시트르산(citrate)	시트르산 Na	3.0～6.2
아세트산(CH_3COOH)	아세트산 소듐염(CH_3COONa)	3.6～5.6
인산이수소소듐 (NaH_2PO_4)	인산수소소듐 (Na_2HPO_4)	5.7～8.0
염산(HCl)	트리스 하이드록시메틸 아미노에테인(Tris-hydroxymethyl aminoethane)	7.2～9.0
탄산(H_2CO_3)	중탄산소듐($NaHCO_3$)	9.2～10.7

1.3 열역학과 생체시스템

간단한 몇 가지 법칙으로 매우 다양한 현상들을 일괄적으로 설명할 수 있는 열역학은 현재 자연과학 중에서 가장 확실하고 강력한 개념적 도구 중의 하나이다. 열역학이란 원칙적으로 측정가능한 거시적인 성질을 다루는 운용과학 (operational science) 이라고 볼 수 있다. 열역학의 목표는 어떤 유형의 화학적 또는 물리적 과정이 가능한지, 그리고 그 과정이 가능할 조건인지를 예측하고, 또한 그 과정이 일어나서 도달하는 평형상태의 성질을 정량적으로 계산하는 것이다.

세포에서 일어나는 화학반응의 에너지변화는 두 가지 열역학법칙을 따른다. 제1법칙은 "에너지가 새로 창조될 수도 완전히 파괴될 수도 없고, 단지 한 형태에서 다른 형태로 전환될 뿐이다"로 정의된다. 제2법칙은 "주어진 조건의 온도와 압력에서 에너지변화가 따르는 모든 과정은 **계 (system)** 와 **주위 (surrounding)** 의 **엔트로피 (entropy)** 를 증가시키고, 평형에서 최대의 값을 갖는다"로 정의된다. 엔트로피 (S) 는 무질서와 혼란의 정도를 표현하는 척도를 나타내거나, 또는 유용한 일에 사용가능한 에너지의 양으로 나타낸다. 사람의 신진대사에 열역학법칙을 적용하기 위한 가장 주된 관심은 어떻게 반응물과 생성물의 농도와 에너지준위가 반응의 방향에 영향을 주는가일 것이다. 신진대사에서는 온도나 압력이 거의 일정하게 유지되기 때문에 이런 인자들에 관한 내용은 별로 중요하지 않다.

열역학적인 조건 (예: 열과 일) 을 고려할 때, 반응물이 생성물로 바뀌는 과정이 택하는 정확한 경로를 알 필요는 없다. 열역학을 이용하여 우리는 살아 있는 세포에서 직접 알 수 없는 반응들의 정보를 얻을 수 있다. 열역학은 반응물과 생성물의 에너지준위를 기초로 하여 반응이 자발적으로 일어날 것인지, 또 반응이 한 방향에서 다른 방향으로 일어나는 데 얼마의 에너지가 필요할지를 예측할 수 있다. 이러한 정보는 신진대사경로에서 반응의 진로를 결정하는 데 중요하다. 열역학은 평형상수가 온도의 변화와 어떻게 관련되고 있는지 설명할 수도 있으며, 효소촉매반응의 원리 또한 잘 설명해 준다. 화학반응의 전형적인 에너지변화는 그림 1-10에 나타나 있다.

$$A + B \rightleftharpoons C + D$$

반응물 분자 (A + B) 가 생성물 (C + D) 로 변환되는 데는 관여하는 분자의 **깁스자유에너지 (Gibbs free energy)** 인 위치에너지의 변화가 수반된다. 이는 참여하는 반응의 진행을

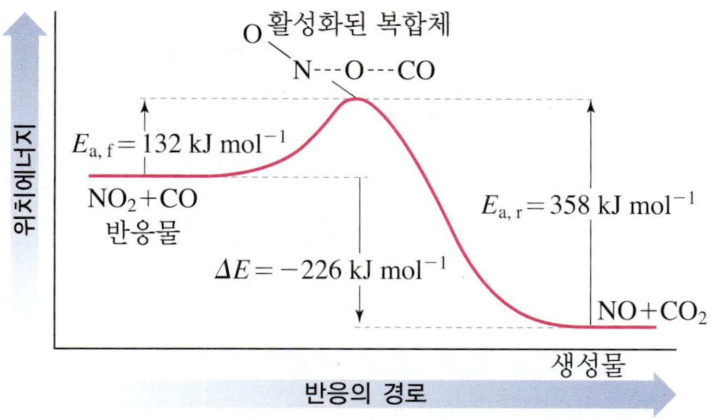

그림 1-10 화학반응의 에너지 그림. 반응물 NO_2+CO는 활성화에너지를 갖게 되면 NO+CO_2의 물질을 만들게 된다.

자유에너지 변화를 그려 나타내고 있다. 가로좌표의 "반응의 경로"란 반응물의 생성물로 바뀌는 과정의 결합길이와 결합각의 모든 변화를 포함하고 있다. 그림 1-10에서의 화학반응은 반응물의 자유에너지가 생성물이 형성되기 전에 전이상태를 거치게 된다. **전이상태 (transition state)** 란 활성화된 상태로, 반응물이 생성물로 바뀌는 데 해당하는 화학결합의 파괴나 재형성의 확률이 높은 에너지상태를 말한다. 이때 반응의 속도는 전이상태에 존재하는 활성화된 상태의 물질의 농도에 비례한다.

모든 반응물질이 전이상태의 물질로 되는 데 소요되는 에너지를 **활성화 자유에너지 (activation free energy)**, $\Delta G'$로 표시한다. 반응에서 (그림 1-10) ΔG의 값이 음의 값이면 반응물이 생성물로 되는 과정에서 에너지가 방출되며, 이러한 반응을 **발열반응 (exergonic reaction)** 이라고 한다. $\Delta G < 0$은 열역학적으로 진행 가능성이 높은 반응으로 예측되고, 반응은 자발적으로 일어나게 된다. 만약 ΔG의 값이 양의 값이면 (그림 1-11에서처럼) 반응은 열역학적으로 진행이 어렵고, 외부로부터의 에너지공급으로 일어날 수 있는 반응과 일어날 수 없는 반응을 서로 연계시킬 때만 반응이 일어날 수 있는 경우이다. 이러한 반응을 **흡열반응 (endergonic reaction)** 이라고 한다.

효소는 전이상태에 도달하는데 필요한 에너지 장벽인 $\Delta G'$을 낮춤으로써 화학반응의 속도를 가속화시킨다. 이는 보통 반응의 속도를 증가시키기 위하여 반응과정에 다른 경로를 제공함으로써 가능하다. $\Delta G'$은 효소에 의하여 감소되지만 ΔG값 (반응물과 생성물 사이의 자유에너지변화) 은 변화가 없다. 과산화수소의 분해반응 ($2H_2O_2 \rightleftharpoons 2H_2O + O_2$)

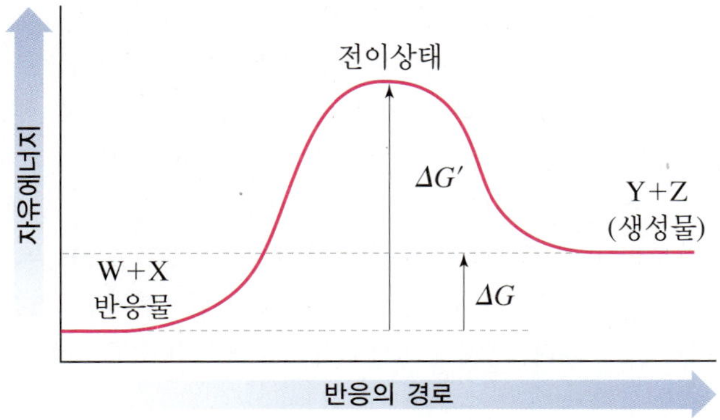

그림 1-11 열역학적으로 일어나기 힘든 반응의 에너지 그림.
W +X → Y + Z의 반응에서 $\Delta G'$은 활성화 자유에너지 그리고 ΔG는 양의 값을 갖는 반응물과 생성물 사이의 자유에너지 차이.

에서 효소의 놀랄만한 능력은 $\Delta G'$값으로 잘 설명되고 있다. 촉매가 없을 때 반응의 $\Delta G'$값은 18 kcal · mol^{-1}인데, 촉매가 있을 때 $\Delta G'$값은 7 kcal · mol^{-1}로, 큰 차이를 보이고 있다.

가역적인 화학반응에서 반응물과 생성물의 온도와 농도에 따른 ΔG의 값은 아래 식으로 표시된다.

$$\Delta G = \Delta G° + RT\ln \frac{[\text{생성물}]}{[\text{반응물}]}$$

$\Delta G°$: 표준자유에너지변화(소비되는 몰당 열량의 변화, 1기압, 25°C)

R : 기체상수 1.987×10^{-3} kcal · mol^{-1} · $°C^{-1}$

T : 절대온도 Kelvin으로 $T = C° + 273$

평형에서 $\Delta G = 0$이 되고

$$\Delta G° = -RT \ln K_{eq} \qquad K_{eq} = \frac{[\text{생성물}]}{[\text{반응물}]}$$

여기서 표준자유에너지변화는 절대온도와 평형상수 K_{eq}에 비례함을 알 수 있다.

평형상수는 그 계의 온도에 좌우된다. 이 방정식은 평형농도값으로부터 $\Delta G°$를 결정하는 방법을 마련해 주고 있다. 다른 보통 사용되는 형태의 식은 다음과 같다.

$$\Delta G° = -RT\,(\ln 10)\ (\log K_{eq}) = -2.303RT \log K_{eq}$$

$\Delta G°$의 표준상태는 온도가 25 °C, 모든 기체는 1기압이고, 모든 액체나 고체는 순수한 상태, 그리고 모든 물질은 단위 활성도를 갖는다. 활성도는 농도와 같으나 용질의 분자가 서로 다른 것들과 또 다른 용매와 상호작용하는 것을 고려해 주고 있다. 활성도는 측정하기가 어렵다. 그래서 활성도 대신 몰랄농도가 사용된다. 묽은용액에서 농도와 활성도는 거의 같고, 많은 생체반응은 낮은 농도에서 일어나므로 이런 가정이 의미를 갖는다. $\Delta G°$의 물리적인 설명을 다음 식으로 얻을 수 있다.

$$K_{eq} = \frac{[\text{생성물}]}{[\text{반응물}]} = 1\text{이면 } \Delta G = \Delta G°$$

$\Delta G°$는 1몰의 표준상태의 반응물이 1몰의 표준상태의 생성물로 바뀌는 데 필요한 일의 양으로 얻어진다. 반응의 표준상태의 자유에너지변화는 표준상태의 조건에서 반응이 일어날 수 있는지 예측하는 데 유용하다. 만약 $\Delta G° < 0$이면 표준상태의 조건에서 반응이 자발적으로 일어난다. $\Delta G° > 0$이면 반응은 그 자신에 의해서 자발적으로 일어나지 못한다. 그러나 ΔG는 표준상태가 아닌 세포 안의 조건에서 같은 반응이 일어날 것인지 또는 일어나지 않을 것인지를 결정해 줄 수 있다. 세포 안에서 대부분의 용질은 상당히 낮은 농도(<0.1 M)로 존재하고, 물은 높은 농도(55.5 M 순수한 물)로 존재한다. 이때 물의 농도는 일정한 것으로 가정한다. 만약 물이 반응에 관여하면 K_{eq}에 따라 관련된다. 만약 K_{eq}가 pH 7.0에서 결정되면 K_{eq}'로 나타낸다. 또한 만약 세포내에서 H^+나 OH^-가 반응에 관여하면 그들의 농도는 $\Delta G°$에 영향을 주게 된다. 대부분의 생체반응은 $[H^+] = 10^{-7}$ M인 pH 7 정도의 완충체계에서 일어나기 때문에 $\Delta G°'$을 pH = 7.0에서 측정된 $\Delta G°$의 값으로 정의해도 무관하다. $\Delta G°'$값은 서로 비교해도 되지만, 조건에 따라 변하는 $\Delta G°$의 값과는 비교될 수 없다. 생체계에서 $\Delta G°' = -2.303RT \log K'_{eq}$ 식이 통용되고 있다.

1.4 생체반응과 세포의 역할

생화학 연구자가 관심을 갖는 대부분의 생명현상은 실제로 대단히 작은 세포 안에서 일어난다. 대장균(*Escherichia coli*) 같은 박테리아를 예로 들면, 모든 생명과정이 무게 2×10^{-12} g과 크기 2×10^{-4} cm의 세포 안에서 이루어진다. 근래에 와서 생명현상의 질서정연하고 지속적인 표현을 가능하도록 하는 세포환경의 구성이 많은 생화학자들에 의해서 연구되었다. 과거에 생화학은 실제 생물과학에서 더 이상 유효하지 않는 너무 세포외적인(*in vitro*) 것에 많은 관심을 두는 경향이 있었다. 생체물질의 화학적인 구조나 기능을 이해하는 것도 중요하지만, 세포(cell)라 부르는 세포막으로 제한된 수용성 환경의 조직적인 구조나 기능을 알아보는 것도 역시 중요하다. 지난 20년 동안과 비교해서 현재 세포의 구성이나 기능을 알아보려는 시도가 더욱 보편화되고 있다. 세포 안의 어느 부분에서 생화학적 과정이 일어나고, 이런 체계가 어떻게 조화된 방법으로 기능하게 되는가는 생화학연구에서 무시될 수 없는 생명의 역동적인 측면이라고 생각된다.

세포생물학에서 생화학적 연구인 세포의 형태학적인 또는 기능적인 조직의 연구는 마치 1940년대 생화학과 유전학 사이에 일어났던 것과 마찬가지로 두 가지 학문 사이의 특별한 협력관계로 이루어지고 있다. 그동안 세포의 분자구성, 구조 및 세포성분의 기능을 결정하는 생화학적인 연구가 주로 진행되어 왔고, 이러한 연구를 **생화학적 세포학(biochemical cytology)**이라고 한다.

세포는 기본적으로 **원핵세포(prokaryotic cell)**와 **진핵세포(eucaryotic cell)**의 두 가지 형태로 분류된다. 전통적으로 두 가지 세포 사이의 구별은, 진핵세포는 핵이 막으로 싸여 있고, 반면에 원핵세포는 그렇지 않다는 것이다. 이러한 특성은 원핵생물은 가지고 있지 않지만 진핵세포는 가지고 있는 세포구조의 복잡성 때문이다.

원핵세포는 보통 그 크기가 작고 세포 수준에서 볼 때 비교적 간단하다. 그들은 생물학적인 진화과정에서 나타나는 첫 번째 형태의 대표적인 세포로 생각할 수 있다. 원핵생물체로는 진성박테리아(eubacteria), 남색조류(blue-green algae), 리케치아(rickettsiae), 스피로헤타(spirochetes) 및 마이코플라스마(mycoplasma) 같은 유기체가 포함된다. 반면에 진핵세포는 일반적으로 훨씬 크고 더욱 복잡하며, 더 진화된 상태의 세포이다. 진핵생물은 단세포 **원생생물(protozoa)**, **균류(fungi)**, 대부분의 **조류(algae)** 그리고 다세포식물 및 동물이 포함된다.

진핵세포에서는 다른 생물학적인 기능들이 세포내부의 막으로 둘러싸인 구조의 구분된 지역에 집중되어 있다. 분명한 구성의 모양과 기능을 갖는 세포하위 구조(subcellular structure)를 **세포소기관(organelles)**이라고 부른다. 세포소기관으로서의 **핵(nucleus)**은 염색체 DNA와 단백질의 발현, 복제에 필요한 효소들의 집합체를 포함하고 있다. 그리고 **핵막(nuclear envelope)**은 세포질이라 부르는 세포의 나머지 부분과 핵질을 분리하여 구분하고 있다. 세포질 내부에 있는 세포의 구성소기관으로는 호흡기능을 하고 있는 마이토콘드리아나 어떤 세포에서 광합성이 일어나는 엽록체들이 있다. 반면에 원핵세포에는 단지 한 개의 세포막으로 둘러싸여 있으며 세포소기관은 없다. 원핵생물에서 분명하게 구성된 많은 구조체가 없다고 해서 원핵세포의 내부환경이 생화학적인 활동에 균일한 혼합물이라는 의미는 아니다. 예를 들어, 원핵세포의 DNA는 오히려 독립적인 핵지역 내부에 들어 있다. 많은 효소체계가 질서정연한 배치로 존재하고, 일부는 세포막에 부착되어 있다.

이 두 가지 형태의 세포에서 분자수준에서 한 가지 차이가 있는 것은 유전물질이 분명하다. 원핵생물에 있는 단일 염색체 (한 복사물 이상의 존재가능) 는 구성이 단순한 이중나선의 DNA이다. 반대로 진핵생물의 경우는 DNA와 히스톤이라는 단백질로, 매우 복잡한 구조를 갖는 한 개 이상의 염색체를 포함하고 있다.

1.4.1 원핵세포

그림 1-12는 사람의 소장에서 발견되는 호기성 간상형 박테리아인 대장균 (*E. coli*) 의 전자현미경 사진이다. 지난 20세기 동안에 이 원핵생물체인 대장균과 그에 관련된 바이러스에 관한 유전정보와 분자수준의 모든 사실들이 연구를 통하여 밝혀졌다. 편리성 때문에, 그동안 다른 어떤 유기체보다 대장균의 유전정보와 생화학적인 연구가 가장 많이 수행되었고, 이를 바탕으로 고등생물체의 연구에 큰 진전이 있었다.

대장균은 단단하고 미세구멍이 있는 세포막에 의해서 형태를 유지하고, 스스로를 보호하고 있다. 외부의 표면막은 당지질 (lipopolysaccharide)로 구성되어 있다. 내부는 다당류와 작은 펩타이드가 연결된 상태로 구성되어 있다. 어떤 박테리아에서는 운동에 사용되는 **편모 (flagella)** 와 **섬모 (pili)** 를 가지고 있고, 둘 다 단백질로 만들어져 있다. 세포벽에 밀접하게 연결된 것은 같은 분량의 지질과 단백질로 구성된 세포막이다. 지질은 연속적인 비극성 두겹층의 상으로 세포의 비수용성 경계면이 된다. 세포에 필요한 영양분, 이온, 물 등은 이온이나 분자를 선택적으로 투과시키는 세포막을 통과해야 한다. 배설되는 분자나 이온들도 역시 세포막을 통하여 이루어진다. 그래서 세포막은 다양한 기능을 수행하는 역동적인 구조를 가지고 있다. 세포내부에서 유전물질 (밀집된 코일모양의 이중구조 DNA) 은 핵지역에 위치하고 있다. DNA가 가지고 있는 유전정보는 박테리아의 생물학적인 모든 과정에 필요한 단백질을 만드는 정보를 가지고 있다. 세포분열을 위하여 DNA는 두 개의 딸 (daughter) 이중나선 분자를 복제시킨다.

대장균에는 단백질합성이 일어나는 막이 없는 15,000개정도 **라이보솜 (ribosome)** 을 가지고 있다. 한 개의 라이보솜은 대략 20 nm의 지름에 큰 단위체 (50S) 와 적은 단위체 (30S) 로 해리된다 (그림 1-14) . 이들은 대략 65%의 RNA와 35%의 단백질로 구성되어 있다. 대장균처럼 많은 박테리아들은 보존형 작은 **알갱이 (granule)** 를 포함하고 있다. 이 작은 알갱이들은 유기체의 저장용 연료인 당이나 베타-하이드록시뷰틸산과 같은 생체분자의 중합체로 구성되어 있다.

세포내부의 녹을 수 있는 부분으로, 많은 양의 단백질 때문에 상당히 점도가 높은 부분을 **원형질 (cytosol)** 이라고 한다. 원형질의 단백질은 주로 대사반응에 필요한 효소들로 구

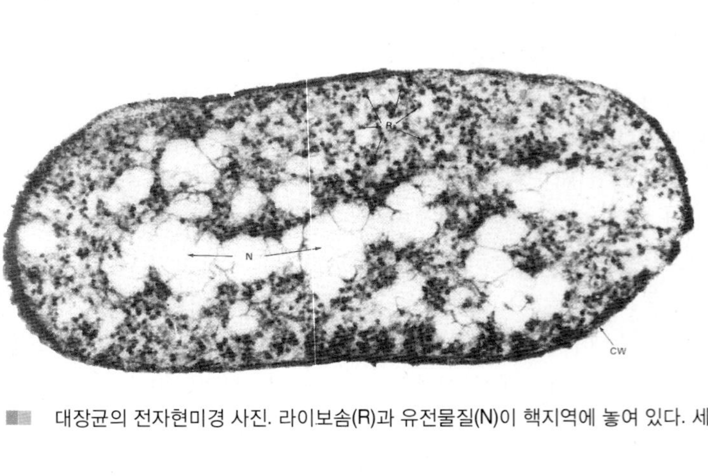

그림 1-12 대장균의 전자현미경 사진. 라이보솜(R)과 유전물질(N)이 핵지역에 놓여 있다. 세포벽(CW)이 보인다.

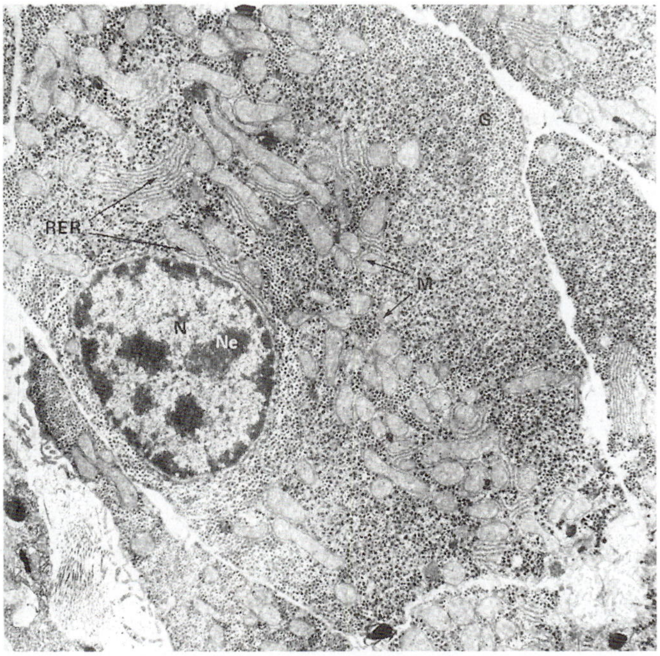

■ **그림 1-13** ■ 전형적인 동물세포인 간세포의 전자현미경 사진. 마이토콘드리아(M), 조면소포체(RER), 핵질(nucleolus, Ne)과 골지체(G)가 보인다.

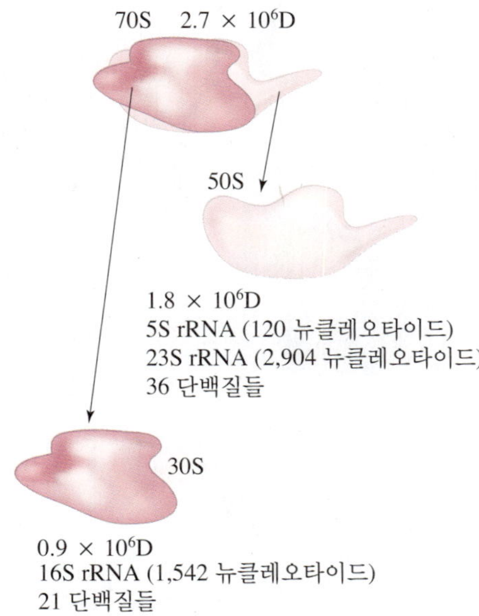

■ **그림 1-14** ■ 라이보솜의 구조.

성된다. 여러 종류의 무기염이나 많은 신진대사에 필요한 생체분자가 원형질에 존재한다.

1.4.2 동물세포

그림 1-13은 **간세포 (hepatocyte)** 의 단면을 전자현미경으로 찍은 사진이다. 간에서 일어나는 여러 대사기능 때문에 간세포는 지난 수년 동안 거의 완벽하게 연구되어 온 동물세포가 되었다. 특히 동물에서 유래된 진핵세포의 구성은 간세포에서 가장 잘 설명되고 있다. 간세포 등과 같은 각 세포소기관의 분리는 고속원심분리를 통하여 분명하게 분리될 수 있다 (그림 1-15) . 그림 1-16은 진핵세포의 구조를 동물세포와 식물세포에서 비교하여 보여 주고 있다. 순수하게 분리된 세포소기관을 확인하는 방법은 각 소기관에만 유일하게 존재하는 효소의 활성을 확인함으로써 가능하다 (표 1-8).

1. 세포막

세포표피 (cell coat) 라 불리는 세포막의 외부는 **점액성다당류 (mucopolysaccharides**, muco는 세포분비의 보호라는 뜻), 당지질 (탄수화물과 지질의 분자), 당단백질 (탄수화물과 단백질의 분자) 로 구성되어 있다. 세포표피의 접착성인 성질은 조직의 형성을 위한 세포-세포 간의 인지나 상호작용에 중요한 요건이 된다. 세포 표피의 아래쪽에 있는 **원형질막 (plasma membrane)** 은 대략 10 nm의 두께로, 제조, 구성 및 많은 기능에 있어서 박테리아의 세포막과 거의 유사하다. 대략 같은 양의 단백질과 지질로 구성되어 있으며, 여기서 지질은 두겹층으로 배치되고 있다. 세포막은 분자, 이온, 물 등을 선택적으로 안팎으로 이동시키는 데 필요하므로, 예를 들어 Na^+나 K^+와 같은 여러 종류에 대한 활성운송체계를 가지고 있다. 많은 효소들이 관여하는 과정이 세포막에 연결되어 있고, 박테리아에서도 막은 이와 비슷한 기능을 한다. 근래에 와서 세포막의 안팎에 걸쳐 있거나 붙어 있

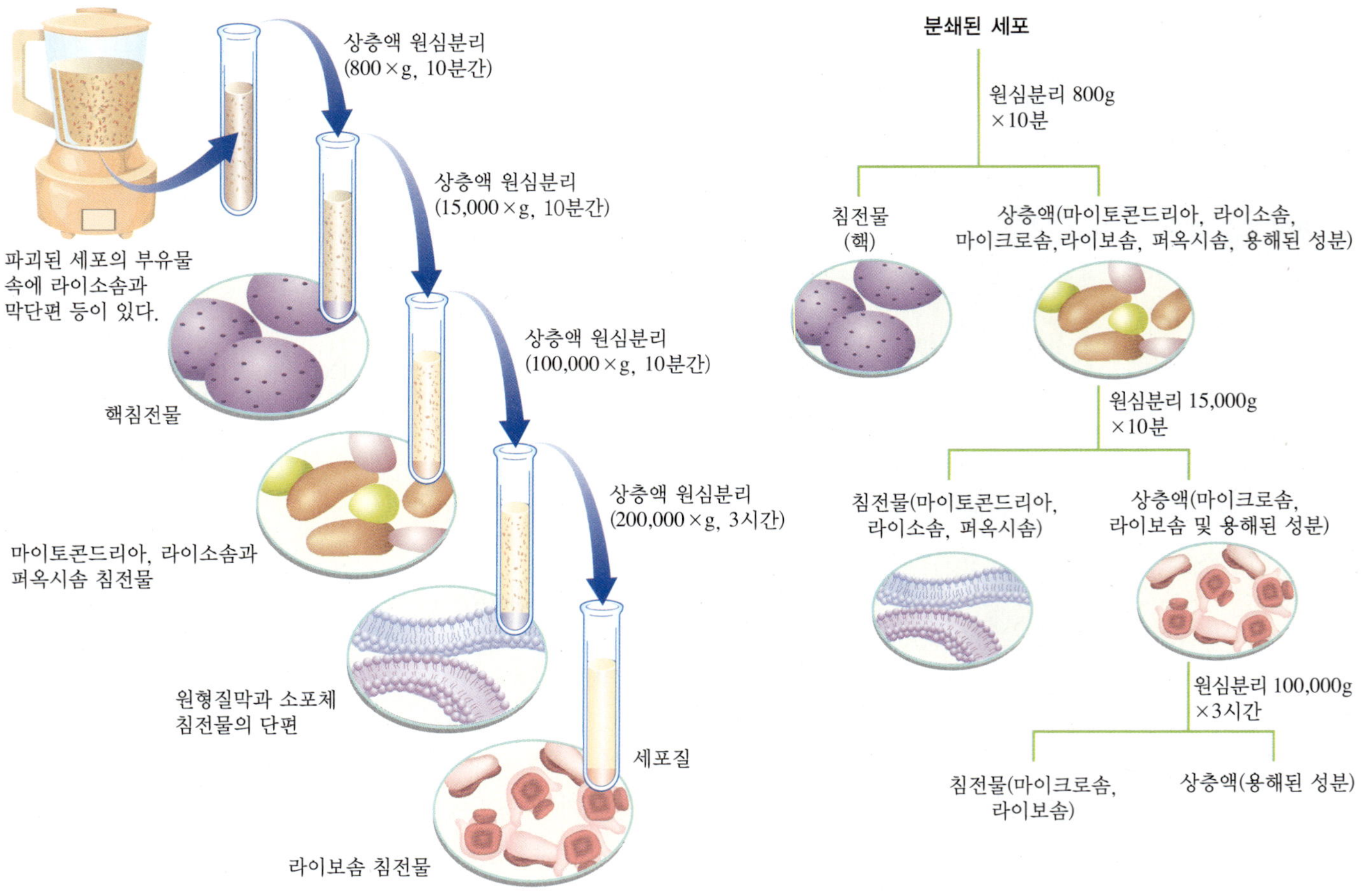

그림 1-15 세포성분의 분리. 세포를 잘게 파괴시킨 다음 원심분리기를 사용하여 단계적으로 세포구성 성분을 두 가지 다른 방법으로 분리할 수 있다. 단계마다 원심분리가 끝나면 상층액을 제거하고 침전물을 다른 관에 옮겨 계속 더 높은 원심력으로 원심분리하여 각 세포소기관을 분리한다.

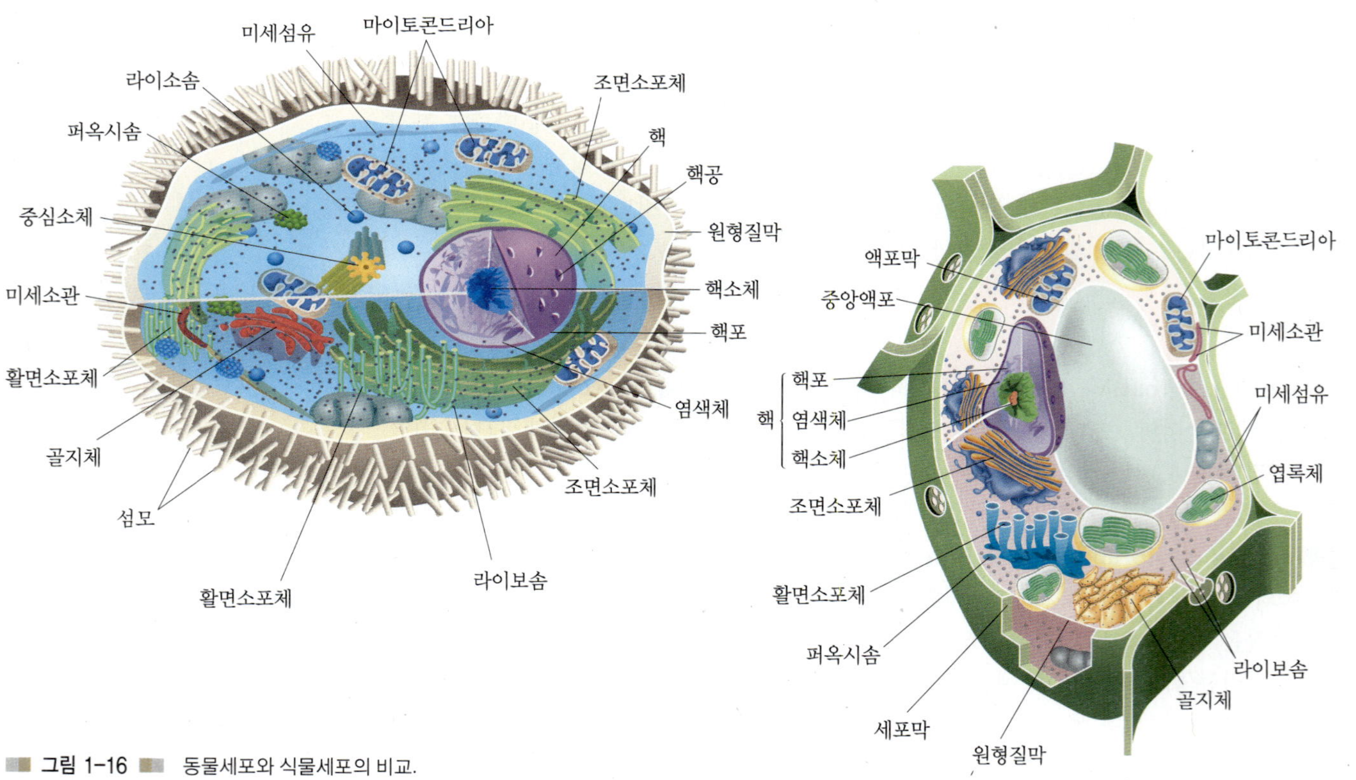

그림 1-16 동물세포와 식물세포의 비교.

표 1-8 세포의 각 소기관에 유일하게 존재하는 효소들

효소	세포소기관 분획
1. DNA중합효소(DNA polymerase)	핵
2. 니코틴아마이드-뉴클레오타이드 아데닐이동효소(nicotinamide-nucleotide adenyltransferase)	핵
3. 석신산탈수소효소 (succinate dehydrogenase)	마이토콘드리아
4. 사이토크롬 *c* 산화효소 (cytochrome *c* oxidase)	마이토콘드리아
5. 글루코스 6-인산가수분해효소 (glucose 6-phosphatase)	소포체
6. 산인산가수분해효소(acid phosphatase)	라이소솜
7. 라이보핵산가수분해효소(ribonuclease)	라이소솜
8. 케털레이스(catalase)	퍼옥시솜
9. 요산산화효소(urate oxidase)	퍼옥시솜
10. 5′-뉴클레오타이데이스(5′-nucleotidase)	세포질막
11. 글루코스 6-인산탈수소효소 (glucose 6-phosphate dehydrogenase)	세포질
12. 젖산탈수소효소(lactate dehydrogenase)	세포질
13. 6-인산프럭토인산화효소 (6-phosphofructokinase)	세포질

는 단백질 또는 효소들의 연구에서 큰 성과를 올리고 있다. 세포외부로부터 신호물질을 수용하는 세포막효소들은 세포내부에 신호전달체계에 관여하는 첫 단계의 중요한 효소들이다(그림 1-17).

2. 핵

핵(nucleus)은 지름이 4~6μm인 염색체를 포함하고 있는 세포소기관이다. 성숙한 포유동물의 적혈구세포나 혈장 같은 특수한 세포를 제외하면 핵은 진핵세포에 존재하는 필수적인 구성성분이 된다. 핵의 이중막은 핵과 원형질 사이의 물질교환을 가능하게 하는 미세한 **핵공(nuclear pore)**을 갖는 얇은 **핵막(nuclear envelope)**으로 둘러싸여 있다. 염색체는 DNA와 단백질의 복잡한 구조로 구성된 섬유소 형태로 **핵질(nucleoplasm)** 속에 있다. 염색체는 종의 번식에 필요한 자세한 유전정보를 가지고 있다. 생존기간에 염색체

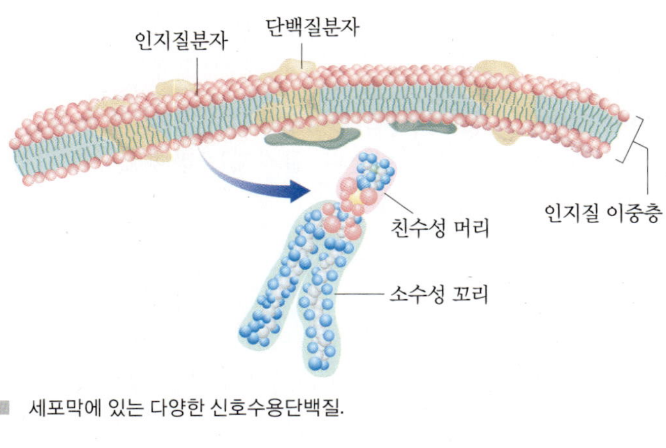

그림 1-17 세포막에 있는 다양한 신호수용단백질.

는 생물체의 생물학적인 존재를 유지하기 위한 유전적인 지시를 지속적으로 수행해 준다. DNA에서 RNA로 유전정보가 흐르는 과정인 전사과정은 핵에서 일어나는 단백질 합성단계로, 생물학적인 정보를 전달하게 된다. **핵소체 (nucleolus)** 는 특별한 염색체의 특정 지역과 연결되어 있고, **이배체 (diploid)** 유기체에서 핵 하나당 두 개가 관찰되고 있다. 핵소체는 라이보솜의 RNA가 합성되는 곳으로, 특별히 RNA가 많이 존재한다. 초기 발생단계에서 라이보솜의 RNA합성이 지배적인 어떤 유기체의 세포는 핵당 매우 많은 수의 핵소체를 가지고 있다.

2. 마이토콘드리아

마이토콘드리아 (mitochondria) 는 세포에서 에너지를 생산하는 작업장으로, 간세포의 원형질에서 대략 20 %의 부피를 차지한다. 간세포는 대략 800개의 마이토콘드리아를 가지고 있고, 1μm의 지름을 갖는다. 마이토콘드리아는 매우 역동적이면서 형태가 쉽게 변하는 세포소기관으로, 구성과 기능이 다른 내부막과 외부막으로 만들어져 있다. 막내부의 주위환경을 **간질 (matrix)** 이라 하고, 내부막에서 간질로 돌출된 부분을 **크리스타 (cristae)** 라고 한다. 간질에는 효소들로 가득 차 있다. 탄수화물, 지질, 아미노산의 유도체들이 CO_2와 물로 산화되는 과정이 이 마이토콘드리아에서 일어난다. 산화에 의해서 얻어진 화학적 에너지의 일부는 ATP로 변하고, 이 ATP는 세포에 필요한 에너지로 사용된다. ATP의 생성은 내부막과 연계해서 일어난다. 많은 화학적 에너지는 열의 형태로 배출된다. 마이토콘드리아도 DNA를 가지고 있고, 이 DNA의 정보는 내부막단백질인 다양한 거대분자의 기본성분을 합성하는 데 이용된다.

4. 조면소포체와 활면소포체

대부분의 진핵세포의 원형질에는 특수한 체계의 내부로 연결된 평평한 모양의 한 개의 막으로 된 **소포 (vesicle)** 와 원형질 안팎으로 통로를 제공하는 **막소관 (tubule)** 이 포함되어 있다. 얇은 막의 주머니인 **시스터나 (cisternae)** 와 막소관의 체계를 **소포체 (endoplasmic reticulum, ER)** 라 부르고, 이 소포체는 세포에서 만들어진 단백질홀몬 및 다른 화합물들의 운송을 담당한다. 소포체의 일부에는 원형질쪽 바깥표면에 부착된 라이보솜을 가지고 있다. 전자현미경으로 이 막을 보면 **과립 (granule)** 모양을 하고 있는데, 이것을 **조면소포체 (rough-surfaced endoplasmic reticulum, RER)** 라 한다. 부착성 라이보솜은 단백질이 합성되는 곳으로, 합성된 단백질 대부분은 세포에서 배출시키기 위하여 골지체로 운송하는 시스터나에 격리되어 있다. 소포체 중 라이보솜이 없는 부분을 **활면소포체 (smooth-surfaced endoplasmic reticulum, SER)** 라 하고, 스테로이드 합성이나 해독작용메커니즘에 관여하고 있다.

5. 골지체

골지체 (golgi apparatus, 그림 1-18) 는 평평한 단일막의 소포에 있는 조면 시스터나로, 번역 후의 글라이코실화 반응에 관여한다. 골지체는 라이소솜과 원형질막의 형성에 관련되는 것으로 보인다.

6. 라이소솜

라이소솜 (lysosome) 은 작은 단일막의 공모양으로, 지름이 0.25 ~ 0.5μm가 된다. 이곳에는 분해성가수분해효소나 핵산 분해기능의 라이보핵산가수분해효소 (ribonuclease) 가

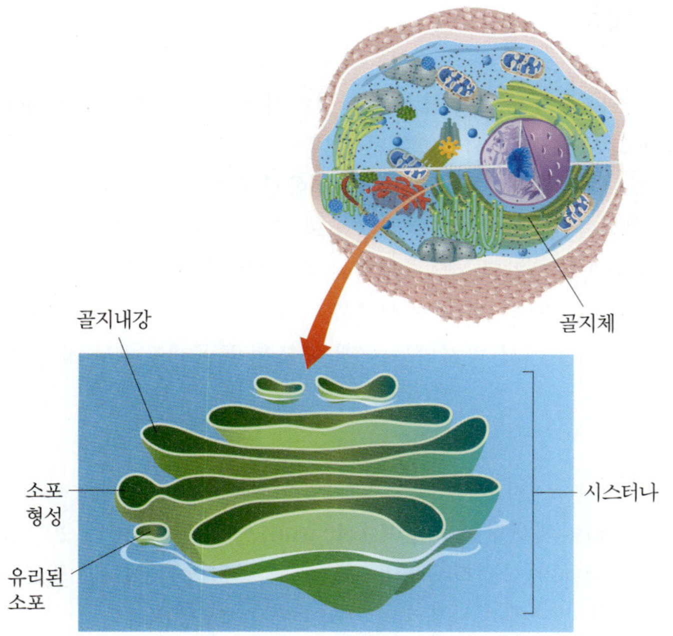

그림 1-18 골지체의 구조.

들어 있다. 라이소솜의 막은 스트레스에 매우 민감해서 쉽게 파괴되고, 이때 세포성분을 파괴하는 효소들이 배출된다. 만약 세포가 죽게 되면 라이소솜의 효소들이 세포의 성분을 파괴시킨다. 정상적인 세포내부의 과정으로 라이소솜은 세포가 외부환경으로부터 대형입자를 받아들이는 **식작용 (phagocytosis)** 이나 막소포에 의해 투입되는 **음작용 (pinocytosis)** 에 의해 세포내부로 들어온 외부물질이나 교체되어야 할 세포내부물질의 파괴를 주도한다. 라이소솜은 세포의 일부 조각들을 가지고 있고, 형태가 매우 불균일하기 때문에 전자현미경으로 보는 것만으로는 확인이 어려울 수 있다. 그래서 세포소기관은 각각을 분리하여 생화학적인 확인분석을 필요로 하게 된다.

7. 미소체와 퍼옥시솜

미소체 (microbody) 는 라이소솜 크기의 세포소기관그룹을 포함하고 있다. 그들은 단일막 구조를 가지고 있고, 지름은 0.5 μm 크기를 갖는다. 전자현미경으로 볼 때, 미소체의 간질은 가끔 세포소기관이 가지고 있는 결정성 배열의 효소들 때문에 밀도가 높은 중심체가 보이게 된다. 이들 효소들은 과산화수소가 관여되는 반응들, 예를 들어 요산산화효소 (urate oxidase) 나 케털레이스가 있어서 관련 반응들을 촉매한다. 그런 이유 때문에 미소체를 **퍼옥시솜 (peroxisome)** 이라고도 부른다. 퍼옥시솜의 효소적인 구성은 세포의 종류에 따라 변한다. 케털레이스 (catalase, 과산화수소분해효소) 는 아마도 모든 퍼옥시솜에서 발견되는 유일한 효소이다. 여러 종류의 알려진 퍼옥시솜의 생리적인 기능은 아직 잘 알려지지 않고 있다. 그러나 케털레이스의 활성도는 퍼옥시솜의 효소나 다른 대사과정에서 발생되는 세포내에서 특성인 과산화수소처리의 폐기과정에 중요한 역할을 한다. 퍼옥시솜은 에너지의 산화적인 신진대사와 다른 특수한 대사경로에서 역할을 하는 것으로 생각되고 있다.

1.4.3 식물세포

고정된 탄산가스와 물에서 글루코스를 합성하기 위하여 **유조직 (parenchymal)** 잎사귀 세포는 광합성에 의해 ATP로부터 화학적 에너지를 만들어낸다. 글루코스의 일부는 중합된 전분으로 저장되기도 한다. 어두울 때는 광합성에 의해서 ATP가 만들어지지 못하므로, 세포의 에너지는 글루코스와 다른 화합물의 산화나 산소분자를 얻는 데 필요하다. 식물세포는 동물세포에서 관찰된, 예를 들어 세포막, 핵, 마이토콘드리아 같은 많은 구조와 세포소기관을 포함하고 있다. 이 세포성분들은 두 세포에서 기본적으로 같은 기능을 수행한다. 그러나 식물세포에서 발견되는 어떤 구조는 동물세포에서 찾아 볼 수 없는 것들이다.

1. 세포벽

식물세포는 박테리아에서처럼 **세포벽 (cell wall)** 을 갖는다. 이는 20 μm 정도의 두께로, 단백질과 다른 당류가 상호작용하여 단단하게 만들어진 셀룰로스로 구성되어 있다. 세포벽은 보호기능과 단단한 식물조직의 모양을 갖는 데 필요하다.

2. 액포

액포 (vacuoles) 는 식물세포의 원형질에서 눈에 띄는 특징이다. 미성숙한 또는 급격히 분열되는 식물세포는 비교적 적은 수의 액포를 갖는다. 세포가 성숙되면 액포는 필수적인 대사물질의 저장소이거나 세포의 생존기간 동안 축적된 폐기물질의 집적장소가 된다. 액포에 용해된 화합물들은 꽃, 잎사귀, 과일색소, 유기산, 당, 단백질, 광물의 염, 산소와 탄산가스들이다. 동물의 세계에서는 많은 **원생생물 (protozoa)** 이 유기체내에 들어온 외부물질의 파괴 기능을 주로 하는 액포를 가지고 있다.

3. 글라이옥시솜

고등식물이나 미생물에는 글라이옥시솜이라고 부르는 **퍼옥시솜 (peroxysome)** 이 있다. 글라이옥시솜의 한 효소는 어떤 글라이콜산을 산화하여 글라이옥살산을 만든다 (그림 1-19). 이 반응에서 산소분자는 과산화수소로 변화되고, 이는 퍼옥시솜의 케털레이스에 의해서 파괴된다. 식물에서 이 반응은 과거에는 어두울 때만 수행한다고 알려졌지만 광합성 기간에도 일어날 수 있다. 광합성의 주된 부산물로 글라이콜산이 산화되기 위해서 이 과정이 쉽게 이용되고 있다.

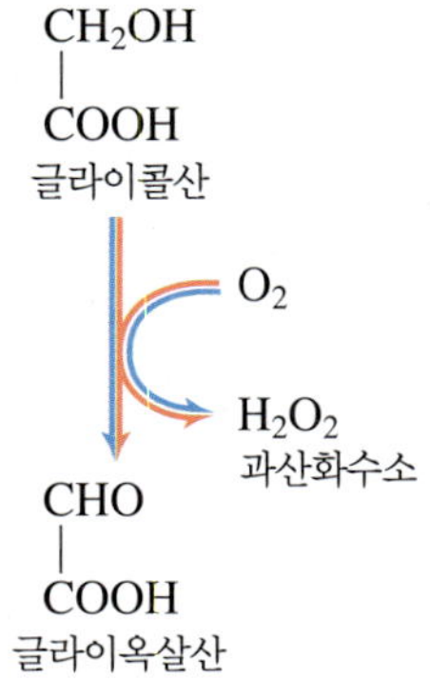

그림 1-19 글라이콜산의 글라이옥시솜에서의 산화.

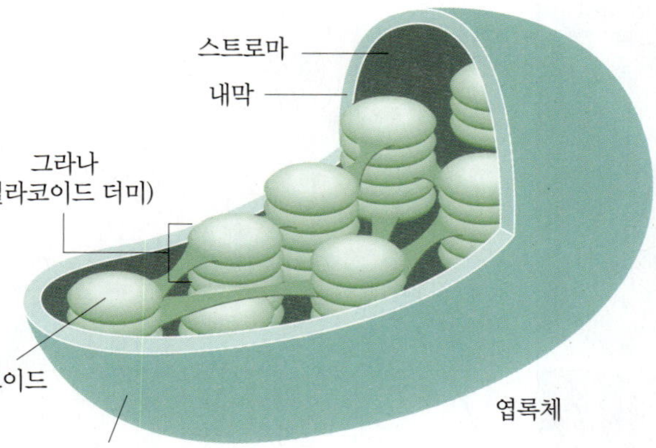

그림 1-20 엽록체의 구조.

4. 엽록체

엽록체 (**chloroplast**, 그림 1-20) 는 이중막의 세포구성단위체로, 녹색식물이나 여러 종류의 조류 (algae) 같은 대부분의 광합성 생물체에서 발견된다. 크기, 모양, 세포당 엽록체의 수가 식물에 따라 현저하게 변한다. 엽록체의 내부는 정교하게 배치되어 있다. **스트로마** (**stroma**) 라 부르는 엽록체막 사이의 내부주머니는 포장된 액상으로 탄소동화에 필요한 효소들을 가지고 있다. **엽록소** (**chrolophyll**) 는 식물세포의 녹색안료로, 가끔 평평한 주머니모양의 **틸라코이드** (**thylakoid**) 를 형성하는 **라멜라** (**lamellae**) 라고 부르는 막으로 둘러싸인 구조에 농축되어 있다. 틸라코이드는 스트로마층에 의해서 하나씩 연결된 **그라나** (**grana**) 로 층층이 쌓여 있다. 스트로마는 또한 전분의 알갱이들을 포함하고 있다. 마이토콘드리아처럼 엽록체는 이 기관의 몇몇 생화학적인 과정에 필요한 유전적인 정보를 제공하는 DNA를 가지고 있다. 엽록체는 태양에너지를 포획하고, 전환하며, 또 여러 가지 화학적인 형태로 저장하는 복잡한 광합성 과정이 일어나는 장소이다. 광합성에서는 두 개의 근본적으로 차이가 나는 과정이 연결되어 있다. 하나는 빛에 의해 ATP를 생산하는 과정이고, 다른 하나는 빛과 상관없이 ATP를 사용하여 탄산가스로부터 탄수화물을 합성하는 과정이다. 빛의 에너지가 화학적 에너지로 바뀌는 것은 광합성 생물의 유일하고 독특한 과정으로서, 이 생물체를 섭취하는 방법으로 다른 생물체계가 이것에 의존하여 생명을 유지하고 있다.

1.4.4 특수한 세포

1. 생식세포

생식세포 (**germ cell**) 란 정자 (sperm) 와 난자 (ovum 또는 egg) 처럼 유전적인 특성을 포함하고 있는 개체의 세포를 의미한다. 생식세포는 하나의 생명체를 구성하는 데 필수적인 요소로, 이러한 생식세포의 등장으로 인해 유전적 다양성이 더욱 두드러지게 되고, 그 결과 종의 다양성을 가져오게 되었다. 이러한 과정은 **자연선택** (**natural selection**) 에 의해 현재의 진화된 모양을 가져오게 되었다고 보고 있다.

이러한 생식세포의 수정과정을 자세히 살펴보면 생화학적인 방법을 통해 이루어진다는 것을 알 수 있다. 현재까지 밝혀진 것은 난자에 의한 화학물질 (chemotaxis) 과 온도 (thermotaxis) 의 영향으로 정자가 난자를 향해 이동하게 되는 것으로 알려져 있다. 난자와 만나게 된 정자는 단백질-단백질 상호작용을 통한 특수한 결합을 이루게 된다. 정자의 머

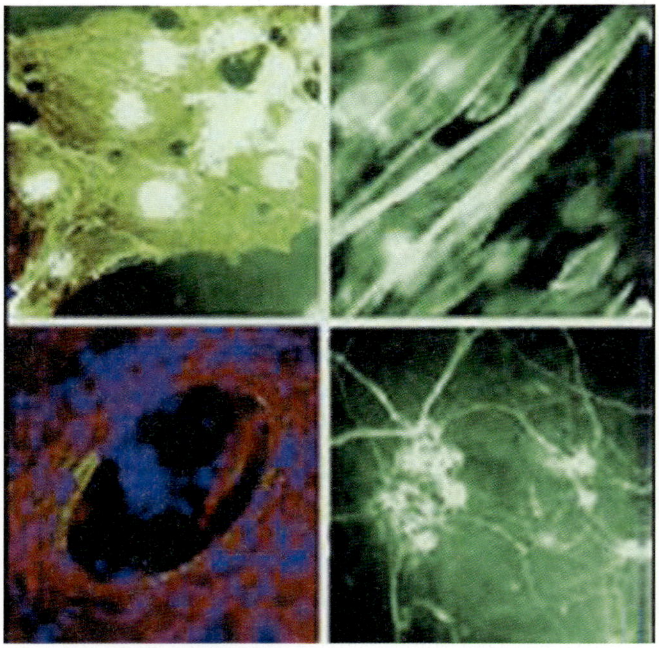

■ 그림 1-21 ■ 생식세포의 착색.

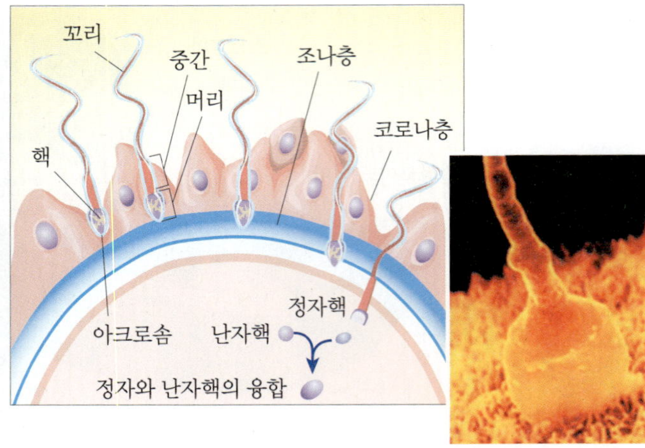

■ 그림 1-22 ■ 수정과정.

리부분의 변형된 라이소솜인 **아크로솜(acrosome)**에 있는 가수분해효소(acrosomal enzyme)의 작용으로 코로나(corona radiata)층과 조나(zona pellucida)층을 분해시킴으로써 만들어진 통로를 거쳐 정자의 핵은 난자에 진입하게 된다. 이러한 수정과정을 거친 세포는 다양한 세포로 분화할 수 있는 능력을 가진 **배아세포(embryonic cell)**로 만들어지게 된다.

2. 줄기세포

줄기세포(stem cell)란 끊임없는 자기 복제를 통하여 특정 세포로 분화될 수 있으며, 또 세포를 지속적으로 만들어내는 모든 세포를 말한다. 일반적으로 알려진 줄기세포는 **배아**

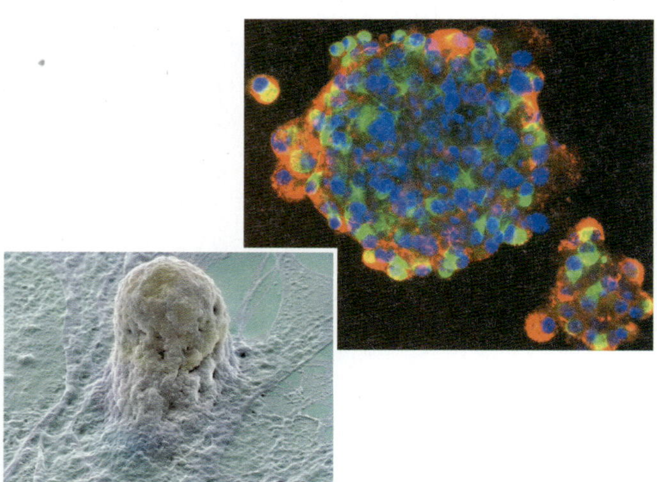

■ 그림 1-23 ■ 배아줄기세포 및 착색된 모습.

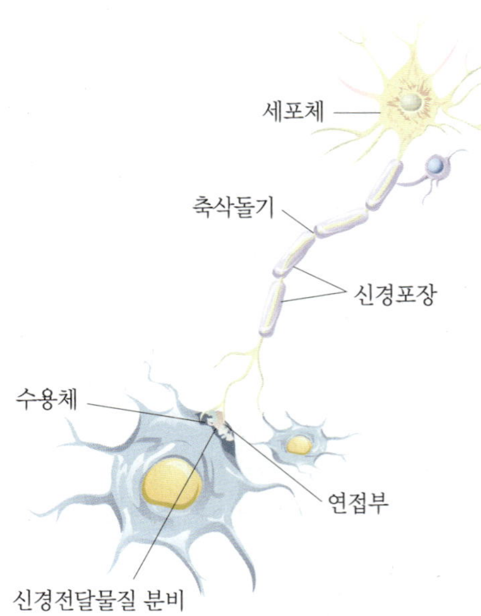

■ 그림 1-24 ■ 신경세포(Neuron).

줄기세포 (embryonic stem cell) 와 **성체줄기세포 (adult stem cell)** 로 분류하는데, 전자의 경우 초기의 배아상태에서 얻어낸 세포로서, 거의 모든 특수세포로 분화할 수 있으며, 후자의 경우 개체기관의 발생이 끝난 상태에서 특정 세포만을 지속적으로 만들어내는 제한된 능력을 가지고 있다.

이러한 줄기세포의 작용메커니즘에 대해서는 자세히 알려진 것이 없으나, 현재까지 받아들여지는 이론은 **줄기세포 니쉐 (stem cell niche)** 때문이다. 예를 들면, 초파리 정소의 경우 **허브세포 (hub cell)** 라고 부르는 세포가 끊임없이 분화된 세포로 복제되고, 줄기세포 역시 그러한 **니쉐 (niche)** 에서 **자기재생 (self-renewal)** 이 가능하다는 생각이다. 이러한 방식을 통해 줄기세포는 그 세포 집단을 유지하고 존재한다는 사실이 밝혀지고 있다. 아직 알려지지 않은 줄기세포인자 (SCF, stem cell factor) 가 이러한 자기재생에 있어 어떠한 형태로 작용하는 것으로 생각되고 있다.

3. 신경세포

신경세포 (nervous cell) 는 **뉴런 (neuron)** 이라고 부르기도 하며, 하나의 신경단위체세포를 의미한다. 일반적인 세포에 비해 독특한 모양을 가지고 있으며, 그 구조는 그림 1-24와 같다. 상단부에 존재하는 부위를 **세포체 (cell body)** 라 부르며, 이러한 세포체는 **수상돌기 (dendrite)** 라고 불리는 가지 같은 모양의 튀어 나온 부분이 존재한다. 이 부분은 다른 뉴런에서 온 신호를 받는 부분이다. 이 수상돌기 중 길게 뻗어 나온 하나의 가지가 **축삭돌기 (axon)** 를 형성하며, 축삭돌기 말단부분은 또 다른 뉴런과 연결되며, 계속해서 신호가 전달되게 된다. 이러한 축삭돌기 말단부위 중 다른 세포와 만나는 부분은 변형되어 독특한 구조를 만드는데, 이것을 **연접부 (synapse)** 라고 한다.

뉴런에서 신호전달의 주요 방식은 펌프와 통로를 이용한 분극과 탈분극으로 이루어진다.

뉴런에 존재하는 주요한 이온펌프와 통로는 소듐-포타슘 펌프와 통로이며, 자극이 주어지지 않는 **휴지기 (resting state)** 에는 K^+를 세포내부로 들여보내고, Na^+를 세포 밖으로 내보낸다. 이를 이용하여 세포외부와 내부의 극성을 유지하게 된다. 이때 외부자극으로 인한 신호가 전달될 경우, **이온통로 (ion channel, K^+)** 가 열리게 되면서 Na^+의 유입이

그림 1-25 신경세포의 말단 연접부.

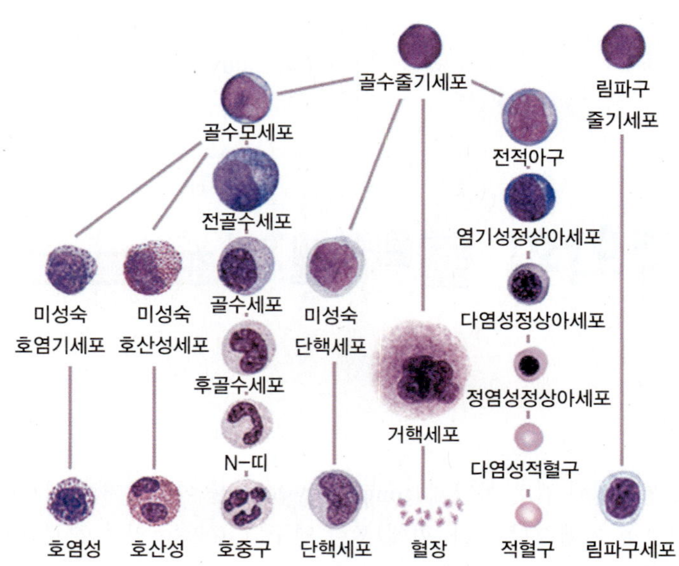

그림 1-26 혈액세포의 발생.

이루어지고 탈분극이 일어나게 된다. 이러한 방식으로 뉴런의 말단에 도달하게 된 신호는 그림 1-25와 같은 방법으로 다른 뉴런(또는 세포)에 신호를 전달하게 된다. 뉴런말단 중 신호가 주어지는 다른 세포와 만나는 부분, 즉 연접부에서는 앞서 전달받은 신호가 신경전달물질(neurotransmitter)의 형태로 미세관(microtubule)을 타고 이동하게 된다. 이러한 신경전달물질은 세포내 소포가 이동하는 것과 같은 방식으로 이동하여, 내부의 신호전달물질을 세포외유출(exo-cytosis)를 통해 연접부후부세포(postsynaptic cell)로 전달하게 된다. 이 신경전달물질의 경우, 연접부후부세포에 존재하는 통로의 리간드로 작용하여 통로가 열리게 되고, 이를 통해 앞에서 말한 것과 같은 방식으로 탈분극을 유도하게 되면서 다시 신호를 전달하게 된다.

4. 혈액세포 및 면역세포

혈액세포(blood cell) 및 **면역세포(immune cell)**는 공통적으로 **조혈간세포(hematopoietic stem cell, HSC)**라는 줄기세포에서부터 모든 세포가 분화되어 생겨난다. 그림1-26은 이러한 혈액세포의 분화과정을 나타낸다. 다능성 조혈간세포(pluripotential HSC)에서 우리가 알고 있는 **적혈구(erythrocyte)**, **백혈구세포(white blood cell)**, **림파구세포(lymphocytes)** 등이 발생하게 된다.

이러한 세포의 분화에 대해서는 대체적으로 **조상세포(progenitor cell)** 단계에서 분비되는 **사이토카인(cytokine)**의 양에 따라 결정되는 것으로 알려지고 있다. 적혈구세포는 우리 몸에서 산소의 운반에 관여하는 헤모글로빈(hemoglobin)을 가지고 있는 것으로 알려져 있다. 이 적혈구는 핵이 존재하지 않는 것이 특징이며, **골수(bone marrow)**에서 만들어진 이후에 또 다른 분열은 존재하지 않는 것으로 알려져 있다. 적혈구세포는 한 번 생산된 이후 양이 반으로 감소되는 반감기는 약 120일 정도가 된다. 백혈구세포는 적혈구세포와는 달리 **핵(nucleus)**이 존재하여 스스로 복제할 수 있는 능력을 가진 세포이다. 여기에 속하는 세포로는 **호염기성세포(basophils)**, **호산성세포(eosinophils)**, **대식세포(macrophage)** 등의 **식세포(phagocytic cell)**가 대부분이며, 이러한 세포들은 우리 몸에서 **선천성면역성(innate immunity)**을 담당하고 있다. 림파구세포는 **적응성면역성(adaptive immunity)**에 관여하는 세포로, 대표적으로 알려진 것이 T-세포와 B-세포이다. T-세포의 경우 **세포독성T-세포(CTL, cytotoxic T-cell)**와 **보조T-세포(helper T-cell)**로, 여러 면역반응에 관여하는 것으로 알려져 있으며, B-세포의 경우 외부감응에 의해서 **항체(antibody)**의 생성에 중요한 역할을 담당하는 것으로 알려져 있다.

생화학 둘러보기

인공세포

생명체와 같은 복잡계(complex system)를 이해하기 위해서는 그 기본단위인 세포의 구성요소뿐만 아니라 이들 상호간의 작용을 이해해야 한다. 현재 흔히 연구되고 있는 일부 경로(pathway)들의 연결망인 정적 또는 국부적 네트워크가 아니라, 실시간으로 살아 움직이는 전체적인 동적 네트워크(dynamic network)를 이해하는 것이 중요하다. 세포 전체 네트워크(whole cell network)를 이해하기 위한 통합적 접근법으로 "인공세포(artificial cell)" 기술이 대안이 된다.

인공세포란 우리가 알고 있는 생명체에 관한 지식과 정보를 활용하여 유전체를 설계하고 화학합성을 한 다음, 이 인공유전체 (artificial genome) 를 인공막 (artificial membrane) 에 주입하여 살아가도록 만든 세포를 말한다. 인공세포란 생명현상의 유지에 필요한 최소한의 구성요소로 이루어진 최소세포 (minimal cell) 를 말하기도 한다. 이 최소세포의 연구로부터 진정한 의미의 인공세포가 만들어질 것으로 생각되므로 앞으로 최소세포를 기준으로 논하고자 한다.

이상적인 인공세포의 특성으로; (1) 핵산과 같은 유전정보를 지니고 있는 중합체는 한 주형으로부터 합성되어야 하고, 이는 세포막내에서 이루어져야 한다. (2) 앞의 복제체계가 유지되기 위해서 중합의 단위체 (monomer) 는 세포 외부에서 제공되고 세포막을 가로질러 운반되어야 한다. 뿐만 아니라, 생합성과정에 필요한 이온이나 바이타민과 같은 작은 분자들도 통로와 같은 어떤 경로를 통해 세포 내부로 들어와야 한다. (3) 생합성반응에 필요한 화학적 에너지가 이용가능해야 한다. (4) 촉매작용이 반드시 있어야 한다. 이는 복제과정과 관계가 있고 복제에서의 변이 (variation) 가 이런 촉매작용에 영향을 준다. 이런 환경에서 변이는 원래 세포가 가지는 체계의 적합도를 변화시킬 것이고, 이는 진화를 가져온다. (5) 세포막은 스스로 성장할 수 있어야 한다. (6) 세포의 성장 (growth) 과정 동안, 보다 큰 구조물들은 더 작은 구조물들로 나누어져 다시 합쳐지는 메커니즘을 가지고 있어야 한다. (7) 앞에서 말한 복제, 촉매, 성장 과정은 반드시 조절되어야 한다.

만약 우리가 위 목록에 있는 특성을 가진 이상적인 인공세포를 만들고자 한다면 어떤 구성요소가 인공세포라는 분자체계에 통합될 수 있을까? 가장 간단한 것은 세포막 그 자체이다. 두 번째로 복제 분자체계이다. 다양한 핵산합성효소가 뉴클레오타이드 삼인산을 기질로 하여 주형으로부터 DNA와 RNA를 합성하는 데 이용된다. 세 번째 구성요소는 번역 (translation) 체계이다. 이는 라이보솜과 활성화된 아미노산 (activated amino acids) 을 이용하여 펩타이드와 단백질을 만든다. 분자기구의 부분들이 이용가능하지만, 이들을 합쳐 하나의 통합된 체계로 만드는 것은 여전히 어려운 일이다.

인공세포의 구성요소로 가장 우선되는 것이 세포막의 경계벽을 갖는 막이다. 라이포솜 (liposome, lipid bilayer vesicle) 을 만드는 기술은 잘 발달되어 있고, 제약산업에서 이미 약물운반제 (drug delivery agent) 로 이용되고 있다. 지질소포 (lipid vesicle) 는 1960년대 처음으로 만들어졌다 (이것은 현재 multilamella vesicle (MLV) 이라 불림). 다음으로 MLV를 초음파를 사용하여 균질하게 만들어진 것이 작은 단일라멜라 소포 (small unilamella vesicle, SUV-직경 25 ~ 100nm) 이다. 현재 표준이 되고 있는 큰 단일라멜라소포 (LUV-직경 100nm ~ 1μm) 는 1970년대 중반 처음 만들어졌다. 가장 평범한 방법은 폴리카보네이트 필터를 통해 밀어냄으로써 만드는 것이다.

위의 어떤 방법이 인공세포를 만드는 데 적당할까? 가장 작은 세포의 형태는 직경이 0.2 ~ 0.5μm이다 따라서 LUV가 충분한 수의 거대분자를 담을 수 있고, 인공세포 시스템을 형성할 수 있을 것이다. LUV는 여러 가지 이유로 사용하기 쉬운데, 그 중 가장 중요한 점은 쉽게 만들 수 있고 안정하다는 점이다.

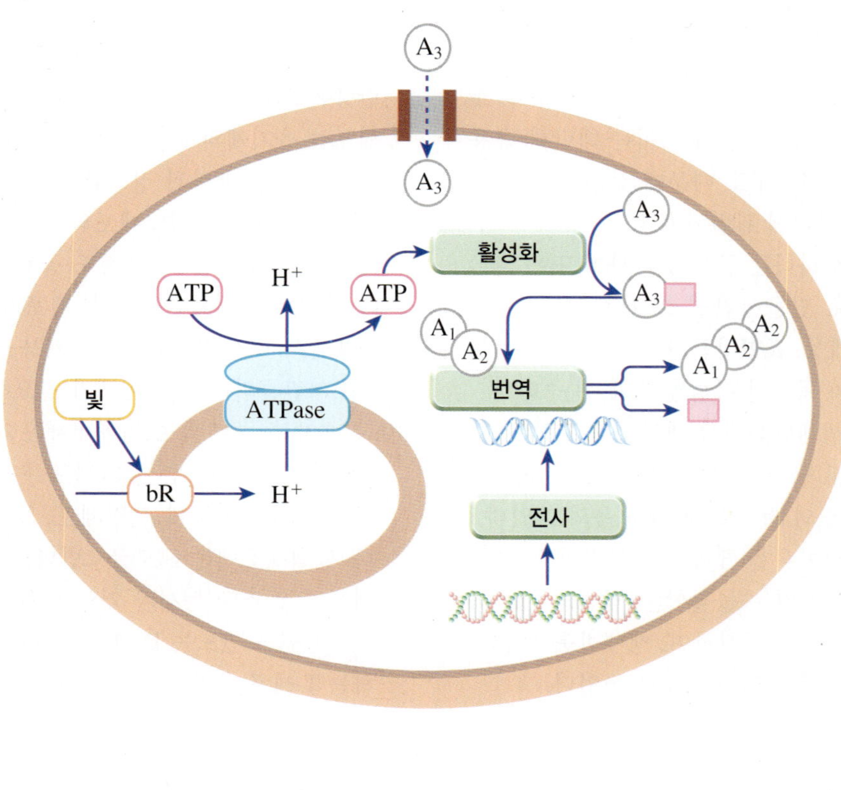

다음은 인위적인 세포막에 여러 다양한 물질의 통로를 갖게 하는 것이다. 이온을 수송하는 통로는 그 구조가 복잡할 수는 있으나 막관통부분은 상대적으로 간단한데, α-나선 또는 β-병풍구조로 이루어져 있다. 또한 막관통부분을 제외한 나머지 부분이 제거되어도 많은 통로는 자신들의 기능을 수행한다. 이 비교적 단순한 막관통부분의 특징으로 인해 합성통로를 만들거나 원래의 통로를 수정함으로써 인공세포로 하여금 "이동" 특징을 갖도록 할 수 있다. 이것을 위해 통로구멍의 아미노산 서열, 나선의 방향 그리고 용질이 지나가는 길의 직경을 바꾸는 등, 여러 시도가 이루어지고 있다. 이런 시도로써 운반되는 용질과 통로 사이의 정전기적, 구조적 상호작용을 조절할 수 있게 된 것이다. 아마도 대부분의 디자인된 통로는 공통적으로 4~6개의 나선을 기초로 하고 있다. 예를 들면, Ac-(Leu-Ser-Ser-Leu-Leu-Ser-Leu)$_3$CONH$_2$이다. 이것은 중성 펩타이드로 전위차-개폐 통로를 구성한다. 만약 통로입구가 하전을 띤다면 이온을 선택적으로 수송할 수 있게 될 것이다.

위의 예들을 제외하고도 인공세포에는 라이포솜에 에너지의 공급, 라이포솜에 거대분자의 유입, 유전자의 복제와 라이보자임의 연계와 같은 것들을 최소한으로 가져야 한다. 그림은 가상적인 인공세포의 구조를 보여주고 있다.

단원요약

1. 지구상에 생명체가 가능한 것은, 태양에너지에 의한 비교적 안정된 온도와 지표에 존재하는 물 때문이다. 초기에 유기체가 처음 생성될 당시에는 높은 온도나 척박한 조건에서 가능하였을지 모르나, 유기체가 발달하면서 생명의 유지에 필요한 여러 물질을 유기체 내부에서 촉매작용으로 생산하게 되면서, 촉매작용에 필요한 온화한 조건이 생명의 유지에 필수적인 조건이 되고 있다.
2. 생명체는 극히 적은 원소들로 구성되며, 대부분이 탄소의 독특한 결합성 때문에 만들어진 다양한 탄소화합물로 만들어지고 있다. 탄소는 지표, 대기, 생물체로 회전되어 서로 균형을 유지하고 있다.
3. 물은 생명체를 존재하게 하고, 또 생명을 유지하게 하는 가장 근본적인 물질이 되고 있다. 물은 수많은 생체반응의 용매로, 세포막을 통한 물질의 운송, 체온의 유지, 소화액의 생성 및 노폐물의 폐기 등에 쓰이는 대단히 유용한 특성을 지닌다. 물의 화학구조 때문에 갖는 독특한 성질이 이러한 특성과 밀접하게 관련되고 있다.
4. 물의 또 다른 특성 중에 하나는 물분자들 사이 또는 다른 분자간에 상호작용으로 만들어진 수소결합능력 때문이다. 이 수소결합은 용해성, 표면장력, 탄화수소와의 미셀의 형성 등, 물이 주위와 독특한 특성을 갖게 해 준다.
5. 수소이온농도(pH)는 생체반응에서 대단히 중요하며, 이온농도 및 이온곱상수로 물 속의 수소이온농도를 표시할 수 있으며, 수소이온농도의 척도로 pH가 사용되고 있다.
6. 브뢴스테드의 산은 수소이온을 제공하는 물질이고, 염기는 수소이온을 수용할 수 있는 물질이다. 약산의 이온화는 헨더슨-하셀바흐 식으로 표현하며, 생체반응에서 액성의 유지에 필수적인 완충용액의 제조에 쓰인다.
7. 완충용액은 생체유지와 생체를 사용하는 실험에 반드시 필요한 약산과 약염기의 혼합용액으로, 외부에서 산이나 염기가 첨가되어도 그 (H_3O^+) 농도의 변화가 매우 적게 유지되는 용액이다. 이상적인 완충용액의 제조에는 산의 pK_a 값이 원하는 완충용액의 pH와 거의 비슷할 때 가장 좋은 완충용액이 만들어진다. 특히 완충능력은 사용하는 약산과 약염기의 농도에 따라 좌우되나, 높은 농도는 생체물질의 기능에 영향을 미치게 되기 때문에 균형이 필요하다.
8. 세포에서 일어나는 화학반응은 열역학의 법칙을 따르게 된다. 생화학에서 열역학은 촉매기능과 깊은 관계를 가진다. 촉매는 활성화 자유에너지를 낮추기 위하여 새로운 반응경로를 선택하는 것이다. 생체반응에서 자발적인 반응은 $\Delta G < 0$인 조건에서 일어난다.
9. 세포는 유기체의 모든 기능의 기본단위이면서, 생체반응이 일어나는 제한된 장소를 제공하게 된다. 생물체가 다양한 종을 갖는 만큼, 세포의 기능도 다르다. 기본적으로는 세포의 능력은 어느 정도 공통적인 기능을 갖추고 있다. 세포에는 독특한 기능의 세포가 수 없이 존재한다. 고등생물의 대사 및 유전자의 기능을 이해하기 위하여 세포소기관들의 기능의 이해가 필요하다.
10. 특수세포 중에서 초기배아세포와, 다양한 생체기능을 갖는 세포를 만드는 줄기세포가 있다. 신경세포는 신경전달물질의 이동에 신경세포, 뉴런과 연접부로 구성된다. 혈액세포에는 헤모글로빈의 운반에 관여하는 적혈구세포와 스스로 복제가 가능한 백혈구세포가 있다. 면역글로뷸린을 만드는 B-세포와 외부물질을 감지하고 처리하는 T-세포가 있다. T-세포에는 외부물질을 감지하고 파

괴시키는 기능의 세포독성T-세포와 보조T-세포가 있다.

어휘

간세포 (hepatocyte)
간질 (matrix)
계 (system)
골수 (bone marrow)
골지체 (golgi appratus)
과립 (granule)
균류 (fungi)
그라나 (grana)
극성 (polar)
깁스자유에너지 (Gibbs free energy)
뉴런 (neuron)
니쉐 (niche)
돌턴 (D, Dalton)
마이토콘드리아 (mitochondria)
막소관 (tubule)
면역세포 (immune cell)
미세관 (microtubule)
미셀 (micelle)
배아세포 (embryonic cell)
배아줄기세포 (embryonic stem cell)
보조T-세포 (helper T-cell)
비극성 (nonpolar)
비열 (specific heat capacity)
사이토카인 (cytokine)
산독성 (acidosis)
생식세포 (germ cell)
생화학적 세포학 (biochemical cytology)
섬모 (pili)
선천성면역성 (innate immunity)
성체줄기세포 (adult stem cell)
세포소기관 (organelle)
세포독성T-세포 (cytotoxic T-cell)
세포외유출 (exocytosis)
세포표피 (cell coat)
소포 (vesicle)
수상돌기 (dendrite)
수소결합 (hydrogen bond)
스트로마 (stroma)
시스터나 (cisternae)
식작용 (phagocytosis)
신경전달물질 (neurotransmitter)
아크로솜 (acrosome)
알갱이 (granule)
액포 (vacuoles)
양쪽성 (amphoteric)
엔트로피 (entropy)
연접부 (synapse)
연접부후부세포 (post-synaptic cell)
엽록소 (chlorophyll)
완충능력 (buffering capacity)
완충용액 (buffer solution)
원생동물 (protozoa)
원핵생물 (procaryote)
원형질막 (plasma membrane)
유조직 (parenchymal)
음작용 (pinocytosis)
이배체 (diploid)
이온곱상수 (ion product constant)
이온통로 (ion channel)
자기재생 (self-renewal)
자연선택 (natural selection)
적응성면역성 (adaptive immunity)
전이상태 (transition process)
점액성다당류 (mucopolysaccharides)
조류 (algae)
조면소포체 (rough endoplasmic reticulum)
조혈간세포 (hematopoietic stem cell)
주위 (surrounding)
줄기세포 (stem cell)
케토독성 (ketosis)
탄소순환 (carbon cycle)
틸라코이드 (thylakoid)
퍼옥시솜 (peroxysome)
편모 (flagella)

항체 (antibody)
핵 (nucleus)
핵공 (nuclear pore)
핵막 (nuclear envelope)
핵소체 (nucleolus)
핵질 (nucleoplasm)
허브세포 (hub cell)
혈액세포 (blood cell)
활면소포체 (smooth endoplasmic reticulum)
활성화 자유에너지 (activated free energy)
휴지기 (resting state)

참고문헌

일반

Frieden, E. 1972. The chemical elements of life. Scientific American. 227, 52.
생명의 기원; Westheimer, F. H., 1987. Why nature chose phosphate. Science 235: 1173-1178.
de Dube C. 1991. Blueprint for a cell. The Nature and Origin of Life, Carolina Biological Supply Co.
Lazcano, A and Miller, S. L., 1996, The origin and early evolution of life: Prebiotic chemistry, the pre-RNA world, and time. Cell 85: 793-798.

세포 및 세포막

Wilson, T. H. and Lin, E. C. 1980. Evolution of membrane bioenergetics. J. Supramol Struct. 13:421-446.
Goodsell, D.S., 1991. A Look inside the living cell. Am. Scientist 80. 457
Pohorill A. and D. Deamer, 2002. Trends Biotechnol. 20, 123
Thomas Ming Swi Chang, 2005. Nature Review (2005)
Tanford, C., 1980. The hydrophobic effect: formation of Michlles and Bilogical Membranes (2nd ed.) Wiley Interscience.
Fawcett, E.D.P., Saez, F.A. and E.M.F. DeRobertis, Jr., 1975 Cell biology 6thed.
Novikoff, AB. and E. Holtzman, 1976. Cells and Organelles, 2nd ed. New York, Holt, Rinehart,and Winston.

열역학

Oxtoby, D.W., Gillis, H.P. & A. Campion. 2008. Principles of Modern Chemistry (6th Ed.) . Thomson
van Holde K.E., Johnson, W.C. and Hu, P.S., 1998. Principles of Physical Chemistry
Chapter 2-3, Prentice-Hall.

완충용액

Good N.E., Winget, G.D., Winter, W., Connolly, T.N. Izawa, S., and Singh R.M.M. 1966. Hydrogen iion buffers for biological research, Biochemistry , 467-477.
Helperin, M.L. and Goldstein, M.B. 1999. A problem-based Approach (3rd ed.) W.B. Saunders.
Roos A. Bron, W.F. 1981. Intrcellular pH. Physiol. Rev., 61, 297.

수소결합

Jeffrey, G.A. and Saenger W., 1994. Hydrogen bonding in Bilogical Structures Chapter 1 & 2. Springer.

연습문제

1 지구상에 유기체가 가능한 이유를 설명하시오.

2 태양계의 어느 행성에 생명체가 가능하다면, 화성인가 또는 목성인가? 그 이유는?

3 우리 몸 속에 극히 제한된 금속이온을 포함하고 있다. 어떤 중금속은 해가 되고 또 어떤 것은 꼭 필요하다. 그 이유를 생각해보시오.

4 원핵생물과 진핵생물의 근본적인 차이는 무엇 때문일까?

5 세포를 "열린계 (open system)"라고 말할 수 있는 이유는 무엇인가?

6 Tris (hydroxymethyl aminoethane) 의 완충용액은 어느 pH 범위의 완충용액이 가장 적절한가?

7 50mL 0.1M NaOH와 200mL 0.1M H_3CCOOH ($pK_a = 4.76$) 를 합하여 만든 수용액의 pH를 계산하시오. 25mL의 0.2M NaOH를 더 추가했을 때의 pH를 계산하시오.

8 pH 6.0과 9.5에서 용액의 수소이온농도를 계산하시오.

9 0.5% (w/v) 염산의 pH의 값은? (완전히 해리된다고 가정)

10 생명체의 발전에 촉매의 발전이 중요한 이유는 무엇인가?

11 DNA는 세포의 어느 부분에 존재하는가?

12 에너지를 발생하는 세포소기관은 어느 것인가?

13 줄기세포는 언제 다른 세포를 만들게 되는가?

14 혈액세포의 종류와 기능은 무엇인가?

15 생체방어체계에서 면역세포는 어떤 기능을 수행하는가?

16 통증을 전달하는 신경세포는 신호를 어떻게 보내게 되는가?

17 쌍둥이는 어떤 경우에 태어나는가?

18 열역학적으로 자발적인 과정은 빨리 일어나는 과정인가?

19 새로운 화합물을 분석하고 확인하는 과정에서 빛은 어떻게 사용되는가?

20 물이 용매로서 우수한 능력은 무엇 때문인가?

21 실험실에서는 실제로 인산염의 완충용액을 자주 사용한다. 이 인산염의 완충용액의 경우에, 보통 0.05 M의 농도의 용액을 사용한다. 완충용액의 농도가 높을수록 완충능력이 우수한데, 왜 이렇게 낮은 농도의 완충용액을 사용하는가?

22 세포를 분리하여 여러 세포의 구성성분을 분리하는 과정에서, 정확하게 원하는 세포성분이 분리되었는지 확인하는 방법은 어떤 것이 있는가?

23 표준상태에서 표준자유에너지 $\Delta G°$를 알고 있으면, 화학반응에서 어떤 중요한 정보를 얻을 수 있는가?

24 배아줄기세포를 사용하여 수행하는 연구는 윤리적인 문제를 일으킬 수 있다. 어떤 문제들이 발생하게 될지 순서적으로 설명해 보시오.

25 인공세포의 연구는 왜 필요한가? 앞으로 이 분야의 연구가 어느 수준까지 발전할 수 있는가?

26 우리가 항상 마시는 물이 필수적으로 갖추어야 할 조건들을 찾아보시오.

단백질은 20개의 아미노산으로 만들어지고 있으며, 이 중 반은 체내에서 스스로 합성할 수 있는 아미노산들이고, 나머지 반은 합성하지 못하기 때문에 반드시 외부에서 섭취해야 하는 아미노산들이다. 그래서 우리는 항상 단백질을 섭취함으로써 필수아미노산을 공급해 주어야 한다. 단백질을 합성하는 과정에서 필요한 아미노산들이 부족한 경우에 미성숙된 단백질을 합성하게 됨으로써 세포내에서 중요한 기능에 문제를 발생하게 된다.

Chapter 2

아미노산과 단백질

2.1 단백질의 구성단위 아미노산

2.2 단백질의 일차구조 : 폴리펩타이드

2.3 단백질의 입체구조와 기능의 관계

표 2-1 단백질의 생물학적인 기능

기 능	예
효소	뉴라미니데이스 (neuraminidase) - 모기의 침과 같이 분비되는 피부를 녹임
	알콜탈수소효소 (alcohol dehydrogenase) - 간에서 알콜분해
운송	헤모글로빈 (hemoglobin) - 혈액에서 산소운반 (포유동물)
	세룰로플라스민 (ceruloplasmin) - 혈액에서 구리의 운송
저장	페레틴(ferretin) - 철의 저장 (지라)
	카세인 - 아미노산의 저장 (우유)
구조	콜라젠 - 섬유성 결합조직 (관절, 뼈)
	머리카락 - α-나선들의 꼬인 코일
근육	운동 마이오신 (myosin) - 골격근육의 두터운 미세근섬유
	액틴 (actin) - 골격근육의 엷은 미세근섬유
생체방어	항체 (immunogloblin) - 외부 이물질에 상호작용
	파이브리노젠 (fibrinogen) - 혈액응고
홀몬	인슐린 (insulin) - 글루코스 대사의 조절
	성장홀몬 - 뼈의 성장을 자극
독소	뱀독(venom) - 가수분해효소들, 특히 핵산가수분해효소
	클로스트리듐보틀리넘(clostridium botulinum) - 식중독 독소

단백질은 건조한 세포 무게의 반을 차지한다. 단백질은 세포에서 생체반응을 중계하고, 생명체의 질서를 유지하며, 구조를 형성하는 등의 여러 가지 필수적인 기능들 때문에 다른 어떤 생체분자들보다 중요한 것으로 알려지고 있다. 생물의 종에 따라 화학적으로 분명히 다른 종류의 단백질을 가지고 있고, 따라서 생물 세계에는 수백만 개의 다른 단백질이 존재한다. 네덜란드의 화학자 게라두스 뮬더 (Geradus Mülder) 는 단백질을 동물이나 식물에서 추출하고, 조직에 매우 많은 양의 단백질이 광범위하게 존재하는 것을 관찰하였다. 이 사실을 근거로 스웨덴의 생화학자 베르첼리우스 (Berzelius) 는 단백질에 "Protein"이라는 어휘를 쓰게 되었으며, 이 말의 어원은 그리스어의 'protios' 에서 유래되었고, 이는 "첫째를 차지한다"는 의미를 가지고 있다. 우리말에서 **단백질 (protein, 蛋白質)** 은 일본으로부터 도입되었는데, 달걀의 흰자를 의미한다.

단백질은 세포내에서 가장 다양하고 중요한 기능을 갖는 생체분자이다 (표 2-1). 생물학적으로 활성을 갖는 단백질은 고분자화합물로, 분자량이 6,000에서부터 수백만 돌턴 (Dalton) 에 이른다. 이 고분자 화합물의 기본단위체 또는 구조단위 (building block) 로는 아미노산들이 있으며, 이들은 공유결합으로 서로 연결되고 있다. 단백질의 성질은 다른 곁사슬을 갖는, 아미노산 성분들이 갖는 독특한 순서에 따라 좌우된다. 아미노산들 간의

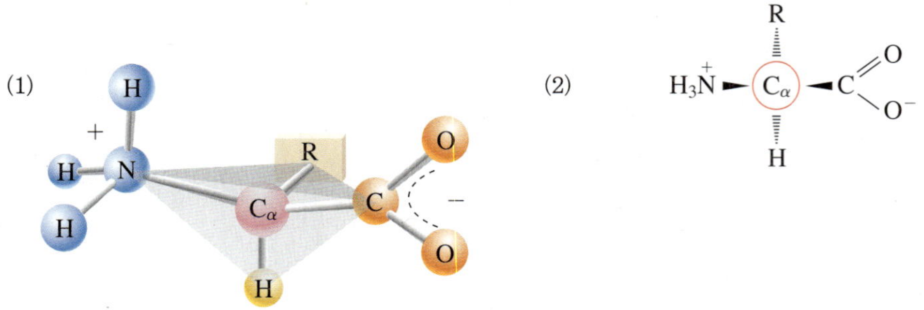

그림 2-1 α-아미노산의 삼차구조. (1) 카이랄한 α-탄소가 정사면체로 결합된 모습, (2) (1)의 간단한 표현.

중합반응은 한 개의 아미노산 카복실그룹과 다른 아미노산의 아미노그룹에서 물 한 분자가 떨어져 나오면서 아마이드의 공유결합을 만들면서 일어난다. 이런 과정이 반복되어 여러 아미노산의 결합으로 얻어진 중합체를 **폴리펩타이드(polypeptide)** 라고 한다. 아미노산이 서로 연결되는 아마이드결합을 **펩타이드결합(peptide bond)** 이라고 부른다. 이때 단백질 아미노산의 순서는 염색체의 DNA조각에 있는 뉴클레오타이드의 순서에 따라 결정된다. 생명체에서 단백질의 독특한 순서의 아미노산들은 분명히 다른 구조를 결정하게 되고, 각 단백질의 특색있는 화학적인 성질을 결정한다. 그래서 아미노산들에 대한 화학적인 성질들의 이해는 단백질의 생물학적인 기능을 생체분자를 사용하여 설명하는 데 필수적이다.

2.1 단백질의 구성단위 아미노산

2.1.1 아미노산의 화학적 성질

자연에서 단백질에 나타나는 거의 모든 아미노산들은 **L-α-아미노산(L-α-amino acid)** 이다(그림 2-1). 모든 α-아미노산은 유기산(α-COOH)으로, 아미노(NH_2)그룹과 수소원자가 α탄소에 결합되어 있다. 다른 아미노산은 R-그룹(곁사슬)의 화학성분이 서로 다르다. 생리적인 pH 용액에서 그들의 α-COOH과 α-NH_2그룹은 이온화되어 있다. 이때에 α-COOH그룹은 프로톤이 제거되어 공명안정한 음전하를 띠고 있고, 또 프로톤화된 α-NH_2그룹은 양전하를 띠고 있다(그림 2-2). 쌍극성(dipolar) 상태의 아미노산을 쯔비터이온(Zwitter ion)이라고 부른다. 해리가 가능한 α-COOH그룹과 α-NH_2그룹 때문에 α-아미노산은 두 개의 특징적인 pK_a'값을 갖게 된다. 두 가지 상태로 해리된 알라닌의 이온화된 모양의 구조를 그림 2-3에 나타내었다. 산성의 낮은 pH에서는 용액 속에 많은 H^+이 존재하기 때문에 두 작용기가 모두 프로톤화되어 분자 전체의 하전은 +1이 된다. 반대로 pH가 증가하면(H^+이 적어지면) 카복실그룹($pK_a' = 2.35$)의 이온화가 일어나며, 분자 전체 하전이 0이 된다. 알칼리성 pH에서는 α-NH_3^+그룹($pK_a' = 9.69$)은 H^+을 내놓고 $-NH_2$가 되며, 분자 전체의 하전은 −1이 된다. 알라닌은 pH 11.69에서 99%가 음전하를 띠게 된다. 알라닌의 평균분자 전체의 하전이 0이 되는 pH는 6.02로, 이를 **등전점(isoelectric point 또는 pI)** 이라고 한다. 이 등전점은 두 pK_a'값의 중간이 된다. 이러한 아미노산의 해리를 반영하는 적정곡선은 그림 2-4에 나타나 있다. 이렇게 아미노산의 이온화하는 경향은 생체분자 단백질에서 중요한 생물학적인 성질을 나타내게 된다. 뿐만 아니라 이러한 아미노산의 생화학적인 성질을 이용하면 단백질이나 아미노산의 분리, 또는 완충용액에 이용 등과 같은 실제 연구에도 쓸모가 있다.

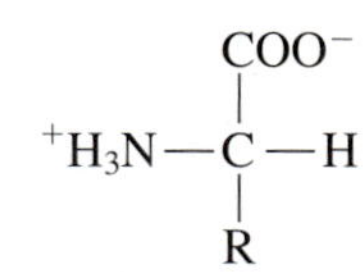

그림 2-2 쌍극성 아미노산(쯔비터이온).

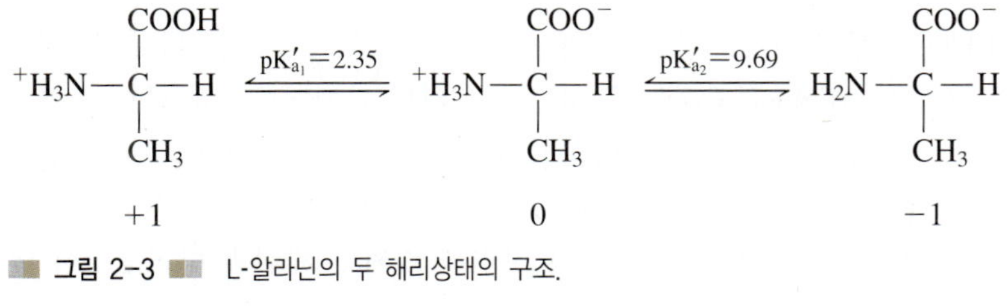

그림 2-3 L-알라닌의 두 해리상태의 구조.

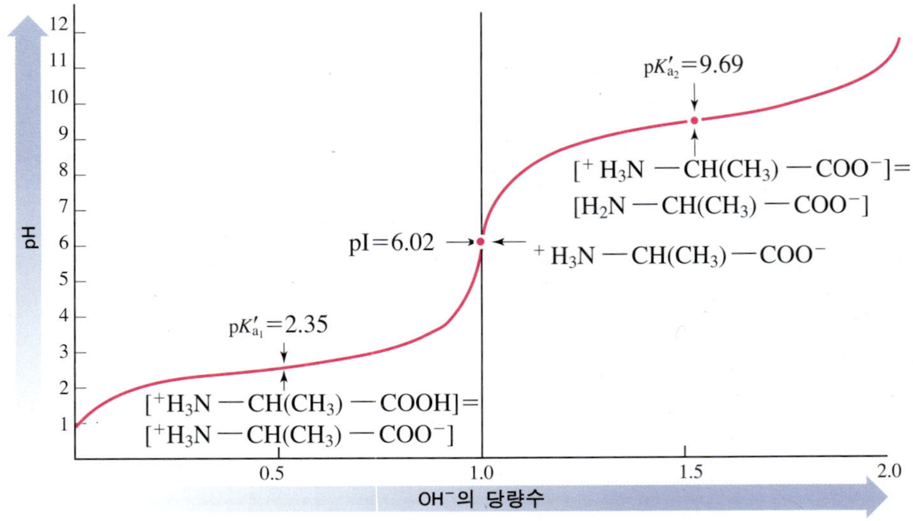

그림 2-4 알라닌의 적정곡선.

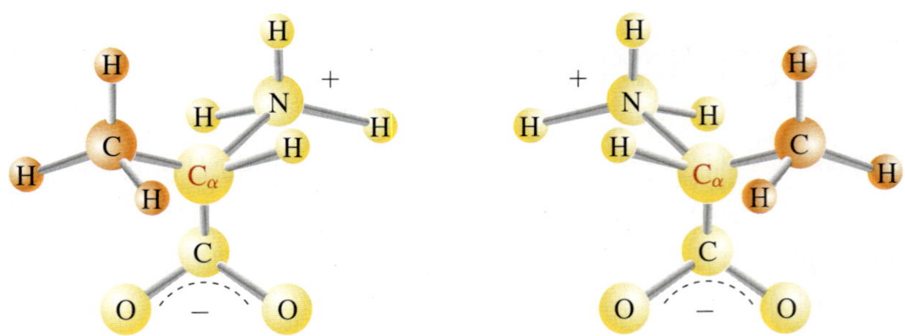

그림 2-5 α-아미노산의 입체이성질체 구조. L-알라닌과 거울상이성질체인 D-알라닌의 공-막대 모델. 곁사슬 메틸그룹은 오렌지색으로 나타냄.

또 하나의 다른 α-아미노산의 중요한 성질은 α-탄소원자가 대칭성을 갖는다는 것이다. 글리신을 제외하고 모든 아미노산들은 네 개의 다른 치환그룹이 탄소원자에 결합되기 때문에 **입체이성질현상 (stereoisomerism)** 을 나타내게 된다 (그림 2-5). α-아미노산의 구조식 표시방법에서 D와 L부호를 피셔 (Fisher) 표기 방법에 따라, 대칭 탄소의 오른쪽에 작용기 아미노그룹이 오게 그릴 때는 D-이성질체, 왼쪽에 올 때는 L-이성질체로 표기하기로 한다. 처음에 언급했듯이 생물체에서 기능을 갖는 거의 모든 아미노산은 전적으로 L-아미노산이어야 한다. 대단히 제한된 수의 D-아미노산만이 박테리아의 세포벽을 이루거나 항생물질로 기능하고 있다. 몇 개의 아미노산은 두 개의 대칭탄소를 가지고 있어서 네 개의 광학이성질체를 가지기는 하나, 그 중 한 개만이 생체에서 활성을 갖는다.

2.1.2 아미노산의 분류

자연에 존재하는 100개 이상의 아미노산들 중 단지 20개만 실제로 폴리펩타이드의 생합성에 참여한다. 그래서 크릭 (Francis Crick) 은 모든 생물체의 단백질합성에 반드시 필요한 20개 아미노산을 "마술의 20 (Magic 20)"이라고 부르기도 하였다. 단백질구조에서 일부는 폴리펩타이드에 삽입된 후에, 이 20개 아미노산들 중에서 화학적으로 변형된 아미노산들이 있다. 예를 들면, 프롤린이 하이드록시프롤린이 되거나 세린과 타이로신이 인

표 2-2 단백질에 있는 아미노산들의 화학적인 성질

아미노산	M_r	pK_a 값 pK_1(−COOH)	pK_2($-NH_3^+$)	pK_R(R−그룹)	pI	친수성과 소수성 척도*	단백질이 나타나는 %
비극성, 지방족 R-그룹							
글리신	75	2.34	9.60		5.97	−0.4	7.2
알라닌	89	2.34	9.69		6.01	1.8	7.8
프롤린	115	1.99	10.96		6.48	1.6	5.2
발린	117	2.32	9.62		5.97	4.2	6.6
루신	131	2.36	9.60		5.98	3.8	9.1
아이소루신	131	2.36	9.68		6.02	4.5	5.3
메싸이오닌	149	2.28	9.21		5.74	1.9	2.3
방향족 R-그룹							
페닐알라닌	165	1.83	9.13		5.48	2.8	3.9
타이로신	181	2.20	9.11	10.07	5.66	−1.3	3.2
트립토판	204	2.38	9.39		5.89	−0.9	1.4
극성, 전하가 없는 R-그룹							
세린	105	2.21	9.15		5.68	−0.8	6.8
트레오닌	119	2.11	9.62		5.87	−0.7	5.9
시스테인	121	1.96	10.28	8.18	5.07	2.5	1.9
아스파라진	132	2.02	8.80		5.41	−3.5	4.3
글루타민	146	2.17	9.13		5.65	−3.5	4.2
양전하의 R-그룹							
라이신	146	2.18	8.95	10.53	9.74	−3.9	5.9
히스티딘	155	1.82	9.17	6.00	7.59	−3.2	2.3
아르지닌	174	2.17	9.04	12.48	10.76	−4.5	5.1
음전하의 R-그룹							
아스파트산	133	1.88	9.60	3.65	2.77	−3.5	5.3
글루탐산	147	2.19	9.67	4.25	3.22	−3.5	6.3

* R-그룹의 소수성과 친수성을 결합한 척도로, (−) 값은 아미노산이 수용성 환경을 찾게 되는 경향을 나타내고, (+) 값은 소수성 환경을 선택하려는 경향을 나타낸다.

산화하거나 하는 경우이다. 유용한 아미노산의 분류방법으로, 아미노산의 용해성 (이온화 및 극성) 과 R-그룹의 특성에 따라 분류하는 방법이 있다. 아미노산의 R-그룹은 화학적인 성질에 따라 다섯 가지로 분류한다 (표 2-2) : (1) 비극성 (소수성) , (2) 방향족 R-그룹, (3) 음전하를 띠는 극성인 산성, (4) 양전하를 띠는 극성인 염기성, (5) 전하가 없는 극성인 비이온성. 같은 분류 안에서도 R-그룹은 그 크기, 모양, 성질이 서로 다르다 (그림 2-6). **필수아미노산 (essential amino acid)** 은 사람이 스스로 세포내부에서 합성하지 못하거나 필수적으로 필요한 것이다. 필수아미노산은 아르지닌, 히스티딘, 아이소루신, 루신, 라이신, 메싸이오닌, 페닐알라닌, 트레오닌, 트립토판, 발린 등의 열 개가 있다. 어린이의 발육에는 히스티딘이 필수적인 경우가 있으며, 아르지닌은 합성하기는 하나 요소회로에서 모두 소비된다. 그러나 나머지 아미노산들은 체내에서 여러 가지 생화학적인 경로를 따라 합성된다.

1. 비극성 아미노산

글리신 (glycine) : 글리신은 가장 작은 아미노산으로, H원자를 R-그룹 대신으로 가지는데, 광학활성을 갖지 않은 유일한 아미노산이다. 작은 R-그룹은 결합에 대한 회전에 최소의 입체장애 (steric hindrance) 를 나타내고 있다. 그래서 많은 펩타이드사슬의 밀집된 지

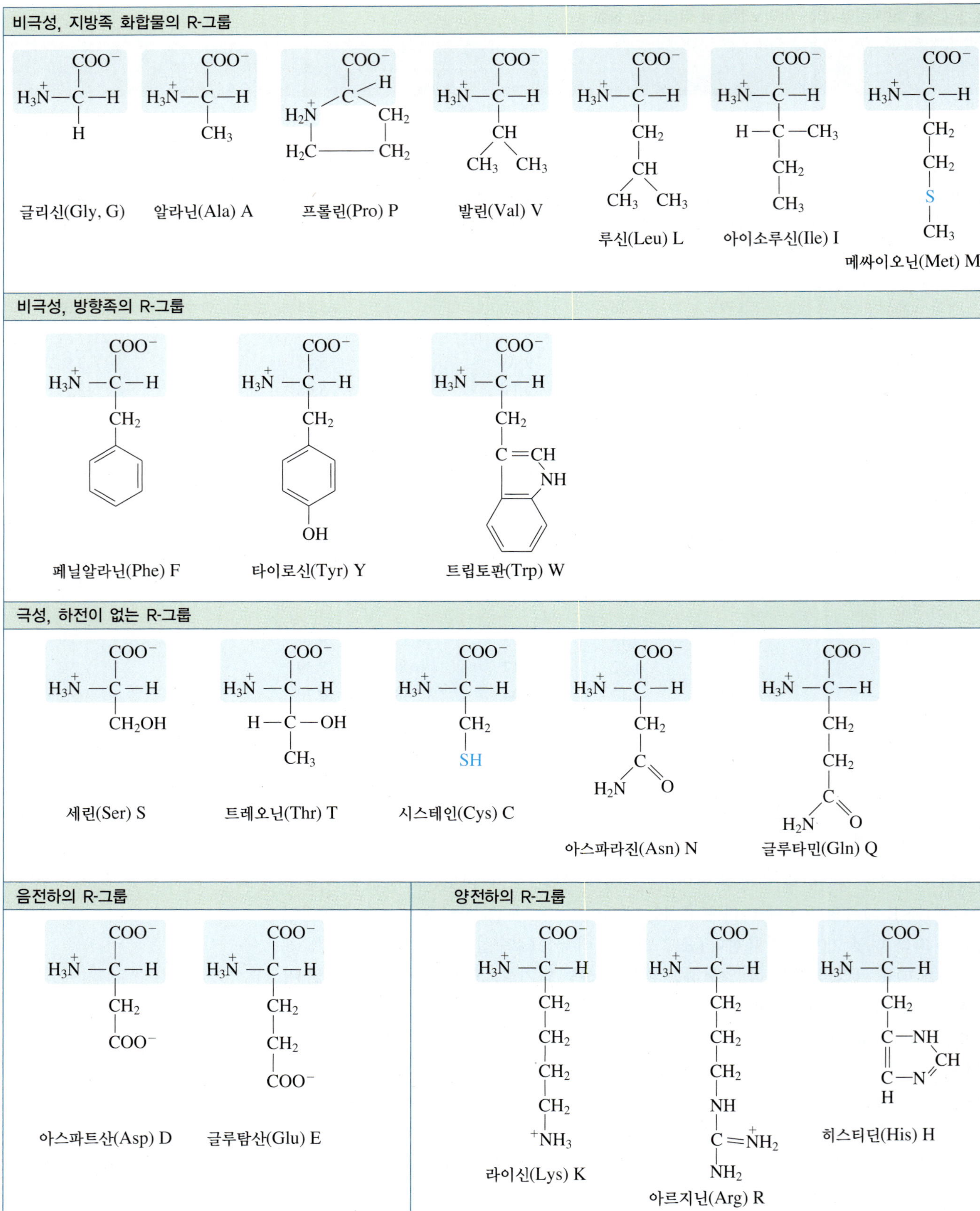

그림 2-6 단백질에 있는 20개의 아미노산들의 구조. 중성 pH 7.0에서 주로 존재하는 이온화된 상태의 아미노산의 구조식. α-아미노산의 골격은 엷은푸른색으로 나타내고 있다. 히스티딘의 경우, R-그룹의 하전이 없는 것처럼 보이나, 중성 pH에서 양전하를 갖는 R-그룹이 현저하게 많이 차지한다.

역에 꼭 들어맞게 된다. 회전이 제한된 섬유상단백질인 콜라젠은 폴리펩타이드사슬의 각 세 번째 위치마다 글리신을 포함하고 있다. 글리신은 포피린 (porphyrin), 퓨린 (purine) 같은 많은 단백질이 아닌 화합물의 합성에 사용된다.

알라닌 (alanine) : 알라닌의 곁사슬은 소수성인 메틸그룹, $-CH_3$을 갖는다. 다른 아미노산들은 알라닌의 β-탄소에 치환된 화학적인 유도체로 볼 수도 있다.

발린 (valine), **루신 (leucine)**, **아이소루신 (isoleucine)** : 이 세 개의 가지사슬형 탄화수소 아미노산들은 큰 비극성 R그룹을 가지고, 소수성 상호작용에 관여한다. 사람에게서 이들 아미노산들의 분해작용이 결손된 경우 **단풍나무시럽냄새오줌병 (Maple-syrup urine disease)** 에 걸리게 된다. 아이소루신은 α-탄소와 β-탄소에 동시에 대칭중심을 가지고, 네 개의 입체이성질체를 가지며, 그 중에 한 개만 단백질에서 나타난다. 이 큰 곁사슬은 물에 녹는 공모양의 단백질에서 안쪽에 있으려는 경향이 있다. 그래서 이런 소수성 아미노산들은 단백질의 삼차구조를 안정화하는 데 기여한다.

페닐알라닌 (phenylalanine) : 페닐알라닌의 큰 R-그룹에는 소수성 평면고리가 있다. 필수아미노산이며, 대사과정에서 타이로신으로 변환되지 않는 경우 **페닐케톤뇨증 (phenylketonuria)** 라는 병의 원인이 된다. 페닐알라닌, 타이로신, 트립토판은 방향족 그룹을 갖는 α-탄소로 비편재화된 π-전자 (delocalized π-electron) 를 가지므로 자외선을 흡수하는 아미노산들이다. 또 이들 아미노산 π-전자의 겹침은 이차구조를 만드는 중요한 힘의 하나로 작용하고 있다. 화합물의 **몰흡광계수 (molar extinction coefficient, ε)** 는 빛을 흡수하는 능력을 나타낸다. Beer-Lambert의 법칙에 따라 $A = \epsilon cl$ (c = 몰랄농도, l = 빛을 통과하는 용기의 폭, 1 cm) ϵ (단위 : 몰랄농도$^{-1}$) 로, **흡광도 (absorption, A)** 를 측정하여 화합물의 농도를 계산할 수가 있다. 트립토판과 타이로신의 최대흡수파장의 값은 280 nm와 276 nm이다. 대부분의 단백질은 방향족 아미노산을 평균적으로 가지고 있으므로 280 nm에서 흡광도의 측정으로 수용액에서 단백질의 농도를 측정할 수 있다.

트립토판 (tryptophan) : 인돌고리를 알라닌의 β-탄소에 연결하여 트립토판의 R-그룹을 형성한다. 트립토판은 식물에서 추출한 많은 약물질인 **세로토닌 (serotonin)**, **멜라토닌 (melatonin)** 및 니코틴아마이드 등이 합성될 때 전단계 물질이 된다. 필수아미노산이며, 음식물로 섭취해야 하고, 인돌고리의 자외선 흡수능력 때문에 분광광도계로 단백질농도의 측정에 이용될 수 있다.

메싸이오닌 (methionine) : 필수아미노산이며, 황 원자에 메틸기가 붙은 R-그룹을 가지고 있다. 메싸이오닌은 많은 메틸화반응, 예를 들어 **에피네프린 (epinephrine)** , **크레아틴 (creatine)** 및 멜라토닌의 합성반응에서 메틸그룹을 내놓는 기능을 한다. 신체에서 황을 포함하는 거의 모든 화합물은 메싸이오닌으로부터 만들어진다.

프롤린 (proline) : 프롤린은 이차아민그룹, 즉 이민그룹을 일차아민그룹 대신 가지고 있다. 이런 이유 때문에 프롤린을 이미노산이라고도 부른다. 세 개의 탄소를 갖는 R-그룹은 α-질소그룹과 융합되어 있다. 그래서 이 화합물은 회전이 폐쇄된 단단한 고리구조를 가지고 있다. 결과적으로 폴리펩타이드에서 프롤린그룹은 사슬의 **접힘 (folding)** 에 영향을 주게 된다. 사람의 연골조직의 주된 단백질인 **콜라젠 (collagen)** 의 프롤린은 하이드록실화되어 있다. 단백질합성시 하이드록실화가 일어나며, 이때 **아스코브산 (ascorbic acid, 바이타민 C)** 이 조효소로 필요하게 된다. 바이타민 C의 결핍은 콜라젠형의 결핍의 원인이 되고, 괴혈병에 걸리게 된다.

2. 산성 아미노산

아스파트산 (aspartic acid) : 아스파트산의 β-카복실그룹은 pK_a'값이 3.86으로 pH = 7.0에

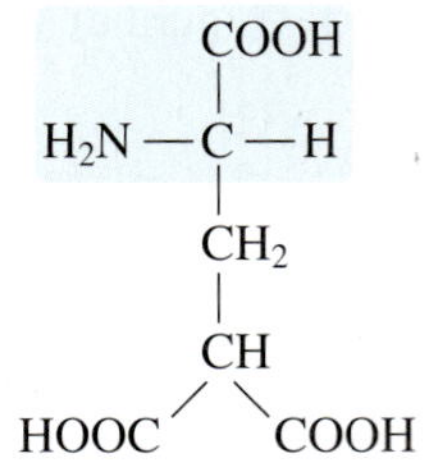

■ 그림 2-7 ■ γ-카복실글루탐산.

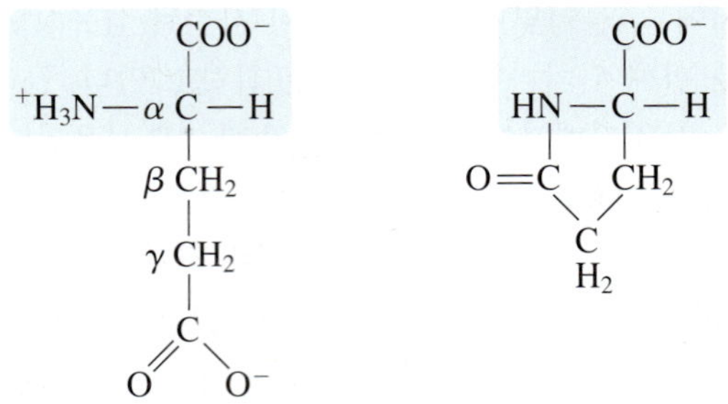

■ 그림 2-8 ■ 글루탐산과 파이로글루탐산의 구조.

서 이온화되고 있다. 카복실그룹의 음이온은 수용성 단백질의 표면에서 물과 상호작용하므로 단백질의 표면에 주로 나타난다. 이런 표면에서의 상호작용은 단백질의 접힘을 안정화시키는 데 기여한다.

글루탐산 (glutamic acid) : 글루탐산의 γ-카복실그룹은 pK_a'값이 4.25로, 생리적인 pH에서 이온화된다. 수용성 환경에서 단백질의 표면에 글루탐산의 음이온그룹이 나타난다. 어떤 단백질에서 글루탐산의 γ-탄소는 부가적인 카복실그룹을 가지게 된다. γ-카복실글루탐산은 두 개의 음전하를 가지고 있으므로 칼슘이온과 강력하게 결합할 수 있다 (그림 2-7). 글루탐산의 내부 아마이드 유도체인 고리형 화합물을 **피롤리돈 (pyrrolidone)** 카복실산이라고 한다. 몇몇 단백질 (예: 면역글로불린단백질의 무거운 사슬) 이나 펩타이드들 (예: 타이로트로핀-배출홀몬) 의 N-말단 아미노산이 파이로글루탐산이다 (그림 2-8).

3. 염기성 아미노산

라이신 (lysine) : 라이신은 필수아미노산으로, 긴 곁사슬에 반응성이 있는 ϵ-아미노그룹이 붙어 있다. 라이신의 ϵ-아미노그룹은 pK_a'값이 10.53으로, 생리적인 pH에서 프로톤이 붙어 있다. 라이신의 곁사슬은 산성 아미노산의 음전하의 그룹과 이온결합을 형성한다. 라이신의 ϵ-아미노그룹에는 바이타민인 **바이오틴 (biotin)** , **리포산 (lipoic acid)** 그리고 바이타민 A의 유도체인 레티날 등과 공유결합으로 연결되고 있다.

콜라젠과 몇 개의 당단백질에서 라이신의 δ-탄소는 하이드록실화되어 있고, 당성분이 이곳에 부착되고 있다. **엘라스틴 (elastin)** 과 콜라젠에서는 라이신의 ϵ-탄소가 산화되고 아미노그룹이 제거되어 반응성인 알데하이드 (−CHO) 그룹으로 변한다. 이 알데하이드 그룹들은 다른 ϵ-아미노그룹과 반응하여 폴리펩타이드 사이에 공유결합으로 서로 연결하게 되며, 따라서 단백질섬유가 신축성을 갖고 수용액에 녹지 않게 된다. 상호결합된 아미노산구조의 예로는 **데스모신 (desmosine)** 과 **아이소데스모신 (isodesmosine)** 이 있다.

히스티딘 (histidine) : 히스티딘은 β-탄소에 이미다졸그룹이 부착되어 pK_a'값이 6.0이 된다. 단백질에서 히스티딘의 pK_a'값은 변하고, 근처 잔기의 성질에 따라 좌우된다. 그래서 이미다졸륨-이미다졸 쌍의 완충용액은 산-염기의 조절에 중요한 역할을 한다 (예: 헤모글로빈). 이미다졸그룹은 친수성으로 또는 일반적인 염기로 기능하며, 특히 효소들의 활성부위 아미노산으로 작용하고, 또 금속이온과 결합하기도 한다. 히스티딘의 탈카복실화로 **히스타민 (histamine)** 을 만드는 반응은 연골의 주세포, 혈관의 주위, 백혈구, 위에서 산을 만드는 선 (腺) 에 존재하는 히스타민 합성지역에서 만들어진다. 히스타민의 배출과 관련된 많은 생물학적인 반응들은 목표세포에 존재하는 수용체의 유형에 의하여 결정된다.

아르지닌 (arginine) : 아르지닌의 δ-탄소에 부착된 양전하를 가진 구아니디늄그룹은 두 개의 아미노그룹 사이의 공명에 의하여 안정화되고, pK_a'값은 12.48이 된다. 아르지닌은 크레아틴의 합성에 사용되며, 또한 요소회로에 참여한다.

4. 중성 아미노산

세린 (serine) : 세린의 일차알콜그룹과 인산은 에스터결합을 형성한다. 당의 글라이코사이드와도 에스터결합을 형성한다. 특히 많은 단백질의 생화학적인 활성도를 세린의 인산화와 탈인산화로 조절한다. 어떤 효소의 활성부위에서는 세린 하이드록실그룹이 활성그룹으로 작용하고, 이 그룹의 가역적인 유도체를 통하여 비활성화시킬 수도 있다. 세린의 −OH의 pK_a' 값은 13.6이다.

트레오닌 (threonine) : 이 필수아미노산은 곁사슬에 두 개의 대칭탄소를 가지고 있고, 네 개의 이성질체를 가지며, 단백질에 단지 한 개의 L-트레오닌만 존재한다. 세린에서와 마찬가지로 인산과의 반응에 참여하며, 당과도 반응한다.

시스테인 (cysteine) : 시스테인의 약한 산성 ($pK_a' = 8.33$) 의 황화수소그룹 (−SH) 은 생리적인 pH에서 근본적으로 해리되지 않는다. 유리−SH그룹은 많은 효소와 구조단백질의 기능에 필수적이다. 중금속인 납 (Pb^{2+}) 이나 수은 (Hg^{2+}) 은 −SH그룹과 결합함으로써 이들 단백질이 활성을 상실하게 한다. 두 개의 시스테닐 −SH그룹은 산화되어 시스틴 (cystine) 을 만든다. 시스테인의 공유성 이황화결합은 한 폴리펩타이드사슬 내부에서 두 부분 사이 또는 두 개의 다른 폴리펩타이드 사슬들 사이의 시스테인들의 결합을 통하여 서로 연결된다. 이러한 −S−S− 결합은 폴리펩타이드사슬의 접힘이나, 인슐린이나 면역단백질에서 한 개 이상의 사슬을 서로 연결시키는 데 필수적이다.

타이로신 (tyrosine) : 방향족 아미노산들에서 페놀의 하이드록실그룹은 약한 산성의 pK_a' 값이 10 정도를 나타내고 있으며, 생리적인 pH에서 이온화되지 못한다. 몇 가지 효소들에서 페놀의 하이드록실그룹의 수소원자는 산소나 질소원자와 수소결합에 참여한다. 타이로신에서 페놀의 하이드록실그룹은 단백질, **게스트린 (gastrin)** 이나 **콜레스토사이토키닌 (cholestocytokinin)** 에서 설페이트 (SO_4^{2-}) 가 붙는다. 또 타이로신에 특별히 작용하는 발암성유전자를 만드는 단백질인산화효소에 의해서 인산화된다. 아미노산의 분해능력의 결핍으로 타이로신이 신체 조직이나 혈액에 축적되는 선천성 유전병인 **타이로시노시스 (tyrosinosis)** 와 **타이로시니미아 (tyrosinemia)** 들이 있다. 타이로신은 **타이록신 (tyroxine)**, **카테콜아민 (catecholamine)** 및 **멜라닌 (melanin)** 생합성과정의 전 단계 화합물로 알려지고 있다.

아스파라진 (asparagine) : 아스파트산의 아마이드유도체인 R-기는 산성이나 염기성의 성질을 갖지는 않으나 극성이며, 수소결합 형성에 참여한다. 이것은 효소 아스파라지네이스 (asparagenase) 에 의해서 아스파트산과 암모니아로 가수분해된다. 당단백질에서 가끔 탄수화물의 곁사슬이 아스파라진의 아마이드그룹과 연결되어 있다.

글루타민 (glutamine) : 글루탐산의 아마이드그룹은 아스파라진과 비슷한 성질을 갖는다. 암모니아에서 나온 γ-아미노질소는 퓨린과 피리미딘 뉴클레오타이드의 합성에 사용되고, 간에서 요소로 바뀌며, 또 신장의 원통형 상피세포에서 암모니아를 배출시킨다. 이때 마지막 반응은 글루타미네이스에 의해서 촉매되고, 뇨에서 H^+를 중화시킴으로써 산-염기의 조절에 관여한다.

2.1.3 자연에 나타나는 다른 아미노산

앞에서 언급하고 있듯이 변형된 형태의 아미노산들이 단백질에서 자주 발견되고 있다. 포유류의 주된 구성성분의 단백질인 콜라젠은 4-하이드록시프롤린과 5-하이드록시라이신을 포함하고 있다 (그림 2-9). 우유의 카제인이나 어떤 효소들 같은 단백질에서 인산화된 세린인 포스포세린이 발견되고 있다 (그림 2-10). 대장균의 단백질 합성과정에서 메싸

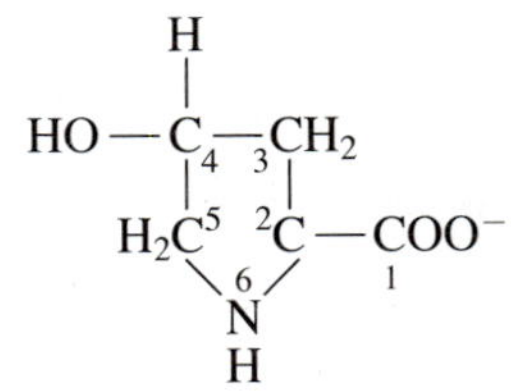

4-하이드록시프롤린

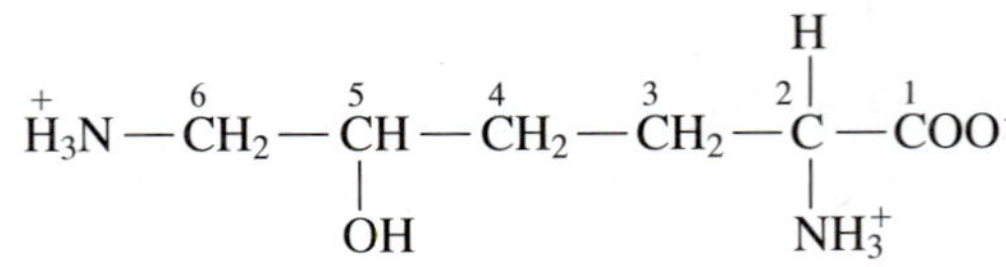

5-하이드록시라이신

■■ 그림 2-9 ■■ 하이드록실화된 프롤린과 라이신.

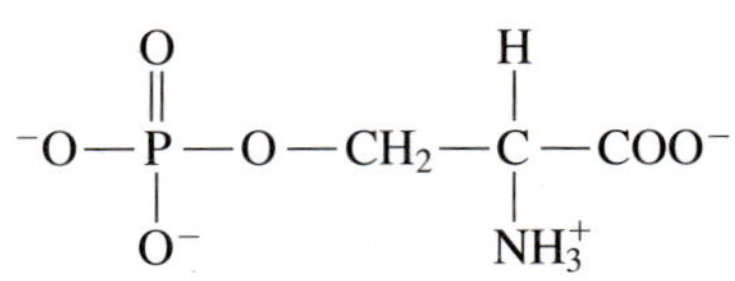

포스포세린

■■ 그림 2-10 ■■ 인산화된 아미노산.

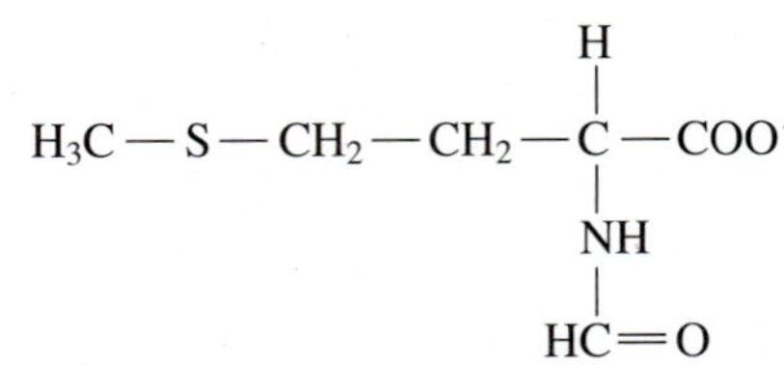

N-포밀메싸이오닌

■■ 그림 2-11 ■■ 포밀화된 아미노산.

이오닌의 유도체인 N-포밀메싸이오닌은 개시단계에서 필수적이다(그림 2-11). 자연에 존재하는 많은 아미노산들 중에서 단백질에 나타나지 않은 것들로는 호모세린, 오르니틴, β-알라닌, δ-아미노뷰티르산(그림 2-12) 등이 있다.

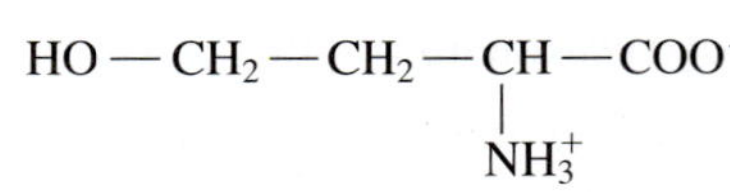

호모세린

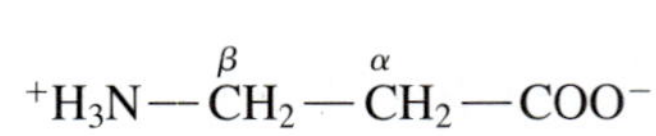

β-알라닌
(β-아미노산)

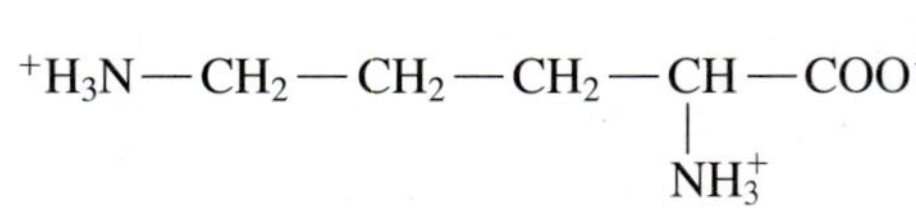

오르니틴

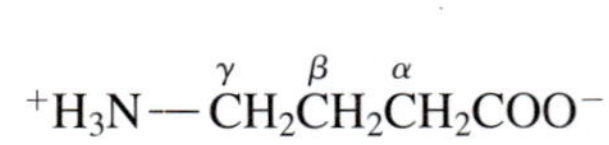

γ-아미노뷰티르산
(γ-아미노산)

■■ 그림 2-12 ■■ 자연에 나타나는 단백질 중 단백질 합성에 사용되지 않는 아미노산들.

2.2 단백질의 일차구조 : 폴리펩타이드

단백질에서 가장 기초가 되는 구조를 "**일차구조(primary structure)**"라 하고, 이는 단백질에서 아미노산의 수와 순서를 말한다. 이 수준의 단백질의 구조는 단지 공유결합성 펩타이드결합이 관여된다. 단백질의 자연적인 모양은 수용성 환경에서 펩타이드들간의 상호작용에 의해서 결정된다. 그렇게 해서 폴리펩타이드는 에너지적으로 더욱 안정한 이차구조와 삼차구조를 얻게 된다. 생명체에서 거대분자인 단백질은 매우 복잡한 삼차구조를 가지고 있다.

2.2.1 펩타이드결합

단백질에서 아미노산들간의 서로 연결되는, 즉 한 아미노산의 아미노그룹과 다른 아미노산의 카복실그룹간의 공유결합을 **펩타이드결합(peptide bond)**이라고 한다. 펩타이드결합은 부분적으로 이중결합성질을 가지고 있으므로, 아마이드그룹의 수소원자와 카보닐그룹의 산소가 트랜스 위치로 비교적 단단한 평면에 놓여 있게 된다(그림 2-13). C와 N의 결합은 이중결합의 특성 때문에 이들 축에 대한 회전이 제한되게 된다(그림 2-14). 그러나 각 α-C원자는 펩타이드결합의 N과 C에 연결되는 단일결합(ϕ과 ψ 회전각도)에

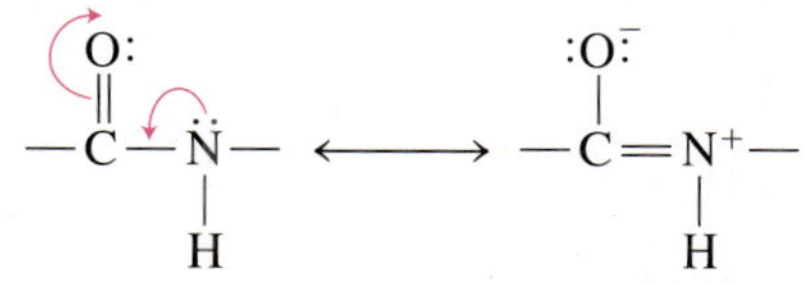

■ 그림 2-13 ■ 평면을 만드는 펩타이드결합은 부분적으로 이중결합의 성질을 나타낸다.

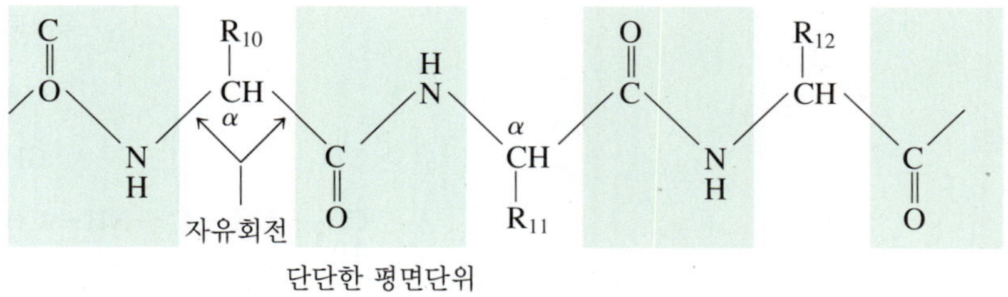

■ 그림 2-14 ■ 단단한 폴리펩타이드의 단위와 펩타이드그룹을 연결하는 결합은 큰 각도의 회전가능성을 가진다.

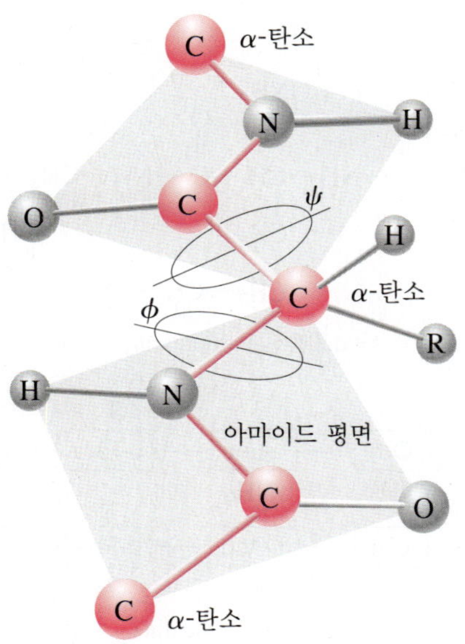

■ 그림 2-15 ■ Cα-N 결합의 ϕ(파이) 회전각도와 Cα-C결합의 ψ(프사이) 회전각도.

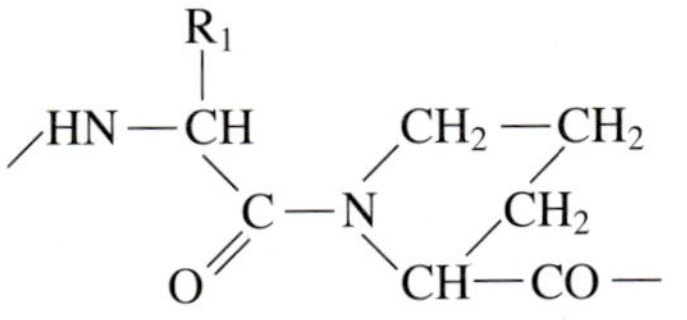

프롤린 잔기

트랜스결합의 프롤린

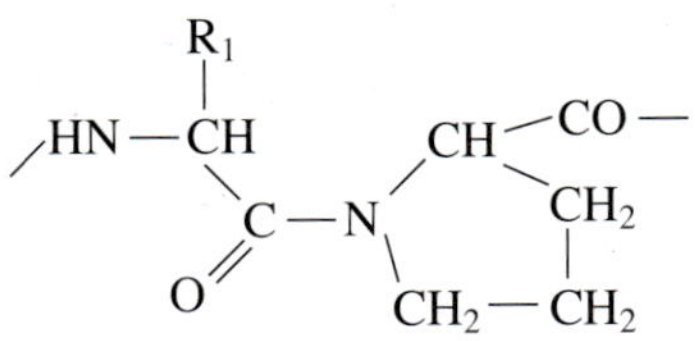

프롤린 잔기

시스결합의 프롤린

■ 그림 2-16 ■ 프롤린이 포함된 펩타이드결합의 시스와 트랜스 구조.

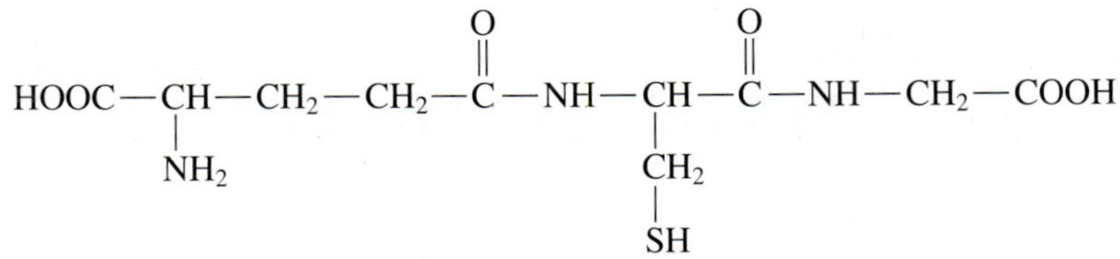

■ 그림 2-17 ■ 글루타싸이온의 구조.

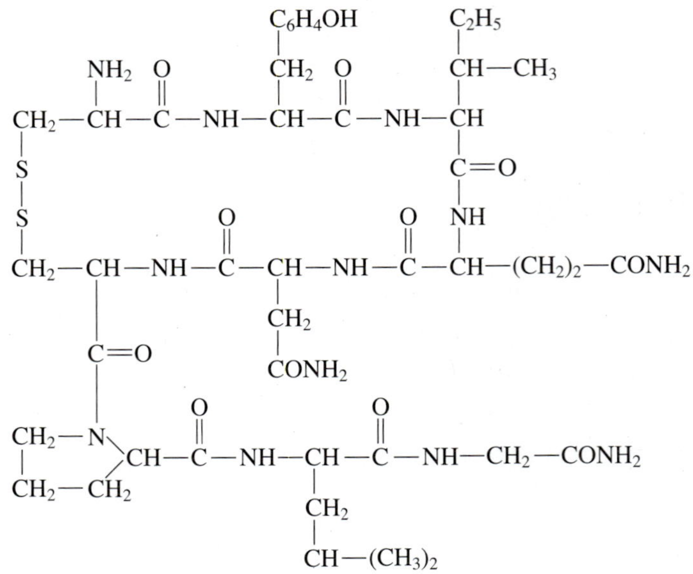

옥시토신(Oxytocin)

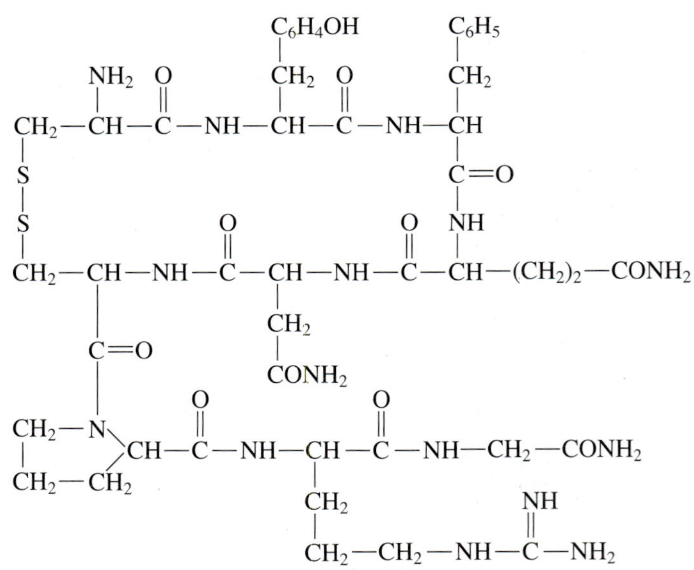

바소프레신(Vasopressin)

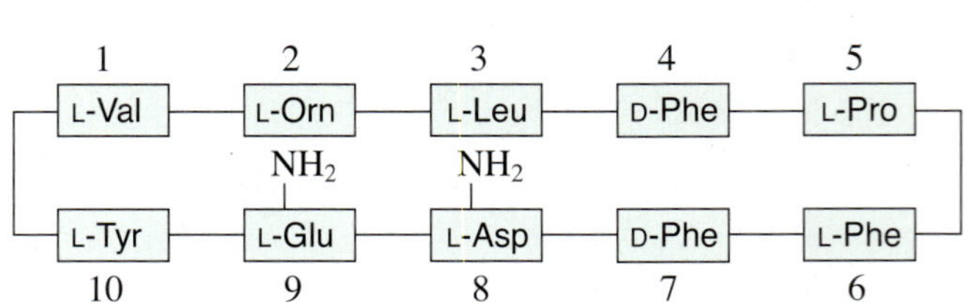

타이로시딘(Tyrocidin)

■ 그림 2-18 ■ 옥시토신, 바소프레신, 타이로시딘의 구조.

대해서 회전이 자유스럽다(그림 2-15). 이 자유스러운 회전 때문에 $\alpha-$C원자에 연결된 R-기는 폴리펩타이드의 삼차구조의 형성에 영향을 주는 기능을 하게 된다. 모든 펩타이드결합은 트랜스 배열(configuration)을 하고 있기 때문에 곁사슬 R-기들을 가능한 한 멀리 떨어져 있도록 놓이게 한다. 그러나 프롤린의 단단한 피롤리돈의 $-$NH그룹이 관여하는 펩타이드결합은 트랜스와 시스의 두 가지 다른 배열로 일어날 수 있다(그림 2-16). 단백질의 X$-$선 회절실험을 통하여 확인한 바에 의하면, 시스형보다는 트랜스형이 단백질에서 더 많이 나타난다는 사실을 확인하게 되었다.

여러 가지 아미노산들의 펩타이드결합으로 만들어진 화합물을 "**폴리펩타이드(polypeptide)**"라 하고, 단백질의 구조에는 적어도 한 개 이상의 폴리펩타이드사슬이 포함되어 있다. 폴리펩타이드의 단위 아미노산을 아미노산 **잔기(residue)**라고 한다. 한 개의 폴리펩타이드의 구조에서 양쪽에 단지 한 개의 α-NH_3^+그룹과 α-$COO^-$$-$그룹을 가지게 된다. 자유로운 α-NH_3^+그룹을 갖는 말단 잔기를 아미노말단 또는 **N-말단 잔기(N-terminal residue)**라고 한다. 카복시말단 또는 **C-말단 잔기(C-terminal residue)**는 자유로운 α-COO$-$그룹을 가지고 있고, 폴리펩타이드의 다른 쪽에 있다. 생체내에서 단백질은 아미노말단에서 카복시말단으로 합성되고, 일반적으로 폴리펩타이드의 순서는 N-말단에서 시작하여 왼쪽에서 오른쪽으로 표시하기로 하고 있다.

2.2.2 기능성 올리고펩타이드

올리고펩타이드(oligopeptide)는 적은 수의 아미노산, 즉 열 개 정도 또는 그 이하의 아미노산들이 아마이드결합으로 연결된 것을 말한다. 이러한 올리고펩타이드들은 홀몬, 항생제, 독소(toxin), 대사중간물질 등으로, 생명체내에서 중요한 기능을 수행한다. **글루타싸이온(glutathione)**은 트라이펩타이드로서 자연에 넓게 존재하며, 포유동물에서 적혈구세포의 산화에 의한 손상을 방지하기 위하여 반드시 필요하다(그림 2-17). **난포자극분비홀몬(FSH-RH)**이나 **황체형성홀몬 분비홀몬(LH-RH)** 등은 스테로이드 홀몬의 합성을 자극하는 생식에 관련된 홀몬을 배출시키는 홀몬(hormone-releasing hormone)들로, 대부분 펩타이드홀몬들이다. 또 **바소프레신(vasopressin)**과 **옥시토신(oxytocin)**은 뇌하수체에서 만들어진 나노-펩타이드홀몬들이다(12장-2절 참조). 몇몇 항생제 중에 비교적 간단한 구조를 갖는 것으로 **그라미시딘(gramicidin)**과 **타이로시딘(tyrocidin**, 그림 2-18)이 대표적인 화합물들이다. 다른 항생제인 페니실린은 발린과 시스테인 잔기를 가지고 있으며, 펩타이드결합으로 연결되고 있지는 않다. 페니실린구조는 탄력을 받는 네 개 원자의 고리로, 황을 포함하는 고리도 가지고 있다(그림 2-19). 합성된 펩타이드들 중에 생체활성을 갖는 것도 있다. 그 예로 인공감미료인 **아스파탐(aspartame)**은 L-아스파틸-L-페닐알라닐-메틸에스터의 구조를 가지고 있으며, 설탕보다 약 200배나 더 단맛을 낸다. 현재 펩타이드는 연구목적으로 또는 특히 다양한 다른 수의 조합으로 합성하여 약물을 탐색하기

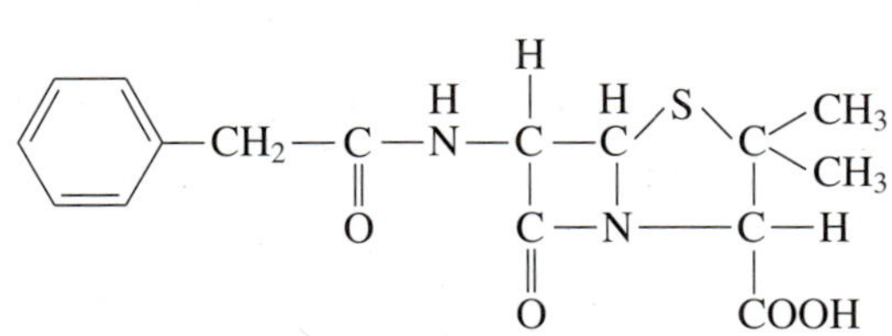

페니실린 G(Penicillin G)
벤질페니실린(Benzyl penicillin)

그림 2-19 페니실린의 구조.

위한 문고로 각광을 받고 있다(참고 펩타이드문고). 이들 펩타이드문고는 효소의 방해제, 홀몬의 활성을 갖는 물질로, 또는 항체의 생성을 촉진하는 물질의 탐색에 사용되기도 한다.

2.2.3 폴리펩타이드의 아미노산 순서의 결정

단백질에서 아미노산의 순서를 결정하는 일은 많은 시간과 노력을 필요로 하는 실험들로, 아래의 다섯 단계를 거쳐 수행하게 된다 : (1) N-말단과 C-말단 아미노산의 잔기 확인, (2) 이황화그룹이 있으면 절단, (3) 서로 겹치지 않는 가능한 한 적은 수의 조각으로 제한된 절단, (4) 이 조각들의 분리, (5) 대략 20~30개의 잔기로 연결된 펩타이드에서 아미노산의 순서결정. 보통 단백질은 한 개 이상의 폴리펩타이드를 가지고 있어서, 여러 개의 폴리펩타이드의 경우 각 한 개씩의 폴리펩타이드를 분리하여 얻고, 위에 제시한 순서대로 미리 준비과정을 거친다. 따라서 아미노산의 순서분석은 위의 (1)단계에서 (4)단계 과정의 실험은 실제로 연구의 필요에 의해 단백질을 발견하여 정제한 곳에서 수행하는 것이 바람직하다. 다시 말해서 아미노산의 순서분석기는 적당한 크기의 폴리펩타이드 한 개의 순서만을 결정하게 된다. 현재는 위에 언급한 과정을 거친 한 개의 폴리펩타이드에 대한

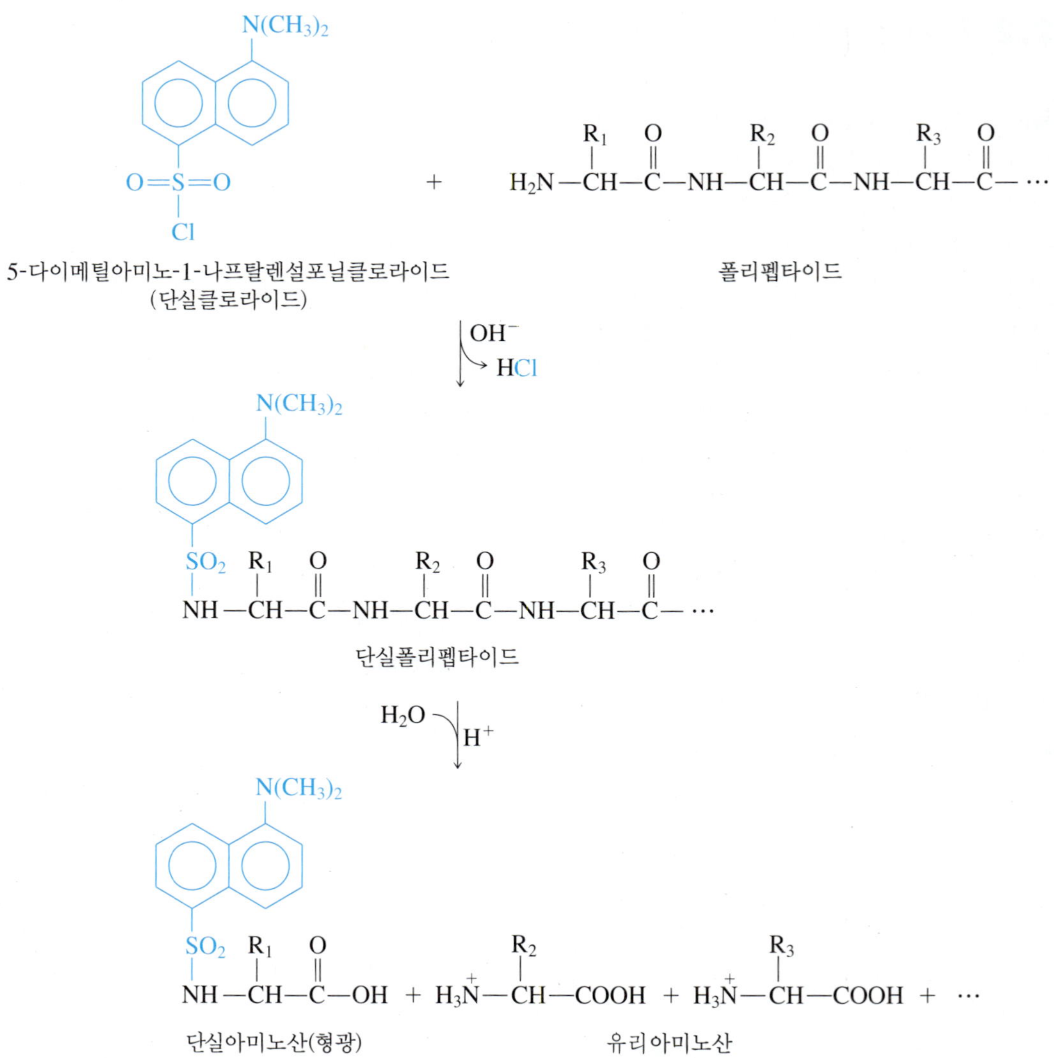

■ 그림 2-20 ■ 단실클로라이드반응. 일차아미노산과 단실클로라이드반응은 말단그룹의 분석에 사용한다.

아미노산들의 순서를 전문가가 **아미노산 순서분석기 (aminocacid sequenator)** 를 사용하여 쉽게 얻어 낼 수 있다. 따라서 아미노산의 순서분석기에 사용하기 이전 단계의 전처리 과정이 중요하다. 여러 개의 폴리펩타이드를 분리하여, 서로 겹치지 않게 가수분해시켜 얻은 조각들의 순서를 확인하고, 얻어진 각각의 폴리펩타이드의 아미노산 순서를 정하게 된다. 따라서 이곳에서는 아미노산의 순서를 결정하는 데 있어서 아미노산 순서분석기 사용 이전 단계의 필요한 시료를 얻는 과정만을 설명하기로 한다.

1. 아미노산의 N-말단과 C-말단의 확인

형광을 가지는 화합물 5-다이메틸아미노-1-나프탈렌설포닐클로라이드인 **단실클로라이드 (dansyl chloride)** 는 폴리펩타이드의 일차아미노그룹과 반응하여 단실화된 폴리펩타이드를 얻게 된다 (그림 2-20). 단실화된 폴리펩타이드는 높은 온도의 산성용액에서 펩타이드결합이 가수분해된다. 이렇게 분리되어 얻어진 N-말단 아미노 잔기는 다른 아미노산들과 크로마토그래피법으로 쉽게 분리될 수 있고, 강한 노란색의 형광을 띠는 N-말단 잔기를 확인하게 된다. 이 방법은 매우 적은 양의 시료를 사용하여 정확하게 N-말단 잔기를 확인하는 방법으로 알려지고 있다. 만약 N-말단 잔기가 화학적으로 보호되지 않았다면 (N-말단 잔기는 가끔 파이로글루타민처럼 변형되어 있다) , 한 개의 폴리펩타이드사슬은 한 개의 N-말단 잔기를 갖기 때문에, 이렇게 말단의 그룹을 확인하는 방법은 단백질에서 화학적으로 분명한 폴리펩타이드의 수를 결정하는 데 사용된다. 좋은 예로, 인슐린의 경우는 같은 양의 단실화된 글리신과 페닐알라닌을 가지므로, 서로 다른 두 개의 폴리펩타이드를 가지고 있음을 알 수 있다.

2. 수소결합 및 이황화그룹의 절단

이황화결합을 파괴시키는 β-머캅토에탄올 (β-mercap-toethanol) 로 요소나 염화구아니디늄 (guanidium hydrochloride) 과 함께 단백질을 처리하면 이황화 결합은 시스테인 잔기가 되며, 비공유성 상호작용 (예: 수소결합 등) 이 파괴되어 원래의 단백질모양이 파괴된다 (그림 2-21). 이때 폴리펩타이드사슬은 완전히 일직선으로 펼쳐지게 된다. 이때 자유로운 황화수소그룹 (−SH) 이 아이오도아세트산 (iodoacetate) 을 처리하면 산소에 의한 재산화로 이황화결합이 재형성되는 것을 막게 된다 (그림 2-22).

3. 서로 겹치지 않는 폴리펩타이드의 절단

단백질을 적은 수의 폴리펩타이드로 가수분해시키는 것은 내부 아미노산그룹에 특수하게 작용하는 화학약품이나 효소를 사용하여 가능하다. 일반적으로 폴리펩타이드내에는 극히 제한된 수의 메싸이오닌이 포함되어 있기 때문에 C-말단 쪽의 메싸이오닌을 절단하는 사이아노젠브로마이드 (cyanogen bromide) 는 폴리펩타이드를 한두 개의 적은 수

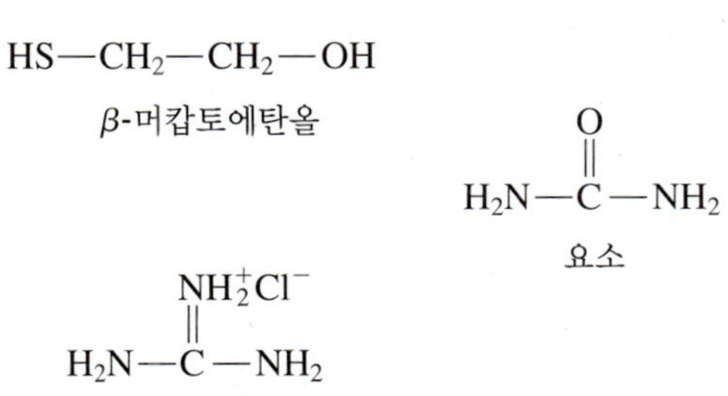

■ 그림 2-21 ■ 머캅토에탄올, 요소, 염화구아니디늄.

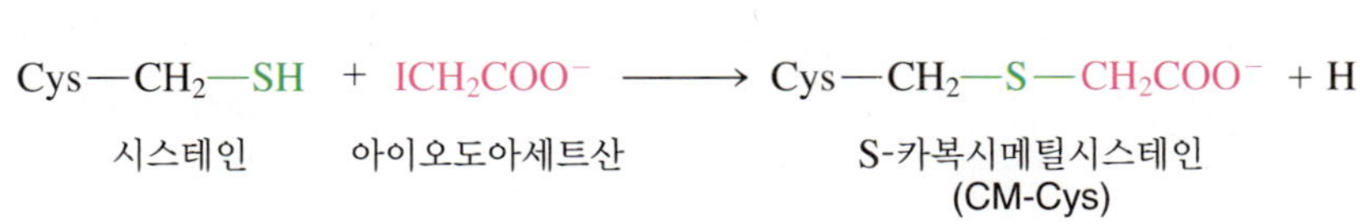

■ 그림 2-22 ■ 산소에 의한 산화로 인한 이황화결합의 재형성을 방지하기 위하여 알킬화시약인 아이오도아세트산을 사용하여 설퍼하이드릴그룹의 반응을 차단시킨다.

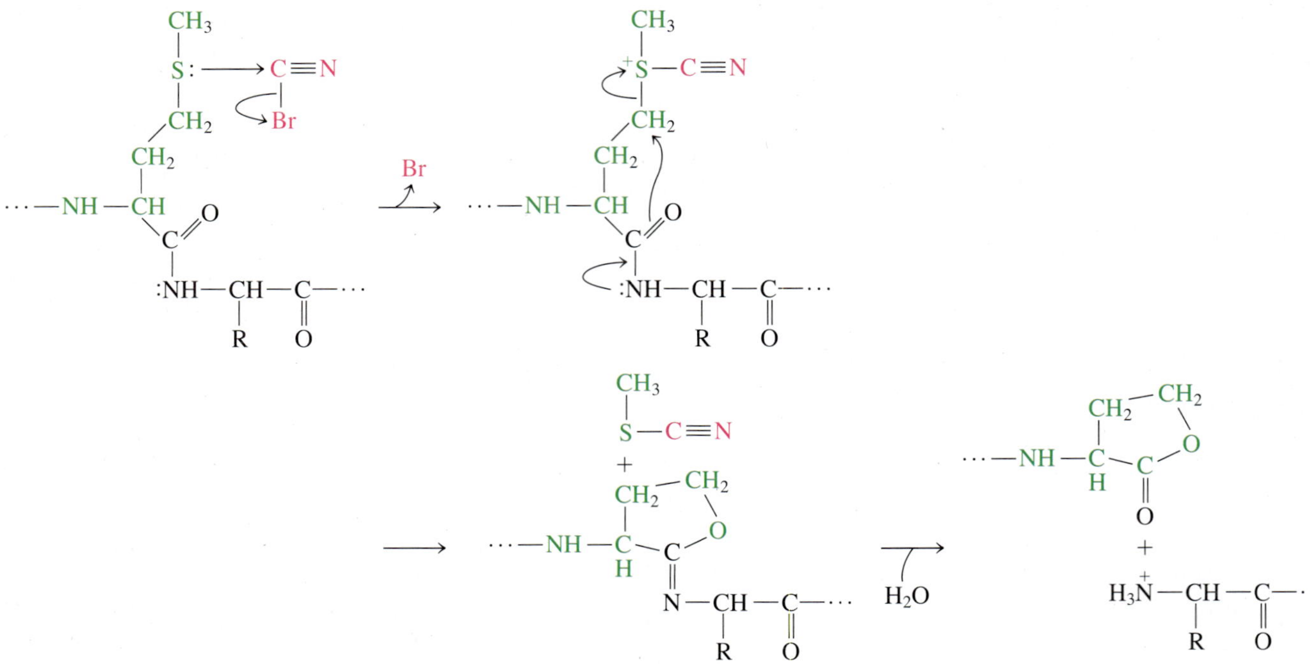

■ 그림 2-23 ■ 사이아노젠브로마이드에 의한 절단.

의 폴리펩타이드로 얻어내는 데 매우 유용하다(그림 2-23). 매우 높은 기질특이성을 갖는 아르지닌과 라이신의 C-말단 쪽을 절단하는 트립신은 이러한 목적으로 자주 사용되는 단백질가수분해효소이다. 이렇게 폴리펩타이드를 제한된 가수분해를 시키는 과정은 반응조건의 조절이나 시간에 따라 제한된 반응을 통하여 이루어지며, 서로 겹치지 않는 폴리펩타이드조각을 얻는 데 필요하다. 한 가닥의 폴리펩타이드를 한 개 이상으로 잘랐을 때 얻어진 조각의 순서를 확인하는 것은 불가능하므로, 같은 폴리펩타이드를 두 가지 다른 방법으로 잘라 얻어낸 폴리펩타이드 아미노산들의 순서를 결정하고, 마지막으로 N-말단 쪽에서부터 C-말단 쪽으로 아미노산들의 순서를 얻어 낼 수 있게 된다.

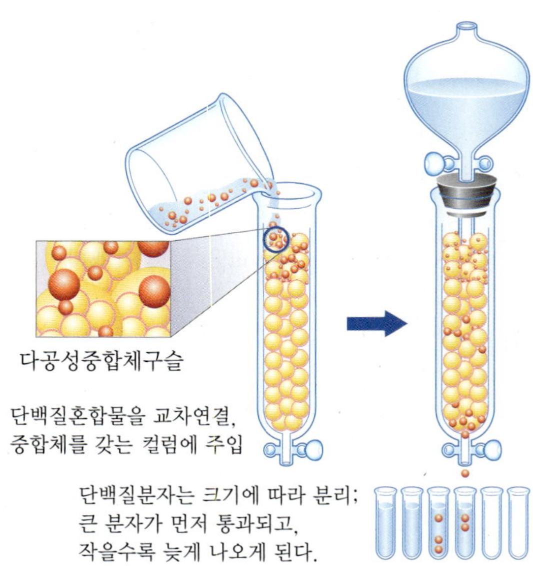

■ 그림 2-24 ■ 젤여과크로마토그래피법에 의한 단백질분자의 크기에 따른 분리. 큰 분자는 다공성중합체구슬 사이에 끼지 못하므로 곧 통과되며, 작은 분자일수록 지연됨으로써 분리가 가능하다.

트립신 절단에 의한 세 개의 펩타이드들:

Ala-Gly-Glu-Lys

Gly-Ala-Met-Arg

Ile-Val-Phe

사이아노젠브로마이드 절단에 의해 얻어진 펩타이드들:

Ala-Gly-Glu-Lys-Gly-Ala-homoserine lactone*

Arg-Ile-Val-Phe

*잔기는 메싸이오닌 잔기로부터 온다.

위의 서로 겹치는 순서를 사용하여 완전한 펩타이드 순서가 얻어진다:

Ala-Gly-Glu-Lys-Gly-Ala-Met-Arg-Ile-Val-Phe

그림 2-25 성분 펩타이드의 순서의 중첩을 분석하여 전체 펩타이드 아미노산의 순서를 얻게 된다.

4. 가수분해된 폴리펩타이드조각의 분리

위의 방법으로 절단된 폴리펩타이드 조각들은 아미노산의 순서분석기를 사용하여 확인하기 위해 순수한 상태로 분리하여야 한다. 폴리펩타이드의 분리에는 여러 가지 방법이 있지만, 펩타이드의 크기에 따라 분리하는 **젤-여과방법(gel filtration)**으로 사용하는 것을 권장하고 있다. 폴리펩타이드분자는 그들의 크기나 모양에 따라 분리될 수 있다. 고분자인 젤 분리물질은 분자내부를 독특한 화학처리로 적당한 크기의 공간을 내부에 만들게 된다. 수용액상의 폴리펩타이드를 이 고분자물질이 들어 있는 컬럼에 통과시키면, 큰 분자의 폴리펩타이드는 바로 통과되지만 작은 크기의 분자는 다중성중합체구슬의 틈새를 지나서 더 느리게 나오게 됨으로써 크기에 따른 분리가 가능하다(그림 2-24). 최근에는 기계적으로 조절가능한 고성능액체크로마토그래피(HPLC)를 사용하여, 분자의 크기에 따른 분리가 가능한 컬럼을 사용하면 훨씬 손쉬운 폴리펩타이드의 분리가 가능하다.

5. 전체 펩타이드 순서맞추기

예를 들어, 위에서 얻은 절단된 폴리펩타이드가 트립신에 의해서 세 개의 작은 조각으로 잘리고, 또 다른 하나의 폴리 펩타이드가 사이아노젠브로마이드(CNBr)에 의해서 두 개의 펩타이드로 잘려져 있다고 가정하자. 아미노산의 순서가 아미노산분석기에 의해서 결정되면 전체의 순서는 쉽게 유추해 낼 수 있다(그림 2-25). 이 경우 N-말단은 반드시 미리 알아야 하고, 경우에 따라서 C-말단은 몰라도 된다.

2.3 단백질의 입체구조와 기능의 관계

단백질은 세포내에서 필요한 대단히 섬세한 기능을 하기 위하여 입체구조가 필수적이다. 특히 촉매기능을 하는 효소의 경우에 기질을 받아들이거나 조절물질과 상호작용하기 위하여 입체구조는 대단히 중요하다. 단백질의 구조에는 4단계의 구조가 있으며, 이들은 독립적, 생물학적으로 기능성 입체모양(conformation)에 영향을 주게 된다. 단백질의 단계

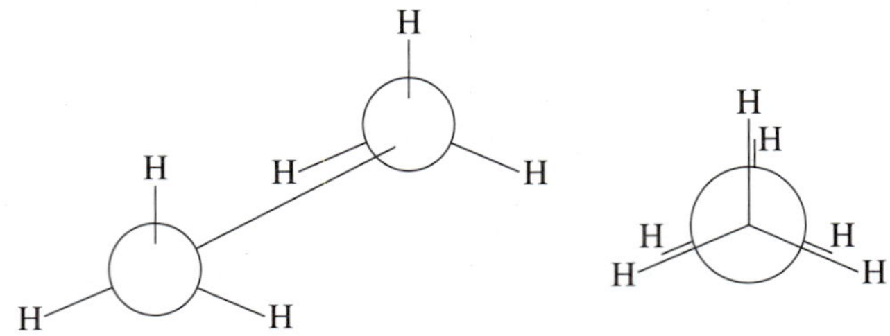

에테인의 가려진 모양

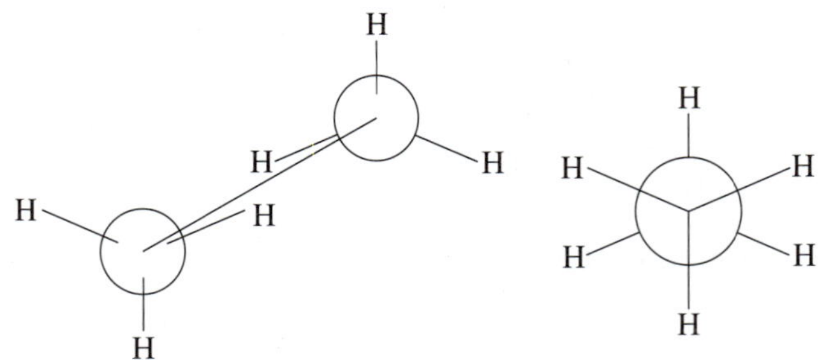

에테인의 엇갈린 모양

그림 2-26 에테인 이성질체의 구조.

적인 구조단위는 일차구조, 이차구조, 삼차구조가 한 개의 폴리펩타이드사슬로 구성된 분자로 존재한다. 그러나 **사차구조**(**quaternary structure**)는 다중사슬의 단백질분자에서 폴리펩타이드들의 상호작용으로 얻어지고 있다.

여기서 단백질의 구조를 언급할 때 반드시 구별하여 사용되어야 할 어휘로, **평면구조**(**configuration**)와 **입체구조**(**conformation**)를 설명하고자 한다. 평면구조는 원자의 절대적인 배열 또는 주어진 원자 주위의 공간에서 치환그룹의 배치를 말한다(예: D- 또는 L-아미노산). 평면구조의 이성질체는 한 개나 그 이상의 공유결합을 파괴하지 않고서는 서로 상호변환될 수 없다. 반면에 입체구조는 어떤 공유결합을 파괴하지 않고 변환될 수 있는 원자들 그룹의 삼차배열을 말한다. 예를 들면, 단일결합 사이의 회전은 입체구조의 이성질체 사이의 변이가 이루어지는 분자로, 에테인의 **가려진 이성질체**(**eclipsed isomer**) 또는 **엇갈린 이성질체**(**staggered isomer**)(그림 2-26) 들이다. H_3C-CH_3 결합의 주위에 회전이 비교적 제한이 없고, 두 개의 이성질체는 쉽게 서로 변환된다. 단백질은 많은 단일결합을 가지고 있어서 자유로운 회전이 가능하다. 이론적으로 단백질은 무한한 수의 가능한 입체구조가 가능할 수 있다고 보지만, 보통 생물학적인 조건에서 그들은 한 개나 극히 제한된 수의 가장 안정한 입체구조를 갖는 것으로 알려지고 있다. 단백질들은 그들의 특수한 생물학적인 기능을 위해서 안정한 입체구조가 필수적이다. 가장 안정한 기능을 할 수 있는 단백질을 **원래의 형태**(**native form**)라고 한다. 단백질의 생물학적인 기능은 특별한 입체구조에 따라 좌우되기 때문에 단백질의 **변성**(**denaturation**)으로 인한 삼차구조의 파괴로써 생물학적인 활성을 상실하게 된다. 폴리펩타이드사슬의 삼차원적인 입체구조는 DNA가 갖는 정보에 따라 얻어진 아미노산의 순서(일차구조)에 의해서 궁극적으로 결정된다.

2.3.1 단백질의 종류 및 기능

단백질은 섬유상 또는 공모양의 단백질로 분류한다. 섬유상단백질은 몇 가지 형식의 결합으로 횡적으로 연결된 개별적인 폴리펩타이드들에 의해서 만들어진다. 이러한 구조 때문에 단백질은 물리적으로 단단하고 물에 녹지 않는다. 콜라젠, α-케라틴, 명주실이 섬유상단백질의 좋은 예가 된다. α-케라틴 (머리카락, 털, 손톱의 단백질) 은 보통 두 개의 오른쪽으로 도는 α-나선의 폴리펩타이드로 구성된다. 왼쪽으로 도는 코일은 이황화결합의 횡적인 연결에 의해서 안정화된다. 이 두 개의 오른쪽으로 감긴 α나선은 서로 감겨 α-나선으로 감긴 코일 (α-helical coiled coil) 로 불리는 왼쪽으로 감기는 초나선 형태를 이룬다. (그림 2-27). 반대로 피부의 콜라젠, 뼈, 연골은 많은 양의 글리신 (25%) , 프롤린, 하이드록시프롤린 (25%) 들 때문에 α-나선이 없다. 그렇지만 이런 특별한 아미노산들이 아미노산의 순서에 규칙적으로 계속해서 나타나게 되면 폴리펩타이드는 왼쪽으로 도는 독특한 세 개의 나선을 갖게 된다. 이 세 개의 폴리펩타이드사슬은 전선처럼 서로 감싸고 돌아 수소결합으로 횡적으로 연결되면서 콜라젠의 기본단위구조인 트로포콜라젠 (그림 2-28) 을 만들게 된다. 견 (명주) 섬유는 폴리펩타이드가 서로 역평행하게 병풍처럼 배열된 섬유의 좋은 예가 된다.

공모양의 단백질은 섬유상단백질과는 달리 물에 잘 녹고, 둥글거나 타원체의 최소 공간을 차지하는 집약된 구조를 갖는다. 공모양의 단백질은 생물학적으로 활성을 갖는 단백질로, 효소나 항체처럼 생체계에서 대부분을 차지하는 중요한 생체고분자들이다. 특히 이런 공모양 단백질의 삼차구조를 밝히는 연구는 그들의 구조와 기능 사이의 관계를 알아보려는 수단으로 단백질의 생화학적 연구에서 가장 중요한 분야가 되고 있다.

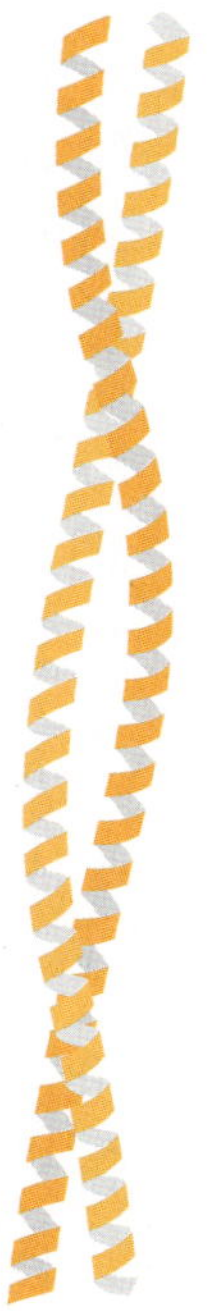

그림 2-27 케라틴에서 세 개의 α-나선 코일의 모형.

2.3.2 이차구조의 형성

계속적인 수소결합에 의해서 폴리펩타이드사슬이 질서 있는 구조로 접히는 것을 **이차구조 (secondary structure)** 라고 한다. 가장 일반적인 형태의 이차구조는 오른쪽으로 도는 α-나선구조 (α-helix), 평행 또는 역평행인 β-병풍구조 (pleated sheet), β-회전 (β-turn) 이 있다. 폴리펩타이드가 펩타이드결합의 -NH와 -CO그룹 사이의 분자 내부에서 작용하는 수소결합에 따라 좌우된다는 이론에 따라, 이 α-나선구조는 폴링 (Linus Pauling) 과 코리 (Robert Corey) 에 의해서 1951년 처음으로 제안되었다. 계속적인 수소결합지역이 잘못되거나 결핍된 "**무질서 코일 (random coil)**"이라고 부르는 구조 역시 이차구조의 구성요인이 된다. 단백질은 α-나선으로 구성된 머리카락의 α-케라틴이나, 비단처럼 β-병풍구조 같은, 주로 한 종류의 이차구조만으로 구성된 것들이 있을 수 있고, 또 한 종류 이상의 이차구조를 갖는 헤모글로빈 같은 구조의 단백질도 존재한다. 구형단백질은 여러 이차구조가 섞여 있고, 섬유상단백질은 주로 한 종류의 이차구조로 구성되어 있다.

그림 2-28 트로포콜라젠의 삼중나선의 모형.

1. α-나선구조

막대기 모양의 축을 중심으로 오른쪽으로 도는 **α-나선구조 (α-helix)** 는 L-α-아미노산으로 구성된, 자연에서 발견되는 단백질 중에서 가장 보편적인 이차구조이다 (그림 2-29). 오른쪽으로 도는 α-나선에서 나선은 시계반대방향으로 돌고, 왼쪽으로 도는 나선은 시계방향으로 돈다. 카보닐그룹과 R-기가 입체적인 장애 (sterically hindered) 를 받기 때문에 왼쪽으로 도는 나선은 오른쪽으로 도는 나선보다 안정성이 낮게 된다. 나선구조는 각 펩타이드결합에 −NH와 −CO그룹들이 관여하는 사슬내부간의 수소결합들 때문에 안정화된다. 이 수소결합은 나선축에 평행하고, 첫 번째 잔기의 아미노프로톤과 네 번째 잔기의 카보닐산소 사이에서 얻어진다. 그래서 나선이 한 번 돌때 3.6개의 아미노산 잔기가 있도록 만들어진다. 잔기 한 개당 높이가 0.15nm가 커지고, 나선이 한 번 회전하는 데 전체적으로 0.54nm가 커진다. 몇몇 단백질에서는 α-나선은 이차구조형성에 현저하게 공헌을 한다 (예: α-케라틴, 마이오글로빈, 헤모글로빈). 반면에 다른 단백질에서는 그들의

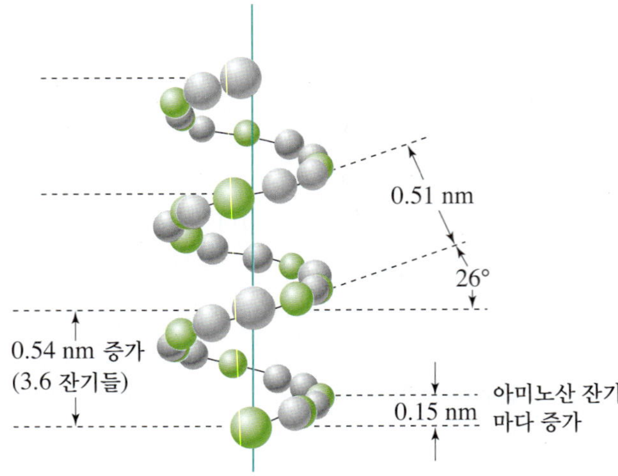

그림 2-29 α-나선의 평균크기. α-탄소와 카보닐탄소 및 질소원자만 나타내었다. 잔기당 증가는 0.15 nm이고, 한 번 회전할 때 길이는 0.54 nm이다.

영향은 대단히 적거나(예: 카이모트립신, 사이토크롬 *c*), α-나선이 전혀 없는 경우도 있다(예: 콜라젠, 엘라스틴). 폴리펩타이드조각이 α-나선을 가지게 되는 것은 전적으로 아미노산 잔기의 특별한 R-기가 있는가에 따라 좌우된다. α-나선의 불안정성은 여러 가지 이유 때문에 일어날 수 있다 : 비슷한 하전을 띤 R-기들 사이의 정전기적인 반발(Asp, Glu, His, Lys, Arg)이나, β-탄소의 근처 잔기들에 있는 큰 치환 때문에 일어나는 구조적인 상호작용(Ile, Thr), 그리고 곁사슬 수소결합이나, 이온결합의 형성 때문이다. 글리신 잔기도 α-나선에 배치될 수 있으나, 글리신이 많이 들어간 폴리펩타이드가 더 선호하며 또한 더욱 안정한 구조는 β-병풍구조이다. 글리신의 R-기는 크기가 작아서 아미노산의 α-탄소 주위에 큰 회전이 가능하도록 해 주기 때문이다. 프롤린이나 하이드록시프롤린은 α-나선에 급격한 꺾임을 준다. 프롤린의 α-질소원자는 굳은 고리구조에 위치하므로 α-나선의 결합각도를 수용하지 못하기 때문이다. 뿐만 아니라 아미노 수소를 갖고 있지 않기 때문에 필요한 수소결합을 형성하지도 못하며, 보통 평면의 펩타이드결합도 형성하지 못한다.

어떤 단백질에서는 α-나선이 서로 꼬여서 꼬인 밧줄 같은 구조를 만들어 **초이차구조(supersecondary structure)**를 만들기도 한다. 이러한 이차구조를 갖는 좋은 예는 머리카락, 피부, 손톱 단백질의 주성분인 α-케라틴이다. 이런 단백질은 α-나선을 만드는 데 필요한 아미노산을 많이 가지고 있다. 뿐만 아니라, 물에 녹지 않고 끈적거리는 일관된 성질들을 갖는 α-케라틴에는 친수성 아미노산들과 이황화결합의 횡적인 연결이 특히 많이 나타나고 있다. α-나선은 모든 N-말단 잔기가 같은 끝에 존재하도록, 그리고 길이에 평행이 되도록 배열되어 있다. 오른쪽으로 감긴 α-나선 두 개가 서로 감겨 감긴 코일(coiled coil)을 형성하며 왼쪽으로 서로 꼬여 있다. 서로 감긴 코일 한 쌍(4개의 α-나선)은 프로토필라멘트(protofilament)가 되며 이 프로토필라멘트 4개가 한 다발을 형성하며 오른쪽으로 꼬여서 필라멘트(filament)를 구성한다. 감긴 코일 내부의 폴리펩타이드는 이황화결합으로 서로 연결되어 있고, 역시 비극성 곁사슬 간의 van der Waals 상호작용에 의해서 안정화된다. α-케라틴의 이황화결합 연결의 수는 그 출처에 따라 변하고 있다. 피부는 비교적 적은 횡적연결 때문에 신축성이 있고, 반면에 손톱은 많은 횡적연결 때문에 신축성이 없고 단단하다.

2. β-병풍구조

β-병풍구조(β-pleated sheet)가 가지고 있는 아미노산들은 근처 잔기까지 거리가

0.35nm인 팽창된 구조를 갖는다. α-나선에서는 축을 따른 거리가 0.15 nm이다. 구조는 근처 폴리펩타이드사슬의 −NH와 −CO그룹 사이의 분자 내부 간의 수소결합에 의해서 안정화된다. β-병풍구조는 스스로 접히는 분리된 펩타이드사슬 사이 (예: 실크섬유) 에 또는 펩타이드조각 사이 (예: 라이소자임) 에서 일어난다. β-병풍구조에는 평행으로 가는 구조와 역평행의 두 가지 구조들이 있다. 평행인 병풍구조에서 근처의 사슬들은 N-말단과 C-말단 잔기에 대하여 같은 방향으로 놓여 있다. 반면에 역평행의 병풍구조는 그 배치가 반대방향이 된다 (그림 2-30). 어떤 아미노산들은 β-병풍구조의 형성을 촉진하는 것도 있다. 예를 들어, 실크의 섬유에서는 거의 모두가 역평행의 β-병풍구조로 구성되어 있고, 하나 걸러 있는 아미노산은 글리신이며, 알라닌은 나머지 위치에서 거의 모두 차지하고 있다. 그래서 펩타이드 한쪽의 R-위치에 단지 H만 가지고 있고, 다른 쪽에 메틸그룹들이 있다. 이런 작은 R그룹들이 β-병풍구조를 형성하게 한다. 한 면의 메틸그룹은 접히는 면에 있는 수소원자들 사이의 주름에 들어맞도록 되어 있다. 그래서 실크단백질층들은 서로 회합되어 있고 공유결합되어 있지 않다. 병풍구조를 만들지 못하는 큰 모양 또는 같은 하전의 R-기는 균일한 실크구조에 신축성 있는 지역을 만들게 된다. 가열에 의한 수소결합의 파괴로 섬유의 길이를 현저하게 변화시키지는 못한다. 왜냐하면 β-병풍구조는 충분히 팽창되어 있기 때문이다. 그러나 사슬 간의 결합을 파괴시키지 못하고, α-케라틴 내부 사슬의 수소결합을 열에 의해서 파괴시키면 섬유를 나선에서 팽창된 구조로 변형시키는 데 도움을 준다.

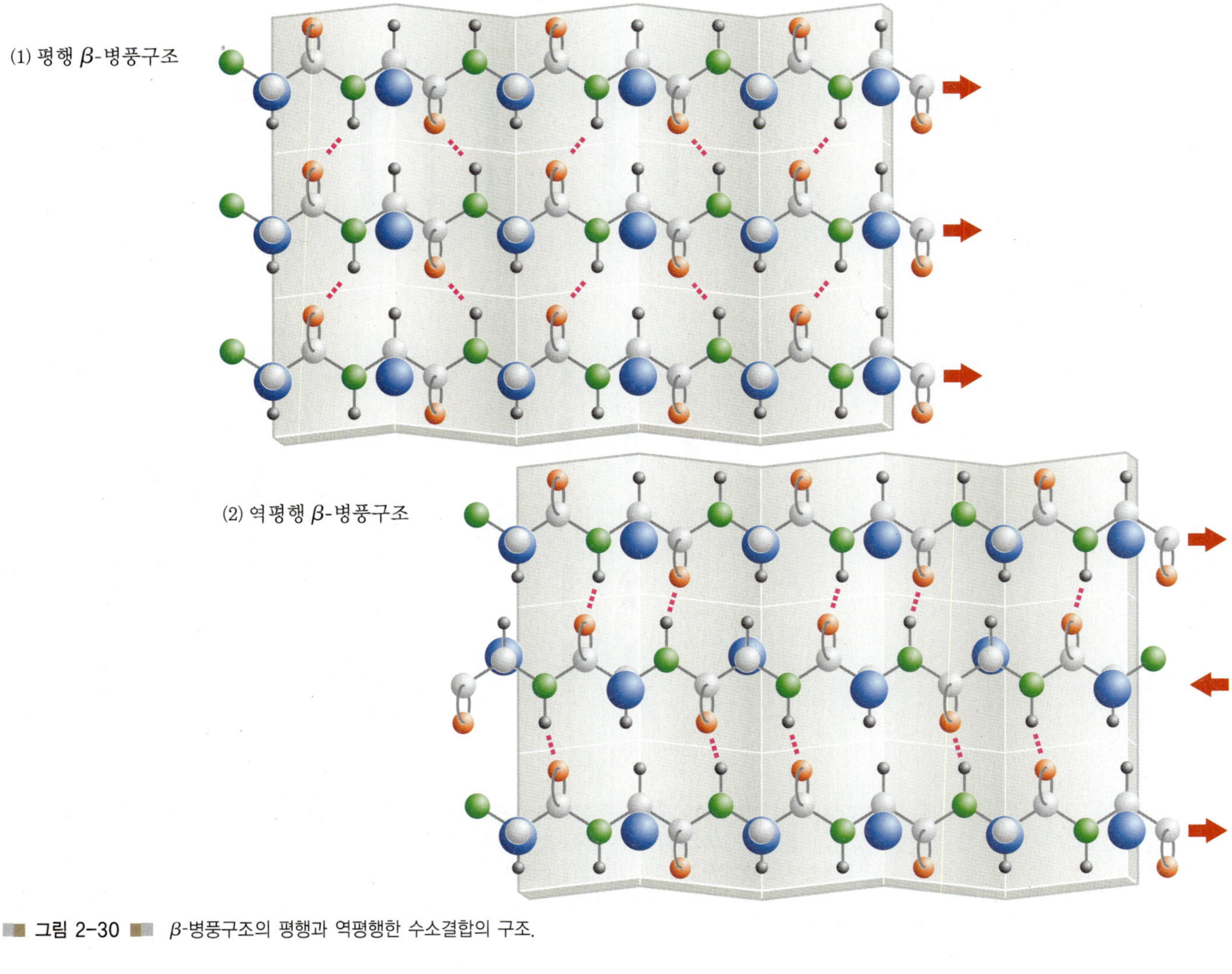

■ 그림 2-30 ■ β-병풍구조의 평행과 역평행한 수소결합의 구조.

β-병풍구조는 **아밀로이도시스(amyloidosis)** 라고 알려진 질병에서 발견되는 단백질의 주된 이차구조이다. 또한 **β-파이브릴로시스(β-fibrilloses)** 라는 질병은 이러한 그룹의 잘못으로 일어난다고 제안되고 있다. 이때 축적된 단백질을 **아밀로이드(amyloid)** 라 하고, 이는 뒤틀린 β-병풍구조의 섬유형 집합체이다. 그들은 내부적인 원인에 의한 선택적인 단백질의 가수분해나 다른 화학변형에 의해서 단백질(예: 면역글로불린)로부터 유도된 것이다. 그들의 조직이나 기관에 축적되면 정상적인 생리과정에 심각한 영향을 줄 수 있다. 여러 다른 조직에서 일어나는 아밀로이드의 축적은 어떤 만성적인 부종 같은 병이나 어떤 종류의 암, 알츠하이머병인 뇌의 질병이 있을 때 만들어진다. 실험적으로 쥐에서 유발시킨 아밀로이도시스에서 부분적으로 또는 전체적으로 축적된 아밀로이드는 수소결합을 붕괴시키는 다이메틸설폭사이드(dimethyl sulfoxide)를 투여했을 때 없어지는 것을 확인되었다.

3. 무질서한 코일

펩타이드의 어떤 지역에는 α-나선에서처럼 다른 잔기와 펩타이드사슬 간의 상호작용 같은 정리된 계속적인 모양을 갖지 못하는 경우가 발생한다. 그러나 주어진 아미노산의 순서는 스스로 코일화되는 한 개나 또는 적은 개수의 입체구조를 갖게 된다. 단백질의 입체구조가 변하려면 에너지가 필요하기 때문에, 비록 절대적으로 최소의 내부에너지가 아니더라도 분자는 최소의 에너지에 해당하는 입체구조에 제한되어 있게 된다. 분자가 스스로 선호하는 낮은 에너지상태를 탐색한다는 개념은 단백질의 일차 아미노산의 순서가 이차,

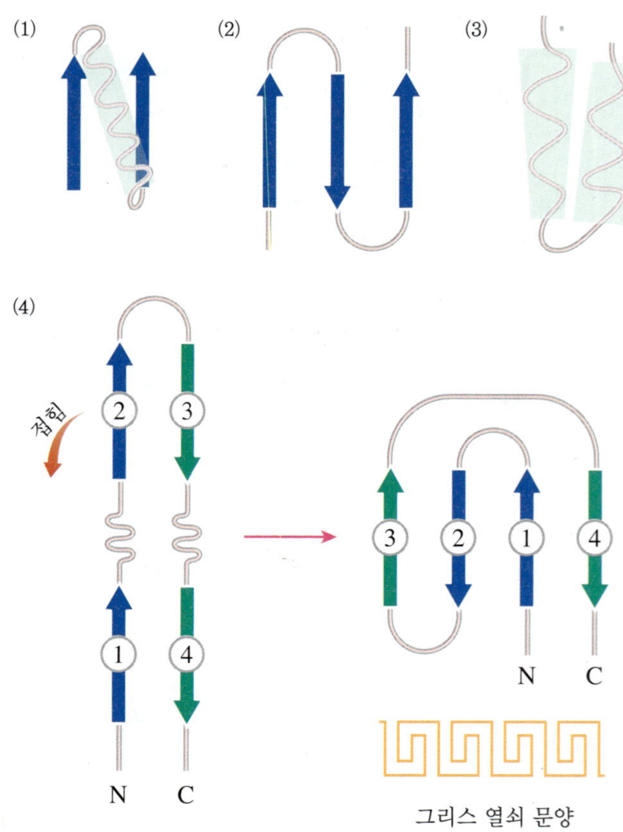

그림 2-31 초이차구조의 종류. (1) $\beta\alpha\beta$ 요소; 두 개의 β-병풍구조가 가운데 α-나선을 두고 평행으로 진행되고 있다. (2) β-머리핀요소; 세 개의 β-병풍구조 중에서 양쪽의 두 개는 같은 방향으로 평행하게 진행하고, 가운데 β-병풍구조는 두 다른 병풍구조의 반대방향으로 진행한다. (3) $\alpha\alpha$-요소; 두 개의 α-나선이 비스듬히 평행으로 진행한다. (4) 그리스 열쇠 요소; 여러 가지 접힘이 가능하나 ①, ②가 내부에서 역평행하게 진행하고, ③, ④는 양쪽에서 역평행하게 진행하는 요소가 비교적 안정하다.

삼차 및 사차구조를 결정한다는 원리의 기초가 되고 있다.

4. β-회전

β-회전 (β-turn) 은 폴리펩타이드 사슬이 집약된 분자로 만들어지게 되는 원인이 된다(공 또는 타원체 모양의 구형단백질). β-회전으로 네 개 아미노산의 잔기들은 폴리펩타이드 사슬에서 머리핀구조를 형성하며, 에너지측면에서 경제적이고 모서리를 도는 방법으로 공간을 최소화하도록 하는 데 도움을 준다. 두 개의 4-펩타이드의 입체구조는 β-회전을 완성시킨다.

5. 초이차구조의 성분

실제로 단백질의 삼차구조에는 이차구조의 일정한 조합의 중간구조들이 나타나고 있으며, 이들을 초이차구조 또는 구조의 **요소 (motif)** 라고 한다. 대부분의 공모양단백질들을 만들 때 α-나선과 β-병풍구조가 다양한 비율과 조합으로 포함되게 된다. 단백질에 가장 흔하게 나타나는 초이차구조로는 βαβ-요소가 있으며, 두 β-병풍구조 사이에 α-나선이 들어 있는 경우이다(그림 2-31-1). 다른 초이차구조로 β-머리핀구조요소로, 세 가닥의 β-병풍구조가 역평행으로 진행함으로써 머리핀 모양을 하고 있다(그림 2-31-2). 두 개의 α-나선이 비스듬히 반대방향으로 진행되는 αα-요소도 존재한다(그림 2-31-3). 네 가닥의 β-머리핀이 역평행으로, 접혀서 마치 그리스의 열쇠 문양을 갖는 **그리스 열쇠 (greek key) 요소**도 삼차구조에 흔하게 나타난다(그림 2-31-4). 마지막으로 β원통의 요소가 있으며, 이는 연장된 β-병풍들이 둥글게 말려서 막대의 원통모양 구조를 갖는 경우이다.

2.3.3 삼차구조 및 관련 결합력

폴리펩타이드 사슬은 다른 지역 간에 인력과 반발력이 동시에 있을 수 있으며, 이들 힘은 대부분의 이차 및 삼차구조에 영향을 주게 된다. 이 단계에서 폴리펩타이드가 **접힘 (folding)** 이나 코일화를 통하여 복잡한 공모양의 분자구조를 만들게 된다. 단백질의 **삼차구조 (tertiary structure)** 는 일차 및 이차구조를 통하여 많은 분자 내부 힘들의 전체적인 영향으로 나타난다. 단백질을 안정화하기 위하여 필요한 여러 종류의 결합, 아미노산 곁사슬들 간의 인력 (공유결합, 이온결합, 수소결합, Van der Waals 인력, 소수성 상호작용, 그림 2-32) 과 반발력 (정전기적인 반발력, Van der Waals 반발력) 에 관하여 소개하고자 한다.

1. 인력

(1) 공유결합

두 원자 간의 전자쌍의 공유로 얻어진 공유결합은 폴리펩타이드를 서로 잡아 두는 데 있어서 어떠한 힘보다 강력한 힘으로 작용한다. 두 원자에 의해서 한 개의 전자쌍을 공유하는 중요한 공유결합의 예로는 펩타이드결합 (amide) 과 아미노산들 사이의 이황화결합 (−S−S−) 그리고 아미노산 내부에서의 C−C, C−O, C−N 결합들이 있다. 배위결합 (coordinate covalent bond) 은 두 원자에 의해서 동등하지 않은, 전자쌍의 공여로 만들어지는 화학결합으로, 두 개의 전자가 같은 원자에서 나온다. 전자쌍의 공여체로는 리간드 또는 Lewis 염기가 있다. 이때 전자쌍의 수용체로는 중성 원자 또는 Lewis 산이 있다. 이러한 결합은 전이금속 (중심원자) 이나 유기리간드 (헤모글로빈에서 헴기) 들 사이에서의

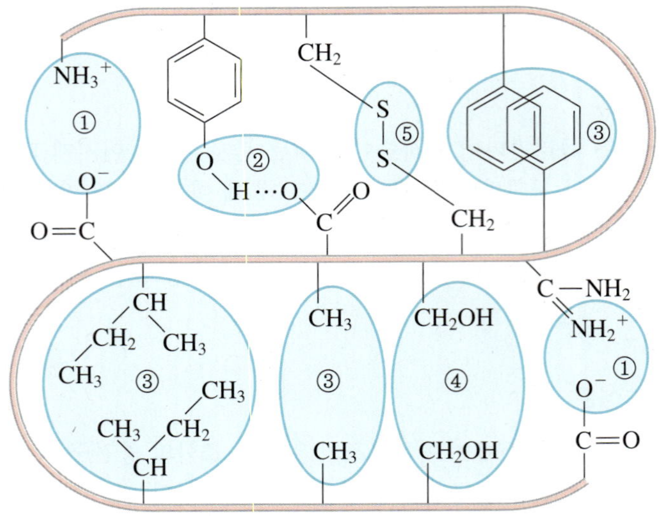

그림 2-32 단백질의 삼차구조를 안정화시키는 공유결합 및 여러 가지의 상호작용. ① 정전기적인 상호작용 ② 수소결합 ③ 비극성 곁사슬 간의 소수성 상호작용(π-전자 겹침) ④ 쌍극자–쌍극자 간의 상호작용 ⑤ 이황화결합.

상호작용에 중요하다.

(2) 이온결합

이온결합은 반대 하전을 갖는 두 그룹 사이의 정전기적인 인력에 의해 일어난다. 이 결합은 양전하(α-암모늄, ϵ-암모늄, 구아니듐과 이미다졸륨)를 띠는 가지 사슬과 음전하(이온화된 형태의 α-카복시, β-카복시, γ-카복시, 포스페이트 및 설페이트)를 띠는 그룹들 사이에서 일어난다.

(3) 수소결합

수소결합은 비공유전자쌍을 갖는 두 개의 전기음성도가 큰 원자들 사이에서 수소원자의 공여로 일어난다. 이들 결합은 비록 위에서 언급한 결합들과 비교하여 약하기는 하지만 물과 물의 상호작용에 중요하며, 그들의 존재로 많은 비정상적인 물과 얼음의 성질을 설명하는 데 중요하다. 단백질에서 제공할 수 있는 수소원자를 갖는 그룹들에 $-N-H$ (펩타이드 질소, 이미다졸 및 인돌), $-OH$ (세린, 트레오닌, 타이로신, 하이드록시프롤린), $-NH_2$과 $-NH_3^+$ (아르지닌, 라이신, α-아미노그룹), 그리고 $-CONH_2$ (카바미노그룹, 아스파라진, 글루타민)이 포함된다. 수소원자를 수용할 수 있는 그룹들로 $-COO^-$ (아스파트산, 글루탐산, α-카복실산), 그리고 $-C=O$ (펩타이드와 에스터 연결) 등이 포함된다.

(4) Van der Waals 인력

Van der Waals 인력은 한 분자에서 고정된 쌍극자가 다른 분자에서 전자구름의 뒤틀림을 통하여 빨리 진동하는 쌍극자를 유발시킴으로써 나타난다. 고정된 쌍극자의 양전하의 끝은 전자그룹을 끌어들이려 하고, 한편 음전하의 끝은 서로 밀어내려고 한다. 이러한 상호작용의 세기는 거리 $1/r^6$에 따라 변한다. 여기서 r은 원자 간의 거리를 나타낸다. Van der Waals의 힘은 특히 비극성 곁사슬들 간의 인력을 제공하는 단백질의 비극성 내부구조에서 특히 중요하다.

(5) 소수성상호작용

소수성상호작용(hydrophobic interaction)은 비극성 곁사슬(방향족 고리, 탄화수소그룹)이 서로 붙게 되는 원인이 된다. 방향족 고리에서 하나 걸러 있는 단일결합과 이중결합의 π-전자는 다른 분자의 π-전자와 서로 겹치는 능력이 인력으로 작용하게 된다.

2. 반발력

(1) 정전기적인 반발력

정전기적인 반발은 같은 전하를 띠는 그룹들 사이에서 일어나며, 이온성 힘 (인력) 의 반대이다. 이런 종류의 반발력은 쿨롬의 법칙 q_1q_2/r^2에 따라 행동한다. 이때 q_1과 q_2는 하전이고 r은 원자 간의 거리가 된다.

(2) Van der Waals 반발력

Van der Waals 반발력은 서로 매우 짧은 거리의 원자들 사이에서 작용되며, 전자구름의 상호반발에 의해서 유도된 쌍극자들 때문에 나타난다. 고정된 쌍극자 (Van der Waals 의 인력과는 반대로) 관여가 없기 때문에 거리에 따른 정도는 더욱 크게 된다 ($1/r^{12}$). 이런 반발력은 원자가 서로 결합되지 않고, 그들의 원자반지름의 합보다 훨씬 가까이 접근할 때 작용된다. 이 반발력은 원자들 사이의 입체적 장애에서 기초가 되는 힘이다.

2.3.4 삼차구조의 결정

1950년대에 X선 결정구조연구로 단백질의 α-나선, β-병풍구조, 핵산 DNA 이중나선의 구조들이 밝혀지게 되었다. X－선 결정학을 통하여 더 복잡한 단백질의 삼차 및 사차구조들의 결정은 산소를 결합하는 두 단백질, 마이오글로빈 (myoglobin) 은 죤 켄드류 (John Kendrew) 에 의해서, 헤모글로빈 (hemoglobin) 은 막스 페루츠 (Max Perutz) 에 의해서 이루어졌다. 페루츠는 대학원생 때부터 23년의 긴 기간 동안 헤모글로빈의 구조를 얻어내기 위하여 헌신적인 노력을 기울였다. 두 과학자의 노력은 1962년 노벨상을 수상하는, 생화학 연구에서 기념비적인 성과를 얻는 계기가 되었다. 단백질의 결정학 연구에서는 단백질의 결정에 X－선을 조사함으로써 회절된 모양을 사진건판에 얻어내는 것이 실험의 원리이다 (그림 2-33). 고분자의 각 원자의 전자들이 회절에 영향을 주게 되며, 각각의 전자는 전체 무늬에 영향을 끼치게 된다 (그림 2-34). 필름의 까맣게 된 점들의 농도의 진하기는 원자에서 전자들의 수에 비례한다. 즉 원자가 무거울수록 더 큰 진하기를 가진다. 이런 진한 점은 분자 구조에서 공간에 고정된 원자의 위치를 집합적으로 나타내며, 단백질의 삼차구조의 형상을 만드는 기초 데이터로 사용한다. 단백질에 한두 개의 무거운 원소 (예, 납 또는 우라늄)를 포함시켜 얻은 다른 X－선 회절은 산란된 빔의 상을 결정할 수 있는 회절 모양으로 높은 밀도의 지역을 얻을 수 있다. 수학적인 분석 (Fourier series) 을 통하여, 그리고 높은 속도의 컴퓨터를 사용하여 분자의 평행한 단면의 이차전자밀도 모양을 얻어낸다 (그림 2-35). 이것을 차례로 쌓으면 삼차구조의 전자밀도 분포를 얻게 된다. X－선분석에서 해상도가 크면 클수록 단백질 구조에서 각각의 원자배열을 더 세밀하게 얻어내게 된다. 마이오글로빈의 구조에서 해상도가 6과 1.4Å인 결과는 측정이 각 400과

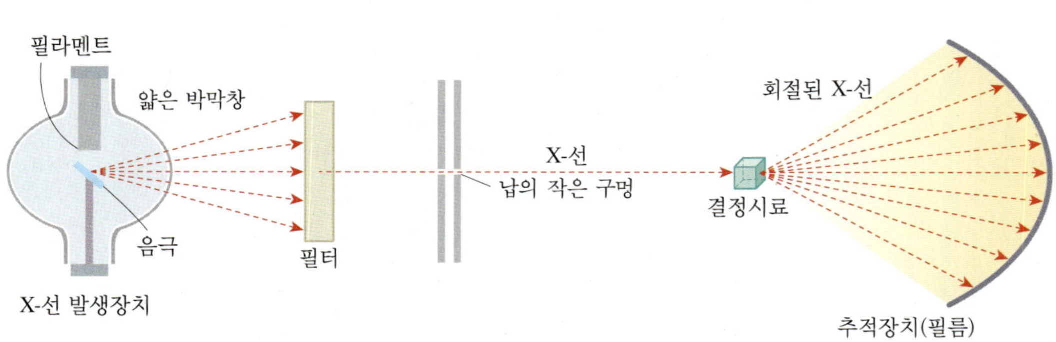

그림 2-33 단백질 결정에 X－선을 통과시킨 회절의 모양.

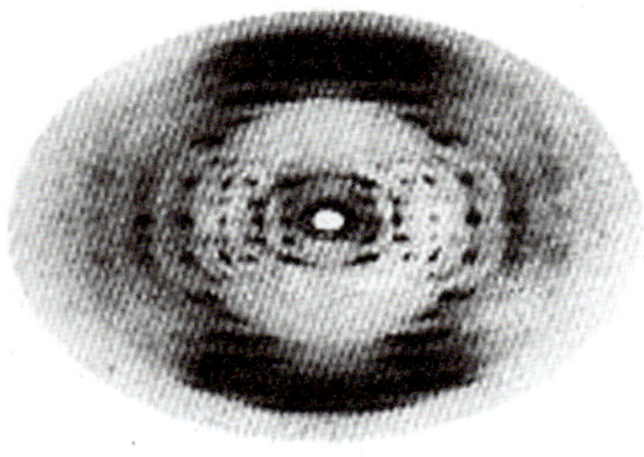

그림 2-34 마이오글로빈의 X-선 회절의 무늬.

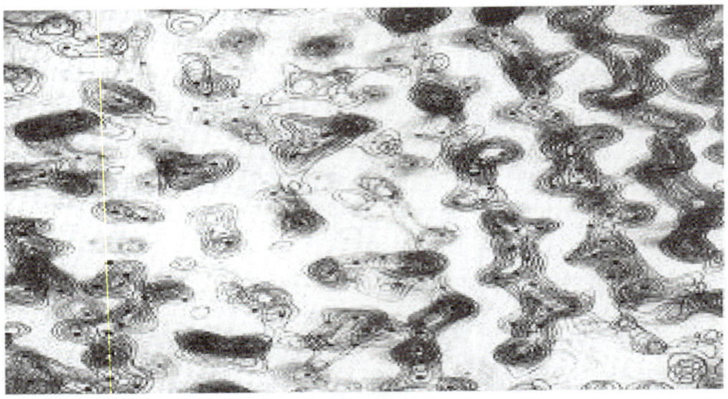

그림 2-35 콩 단백질인 콘카나발린 A의 삼차구조 전자밀도 지도.

25,000개의 점을 갖는 회절무늬에서 얻을 수 있다. 데이터의 수가 많아서 해상도가 높아질수록 마이오글로빈분자의 세밀한 구조의 재현이 가능하다. 단백질의 아미노산 순서의 분석은 X-선 결정연구에 도움이 되는 가치 있는 자료이다.

1. 마이오글로빈

마이오글로빈 (myoglobin) 은 근육에서 산소를 보관하거나 세포를 통하여 산소의 확산을 손쉽게 하기 위하여 산소를 운반하는 단백질이다. 켄드류 (Kendrew) 는 마이오글로빈을 연구하기 위하여 마이오글로빈이 유별나게 많은 고래의 정자를 선택하였다. 물 속에 잠수하는 동물은 특별히 많은 산소의 보관이 필요하기 때문에 골격근육에 마이오글로빈이 많이 존재한다. 마이오글로빈은 두 개의 분자 성분, 153개의 아미노산을 갖는 한 개의 폴리펩타이드사슬 (분자량 : 17,600) 과 철을 포함하는 분자인 **헴 (heme)** 그룹을 가지고 있다 (그림 2-36). 헴 (heme) 분자의 유기화학 성분인 **포피린 (porphyrin)** 은 네 개의 **피롤 (pyrrole)** 고리 사이를 메테인-다리로 연결한 **테트라피롤 (tetrapyrrole)** 구조를 가지고 있다.

켄드류는 처음으로 구형 단백질의 삼차구조를 규명하였으며, 그의 마이오글로빈의 모형 (그림 2-37) 은 복잡한 구형단백질의 구조뿐만 아니라, 산소를 운반하는 고분자의 생물학적인 기능을 분자수준에서 설명할 수 있게 하였다. 마이오글로빈은 그 크기가 45×35×25Å인 내부의 공간이 거의 없는 매우 집약된 고분자임을 밝혀냈다. 분자에 여덟 개의 구역에는 오른쪽으로 도는 α-나선의 입체구조 (N-말단에서부터 A에서부터 H까지)가 존재하며, 이 나선구조에 전체 아미노산의 대략 75%가 관여되고 있다. 나선구조들 사이에 AB, CD, EF, FG, GH의 다섯 개의 비나선구조 지역이 존재한다. 또 N-말단에는 NA로 명명된 두 개의 비나선 잔기가, C-말단쪽에 CH로 명명된 비나선 잔기가 다섯 개 있다.

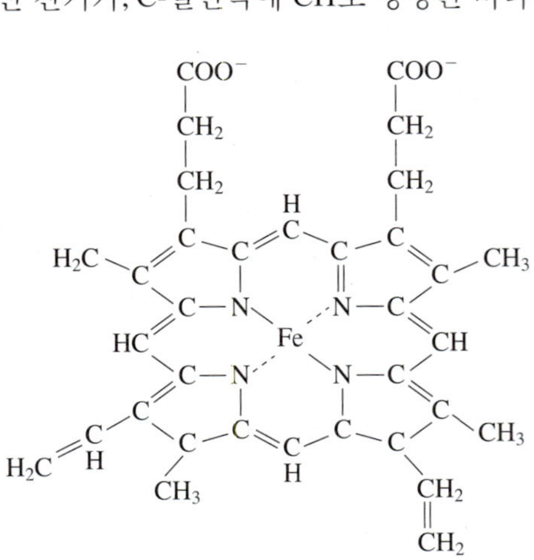

그림 2-36 프로토포피린IX와 철을 포함한 힘(heme)그룹.

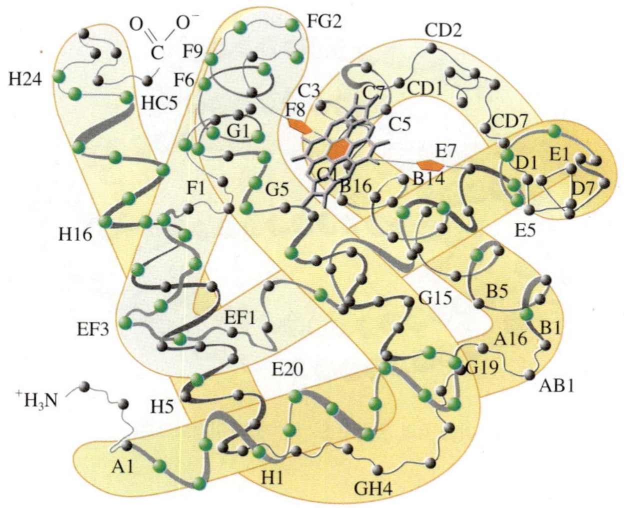

그림 2-37 마이오글로빈의 삼차구조.

분자에 네 개의 프롤릴 잔기가 있으며 α-나선구조에 여덟 번의 단절이 나타난다. 모든 폴리펩타이드사슬의 펩타이드결합은 평면이고, 카보닐과 아마이드그룹은 서로 트랜스로 놓여 있다. 극성 잔기와 일부 비극성 잔기가 분자의 외부에 위치하고 있다. 마이오글로빈의 내부는 생물학적인 활성을 위해서 철원자와 특수작용을 하는 두 개의 히스티딘 잔기의 예외를 제외하고 모두 비극성 잔기만을 포함하고 있다.

산소와 결합하는 헴 (heme) 그룹은 비극성 환경을 만드는 틈새에서 분자의 바깥쪽 근처에 놓여 있다. 헴 (heme) 의 평면은 히스티딘 잔기 F8와 E7 사이에 있으며, HisF8은 다섯 번째 배위 위치의 철원자와 결합되어 있다 (그림 2-37). 다른 반대편의 평면에 있는 HisE7은 산소의 결합부위인 철의 여섯 번째 배위결합위치에 직접 결합되어 있지 않다. 철원자는 다른 쪽 HisF8의 평면으로부터 약 0.3Å 바깥쪽에 있다. 가역적인 산소의 부착은 철원자가 2가 상태인 Fe^{2+}이 되어야 하며, 산소가 마이오글로빈의 헴 (heme) 의 Fe^{2+}에 붙어 있을 때를 옥시마이오글로빈, 헴 (heme) 에 산소가 없을 때를 데옥시마이오글로빈이라 한다. 만약 물분자가 여섯 번째 배위결합 위치를 차지하면 2가 철은 빨리 산화되어 Fe^{3+}가 되고, 얻어지는 페리마이오글로빈 (ferricmyoglobin) 은 산소를 결합할 수 없게 된다. 따라서 비극성인 헴 (heme) 의 폭 패인 곳은 물분자가 산소를 운반하는 마이오글로빈 분자의 능력을 파괴시키지 못하도록 하는 마이오글로빈의 중요한 구조가 된다. Fe^{2+} 상태의 유지는 Fe^{3+}이온 ($Fe^{3+} \rightarrow Fe^{2+}$) 을 환원시키는 촉매인 효소체계에 의하여 도움을 받는다.

2. 라이보뉴클리에이스

안핀센 (Christian Anfinsen, 1972년 노벨상 수상) 은 췌장의 효소 라이보뉴클리에이스 A (ribonuclease A) 의 연구를 통하여 삼차구조에 미치는 일차구조의 영향에 관한 적절한 설명을 할 수 있었다. 생물학적으로 활성이 있는 라이보뉴클리에이스는 124개의 아미노산 잔기를 갖는 한 개 사슬의 폴리펩타이드로 네 개의 이황화결합을 갖는다 (그림 2-38). 라이보뉴클리에이스를 β-머캅토에탄올 (이황화결합 → 시스테인 잔기), 요소, 구아니딘 염산염 (비공유성 작용을 파괴시키는 변성물질) 과 같이 처리하면 효소가 원래의 입체구조를 잃게 되고, 무질서한 코일 (그림 2-39) 의 형태로 바뀌게 된다. 이렇게 환원되어 변성된 상태의 폴리펩타이드는 효소의 활성도가 없어진다. 만약 환원제와 변성시키는 화합물을 차례로 제거시키고 활성이 없어진 라이보뉴클리에이스를 적절한 조건에서 공기에 노

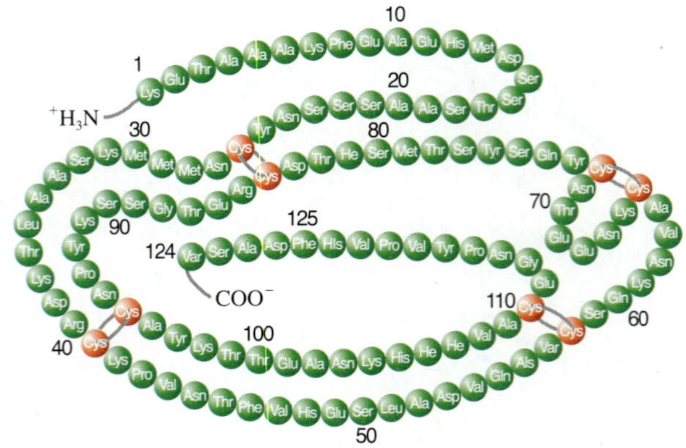

그림 2-38 라이보뉴클리에이스 A의 일차구조 : 네 개의 이황화그룹(붉은색)이 시스테인에 의해서 만들어진다.

출시키면 설퍼하이드릴그룹이 재산화되고, 단백질은 천천히 다시 원래의 효소의 활성을 회복하게 된다. 무질서한 코일의 입체구조를 가능하게 하는 물질을 제거함으로써 자발적으로 효소가 생물학적으로 활성을 갖는 형태로 재건되는 것이다(그림 2-39). 여덟 개의 시스테인 잔기가 네 개의 이황화그룹을 만들 수 있는 방법은 105가지 (7×5×3)가 가능하지만, 실제로 효소의 활성을 갖게 되는 데 필요한, 특수한 네 개의 결합으로서 원상회복 과정이 산화에 의해서 일어난다. 그래서 유전자코드에 의해서 지정된 라이보뉴클리에이스의 아미노산의 순서는 열역학적으로 선호되는 효소의 원래 입체구조를 구성하는 데 필요한 정보를 제공하고 있음을 알 수 있다. 단백질과 관련하여 특이한 입체구조는 생물학적인 진화과정 동안에 진화된 일차아미노산의 순서가 가지고 있는 정보의 특수한 배열에 따라서 결정된다.

3. 사차구조

사차구조(quaternary structure)는 두 개 이상의 동등한 또는 다른 폴리펩타이드사슬을 포함하는 기능성 단백질이 갖는 입체구조이다. 이러한 단백질들은 두 개 이상의 **단위**

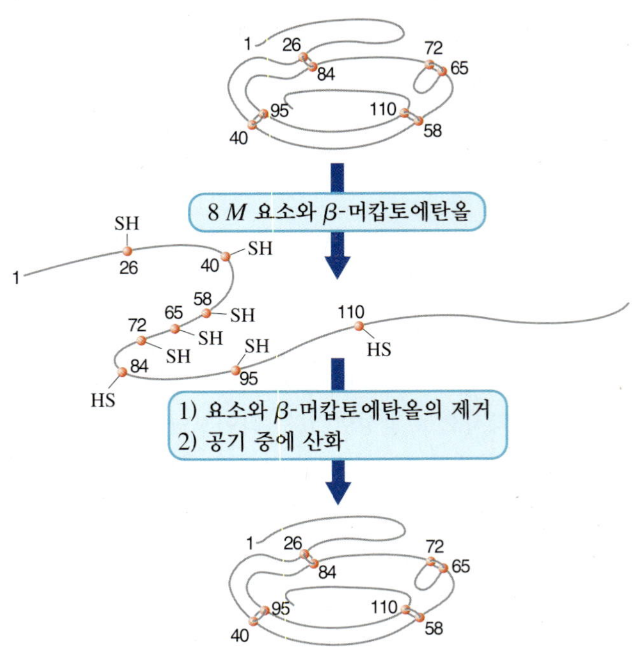

그림 2-39 라이보뉴클리에이스 A의 변성(denaturation) 및 재원형화(renaturation).

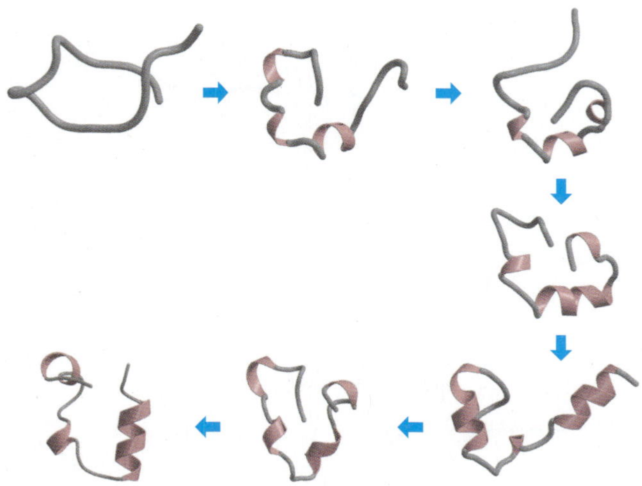

■ **그림 2-40** ■ 접힘의 경로를 컴퓨터 시뮬레이션으로 예측함. 36개 아미노산의 잔기를 갖는 소장 내강 미세 융모단백질의 접힘을 컴퓨터로 시뮬레이션 시켰다. 단백질 분자주위를 둘러싼 3000개의 물분자를 무작위로 두고, 코일화된 펩타이드의 접힘 과정이 추적되었다. 펩타이드의 분자운동과 물분자의 영향을 고려하고 셀 수 없는 변형의 가능성을 고려하여 최종상태에 이르는 그럴듯한 경로가 추적되었다.

체 (subunit) 를 갖기 때문에 **올리고머 (oligomer)** 라고 부른다. 사차구조는 자연적인 단백질에서 단위체가 배열된 방법에 따라 나타난다. 단위체는 비공유성 힘에 의해서 서로 결합되고 있다. 결과적으로 올리고머단백질은 생물학적인 활성에 영향을 주는 빠른 입체구조의 변화를 거친다. 헤모글로빈, 대사조절에 관련되는 다른자리입체성 효소들 그리고 액틴이나 튜불린 같은 수축성 단백질들이 올리고머단백질에 속한다.

2.3.5 단백질의 접힘

1. 접힘의 원리

큰 폴리펩타이드사슬의 **접힘 (folding)** 경로는 대단히 복잡하다. 이 과정은 어떤 원리도 아직 완벽하게 밝혀내지 못하였다. 그러나 집중적인 연구로 여러 가지 그럴듯한 모델이 발전되었다. 제일 먼저 지역적인 이차구조가 형성된다. 어떤 아미노산의 순서는 이차구조를 형성하는 여러 가지 힘들에 의해서 쉽게 접혀 α-나선과 β-병풍구조가 형성된다. 다음 단계로는 먼 거리의 상호작용에 의하여 α-나선들이 서로 가깝게 접근하여 초이차구조를 형성한다. 이러한 과정은 완전한 단위체가 형성될 때까지 계속되어 전체적인 폴리펩타이드로 접히는 결과를 가져온다 (그림 2-40). 또 다른 접힘 모델에 의하면 단백질의 접힘은 폴리펩타이드의 자발적인 붕괴로 시작되어 비극성 잔기들의 소수성 상호작용의 조정에 의하여 집약된 공모양의 구조를 만들게 된다. 소수성 붕괴로 얻어진 상태는 높은 양의 이차구조를 갖게 된다. 그러나 많은 아미노산의 곁사슬들은 전적으로 고정되지 않고 있다. 이런 붕괴된 상태를 **"용융된 공 (molten globule)"**이라고 한다.

대부분의 단백질은 위에 제시한 두 모델 중의 하나를 선택하여 접히게 된다. 단순한 경로를 따르는 대신, 펩타이드 분자 일부는 다변화된 경로를 택하여 같은 결과에 도달하게 된다. 이때 접힘이 거의 완성될 때는 여러 개의 부분적으로 접힌 입체구조를 갖는 가능성이 감소하게 된다.

열역학적으로 접히는 과정은 마치 자유에너지의 깔때기처럼 보일 수 있다. 접히는 과정이 진행되면서 깔때기가 좁아지는 것은 존재하는 입체구조의 수가 감소하는 현상이다.

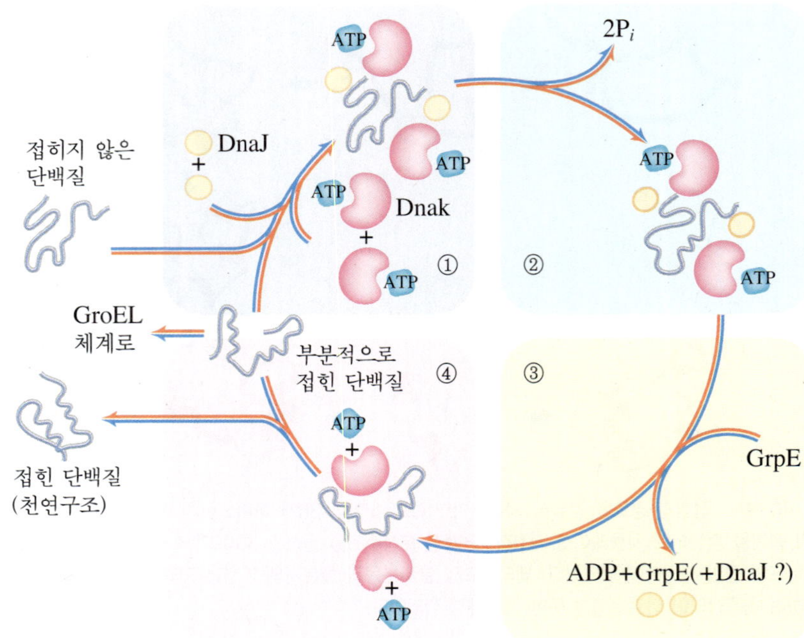

그림 2-41 단백질 접힘 과정에서 샤페론의 역할. 샤페론은 접히지 않고 있는 펩타이드의 접힘이 일어나도록 미세하게 조정하는 기능을 한다. ① 접히지 않은 단백질은 DnaJ에 부착되고, 다음에 DnaK에 부착된다. ② DnaJ는 DnaK에 의한 ATP가수분해를 촉진시킨다. DnaK-ADP는 접히지 않은 단백질에 단단히 부착된다. ③ 박테리아에서 뉴클레오타이드-교환인자 GrpE는 ADP의 방출을 촉진한다. ④ ATP가 DnaK에 부착되고 단백질은 해리된다.

2. 접힘에 관여하는 효소나 단백질

모든 단백질이 세포에서 합성된 채로 자발적으로 접히는 것은 아니다. 많은 단백질의 접힘은 특수한 단백질의 작용에 의해서 가능하게 된다. 분자 **샤페론(chaperon)**은 부분적으로 접혀졌거나 잘못 접혀진 폴리펩타이드와 상호작용하는 단백질이다. 이들은 정확한 접힘의 경로를 선택하거나 접힘이 일어나도록 미세한 환경을 조절하는 기능을 한다. 첫 번째 종류의 샤페론으로, Hsp70이라 부르는 단백질은 분자량이 70,000 정도이며, 온도를 상승시킨 스트레스에 의해 세포 내부에서 더욱 많이 만들어진다. 이 Hsp70단백질은 접히지 않은 소수성 잔기가 많아서 부적절한 응집을 하는 폴리펩타이드지역에 결합된다. 그래서 이들 샤페론은 열에 의해 변성된 부분을 가진 단백질이며, 아직 접히지 않은 합성된 펩타이드를 보호하는 기능을 한다. Hsp70단백질은 세포막을 통하여 이동되기 전까지는 접히지 않은 채로 남아있도록 하는, 단백질의 접힘을 억제하는 기능을 한다. 어떤 샤페론은 올리고머단백질의 사차구조를 형성을 가능하게 하기도 한다. 이 Hsp70단백질은 다른 여러 개의 단백질과 같이 기능하며, ATP의 가수분해와 관련되는, 결합하고 배출하는 사이클을 통하여 접힘에 관여한다. 그림 2-41은 샤페론의 도움으로 접히는 과정을 설명해 주고 있다. 이때 샤페론은 대장균에서 얻은 DnaK와 DnaJ가 관여되고, 이들은 진핵세포의 Hsp70과 Hsp40에 해당하는 물질이다. DnaK와 DnaJ는 바이러스 DNA분자의 시험관에서 복제 시 필요한 단백질로 확인되고 있다.

두 번째 분류의 샤페론을 **샤페로닌(chaperonin)**이라 부른다. 자발적으로 접히지 못하는 여러 개의 세포내부단백질의 접힘에 더 정교한 단백질집합체가 필요하다. 대장균에서 10~15%의 세포내부단백질들의 접히는 과정에서 GroEL/GroES라 부르는 "샤페로닌"계가 필요하게 된다.

단백질 접힘의 경로에는 이성질화반응을 촉매하는 두 개의 효소들이 필요하게 된다. 단백질이황화이성질화효소(protein disulfide isomerase, PDI)는 광범위하게 분포된 효소로서, 자연 상태의 입체구조결합을 만들 때까지 이황화결합의 상호교환 및 뒤섞음을 촉매시키는 효소이다. 그들의 기능 중에 PDI는 부적절한 이황화결합의 횡적인 연결로 얻어지는 접힘의 중간체를 제거하는 반응을 촉매한다. 또 다른 효소는 펩타이드 프롤린 시스-트랜스 이성질화효소(peptide proline cis-trans isomerase, PPI) 로서, 프롤린 펩타이드결합의 시스와 트랜스 이성질체를 서로 변환시키는 촉매효소이다.

이 단계에서는 몇 개의 프롤린 잔기의 펩타이드결합을 포함하는 단백질의 시스 입체구조에서 접힘이 느리게 진행된다.

단백질의 접힘은 시험관에서보다는 밀도가 높은 세포환경에서 대단히 복잡한 과정일 것으로 보인다. 그래서 단백질의 접힘 과정에 관여하는 더 많은 종류의 단백질이 발견될 것으로 예측된다.

3. 단백질의 변성

단백질이 삼차구조의 파괴로 생물학적인 기능을 상실하게 된 상태를 **단백질 변성 (protein dematuration)** 이라고 한다. 자연적인 단백질의 변성은 물리적, 화학적 또는 생물학적인 성질의 변화가 발생한 것이다. 온화한 변성도 삼차 및 사차구조를 붕괴시키고, 또 강한 조건하에서 폴리펩타이드사슬을 조각으로 만들게 된다. 온화한 변성은 보통 가역적이다. 단백질의 변성 때문에 여러 가지 성질의 변화가 따른다 : 1.용해도의 감소, 2. 내부구조의 변화 또는 펩타이드사슬의 붕괴와 상관없이 펩타이드사슬의 배열의 변형, 3. 대칭성의 감소로 나선 구조의 상실, 4.아미노산 중에 이온화가 가능하거나 설퍼하이드릴 그룹을 가진 기능성그룹의 화학 반응성 증가, 5.단백질가수분해효소에 의한 가수분해 가능성의 증가, 6.원래 가지고 있던 생물학적인 활성의 전체적인 상실 또는 감소, 7.결정형성능력의 상실.

생화학 둘러보기

단백질의 분리 및 취급할 때 변성이 되지 않도록 주의해야 할 열 가지의 규칙

세포내부에서 가장 중요한 기능을 하는 단백질이나 특히 효소는, 단단하지가 못하여 취급 시 상당히 쉽게 그 삼차구조가 파괴된다. 단백질은 삼차구조의 파괴와 동시에 그 기능이 상실된다. 따라서 단백질을 다루는 연구를 수행할 때는 항상 단백질의 변성을 유발하는 원인에 노출되지 않도록 주의를 기울여야 한다. 즉, 단백질을 변성시키지 않도록 안전하게 다루는 열 가지 중요한 규칙을 준수하여야 한다. 오랜 시간 정성을 들여 얻은 고가의 단백질의 기능을 상실하지 않도록 주의하는 것이 바람직하다.

1. 이온의 세기 (용액에서의 pH)

보통 세포내에서 기능하는 단백질, 특히 효소는 대부분 중성 pH에서 기능을 수행하는 데 필요한 삼차구조를 유지하고 있다. 높은 수소이온농도에서는 액상의 과잉 H^+의 존재로 아미노산의 곁사슬들이 프로톤화되어 단백질 전체 하전에 영향을 주게 되고, 이온-이온 사이의 상호작용에 문제가 발생하여 삼차구조가 파괴된다 (반드시 적절한 완충용액을 사용하여야 한다).

2. 온도 (수소결합을 파괴)

높은 온도에서는 이차 및 삼차구조에 관여하는 수소결합이 대부분이 파괴되면서 삼차구조에 손상을 입히게 된다. 낮은 온도에서는 수소결합에 영향을 주지 못한다. 그래서 단백질은 낮은 온도에서 보관할 수 있다.

3. 용액의 희석 (친수성의 증가)

가능하면 단백질의 용액은 1mg/mL 이상으로 유지해 주는 것이 바람직하다. 용액을 희석하면 친수성의 증가로 효소구조의 파괴를 유발한다.

4. 금속이온 (정전기적인 상호작용)

2가 양이온 Mg^{2+}이나 Mn^{2+}은 정전기적인 상호작용에 영향을 주어 단백질의 삼차구조를 파괴시킨다. 2가 양이온은 음전하를 띠는 아미노산을 서로 끌어당겨 삼차구조가 파괴된다.

5. 수소결합 형성 촉진제 (요소 또는 폼알데하이드)

아미노산들 간의 수소결합보다 더 신속하게 수소결합을 형성하는 요소나 폼알데하이드는 새로운 수소결합을 만들게 됨으로써 단백질내부의 수소결합을 변경시키고 구조에 치명적인 영향을 끼치게 된다.

6. 계면활성제 (시스테인의 이황화결합)

단백질용액의 표면을 증가시키는 계면활성제는 시스테인의 산화로 이차구조에 주요한 이황화결합을 형성하여 단백질을 변성시키게 된다.

7. 유기용매 (소수성 상호작용)

유기용매는 타이로신, 페닐알라닌 및 트립토판 같은 방향족 아미노산의 이차구조의 형성에 기여하는 소수성 상호작용에 영향을 미치게 된다. 벤진 또는 핵산 같은 유기용매는 단백질분자내부의 소수성 상호작용에 영향을 주게 됨으로써 변성을 유발한다.

8. 산화 및 환원제 (공기 접촉 시 산화유발)

단백질용액을 취급할 때는 심지어 빨리 휘젓는 일도 삼가야 한다. 공기 중의 산소와 단백질의 접촉은 시스테인의 산화나 아미노산의 곁사슬에 영향을 미치기 때문이다.

9. 물리적인 충격이나 높은 에너지

초음파나 낮은 온도의 얼음결정도 단백질구조에 작용하여 삼차구조에 영향을 미치게 된다.

10. 반응성 화합물 (아미노산 변형 화합물)

아미노산의 곁사슬을 변형시키는 화학물질은 반응을 통하여 곁사슬을 변경시키고, 이차 및 삼차구조에 영향을 끼치게 된다. 반응성 활성산소는 단백질분자구조에 영향을 미치고, 단백질변성의 원인을 제공하게 된다.

단원요약

1. 단백질의 기본구성단위로 아미노산에서 L-α-아미노산의 α-COOH그룹과 α-아미노그룹은 용액의 pH에 따라 다른 전하를 띠게 된다. 전체의 전하가 0이 되는 pH를 등전점이라고 한다.

2. 현재까지 생물체의 단백질합성에 20개의 아미노산만 쓰이고 있다. 비극성 아미노산들로는 알라닌, 발린, 루신, 아이소루신, 페닐알라닌, 트립토판, 메싸이오닌, 프롤린이 있다. 산성 아미노산들로는 아스파트산과 글루탐산이 있고, 염기성 아미노산으로는 라이신, 아르지닌, 히스티딘이 있다. 중성아미노산들로는 세린, 트레오닌, 시스테인, 타이로신, 아스파라진, 글루타민이 있다.

3. 자연에 나타나는 다른 아미노산들로, 콜라젠에서 4-하이드록시 프롤린, 5-하이드록시 라이신이 있으며, 우유의 카세인에는 인산화된 세린이 발견되고 있다. 자연에 많이 존재하는 아미노산들 중 단백질에는 나타나지 않은 것으로는 호모세린, β-알라닌, 오르니틴, δ-아미노뷰티린 등이 존재한다.

4. 단백질에서 아미노산 간의 연결은 한 아미노산의 아미노그룹과 다른 아미노산의 카복실그룹 사이에서 펩타이드 결합으로 가능하다. C와 N 사이의 이중결합의 특성 때문에 이들 회전은 제한되고 있으나, α-탄소와 펩타이드결합의 N과 C에 연결되는 단일결합의 회전이 자유롭고, 이 회전은 긴 폴리펩타이드의 삼차구조의 형성에 영향을 주게 된다.

5. 생명체에서 중요한 기능성 올리고펩타이드들로 글루타싸이온이 있으며, 펩타이드 홀몬으로 또는 항생제로 기능하기도 한다. 인공감미료인 아스파탐도 두 개의 아미노산으로 구성된 펩타이드이다.

6. 폴리펩타이드의 아미노산 순서결정은 자동화되어 기기가 수행하지만, 기계를 사용하기 이전 시료의 전처리과정은 C-말단과 N-말단의 잔기 확인, 이황화그룹의 절단, 가능한 두 개의 서로 중첩되는 그룹으로 절단, 이들 조각들의 분리 등이다.

7. 단백질은 생체에서 가장 중요한 기능을 수행한다. 이러한 기능의 수행에는 단백질의 독특한 삼차구조가 필수적이고, 그 기능에 따라 특별한 모양을 반드시 갖추어야 한다. 단백질은 섬유상의 긴 단백질과 공모양의 구형단백질로 기능에 따라 특정한 구조를 갖게 된다.

8. 단백질의 이차구조로는 α-나선, β-병풍구조, β-회전을 가지며, 이들이 모인 초이차구조로는 $\beta\alpha\beta$모형, β머리핀 모형, $\alpha\alpha$모형, 그리스 열쇠모형 등이 있으며, 이들은 삼차구조의 구성요소가 된다. 그래서 삼차구조는 초이차구조의 조합으로 만들어진다. 사실은 이러한 삼차구조는 근본적으로 유전자암호의 순서에 따라 정해지게 되며, 폴리펩타이드의 아미노산 순서의 특성, 즉 곁사슬들의 여러 그룹들 때문에 안정하고, 독특한 접힘이 이루어진다.

9. 단백질의 삼차구조는 X-선 회절법을 사용하여 얻은 전자밀도지도에 따라 얻어진다. 이러한 방법으로 산소의 운반체인 마이오글로빈의 구조가 공모양의 단백질로 처음 밝혀지게 되었으며, 모든 단백질의 기능들이 분자수준에서 밝혀지게 되었다.

10. 라이보뉴클리에이스의 삼차구조가 밝혀지면서 이들을 변성시킨 다음 재원형화시킴으로써 기능이 회복됨을 확인하게 되었다. 폴리펩타이드의 접힘은 기능상 대단히 중요한 과정으로, 이들 현상에 관여되는 조절단백질이나 효소들이 연구되고 있다. 단백질은 대부분 불안정한 상태로 존재하며, 외부의 환경에 쉽게 그 삼차구조를 잃게 되어 변성된다.

어휘

가려진 이성질체 (eclipsed isomer)
게스트린 (gastrine)
그라미시딘 (gramicidin)
그리스 열쇠 (greek key) 요소
글루타민 (glutamine)
글루타싸이온 (glutathione)
글루탐산 (glutamic acid)
글리신 (glycine)

난포자극 분비홀몬 (FSH-RH)
단백질 (protein)
단백질 변성 (protein denaturation)
단실클로라이드 (dansyl chloride)
단위체 (subunit)
단풍나무시럽냄새오줌병 (maple syrup urine disease)
등전점 (isoelectric point)
라이신 (lysine)
루신 (leucine)
리포산 (lipoic acid)
메싸이오닌 (methionine)
멜라닌 (melanin)
멜라토닌 (melatonin)
몰흡광계수 (molar absorption coefficient)
무질서 코일 (random coil)
바소프레신 (vasopresin)
바이오틴 (biotin)
발린 (valine)
β-머리핀 (β-hairpin)
β-병풍구조 (β-pleated sheet)
β-원통 (β-barrel)
β-회전 (β-turn)
$\beta\alpha\beta$요소 (motif)
사차구조 (quaternary structure)
샤페로닌 (chaperonin)
샤페론 (chaperone)
세로토닌 (serotonin)
세린 (serine)
시스테인 (cysteine)
C-말단 잔기 (C-terminal residue)
아르지닌 (arginine)
아밀로이도시스 (amyloidosis)
아밀로이드 (amyloid)
아스코브산 (ascorbic acid)
아스파라진 (asparagine)
아스파탐 (aspartame)
아스파트산 (aspartic acid)
아이소데스모신 (isodesmosin)
아이소루신 (isoleucine)
알라닌 (alanine)
α-나선구조 (α-helix)
α-아미노산 (α-amino acid)
$\alpha\alpha$-요소 (motif)
엇갈린 이성질체 (staggered isomer)
에피네프린 (epinephrine)
N-말단 잔기 (N-terminal residue)
엘라스틴 (elastin)
옥시토신 (oxytocin)
올리고머 (oligomer)
올리고펩타이드 (oligopeptide)
용융된 공 (molten globule)
일차구조 (primary structure)
입체구조 (conformation)
입체이성질현상 (stereoisomerism)
잔기 (residue)
접힘 (folding)
쯔비터이온 (zwitter ion)
초이차구조 (supersecondary structure)
카테콜아민 (catecholamine)
콜레스토사이토키닌 (cholestocytokinin)
콜라젠 (collagen)
타이로시노시스 (tyrosinosis)
타이로시니미아 (tyrosinemia)
타이로시딘 (tyrocidin)
타이로신 (tyrosine)
타이록신 (tyroxine)
테트라피롤 (tetrapyrrole)
트레오닌 (threonine)
트립토판 (tryptophan)
파이브릴로시스 (fibrilloses)
페닐알라닌 (phenylalanine)
페닐케톤뇨증 (phenyl ketone urea)
펩타이드결합 (peptide bond)
평면구조 (configuration)
포피린 (porphyrin)
폴리펩타이드 (polypeptide)
프롤린 (proline)
피롤 (pyrrole)
피롤리돈 (pyrrolidone)
필수아미노산 (essential amino acid)
황체형성홀몬 분비홀몬 (LH-RH)
흡광도 (absorption)
히스타민 (histamine)
히스티딘 (histidine)
헴 (heme)

참고문헌

일반

Haschemeyer, R.H. and Haschemeyer, A.E.V. 1973. Proteins. New York; Wiley

Dickerson, R.E. and I. Geis, 1969. The Structure and Action of Proteins, New York; Haper & Row

Aebersoid, R. and Mann, M. 2003. Mass spectrometry-based proteomics. Nature 422, 198.

Fletterick, R.J., Schoer, T. and R. J. Matela. 1985. Molecular Structure: Macromolecules in three dimensions. Blackwell, Oxford

아미노산

Meister, A. 1965. Biochemistry of amino acids 2nd ed. Vol. I & II, New York; Academic Press.

Barrett, G.C. and Elmore, D.T. 2001. Amino acids and Peptides, Cambridge University Press.

Lamin, V.S., Dauter, Z. and Wilson, K.S. 1995. How nature deals with stereoisomer?, Curr. Opn. Struct. Biol. 5, 830.

단백질의 일차구조

Findlay, J. B. C. and Geisow, M.J. eds. 1989. Protein Sequencing, A Practical Approach, IRL. Press.

단백질의 삼차구조

Branden, C. and Tooze, J. 1999. Introduction to Protein Structure (2nd Ed.) Garland Publishing.

McRee, G. 2000. Practical Protein Crystallography 2nd Ed. Elsvier Science.

Fraser, R.D.B., and T. P. Macrae. 1972. Conformation in fibrous and related synthetic polypeptides. Academic Press, New York

Richardson, J. S., 1981. The anatomy and taxonomy of protein structure. Adv. Protein. Chem. 34: 167

단백질의 기능

Goodsell, D.S. and Olson, J. 2000. Structural Symmetry and Protein Function. Ann. Rev. Biophy. Biomol. Struct. 29, 105.

Jaenicke, R. and Bohn, G., 1998. The Stability of Proteins in Extreme environment. Curr. Opin. Struct. Biol. 8, 738.

Hartl, F.U. and Hayer-Hartl, M. 2002. Molecular Chaperons in the cytosol; from nascent chain to folded protein. Nature 295. 1852.

Dickerson, R.E. and Geis, I. 1983. Hemoglobin, Benjamin/Cummings

단백질의 접힘

Horwich, A. R. (Ed.) 2002. Protein Folding in the Cell. Adv. Prot. Chem. 59.

Harrison, S.C. and R. Dubin, 1985. Is there a single pathway for the folding of a polypeptide chain? Proc. Natl. Acad. Sci/USA 82: 4028

Kim, P.S. and R. L. Baldwin. 1980. Structural intermediates trapped during the folding of ribonuclease A by amide exchange. Biochemistry 19: 6214

연습문제

1 단백질의 일차, 이차, 삼차 및 사차구조에 관하여 설명하시오.

2 단백질을 안정화시키는 힘들은 어떤 것들이 있을까?

3 주로 단백질의 내부에 나타나는 아미노산의 곁사슬과 표면에 나타나는 아미노산의 곁사슬은 무엇인가?

4 모든 변성된 단백질들이 자발적으로 재원형화될 수 있는가?

5 단백질의 안정성에 영향을 주는 인자들은 어떤 것들이 있는가?

6 다음의 펩타이드에서:

Gly-Ala-Asp-Pro-Lys-Met-Cys-Phe-Lys-Arg-Glu-Asp-Ser

ㄱ. pH 1과 pH 7에서 총 하전 (net charge) 은 얼마인가?
ㄷ. 생리적인 pH에서 펩타이드는 얼마나 많은 비극성 R그룹, 그리고 하전이 없는 극성 그룹을 갖게 되는가?

7 아래에 주는 정보를 근거로, 펩타이드의 아미노산의 순서를 결정하시오.

ㄱ. 아미노산의 순서분석: Ala, Leu, Arg, Met, Phe, Thr, 2xVal
ㄴ. 아미노말단 (단실화) : DNP-Ala
ㄷ. 트립신처리: 두 개의 조각 (Ala, Arg, Thr) (Leu, Met, Phe, 2xVal)
ㄹ. 트립신처리 후, 아미노말단 첫째 조각 DNP-Ala, 두 번째 조각 DNP-Val
ㅁ. CNBr처리 후, 얻은 두 가닥:
(Ala, Arg, 호모세린락톤, Thr, 2xVal) 말단 DNP-Ala
(Leu, Phe) 말단 DNP-Leu

8 생리적인 조건하에서 어떤 아미노산의 잔기가 구형단백질의 내부에 존재하게 될까?

1. Arg 2. Phe 3. Asn 4. Met 5. Thr 6. Glu 7. Val 8. Asp

9 아스파라진에서 수소결합의 공여체와 수용체를 지적하시오.

10 Ala, Gly, His, Lys, Phe의 아미노산으로 만들 수 있는 펩타이드의 수는 얼마나 되는가?

11 어느 펩타이드가 280nm에서 더 큰 흡수도를 갖는가?

ㄱ. Gln-Leu-Glu-Phe-Thr-Leu-Gly-Tyr
ㄴ. Ser-Val-Trp-Asp-Phe-Gly-Tyr-Trp-Ala

12 단백질이 여러 개의 소단위체로 만들어졌을 때의 장점은 무엇인가?

13 여섯 개의 소단위체로 구성된 단백질들에 가능한 회전대칭이 어떤 종류가 있는가?

14 아밀로이드섬유는 우리 몸에 어떻게 해를 끼치는가?

15 어떤 잔기가 단백질기능에 필수적인가를 알기 위하여 자리특이성 돌연변이 실험을 수행하였다. 아미노산이 다른 아미노산으로 교체될 때 단백질구조에 가장 큰 영향을 미치는 것은 어떤 것이며, 그 이유는 왜 그런지 설명하시오.

ㄱ. Val을 Ala이나 Phe으로 교체
ㄴ. Lys을 Asp이나 Arg으로 교체
ㄷ. Gln을 Glu나 Asn으로 교체
ㄹ. Pro를 His나 Gly로 교체

16 충분한 시간이 주어졌을 때, 모든 변성된 단백질은 자발적으로 재원형화될 수 있는가?

17 대부분 콜라젠으로 구성된 젤라틴이 다른 단백질에 비교해서 영양학적으로 우수하지 못한 이유를 설명하시오.

18 아미노산은 가끔 완충용액으로 사용하기도 한다. 아스파트산, 히스티딘 그리고 세린이 포함된 완충용액에서 적정한 pH값을 얼마가 되는가?

19 인공감미료인 아스파탐은 L-아스파틸-L-페닐알라닐-메틸에스터이다. 그 구조를 그려보시오.

20 펩타이드 문고 (library) 에 관하여 조사해 보시오. 어떻게 만들게 되며, 그 활용도는 무엇인가?

21 아미노산의 순서분석기는 폴리펩타이드내부의 각 아미노산의 확인에 Edman 분해방법으로 아미노산의 순서를 분석할 수 있는 기기이다. 그 기기의 원리를 설명해 보시오.

22 바소프레신과 옥시토신의 기능을 무엇인가?

23 홀몬·분비홀몬은 어느 곳에서 합성되고, 어떤 기능을 수행하는가?

24 젤여과방법 이외에, 폴리펩타이드를 분리하는 방법들은 어떤 것들이 있는가?

25 다음의 아미노산의 순서를 갖는 폴리펩타이드를 사용하여 아미노산의 순서를 결정하기 위하여 최소의 단위로 절단하려면 어떤 방법을 사용하는가? 그 계획을 만들어 보시오.

NH_2-Gly-Ala-His-Lys-Phe-Glu-Met-His-Gly-Arg-Ser-Val-Leu-COOH

효소의 기능: 산 밑으로 터널을 뚫어 자동차의 속도를 빠르게 하는 것은 마치 효소가 활성화 에너지를 낮추어 반응의 속도를 빠르게 하는 것과 비슷한 원리이다.

Chapter 3

생체반응의 촉매: 효소의 기능과 조절

3.1 효소연구의 중요성과 역사

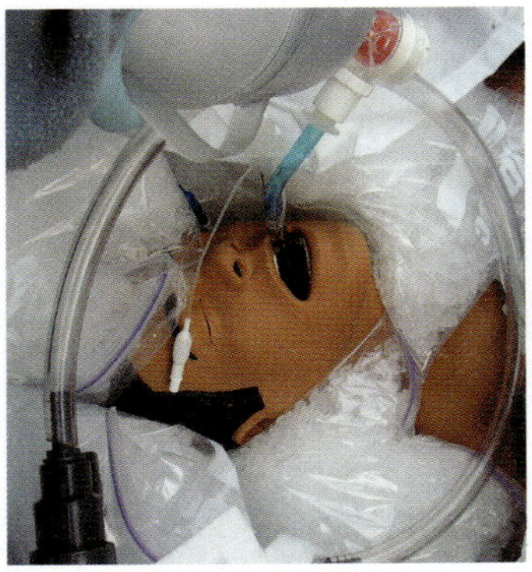

그림 3-1 냉동인간. 현재의 기술로 치유가 힘든 환자를 냉동시켜 어느 기간이 지나면 회생시킬 수 있다고 믿는 것은 온도를 다시 상승시키면 효소의 기능이 회복될 수 있다고 믿고 있기 때문이다.

인간이 생존하려면 심장이 쉬지 않고 뛰어야 하며, 음식물을 섭취하여 소화시키고, 그 과정에 에너지를 발생하여 온도를 유지하며, 세포내에 필요한 여러 물질들을 합성하고 분해하는 신진대사를 수행하는 등 끊임없이 수많은 화학반응을 수행해야만 한다. 다시 말해서 모든 생물체는 생존하는 데 필요한 여러 가지 물질을 만드는 합성반응, 필요한 물질을 얻기 위해 큰 물질을 쪼개서 새로운 물질을 얻어내는 분해반응, 그 이외에도 산화-환원반응 등등 대단히 다양한 화학반응을 통하여 생명체를 발생시키고, 성장하게 하며, 유지하게 한다고 말할 수 있다. 생체내에서 일어나는 모든 화학반응은 반응을 신속히 진행하도록 하는 촉매인 효소에 의해 비교적 온화한 조건에서 필요한 속도로 진행된다. 따라서 효소는 생명현상을 있도록 하는 생체의 많은 물질 중에서 가장 중요한 근본물질이라고 말할 수 있다.

효소의 기능과 인간의 생명과의 밀접한 관계를 설명하는 한 예로, 효소는 낮은 온도에서는 일시적으로 그 기능이 정지되지만 온도를 올리게 되면 그 기능이 원상태로 회복될 수 있는 단백질의 독특한 성질을 이용하여, 미국의 기업연구팀은 암에 걸린 환자를 오래 전부터 냉동시켜 보관하고 있다(그림 3-1). 이렇게 지원자를 암치료가 가능할 때 살려 내도록 하는 연구의 진행은 정상온도에서 효소의 기능의 회복을 믿는 사실을 근거로 한 실험이며, 효소가 우리의 생명현상에 필수적인 생체물질임을 증명해 주는 좋은 예가 되고 있다.

생물체에 존재하는 촉매로서의 효소는 1835년 스웨덴의 화학자 베르첼리우스(Berzelius)에 의해 처음으로 확인되었다. 그는 감자 속에 전분의 분해를 촉매하는 물질이 있음을 확인하고 "촉매"라는 말을 처음으로 사용하게 되었다. 그 후 **효소(enzyme)**라는 어휘는 1878년 독일의 유기화학자 퀴네(Wilhelm Kühne)가 처음으로 사용하게 되었으며, 이 말의 어원은 그리스어의 "효모 속(In Yeast)"이라는 말의 뜻에서 유래한다. 그 후 프랑스의 파스퇴르(Pasteur)는 공기가 없는 상태에서 글루코스가 분해되어 탄산가스와 알콜이 되는 과정, 즉 발효과정에 살아 있는 세포가 관여하고 있다고 보고하였다. 1897년에 독일의 유기화학자 뷔크너(Edward Wuchner)는 파괴된 효모의 추출물을 여과하여 발효에 직접 관여하는 물질인 효소를 처음으로 확인하였고, 이 공로로 1907년 노벨상을 수상하게 되었다.

인류가 일상생활에 효소촉매반응을 활용하게 된 역사는 이보다 훨씬 더 앞서고 있다. 고대 그리스나 이집트에서 포도의 글루코스를 포도껍질에 묻어 있는 효모를 이용하여 발효시켜 포도주를 만들게 된 것도 효모가 가지고 있는 여러 효소들이 글루코스를 알콜로

그림 3-2 포도주의 역사. 고대 이집트에서는 포도주를 생산할 때 포도의 바깥 표면에 있는 효모의 효소들을 활용하여 포도의 글루코스를 에탄올로 바꾸는 발효과정으로 포도주를 만들 수 있었다.

만들게 되는 발효과정을 이용하게 된 것이다(그림 3-2). 우리의 조상들도 일찍이 된장이나 막걸리를 만드는 과정에서 곰팡이나 누룩의 효모가 가지고 있는 촉매효소들을 이용한 것으로 보아, 우리나라에서도 효소를 이용하게 된 역사는 상당히 오래된 것임을 알 수 있다. 우리가 자랑하는 세계적으로 뛰어난 발효식품인 김치도 박테리아의 효소가 관여되는 발효과정을 통하여 풍미를 가미하게 되며, 발효된 김치는 기름기를 분산시켜 입안을 상쾌하게 하는 훌륭한 기호식품이 되고 있다(그림 3-3).

효소의 크기는 보통 화학물질보다 훨씬 크며, 그 기능이 대단히 복잡하고 생체가 복잡한 현상으로 유지되는 만큼 효소의 종류도 다양하여, 많은 연구자들의 연구대상으로 각광을 받고 있다. 그 동안 효소에 관한 연구결과들인 생명현상의 규명, 질병원인의 이해 등을 통한 약품의 개발 등으로 인류의 복지에 커다란 기여를 하고 있으며, 21세기에 가장 각광을 받는 학문분야로 계속 남게 될 것이다. 효소는 다양한 기능으로 생명을 유지하게 하고, 보통 유기합성으로 불가능한 복잡한 물질도 만들어낼 수 있으며, 심지어 젊음도 회생시킬 수 있기 때문에 생체화학반응의 마법사로 불리고 있다.

그림 3-3 김치나 된장의 발효. 우리의 전통 음식 중 발효식품인 된장, 고추장, 젓갈, 김치 등은 효모나 공기 중의 박테리아들이 가지고 있는 효소를 사용하여 발효시키게 되면 오래 보존이 가능하게 되며, 특히 젓갈의 단백질을 분해시켜 일부 분해된 아미노산이 맛을 감칠나게 해준다.

효소의 체계적인 명명법

효소는 세포내에 존재하는 가장 다양한 기능을 갖는 단백질촉매로서, 생체에서 일어나는 거의 모든 화학반응에 관여하므로 그 수가 엄청나게 많이 존재한다. 효소연구의 초기에는 효소를 발견하는 연구자가 적당히 이름을 만들어 상용명(예: 트립신, 카이모트립신, 또 정자의 머리 부분 acrosome에 존재하여 난자의 두터운 막을 침투하는 데 필요한 단백질분해효소를 acrosin이라 부름)으로 사용하였다. 이렇게 새로이 발견되는 급격히 증가하는 효소들을 명명하는 방법의 필요성을 인식하고 국제생화학분자생물학연맹(IUBMB Enzyme Commission)에서 체계적으로 기능에 따라 분류하는 명명법을 정하게 되었다.

이 명명법에서, 효소는 그들이 촉매하는 화학반응의 성격에 따라 분류되고 명명된다. 효소반응은 여섯 개의 주된 반응으로 명명되고, 기질에 따라 하위족, 그리고 더 세밀한 하위족으로 분류된다. 효소에 따라 하위족을 지정하는 네 부분으로 된 분류번호를 갖게 된다.

반응의 유형에 따른 효소명명

분류		촉매하는 반응의 종류
1. 산화-환원효소	–	산화-환원반응
2. 전달효소	–	작용기의 전달
3. 가수분해효소	–	가수분해반응
4. 분해효소	–	작용기의 제거에 의한 이중결합형성
5. 이성화효소	–	이성화반응
6. 연결효소	–	두 분자가 결합되는 반응

카복시펩타이드가수분해효소 A (carboxypeptidase A)는 IUBMB가 정한 명칭에 따르면 펩티딜-L-아미노산-가수분해효소(peptidyl-L-amino acid hydrolase)로 부르고, 분류번호는 EC 3.4.17.1 (숫자 3은 가수분해효소, 4, 17, 1은 기질의 구분 번호)로 표기한다. 효소의 체계적인 이름과 분류번호는 인터넷(http://expasy.org./enzyme/)을 통하여 얻을 수 있다.

3.2 생체반응의 단백질 촉매: 효소

3.2.1 효소의 기능 (열역학, 전이상태)

독일의 유기화학자 피셔(Emil Fisher)는 "효소와 반응하는 물질 즉 기질(substrate)과의 관계를 자물쇠와 열쇠의 관계"로 비유하여, 각 물질의 반응에는 특정 효소가 작용한다는 사실을 설명하였다(그림 3-4). 1900년대 초 스웨덴의 물리생화학자 스베드버그(Svedberg)는 고속원심분리장치를 사용하여 효소가 단일단백질로서 촉매기능을 하고 있음을 발표하고 나서부터 수많은 효소가 있으리라 예측하게 되었고, 그 후 효소의 연구는 급속히 발전하게 되었다. 효소의 구조와 기능의 관계 연구는 지금까지 전 세계적으로 많은 연구자들에 의해 연구되어 왔고, 이들 효소에 관한 연구 업적으로 그 동안 많은 노벨상 수상자가 배출되었다.

효소는 미생물, 식물, 동물 등의 생명체에서만 만들어지는 단백질 촉매로, 생명체의 생존에 필요한 모든 생체화학반응이 비교적 온화한 조건에서 신속하게 진행되게 한다. 화학반응이 빨리 일어나려면 반응물을 높은 에너지를 갖는 들뜬상태로 만들어야 하는데, 효소는 반응이 일어나도록 하는 활성화 에너지를 낮춤으로써 낮은 에너지 상태에서도 쉽게 반응이 일어나도록 할 수 있다(그림 3-5). 이는 마치 강의 둑을 낮추면 물의 흐름이 빨라지게 되는 현상과 비슷하다. 보통 시험관에서 화학반응을 진행시키려면 높은 온도로 가열하거나 높은 압력 또는 강한 산이나 알칼리를 사용해야만 가능하나, 효소는 훨씬 더 온화한 조건인 상온과 상압 그리고 중성 pH에서 반응이 일어나도록 함으로써 생명체의 생존에 필요한 여러 과정들이 빠른 속도로 진행되도록 할 수 있는 것이다.

효소의 촉매 작용을 분자수준에서 이해하기 위해서는 **전이 상태 이론(transition state theory)**에 대해 알아야 한다. 1930년대에 이론 화학자인 헨리 아이링(Henry Eyring)은 수소원자가 이원자의 수소분자에 반응하여 새로운 수소분자와 다른 수소원자가 생성되는 이분자반응의 메커니즘을 아래와 같이 설명하였다.

반응과정에서 HC 원자는 이원자 분자인 $H_A - H_B$에 접근해야만 하며, 아주 짧은 기간 동안에 반응의 특정 위치에서 HA…HB…HC로 표현되는 불안정하고 높은 에너지 상태의 복합체로 존재한 후 생성물로 전환된다.

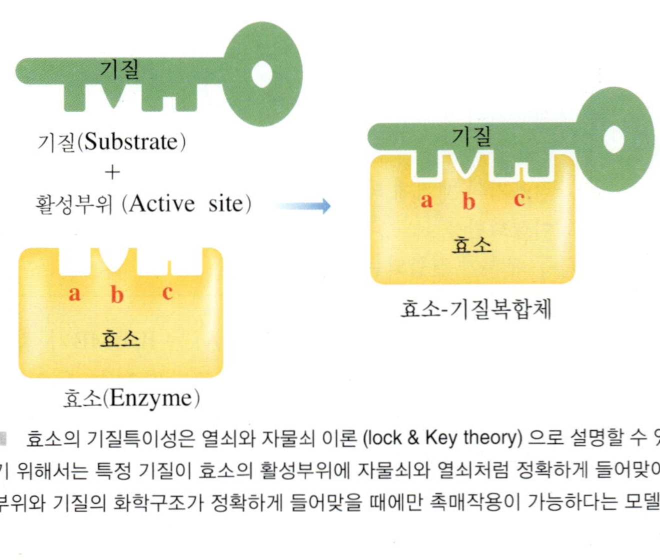

■ 그림 3-4 ■ 효소의 기질특이성은 열쇠와 자물쇠 이론(lock & Key theory)으로 설명할 수 있다. 효소에 의한 촉매 반응이 일어나기 위해서는 특정 기질이 효소의 활성부위에 자물쇠와 열쇠처럼 정확하게 들어맞아야 한다. 이와 같이 효소 내부의 활성부위와 기질의 화학구조가 정확하게 들어맞을 때에만 촉매작용이 가능하다는 모델로 기질특이성을 설명할 수 있다.

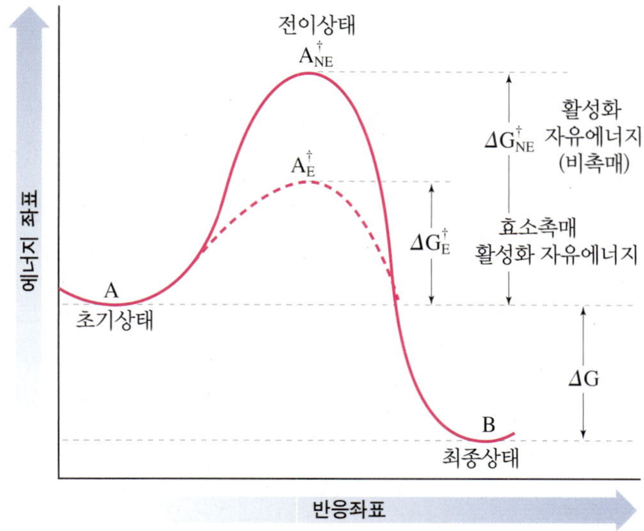

그림 3-5 활성화 에너지와 촉매의 작용. 반응 경로에서 가장 높은 에너지 상태를 전이 상태라 하고, 활성화 자유에너지는 전이 상태의 자유에너지에서 반응물의 자유에너지를 뺀 값이다. 반응물이 생성물로 전환되기 위해서는 이 활성화 에너지의 장벽을 넘어야 한다. 효소는 기질과 복합체를 형성함으로써 활성화 에너지를 낮춘다.

$$H_A - H_B + H_C \rightarrow [H_A \cdots H_B \cdots H_C] \rightarrow H_A + H_B - H_C$$

이와 같이 반응이 진행되는 경로를 **반응 좌표(reaction coordinate)** 라고 하는데 반응 좌표에 따른 에너지 변화 그래프를 통해 전이 상태 이론을 쉽게 이해할 수 있다(그림 3-5). 위의 반응에서 H_A와 H_B 사이의 결합 길이가 점점 길어지고 H_B와 H_C 사이의 결합이 차츰 형성되면서 자유에너지가 점점 증가하여 가장 높은 자유에너지를 갖는 상태에 도달하게 되는데 이를 **전이 상태(transition state)** 라고 한다. 전이 상태를 지나면 H_B와 H_C 사이의 결합이 점점 짧아지고 H_A가 떨어져 나가 생성물로 전환되면서 다시 자유에너지가 감소한다. 이때 반응좌표는 반응물과 생성물 사이에 자유에너지 차이가 있기 때문에 대칭이 아니다. 여기에서 초기 상태와 전이 상태의 에너지 차이인 $\Delta G^{\dagger}$를 **활성화 자유에너지(free energy of activation)** 또는 간단히 **활성화 에너지(activation energy)** 라고 하며 활성화 에너지가 클수록 반응속도는 느려진다.

효소가 촉매로 작용하는 반응에서는 기질 S가 먼저 효소 E에 결합하여 중간체인 효소-기질 복합체 ES를 형성한 후 생성물 P로 전환된다.

$$E + S \rightarrow ES \rightarrow E + P$$

그림 3-6을 보면 일반적인 촉매와 달리 효소는 효소-기질 복합체를 형성함으로써 다른 반응 경로로 반응이 진행되도록 하는 것을 알 수 있다. 이 복합체는 매우 짧은 시간 존재하며 복합체로부터 생성물이 만들어지는 단계가 전체 반응의 **속도결정 단계(rate-determining process)** 가 된다. 효소는 활성화 에너지가 낮은 전이 상태를 갖는 반응경로를 선택하도록 함으로써 $\Delta G^{\dagger}$를 감소시키고 결과적으로 반응 속도를 빠르게 한다.

보통 촉매는 정반응과 역반응을 동일하게 촉진한다. 촉매가 반응물을 생성물로(또는 생성물을 반응물로) 전환시키는 과정을 촉진시키는 동안 정반응과 역반응의 가능성은 단지 반응물과 생성물의 자유에너지 차이에 따라 좌우된다. 만일 $\Delta G_{reaction} < 0$인 경우 반응은 반응물이 생성물로 자발적으로 진행되며, 반대로 $\Delta G_{reaction} > 0$인 경우 역반응이 자발적으로 일어난다. 이때 효소는 $\Delta G_{reaction}$을 변화시키지는 못하며, 단지 반응이 촉매가 없을 때에 비하여 평형(정반응과 역반응의 속도가 동일함)에 보다 빠르게 도달되도록 $\Delta G^{\dagger}$만을 감소시키는 기능을 한다.

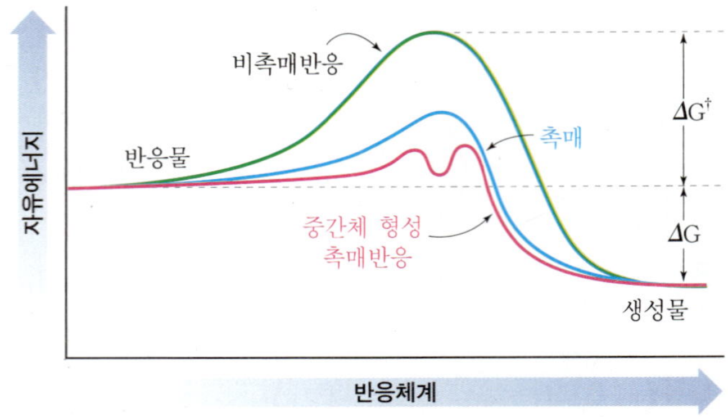

그림 3-6 활성화 에너지와 효소의 촉매 작용. 효소는 기질과 효소-기질 복합체를 형성하여 반응의 경로를 변경시킴으로써 활성화 에너지를 감소시키고 반응속도를 빠르게 한다.

3.2.2 근접효과 (proximity effect) 와 배향성효과 (orientation effect)

생체반응에서 효소가 관여하는 촉매반응은 일반 유기화학 반응과 유사한 촉매 메커니즘을 사용하더라도, 이들 반응보다는 효소촉매반응이 훨씬 더 효율적이다. 이러한 효율성은 해당하는 화학반응을 촉진하는 과정에서 효소가 갖는 단백질 삼차구조의 **촉매활성부위 (active site)** 에 기질을 근접시키게 하는 특이한 물리적인 역할 때문이다. 촉매효소의 독특한 구조가 갖는, 기질을 **근접 (proximity)** 시키는 기능과 반응하는 물질이 반응하기 쉽도록 가장 선호하는 환경을 조성하는 **배향성 (orientation)** 을 갖게 하는 기능 때문에 신속하게 반응할 수 있다. 반응물들은 반응이 빨리 일어나기에 적합한 공간적인 배치로 서로 접근되어야만 신속한 반응이 가능하다 (그림 3-7) . 이미다졸과 *p*-나이트로페닐아세트산의 이분자반응에서 반응의 진행은 진한 노란색 *p*-나이트로페놀이온의 발생으로 쉽게 변화를 추적할 수 있다.

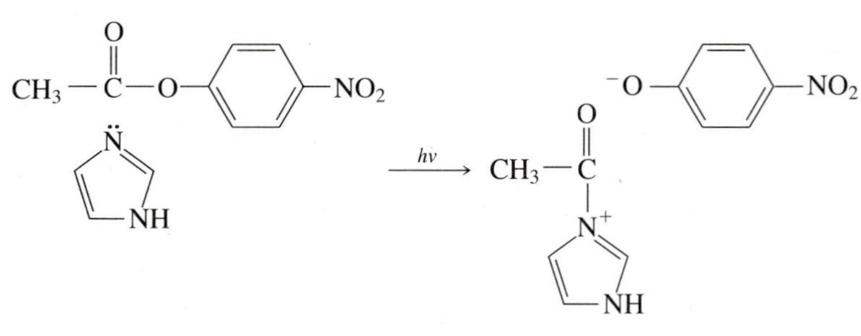

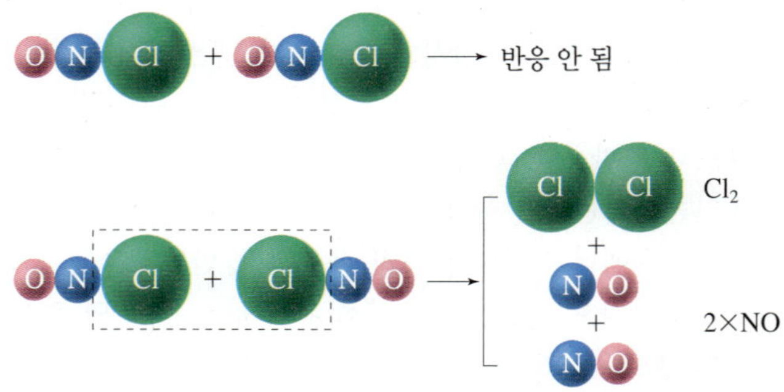

그림 3-7 배향성효과. 두 화합물이 서로 접근되어 반응이 이루어질 때, 그림에서처럼 효소는 반응하는 두 분자가 서로 마주보게 함으로써 반응이 더욱 신속하게 일어나도록 도와준다.

아래처럼 이미다졸촉매의 반응물에 *p*-나이트로페닐아세트산이 공유결합으로 결합되어 있고 분자내부에서 일어나는 반응의 경우, 그것이 용액 중에 서로 떨어져 있는 경우에 비교하여 24배 이상 더 효과적이다.

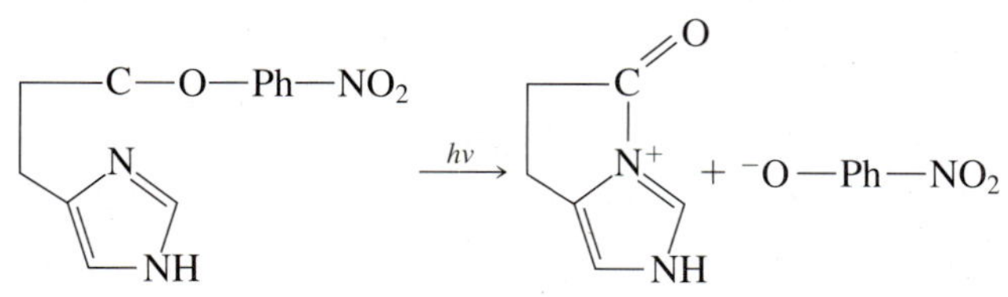

이러한 반응속도의 증가는 반응물의 근접효과와 배향성 효과 때문에 가능하다. 근접효과 자체만으로는 촉매반응에 큰 영향을 미치지 못하며, 배향성이 상승효과를 발생하게 된다. 효소촉매는 단백질의 독특한 삼차구조 때문에 단순히 기질과 결합함으로써 효소가 기질의 근접효과와 배향성효과 두 가지를 가능하게 해 준다.

효소는 기질을 효소의 촉매활성부위의 아미노산 작용기에 근접시키도록 하고, 기질이 두 개 이상인 반응의 경우 기질들이 서로 접촉하도록 접근시키게 한다. 뿐만 아니라 효소는 기질이 반응하기에 적합한 방향으로 기질들과 결합함으로써 배향성효과를 증진시킨다. 분자들은 모든 방향에서 동일하게 반응성이 있는 것은 아니다. 그보다는 그들이 적절한 상대적인 위치를 갖는 경우에 가장 잘 반응한다. 예를 들어, S_N2 (bimolecular nucleophilic substitution, 이분자친핵치환반응) 반응의 경우, 접근해 오는 친핵체는 이탈기가 결합된 방향의 반대방향에서 접근할 때 표적에 대하여 최적의 공격을 하게 된다.

효소단백질에서 하전을 가진 아미노산작용기는 **정전기적 촉매(electrostatic catalysis)** 현상을 통해 반응의 전이상태를 안정화하는 데 도움을 줄 수 있다. 효소의 활성부위 주위에 분포하는 하전은 또한 극성기질을 효소의 결합자리로 인도하는 기능을 하고 있다. 효소는 단백질 삼차구조 내부에서 기질 및 촉매작용기의 상대적인 이동 및 회전 운동을 억제시키는 기능도 수행한다. 이는 촉매기능에 중요한 요소인데, 전이상태에서는 활성부위 아미노산의 작용기가 상대적으로 운동성이 적어지기 때문이다. 실제로 모형화합물을 통한 실험에서 비교한 결과, 이 효과가 $\sim 10^7$ 배 이상의 속도증가를 가능하게 할 수 있음이 밝혀졌다.

기질과 효소단백질의 아미노산 작용기를 반응성이 있는 방향으로 근접시키는 것은 그들을 배향성이 있게 하고, 따라서 어느 정도의 엔트로피 손실을 가져오게도 한다. 이 경우 엔트로피 감소를 극복하기에 필요한 자유에너지는 효소에 대한 기질의 결합에너지에 의하여 공급되며, 이렇게 해서 활성화 에너지를 감소시키는 데 기여하게 된다.

3.3 효소반응의 특징

3.3.1 효소반응의 조건

효소가 최적의 활성을 나타내기 위해서는 반응에 적절한 온도와 완충용액의 수용액에서 적절한 pH가 반드시 뒷받침되어야 한다. 세포내부에서 실제로 효소기능의 조건은 우리가 실험실에서 수행하는 차폐된 상태에서 반응이 일어나는 것과는 달리, 지속적인 기질의 공급과 만들어지는 생성물이 반응장소에서 곧바로 필요한 곳으로 신속히 이동되는,

대단히 역동적인 상태에 놓여 있다. 복잡한 세포내부의 체계에서 세밀한 효소의 행태를 이해하는 것은 그렇게 어려운 일은 아니다. 그러기 위해서는 체계를 가능한 간단한 상태에서 그 성질을 이해하려고 해야 한다. 많은 경우에 이러한 간단한 체계는 효소용액에 단지 몇 개의 작은 이온들과 완충용액을 구성하는 분자 및 보조인자들을 포함시키면 가능하다.

실제로 효소가 세포막에 부착되어 기능하도록 되어 있는 경우에, 분리된 효소는 인지질이나 계면활성제가 없으면 활성이 상실되고, 이렇게 단순화된 체계에 부가적인 성분을 포함시킬 필요가 있게 된다. 분리된 효소의 연구를 통하여 기질에 대한 특이성, 반응의 동력학적인 성분, 조절의 가능한 수단 등을 알아 볼 수 있다. 이런 모든 내용은 더욱 복잡한 체계에서 효소의 역할을 이해하는 데 도움이 된다. 따라서 효소를 실제로 사용하는 경우 효소가 최대의 활성을 나타내도록 하기 위하여, 위에서 언급한 적정 pH, 적정한 농도의 완충용액, 최적의 반응온도는 물론 필요한 금속이온, 경우에 따라서는 금속이온 착염형성제 (예: 금속이온이 반응을 방해하는 경우 EDTA) 또는 효소의 안정화에 필요한 화학물질 (예: 수크로스나 글리세롤 등) 을 반드시 보충해 주어야 한다.

1. 온도와 pH의 영향

효소의 활성도는 일부 고온에서 성장하는 박테리아의 효소 (예: Taq polymerase) 를 제외하고, 대부분이 생물체의 생존에 필요한 온도와 비슷한 온도 범위 안에서 높은 활성도를 나타낸다. 고등생물의 효소의 경우 38°C보다 낮은 온도에서 낮은 활성을 가지며, 그보다 더 높은 온도에서도 효소의 활성도는 낮아진다. 일반 촉매의 유기반응과는 달리 효소를 구성하는 단백질은 2장에서 언급했듯이 삼차구조의 안정성 때문에, 높은 온도에서 삼차구조를 구성하는 힘의 균형의 파괴로 인하여 촉매기능이 치명적으로 상실된다.

높은 온도는 효소단백질의 삼차구조를 구성하는 수소결합에 주로 영향을 주어 구조의 근본적인 변화를 가져오고, 기질이 결합하는 결합부위와 촉매작용에 직접 작용하는 아미노산의 곁사슬 작용기의 배치상태를 근본적으로 파괴시킨다. 이러한 조건은 일반적으로 효소가 38°C 근처에서 높은 활성을 갖게 되는 이유를 설명해 주고 있다. 보통 유기반응에서처럼 온도의 증가가 촉매반응속도의 증가와 비례하는 원리는 효소촉매반응에서는 전혀 수용될 수 없다. 보통 효소는 45°C ~ 50°C의 온도에서 쉽게 붕괴되고 변성되어 촉매기능을 상실하기 때문에 효소마다 적정한 최적온도를 결정하여야 한다 (그림 3-8) .

또한 적정한 이온농도와 pH가 효소의 최대 활성에 필수적이다. 수소이온농도는 단백

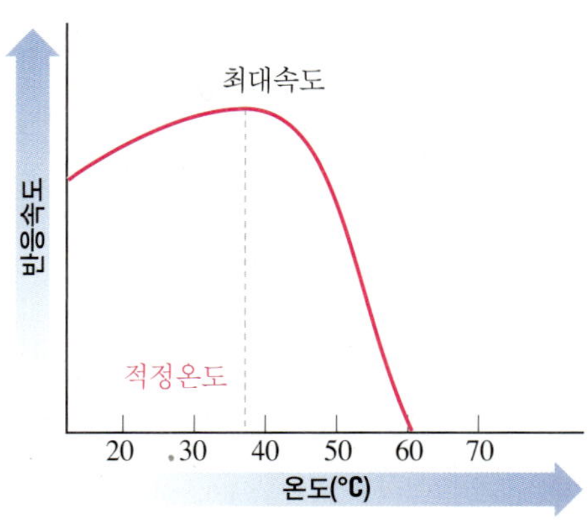

그림 3-8 효소의 가상적인 온도-활성 그래프. 효소마다 독특한 온도에 따른 활성도의 그래프를 갖는다. 온천에서 서식하는 박테리아의 효소는 70~90°C에서 높은 활성을 갖는다.

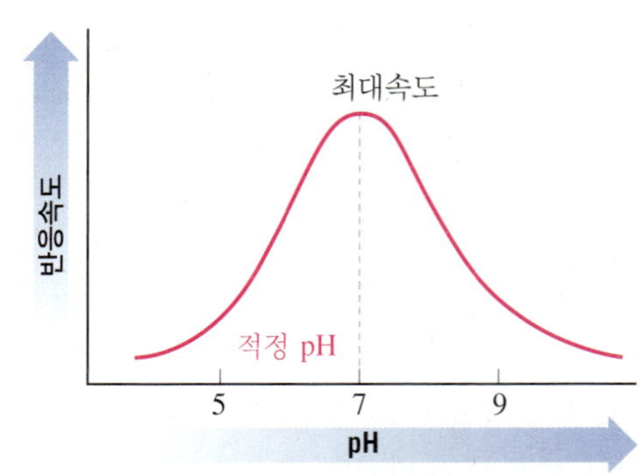

그림 3-9 효소의 가상적인 pH-활성 그래프. 이 효소의 적정 pH는 pH = 7.0이 된다.

질 촉매 아미노산 곁사슬 작용기의 하전에 밀접하게 관계가 있고, 효소 전체의 구조에도 막대한 영향을 미치기 때문에 적정한 pH는 필수적이다. 대부분의 효소는 중성 pH에서 가장 안정한 촉매기능을 수행하지만, 위액에 존재하는 펩신 (pepsin) 같은 촉매효소는 pH 2.0～4.0에서 효소의 활성을 나타내며, 알칼린포스파테이스는 알칼리성 pH (pH = 9) 에서 효소의 최대 활성을 갖는다. 효소마다 pH에 따라 다른 최고 활성도를 나타내고 있다 (그림 3-9). 그래서 효소활성의 측정에는 적정한 농도를 갖는 완충용액을 사용함으로써 쉽게 pH의 변화를 억제하도록 하며, 적절한 이온농도는 완충효과에 영향을 주기 때문에 효소마다 특별히 선택된 완충용액이 사용된다 (1장 참조).

효소활성도의 측정

효소활성도의 측정은 주로 기질이나 생성물의 농도변화를 추적하여 가능하다. 기질이 색상을 갖는 경우 (*p*-nitrophenol, 노란색), 기질에 색상을 갖는 그룹을 첨부하여 측정하고, 또는 기질이 자외선대의 주파수에서 흡수하면 (트립신 기질 BAEE), 기질의 농도변화를 UV흡광광도계를 사용하여 시간에 따른 변화를 측정한다. 위 두 가지 원리를 이용한 효소활성의 측정방법으로써 산화-환원반응에서는 NAD^+나 NADH의 양의 변화를 자외선 흡광광도계를 사용하여 얻는다.

말산탈수소효소 (malate dehydrogenase) 는 아래의 반응을 촉매한다.

$$\text{L-말산} + NAD^+ = \text{옥살아세트산} + NADH + H^+$$

이 반응의 경우 NADH (O.D.340nm) 의 시간에 따른 증가를 조사한다. 효소의 활성은 아래 식으로 계산된다.

$$\text{효소활성도} = \frac{\Delta A \times \text{측정부피 (V)} \times \text{효소의 희석배수}}{\epsilon \times \text{효소부피 (V)} \times \text{시간 (분)}}$$

여기서 NADH의 몰흡광계수 $\epsilon = 6.22$이고, 효소활성의 단위는 NADH의 단위시간당 생성량으로 μM/min이 된다.

3.3.2 삼차구조의 필요성: 활성부위와 기질특이성

1. 활성부위

생체반응에 필요한 수많은 촉매효소가 각기 다른 모양의 독특한 입체구조를 가질 수 있는 것은 20개의 아미노산의 다양한 순서의 조합으로 무궁무진하게 다양한 단백질의 삼차구조가 가능하기 때문이다. 이렇게 다른 아미노산 순서의 폴리펩타이드는 각각의 아미노산이 가지고 있는 각기 다른 곁사슬그룹들의 서로에게 미치는 힘 때문에 전혀 다른 모양의 접힘이 가능하게 되고, 이렇게 접혀져 만들어진 단백질마다 갖는 특수한 모양은 효소의 독특한 기능을 수행하는 데 필수적이다.

효소의 삼차구조의 모양은 효소가 촉매로서 효율적인 기능을 하기 위하여 기질을 잠시 한정된 위치에 고정시키게 한다. 실제 촉매반응에 관여하는 활성부위 아미노산들이 촉매활성을 위하여 적절한 위치에 놓이도록 도와준다. 또한 반응속도를 조절하는 물질의 결합부위도 가지게 되며, 조효소를 필요로 하는 경우에는 효소내부에 조효소가 고정되어

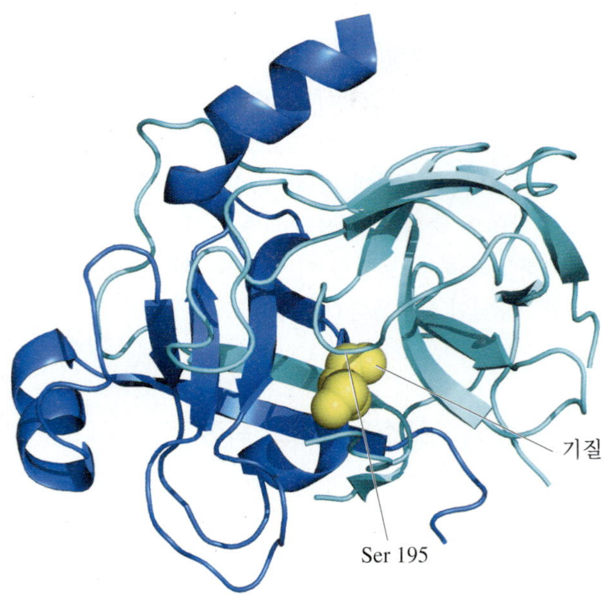

■■ 그림 3-10 ■■ 효소단백질 카이모트립신의 삼차구조. 효소마다 갖는 독특한 입체구조는 반응의 활성부위 아미노산들의 적당한 배치와 기질이 차지하는 공간을 마련하게 해 준다. 효소 내부의 Ser195는 촉매작용에 직접 관여하는 활성부위의 아미노산이다. 활성부위 바로 근처에 반응물인 기질이 놓이게 된다.

있도록 하기도 한다. 이러한 몇 가지 반응에 필요한 조건들이 효소의 독특한 모양을 갖게 되는 커다란 이유가 된다(그림 3-10).

촉매효소는 보통 유기화합물에 비교해서 그 크기가 수백 또는 수천 배가 되어 그 동안 그 구조를 연구하는 데 상당한 어려움이 있었다. 효소의 구조는 투과력이 강한 X-선을 이용하여 효소단백질 결정의 전자밀도 사진을 얻게 되고, 여러 복잡한 계산을 거치면 효소의 입체구조의 모양을 얻을 수 있게 된다. 최근에는 컴퓨터의 발전으로 이러한 연구가 더욱 손쉽게 가능하게 되었으며(2장), 효소의 모양을 마음대로 움직여 앞뒤를 볼 수 있게 되었다. 이러한 효소의 구조연구는 앞으로 효소를 방해하거나 활성화시키는 물질을 탐색함으로써 병을 예방하거나 치료하는 약품을 개발하는 수단이 되고 있으며, 고부가가치의 신약을 개발하는 필수적인 방법의 하나가 되고 있다(단원 5).

2. 효소기질특이성

효소촉매반응에서 기질이 효소에 결합하는 데 사용되는 비공유결합성 상호작용은 단백질 자체의 형태를 결정하는 힘(2장)과 특성상 상당히 유사하다. 두 경우 모두 반데르발스 힘, 정전기적인 인력, 수소결합, 소수성 상호작용 등이 관여된다. 일반적으로 기질-결합자리는 효소분자내부에 기질의 모양에 정확히 들어맞는 굴곡(indentation) 또는 틈(cleft)으로 이루어져 있다. 더욱이 효소활성부위의 기질-결합자리를 형성하는 아미노산 잔기들은 특이하게 기질을 끌어당기도록 배열되어 있다(그림 3-11).

효소의 삼차구조가 특이한 환경으로 기질에 결합자리를 마련함으로써 효소가 특정 기질에 특이하게 작용하는 근본원리가 된다. 효소에 적절하지 않은 비대칭성을 가진 기질은 마치 왼쪽 장갑이 오른손에 맞지 않는 것과 똑같은 이유로, 효소의 결합자리에 생산적인 결합을 하지 못한다. 효소의 기질특이성은 대부분의 효소가 기질의 화학작용기의 검증에 있어 매우 선택적이기 때문에 가능하다. 경우에 따라서 효소는 기하학적 특이성의 정도가 상당히 변화되기도 한다. 일부 효소는 단지 한 기질에 대해서만 절대적으로 특이하게 작용하지만, 상당수의 효소들은 좁은 범위의 비슷한 화합물의 반응을 다른 효율로

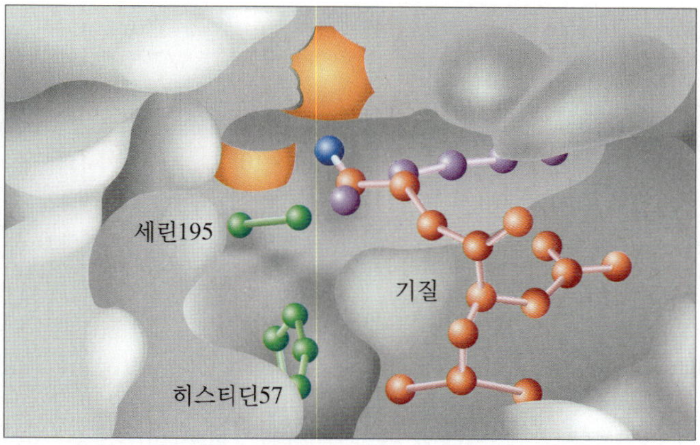

그림 3-11 카이모트립신의 활성부위. 효소는 기질이 부착할 수 있는 결합자리를 제공하게 되며, 촉매반응에 직접 관여하는 활성부위 아미노산인 Ser 과 His 근처의 정확한 위치에 기질이 놓여야 한다.

촉매하기도 한다. 예를 들면, 알콜탈수소효소(alcohol dehydrogenase)는 메탄올이나 아이소프로판올처럼 에탄올보다 $-CH_2$그룹이 하나 적거나 많은 정도로 적은 차이에도 불구하고, 메탄올을 포름알데하이드로 또는 아이소프로판올을 아세톤으로 산화시키는 것보다는 에탄올을 아세트알데하이드로 훨씬 더 빠르게 산화시키는 반응의 촉매로 기능한다.

일부 효소들, 특히 소화효소들은 그들의 기질특이성이 낮아서 사용되는 기질로서 수용되는 범위의 폭이 대단히 넓다. 어떤 효소들은 촉매하는 반응의 종류에서도 전혀 특이적이지 않는 경우도 있다. 예를 들어, 카이모트립신은 펩타이드 결합의 가수분해를 촉매하기도 하지만 에스터결합가수분해촉매에도 관여한다.

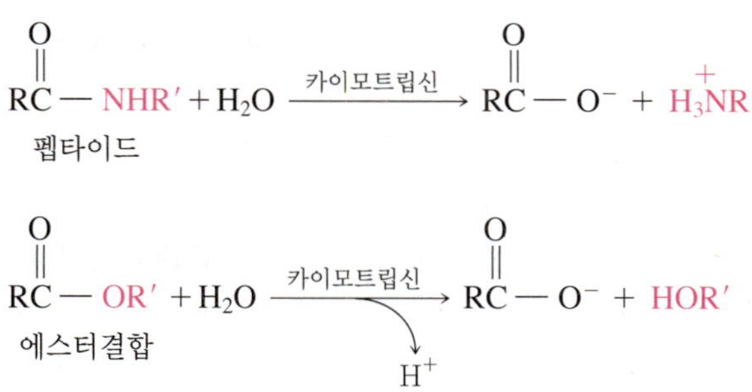

한편 이러한 특성 때문에 작은 크기의 합성된 에스터를 기질로 사용하여 카이모트립신의 활성을 측정하는 데 편리하게 사용하고 있다. 이렇게 폭넓은 기질특이성을 효소가 가끔 갖는 것은 상당히 예외적인 것이다. 실제로 대부분의 세포내의 효소들은 생체 조건에서, 특정 기질에 대하여 특정 반응만을 촉매하는 작용을 하는 것으로 알려지고 있다.

효소들 중에서 근육운동에 관여하는 효소는 긴 사슬모양이지만, 대부분의 효소는 둥근 공모양의 단백질로 존재하고 있으며, 경우에 따라서는 세포막 안팎에 걸쳐 있는 효소단백질도 있다. 세포막에 걸쳐 있는 수용체단백질은 세포막 외부에서 수용체가 부착함과 동시에 그 신호가 세포내부로 전달되고, 수용체의 세포막내부에서 효소의 활성(인산화)으로 나타나는 경우가 대부분이다. 지방질의 합성효소인 경우, 여러 효소단백질의 집합체로 대단히 큰 복합체를 이루고 있는 경우도 있다.

3.3.3 효소촉매의 특성

생물체에서 수행되는 반응들을 촉매하는 효소들은 일반적으로 화학반응에서 사용되는

표 3-1 효소의 촉매능력

효소	비효소적 반응 반응속도 (s^{-1})	효소반응 속도 (s^{-1})	속도의 증가
탄산탈수효소 (Carbonic anhydrase)	1.3×10^{-1}	1×10^{6}	7.7×10^{6}
코리슴산전환효소 (Chorismate mutase)	2.6×10^{-5}	50	1.9×10^{6}
트리오스인산이성화효소 (Triose phosphate isomerase)	4.3×10^{-6}	4300	1.0×10^{9}
카복시펩티데이스 A (Carboxypeptidase A)	3.0×10^{-9}	578	1.9×10^{11}
AMP 뉴클레오사이데이스 (AMP nucleosidase)	1.0×10^{-11}	60	6.0×10^{12}
스타필로코컬 핵산가수분해효소 (Staphylococcal nuclease)	1.7×10^{-13}	95	5.6×10^{14}

촉매와는 상당히 다른 특성을 나타내고 있다. 생명현상의 신비스러운 기능을 이해하려는 측면에서 효소가 가지고 있는 몇 가지 중요한 특성을 일반적인 화학반응의 촉매작용과 비교해서 정리해보고자 한다.

효소는 능력이 월등히 우수한 촉매로 알려지고 있다. 단위시간당 어떤 물질(기질)을 다른 물질(생성물)로 만드는 양을 **전환수 (또는 속도, turn-over number or rate)** 라고 하여 효소의 능력의 단위로 나타낸다. 효소는 우리가 상상하기 힘든 엄청난 빠른 속도로 기질을 다른 물질로 바꾸게 한다 (표 3-1) . 또한 효소의 다른 의미의 능력을 설명하는 좋은 예로, 암모니아 제조공정에서 공기 중의 질소를 암모니아로 고정하는 공정은 섭씨 400~600°C의 온도와 100~900 기압의 조건에서 가능하다. 그러나 질소를 고정하는 뿌리혹박테리아의 나이트로지네이스복합효소는 상온의 중성 pH에서 질소를 암모니아로 바꾸는 반응을 수행하고 있다. 살코기 100g을 가수분해하여 단백질의 구성성분인 각각의 아미노산으로 바꾸는데는 강한 염산용액 속에서 110°C로 24시간 가열해야만 가능하다. 그러나 빠빠야에서 얻은 효소, 펩신 1mg을 사용하면 pH 4와 반응온도 38°C에서 한 시간 반 동안에 모두 단위아미노산으로 분해시킬 수 있다. 그래서 좀 연하지 않은 소고기는 키위즙을 조금 넣어 냉장고에 일정시간 보관함으로써 키위 속의 단백질분해효소를 이용하여 고기의 질을 연하게 할 수도 있다.

효소의 놀랄만한 또 하나의 특징은 위에서 언급했던 **기질특이성 (specificity)** 으로, 어떤 특수한 반응에 한 개의 효소만이 작용하여 촉매기능을 하고 있다는 사실이다. 다시 말해서 효소는 반응물이나 생성물 모두 높은 선택성을 가지고 반응에 기여한다. 사람의 위 속에 단백질을 소화시키는 데 필수적인 효소인 "트립신" 단백질분해효소는 긴 사슬의 폴리펩타이드 중 "아르지닌"과 "라이신"의 바로 옆의 펩타이드결합만을 절단하는 것으로 알려져 있다 (그림 3-12). 화합물질 중에서 그 구조식은 같으나 빛에 의해 다른 성질을 나타내는 광학활성이성질체에서 D형의 이성질체를 다른 L-이성질체로 바꾸는 특수한 반응에만 작용하는 효소도 존재한다.

효소촉매의 중요한 특징으로, 다른 여러 일반적인 촉매들과는 달리 촉매반응의 속도가 자체 기능으로 조절될 수 있다는 사실이다. 사람의 근육수축에 관여하는 효소인 마이오신은 칼슘이온의 농도에 따라 촉매속도가 조절된다. 세포내에서 효소는 홀몬이나 반응물 또는 생성물에 의해서 그 기능을 억제하거나 활성화함으로써 효소의 속도를 조절할 수도 있다.

효소촉매의 기능은 다른 여러 화학촉매와 달리 효소단백질의 입체구조 (삼차구조) 에 의해서 그 기능이 수행된다. 효소는 수용액 속에서 일정한 입체구조를 갖는 것이 중요하며, 따라서 효소를 다룰 때는 이 입체구조가 유지되도록 조심스럽게 다루는 것이 중요하다 (2장 생화학 둘러보기). 효소는 높은 온도에서 그 구조가 흐트러져 기능을 못하게 되지만, 낮은 온도를 유지하면 그 기능이 일시 정지하였다가 다시 온도를 올리게 되면 그 기

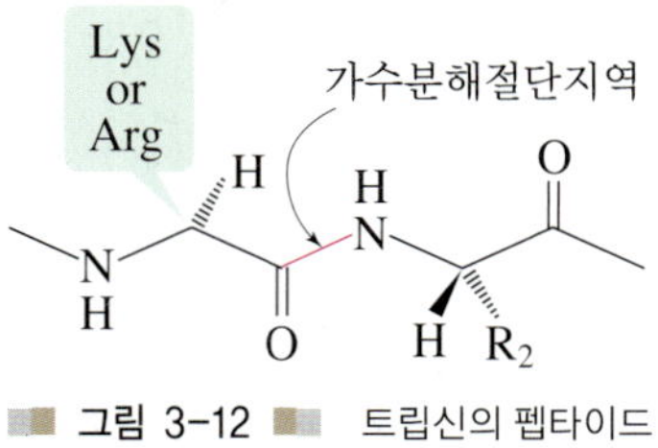

그림 3-12 트립신의 펩타이드 절단부위. 효소가 절단하는 위치는 아르지닌이나 라이신의 바로 옆 카복실그룹쪽 부분이 된다.

능이 회복된다. 이러한 원리는 실험실에서 효소를 사용하여 연구할 때 냉동 또는 냉장함으로써 효소를 단기간 보관할 수 있도록 해 준다.

마지막으로 효소가 기능을 하기 위하여 특수한 유기화합물이나 무기금속원소를 꼭 필요로 하는 경우가 있다. 생물체내에서 산화-환원반응이나 카복실화반응 등은 효소 자체가 가지고 있는 아미노산 곁사슬그룹으로 촉매기능을 할 수 없으므로, 간단한 유기화합물이 효소기능에 필수적으로 필요하게 된다. 고등동물의 경우 스스로 이런 물질을 만들지 못하게 되면 외부에서 섭취해야만 하며, 이러한 효소 보조화합물을 **조효소 (coenzyme)**라 하고, 바이타민으로부터 만들어진다. 그래서 바이타민결핍으로 나타나는 신체의 증상은 체내에서 특정 효소가 기능을 못하게 됨으로써 신진대사에 필요한 물질의 공급이 어려워져서 나타나는 현상이라고 볼 수 있다.

경우에 따라서 효소가 그 기능을 하기 위하여 단백질내부에 Cu^{2+}, Fe^{2+}, Zn^{2+}, Mg^{2+}, Co^{2+} 등 무기금속이온들이 착염을 형성한 상태로 촉매기능을 수행하고 있다. 세포내에서 효소가 유전자(폴리뉴클레오타이드)를 합성하는 경우에 마그네슘을 꼭 필요로 하게 된다. 중금속 중에 어떤 원소, Cd^{2+} 나 Hg^{2+} 는 RNA중합효소를 포함하여 몇몇 효소들의 활성부위에 있는 Zn^{2+} 와 쉽게 교체되어 이들 효소의 활성을 제거함으로써 독성효과를 갖게 된다.

3.3.4 효소와 바이타민

촉매로서 활성형인 효소-도움인자(cofactor 또는 조효소, coenzyme) 복합체를 **완전효소 (holoenzyme)** 라고 한다. 완전효소로부터 도움인자가 제거된 효소로서, 비활성인 단백질은 **결손효소 (apoenzyme)** 라고 한다. **보결원자단 (prosthetic group)** 으로 알려진 다른 도움인자는 효소단백질에 항구적으로 회합 또는 공유결합으로 부착되어 있다.

많은 생물체들은 필수적인 조효소의 어떤 부분을 스스로 합성할 수 없다. 이러한 화합물은 그 생명체의 영양소 중에 반드시 있어야 하므로 이를 **바이타민 (vitamin)** 이라 부른다. 다시 말해서 바이타민은 조효소의 전구물질인 셈이다. 고등생물에 흡수된 바이타민은 여러 단계의 합성과정을 거쳐 조효소로 변화되며, 이 조효소는 효소단백질내부의 활성부위 아미노산이 촉매메커니즘에 기능할 수 없는 경우 촉매활성의 기능에 필수적인 요소로 참여한다. 표 3-2는 일상적인 조효소인 바이타민 전구체를 나타내고 있다. 초기에 바이타민은 미생물의 **성장인자 (growth factor)** 또는 사람 또는 동물에서 영양소결핍증을

표 3-2 일반적인 조효소의 특성

조효소	매개하는 반응	바이타민원	인체결핍증
바이오시틴	카복실화반응	바이오틴	a
조효소 A	아실기 운반	판토티인산	a
코발아민 조효소	알킬화반응	코발아민(B_{12})	악성빈혈
플라빈 조효소	산화-환원반응	라이보플라빈	a
리포산	아실기 운반	—	a
니코틴아마이드 조효소	산화-환원반응	니코틴아마이드(나이아신)	펠라그라
피리독살인산	아미노기 운반	피리독신(B_6)	a
사수소엽산	일-탄소기 운반	엽산	거대적아구성 빈혈
싸이아민이인산	알데하이드 운반	싸이아민(B_1)	각기병

※ a: 사람에서 결핍된 경우가 희귀하거나 관찰되지 않음.

치유하는 화합물로 발견되었다. 예를 들어, NAD^+ 성분인 **니코틴아마이드 (nicotinamide)** 또는 그것의 카복실산유사체인 **니코틴산 (nicotinic acid, niacin)** 은 사람에서는 **펠레그라 (pellegra)** 로 알려진 치명적인 영양소결핍증을 완화시켜 준다.

사람의 음식물 중 조효소의 전구물질인 바이타민은 모두 수용성은 아니다. 즉, 바이타민 A나 D와 같은 지용성 바이타민은 비록 그들 또한 많은 고등동물의 영양분으로 소량이 필요하기는 하지만 조효소로서의 기능은 하지 못한다. 바이타민은 다른 생물체를 먹거나 그들의 소화기관에 정상적으로 살고 있는 박테리아에 의하여 생성되므로, 고등동물이 음식물 중에서 정상적으로 얻을 수 있게 된 이후부터는, 진화하는 동안 바이타민을 합성하는 불필요한 세포내 기구가 상실된 것처럼 보인다. 예를 들어, 바이타민 C (아스코브산) 는 사람, 원숭이, 모르모트의 영양소에만 요구되는데, 이들의 경우 최근 진화하는 동안에 아스코브산생합성에 중요한 효소가 손실된 것으로 보인다. 이 절에서는 바이타민이 조효소로 기능을 갖는 것들만 구체적으로 다루고, 조효소 기능이 없는 바이타민 C, A, E, D, K는 다른 곳에서 다루기로 한다.

1. 니코틴아마이드 ; 니코틴산

공식적으로 바이타민의 명칭은 **나이아신 (niacin)** 이고, 생화학적으로 바이타민의 활성화된 형태는 아마이드, 즉 **니코틴 아마이드 (nicotinamide)** 또는 나이아신아마이드이다.

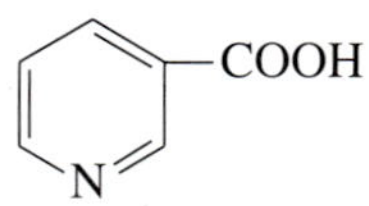

니코틴산 (나이아신)

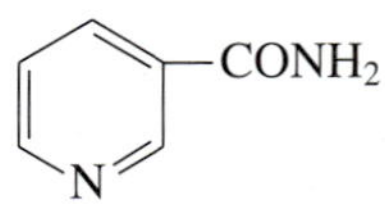

니코틴아마이드

나이아신은 식물이나 동물의 조직, 즉 육류제품에 다량 함유되어 있다. 나이아신의 조효소 형태는 니코틴아마이드뉴클레오타이드이다. 조효소 I (coenzyme I) 으로 알려진 조효소 형태는 니코틴아마이드아데닌다이뉴클레오타이드 (nicotinamide adenine dinucleotide, NAD^+) 이고, 조효소 II는 니코틴아마이드아데닌다이뉴클레오타이드인산 (nicotinamide adenine dinucleotide phosphate, $NADP^+$) 이다. 나이아신이 결핍된 사람에게는 빛을 쪼였을 때 통증을 느끼는 피부병, 검붉은색의 혀, 소화장애 및 장 출혈현상이 나타난다. 이는 세포에서 필수적인 어떤 산화-환원반응이 불가능하기 때문에 나타난다. 사람은 트립토판으로부터 나이아신을 합성하지만 대단히 적은 양을 합성하기 때문에, 성인은 매일 20mg 이상은 외부에서 섭취해야만 한다. NAD^+ 는 산화-환원반응을 촉매하는 탈수소효소들의 다른 형태의 기질로 작용하는 조효소로 기능하기도 한다.

알콜탈수소효소 (alcohol dehydrogenase) 는 알콜을 산화하여 아세트알데하이드로 만들면서 동시에 NAD^+를 NADH로 환원시킨다.

$$CH_3CH_2OH + NAD^+ = CH_3CHO + NADH + H^+$$

NAD^+ (또는 NADH) 탈수소효소는 반응 중에 두 개의 수소원자를 기질로부터 제거하는 역할을 하게 된다. 위의 알콜이 아세트알데하이드로 산화될 때 전체반응과정에서 두 개의 수소원자 (전자들과 같이), 또 다른 단계에서 두 개의 전자와 두 개의 수소이온 (H^+) 또는 하이드라이드이온 (부가적인 전자를 갖는 수소원자 H^-) 과 수소이온 (H^+) 을 제거하게 된다. NAD^+나 $NADP^+$가 필요한 탈수소효소들은 일차 또는 이차알콜, 알데하이드, α와 β-하이드록시 카복실산과 α-아미노산의 산화반응의 촉매작용에 관여한다.

또 다른 기능으로 조효소, 니코틴아마이드아데닌뉴클레오타이드는 플라빈조효소의 환원에 참여한다.

$$NADH + H^+ + FAD = NAD^+ + FADH_2$$

NAD^+의 다른 기능으로는 하이드록실화반응과 방향족 또는 지방족 화합물의 비포화반응에 전자들의 제공자로서의 기능을 한다. 마지막으로 NAD^+는 DNA연결효소(ligase) 촉매반응에도 관여하고 있다.

2. 라이보플라빈

라이보플라빈(riboflavin, 바이타민 B_2)은 당알콜인 D-리비톨(D-ribitol)이 7,8 다이에틸아이소알록사진(7,8-dimethylisoal-loxazine)에 부착된 구조를 갖는다.

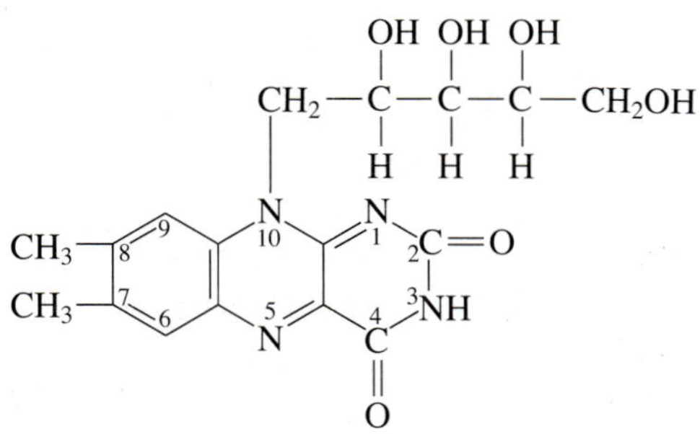

라이보플라빈의 구조

이 바이타민은 두 개의 플라빈 보결그룹(조효소)인 플라빈모노뉴클레오타이드(FMN)와 플라빈아데닌다이뉴클레오타이드(FAD)로 자연에 존재한다. 라이보플라빈은 녹색식물, 많은 박테리아, 균류에서 합성되며, 동물은 합성하지 못한다. 동물의 조직, 특히 간에서 플라빈조효소의 형태로 얻을 수 있다. 라이보플라빈결핍의 증상은 사람에게서 관찰되기 힘들지만 나이아신결핍에서처럼 혀에 검붉은 색을 띠거나 피부염, 입술 부르틈 등의 증상이 나타난다.

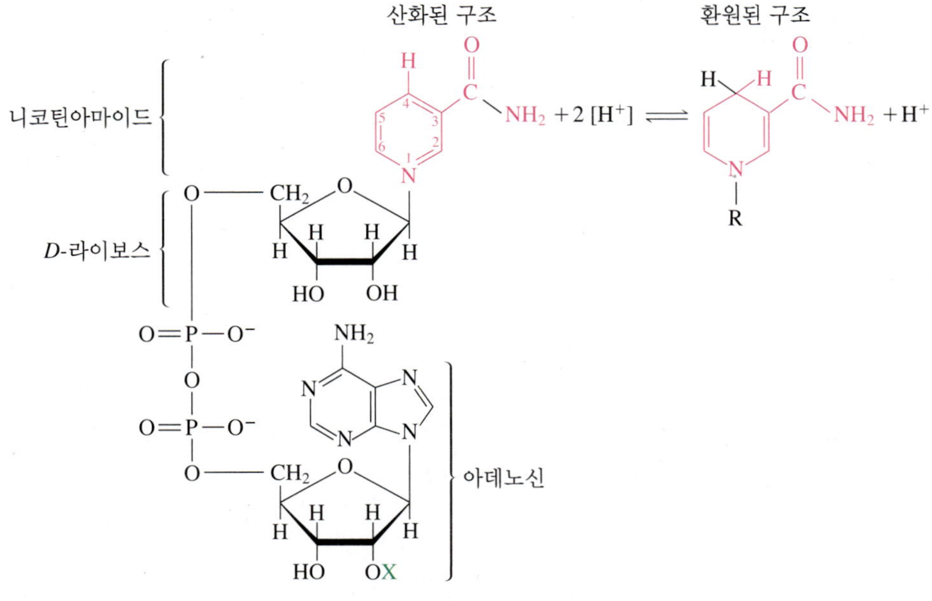

X−H 니코틴아마이드아데닌다이뉴클레오타이드(NAD^+)
$X=PO_3^{2-}$ 니코틴아마이드아데닌다이뉴클레오타이드인산($NADP^+$)

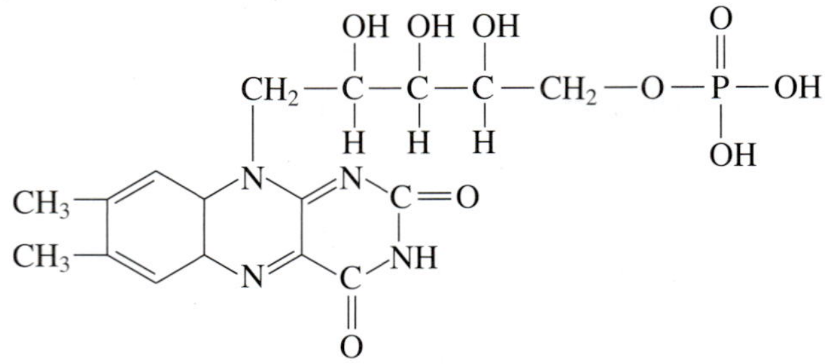

플라빈모노뉴클레오타이드 (FMN)

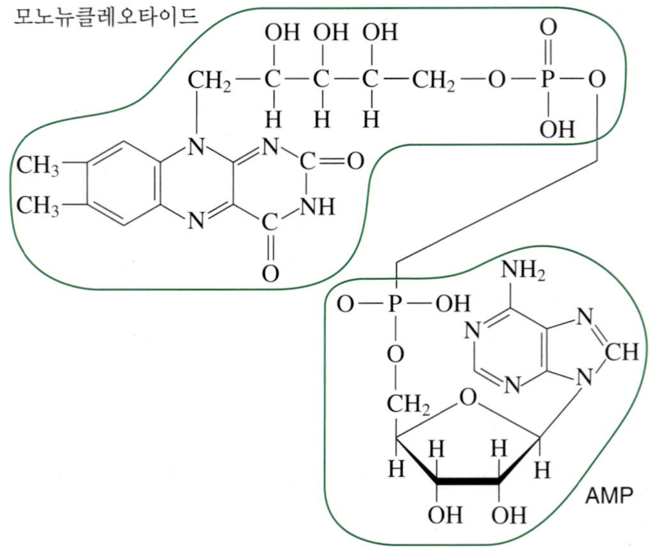

플라빈아데닌다이뉴클레오타이드 (FAD)

라이보플라빈은 산화-환원반응의 조효소로서의 기능을 한다. 플라빈의 색은 노란색인데, 환원에 의해서 노란색이 없어졌다가 공기 중에 노출되면 다시 노란색이 나타난다. FAD는 D-아미노산의 산화효소(oxidase)의 보결그룹으로 처음 알려졌다. 이 효소들은 산화-환원반응을 촉매하는 플라보단백질이라 부르는 단백질들의 그룹에 속한다. 그들은 하이드라이드(NADH에서) 이온을 주위로부터 프로톤과 함께 1과 5위치의 질소원자를 받아들인다. 또는 다양한 대사유기물, 아미노산, 지방산의 싸이오에스터, 피리미딘, 알데하이드, 석신산의 α-하이드록시산들로부터 수소원자쌍을 받아들이기도 한다. 이들 중 몇몇 반응은 근접한 탄소원자에서 두 개의 수소원자를 제거하여 이중결합을 형성하는 것을 포함하고 있다.

3. 리포산

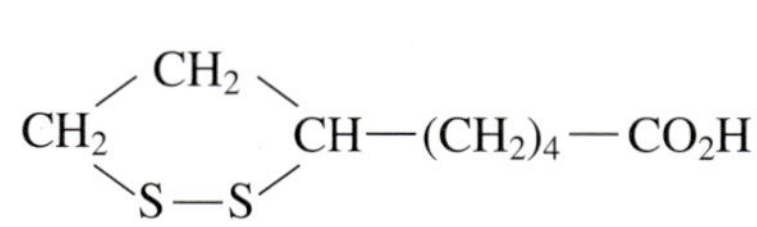

산화된 형태

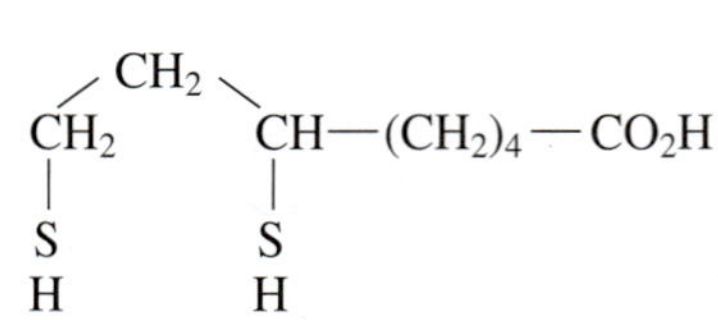

환원된 형태

사람의 간이나 효모에는 많은 양의 **리포산 (lipoic acid)** 이 존재하며, 그 역할로 볼 때 조효소로 기능한다. 이황화결합의 환원을 통하여 산화–환원의 두 형태로 존재한다. 리포산은 **ϵ**-N-리포일-L-라이신의 형태로 단백질의 라이신에 공유결합으로 부착되어 있다.

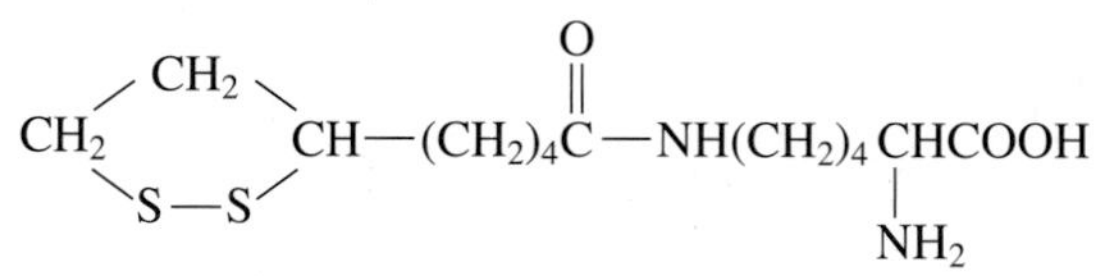

ϵ-N-리포일-L-라이신

리포산은 피루브산탈수소효소와 α-케토글루탈산탈수소효소의 다중효소집합체의 필수적인 조효소이다. 이들 집합체에서 리포산을 포함하는 효소는 아실그룹의 생성과 이동반응을 촉매하고, 그 과정에서 환원이 일어나고, 뒤따라 재산화가 일어난다. 리포산이 관여하는 초기단계에서 아실롤싸이아민 (acylol-thiamin) 착염을 만들고, 다음에 재배치되어 자유싸이아민 잔기와 아실–리포산착염을 만든다. 이 반응에서 아실롤부분은 산화되어 아실그룹이 되고, 산화된 리포산은 다시 환원된다.

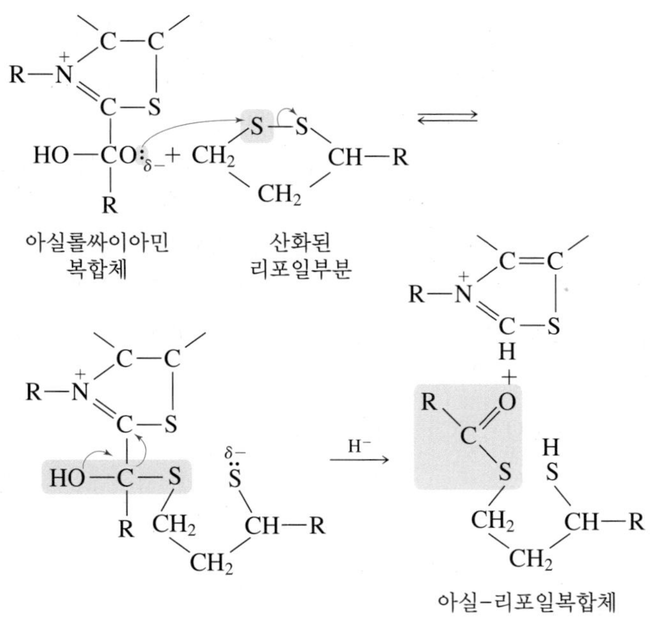

다음으로 아실그룹은 아실리포산그룹에서 조효소A (coenzyme A) 로 이동하여 아실CoA가 된다.

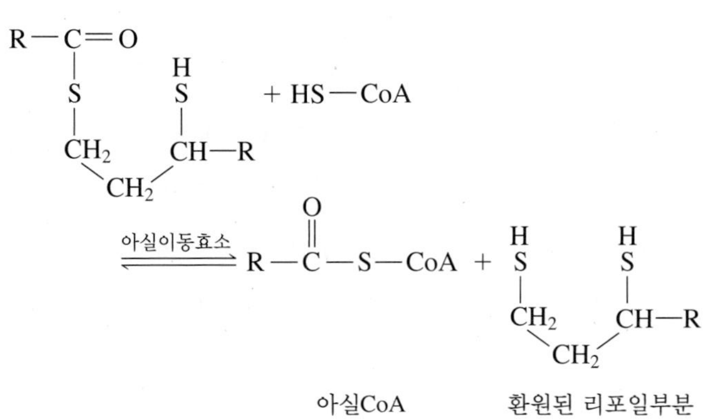

마지막으로 환원된 리포산부분은 FAD-효소에 의하여 산화되어 리포산부분이 재생된다.

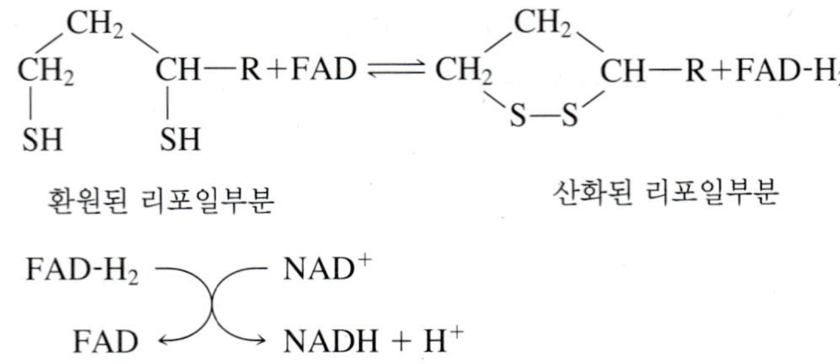

4. 바이오틴

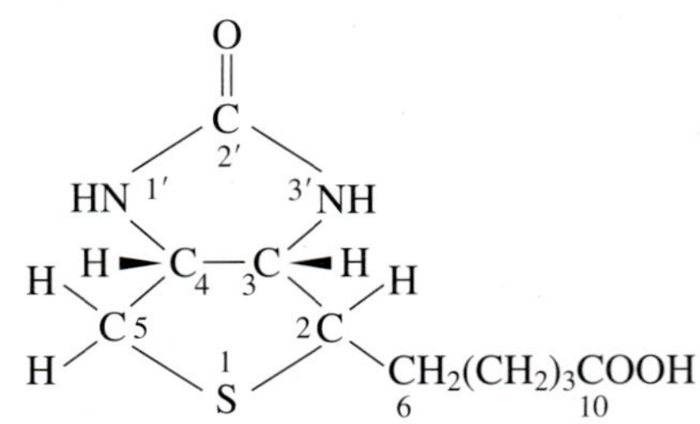

바이오틴 (biotin) 은 효모와 몇몇 박테리아의 성장인자로 작용하며, 또 달걀흰자에 있는 상처치유물질로 알려지게 되었다. 이러한 상처의 치유는 영양이 결핍된 동물에 많은 양의 달걀흰자를 먹인 후 나타나는 관찰로부터 확인되었다. 달걀의 흰자에는 염기성 단백질인 **에비딘 (avidin)** 을 포함되어 있고, 바이오틴이나 그 유도체에 현저하게 높은 흡착력을 가지고 있으므로 반드시 익힌 달걀을 먹어야만 한다. 조리를 하지 않은 달걀의 섭취는 심지어 바이오틴 결핍현상이 나타나게 된다. 바이오틴은 효모나 간에 특별히 많은 양이 존재한다. 이 바이타민은 주로 단백질에 ϵ-N-바이오티닐-L-라이신인 **바이오시틴 (biocytin)** 으로 존재하고, 단백질의 가수분해를 통하여 바이오틴이 분리된다.

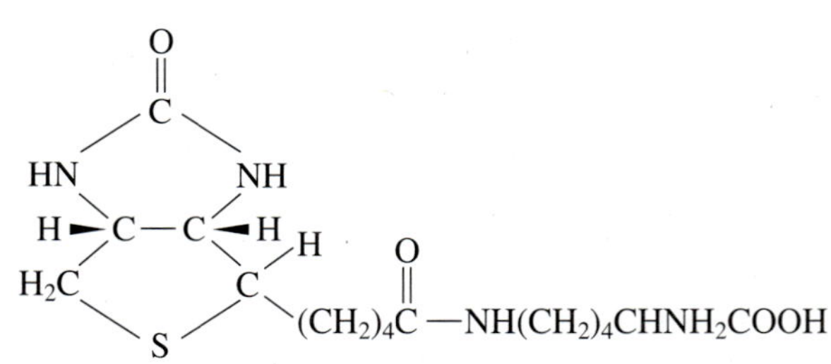

바이오시틴의 구조

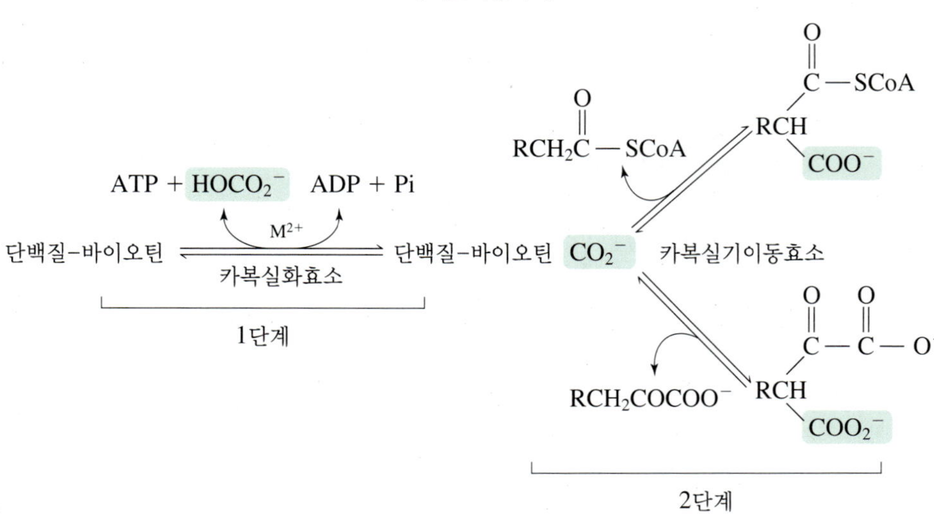

바이오틴은 카복실화반응과 긴밀하게 연계된 특수효소단백질에 결합되고 있다. 바이오틴이 필요한 카복실화효소 (carboxylase) 에 의해서 촉매되는 전체반응은 두 개의 분명히 다른 단계로 구분되어 진행된다. 보통 알려진 카복실화효소는 두 가지 기능을 갖는다. 첫째 기능은 바이오틴을 갖는 카복실그룹의 운반, 단백질의 카복실화이며, 다음 기능으로는 트랜스 카복실화효소에 의한 수용체에 카복실그룹을 전달하는 것이다.

위 반응 메커니즘의 첫 단계에서 카복실화효소의 형성이 이루어지고, 다음 단계에서 카복실그룹은 관여하는 특수한 트랜스 카복실화효소에 의해서 수용체인 α-케톤산에 옮기게 되며, 반면에 아세틸CoA카복실화효소와 프로피오닐CoA 카복실화효소에서는 아실CoA가 특수한 카복실그룹 수용체로 기능한다.

5. 싸이아민

싸이아민 (thiamine) 또는 바이타민 B_1은 다음의 구조를 갖는다.

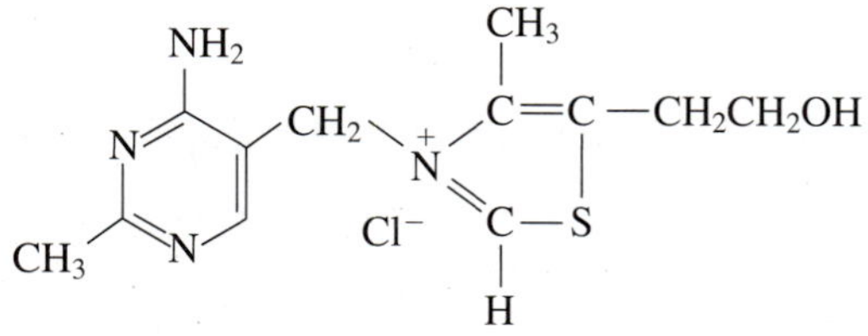

싸이아민의 구조

싸이아민은 식이용 곡물 또는 많은 식물의 씨앗 바깥쪽 껍질 부분에 존재한다. 그리고 현미나 밀로 만든 식품은 바이타민 B_1의 좋은 공급원이 된다. 동물의 조직이나 효모에서는 주로 조효소인 싸이아민 이인산으로, **카복실화효소의 조효소 (cocarboxylase)** 로 기능한다. 동물은 박테리아에서 바이타민을 제공받는 반추동물을 제외하고는 음식물로 싸이아민을 반드시 섭취하여야 한다.

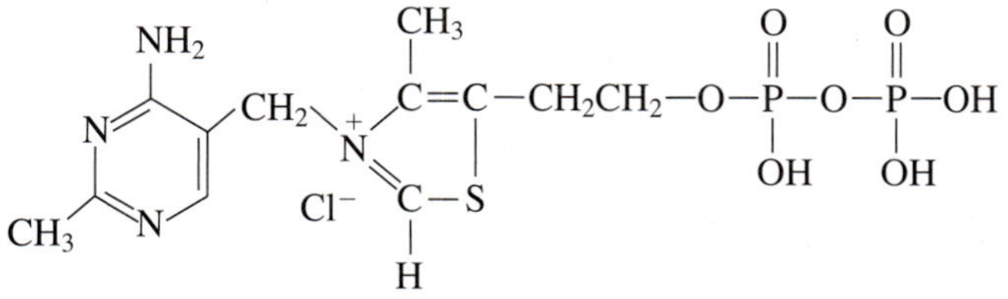

싸이아민이인산
(카복실화효소의 조효소)

사람에서 이 바이타민의 결핍은 각기병 (beri-beri) 에 걸리게 된다. 건식각기병의 증상은 근육무력증, 체중감소, 신경염 등 중추신경계가 관여되는 확실한 증상들이 나타난다. 습식각기병의 증상은 부종이나 심장기능의 장애 등으로 나타난다. 실험동물에서 싸이아민의 결핍은 초기증상이 뇌기능장애로 나타난다. 각기병은 오랫동안 주된 에너지원으로 쌀을 도정하여 사용하는 지역에서 많이 나타나는 것으로 알려지고 있다. 바이타민이 수용성이어서 저장할 수 없으므로 필요로 하는 양 (0.5mg/일/1000칼로리) 을 콩, 옥수수, 밀가루 음식으로부터 섭취해야 한다.

싸이아민이인산은 α-케토산탈수소효소, 피루브산탈카복실화효소, 케토이동효소 (transketolase), 박테리아에서 오탄당의 대사에 관여하는 효소인 인산케톨분해효소 (phospho-ketolase) 등의 조효소로 참여한다.

인산케톨분해효소

D-자일로스-5-P + Pi → 아세틸-P + 글리셀알데하이드-P

카복실화효소의 조효소 (cocarboxylase)

효모에는 싸이아민이인산 (TPP, cocarboxylase) 의 결손효소 (apoenzyme, decarboxylase) 를 가지고 있기 때문에 피루브산을 탈카복실화할 수 있다. 모든 반응에서 활성의 공통부위로는 싸이아졸고리의 C-2가 담당한다. 이 위치에서 수소원자가 양성자로 해리되면 카바나이온이 된다.

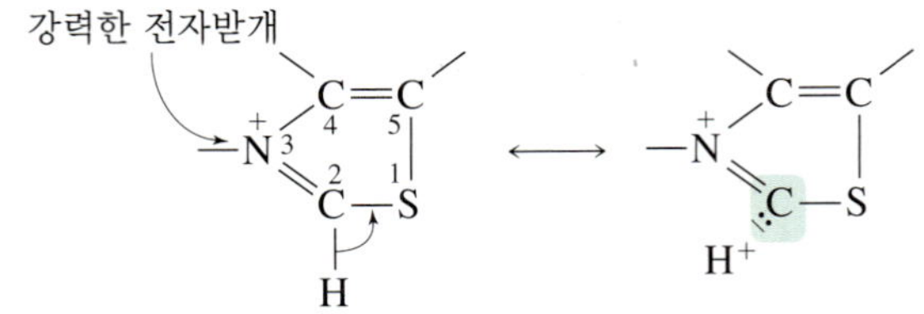

싸이아졸고리 카바나이온

이 그림에서처럼 카바나이온은 피루브산의 탈카복실화반응에 참여한다. 적당한 전자의 재배치로 탈카복실화가 진행되면서 부산물이 형성되고, 이때 아세트알데히드는 카바나이온의 재생과 동시에 해리된다.

6. 바이타민 B_6 그룹

B_6로 알려진 바이타민 그룹은 세 개의 화합물로 구성된다.

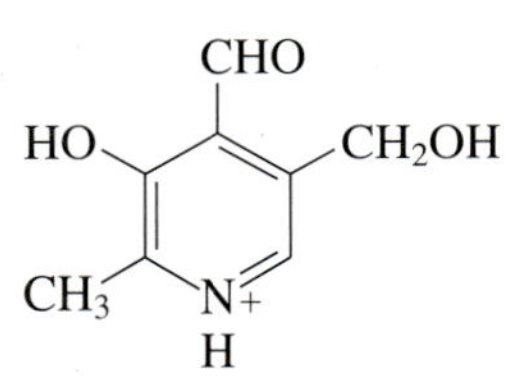

피리독살

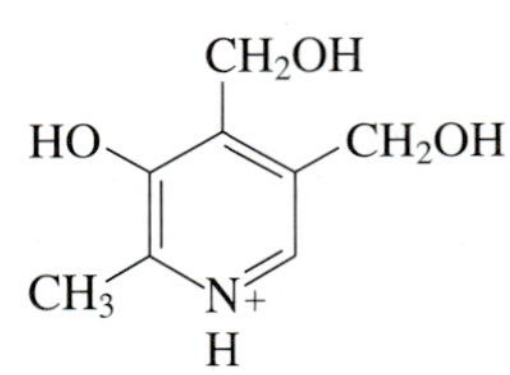

피리독신 또는 피리독솔

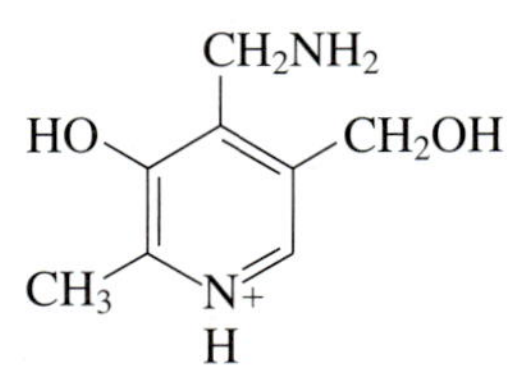

피리독사민

세 가지 형태의 바이타민 B_6는 동식물에 폭넓게 분포되어 있다. 이들 B_6는 식이용 곡물이 가장 풍부한 공급원이다. **피리독살 (pyridoxal)** 과 **피리독사민 (pyridoxamine)** 은 조효소의 형태로, 인산의 유도체로서 자연에 존재한다. 흡수된 피리독살은 간에서 조효소 피리독살인산으로 변한다. 사람에 투여된 대략 90%의 **피리독신 (pyridoxin)**은 급격히 4-피리독신산으로 변하고, 이러한 형태로 배설된다. 이들 세 가지 형태의 바이타민은 B_6결핍증상을 방지하는 데 효과적이다. 쥐에서 결핍되면 심한 피부염증상이 나타나며, 동물에서는 극심한 경련증세로 간질병 비슷한 발작증세가 나타나고, 중추신경계에 심각한 장애를 일으킨다.

피리독살인산은 아미노산대사의 몇 가지 중요한 촉매반응인 아미노기이동반응, 탈카복실화반응, 라셈화반응에 참여하는 대단히 유용한 바이타민 유도체이다. 각 반응마다 세 개의 다른 특별한 결손효소에 의해서 촉매된다. 모든 경우에 피리독살인산이 조효소로 기능한다. 피리독살인산은 관여하는 효소의 라이신 잔기에 쉬프의 염기로 헐겁게 부착되어 있다는 생각을 뒷받침하는 충분한 증거가 있다. 체내에 흡수된 피리독솔은 간에서 다음의 순서로, 피리독산인산 또는 피리독사민인산으로 전환된다.

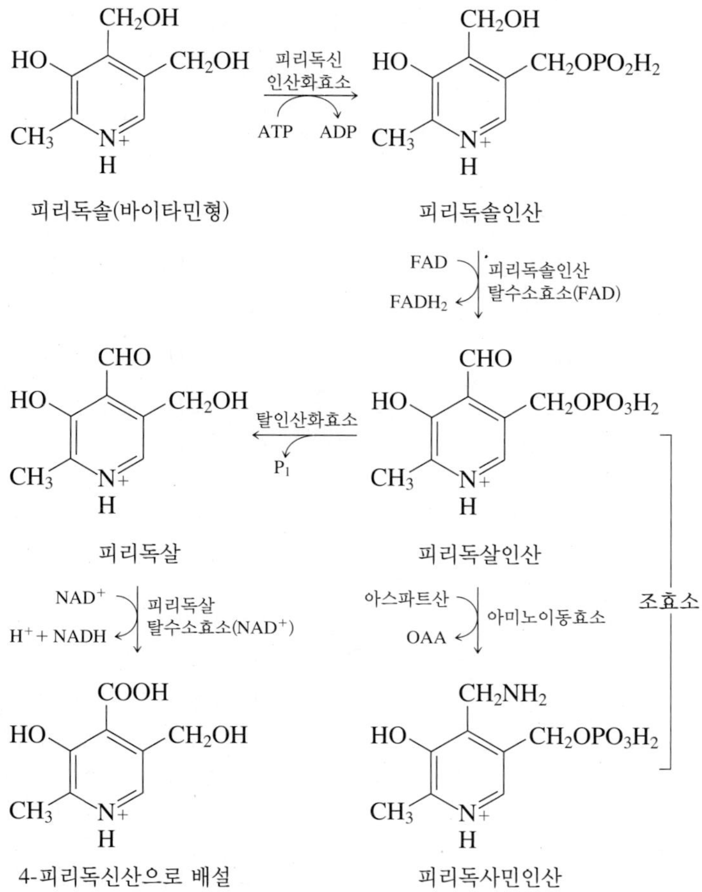

아래에 B_6조효소가 관여하는 대표적인 반응들을 나타내고 있다.

아미노그룹이동효소(transamination)

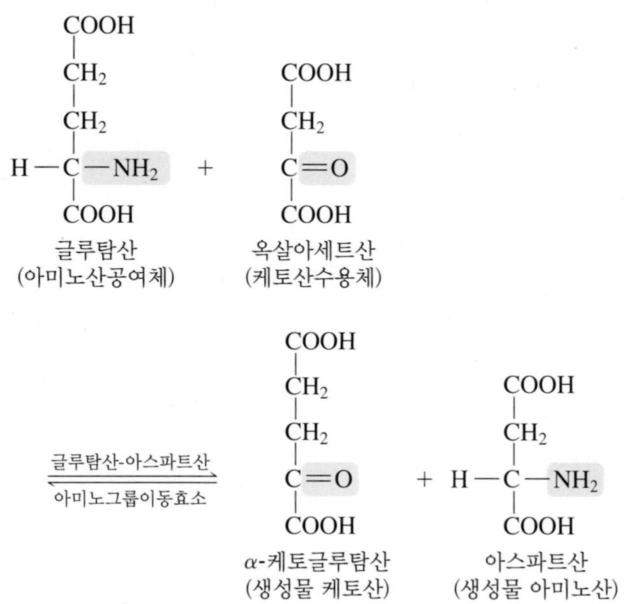

탈카복실화반응(Decarboxylation)

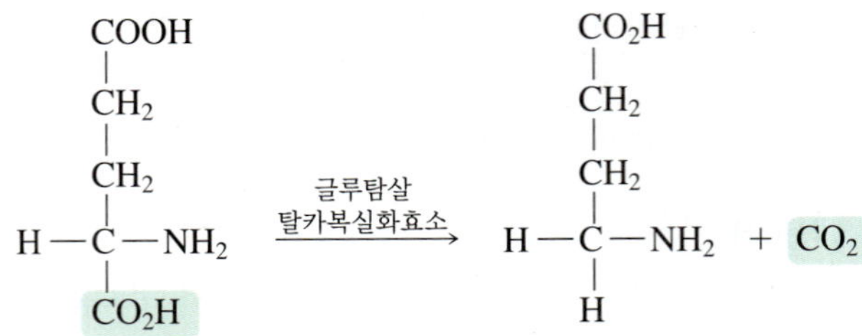

L-글루탐산
(아미노산공여체)

δ-아미노뷰티르산

라셈화반응(Racemization)

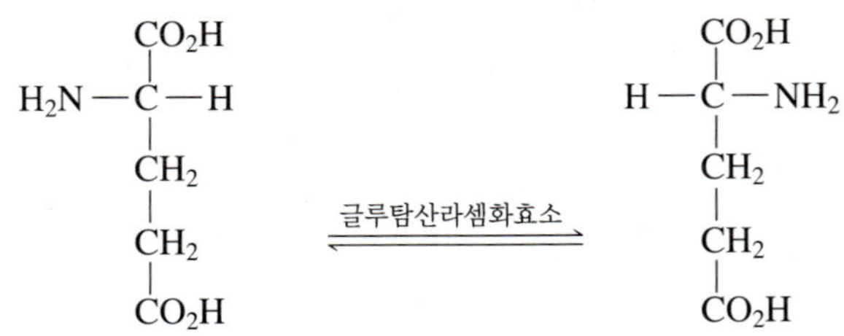

L-글루탐산
(L-Glutamic acid)

D-글루탐산
(D-Glutamic acid)

7. 엽산

엽산 (folic acid) 은 주로 세 개에서 일곱 개의 글루탐산을 갖는 엽산유도체가 자연에 광범위하게 존재한다. 바이타민은 병아리에서 영양결핍성 빈혈이나 미생물에서 특수성장인자로 기능한다. 동물에서 장내의 박테리아가 성장에 필요한 적은 양을 만들어낸다. 엽산의 유도체는 정상적인 백혈구의 형성에 잘 알려지지 않은 중요한 역할을 하는 것으로 알려지고 있다.

엽산은 바이타민이지만 환원된 형태의 엽산은 실질적으로 조효소이다. L-엽산환원효소 (folic acid reductase) 는 엽산을 이수소엽산 (DHF) 으로 환원시킨다. 이 화합물은 또다시 이수소엽산의 환원효소에 의해서 사수소엽산 (THF) 으로 환원된다.

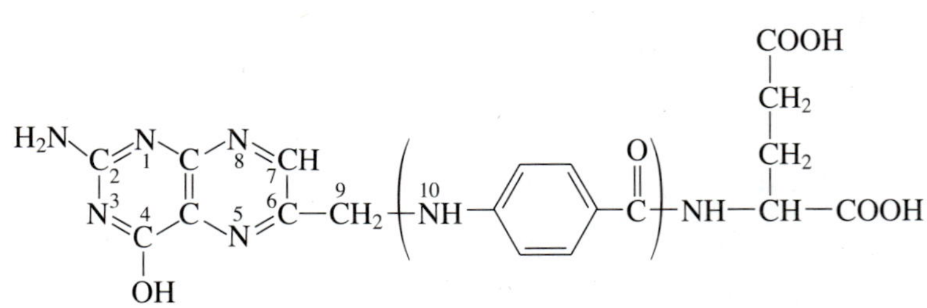

2-아미노-4-하이드록시
-6-메틸테리딘

p-아미노벤조산
(PABA)부분

글루탐산

엽산 (프테로일-L-글루탐산, [F])

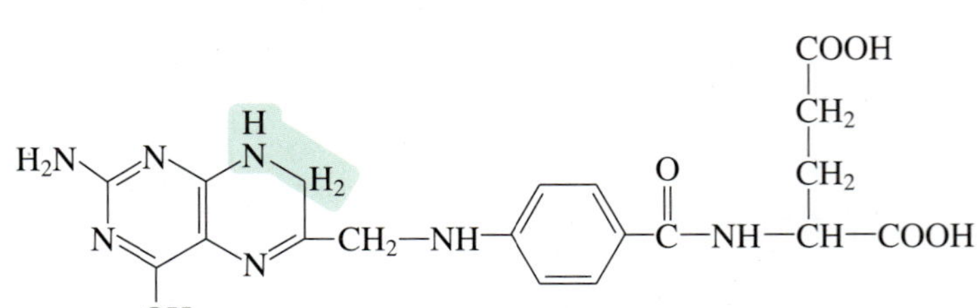

이수소엽산(DHF)

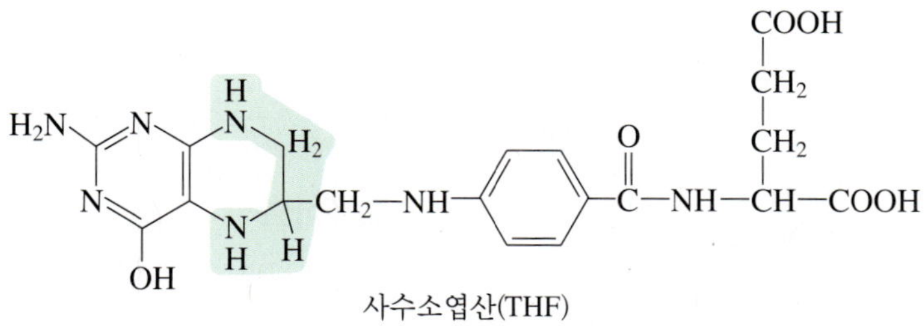

사수소엽산(THF)

이때 환원제는 두 반응 모두 NADPH가 사용된다.

$$\text{F (folate)} + \text{NADPH} + \text{H}^+ \xrightarrow{\text{엽산환원효소}} \text{DHF} + \text{NADP}^+$$

$$\text{DHF} + \text{NADPH} + \text{H}^+ \xrightarrow{\text{이수소엽산환원효소}} \text{THF} + \text{NADP}^+$$

사수소엽산(THF)의 중요한 역할은 포밀산 수준의 산화반응에서 한 개의 탄소원자 단위의 운반체로 기능하는 것이다. 포밀산 단위는 피리미딘, 퓨린, 세린, 글리신의 생합성과정에 쓰인다. 이 포밀산 단위의 화학은 복잡하며, 초기에 포밀산의 활성화가 필요하다.

$$\text{THF} + \text{ATP} + \text{HCOOH} \xrightarrow[\text{합성효소}]{\text{N}^{10}\text{-포밀 THF}} \text{N}^{10}\text{-포밀 THF} + \text{ADP} + \text{Pi}$$

N^{10}-포밀 THF는 고리가 봉합되어 N^5N^{10}-메테닐THF가 되고 특수한 탈수소효소에 의하여 환원된다.

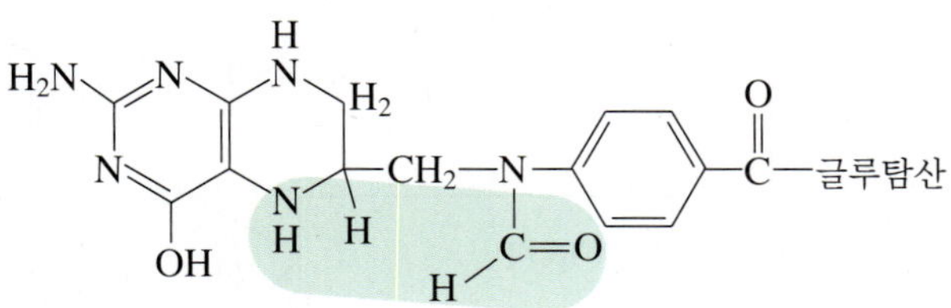

N^{10}-포밀THF

H^+ ⇅ N^5N^{10}-메틸레닐THF 사이클로하이드롤레이스

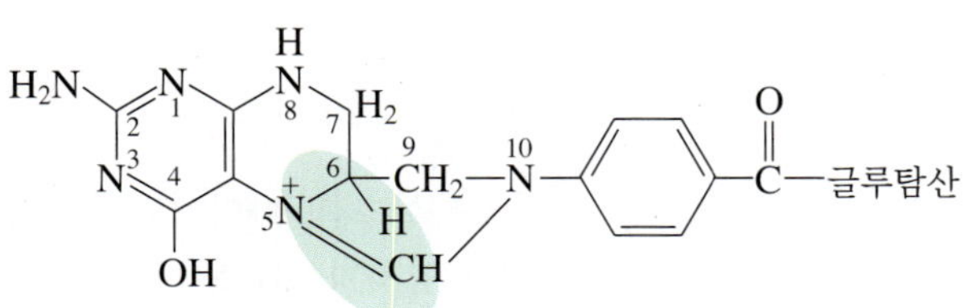

N^5N^{10}-메테닐THF

사수소엽산과 그 C_1유도체는 상당히 많은 수의 다양한 반응에 참여하는 조효소이다. THF의 유도체로 조효소 기능을 하는 유도체는 N^5N^{10}-메테닐THF 가 있으며, 한 개의 양성자를 잃고 N^5N^{10}-메틸렌THF 그리고 환원된 N^5-메틸THF 등이 있다. 조효소 엽산은 아미노산의 합성 피리미딘 베이스인 타이민(thymine)의 합성, 메싸이오닌의 합성에도 사용된다.

8. 바이타민 B_{12}

간에서 얻어지는 바이타민 B_{12}는 싸이아노코발아민이며, 그 구조는 다음과 같다.

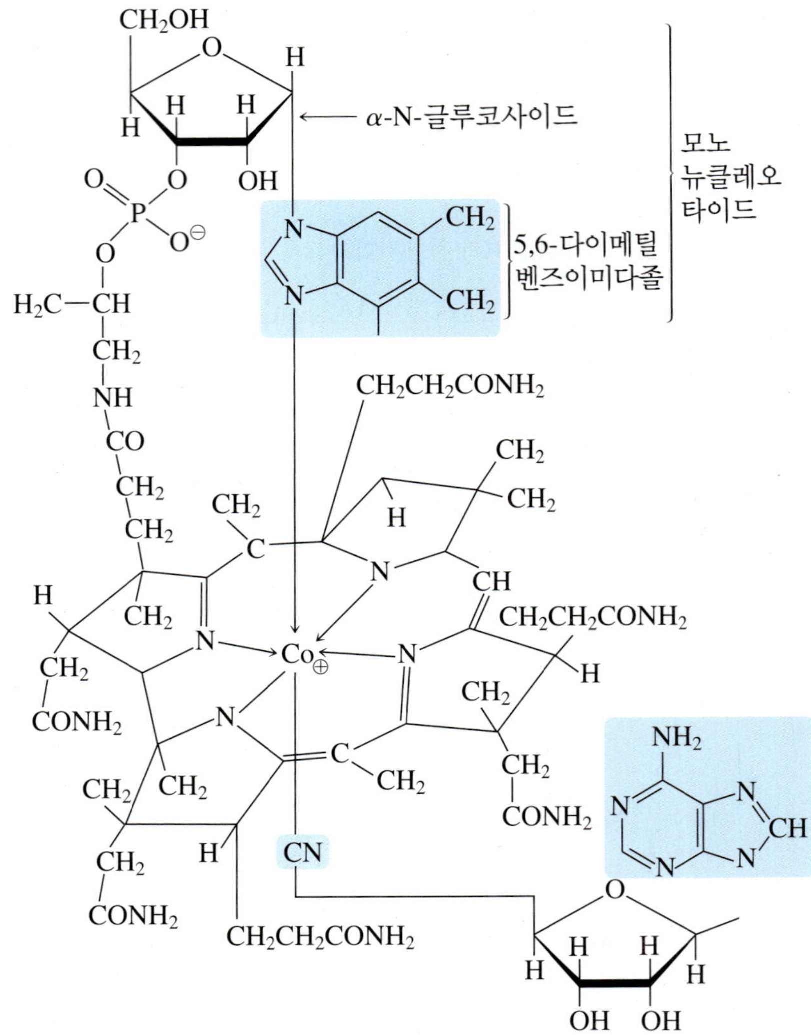

바이타민 B_{12}
(사이아노코발아민)

조효소 B_{12}
코바마이드조효소

바이타민 B_{12}는 사이아나이드이온, 하이드록실그룹, 나이트라이드 또는 설파이드그룹를 포함하기도 한다. 유사바이타민 B_{12}는 질소염기가 아데닌이다. 다른 형태의 바이타민으로는 염기가 5-하이드록실-벤즈이미다졸이 포함된다. B_{12}는 동물이나 미생물에서만 발견되고 식물에는 전혀 없으며, 조효소 B_{12} (coenzyme B_{12}) 는 조효소로 기능한다.

조효소 B_{12}에는 바이타민 B_{12}의 사이아나이드가 차지한 위치에 아데노신 라이보스의 다섯 번째 탄소원자가 직접 결합된다.

바이타민 B_{12}는 초기에 **심한 빈혈증세(pernicious anemia)** 의 방지나 치료제 (extrinsic factor) 로 유용함이 확인되었다. 내부인자 (intrinsic facror) 인 소화기 뮤코세포의 뮤코당은 회장으로부터 흡수된 외부인자인 B_{12} (extrinsic factor) 와 복합체를 만든다. 만약에 이렇게 내부인자가 결핍되면 바이타민 B_{12}는 체내로 흡수되지 못한다. 바이타민결핍증세는 이렇게 내부인자의 손실로 흡수되지 못하여 나타나기도 한다. 바이타민 B_{12}는 역시 여러 박테리아와 해조류의 유글레나의 성장인자로 작용한다. 조효소는 특수효소인 B_{12} 조효소 합성효소 (B_{12} coenzyme synthetase) 에 의해서 바이타민 B_{12}로부터 합성된다.

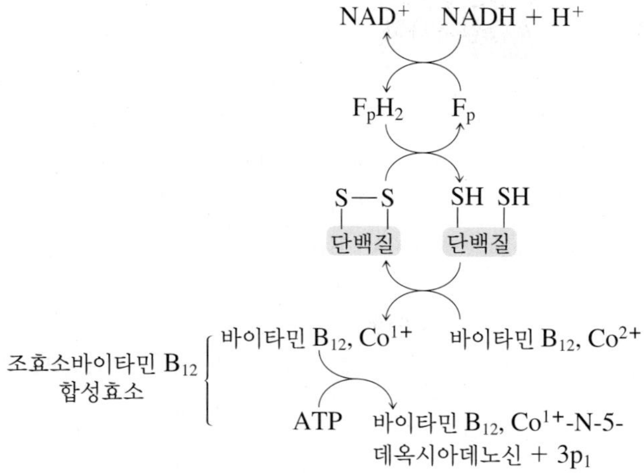

B_{12} 조효소는 CH_3-바이타민 B_{12}-효소복합체가 환원되어 메테인이 되기도 하고 또는 CO_2에 의해 카복실화되어 아세트산이 되는 반응들에 참여하는 동시에 대략 11개의 분명한 반응에 참여한다. 바이타민 B_{12} 관여 반응은 네 개의 일반적인 체계의 그룹으로 분류되고, 그 네 가지 반응은 다음과 같다.

(1) 탄소-탄소 결합의 파괴

예: L-메틸말로닐CoA 전환효소(L-methyl malonyl CoA mutase) : 5′-데옥시-아데노실 코발아민(5′-deoxy-adenosyl-cobalamin) 을 조효소로 사용

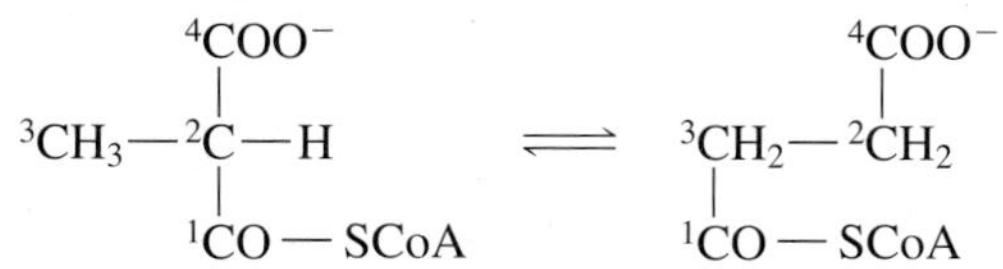

L-메틸말로닐CoA　　　석시닐CoA

(2) 탄소-산소 결합의 파괴

예: 다이올탈수효소(diol dehydrase)

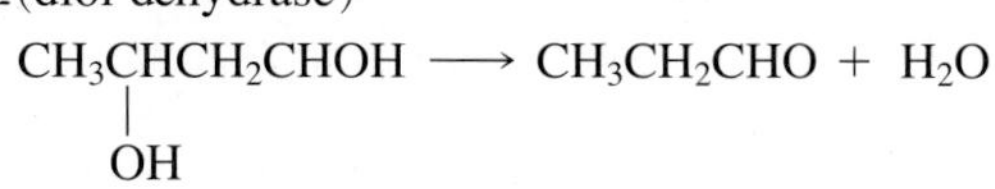

(3) 탄소-질소 결합의 파괴

예: D- α-라이신

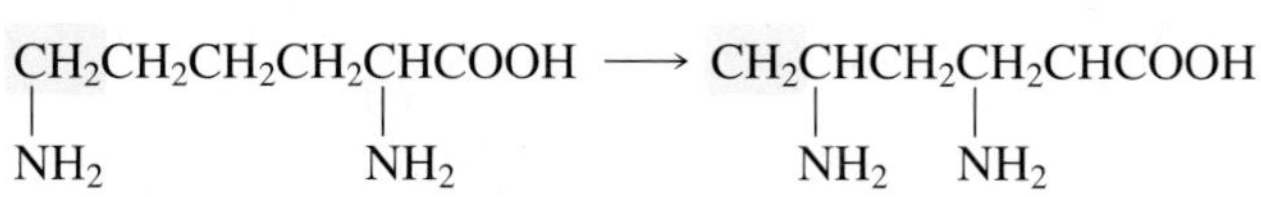

(4) 메틸활성화

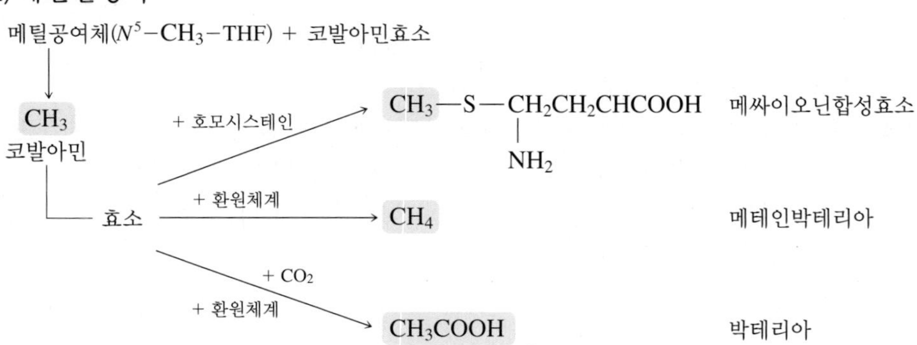

9. 판토텐산

판토텐산 (pantothenic acid) 은 동물이나 박테리아의 성장에 반드시 필요하다. 그렇지만 판토텐산은 처음에는 효모의 성장을 자극하는 능력 때문에 알려지게 되었다. 이 바이타민은 아실운반단백질 (ACP) 과 조효소 A (CoA−SH) 성분으로 자연에 존재한다. CoA−SH는 방향족 아민의 효소에 의한 아세틸화, 즉 아세틸화에 필요한 조효소로 알려지게 되었고, 그래서 **조효소 A (coenzyme A, CoA−SH)** 로 부르게 되었다.

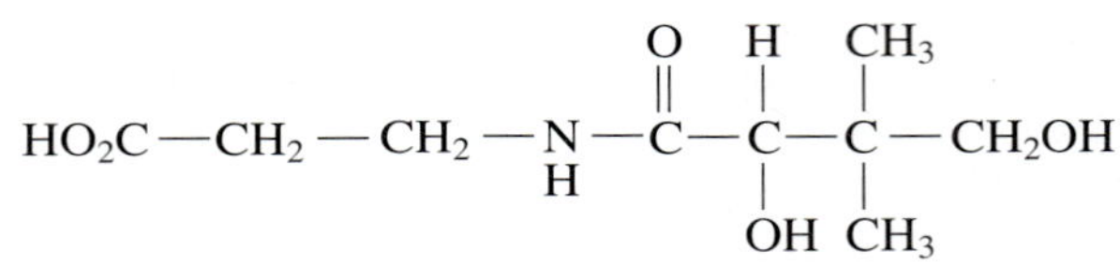

판토텐산(pantothenic acid)

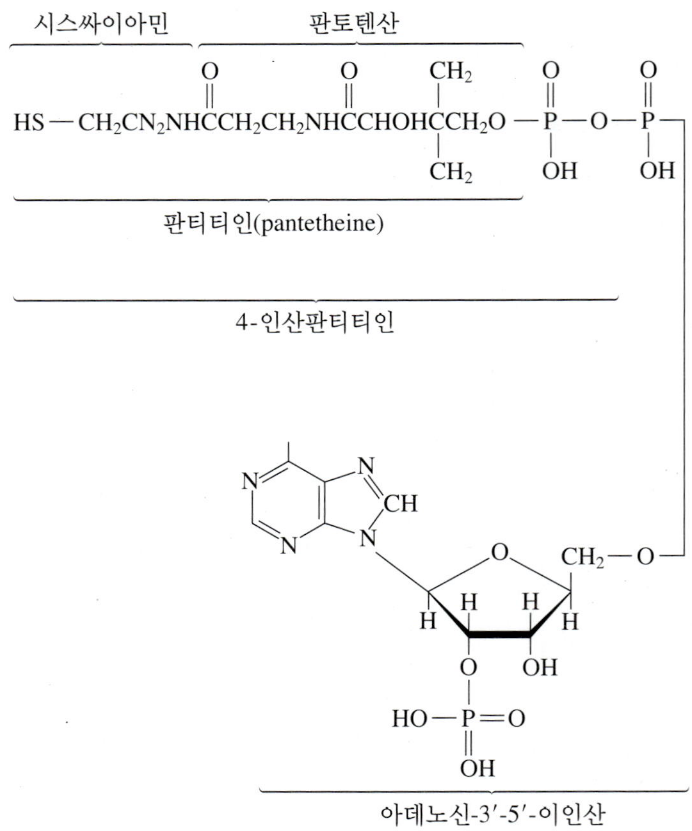

조효소 A(CoA-SH)

CoA와 카복실산이 만드는 싸이오에스터 (thioester) 결합의 독특한 성질을 가지고 있고, 생화학적으로 조효소의 역할을 설명할 수 있다. 싸이오에스터의 황원자는 쉽게 전자를 내놓을 수 없기 때문에 C=S의 이중결합을 만들지 못하고, 대신 카복실탄소에 부분적인 양전하를 갖는 카보닐 특성을 나타낸다. 카복실탄소가 부분적인 양전하를 가지므로 바로 근처의 α-탄소에 있는 수소원자는 양성자로 해리할 수 있고, α-탄소를 부분적으로 음전하를 띠게 한다.

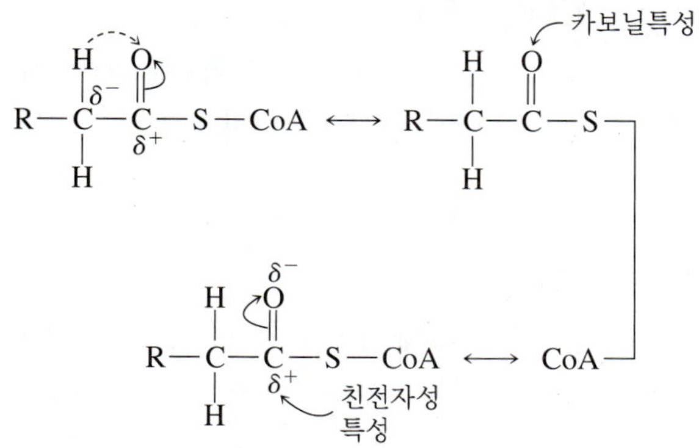

이러한 두 가지 가능성 때문에 싸이오에스터의 탄소원자는 친전자성 (electrophile) 성질과 동시에 친핵성 (nucleophile) 성질을 갖게 된다. 친핵성인 아민, 암모니아, 물, 싸이오화합물, 인산은 친전자성 쪽을 공격하게 되고, :S－CoA를 교체시킨다. 또 CO_2, 아실－CoA, CO_2 BCCP (Biotin Carboxyl Carrier Protein)를 갖는 친전자성 화합물은 친핵성 쪽을 공격하여 새로운 생성물을 얻게 된다.

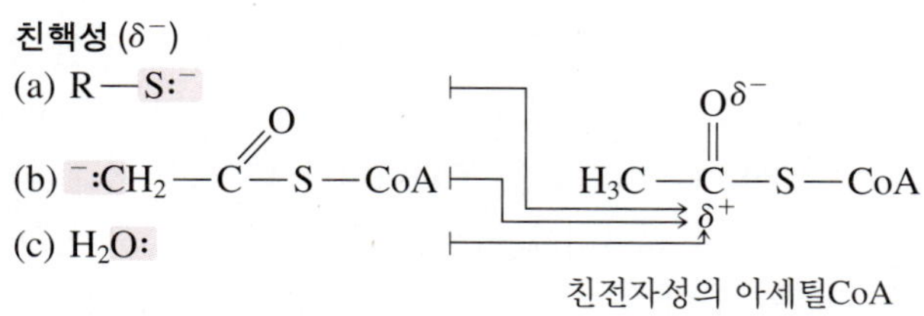

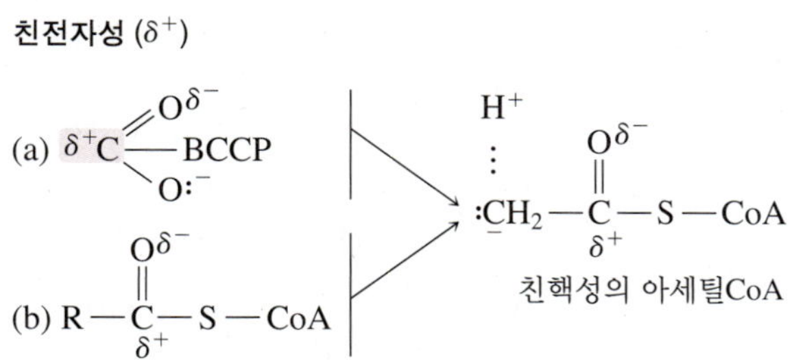

3.4 효소반응 메커니즘 및 동력학

3.4.1 유기반응촉매

효소는 반응하는 물질들을 효소에 접근시키고 또 접근된 반응물이 쉽게 반응되도록 배치시키므로, 전이상태의 자유에너지 ($\Delta G^{\dagger}$)를 감소시켜 반응의 속도를 경이적으로 증가시키는 기능을 한다. 이때 효소의 입체구조는 촉매반응의 전이상태를 안정화하고, 활성부위 아미노산의 반응기는 유기반응 메커니즘을 활용하여 실제 반응의 진행을 촉매한다. 효소가 주로 사용하는 유기반응메커니즘으로는 **산-염기촉매 (acid-base catalysis)**, **공유결합촉매 (covalent catalysis)**, **금속이온 촉매 (metal ion catalysis)** 등 세 가지가 있다.

1. 산-염기촉매

일반산을 사용하는 촉매 (general acid catalysis) 에서는 브뢴스테드 산 (양성자공여체) 으로부터 부분적으로 양성자를 이동시켜 전이상태의 자유에너지를 감소시키고 반응을 촉진시킨다. 효소활성부위의 Asp, Glu, His, Cys, Tyr, Lys 등 아미노산 잔기의 곁사슬그룹은 생리적 pH 범위에서 산 또는 염기로 작용하여 촉매작용을 돕게 된다. 효소입체구조의 활성부위에서 기질 주위에 여러 촉매작용기를 적절하게 배열하는 효소의 능력은 협동적인 산-염기촉매반응 메커니즘이 가능하게 한다. 이들 효소의 촉매활성은 pH가 활성부위의 아미노산 곁사슬에 있는 양성자 상태에 영향을 미치기 때문에 중요하다. 이와 같이 산-염기촉매반응 메커니즘을 통하여 촉매되는 반응들로는 펩타이드나 에스터의 가수분해반응, 인산그룹의 이동반응, 토토머화반응이나 카보닐그룹의 부가반응 등이 있다.

효소를 이용하여 생체에서 일어나는 많은 반응이 산 또는 염기촉매로 기능한다. α-D-글루코스가 β-D-글루코스로 바뀌는 **상호전환 (mutarotation)** 반응은 산-염기에 의해 촉매되는 대표적인 반응이다. 상호전환반응에서 효소활성부위의 염기로 작용하는 :B-에서 이동된 전자는 글루코스 분자의 α-OH그룹을 통과하여 —Ö—CH— 결합의 전자를 활성부위 아미노산으로 이동시키면서 결합의 일시적인 붕괴를 일으키고 선형의 중간물질을 얻게 된다. 이때 염기에 이동되었던 양성자는 다시 글루코스로 옮겨져 결합하면서 —OH그룹은 β-형, 즉 위쪽으로 옮기게 된다.

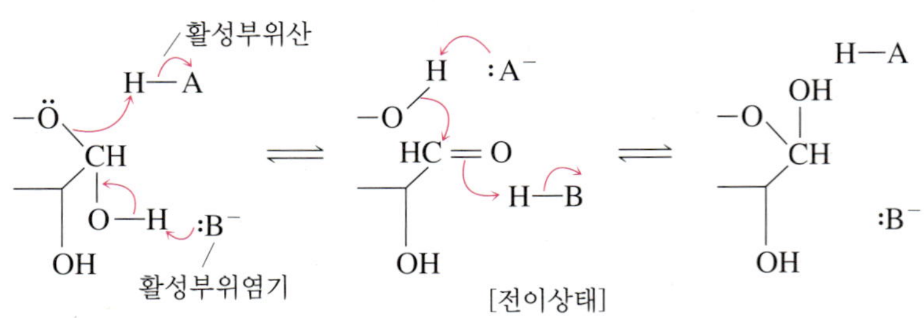

췌장의 라이보핵산가수분해효소 A (RNase A) 는 산-염기촉매로 효소의 반응메커니즘을 수행하는 비교적 자세하게 연구된 최초의 효소이다. 이 효소는 췌장에서 분비되어 소장에서 RNA를 구성성분인 뉴클레오타이드로 가수분해시킨다. RNase A에서 pK 5.4와 6.4를 가지는 두 개의 이온화되는 작용기가 반응메커니즘에 직접 관여되는 것은 반응속도가 pH에 따라 좌우되는 것으로 확인하게 되었다. 화학변형연구와 X-선 삼차구조 연구로 RNase A에는 활성부위에 두 개의 필수적 His 잔기인 His12 및 His119 잔기를 가지고 있음을 확인하게 되었다. 그들은 일반산 및 염기촉매로서 협동적으로 작용하여 가수분해를 촉매한다.

이 반응은 정확히 구분된 두 단계의 반응으로 진행된다. 처음 단계의 촉매반응에서, His12가 RNA의 2′-OH그룹에서 양성자를 제거하는 일반염기로 작용한다. 이 과정에서 근처의 인산원자를 친핵성 공격을 하도록 도와준다. 그동안 His119는 일반산으로 행동하며 이탈그룹의 양성자에 의해서 결합이 붕괴된다. 두 번째 단계에서는 첫 단계의 정확히 반대의 과정이 일어나며, 2′3′-고리형 중간체의 가수분해가 일어난다. 이때 His12는 일반산으로 His119는 일반염기로 기능하여 가수분해된 RNA를 얻게 되며, 효소의 활성부위 아미노산은 원래의 상태가 된다. 이때 물은 이탈그룹에 의해서 교체된다.

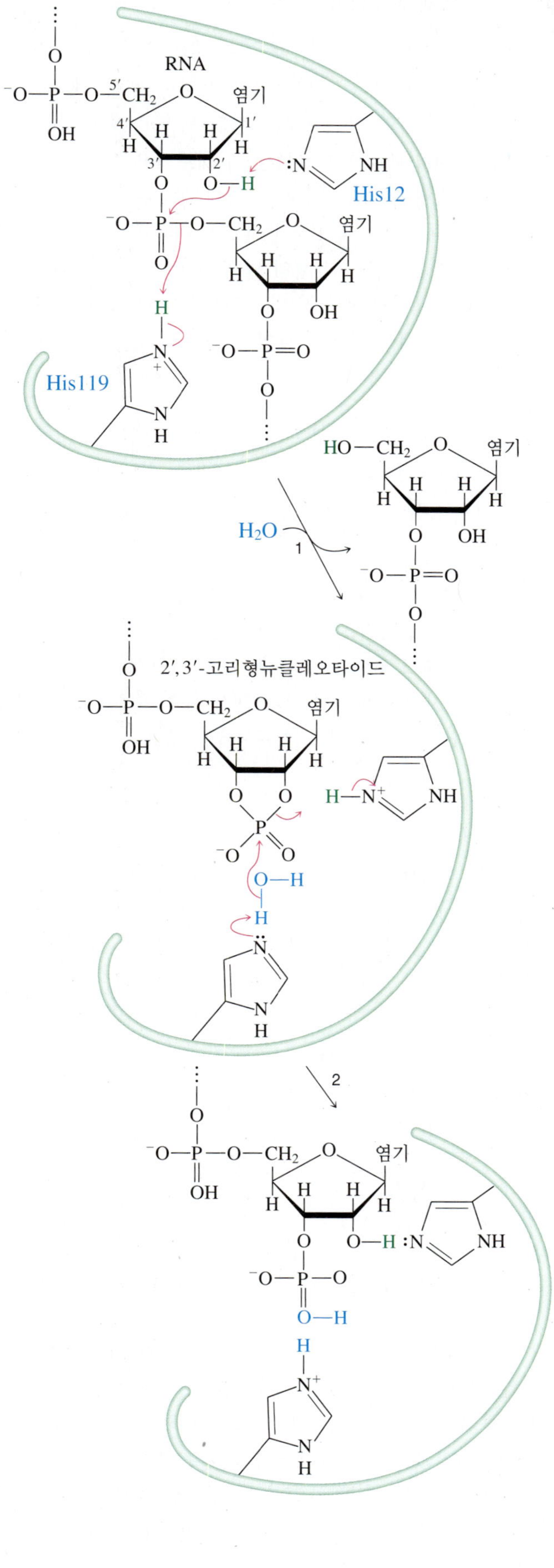
RNA
염기
His12
His119
H_2O
1
2′, 3′-고리형뉴클레오타이드
2

2. 공유결합촉매

효소는 생체반응의 촉매로서 전이상태의 촉매-기질 간의 공유결합을 형성함으로써 반응의 속도를 촉진하는 기능을 수행한다. 일반적으로 이러한 공유결합은 촉매의 친핵성 작용기와 기질의 친전자성 작용기의 반응으로 형성되며, 따라서 이러한 촉매형태를 흔히 **친핵성 촉매 (nucleophilic catalysis)** 라고 부른다. 아세토아세트산의 탈카복실화반응에서 일차 아민에 의한 화학적 촉매반응의 경우가 여기에 해당된다. 공유결합 촉매반응의 첫 단계에서 친핵체인 아민은 아세토아세트산의 카보닐기를 공격하여 쉬프염기 (이민결합)를 형성한다. 이 과정에서 공유결합 중간체의 양성자화된 질소 원자는 전이상태의 높은 에너지 에놀레이트 (enolate) 특성을 감소시키는 **전자받이 (electron sink)** 로 기능한다. 이때 쉬프염기의 형성과 분해가 매우 빠르게 일어나므로, 이러한 촉매반응의 속도결정단계는 아니다.

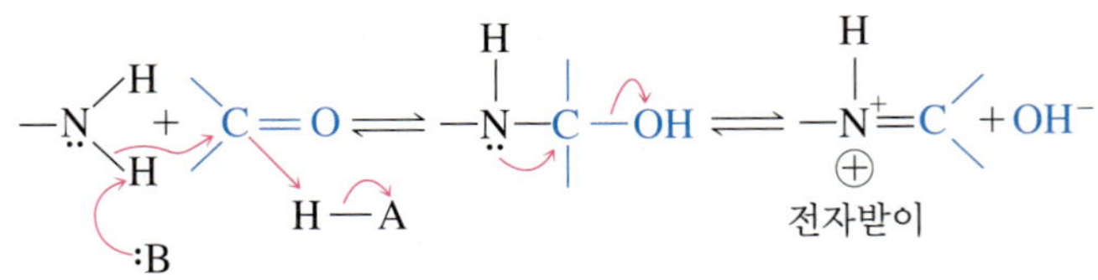

개념적으로 공유결합 촉매과정을 세 단계로 구분한다: 1. 공유결합은 기질과 효소 사이에 친핵성반응에 의해서 형성된다. 2. 친전자성인 촉매효소는 반응중심으로부터 전자를 제거하는 기능을 수행한다. 3. 촉매효소의 제거는 제1단계의 반대과정에 해당한다. 이 과정에서 친핵성 또는 친전자성 촉매의 선택은 어느 쪽이 추진력에 더 많은 기여를 하는가에 따라 좌우된다. 효소단백질의 아미노산 곁사슬과 조효소 역시 공유결합촉매로 기능한다.

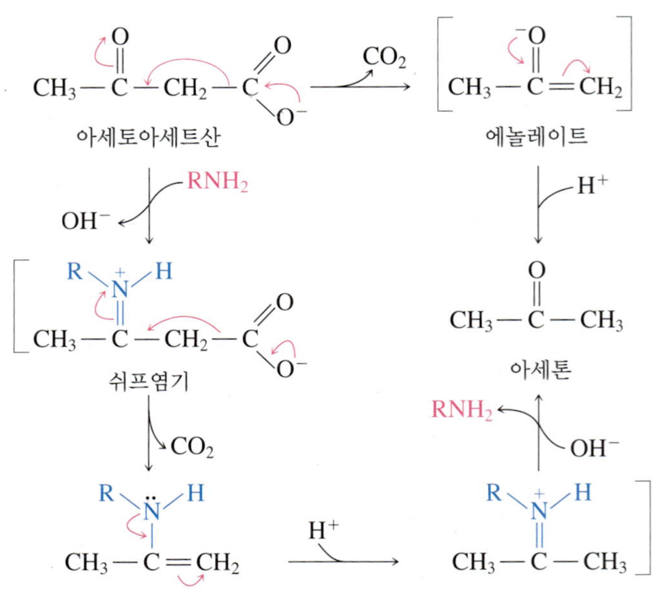

이미다졸작용기 및 싸이올작용기와 같이 높은 극성화 (polarizability, 높은 이동성 전자를 갖는) 성질을 가진 작용기는 공유결합이 쉽게 부숴지는 특성을 가지며, 따라서 좋은 공유결합촉매로 기능하게 한다. 이러한 방법으로 작용하는 단백질작용기에는 Lys의 양성자화되지 않은 ϵ-아미노기, His의 이미다졸기, Cys의 싸이올기, Asp의 카복실기, Ser의 하이드록실기 등이 포함된다. 여러 조효소들 중 특히 싸이아민이인산 (thiamine pyrophosphate, 바이타민 B) 및 피리독살인산 (pyridoxal phosphate) 은 공유결합촉매로 결손효소에 회합되어 작용한다. 그동안 수많은 공유결합으로 연결된 효소-기질 반응 중간체가 분리되어 확인되었으며, 생체내의 대부분의 효소는 공유결합촉매 메커니즘을 사용하고 있다.

3. 금속이온촉매

지금까지 알려진 효소의 거의 1/3 정도는 촉매활성에 금속이온을 필요로 한다. 금속을 포함하는 효소에는 두 가지 형태가 있다. **금속효소 (metalloenzyme)** 는 대부분 Fe^{2+}, Fe^{3+}, Cu^{2+}, Mn^{2+} 또는 Co^{2+} 와 같은 전이금속이온들이 효소내부에 단단하게 결합된 효소들이며, 이들 금속이온들은 효소의 촉매기능에 직접 참여하여 도움인자(cofactor)로 기능한다. 또 다른 형태는 금속에 의하여 효소의 기능이 활성화되는 효소 (Metal-activated enzymes) 들로 존재한다. 이러한 촉매에 필수적인 금속이온은 효소에서 촉매기능보다는 흔히 구조에 영향을 주는 Na^+, K^+ 또는 Ca^{2+} 와 같은 이온들이 효소촉매기능에 필요하다. 또한 Mg^{2+} 및 Zn^{2+} 와 같은 이온들은 구조적이거나 촉매 두 가지 기능에 모두 기여한다.

촉매과정에 관여하는 금속이온은 세 가지 다른 방법으로 실제 촉매 메커니즘에 참여한다. 1. 기질에 결합함으로써 반응물이 적절하게 배치되도록 하여 반응을 촉매한다. 2. 금속이온 산화상태의 가역적인 변화를 통하여 산화-환원반응을 매개한다. 3. 마지막으로 금속이온들은 정전기적으로 효소단백질을 안정화시키거나 또는 전기적으로 음전하를 보호함으로써 촉매기능에 참여한다. 많은 금속이온-촉매반응에서 금속이온은 주로 음하전을 중화시켜주는 양성자와 같은 방법으로 반응을 촉매한다. 금속이온들은 중성 pH에서 높은 농도를 유지할 수 있으며, 하전된 상태로 머물 수 있기 때문에 금속이온은 양성자보다 훨씬 효율적으로 촉매작용에 기여한다. 이러한 이유로 그동안 금속이온을 "**초강산 (superacid)**"이라고 부르기도 하였다.

또한 금속이온의 하전은 금속이온에 결합된 물분자를 그렇지 않은 물분자에 비교하여 더 산성이 되게 하므로, 중성보다 낮은 pH에서도 친핵성인 OH-그룹의 공급원(source)이 되게 할 수 있다. 이러한 현상의 아주 좋은 예로는 다음 반응을 촉매하는 효소인 **탄산무수화효소 (carbonic anhydratase)** 의 촉매메커니즘을 들 수 있다.

$$CO_2 + H_2O \rightleftharpoons HCO_3^- + H^+$$

탄산무수화효소의 내부에는 필수적인 Zn^{2+} 이온을 가지고 있으며, 다음과 같은 효소촉매 메커니즘에 의하여 반응을 수행한다.

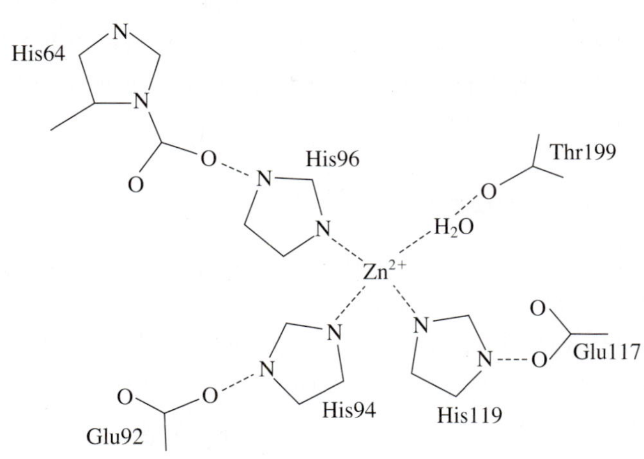

사람의 탄산무수화효소의 구조에서 Zn^{2+}은 15 Å-깊이 활성부위틈의 바닥에 있으며, 아연이온은 진화과정 동안 변화하지 않은 세 개의 His 곁사슬과 하나의 H_2O 분자에 의하여 정사면체의 형태로 배위되어 있다. 이 Zn^{2+}-극성화된 H_2O는 이온화를 돕고, 네 번째 His64가 일반염기로 기능하여 반응을 촉매한다. 비록 His64가 Zn에 부착된 물분자로부터 멀리 떨어져 전자를 제거하기 어렵기는 하지만, 수소결합의 연결망을 형성하므로 두 물분자가 양성자의 수용체로서 기능하게 된다. 결과적으로 얻어진 Zn^{2+}-결합의 OH^-는 효소에 결합되어 있는 인접한 기질 CO_2에 친핵성인 공격을 함으로써 HCO_3^- (오른쪽에서) 로 전환시킨다.

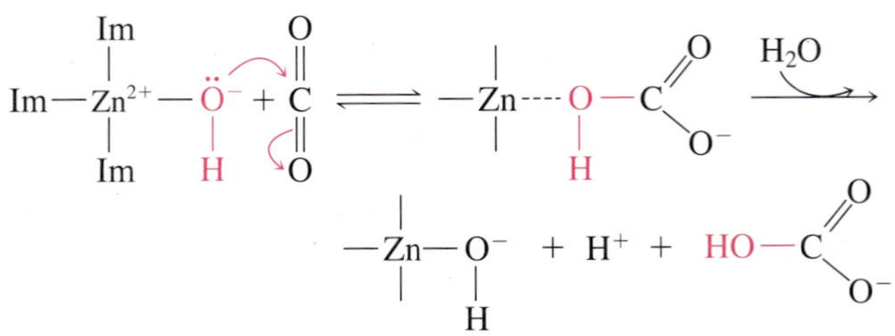

이때 촉매활성부위의 다른 두 개의 물분자는 Zn^{2+} (오른쪽에서) 과의 결합 및 이온화에 의하여 재생된다. 마지막으로 HCO_3^-가 떠나기 전에 5번째 위치에 배위결합된 Zn^{2+}-착염이 일시적으로 형성된다.

효소촉매반응에서 중요한 역할의 하나로 금속이온이 하전의 보호막으로 기능하는 경우도 있다. 인산화 효소의 실제 기질은 Mg^{2+} – ATP 착염이다. 이때 Mg^{2+} 이온자체는 전기적으로 인산그룹의 음전하를 막아주고, 결과적으로 배향성효과를 얻게 된다.

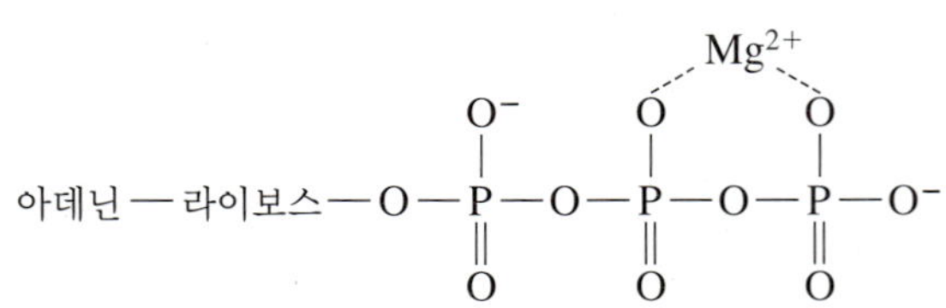

3.4.2 특정 효소반응 메커니즘

1. 세린단백질가수분해효소

단백질가수분해효소들 중에 카이모트립신, 트립신, 엘라스테이스 등은 효소의 촉매 메커니즘이 비교적 자세히 알려져 있으며, 효소활성부위에 Ser 잔기를 가지고 있는 것이 공통된 특징이다. 이들 **세린단백질가수분해효소 (serine protease)** 는 동물의 췌장에서 합성되고, 십이지장으로 분비되어 소화효소로서 기능한다.

2. 단백질가수분해효소의 활성부위

세린단백질가수분해효소는 절단되는 펩타이드결합의 측면에 위치하는 가지가슬에 대하여 각기 다른 기질특이성을 가지고, 펩타이드결합의 가수분해반응을 촉매한다. 트립신은 양전하를 띤 잔기인 Arg이나 Lys 같은 잔기에 특이하게 작용한다. 카이모트립신은 펩타이드결합의 앞쪽에 있는 소수성이 큰 잔기인 Tyr, Phe 등을 가진 펩타이드를 특이하게 가수분해하며, 엘라스테이스는 작은 중성 잔기들에 특이하게 반응한다 (그림 3-13). 단백질가수분해의 기질특이성은 효소가 가지고 있는 기질부착부위의 환경이 독특하게 특정한

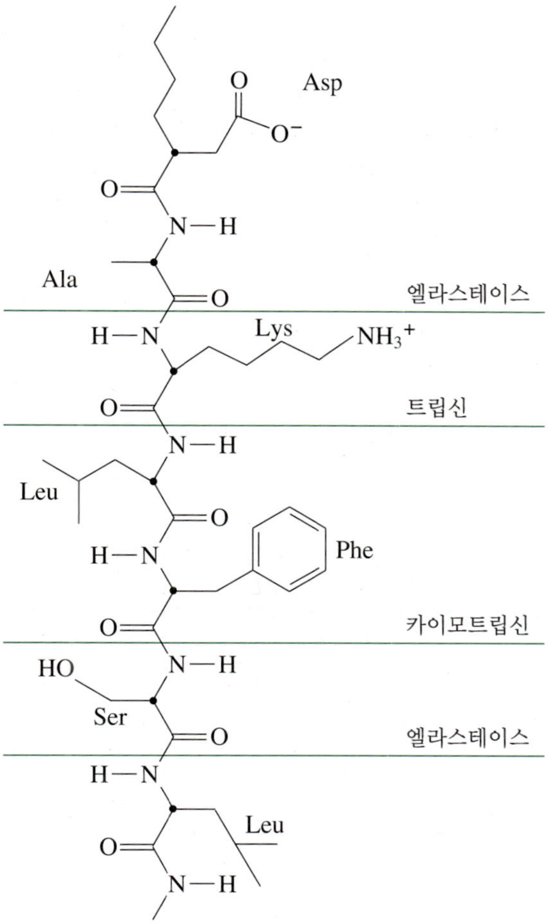

그림 3-13 효소의 기질특이한 절단부위. 효소마다 다른 기질특이성을 가지고 작용한다. 트립신, 카이모트립신 및 엘라스테이스의 절단지역이 다른 것은 효소마다 기질이 부착하는 지역의 환경이 달라서 가능하다.

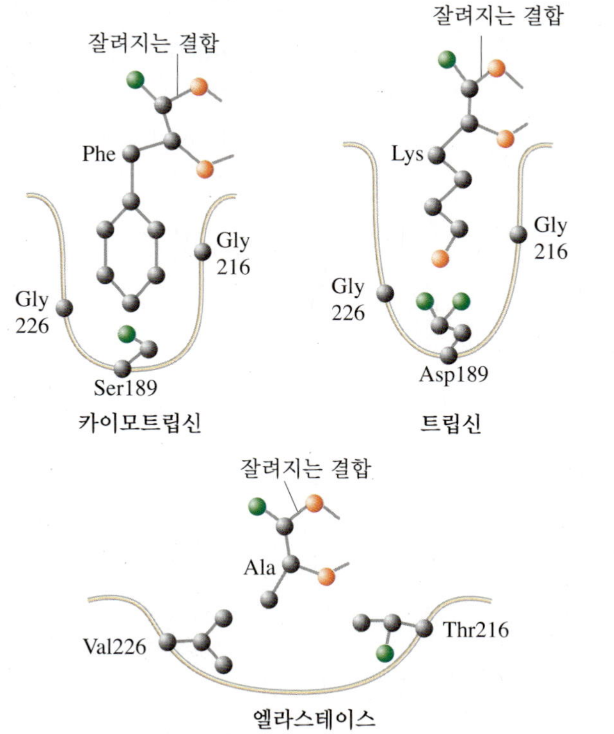

그림 3-14 효소내부의 기질부착부위. 기질부착부위의 독특한 환경이 효소의 기질특이성의 요건이 된다. 카이모트립신은 큰 소수성 곁사슬을 갖는 펩타이드결합의 절단을 선호한다. 반면에 트립신은 라이신이나 아르지닌의 양전하와 정전기적인 인력이 작용하도록 아스파트산이 기질부착부위에 존재한다.

기질의 구조만을 받아들이도록 구성되어 있기 때문에 가능하다 (그림 3-14).

세린단백질가수분해효소들의 활성부위아미노산을 확인하는 방법으로, 비가역적으로 효소를 불활성화시키는 다이아이소프로필인산플루오라이드 (diisopropylphosphofluoride, DIPF) 를 사용한다. 이 경우 DIPF는 활성부위아미노산의 세린 (카이모트립신, Ser 195) 에만 반응하고, 효소내의 다른 세린에는 전혀 반응하지 않는다.

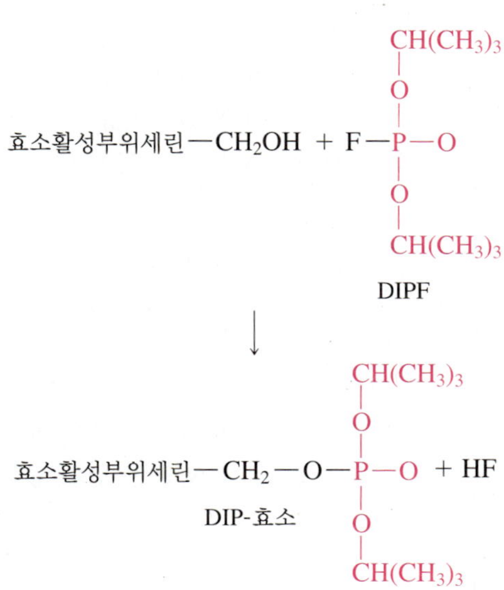

세린단백질가수분해효소 활성부위에 있는 다른 아미노산으로는 His (카이모트립신, His57) 이 있으며, 친화성표지 (affinity labeling) 방법으로 확인되었다.

카이모트립신은 특이적으로 토실-L-페닐알라닌 클로로메틸 케톤 (tosyl-L-phenylalanine chloromethyl ketone, TPCK) 과 결합하는데, 이는 구조가 페닐알라닌 잔기 (카이모트립신의 선호성 기질 잔기 중 하나) 와 유사하기 때문이다.

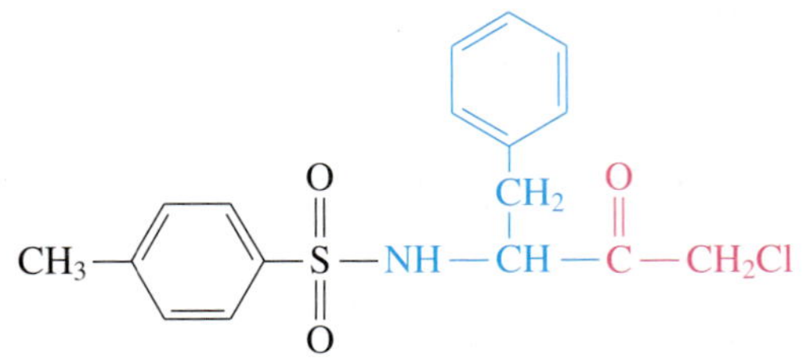

TPCK의 구조

이때 활성부위에 결합하는 TPCK의 클로로메틸케톤그룹은 강한 알킬화제로 His 57과만 결합하여 효소를 비가역적으로 불활성화시킨다. 염기성 잔기를 선호하는 트립신은 유사화합물, 토실-L-라이신 클로로메틸 케톤(tosyl-L-lysine chloromethylketone, TLCK) 에 의하여 불활성화된다.

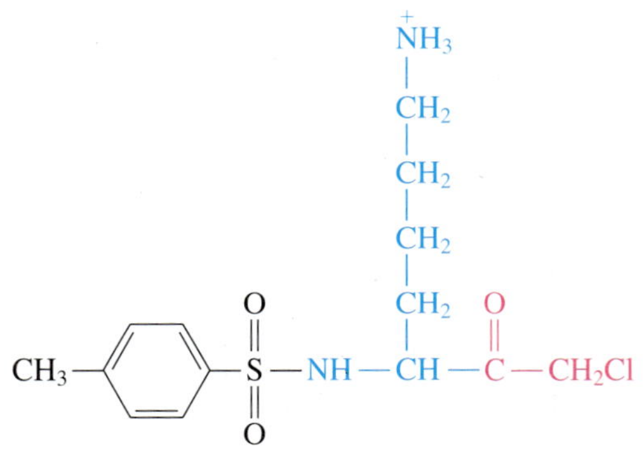

TLCK의 구조

카이모트립신에 의한 펩타이드의 가수분해는 두 단계의 교환반응으로 가능하다. 이 효소의 촉매작용에는 초기에 아실화로 아민생성물을 만들고, 다음 효소의 탈아실화로 산이 생성물로 얻어진다. 촉매과정은 Ser195의 산소원자(강력한 친핵성 상태, Lewis 염기)가 기질의 부분적인 양전하의 카보닐탄소에 친핵성 공격으로 시작된다(1). 결과적으로 불안정한 사면체의 전이상태가 생성된다(2). 효소-기질 사면체 상태는 급격히 붕괴되어 C—N 공유결합이 부서지면서 아실-효소 중간체 (Ser195 에스터화) 와 첫 번째 생성물 아민을 만들게 된다(3) (그림 3-15). 그렇게 해서 친핵성 교환반응의 결과로 아실-중간체의 형성이 가능하며, 카보닐탄소의 친핵성 치환(—NH—R_2) 은 다른 —O—CH_2—Ser195에 의해서 교체된다.

두 번째 생성물인 산이 만들어지기 위해서는 효소의 탈아실화로 아실-효소 중간체의 아실탄소에 물의 산소원자가 친핵성 공격을 가해야 한다(4). 결과적으로 Ser195의 C—O의 결합은 절단되고 산과 활성화된 Ser195를 갖는 대신, Ser195의 활성화된 상태를 보존하는 데 도움을 주면서 재생된 효소가 얻어지게 된다(5). Asp102의 주변에 소수성 환경은 하전연결망 (charge-relay network) 의 잔기인 R그룹의 양성자화를 열역학적으로 선호하게 해 준다. 그래서 하전연결망의 수소결합과 Lewis 산-염기촉매 (가수분해절단) 작용이 카이모트립신의 이중교환촉매 메커니즘을 설명해 주고 있다.

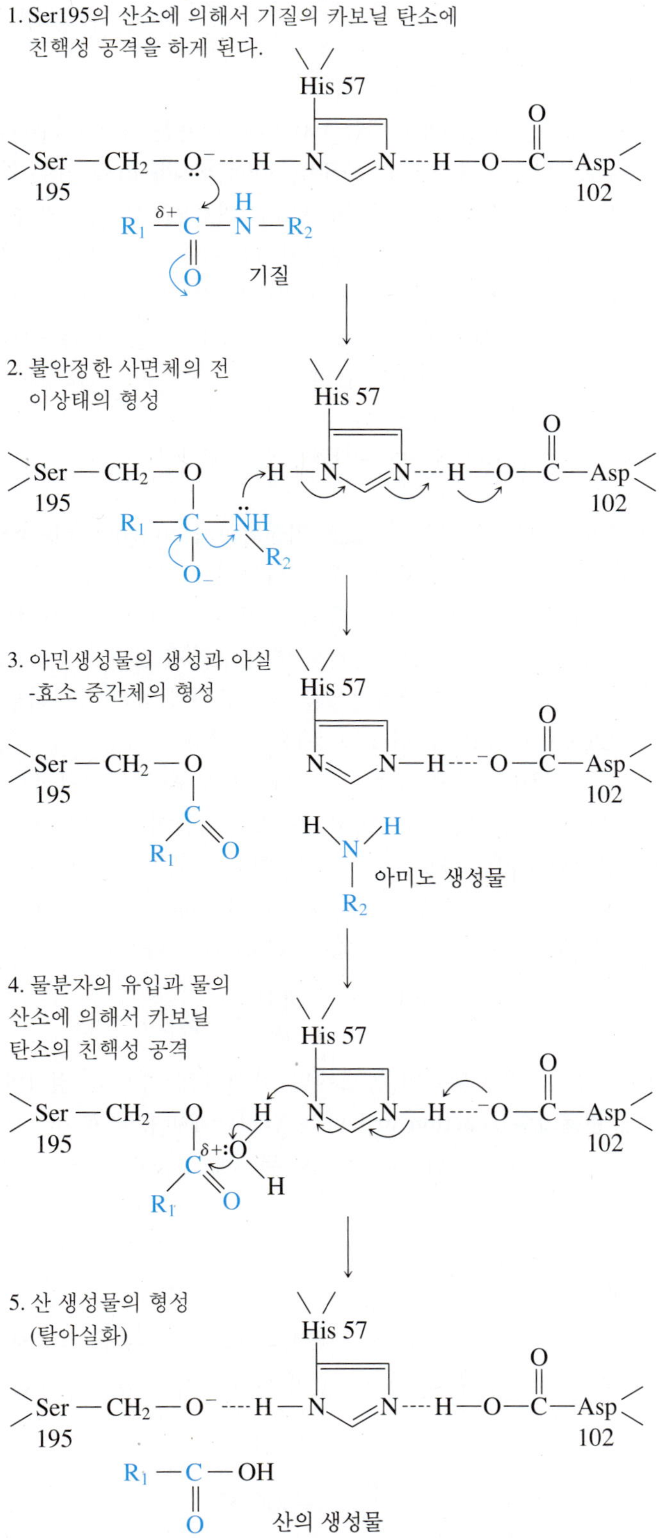

그림 3-15 카이모트립신에 의한 펩타이드가수분해효소반응 메커니즘.

3.4.3 효소동력학

효소에 의하여 촉매되는 반응속도의 측정은 제안된 효소촉매 메커니즘을 증명하는 가장 강력한 기술 중의 하나가 된다. 효소반응속도이론은 화학반응속도이론을 이용하여 설명될 수 있다.

1. 효소반응속도론

가장 처음 수행된 효소반응속도론의 연구는 1902년에 브라운(Adrian Brown)이 효모의 효소인 β-프럭토퓨라노사이드 가수분해효소(β-fructofuranosidase)에 의한 설탕의 가수분해 속도를 연구함으로써 시작되었다. 브라운(Brown)은 기질인 설탕농도가 효소보다 훨씬 높은 경우($S \gg E$), 반응속도는 설탕농도에 무관하다는 것을 발견하였다. 이때 촉매반응의 속도가 설탕에 대하여 영차(zero order)의 반응차수를 갖는다. 그래서 전체반응은 기질이 효소와 복합체를 형성하고 분해하여, 생성물과 다시 효소를 만드는 두 개의 단일단계반응이 모여서 아래와 같이 수행된다고 제안하였다.

$$\mathrm{E} + \mathrm{S} \underset{k_{-1}}{\overset{k_1}{\rightleftharpoons}} \mathrm{ES} \xrightarrow{k_2} \mathrm{P} + \mathrm{E} \tag{3-1}$$

여기서 E는 자유효소, S는 기질, ES는 **효소-기질복합체(enzyme-substrate complex)**, P는 생성물을 나타낸다. 이러한 효소촉매반응에 의하면 기질농도가 효소를 ES 형태로 거의 모두 전환시킬 만큼 충분히 높을 때 반응의 두 번째 단계가 속도결정단계가 되며, 전체 반응속도는 기질농도를 더 이상 증가시켜도 변함이 없게 된다.

위 효소반응을 구성하는 각 단일단계반응을 속도상수에 의하여 나타낼 수 있다. 속도상수 k_1 및 k_{-1}은 ES복합체형성(첫 단계 반응)의 정방향과 역방향의 상수이며, k_2는 ES가 P와 E로 분해되는 반응(두 번째 단계 반응)의 속도상수이다. 수학적으로 간단히 하기 위하여 두 번째 단계 반응이 비가역적이어서, P는 S로 되돌아가지 않는다고 가정한다.

일정 온도에서 단일단계 반응속도는 반응하는 화합물의 농도에 비례한다. 그 비례상수는 속도상수(rate constant)로 알려져 있으며, k로 나타낸다. 위 반응 3-1 식에서 생성물이 만들어지거나 반응물이 감소하는 반응의 속도(velocity)는 다음과 같이 나타낸다.

$$v = \frac{d[\mathrm{P}]}{dt} = -\frac{d[\mathrm{S}]}{dt} = k[\mathrm{S}]$$

위 반응의 반응속도는 반응물 S의 농도에만 비례하므로, 이는 **일차반응(first-order reaction)**이 된다. **반응차수(reaction order)**는 단일단계반응의 분자도(molecularity)에 해당하며, 이는 생성물을 만들기 위하여 반드시 동시에 충돌해야 하는 분자의 수를 말한다.

2. 마이켈리스-멘텐(Michaelis-Menten) 식

시간의 변화에 따른 생성물의 형성속도는 생성물을 만드는 반응의 속도상수와 직전의 중간체 농도의 곱으로 표현될 수 있다. 그러므로 반응 3-1 식의 속도에 대한 일반적인 표현은 다음과 같다.

$$v = \frac{d[\mathrm{P}]}{dt} = k_2[\mathrm{ES}] \tag{3-2}$$

위의 3-1 식에서 ES 생성의 전체 속도는 ES를 생성하는 단일단계반응에서 ES가 분해되는 단일단계반응의 속도와 ES가 분해되어 E와 P가 되는 값을 뺀 식이 된다.

$$\frac{d[\mathrm{ES}]}{dt} = k_1[\mathrm{E}][\mathrm{S}] - k_{-1}[\mathrm{ES}] - k_2[\mathrm{ES}] \tag{3-3}$$

이 식을 적분하기 위해서는 두 가지 단순화시키는 가정을 도입하여야 한다:

(1) 첫 번째 평형상태 가정

1913년 마이켈리스(Leonor Michaelis)와 멘텐(Maud Menten)은 헨리(Victor Henri)의 업적을 보완하면서 $k_{-1} \gg k_2$ 일 때를 가정하여 반응의 첫 번째 단계는 평형에 도달한다고 하였다:

$$K_s = \frac{k_{-1}}{k_1} = \frac{[E][S]}{[ES]} \tag{3-4}$$

여기에서 K_s는 효소반응의 첫 번째 단계의 평형상수이며, 이러한 가정이라면 식 3-3은 적분이 가능하다.

(2) 두 번째 정류상태 가정

그림 3-16은 기질이 효소보다 훨씬 많은 일반적인 생리 조건 ($[S] \gg [E]$)에서 식 3-1에 관여하는 여러 성분들의 진행 곡선을 나타낸다. 일반적으로 E와 S를 혼합한 후, 반응의 초기상태를 제외하면 [ES]는 기질이 거의 소진될 때까지 대략 일정하게 남아 있다. 여기에서 ES의 생성속도는 반드시 ES의 분해속도와 같아야만 한다. 다시 말하면 ES는 정류상태(steady state)로 유지되어야 하고, [ES]는 일정한 값을 가지는 것으로 취급된다.

$$\frac{d[ES]}{dt} = 0 \tag{3-5}$$

정류상태의 가정(steady state assumption)은 평형상태보다 더 일반적인 것으로, 1925년 브릭스(G.E Briggs)와 할덴(B.S. Haldane)에 의하여 처음으로 제안되었다. 총괄반응의 속도론적인 표현을 실제 실험적으로 측정가능한 양의 기호로 나타내면 쓸모가 있다. 일반적으로 [ES] 및 [E]의 양은 직접 측정할 수 없으나 대개 총 효소농도는 쉽게 얻을 수 있다.

$$[E]_T = [E] + [ES] \tag{3-6}$$

그러면 [S] 및 [E]의 함수로서 총괄효소반응의 속도식이 유도될 수 있다. 먼저 식 3-3은 정류상태 가정(식 3-5)과 결합시키면 다음 식을 얻게 된다.

$$k_1[E][S] = k_{-1}[ES] + k_2[ES] \tag{3-7}$$

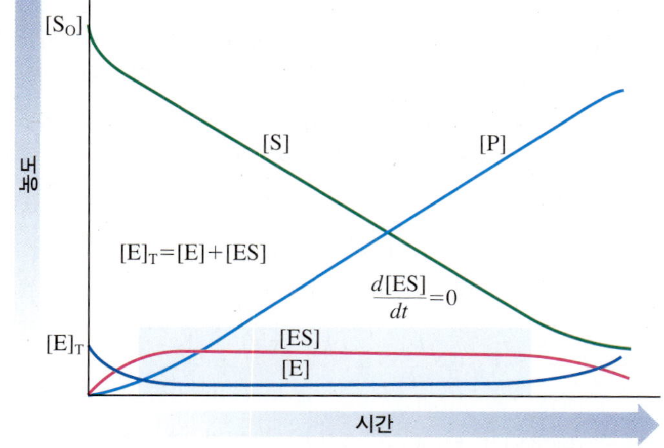

그림 3-16 단일효소촉매반응의 진행 그래프. 초기의 반응상태를 제외하고(배경색 표시지역 이전) $(S) \gg (E)$를 유지하는 한 E와 ES의 진행곡선의 기울기는 0이 된다.

$[E] = [E]_T - [ES]$을 대입하고 정리하면 다음 식을 얻는다.

$$\frac{([E]_T - [ES])[S]}{[ES]} = \frac{k_{-1} + k_2}{k_1} \tag{3-8}$$

만약 마이켈리스 상수 (Michaelis constant), K_M을 아래와 같이 정의하면

$$K_M = \frac{k_{-1} + k_2}{k_1} \tag{3-9}$$

식 3-8은 다음 식으로 정리될 수 있다.

$$K_M[ES] = ([E]_T - [ES])[S] \tag{3-10}$$

[ES]에 대하여 풀면

$$[ES] = \frac{[E]_T[S]}{K_M + [S]} \tag{3-11}$$

반응의 초기속도 (initial velocity, v_o) 에 대한 표현은 $t = 0$에서의 속도로, 다음과 같이 나타낸다.

$$v_o = \left(\frac{d[P]}{dt}\right)_{t=0} = k_2[ES] = \frac{k_2[E]_T[S]}{K_M + [S]} \tag{3-12}$$

위 식에서 $[E]_T$ 및 [S] 모두 실험적으로 실제 측정가능한 양이다. 정류상태 가정조건을 맞추기 위하여, 기질의 농도는 효소의 농도보다 훨씬 더 높아서 각 효소가 지속적으로 기질과 결합하여 중간체의 농도, [ES]가 일정하게 된다고 본다. 초기속도를 사용함으로써 역반응의 효과, 생성물에 의한 효소의 억제, 효소의 점진적인 불활성화 등의 복잡한 요인을 최소화할 수 있다.

여기서 반응의 **최대 속도 (maximal velocity)**, V_{max}는 전체효소가 **포화된 (saturated)** 높은 기질농도, 즉 효소가 모두 ES를 형성하는 조건에서 나타난다:

$$V_{max} = k_2[E]_T \tag{3-13}$$

마지막으로 식 3-12에 식 3-13을 도입하면 다음의 식을 얻게 된다.

$$\boxed{v_o = \frac{V_{max}[S]}{K_M + [S]}} \tag{3-14}$$

위 마이켈리스-멘텐 식은 효소반응의 속도식을 나타낸다. 이 식은 그림 3-17에 나타나는 것과 같은 직각쌍곡선 (rectangular hyperbola) 으로 나타난다. $[S] = K_M$ 인 기질농도조건에서 식 3-14는 $v_o = V_{max}/2$가 되므로, K_M 은 반응속도가 최대속도의 절반 (half-maximal) 일 때의 기질농도가 된다. 그러므로 만일 어떤 효소가 작은 K_M 을 가진다면 그 효소는 낮은 기질농도에서도 최대촉매효율을 달성하게 된다고 할 수 있다. K_M 은 각 효소-기질쌍에 대하여 특정한 값을 가진다. 하나의 주어진 효소에 반응하는 다른 기질은 다른 K_M 값으로 작용한다. 마이켈리스 상수 (식 3-9) 는 다음과 같이 쓸 수 있다.

$$K_M = \frac{k_{-1}}{k_1} + \frac{k_2}{k_1} = K_S + \frac{k_2}{k_1} \tag{3-15}$$

효소촉매의 효율을 나타내는 k_{cat}/K_M은 효소의 능력을 비교할 수 있는 편리한 수단이 된다. 여기서는 효소의 촉매상수 (catalytic constant), k_{cat}을 다음과 같이 정의한다.

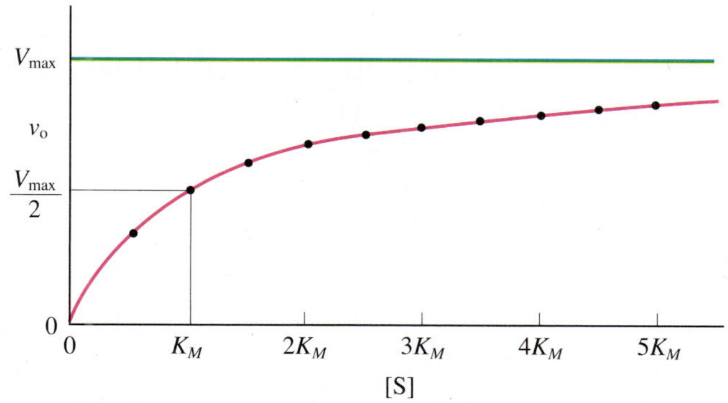

그림 3-17 간단한 효소반응에서 기질농도(S)에 대한 초기속도 (v_o) 그림. 기질농도 $0.5K_M$ 과 $5K_M$ 사이에서 $0.5K_M$ 간격으로 점을 연결한 그림.

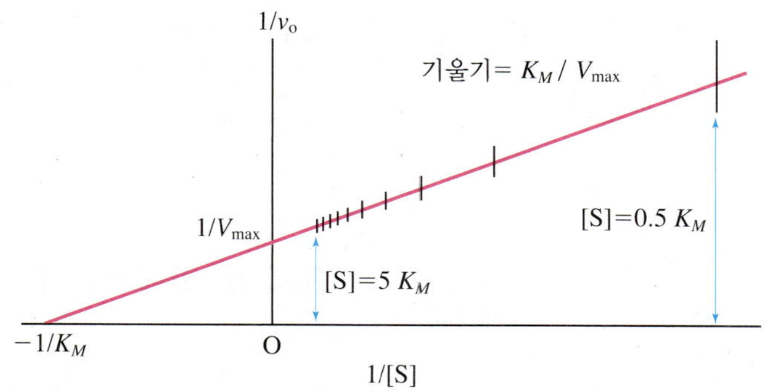

그림 3-18 라인위버-버크(Lineweaver-Burk) 그래프. 오차범위 $0.05V_{max}$, 적은 기질농도(S)에서 큰 영향과 높은 농도(S)에 점이 서로 밀집되어 있

$$k_{cat} = \frac{V_{max}}{[\mathrm{E}]_\mathrm{T}} \tag{3-16}$$

이 값은 효소의 각 활성부위에서 단위시간에 반응물을 생성물로 전환하는 값이 되므로, 효소의 전환수(turnover number)라 볼 수 있다. 일부 효소들의 전환수를 표 3-1에 나타내었다. 식 3-13은 마이켈리스-멘텐 모델반응(식 3-1)과 같은 단순한 반응계의 경우 $k_{cat} = k_2$ 임을 나타낸다. V_{max}는 $[\mathrm{E}]_\mathrm{T}$값이 커질수록 증가하게 되고, 실험계에 들어있는 효소의 농도에 의존한다.

3. 마이켈리스-멘텐 식의 그래프

마이켈리스-멘텐 식에서 V_{max} 및 K_M 값의 측정에는 여러 가지 방법이 있다. 높은 [S]에서 초기속도 v_o는 점진적으로 V_{max}에 도달한다. 그러나 실제로는 그림 3-17에서와 같이 [S]에 대하여 v_o를 직접 그려 V_{max}를 정확하게 구하는 것은 매우 어렵다.

마이켈리스-멘텐 식 3-14의 역수를 이용하여 라인위버(Hans Lineweaver)와 버크(Dean Burk)에 의하여 얻어진 V_{max}와 K_M 값의 측정을 위한 보다 간편한 일차식을 얻을 수 있었다.

$$\frac{1}{v_o} = \left(\frac{K_M}{V_{max}}\right)\frac{1}{[\mathrm{S}]} + \frac{1}{V_{max}} \tag{3-17}$$

위 식은 $1/v_o$와 1/[S]의 직선식이다. 이들 값들, 소위 라인위버-버크(Lineweaver-Burk) 또는 이중역수(double-reciprocal) 그래프에서 그 선의 기울기는 K_M/V_{max}, $1/v_o$의 절편은 $1/V_{max}$, 1/[S] 절편은 $-1/K_M$이다(그림 3-18).

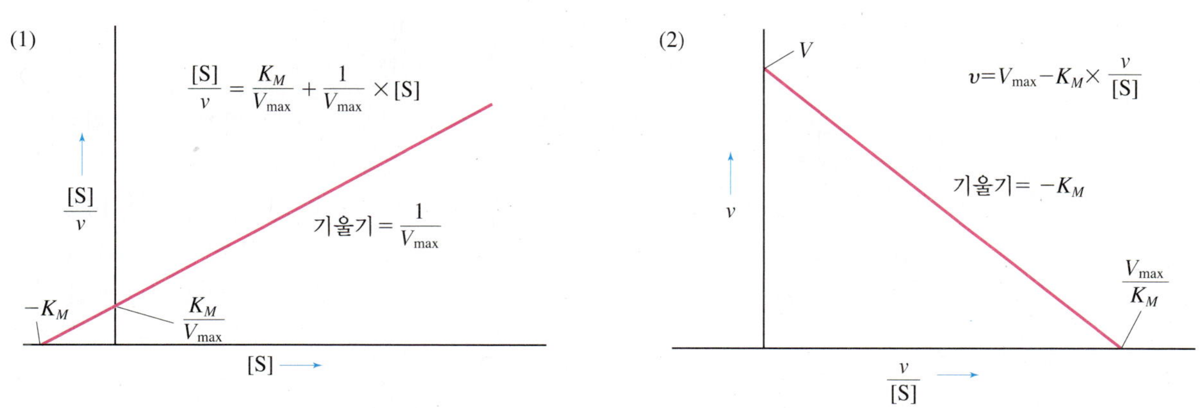

그림 3-19 (1) 울프(Woolf) 그래프. [S]에 대한 S/v의 그래프. (2) 에디-홉스티(Eadie-Hofstee) 그래프: v/[S]에 대한 v의 그래프.

울프 (Woolf) 와 에디-홉스티 (Eadie-Hofstee) 는 다른 직선의 그래프를 얻을 수 있게 되었다. 특히 울프의 그래프는 직선의 [S]에 마주치는 점을 얻는 데 가장 중요한 더욱 신뢰할만한 수치의 직선을 얻게 해 준다 (그림 3-19). 에디-홉스티 그래프에서서는 K_M과 V_{max}가 직접 나타나는 장점을 가지고 있다.

3.4.4 방해제의 동력학

효소방해제는 기질과의 경쟁 그리고 전환수에 영향을 미치는 방법으로 효소의 활성에 영향을 준다. 근래에 와서 신약을 개발하는 분야의 집중적인 연구는 효소의 강력한 방해제를 탐색하거나 또는 설계 합성하여 얻어내는 것이다.

가역적 효소억제제는 효소활성부위에 가역적으로 상호작용하여 효소의 활성을 감소시킨다. 일부 효소방해제는 그들 효소의 기질과 구조적으로 유사하지만, 반응하지 못하거나 매우 느리게 반응하는 화합물이다. 이들 화합물은 흔히 효소의 촉매 메커니즘을 규명하기 위한 방법으로 효소의 활성자리의 화학적 및 형태적 특성을 조사하는 데 사용하게 되었다. 다른 방해제들은 효소-기질결합을 방해하지 않고 촉매활성에 영향을 미친다.

1. 효소촉매반응의 경쟁적 방해

효소의 기질-결합자리에 정상적인 기질과 직접적으로 경쟁하는 화합물을 **경쟁적 방해제 (competitive inhibitor)** 라고 한다. 경쟁적 방해제는 일반적으로 기질과 구조가 유사하여 활성부위에 특이적으로 부착되지만, 기질과 달리 반응되지는 않는다. 경쟁적 방해의 정도는 방해제가 결합된 효소의 분율에 따라 좌우된다. 경쟁적 방해에 대한 일반적인 모형은 다음과 같이 표현된다:

$$\begin{array}{l} \mathrm{E} + \mathrm{S} \underset{k_{-1}}{\overset{k_1}{\rightleftharpoons}} \mathrm{ES} \xrightarrow{k_2} \mathrm{E} + \mathrm{P} \\ + \\ \mathrm{I} \\ \mathrm{K_I} \Updownarrow \\ \mathrm{EI} + \mathrm{S} \longrightarrow \text{반응 안 됨} \end{array}$$

여기에서 방해제 I는 효소에 가역적으로 결합하며, 빠른 평형상태에 있으므로 다음 식과 같이 된다.

$$K_I = \frac{[E][I]}{[EI]} \tag{3-18}$$

이때 효소방해제 복합체 EI는 촉매기능을 불활성화시킨다고 가정한다. 그러므로 경쟁적 방해제는 기질과 결합할 수 있는 유리효소의 농도를 감소시킨다.

경쟁적으로 방해된 반응의 마이켈리스-멘텐 식은 다만 I에 결합하여 EI를 형성하는 ($[E]_T = [E] + [ES] + [EI]$) $[E]_T$ 의 분율을 점유하는 추가적인 용어를 제외하고는 이전과 같이 유도된다. 아래와 같이 정의된 인자 α에 의하여 변형된 마이켈리스-멘텐 식이 얻어진다.

$$v_o = \frac{V_{max}[S]}{\alpha K_M + [S]} \tag{3-19}$$

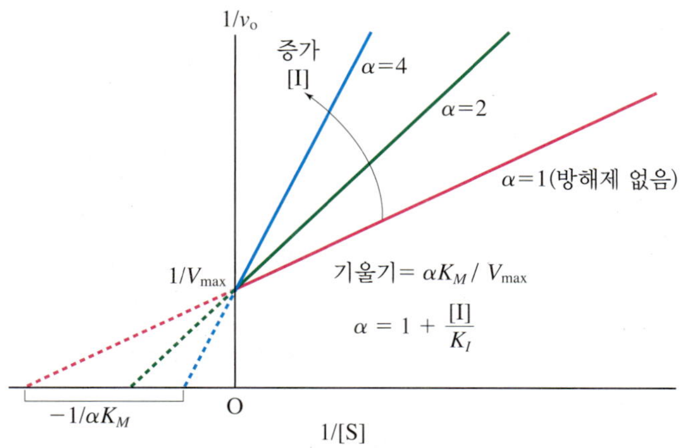

그림 3-20 경쟁적 방해제의 농도의 증가에 따른 라인위버-버크 그래프. 모든 접점이 $1/v_o$축의 $1/V_{max}$에 존재한다. 변화하는 기울기는 $\alpha K_m = K_m^{app}$ 에 방해제의 영향이 나타난다.

방해제의 농도와 방해제의 효소에 대한 친화력의 함수인 α가 1보다 작을 수는 없다는 것에 주의하라. 식 3-14와 3-19를 비교하면 K_M^{app}는 겉보기 K_M으로서 $K_M^{app} = \alpha K_M$임을 나타내는데, 이는 K_M 값이 방해제가 있다는 지식이 없이도 측정된다는 것이다. I의 존재는 [S]가 실제보다 낮은 것으로 보이게 하는데(K_M이 실제보다 크게 된다), 결과적으로 E에 I 및 S의 결합은 서로 배타적이다. 그러나 [S]의 증가는 경쟁적 방해제를 압도할 수 있다.

$$\alpha = 1 + \frac{[I]}{K_I} \tag{3-20}$$

실제로 α는 방해제의 존재 효과를 이기기 위해서 [S]가 증가되어야 하는 인자이다. [S]가 무한대에 접근함에 따라 v_o는 α (다시 말하면 방해제의 어떤 농도에서도) 의 어떤 값에서도 V_{max}에 도달한다. 그러므로 방해제는 효소의 전환수에 영향을 미치지 않는다.

K_I는 측정 가능하다. 이중역수 형식의 3-19 식을 다시 정리하면 다음 식을 얻게 된다.

$$\frac{1}{v_o} = \left(\frac{\alpha K_M}{V_{max}}\right)\frac{1}{[S]} + \frac{1}{V_{max}} \tag{3-21}$$

이 식을 그리면 직선이 되며 기울기 $\alpha K_M/V_{max}$, 1/[S] 절편 $-1/\alpha K_M$ 및 $1/v_o$ 절편 $1/V_{max}$을 가진다(그림 3-20). 다양한 I의 농도에서 경쟁적 방해제에 대한 이중역수 그래프는 $1/v_o$ 축의 $1/V_{max}$에서 교차되는데, 이는 경쟁적 방해제의 구분되는 특성이다.

경쟁적 방해제에 대한 K_I 값은 [I]에 대하여 기울기의 도시를 통하여 측정된다: 이때 [I]의 절편은 $-K_I$이다. 만일 겉보기 $K_M^{app} = \alpha K_M$이 K_M이 알려진 효소에 대한 알고 있는 [I]에서 결정된다면 K_I은 또한 식 3-20으로부터 계산될 수 있다. 구조가 다른 경쟁적 방해제의 K_I 값을 비교함으로써 효소의 활성부위의 결합 특성에 따라서 촉매 메커니즘에 관한 정보가 제공될 수 있다.

2. 효소촉매반응의 무경쟁적 방해

방해제가 유리상태의 효소에는 결합하지 않고 효소-기질복합체에 직접 결합하므로 나타나는 방해를 **무경쟁적 방해 (uncompetitive inhibition)** 라고 한다.

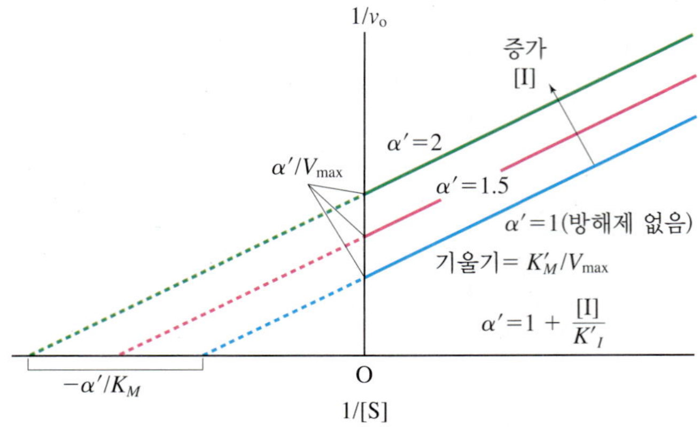

그림 3-21 무경쟁적인 방해제와 효소에 대한 라인위버-버크 그래프. 모든 선이 K'_M/V_{max}와 동일한 기울기를 가지고 있다.

$$\begin{array}{ccccc} E + S & \underset{k_{-1}}{\overset{k_1}{\rightleftharpoons}} & ES & \xrightarrow{k_2} & P + E \\ & & + & & \\ & & I & & \\ & & K_I' \Big\Updownarrow & & \\ & & ESI & \longrightarrow & \text{반응 안 됨} \end{array}$$

이 경우 방해제 결합단계는 아래와 같은 평형상수를 가진다.

$$K_I' = \frac{[ES][I]}{[ESI]} \tag{3-22}$$

방해제가 기질과 유사할 필요가 없는 무경쟁적 방해는 아마도 활성부위를 변형시키고, 따라서 효소로 하여금 촉매적으로 불활성화시키는 것으로 보인다.

이중역수 그래프는 기울기 K_M/V_{max}, $1/[S]$ 절편 $-\alpha'/K_M$ 및 $1/v_o$ 절편 α'/V_{max}을 가지는 평행하는 선들로 이루어진다(그림 3-21). K_I 값은 변하는 $1/v_o$의 절편에 대한 [I]의 그래프에서 [I]의 절편이 $-K_I$가 된다. 경쟁적 억제에서는 $K_M^{app} = K_M/\alpha'$과 $V_{max}^{app} = V_{max}/\alpha'$ 모두가 감소된다는 것과, 그러나 $K_M^{app}/V_{max}^{app} = K_M/V_{max}$가 된다는 것에 관심을 가질 필요가 있다. 경쟁적 방해의 경우와는 달리 기질을 증가하더라도 기질의 결합이 무경쟁적 방해의 결합을 억제하지 않기 때문에 무경쟁적 방해의 영향이 회복되지는 않고 있다.

3. 효소촉매반응의 비경쟁적 방해

$$\begin{array}{ccccc} E + S & \underset{k_{-1}}{\overset{k_1}{\rightleftharpoons}} & ES & \xrightarrow{k_2} & P + E \\ + & & + & & \\ I & & I & & \\ K_I \Big\Updownarrow & & K_I' \Big\Updownarrow & & \\ EI & & ESI & \longrightarrow & \text{반응 안 됨} \end{array}$$

효소나 효소-기질복합체 모두에 방해제와 결합하여 효소활성을 방해하는 경우에 가역적 방해제가 촉매활성뿐만 아니라 기질의 결합에도 영향을 미치는 방법으로 효소에 상호작

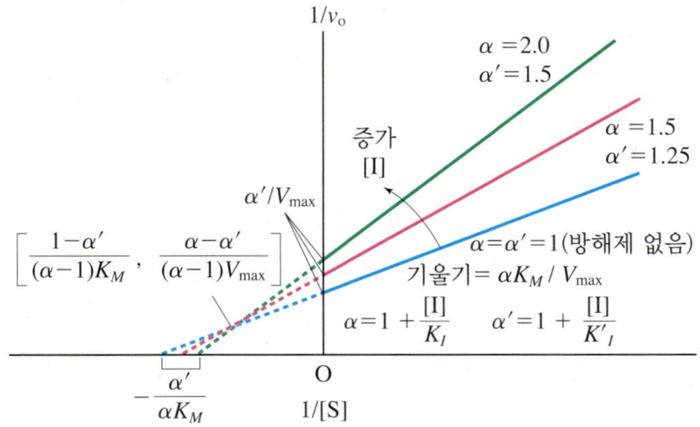

그림 3-22 비경쟁적 방해제의 라인위버-버크 그래프. 비경쟁(혼합) 방해제의 선은 모두 $1/v_o$축의 왼쪽에서 교차된다.

용하여 방해시키는 경우를 **비경쟁적 방해** (**nocompetitive inhibition**) 또는 **혼합방해** (**mixed inhibition**) 라고 한다. 이러한 현상은 비경쟁적 방해가 기질의 결합자리와 촉매활성부위에 모두 작용하는 방해제가 결합할 것이다. 효소활성부위에 기질이 결합하는 것과 직접 경쟁하지 않는 금속이온은 경쟁적 방해제로서 또는 비경쟁적 방해제로서 작용할 수 있다. 방해제가 결합하는 두 가지 해리상수가 있는데, 이들은 꼭 같을 필요는 없다.

$$K_{\mathrm{I}} = \frac{[\mathrm{E}][\mathrm{I}]}{[\mathrm{EI}]} \quad \text{와} \quad K_{\mathrm{I}}' = \frac{[\mathrm{ES}][\mathrm{I}]}{[\mathrm{ESI}]} \tag{3-23}$$

무경쟁적 방해와 마찬가지로 K_M과 V_{max}의 겉보기값은 방해제가 있음에 따라 달라진다. 비경쟁적 방해라는 이름은 마이켈리스-멘텐 식의 분모가 경쟁적 방해제의 경우와 비슷하게 인자 $\alpha \times K_M$이며, 무경쟁적 방해제와 같이 $\alpha' \times [S]$이기 때문이다. 따라서 $K_M^{app} = (\alpha/\alpha')K_M$ 그리고 $V_{max}^{app} = V_{max}/\alpha'$이다.

비경쟁적 방해에 대한 이중역수 그래프는 기울기 $\alpha K_M/\ V_{max}$, $1/v_o$ 절편 α'/V_{max} 및 1/[S] 절편 $-\alpha'/\alpha K_M$을 가지는 선들로 이루어진다 (그림 3-22). 방해제 [I]가 증가함 (E와 ES가 I로 포화됨) 에 따라 해당되는 선들은 $1/v_o$ 축 왼쪽에서 교차하고 있다.

3.5 효소의 조절

지구상에 존재하는 각종 생물체의 생존, 발달, 분화에 수반되는 수많은 생체반응에 효소촉매는 필수적이며, 일반 유기촉매반응과는 달리 효소촉매는 그 활성을 조절할 수 있는 것이 큰 특징이다. 생물체는 외부조건의 변화나 세포내부의 필요에 따라 효소활성이 적절히 조절됨으로써 생명을 유지 할 수가 있다. 따라서 수많은 생체반응의 활성을 조절하는 두 가지 방법에 관하여 설명하려고 한다.

3.5.1 효소의 합성의 조절

세포내부에서 활성효소의 양은 효소의 합성속도와 분해속도에 따라 결정된다. 유전자가 갖는 정보에 따라 합성되는 효소단백질의 양은 주로 전사단계 (RNA정보에 따라 단백질이 만들어지는 과정) 에서 조절되며, 경우에 따라서는 홀몬 등이 이 과정을 활성화시킴으로써 많은 효소를 만들기도 한다. 효소단백질을 합성하는 유전자발현의 조절에 의해서 필요한 효소의 양이 조절되는 것은 세포의 장기적인 수요에 의해서 이루어진다.

세포의 조건에 따른 영향에 관계없이 합성되는 효소를 **구성성효소 (constitutive enzyme)**라 하고, 박테리아는 모든 성장조건에서 이 효소를 합성한다. 한편 전형적인 비유도성효소와 비교해서 유도물질의 존재하에 많은 양의 효소가 합성되는 경우 이런 효소를 **유도성효소 (induced enzyme)** 라고 부른다. 세포내에서 모든 효소의 합성의 조절 메커니즘은 유전정보나 유전자발현기구에 의해서 조절된다. 효소합성의 속도는 전사활성능력이나 전달 RNA분자의 파괴속도에 따라 좌우된다. 일정기간 사용된 효소는 세포내의 단백질 붕괴과정에 따라 프로테오솜에 옮겨져 파괴된다.

3.5.2 효소 활성도의 조절: 다른자리입체성 조절

신진대사과정에서 합성되는 대사물질은 필요 이상의 물질이 합성되지 않도록, 일반적으로 최종산물이 반응 초기효소의 방해제로 기능하여 대사과정을 조절한다. 대표적인 효소촉매의 활성조절은 활성제나 방해제가 효소구조를 변화시켜, 효소-기질의 친화력에 영향을 미치는 방법으로 활성조절을 수행한다. 특이한 경우로는 효소활성인자가 효소구조의 기질이 부착되는 지역과는 다른자리에 부착하여 입체적으로 효소활성의 영향을 조절함으로써 생성물의 양에 변화를 주게 된다. 이때 활성인자는 효소의 활성부위의 구조에 변형을 미치므로 동력학적인 성질을 변경시켜 기질의 효소와 친화력에 영향을 주게 된다. 효소의 활성부위와는 다른 위치에서 입체적으로 효소활성을 조절하는(allosteric, 다른자리입체성; 그리스어 allos는 "다른"의 의미, + stereos는 "고체, 또는 공간"의 의미) 효소를 **다른자리입체성조절 (allosteric comtrol)** 이라 한다(그림 3-23).

대표적인 다른자리입체성으로 조절되는 효소로는 피리미딘 생합성의 첫 단계에 관여되는 효소로 아스파트산카바모일그룹이동효소(aspartate transcarbamoylase, ATCase로 부름) 가 있으며, 카바모일인산과 아스파트산으로부터 *N*-카바모일아스파트산 (*N*-carbamoyl aspartate)의 합성을 촉매한다. 대장균의 ATCase는 두 기질이 효소에 서로 협동적으로 결합됨이 알려졌으며, 방해제로는 피리미딘 뉴클레오타이드인 사이티딘삼인산(cytidine triphosphate, CTP) 과 활성제로 퓨린 뉴클레오타이드인 아데노신삼인산(adenosine triphosphate, ATP) 에 의하여 다른자리입체성으로 활성화되고 방해되기도 한다.

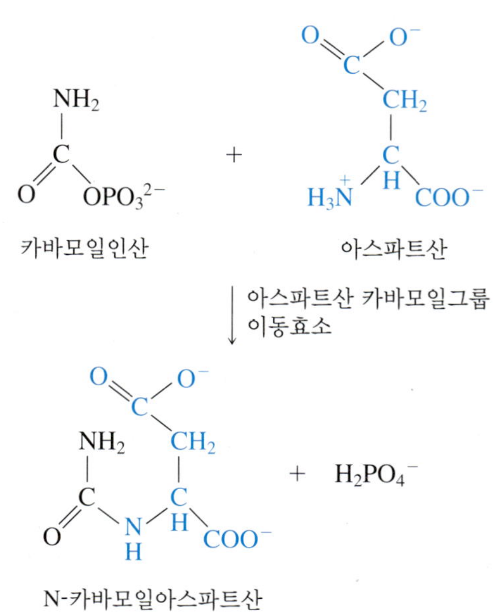

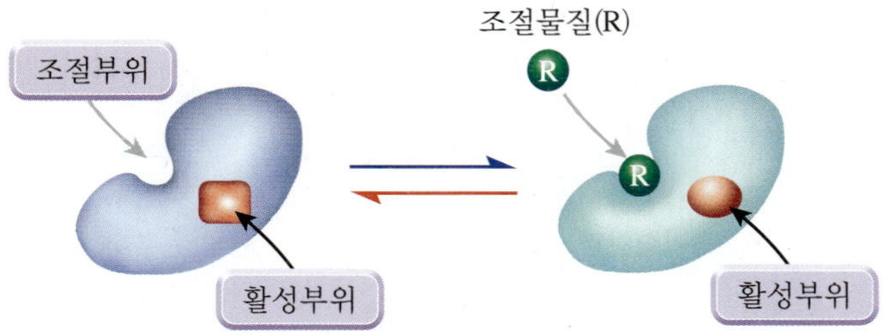

그림 3-23 다른자리입체성 효소의 조절 : 효소반응 메커니즘에 참여하는 아미노산들이 모여 있는 활성부위의 다른 위치에 조절물질이 부착되고, 조절물질이 효소에 부착되면 효소의 구조에 변형이 오고 기질의 부착이 어려워져 효소의 활성에 방해가 일어난다.

특히 세포내부에서 중요한 기능을 하는 생체물질의 합성이 여러 단계로 이루어질 때, 마지막으로 얻어지는 물질은 대부분 첫 단계의 효소활성에 영향을 주며, 피리미딘 생합성 경로의 한 산물인 CTP는 **되먹임 방해제(feedback inhibitor)**의 좋은 예가 된다. 이때에 CTP 농도가 높아지면 CTP는 ATCase와 결합하여 CTP 합성 반응속도를 감소시키게 된다. 반면에 세포내부에서 CTP가 감소하면 CTP는 ATCase에서 해리되고, CTP 생성을 촉진하게 된다. 또 효소활성제 ATP는 ATCase의 활성형(R 또는 높은 기질친화력) 상태의 효소에 결합이 선호되며, 반면에 억제제 CTP는 효소의 불활성형(T 또는 낮은 기질 친화력) 상태의 효소에 결합이 선호된다(그림 3-24). 기질과 유사한 구조를 갖는 방해제인 *N*-(인산아세틸)-L-아스파트산(PALA)은 R 상태의 효소에는 단단히 결합하나 T 상태 ATCase에는 결합하지 않는다.

이와 같이 기질이 협동적으로 결합하는 ATCase의 [S]에 대한 v_o 곡선은 *S* 자형(sigmoidal)이 얻어진다. 정해진 기질농도에서 CTP는 효소촉매속도를 감소시키지만, ATP는 증가시킨다. ATCase의 경우, 다른자리입체성효과는 곡선 전체를 오른쪽 또는 왼쪽으로 이동시키게 된다(그림 3-24). 효소동력학에서 마이켈리스-멘텐 식을 따르는 효소의 경우 직각쌍곡선을 나타낸다.

X-선 구조의 연구결과 대장균 ATCase (300 kD)는 c_6r_6의 소단위체 구성을 가지는데, 촉매소단위체(c)는 조절소단위체 이량체(r_2) 세 개의 조와 복합체를 이룬 삼량체(c_3) 두 조의 사이에 배열되어 있음을 보여준다. 각 조절이량체는 다른 c_3 삼량체에 결합되어 있다. 그림 3-25의 효소의 입체구조에서 T-상태, 즉 ATCase-CTP 복합체와 R-상태, 즉 ATCase-PALA 복합체에 대한 구조를 비교분석해 보았다. 결과적으로 T → R 전이에서 효소의 촉매삼량체는 분자삼배축(molecular threefold axis)을 따라 ~11 Å 만큼 분리되

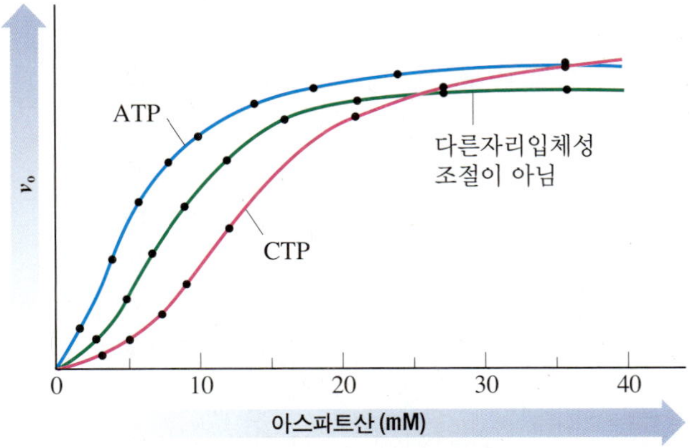

그림 3-24 ATCase 반응에서 기질(아스파트산)에 대한 초기속도(v_o)의 그래프. 반응속도는 다른자리입체성 조절물질이 없을 때 측정되고, 0.4mM의 CTP(방해제)의 존재하에 또 2.0mM ATP (활성제)의 존재하에 측정되었다.

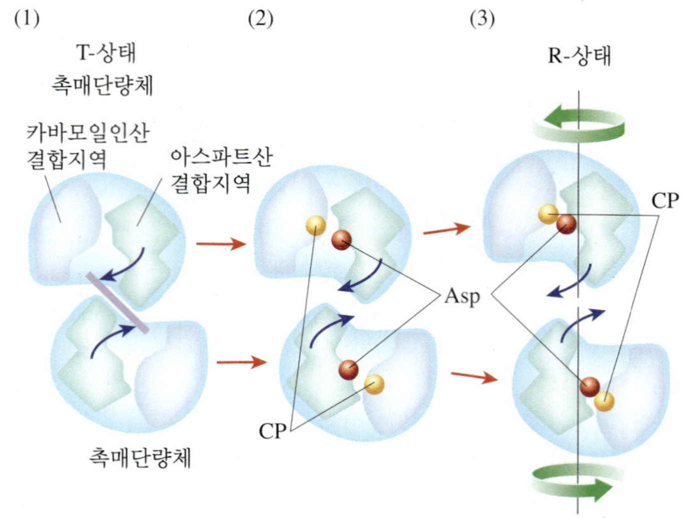

그림 3-25 ATCase의 구조변화에 따른 효소활성의 조절. 수직으로 놓인 여섯 개의 ATCase 2소단위체를 나타낸다. (1) 기질이 부착되지 않았을 때 접촉하는 아스파트산과 부착하는 지역 사이의 구조적인 간섭 때문에 각각 소단위체를 접근시키려는 움직임이 방해된 T-상태가 된다. (2) 아스파트산 다음으로 카바모일인산이 부착부위에 부착함으로써 소단위체를 떨어져 나가게 하고 서로 회전하여 T → R로 변환시킨다. (3) R-상태에서 각 소단위체의 두 지역이 서로 만나 결합된 기질이 생성물을 만들도록 해 준다.

며, 각각에 대하여 12°만큼 이 축을 따라서 재배열되고 있음을 보여준다. 동시에 조절 이량체는 그들의 이배축(twofold axis)을 따라 15°만큼 시계방향으로 회전하며, 삼배축을 따라 ~4 Å 만큼 분리된다. 이렇게 효소의 다른자리입체성조절은 효소의 입체구조를 변형시킴으로써 기질이 협동적으로 부착하는 능력에 영향을 주고 효소활성의 조절을 가능하게 한다.

3.5.3 효소공유변형(covalent modification)에 의한 조절

효소의 공유결합구조의 가역적인 변형에 의해서 활성이 조절되는 효소들이 있다. 이 경우 활성화시키는 효소는 다른 효소를 인산화시킴으로써 활성화시키거나 효소의 활성을 감소시키게 된다. 대표적인 예로 글라이코젠가인산분해효소(glycogen phosphorylase)는 인산화 또는 탈인산화반응에 따라 활성이 변하게 된다(그림 3-26). 글라이코젠가인산분해효소 a (glycogen phosphorylase a)는 활성에 AMP를 필요로 하며, Ser14이 인산화된다. 이때 Ser14는 양전하를 띤 Arg69와 잘 배치되고 있다. 한편 글라이코젠가인산분해효소 b (glycogen phosphorylase b)는 AMP 없이도 활성화되고 인산화되지 않으며, 삼차구조는 신축성이 있고 N-말단 근처의 19개의 아미노산이 완전히 원래 모양과 다르게 된다. 세포

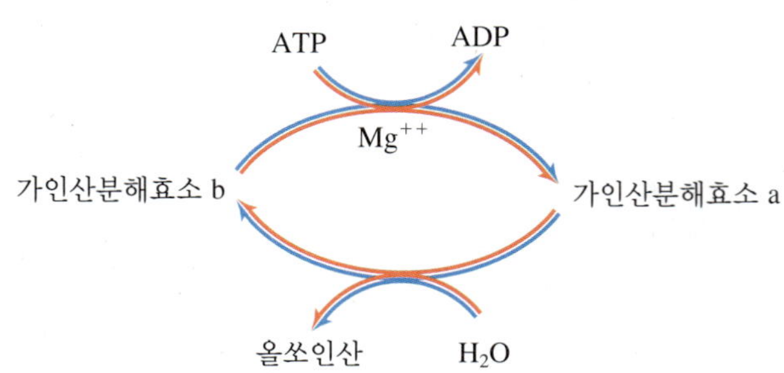

그림 3-26 인산화에 의한 가인산분해효소의 활성화: 인산화에 의해서 활성화된 가인산분해효소 a가 얻어지고 한편 인산기가 상실된 가인산분해효소 b는 활성을 얻게 된다.

의 신호전달과정에 관여하는 효소들의 대부분이 인산화를 통하여 상대효소의 활성을 증가시킨다.

이미 합성된 효소의 활성의 조절은 근본적으로 공유결합 변형에 의해서 비가역적인 방법과 가역적으로 활성이 조절되는 경우가 있다. 단백질의 소화에 필수적인 가수분해효소들은 췌장에서 만들어진 것으로, 처음에는 비활성화된 형태인 **전구효소 (proenzyme)** 나 **자이모젠 (zymogen)** 으로 만들어져 위장으로 운송이 되면, 여러 가지 방법으로 활성화된다. 전구효소는 효소분자의 일부가 절단됨으로써 활성화된 효소로 기능하게 된다(표 3-3).

3.6 효소의 활용

3.6.1 산업적인 응용

산업적으로 주정공업, 포도주 제조 및 치즈제조공정에 사용되는 박테리아나 효소들과 그 용도를 표 3-4에 정리하였다. 가장 많이 사용되는 유기체로는 균주(fungi) 들이 있으며, 그 밖에도 분리된 효소를 산업공정에 직접 사용하는 것으로는 설탕제조에 아밀레이스, 또는 포도주나 과일주스의 투명도를 높이기 위하여 폴리갈락유로네이스가 사용된다. 파파인은 맥주의 투명도 향상 또는 고기를 연하게 하는 연육제로 사용한다. 키위에는 다량의 단백질분해효소가 있어서 연육제로 사용될 수가 있다. 현재 전 세계적으로 가장 많이 소비되는 박테리아의 단백질분해효소인 섭티라이신 (subtilisin) 은 세탁용 세제첨가제로 또 필름에서 젤라틴의 제거에도 사용된다. 인공감미료인 아스파탐의 제조에는 효소, 더모라이신 (thermolysine) 이 사용되며, 락토스가 없는 우유제조에는 락테이스(lactase, beta-galactosidase) 가 사용된다. 박테리아, 아스퍼질러스 나이거 (aspergillus niger) 는 유기산 제조나 시트르산을 제조하여 음료수, 잼, 젤리의 첨가제로 쓰인다.

제약산업에서 항생제인 클로람페니콜, 에리뜨로마이신, 스트렙토마이신 제조에는 스트랩토마이스(Streptomyces spp) 의 균체를 사용하나, 실제로는 박테리아내부에 존재하며 합성에 관여하는 여러 단계의 효소들을 활용하여 항생물질이 생산된다. 의약품 중에 페니실린은 페니실륨 (penicillium) 에서 생산하며, 고지혈증 치료제로 콜레스테롤 합성에 중요한 효소인 HMG-CoA 환원효소의 방해제, 로바스타틴 (Lovastatin, 그림 3-27) 은 아스퍼질러스 (aspergillus) 에서 생산한다. 바이타민인 라이보플라빈은 아히바 고쇼이

표 3-3 전구효소 또는 자이모제의 활성화

자이모젠	활성화 물질	활성화 효소	불활성 조각
펩시노젠	$\xrightarrow[\text{펩신}]{H^+ \text{ 또는}}$	펩신	조각
트립시노젠	$\xrightarrow{\text{엔테로인산화효소 또는 트립신}}$	트립신	헥사펩타이드
카이모트립시노젠 A	$\xrightarrow[+\text{ 카이모트립신}]{\text{트립신}}$	α-카이모트립신	아미노산 잔기
프로카복시펩티데이스 A	$\xrightarrow{\text{트립신}}$	카복시펩티데이스 A	조각
프로일레스테이스	$\xrightarrow{\text{트립신}}$	엘라스테이스	조각

표 3-4 효소의 산업적 이용

공정	박테리아 및 효소	관여효소	반응
주정발효	보리(Hordom)	α-아밀레이스	
		β-아밀레이스	
		엔도-1,3-β-D-글루카네이스	
	효묘균속(Saccharomyces spp)	탄수화물가수분해효소	
치즈제조	유산연쇄상구균	락테이스	락토스 → 젖산
	연쇄상구균 크레모리스	라이페이스	
	탄수화물가수분해효소		
	소의 위	카이모신(레닌)	카세이노젠 → 카세인
식초생산	초산균		에탄올 → 초산

(1)

(2)

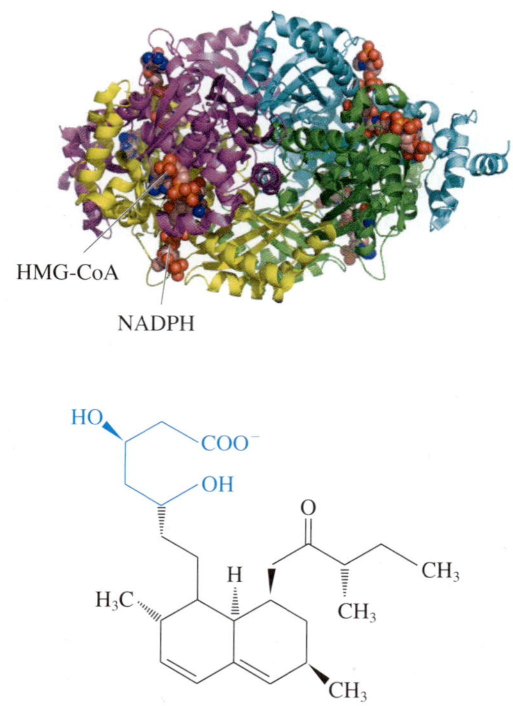

그림 3-27 콜레스테롤합성 초기의 효소인 HMG-CoA환원효소(1)의 경쟁적인 방해제 로바스타틴(lovastatin)(2)의 구조. 구조의 일부(청색)는 기질인 3-하이드록시-3-메틸글루타릴과 유사하다.

(Ahybha gossyoi) 에서 얻는다.

3.6.2 효소의 의학적 이용

1. 임상에 사용되는 효소

환자의 병리학적인 증상을 확인하는 수단으로, 채취가능한 환자의 시료에서 대사물질의 농도변화를 측정하거나 효소활성을 측정한다. 병리학 실험실에서 병을 진단하거나 치료시 병세의 진전 또는 증세를 효소의 활성측정으로 수행하는 작업이 거의 30%에 달한다. 조직에 손상이 왔을 때에는 갑자기 혈청에서 증가하는 아스파트산아미노이동효소(aspartate aminotransferase) 의 측정으로 진행상황을 확인할 수 있다. 혈청에 존재하는 효소들의 활성을 측정하여 치료과정에서 진전을 관찰하거나 수술 후 회복과정 또는 이식수술과정의 거부반응에도 활용된다.

혈청에만 특별히 존재하는 효소로 피의 응고에 필수적으로 관여하는 효소들도 있고, 조직 특히 심장혈관의 파괴로 골격근육의 크레아틴인산화효소(creatine kinase)가 50,000배나 증폭되어 나타난다. 간의 바이러스 또는 독성 간염 시에 배출되는 효소로 혈청 아스파트산이동효소 (serum aspartate transferase, AST; 전에는 이것을 serum glutamate oxaloacetate transaminase, GOT)와 알라닌아미노이동효소(alanine aminotrasferase, ALT, 전에 serum glutamate pyruvate transaminase, GPT)가 있다. 간 조직의 파괴의 정도를 알아보려면 글루타싸이온-S-이동효소(glutathione-S-transferase)를 측정한다. 알콜중독증이나 암전이를 알아보기 위하여 γ-글루타밀이동효소 (gamma-glutamyltansferase)를 측정하기도 한다. 최근에는 암의 발생 및 진전과정의 확인에 효소의 활성을 측정하는 방법이 많이 개발되고 있다.

그 밖에도 실제 질병의 치료제로 쓰이는 효소로는 혈전응고 시 사용하는 유로인산화효소가 있으며, 페닐알라닌이 뇌에 축적되어 나타나는 정신장애 현상에는 페닐알라닌하이드록실화효소(phenylalanine hydroxylase)를 투여하여 일시적인 증상을 완화하는 데 사용된다. 척추에 비정상적으로 생성된 단백질 때문에 발생하는 통증의 치료에는 단백질분해효소가 사용되기도 한다.

3.6.3 효소방해제와 신약개발

1. 약물의 발견

기원전 5세기 히포크라테스는 버드나무의 잎과 껍질이 통증의 완화에 효과가 있다는 기록을 남겼다. 2300년이 지난 1829년 버드나무 껍질에서 통증을 완화하는 성분인 살리신(salicin)을 발견하게 되었다. 화학의 연구가 뒤늦게 발전된 동양에서는 천연물 의약품을 개선하지 못하고 아직까지 사용하고 있다. 약초의 추출성분을 가장 먼저 순수한 화합물의 상태로 분리하고 그 구조를 확인한 아스피린은 1853년 독일에서 처음 사용하게 되었다. 1900년 바이엘회사에서 상품으로 발매하기 시작한 아스피린은 최근 매년 15000톤이 합성되고 있으며, 심장질환이 있는 환자가 매일 적은 양을 섭취하여 효과를 보고 있다. 20세기 초에는 디기탈리스 식물 (foxglove plant)에서 얻은 심장촉진제인 디기탈리스(digitalis), 기나피나무(Cinchona tree)의 껍질이나 뿌리에서 얻은 말라리아 치료제인 퀴닌(quinine) 등의 천연물 의약품들을 주로 사용하였으며, 천연물 의약품이 아닌 의약품들의 수는 단지 몇 가지에 불과하였다. 최근 신약을 상품화하려는 경쟁은 선진국에서 매우 치열하게 진행되고 있다.

신약(new drug)이란 현재 상품으로 출시되지 않은 약물질로, 약품의 기능, 작용방법, 성능, 효력이 기존제품보다 우수하고 부작용이 최소화된 새로운 약물질을 말한다. 신약은 물질특허의 도입으로 일정기간 독점적으로 고부가가치를 창출할 수 있는 제품이다. 신약개발은 우리처럼 기술력이 유일한 국력이 되는 상황에서 가장 주목해야 할 연구분야로 각광을 받기 시작하고 있다. 오늘날 사용되는 거의 대부분의 약물은 지난 30년 사이에 발견되고 개발되었다. 여러 질병의 치료에서 약물의 사용은 긴 역사를 가지지만, 과학에 근거를 둔 현대의 제약산업은 20세기 후반에 이루어진 산물이다.

신약에는 천연물에서 추출하여 약효능이 우수한 **천연물 신약(natural product drug)**이 있고, 수용체나 효소의 방해제를 천연물에서 추출하거나 설계에 의하여 개선시킨 **합성 신약(mixed inhibition)**이 있다. 최근에는 높은 수준의 분자생물학, 생화학의 발전으로 종래의 신약의 원리보다 파격적으로 향상된 개념이 출현하면서, 신약을 탐색하는 새로운 표적 (target) 이 출현되고 있으며, 성능이 우수하고 부작용이 최소화된 약품의 출현이 가능하게 되었다.

생화학적인 지식을 기반으로 개발된 약물의 대부분은 수용체단백질 (효소활성을 갖는 것이 대부분임) 로 활성을 변화시킴으로써 작용하며, 또 효소억제제가 두 번째 약물군으로서 작용한다. 신약을 개발하는 첫 단계 탐색작업은 시험관내에서의 평가로, 예를 들면 약물후보물질이 관심의 질병에 관여하는 효소와 결합하여 방해시키는 정도, 즉 K_I 값을 측정하는 것이다. 그 다음 단계에서 약물후보물질의 수를 좁혀감에 따라 동물을 사용한 시험과, 그 독성 같은 더욱 예민한 탐색법을 적용하게 된다. 특히 효소방해제는 기질보다는 전이상태에서 더 높은 친화도를 가지고 결합한다. 이 가설은 특정 효소반응 메커니즘의 이해를 기초로 약물설계의 합리적인 토대를 마련해 주고 있다. 지난 수십 년 동안 개발된 거의 모든 약물들은 합성된 화합물이든 또는 천연물신약의 유도체이든, 수많은 화합물 중에서 가장 우수한 기능의 약물이 탐색되어 상품화되었다.

일반적으로 특정 질병에 원인이 되는 수용체나 효소 또는 전사조절물질의 기능을 억제하거나 활성화시킬 수 있는, 우수한 약효를 나타내는 약물후보물질을 **선도화합물 (lead compound)** 이라고 한다. 이때 우수한 선도화합물의 조건은 1 μM보다는 작은 해리상수 (효소의 경우 억제상수) 로 표적단백질에 결합해야 한다. 또한 효소의 활성을 반으로 줄이는 데 필요한 방해제의 양을 **IC_{50}**라고 할 때, 몇 μM 이하의 값을 갖는 물질이 선도화합물로 선택된다. 그러한 높은 친화력은 체내에서 다른 거대분자와의 약물이 특이적인 결합을 최소화하고, 해당 약물이 낮은 농도에서 확실하게 작용하게 하기 위하여 필수적이다. 신약개발에서 선도화합물은 보다 효과적인 화합물을 설계하는 출발물질로 사용된다.

2. 조합화학 및 고속처리탐색

그동안 수없이 많은 화합물들 중에서 우수한 약효의 선도물질을 탐색하는 번거로움을 피하고, 신약개발 시간을 단축시키기 위하여 새로운 여러 가지 기술들이 출현하게 되었다. 최근에는 구조근거 탐색방법이 발전됨에 따라, 로봇을 이용한 **고속처리 탐색기술 (high-throughput screening)** 의 발전과 동시에, 많은 수의 연관된 화합물의 유도체를 빠르고 값싸게 일시에 합성하는 **조합화학 (combinatorial chemistry)** 기술이 발전되게 되었다. 최근의 진보된 기술은 만일 선도화합물이 여러 작은 분자로부터 단계적으로 합성될 때, 기본단위 (module) 의 화합물에 다양한 치환기를 부착하며, 관련된 많은 종류의 화합물의 **문고 (library)** 를 제작하여 복합물질로 그 약효를 조사하고, 나중에 단일 물질을 확인하는 방법도 가능하게 되고 있다.

3. 효소의 삼차구조-근거 약물설계

선도화합물로 우수한 약물을 탐색하기 위해 5,000에서 10,000개의 유도체가 합성되는 과정의 시간과 노력을 절약하기 위하여, 합성해야 될 화합물의 수를 크게 줄이는 방법으로 **구조-근거 약물설계방법 (structure-based drug design)** 을 도입하게 되었다. 최근 X-선 결정구조 및 NMR에 의한 수많은 거대분자의 구조가 빠르고 정확하게 결정됨에 따라 신약개발의 극적인 진보가 이루어지고 있다. 지난 10년 동안 약물탐색과정에서 수용체나 효소의 구조에 있는 결합자리에서 결합친화력을 증가시키기 위해 약물후보물질에 필요한 치환기 및 결합자리에서 수소결합형성의 위치 등 약물의 설계에 필요한 다양한 정보를 쉽게 확보할 수 있게 만들었다. 컴퓨터를 이용한 시각화기술로 제안된 유도체의 최소에너지 형태계산, 하전분포를 결정하는 양자역학적 계산 또한 가능하게 되었다. 이러한 발전은 단백질과 정전기적으로 상호작용하는 방법 및 방해제 후보물질의 수용기에 있는 결합자리 속으로 잠재적인 상호작용을 평가하기 위한, 계산적인 컴퓨터 시뮬레이션 실험 등의 **분자 모델링 (molecular modeling)** 을 가능하게 만들었다. 이러한 시도는 우수한 약물의 화학 구조를 설계할 수 있게 하였고, 이러한 구조를 근거로 한 약물설계는 새로운 약물을 개발하는 데 시간과 경비를 크게 줄일 수 있도록 만들었다.

4. 생체이용률 및 독성시험

선도화합물을 기초로 설계되거나 합성되어 얻어진 우수한 약물은 실험동물 또는 인체내의 표적단백질이 분포하는 곳으로 충분히 높은 농도로 운반되어야 한다. 약물이 생체내부에서 어떻게 전달되고 상호작용하는지를 확인하는 방법으로 **약물동력학 (pharmacokinetics)** 을 사용하고 있다. 약물동력학에서는 ADME라 하여 약물의 흡수 (absorption), 약물의 분포 (distribution) 및 신진대사 (metabolism) 의 영향을 조사하는 과정이 필수적이다. 그러므로 약물의 **생체이용률 (bioavailability)**, 곧 약물이 작용하는 위치까지 도달하는 범위 (extent) 와 투여된 양과의 관계는 약물동력학적인 방법에 의하여 조사된다.

실제 생물체에 투여된 약물은 효과적인 약리작용을 하기 위하여 여러 가지 조건들을 갖추어야 한다. 경구투여 (가장 용이한 경로) 된 약물이 갖추어야 할 조건으로는 : (1) 경구로 투여된 약물은 위의 강한 산성 환경에서 화학적으로 안정해야 하며, 소화효소에 의하여 분해되지 않아야 한다 : (2) 약물은 몇 개의 위장관 세포막을 통하여 혈액으로 흡수되어야 한다 : (3) 약물은 체내의 다른 화합물과 너무 강력하게 결합하지 않아야 한다. (4) 약물은 주로 간에 있는 이물질을 해독작용 시 일련의 효소에 의한 유도체화하는 과정에서 유도체가 되지 않아야 한다 : (5) 약물은 신장을 통하여 빨리 배출되어서는 안 된다 : (6) 약물은 모세혈관에서 표적조직으로 수송되어야 한다 : (7) 약물이 뇌에 들어가 작용해야 한다면 대부분의 극성 화합물의 통과를 차단하는 **혈액-뇌 장벽 (blood-brain barrier)** 을 통과해야 한다 : 마지막으로 (8) 만일 세포내 단백질이 표적이라면 그것은 세포막은 물론 또 다른 세포내부의 막을 통과해야 한다. 약물동력학적인 방법은 이런 조건에 맞는지 조사하는 수단이 된다.

5. 약물의 임상시험

신약개발과정에서 우수한 성과를 보이는 약물후보물질은 실제로 인체에서 안전하고 효

표 3-5 신약개발과정 도표

	연구	개발	임상시험			
	후보물질탐색	전임상	임상1상	임상2상	임상3상	시판허가
소요시간	5년	3년	1.5년	2년	3년	0.5년
내용		유효성 안전성	안전성 투약량 측정	약효와 부작용 평가	약효 재확인 장기적 안전성	
평균소요비용		6.2억불			2.6억불	
후보물질수	10,000	250	5	4	2	1

능이 있어야 한다. 이러한 효능의 시험은 동물에 우선 시행되어야 하고, 실제 사람에서 안전하고 효능이 우수함이 임상시험을 통하여 증명되어야 한다. 이러한 **임상시험(clinical trial)**은 정부의 감독하에(미국의 경우 Food and Drug Administration, FDA, 국내에서는 식품의약품안정청) 수행되고 모든 과정을 통과하여야 한다. 임상시험은 3단계로 아래와 같이 수행된다.

I상(Phase I): 보통 소수(20~100명)의 정상적이고 건강한 자원자를 대상으로 약물후보물질의 안정성, 투여량, 투여방법 및 횟수를 결정하기 위한 자료를 얻는 단계이다.
II상(Phase II): 해당 질병에 대한 약물의 효능을 환자들(100~500명)을 대상으로 시험할 뿐만 아니라 투여량을 세밀하게 정하고 부작용을 조사한다. 이 단계에서 **단일어림시험(single blind test)**이 이루어지는데, 이는 환자가 약물 혹은 대조물질 중 어느 것을 투여받았는지 알지 못한 상태에서 약물후보물질의 영향을 조사한다.
III상(Phase III): 약물의 효능을 확인함과 동시에, 장기간의 부작용을 감시하는 데 II상에서 보다 10배 많은 환자가 동원된다. 대단히 정밀하게 고안된 **이중어림시험(double blind test**, 환자나 임상조사자가 모르는 상태)은 통계적 분석을 통하여 대조물질에 대한 약물후보물질의 효능을 조사한다.

통계적으로 보아 최근 **임상 전 시험(preclinical trial)**에 들어간 5,000개 약물 중에서 다섯 개 정도의 약물후보물질이 임상시험에 진입되는 것으로 나타나고 있다. 최근 약물의 발견과정에서 임상 전후 과정을 마치는 데 소요되는 평균 시간과 경비를 표 3-5에 요약하였다. 한편 시장에 나온 약물 중에서 만 명당 수명 꼴로 나타나는 치명적인 부작용으로 인하여 몇 달 또는 몇 년 안에 폐기되는 것은 드문 일이 아니다. 그동안 시장에 나온 약품 중에 치명적인 부작용을 나타낸 좋은 사례로 신경안정제인 탈리도마이드를 임산부가 복용하고 장애아를 출산하여 유럽에서 큰 문제를 일으킨 일이 있었는데, 이는 신약의 개발이 얼마나 어려운 작업인 것을 말해 주고 있다.

그동안 수많은 경험을 통하여 제약연구자들이 얻은 결론은 "부작용이 전혀 없는 약물은 없다"라는 사실이다. 최근 사람의 유전자해독이 가능하게 되면서, 또 약물대사에 관여하는 효소 및 그 변이체의 특성이 규명되고 빠르고 값싸게 유전형 결정방법이 개발됨에 따라, 같은 질병을 갖는 모든 환자보다는 개인의 유전자 기질에 맞춘 약물 치료가 가능하게 되고 있다. 최근 **약물유전체학(pharmacogenomics)**은 개인의 특성에 맞는 맞춤형 신약을 개발하려는 신속하게 발전하는 새로운 연구분야이다.

생화학 둘러보기

새로운 능력의 효소촉매를 만들 수 있을까?

생명체 내부에서 만들어지는 수많은 물질들은 세포에서 해당 반응의 효소촉매작용에 의해 얻어진다. 산업적으로 미생물에서 페니실린을 합성하기 시작하면서, 여러 가지 유전적인 변종을 만드는 형질전환방법을 활용하여, 초기와 비교하여 10만배나 더 높은 수율의 향상을 가능하게 하였다. 실제로 균주의 형질전환은 페니실린합성에 관여하는 효소들의 능력개선을 통하여 가능하게 된 것이다. 효소에서 촉매반응 메커니즘에 관여하는 활성부위아미노산의 교체연구는 화학적으로 거의 불가능하다는 결론을 오래 전에 얻게 되었다.

20세기 후반 유전자의 재조합기술과 특정지역 유전자변형(site-directed mutagenesis) 방법의 도입으로 단백질을 손쉽게 변조시킬 수 있게 되었으며, 이러한 단백질공학기술은 인공효소의 제조를 가능하게 하였다. 효소를 가공하여 자연에 존재하지 않는 새로운 단백질촉매를 창출하는 기술을 효소공학(enzyme engineering)이라 부르고 있다. 새로운 능력의 효소는 단백질내부의 기능성 아미노산을 교체시킴으로써 가능하다. 이러한 유전자를 교체하여 새로운 단백질을 만드는 방법은 4장에서 다루게 된다.

그동안 수많은 연구자들의 노력으로 얻은 효소분자의 구조, 기능 등의 정보는 효소능력의 개선연구에서 이용되게 되었다. 이러한 정보를 활용한 효소촉매의 설계기술로 더 우수한 촉매를 개발하려는 새로운 연구 분야가 각광을 받고 있다. 이러한 분야의 연구에는 여러 전문 분야, 단백질화학, 유전자의 발현 및 조절기술, 효소 메커니즘 및 동력학 그리고 X-선이나 NMR을 이용한 효소의 삼차구조의 연구기술 등이 집약되어 사용된다.

단백질내부의 여러 기능에 관여하는 교체시켜야 할 아미노산들을 결정하기 위하여 구조와 기능을 완벽하게 이해하는 것이 효소를 설계하는 가장 중요한 기본이 되고 있다. 이러한 단백질효소촉매 개선의 연구는: 1. 질병의 통제 및 치유를 가능하게 하고, 2. 환경문제의 해결, 3. 새로운 개념의 신약개발, 4. 희귀하고 유기합성반응으로 거의 불가능한 물질의 합성, 5. 생활에 관련되는 제품의 획득 등 여러 가능성을 제시하고 있다.

효소공학의 기술로서 다음의 여러 가지 개선연구가 가능하다.

1. 효소활성의 획기적인 증가 또는 감소
2. 효소 기질특이성의 개선 및 변경
3. 특별한 목적으로 pH적정점의 변경.
4. 산이나 알칼리에 대한 안정성의 향상.
5. 열에 대한 안정성의 향상이나 온도적정점의 변경.
6. 효소방해제에 대한 특이성의 변경.
7. 단백질가수분해효소에 대한 내성의 향상.
8. 효소에 다중기능을 첨가하거나 또는 다중기능효소의 기능의 단순화.
9. 효소의 용매에 대한 효소안정성의 향상.
10. 산화-환원에 대한 안정성의 향상
11. 조효소의 기능의 개선.
12. 효소의 조절능력의 변화.
13. 효소분자의 축소.

자연에는 100만 개 이상의 다른 단백질들이 존재하는 것으로 예측되고 있으며, 그동안은 단지 3천 개의 단백질들의 구조와 기능만이 비교적 자세하게 연구된 상태이다. 단백질을 설계하는 연구자는 단백질 접힘의 메커니즘이나 구조와 기능의 관계를 충분히 이해하는 것이 필요하다.

그동안 연구된 결과들을 예로 들면, 미국의 벤쳐회사(Genetech Corp.)는 세린단백질가수분해효소, 섭티라이신(subtilisin)을 집중연구하였다. 단백질 중심부의 세린 대신 아스파라진으로 교체시켜 수소결합작용을 증가시킴으로써 효소의 열안정성을 현저하게 증가시켰다. 시투스사(Cetus corp)는 T_4라이소자임의 알라닌을 글리신으로 교체하여 단백질의 안정성을 크게 향상시켰다. 또 이 효소에 시스테인을 삽입하여 이황화결합을 도입함으로써 열안정성을 향상시키고 있다. 이러한 연구는 수많은 연구실에 현재 시도되고 있으며, 새로운 능력의 효소의 창출이 가능함을 말해 주고 있다.

단원요약

1. 생체 내부에서 일어나는 모든 화학반응에는 촉매효소가 필수적이다. 일반화학촉매와 달리 독특한 입체구조와 특수한 기능 때문에 낮은 온도, 정상 압력, 중성 pH에서 높은 효율의 촉매능력이 가능하다.
2. 효소의 중요한 특성으로 기질특이성이 있으며, 기질과 효소의 기질부착부위가 마치 열쇠와 자물쇠의 관계로서 특이하게 작용이 가능한 것은 효소의 삼차구조가 갖는 독특한 환경 때문이다. 효소의 활성화 자유에너지를 낮춤으로써 반응의 경로를 바꾸어 빠른 속도의 반응을 촉매하게 된다.
3. 효소기능의 가장 주된 능력은 반응하는 기질들을 서로 근접시키는 효과와, 기질이 반응되기 손쉬운 환경을 조성하게 되는 배향성을 갖게 함으로써 반응을 촉진시키게 하는 것이다.
4. 효소반응의 특징으로 적정한 온도와 pH가 필수적이다. 온도는 효소의 삼차구조의 안정성 때문에 38°C를 전후하여 가장 활성이 높으며, 반응액의 수소이온농도는 촉매활성에 관여하는 아미노산 곁사슬들의 이온화와 밀접한 관계가 있으므로 적정한 pH가 반드시 필요하다.
5. 효소단백질의 삼차구조는 효소내부에서 촉매반응이 실제 진행되는 활성부위의 환경이 기질을 한정된 위치에 고정시키도록 해야 하므로 필요하다. 효소의 기질특이성도, 효소분자내부에 기질의 모양이 정확히 들어맞는 환경을 유지하기 위하여 필요하다.
6. 효소촉매는 다음의 특성을 갖는다 : 1. 효소는 능력이 대단히 우수한 촉매로 전환수가 대단히 높다. 2. 효소는 독특한 기질특이성을 갖는다. 광학활성을 갖는 기질에도 특이하게 반응한다. 3. 효소촉매는 촉매의 기능에 효소단백질의 입체구조가 필수적이다. 4. 효소촉매는 단백질 내부의 아미노산들의 곁사슬로 촉매기능을 할 수 없는 경우에 특수한 유기화합물 또는 무기화합물을 필요로 한다.
7. 바이타민은 효소촉매에 필요한 조효소의 전구물질로, 주로 외부에서 흡수되어 체내에서 조효소로 완성된다. 조효소로 기능하는 바이타민으로 나이아신, 라이보플라빈은 산화-환원반응에 사용된다. 또 바이오틴은 카복실화반응에 사용된다. 리포산은 아실기의 운반에, 타이민 파이로인산은 알데하이드기의 운반에 사용된다. 바이타민 B_6인 피리독살, 피리독신, 피리독사민은 아미노기이동반응, 탈카복실화반응 및 라셈화반응 등의 조효소이다. 한 개의 탄소원자의 이동에 관여하는 엽산이 있으며, 조효소 바이타민 B_{12}는 분자내부의 그룹의 이동, 다이올의 탈수소반응, 전환효소(mutase)의 반응에 조효소로 기능한다. 판토텐산은 CoA라고 부르며, 아실기 운반 및 방향족아민의 아세틸화에 사용되는 조효소로 기능한다.
8. 촉매반응의 메커니즘으로는 산-염기 촉매반응이 있으며, 생리적인 pH에서 이온화되는 Asp, Glu, His, Cys, Tyr, Lys 등이 산 또는 염기로 기능하여 펩타이드나 에스터의 가수분해반응, 인산그룹의 이동, 상호전환반응 등을 수행한다.
9. 공유결합촉매는 전이상태에서 기질-효소 간의 공유결합 형성으로 촉매기능을 수행함으로써 친전자성 또는 친핵성 촉매에 관여한다. 금속이온촉매는 효소반응 메커니즘에서 금속이 직접 참여하는 금속효소가 있고, 또는 구조에 영향을 주거나 활성화에 기여하는 금속들이 있다.
10. 세린단백질가수분해효소는 효소의 활성부위에 Ser을 가지고, 초기에 아실화로 아민생성물을 만들고, 탈아실화로 산을 생성하게 된다.
11. 효소의 반응속도의 측정은 제안된 효소의 반응 메커니즘을 증명하는 강력한 도구로 쓰인다. 마이켈리스-멘텐 식을 유도하기 위하여, 평형상태의 가정으로 그리고 효소와 기질의 복합체 [ES]는 일정하다고 가정한다. 마이켈리스-멘텐 식을 직선의 그래프로 만들기 위하여 라인위버-버크의 그래프로 V_{max}와 K_M을 구할 수가 있다.
12. 효소의 기질-결합자리에 기질과 방해제가 경쟁적으로 결합되는 경쟁적 방해가 있고, 효소에 직접 결합하지 않고 효소-기질결합체에 결합함으로써 방해시키는 무경쟁적 방해와, 효소와 효소-기질복합체 모두에 방해제가 결합하여 활성을 방해하는 비경쟁적인 방해 또는 혼합방해가 있다.
13. 효소는 유일하게 조절이 가능한 촉매이다. 새로운 효소 합성의 조절은 유전자의 전사조절단계에서 가능하다. 촉매활성의 조절로는 많은 신진대사과정에서 활성부위 이외의 지역에서 조절부위에 조절제가 부착됨으로써 구조적인 변형을 통하여 조절이 가능하며, 이를 다른자리입체성조절이라고 한다. 효소는 공유결합구조의 가역적인 변형에 의해서 활성이 조절되기도 한다. 효소의 인산화나, 탈인산화로 효소의 활성이 조절된다.

14. 효소는 산업적으로 발효산업, 식품산업, 항생제 생산 그리고 세탁제의 첨가물로 다양하게 사용된다. 효소는 의료용으로 병의 진단이나 또는 치유효과를 추적하는 방법으로 이용되고, 실제로 치료제로 쓰이기도 한다.

15. 신약의 개발에서 약효가 있는 물질을 탐색하는 과정에서 얻은 수용체나 효소의 방해제를 약물후보물질의 선도화합물이라고 부른다. 효소의 삼차구조를 근거로 약물을 설계하는 방법은 새로운 약물을 개발하는 데 시간과 경비를 대폭 줄이게 되었다. 효소의 연구는 신약의 창출연구에 필수적이다.

16. 새로운 약물을 개발하는 과정은 여러 복잡한 제약을 두어 인체에 해를 끼치는 일이 없도록 정부가 철저히 규제하고 있다. 우수한 신약의 개발은 독성시험과 약품의 임상시험을 거쳐야 허가되며, 따라서 상품화된 다음 최대한 위험을 줄이려는 노력을 하고 있다. 유전자 연구의 발전으로, 짧은 기간 이내에 개인에 따라 맞춤약품이 가능하게 될 것으로 보인다.

어휘

고속처리 탐색기술 (high-throughput screening)
공유결합촉매 (covalent catalysis)
결손효소 (apoenzyme)
경쟁적 방해제 (competitive inhibition)
구성성효소 (constitutive enzyme)
금속이온촉매 (metal ion catalysis)
금속효소 (metalloenzyme)
구조-근거 약물설계방법 (structure-based drug design)
근접효과 (proximity effect)
기질특이성 (specificity)
나이아신 (niacin)
니코틴산 (nicotinic acid)
니코틴아마이드 (nicotinamide)
다른자리입체성조절 (allosteric control)
단일어림시험 (single blind test)
되먹임 방해제 (feedback inhibition)
무경쟁적 방해 (uncompetitive inhibition)
문고 (library)
바이오시틴 (biocytin)
바이타민 (vitamin)
반응좌표 (reaction coordinate)
반응차수 (reaction order)
배향성효과 (orientation effect)
분자모델링 (molecular modeling)
비경쟁적 방해 (noncompetitive inhibition)
산-염기촉매 (acid-base catalysis)
상호전환 (mutarotation)
세린단백질가수분해효소 (serine protease)
생체이용률 (bioavailability)
선도화합물 (lead compound)
성장인자 (growth factor)
속도결정과정 (rate-determining process)
신약 (new drug)
심한 빈혈증세 (pernicious anemia)
약물유전체학 (pharmacogenomics)
약물동력학 (pharmacokinetics)
에비딘 (avidin)
완전효소 (holoenzyme)
유도성효소 (induced enzyme)
이중어림시험 (double blind test)
일차반응 (first order reaction)
임상시험 (clinical test)
임상 전 시험 (preclinical trial)
자이모젠 (zymogen)
전구효소 (proenzyme)
전이상태 (transition state)
전이상태이론 (transition state theory)
전자받이 (electron sink)
조합화학 (combinatorial chemistry)
전환수 (속도) (turnover number (rate))
정류상태 (steady state)
정전기적 촉매 (electrostatic catalysis)
조효소 A (coenzyme A)
천연물신약 (natural product drug)
초강산 (super acid)
촉매활성부위 (active site)

펠레그라 (pellegra)
피리독사민 (pyridoxamin)
피리독살 (pyridoxal)
피리독신 (pyridoxin)
합성신약 (synthetic drug)
혼합방해 (mixed inhibition)
활성화 자유에너지 (free energy of activation)
효소 (enzyme)
효소-기질복합체 (enzyme-substrate complex)
혈액-뇌 장벽 (blood-brain barrier)

참고문헌

효소일반

Bruice, T.C. and Benkovic, S. J. 2000. Chemical basis for enzyme catalysis, Biochemistry 39, 6227.

Cannon, W.R. and Benkoviv, S. J. 1998. Solvation, reorganization energy and biological catalysis. J. Biol. Chem. 273, 26257.

Kraut, J., 1988. How do enzyme work? Science 242, 533.

Creighton, T. E. 1983. Proteins: structure and molecular properties, W. H. Freeman and Company, New York

Oxender D. L. and Fox, C. F. 1987. Protein Engineering. Alan R. Liss, INC., New York

효소반응 메커니즘

Schramm., 1998. Enzymatic transition states and transition analog design, Annu. Rev. Biochem. 67, 693.

Cleland, W.W., Frey, P.A. and Gerlt, J.A., 1998. The low barrier hydrogen bond in enzymatic catalysis. J. Biol. Chem. 273, 25529.

Knowles, J. R. and Albery, W. J. 1976. Evolution of enzyme function and the development of catalytic efficiency. Biochemistry15, 5631.

효소동력학

Fersht, A., 1999. Structure and Mechanism in protein science: A guide t enzyme catalysis and protein folding, W. H. Freeman

Segel, L. H. 1993. Enzyme kinetics, Wiley-interscience

Lipscomb, W. N., 1991. Structure and function of allosteric enzymes, Chemtract-Biochem. Mol. Biol. 2, 1.

Schramm, V. L. 1998. Enzymatic transition states and transition state analog design. Ann. Rev. Biochem.67, 693.

효소의 응용

Wroblewski, F., 1961. Enzymes in Medical Diagnosis. Scientific American, 205(2) 99

Ohlstein, E.H., Ruffolo, R. R., Jr., and Elliot, J.D. 2000. Drug discovery in the next millennium, Annu. Rev. Pharmacol. Toxicol, 37, 71.

White, R.E. 1999. High-throughput screening in drug metabolism and pharmacokinetic support of drug discovery, Curr. Opin. Chem. Biol. 3, 373.

Wlodawer, A. and Vondrasek, J., 1998. Inhibitors of HIV-protease: A major success of structure-assisted drug design, Ann. rev. Biophy. Biomol. Struc. 27, 249.

연습문제

1 효소와 보통 유기촉매와의 차이점을 정리해 보시오.

2 만약 바이타민이 우리 체내에서 한두 개 모자랄 때 어떤 일이 벌어질까?

3 최근 영국의 어떤 연구팀이 폴산을 많이 섭취하면 머리가 좋아진다고 발표하였다. 무슨 이유 때문인가?

4 어떤 의사는 바이타민 C를 많이 복용하는 것이 좋다고 한다. 맞는 말인가?

5 촉매는 화학반응을 빨리하게 한다. 효소가 반응을 빨리하도록 어떤 일들을 하고 있는가?

6 신약개발과 관련하여 우리 한의학이 할 일은 무엇인가?

7 다이어트와 바이타민의 관계를 정리해 보시오.

8 효소의 방해제는 경쟁적 또는 비경쟁적으로 작용한다. 충분하고 순수한 효소가 공급되었을 때 어떻게 경쟁적인지 또는 비경쟁적인지 구별할 수 있겠는가?

9 바이오틴, 리포산 그리고 인산판토텐산 조효소들의 공통점은 무엇인가?

10 K_m, K_{cat}은 어떤 정보를 주게 되는가?

11 효소의 정류상태의 가정하에서, 어떤 조건에서 이 가정이 유효할까?

12 카이모트립신, 트립신 그리고 일레스테이스는 어떤 측면에서 유사한 촉매인가? 또 효소의 구조에 무엇이 이러한 차이를 갖게 하는가?

13 피리독살인산 (B_6) 이 참여하는 반응들은 어떤 것들이 있는가?

14 싸이아민을 카복실화효소의 조효소라고 부르는 이유는 무엇인가?

15 엽산의 이수소엽산 (DHF) 과 사수소엽산 (THF) 에서 이들 조효소를 만들기 위하여 사용되는 환원제는 무엇인가?

16 공유결합촉매로 가능한 작용기들은 어떤 아미노산들이 참여되는가?

17 트립신의 활성을 방해하는 유기화합물은 어떤 것이 사용되는가?

18 효소들이 주로 사용하는 유기반응 메커니즘은 어떤 것들이 관여되는가?

19 Taq DNA중합효소의 적정온도곡선을 그려보시오.

20 조효소 A는 어떤 화학성분으로 구성되고 있는가?

21 효소가 활성화되기 위하여 갖추어야 할 조건들은 무엇인가?

22 효소의 기능으로 활성화 자유에너지 감소는 열역학적으로 어떻게 설명할 수 있는가?

23 IC_{50}은 무엇을 의미하며, 어느 분야에서 사용하는가?

24 GPT와 GOT는 어떤 효소의 약자이며, 무슨 용도로 사용되는가?

25 한약제에서 약효성분을 확인하여 약품을 개발하려면 어떤 방법을 사용하여 가능한가?

26 IC_{50}값은 어디에 사용되는가? 또 다른 평가 기준이 있는가?

27 GOT나 GPT는 무엇을 평가하는 데 사용하는가?

28 혈액 속의 크레아틴 인산화효소의 양은 무슨 용도로 측정하는가?

29 효소가 다른자리입체성방해를 받는지 알려면 어떤 실험을 해야 하는가?

30 방해제가 경쟁적 방해를 하는 경우 K_I값을 어떻게 측정하는가?

우리 고유의 전통 식품인 어란은 핵산이 가장 풍부한 음식물로 알려져 있다. 새로운 세포의 성장을 위하여 우리 몸에는 핵산이 충분히 공급되어야 한다.

Chapter 4

핵산과 DNA의 구조 및 복제

4.1 핵산 및 구성성분의 화학구조

4.2 DNA와 RNA의 입체구조

4.3 DNA의 복제, 수선 및 재조합

4.1 핵산 및 구성성분의 화학구조

4.1.1 소개

지난 한 세기 동안, 유전정보를 갖는 물질인 핵산의 화학성분에 관한 연구업적은 생화학 연구 중에서 가장 획기적인 성과 중의 하나이다. 그동안 **뉴클레오사이드 (nucleoside)** 와 그의 인산화된 유도체들의 화학성분은 생체현상인 모든 생체화학반응에서 중요한 역할을 담당하고 있기 때문에 특별히 흥미를 갖는 분야였다. 핵산은 유전정보의 전달체로서 뿐만 아니라, 모든 생명현상의 과정에 밀접하게 관여되고 있으므로 핵산의 독특한 구조들을 자세히 이해할 필요가 있다.

핵산은 대략 100년 전 미셸 (Michelle) 이 세포의 핵에서 처음 분리하였고, 얼마동안 전혀 그 기능을 알지 못하였으나, 그 후 모든 생화학연구에서 주된 연구과제가 되었다. 핵산은 살아있는 모든 세포에서 유전정보를 보존하거나 전달시키는 일을 수행할 뿐만 아니라, 각 세포에서 특징적인 단백질들의 정교한 합성에 관한 정보를 보유하고 또 다음 세대에 전달하는 중요한 일들을 담당하고 있다. 단백질처럼 핵산도 큰 분자량을 갖는 생체고분자이며, 연속되는 기본단위가 아미노산 대신 뉴클레오타이드 (nucleotide) 가 된다.

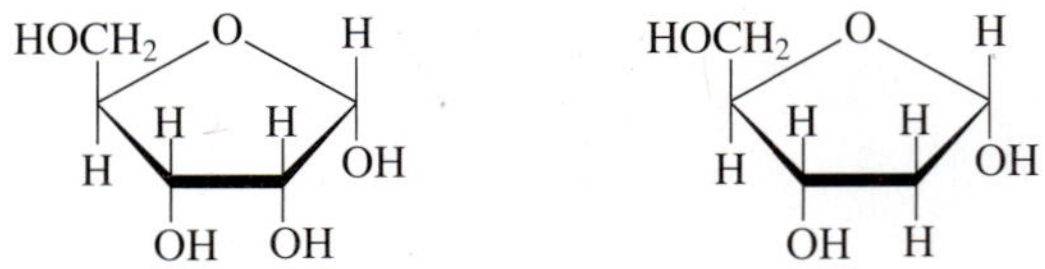

α-D-라이보퓨라노스 2-데옥시-α-D-라이보퓨라노스

핵산에는 데옥시라이보핵산 (deoxyribonucleic acid, DNA) 과 라이보핵산 (ribonucleic acid, RNA) 의 두 종류가 존재한다. 그들의 염기구조는 그림 4-1에서 보인 것처럼 인산과 당 잔기가 서로 엇갈려 나타나는 긴 사슬로 구성되고 있다. RNA에 들어 있는 당은 **D-라이보퓨라노스 (D-ribofuranose)** 이고, DNA에는 2-데옥시-D-라이보퓨라노스가 들어 있다. 또한 각 당에 붙어 있는 핵산의 세 번째 성분으로 질소를 포함하는 염기인 퓨린 유도체와 피리미딘 유도체들을 포함하고 있다. 생물학적으로 대단히 중요한 의미를 갖는 유전정보는 핵산분자의 긴 당인산사슬에 있는 **염기 (base)** 들의 순서가 결정적인 요소로 작용한다.

4.1.2 퓨린과 피리미딘 염기의 구조

RNA와 DNA는 모두 두 개의 퓨린들, 즉 **아데닌 (adenine)** 과 **구아닌 (guanine)** 을 포함한다. 퓨린의 일반적인 구조와 아데닌과 구아닌의 특수한 구조를 퓨린의 원자번호와 함께 아래에 나타내었다. 전달RNA (t-RNA) 에는 보통구조와 다른 퓨린염기들이 발견되고 있다. 이들 특별한 퓨린들에는 하이포잔틴(hypoxanthine), 메틸하이포잔틴(methyl-hypoxanthine), N^2-다이메틸구아닌 (N^2-dimethylguanine), 1-메틸구아닌 (1-methylguanine), N^6-(Δ^2-아이소펜테닐) 아데닌 (N^6-(Δ^2-isopentenyl)adenine), 트레오닌 카바모일-아데닌 (threoninecarbamoyl-adenine) 등이 존재한다.

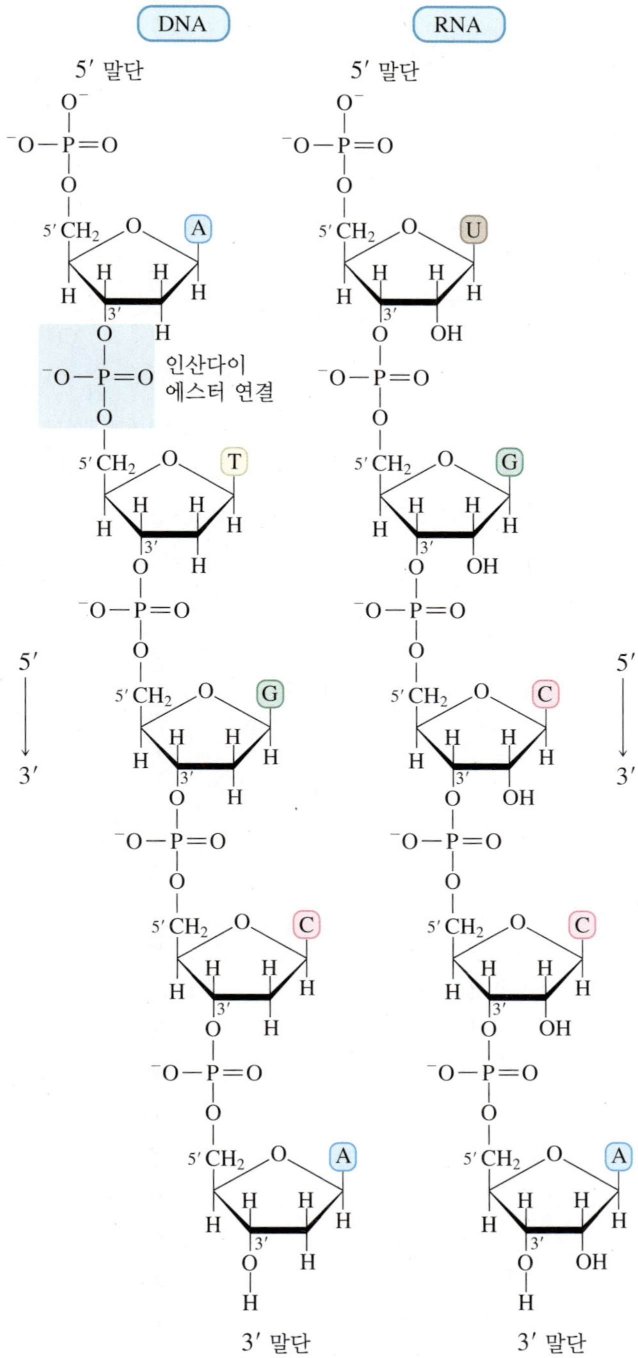

■ **그림 4-1** ■ DNA와 RNA의 구조. 기본골격은 뉴클레오사이드가 인산다이에스터 공유결합으로 연결되고 있다. 펜토스와 인산그룹은 서로 번갈아 나타나고 있으며, 핵산은 매우 극성인 분자이다. 핵산의 연결은 5′에서 3′방향으로 진행한다.

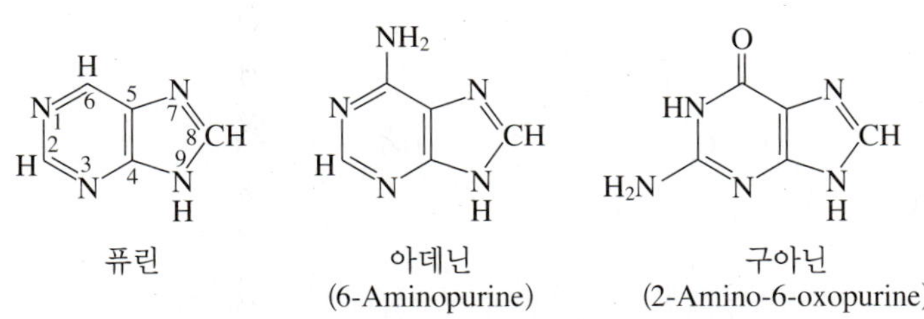

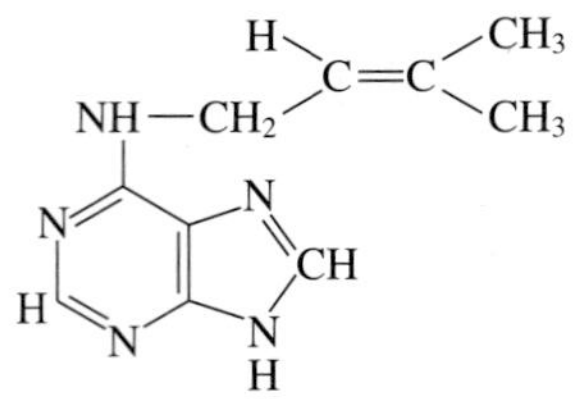

N^6-(Δ^2-아이소펜테닐)아데닌

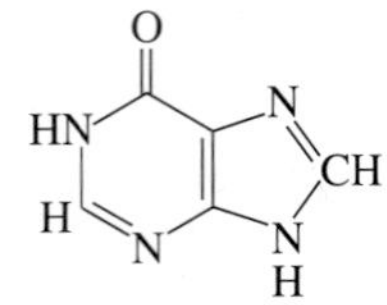

하이포잔틴

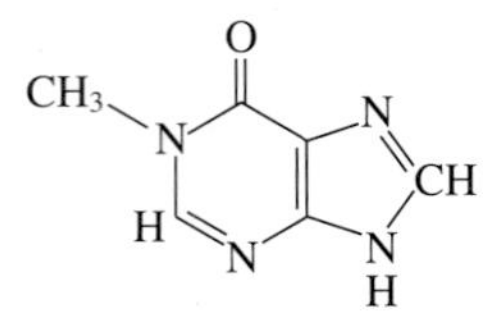

1-메틸하이포잔틴

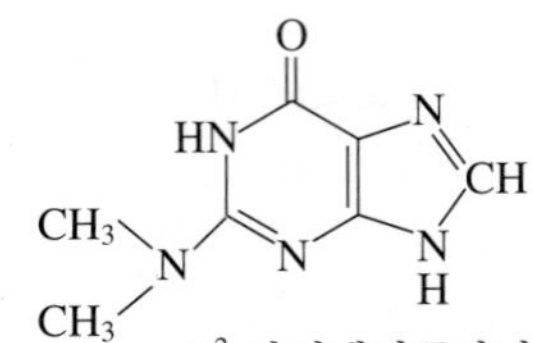

N^2-다이메틸구아닌

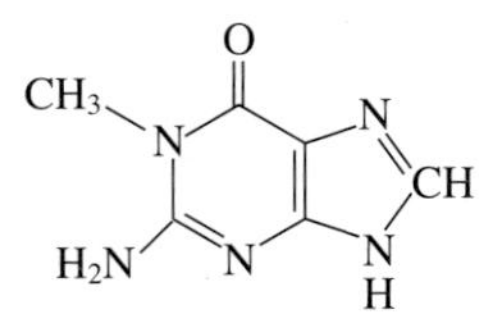

1-메틸구아닌

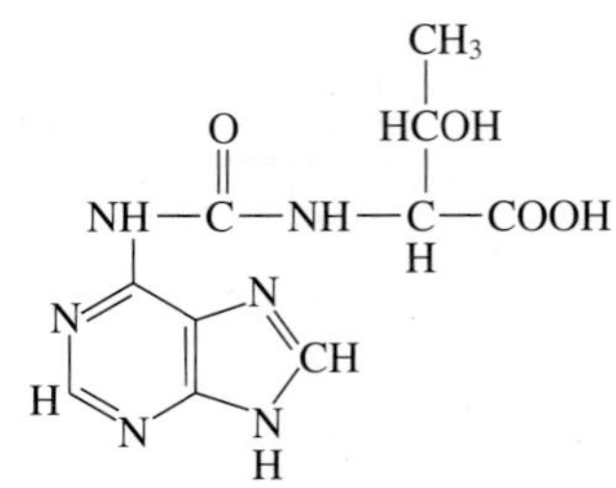

트레오닌카바모일아데닌

또 RNA와 DNA에는 피리미딘으로 모두 사이토신 (cytosine) 을 가지고 있으나, 두 종류의 핵산에서 네 번째의 질소염기가 서로 다르다. RNA에는 유라실 (uracil) 이, DNA에는 타이민 (thymine) 이 포함된다.

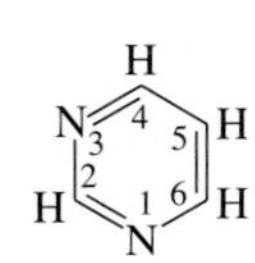

피리미딘

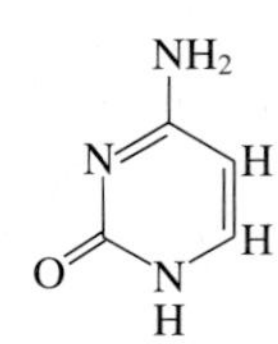

사이토신(2-Oxy-4-aminopyrimidine)

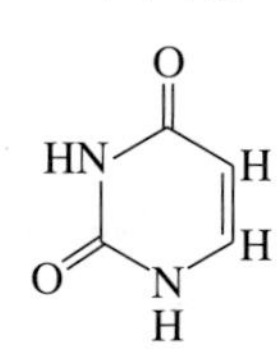

유라실(2,4-Dioxopyrimidine)

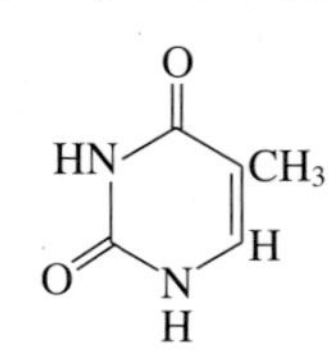

타이민(5-Methyl-2,4-dioxopyrimidine)

산소를 포함하는 염기들의 구조는 케토형 (lactam) 으로 적어왔으나, 주위의 pH에 따라 좌우되는 케토형과 에놀형 사이에서 평형을 유지하며 존재하고 있다. 생리적인 pH에서는 락탐형이 지배적으로 존재한다.

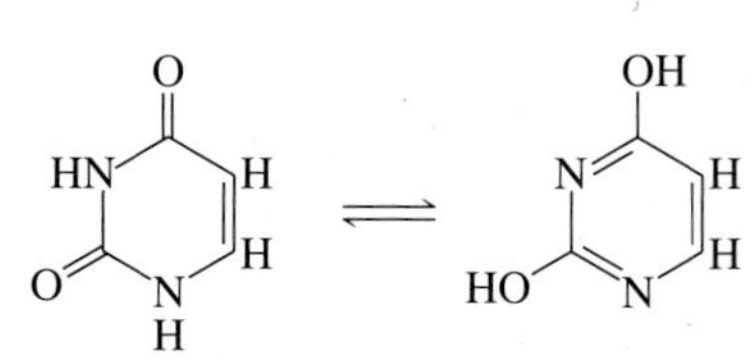

락탐 락팀

최근에 피리미딘의 유도체들이 정제된 DNA시료에서 발견되었는데, 맥아나 다른 식물로부터 분리된 DNA에서 5-메틸사이토신이 나타나고 있다. 흉선이나 다른 포유동물의

DNA에서도 미량이 측정되고 있다. 대장균에 감염되는 어떤 T-짝수 박테리오파지 바이러스의 DNA에서는 5-하이드록시메틸사이토신 (5-hydroxymethylcytosine) 이 사이토신을 교체시키고 있다. tRNA에 존재하는 피리미딘유도체로, **다이하이드로유라실 (dihydrouracil)**, **유사유리딘 (pseudouridine)**, **4-타이오유라실 (4-thiouracil)** 등이 발견되고 있다.

4.1.3 뉴클레오사이드의 구조

뉴클레오사이드 (nucleoside) 는 퓨린과 피리미딘이 D-라이보스 또는 2-데옥시-D-라이보스에 *N*-β-글라이코사이드결합으로 연결된 화합물로, 핵산중합체 일차구조의 구성성분이다. 염기들이 당에 부착되는 방법으로는 당의 C1탄소원자의 헤미아세탈 하이드록실그룹에 연결된다. 퓨린에서 *N*-글라이코사이드 결합에 참여하는 원자는 N9질소원자이다. 당의 탄소원자는 첨자번호 (예 C-1′. C-5′) 를 쓰고, 반면에 염기의 원자에는 첨자부호를 쓰지 않는다. 표 4-1에 RNA와 DNA에 나타나는 염기들과 관련하여 퓨린과 피리미딘뉴클레오사이드의 일반적인 이름들을 나타내고 있다.

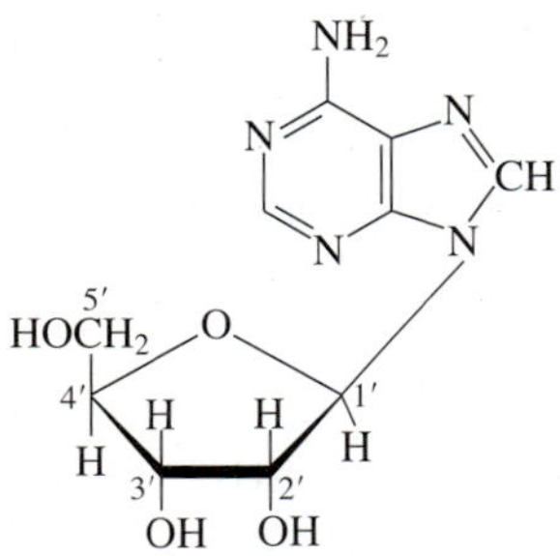

9-β-D-라이보퓨라노실아데닌

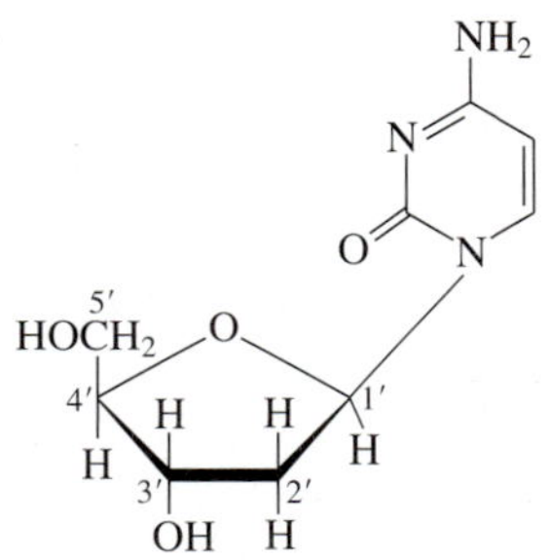

2′-데옥시사이티딘
(9-β-2′-데옥시-
D-라이보퓨라노실사이토신)

4.1.4 뉴클레오타이드의 구조

뉴클레오타이드 (nucleotide) 는 위에서 보인 뉴클레오사이드의 인산에스터들이다. 라이보뉴클레오사이드의 라이보스 부분에는 인산이 에스터화될 수 있는 곳이 세 군데 (2′, 3′과 5′) 가 있다. 반면에 2′-데옥시라이보뉴클레오사이드는 단지 3′과 5′위치만이 가능하게 된다. 핵산의 뉴클레오타이드는 여러 가지 방법으로 핵산의 부분적인 가수분해에 의해서 얻어진다. 또한 세포의 성분 중에는 5′-인산만이 나타난다 (표 4-2).

표 4-1 뉴클레오사이드의 이름들

염기	라이보뉴클레오사이드	데옥시라이보뉴클레오사이드
아데닌(adenine)	아데노신(adenosine)	2′-데옥시아데노신(2′-deoxyadenosine)
구아닌(guanine)	구아노신(guanosine)	2′-데옥시구아노신(2′-deoxyguanosine)
유라실(uracil)	유리딘(uridine)	2′-데옥시유리딘(2′-deoxyuridine)
사이토신(cytosine)	사이티딘(cytidine)	2′-데옥시사이티딘(2′-deoxycytidine)
타이민(thymine)	타이미딘(thymidine)	2′-데옥시타이미딘(2′-deoxythymidine)

표 4-2 라이보뉴클레오타이드와 2′-데옥시라이보뉴클레오타이드의 구조와 이름들

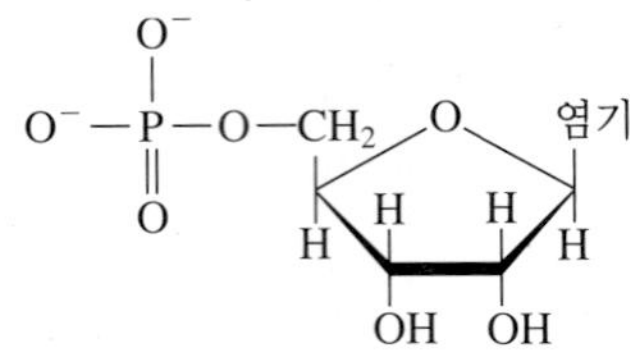	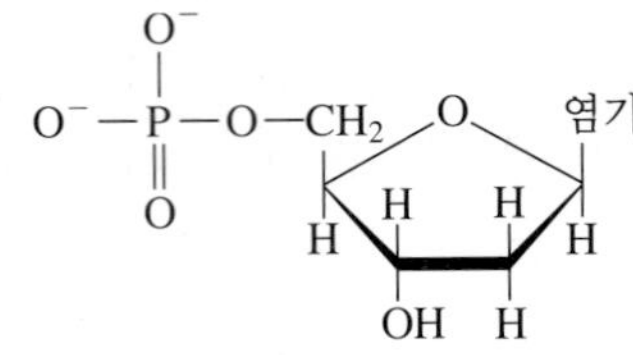
아데노신-5′-일인산 (아데닐산: AMP)	데옥시아데노신-5′-일인산 (데옥시아데닐산; *d*AMP)
구아노신-5′-일인산 (구아닐산; GMP)	데옥시구아노신-5′-일인산 (데옥시구아닐산; *d*GMP)
사이티딘-5′-일인산 (사이티딜산; CMP)	데옥시사이티딘-5′-일인산 (데옥시사이티딜산; *d*CMP)
유리딘-5′-일인산 (유리딜산; UMP)	데옥시타이미딘-5′-일인산 (데옥시타이미딜산; *d*TMP)

자연에 나타나는 가장 중요한 뉴클레오타이드 중의 하나는 아데노신-5′-일인산(또는 5′아데닐산)이다. 이 화합물(AMP)의 유도체들인 아데노신-5′-이인산(ADP)과 아데노신-5′-삼인산(ATP)은 세포의 신진대사과정에서 배출되는 에너지의 보존 및 활용과정에 매우 중요한 역할을 하게 된다. 다음에 보이는 것처럼, 이 화합물이 생리학적으로 중요한 이유는 생화학반응에서 그들의 인산그룹을 제공하거나 수용할 수 있는 능력을 갖기 때문이다.

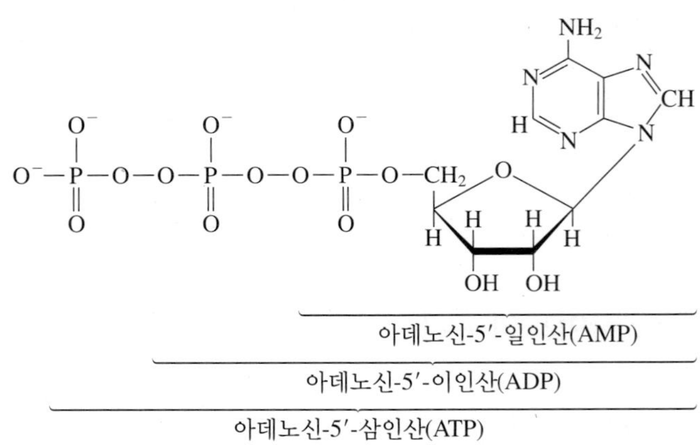

아데노신의 3′, 5′-고리형 인산은 가능하며, 이 화합물은 매우 중요한 조절기능을 가지고 있다. DNA의 온화한 가수분해로, 데옥시타이미딘과 데옥시타이미딘의 3′,5′-이인산 유도체가 얻어진다.

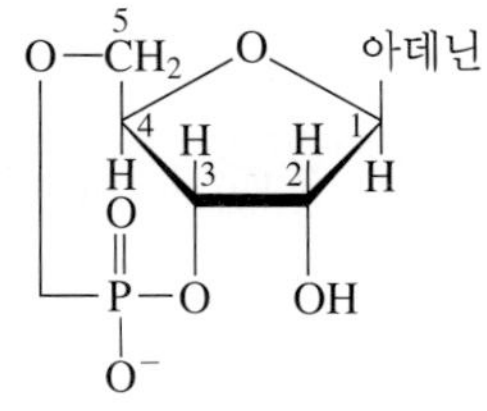

아데노신-3′,5′-일인산
(사이클릭 아데닐산)

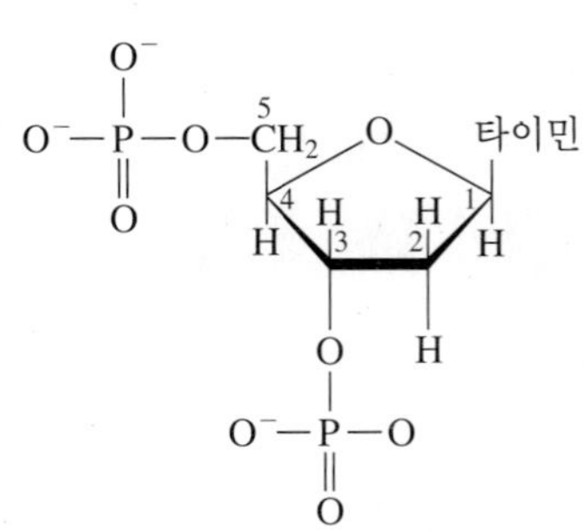

데옥시타이미딘-3′,5′-이인산

아데노신의 일, 이, 삼인산과 마찬가지로, 구아노신, 사이티딘, 유리딘 유도체와 동시에 데옥시구아노신, 데옥시사이티딘, 데옥시타이미딘의 유도체들도 세포에 존재하며, 신진대사에서 중요한 역할을 담당하고 있다. 예를 들면, 뉴클레오사이드-5′-삼인산은 RNA와 DNA의 합성에 전구물질로서 기능한다. 어떤 뉴클레오사이드-5′-이인산의 유도체는 반응에서 당 잔기를 공급하는 조효소로, 또는 아데노신 -5′-이인산 유도체는 산화-환원반응의 조효소로 기능하기도 한다. 또한 글루코스에 연결된 **유리딘-5′-이인산글루코스 (UDPG)** 는 글루코스의 공여체로 기능한다. 니코틴아마이드에 연결된 아데노신-5′-이인산은 대단히 중요한 산화-환원반응의 조효소로, 니코틴아마이드아데닌이인산, NAD^+를 만들게 된다.

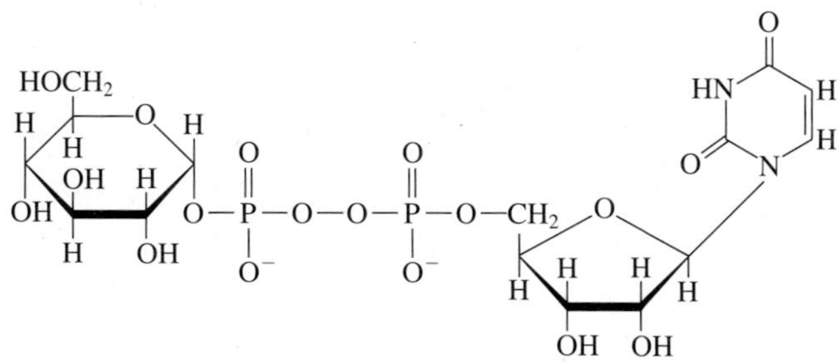

유리딘이인산글루코스
(UDPG)

4.1.5 DNA 및 RNA

원핵세포에서 DNA는 보통 상당히 꼬인 상태로서 이중가닥의 고리모양이며, 부분적으로 원형질막의 내부와 연결되어 있으며, 단백질과는 연결되지 않은 상태로 존재한다. 반면에 전형적으로 분화된 진핵세포의 DNA는 98% 이상이 핵 안에서 대단히 압축되어 있고, 이중가닥의 중합체가 **히스톤 (histone)** 이라 부르는 염기성 단백질에 부착된 **염색질 (chromatin)** 로 발견되고 있다. 훨씬 적은 양의 DNA는 항상 진핵세포 마이토콘드리아의 간질에서, 또 엽록소에서 단백질 없이 이중가닥의 원형으로 발견되고 있다.

세포의 두 번째 핵산의 성분인 RNA는 다중체로 나타나고 있으며, 주된 유전정보의 운반체인 DNA와 단백질 사이의 매우 중요한 정보의 연결기능을 맡고 있다. 이 중 가장 작은 중합체를 **전달RNA (transfer RNA, tRNA)** 라 하며, 분자량은 25,000 정도가 된다. 전달RNA는 대략 60개의 다른 분자의 종류로 구성되고 있다. 전달RNA는 여러 가지 기능을 하며, 가장 중요한 것은 활성화된 아미노산을 단백질합성의 주형의 특수한 위치에 정교하게 전달하는 역할이다. tRNA는 세포 전체의 RNA 중에서 대략 10~15%를 차지한다. 두 번째 그룹의 RNA는 **라이보솜RNA (ribosomal RNA, rRNA)** 들이 있다. 이들 핵산은 항상 많은 수의 단백질과 대단히 질서있는 복합체의 형태로 회합되고 있으며, 이러한 복합체를 **라이보솜 (ribosome)** 이라 부른다. 이들은 세포 전체 RNA의 75~80%를 차지하고 있다. 세 번째로 중요한 RNA는 **전령RNA (messenger RNA, mRNA)** 로 세포의 RNA 중 5~10%를 차지한다. 박테리아세포의 mRNA는 불안정하여 지속적으로 붕괴되고 재합성된다. 진핵세포에서 mRNA의 생존비율은 원핵세포와 비교해서 상당히 높다. 이들 핵산들은 단백질의 합성을 위해 DNA가 갖는 염기성분의 순서에 의해 정해진 정보의 전사와 번역과정에 중계자로서 밀접하게 관여되고 있다.

4.1.6 핵산의 화학

1. 핵산의 분리 및 정제

진한 페놀용액이나 계면활성제의 존재하에서 세포의 분쇄물은 두 층의 액상으로 분리된다. 이때 단백질은 변성되어 수용액상에서 불용성이 되고, 반면에 핵산은 수용액상에서 녹아 있게 된다. 수용액상은 단백질이 일부 녹아 있는 페놀상으로부터 쉽게 분리된다. 수용액상에 에탄올을 더하면 핵산이 침전되고, 많은 다당체는 나머지 페놀에 녹아 분리하기 쉽게 된다. DNA와 RNA의 혼합체가 RNA를 파괴시키기 위하여 라이보핵산가수분해효소(ribonuclease)를 사용하거나 DNA를 파괴시키기 위하여 가수분해효소인 데옥시라이보핵산가수분해효소(deoxyribonuclase)를 처리하면 붕괴되지 않은 DNA나 RNA 중의 하나를 얻을 수 있게 된다. 핵산 중의 하나를 가수분해시킨 다음 액성 페놀을 다시 더하면 남아 있는 단백질은 변성되어 제거된다. 순수한 DNA는 흐트러진 대단히 긴 나선형 코일로 존재하며, 에탄올을 DNA 용액에 첨가하여 유리막대로 휘저어 섬유상의 침전물질의 DNA를 얻어내게 된다. 이 핵산은 아세톤 같은 적절한 용제와 같이 건조시킬 수 있으며, 건조된 DNA를 유리봉으로 휘감아 얻는다. 더 순수한 DNA의 정제를 위하여 하이드록시아파타이트(인산칼슘젤) **컬럼크로마토그래피(column chromatography)**를 사용하여 수행되며, 단일가닥을 포함한 부분과 다른 이중가닥의 DNA를 분리하게 된다.

같은 방법을 사용하여 RNA를 분리하는 경우, 불균일한 혼합물인 tRNA, mRNA, rRNA와 붕괴된 RNA를 얻게 된다. 이 혼합물은 메틸화된 알부민이 도포된 키셀-구어(Kieselguhr, MAK컬럼) 컬럼크로마토그래피나 수크로스 농도기울기 원심분리를 사용하면 보통 대장균의 RNA는 세 개의 분획인 30S와 50S의 라이보솜으로부터 4S(tRNA), 16S, 23S로 나누어 얻어지고, 포유동물의 RNA로부터는 18-22S와 28-34S분획이 얻어진다(표 4-3).

2. 핵산의 광학적인 성질

핵산에서 발견되는 퓨린과 피리미딘 염기들은 파장 260nm의 자외선을 강력하게 흡수한다. 이 성질은 염기들, 뉴클레오타이드 및 핵산 자체를 정량적으로 측정하는 데 광범위하게 이용되고 있다(그림 4-2). 그러나 높은 분자량을 갖는 DNA는 260nm 파장의 빛에서 전형적으로, DNA 개개의 염기 흡수도 총화의 모두 더한 예상값보다는 흡수도가 35~40% 적은 광학밀도를 갖게 된다. 이러한 현상을 **하이포크롬(hypochromic)** 효과라고 부르며, 나선형구조에서 염기들이 짧은 간격으로 층을 이루기 때문에 나타나는 현상으로 설명되고 있다. 염기내부 π-전자들 사이의 상호작용으로 흡수의 감소를 가져오게 된다. 만약 이러한 상호작용이 없는, 당인산사슬의 무작위코일의 배열은 260nm에서의 흡수가 예상했던 높은 값에 도달하게 된다. 그래서 이러한 광학적인 흡수성질의 차이는 DNA의 나선상태의 정도를 예측하는 데 매우 유용하게 쓰이고 있다.

표 4-3 라이보솜과 그들의 RNA들

원핵세포 라이보솜	rRNA
30S	16S
50S	5S, 23S
진핵세포 라이보솜	
40S	18S
60S	5S, 28S

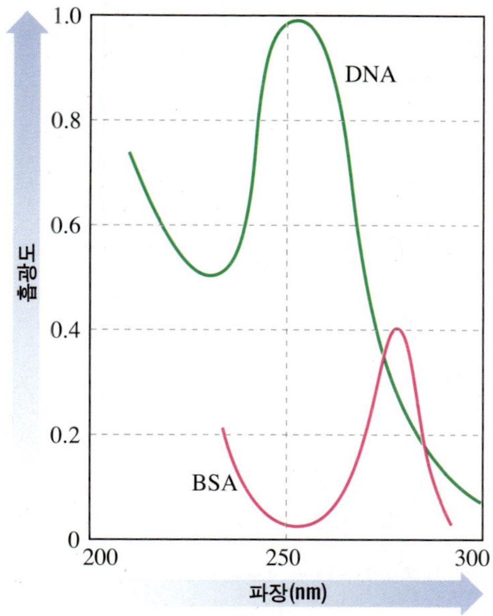

■ **그림 4-2** ■ 같은 농도의 DNA-Na염과 소의 혈청 알부민 (BSA) 의 자외선 흡수스펙트럼들. 핵산과 단백질의 흡수 정도에 큰 차이가 있음을 보여준다.

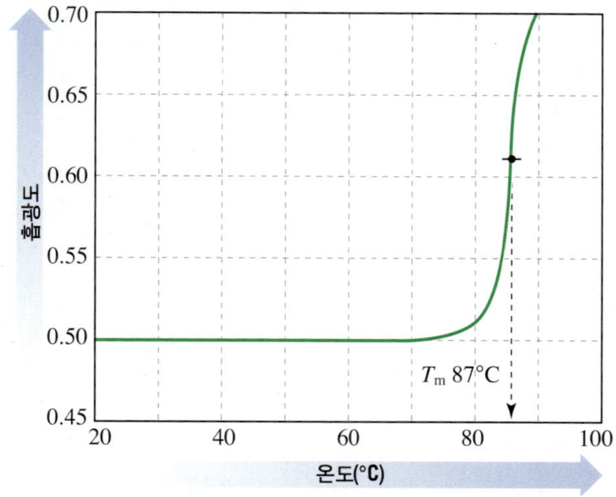

■ **그림 4-3** ■ 송아지 흉선 DNA의 열분해곡선. 온도의 증가로 하이포크롬 영향이 없어지는 것을 보이며, 핵산의 T_m값의 결정이 가능하다.

고도로 축합된 이중가닥 DNA의 중합체를 가열하면 이중나선은 "풀리게 되고 (melt)", 이때 이중가닥이 무작위코일로 전이가 일어난다. 나선에서 코일로의 전이는 흡수 증가의 결과를 가져온다. 이 과정의 중간온도, T_m은 특수 DNA중합체 나선의 **풀리는 온도 (melting temperature)** 가 된다 (그림 4-3). 서서히 식히면 적어도 일부의 코일이 나선모양으로 되돌아오는 **담금질 (annealing)** 이 일어난다. 현재 사용되는 담금질의 조건을 사용

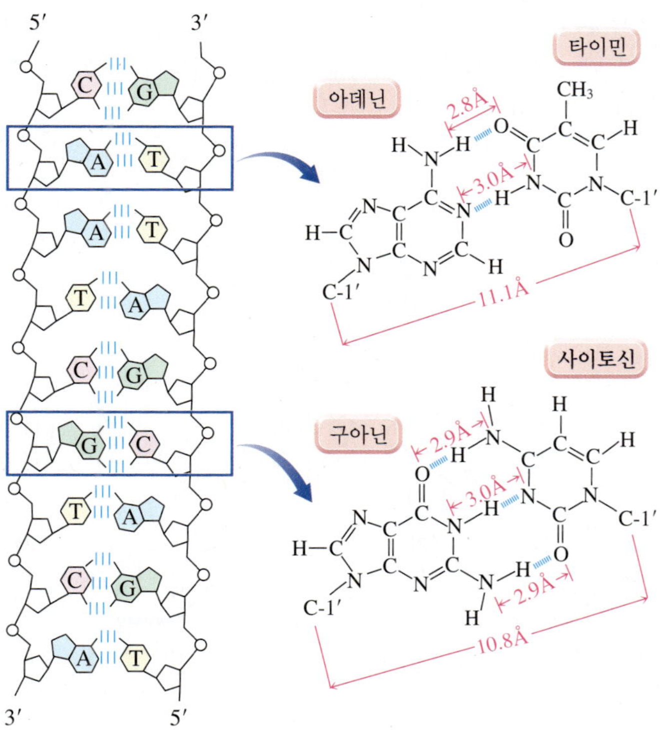

■ **그림 4-4** ■ 왓슨-크릭의 염기쌍들의 수소결합. 염기쌍들 사이의 수소결합은 핵산의 두 가닥 사이에 상보적인 연결을 허용하게 한다. 두 가닥은 서로 반대방향으로 진행하고, 가열에 의하여 두 가닥이 풀리고, 담금질에 의해서 원래의 두 가닥으로 되돌아온다.

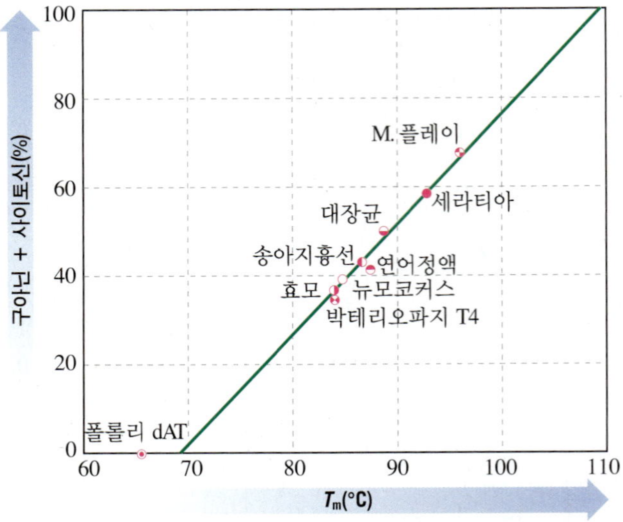

그림 4-5 핵산에서 G-C 쌍의 양에 따른 여러 DNA의 T_m 변화의 그래프. G-C의 양이 증가하면 T_m값이 직선의 관계로 증가된다.

하면 구체적으로 재생된 나선이 원래의 나선과 거의 같아지도록까지 만들 수 있다. 예를 들면, 두 가닥은 서로 반대방향으로 평행이 되는 관계를 가지며, 이들 염기들은 A와 T 그리고 G와 C가 쌍을 이루고 있다. 이 쌍을 이루는 특성은 두 염기 사이에 수소결합의 정확한 배치, 즉 한 G-C쌍당 세 개의 수소결합 그리고 A-T쌍은 두 개의 수소결합을 형성하는 것에 좌우된다 (그림 4-4).

DNA나선이 **재생 (renaturation)** 될 수 있는 일부 가능성의 존재는 현대생물학에서 상당히 중요한 의미를 갖는다. DNA의 재생과정이 시험관에서 자발적으로 가능하기 때문에, 재생반응의 산물인 이중가닥의 DNA는 본래부터 안정성을 가지며, 이를 유지하기 위하여 부가적인 에너지나 구조를 필요로 하지는 않는다. 이때 G-C염기쌍은 A-T쌍보다 DNA의 안정성에 더욱 기여하게 되고, 여러 DNA들의 T_m값은 G-C염기쌍의 백분율의 함수로써 직선으로 증가하게 된다 (그림 4-5).

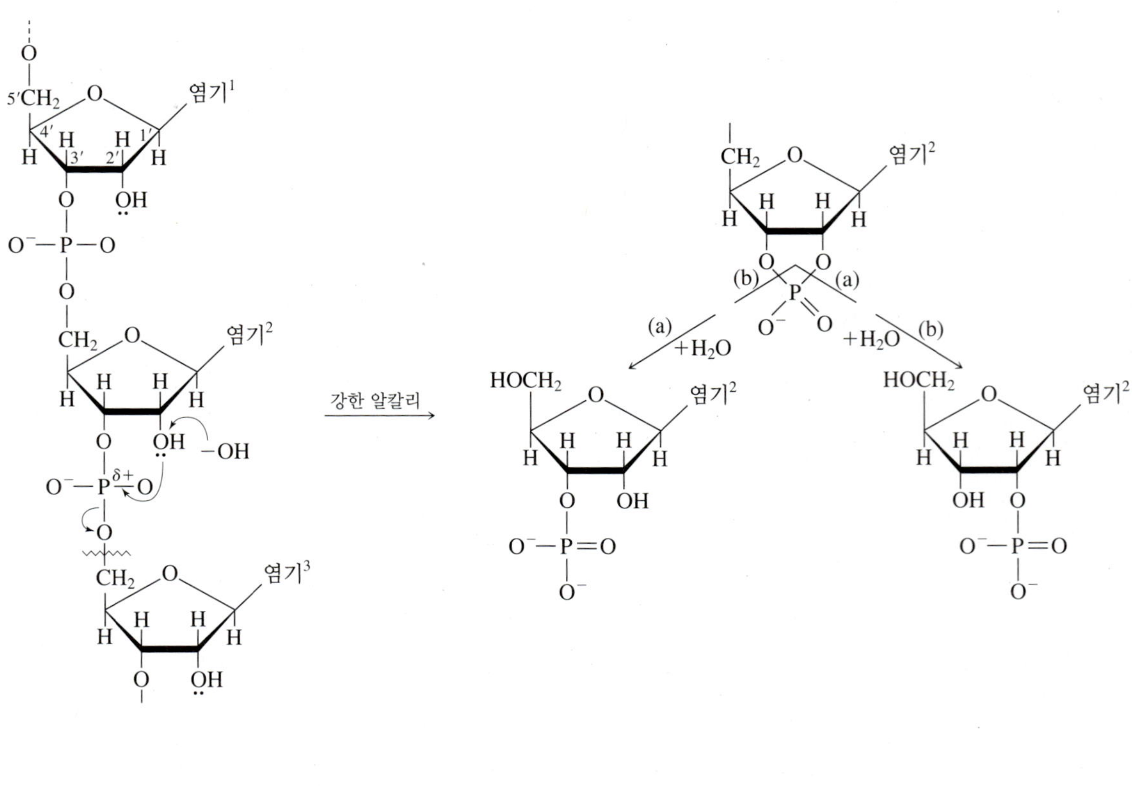

이중가닥의 RNA (G-C와 A-U의 염기쌍)는 몇몇 바이러스의 유전물질로 기능하고, 당인산사슬의 뒤로 올려진 접힘 때문에 얻어진 짧은 이중가닥을 포함한 RNA는 대부분 단일가닥으로 존재한다. 이중가닥의 RNA 풀리기 (melting)의 윤곽 (profile)은 이중가닥의 DNA처럼 급격하게 증가한다. 그러나 전통적인 단일가닥의 RNA는 온도의 증가로 적은 흡수도의 증가를 보이며, 풀리는 전이 (melting transition)는 급격하게 변화되지 않는다. 단일가닥의 DNA는 역시 몇몇 바이러스의 유전물질로 기능하며, 그 성질에서 단일가닥의 RNA와 유사하다.

DNA의 풀리기는 pH를 극단으로 했을 때에도 일어난다. 핵산은 pH범위 4～11에서 매 뉴클레오타이드 잔기당 (인산에스터의 이온화 때문에) 한 개의 음전하를 갖는 다중전해질체이다. 그러나 DNA용액의 적정에서 pH값 4 이하나 11 이상에서 점차적으로 DNA가닥이 약화되고, 그래서 급격히 이중가닥의 구조가 파괴된다. 이러한 성질은 아래와 같이 설명된다: 낮은 pH값에서 아데닌, 구아닌, 사이토신의 아미노그룹에는 프로톤이 결합하여 수소결합체계가 붕괴된다. 반대로 pH 11 이상에서는 구아닌, 사이토신, 타이민의 하이드록실그룹의 프로톤이 해리되어 수소결합이 파괴된다.

3. 핵산에서 몰비율의 결정

핵산이 가지는 근본적인 특성은 퓨린과 피리미딘염기의 구성성분 비율과 그들의 순서

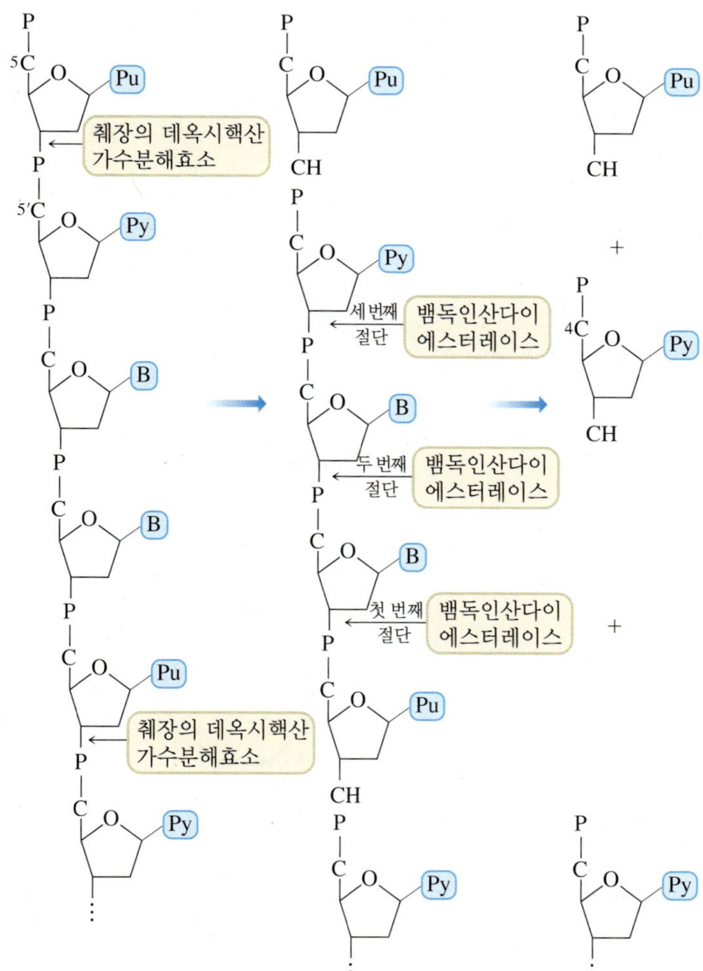

그림 4-6 췌장의 DNA가수분해효소와 뱀독의 인산다이에스터레이스의 혼합물에 의한 DNA의 효소적인 가수분해지역을 나타내고 있다.

에 있다. 구성성분의 데이터는 RNA에서 A와 U 사이와 C와 G 사이의 당량, 그리고 DNA에서 A와 T 사이와 G와 C 사이의 당량들을 계산하는 데 쓰인다. 동시에 염기성분과 염기들 사이의 당량은 중합체의 다른 물리적인 성질과 마찬가지로 핵산의 나선성과 관계될 수 있다. 그래서 화학적으로 또는 효소를 사용한 핵산의 사슬을 절단시키는 반응에 많은 관심을 갖게 되었다. 약한 알칼리는 RNA를 쉽게 가수분해시킨다. 예를 들면, 0.1~1N NaOH를 사용하여 상온에서 24시간 놓아두면 가수분해된다. 이러한 조건에서 RNA는 절단되어 2′ 또는 3′-뉴클레오사이드 일인산의 혼합물로 얻어진다. 이 중요한 반응은 음하전을 가진 2′-알콕사이드이온이 인산다이에스터결합의 양전하를 가진 인원자에 친핵성 공격을 함으로써 5′-라이보스에스터결합을 붕괴시키고, 결과적으로 RNA분자를 절단하게 되는 것으로 설명하고 있다.

고리형 2′3′-인산에스터는 부가적인 알칼리성 작용에 의해 다시 가수분해되어 2′와 3′-모노에스터로 가수분해된다. 이들 에스터들은 이온교환 또는 종이크로마토그래피법으로 정량적으로 분리되며, 그들의 분리된 분획의 뉴클레오타이드의 양은 분광학적으로 예측

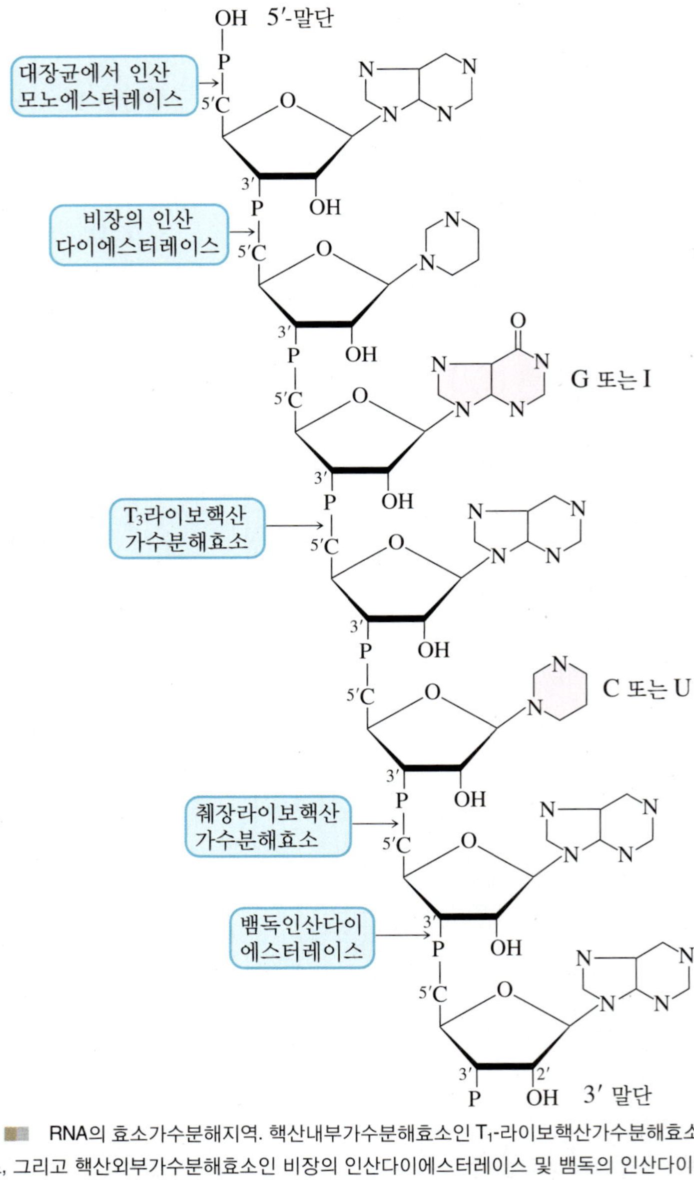

■ 그림 4-7 ■ RNA의 효소가수분해지역. 핵산내부가수분해효소인 T_1-라이보핵산가수분해효소와 췌장 라이보핵산가수분해효소, 그리고 핵산외부가수분해효소인 비장의 인산다이에스터레이스 및 뱀독의 인산다이에스터레이스들의 가수분해에 의한 절단지역을 나타내고 있다.

될 수 있다. 높은 온도에서 사이티딘이 탈아미노화로 인해 유리딜산으로 전환되기 때문에 온화한 조건의 가수분해는 필수적이다. 산성가수분해에 의해서 *N*-글라이코사이드결합의 절단이 일어나므로, 이 방법은 자주 사용되지 않고 있다.

DNA에는 C-2′에 하이드록실그룹이 없기 때문에 고리형 인산에스터의 형성이 방해되고, 그래서 알칼리성 조건에서 DNA는 가수분해되지 않는다. 산성조건하에서, 분자 중 가장 불안정한 결합인 퓨린염기들과 데옥시라이보스의 *N*-글라이코사이드결합이 절단되고, 아퓨린산이 얻어진다. 이 높은 분자량의 중합체는 DNA와 당과 인산의 골격은 그대로 두고 아데닌과 구아닌만 제거함으로써, 이렇게 탈퓨린화된 지역을 **탈퓨린지역 (apurinic site**, 5.3절 참조) 이라고 한다. 이 반응에서 A/G비율의 결정에 의해 모두 네 개의 일반적인 DNA염기들의 비율이 결정될 수 있기 때문에 상당한 가치가 있다. 그러나 염기성분의 직접적인 증거를 획득하기 위해서는, 췌장의 DNA가수분해효소 (deoxyribonuclease, 핵산내부분해효소) 와 뱀독의 인산다이에스터레이스 (phosphodiesterase) 의 혼합사용으로 사슬의 3′-OH말단에서 시작하여 인산다이에스터 연결을 절단하는 방법이 사용된다. RNA가수분해산물의 분리에 사용된 것과 같은 기술에 의해서 데옥시라이보뉴클레오사이드-5′-일인산이 얻어진다. 그림 4-6과 그림 4-7에서 DNA의 여러 핵산가수분해효소 (nuclease) 들의 작용되는 지역을 보여주고 있다.

췌장에서 얻은 순수한 RNA가수분해효소 (ribonuclease) 의 RNA에 대한 작용은 알칼리처리시 잠정적으로 형성된 2′,3′-다이에스터와 같은 메커니즘으로 가수분해된다. 그러나 효소의 존재하에서는, 단지 고리형 다이에스터의 C-2′인산결합이 절단되어 뉴클레오사이드의 3′-인산을 생성하게 된다. RNA의 모든 C-5′-P연결이 라이보핵산가수분해효소에 의하여 공격되는 것은 아니고, 단지 그들 다이에스터결합, 피리미딘 뉴클레오사이드에 연결된 C-3′결합만이 절단된다. 곰팡이, 아스퍼질러스 오리지 (Aspergillus oryzae) 로부터 얻은 T_1-라이보핵산가수분해효소는 구아노신 잔기가 있는 RNA사슬을 공격하여 라이보스의 5′-하이드록실그룹을 절단하게 된다. 이들 두 라이보핵산가수분해효소들과 그림 4-7에 나타낸 적절한 핵산외부가수분해효소 (exonuclease) 를 사용하여 조절된 조건에서, 라이보핵산 (RNA) 을 적절히 절단할 수 있고, 또 그들의 염기순서를 얻어낼 수도 있다.

4.2 DNA와 RNA의 입체구조

4.2.1 DNA의 이차구조

샤갑 (Chargaff) 은 DNA에서 아데닌과 타이민의 비율과 사이토신과 구아닌의 비율이 1에 대단히 근접하다는 사실을 관찰하였고, 이 사실은 초기 DNA의 구조를 밝히는 데 가장 중요한 정보가 되었다. 이 사실을 근거로 아데닌과 타이민뉴클레오타이드 두 염기 사이에 최대한 두 개의 수소결합을 갖도록 그릴 수 있는 구조적인 쌍을 이룰 수 있고, 반면에 사이토신과 구아닌은 세 개의 수소결합을 허용하는 공간적인 배열이 가능함을 알게 되었다.

DNA구조의 연구에서 가장 획기적인 성과는 영국의 윌킨스 (Wilkins) 가 여러 다른 출처로부터 얻은 여러 DNA들의 X-선 회절 데이터가 현저하게 동일하다는 사실을 관찰한 것이다. 이것은 모든 DNA가 일정한 분자구조를 가지고 있음을 제안하는 것이다. 이 연구결과는 DNA가 두 개나 그 이상의 사슬의 나선구조배열로 구성되고 있음을 제안해 주고 있다. 얻어진 X-선 회절데이터, 샤갑의 염기쌍의 정량적인 개념, 또 염기들 사이의 수소결합을 통하여 긴 사슬로 서로 연결되어 있다고 제안된 데이터 등의 증거를 근거로, 1953년 왓슨(Watson)과 크릭(Crick)이 DNA구조의 모델을 구축하여 발표하게 되었다.

왓슨과 크릭의 DNA모델에서, 두 개의 폴리뉴클레오타이드의 사슬은 이중나선으로서 오른쪽으로 감아 돌아가고 있다. 사슬은 염기들이 사슬로부터 수직으로 중심축을 향하고 있고, 인산다이에스터에 의해서 서로 연결된 데옥시라이보뉴클레오타이드인산의 중합체로 구성되고 있다. 각각의 아데닌은 중심축을 향하도록, 한 개의 타이민은 두 번째의 평행인 사슬로부터 아데닌에 향하도록 놓여 져야 하며, 수소결합으로 서로 연결된다. 이때 사이토신과 구아닌은 이 지역에 들어가지 못하고 서로 거부된다. 같은 방법으로 사이토신과 구아닌 사이의 수소결합의 특이성으로 결합이 형성된다. 그래서 두 사슬이 공통 축을 중심으로 꼬여진 공간적인 구조를 가지며, 아데닌과 타이민, 그리고 사이토신과 구아닌의 특이한 결합으로 서로 연결된다. 그렇지만 알아 둘 것은 사슬들이 염기쌍들 때문에 동일하지는 않으며, 서로 정확하게 상보적이라는 것이다. 두 가닥의 사슬은 내부뉴클레오타이드연결에 비교해서 같은 방향으로 진행되지 않고 오히려 서로 역방향이 된다. 두 근접한 데옥시라이보뉴클레오사이드, T와 C는 같은 사슬에서 5′-3′으로 연결되고, 상보적인 다른 사슬의 A와 G는 3′-5′로 연결된다(그림 4-8).

세포에서 유전정보로서 DNA의 기능을 고려할 때, DNA 이중나선의 형성은 대단히 중요한 의미를 갖는다. 이러한 이중나선 구조는 곧 유전정보의 정확한 복제의 메커니즘을 설명해 준다. 나선 구조의 상보성 때문에, 각 가닥은 새로이 합성되는 상보적인 가닥의 염기서열을 지정하는 **주형(template)**으로 작용하게 된다. 결과적으로 DNA의 두 딸분자의 합성에서 각 가닥은 어버이 DNA와 정확하게 동일하게 된다.

다른 핵산 사이의 어느 지역에서 상보성을 조사하는 중요한 기술을 **혼성화**

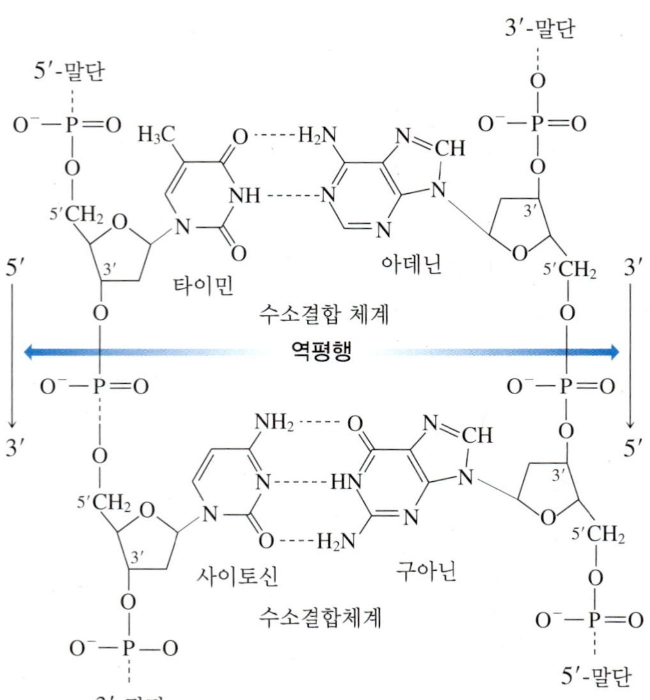

■ 그림 4-8 ■ DNA의 두 가닥에서 한 가닥의 T와 C는 5′-3′방향으로 진행하고, 다른 가닥의 G와 A는 반대방향으로 진행하게 된다. 두 가닥은 상보적인 방법으로 수소결합을 통하여 오른쪽으로 나선을 만들면서 한 묶음으로 행동한다.

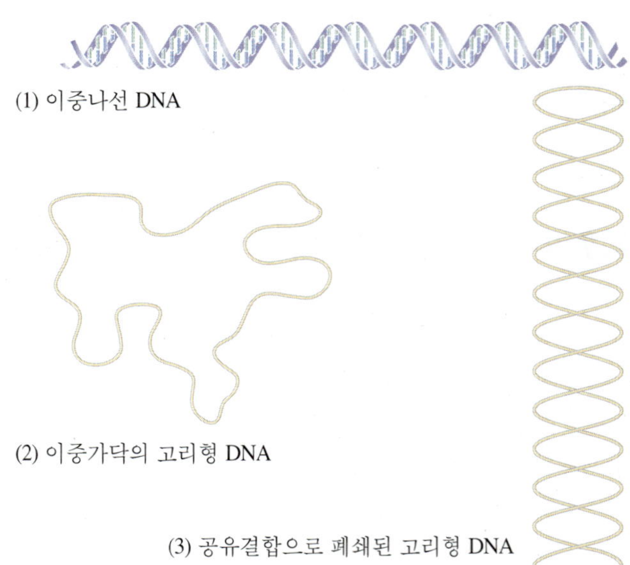

■ 그림 4-9 ■ 여러 종류 DNA의 가능한 이차구조. (1) 열에 의해서 이중가닥의 선형 DNA가 단일가닥의 선형 DNA로 변성. (2) 이중가닥의 고리형 DNA (3) 공유결합으로 폐쇄된 고리형 DNA.

(hybridization) 라고 한다. 두 다른 순수한 DNA의 혼합물을, 한쪽은 강하게 ^{15}N과 중수소 (^2H) 로 표지한 다음, 조심스럽게 가열하여 녹게 하면 이중가닥은 단일가닥으로 분리된다. **담금질 (annealing)** 이라 부르는 이 과정은 상보적인 곳이 존재할 때, 혼합물을 서서히 조심스럽게 식히게 되면 이중가닥의 재생이 이루어진다. 상보성의 정도는 단일가닥만 분해시키는 핵산가수분해효소의 도움으로 이중가닥의 분자만 남도록 가수분해시켜 측정한다. 이렇게 처리한 다음, 밀도기울기원심분리로 담금질과정에서 형성된 혼성 DNA ($^{15}N \sim {}^{14}N$) 로부터, 이중가닥의 무거운 DNA ($^{15}N \sim {}^{15}N$) 와 가벼운 DNA ($^{14}N \sim {}^{14}N$) 의 이중가닥을 분리시킬 수 있다. 혼성 DNA의 밀도는 무거운 DNA와 가벼운 DNA의 밀도의 중간값이 된다. 혼성 DNA의 양은 두 DNA가닥의 제조단계에서 상보성의 정도로 측정이 가능하다.

같은 방법으로, DNA와 RNA분자들 사이의 상보성이 조사될 수 있다. 단일가닥의 DNA는 방사성 동위원소로 표지된 RNA와 같이 조심스럽게 가열한 다음, 혼합물을 DNA−RNA의 혼성체가 되도록 서서히 식히게 된다. 이 담금질된 혼성체를 모든 RNA만 가수분해시키며, DNA는 가수분해시키지 못하는 효소인 라이보핵산가수분해효소 (ribonuclease) 를 처리한다. 이때 혼합물은 자유로운 RNA의 조각들은 통과하지만, DNA−RNA혼성체는 남아 있도록 하는 나이트로셀룰로스 여과지를 통과시키게 된다. 형성된 DNA−RNA혼성체의 양은 여과지에 남아 있는 방사선의 양을 측정함으로써 얻어진다.

4.2.2 DNA의 입체모양 및 변화

진핵세포의 염색체 DNA는 그 크기가 매우 커서 DNA를 분리하는 과정에서 절단되거나, 효소에 의한 붕괴에 대단히 민감하기 때문에 구조에 관하여 정확한 정보를 얻기가 매우 어렵다. 그러나 마이토콘드리아, 엽록체, 바이러스의 DNA는 파괴되지 않은 상태로 분리할 수 있고, 전자현미경으로 관찰할 수도 있다. 이들의 몇 가지 입체구조가 밝혀지게 되었는데, 그 중요한 구조들을 요약하면 DNA의 이차구조는; (1) 이중가닥의 선형 DNA (많은 바이러스나 진핵세포의 염색체 DNA), (2) 이중가닥의 고리형 DNA (마이토콘드리아, 엽록체, 바이러스), (3) 공유결합으로 폐쇄된 고리형 DNA, (4) 보통 이중가닥의 선형 DNA의 변성으로 얻어진 단일가닥의 선형 DNA 등으로 이루어지고 있다 (그림 4-9.)

전적으로 특유한 그룹의 핵산으로서 특별한 부류의 고분자는 보통 세포에서 발견되는 핵산과는 달리, 바이러스의 형태로 회합되어 있다. 바이러스의 구조가 매우 다양하기 때문에, 간단하게 바이러스 DNA의 구조를 소개할 필요가 있다. 모든 바이러스들은 입자의 크기에 상관없이 DNA와 RNA, 그리고 첨가해서 핵산의 중심부를 포장하고 있는 보호막으로 기능하는 단백질을 포함하고 있다. 더욱 복잡한 바이러스들은 역시 지질, 탄수화물, 기능성 단백질인 효소들을 포함하고 있다. 지금까지 조사된 바에 의하면 바이러스는

표 4-4 송아지 흉선의 히스톤 단백질의 비교

히스톤	분자량	라이신/아르지닌
H1	21,130	22
H2A	13,960	2.5
H2B	13,774	2.5
H3	15,273	0.8
H4	11,236	0.7

DNA 또는 RNA를 포함하는 바이러스가 있고, 그들의 구조에 DNA와 RNA를 같이 포함하는 바이러스는 아직 발견되지 않았다. 각 바이러스가 포함한 특수한 핵산은 독자적으로 숙주세포에서 바이러스의 성공적인 복제를 수행하기 위하여 필요한 유전정보를 가지고 있다. 숙주세포에 단백질을 유입시켜도 바이러스의 새로운 입자를 형성하거나 세포의 파괴가 없기 때문에 모든 바이러스의 외곽코트단백질은 전염성이 없다고 할 수 있다. 반면에 여러 형태의 바이러스로부터 상당히 정제된 핵산을 특수한 숙주세포에 유입하면 완전한 바이러스 입자의 복제가 이루어질 수 있다. 이때 실제로 핵산은 바이러스의 핵산을 복제하게 하고, 동시에 특수한 표피단백질의 합성이나 바이러스입자의 구조를 완성하기 위하여 필수적인 단백질들에 대한 유전 정보를 가지고 있는 것이다.

비록 천연두, T2, T4 및 T6 박테리오파지 같은 더욱 복잡한 바이러스들은 핵산의 성분으로 이중가닥의 DNA를 가지고 있으나, 담배모자익바이러스, 인플루엔자 및 몇몇 박테리아의 바이러스는 단일가닥의 RNA를 갖는다. 이 중에 몇 개의 예외가 있다. 몇 개의 간단한 박테리아의 바이러스는 단일가닥의 DNA를 가지고 있고, 레트로바이러스는 이중가닥의 RNA를 갖는 경우도 있다.

바이러스가 숙주세포에 들어가면 숙주세포의 복제, 전사 및 번역의 기구는 새로운 완전한 바이러스 입자를 합성시키도록 바이러스의 DNA나 RNA의 복제를 위한 필요한 정보단위로 기능하거나, 바이러스에 관련된 단백질을 만들도록 부분적으로 또는 전적으로 변신하게 된다. 뿐만 아니라, 바이러스의 핵산은 독특한 바이러스의 구조를 형성하기 위해 필요한 특수한 효소들의 유전자를 포함하고 있다. 예를 들면, 대장균에서 5-하이드록시메틸사이토신은 보통 존재하지 않으나, T4바이러스의 성공적인 복제를 위하여 필요로 한다. T4 DNA바이러스는 이러한 사이토신 유도체 형성에 필요한 효소를 대장균에서 합성할 수 있는 유전자를 가지고 있다.

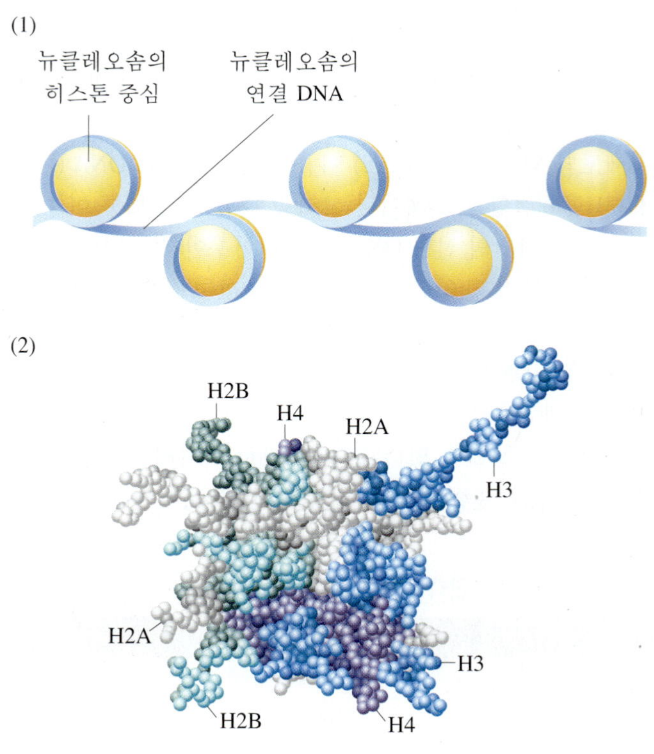

그림 4-10 뉴클레오솜의 구조. (1) 뉴클레오솜의 중심에 히스톤 단백질이 있고, 166개의 염기쌍이 8개체의 히스톤을 거의 두 번 초나선으로 감고 돌아간다. (2) 뉴클레오솜의 단백질 중심으로 각각의 다른 히스톤은 다른 색으로 나타나 있다.

모든 진핵세포에는 라이신 또는 아르지닌이 풍부한 단백질인 히스톤이 있으며, 염색체 DNA와 함께 핵산단백질을 만들게 된다. 이 염기성 단백질들은 핵산의 내부 뉴클레오타이드인산기와 정전기적 인력으로 연결되고 있어서 염색체구조를 안정화시키는 구조단백질로 기능한다. 다섯 가지의 주된 종류의 히스톤으로는 H1, H2A, H2B, H3, H4가 있으며, 다양한 진핵세포로부터 얻어진 DNA와 대략 같은 몰수의 양으로 구성되고 있다. 각 종류의 히스톤은 표 4-4에 나타낸 특징적인 라이신/아르지닌의 비율에 따라 서로 다르다.

흥미있는 사실은 콩의 씨앗으로부터, 또 송아지 흉선에서 얻은 히스톤 H4의 아미노산의 순서를 조사해 본 결과, 둘 다 정확하게 102개의 아미노산들로 구성되어 있고, 단지 두 개의 아미노산만이 유전적으로 다르며, 100개는 아미노산의 순서가 일치하였다. 이러한 결과는 H4가 모든 단백질 중에서 가장 유전적으로 안정함을 강력히 제안하고 있다. 다시 말해서, 진화과정에서 구조의 어떤 현저한 변화도 허용되지 않고 오랜 기간 동안 보존되고 있음을 의미한다. 히스톤단백질은 DNA분자의 α-나선의 **큰 홈(major groove)** 에 밀착되어 결합하고 있다.

대부분의 진핵세포는 그들의 **유전체(genome)** 를 몇 개의 **염색체(chromosome)** 에 압축시켜 꾸려넣는다. 각 염색체는 DNA와 단백질의 혼합체인 **크로마틴(chromatin, 염색질)** 의 모양이 세포주기의 단계에 따라 극적으로 변화하는 역동적인 상태로 존재한다. 이 크로마틴 DNA를 마이크로코컬 핵산내부가수분해효소(microccocal nuclease)로 처리하면 100Å 직경의 입자의 크기로 잘려진다. 이렇게 얻은 입자는 ~200bp DNA를 포함하고 있으며, 이를 **뉴클레오솜(nucleosome)** 이라고 한다(그림 4-10-1). 이때 크로마틴의 입자는 $(H2A)_2$, $(H2B)_2$, $(H3)_2$, $(H4)_2$의 8개체 히스톤과 200bp의 DNA로 이루어진다. 실제로 뉴클레오솜은 166개의 염기쌍이 8개체의 히스톤을 거의 두 번 초나선으로 감고 돌아 두 끝이 서로 가까이 있게 해 주며, 이 지점의 뉴클레오솜 DNA에는 H1이 부착된다(그림 4-10-2).

한편 원핵세포에는 히스톤이 전혀 존재하지 않는다. 그러나 DNA에 있는 각 인산의 음이온은 Mg^{++}, 또는 카데버린(cadeverine), 퓨트레신(putrescine), 스퍼민(spermine) 같은 폴리아민에 부착됨으로써 중화된다.

4.2.3 DNA의 삼차구조 및 초코일화

그동안 가장 공통적으로 알려진 DNA의 입체 모양은 B-DNA로, 그 삼차구조는 프랭클린(Rosalin Franklin)과 윌킨스(Maurice Wilkins)가 얻은 X-선 회절 데이터를 사용하여, 왓슨(Watson)과 크릭(Crick)에 의해서 처음으로 밝혀지게 되었다.

B-DNA는 두 개의 반대로 평행한 폴리뉴클레오타이드의 가닥이 공통축을 중심으로 오른쪽으로 감아 돌면서 20Å 정도 직경의 이중나선을 만든다. 두 가닥의 뉴클레오타이드 염기들은 서로 수소결합을 통하여 연결되고, 나선축에 수직으로 놓여 있게 된다. B-DNA에서 염기들은 나선축의 내부에, 반면에 당과 인산의 골격은 바깥쪽으로 감고 돌아가게 되어 큰 홈과 작은 홈을 만든다. 염기 A-T와 G-C 염기쌍은 서로 교환할 수 있는 것으로, 염기의 성분에 상관없이 DNA분자에 거의 완벽한 대칭구조를 가지며, 각 염기쌍들이 대략 같은 폭을 갖는다. B-DNA나선은 한번 회전에 10개의 염기쌍들이 참여하며, 이때 염기쌍은 36° 기울여 놓여있다. 방향족 염기들의 van der Waals 두께가 3.4Å으로, 부분적으로 서로 층을 이루고 있다(그림 4-11).

이중나선 DNA는 용매의 성분이나 염기의 순서에 따라 여러 개의 분명히 다른 구조를 갖는다. 그중 대표적인 구조로 A-DNA와 Z-DNA가 있으며, 이들 분자들을 정리하면 다

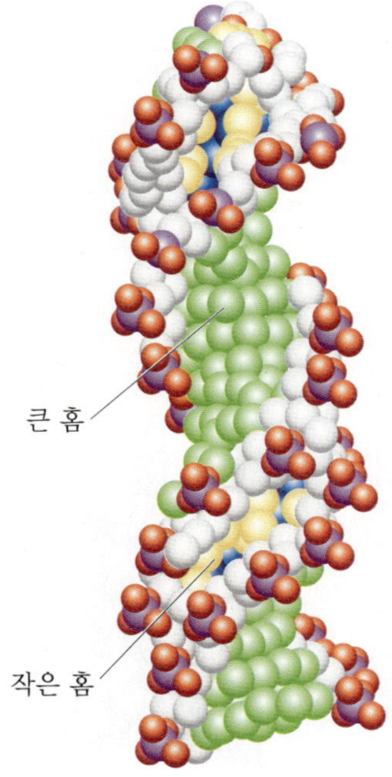

그림 4-11 B-DNA의 구조. 두 개의 가닥이 오른쪽으로 돌아가고 있으며, 만들어진 큰 홈은 초록색으로 작은 홈은 노란색으로 나타내고 있다. 흰색은 탄소의 골격이다.

표 4-5 A-DNA, B-DNA, 및 Z-DNA의 구조의 요약

	A	B	Z
나선방향	오른쪽	오른쪽	왼쪽
직경	~26Å	~20Å	~18Å
나선회전당 염기의 수	11.6	10	12 (6 dimers)
염기쌍당 나선의 꼬임	31°	36°	69°(per dimer)
나선축에 염기의 기울어짐	20°	6°	7°
큰 홈	좁고 깊은 홈	넓고 깊은 홈	평평함
작은 홈	넓고, 움푹페인 홈	좁고 깊은 홈	좁고 깊은 홈

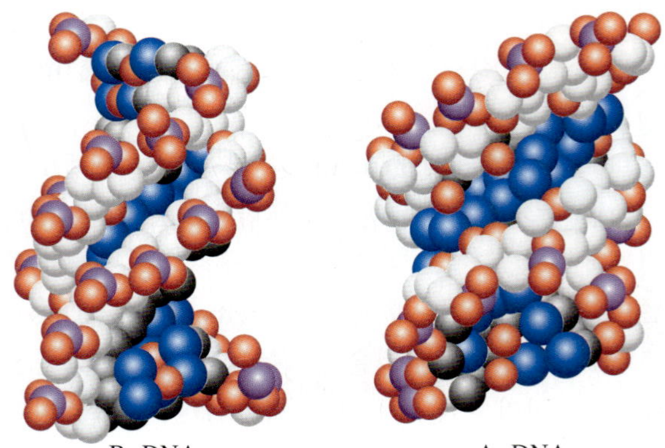

그림 4-12 B-DNA 와 A-DNA의 삼차구조. 모두 오른손으로 도는 나선형구조를 갖는다. B-DNA가 A-DNA보다 길고 좁은 나선을 이룬다. 흰색은 탄소의 골격을 나타낸다.

음 표와 같다 (표 4-5). 탈수가 되는 조건에서 B-DNA는 A-DNA로 가역적인 입체모양의 변화를 일으킨다. A-DNA는 B-DNA에 비교해서 폭이 넓고 더 평평한 오른쪽으로 도는 나선이다. A-DNA는 한 번 회전에 11.6염기쌍이 관여되며, 축의 구멍을 만드는 높이는 34Å이다. 특별한 점은 염기쌍들이 나선축에 대하여 20° 기울어진 점이다. 축이 그들 염기쌍 안으로 통과하지 않기 때문에 A-DNA는 더욱 깊은 큰 홈 (major groove) 과 대단히 움푹 패인 작은 홈 (minor groove) 를 갖게 된다 (그림 4-12).

왕 (Andrew Wang) 과 뤼치 (Alexander Rich) 는 d (CG CG CG) 의 결정구조 연구에서 놀라운 사실을 발견하고, 이를 Z-DNA라 부르게 되었다. Z-DNA는 A-DNA와는 반대로, 왼쪽으로 회전하는 이중나선이며, 한 번 회전에 12개의 왓슨-크릭 염기쌍을 가지고, 회전 사이의 길이는 44Å이며, 깊은 작은 홈과 식별할 수 없는 큰 홈을 갖는다. 그래서 Z-DNA는 마치 모양이 드릴 (천공기) 에 끼우는 날처럼 보인다 (그림 4-13).

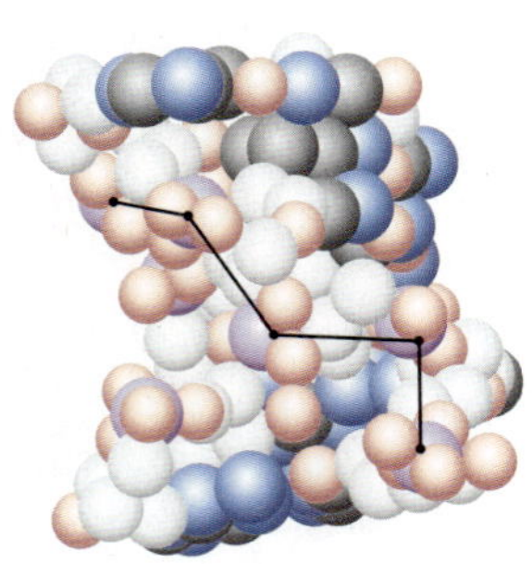

그림 4-13 Z-DNA의 구조. 어떤 조건에서 dCGCGCG의 올리고머는 인산그룹이 왔다갔다(zigzag)하는 모양을 갖는다.

Z-DNA는 퓨린과 피리미딘이 엇갈리는, 마치 폴리d (GC) · 폴리d (GC) 또는 폴리d (AC) · 폴리d (GT) 같은 상보적인 폴리뉴클레오타이드가 높은 염의 농도에 있을 때 얻어진다. 이때 염은 B-DNA에 비교해서, Z-DNA를 반대가닥의 가까이 접근되는 인산그룹 사이의 정전기적인 반발을 감소시킴으로써 안정화시킨다. Z-DNA의 생물학적인 기능은 특별한 B-DNA조각이 어떤 조건하에서 Z-DNA로 가역적으로 전환됨으로써 유전자 표현의 조절과정에 스위치기능을 할 것이라는 제안을 하고 있다. 최근 뤼치 (Rich) 는 Za라는 Z-DNA에 부착하는 단백질을 발견함으로써 실제 세포내의 Z-DNA존재를 강력히 뒷받침해 주고 있다.

많은 바이러스나 박테리아의 염색체들은 두 가닥의 DNA가 고리형분자를 이루고 있다. 전자현미경으로 보이는 이상하게 꼬인 모양을 **초코일화 (supercoiling)** 또는 초나선화

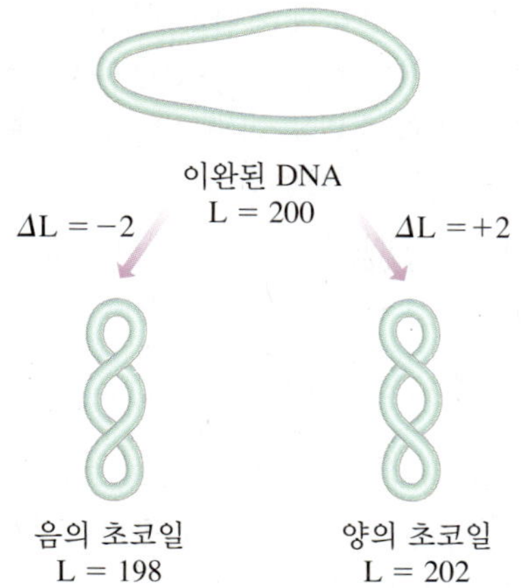

그림 4-14 음 및 양의 초코일화. 이완된 DNA분자에 두 나선으로 뒤로 감거나 위로 감아 돌면 음의 초코일화 또는 양의 초코일화된 DNA를 얻게 된다. 이때 DNA의 축은 두 경우 모두 반대로 꼬이고 있다.

(superhelicity) 로 부른다. 같은 수의 뉴클레오타이드를 갖는 초코일화된 DNA는 이완된 분자보다 훨씬 밀집된 구조를 갖게 된다. 이 구조는 세포의 좁은 공간에 DNA를 포함하는 데 유리할 뿐만 아니라 DNA 복제나 RNA 전사과정에서 두 가닥의 DNA를 풀 때에도 유리하다 (그림 4-14) .

이렇게 이중나선 DNA분자의 각각 폴리뉴클레오타이드 가닥이 공유결합으로 폐쇄된

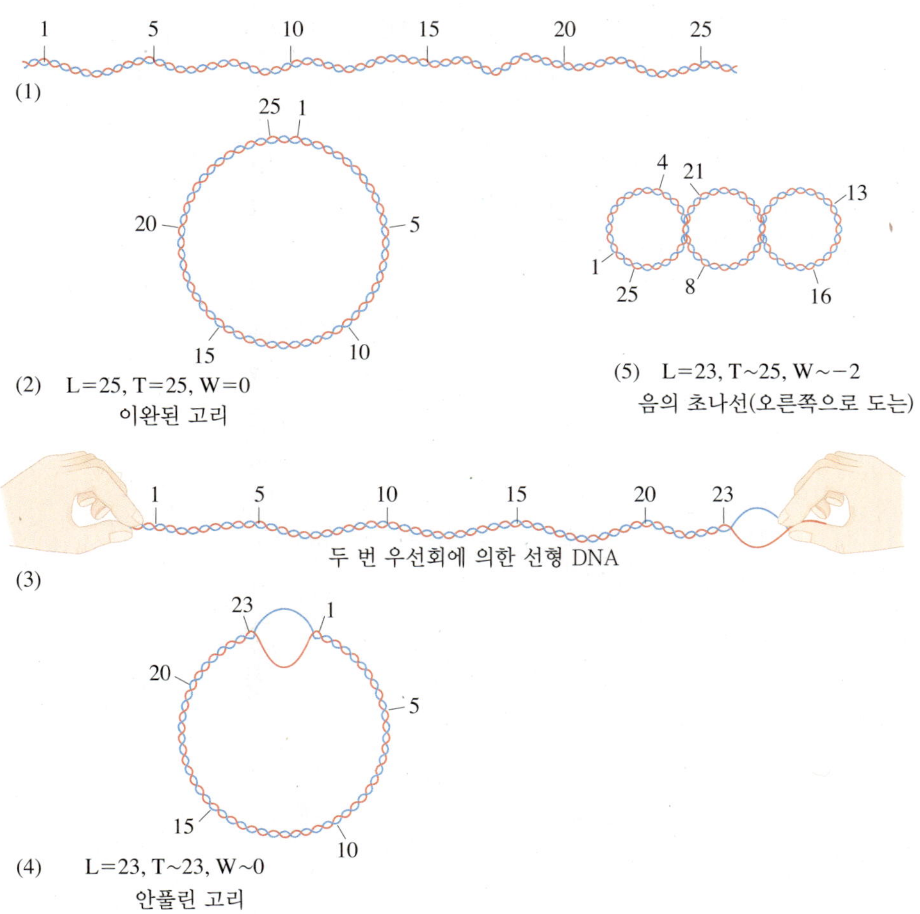

그림 4-15 가닥꼬임수(T), 몸체꼬임수(W)와 연결수(L)의 관계.

고리를 만들어 고리형의 이중 분자를 만들게 된다고 생각해 보자. 이런 구조의 기하학적인 성질에서 코일의 수는 처음에 적어도 한 가닥을 절단하지 않고는 변경시킬 수가 없다. 연결수 (또는 상호감김수) L은 한 가닥이 다른 가닥을 감고 돌아가는 횟수를 말하고, 가닥꼬임수 T는 한 개의 폴리뉴클레오타이드 가닥이 이중가닥의 축을 따라 완전히 회전하는 횟수이며, 비틀림 (몸체꼬임수) W는 DNA의 나선성을 나타내는 이중축이 초나선의 축을 도는 회전수라고 할 때, 위상수학에서 이런 현상을 아래와 같이 표현한다.

$$L\,(\text{연결수}) = T\,(\text{가닥꼬임수}) + W\,(\text{몸체꼬임수})$$

같은 L (연결수) 수를 가지지만 가닥꼬임수 (T) 와 몸체꼬임수 (W) 의 수가 다른 경우에 두 DNA의 모양은 위상수학에서 동일하다. 자연에 나타나는 DNA의 고리는 아래로 감고 돌아간다. 자연적인 DNA고리의 연결수 (L) 는 해당하는 이완된 고리보다 적다. 그러나 DNA는 정상적인 가닥꼬임수 (T) 가 한 번 회전에 10.4 염기쌍의 전체모양을 유지하기 위하여 적응하려는 경향을 갖기 때문에, 분자는 음으로 초코일화된다 ($W<0$). 만약 두 가닥이 풀리면 (T가 감소하면) W는 증가하고 L은 일정하게 된다 (그림 4-15).

DNA의 초코일화의 조절에 관여하는 효소로는 **토포아이소머레이스 (topoisomerase)** 가 있다. 이 효소는 위상수학적인 상태, 즉 공유결합구조의 변경이 아니고, 고리형 DNA의 연결수 (L) 를 변경시켜 초코일화된 DNA의 스트레스를 이완시키는 기능을 하고 있다. 두 종류의 토포아이소머레이스가 원핵생물과 진핵생물에 존재한다. 토포아이소머레이스 I는 DNA에서 일시적인 단일가닥의 절단을 수행한다. I형 효소는 아미노산의 순서와 반응 메커니즘이 다른 IA형과 IB형의 토포아이소머레이스로 구분된다.

토포아이소머레이스 IA는 음으로 초코일화된 DNA의 단일가닥을 절단하여 얻어지는 틈새를 통하여 단일가닥고리를 통과시킨 다음, 절단지역을 다시 연결시킴으로써 L을 한 개 줄여 초코일화된 DNA를 이완시키도록 촉매한다. 대장균의 토포아이소머레이스 III가 IA형 효소의 대표적인 기능을 수행하고 있다. 토포아이소머레이스 IB는 조절된 회전으로 음과 양의 초코일의 둘 다를 이완시킬 수 있다.

토포아이소머레이스 II는 DNA의 두 가닥을 절단하는 과정의 반응회로를 완성하는데, 이때 ATP의 가수분해가 수반된다. 원핵세포와 진핵세포의 II형 효소는 음 또는 양의 초코일을 이완시키는 반응을 촉매하고, DNA자일레이스 (zyrase) 라고 부르는 원핵세포의

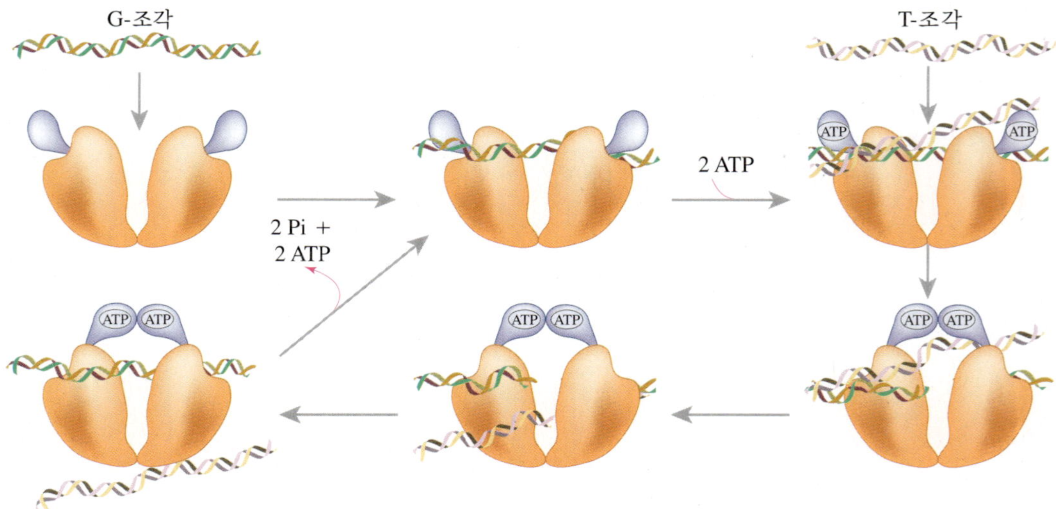

■ 그림 4-16 ■ 토포아이소머레이스 II의 메커니즘. II 형 효소는 처음 G조각에 부착되고, ATP가 부착함으로써 두 N-말단구역을 서로 접근시킨다. 효소의 모양 변화로 G조각의 두 가닥을 절단시키고, 다른 이중가닥 DNA의 T-조각에 부착한다. 다음에 이 T-조각은 G-조각의 벌어진 틈을 통하여 배출된다.

효소는 음의 초코일화를 도입시킨다 (그림 4-16).

DNA에 적당한 위상수학적인 상태를 유지시키는 토포아이소머레이스의 중요성은, 많은 항생제나 화학치료제들이 이들 효소의 방해제라는 점으로 알 수 있다. 현재 경구투여 항생제로 가장 강력한 **사이프로플럭사신 (cyprofloxacin)** 과 **노보바이오신 (novobiocin)** 은 특수하게 DNA자일레이스를 방해하고, 진핵세포의 토포아이소머레이스는 방해하지 않으므로 좋은 항생제이다. **독소루비신 (doxorubicin)** 과 **에토포사이드 (etoposide)** 는 진핵세포의 토포아이소머레이스 II를 방해하므로, 암의 화학치료제로 광범위하게 사용된다. 암세포처럼 왕성하게 성장하는 세포에는 토포아이소머레이스 II가 높은 농도로 존재하고, 치명적인 DNA손상이 수반된다. 그래서 **캄토테신 (camptothecin)** 과 그 유도체들은 토포아이소머레이스 IB가 절단된 DNA의 복제를 방해함으로써 급격히 성장하는 암세포의 강력한 항암제로 기능하고 있다.

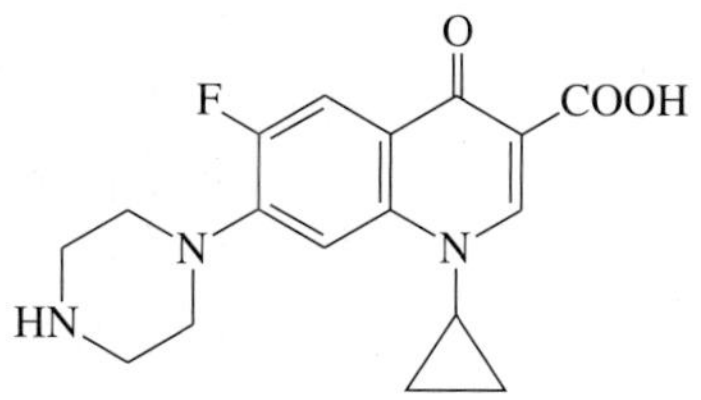

사이프로플럭사신

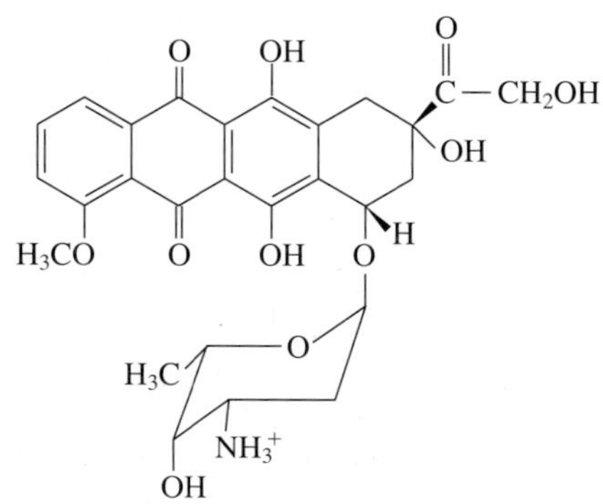

독소루비신

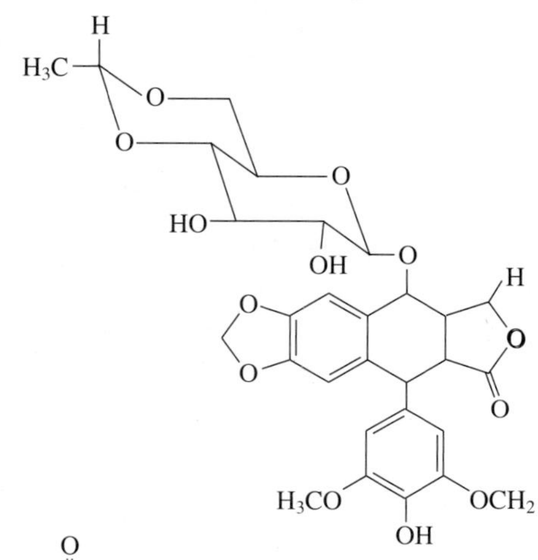

에토포사이드

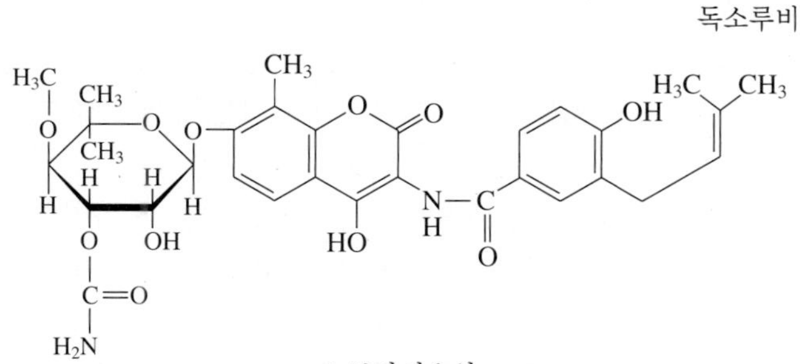

노보바이오신

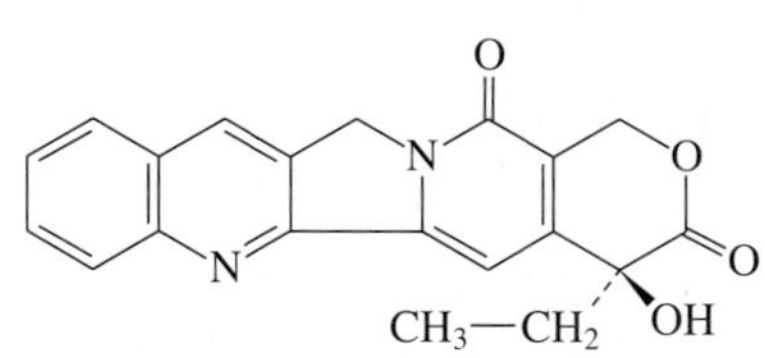

캄토테신

4.2.4 전달RNA

단백질의 합성과정에서 아미노산의 전달기능을 수행하는 활성화된 아미노산의 수용체로서 특수한 전달RNA (transfer RNA, tRNA) 가 있다. 보통 박테리아 세포에는 대략 60개의 다른 tRNA를 포함하고 있고, 진핵세포에는 100에서 120개 정도를 가지고 있다. tRNA 사슬의 길이는 73에서 88 뉴클레오사이드의 다양한 크기로, 대략 10~29%의 변형된 염기들을 포함하고 있다. 분자량은 25,000에서 30,000의 범위에 있다. 전달RNA는 $tRNA^{ala}$ 라고 표시하며, 이는 특별히 아미노산인 알라닌을 전달한다는 의미이다.

진핵생물에서 변형되지 않은 tRNA전구물질은 핵, DNA의 특수한 tRNA시스트론의 DNA 정보에 따라, 핵원형질에 존재하는 RNA중합효소에 의해서 전사되는 것으로 보인다. 세포질로 한 번 옮겨지면 전구 tRNA (102~130개 염기) 는 일부 염기를 잘라내고 염기를 변형시키게 된다. 이렇게 얻어진 tRNA는 tRNA-C-C-A 뉴클레오타이드전달효소에 의해서 3′-말단에 -CCA를 첨가시켜 기능성 tRNA를 만들게 된다. 최종적으로 만들어진

tRNA는 75~87개의 염기를 갖게 된다. 세포질에서는 특성 있는 tRNA의 변형된 염기들을 만들기 위해, 특수한 tRNA메틸화효소(tRNA methylase)가 S-아데노실 메싸이오닌으로부터 메틸그룹을 운반하여 적절한 염기들의 탄소, 질소, 산소원자들을 알킬화시킨다. 변형된 염기들의 그림은 아래와 같다.

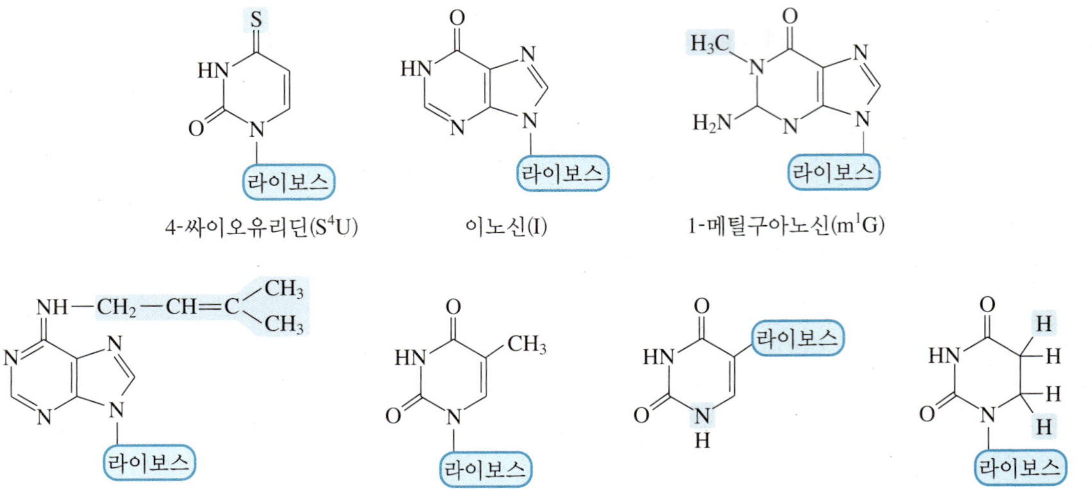

4-싸이오유리딘(S^4U) 이노신(I) 1-메틸구아노신(m^1G)

N^6-아이소펜테닐아데노신(i^6A) 라이보타이미딘(T) 유사유리딘(ψ) 다이하이드로유리딘(D)

대단히 흥미 있는 것은, 특정한 유기체의 tRNA에 들어 있는 변형된 뉴클레오사이드와 유기체의 진화적인 발생 사이의 상호관계가 존재한다는 점이다. 그래서 가장 작은 자유로운 생명체로 알려진 마이코플라스마에는 단지 적은 양의 변형된 뉴클레오사이드를 포함하고 있다. 그렇지만 대장균, 효소, 밀의 배아, 쥐의 간, 종양세포에 포함된 tRNA들은 증가된 수의 변형된 염기들을 가지고 있다. 포유류의 tRNA 중에는 그들의 염기들 중의 20% 정도나 많이 변형되어 나타나고 있다.

그동안 대략 60여 개의 다른 박테리아의 tRNA가 분리되고 정제되었다. 같은 아미노산에 대하여 여러 개의 tRNA가 존재하는 것을 **중복성(multiplicity)**이라고 부른다. 3중 코돈은 $4^3 = 64$개가 가능하여, 많은 아미노산들이 하나 이상의 코돈을 갖게 해 주며, 이러한 형태의 암호를 수학적인 표현으로 유전자 코드의 **퇴화(degeneracy)**라고 한다. 예를 들면, 세 개의 tRNA종이 여섯 개의 세린 코돈을 위하여 필요하게 되는 경우이다. 두 번째 형태는 동물과 식물세포에 마이토콘드리아 tRNA가 관여되고, 엽록소 tRNA는 식물의 엽록소에 관여된다.

세 번째 형태의 tRNA는 고도의 특수한 기능을 위하여 세포에 의해서 사용된다. 예를 들면, 그렘양성 원핵생물은 펩티도글라이칸이라고 부르는 많은 양의 세포막 성분을 합성한다. 몇몇 유기체에서 펩티도글라이칸의 분리된 가닥을 연결시키는 펩타이드 사이의 다리는 펜타글라이실 펩타이드이다. 스타필로코커스 에피더미디스(staphylococcus epeidermidis)는 비교적 높은 농도의 독특한 $tRNA^{gly}$를 갖는 전형적인 유기체이며, 이 $tRNA^{gly}$는 85개의 염기를 가지고, 4-싸이오유리딘(4-thiouridine)이라는 변형된 뉴클레오사이드를 한 개를 갖는다. 이 유기체에서 비록 부가적으로 수용체 기능의 세 개의 $tRNA^{gly}$종과 같이, 글리신으로 충전된 특수 $tRNA^{gly}$은 펩타이드 내부다리를 형성하는 데 참여할 수 있는 것들이 분리되었다. 이 특수 $tRNA^{gly}$는 단백질합성에 관여하지 않고, 글리신 안티코돈을 갖고 있지 않으며, 반면에 세 개의 다른 $tRNA^{gly}$종은 곧 단백질합성에 참여한다. 아마 이 생물체가 대단히 특수한 tRNA를 합성하고, 이 tRNA가 세포의 단백질 합성기구와는 상관없이 완전한 펩티도글라이칸의 합성에 필수적인 펩타이드 내부다리

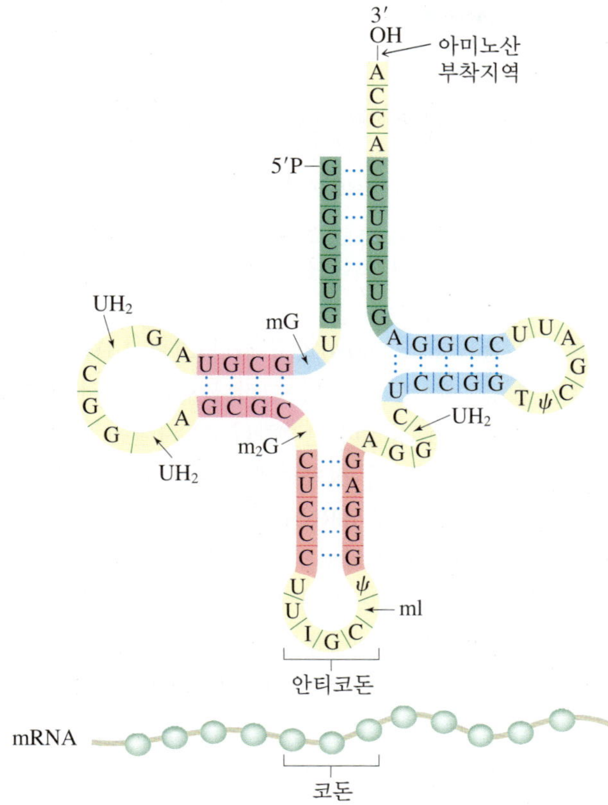

■ 그림 4-17 ■ tRNA분자의 일반적인 구조. 안티코돈의 염기 세 개가 mRNA의 코돈과 상보적이 되며, 코드에 해당하는 아미노산이 3′-OH-CCA에 공유결합된다.

를 형성하는 중요한 임무를 수행하는 것으로 추축하고 있다.

요약하면, tRNA들은 mRNA의 뉴클레오타이드 순서에 따라 정해진 아미노산을 인지하는 수용체로서 기능한다. tRNA는 그 구조에 1. 안티코돈 지역, 즉 mRNA에 있는 세 개의 코드화에 상보적인 인식을 책임지는 세 개의 염기지역, 2. 해당하는 아미노아실 tRNA합성효소에 의해서 인식되고, tRNA에 특수한 아미노산을 충전시키는 합성지역, 3. 모든 tRNA가 3′-말단-CCA뉴클레오사이드에 아미노산 부착지역, 4. 라이보솜 인식지역 등 몇 개의 인식할 수 있는 자리들을 가져야 한다(그림 4-17).

4.2.5 전령RNA

전령RNA (messenger RNA, mRNA)는 여러 경우에서 언급하고 있듯이, 번역과정의 중심이 되는 유전정보를 보유하는 성분이며, 세포 전체 RNA에서 대단히 적은 부분을 차지하고 있다. 이것은 DNA로부터 유전정보를 단백질을 합성하는 지역인 라이보솜에 전해 주기 때문에 mRNA라고 부른다. mRNA는 원핵생물에서는 대단히 높은 **전환율(turnover rate)**을 가진 대사적으로 상당히 불안정한 물질이다. mRNA는 DNA에 좌우되는 RNA중합효소(DNA-dependent RNA polymerase)에 의해서 합성된다.

mRNA는 사슬길이와 분자량이 매우 다양한데, 그 이유는 단백질의 사슬길이가 다양하기 때문이다. 어떤 단백질이 100개의 아미노산으로 구성되어 있다면 이 단백질의 암호를 포함하는 mRNA는 적어도 300 뉴클레오타이드 잔기를 가져야 한다. 대장균에서 mRNA의 평균 크기는 900~1500 뉴클레오타이드 단위이고 한 개 이상의 폴리펩타이드 사슬에 대한 정보를 가지고 있다. 이와 같이 한 개 이상의 단백질에 대한 정보를 갖는

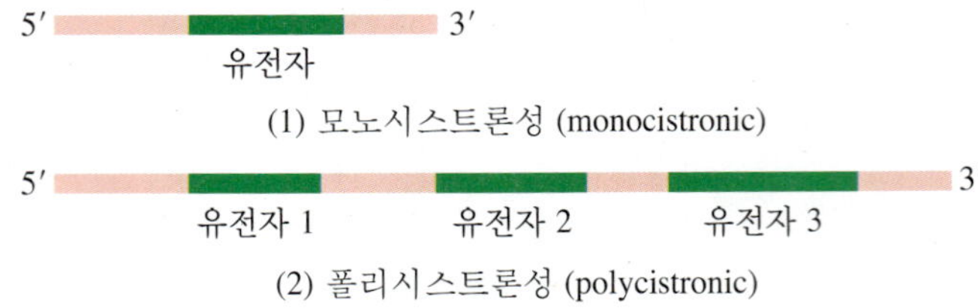

그림 4-18 원핵생물의 mRNA. 모노시스트론성과 폴리시스트론성인 mRNA로 초록색은 유전자산물을 코드하는 RNA이고 분홍색 부분은 비코드화 지역. 폴리시스트론성 전사체는 코드 RNA를 세 부분으로 분리한다.

mRNA를 폴리시스트론성 (poly cistronic) 이라고 한다 (그림 4-18) . 박테리아에서 mRNA는 반감기가 수초에서 2분 정도로 불안정하다. 그러나 포유류에서 mRNA 분자의 반감기는 수시간에서 24시간 이상까지로 상당히 안정하다. 이 사실은 박테리아가 수시로 변하는 환경에 적응하는 데 필요한 효소들을 신속하게 합성한 후 필요없을 때는 합성을 중단하는 유연성을 갖기 위해 반감기가 짧은 mRNA를 필요로 한다는 것을 보여준다.

진핵세포에서 mRNA의 전구체인, 불균일의 핵 RNA (HnRNA) 는 RNA중합효소에 의해 핵원형질에서 처음 합성되고, 핵 내부의 핵산가수분해효소에 의해서 가공되어 세포질로 운반된 다음, 라이보솜과 결합한다. 대부분의 진핵세포의 mRNA들은 단지 한 개의 폴리펩타이드만을 코드하여 이를 **모노시스트론성 (monocistronic)** 이라고 한다.

4.2.6 라이보솜RNA

1950년대 초에 라이보솜이 단백질합성을 주관하는 지역이라고 제안하는 여러 증거들이 축적되기 시작하였다. 예를 들면, 자메닉 (Zamecnik) 은 쥐에게 방사성으로 표지된 아미노산을 주입한 다음 짧은 기간의 간격으로 쥐 간의 혼합물을 만들어, 원심분리에 의해서 핵질, 마이토콘드리아, 마이크로솜 및 상층액의 단백질로 분획시켰다. 이때 마이크로솜의 분획에서 가장 높은 방사성 활성을 나타내었다. 마이크로솜을 계면활성제를 처리하여 소포성 간질 (vesicular matrix) 로부터 라이보솜을 분리시킨 다음 방사성 활성을 측정한 결과, 나머지 마이크로솜에 비교해서 라이보솜은 mg당 단백질로 계산하여 7배나 많은 방사성 활성을 나타내었다. 이 연구의 결과, 라이보솜이 단백질합성의 장소로 기능하고 있음이 밝혀지게 되었다. 처음에 생화학자들은 라이보솜이 많은 양의 RNA를 가지므로 주형 RNA의 운반체로 기능하게 될 것이라고 예상하였다. 그러나 1956년에는 이러한 견해가 tRNA의 발견으로 어느 정도 바뀌게 된다. 1957～58년에 mRNA의 발견으로 먼저의 견해가 더욱 변형이 필요하게 되었다. 그러면 라이보솜의 역할은 어떤 것일까? 이렇게 해서 이들 거대입자의 자세한 화학적인 기능을 처음으로 확인하게 되었다.

라이보솜은 실제로 번역과정, 즉 mRNA의 정보에 따라 20개의 아미노산을 배열시켜 단백질을 만드는, 세포에서는 가장 큰 기능을 수행하는 분자인 라이보핵산단백질 입자이다. 원핵세포에서 하나의 라이보솜이 붙어 있는 모노솜 (monosome) 또는 mRNA에 연결된 여러 개의 라이보솜을 갖는 **폴리솜 (polysome)** 의 형태로 분리되어 나타난다. 평균적인 박테리아세포는 10^4개의 라이보솜들을 포함하고 있다. 진핵세포에서는 원핵세포에서 발견된 것과 비슷한 형태로 나타나며, 역시 조면소포체 (endoplasmic reticulum) 의 막에 회합되어 나타난다. 대략 10^6～10^7개의 라이보솜이 이런 세포들에서 나타난다. 마이토콘드리아와 엽록체도 역시 이러한 입자들을 포함하고 있다. 표 4-6은 원핵세포의 라이보솜, 식물의 원형질 그리고 동물의 세포질 라이보솜의 물리적인 성질들을 요약하고 있다.

라이보솜은 조직의 추출물에서 높은 원심분리속도 (100,000g, 몇 시간) 로 쉽게 분리된

표 4-6 여러 종류의 라이보솜 RNA의 구성요소

라이보솜	소단위체	rRNA (분자량)	분명한 단백질의 수
원핵세포			
박테리아			
청록엘지, 진핵세포의 마이토콘드리아			
70S	30S	16S (550,000)	21
	50S	5S (40,000)	
		23S (1,100,000)	33
진핵세포			
식물			
~80S	40S	16-18S (~700,000)	34
	60S	5S (40,000)	
		25S (~1,300,000)	50
동물			
~80S	40S	18S (~550,000)	34
	60S	5S (550,000)	50
		28-29S (1,400,000-1,800,000)	

다. 모든 라이보솜들은 큰 소단위체와 적은 소단위체로 구성되며, 10mM $MgCl_2$ 농도에서 회합되고, 0.1mM $MgCl_2$에서 완전히 해리된다. 원핵세포의 30S 소단위체는 21개의 (이 단백질들은 대부분 염기성이다.) 대부분이 염기성 성질을 가지며, 한 분자의 16S RNA를 포함하고 있다 (표 4-6). 진핵세포의 40S 소단위체에는 34개의 단백질이 발견되며, 한 분자의 18S RNA가 포함된다. 원핵세포의 50S라 부르는 큰 소단위체는 대략 33개의 분명한 단백질을 포함하고 있다. 진핵세포의 60S 소단위체에는 대략 50개의 단백질과 두 분자의 RNA를 가지며, 식물에는 5S와 25S, 또 동물의 세포에 5S 및 28-29S입자가 포함되고 있다. 라이보솜의 모든 단백질들은 실제로 번역과정에서 기능적으로나 구조적으로 관여되고, 큰 소단위체나 적은 소단위체 모두 공통적인 단백질들은 없는 것으로 알려지고 있다.

특수한 라이보솜의 단백질들은 mRNA나 tRNA의 부착에 직접 관여되고 있다. rRNA는 분명히 이들 부착부위에 직접 참여하지 않고 있으나, 압축된 모양으로 다중단백질 입자를 잡아주는 구조적 중합체로 작용하는 것이 분명하다. 두 라이보솜의 소단위체는 각각 다르게 부착하는 특성을 나타내고 있다. 그래서 대장균의 30S 소단위체가 50S 소단위체가 없는데도 mRNA에 부착하게 되고, 30S-mRNA복합체는 특수한 tRNA에 부착하게 된다. 50S 소단위체는 30S 소단위체 없이 mRNA와 연결되지 않으나, 비특이적으로 tRNA에 부착한다. 70S 라이보솜은 tRNA분자에 두 개의 다른 부착부위를 제공하고 있다. A 지역 (아미노아실지역) 은 들어오는 특수한 아미노아실 tRNA를 mRNA에 있는 코돈에 적절하게 맞도록 위치를 정해 주는 일에 관여한다. 펩타이드 결합의 형성을 담당하는 **펩타이드전달효소 (peptidyl transferase)** 는 아마도 P지역 근처의 50S 라이보솜의 입자에 위치하고 있는 것으로 보인다. 50S 소단위체는 역시 위치를 옮기는 과정에서 GTP를 GDP로 가수분해시키는 지역을 갖는다.

진핵생물에서 라이보솜 RNA의 합성지역은 핵소체 (nucleolus) 이다. 핵소체에서 RNA 중합효소는 핵 DNA의 RNA시스트론지역으로부터 큰 전구 rRNA를 만들게 된다. 전구 rRNA는 침강계수값은 45S (4.1×10^6D) 를 가지며, 32S와 20S 성분의 두 개의 적은 RNA들로 절단된다. 32S 성분은 더 변형되어 한 개의 28S rRNA가 되고, 반면에 20S 성분은 18S rRNA로 절단된다. 그동안 특수한 라이보솜단백질은 핵소체로 옮겨가서, 각 rRNA에 연결되어 완성된 40S와 60S의 라이보솜 소단위체를 형성한다. 이 단계에서 40S 소단위

체는 원형질로 옮겨가고, 그곳에서 mRNA와 연결된다. 바로 다음에 60S 소단위체는 세포질로 이동하여 완전한 80S-mRNA 복합체를 만들기 위하여 40S-mRNA복합체와 결합되게 된다. 이때 5S RNA는 두 라이보솜 소단위체가 함께 부착하는 데 관여한다. 전구 rRNA로부터 떨어져 나온 나머지 조각들은 아마도 다시 각각의 뉴클레오타이드로 되돌아가고, 핵에서 필요에 따라 재생된다. 원핵세포에서 16S와 23S 소단위체 rRNA의 전구체는 단지 최종생성물보다 약간 크고, 분명히 정확한 구조를 만들기 위하여 최소의 잔손질이나 전사 후 변형이 요구된다.

4.3 DNA의 복제, 수선 및 재조합

4.3.1 유전정보의 흐름

생물체가 갖는 독특한 특성인 유전적인 성질의 근본을 이해하기 위해서는 유전정보의 주된 운반체로 기능하는 DNA로부터 최종정보의 생성물인 단백질로의 정보의 흐름을 주관하는, 세포 내부의 메커니즘에 관여하는 여러 단계들을 이해하는 것이 필수적이다. 이 과정에 관여하는 특별한 단백질과 효소들의 대사적인 조절의 수단에 관하여도 고려해 볼 필요가 있다. 유전정보의 전달단계에서 DNA에서 RNA로, 다음에 RNA의 정보가 단백질로 이동되는 분명한 과정을 **기본정설 (central dogma)** 이라고 하였다. 그러나 RNA의 정보가 역으로 DNA로 흐르게 되는 효소의 발견으로 이 정설이 일부 바뀌게 되었다.

DNA —(복제)→ DNA —(전사)→ RNA —(번역)→ 단백질
[mRNA, tRNA, rRNA]

RNA —(역전사)→ DNA
(바이러스)

위에 제시된 여러 단계의 반응들에 관련된 어휘들을 분명히 정의할 필요가 있다. 유전자의 **복제 (replication)** 는 어버이 DNA의 이중가닥이 펼쳐지면서 정확하게 상보적인 새로운 뉴클레오타이드의 염기쌍으로 복사되는 과정이다. 이때 생성물은 어버이 이중가닥과 동일한 두 이중가닥이 만들어 지게 된다.

DNA에 포함된 유전정보가 염기쌍을 형성하여 상보적인 뉴클레오타이드의 순서에 따라 하나의 RNA사슬로 복사되는 과정은 **전사 (transcription)** 라고 한다.

위 전사과정을 통하여 DNA의 정보로부터 옮겨진 특별한 형태의 RNA, 즉 mRNA로 전사된 유전정보가 해당하는 단백질을 합성하기 위하여 해당하는 아미노산들을 질서정연하게 중합시키는 복잡한 과정을 **번역 (translation)** 이라고 한다. 반대로 **역전사 (reverse transcription)** 는 DNA 대신 RNA 유전정보를 사용하여 새로운 가닥의 DNA를 합성하는 과정으로, 대부분 RNA바이러스가 박테리아에 감염되었을 때 자신의 생존을 위하여 필요한 물질을 만드는 과정에 관여한다.

이렇게 유전정보의 흐름의 과정에서 상보적인 가닥의 핵산을 합성하기 위하여 정확한 정보를 마련해 주는 DNA의 사슬을 **주형 (template)** DNA라고 한다. RNA 또한 자체를 합성하기 위하여 DNA의 주형이 필요하다. 핵산의 합성 시 폴리뉴클레오타이드사슬을 합

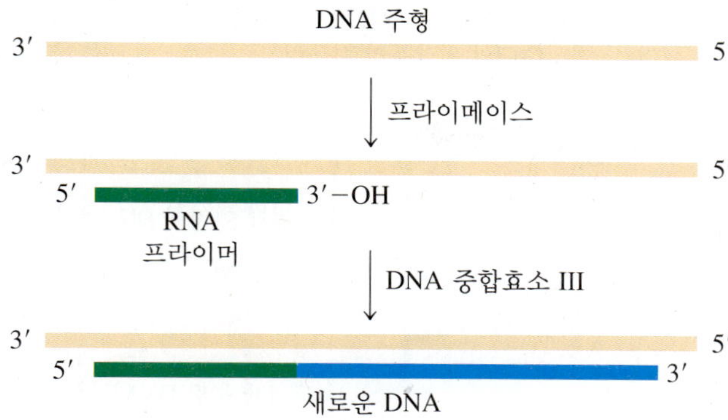

그림 4-19 복제의 시작, 프라이머의 합성. DNA의 복제는 RNA의 중합효소인 프라이메이스에 의해서 합성된 짧은 크기의 RNA 프라이머에 의해서 시작된다. 프라이머는 복제의 마지막 단계에서 제거된다.

성하는 출발점으로서 작용하는, 비교적 짧은 폴리뉴클레오타이드 사슬을 **프라이머 (primer)** 라고 한다. 핵산의 생합성은 3′-OH에 뉴클레오타이드가 다이에스터결합으로 연결됨으로써 진행되며, 따라서 프라이머의 3′-OH는 반드시 유리된 상태로 있어야 한다. RNA중합효소에 의한 RNA의 합성은 프라이머를 필요로 하지 않지만, DNA중합효소나 역전사효소에 의한 DNA의 합성은 프라이머가 없으면 DNA사슬을 연장시킬 수가 없다. DNA의 복제과정에서 DNA를 주형으로 해서 짧은 폴리라이보뉴클레오타이드가 처음 형성되어, 이것이 프라이머로 기능하게 되고, 여기에 딸 DNA가닥을 합성하기 위하여 데옥시라이보뉴클레오타이드를 첨가하게 된다 (그림 4-19).

4.3.2 DNA의 복제

복제과정에서 DNA 두 가닥이 분리되고 네 종류의 데옥시라이보뉴클레오타이드삼인산이 분리된 두 어버이 가닥에 상보적인 방식으로 연결된다면 두 개의 새로운 DNA 분자는 동일하게 된다. 이런 형태의 복제를 **반보존적 (semi-conservative)** 이라고 부른다. 다른 가

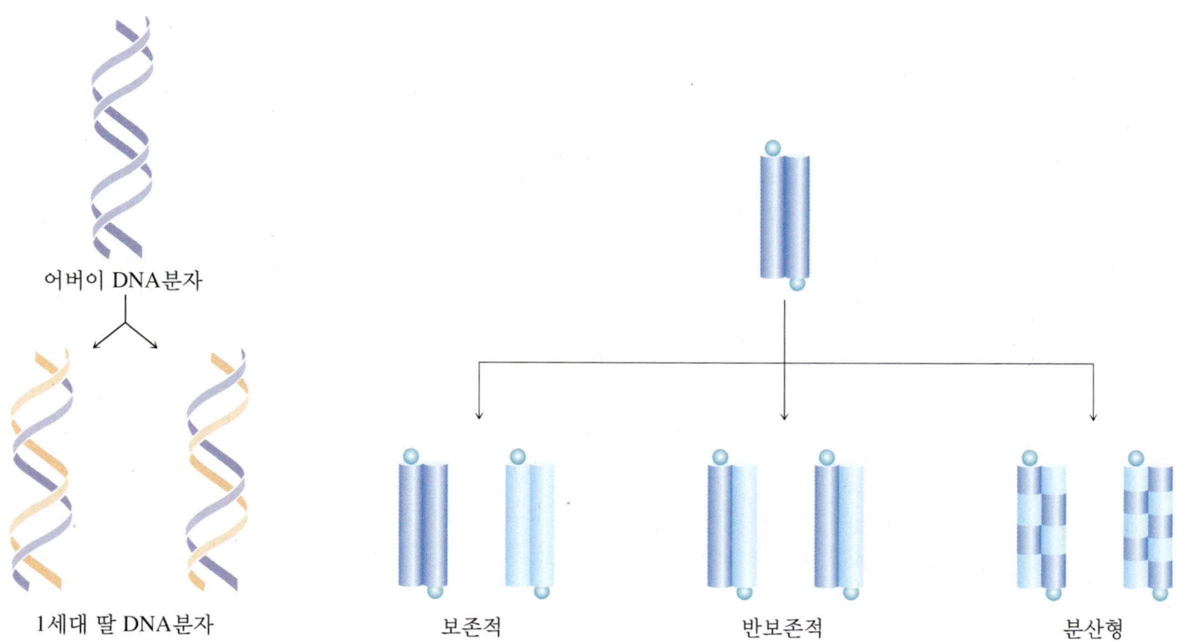

그림 4-20 복제의 방법. 복제는 다음 세대에 반보존적인 형태로 나타난다.

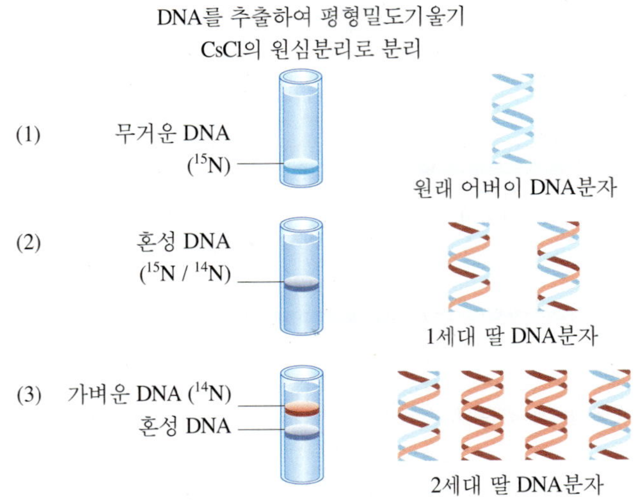

그림 4-21 메셀슨-스탈의 실험. 세포를 여러 세대 ^{15}N 존재하에 배양한 후 CsCl 밀도기울기 고속원심분리로 분리하면 푸른색의 무거운 띠가 나타난다. 가벼운 질소, ^{14}N의 존재하에 배양시켰을 때 중간위치의 띠가 나타난다. 다음 세대로 복제 시 혼성 DNA의 붉은색의 띠가 나타나며, 이는 복제의 반보존적임을 증명해 준다.

능성으로 최종적으로 얻어진 복사물질은 원래의 두 가닥의 이중나선으로 구성되고, 두 번째 나선은 새로 합성된 사슬로 구성된다. 이와 같은 과정을 **보존적(conservative)**인 복제라고 부른다. 분산형(dispersive)이라 부르는 세 번째의 복제가능성에서는 만약 어버이 DNA의 뉴클레오타이드들이 딸 DNA성분 사이에 불규칙하게 흐트러져 존재하여, 새로 얻어진 DNA가 사슬을 따라 이전 세대의 것과 새로운 것이 산만하게 분포된 상태로 존재하게 되는 경우이다(그림 4-20).

1958년에 메셀슨(Meselson)과 스탈(Stahl)은 이와 같은 가능한 DNA복제 메커니즘을 확인하기 위하여 대장균을 기르는 배양액에 유일한 질소원으로 $^{15}NH_4Cl$을 사용하였다. 여러 세대를 배양시킨 다음, $^{14}NH_4Cl$을 첨가시키고, 짧은 간격으로 얻어진 세포를 제거하였다. DNA를 조심스럽게 추출한 다음, 평형밀도기울기 원심분리방법(equilibrium density gradient centrifugation)으로 ^{14}N과 ^{15}N의 상대적인 양을 분석하였다. 이와 같이 얻은 증거를 통하여, 복제의 반보존적인 메커니즘을 강력하게 지지해 주고 있다(그림 4-21).

1. 복제의 개시

대장균의 원형 염색체는 복제의 눈이라고 불리는 구조를 가지며, 이를 세타(θ) 구조라고 부른다. 복제의 눈에서 갈라진 부분을 **복제분기점(replication fork)**이라 한다. 카이른(John Cairns)은 대장균에서 표지된 타이미딘을 사용한 실험에서, DNA복제는 복제분기점에서 일어남을 확인하였다. 또 염색체의 방사선 표지실험으로 항상 양방향(bidirectional)으로 일어남을 알게 되었다(그림 4-22). 복제는 이중나선의 두 가닥에서 항상 5′→3′방향으로 일어나고, 반불연속적인 상태로, 이중나선을 따라 몇 지점에서 시작된다. 대장균의 경우 oriC라고 부르는 245bp지역에서 복제가 시작된다.

복제가 개시되기 위해서는 처음에 중합효소가 기능할 수 있도록 이중가닥이 단일가닥으로 분리되어야 한다. 중합효소의 부착지점은 가닥의 A-T염기쌍이 풍부한 지역과 연관되는 것으로 보인다. A-T염기쌍은 G-C염기쌍에 비교해서 작은 에너지의 수소결합을 갖기 때문에 이 지역이 핵산의 용해 또는 이중가닥이 단일가닥으로 풀리는 과정이 더욱 쉽게 일어난다.

개시과정에서 복제의 시작점인 oriC에 52KD 단백질이 여러 개 결합된 DnaA단백질이

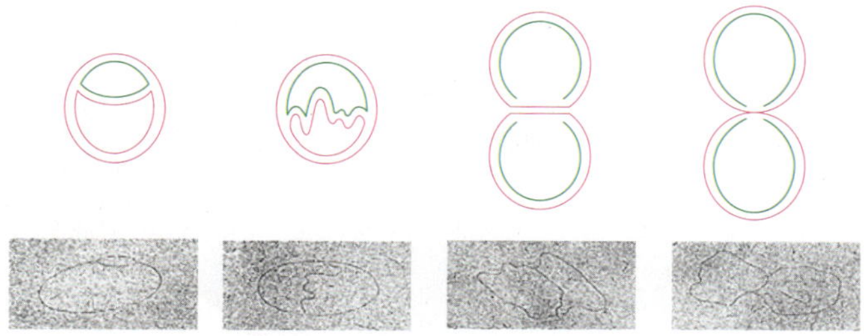
(1)

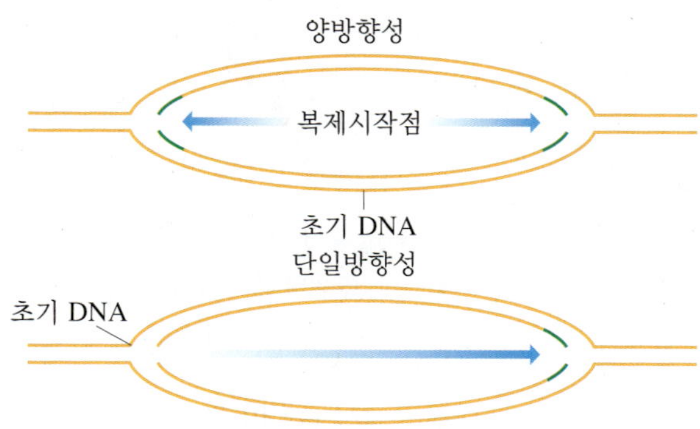

(2)

그림 4-22 대장균의 θ복제의 구조 및 양방향성. 원형 염색체의 DNA복제는 θ모양의 구조를 만들게 된다. (1) ^{3}H표지된 타이민을 이용하여 두 가닥이 동시에 복제됨을 확인. (2) 반응이 끝나기 전 방사선물질의 투여로 단일 방향 또는 양방향으로 복제되는지를 조사한 결과, 대장균에서의 복제는 양방향으로 진행됨을 확인하였다.

부착되면 단백질 DnaB의 두 개의 육합체는 가닥이 풀린 지역의 끝의 각각에 보충된다. 대장균에서 만들어진 DnaB는 **헬리케이스 (helicase)** 로, DNA에서 AT-풍부한 ~45bp조각에서 두 가닥의 나선의 DNA를 기계적으로 풀리도록 하는 기능을 수행한다. **단일가닥부착단백질 (single-strand binding protein, SSB)** 은 전진하는 헬리케이스의 뒤에서 분리된 DNA가닥이 다시 재결합되지 않도록 잡아주는 기능을 한다. 이 단백질은 단일가닥 DNA가 줄기-고리같은 이차구조의 형성을 막고, 핵산가수분해효소로부터 가수분해되지 않도록 도와준다. 이러한 가닥분리 (melting) 과정은 ATP의 가수분해에 의한 자유에너지를 필요로 하고, 토포아이소머레이스 II인 자일레이스 (zyrase) 에 의해서 음으로 초코일화된 고리형 염색체를 손쉽게 풀리도록 하고 있다.

리펨피신 (Rifampicin) 은 원핵생물의 RNA중합효소의 기능을 현저하게 방해하기 때문에 전사의 연장을 방해하는 강력한 약품이다. 또한 생체내부에서나 실험관에서 복제과정을 방해하는 약품이라는 증거도 있다. 그러나 리펨피신에 저항하는 RNA중합효소의 돌연변이체는 복제를 방해하지 못하였다. 이러한 결과는 쉽게 설명이 가능하다. 개시과정에서 RNA중합효소가 불연속적인 합성으로 짧은 길이의 혼성가닥, 즉 DNA의 주형 (template) 가닥과 짧은 RNA전사체가 함께 있는 이중가닥을 만드는 과정에 관여되고 있다. 이 DNA가닥에 붙은 50~100 잔기 범위의 RNA전사체가 DNA복제의 프라이머로서 개시과정에 필수적이다. 이때 프라이머는 5′위치에 삼인산 그리고 3′-OH말단을 가지고 있다 (그림 4-19).

선도가닥 (leading strand) 또는 **지연가닥 (lagging strand)** 의 모든 DNA의 합성과정에서 RNA프라이머의 합성이 선결되어야 한다. 대장균에서 프라이머를 합성하는 장치인, 600KD의 단백질 복합체인 **프라이모솜 (primosome)** 은 DnaB인 헬리케이스와 RNA를 합성시키며, DnaG라 부르는 프라이메이스 (primase) 들이 포함되어 있다. 대장균의 DnaG는 보통의 DNA나 RNA 중합효소와는 달리, 중합반응을 촉매하여 ~11개 폴리뉴클레오타

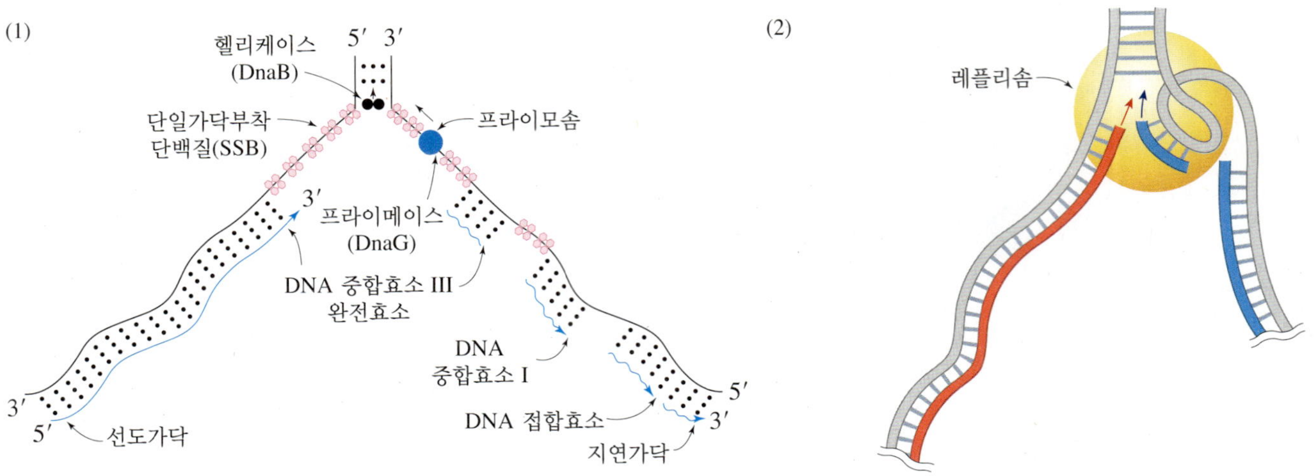

■ 그림 4-23 ■ 복제분기점에서 복제의 시작. (1) 대장균의 복제시작점에서, 여러 효소 및 단백질들의 기능을 나타내고 있다. 여러 가지 효소들이 복제의 개시, 연장 및 접합과정을 촉매한다. 지연가닥의 구불구불한 선이 RNA프라이머들이다. (2) 지연가닥주형의 고리모양의 변화는 pol III 완전효소가 두 가닥의 합성을 같은 방향으로 진행하게 한다.

이드염기의 RNA조각을 생성한다. 대장균에서 pol III 완전효소는 선도와 지연가닥의 합성을 촉매한다. 두 개의 pol III효소를 포함한 **레플리솜(replisome)** 이라 부르는, 다중 단백질 입자에서 합성이 일어난다. 단일단위로 레플리솜이 선도가닥을 따라 5′-3′의 방향으로 움직이도록 하기 위하여, 지연가닥의 주형은 고리를 만들어 감고 돌아야 한다(그림 4-23).

진핵세포의 염색체는 생물의 종이나 조직에 따라 3~300kb마다 한 개씩의 많은 복제시작점을 가지고 있다. **레플리콘(replicone**, 복제의 단위, 복제의 시작점으로 기능) 근처 20~80개 묶음이 동시에 활성화된다. 진핵세포의 염색체 DNA는 한 번만 복제된다. 즉, 세포주기마다 단지 한 번의 복제가 일어난다. 효모세포에서 DNA복제의 시작은 쉽게 풀리는 DNA의 근처에 보존된 11bp순서의 ARS (autonomously replicating sequence) 에서 일어난다. 원핵세포에서와 마찬가지로 DNA가 복제되기 위하여 헬리케이스가 필요하다. 얻어진 단일가닥 DNA (ssDNA) 는 진핵세포의 단일가닥부착단백질 (SSB) 로 둘러싸이게 된다. 원핵세포와 달리 진핵세포의 DNA는 뉴클레오솜(nucleosome) 에 포장되어 있다. 복제의 개시를 위해서는 이 구조에서 얼마간의 변형이 필요하며, 한 번 복제가 시작되면 뉴클레오솜은 DNA중합효소의 작용이 방해받지 않는 것처럼 보인다. DNA복제는 세포질에서 히스톤단백질의 합성과 연계되어 있으며, 새로운 히스톤이 필요한 양만큼 얻어지게 된다.

2. 복제의 연장

복제의 연장(elongation of replication) 은 완전효소(holoenzyme) 로, 다중단백질단위체인 DNA중합효소 III의 존재하에 일어난다. DNA중합효소 III*인 효소의 성분과 ATP는 프라이머주형과 활성복합체를 형성하는 데 필요하다. 또한 가닥을 푸는 단백질, DnaA가 반드시 있어야 한다. 복제의 연장과정은 ATP가 붕괴되어 ADP와 Pi가 되면서, 데옥시리라이보뉴클레오타이드가 성장하는 RNA-DNA사슬의 말단 3′-OH이 친핵성 공격을 받도록 적당한 위치에 놓이게 된다. 일단 연장이 시작되면 중합보조효소 III 중심효소는 12개의 잔기만 복제시키며, 그 이상은 필요 없어 해리된다. 다음 DNA중합효소 III 완전효소의 β 소단위체가 500에서 1000 잔기의 데옥시뉴클레오타이드가 될 때까지, 그 이상의 연장을 촉매하게 된다. β소단위체는 움직일 수 있는 미끄러지는 고정나사(β-clamp) 로 기능하며, DNA를 감고 돌아 고리를 만든다. 그렇게 해서 pol III 완전효소가 밖으로 확산되어 나오지 못하게 한다.

지연가닥에서 딸가닥의 형성은 불연속적인 것이며, RNA-DNA의 조각이 순서적으로 놓이게 된다. DNA조각을 **오가자끼조각(Okazaki fragment)** 이라고 부르는데, 이는 1968년 일본의 생화학자 오가자끼가 대장균에서 처음 분리하여 불연속적인 DNA의 복제를 설명할 수 있었기에 그렇게 불리고 있다. 오가자끼조각의 완전한 합성이 이루어진 후 지연가닥의 완전효소는 복제분기점 근처의 새로운 프라이머로 이동하게 되며, 그곳에서 다시 합성이 시작된다. 이러한 과정의 결과로 계속적으로 합성된 선도가닥과 여러 개의 RNA로 프라임된 오가자끼조각은 지연가닥에서 여러 개의 분리된 상태로 얻어진다. RNA프라이머는 pol I촉매로 얻어진 절단전사를 통하여 제거되고, DNA가 이를 대체시키게 된다. 지연가닥의 절단지역은 DNA접합효소(ligase)의 작용을 통하여 연결된다(그림 4-24).

대장균의 DNA는 ~1000nt/s의 속도로 복제된다. 그래서 지연가닥(lagging)의 합성에서, DNA중합효소의 완전효소는 매초 주형가닥에 재충전되어야 한다. 이러한 과정에 새로운 pol III의 진행을 증진시키는 β-고정나사가 매초 단일가닥의 주형주위에 놓여 있는 것이 필요하다. ATP의 도움으로 Pol III효소의 γ복합체는 DNA주형에 이중 β-고정나사를 장치하기 위하여 가닥을 푸는 기능을 하기 때문에 **고정나사배치자(clamp loader)** 로 알려지고 있다. 이 γ복합체는 DnaB, 헬리케이스에 부착된 두 개의 τ소단위체의 C-말단조각들과 레플리솜 두 개의 pol III의 중심(α, ϵ, θ)을 연결시키는 교량역할을 한다.

프라이머가 진핵세포의 오가자끼조각에서 제거되는 과정에는 두 개의 효소가 관여된다. RNaseH1은 DNA근처의 5′-라이보뉴클레오사이드만 남기고 대부분의 RNA를 제거하고, 플랩핵산내부가순분해효소-I(FENI)의 작용을 통하여 완전히 제거된다. 그렇지만 우리가 알고 있듯이 pol α는 pol δ에 의해서 교체되기 전까지는 DNA의 ~15nt까지 RNA 프라이머를 연장시키는 기능을 수행한다.

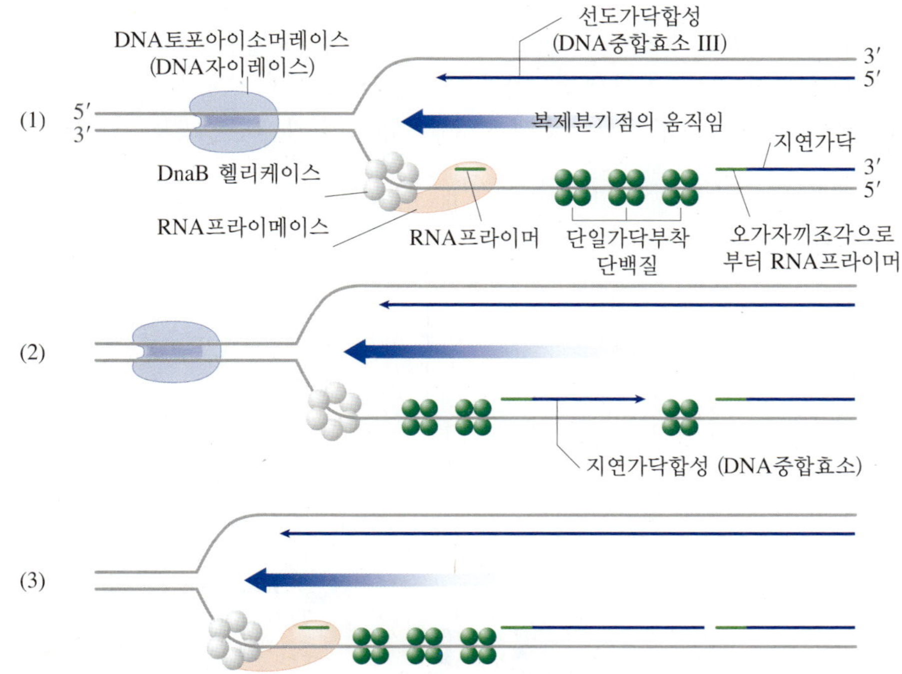

그림 4-24 오가자끼조각에서의 DNA의 복제. (1) 새로운 오가자끼조각에서 RNA프라이머는 프라이메이스의 촉매로 합성된다. (2) DNA중합효소 III에 의해서 프라이머가 연장된다. (3) DNA의 합성은 계속되어 이전에 합성된 프라이머에까지 연장된다.

3. 복제의 종결

대장균에서 복제의 종결은 고리형 DNA에서 한쪽은 TerA, TerD, TerA 또 다른 쪽에는 TerG, TerF, TerB, TerA로 거의 비슷한 비회어적인 ~23bp 종결지역에서 일어난다. OriC에서 시작된 시계반대방향으로 진행되는 복제는 TerG, TerF, TerB, TerC를 통과하여 TerA, TerD, TerE에서 정지된다. 같은 방법으로 시작점이 시계방향으로 움직일 때 TerE, TerD, TerA를 지나 TerC, TerB, TerF, TerG에서 정지하게 된다(그림 4-25). Ter지역에서 시작점의 움직임의 종결은 309 잔기의 단일단백질인 Tus에서 일어난다. Tus단백질은 특수하게 Ter지역에 부착하고 DnaB, 헬리케이스에 의한 가닥의 이전을 방해함으로써 복제 분기점의 움직임을 정지시키게 된다. 진핵세포에서는 대장균의 Ter지역처럼 종결순서는 없는 것으로 보인다.

DNA사슬이 한 동안 성장하다가 3′-OH말단이 5′-ppp말단에 접근하게 되면 세 가지 일이 일어나게 된다. 1. RNA의 프라이머 조각이 절단되고, 2. 나머지 빈 곳을 데옥시라이보뉴클레오타이드염기로 채우게 되며, 3. 계속적인 딸DNA가닥을 형성하기 위하여 인산다이에스터결합에 의해서 DNA조각을 연결하게 된다. DNA중합효소 I은 1955년 콘버그(Kornberg)가 대장균에서 발견하였고, 이 효소의 독특한 기능은 위의 1, 2의 기능을 수행하는 중합반응의 촉매로 기능하고, 또는 5′-3′-핵산말단가수분해효소(exonuclease)의 기능도 수행한다. 이들 두 가지의 주된 DNA중합효소 I의 활성은 1. 5′-3′-핵산말단가수분해효소 활성에 의해서 원래의 프라이머-주형 RNA조각을 제거하는 기능, 2. 중합효소의 활성으로 틈새를 메우는 기능 등으로, 복제의 마지막 단계의 순서를 완성하는 기능을 가진다.

특수한 효소인 DNA접합효소(ligase)는 5′-ppp말단과 3′-OH말단을 연결시키는 기능을 수행한다. 이 효소는 원핵생물이나 진핵생물에 폭넓게 분포되어 있다. 대장균에서 DNA접합효소는 NAD^+를 필요로 하여, 이때 생성물이 5′-아데닐산과 니코틴아마이드모노뉴클레오타이드가 얻어진다. 반면에 동물의 세포에서는 ATP를 필요로 하고 5′-아데닐산과 이인산을 생성한다. 두 타입의 DNA접합효소 반응 메커니즘은 그림 4-26에 나타내었다. 박테리오파지 T4의 DNA접합효소(ligase)는 이중가닥이 수직으로 잘린 DNA(blunt end)를 연결시킬 수 있어서 유전자재조합과정에 유용하게 쓰인다.

진핵세포복제의 종결과정에서 선도가닥은 염색체의 끝까지 진행이 가능하다. 그러나 RNA프라이머가 주형의 3′ 말단의 끝까지 쌍을 이루고 있기 때문에, 지연가닥에서는 중

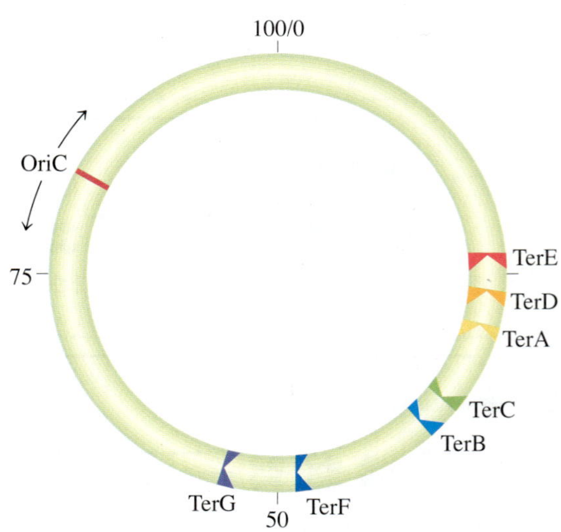

그림 4-25 대장균의 염색체지도상에서 복제의 종결점. oriC에서 시작된 복제는 Ter에서 만나 복제가 종결된다.

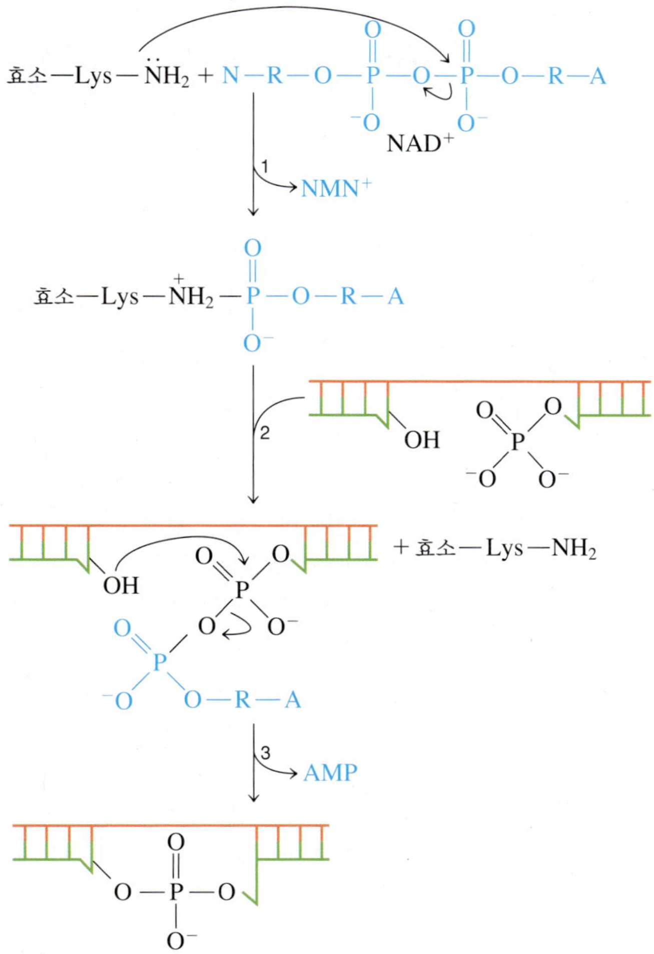

■ **그림 4-26** ■ 대장균 DNA접합효소의 반응 메커니즘. 진핵세포와 T4파지의 경우 NAD^+ 대신 ATP가 사용되며, 반응의 첫 단계에서 NMN^+ 대신 PPi가 제거된다.

합효소가 5′-말단의 마지막 끝까지 합성을 하지 못하게 된다.(그림 4-23). 프라이머를 제거하고 나머지 연장된 단일가닥을 파괴시키므로, 복제가 되풀이될 때마다 염색체에서 프라이머가 있던 부분이 없어지게 된다. 지연가닥에서 완전하게 복제시키는 보완조치가 없는 한 RNA프라이머가 붙은 자리만큼, 매번 복제 시 줄어들게 된다는 결론이 나온다.

진핵세포의 염색체의 말단인 텔로미어 (telomere, 그리스어로 telos로 끝의 의미) 는 독특한 구조를 가지고 있고, 블랙번 (Elizabeth Blackburn) 이 발견한 텔로머레이스 (telomerase) 에 의하여 합성되고 유지된다. 텔로미어 DNA는 각 염색체 끝 3′-말단가닥에 1000개나 그 이상의 짧은 G-가 풍부한 직렬로 되풀이되는 순서를 가지고 있다. 예를 들면, 사람의 경우 텔로미어 DNA의 순서는 TTAGGG, 원시생물체인 테트라하이메나 (tertrahymena) 는 TTGGGG을 갖는다. 텔로머레이스는 RNA를 포함한 라이보핵단백질이고, 역전사효소 (reverse transcriptase) 의 활성을 갖는다. 그래서 텔로머레이스는 반복해서 DNA가닥의 새로운 3′-말단으로 옮겨지고, DNA에 다중의 텔로미어의 순서를 첨가시키게 된다.

세포 노쇠의 원인으로, DNA의 복제가 되풀이되는 동안 텔로머레이스가 없으면 염색체가 계속적으로 끝부분이 잘려지는 현상으로 설명된다. 정반대로 왕성한 텔로머레이스의 활성을 갖는 암세포의 경우, 조절이 불가능한 지속적인 복제로 세포성장이 멈추지 못하는 상태이다. 다중세포체제의 생물체의 체세포에서는 텔로머레이스의 활성이 없고, 세포가 퇴화되어 죽기 전에 20~60번의 제한된 증식을 하기 때문에, 배양세포가 제한된 증식을 하게 되는 이유를 설명할 수가 있다. 암세포에서는 높은 텔로머레이스의 활성을 갖기 때문에 세포가 죽지 않고 무한정 자라게 된다. 이러한 가정 때문에, 텔로머레이스는 항암제개발의 매력적인 목표물질이 되고 있다.

4.3.3 DNA중합효소

대장균의 DNA중합효소 I은 분자량이 103,000으로, 단일단위체로 구성된다. 이 효소단백질은 네 개의 데옥시라이보뉴클레오타이드들이 부착되는 한 개의 부착지역, 주형 DNA의 부착지역, 성장하는 프라이머의 부착지역, 말단 뉴클레오타이드 3′-OH그룹의 부착지역, 그리고 3′→5′과 5′→3′-핵산말단가수분해효소(exonuclease)의 활성부위들을 포함하고 있다. 효소의 3′→5′-핵산말단가수분해효소의 활성은, 대단히 특이성을 가지고 데옥시라이보스의 3′-OH구조를 인식한다. 이때 생성물은 단지 5′-단일뉴클레오타이드가 된다. 그러나 5′→3′ 핵산말단가수분해효소의 활성은 훨씬 특이성이 적어, DNA 또는 RNA의 5′-하이드록실, 일, 이 및 삼인산의 말단을 인식하여 절단하게 된다. 대장균에 존재하는 DNA중합효소들의 기능을 표 4-7에 비교하고 있다.

여러 가지의 DNA중합효소들의 구조가 알려지고 있으나, 구조적인 공통점을 가진다. 대장균의 DNA중합효소 중에서 중합기능만을 갖는 클레노우(Klenow) 조각의 삼차구조가 밝혀졌다(그림 4-27).

DNA중합효소들의 삼차구조는 특히 클레노우조각부위에서 현저하게 동일한 구조적인 공통점을 가진다. 활성부위에 두 개의 Mg^{2+}이 있으며, 이 중 한 개의 Mg^{2+}은 dNTP와 프라이머의 하이드록실그룹이 동시에 부착된다. 반면에 다른 Mg^{2+}은 3′-OH그룹에만 작용한다. 손바닥위치에 있는 두 개의 Asp의 카복실그룹은 두 개의 Mg^{2+} 이온과 다리로 연결되었다. 프라이머에 부착된 금속이온은 프라이머의 3′-OH그룹을 활성화하고, dNTP의 α-인산그룹을 공격하도록 하여 O-P의 결합을 생성하게 한다(그림 4-28). 여기에서 논의한 복제반응의 메커니즘은, 1974년에 콘버그(Kornberg)가 단일가닥의 원형 DNA와 대장균에서 분리한 다중효소를 사용하여 실험적으로 증명해 보였다.

포유류에서는 적어도 다섯 가지의 분명한 DNA중합효소(polymerase)가 알려지고 있다. 그들은 1. 대부분 세포질 또는 핵에서 발견된 주된 효소인 DNA중합효소 α, 2. 주로 핵에서 발견된 DNA중합효소 β, 3. 전체 세포 DNA중합효소의 1~2%에 해당하고 세포질과 핵에 모두 들어있는 DNA중합효소 γ, 4. 마이토콘드리아의 DNA중합효소, 5. 여러 바이러스들의 감염에 의해서 유도된 중합효소들이다.

표 4-7 대장균의 DNA 중합효소의 비교

	DNA중합효소		
	I	II	III
구조유전자	polA	polB	polC (dnaE)
소단위체(다른 형태의 수)	1	≥ 4	≥ 10
분자량	103,000	88,000†	830,000
3′ → 5′-핵산외부가수분해효소(확인 해독)	유	유	유
5′ → 3′-핵산외부가수분해효소	유	무	무
중합반응비율(뉴클레오타이드/초)	16-20	40	250-1,000
진행성(중합효소처리 직전 뉴클레오타이드 첨가)	3-200	1,500	≥ 500,000

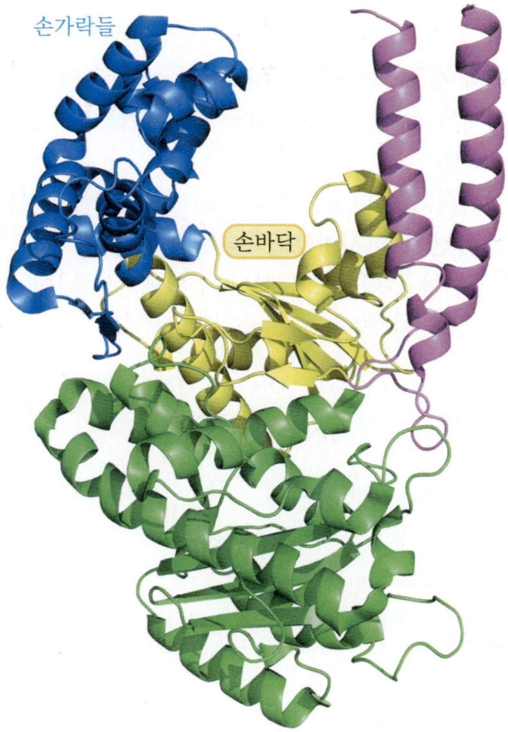

■ 그림 4-27 ■ 대장균 DNA중합효소 I의 클레노우조각의 삼차구조. 다른 여러 DNA중합효소의 중합활성부위의 구조가 동일하며, 효소는 오른손 모양으로 손가락(청색), 엄지(자주색) 및 손바닥(오렌지색)을 공통적으로 갖는다. 클레노우 조각은 핵산외부가수분해효소의 활성부위를 포함하고 있다.

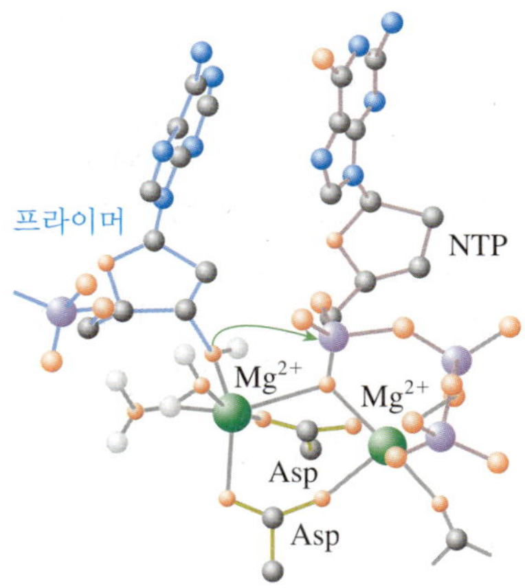

■ 그림 4-28 ■ DNA중합효소의 반응 메커니즘. 두 개의 Mg^{2+}이 반응메커니즘에 참여한다. 한 개의 금속이온은 프라이머의 3′-OH그룹과 배위결합되고, NTP의 인산그룹은 두 금속 사이의 다리기능을 수행한다. 프라이머의 하이드록실그룹은 인산을 공격하여 새로운 O–P의 결합을 형성한다.

RNA의 종양바이러스들은 그들의 RNA를 전사하여 DNA를 만드는 과정에 관여하는 효소로 **역전사효소 (reverse transcriptase)** 를 사용한다. 이 RNA의 지시에 의해 기능하는 DNA중합효소는 다음의 반응을 촉매한다. 바이러스 RNA로부터 두 가닥 DNA의 역전사 생성물은 세포 DNA에 합류되고, 그래서 바이러스의 유전정보는 한 세포의 세대에서 다음세대로 이전된다. 과거에 단지 바이러스입자에만 제한되었던 역전사효소의 유전정보가 이제는 정상적인 세포에서도 일어나는 것으로 알려지고 있다.

4.3.4 유전자의 돌연변이와 수선

세포에서 매우 중요한 현상인 돌연변이는 유전자가 몇 가지 비정상적인 또는 일부 생화학적인 변형에 의해서 보통과는 다른 **표현형 (phenotype)** 을 가지고 발현되는 유전자의 급격하고 안정하게 변화되는 현상이라고 정의된다. 유전자의 돌연변이에 의해서, 경우에 따라서는 세포에서 특수한 생화학적인 기능을 수행하는 능력을 잃게 되기도 한다.

일반적으로 DNA분자에서 A, T, G, C의 염기순서의 변화나, 또 결손 등의 도입으로 얻어지는 세 종류의 돌연변이가 가능하다. DNA에서 한 개의 염기가 변형됨으로써 얻어지는 **점 돌연변이 (point mutation)** 에는 피리미딘이 다른 피리미딘으로 또는 퓨린이 다른 퓨린으로, 같은 염기 사이의 치환에 의한 **전이 (transition)** 와 퓨린이 피리미딘으로 치환되는 **전위 (transversion)** 가 있다. 또 DNA상의 한 개 또는 그 이상의 염기쌍이 삽입되거나 결손되어 발생하는 돌연변이도 가능하다.

1. 물리적 또는 화학적인 돌연변이 유발 (생성)

자연에서 돌연변이는 물리적 동시에 화학적인 방법으로, DNA에서 염기의 변화, 즉 DNA염기의 손실, 부가 또는 변형으로 **해독구조 (reading frame)** 의 코돈의 이동이 수반되는 우연하게 일어나는 과정이다. 화학적인 돌연변이의 생성은 아래와 같이 발생된다.

(1) **HNO_2에 의한 탈아미노화반응**: 아질산의 탈아미노화반응에 의해서 아데닌에서 하이포잔틴으로의 변형은 결과적으로 타이민 대신 사이토신과의 쌍을 이루게 된다. 또 사이토신의 유라실로의 변화는 아데닌과 쌍을 이루도록 한다. 반면에 구아닌이 잔틴으로 변경되면 사이토신과 정상적으로 쌍을 이루게 된다.

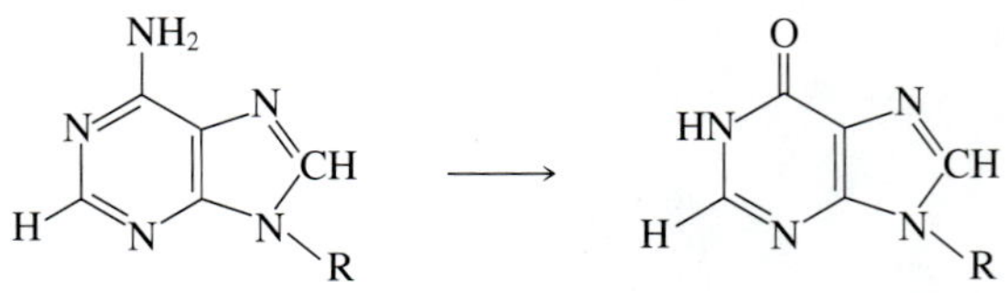

아데닌 하이포잔틴

구아닌 ⟶ 잔틴
사이토신 ⟶ 유라실

(2) 정상적인 세포의 성분이 쉽게 하이드록실아민을 배제하기 때문에, 단지 세포에서 분리된 체계 (in vitro) 에서 매우 강력한 돌연변이의 시약으로 작용한다. 이 시약은 사이토신과 특수하게 반응한다.

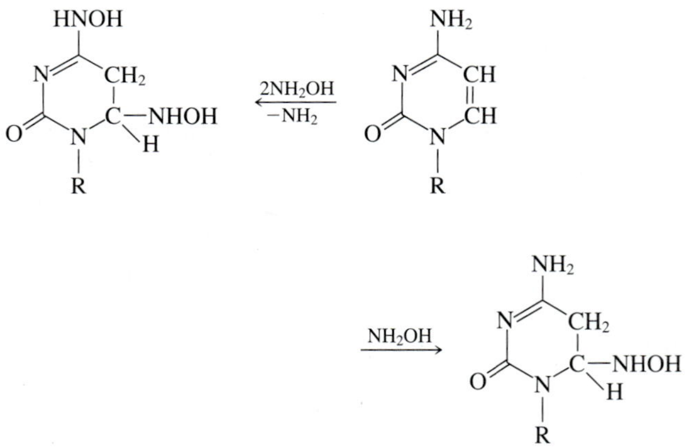

얻어진 유도체는 아데닌과 쌍을 이룸

(3) **알킬화 시약**: 다이메틸설페이트 (DMS) 와 에틸메테인설포네이트 (EMS) 는 구아닌에 특수하게 반응하는 시약이다.

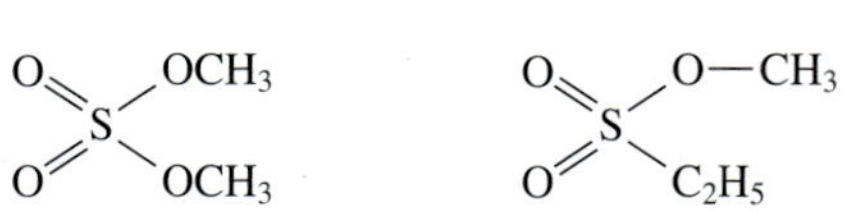

DMS EMS

염기가 메틸화된 다음, 데옥시라이보사이드의 연결을 불안정화시키는 사차질소의 형성 때문에 데옥시라이보스를 배출시키게 된다. 염기의 상실은 어떤 다른 4개 염기의 교체로 이어지고, 결과적으로 DNA사슬을 손상시키기도 한다.

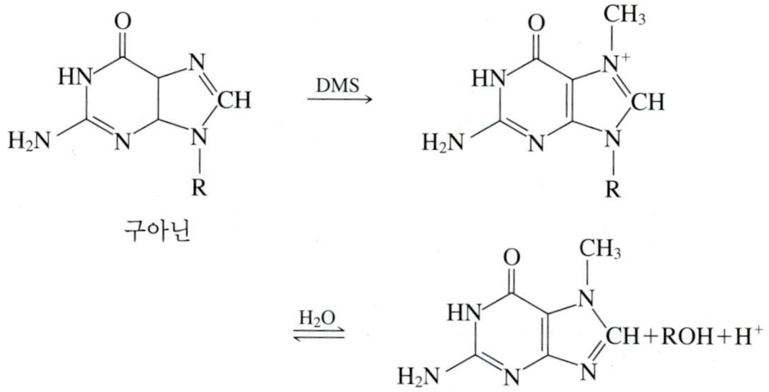

이들 화합물은 다른 알킬화 돌연변이 시약인 β-클로로에틸아민 (β-chloromethylamine), 질소겨자들과 마찬가지로 매우 독성이 강하다.

(4) 메틸화 시약: 가장 강력한 돌연변이성 화합물질인 *N*-메틸-*N′*-나이트로-*N*-나이트로소구아니딘 (MNNG) 은 특별한 주위를 기울여 취급하지 않으면 사용 시 매우 위험한 화학물질로 알려지고 있다. 이 시약은 박테리아의 돌연변이 균주를 만드는 데 많이 쓰이고 있으며, 가장 강력한 화학적인 발암성물질 (carcinogen) 로 알려지고 있다.

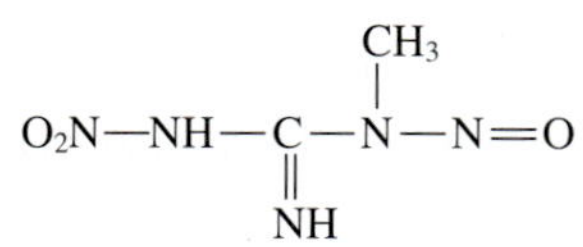

이 시약은 아마도 다이아조메테인으로 바뀐다.

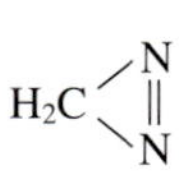

유전자에서 X-선의 조사나 또는 자외선 (UV) 에 의한 돌연변이 작용은 돌연변이를 유발시키는 매우 효과적인 방법이 된다. X-선은 아마도 자유레디컬 메커니즘에 의해서 DNA와 반응하여 DNA사슬에서 단일가닥사슬의 파괴의 원인이 된다. 또한 DNA에 260nm파장의 빛을 지속적으로 조사하면 자주 근처에 있는 두 개의 타이민 이합체, 또는 타이민-사이토신이나 두 사이토신을 이합체로 만드는 광화학적인 이합체화의 생성을 촉진하게 한다. 타이민염기는 UV조사에 의해서 독특한 이합체를 만드는 경향을 나타낸다 (그림 4-29).

2. 수선의 메커니즘

모든 세포는 DNA에 일어난 손상을 스스로 제거하거나, DNA이중나선을 원래의 상태로 회복시키는 자체수선기구를 가지고 있다. X-선 조사는 DNA에서 가닥의 절단이나 파괴

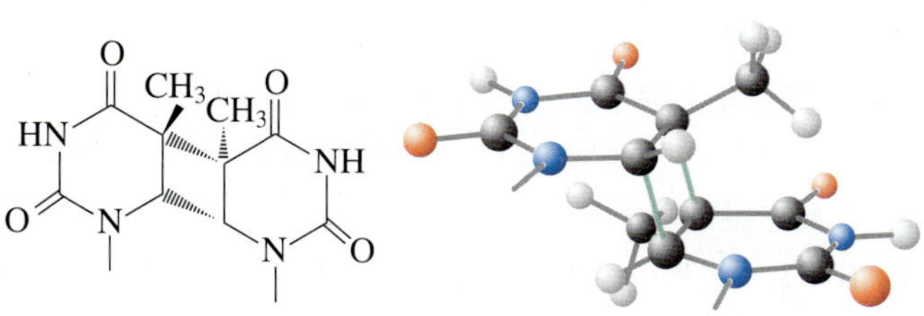

(1) 타이민이합체 (2) 타이민이합체의 입체모형의 구조

그림 4-29 두 타이민 염기의 이합체의 구조. 자외선조사에 의해서 한 가닥의 인접한 두 타이민은 상호결합되는 화합물을 만든다.

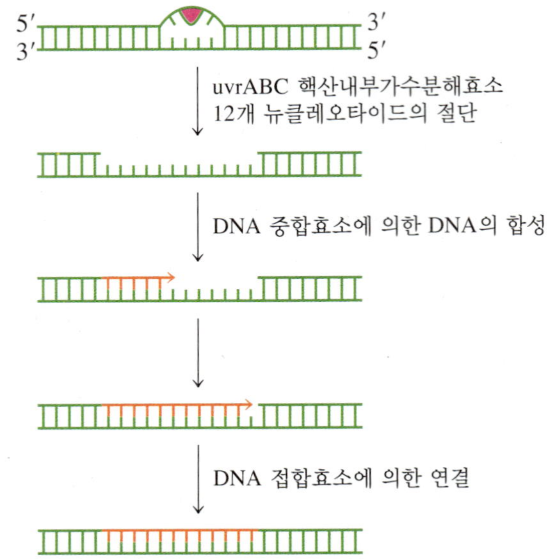

그림 4-30 절단수선 메커니즘. 타이민이합체를 포함하는 DNA는 특수한 핵산내부가수분해효소에 의해서 이합체 근처의 일부를 절단하고, 중합효소에 의해서 공간을 메운 다음, 마지막으로 접합효소의 도움으로 수선을 마친다.

를 가져오고, UV조사는 타이민의 이합체화의 원인이 되고 있다(그림 4-29). DNA의 구조에서 이러한 돌연변이는 현재 잘 설명된 메커니즘에 의해서 빠르게 수선될 수 있다.

DNA중합효소를 결핍한 대장균의 돌연변이 균주가 자외선과 X-선조사에 강한 예민성을 나타내는 것으로 보아, 이 중합효소가 **절단수선(excision-repair)** 메커니즘에 직접 관련되고 있음을 말해 주고 있다. 절단수선메커니즘은 자외선 조사에 의해서 DNA에 손상을 입은 DNA가닥이 핵산내부가수분해효소에 의해서 타이민이합체의 5′쪽의 한 가닥을 절단하게 된다. 타이민이합체를 갖는 올리고뉴클레오타이드는 DNA중합효소 I의 5′→3′-핵산말단가수분해효소의 작용에 의해서 제거되고, 얻어지는 틈새의 간격은 주형으로 작용하는 상보적인 DNA가닥에 따라 DNA중합효소 I의 합성작용에 의해서 채워지게 된다. 마지막의 틈새는 DNA접합효소에 의해서 복제에서와 정확히 같은 메커니즘으로 쉽게 연결된다(그림 4-30). X-선 조사에 의한 DNA의 손상은 DNA중합효소에 의해서 손상된 가닥이 제거되며, 틈새를 보완시킨 다음, DNA접합효소에 의해서 연결시킴으로써 쉽게 수선을 마칠 수 있게 된다.

사람의 세포에서 DNA수선은 박테리아에서와 매우 유사한 과정으로, 핵산내부가수분해효소에 의한 절단과, 핵산말단가수분해효소에 의한 손상된 가닥의 제거, 중합효소에 의한 틈새의 메꿈과 접합효소의 연결작용 등에 의해서 완성된다. 이러한 결론은 희귀한 유전병인 **색소성 건피증(xeroderma pigmentosum)**의 연구로부터 얻은 성과이다. 주로 미국에 사는 유태인에게 많은 이 유전병을 갖는 환자는 자외선에 비정상적으로 민감하고, 심한 피부염 또는 피부암을 일으키게 된다. 이런 환자들의 피부결합조직 형성세포(조직배양세포)에 자외선을 조사한 결과 타이민이합체가 곧 발생하고, 수선이 일어나지 않는 상황이 나타난다. 그러나 만약 이런 피부결합조직 형성세포(fibroblast)를 처음에 X-선을 조사하고 다음에 UV를 쪼여 타이민이합체를 만들면 빨리 DNA 수선이 일어나게 된다. 분명한 것은 X-선 조사로 돌연변이되어 사슬을 파괴시키고, 다음에 내재적인 핵산내부가수분해효소, 중합효소, 접합효소들에 의해서 손상을 수선할 수 있게 되기 때문이다. 그래서 이러한 실험으로 분명하게 얻은 결론은 1. 이런 희귀한 병에서 유전자의 분자적인 절단의 결손은 절단에 필요한 핵산내부가수분해효소의 결핍 때문에 수선 메커니즘을 수행하기 불가능하게 되기 때문이다. 2. 박테리아에서 DNA수선이 근본적으로 사람에서와 동등한 메커니즘으로 일어남을 증명할 수 있게 되었다.

4.3.5 유전자재조합

그동안 생화학 연구의 발전에 가장 장애가 됐던 문제점은 연구에 필요한 생체물질을 다량 확보하기 어렵다는 점이었다. 실제로 생명체에서 주요기능을 수행하는 특정 순서의 유전자나 그 유전자가 만드는 단백질은 그 양이 매우 적어, 이러한 물질들의 구조와 기능 연구의 발전에 큰 장애요소가 되었다. 칠십 년대 후반에 등장한, DNA를 체내외에서 조작할 수 있는 재조합 DNA기술은 생화학, 세포생물학 및 유전학 연구의 획기적인 발전을 가져오는 데 크게 기여하였다. 재조합 DNA기술을 **분자클로닝 (molecular cloning)** 또는 **유전공학 (genetic engineering)** 이라 부른다. 이 기술은 특수한 DNA를 분리하고 증폭시키며, 심지어 유전자내부의 특수한 염기를 교체시키는 일이 가능하도록 발전하였다. 자연에 존재하는 단백질에서 아미노산의 교체로 새로운 기능의 단백질의 제조가 가능하게 되었으며, 이러한 기술은 **단백질공학 (protein engineering)** 이라고 부른다.

1. 유전자재조합

연구대상이 되는 DNA를 숙주세포에 운반하는 운반체에 결합시킨 DNA 또는 세포군을 **클론 (clone)** 이라 하고, 이를 통하여 한세대에서 다량의 동일한 단백질을 생산하는 기술을 클로닝기술이라고 한다. 클로닝기술은 연구대상의 핵산이나 단백질의 다량획득을 가능하게 하였고, 조절된 상황에서 유전자의 발현의 연구 등에 획기적인 수단이 되고 있다. 유전자조작의 기술은 다음의 단계들을 거쳐 수행된다. 1. 유전자운반체 (vector) DNA의 정제 및 절단에 의한 열기 (제한효소 사용). 2. 연구대상이 되는 유전자의 획득. 3. 이들 DNA의 원하는 크기로 절단 (제한효소) 및 운반체에 삽입 (클로닝). 4. 클론된 DNA를 대장균 같은 숙주세포에 삽입 (transformation) 및 원하는 DNA가 포함된 세포의 확인 및 선별 (그림 4-31).

2. 재조합운반체 및 재조합된 클론의 선별방법

유전자운반체 (vector) 로는 비염색체 DNA로 존재하는 플라스미드를 사용하며, 이 유전자운반체는 다음 세대로 이전되는 복제의 시작점인 레플리콘 (replicon) 을 가지고 있다. 이 유전자운반체인 플라스미드는 유전적으로 동질성 (homogeneity) 을 가지고, 일정한 크기를 가지며, 독자적으로 복제될 수 있는 능력을 가지고 있다. 그러한 조건의 플라스미드로 프로파지 (prophage), 람다파지 (lamda phage) 또는 콜리파지 등이 존재한다. 운반체, 플라스미드가 갖추어야 할 조건으로는 적은 분자량으로 쉽게 숙주세포에 진입이 가능하여야 하고, 숙주세포에서 병원의 증상 (phetogenic trait) 에 의해서 쉽게 선별될 수 있어야 하며, 많은 제한효소들에 의해서 한 개만의 절단부위를 가져야 한다.

위에 열거한 조건에 맞는 인위적으로 만들어진 유전자운반체로, 초기에 주로 사용된 pBR322가 있다. 가장 다양한 성능의 pBR322 운반체는, RSF2124의 Ap^R유전자와 PSC101에서 Tc^R유전자를 포함하는 DNA에 Col E1같은 플라스미드인, pMB1의 복제인자를 연결시켜 만들었다. pBR322, 인조 플라스미드의 크기는 4363 염기쌍을 가지고 있으며, Tc^R 유전자에 여섯 개 (EcoRV, BamHI, SphI, SalI, XmaIII, NruI) 의 제한효소 절단부위와 또 Ap^R유전자에 세 개 (PstI, PvuI, ScaI) 의 절단부위를 가지고 있다. Ap^R유전자와 Tc^R 유전자를 갖는 대장균의 균주는 항생제인 엠피실린과 테트라싸이클린의 존재하에 생존이 가능하다 (그림 4-32).

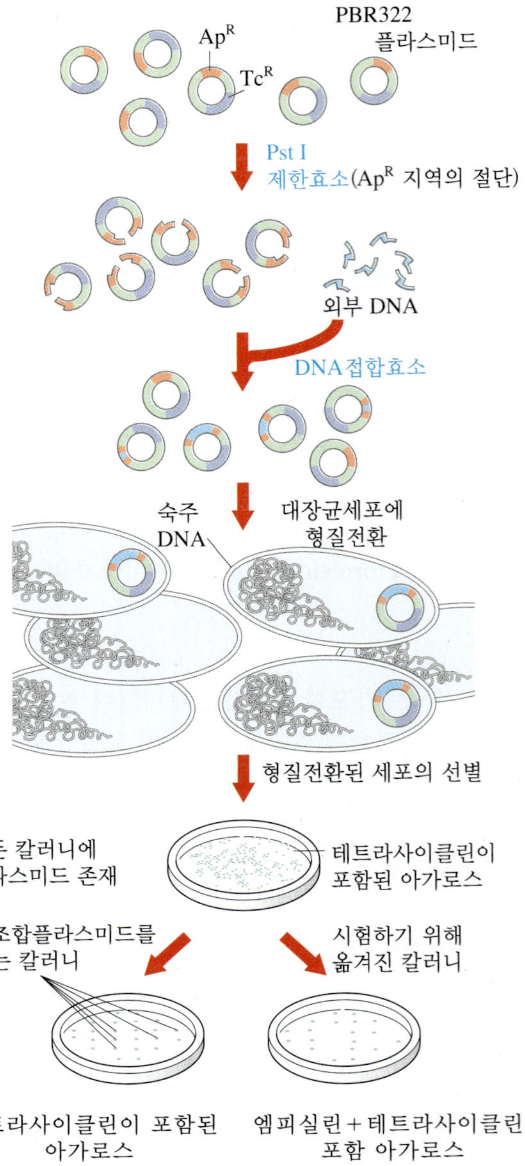

그림 4-31 유전자재조합방법. 대장균에서 유전자 운반체로 pBR322를 사용하여 클로닝된 칼러니를 선별한다.

실제로 운반체 pBR322를 사용하여 재조합시키는 경우, 항생제 저항유전자 Ap^R의 중간에 위치한 제한효소의 절단부위에 연구대상인 유전자를 삽입시키게 되면, 배양접시에서 칼러니를 복사-판을 사용함으로써 테트라사이클린에 살아남고 Ap^R에 살아남지 못하는 형질전환된 대장균의 칼러니를 선별할 수 있게 된다. 박테리아 세포는 한 개의 세포에서 얻어지는 칼러니들을 볼 수 있도록 낮은 밀도에서 반고체 배양배지에 펼쳐 직접 식별할 수 있다.

현재 형질전환이 되면 색깔을 내는 플라스미드도 개발하여 사용하고 있다. 대표적인 예로 pUC18플라스미드는 β-갈락토시데이스의 유전자 lacZ를 가지고 있으며, 이 효소는 기질인 무색의 X-gal이 효소의 절단에 의하여 푸른색을 나타내게 된다. pUC18 운반체의 유전자를 절단하여 외부 DNA를 삽입시킨 경우, lacZ유전자의 손상으로 효소의 생성이 불가능하게 되어 무색을 나타냄으로써 형질전환된 균주의 선별이 쉽게 가능하다(그림 4-33).

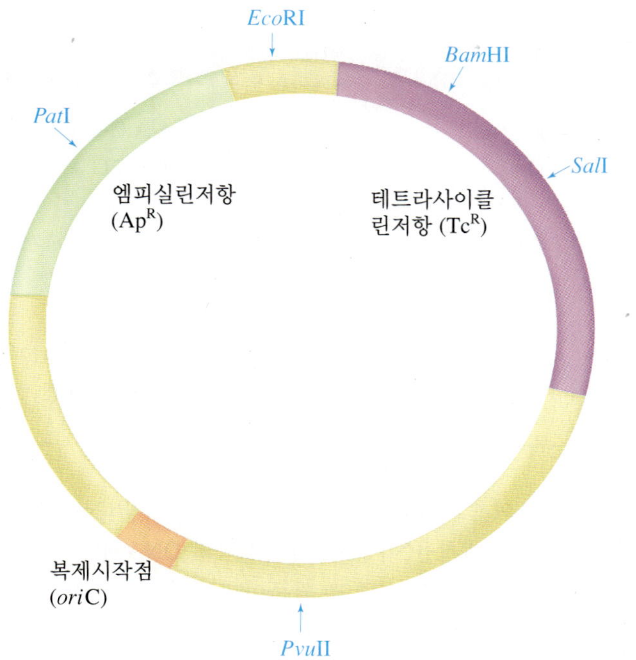

그림 4-32 유전자운반체 대장균 플라스미드 pBR322. 중요한 제한효소 절단 부위가 엠피실린과 테트라사이클린 저항유전자에 있다. 복제 시작점은 oriC이다.

3. 제한효소

박테리아의 유전자를 사용한 유전자재조합기술이 가능하게 된 것은 대단히 제한된 절단부위를 갖는 제한효소의 발견 때문이다. 제한효소는 유전자조작에 사용하기 위하여 특정유전자를 손상하지 않고 비교적 큰 크기의 DNA로 절단을 가능하게 하고, 또 절단된 부분이 독특하여 추후에 다시 접합이 가능하여야 하는데, 이 두 조건을 갖는 효소의 존재를 박테리아의 자체보호시스템에서 발견하게 된 것이다. 원래 대장균에서 발견된 제한효소는 이중가닥의 특정한 순서에 메틸화로 자신의 유전자를 보호하기 위한 것이었다. 제

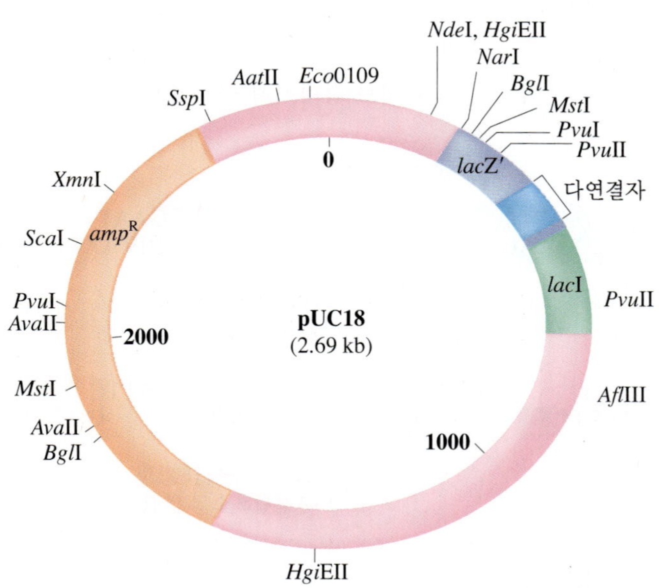

그림 4-33 pUC18 플라스미드. 13개의 다른 제한효소 절단부위를 가지고 있는 다연결자(polylinker)를 가지며, 항생제 엠피실린에 저항하는 유전자와 β-갈락토시데이스의 유전자 lacZ 를 갖는다. 그리고 lacZ의 발현을 조절하는 인자 lacI도 포함하고 있다.

표 4-8 제한효소들의 절단부위

II형 제한효소들의 인식순서			
BamHI	(5′) G↓G A T C C (3′) C C T A G↑G	*HindIII*	(5′) A↓A G C T T (3′) T T C G A↑A
EcoRI	(5′) G↓A A T T C (3′) C T T A A↑G	*PstI*	(5′) C T G C A↓G (3′) G↑A C G T C
HaeIII	(5′) G G↓C C (3′) C C↑G G	*PvuII*	(5′) C A G↓C T G (3′) G T C↑G A C

한효소는 보통 4~8개의 이중가닥의 DNA에서 염기순서를 인지하여, 절단되는 DNA의 분자는 염기의 순서가 이중 대칭을 이루고, 이중가닥의 DNA에서 연속적인 염기의 배열은 **회어적 (palindrome)** 이거나 또는 역으로 되풀이되는 순서로, 두 가닥이 반대 방향으로 읽혀질 수 있는 염기의 순서를 절단하게 된다.

5′-R-O-M-A-3′ 화학과 실험실 과학화
3′-A-M-O-R-5′ 가련하시다 사장집 아들딸들아 집장사 다시하련가
(이중가닥의 순서가 같은 회어 또는 회문)

이렇게 두 가닥이 서로 다른 위치에서 잘려지는 제한효소들과 절단부위를 표 4-8에 나타내었다. 이중가닥에서 두 가닥의 같은 높이를 자르는 HaeIII과 PruII의 절단지역은 무딘 끝 (blunt end) 을 만들게 된다. 절단지역이 회어적일 경우에 제한효소, EcoRI이 인식하고 절단하는 염기의 순서는 GAATTC로, 두 가닥을 5′-말단으로부터 읽을 때 180° 회전대칭이 된다. 따라서 위와 같은 순서가 DNA에서 나타날 확률이 대단히 적어 상당히 큰 가닥의 DNA를 자를 수 있고, 또 잘려진 부분이 단일가닥의 끝을 가지므로 같은 효소로 자른 다른 DNA와 쉽게 혼성화되어 접합이 가능하다. 그래서 DNA에서 이런 단일가닥의 끝을 접착력이 있는 말단 (sticky 또는 cohesive end) 이라고 한다 (그림 4-34). 이는 유전자재조합 시 운반체와 삽입시킬 유전자를 서로 같은 제한효소로 절단하여, 운반체 DNA와 쉽게 접속시킬 수 있고 접합효소에 의해 서로 접합시켜 숙주세포에 이전이 가능하다.

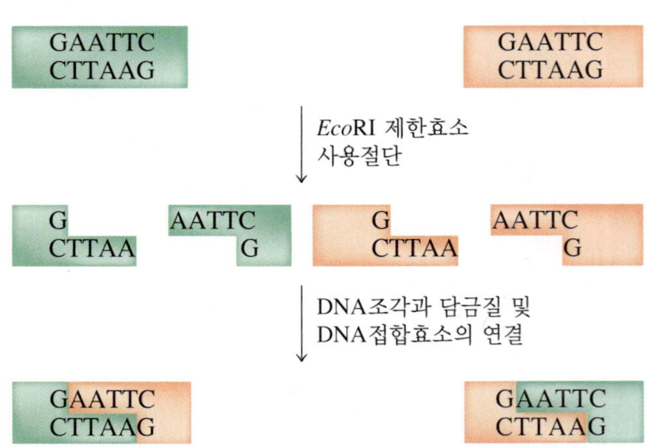

그림 4-34 접착성 말단에 의한 DNA의 연결. 두 DNA분자를 제한효소 EcoRI을 사용하여 절단하게 되면, 접착성 말단을 이용하여 재조합분자의 생성이 가능하다.

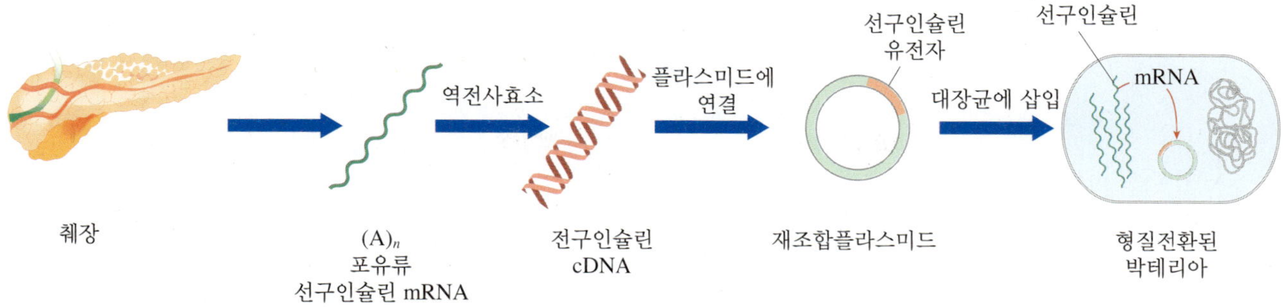

그림 4-35 대장균에서 사람의 인슐린 제조. 인슐린의 전구체인 프로-인슐린이 대장균에서 유전자 재조합법으로 만들어 질 수 있다.

4. 유전자의 획득 (DNA libraries)

유전자의 재조합실험에서 가장 중요한 과정 중의 하나가, 연구대상이 되는 특정한 정보를 갖는 유전자를 얻어내는 것이다. 이때 특정한 유전정보는 그 뉴클레오타이드의 서열이나 유전자가 만드는 단백질에 관한 정보이다. 이렇게 특정한 정보를 갖는 DNA를 얻어내는 방법으로는 세 가지 방법이 가능하며, 일반적으로 유전자를 얻는 일이 쉽지 않기 때문에, 연구대상에 따라 적절한 방법을 선택하여야 한다.

특정한 단백질의 유전자를 필요로 하는 경우, 그 단백질을 특히 다량 생산하는 조직이나 세포 (예: 인슐린, 렝거헨섬 세포) 로부터 mRNA를 분리하며, polydT 컬럼 (진핵세포의 말단이 polyA로 구성) 을 사용하여 여러 분획으로 분리하고, 밀 배아나 곤충의 세포외 전사기구 (cell free translation kit) 를 사용하여 mRNA에 해당하는 단백질을 만들어 해당 mRNA를 확인하게 된다. 이때 얻어진 mRNA는 역전사효소를 사용하여 해당하는 cDNA를 만들 수 있다. 이렇게 얻은 인슐린 유전자는 박테리아에서 발현시켜 많은 양의 인슐린의 제조가 가능하다 (그림 4-35) .

유전체의 문고 (library) 는 생물체의 염색체 DNA에서 제한효소를 사용하여 클론 가능한 조각으로 절단한 다음 운반체에 삽입하게 된다. DNA의 절단은 같은 시료에 여러 다른 조합의 제한효소를 사용하여 유전체문고가 생성되도록 한다. 이렇게 얻어진 DNA조각들은 분류하고, 클로닝한 다음 원하는 숙주세포에서 원하는 단백질의 생산을 확인함으로써 cDNA를 얻어낸다.

최근에 가장 많이 사용하는 중합효소사슬반응 (PCR) 방법으로, 원하는 단백질 아미노산의 순서로부터 얻은 cDNA의 일부 순서 (20~30 염기) 를 합성하고, 이를 탐침으로 사용하여 DNA문고에서 원하는 cDNA를 합성하는 방법이 비교적 간편하지만, 이 유전자는 클로닝시킨 다음 단백질의 생성을 반드시 확인하여야 한다.

5. 트랜스포메이션 (형질전환)

초기에는 대장균에 형질전환은 거의 불가능하였으나, 1970년 하이가 (Mandel Higa) 가 대장균에 $CaCl_2$를 처리한 결과 박테리오파지 λ DNA가 세포내부로 진입되는 사실을 발견하게 되었다. 몇 해 후 코헨 (Cohen) 은 $CaCl_2$처리한 대장균은 플라스미드 DNA의 효과적인 수용체임을 발견하게 되었다. 그 후 플라스미드 DNA는 거의 모든 대장균 균주들의 세포내부로 진입이 가능하게 되었다. $RecB^-$에는 선형 박테리아의 DNA의 진입이 가능하고, $RecB^+$ 는 10%의 효율로 진입이 가능하였다. 많은 박테리아는 자체의 제한효소로 외부 DNA를 파괴시키므로, 대장균에서 제한효소가 돌연변이된 대장균의 균주가 이러한 진입 가능한 숙주로 사용되고 있다. 이때 $CaCl_2$는 세포막에 작용하여 적은 크기의 DNA가 삽입되게 하는 것으로 보이며, 거의 모든 그램음성균의 박테리아가 $CaCl_2$의 처리로 형질

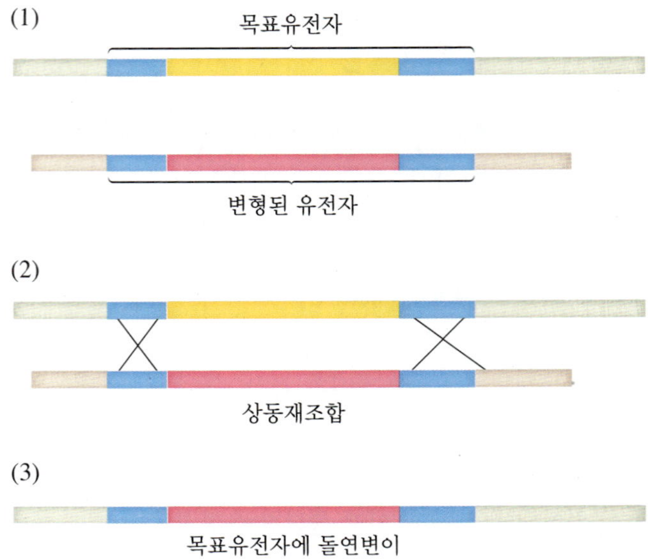

그림 4-36 상동재조합법에 의한 고등생물에 변형된 유전자의 도입. (1) 목표유전자에 변형된 유전자를 구축할 때 양쪽 끝이 정상유전자와 동등한 지역을 갖도록 만든다. (2) 상동지역(청색)에서 재조합을 완성. (3) 정상유전자는 외부유전자로 교체된다. 유전자가 유입된 세포는 배아에 삽입시키고 발현시킨다.

전환이 가능하다. 적정전환효율은 μg 플라스미드 DNA당 $10^7 \sim 10^8$의 세포수 정도이다.

6. 포유류에서 유전자의 재조합

포유류에서 유전자의 재조합은 유전자의 기능을 이해하거나 또는 유전적인 질병의 치료방법의 개발을 위하여 발전되었다. 도입된 다른 생물의 유전자를 **이식유전자 (transgene)** 라고 한다. 이식유전자가 생물의 초기세포에 융합되게 하기 위하여, 태아줄기세포의 유전자에 **상동재조합 (homologous recombination)** 방법으로 주입시켜 수정란에 주입하고, 다음 대리모의 자궁에 착상시킴으로써 유전자를 도입시키는 방법이 사용되고 있다. 상동재조합 방법은 원핵세포에서와는 달리 새로운 유전자를 도입하기 위하여 기존에 존재하는 유전자의 중간을 절단시켜, 양쪽의 말단과 상보적인 유전자를 양편에 가진 특정 유전자를 삽입

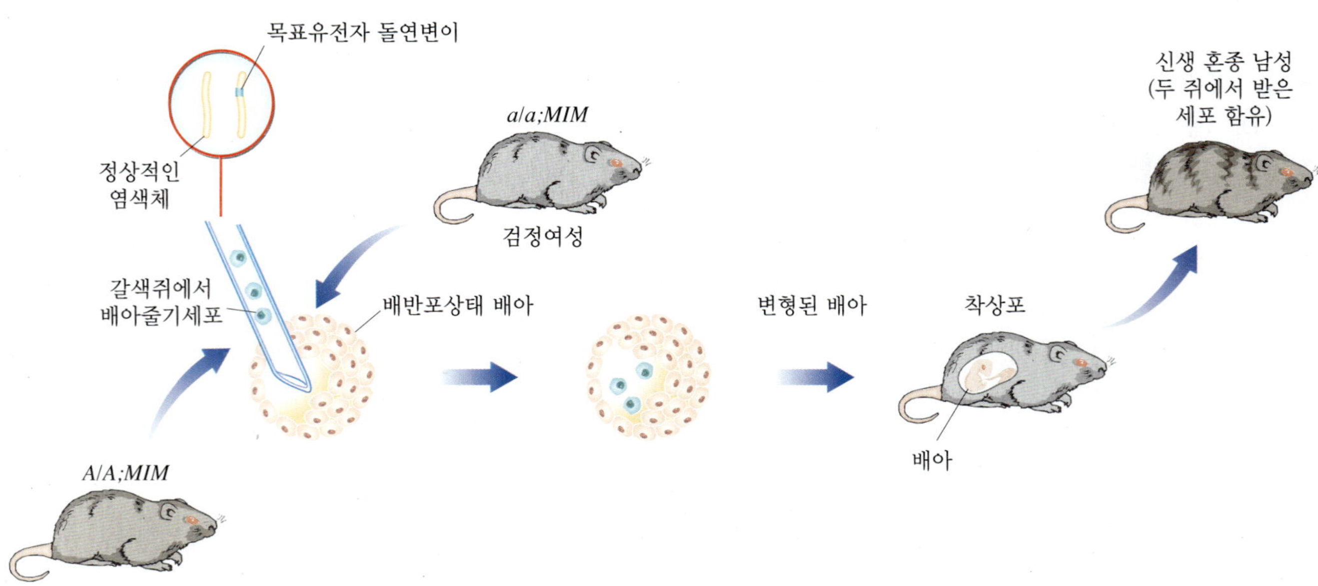

그림 4-37 녹아웃쥐의 생산. 목표유전자를 변형시킨 다음, 배아줄기세포에 삽입시킨다. 삽입된 배아줄기세포를 배아에 주입하고, 다음 배아를 대리모에 착상시킨다. 새로 탄생한 쥐는 특정유전자의 기능이 상실되어 있다.

시킴으로써 포유류에 새로운 유전자의 도입이 가능하다(그림 4-36).

현재 특정유전자를 손상시켜 포유류, 특히 쥐에서 발현시키는 방법으로, 유전자가 손실된 **녹아웃쥐(knock-out mouse)**를 만드는 기술이 개발되었다. 쥐의 유전자는 사람의 유전자와 같은 26,383개의 유전자를 가지고 있고, 같은 수의 염색체를 가지고 있어 유전자의 기능을 연구하는 모델로 사용되고 있으며, 현재 10,000여 개의 유전자의 기능이 상실된 녹아웃쥐가 만들어졌다(그림 4-37). 이러한 연구방법으로 사람의 유전자의 기능의 이해에 큰 성과를 얻고 있으며, 당뇨병, 심장질환, 암, 노화의 원인 등의 유전자 확인에 많은 연구가 진행되고 있다. 희귀한 유전병(Lesch-Nyhan)의 유전자를 교정하기 위하여, 정상적인 사람의 hprt유전자를 쥐에서 발현시키는 연구 등의 포유류 유전자재조합방법의 개발성과로, 2007년도에 카페치(Mario R. Capecchi), 스미티이스(Oliver Smithies), 에반스 경(Sir Martin J. Evans)이 노벨상을 수상하게 되었다.

4.3.6 재조합 관련기술

1. 아가로스 젤 전기영동법

조작하고자 하는 DNA의 절단 및 접합을 확인하는 방법으로 아가로스를 사용한 전기영동법이 사용되며, 1%의 아가로스를 사용하여 수백 개의 염기에서 20,000개의 염기쌍을 분리 식별할 수 있다. DNA분자는 이티듐브로마이드(ethidium bromide)를 사용하면 염기쌍의 두 가닥 사이에 부착되어, 분리 시 얻어진 띠는 자외선을 사용하면 가시적인 형광발색으로 0.05μg/띠의 DNA의 추적이 가능하다. 각기 다른 모양의 DNA는 가장 적은 크기의 초코일화된 DNA가 가장 빨리 진행하고, 직선의 DNA 그리고 원형의 DNA의 순서의 띠로 나타난다(그림 4-38).

2. 서던 및 노던흡입법

알고 있는 염기순서의 탐침(probe)을 사용하여 상보적인 RNA나 DNA를 확인하는 방법이다. DNA염기 순서에서 10~20개의 염기서열이 같을 수 있는 확률은 매우 낮아서 합

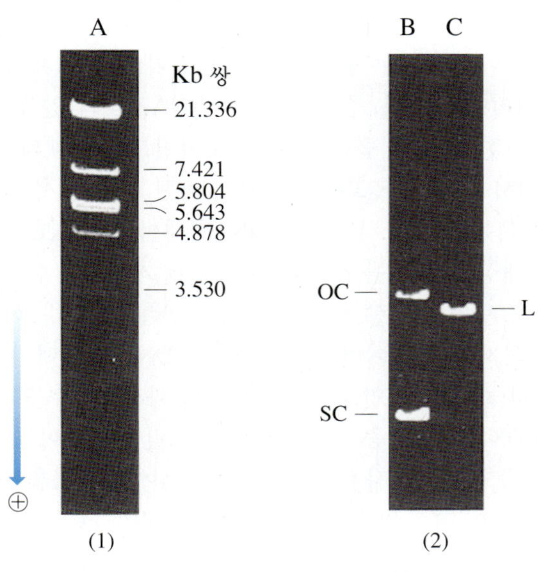

그림 4-38 DNA의 아가로스 젤 전기영동. 화살표는 띠의 이동방향을 나타낸다. (1) 파지 λ DNA를 제한효소 EcoRI 처리한 다음 1% 아가로스 젤의 전기영동으로 분리하고 이티듐브로마이드 용액에 넣은 후 젤 모양. (2) 6.4Kb의 플라스미드 DNA를 열린 고리형(OC), 초코일(SC) 그리고 선형(L)의 DNA 띠들을 나타낸다.

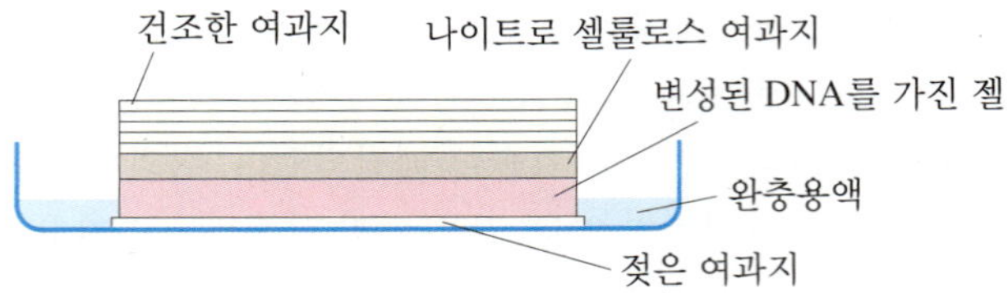

그림 4-39 서던흡입법에 의한 DNA의 제한효소 절단조각의 확인.

성한 탐침을 방사선 표지하여 사용하면 상보적인 염기의 순서를 갖는 상당히 큰 크기의 DNA나 RNA의 존재를 확인할 수 있다. 이 방법은 RNA에 의해서 어떤 순서의 DNA가 전사되고 있는지 알아 볼 수도 있고, 원하는 DNA를 확인하는 데 널리 쓰이고 있다.

서던흡입법 (Southern blotting) 은 아가로스의 젤에서 절단된 DNA의 띠를 정확히 분리한 다음, 젤상의 DNA를 알칼리처리를 통하여 단일가닥의 DNA를 만들게 된다. 그림 4-39의 장치에서 완충용액은 젤에 있는 단일가닥의 DNA를, 윗부분의 건조한 여과지의 흡수력 때문에 DNA를 운반하게 되고, 나이트로셀룰로스 여과지에 이동시키게 된다. 이 나이트로셀룰로스의 DNA는 80°C로 구워, 영구적으로 고정시키게 된다. 찾고자 하는 DNA에 상보적인 순서의 짧은 DNA를 합성하고, 방사성으로 표지시킨 탐침을 만든 다음, 찾고자 하는 DNA를 포함한 용액에 넣게 되면 상보적인 순서가 존재할 때 탐색자가 DNA와 혼성화된다. 잘 세척한 다음 사진건판에 혼성화된 지역을 방사성자동사진법 (autoradiograph) 으로 확인가능하다. 이 방법을 사용하면 복잡한 유전체에서 단순하게 복사된 유전자의 제한효소지도의 작성이 가능하고, 잘 알려진 조각의 크기에 따라 특정유전자의 순서를 확인할 수 있게 된다.

노던흡입법 (Northern blotting) 은 서던흡입법에서 DNA 대신 RNA를 확인할 수 있다. RNA는 나이트로셀룰로스에 부착되지 않기 때문에 화학적으로 반응성이 있는 아미노벤질옥시메테인 여과지 (Whatman 540) 에 공유결합시켜 부착시키고, 이때 방사성으로 표지된 DNA탐침으로 혼성화시켜 특수한 RNA를 확인할 수 있다.

3. PCR 방법

중합효소사슬반응 (PCR, polymerase chain reaction) 은 상당히 단순한 방법이지만, 관심있는 유전자조각의 복사수를 무한정 증폭시킬 수 있어 유전자를 연구하는 분야에서 거의 획기적인 발견이다. 이 방법에는 탐침 DNA로 단일가닥의 두 개의 합성 올리고뉴클레오타이드가 먼저 준비되어야 하며, 증폭시키려는 DNA조각의 양쪽 끝부분의 가닥에 상보적인 순서를 가져야 한다. 이때 올리고뉴클레오타이드는 복제의 프라이머로 복제 시 DNA중합효소에 의해서 연장된다. 3′-말단의 혼성화된 탐침은 서로 반대쪽으로 향하는 방향으로 배치시켜 원하는 DNA조각을 따라 DNA합성이 일어나도록 배치시키게 한다.

증폭시키려는 연구대상의 DNA를 정제한 다음 짧게 가열하여 이중가닥을 분리시키고, 합성된 뉴클레오타이드 탐침의 과량 존재하에 온도를 낮추게 된다. 네 개의 데옥시뉴클레오타이드삼인산이 더해지고, 프라이머를 부착시키면 DNA가 선택적으로 복제된다. 자동적으로 몇 시간에 거쳐, 이렇게 가열, 냉각 및 복제의 과정을 25~30번 되풀이하여, 프라이머를 옆에 둔 채로 DNA조각을 증폭시키게 된다(그림 4-40). 이 과정에는 열에 견디는 중합효소인 Tag DNA중합효소를 사용하므로 가열과정에서 활성을 잃지 않고, 또 새로이 효소를 공급할 필요도 없어 지속적인 증폭이 가능하다. 만약 PCR에 사용하는 프라이머를 합성할 때 제한효소의 절단부위를 적절히 포함시키면 증폭된 DNA의 재조합 시 편리하게 활용할 수 있다. PCR방법은 매우 민감하여 어떤 종류의 시료에서나 비록 한 분자의 DNA 분자도 증폭가능하며, 고고인류학, 범죄확인, 친자확인, 의학적인 용도로 광범위하게 사용

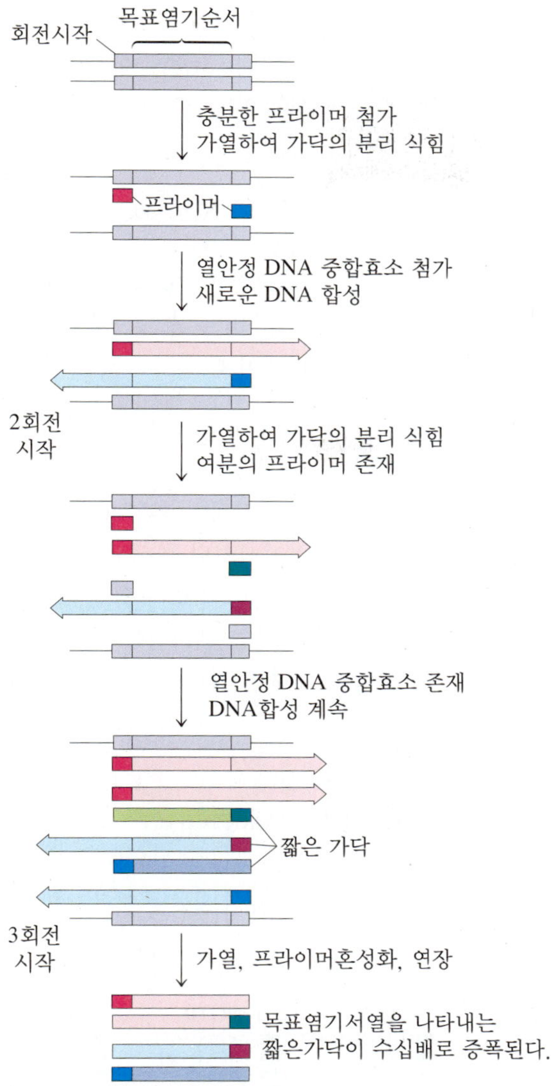

그림 4-40 반복된 중합효소 사슬반응(PCR). DNA조각의 증폭방법은 3단계로 수행한다. 1. 두 가닥의 DNA를 가열에 의해서 단일가닥으로 푼다. 2. 과잉의 짧은 합성된 프라이머를 넣고 식히면서 혼성화시킨다. 3. 열에 안정한 DNA 중합효소를 사용하여 DNA를 합성한다.

되는 중요한 방법이 되고 있다.

4. DNA서열분석

비교적 간단한 DNA 분석방법으로 **다이데옥시방법(dideoxy method)** 은 1975년 생거(Frederick Sanger)와 쿨손(Alan R. Coulson)에 의해서 처음 발표되었다(J. of Molecular Biology 94, 441). 생거와 쿨손의 방법은 DNA복제와 아크릴아마이드 젤 전기영동법을 사용하여 제한된 DNA조각을 합성시킴으로써 DNA의 조각들을 혼합물에서 분석하여 염기의 순서를 결정하는 방법이다.

처음 DNA의 주형으로 단일가닥을 사용하여 DNA의 복제를 시작하게 된다. 제한효소를 사용하여 얻은, 적절한 크기를 갖는 이중가닥의 DNA로부터 단일가닥을 얻어 주형의 DNA로 염기순서의 분석에 사용된다. 합성된 프라이머와 DNA pol I을 사용하여 주형에 상보적인 DNA 가닥의 합성을 시작한다. DNA가 합성될 때, DNA중합효소는 뉴클레오타이드를 부착시키는 프라이머와 각 뉴클레오타이드가 선택하는 주형의 가닥이 모두 필요하게 된다. 실제 세포에서 DNA가 합성될 때 프라이머의 3′-OH그룹은 들어오는 데옥시뉴클레오사이드삼인산(dNTP)과 새로운 인산다이에스터 결합을 형성하게 된다. 생거의 순서분석 방법에서는 DNA의 합성을 방해시키기 위하여 3′-OH이 없는 다이데옥시뉴클레오타이드삼인산(ddNTP, dideoxy nucleoside triphosphate)을 사용하게 된다.

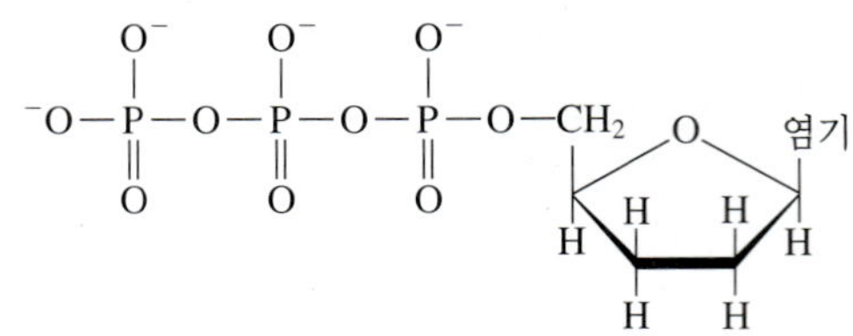

ddNTP 유사체

dNTP 대신 2′,3′-ddNTP를 삽입시키면 가닥의 유사체는 다음에 합성단계에서 필요한 3′-OH이 결핍되기 때문에 합성은 정지된다. 실제로 순서를 분석하려는 DNA 주형가닥과 짧은 프라이머를 방사성이나 또는 형광으로 표지하여 혼성화시켜 사용하게 된다.

적은 양의 ddNTP(예 ddCTP) 한 개를 첨가시키면 합성된 가닥은 정상적으로는 dC가 나타난 곳에 미성숙된 종결이 일어나게 된다. ddNTP보다 훨씬 과량의 dCTP를 더하게 되면 언제 dCTP가 더해져도 유사체의 진입이 가능한 기회는 상당히 적게 된다. 그러나 각 새로운 가닥에 ddCTP가 충분한 양이 존재하면 합성 중에 어떤 점에서 적어도 한 개의

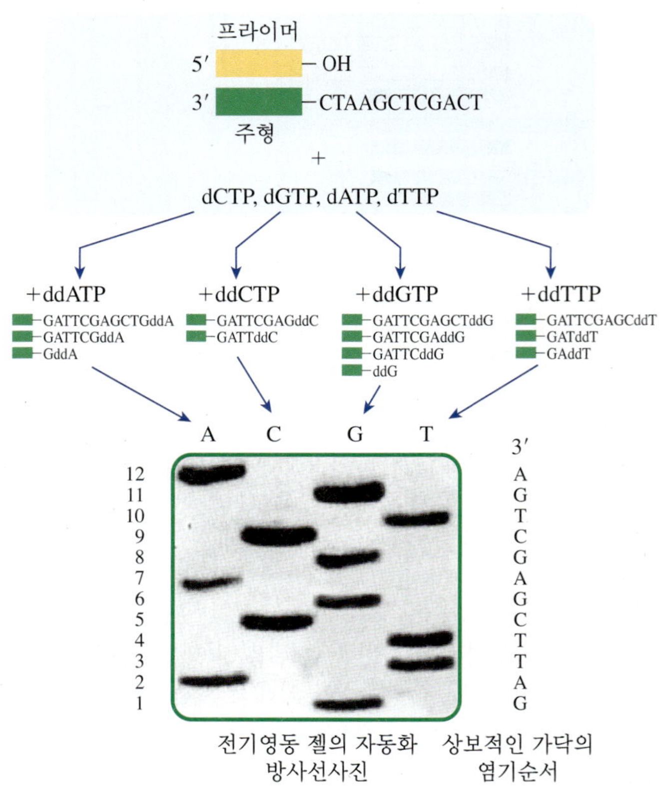

(c)

그림 4-41 생거-쿨손 방법에 의한 DNA의 염기순서분석. 염기의 순서를 얻고자 하는 DNA를 주형으로, 방사성 표지나 형광으로 표지된 짧은 프라이머를 혼성화시킨다. 적은 양의 ddNTP, 예를 들어 ddATP를 첨가하면, 합성된 가닥은 정상적으로는 dA가 들어갈 위치에 미성숙된 합성의 종결이 일어난다. ddATP에 비교해서 dATP를 과량 첨가하면, 유사체가 들어갈 확률이 적어지고, 반대로 ddATP가 충분한 양이 존재할 때 합성 중에 적어도 한 개의 ddA가 새로운 가닥에 들어가게 될 확률이 커진다. 결과적으로 A로 끝나는 표지된 조각들의 혼합물이 얻어지게 된다. DNA의 순서에서 A를 갖는 다른 크기의 조각들이 얻어지고, 전기영동으로 분리하면 A 잔기의 위치를 보여 준다. 각각 네 개의 다른 ddNTP를 사용하여 정확하게 같은 방법으로 합성을 되풀이한다. 짧은 조각은 먼저 이동하게 되고, 젤의 바닥의 뉴클레오타이드의 위치가 프라이머에 가장 가까운 염기가 된다. 그래서 염기의 순서는 바닥에서부터 위로 읽으면 된다.

ddCTP가 유입될 확률이 높게 된다. 결과는 용액이 표지된 혼합물을 포함할 때 각각이 C 잔기로 끝나게 된다. 이때에 DNA의 순서에서 각 C 잔기가 특별한 길이를 갖는 조각을 만들게 된다. 각각 다른 크기의 조각들은 전기영동법으로 분리되고, 이때 C 잔기의 위치가 나타나게 된다. 이 방법은 네 개의 다른 ddNTP를 각각 사용하여 반복한 다음, 각 네 개의 잔기가 젤상에서 따로 분리된다. 짧은 조각이 더 멀리 이동되므로, 젤의 바닥에 가까울수록 프라이머에 가까운 위치의 뉴클레오타이드가 나타난다(5′-말단). 그래서 DNA의 염기순서는 바닥에서 위로(5′-3′)의 순서로 읽히게 된다. 얻어진 순서는 분석하고자 하는 가닥에 대한 상보적인 가닥의 순서가 된다(그림 4-41).

DNA의 염기순서분석은 생거-쿨손의 방법의 반응에 사용되는 ddNTP의 염기들에 각각 다른 색깔의 형광의 색을 부착되도록 만들면, 쉽게 자동화된 기기가 가능하다.

단원요약

1. 지난 한 세기 동안 생물학에서 가장 획기적인 발견은 유전물질을 확인하게 된 것이다. 유전정보의 보존 및 이전에 핵산이 사용되고 있으며, 중요한 화학성분으로 RNA와 DNA에는 뉴클레오사이드가 인산다이에스터결합으로 고분자를 형성하고 있다. 유전정보로 기능하는 핵산에서 RNA에는 구아닌, 아데닌, 사이토신 그리고 유라실 등의 염기들이 있으며, DNA에는 아데닌, 구아닌, 사이토신과 타이민의 염기들이 있다.

2. DNA는 핵내부에서 적은 부피를 차지하도록 대단히 압축된 형태로, 특히 동물의 경우, 히스톤인 염기성 단백질과 결합되어 염색질을 구성하고 있다. RNA의 종류로는 전달RNA, 라이보솜RNA 그리고 전령RNA 등이 있으며, 정보의 전달과정에서 중요보조기능을 수행한다.

3. 핵산은 페놀과 계면활성제를 사용하여 추출하면 수용액으로 분리되고, 에탄올에 의해서 침전으로 얻을 수 있다. 더 순수하게 정제하는 방법으로 하이드록시아파타이트 컬럼크로마토그래피로 가능하다. 핵산은 260nm에서 최대흡수를 나타낸다. 이때 실제보다 낮은 흡수를 하이포크롬영향이라 한다. DNA는 고온에서 이중가닥이 풀리고, 온도를 낮추면 담금질을 통하여 다시 이중결합이 얻어진다. 염기들은 서로 다른 가닥의 나선상에서 G≡C와 A=T의 수소결합을 형성한다.

4. DNA는 산성 조건에서 탈퓨린화되고, DNA나 RNA는 특정 인산다이에스터레이스에 의해서 특수부위의 절단이 얻어진다.

5. DNA에서 아데닌과 타이민의 구성비율이 정확하게 1이 됨을 발견하고, 또 X-선의 데이터를 활용하여, 왓슨과 크릭은 DNA의 삼차구조의 모델을 완성하였다. 이러한 DNA의 이중나선구조는 유전자가 정보를 다음 세대로 옮길 때 정확하게 복제되는 메커니즘을 설명할 수 있게 해 주고 있다.

6. DNA는 여러 형태의 입체모양을 가진다. 특히 고등동물의 뉴클레오솜은 히스톤을 감고 도는 200bp의 DNA가 있으며, 이것이 세포내에서 집적된 최소의 부피를 차지하게 되는 이유가 된다. 미생물에서 DNA는 폴리아민, 카데버린, 스퍼민 등의 단백질과 회합되고 있다.

7. DNA의 삼차구조는 두 개의 가닥이 오른쪽으로 축을 따라 휘어 감는 나선인 B-DNA가 가장 흔한 구조이다. 탈수가 되는 조건에서 B-DNA는 A-DNA로 가역적인 입체모양을 갖게 된다. 특정한 염기의 순서에서 왼쪽으로 나선으로 만드는 Z-DNA도 알려지고 있다. 바이러스나 박테리아의 DNA는 두 가닥의 DNA가 폐쇄된 고리형의 꼬임으로 초코일을 만들게 된다. 이러한 과정에 관여되는 효소로 토포아이소머레이스가 있다.

8. 전달RNA는 73~88개의 뉴클레오타이드를 가지며, 일부 변형된 염기들로 구성된다. tRNA는 단백질합성과정에서 mRNA가 갖는 정보에 따라 해당하는 아미노산을 운반하는 역할을 한다. tRNA에는 mRNA의 코돈과 상보적인 안티코돈을 가지고 있으며, 코돈에 해당 아미노산을 부착시키는 매우 특이성이 강한 아미노아실 tRNA합성효소에 의해서 3′-OH지역에 아미노산을 부착시키게 된다.

9. 전령RNA (mRNA) 는 DNA가 갖는 유전정보를 단백질을 합성하는 단계에서 전달시키는 전달체로 기능하며,

대장균의 mRNA는 한 개 이상의 폴레펩타이드 코드화(폴리시스트론) 하지만, 진핵세포의 mRNA는 한 개의 폴리펩타이드만을 코드화하게 된다.

10. 단백질은 세포내의 라이보솜RNA에서 합성된다. 원핵세포에서는 30S 소단위체와 50S 소단위체가 회합되어 70S 라이보솜이 단백질을 합성시키는 장소로 기능을 수행하며, 진핵세포의 라이보솜은 40S와 60S 소단위체가 합하여, 80S 라이보솜이 같은 기능을 한다.

11. 유전정보가 DNA에서 DNA로 이동하는 과정을 복제라고 하며, DNA에서 RNA로 흐르는 과정은 전사, RNA에서 단백질로 흐르는 과정을 번역이라 한다. 또 바이러스에서 RNA가 갖는 정보가 DNA로 옮겨지는 역전사과정이 있다.

12. DNA의 복제는 어버이가닥의 두 개의 분리된 가닥의 상보적인 DNA가닥이 얻어지며, 두 개의 새로운 DNA분자는 어버이분자와 동일하게 되며, 이를 반보존적인 복제라고 한다. 복제의 시작은 원핵세포에서는 복제의 분기점에서 시작된다. 헬리케이스에 의해서 DNA의 가닥이 펼쳐지면 5′-3′방향으로 선도가닥이 복제되고, 이 과정을 DNA중합효소 III가 촉매한다. 한편 지연가닥에서는 RNA프라이메이스에 의해서 오가자끼조각에 의해서 5′-3′방향으로 DNA가 복제된다.

13. 복제의 연장은 DNA중합효소 III에 의해서 진행된다. 지연가닥에서 오가자끼조각들의 절단지역은 DNA접합효소에 의해서 연결되게 된다. 프라이머는 RNAseH1과 플렙핵산내부가수분해효소에 의해서 제거된다.

14. 대장균에서 복제의 종결은 Tus단백질이 특수하게 Ter 지역에 부착하고, 헬리케이스에 의한 가닥의 이전을 방해함으로써 정지된다. 진핵세포에서는 종결순서가 없는 것으로 알려지고 있다. 대장균의 DNA중합효소 I은 3′-5′과 5′-3′-핵산말단가수분해효소의 활성부위를 갖는다. DNA가 중합시키는 기능만을 갖는 대장균의 효소를 클레노우(Klenow) 조각이라고 부른다.

15. 유전자는 외부물질이나 작용에 의해서 여러 가지 돌연변이가 발생한다. HNO_2에 의한 탈아미노화로 아데닌이 하이포잔틴, 구아닌은 잔틴으로 된다. 알킬화 시약에 의해서 DNA사슬의 손상이 발생한다. 강력한 메틸화 시약은 강력한 발암성 물질이다.

16. DNA는 자외선조사에 의해서 타이민의 이합체를 형성하게 되며, 절단수선 메커니즘을 통하여 수선된다. 이러한 수선의 체계가 유전적으로 결핍되면 유전병으로 색소성건피증에 걸리게 된다.

17. DNA를 체외에서 조작하여 증폭시키거나 단백질을 합성하는 분자클로닝기술이 가능하게 되었다. 이 기술에는 유전자를 숙주에 운반하는 운반체가 개발되고, 제한효소를 통하여 적절하게 절단이 가능하며, 또 클론된 유전자를 세포에 형질 전환시키는 방법들의 발전으로 가능하게 되었다.

18. 포유류의 유전자재조합은 상동재조합 방법이 이용되고, 지정된 유전자의 기능을 상실하게 한 녹아웃쥐(knockout mouse)의 출현이 가능하게 되었다. 이 방법을 활용하여 사람 유전자들의 기능의 이해와 확인 및 유전병의 치유 등에 이용될 수 있다.

19. 재조합 관련기술로 서던흡입법은 DNA탐침을 사용하여 DNA를 확인하는 방법이며, 노던흡입법은 RNA를 확인하는 방법이다. 중합효소사슬반응은 관심있는 미량의 유전자를 무한정하게 증폭시키는 방법으로 유전자 연구에 획기적인 기여를 하고 있다. 생거가 고안한 다이데옥시뉴클레오타이드삼인산을 사용하여, 중간에 특정 염기의 진입을 저지함으로써 만들어지는 제한된 조각들로 유전자의 염기순서를 결정하게 된다.

어휘

고정나사배치자 (clamp loader)
구아닌 (guanine)
기본정설 (central dogma)
노보바이오신 (nobobiocin)
녹아웃쥐 (knockout mouse)
뉴클레오사이드 (nucleoside)
뉴클레오솜 (nucleosome)
다이데옥시방법 (dideoxy method)
다이하이드로유라실 (dihydrouracil)
단백질공학 (protein engineering)
단일가닥부착단백질 (SSB)
담금질 (annealing)

독소루비신 (doxorubicin)
라이보솜 (ribosome)
라이보솜RNA (ribosomal RNA)
D-라이보퓨라노스 (ribofuranose)
레플리솜 (replisome)
레플리콘 (replicone)
리펨피신 (rifampicin)
모노시스트론성 (monocistronic)
반보존적 (semi-conservative)
번역 (translation)
보존적 (conservative)
복제 (replication)
복제분기점 (replication fork)
분자클로닝 (molecular cloning)
사이토신 (cytosine)
사이프로플럭사신 (cyprofloxacin)
상동재조합 (homologous recombination)
선도 (leading)
색소성 건피증 (xeroderma pigmentosum)
아데닌 (adenine)
에토포사이드 (etoposide)
역전사 (reverse transcription)
염기 (base)
염색질 (chromatin)
염색체 (chromosome)
오가자끼조각 (Okazaki fragment)
유사유리딘 (pseudouridine)
유전공학 (genetic engineering)
유라실 (uracil)
유전체 (genome)
유리딘-5′-이인산글루코스 (UDPG)
이식유전자 (transgene)
전달RNA (transfer RNA)
전령RNA (messenger RNA)
전사 (transcription)
전위 (transversion)
전이 (transition)
전환율 (turnover rate)
점 돌연변이 (point mutation)
절단수선 (excision repair)
주형 (template)
중복성 (multiplicity)
재생 (renaturation)
지연가닥 (lagging strand)
캄토테신 (camptothecin)
컬럼크로마토그래피 (column chromatography)
클론 (clone)
큰 홈 (major groove)
타이민 (thymine)
4-싸이오유라실 (4-thiouracil)
탈퓨린지역 (apurinic site)
퇴화 (degeneracy)
폴리솜 (polysome)
표현형특성 (phenotype)
프라이머 (primer)
프라이모솜 (primosome)
풀리는 온도 (melting temperature)
초코일화 (supercoiling)
하이포크롬영향 (hypochromic effect)
해독구조 (reading frame)
헬리케이스 (helicase)
혼성화 (hybridization)
회어적 (palindrome)
히스톤 (histone)

참고문헌

DNA구조 및 기능

Watson, J. D. and Crick, F. H. C. 1953. Molecular structure of nucleic acids, Nature 171, 737.
Watson, J. D. and Crick, F. H. C. 1953. Genetic implication of the structure of deoxyribonucleic acid, Nature 171, 964.
Bloomfield, A., Crothers, D. M. and Tinoco, I. Ir. 2000. Nucleic acids & functions, University Science Books.
Scovell, W. M. 1986. Supercoiled DNA, Chem. Ed. 63, 562.
Davidson, J. N., 1972. The biochemistry of nucleic acids, 7th ed. New York, Academic Press.
Stewart, P. R. and Letham, D. S. Eds. 1973. The ribonucleic acids, New York, Springer-Verlag.

Baur, W. R. 1978. Structure and reactions of closed duplex DNA, Ann. Rev. Biophy. Bioeng., 7, 287

Cozzarelli, N. 1980. DNA gyrase and supercoiling of DNA, Science 207, 953.

DNA서열

Grahm, C.A. and Hill, A. J. M. (Eds.) 2001. DNA sequencing protocols (2nd ed.) , Humana Press.

Maxam, A.M. and Gilbert, W. 1979. A new method for sequencing DNA. Proc. natl. Acad. Sci. U.S.A. 74, 560.

Sanger, F., Nickelen, S. and Coulson, A. R. 1977. DNA sequencing with chain-terminating inhibitor. Proc. Acad. Sci. U.S.A. 74, 5463.

재조합기술

Nicholl, D. S. T., 2003. An Introduction to Genetic Engineering (2nd Ed.) , Cambridge University Press

Sambrook, J., Fitsch, E. F. and Maniatis, T. 1989. Molecular Cloning (2nd Ed.) Cold Spring Harbor Laboratory.

Glover, D. M. 1984. Gene cloning: The mechanics of DNA manipulation. Chapman & Hill

사람의 유전체

Claverie, J. M. 2001. What if there are only 30,000 human genes? Science, 252, 1255.

히스톤

Jenuwein, T., and Allis, G. D. 2001. Translating the histone code, Science 293, 1074.

라이보솜의 구조

Lake, J. A. 1985. Evolving Ribosome Srtructure: Domain in Archabacteria, Eubacteria, eocytes and Eukaryotes, Ann. Rev. Biochem. 54, 507.

Lake J. A. 1981. The ribosome, Scientific American 245, (2) 84.

DNA복제 및 수선

Gilbert, D. M. 2001. Making sense of DNA replication origins, Science 294, 96.

Kornberg, A., and Baker, T. 1991. DNA replication, 2nd ed. New York, W. H. Freeman.

Varmus, H. 1987. Reverse transcription, Sci. Amer. 257 (3) 56.

Buratowski, S. 1993. DNA repiar and transcription; The helicase connection. Science 260, 37.

염색체의 구조

Cairns, J., 1966. The Bacterial Chromosome, Scientific American, 214, 36

Holley, R. W. 1966. The nucleotide sequence of nucleic acid. Scientific American 214, 30.

Kornberg, R.D.1977. Structure of Chromatin. Ann. Rev. Biochem. 46, 931

연습문제

1 RNA와 DNA의 다음 사항을 비교하시오.
1. 화학성분
2. 이차 구조
3. 세포내의 위치
4. 다른 형태의 종류
5. 생물학적인 기능

2 DNA의 염기성분에 따라 T_m에 어떤 영향을 주게 되는가?

3 RNA합성 시 σ-인자의 역할은 무엇일까?

4 핵산이 풍부한 우리의 음식이나 식품은 어떤 것들이 있는가?

5 타이민과 유라실의 구조적인 차이점은 무엇인가?

6 왜 RNA가 DNA보다 알칼리가수분해의 공격을 더 받기 쉬운가?

7 B-DNA와 Z-DNA의 서로 다른 점은 무엇인가?

8 사람의 유전자 해독 프로그램(Human Genome Project)의 목적은 무엇이며, 왜 연구자들은 사람의 유전체의 자세한 내용을 알고 싶어할까?

9 왓슨과 크릭의 DNA 삼차구조 모델은 무엇을 근거로 이루어진 것인가?

10 토포아이소머레이스와 암의 화학치료제 개발과의 관계를 설명하시오.

11 유전자를 돌연변이시키는 화학물질들을 조사해 보시오.

12 최근에 많이 사용되는 유전자 운반체에는 어떤 것들이 있는가?

13 유전자의 회어적 순서를 확인하여 절단하는 제한효소들은 어떤 활용가능성이 있는가?

14 사람의 인슐린처럼, 사람의 성장홀몬을 대장균에서 유전자재조합으로 만들 수 있다. 어떤 방법들이 사용되는지 생산하는 과정을 정리해 보시오.

15 녹아웃쥐(knockout mouse)가 우리 의학발전에 어떤 공헌을 하고 있는가?

16 PCR방법으로 미량의 유전자지문을 확인하고 있다. 유전자지문의 여러 사용가능성에 관하여 조사해 보시오.

17 DNA염기서열을 결정하는 기계는 방사성물질을 사용하지 않고 가능하다. 어떤 방법이 채택되고 있는가? 또 순서적으로 기계를 구성하는 단위의 기능들을 알아보시오.

18 DNA염기서열 결정에 생거(Sanger) 방법과 다른 방법이 있는가? 그 원리는 무엇인가?

19 PCR기술은 많은 양의 DNA를 복제시키는 것이 가능하다. 이 과정에 사용하는 Taq DNA중합효소는 어떤 특성을 가지며, 이 효소를 사용하는 이유는 무엇일까?

20 절단수선에 관여하는 효소들은 어떤것들이 있으며, 그 역할에 관하여 설명하시오.

21 아래의 회어적인 순서를 완성하시오.
5′-A-G-A-T-X-X-X-X-3′
3′-X-X-X-X-X-X-X-X-5′

22 상동재조합방법은 동물의 유전자치료에 활용된다. 만약 당뇨병을 치료하려면 어떤 방법이 사용되는지 알아보고, 설명하시오.

23 mRNA와 tRNA는 어느 것이 더 많은 수소결합을 가지고 있는가?

24 DNA복제에서 선도가닥의 복제과정에 관여하는 여러 인자들의 역할을 설명하시오.

25 DNA가 세포의 적은 공간인 핵에 보존되기 위하여 어떤 구조적인 장점을 가지는가?

세계 최초의 금속활자인 "直指"는 독일의 쿠텐베르그의 금속활자보다 70년이나 앞서 발명되었다. 우리조상의 과학적인 능력을 엿볼 수 있는 좋은 예가 된다. DNA가 가지고 있는 유전정보는 정확하게 해당하는 단백질로 번역된다.

Chapter 5

유전정보의 전달 및 단백질의 합성

5.1 전사와 RNA의 가공처리

5.1.1 RNA중합효소

마이토콘드리아나 엽록체같은 기관에서의 RNA의 합성은 예외이지만, 진핵세포에서 DNA의 정보에 따라 RNA의 생합성 (전사과정) 이 이루어지는 지역은 핵이다. 핵소체 (nucleolus) 에는 라이보솜의 RNA생합성을 위한 효소나 유전자를 포함하고 있으나, 전령RNA (mRNA) 와 전달RNA (tRNA) 를 합성하는 효소들은 핵원형질 (nucleoplasm) 에 위치하고 있다. 원핵세포에서 RNA중합효소는 세포질에 존재한다.

그동안 대장균의 RNA중합효소가 가장 광범위하게 연구되었으므로 그 구조나 기능을 설명하고자 한다. 다른 유기체에서와 마찬가지로 대장균의 RNA중합효소는 아래 그림에서처럼 주형으로 작용하는 DNA의 가닥에 대해서 상보적인 염기순서에 따라 RNA가닥의 합성을 촉매하게 된다.

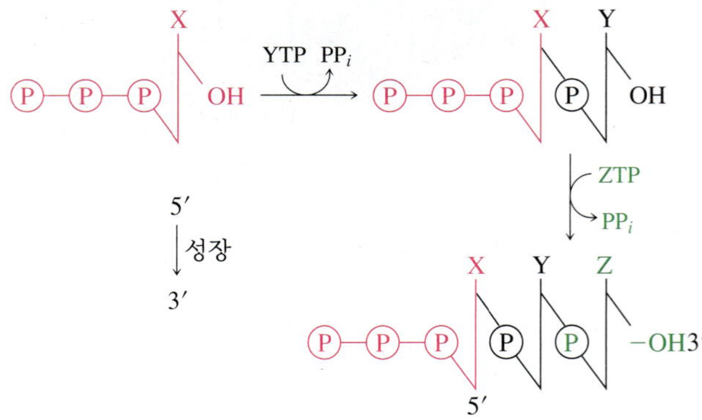

진핵생물체의 여러 종류의 RNA의 합성은 한 가지 형태의 상당히 복잡한 중합효소에 의해서 이루어진다. 대장균의 중합효소는 표 5-1에서와 같이 다섯 개로 분리되는 소단위체로 구성되고 있다. 비록 그 소단위체의 모든 기능이 알려지지 않고 있지만, 분명한 것은 DNA주형의 부착에 RNA중합효소의 β'-소단위체가 필요한 것이다. 한편 β-소단위체는 촉매활성부위를 가지고 있어서 항생제인 리펨피신 (rifampicin) 이 부착되면 세포내외에서 RNA합성의 개시가 방해되는 것으로 확인되었다. 중합효소의 시그마인자 (σ) 는 DNA의 주형의 특수한 부위에서 RNA합성의 정확한 개시를 하는 데 꼭 필요하다. σ 단백질이 없는 효소 ($\alpha_2\beta\beta'$) 를 중심중합효소라고 하고, 중심효소와 σ인자와 함께 있으면 완전효소 ($\alpha_2\beta\beta'\sigma$) 라고 부른다.

표 5-1 대장균 RNA중합효소의 소단위체들

소단위체	분자량	수	기능
β'	165,000	1	DNA부착
β	155,000	1	개시와 촉매부위
σ	95,000	1	개시
α	39,000	2	미정
ω	9,000	1	미정
ρ	200,000		종결인자

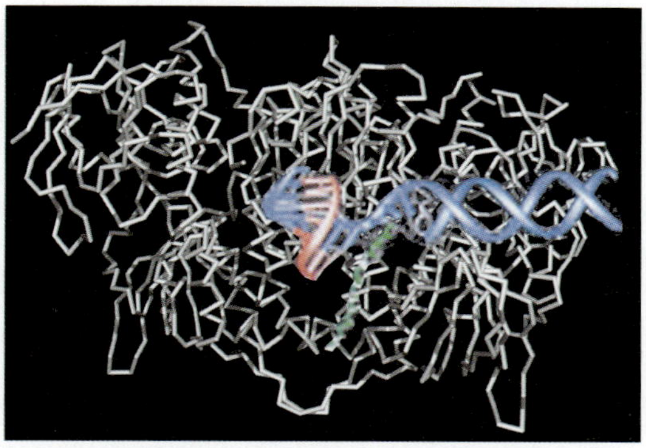

그림 5-1 진핵세포의 RNA중합효소II 전사복합체의 삼차구조. 초록색은 연결나선의 폴리펩타이드이며, 핑크색의 활성부위의 금속, DNA 나선은 청색이고, 새로 합성된 RNA는 붉은색이다.

세포내에서는 단지 한 가닥의 DNA가 복사된다. 만약 RNA주형으로 두 DNA가닥 각각이 작용하게 된다면 상보적인 순서 두 개의 RNA생성물이 전사되어야만 하며, 따라서 두 개의 다른 단백질을 코드하게 된다. 유전적으로 증명된 것은 한 개의 유전자는 한 개의 단백질만을 코드하게 된다는 사실이며, 단지 한 개의 DNA 가닥이 주형으로 작용하고 다른 가닥은 주형으로 기능하지 못하게 된다. 이때 **비대칭전사 (asymmetric transcription)**는 한 가닥의 DNA를 복사하는 데 사용되고, 반대로 **대칭전사 (symmetric transcription)**는 두 가닥의 주형을 복사한다. 중심효소는 DNA주형을 대칭적으로 전사한다. 즉, DNA 두 가닥이 모두 주형으로 작용하게 된다. 그러나 전사반응은 느리고 특이적이지 못하다. 반면에 σ인자와 같이 개시되는 RNA사슬은 특수한 **증진자 (promoter)**의 위치에서 완전효소가 DNA를 비대칭적으로 전사하게 된다.

효모의 RNA중합효소 II는 12개의 소단위체를 가지고 있으며, 분자량이 0.5×10^6D의 크기를 가진다. 콘버그 (Roger Kornberg) 박사의 연구실에서는 효소의 양이 매우 적고 불안정하였기 때문에 전자현미경과 X-선을 사용하여 지방의 표면에 2차원의 단백질 결정을 형성시키는 방법을 개발하여 삼차구조를 밝혔으며, 이 연구에 거의 20년이 소요되었다 (그림 5-1). 또한 DNA, RNA, 핵산, 단백질과 복합된 RNA중합효소 10개 이상의 삼차구조를 구명함으로써 전사과정의 역동적인 설명이 가능하게 한 업적으로 2006년도 노벨상을 수상하였다.

5.1.2 원핵세포와 진핵세포의 전사

전사란 세포에서 염색체의 DNA가 가진 정보에 따라 전령RNA를 만드는 과정으로, 세포에서 가장 중요한 기능을 수행하는 단백질들을 합성하는 바로 전 단계의 유전정보의 전달과정이다. 이 단계에서 RNA중합효소는 꼬여진 DNA를 회전시켜 가닥을 풀면서 **전사버블 (transcription bubble)**을 만들고, 라이보뉴클레오타이드를 받아들이고, RNA분자를 합성하는 매우 복잡하고 정교한 기능을 수행한다 (그림 5-2).

모든 RNA중합효소들과 주형-프라이머의 상호작용을 필요로 하는 DNA중합효소와 두드러진 차이점은, RNA합성 시 프라이머 없이 이중가닥의 주형만을 필요로 한다. DNA중합효소는 주형-프라이머지역에서 한 번 복제가 시작되면 중합반응이 DNA주형의 끝까지 계속해서 일어난다. 반면에 RNA중합효소는 DNA의 특정한 증진자지역에서 전사가 시작되고, 정해진 유전자순서의 끝에서 종결된다. RNA중합효소는 증진자지역이 나타날 때까지 계속해서 DNA와 회합되어 있다가 다시 분리되는 과정을 되풀이 하게 된다. 증진자지역에는 RNA중합효소의 완전효소에 의해서 부착에 적절한 그리고 인식되는 특

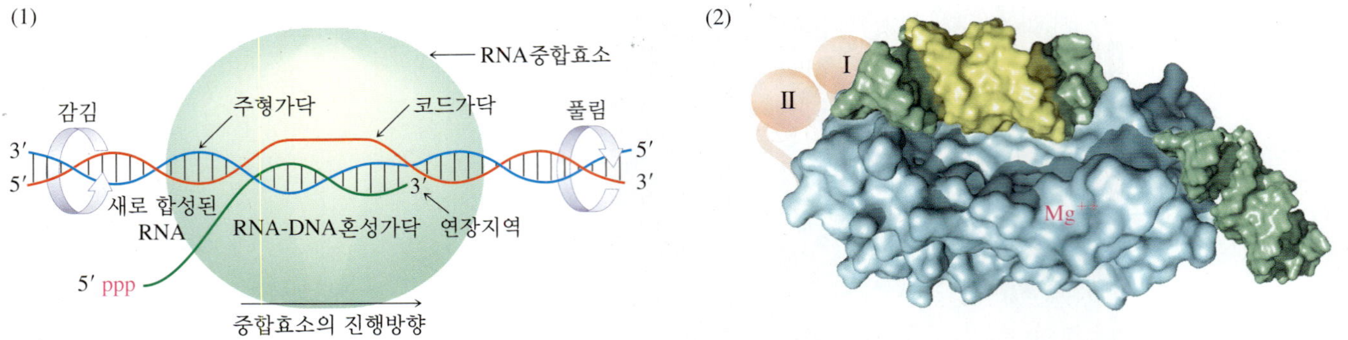

그림 5-2 RNA중합효소의 기능. (1) 효소는 전사를 시작할 때 DNA를 풀게 하고 끝날 때에 다시 감게 된다. RNA의 합성반응이 진행되면 DNA-RNA혼성체는 회전을 하면서 지속적으로 RNA합성이 진행되도록 한다. (2) RNA중합효소의 완전효소가 DNA를 풀면서(노란색과 초록색) 전사버블을 형성한다.

수한 염기서열을 가져야 한다. 증진자지역에서 부착되는 과정에 대략 6에서 10개의 염기쌍의 이중가닥이 풀리는 위치에 열린 혼합체가 만들어지고, 그래서 주형으로 적절한 DNA가닥을 RNA중합효소가 선택하도록 허용하게 된다.

1. 개시와 연장과정

증진자지역에서 부착하는 데 필수적인 성분이 **시그마인자(σ factor)**이다. 시그마인자는 증진자지역 또는 그 근처 지역에 두 가닥의 DNA를 풀리게 하는 데 관여한다. 만약 시그마인자가 없으면 중합효소의 중심부분은 두 개의 DNA가닥을 차별 없이 읽게 된다. 그러나 시그마인자 때문에 단지 읽어야 할 한 가닥을 인식하게 되며, 따라서 정확하게 전사시키게 된다. 원핵세포에서 많은 증진자들의 염기순서를 분석해 보면 두 개의 공통적인 요소(motif)가 전사시작지역의 5′ 위쪽에 존재함을 알 수 있다. 증진자의 염기순서는 시작지역(+1)의 뒷방향으로 −10 과 −35의 중간에 여섯 개의 염기쌍의 길이를 가지고 존재하며, 수많은 증진자들의 순서를 분석한 결과 얻은 공통적인 염기순서는 아래와 같다.

−35 −10 +1

T-TTGACA —— TATAAT —— 시작지역

전사조절의 능력은 증진자의 염기순서의 효율과 강도에 따라 좌우되고, 증진자에는 강력한 증진자와 약한 능력의 증진자가 존재한다. 위에 제시한 −10과 −35는 가장 강력한 증진자로, 이와 같은 공통적인 염기순서와 또 거의 비슷한 염기순서를 가져야 한다. 이렇게 정해진 증진자 사이의 거리도 중요하며, 대부분 17개의 뉴클레오타이드가 가장 적정한 거리가 됨을 밝혀냈다(그림 5-3).

많은 RNA의 5′-말단은 pppA와 pppG를 갖게 됨으로써, RNA중합효소의 $\alpha_2\beta\beta'$ 효소

	5′		−10											전사시작지점 3′
(1)	C	G	T	A	T	G	T	T	G	T	C	T	G	G A
(2)	G	G	T	A	T	G	G	T	T	A	T	T	T	C A
(3)	G	T	T	A	A	C	T	A	G	T	A	C	G	C A
(4)	G	T	G	A	T	A	C	T	G	A	G	C	A	C A
(5)	G	T	T	T	T	C	A	T	G	C	C	T	C	C A
			T	A	T	A	A	T						

그림 5-3 원핵세포들의 증진자 염기순서. 5개의 원핵세포 증진자의 염기순서 TATAAT의 중간이 −10이고 이 순서는 많은 수의 증진자 염기순서에서 얻은 것이다. (1) lac, (2) gal, (3) 대장균의 trp 오페론, (4) λ파지, (5) $\Phi\times174$ 파지의 염기순서.

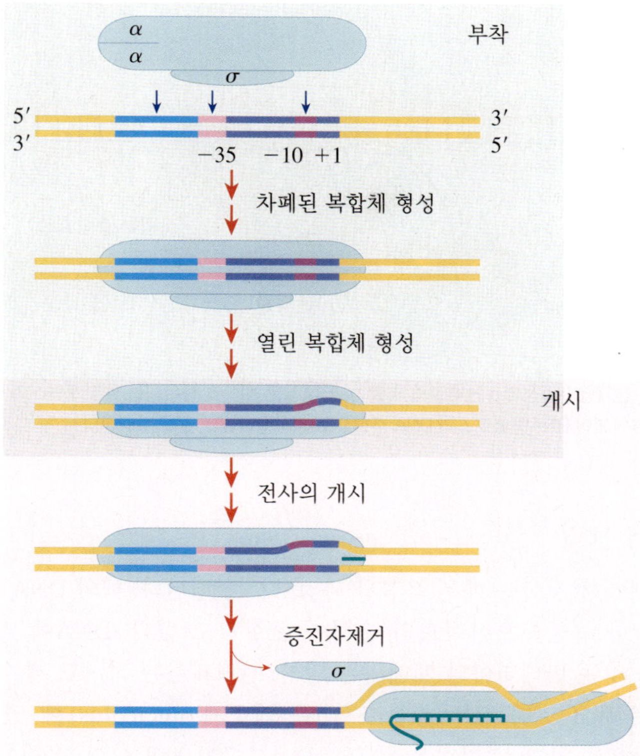

그림 5-4 대장균의 RNA중합효소에 의한 전사개시와 연장. 부착과정에서 증진자와 폐쇄된 복합체를 형성하게 한다. 증진자 DNA는 안정되게 부착되며 풀리지 않는다. −10지역에서 +2 또는 +3지역이 열린 복합체를 형성한다. 개시과정에서 처음 8 또는 9개의 뉴클레오타이드의 새로운 RNA가 합성된다. σ소단위체가 배출되면서 중합효소는 증진자를 떠나고 RNA의 연장단계로 진입한다.

에 의해 초기에 ATP와 GTP가 증진자지역에 붙게 되고, 그래서 첫 5′-말단 뉴클레오타이드 잔기가 된다. 그리고 효소의 방해제, 리펨피신이 증진자지역에 ATP와 GTP가 부착되는 초기단계에 작용한다. 열린 또는 펼쳐진 복합체가 뉴클레오사이드삼인산의 존재하에서 증진자지역 근처의 개시지역에서 전사를 시작하게 된다. RNA중합효소가 증진자를 인식하게 되면 **σ**소단위체는 증진자에 부착되도록 해 준다. 일단 전사가 시작되면 시그마인자는 해리되고, 중심 중합효소는 전사를 완성하게 된다 (그림 5-4). 분명히 RNA합성의 속도는 개시의 속도에 의해서 조절되며, 연장의 속도에 의해서 조절되지는 않는다. 전사를 계속하고 완성하기 위하여 전사의 시작되는 지역으로부터 중합효소가 떨어져 나가게 되면 다음 번째의 중합효소분자는 같은 증진자지역에 부착될 수 있고, 그러면 다음 번째의 전사를 시작하기 위하여 효소는 시작되는 지역으로 이동하게 될 것이다.

2. 전사의 종결

전사를 종결하기 위하여 유전자의 끝부분에서 전사의 완성을 알리는 신호를 갖는 염기의 순서가 존재하여야 한다. 이 과정에서 분자량이 200,000D 정도의 올리고머단백질인 **로 (ρ) 인자**가 합성된 새로운 RNA를 배출시키는 기능을 한다. 로 (ρ) 단백질은 그 이상의 전사를 중단시키고, RNA중합효소와 DNA주형으로부터 RNA생성물을 끌어내는 역할을 수행한다. 단일가닥의 RNA가 존재할 때 로 (ρ) 단백질은 ATP를 가수분해시키고, 전사버블에서 RNA-DNA혼성 헬리케이스처럼 RNA-DNA혼성 나선을 파괴시키고, 동시에 새로 만들어진 단일가닥의 RNA에 붙어서 버블로부터 밖으로 유인하는 작용을 한다 (그림 5-5).

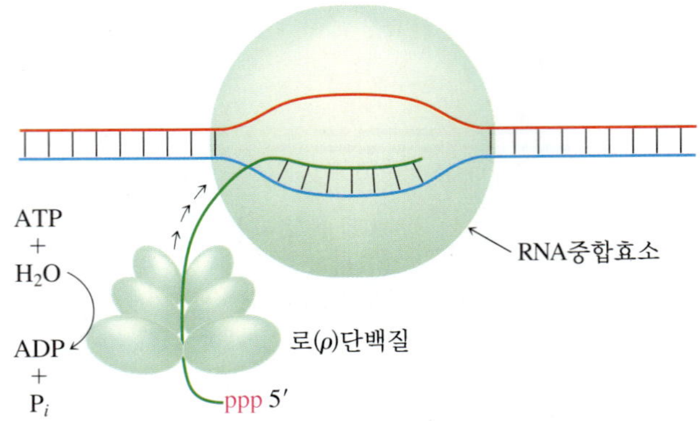

그림 5-5 전사종결과정의 ρ 단백질의 역할. ρ 단백질은 ATP에 좌우되는 헬리케이스의 활성을 가지며, 새로 만들어지는 RNA에 부착되어 RNA중합효소와 DNA 주형으로부터 끌어내는 일을 수행한다.

3. 진핵생물에서 전사

진핵세포의 핵에서 전사는 매우 복잡한 과정으로 진행된다. 핵의 DNA의 질량은 매우 크고, 매우 복잡한 뉴클레오사이드의 순서를 포함하고 있다. DNA에 필요한 한 개의 RNA중합효소를 갖는 박테리아의 체계와는 달리, 진핵세포는 적어도 세 개의 다른 RNA 중합효소를 포함하고 있다. RNA중합효소 I은 핵소체 (nucleolus) 에 있으며, Mn^{2+}와 Mg^{2+}를 모두 필요로 하고, 분자량은 500,000D에서 700,000D이며, 올리고머이다. 이 효소는 아마도 라이보솜의 RNA를 합성하는 것으로 보인다. 라이보솜의 RNA중합효소 II와 III는 핵원형질 (nucleoplasm) 에 존재한다. 그동안 효소 II가 광범위하게 정제되었으며, Mn^{2+}가 필수적이고, 분자량은 대략 700,000D이며, 효소 I과는 달리 독버섯의 독소인 **α-아미니틴 (α-aminitin)** 에 의해서 대단히 민감하게 방해된다. 효소 II는 역시 올리고머 형태이며, mRNA의 합성에 관여하는 것으로 보인다. 효소 III는 tRNA와 5SRNA의 합성에 관여한다. 중합효소 IV는 내부 마이토콘드리아막에 위치하고 있으며, 마이토콘드리아 DNA의 비대칭전사에 관여한다. 생성물은 마이토콘드리아 라이보솜과 회합된다. 마지막으로, 엽록소식물은 엽록소 DNA에 좌우되는 RNA중합효소가 알려지고 있으며, 이 역시 그 성질에 관하여 상세히 밝혀졌다. 모든 이런 중합효소들은 σ 같은 개시인자가 연결되어 있다. 비록 상당히 정제된 대장균 σ인자는 진핵세포의 RNA중합효소들과 상호반응에서 완전히 불활성을 나타내었다.

반응의 종결을 지시하는 DNA의 순서가 잘 알려지지 않고 있으므로 진핵생물에서 전사종결부위를 갖지 않는다. 이는 구조유전자의 일차전사체들이 이질적인 3′ 서열을 가지는 것처럼 종결과정이 부정확하기 때문이다. 그러나 전사체가 내부핵산가수분해로 절단되는 과정 때문에 정확한 종결부위는 필요없다. 그래서 효소에 의한 RNA절단자체가 중합효소의 작업의 중지를 알리는 신호가 된다.

5.1.3 전사의 조절

RNA의 합성의 과정은 모든 형태의 mRNA, tRNA, rRNA에서 동일하다. 그러나 그들의 합성과정에서는 조절방법이나 전사 후 가공처리 및 관여하는 중합효소들이 서로 다르다. RNA중합효소의 σ인자는 증진자의 서열을 인식하고 개시지역에 결합한다. RNA는 5′-3′ 방향으로 합성되기 때문에 증진자 염기서열은 개시 뉴클레오타이드의 상부인 5′쪽 (왼쪽) 에 존재한다.

대장균에서 증진자는 −10 지점을 중심으로 여섯 개의 서열로, 1975년 프립노우(Pribnow)가 발견하였다고 해서 **프립노우상자(pribnow box)**라 하고, 이때 서열은 TATAAT로 앞의 TA와 마지막의 T의 보존성이 높다. 대장균에서 전사의 효율은 증진자가 완전효소에 얼마나 안정한 개시복합체를 만드느냐에 따라 좌우된다. RNA전사는 서로 다른 증진자들을 인식하므로, 세포에 있는 σ인자에 의해서 전사될 유전자가 결정된다.

진핵세포의 전사는 다른 종류의 RNA중합효소에 따라 상대적으로 복잡한 조절서열을 가지기 때문에 원핵세포와는 달리 훨씬 복잡한 방법으로 조절된다. 진핵세포에서는 σ인자는 없으며, 다양한 단백질들이 증진자를 인식한다. 진핵세포의 증진자는 원핵세포보다 훨씬 길고 다양하다. 진핵세포의 구조유전자는 전사개시지역에서 위쪽에 GGGCGG서열을 갖거나 GC상자의 서열을 한 개 또는 그 이상을 갖게 된다. GC상자는 원핵세포에서의 증진자와 유사한 기능을 갖는다. AT가 풍부한 전사개시지역에서 25 또는 30bp 떨어진 지역을 **TATA상자**(TATA box)라 부르고, 이 서열은 전사개시지역으로부터 −27, −10bp에 위치하고, 원핵세포의 증진자(TATAAT)와 비슷하다. 많은 진핵세포는 −70과 −90 사이의 위치에 CCAAT(CAT상자)의 보존된 서열을 갖는다. 서열이 바뀌게 되면 전사율이 크게 떨어진다.

증강인자(enhancer)는 위치와 방향을 바꿀 수 있는 전사조절인자이다. 하나가 결손되면 전사에 영향이 없으나, 둘 다 없으면 전사가 일어나지 않는다. 이들 요소가 전사개시지역으로부터 상부나 하부 쪽으로 수천 염기쌍 떨어져 있어도 효과는 동일하다. 이런 유전자요소를 증강인자라 하고, 증진자와는 달리, 부위특이적이고 또 증진자와 연계하여 작용한다. 증강인자는 특정조직에 선택적으로 발현되는 유전자와 관계가 있다.

전사활성인자(transcription activator)는 진핵세포에서 특정유전자를 선택적으로 발현시킬 수 있는 능력을 갖는다. 같은 세포의 서로 다른 개체에서 특수한 단백질의 합성은 10^9배 정도 차이가 날 수 있다. 예를 들면, 적혈구세포는 헤모글로빈을 집중적으로 합성하나, 인슐린은 전혀 합성하지 않는다. 반면에 췌장의 랑거헨섬세포는 인슐린만을 주로 합성한다. 전사활성인자와 관련단백질은 DNA의 증진자지역에 선택적으로 결합하고, 전사활성인자로 구성된 복합체로 원핵생물의 σ인자와 같은 기능을 수행한다. 일반적인 전사활성인자들을 아래의 표 5-2에 정리하였다. 증진자에 처음 결합하는 전사인자는 **TATA-결합단백질로(TATA-binding protein, TBP)**, TBP는 TATA상자에 결합하여 전사개시지역을 탐색하는 기능을 한다. 전사인자IIA(TFIIA)와 TFIIB는 또 다른 TAF 및 TBP 그리고 RNA중합효소 II와 상호작용하여 개시복합체를 만들게 된다(그림 5-6).

진핵세포에서는 DNA가 염색체단백질에 접착되어 있고, 뉴클레오솜에 쌓여 있어서 박테리아에서보다 전사과정이 더욱 복잡한 구조를 가지며, 조절 메커니즘도 훨씬 복잡하

표 5-2 진핵생물의 일반전사인자들의 비교

인자	단위체 수	질량(kD)*	기능
TFIID			
TBP	1	27	TFIIB와 RNAP II 주변으로 TATA 상자 DNA를 구부림
TAFs	14	749	촉진제 인식
TFIIA	2	46	DNA에 TBP 결합을 안정화시킴
TFIIB	1	38	개시부위결정
TFIIE	2	92	RNAP II-촉진제 상호작용과 TFIIH의 모집을 연계시킴
TFIIF	3	156	비주형 DNA 사슬과 상호작용
TFIIH	9	525	촉진제개방과 RNAP II의 인산화

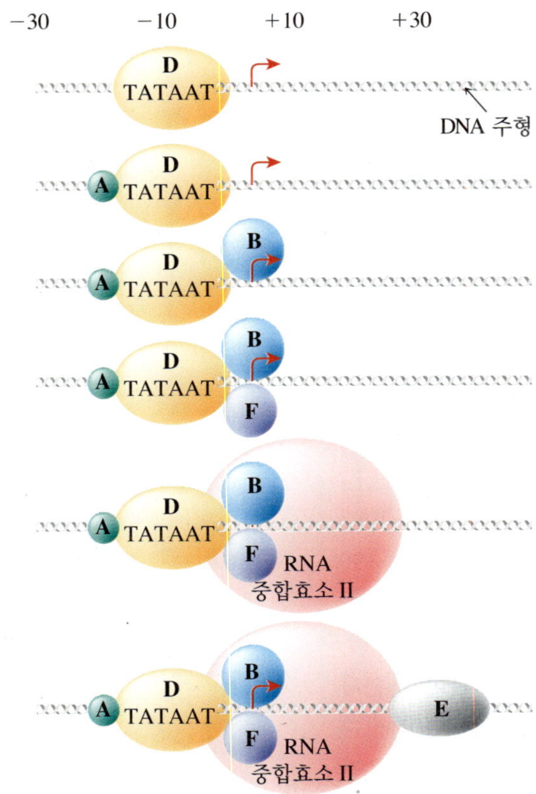

그림 5-6 전사개시와 전사인자. RNA중합효소 II의 기능에는 전사인자 TF-IIA, B, D, E, F, H가 필수적이다.이들 일반적인 전사인자들의 단계적으로 부착되는 과정은 TF-IID가 TATA상자에 붙게 됨으로써 시작된다. 모두 붙게 되면 TF-IIH는 DNA의 이중나선을 풀고, C-말단부위를 인산화시키게 되면 효소는 증진자를 떠나서 전사가 시작된다. 붉은 화살표는 전사의 시작점을 나타낸다.

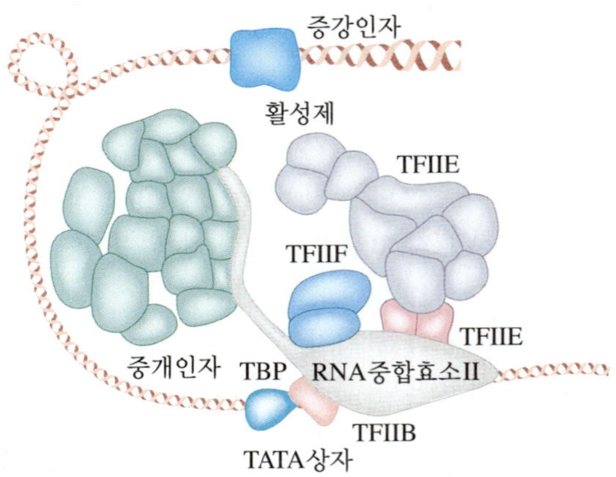

그림 5-7 진핵세포의 전사개시 복합체. 이 과정에서 DNA, 전사활성인자 TF-IIB, E, F, H, 중개인자, TATA-박스 및 RNA중합효소가 증강인자 단자에 붙어 특수한 전사활성인자들로 구성된 진핵세포 전사시작단계의 복합체를 구성한다.

다. 1987년 콘버그(Roger Kornberg) 박사는 시험관에서 정제된 RNA중합효소 II와 다섯 개의 전사활성인자인 TFIIB, E, F, H와 TATA-부착단백질(TBP)을 사용하여 원핵세포에서와 같이 효모의 전사체계를 완성하고, 유전자에 특수한 활성화 단백질을 더하여도 아무 효과가 없음을 발견하게 된다. 예상하지 못했던 연구결과는, 콘버그(Kornberg) 박사가 20여 개의 다른 단백질로 구성된 다중단백질집합체(multiprotein-complex)로 구성된 **중개인자(mediator)**를 발견하게 된 동기가 된다. 이 중개인자는 효모에서 사람에 이르기까지 모든 진핵세포에 존재하며, DNA의 부착(DNA binding)과 유전자 특수전사활성인자의 긍정적인 또는 부정적인 신호를 RNA중합효소와 일반적 전사활성인자에게 보내는 역할을 하고 있음을 확인하게 되었다. 또 진핵세포의 전사활동을 시작하는 과정에서, 복합체는 1. DNA, 2. 전사활성인자, TBP, TFIIB, E, F, H, 3. 중개인자, 4. RNA중합효소 II, 5. 증강인자에 붙은 특수전사활성인자들로 구성되어 있음을 밝혀내게 되었다(그림 5-7).

콘버그 박사는 진핵세포의 전사조절 메커니즘의 연구로 1. 분자수준의 증진자(promoter)의 인지방법, 2. 전사시작의 메커니즘, 3. 뉴클레오타이드가 더해진 후 어떻게 RNA혼성체가 이동하는지, 4. 어떻게 새로 합성된 RNA가닥이 DNA주형에서 분리되는지, 5. DNA주형에 진입하는 상보적인 라이보뉴클레오타이드들의 정확한 선택 등, 효소의 대단히 지능적인 능력 및 여러 메커니즘을 분자수준에서 이해할 수 있도록 많은 연구업적을 이룩하였다. RNA중합효소 II의 전사조절과정에서의 전사인자와 중개인자가 정확하게 작동하는 구조의 모델을 완성하여 전사조절의 분자메커니즘을 설명하게 되었다.

전사가 정지되면 유전정보의 이동이 정지되고 세포가 재생되지 못하게 됨으로써 생명체는 그 이상 생존하지 못하게 된다. 독버섯의 독소인, **α-아미니틴 (α-aminitin)** 은 RNA 중합효소 II의 강력한 방해제로서 전사과정을 순식간에 정지시킨다. 생명현상에서 전사과정이 중요한 것은 DNA가 보유한 정보에 따라 단백질이 합성되는 중간과정인 전사과정에서만 그 조절이 가능하도록 되어 있기 때문이다. 특히 암세포가 만들어지는 과정도 전사과정이 왕성하게 촉진됨으로써 세포의 비정상적인 성장이 가능하게 된 상태이다. 심장병 등의 여러 질병에서도 전사의 조절에 문제가 발생함으로써 나타난다. 줄기세포가 중요한 기능을 하는 각기 다른 기관에서 다른 형태의 특수세포로 발전되는 능력도 어떻게 전사가 조절되는지에 따라 결정된다.

5.1.4 전사 후 RNA 가공처리

초기에 합성된 전사체가 기능성 mRNA, rRNA, tRNA로 전환되려면 일부 염기를 내부핵산가수분해효소를 사용하여 절단제거하거나, 3′과 5′-말단에 일부 뉴클레오타이드서열을 첨가하거나, 특별한 뉴클레오타이드의 변형이 일어나야만 한다. RNA전사 후 가공처리는 진핵세포와 원핵세포에서 다른 방법으로 진행된다.

mRNA의 가공처리 : 원핵세포에서 초기 mRNA는 변형 없이 번역되고, 단백질합성은 전사가 완성되기 전에 시작된다. 그러나 진핵세포에서는 핵 안에서 mRNA의 가공처리가 광범위하게 진행되고, 실제 번역은 세포질에서 일어난다.

진핵성 mRNA는 두 가지 중요한 가공처리과정을 거친다. 첫째는 5′-5′-삼인산다리를 통하여 첫 5′-뉴클레오타이드에 7-메틸구아노신 (m7G) 을 연결하여 켑을 만들게 된다 (그림 5-8). 켑의 구조는 진핵세포에서 개시지역을 나타내는 신호로 기능한다. 또 외부핵산가수분해효소로부터 mRNA를 보호하는 역할도 한다. 켑의 생성과정은 다음과 같이 요약할 수 있다. 1. RNA삼인산가수분해효소에 의해서 5′-말단의 첫 번째 인산기의 제거. 2. 켑

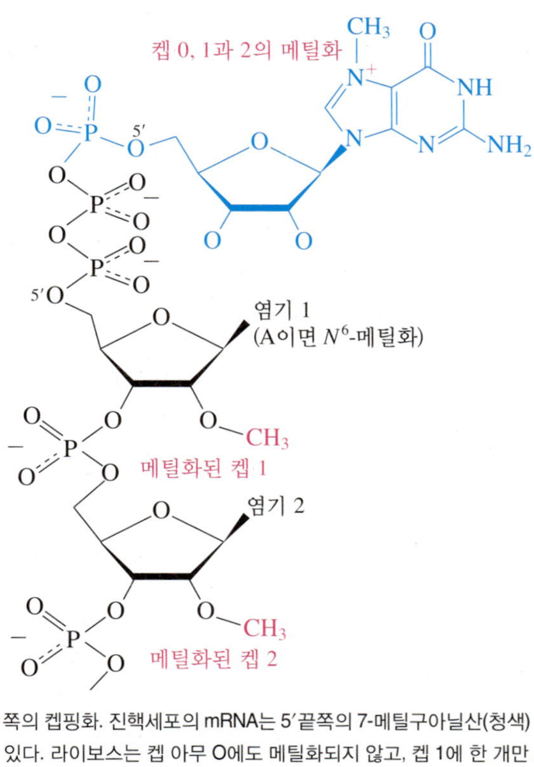

■ 그림 5-8 ■ 5′끝 쪽의 켑핑화. 진핵세포의 mRNA는 5′끝쪽의 7-메틸구아닐산(청색) 의 켑은 라이보스의 5′ 끝이 삼인산의 연결로 접속되고 있다. 라이보스는 켑 아무 O에도 메틸화되지 않고, 켑 1에 한 개만 또는 켑 2에 둘 다 메틸화되고 있다.

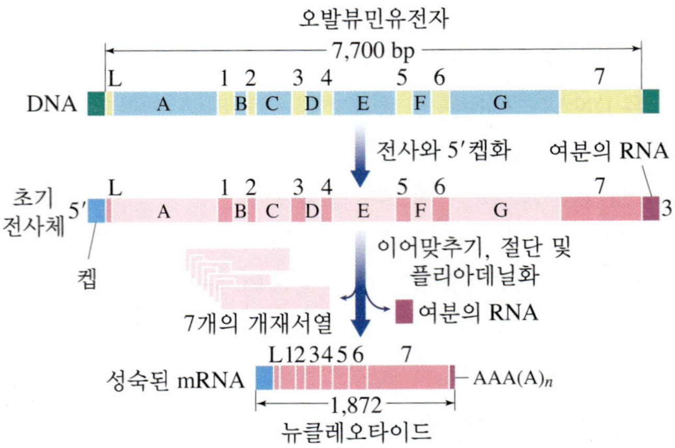

그림 5-9 진핵세포의 mRNA의 가공처리과정. 닭의 흰자 오발뷰민의 유전자는 A-G까지의 개재서열과 1-7까지의 발현서열을 갖는다. 가공처리과정에서 3/4 정도가 제거된다. pol II는 전사체를 확장하여 절단 제거시키게 되고, 폴리아데닐화하는 지역까지 합성시킨다.

핑화효소에 의해서 mRNA의 구아닐화로, 5′-5′다리를 만들게 된다. 3. 구아닌 7-메틸전달효소에 의해서 S-아데노실메싸이오닌(SAM)으로부터 구아닌의 메틸화. 4. 마지막으로 SAM에 의한 2′-O 메틸전달효소의 작용으로 전사체 처음과 두 번째 뉴클레오타이드의 O^2-메틸화. 다음으로 진핵세포의 mRNA는 3′ 말단에 약 250nt 길이의 폴리A꼬리를 가지게 된다. 폴리A꼬리는 폴리A중합효소(poly (A) polymerase)에 의해서 ATP로부터 만들어진다. 이 폴리A꼬리는 mRNA를 보호하는 기능을 수행한다.

진핵세포의 유전자에는 **발현서열(exon)**과 발현되지 않는 **개재서열(intron, intervening sequence)**이 교대로 나타난다. 전구 mRNA(pre-mRNA) 또는 불균일핵 RNA(hnRNA, heterogenous nuclear RNAs)는 일차전사체로, 만들려는 단백질의 필요한 길이보다 훨씬 길다. 1977년 샤프(Philip Sharp)와 로버츠(Richard Roberts)는, 전체 mRNA가 내부 서열 중 발현되지 않은 개재서열을 절단하고, 발현되는 서열(exon)을 서로 연결함으로써 최종 유전자를 갖게 된다는 사실을 밝혀냈다. 전사초기에는 개재서열을 포함한 전체 유전자의 mRNA가 얻어지지만, 그 후에 번역에 필요한 발현서열만으로 mRNA를 만들게 된다(그림 5-9).

성숙된 mRNA는 **이어맞추기(splicing)**의 과정을 통하여 얻어지며, 폴리아데닐화시킨 다음, 라이보솜이 있는 세포질로 운송되어 단백질을 만들게 된다. 발현서열은 두 단계의 반응으로 이어맞추기가 완성된다. 다양한 진핵생물의 발현서열-개재서열 접합부의 서열을 비교한 결과, 대부분 개재서열의 5′쪽 경계지점에 GU가 있고, 3′ 쪽에 AG가 있는 동일한 구조를 갖는다(그림 5-10). 이 서열은 이어맞추기접합부를 확인하는 데 반드시 필요하다. 개재서열의 아데노신 잔기는 구아노신의 3′-OH그룹의 친핵성공격으로 발현서열과 절단되고, 구아노신 사이에서 3′,5′-인산다이에스터결합이 형성된다. 이때 5′ 발현구역은 방출되고, 개재서열이 올가미 구조를 갖게 된다. 또 5′ 발현구역의 3′-OH기는 개재서열의 3′-말단쪽으로 가서 3′발현구역의 5′-말단 인산기와 인산다이에스터결합을 형성하

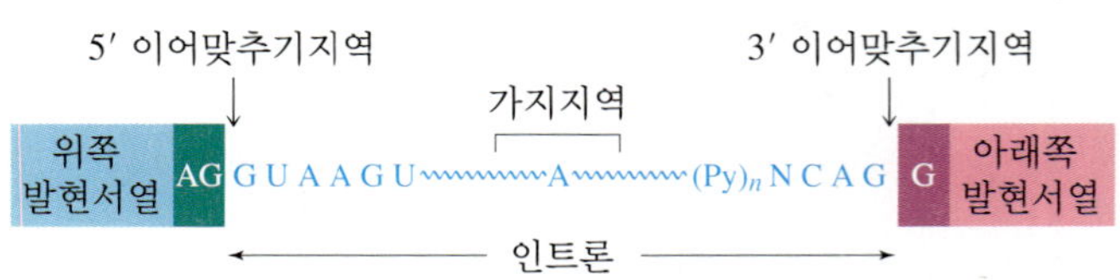

그림 5-10 진핵성 mRNA의 이어맏추기되는 지역. 5′ 지역과 3′ 지역의 일치된 염기순서를 나타내고 있다. 여기서 Py는 피리미딘을 의미한다.

여 이어맞추기를 완료시킨다. 결과적으로 개재서열은 3′-OH기를 갖는 올가미형태로 제거된다 (그림 5-11).

이어맞추기는 약 45S의 **스플라이스오솜 (spliceosome)** 입자에서 snRNP의 중재로 일어난다. 스플라이스오솜은 5개의 RNA와 65개의 폴리펩타이드로 구성된다. 소핵질 라이보뉴클레오타이드 (small nuclear ribonucleotide, snRNA) 의 유리딘이 많은 U1-snRNA의 5′ 끝이 5′-이어맞추기접합부의 공통서열과 부분적으로 상보적이다. 따라서 U1-snRNP가 5′-이어맞추기접합부를 인식하는 것으로 보인다. mRNA의 이어맞추기에 사용되는 네 개의 snRNPs는 snRNA의 중심단백질 (snRNP core protein) 과 같은 단백질을 가지고 있다. 이 중심단백질은 일곱 개의 sn단백질인 B, D_1, D_2, D_3, E, F, G단백질로 구성되고 있다. 이 단백질들은 snRNA요소 (snRNA motif) 라고 부르는 잘 보존된 AAUUUGUGG의 서열에 결합하여 이어맞추기를 수행한다. 특히 이 서열은 snRNA 중 U_1−, U_2, U_4−, U_5−에 존재한다.

원핵세포의 구조유전자에는 개재서열은 거의 없고 효모에는 일부가 있으며, 고등 및 진핵생물 중 유일하게 히스톤과 항바이러스 단백질인 인터페론 (inteferon) 유전자에 개재서열이 없으나, 척추동물의 구조유전자에서 발현되지 않은 서열의 80% 이상을 차지하고 있다.

유전자 이어맞추기의 생체에서의 역할은 다음 두 가지로 설명된다. 첫째 단백질의 진화를 빠르게 하는 데 기여하였다. 진핵세포의 많은 단백질은 다른 단백질들과 같이 모듈 (module) 로 구성되어 있다. 예를 들어, 신호전달체계에서 기능하는 상당수의 단백질들이 SH_2와 SH_3 (Src homology domain) 를 가지고 있다. 이렇게 특정한 모듈을 갖는, 단백질의 유전자가 인접한 개재서열들 사이에서, 재조합을 통해 조합된 발현서열의 단계적인 모임을 통하여 발생되었다. 둘째, 하나의 유전자에서 기능이 다른 몇 가지 단백질을 만들기 위하여 변형된 이어맞추기 (alternative splicing) 방법을 사용한 것이다.

1. 라이보솜의 RNA 가공처리

빠르게 성장하는 대장균의 세포에서 합성되는 RNA의 40%까지가 라이보솜의 RNA이

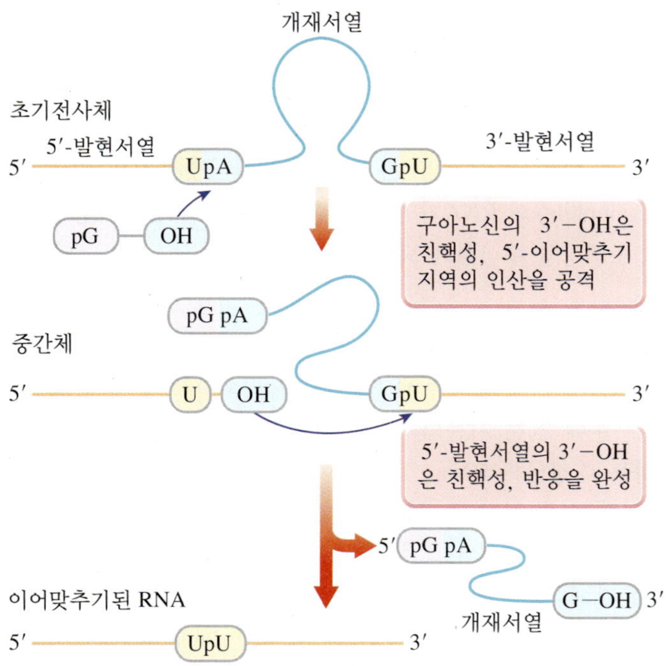

그림 5-11 개재서열이 제거되는 이어맞추기의 반응 메커니즘. 구아노신, GMP, GDP, GTP가 5′-인산에 친핵성 공격을 하게 된다. 이어맞추기로 떨어져 나온 개재서열은 결과적으로 분해된다.

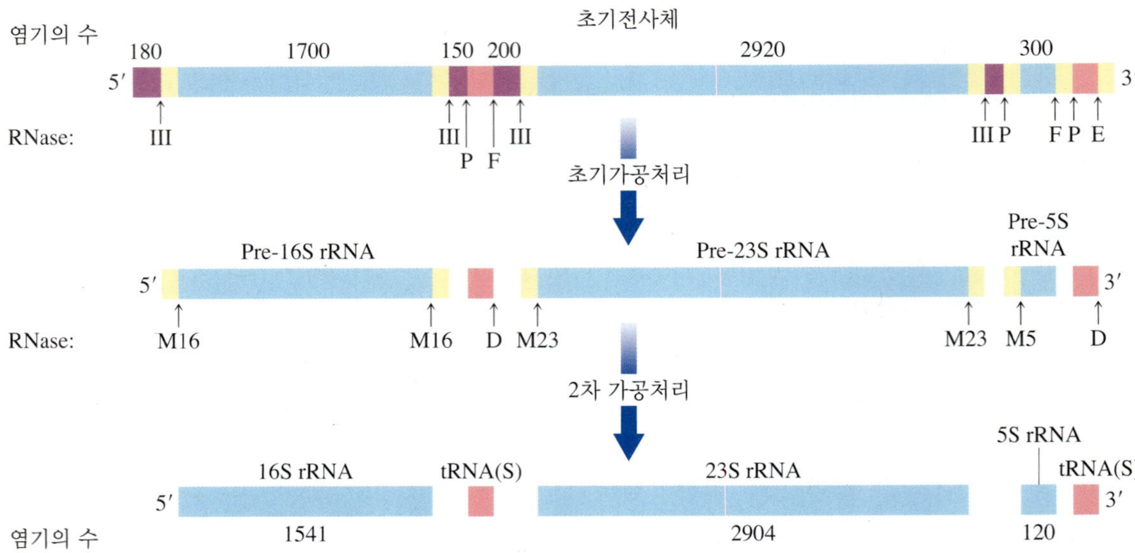

그림 5-12 대장균 rRNA의 전사 후 가공처리. 화살표는 핵산가수분해효소들의 절단지역을 나타내고 있다.

고, 실험관조건에서 대장균의 DNA주형으로 완전효소에 의해서 합성된 0.2%의 RNA는 rRNA이다. 최근에, 완전효소를 더했을때 대장균의 세포질에서 얻어지는 단백질인 새로운 전사인자인 프사이 (Ψ) 에 의해서 rRNA합성의 수백 배 증가를 가져왔으며, 전체 RNA의 30~40%가 rRNA이다.

대장균에는 5S, 16S, 23S rRNA가 있으며, 이들은 일곱 개의 오페론에 의해서 만들어지고, 이들 각 오페론은 세 종류의 rRNA유전자 중의 하나를 한 개씩 갖는다. 이런 rRNA의 가공처리단계에는 내부핵산가수분해효소들이 관여되고 있다. 전구 rRNA를 만드는 초기가공처리에는 RNase III, RNaseP, RNaseE, RNaseF와 같은 가공처리효소들이 관여되고 있다. 성숙된 rRNA는 전구 rRNA의 양측 말단이 제거되는 과정에 RNaseD, M16, M23, M5의 효소들에 의해서 가공처리된다 (그림 5-12).

진핵성 rRNA의 45S 일차전사체는 가공 과정에서 18S, 5.8S, 28S의 rRNA로 만들어진다. 또한 특수한 RNaseIII와 RNaseP같은 효소들에 의해서 메틸화반응으로, 대부분 $O^{2\prime}$-메틸라이보스를 만들고 2-메틸구아닌과 N^6, N^6-다이메틸아데닌이 일부 만들어진다. 소수의 진핵성 rRNA의 유전자가 개재서열을 가지며, 자기이어맞추기 (self splicing) 를 통하여 가공된다. 1982년 첵 (Thomas Cech) 은 개재서열 이어맞추기의 연구과정에서 섬모충 (tetra-hymena thermophila) 의 RNA가 효소로 라이보핵산의 절단기능을 갖는다는 새로운 사실을 발견하고 노벨상을 수상하게 되었다.

2. 전달RNA의 가공처리

대장균에서 tRNA의 가공처리는 rRNA가공처리와 마찬가지로, 다섯 개의 똑같은 tRNA의 3′-5′ 끝부분에 있는 여분의 뉴클레오타이드의 서열을 절단 제거한다. tRNA의 5′-말단을 생성하는 대장균의 RNase P는 라이보핵산단백질의 가수분해효소로, RNaseP의 RNA부분이 높은 염의 농도에서 RNA의 절단을 촉매한다는 사실이 알트만 (Sidney Altman) 에 의해서 밝혀졌다.

진핵세포의 유전체에는 상당히 많은 수의 tRNA유전자가 포함되어 있다. 효모의 tRNA 일차전사체 (예: $tRNA^{Tyr}$) 의 5′과 3′-말단에 작은 개재서열과 여분의 뉴클레오타이드를 가지고 있다. 가공처리과정에서 여분의 뉴클레오타이드가 제거되고, tRNA뉴클레오타이드전달효소 (tRNA nucleotidyl transferase) 에 의해서 3′-OH말단에 -CCA를 한 개씩

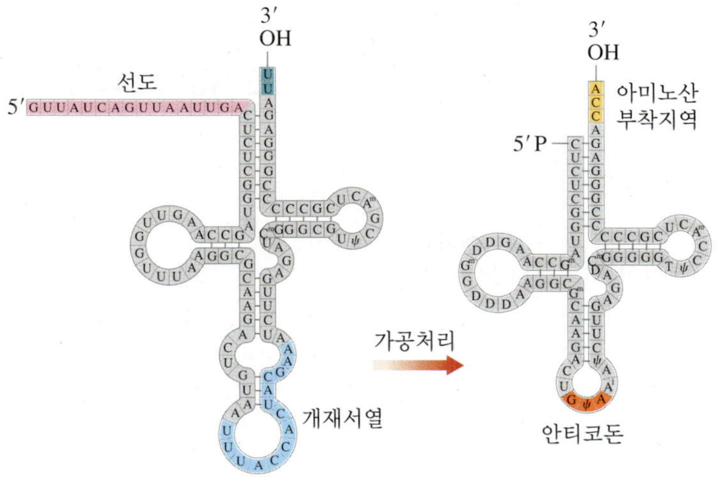

초기전사체 성숙된 tRNA

그림 5-13 효모의 전구 tRNA의 가공처리 과정. 가공처리과정에서 14개의 뉴클레오타이드의 개재서열 (청색)이 제거되고, 5′-선도그룹 (붉은색) 의 절단과 UU의 제거 및 3′-말단에 CCA (노란색) 의 부착 등의 과정을 통하여, 전구 tRNA는 성숙된 tRNA로 변환된다. 마지막으로 몇 개의 염기가 변형된다.

첨가시켜 만들게 된다 (그림 5-13).

새로이 합성된 단일가닥의 RNA는 여러 가지의 변형을 거치게 된다. 원핵세포에서, 변형효소들은 세포질에 위치하고 있는 것으로 보이며, 최종 라이보솜과 전달 및 운반 RNA로 전환되기 위하여 그 길이를 줄이게 된다. S-아데노실메싸이오닌이 관여되는 특수한 효소에 의해서 tRNA와 mRNA 염기들의 메틸화와 그들의 최종구조를 준비하기 위하여 핵산의 가닥들을 변형시키게 된다. 뿐만 아니라, 박테리아와 포유동물의 tRNA 중 적은 성분이기는 하지만 황을 포함한 염기들은 특별한 싸이올레이스 (thiolase) 효소들에 의해서 형성된다. 황의 공여체는 보통 시스테인이다. 비록 RNA중합효소가 DNA주형으로 RNA전사의 정확한 효소이긴 하지만, 폴리뉴클레오타이드가인산분해효소 (polynucleotide phosphorylase) 라고 부르는 다른 효소가 가역 반응을 촉매한다.

$$\text{nppX} \xrightarrow[\text{Mg}^{2+}]{\text{RNA프라이머}} (\text{pX})\,\text{p} + \text{nPi}$$

동종중합체 (homopolymer) 가 ADP, IDP, GDP, CDP, UDP로부터 해당하는 폴리-A, 폴리-I, 폴리-G, 폴리-C, 폴리 U를 만들게 된다. 뉴클레오사이드이인산의 혼합물을 사용하여 두서없는 (random) 중합체들이 형성된다. 비록 프라이머의 존재가 반응을 대단히 자극하긴 하지만, 주형의 핵산은 필요 없다.

박테리아 세포에서 폴리뉴클레오타이드가인산분해효소 (polynucleotide phosphorylase) 는 뉴클레오사이드이인산으로부터 관련 RNA를 합성하도록 하는 처음으로 관찰된 효소이며, 역사적으로 중요한 효소가 된다. 인산화시키는 반응으로서 뉴클레오사이드이인산을 형성하므로, 주로 RNA를 신속하게 절단하는 붕괴효소로서 기능하는 것으로 보인다.

진핵세포의 유전체에는 수천 개의 tRNA유전자를 가진다. 많은 진핵세포의 전구 tRNA는 효모의 tRNA처럼 5′과 3′-말단에 개재서열을 가지며, 가공처리과정에서 제거된다. 3′-말단의 CCA는 tRNA뉴클레오타이드전달효소에 의해서 CTP를 기질로 두 개의 C를 첨가시키며, 다음에 한 개의 ATP로부터 A를 첨가하여 −CCA를 만들게 된다.

5.2 유전자코드와 단백질합성

5.2.1 유전자코드

그동안 여러 장에 걸쳐서 우리는 코돈, 안티코돈 그리고 코드화에 관하여 논의해왔다. 이제 이런 어휘들을 더욱 정확하게 정의해 둘 필요가 있다.

최근까지 현대 생물학에서, 단지 네 개의 뉴클레오타이드 잔기를 가지고 분명한 방법으로 20개의 아미노산을 어떻게 코드화하는지가 가장 궁금증을 자아내는 의문 중의 하나였다. 분명히, 일정한 뉴클레오타이드의 순서가 암호, 곧 코드로 작용한다. 그러면 이 순서가 얼마나 길까? 만약 각 뉴클레오타이드의 순서가 두 잔기의 길이로 코드를 만들게 된다면 단지 4^2 또는 16개의 가능한 조합이 사용가능하며, 20개의 아미노산을 코드하기에는 부족하다. 만약 각 순서가 잔기 세 개의 길이라면 총 4^3 또는 64개의 다른 조합으로 필요한 수를 넘게 된다. 이 수수께끼에 대한 해답은 현대 생화학의 가장 흥미있는 화제 중의 하나가 되었다.

mRNA 염기의 순서는 단백질의 정확한 아미노산들의 순서의 합성을 지시한다. 코돈은 주어진 한 개의 아미노산을 코드하는 단위로, mRNA에서 세 개의 연속된 뉴클레오타이드그룹으로 구성된다. mRNA에 있는 다음 세 개의 뉴클레오타이드잔기는 두 번째 아미노산을 코드하고, 계속해서 세 개의 뉴클레오타이드쌍이 다음 아미노산을 지정하게 된다. 이와 같은 결론의 증거를 얻게 된 것은 상당히 신빙할만한 실험결과에 근거를 두고 있었다. 1961년 M. 니렌버그(Nirenberg)는 전통적인 실험을 수행하였는데, 그는 원심분리에서 얻은 표면에 뜨는 용액과 tRNA가 보충된 라이보솜으로 구성된 대장균의 단백질 합성체계를 사용하였다. 이 체계에 그는 방사성으로 표지된 아미노산들과 UDP에 인산화시키는 폴리뉴클레오타이드가인산분해효소(polynucleotide phosphorylase) 작용으로 만들어진 폴리유리딜산(poly-U)의 혼합물을 첨가하게 되었다. 이 복잡한 아미노산들의 혼합물 중에서, 새로 합성된 단백질을 구성하기 위하여 사용된 아미노산들은 모두 페닐알라닌들임이 확인되었다. 니렌버그가 합성한 폴리-U는 실제 mRNA로 작용하고 있다는 결론을 얻게 되었다. 단지 페닐알라닌 tRNA단위가 라이보솜의 핵단백질 폴리-U 혼합물과 결합되어 지정된 정보를 제공하고 있다는 결론을 얻게 되었다. 그 다음 변화하는 양의 UDP와 함께 CDP, ADP, GDP를 폴리뉴클레오타이드가인산분해효소에 첨가시킴으로써 무작위로 혼합된 폴리뉴클레오타이드들을 준비하였다. 다른 염기성분의 합성된 RNA의 중합체를 이미 사용한 시험체계에 첨가하였더니 단백질에 다른 아미노산들이 섞여들어 가게 되었다. 비록 각 세 개의 코드에서 정확한 염기의 순서는 모르지만, 각 아미노산들에 세 개의 뉴클레오타이드의 염기들이 최소의 단위로 코드화되는 비율을 결정하게 되었다.

1964년 니렌버그는 알려진 순서의 세 뉴클레오타이드를 사용하여 코드를 해독하는 간단한 방법을 고안하게 되었다. 알려진 순서의 뉴클레오타이드 세 개의 표지된 아미노아실-tRNA와 라이보솜을 혼합하였다. 주어진 기간 동안 반응시킨 다음, 세공막의 여과지에 부유물을 여과시키게 되었다. 라이보솜에 아미노아실-tRNA의 부착은 특수한 세 개의 뉴클레오타이드의 존재에 좌우되었다. 만약 부착이 일어나지 않으면, 아미노아실-tRNA는 여과지를 통과하였다. 그렇지만 부착되면, 아미노아실-tRNA 라이보솜의 혼합물은 여과지에 남게 되고, 쉽게 방사능을 측정할 수 있었다. 실제로 합성된 세 개의 뉴클레오타이드가 모델코돈으로 작용하였다. 이러한 세 뉴클레오타이드 부착확인법을 통하여, 니렌버그

표 5-3 유전자의 코드. 코돈은 5′→3′방향으로 적는다. 각 코돈의 세 번째 염기는 앞의 두 염기보다 적은 역할을 한다. 개시코돈은 푸른색으로 또 종결코돈은 보라색으로 나타내고 있다. 대부분의 경우에 같은 아미노산을 지정하는 코돈은 세 번째 염기에서만 다르다.

코돈 첫번째 글자 (5′-말단)	코돈2번째글자: U	C	A	G
U	UUU Phe	UCU Ser	UAU Tyr	UGU Cys
U	UUC Phe	UCC Ser	UAC Tyr	UGC Cys
U	UUA Leu	UCA Ser	UAA Stop	UGA Stop
U	UUG Leu	UCG Ser	UAG Stop	UGG Trp
C	CUU Leu	CCU Pro	CAU His	CGU Arg
C	CUC Leu	CCC Pro	CAC His	CGC Arg
C	CUA Leu	CCA Pro	CAA Gln	CGA Arg
C	CUG Leu	CCG Pro	CAG Gln	CGG Arg
A	AUU Ile	ACU Thr	AAU Asn	AGU Ser
A	AUC Ile	ACC Thr	AAC Asn	AGC Ser
A	AUA Ile	ACA Thr	AAA Lys	AGA Arg
A	AUG Met	ACG Thr	AAG Lys	AGG Arg
G	GUU Val	GCU Ala	GAU Asp	GGU Gly
G	GUC Val	GCC Ala	GAC Asp	GGC Gly
G	GUA Val	GCA Ala	GAA Glu	GGA Gly
G	GUG Val	GCG Ala	GAG Glu	GGG Gly

는 20여 남짓의 아미노아실-tRNA들과 함께 64종류의 세 개 뉴클레오타이드쌍을 시험할 수 있었다.

같은 기간에 코라나(H,G. Kohorana)는 효소기술과 유기합성기술을 사용하여, 완전히 정해진 되풀이되는 순서의 합성된 세 뉴클레오타이드를 만들 수 있게 되었다. 그래서 되풀이되는 순서의 CUC UCU CUC는 단백질합성체계에 넣었을 때에, 방사성을 띠는 아미노산들은 단지 루신과 세린만이 엇갈리게 나타나는 폴리펩타이드를 만들게 되었다.

생화학자들은 이 실험과 다른 여러 실험들의 결과로부터 최종적으로 해당하는 아미노산을 64개의 코돈 중에서 61개의 가능한 코돈들에 할당할 수 있게 되었으며, 나머지 세 개는 종결코돈으로 지적되었다. 표 5-3은 규정된 모든 유전자코드들의 결과를 요약한 것이다. 실제로 여섯 개의 코돈, UUA, UUG, CUU, CUC, CUA, CUG는 루신의 코돈으로 사용된다. 여기에서 처음 두 쌍의 염기는 특수하고, 나머지 세 번째 염기는 신축성이 있다는 사실에 주의할 필요가 있다. 이는 돌연변이에 의해서 세 번째 염기가 변화되더라도 주어진 아미노산을 단백질에 보내어 정확한 번역이 가능하게 됨을 제안하고 있다. 이러한 방법의 퇴화는 단지 코돈에서 세 번째 염기만이 관여된다. 예를 들면, 페닐알라닌의 코드는 UUU 또는 UUC이다. 세 번째의 염기는 단순히 피리미딘일 필요가 있다. 루신의 두 코돈 역시 UU로 시작된다. 이 경우 퓨린에 의해서 세 번째 염기가 차지되어야 한다. 이런 일반적인 코돈의 지정 양상은 코돈의 3′-말단에 뉴클레오타이드가 퓨린이나 피리미딘 중의 하나로 채워질 수 있다는 제안을 해 주고 있다. 이와 같이 세 번째 위치에 들어맞는 것을 **동요(wobble, 불안정)**라고 한다. 그래서 거의 모든 코돈은 XYA 혹은 G 또는 XYU 혹은 C로 나타낼 수 있다. 보통 네 개의 염기들 A, U, G, C 말고 다섯 번째 염기 I(이노신)은 안티코돈의 일부를 형성하기 위하여 자주 발견된다. 이노신인 I는 코돈체계에서는 나타나지 않는다. 그러나 tRNA의 세 쌍 안티코돈에서 염기로 나타나고, 코돈의 세 번째 또는 신축성 염기로 변함없이 보완한다. 그래서 코돈 CUU는 안티코돈, AAG나 IAG(5′-3′으로 읽힘)에 의해서 읽혀질 수 있다. I가 신축성을 가지는 이유는 U, A, C와 모두 수소결합을 만들 수 있기 때문이다(그림 5-14).

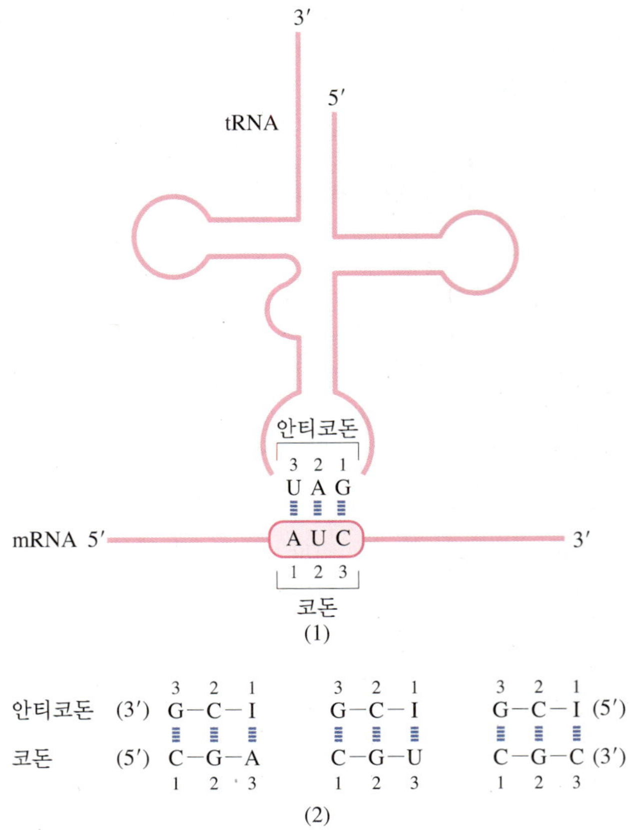

그림 5-14 tRNA의 안티코돈과 mRNA의 코돈의 관계. (1) 두 개의 RNA가 서로 반대방향으로 놓여지고 있다. (2) tRNA의 안티코돈이 이노신을 포함한 경우에, 짝을 이루는 세 개의 가능한 코돈들을 나타낸다.

유전자코드에 관한 일반화된 지식을 간단히 정리하면;

(1) 코드는 보편적: 모든 원핵생물과 진핵생물이 각 아미노산을 지명하기 위하여 같은 코돈을 사용하므로, 코돈은 보편적인 암호이다.

(2) 같은 아미노산을 지정한 한 개 이상의 뉴클레오타이드는 세 쌍의 배열을 가지며, 코드는 퇴화된다.

(3) 코드끼리는 서로 접히지 않는다 : 즉 근처의 코돈들이 서로 접히지 않는다.

(4) 코드에는 콤마가 없다 : 즉, 코돈 사이에 특별한 부호나 콤마가 없다.

(5) 64개의 가능한 세 쌍의 코돈 중에 61개는 아미노산들을 코드화하는 데 쓰인다. 그리고 세 개의 코돈들, UAA, UAG, UGA는 원래 **무의미코돈 (nonsense codon)** 이라 부르고, 지금은 펩타이드사슬의 카복시말단의 특수 종결코돈으로 알려지고 있다.

(6) AUG코돈은 상당히 흥미있는 코돈으로서, fMet-tRNA$_f^{Met}$ 또는 Met-tRNA$_m^{Met}$ 이거나 상관없이 단지 메싸이오닌의 코돈으로 메싸이오닌의 운반체로 사용된다. 내부 메싸이오닌 삽입과 동시에 대단히 중요한 개시코돈으로 역할을 한다. 아마도 개시인자 IF1, IF2, IF3 또는 mRNA의 이차구조가 정확한 AUG가 사용되도록 구별하는 기능을 하는 것으로 보인다. 개시와 종결코돈의 역할을 그림 5-15에 나타내고 있다.

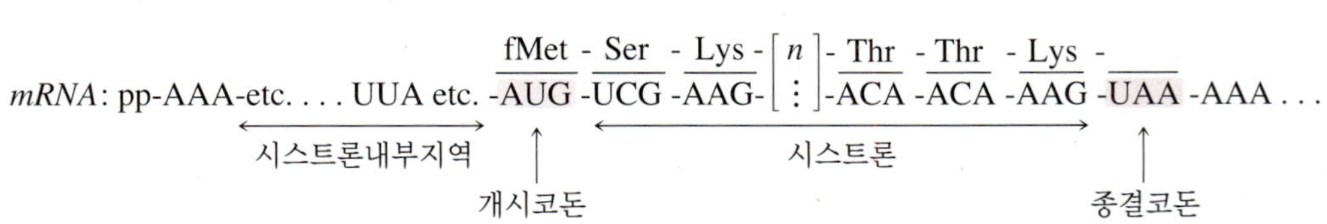

그림 5-15 전사의 개시와 종결코돈. 내부시스트론지역 때문에 AUG의 개시신호가 5′-말단에 있지 않고 있으며, 내부종결신호가 중간에 나타나기도 한다.

(7) 일반적으로, 탄화수소 잔기를 갖는 아미노산들은 U나 C를 두 번째 염기로 가지고 있고, 가지사슬의 메틸그룹을 갖는 아미노산은 U를 두 번째 염기로 갖는다. 염기성 또는 산성 아미노산은 A나 G를 두 번째 염기로 갖는다.

5.2.2 tRNA의 아미노아실화

전달RNA는 세 가지의 특수한 기능을 가지고 있다: 1. 활성화된 아미노산을 정확히 수용할 수 있도록 하기 위하여 특수한 아미노아실 tRNA합성효소를 인식하는 기능을 수행한다. 2. 전달 RNA는 특수아미노산에 맞는 자신의 해당한 안티코돈이 mRNA 염기순서에서 정확한 코돈을 인식하도록 하여 성장하는 폴리펩타이드사슬에 정확한 아미노산이 순서적으로 놓이도록 확인하는 기능을 한다. 3. 성장하는 펩타이드사슬이 번역과정에 참여하는 라이보솜에 부착하도록 한다.

tRNA들 중에서 80% 이상은 그들의 5′-말단에 구아닌을 가지고 있는 반면, 나머지는 5′-말단에 사이토신을 가지고 있다. 모든 tRNA들은 아미노산을 운반할 수 있고 그들의 3′-말단의 염기들의 순서가 사이토신-사이토신-아데닌의 순서를 갖는다. 아미노아실그룹은 3′-아데노실그룹의 라이보실부위에 있는 3′-OH에 연결되어 반응성이 큰 에스터결합을 만들고 있다. 근처의 cis 2-하이드록실그룹들은 프로톤화된 α-아미노그룹의 아미노아실에스터연결을 더욱 반응성있게 하도록 하기 위하여 존재한다. N-아실 α-유도체에 아미노그룹을 아실화함으로써 에스터결합의 반응성을 현저하게 감소시키게 된다.

단백질의 구조에서 보통 발견되는 20개의 아미노산은 초기 활성화 단계, 즉 아미노산의 선택과 예비적인 탐색과정을 반드시 거쳐야 한다. 그래서 D-이성체나 세포에서 다른 목적으로 쓰이는 오르니틴 (ornithine), 싸이트룰린 (citrulline), β-알라닌 및 다이아미노피멜산 (diamino pimelic acid) 들은 이 단계에서 거부된다. 단백질에서 보통 발견되는 20개의 아미노산들은 해당하는 아미노아실-tRNA 합성효소로, 각각 자신의 특수한 활성화 효소체계를 가진다. 관여되는 활성화 단계의 반응은 아래와 같다.

$$\text{ATP} + \text{아미노산} \underset{\text{Mn}^{2-}}{\overset{\text{효소}}{\rightleftharpoons}} \text{아미노산-아데닐산-효소복합체} + \text{이인산} \qquad (5\text{-}1)$$

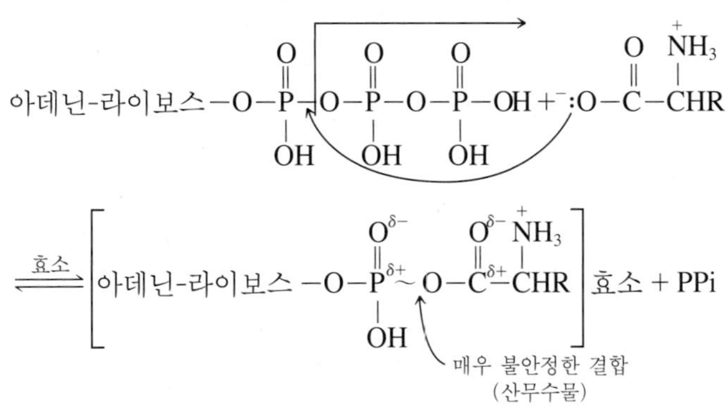

아미노아실아데닐산은 대단히 반응성이 크지만 해당 효소와 회합되어 있으므로 안정화되고 있다. 높은 불안정성은 인산원자 근처의 아미노그룹에 있는 큰 양전하가 강한 정전기적인 반발을 일으키고, 따라서 P—O—C결합의 불안정화로 이어진다. 반면에 활성화 단계에서, 아미노산-아데닐산-효소축합체의 형성으로 상당한 특이성을 갖게 되고, 효소는 많은 아미노산을 활성화시키는 제한된 능력을 갖게 된다. 그래서 L-아이소루신-

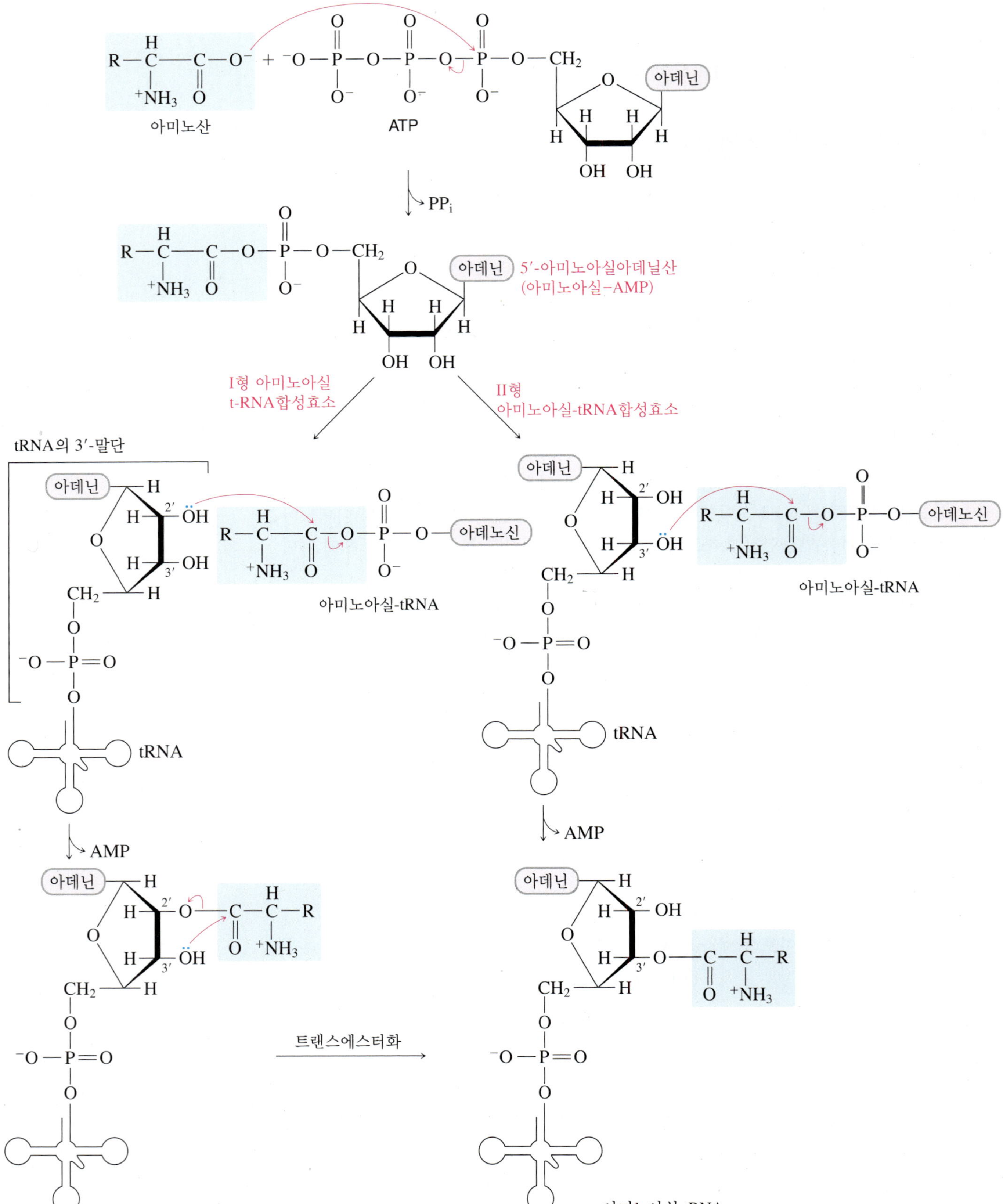

그림 5-16 아미노아실-tRNA의 합성효소의 작용. 첫 단계; 활성부위에 부착되어 아미노아실아데닐산을 형성한다. 다음 단계에서 아미노아실그룹이 tRNA에 전달된다. 효소I형의 경우, 아미노아실그룹은 처음에 3′말단 아데닌의 2′-OH그룹에 전달되고, 다음에 트랜스에스터화반응에 의해서 3′-OH그룹에 옮겨간다. 중합효소 II 형의 경우, 아미노아실그룹은 직접 말단 아데닐산의 3′-OH그룹으로 옮겨간다.

tRNA합성효소는 또한 L-발린을 활성화시키고, 발린-tRNA합성효소는 이인산-^{32}P의 교환방법으로 측정한 결과 트레오닌과도 반응함이 밝혀졌다. 그래서 이들 효소들이 정확한 기질특이성을 갖지 못하고, 단지 $tRNA^{isoleu}$와 $tRNA^{val}$만을 각각 인지하고 있다. 그래서 효소들의 특이성은 두 단계로 임무를 수행하는 것으로 보인다. 하나는 활성화 단계이고, 다른 하나는 다른 능력으로 tRNA에 이전하는 단계로, 아미노산-tRNA합성효소단백질은 적어도 두 개의 부위, 즉 특수한 아미노산을 인식하는 부위와 특수한 tRNA를 인식하는 부위를 반드시 가져야 하는 것을 제안하게 되었다.

그동안 많은 수의 아미노산-tRNA합성효소들이 많은 조직에서 정제되었다. 그들의 분자량은 50,000에서부터 200,000에 이르고, 단일소단위체이거나 올리고머단백질임이 밝혀졌다.

아미노산-아데닐산-효소복합체가 아미노아실-tRNA합성효소 (aminoacyl-tRNA synthetase) 에 의해서 그 해당하는 특수 tRNA에 이전된다. 아미노아실tRNA합성효소가 갖는 두 가지 형태의 효소의 반응 메커니즘을 그림 5-16에 보여주고 있다.

5.2.3 라이보솜의 구조

라이보솜은 세포에서 가장 큰 분자의 단위체인 라이보핵단백질로, 세균에서 ~2.5 × 10^6D 그리고 진핵세포에서 3.9~4.5 × 10^6D의 매우 크고 또 가장 정교한 기능을 수행하는 지능을 가진 분자의 집단으로 알려지고 있다. 대장균에서 16S RNA의 일차구조는 놀

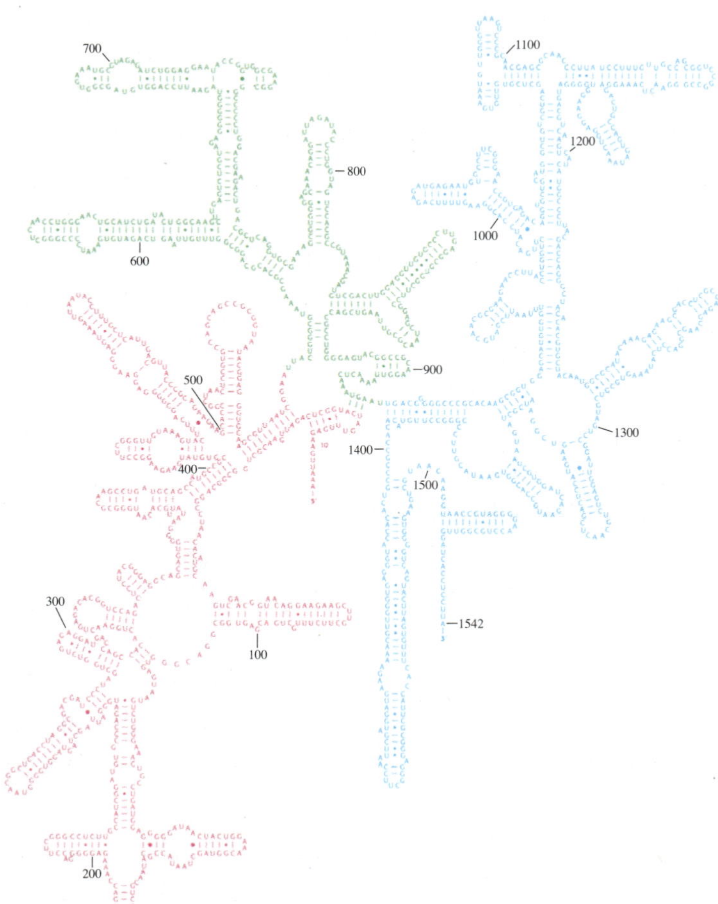

그림 5-17 16S 라이보솜 RNA의 구조. 염기순서의 비교와 화학적인 연구로 얻어진 16S 라이보솜 RNA의 이차구조.

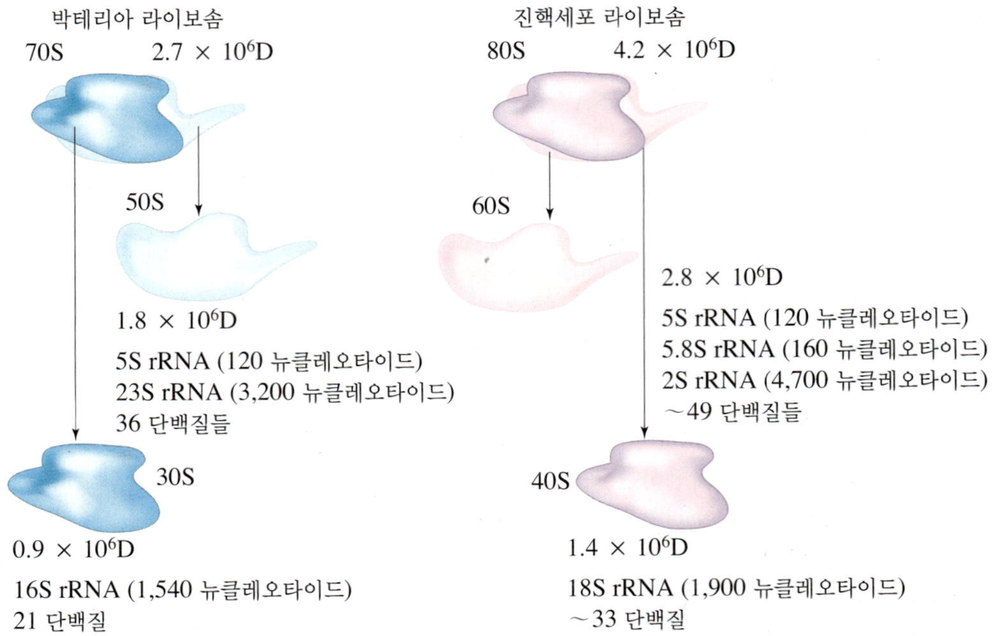

그림 5-18 원핵세포와 진핵세포의 라이보솜의 전자현미경에 의해서 얻어진 모양. 라이보솜의 소단위체는 침강속도계수 S (Svedberg 값) 로 나타내고 있다. 침강속도는 모양과 동시에 질량에 의해서 영향을 받기 때문에, S값은 서로 더하거나 뺄 수가 없다.

러 (Hary Noller) 에 의해서 결정되었으며, 1542개의 뉴클레오타이드로 만들어지고 있다. 여러 종류의 원핵세포 16S RNA의 구조에서 그 배열을 비교해 보면, 상당히 진화적으로 잘 보존된 꽃모양의 구조를 가지고 있으며, 16S라이보솜 RNA의 이차구조를 그림 5-17에 보이고 있다. 흥미있는 것은 16S RNA의 전자현미경에서 모양이 30S 소단위체와 비슷한 것으로 보아서, 30S의 전체모양이 16S RNA에 의해 결정되고 있음을 알 수 있다. 큰 소단위체의 23S의 뉴클레오타이드의 배열이 알려졌는데, 매우 복잡한 이차구조를 가지고 있음이 밝혀졌다.

라이보솜의 삼차구조는 초기에 전자현미경을 통하여 그 윤곽을 알 수 있었다 (그림 5-18). 라이보솜시료를 초저온에서 급속으로 냉각시킨 다음 저온현미경 (cryo-EM) 으로 라이보솜의 삼차구조를 관찰하였으며, 라이보솜은 직경이 250Å으로 수많은 면, 홈, 터널 등을 갖는 불규칙한 모양을 하고 있음이 밝혀졌다. X-선회절분석으로 삼차구조를 얻기 위하여, 1980년 요나 (Ada Yonath) 에 의하여 처음으로 결정이 얻어 졌으며, 비교적 자세한 삼차구조가 밝혀지게 되었다.

원핵세포의 30S와 50S의 라이보솜구조들의 공통점을 정리한 결과: 1. 16S와 23S의 rRNA의 모양은 고리형으로 연결된 나선구조의 조립체이며, 고리의 대부분이 불규칙적인 나선으로 뻗어 있는 모양을 갖는다. 2. 30S와 50S 경계면에 3′-말단의 작은 영역이 있으며, 50S 소단위체는 거의 고정되어 있고, 30S 소단위체는 단백질합성기간 동안 상대적으로 이동이 가능하다. 3. 대부분의 단백질은 소단위체의 옆이나 뒷면에 위치하며, 앞면은 두 소단위체 사이의 경계면을 형성한다 (그림 5-19). 이 부분이 tRNA 및 mRNA와 결합되는 부위이다. 4. 라이보솜단백질의 대부분은 둥근 모양을 하며, 소단위체의 표면에 위치하거나 이차구조가 없는 긴 분절된 상태로 존재한다.

라이보솜은 특색 있는 세 곳의 다른 tRNA들과의 결합부위를 가지고 있다. 그중 아미노아실부위 (A) 는 들어오는 tRNA를 받아들이는 곳이며, 펩타이드자리 (P) 는 성장하는 펩타이드사슬에 결합하는 tRNA인, 펩타이드-tRNA복합체를 받아들이는 부위이다. 마지막으로, 출구부위 (E) 는 밖으로 나가려는 탈아실화된 tRNA가 결합되어 있는 부위이다.

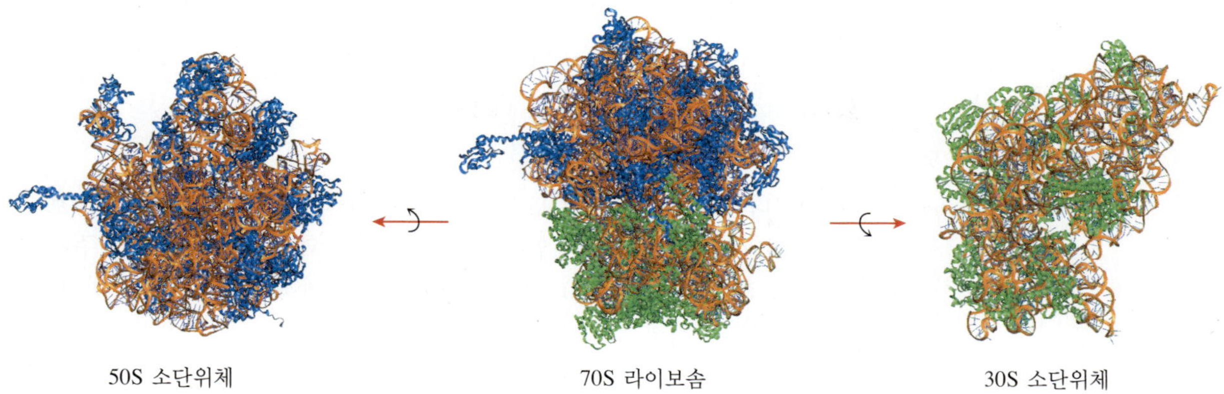

■ 그림 5-19 ■ 원핵세포의 고해상도 라이보솜의 삼차구조. 70S, 50S, 30S 라이보솜의 X-선회절법으로 얻은 삼차구조. 노란색은 23S를 나타내고, 5S는 오렌지색 그리고 16S는 초록색으로 나타내고 있다. 50S의 단백질은 붉은색이고, 30S의 단백질은 청색으로 나타내고 있다. 30S와 50S의 경계면에는 RNA만이 있는 것을 볼 수 있다.

50S 소단위체에 있는, 성장하는 폴리펩타이드가 들어가는 터널은 P부위와 외부표면으로 연결된다. 이 터널의 평균직경은 15Å으로, α-나선의 구조가 통과할 수 있는 크기 정도이며, 따라서 폴리펩타이드가 라이보솜을 빠져나간 뒤에 단백질이 업히게 되는 것으로 보인다. 요약하면, 큰 소단위체는 주로 폴리펩타이드의 연장반응을 촉매하는 업무를 담당하고, 반면에 작은 소단위체는 mRNA나 tRNA의 결합 등의 라이보솜의 인식기능을 주로 수행한다.

진핵세포의 라이보솜은 두 개의 소단위체로 나누어지는데, 40S 소단위체는 33개의 고유한 폴리펩타이드들과 한 분자의 18S의 rRNA로 구성된다. 큰 소단위체 (60S) 는 49개의 폴리펩타이드와 세 분자의 rRNA (28S, 5.8S, 5S) 들로 구성되고 있다. 실제 번역의 개시과정에 핵에서 만들어지는 이 합성기구가 세포질에서 번역과정을 수행하게 된다. 효모의 80S 라이보솜의 입체구조는, 15Å 해상도의 저온전자현미경으로 얻은 구조를 비교해 본 결과, 진핵세포의 라이보솜과 원핵세포의 라이보솜은 구조적으로 매우 유사하여, 진화과정에서 잘 보존된 것으로 보인다. 비록 효모의 40S 소단위체는 대장균의 30S보다 훨씬 많은 뉴클레오타이드와 단백질을 가지고 있지만, 아주 유사한 구조를 가지고 있음이 밝혀졌다. 효모의 60S 소단위체와 대장균의 50S 소단위체도 구조적으로 매우 유사하다.

5.2.4 단백질의 합성

단백질을 합성하는 과정의 문제점을 살펴보면, 폴리펩타이드분자를 합성할 때마다 매번 정확하게 같은 순서로 수백 개의 L-아미노산을 차례로 연결시켜 매우 복잡한 분자를 합성하는 거대한 임무를 수행하여야 한다. 다시 말해서, 합성의 메커니즘은 단백질사슬의 형성과정에서 특별한 위치에 단지 한 개의 특수한 아미노산 잔기를 삽입시키는, 자동적인 프로그램을 갖는 정확한 체계를 가져야 하는 것이다. 일차구조를 정확하게 결정하는 코드화체계가, 다음에는 주어진 단백질의 이차 및 삼차구조를 지정해 주고 있다. 이러한 복잡한 문제는 분명히 간단한 아미노산이나 아마이드를 합성하는 체계에는 존재하지 않는 점이다.

가장 흥미있는 것은 코드화체계에서 유전성의 운반체인 DNA의 정보의 정확한 전달은 단백질의 생합성과정에서 매우 정밀한 방법의 메커니즘이 사용되고 있다는 점이다. 이미 DNA와 RNA의 합성에 관하여 앞장에서 논의하였고, 단백질이 생성되는 순서적인 과정을 요약하여 설명하려고 한다.

DNA로부터의 유전적인 정보는 아래에 제시한 것처럼 새로운 단백질의 순서적인 합성을 위해서 RNA에 프로그램되고 있다.

$$\text{DNA} \xrightarrow{\text{전사과정}} \text{RNA} \xrightarrow{\text{번역과정}} \text{단백질}$$

전사 메커니즘에서는 DNA에 포함된 유전정보가 새로운 RNA사슬에서 상보적인 염기의 순서를 채택하도록 하는 과정임을 설명하였다. 이 과정에서 세 가지의 주된 RNA들이 합성된다: 1. 전달RNA (mRNA), 새로운 단백질을 합성하기 위하여 특수하고 정돈된 아미노산의 순서의 유전정보를 DNA로부터 보유하게 된다. 2. 단백질의 합성장소인 라이보솜의 주요한 구조성분으로 기능하는 라이보솜 RNA들, 그리고 3. mRNA의 주형으로 특수한 인식부위에 필요한 활성화된 아미노산을 운반하는 전달 RNA (tRNA) 가 얻어진다.

많은 수의 성분들로 구성된 단백질합성기구로 중요한 것들은 mRNA, 실제 단백질 합성의 장소인 라이보솜, 아미노아실화된 tRNA들, 그리고 수많은 효소들과 보조인자들이다. 단백질의 합성기구는 원핵생물과 진핵생물의 세포질에서 운영되고, 그들은 소포체 (endoplasmic reticulum) 와 밀접하게 연결되고 있다. 얼마간 제한되지만, 마이토콘드리아와 엽록체에도 완전한 단백질합성의 기구를 가지고 있다.

DNA로부터 만들어진 mRNA를 통하여 단백질의 아미노산의 순서에 이르기까지, 코드화된 정보의 번역은 100여 개 이상 고분자의 순차적인 상호작용이 관여되는 것으로 밝혀졌다. tRNA, mRNA, 라이보솜, 보조효소들과 단백질들이 관여되는 대단히 복잡한 순서의 반응들에 관하여 기술하고자 한다. 단백질합성의 메커니즘은 대장균의 추출물에서 자세하게 연구되어 왔기 때문에, 합성의 모델로 이 유기체를 사용하려고 하나, 적당한 시점에서 진핵세포의 체계에 관련된 사실도 소개된다.

단백질의 합성은 네 개의 넓은 단계로 수행된다: 1. 아미노산의 활성화, 2. 폴리펩타이

표 5-4 원핵세포와 진핵세포에서 단백질의 합성과정에 관여하는 여러 인자들

단 계	필수적인 성분
1. 아미노산의 활성화	20 아미노산 20 아미노아실-tRNA합성효소 20 또는 2 이상 tRNAs ATP Mg^{2+}
2. 개시	mRNA *N*-포밀메싸이오닐-tRNA 개시코돈 mRNA (AUG) 30S 라이보솜소단위체 50S 라이보솜소단위체 개시인자 (IF-1, IF-2, IF-3) GTP Mg^{2+}
3. 연장	기능성 70S 라이보솜 (개시복합체) 아미노아실-tRNA (코돈에 의해 정해진) 연장인자 (EF-Tu, EF-TS, EF-G) GTP Mg^{2+}
4. 종결배출	종결인자 mRNA 폴리펩타이드배출인자 (RF_1, RF_2, RF_3) ATP
5. 접힘과 전사 후 가공처리	특수효소들, 조효소, 개시 잔기와 신호서열제거를 위한 성분들, 부가적인 가수분해과정. 말단 잔기의 변형, 그리고 인산, 메틸, 카복실, 탄수화물 또는 보결원자단의 부착

드 사슬의 합성의 개시, 3. 사슬의 연장 그리고 4. 합성의 종결.

1. 단백질 합성의 개시

대장균의 단백질합성체계에서 처음 반응은 mRNA가 IF-3의 존재하에 30S 소단위체에 결합하여 한 개의 mRNA-30S-IF3의 성분의 비율이 1:1:1인 복합체를 만드는 것이다. 다음으로 IF-1과 IF-2는 개시복합체인 30S-mRNA-fMET-tRNA-GTP를 생성하기 위하여, f-Met-tRNA와 GTP를 30S-mRNA-IF-3에 부착시키는 기능을 수행한다. 그리고 50S 라이보솜소단위체가 그 속에 들어가게 되면 GTP가 가수분해되어 GDP + Pi와 IF-1과 IF-2들로 가수분해되고, IF-3가 배출된다. 단백질합성의 개시과정에 관여하는 여러 인자들을 표 5-4에 나타내었다. 단백질합성이 시작되기 위한 최종생성물은 fMet-tRNA가 70S 라이보솜의 펩타이드지역을 차지하여 만드는 fMet-tRNA-mRNA를 포함하는 70S 복합체이다. 이러한 일련의 과정은 그림 5-20에 요약되었다.

mRNA에서 개시코돈인 5′-AUG는 정확한 위치로 안내시키는 역할을 **샤인-달가노 염기순서 (Shine Dalgarno sequence)** 에 의해서 수행한다. 이러한 일치된 염기순서는 5′-개시코돈으로부터 8에서 13번째에 있는 염기인, 네 개에서 아홉 개의 퓨린으로 구성된 개시신호를 갖는다. 염기순서는 30S 라이보솜의 16S rRNA의 3′말단과 상보적인 쌍을 이루게

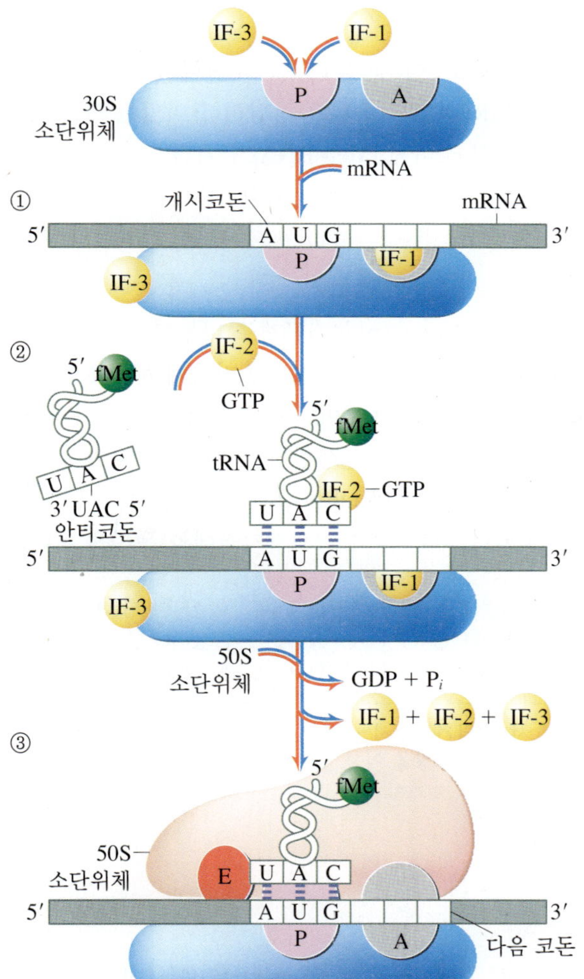

■ **그림 5-20** ■ 대장균에서 단백질합성의 개시복합체의 형성. 개시복합체의 형성은 3단계로 진행된다. 반응은 GTP의 가수분해로 GDP와 Pi를 만들면서, 개시인자, IF-1, IF-2, IF-3들이 관여한다. 여기서 P는 펩타이드의 지역, A는 아미노아실지역, E는 배출지역을 나타낸다. tRNA의 안티코돈은 3′에서 5′쪽, 왼쪽에서 오른쪽으로 나타낸다.

된다 (그림 5-21).

fMet-tRNA의 역할에 대하여 몇 가지 언급할 필요가 있다. 전체 대장균에서 *N*-말단은 메싸이오닌임이 관찰되고 있다. 다음 대장균의 추출물에 메싸이오닌을 첨가하거나, 특별히 *N*-포밀메싸이오닌을 첨가하면 단백질의 합성이 크게 증가하였다. 원핵생물에서 모든 단백질의 합성과정에서 시작되는 아미노산이 특별한 $tRNA_f^{met}$와 연결되는 *N*-포밀메싸이오닌을 확인하였다.

$$\text{포밀사수소엽산} + NH_2\text{-Met-}tRNA_f \xrightarrow{\text{포밀화효소}} \text{N-포르밀-Met-}tRNA_f$$

그래서 위 반응식에서 메싸이오닌의 아미노그룹이 포밀화되는 반응은 대단히 중요한 반응이다.

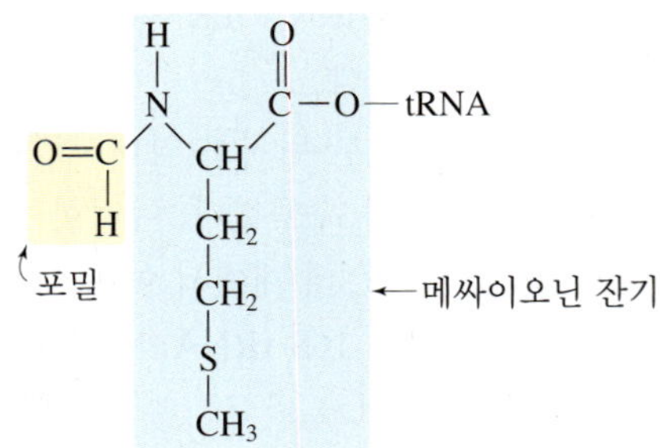

모든 Met-tRNA가 포밀화되지는 않는다. 약간 변형된 염기서열을 갖는 다음 번째의 Met-$tRNA^{met}$이 특수 개시 tRNA로 작용함은 상당히 흥미있는 사실이다.

이런 단계를 거쳐서 P지역은 이제 fMet-$tRNA_f$가 채워지고, A지역은 개시코돈 AUG 근처에 있는 코돈에 의해서 정해진 처음 아미노아실 tRNA를 수용할 준비가 된다.

2. 연장단계

이 합성의 연장단계 (elongation step) 는 3단계로 나누어 진행된다: 1. 코돈의 지시에 따라 새로운 아미노아실-tRNA가 70S 라이보솜의 A지역에 부착하게 된다. 2. P지역에 부착된 tRNA의 펩타이드 잔기로부터 펩타이드가 A지역에 새로이 들어오는 아미노아실-tRNA에 이동하여 새로운 펩타이드를 형성한다. 3. A지역으로부터 새로이 형성된 펩타이드 (n + 1) 의 tRNA가 70S 라이보솜의 mRNA의 특수코돈에 아직 붙은 상태로, mRNA가 5′-3′방향으로 움직임에 따라 70S 라이보솜의 P지역에 이동하게 된다.

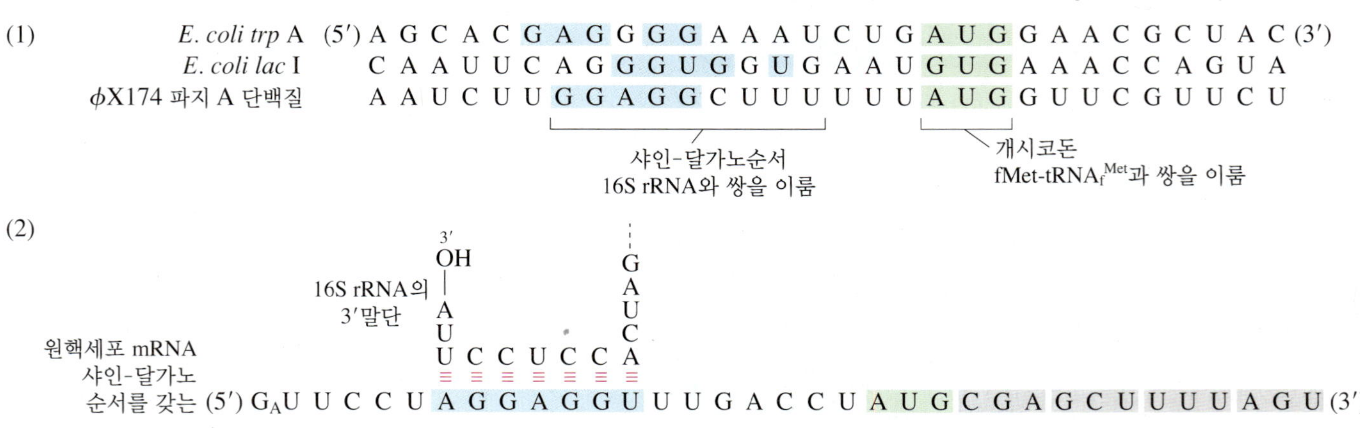

■■ **그림 5-21** ■■ 원핵세포에서 단백질합성의 개시신호인 mRNA의 염기순서. (1) 30S 라이보솜 단위체에서 시작하는 AUG의 정확한 위치는 샤인 – 달가노 염기순서에 의해서 정해진다. 대장균의 lac I 단백질은 개시코돈이 GUG로 예외적이다. (2) mRNA의 샤인 – 달가노 염기순서는 16S rRNA의 3′말단 근처의 염기와 서로 쌍을 이루고 있다.

1단계. 새로운 그리고 특수 아미노아실-tRNA는 mRNA의 코돈에 의해서 결정된 70S 라이보솜의 A지역에 부착된다. 이 과정에 GTP와 두 연장인자, EFTu와 EFTs들이 관여된다. EFTu-GTP라고 부르는 GTP와 EFTu복합체는 아미노아실-tRNA와 상호작용으로 3배수 복합체를 형성한다. 그런 다음 아래와 같은 반응이 일어난다.

EFTu —GTP + 아미노아실 tRNA ⟶ 아미노아실 tRNA · EFTu · GTP

아미노아실 tRNA · EFTu · GTP + mRNA · 라이보솜 · fMet tRNA ⟶ 아미노아실 tRNA (A 지역) · mRNA · fMet · tRNA (P 지역) · 라이보솜 + EFTu · GDP + Pi

EFTu · GDP + EFTS ⇌ EFTu · EFTS + GDP

EFTu · EFTS + GTP ⇌ EFTu · GTP + EFTS

모든 아미노아실-tRNA들이 라이보솜의 A지역에 부착되기 위하여 EFTu·GTP와 반응해야 한다. 그러나 시작되는 아미노아실-tRNA인, fMet·tRNA는 분명한 예외가 된다. 이 개시 아미노아실-tRNA가 EFTu·GTP와 반응하지 않기 때문에 연장된 폴리펩타이드의 내부에 삽입되는 것을 피할 수 있게 된다(그림 5-22).

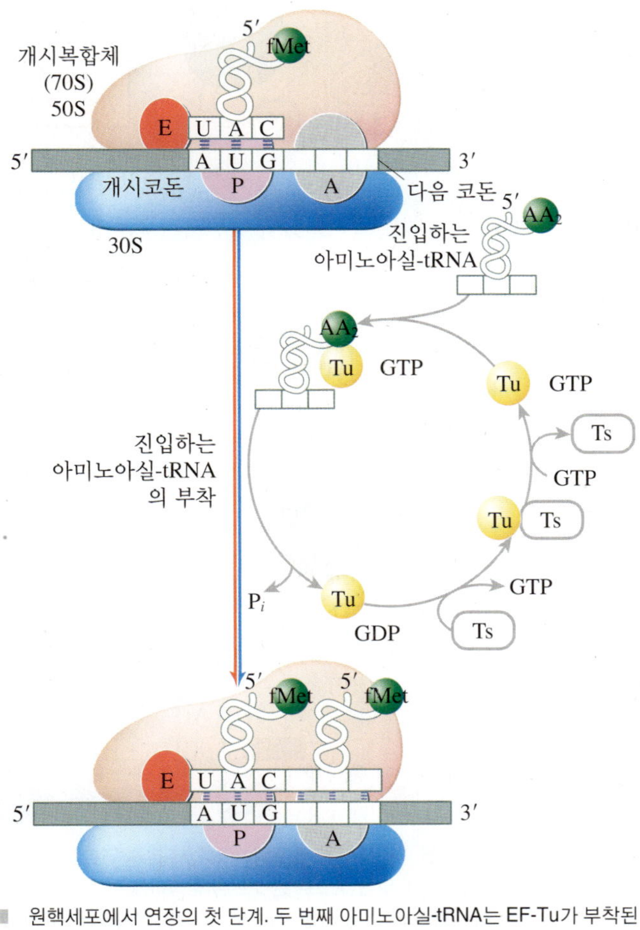

그림 5-22 원핵세포에서 연장의 첫 단계. 두 번째 아미노아실-tRNA는 EF-Tu가 부착된 라이보솜의 A지역에 들어간다. 이 과정의 추진력으로 인해 GTP의 가수분해로 GDP와 Pi가 생성되고, EF-Tu-GDP의 복합체가 라이보솜에서 배출된다.

2단계. 새로운 펩타이드결합의 형성은 50S 라이보솜소단위체에 연결된 특수단백질에 의해서 촉매된다. P지역의 tRNA와 연결된 펩타이드부분은 새로운 펩타이드결합을 만들기 위하여 A지역의 아미노아실-tRNA의 아미노그룹으로 이동하게 되고, P지역의 탈아실화된 tRNA는 떠나게 된다. 이 반응을 위하여 비교적 높은 농도의 K^+ 양이온이 필요하게 된다. 흥미로운 사실은 항생제 **퓨로마이신(puromycin)** 은 이 단계의 단백질합성반응을 방해한다. 펩타이드이동효소(peptidyl transferase)의 P지역에 부착된 충전된 tRNA로부터 펩타이드 잔기를 퓨로마이신에 보내, 펩타이드-퓨로마이신을 형성하게 함으로써 라이보솜으로부터 배출시키게 되므로 역시 불활성화시키게 한다(그림 5-23).

3단계. 이동단계에서는 새로운 펩타이드-tRNA를 라이보솜의 A지역에서 배출되는 탈아실화된 tRNA를 가진 P지역으로 이동하게 된다. EF-G는 이동효소(translocase)로 라이보솜이 mRNA를 따라 이동하는 데 필수적이다(그림 5-24).

이러한 이동과정을 조심스럽게 살펴보면, 펩타이드-tRNA는 그 코돈-mRNA에 붙은 채로 남아 있으나, 라이보솜은 5′-3′방향으로 펩타이드 tRNA를 움직여 mRNA의 다음 코돈

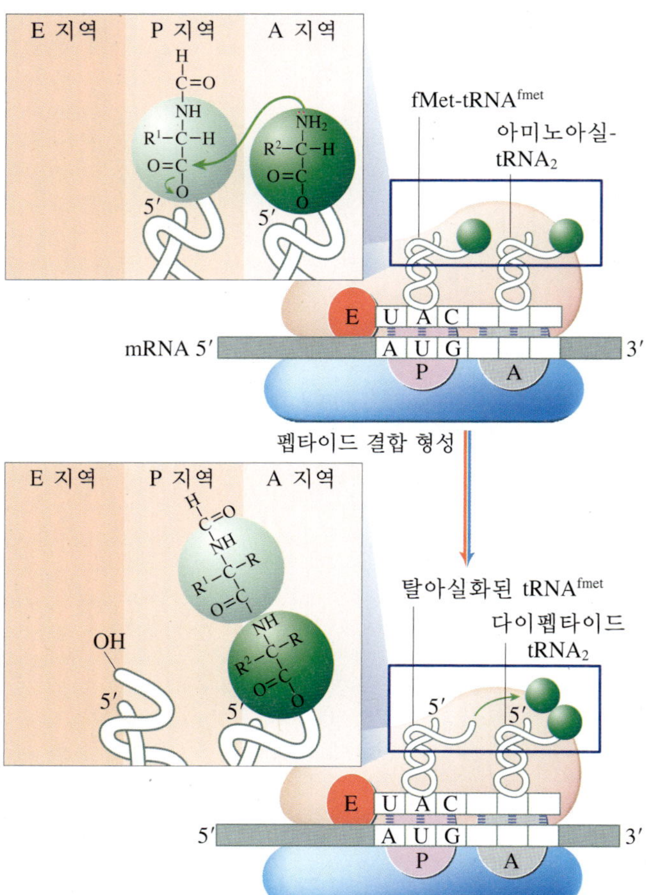

■ 그림 5-23 ■ 원핵세포에서 두 번째 연장단계. 처음 펩타이드결합형성의 반응의 촉매인 펩타이드이동효소는 23S rRNA라이보솜이다. *N*-포밀메싸이오닐그룹이 A지역의 두 번째 아미노아실-tRNA의 아미노그룹에 이동되어 다이펩타이드의 tRNA를 만든다. 충전된 tRNA가 움직여 그 3′과 5′-말단이 E지역에 있도록 한다. 동시에 3′ 5′-말단의 펩타이드-tRNA는 P지역으로 옮겨간다. A와 P지역에 안티코돈이 있다.

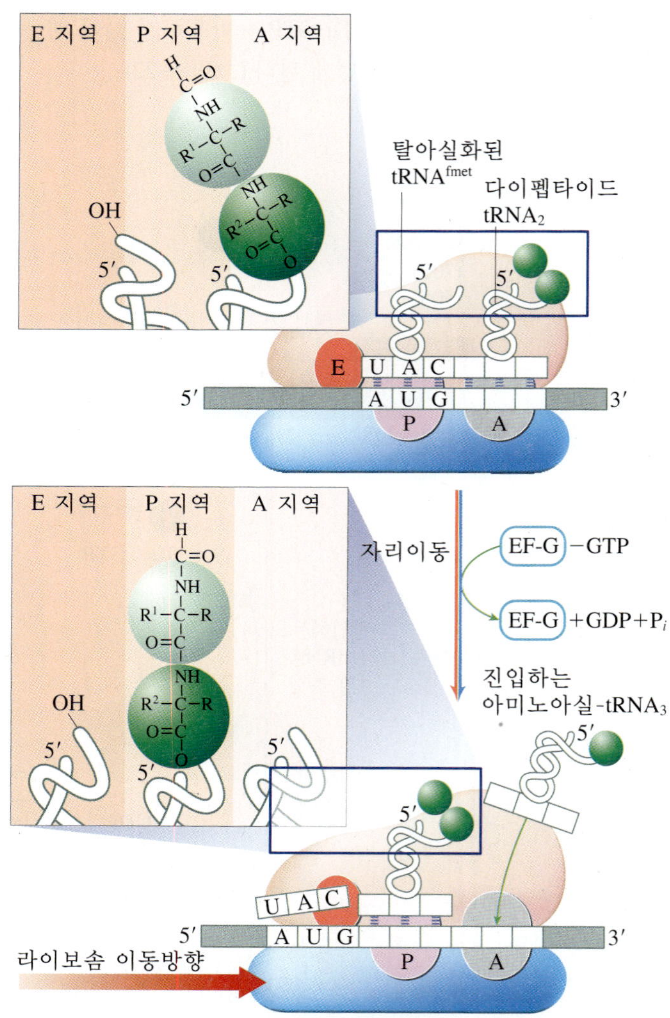

■ 그림 5-24 ■ 원핵세포의 세 번째 연장 단계. 위치이동. 라이보솜은 mRNA의 3′ 말단 쪽으로 한 코돈을 움직이게 된다. 이때 에너지로 EF-G에 붙어 있는 GTP의 가수분해를 이용한다. 이때 다이펩타이드-tRNA는 세 번째 들어오는 아미노아실-tRNA를 위하여 자리를 비우고, 전적으로 P지역에 있게 된다. 충전 안 된 tRNA는 E지역으로부터 분리된다. 그리고 연장 회로는 다시 시작 된다.

의 A지역을 차지하게 한다. 이러한 위치이동이 일어나면 GDP + Pi로 가수분해되는 GTP와 함께 새로운 인자인 EFG가 필요하게 된다.

개시-tRNA에 부착되는 IF-2, 아미노아실-tRNA를 부착하는 EFTu, 그리고 위치이동과정의 EFG 등의 과정에 GTP의 GDP + pi로 가수분해가 관여된다. 처음에는 GTP의 가수분해에너지가 직간접으로 펩타이드결합형성에 관여될 것이라고 믿고 있었다. 그러나 GTP의 가수분해는 어떤 방법으로 단백질을 계속 합성시키기 위하여, 또 이들 인자를 재활용하기 위하여 라이보솜으로부터 이들 인자를 분리시키는 과정에 관련이 있을 것으로 보고 있다.

진핵세포에서 비슷한 기능의 위치이동인자가 발견되고 있다. 상당히 흥미로운 것은 원핵세포에서 EF-G 위치이동 인자와 동일한 기능으로 진핵세포의 EF-2인자가 디프테리아 독소에 의해서 급격히 불활성화된다는 사실이다. 분명히 NAD^+의 존재하에서 자유로운 EF-2는 아래와 같은 반응된다.

$$\underset{\text{활성}}{\text{EF-2}} + \underset{\text{NAD}^+}{\text{ADP-라이보스-니코틴아마이드}}$$

$$\xrightarrow{\text{디프테리아독소}} \underset{\text{불활성}}{\text{ADP-라이보스-EF-2}} + \text{니코틴아마이드}$$

진핵세포에서 디프테리아독소는 세포막에 부착되어 있다. 그러나 라이보솜체계에 부착된 EF-2는 세포질 안으로 유입되면 세포주변으로 급격히 확산되고, 위에 언급한 메커니즘에 따라 불활성화된다. 그래서 이 공포의 질병 디프테리아의 영향은 분자 수준에서 설명할 수가 있다.

3. 종결단계

단백질 합성의 종결(termination) 반응은 세 단계로 수행된다: 1. mRNA에서 종결신호를 확인하게 된다. 2. 미성숙된 단백질을 배출하기 위하여 최종의 펩타이드-tRNA 에스터결합을 가수분해시킨다. 3. 70S 라이보솜이 30S와 50S 단위체로 분해되는 과정 등이 필요하다. 단백질합성의 종결코돈은 UAA, UAG, UGA이며, 세 단백질 배출인자인 RF-1, RF-2, RF-3가 필요하다. RF-1인자는 UAA와 UAG를 인식하는 데 필요하고, RF-2인자는 UAA와 UGA를 인식하는 데 필요하다. 진핵세포에서는 eRF 한 개의 배출인자가 필요하며, 세 개의 종결코돈을 인식한다. 세 번째 단백질배출인자인 RF-3는 배출시키는 능력은 없으나 종결코돈의 인식에 도움을 주는 것으로 보인다. 그림 5-25에서 종결단계는 종결코돈에 좌우되는 RF-1 또는 RF-2인자가 A지역에 부착되어, P지역의 펩타이드이동효소의 활성을 유도하고, 다른 아미노아실-tRNA보다는 물에 펩타이드-tRNA를 전달하여 가수분해반응으로 새로 만들어진 폴리펩타이드와 P지역에 있는 tRNA사이의 에스터결합을 절단시키도록 한다. 한 번 tRNA가 제거되면 70S 라이보솜은 mRNA로부터 해리되어 30S와 50S소단위체로 되며, 다른 단백질분자를 합성하기 위하여 라이보솜의 회로에 재진입할 준비를 하게 된다. IF-3는 30S 소단위체와 합쳐져 50S와 30S 단위가 재결합되는 것을 방지하게 되고, 역시 재사용을 위하여 30S 단위를 준비하게 된다.

새로 만들어진 단백질은 메싸이오닌의 N-말단을 먼저 제거하고, 단백질이 접힘(folding)의 과정을 완성하는 단계를 거치게 된다. 두 개의 효소들이 이러한 마지막 단계에 참여한다.

(1) 특수 탈포밀화효소(deformylase)

포밀 메싸이오닐 펩타이드 ⟶ 포밀산 + 메싸이오닐펩타이드

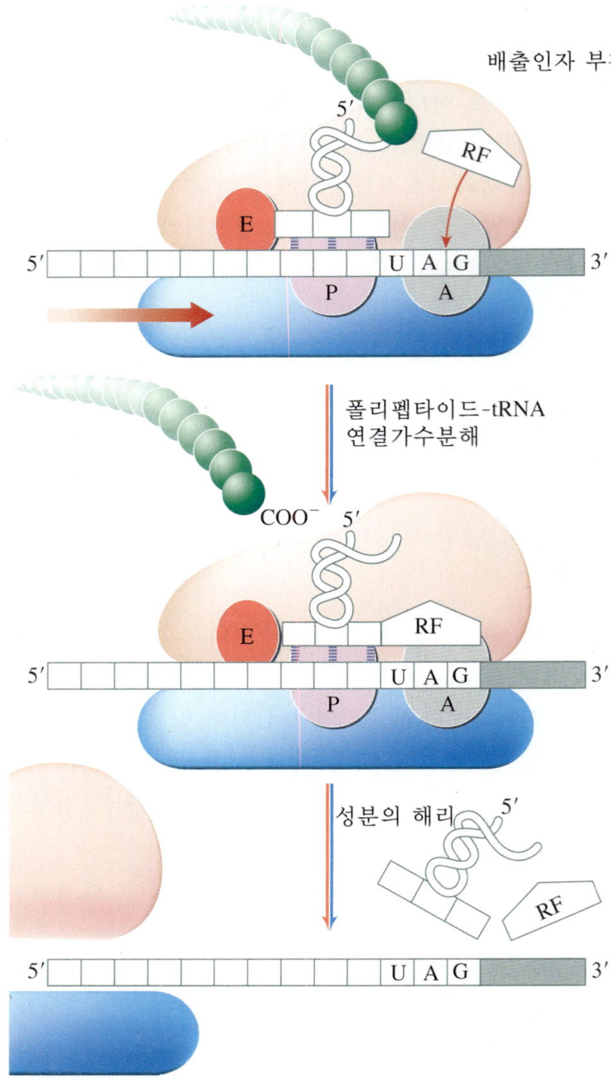

그림 5-25 원핵세포의 단백질합성의 종결. A지역에 있던 종말코돈을 인식하게 되면 합성의 종말이 이루어진다. 첫째 해리인자 RF가 A지역에 부착된다. 이때 P지역의 tRNA와 새로이 만들어진 폴리펩타이드 사이에 에스터결합의 가수분해가 일어나며, 완성된 폴리펩타이드를 배출시키게 된다. 마지막으로, mRNA, 탈아실화된 tRNA, 해리인자가 라이보솜을 떠나게 되며, 라이보솜은 30S와 50S 소단위체로 분리된다.

(2) 특수 아미노펩티데이스

메싸이오닐펩타이드 ⟶ 메싸이오닌 + 펩타이드

5.2.5 번역 후 변형과정과 단백질의 접힘

새로운 폴리펩타이드가 합성되면 다음의 단계들의 여러 변형을 통하여 실제로 기능을 할 수 있도록 성숙된 단백질이 만들어진다 : 1. 단백질이 실제로 기능을 수행할 수 있는 입체모양으로 **접힘 (folding)** . 2. 아미노산들의 필요한 변형. 3. 전구상태의 물질이 기능할 수 있는 물질로 변형되기 위한 일부의 제거. 4. 단백질이 기능하는 곳으로 운반되는 일. 5. 단백질이 필요한 곳에 정착되기 위하여 닻 (anchor) 을 통한 부착 등 여러 과정이 수행된다. 단백질의 접힘은 2장에서 이미 자세히 다루었다.

단백질내부의 아미노산들이 필요에 따라 변형되는 경우로는, 먼저 N-말단의 메싸이오

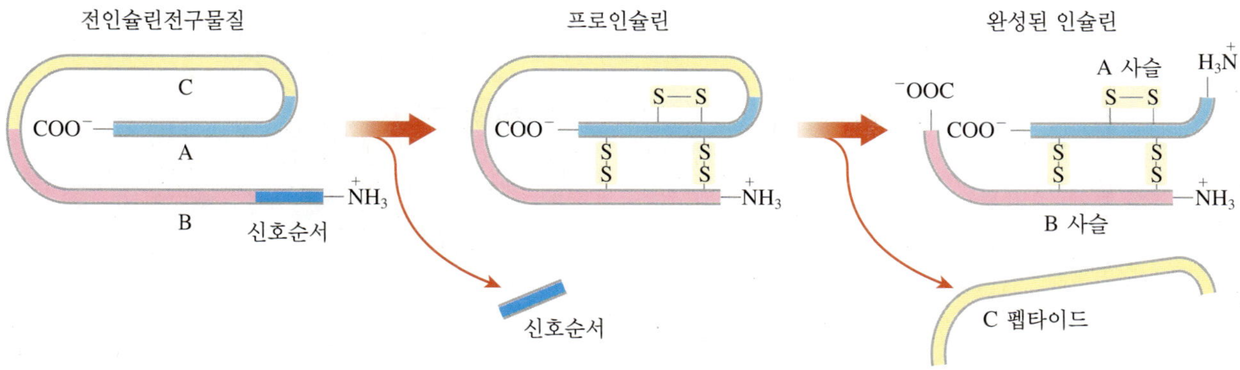

■ 그림 5-26 ■ 성숙된 인슐린의 생성을 위한 전사 후 변형. 단백질의 가수분해를 통하여 커다란 전인슐린전구물질은 완성된 인슐린으로 변형된다. 전인슐린전구물질의 아미노말단에서 23개의 아미노산(신호순서)이 제거된다. 세 개의 이황화 결합의 형성으로 프로인슐린이 얻어진다. 또 다른 단백질가수분해로 인슐린으로부터 C-펩타이드가 절단되어 제거되고 완성된 인슐린 A와 B사슬이 얻어진다.

닌이나 또는 f-Met의 제거가 이루어져야 한다. 일반적으로 콜라젠의 경우 타이로신과 라이신의 하이드록실화와 글라이코실화가 일어난다.

단백질이 처음 합성될 때, 불활성화된 상태로 만들어지는 단백질가수분해효소들이 있다. 활성화된 효소는 주위의 기관에 치명적이므로, 실제 필요한 곳으로 이전된 다음 활성을 갖도록 변형된다. **전구효소(proenzyme)**로 만들어진 세린 단백질가수분해효소들, 트립시노젠(trypsinogen), 카이모트립시노젠(chymotrypsinogen), 프로카복시펩티데이스(proc-arboxypepditase)는 단백질가수분해효소나 높은 산성에서 일부 펩타이드를 제거하여 활성화된 형태로 변화된다(참조 3장).

신호펩타이드를 포함한 단백질을 전단백질전구물질(preproprotein)이라 하고, 다른 곳으로 이동되어야 하는 단백질들이 갖는 작은 신호펩타이드는 이동한 후에 제거된다. 인슐린의 경우 부가적인 분해과정이 필요하며, 전단백질전구물질로 처음 합성되어 단백질전구체(preprotein)인 84개의 프로인슐린으로 변화한다. 그 후 33개의 C-사슬이 제거되고, A와 B사슬을 이황화결합으로 연결시킴으로써 기능성 홀몬이 만들어진다(그림 5-26).

고등생물의 수많은 단백질들은 **유비퀴틴화(ubi-quit-ination)**가 일어난다. 76개의 잔기로 이루어진 유비퀴틴이 단백질에 결합되면 프로테오솜으로 운반되어 분해된다. 주로 소형 유비퀴틴변형자가 결합되면 세포 안에서 행선지가 결정된다. 단백질의 폐기관련 메커니즘은 다음 단원에서 자세히 다루게 된다.

막단백질은 막에 부착되기 위하여 프레닐화 또는 아실화 등의 반응을 격게 된다. 세포막내부에서 특히 신호전달에 관여하는 단백질인 Ras단백질은 신호전달기능을 하기 위하여 세포막 안쪽에 반드시 부착되어야 하며, 단백질 프레닐화효소(protein frenylase)의 일종인 단백질 파나실화효소(protein farnasyltransferase)에 의해서 파나실기를 단백질에 부착시킴으로써 연결된 파나실그룹이 세포막 안쪽에 정착되도록 한다.

막관통단백질들과 분비단백질들은 분비경로를 통하여 세포막으로 이동하게 된다. 폴리펩타이드의 N-말단에 신호펩타이드를 가지고 라이보솜에서 빠져 나오게 되면 이 신호

표 5-5 효모의 세포질 단백질 중 N-말단과 반감기와의 관계

매우 안정한 잔기				내부적으로 불안정한 잔기				화학변형으로 불안정한 잔기			
($t_{1/2}$ > 20 시간)				($t_{1/2}$ = 2~30 분)				($t_{1/2}$ = 3~30 분)			
Ala	Cys	Gly	Met	Arg	His	Ile	Leu	Asn	Asp	Gln	Glu
Pro	Ser	Thr	Val	Lys	Phe	Trp	Tyr				

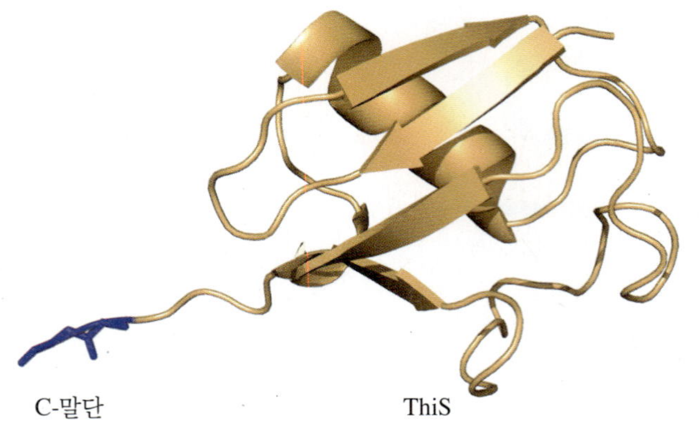

그림 5-27 유비퀴틴의 구조. 유비퀴틴은 연장된 C-말단이 있으며, 여기에 파괴시키려는 단백질이 연결된다. 라이신 48을 포함한 지적된 라이신 잔기들은 부차적인 유비퀴틴단백질을 연결시키는 주된 지역이 된다.

펩타이드는 **신호인식입자 (signal recognition particle, SRP)** 와 결합하게 된다. SRP가 라이보솜에 결합하면 펩타이드 사슬의 연장은 멈춰지지만, SRP가 라이보솜에서 유리되어 폴리펩타이드가 **트랜스로콘 (translocon)** 이라 불리는 단백질의 구멍을 통하여 막을 통과하도록 해 준다. SRP는 라이보솜과 스플라이솜처럼 라이보핵산단백질들이다.

5.2.6 목표찾아가기 및 단백질의 붕괴

세포내 합성과정에서 잘못 만들어진 단백질이나 기능이 쇠퇴한 단백질 또는 세포에 해가 되는 단백질은 잘 조직화된 시스템에 의해서 제거된다. 실제로 단백질의 파괴는 여러 생체현상과 밀접하게 관련이 있다. 예를 들어, 기관의 형성 과정, 유전자의 전사, 세포주기의 진행, 부종의 형성, 항체의 기능 및 종양의 억제도 단백질의 파괴현상과 관련이 있다. 세포내부에서 불필요한 단백질의 파괴에 관한 분자수준의 연구로 치카노베르 (Aron Ciechanover), 로즈 (Irwin Rose), 헤르슈코 (Avram Hershko) 박사가 2004년 노벨화학상을 수상하였다. 이들은 유비퀴틴 4분자가 단백질에 부착하는 데 관여하는 효소 및 그 메커니즘을 연구하였다. 유비퀴틴은 고등생물의 세포에 존재하는 표지용 단백질로서, 잘못 만들어졌거나 수명이 다한 단백질에 유비퀴틴을 부착시켜 단백질의 폐기장인 **프로테오솜 (proteosome)** 에 이동시키며, 파괴될 단백질은 공유결합으로 부착시키게 된다 (그림 5-27) . 파괴되어야 할 단백질의 결정은 N-말단의 잔기의 구성에 따라 좌우된다. 아미노산의 말단 잔기에 따라 단백질의 반감기가 정해진다 (표 5-5) . 네 개 이상의 유비퀴틴이 결합되

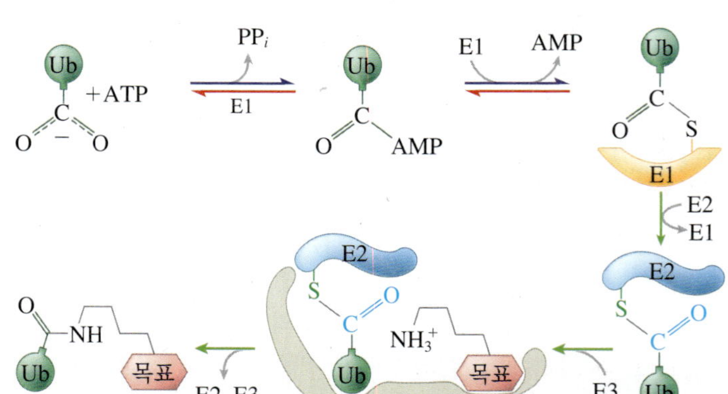

그림 5-28 유비퀴틴의 활성화 효소의 기능. (1) 유비퀴틴 활성화 효소 E1은 유비퀴틴을 아데닐화시킨다. (2) 그리고 자신의 시스테인 잔기 중의 하나에 이동시킨다. (3) 유비퀴틴은 유비퀴틴결합효소 E2 안에 있는 시스테인 잔기에 이동된다. 마지막으로, 유비퀴틴-단백질결합효소 E3는 유비퀴틴을 목표단백질의 라이신 잔기에 이동시킨다.

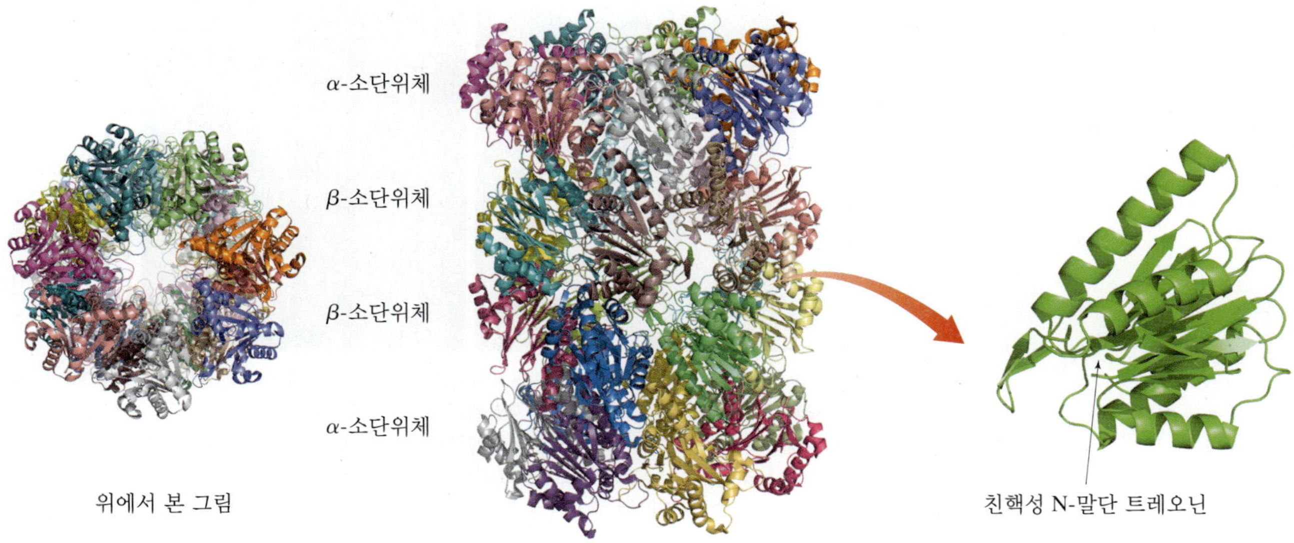

그림 5-29 20S 프로테오솜의 구조. 프로테오솜은 28개의 동일한 소단위체 (α, 청색, β, 갈색) 을 포함하며, 7개의 소단위체를 갖는 4개의 고리로 배열되어 있다. β-소단위체 (녹색) 은 아미노 말단에 단백질가수분해효소의 활성부위를 가진다. 위에서 본 구조는 대략 7개의 대칭구조를 나타낸다.

면 독특한 접착표면을 형성하여 파괴될 단백질을 선정하는 데 특히 효과적임이 밝혀졌다. 유비퀴틴이 파괴시킬 단백질에 부착되는 과정의 효소들의 역할을 그림 5-28에 나타내었다.

유비퀴틴이 부착된 단백질은 프로테오솜으로 옮겨지고 단백질가수분해효소들의 도움으로 단백질이 파괴된다(그림 5-29). 유비퀴틴에 의한 단백질의 파괴와 관련된 생체현상으로 여러 가지가 있다. 식물에서 자생-수분은 유전적인 다양화의 감소로 종의 멸종위기가 예상되고 있으나, E3효소가 관여하는 유비퀴틴에 의한 단백질의 파괴로 자생수분이 억제되고 있다. 세포주기에서 관여단백질의 소멸은 이 과정에도 E3효소가 유사분열 중 염색체분리에 관여하며, 염색체간의 연결고리로 작용하는 단백질이 부정확한 염색체의 분리를 가능하게 하고, 이는 유산의 원인 또는 악성종양의 원인이 되고 있다. 암억제유전자로 알려진 p53은 DNA의 수선을 위하여 세포주기를 억제하고, 세포의 사멸작용 (apoptosis) 을 유도하는 중요한 기능을 수행한다. 흥미있는 사실은 정상세포의 발암성 억제유전자인 p53의 양은 폴리유비퀴틴화와 E3효소에 좌우되고 있다. 면역이나 종양생성 과정은 전사인자에 의해 조절되는 과정인데, 세포질에서 방해제단백질과 결합된 상태로 존재하지만, 감염이 되면 방해제의 단백질을 인산화시키고, 특수유전자를 활성화시킴으로써 종양생성을 유도하는 것으로 알려졌다.

이러한 단백질의 파괴연구는 치료제의 개발에 중요한 단서를 제공하고 있다. 자궁경부암의 원인균인 파필로마 바이러스의 단백질은 유비퀴틴을 부착하는 E3효소를 활성화시켜 암을 억제시킬 수 있고, 골수암 치료제인 벨케이드 (velcade) 는 프로테오솜에 작용하여 기능을 억제함으로써 치료효과가 있다. 현재 알츠하이머병의 원인단백질인 베타이밀로이드의 제거가능성도 이러한 연구분야에서 연구과제가 되고 있다.

5.2.7 DNA칩과 단백질체학

세포의 모든 mRNA 전사체들을 확인하고 정량화하게 되면 어떤 유전자들이 활동적인지를 확인할 수가 있다. 유리에 표면처리한 고체지지체에 염기서열이 알려진 많은 다른 DNA조각들을 정밀한 배열로 부착한 **DNA초미세배열판 (DNA chip)** 을 만들어 탐지함으

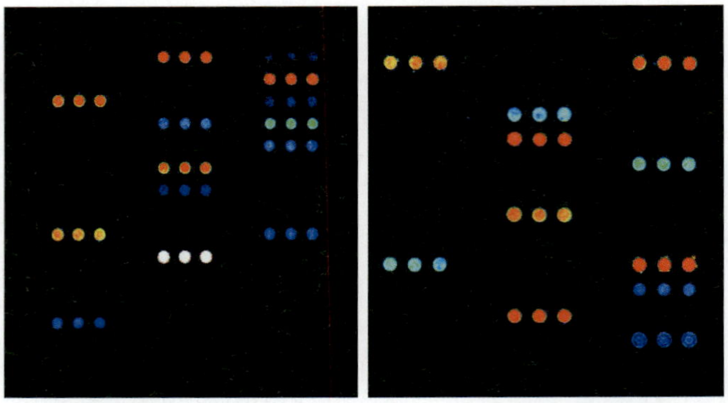

그림 5-30 진단용 DNA칩. B형 간염바이러스(HBV)에 감염된 환자의 혈액 내에 존재하는 HBV DNA중합효소의 서열 중 치료제에 저항하는 원인이 되는 돌연변이 서열을 DNA칩을 사용하여 측정하게 된다. 정상 및 돌연변이 서열을 포함하는 올리고뉴클레오타이드를 합성하여 유리판에 고정시킨다. 다음 HBV에 감염된 환자의 혈액으로부터 핵산을 분리, HBV DNA 중합효소의 유전자 서열을, 형광그룹을 포함하는 dNTP를 첨가하여 증폭시키고, 유리판에 고정된 올리고뉴클레오타이드 탐침들과 혼성화 (hybridization)를 통하여 정상 및 돌연변이 서열의 존재를 확인할 수 있다. 이를 통하여 치료제 내성의 원인을 규명할 수 있다.

로써 가능하다. DNA 칩 ($1cm^2$의 면적에 수십만 개의 DNA를 배열) 의 DNA들은 mRNA로부터 PCR증폭으로 얻은 cDNA복제품이거나, 또는 기기를 사용하여 합성한 mRNA들의 역전사체들이다. 세포나 조직에서 얻은 mRNA들을 형광으로 표지시킨 다음 DNA칩의 DNA들과 혼성화시키고, 혼성화되지 않은 mRNA들은 씻어 낸다. 이때 나타나는 DNA 칩상의 각 지점의 형광의 세기는 얼마나 많은 mRNA가 특정의 상보적인 DNA서열에 결합되었는지를 알려주게 된다.

DNA칩상의 DNA는 완전한 유전체 또는 단지 몇 개의 선택된 유전자들일 수 있다. DNA-RNA혼성체들은 정량적으로 검출이 가능함으로써 서로 다른 발생단계 또는 다른 조건에서 성장한 세포의 다수의 시료의 검사가 가능하게 된다(그림 5-30). 이러한 방법은 종양세포에서 어떤 유전자가 특별히 많이 발현되는지를 알 수 있으며, 동시에 정상세포와 비교하여 원인 물질을 탐색하는 매우 효과적인 방법이 되고 있다.

특정세포의 어느 상황하에서 어떠한 단백질들이 많이 발현되는지를 알게 되면 세포기능의 대단히 중요한 정보를 얻을 수 있게 된다. 이렇게 세포가 합성하는 단백질들의 완전한 세트를 **프로테옴 (proteome)** 이라 하고, 이는 2차원 전기영동법으로, 한 방향으로는 질량의 차이에 따라, 또 다른 수직방향으로는 등전점에 따라 분리가 가능하게 된다. 이러한 단백질체의 연구를 **단백질체학 (proteomics)** 이라고 한다.

5.3 유전자발현의 조절

5.3.1 유전자발현의 원리

유전체학 (genomics) 에서는 생명체의 염색체들을 구성하는 DNA에 관하여 연구한다. 한 개체의 서열이 밝혀지면서 전체유전체의 지도를 작성할 수 있게 되었다. 한 개의 유전체가 얼마나 많은 유전자를 갖는지, 유전자들의 어떻게 구성되어 있는지, 또 유전자들의 기능은 무엇인지를 연구하게 된다.

수많은 종의 원핵세포나 진핵세포의 유전체들을 비교해보면 DNA의 양이나 유전자의 수가 개체의 복잡성과 대체적으로 비례함을 알 수 있다. 원핵생물인 대장균의 유전자는 ~4,300개인 반면에 사람은 26,383개의 유전자를 갖는다. 그동안 인간의 유전체 3,200,000kb 중에서 2,900,000kb의 서열이 완전히 해독되었다. 그 유전자 중 1.4%만이 단백질을 암호화시키며, 이들 유전체는 주로 흩어져 있으며, 가끔 집단을 이루어 존재한다. 이들 유전자는 이미 알려진 mRNA 혹은 단백질의 염기서열에 대한 상동성을 비교하여 확인이 가능하다.

단백질을 암호화하는 유전자는 **열린 해독틀(open reading frame)**에 의해서도 확인될 수 있다. 여기서 열린 해독틀은 생명체에 있는 다른 유전자와 비교하여 동일한 코돈의 사용의 선호도를 나타내면서 정지코돈에 의해 끊어지지 않은 서열을 말한다.

인간의 유전체의 서열이 확인되기 이전에는 50,000에서 140,000 정도의 유전자가 있으리라 예측되었지만, 실제로는 그보다 훨씬 적은 2만 6천여 개의 유전자가 확인되었다.

이렇게 큰 차이가 나타나는 것은 예측했던 것보다 많은 **선택적 이어맞추기(alternative splicing)**가 일어나고 있기 때문이다. 인간의 유전체에서 단백질가족(protein family)과 단백질영역의 수준에서 비교해 볼 때, 전부 26,383개의 구조유전자가 기능적으로 분류되었다(그림 5-31). 그러나 이들 유전자의 45% 정도가 그 기능이 알려지지 않고 있다. 이렇게 기능이 아직 알려지지 않은 유전자를 **고아유전자(orphan gene)**라고 하며, 이들이 지금까지 발견되지 않은 새로운 유전자일 수도 있지만, 그러기에는 서열에서 큰 차이를 나타내는 유전자들이다.

인간의 유전자들 중에서 4분의 3은 다른 종에서도 발견되는 유전자이고, 4분의 1은 다른 척추동물에만 있고, 나머지 4분의 1은 원핵생물과 진핵생물에도 존재한다. 많은 인간의 유전자와 같은 유전자가 효모와 생쥐 등의 모델 생물에서 발견되고 있으므로, 이들 모델 생물체인 생쥐에서 특정 유전자를 녹아웃(knockout)시켜 어떤 유전자의 기능이 마비

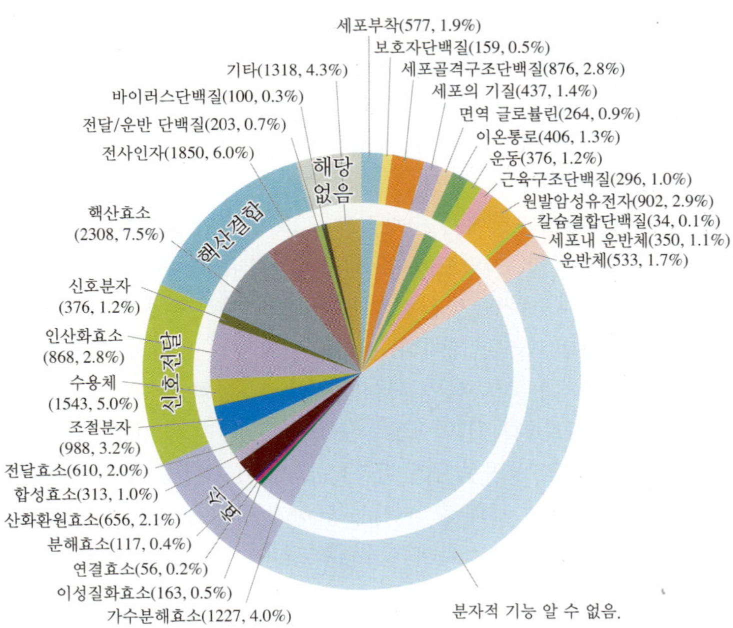

그림 5-31 사람 유전체에서 26,383개의 구조유전자 분자기능의 분포.

되는지를 확인하여 그 기능을 조사하고 있다. 이렇게 해서 기능이 알려진 유전자가 10,000개를 넘고 있다. 사람의 질병에 관여되는 유전자도 쉽게 얻을 수 있게 됨으로써 병의 근본적인 원인도 밝힐 수 있게 되었다. 실제로 병의 발생은 단일유전자 때문만이 아니라 몇 개의 유전자가 환경적인 요소와 상호작용에 의하여 발생되는 것으로 알려지고 있다.

인간과 인간 사이의 DNA 서열의 차이에 대한 목록인 **단일염기다양성 (single polymorphisms, SNPs;** 또는 snips라고 부른다) 의 컴퓨터 데이터베이스도 수집되고 있다. 질병의 감염에 대한 감수성이나 약물의 부작용에 대한 민감성 차이에 대한 유전적인 특징은 인간 사이의 유전서열의 차이와 관련이 있다. 인간 개개인 사이에서 일어나는 단일염기의 차이인 SNP는 평균 1,250bp 마다 한 번씩 나타난다. 지금까지 약 200만 SNP가 알려졌으며, 그 중 단백질변이를 초래하는것은 1%가 되지 않은 것으로 알고 있다.

인간의 유전체에서, 어떤 단백질을 암호화하는 유전자들과 염색체의 다른 조절부위들이 상당히 체계적인 구조를 형성하여 유전자집단을 이루고 있다. 원핵생물의 유전체에서 기능적으로 관련된 유전자들도 집단을 이루고 있으며, 대사반응의 순서와 동일한 순서로 유전자들이 배열되고 있다. 이러한 **유전자집단 (gene cluster)** 은 원핵세포나 진핵세포의 모두에서 발견되고 있다. 대부분 단백질의 경우 소수의 mRNA를 이용하여 반복적으로 번역함으로써 필요한 양의 단백질을 만들 수 있기 때문에, 단백질을 암호화하는 유전자는 거의 대부분 많은 사본수를 갖지 않는다.

생물체가 복잡해질수록 유전체 DNA는 더 많은 비전사 부위를 가지는 것으로 밝혀졌다. 대장균에서 11%, 효모에서는 30%, 인간의 유전체는 98%나 많은 비발현 DNA부위를 가지고 있으며, 이들 대부분이 반복서열을 갖는다. 반수체 유전체의 사본수가 $> 10^6$인 것을 **고반복서열 (highly repetitive sequence)** 이라고 부르고, 10bp 정도 길이의 거의 동일한 서열이 연이어 수천 번 반복되고 있다. 이런 DNA지역은 밀도기울기 초원심분리에서 다른 띠를 만든다고 하여 **위성DNA (satellite DNA**, 또는 부수체) 라고 한다.

인간유전체의 3%가 고반복 DNA서열 (짧은 연속 반복, STR, short tandem repeats) 이라고 알려졌으며, 다이뉴클레오타이드 반복이 가장 많으며, 주로 (CA) n과 (TA) n이 많이 발견되고 있다. STR은 가족관계를 확인하는 데 많이 쓰이고 있다. STR은 DNA복제 시에 주형이 미끄러짐으로 나타나며, 반복단위가 짧을수록 더 많은 빈도를 나타낸다. 그래서 인간집단의 많은 빈도의 길이다형성이 나타난다. 몇몇 잘 알려진 STRs (다수 종족의 수많은 인간들에서 반복횟수가 알려진 것) 의 반복횟수를 조사하여 DNA의 제공자가 누구인지를 알아낼 수가 있다.

세포에서 유전정보는 발생과정에서 순차적으로 그 발현이 조절되어야 하고, 동시에 내외 환경에 따라 적절히 반응할 수 있도록 조절되어야 한다. DNA에서 단백질이 되기까지 다양한 단계에서 조절이 가능하다. 이러한 다양한 조절 메커니즘 속에서 제일 중요한, 조절이 가능한 부분이 전사의 조절단계이다. 전사조절에서는 유전자의 전사유무를 결정하고 RNA 가공처리과정에서는 선택적인 이어맞추기, 5′-캡화, 3′-꼬리 등을 통해 조절된다. RNA이동조절에서 mRNA를 핵 밖으로 이동시킬 것인지의 여부가 결정되며, 전사조절에서는 mRNA를 단백질로 번역할지의 여부가 결정된다. 이렇게 만들어진 단백질 중에서도 제대로 접힘이 되지 않아 제대로 된 기능을 하지 못하는 단백질은 프로테오솜에 의해 분해된다. 또는 만들어진 단백질의 변형을 유도하여 단백질의 활성을 조절하기도 한다. 이처럼 DNA에서 단백질이 되기까지는 여러 단계를 거쳐 매우 정교하게 조절되며, 각 단계 안에서도 매우 복잡한 조절 메커니즘이 존재한다.

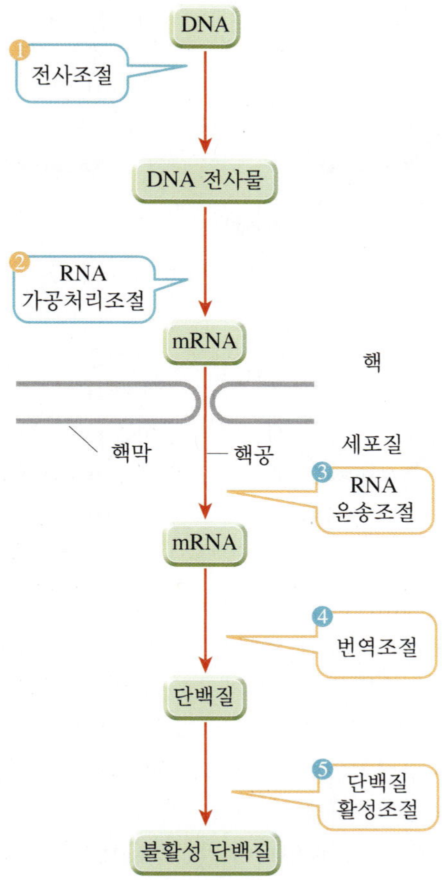

위처럼 전사가 조절되는 메커니즘을 분류하고 있지만 실제로는 더욱 복잡하게 조절될 것이라고 생각한다. 각각의 요소들이 따로 작용하는 것이 아니라, 증진자와 일반적인 전사인자, 전사인자, 염색질 재모델화 등이 동시에 복합적으로 작용해서 전사가 조절될 것이라 생각한다. 따라서 이렇게 복잡하고 정교한 생명현상을 풀기 위해서 **계통생물학(systems biology)**과 같은 분야가 각광을 받고 있으며, 컴퓨터, 통계와 같은 학문적 연계가 필수적이라고 생각한다. 아직 밝혀야 할 것이 무궁무진하고, 연구를 통해서 질병치료와 인류복지에 기여할 수 있는 만큼 매우 매력적인 연구분야라 생각한다.

5.3.2 원핵세포의 유전자발현의 조절

원핵세포의 유전자들은 진핵세포와는 다르게 폴리시스트론성(polycistronic)하다는 특징이 있다. 즉, 진핵세포는 하나의 mRNA가 하나의 유전자를 코드화하고 있다면 원핵세포는 여러 개의 유전자의 전사가 한꺼번에 일어난다. 원핵세포에서는 유전자발현이 주로 전사수준에서 조절된다. 이는 원핵세포는 단세포생물이기 때문에 환경에 빠르게 대처하기 위해, 한 번에 여러 개의 유전자를 동시에 발현하는 방식으로 되어 있을 것으로 보고 있다.

유전자발현의 조절에 관한 설명은 자콥(Jacob)과 모노(Monod)에 의해서 처음 밝혀지게 되었다. 모노는 대장균에서 유전자발현의 연구로, 이탄당 락토스를 글루코스와 갈락토스로 만드는 효소인 β-갈락토시데이스의 발현의 조절에 관하여 조사하게 되었다. 원핵세포에서는 한 번에 여러 개의 유전자를 발현하는 만큼 **오페론(operon)**이라는 체계를 도입하여 그 발현을 정교하게 조절한다.

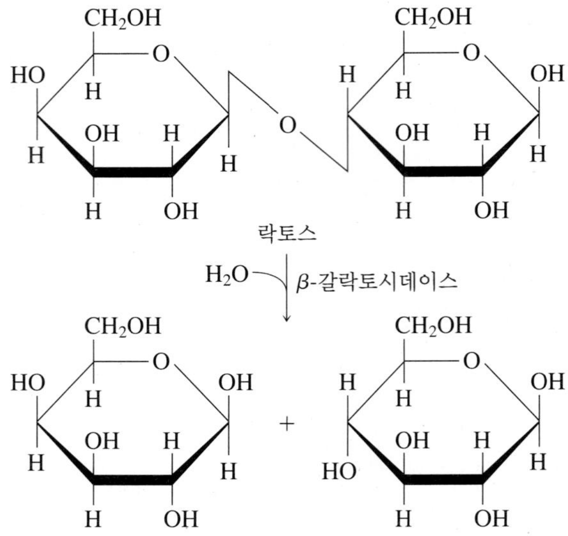

갈락토스 글루코스

lac 오페론, ara 오페론, trp 오페론은 오페론에 의한 전사조절로 매우 잘 알려져 있다. 이 중 lac 오페론에 대해서만 간단히 알아보자. 대장균은 글루코스를 먹이로 해서 살아간다. 글루코스가 없어지면 락토스를 에너지원으로 이용하기 위하여 두 가지 효소인 β-갈락토시데이스와 젖당을 세포내로 수송하는 갈락토사이드투과효소(galactose permease)의 발현을 1,000배 정도 증가시킨다. 모두 하나의 mRNA로 합성되고 번역되는 연속된 유전자 z, y, a는 갈락토스가수분해효소, 갈락토사이드투과효소, 갈락토사이드아세틸교환효소로 lac 오페론에 연속적으로 배열되어 있다. 유전자 I는 세 가지 lac탐색단백질의 유전자 발현을 억제하는 **lac 억제자(lac repressor)**의 유전자이다. 평소에는 **억제자(repressor)**가 **작동유전자(operator)**에 붙어서 lac 오페론의 발현을 막고 있다. 하지만 글루코스가 없고 락토스를 이용하기 위해서 낮은 수준으로 발현되면 β-갈락토시데이스의 유도인자, 1,6-알로락토스(allolactose)를 만들게 되고 알로락토스는 억제자에 붙어서 입체모양의 변화를 유도하여 작용자에서 억제자를 떨어지게 한다. 그렇게 되면 증진자가 중합효소에 붙어서 전사를 활성화시키고 β-갈락토시데이스가 많이 만들어져서 대장균이 생명을 유지하게 된다(그림 5-32). 아이소프로필싸이오갈락토사이드(isopropyl thiogalactoside, IPTG)는 알로락토스와 구조적으로 유사하나 갈락토스가수분해효소에 의해서 분해되지 않은 **유도인자(inducer)**로, 젖당대사의 생체외의 연구에 자주 사용된다(제4장).

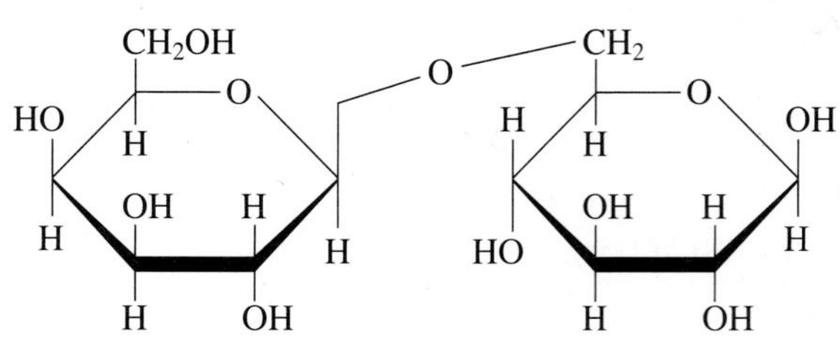

1,6-알로락토스

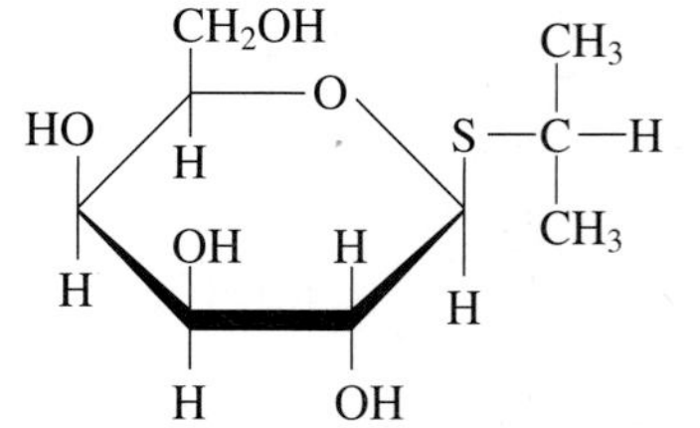

아이소프로필 싸이오갈락토사이드(IPTG)

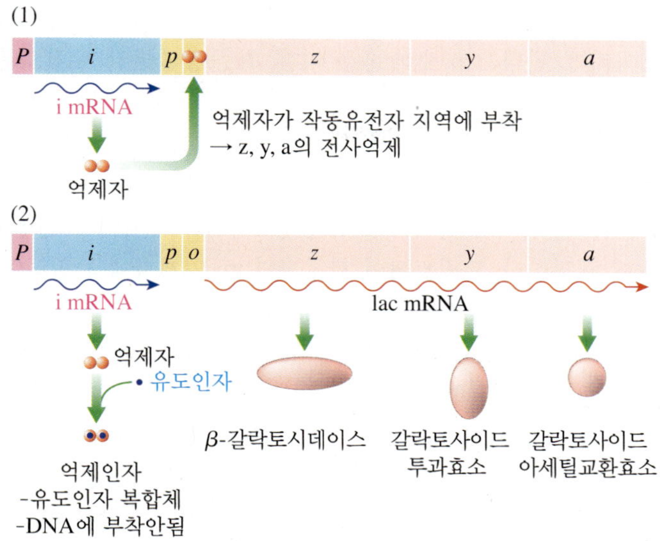

그림 5-32 lac 오페론의 조절 메커니즘. (1) 락토스 부재 시, lac 억제자는 DNA에 부착되고, lac 오페론의 전사를 억제하게 된다. (2) 알로락토스나 다른 유도물질이 lac 억제자에 부착되면 DNA로부터 분리되고, lac mRNA의 생성을 유발하게 된다.

아미노산 트립토판이 대량 존재하면 트립토판의 생성을 억제하는 체계가 유전자에 의해서 가동된다. trp 오페론(trp operon)은 코리스메이트로부터 트립토판을 합성하는 데 필요한 다섯 개의 유전자(그 중 두 개는 효소)의 mRNA를 전사시킨다. trp 억제자는 L-트

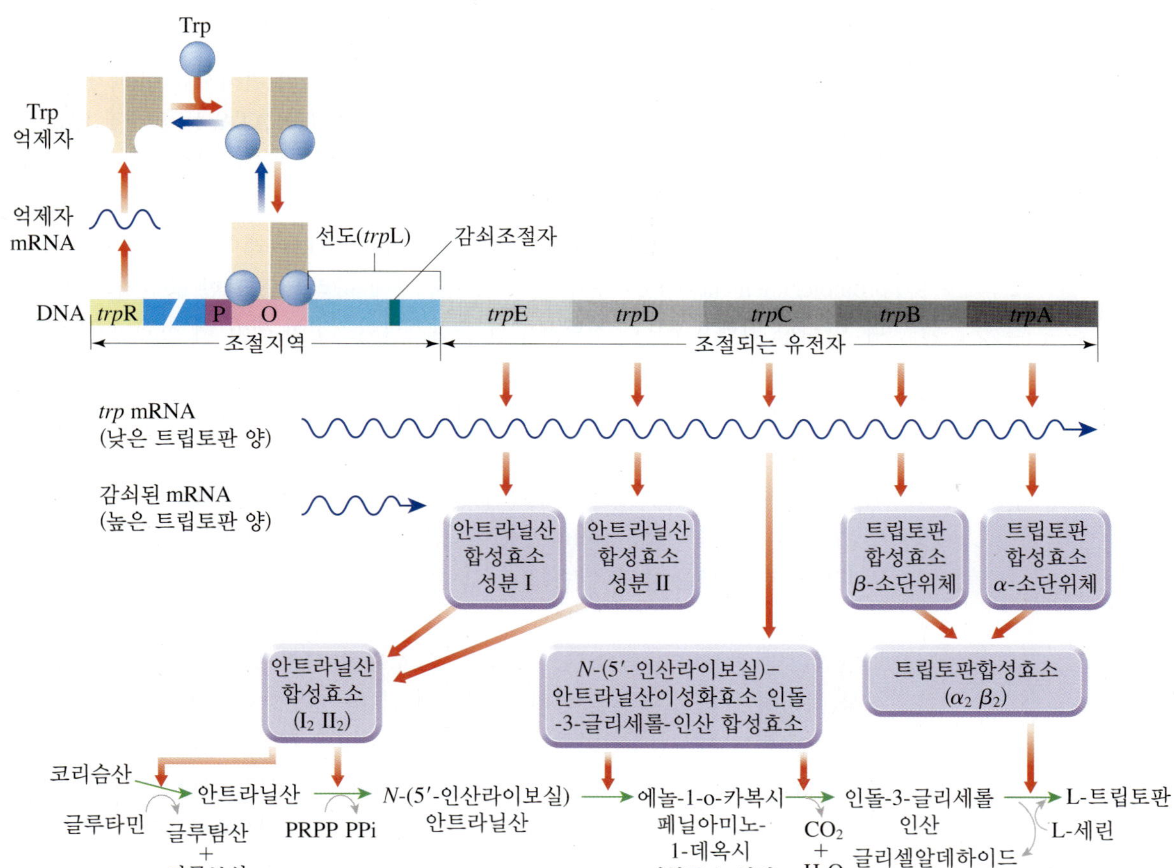

그림 5-33 trp 오페론. 이 trp 오페론의 조절은 두 개의 다른 메커니즘으로 진행된다. 1. 억제자가 작동자에 부착한다. 2. trp mRNA의 전사는 감쇠조절자에 의해서 종결된다. 트립토판의 합성은 trp 오페론을 코드화시키는 아래의 효소들에 의해서 합성된다.

립토판과 복합체를 만들고, 이 복합체가 trp 작동유전자에 결합하여 trp 오페론의 발현을 70배 정도 감소시키게 된다. trp 오페론은 이때 최종생성물인 트립토판의 **보조인자 (corepressor)** 로 작용한다 (그림 5-33) . trp 오페론의 작동유전자 하류쪽의 결손된 돌연변이체의 경우에, trp 오페론의 발현이 여섯 배 증가함을 관찰하게 되었다. 이는 새로운 전사조절의 가능성을 제시하게 되었다. 이 조절부위는 구조유전자 trpE의 위쪽으로 ~30 내지 60 뉴클레오타이드의 위치가 되며, 162 뉴클레오타이드로 되어 있는 **선도서열 (leader sequence)** , trp L에 해당한다. 트립토판이 합성되면 trp 억제자에 결합하여 trp 오페론의 전사의 감소가 발생된다. 또 trp mRNA 중 trpL에 해당하는 140 뉴클레오타이드만을 포함하는 것이 점점 많아지며, trp 오페론의 전사가 조기종결된다. 이런 효과를 조절하는 부위로 **감쇠조절자 (attenuator)** 가 존재한다.

이상 살펴본 것과 같이 전사개시는 매우 정교하게 조절된다. 이렇게 전사가 한 번 시작되면 연장은 비교적 큰 문제없이 계속 진행된다. 연장 후 전사종결 또한 매우 정교하게 진행된다. 크게 로 (rho) 단백질에 좌우되는 한 경우와 좌우되지 않은 다른 경우로 나누어진다. 로단백질은 mRNA에 붙어 있다가 머리핀이 생성되면 중합효소가 있는 곳까지 가서 헬리케이스 활성을 이용하여 DNA-RNA 혼성을 떼어놓는다. rho단백질에 좌우되지 않는 경우는 중합효소가 rU-dA염기쌍에서 잠깐 멈추게 되고, 그때 머리핀이 이 염기쌍 위쪽에 생기게 된다. 이 머리핀으로 인해 DNA-RNA 혼성이 불안정하게 되고, 머리핀은 물리적으로 RNA를 당기는 효과를 갖게 된다. 따라서 결국 RNA는 DNA에서 분리된다.

5.3.3 진핵세포의 유전자발현의 조절

진핵세포 역시 원핵세포와 마찬가지로 전사를 시작하기 위해서는 유전자 앞쪽에 증진자가 필요하다. 진핵세포의 증진자로는 −25위치에 있는 TATA 상자가 잘 알려져 있다. 이는 원핵세포의 −10 상자와 유사하며, TATAAA 염기순서로 되어 있으나 유전자마다 조금씩 다른 경우도 있다. 진핵세포는 이외에도 다른 증진자가 더 있다. TFIIB 인식인자 (recognition element, BRE) , 개시자 (Initiator, Inr), 아래쪽 증진자인자 (Downstream promoter element, DPE) 등이 있으며, 유전자에 따라서 필요한 증진자의 종류가 달라진다. 따라서 원핵세포보다 진핵세포의 유전자발현조절이 훨씬 더 정교하게 조절된다는 사실을 짐작할 수 있다. 진핵세포의 전사를 조절하는 DNA 염기서열 중 특이한 것은 **증강인자 (enhancer)** 라는 부위가 있다는 것이다. 증강인자에 전사인자가 붙어서 전사의 활성화를 돕는다. 증강인자의 특징 중 주목할만한 점은 증강인자는 그 역할을 하는 데 있어서 위치의 제약이 없다는 점이다. 전사개시부위보다 위쪽에도 존재하고, 아래쪽에도 존재할 수 있다. 특히 수천 개의 염기쌍이 떨어진 위치에 있어도 그 기능이 가능하다. 증강인자가 멀리서도 그 기능을 할 수 있는 것은 그림에서 보듯이 DNA가닥이 고리를 이루기 때문인 것으로 알려져 있다 (그림 5-34) .

일반적인 전사인자 (GTF) 는 RNA중합효소와 붙어서 초기개시복합체를 구성하며, 전사를 시작하게 하는 역할을 한다. 이름에서 알 수 있듯이 유전자에 따라 특수하지 않고, 일반적인 유전자전사에 관여한다. RNA중합효소 II와 관련된 GTF가 매우 잘 알려져 있으며, 그 종류에는 TFIIA, TFIIB, TFIID, TFIIE, TFIIF, TFIIH가 있다. 우선, TATA 상자부착단백질 (TBP) 과 TBP-회합인자 (TAF) 를 포함하고 있는 TFIID가 DNA 염기순서를 인지해서 붙는다. 그 다음 TFIIA, TFIIB가 붙은 후 TFIIF가 RNA중합효소를 동반하여 DNA에 붙게 된다. TFIIF는 DNA를 풀게 하는 활성이 있어서 DNA 이중나선을 풀어주는 역할을 한다. 그 다음으로 TFIIE, TFIIH가 붙으면 전사가 시작된다 (그림 5-35) . 아직도 이 인자

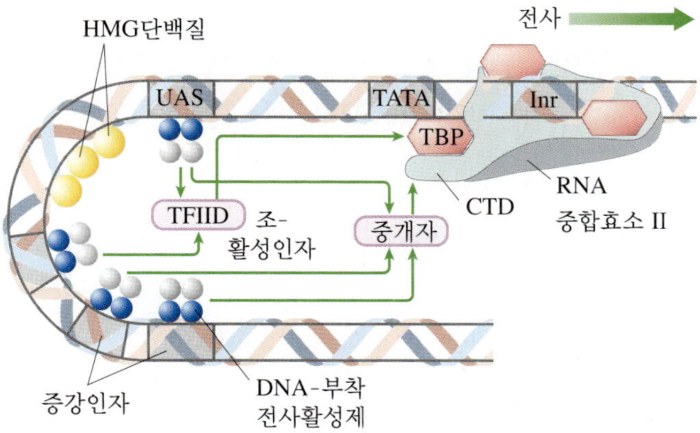

(1)

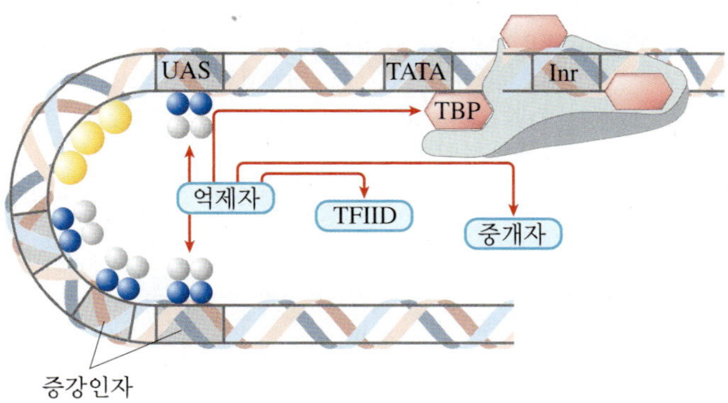

(2)

그림 5-34 진핵세포의 증진자와 조절단백질들. RNA 중합효소 II와 일반적인 전사활성인자는 TATA상자에서 초기의 개시복합체를 만들게 된다. (1) 효모와 진핵세포에서 전형적인 염기순서를 갖는 증진자와 단백질 복합체들을 확인하였다. RNA 중합효소 II의 카복시말단부위가 중개자와 다른 단백질복합체와 상호작용하는 중요한 지점이 된다. (2) 다양한 진핵세포의 전사억제자들이 존재한다. 가능한 상호작용지점을 화살표로 나타내고 있다. DNA에 직접 부착되기도 하고, 활성을 위하여 단백질복합체를 교체시키기도 한다.

들의 역할이 다 알려져 있지는 않다. 이처럼 진핵세포는 원핵세포보다 중합효소 이외에도 전사를 시작하기 위해 더 복잡한 단백질들이 필요하며, 따라서 더 정교하게 조절된다는 사실을 알 수 있다. 게다가 GTF외에도 유전자마다 특징적인 전사인자들이 더 존재하여 전사조절은 매우 정밀하게 조절된다.

전사활성자로서 전사인자는 두 개의 부위를 가지고 있다. 첫째, DNA 부착부위로서 Zn 포함구성단위, 동종부위, bZIP, bHLH 요소들이 있다(그림 5-36). 이것 이외에도 계속적으로 더 다양한 부위들이 밝혀지고 있는 중이다. 둘째, 전사인자는 전사-활성부위들(Transcription-Activating Domains)이 있다. 이 중에는 산성부위, 글루타민-풍부부위, 프롤린-풍부부위 등이 존재한다. 전사인자는 DNA-부착부위를 이용하여 증강인자에 붙어서 전사가 잘 되도록 중합효소를를 선별하거나 안정하게 만들어 활성도를 높인다. 어떤 전사인자가 활성화되는가에 따라서 유전자-특이하게 발현이 조절되기 때문에 전사조절에서의 전사인자의 역할은 매우 중요하다.

전사인자는 GAL4, Sp1, NFκ-B, Jun, Fos, Myc 등 그 종류도 매우 많으며, 핵수용체로 세포막에 붙어 있다가 외부신호에 의해 핵 안으로 진입한다든지, 세포질에서 조절 단백질에 의한 조절에 의해서 활성화되는 등 그 활성을 띠게 되는 방법도 매우 다양하다. 뿐만 아니라, NFκ-B처럼 부종에 관여하기도 하고, 동종부위처럼 발생과정 중 특정 부위의 모양을 결정하는 데 역할을 하기도 한다. 즉, 전사인자는 매우 특이적으로 다양한 종류의 유전자를 다양한 방식으로 조절하기 때문에 그 연구분야는 무한히 넓다.

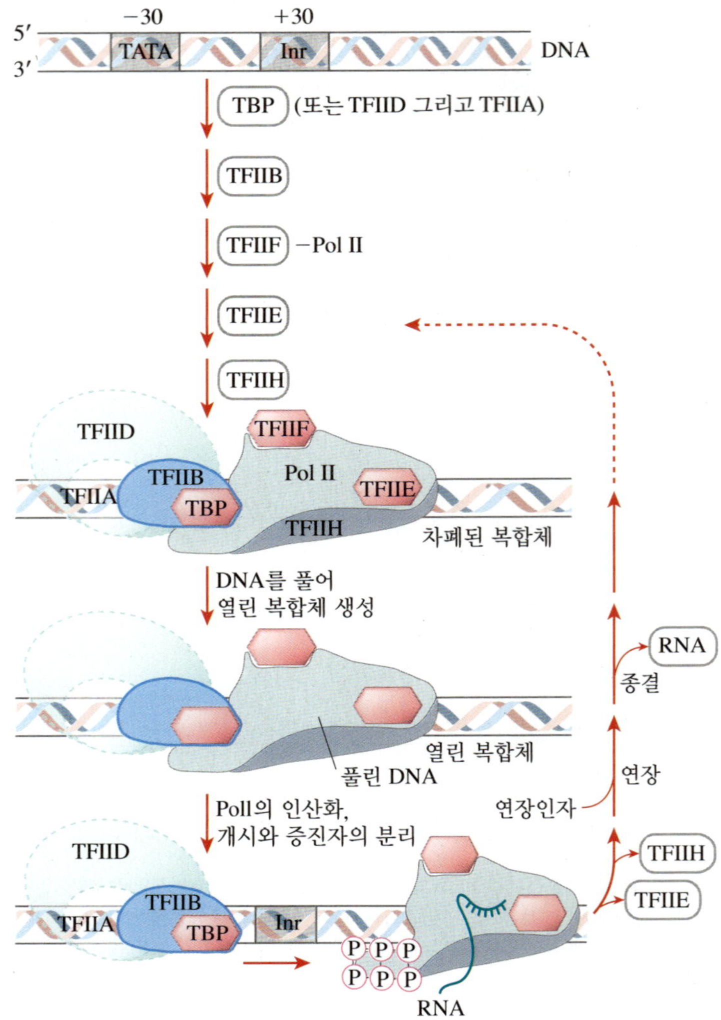

■■ 그림 5-35 ■■ RNA 중합효소 II (pol II) 의 전사메커니즘. 순차적인 결합으로, TF-IIA, TF-IIB, TF-IIF, TF-IIE, TF-IIH 및 중합효소 II (pol II) 들이 차폐된 복합체를 만들게 된다. TBP는 가끔 큰 복합체 TF-IID의 일부분으로 부착된다. TF-IID 소단위체는 전사조절체로 작용한다. 복합체의 내부에서, TF-IIH 헬리케이스의 활성으로 DNA의 개시자 지역에서 풀리고, pol II의 C-말단지역은 TF-IIH에 의해서 인산화되며, pol II는 증진자와 분리되면서 전사가 시작된다. 많은 전사인자의 배출과 동시에 연장반응이 진행하게 된다. 전사종결된 다음 pol II가 배출되고 탈인산화되며, 재순환된다.

그 중 제일 잘 알려진 전사인자 중 하나는 **p53**이라고 볼 수 있다. p53은 암을 억제하고 세포주기를 조절하는 대표적인 전사인자이다. DNA 손상이나 세포주기에 문제가 생겼을 때 기능을 하여 세포주기 정지와 세포사멸을 유도하는 유전자들의 전사를 돕는다. 따라서 p53과 같은 전사인자에 문제가 발생하면 세포가 비정상적으로 성장하게 되고, 암과 같은 질병이 일어나게 되는 것이다. 따라서 전사인자는 전사조절에서 매우 중요한 역할을 하며, 전사인자에 대한 연구를 통해서 인류의 건강을 향상시키도록 기여할 수 있다.

지금까지 설명한 전사조절은 비교적 오래전 시작된 학문이었다면, **염색질 재모델화 (chromatin remodeling)** 에 의한 전사조절은 최근 주목을 받고 있는 분야이다. 염색질 재모델화란 증진자나 전사인자처럼 DNA에 직접 조절을 가하여 전사조절을 하는 것이 아니라, 염색질구조를 변화시키는 것을 통해서 전사를 조절한다는 개념이다. 이러한 크로마틴 재모델화는 진핵세포에 있는 히스톤단백질을 통해서 일어나기 때문에 최근에는 **히스톤코드 (histone code)** 라는 개념까지 등장하였다. 즉, 히스톤이 어떻게 변형되고, 히스톤에 어떤 효소가 오는가에 따라서 그 부위에 있는 유전자발현이 달라진다는 것이다.

염색질 재모델화 복합체는 뉴클레오솜을 재편성시킨다. 서열-특이적인 DNA는 표적

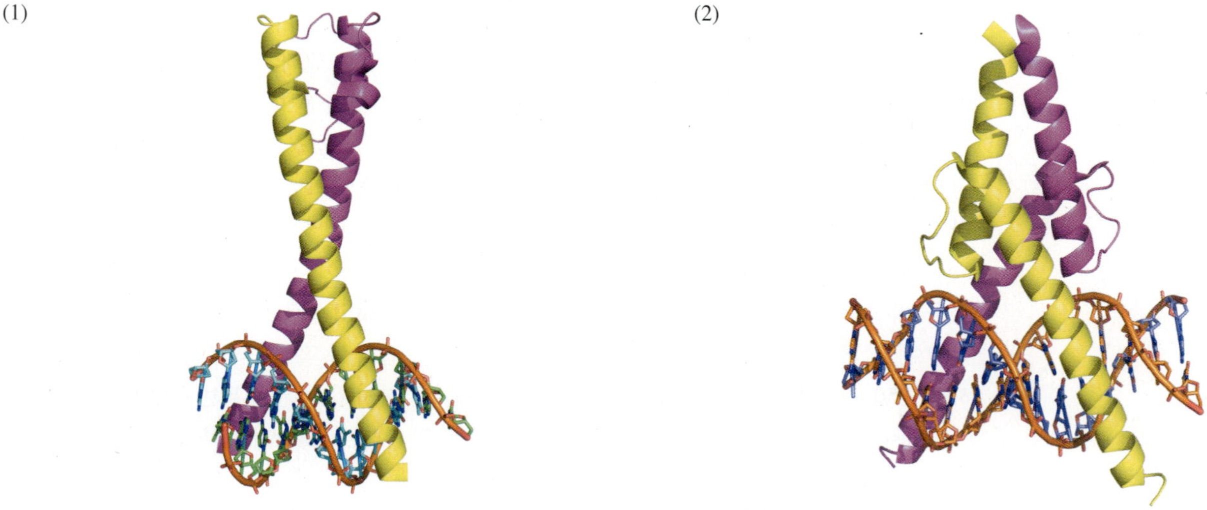

그림 5-36 bZIP 또는 bHLH의 구조. 줄단추 (zipper) 지역에 일곱 번째 마다 루신이 나타난다. (1) 효모의 활성단백질 GCN4의 루신줄단추로, 이중체의 다른 단백질이 루신 (보라색) 으로 연결된다. 두 나선은 코일화된 코일로 서로 감싸고 있다. (2) 헬릭스-지붕-헬릭스의 구조로 사람의 전사활성인자인 Myc-Max가 목표DNA에 부착되고 있다. 단백질인 이중체의 헬릭스가 DNA의 부착에 관여된다. 두 소단위체의 C-말단은 헬릭스와 상호작용으로 루신줄단추와 유사한 코일화된 코일을 형성한다.

DNA에 결합하기 전에 접근이 용이해야 한다. 진핵생물의 경우 뉴클레오솜이나 염색질 구조에 의하여 격리되어 있다. 염색질은 뉴클레오솜을 재모델화할 수 있는 ATP-추진복합체를 가지고 있어, DNA와 히스톤의 상호작용을 파괴하여 단백질이 접근 가능하게 해준다. **염색질 재모델화 복합체 (chromatin remodeling complex)** 는 염색질에 유동성을 부여하고 DNA의 전반적인 포장상태를 유지하면서, 일시적으로 인자들의 각 서열에 접근 가능하도록 한다.

히스톤 아세틸이동효소 (histone acetyltransferase, HAT) 가 작동하게 되면 히스톤이 아세틸화되고, 그 결과 히스톤이 전체적으로 음전하를 더 띠게 되므로 DNA와의 결합력이 약해지게 된다. 그러면 전사인자도 DNA에 붙기 쉽고 중합효소도 DNA에 접근하기 쉽게 되므로 전사가 증가하게 된다. 반대로 히스톤 탈아세틸화효소 (histone deacetylase, HDAC) 가 작동하게 되면 히스톤의 아세틸그룹이 떨어지기 때문에 DNA와 히스톤의 결합이 더욱 강화되어, 그 결과 전사가 억제되게 된다. 이뿐만 아니라 히스톤 메틸이동효소 (histone methyltransferase) 에 의해 메틸화도 되고, 유비퀴틴화 등 다양한 변형이 일어난다. 어떻게 변형이 일어나는가에 따라 전사가 다양하게 조절되고, 이 조절에 문제가 생겼을 때 역시 암과 같은 질병이 발생하기 때문에 더욱 연구가 활발히 진행되고 있다. 이뿐만 아니라 효모에서 교배형전환(switching defective)과 설탕에서의 성장(sucrose nonfermenter) 복합체인 SWI/SNF와 같이 히스톤에 감겨 있는 DNA부위를 옮겨줌으로써 전사인자들이 접근할 수 있는 DNA부위를 조절하여 전사조절을 하기도 한다.

진핵세포의 전사조절은 조절단백질인 활성인자 (activator) 와 억제자에 의해서 수행되며, 그들이 조절하는 장소는 증강인자와 침묵인자 (silencer) 지역으로 각각 알려지고 있다. 증강인자지역은 전사에 필수적은 아니지만, 전사속도를 매우 증가시킨다. 증진자 (promoter) 처럼 전사개시부위 바로 앞에 위치할 필요 없이 증강인자 (또는 침묵인자) 지역은 위치나 방향이 고정될 필요가 없다. 증강인자들의 전사서열이 상류지역에 있다고 해서 이들 전사활성인자를 **상류전사인자 (upstream transcription factor)** 라고 한다. 이 상류전자인자들은 서로 간에 그리고 PIC (preinitiation complex) 와 협동적으로 작용한다. 전사인사들이 건축단백질과 함께 ~100bp 증강인자 위에 협동적으로 조립되어 **인헨소솜 (enhanceosome)** 이라는 복합체를 만든다.

중개인자는 전사활성인자들과 RNA중합효소II 사이에 접촉면을 제공한다. 중개인자들은 DNA-결합 전사조절인자들과 RNA중합효소II 사이를 연결시키는 수용체로 기능하여 관련된 촉진제의 안정된 PIC형성에 영향을 주는 것으로 보인다. 그들은 전사조절인자들이 그 표적 DNA에 결합함으로써 나타나는 신호들의 기능을 종합하는 임무를 가진다.

많은 신호전달경로들이 전사인자들을 활성화시킨다. 신호경로에 관여하는 수용체 G-단백질, 타이로신 인산화효소 등 반응을 진행시켜, 최종적으로 전사인자의 활성을 유도한다. 또한 홀몬이나 세포외적인 요소들도 유전자 발현에 영향을 미친다. 이렇게 해서 Fos, Jun, Myc, Max 등의 전사인자들은 암억제유전자 p53이나 세포사멸 등의 진행에 영향을 미친다. **핵수용체초가족 (nuclear receptor superfamily)** 으로 스테로이드, 미네랄코티코이드, 에스트로젠대사를 촉진시키는 타이록신, 갑상선 홀몬, 바이타민 D 등과 결합하는 150개 이상의 단백질들이 알려졌다. 이들의 전사활성은 **홀몬반응요소 (hormone response element, HRE)** 라 부르는 DNA부위를 인식하므로 유전자의 전사를 유도하거나 억제한다.

전사 후 조절 메커니즘으로 RNA방해는 전사 후 유전자 침묵의 한 형태로, 비암호 RNA가 유전자발현의 조절에 중요한 역할을 하고 있음이 밝혀졌다. RNA가 어떤 이유로 유전자 발현을 방해하므로, 이를 **RNA간섭 (RNA interference, RNAi)** 이라고 한다. 짧은 간섭RNA (small interefering RNA, siRNA) 라고 불리는 저분자 RNA분자들이 상보적인 mRNA에 결합함으로써 유전자의 발현을 억제한다. 이 사실은 여러 곳에 응용이 가능한 유전자들의 기능을 알아보는 데 이용되며, 생쥐에서 간염바이러스에 대한 염증의 예방이나 사람의 배양세포에서 HIV의 복제를 막을 수 있음이 실험적으로 증명되고 있다.

5.3.4 암의 발생, 세포주기와 세포사멸

지난 한 세기 동안 수많은 연구자들이 암의 발생의 원인에 관하여 연구한 결과를 요약해 보면, 암은 발암물질 또는 다른 원인에 의해서 염색체의 이상으로 **원발암성유전자 (proto-oncogene)** 가 **발암성유전자 (oncogene)** 로 활성화되어 세포의 성장 및 조절기능이 상실된 상태로 보고 있다. 세포 내부에서 암의 발생의 원인을 네 가지 과정으로 요약하여 설명할 수 있다: 1. 대부분 원발암성유전자가 관여하는 세포의 성장신호전달체계의 파괴는 성장의 조절을 불가능하게 한다. 2. 암억제유전자의 돌연변이 및 기능의 상실로 인하여 정상세포의 암세포화를 저지하지 못하게 된다. 3. 정상적인 세포는 필요에 따라 **세포사멸 (programmed cell death, apoptosis)** 을 통하여 죽은 세포를 제거하고 있으나, 암세포는 이러한 기능을 상실하고 있다. 4. 세포주기조절에서 잘못된 유전자를 원상태로 회복시키는 기능의 파괴도 암발생의 원인이 된다.

원발암성유전자와 세포성장의 신호전달체계는 밀접하게 서로 관련되고 있다. 원발암성유전자의 산물은 대부분 세포신호전달체계의 경로에서 단위체로 기능하고 있다. 따라서 신호전달과정에서 다음의 기능들을 수행한다 (그림 5-37).

1. 성장인자 (growth factor) ; 상피세포 성장인자 (EGF)
2. 신호의 수용체 (growth factor receptor) ; 단백질타이로신 인산화효소 (protein tyrosine kinase)
3. 신호의 중간 스위치: G단백질 (GTP binding protein)
4. 인산화효소; 여러 인산화효소들 (protein serine/ threonine kinase)
5. 전사활성단백질

암억제유전자 (tumor suppressor gene, p53) 는 전사활성체로, 종양의 감시기능을 통하

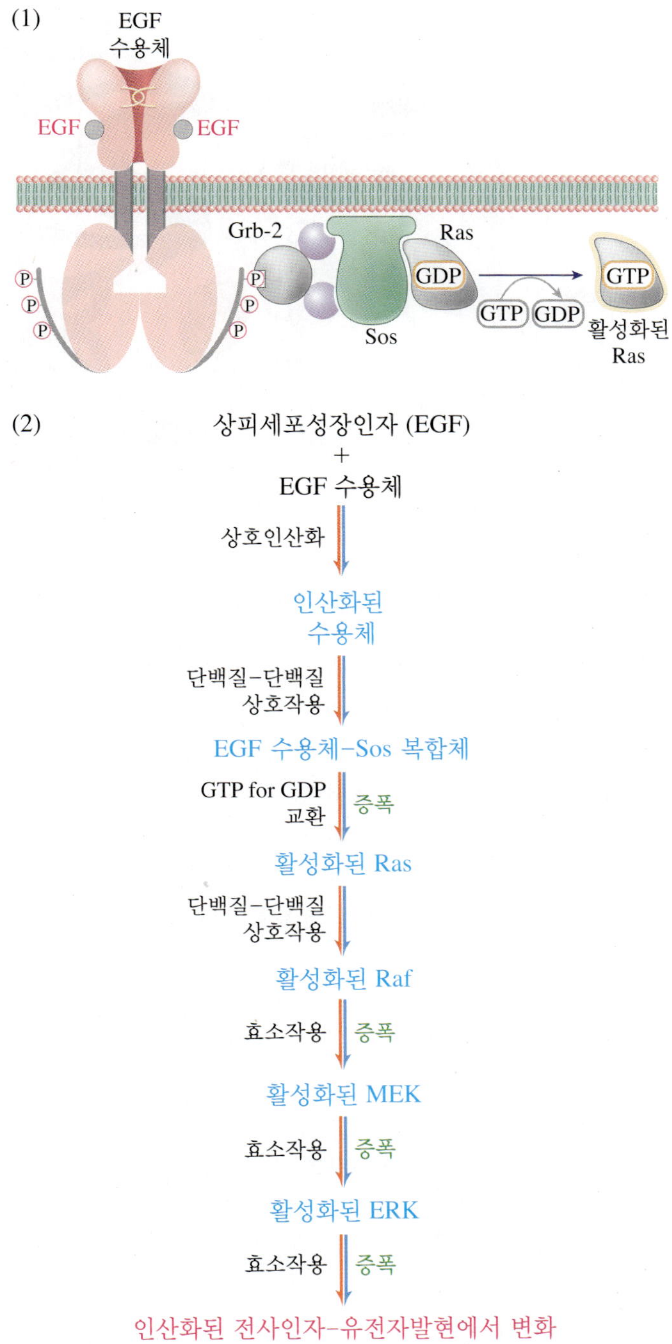

그림 5-37 세포의 성장신호전달경로. (1) 상피세포성장인자 (EGF) 가 수용체에 부착됨으로써 인산화되면 수용체의 C-말단부분이 인산화된다. 동시에 다음단계인 Grb-2와 Sos를 활성화시키게 되면, Ras에서 GDP를 GTP로 만들게 된다. 이 신호전달경로는 Ras가 활성화된 GTP의 부착으로 바뀌게 되며, 신호는 다음단계로 지속적으로 전달된다. (2) (1) 의 그림에서처럼, 활성화된 Ras의 성장에 관한 신호는 인산화효소들의 증폭확대를 통하여 핵내부의 전사활성으로 연계되며, 유전자의 발현을 활발하게 한다.

여 암세포화를 억제한다. 또 세포주기의 조절체로 G2상에서 세포주기를 멈추게 하는 기능하고, 세포사멸을 유도하기도 한다. 암세포에서는 위의 p53의 반대기능의 조절체로 단백질 분해가 이루어지도록 표지하는 유비퀴틴-단백질연결효소인 Mdm2 (ubiquitin ligase E3) 가 과잉 발현되고 있고, p53발현의 조절물질인 ARF가 손실되어, 종양감시기능이 상실된 상태가 된다. p53은 서열특이적인 DNA-결합요소를 포함하는 393개의 잔기를 갖는 소단위체로 구성된 동형사합체이다 (그림 5-38) .

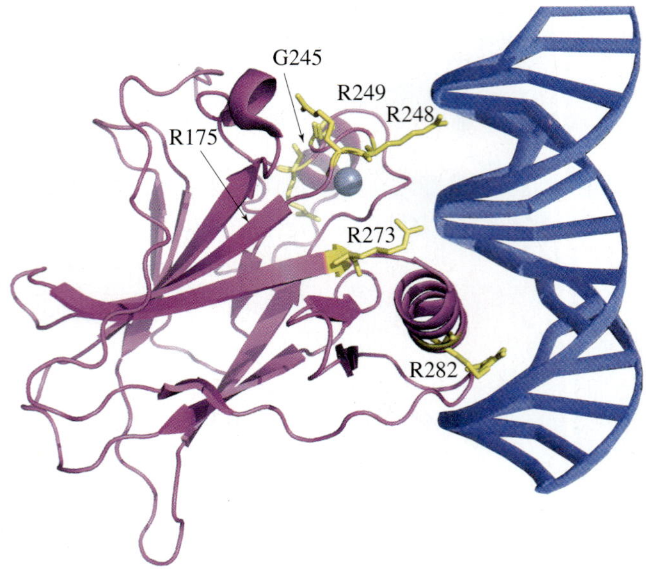

그림 5-38 사람의 p53의 DNA부착부위와 목표DNA와 복합체의 구조.

정상세포에서는 잘못된 세포나 불필요한 세포는 정해진 방법에 따라 세포의 사멸을 유발한다. 수선이 불가능하게 손상된 DNA를 가지고 있어 악성형질전환의 가능성이 있는 세포들도 세포사멸을 겪게 된다. 세포에서는 마이토콘드리아에 있는 세포사멸 조절단백질인 Bcl-2나 Bcl-X1들이 케스페이스(caspase 8)를 활성화시키게 되면 세포사멸이 일어나게 된다. 세포사멸과정에서 마이토콘드리아에 사이토크롬 *c* (Cytochrome *c*)를 배출하고, 통로를 활성화시키는 사멸의 진로를 증폭시켜 세포가 죽게 된다. 세포사멸의 신호전달은 ARF/Mdm2경로를 이용한다. 그리고 DAP 인산화효소(Serine/threonine kinase, DAPK)

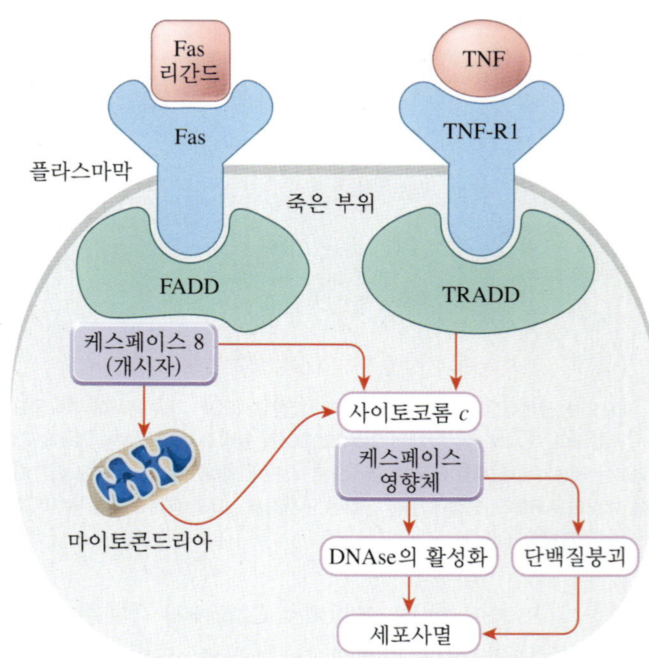

그림 5-39 세포 사멸의 초기 과정. 플라스마막의 수용체(Fas, TNF-R1)는 세포 밖으로부터 세포사멸의 신호를 받게 된다. 활성화된 수용체, Fas나 TNF-R1와 FADD와 TRADD같은 세포질 단백질에서 "죽은 부위"사이의 상호작용을 촉진한다. FADD는 세포질 단백질 가수분해효소인, 케스페이스(caspase 8)를 활성화시킨다. 이 케스페이스 8은 다른 세포내의 단백질 가수분해효소를 활성화시키고, TRADD역시 단백질 가수분해효소를 활성화시키며, 이러한 단백질 가수분해효소는 세포죽음의 근본적인 원인이 된다.

의 활성으로 세포사멸이 유발된다(그림 5-39). 그러나 사람의 종양에서는 DAPK의 발현이 상실되어 세포괴사가 불가능한 상태가 된다. 생체의 기관은 세포의 증식과 사멸의 균형에 의해 그 크기가 유지된다. 부적절한 사멸은 뇌졸중과 심장마비에 의한 대부분의 손상뿐만 아니라 알츠하이머나 파킨슨병 같은 퇴행성 신경질환과 관련이 있다.

진핵세포의 생존기간 동안 일어나는 일들의 일반적인 순서, 즉 세포주기는 네 가지의 뚜렷한 단계로 나누어진다. 세포가 세포주기로 진입하는 것은 **사이클린(cyclin)**과 사이클린 의존성 단백질인산화효소(cyclin dependent protein kinase)에 의해서 조절된다. 핵에서 세포주기의 변화의 순서와 시기를 조절하거나 DNA의 복제, 염색체의 분리기능을 확실하게 조절시키는 진로를 **검색점(check point)**이라 한다. DNA가 손상되거나 복제가 방해받았을 때, 검색점은 세포주기의 진행을 지연시켜 시간을 벌게 해 준다. 그러나 암 세포에서는 이 검색점의 본질이 상실되어 세포주기의 조절이 붕괴된 상태이다.

전사활성인자의 돌연변이로 발암성인자로 바뀌면 정상세포가 암세포화로 되는 원인이 된다. 이들 돌연변이 전사인자들은 발암성유전자의 산물로 세포의 성장조절, 암억제유전자 및 세포사멸과정의 조절에 밀접하게 관여하고 있다. 많은 암세포에서 전사인자가 발암성유전자의 산물로 나타나며, 특히 위나 장암세포에서 Jun/Fos 나 Myc/Max가 돌연변이 되었거나 다량발현됨을 발견하게 되었다.

생화학 둘러보기

유전자발현조절의 새로운 도전: RNA간섭(RNA Interefence)

유전자가 가지고 있는 정보에 따라 만들어지는 기능성 단백질의 합성과정의 조절은 거의 대부분 전사단계에서 이루어지고 있다. 그래서 병의 원인 구명이나, 치료에 관련되는 물질의 합성을 전사단계에서 조절하려는 노력이 집중적으로 연구되고 있다.

RNA간섭(RNAi)은 영국의 발콤(D. Baulcombe) 그룹에 의해서, 전사 후 유전자의 침묵(Post-transcrptional Gene Silencing, PTGS) 과정의 일부로 식물에서 처음 발견하게 되었다. 이중가닥의 RNA(dsRNA) 서열이 특이하게 특정유전자를 침묵시키게 됨을 확인하게 된 것이다. 짧은 간섭 RNA(Short Interference RNAs, siRNA)는 20~25뉴클레오타이드 길이를 갖는 이중가닥의 RNA분자이다. 이들은 RNAi의 경로를 통하여 siRNA가 특수한 유전자의 발현을 간섭하는 데 관여하고 있다.

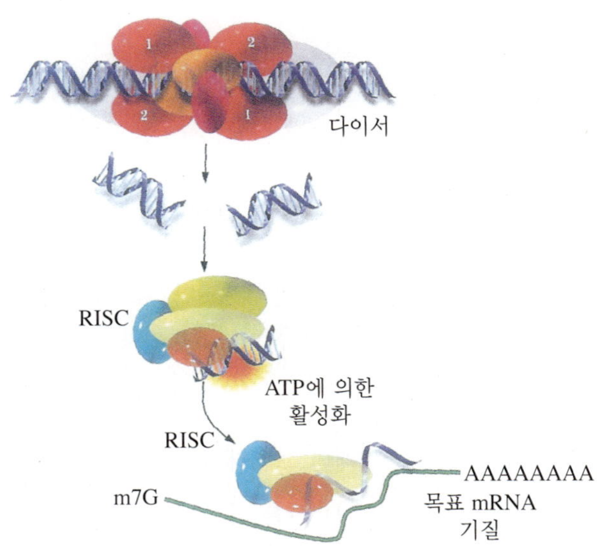

RNase III, 다이서(Dicer)는 두 가닥 RNA를 절단하여 짧은 간섭RNA(siRNA)를 만들게 된다. 이때 얻어진 dsRNA는 RNA-유도침묵단백질복합체(RISC)에 부착하게 된다. RISC는 siRNA의 가닥을 풀고, 한 가닥이 mRNA의 상보적인 서열에 부착하게 되며, 다음 mRNA를 붕괴시키게 된다.

터스치(Tuschi, T.) 그룹에서는 제한된 구조를 가진 합성 siRNA가 포유동물의 세포에서 특정 유전자를 침묵으로 유도시킬 수 있음을 보여주었다. siRNA는 보통 21개의 뉴클레오타이드의 짧은 dsRNA로 두 뉴클레오타이드의 3′ 양쪽에 돌출부분을 가지고 있다. 이러한 siRNA 구조는 다이서(dicer)라고 부르는 효소의 도움으로 긴 dsRNA나 shRNA(short hairpin RNA)에서 얻어내고 있다. 이러한 siRNA를 세포에 유입시킴으로써 인위적으로 특수한 서열을 갖는 유전자를 기능정지 (knockdown) 시킬 수 있게 되었다. 이때 siRNA는 세포에 형질전환시키거나 운반체를 통하여 주입시킨다. RNAi는 자연적인 유전자발현의 조절과정에서 자연스럽게 기능하는 메커니즘으로 알려지고 있다.

다이서는 RNaseIII부류로, dsRNA에 부착되어 짧은 간섭 RNA (siRNA) 의 22～25개의 뉴클레오타이드의 크기로 절단시키게 된다. 이렇게 얻어진 siRNA는 단백질인 RNA 유도침묵복합체 (RNA-induced silencing complex, RISC) 에 부착하게 된다. 이 siRNA-RISC 복합체는 목표 mRNA에 부착하여 해당 mRNA를 파괴시키게 된다.

화학적으로 합성된 운반체-근거의 짧은 간섭RNA (siRNA) 는, 특수한 그리고 선택된 유전자를 세포나 동물모델에서 침묵시킬 수 있다. 그동안 많은 연구자들은 siRNA를 사람의 신체에 높은 선택성과 효율로 주입시키려는 많은 시도를 하게 되었다.

이제 RNAi는 발암성유전자 또는 사람에서 악성종양으로 발현되는 유전자를 억제시키는 혁명적인 도구로 받아들여지고 있다. 또 이 방법은 유기체가 어떤 기능을 갖는 단백질을 만드는가를 확인하기 위하여, 특정 유전자의 기능을 정지시키는 가장 발전된 방법으로 정착되고 있다.

이 기술의 대표적인 성공의 사례로, 바이타민 K의 대사에 관여되는 효소 중의 하나의 유전자를 찾아낼 수 있었다. 그동안 바이타민 K 에폭사이드 환원효소 (vitamin K epoxide reductase, VKOR) 는 항혈전치료제로 널리 조제되어 사용되는 치료용 효소이었다. 이 효소는 이미 40년 전에 알려졌으며, 그동안 사람의 염색체에서 그 위치를 알아보려는 시도를 하였으나 성공하지 못하고 있었다. 근래에 RNAi를 사용하여 효소의 유전자가 확인되었고, 손쉽게 정제가 가능하게 되어, 수십 년 동안 이를 연구해온 연구자들의 획기적인 연구성과로 평가되고 있다.

현재 의학분야의 기초연구자들은 RNAi를 사용한 유전자확인연구의 응용가능성에 대하여 대단히 고무적이다. 최근 집중적인 연구의 결과로서 병의 원인이 되는 돌연변이 대립유전자를 RNAi의 특이성을 이용한, 정확한 dsRNA서열을 활용하여 다이서 효소로서, 그 기능을 정지시킬 수 있게 되었다. 치료의 측면에서 RNAi는 이론적으로 어떤 질병관련 유전자들을 RNAi-사용유전자 기능정지방법을 제한 없이 사용하여 시도해 볼 수 있게 되었다. RNAi는 발암성유전자의 기능정지에 상당히 큰 장점을 가지고 있다. 따라서 암으로 발전되는 유전자 (암세포발생, 암의 전이 그리고 혈관형성) 들이 RNAi의 좋은 목표가 될 수 있다. 또 이러한 운반체의 활용은 다른 질병의 치료연구에도 사용이 가능하며, 이러한 과정은 복합적인 변이체로 짧은 dsRNA, 또는 머리핀 RNAs, miRNAs, shRNA (short hairpin RNA) , siRNA 등을 사용한 다양한 응용가능성이 열려 있다.

단원요약

1. RNA중합효소는 DNA를 주형으로 RNA가닥의 합성을 촉매시킨다. 대장균의 RNA중합효소에서 DNA주형에 부착하는 소단위체는 β'-소단위체이며, 촉매활성부위는 β-소단위체에 놓여 있다. RNA합성의 개시를 지시하는 σ-인자는 DNA사슬의 특수한 증진자의 위치에서 한 가닥의 DNA가 전사되는 비대칭전사를 하게 된다. 효모의 RNA중합효소 II는 12개의 소단위체를 갖는다.

2. 전사의 시작은 꼬여진 DNA를 회전시켜 가닥을 풀면서 전사버블을 만들고, DNA중합효소에서와는 달리 주형이 없이 DNA의 특정한 증진자지역에서 전사가 시작되며, 정해진 유전자순서의 끝에서 종결된다. 증진자지역은 RNA중합효소가 인식하는 특수한 염기서열을 가지며, σ-인자는 증진자지역을 확인하고 DNA의 두 가닥을 풀리게 한다. 원핵세포에서 증진자 지역의 염기순서에서 −10과 −35중간의 여섯 개의 염기쌍이 중요하며, 수많은 증진자들은 공통적인 염기순서를 갖는다.

3. 전사의 종결은 ρ-인자에 의해서 수행되고, DNA주형에서 생성된 RNA를 배출시키는 기능을 한다. ρ-단백질은 ATP를 가수분해시키고, RNA-DNA 혼성나선을 파괴시킨다.

4. 진핵세포에는 세 개의 다른 중합효소가 존재한다. RNA 중합효소 I은 핵소체에 있으며, II, III은 핵질에 존재한다. 중합효소 IV는 내부마이토콘드리아막에 위치한다. 모두 개시인자로 σ-인자 같은 개시인자가 관여하며, 진

핵세포에서는 전사종결부위가 별도로 없다.

5. 대장균에서 전사의 조절은 증진자가 −10지점의 여섯 개의 서열인 프립노우상자(Pribnow box)가 되며, 염기서열은 TATAAT이다. 진핵세포의 구조유전자는 전사개시지역의 위쪽의 GGGCGG의 서열을 갖거나, 또 GC상자의 서열을 한 개나 그 이상 갖게 된다. AT가 풍부한 전사개시지역에서 25∼30 염기쌍이 떨어진 지역에 TATA상자가 있다. 또 진핵세포는 −70과 −90 사이에 CCAAT (CAT상자) 서열을 갖는다.

6. 증진자와는 달리 증강인자는 증진자와 연계하여 작용하고 있다. 증강인자는 특정지역에서 선택적으로 발현되는 유전자와 관계가 있다. 전사활성인자는 진핵세포에서 특정유전자를 선택적으로 발현시킬 수 있는 능력을 갖는다. TATA결합단백질 (TBP) 는 TATA상자에 결합하여 전사개시지역을 탐색하는 기능을 한다. 효모전사체계에서 다중단백질집합체로 구성된 중개인자에 의해서 특수전사 활성인자의 긍정적 또는 부정적인 신호를 RNA중합효소와 전사활성인자에 보내는 역할을 한다.

7. RNA전사 후 가공처리는 진핵세포와 원핵세포에서 다른 방법으로 진행된다. 진핵성 mRNA는 5′-뉴클레오타이드에 7-메틸구아노신의 켑을 만들게 된다. 그리고 mRNA의 3′말단에 폴리 A꼬리를 만들어 mRNA를 보호하게 된다.

8. 진핵세포의 유전자에는 발현서열 (exon) 과 발현되지 않은 개재서열 (intron) 이 수없이 교차하여 나타난다. 성숙된 mRNA는 이어맞추기과정을 통하여 얻어지며, 라이보솜에 운반되어 단백질을 합성하게 된다. 진핵생물의 발현서열과 개재서열의 접합부는 공통적으로 5′ 경계지점에 GU가 있고 3′쪽에 AG가 있다. 이때 이어맞추기는 약 45S의 스플라이스오솜입자에서 snRNA의 중재로 일어난다. 원핵세포의 구조유전자에는 개재서열이 거의 없다.

9. 대장균에서 라이보솜 RNA의 가공처리에는 내부핵산가수분해효소인 RNaseIII, P 그리고 F가 관여된다. 특수한 RNaseIV, RNaseP는 메틸화반응으로 메틸라이보스를 만들고, 일부 2-메틸구아닌과 N^6,N^6다이메틸아데닌이 만들어진다. 일부 진핵성 rRNA유전자가 개재서열을 가지며, 자기이어맞추기를 통하여 가공된다. 이러한 이어맞추기 과정에서 섬모충에서 RNA가 효소로 기능하고 있다.

10. 대장균에서 전달RNA의 가공처리과정에서 5′-말단을 RNaseP가 절단시킨다. 진핵세포에서 tRNA의 가공처리과정에서 여분의 뉴클레오타이드가 제거되고, 3′-OH말단에 -CCA를 첨가시키게 된다. 이렇게 합성된 tRNA는 tRNA변형효소들에 의해서 변형된다.

11. mRNA의 염기순서는 단백질합성과정에서 정확한 아미노산들을 순서에 따라 도입시켜 폴리펩타이드를 만들게 되며, 이때 코돈은 mRNA에서 세 개의 연속된 뉴클레오타이드가 한 개의 아미노산을 코드하게 된다. 코돈에서 대부분 같은 아미노산을 지정하는 코돈들은 세 번째 염기에서만 다르다. 64개의 가능한 코돈 중에서 개시코돈으로 AUG, 종결코돈으로 UAA, UAG, UGA가 있다. 코돈에서 세 번째 위치에 퓨린이나 피리미딘이 올 수 있으며, 이를 동요 (wobble) 라고 한다.

12. 전달RNA에 정확한 아미노산을 전달하기 위하여 특이성이 강한 아미노아실-tRNA합성효소가 아미노산을 해당하는 tRNA에 부착시키는 반응을 촉매하게 된다. 아미노아실 tRNA합성효소는 특수한 아미노산을 인식하는 부위와 또 특수한 tRNA를 인식하는 두 가지 부위를 가진다.

13. 라이보솜은 세포에서 단백질을 합성하는 가장 큰 분자의 복합체인 라이보핵단백질이다. 그 구성은 원핵세포에서는 30S와 50S의 두 단위체가 한 개 70S의 완성된 라이보솜을 만들게 되며, 진핵세포에서는 40S와 60S가 합쳐져 80S 라이보솜을 완성한다. 라이보솜에는 세 곳의 다른 tRNA들과의 결합부위를 가진다. 들어오는 tRNA를 받아들이는 아미노아실부위를 A라 하고, 펩타이드사슬에 결합되는 tRNA가 차지하는 P자리 그리고 탈아실화된 tRNA에 결합된 출구부위 E를 갖게 된다.

14. 유전정보 DNA는 전사과정에 의해서 RNA로, 다음 번역과정에 의해서 단백질로 이동된다. 단백질의 라이보솜에서 합성은 4단계: 1. 합성의 개시, 2. 펩타이드의 연장단계 3. 종결단계 그리고 4. 번역 후 변형단계를 거치게 된다. 대장균에서 단백질합성의 개시는 mRNA가 IF3 그리고 30S 라이보솜 소단위체와 mRNA-30S-IF3의 복합체를 형성하게 되며, 다음 f-Met-tRNA와 GTP가 부착되고, 최종적으로 f-Met-tRNA-mRNA가 70S 라이보솜과 복합체를 만들게 되며, 이때 mRNA의 개시코돈 5′-AUG는 샤인-달가노 염기순서에 의해서 정확한 위치로 안내시키는 역할을 수행한다.

15. 단백질합성의 연장단계에서는 1. 코돈의 지시에 따라 새로운 아미노아실-tRNA를 70S 라이보솜에 부착시킨다. 2. P지역에 부착된 tRNA펩타이드 잔기가 A지역에 새로 들어온 아미노아실-tRNA에 이동하여 새로운 펩타

이드를 형성한다. 3. 70S 라이보솜에서 새로이 만들어진 펩타이드는 mRNA에 붙은 상태로 mRNA가 5′-3′방향으로 움직임에 따라 P지역으로 이동하여 연장단계를 진행시킨다.

16. 단백질합성의 종결방법은: 1. mRNA에서 종결신호를 확인하게 된다. 2. 만들어진 펩타이드를 배출하기 위하여 최종 펩타이드 tRNA의 에스터결합을 가수분해시킨다. 3. 70S 라이보솜은 30S와 50S의 단위체로 분해되어 번역이 종결된다. 종결코돈은 UAA, UAG, UGA이다.

17. 새로운 펩타이드가 합성되면 실제로 기능할 수 있도록 입체모양으로 접히는 과정이 필요하며, 아미노산의 변형 또는 전구상태로 합성된 경우 일부의 제거로 기능할 수 있도록 변형되어야 한다.

18. 합성과정에서 잘못되거나 기능이 쇠퇴한 단백질은 N-말단 잔기의 구성에 따라 단백질 파괴의 시기가 정해진다. 유비퀴틴은 파괴시킬 단백질에 부착되어 프로테오솜으로 이동시키고, 단백질가수분해효소들의 작용으로 단백질이 파괴된다.

19. 모든 mRNA전사체를 확인하고, 어떤 유전자가 활동적인지를 확인하는 방법으로 DNA초미세배열판(DNA칩) 이 고안되었다. 특정지역에서 얻은 DNA를 작은 단위로 절단하여 정밀한 배열로 부착한 DNA칩을 만든다. 종양세포의 mRNA를 분리하고 형광으로 표지한 다음, DNA와 혼성화시킨다. 형광의 세기로 특정유전자의 집중발현을 확인할 수 있다. 이 방법으로 특정질병의 원인을 효과적으로 규명하고, 기능하는 유전자를 탐색할 수 있게 되었다.

20. DNA의 양이나 유전자의 수는 개체의 복잡성과 대체로 일치한다. 대장균의 유전체가 4,300개이고, 사람은 26,383개로 판명되었다. 사람의 유전자에서 실제로 1.4%의 단백질만을 암호화시키고 있다. 사람의 유전체에서는 예측했던 것보다 많은 선택적 이어맞추기가 일어나고 있으며, 유전자들을 기능적으로 분류하였을 때 아직 40% 정도가 그 기능이 아직 알려지지 않고 있다. 인간의 유전자와 같은 많은 유전자가 효모나 생쥐에서 발견되고 있고, 특정유전자의 기능을 정지시킨 녹아웃 쥐를 10,000개 이상 만들게 되었다. 앞으로 유전자들의 기능을 모두 밝혀내게 되면, 많은 질병의 발생원인을 확인하고 치유방법을 알 수 있게 될 것이다.

21. 인간과 인간 사이의 DNA서열의 차이를 단일염기다양성(SNPs)이라고 하며, 질병에 따른 감수성이나, 약물에 대한 부작용의 민감성 등이 관련되고 있다. 생물체가 복잡해질수록 비전사부위가 많으며, 사람의 유전자에서 98%가 비전사부위를 갖는다. 이들 대부분이 고반복서열을 갖는다. 사람이 종족에 따라 반복횟수가 다르며, 반복횟수는 DNA제공자를 확인하는 수단이 되기 도 한다.

22. 유전정보의 발현의 조절은 주로 전사과정에서 일어난다. RNA가공처리 과정에서 선택적인 이어맞추기, 5′-캡화 그리고 3′에 꼬리부착 등에 의해 조절된다. 증진자와 일반적인 전사인자, 염색질 재모델화 등 복합적으로 작용하여 전사조절이 이루어진다. 이러한 복잡하고 정교한 생명현상을 연구하는 계통생물학(system biology)이 새로운 분야로 대두되고 있다.

23. 원핵세포의 유전자는 전사수준에서 조절되며, 여러 개의 유전자의 전사가 한꺼번에 일어나는 것은 변하는 환경에 빠르게 대처하기 위해서다. 락토스를 먹이로 쓸 때 필요한 β-갈락토시데이스의 발현조절에서 효소는 유발에 의해서 합성의 속도가 증가된다. 이 과정은 β-갈락토시데이스의 유도인자가 만들어지면 유도인자는 억제자에 부착되어 작동유전자에서 억제자가 떨어지게 하고, 증진자가 효소의 유전자에 붙어 많은 효소를 만들게 된다. 트립토판이 대량존재 시 트립오페론으로 발현을 억제하게 한다. 트립오페론에서 조기 종결되도록 하는 감쇠조절자가 작동된다.

24. 진핵세포에는 증진자가 필요하며, 증강인자가 전사인자에 붙어 전사의 활성화를 돕는다. 일반적인 전사인자, 초기 개시복합체를 만들고, 일반적인 전사에 관여한다. 전사인자는 부착하는 부위로 아연-포함 구성단위, 동종부위, bZIP, bHLH요소가 있으며, 또 전사-활성부위들이 있다. 전사인자는 매우 특이하게 다양한 종류의 유전자를 다양한 방식으로 조절한다. 또 염색질 재모델화에 의한 전사조절도 수행되고 있다. 이 중의 하나로 히스톤의 아세틸화를 통하여 전사인자가 쉽게 접근하여 전사가 활성화되는 조절방법도 알려지고 있다. siRNA의 저분자 RNA들이 상보적인 mRNA에 결합하여 유전자가 발현을 간섭하는 조절방법의 연구가 최근 각광을 받고 있다.

25. 암은 어떤 원인으로 원발암성유전자가 발암성유전자로 활성화되어 세포의 성장의 조절기능이 상실된 상태이다. 암의 발생원인을 요약하면, 1. 원발암성유전자가 대부분 관여하는 세포성장 신호전달체계의 파괴로 조절이 불가능하게 되거나; 2. 암억제유전자(p53) 등의 기능이 상실된 상태; 3. 필요에 따라 세포가 사멸되는 체계가 중단된 상태; 4. 세포주기의 오류로 유전자의 수선이 안 되는 경우 등의 이유로 정상세포가 암세포로 발전하게 된다.

어휘

감쇠조절자 (attenuator)
개재서열 (intron, intervening sequence)
검색점 (check point)
계통생물학 (systems biology)
고반복서열 (highly repetitive sequence)
고아유전자 (orphan gene)
단백질전구체 (preprotein)
단백질체학 (proteomics)
단일염기다양성 (single polymorphism. SNPs)
대칭전사 (symmetric transcricption)
동요 (wobble)
DNA초미세배열판 (DNA chip)
lac 억제자 (lac repressor)
로인자 (ρ-factor)
무의미코돈 (nonsense codon)
발암성유전자 (oncogene)
발현서열 (exon)
보조인자 (corepressor)
비대칭전사 (asymmetrical transcription)
사이클린 (cyclin)
상류전사인자 (upstream transcription factor)
샤인-달가노 염기순서 (Shine-Dalgarno sequence)
세포사멸 (apoptosis, programmed cell death)
선도서열 (leading sequence)
선택적 이어맞추기 (alternative splicing)
스플라이스오솜 (spliceosome)
시그마인자 (σ-factor)
신호인식입자 (signal recognition particle, SRP)
α-아미니틴 (α-aminitin)
암억제유전자 (tumor suppressor gene, p53)
RNA간섭 (RNA interference, RNAi)
억제자 (repressor)
열린 해독틀 (open reading frame)
염색질 재모델화 (chromatin remodeling)
오페론 (operon)
원발암성유전자 (proto-oncogene)
위성 DNA (satellite DNA)
유도인자 (inducer)
유비퀴틴화 (ubiquitination)
유전자집단 (gene cluster)
이어맞추기 (splicing)
인헨소솜 (enhanceosome)
작동유전자 (operator)
전구효소 (proenzyme)
전단백전구물질 (preproprotein)
전사버블 (transcription bubble)
전사활성인자 (transcription activator)
접힘 (folding)
종결코돈 (terminating codon)
중개인자 (mediator)
증강인자 (enhancer)
짧은 간섭RNA (small interfering RNA, siRNA)
TATA결합단백질 (TATA-binding protein, TBP)
TATA상자 (TATA box)
트랜스로콘 (translocon)
퓨로마이신 (puromycin)
프로테옴 (proteome)
프로테오솜 (proteosome)
프립노우상자 (Pribnow box)
핵수용체초가족 (nuclear receptor superfamily)
홀몬반응요소 (hormone response element, HRE)
히스톤코드 (histone code)

참고문헌

DNA복제

Bell, D. P. and Dutta, A. 2002. DNA replication in eukaryotic cells, Annu. Rev. Biochem. 71, 333.
Hubscher, U., Maga, G., and Spadari, S., 2002. Eukaryotic DNA polymerase. Annu. Rev. Biochem. 71, 133.
Blackburn, E.H., 2000. Telomere states and cell fates, Nature 408, 53.

RNA중합효소

Kadonaga, K. T., 2003. The RNA polymerase II core promoter, Annu. Rev. Biochem. 72, 449.

Shilatifard, A., Conway, R.C., and Conway, J. W. 2003. The RNA polymerase II elongation complex. Annu. Rev. Biochem. 72, 693.

Benkovic, S. J., Valentine, A. M. and Saline, F. 2001. Replisome-mediated DNA replication. Annu. Rev. Biochem. 70, 181.

Kool, E. T. 2002. Active site tightness and substrate fit in DNA replication. Annu. Rev. Biochem. 71, 191.

RNA가공처리

Frank, D. N., and Pace, N. R., 1998. Ribonuclease P. : Unity and diversity in a tRNA processing ribozyme, Annu. Rev. Biochem. 67, 153.

Black, D. L. 2003. Mechanism of alternative pre-messenger RNA splicing, Annu. Rev. Biocem. 72, 291

Proudfood, N. J. Furger, A., and Dye, M. J. 2002. Integrating mRNA processing with transcription, Cell 108, 501.

Proudfoot, N. J., Furger, A., and Dye, M. J., 2002. Integrating mRNA processing with transcription, Cell 108, 501.

유전암호

Knight, R.D., Freedland, S. J., and Landweber, L. F., 1999. Selection, history and chemistry; the three faces of the genetic code, Trends Biochem. Sci. 24, 241

전달RNA와 아미노아실화

Ibba, M., Becker, H. D., Stathopoulos, C., Tumbula, D. L., and Soll, D., 1999. The adaptor hypothesis revisited. Trends Biochem. Sci. 25, 311.

발현의 조절

Hannon, G. J. 2002. RNA Interference. Nature 418, 244.

Nikolova, D. and Toncheva, D. 2008. RNA Interference-Regulation and Application in Oncology. J. Cancer Mole. 4, 67.

DNA 수선

Sansar, A., Lindsey-Bolz, L. A., Unsal-Kacmaz, K., and Linn, S., 2004. Molecular mechanisms of mammalian DNA repiar and the DNA damage checkpoint, Ann. Rev. Biochem. 73, 39.

Goodman, M. F. 2002. Error-prone repair DNA polymerase in prokaryotes and eukaryotes. Annu. Rev. Biochem. 71, 17.

Modrich, P. and Lahue, R. 1996. Mismatch repair in replication fidelity, genetic recombination, and cancer biology. Annu. Rev. Biochem. 65, 101.

라이보솜과 번역

Moore, P. B., and Steitz, T. A., 2003. The structural basis of large ribosomal subunit function, Annu. Rev. Biochem. 72, 813.

번역 후 가공처리

Hartl, F.U. and Hayer-hartl, M., 2002. Molecular chaperons in the cytosol: from nascent chain to folded protein, Sceince 295, 1852.

연습문제

1 줄기세포가 중요한 기능을 하는 다른 기관에서 다른 특수세포를 만들게 되는 과정은 어떤 조절에 의해서 수행되는가?

2 mRNA의 이어맞추기의 역할을 무엇인가?

3 아미노아실-tRNA합성효소는 많은 효소들 중에서 가장 정밀한 기능을 수행하는 것으로 알려지고 있다. 이 효소의 대단한 특이성은 어떤 방법으로 가능한가?

4 원핵세포에서 한 번에 여러 개의 유전자를 동시에 발현시키는 것은 무엇 때문인가?

5 siRNA는 어떤 기능을 가지고 있으며, 그 활용의 가능성에 관하여 설명하시오.

6 유전자에 돌연변이가 발생할 수 있는 방법을 정리해 보시오.

7 염기절단수선과 타이민 이합체의 수선에 관하여 설명하시오.

8 대장균 DNA중합효소 I이 가지고 있는 효소활성은 세 가지가 있다. 어떤 것들이 있는가?

9 유전자의 오페론에 의해서 조절되는 메커니즘을 설명하시오.

10 세 가지 진핵성 RNA중합효소에 관하여 설명하시오.

11 진핵생물의 세포추출물에서 성숙된 mRNA를 정제하기 위하여 올리고 뉴클레오타이드에 근거한 친화성 크로마토그래피 방법을 어떤 것들이 있을 수 있는가?

12 코돈이 최소한 세 개의 뉴클레오타이드로 구성된 이유를 설명하시오.

13 tRNA의 구조적인 특징은 무엇인가?

14 라이보솜에 있는 세 곳의 tRNA결합부위와 기능을 설명하시오.

15 번역의 개시, 연장 그리고 종결과정에서 GTP가 어떤 역할을 수행하는가?

16 사람의 유전자 26,383개가 확인되었다. 이미 10,000개의 유전자의 기능이 밝혀졌다. 아직 밝혀지지 않은 16,000여 개의 유전자의 기능은 어떤 방법으로 기능이 밝혀질 수 있는가?

17 RNA중합효소가 기능하기 위하여 중개자(mediator)가 하는 역할은 무엇인가?

18 진핵세포에서 mRNA의 가공처리과정을 단계별로 정리해 보시오.

19 처음 만들어진 인슐린은 어떤 전사 후 변형과정을 거치는가?

20 단백질은 N-말단의 잔기에 따라서 그 생존기간이 결정되고 있다. 단백질이 붕괴되는 과정에서 유비퀴틴의 역할 및 활성화 효소들의 메커니즘을 설명하시오.

21 세포의 성장의 신호와 발암성유전자의 관계를 설명해 보시오.

22 암의 발생원인을 정리해 보시오.

23 세포사멸과정에서 케스페이스 8의 역할을 설명하시오.

24 효소 중에서 그 기능이 정교하고 특이성이 높은 효소가 유전정보의 이동과정에 관여되고 있다. 어떤 효소이며, 그 이유를 설명하시오.

25 라이보솜은 왜 S값으로 표시하며, 두 개의 라이보솜을 회합시켰을 때 왜 두 개의 S값을 더할 수 없는가?

26 진핵세포와 원핵세포에서 단백질합성의 개시과정의 차이점은 무엇인가?

27 DNA초미세배열판(DNA칩)을 활용하여 얻어낼 수 있는 정보는 무엇이며, 의학분야에서 어떠한 용도로 사용될 수 있는가?

수영은 최단 시간에 엄청난 에너지를 필요로 하는 운동이다. 수영 경기를 하는 동안 근육은 혐기성 해당작용을 통하여 공급되는 엄청난 양의 자유에너지 ATP를 사용하게 된다.

Chapter 6

탄수화물 및 글루코스의 분해

6.1 탄수화물의 구조

6.1.1 소개

탄수화물은 세포에서 구조적인 성분으로 기능할 뿐만 아니라 에너지를 화학적으로 보관하는 중요한 생체분자가 된다. 구조적인 기능으로서의 탄수화물은 식물세포의 막을 구성하는 셀룰로스가 있고, 에너지 저장형태의 탄수화물로는 전분, 글라이코젠, 다당류 등이 있다. 근래에 와서 세포내외부에 관한 더 많은 지식들이 축적되면서, 특히 당단백질의 기능과 세포와 단백질 사이 인식의 기능 등에서 탄수화물의 역할을 이해하려는 더욱 중요한 생화학의 과제들이 나타나고 있다.

탄수화물 (carbohydrate) 은 폴리하이드록시 알데하이드와 케톤 또는 가수분해에 의해서 이들 성분 중의 하나를 배출하는 물질로 정의된다. 실험식은 $(CH_2O)_n$으로 나타내며, 이때 n은 3 이상의 숫자를 갖게 된다. 보통 탄수화물은 세 개의 주된 그룹으로 분류한다. 가수분해하여 그 이상 단당체를 만들지 못하는 한 개의 당을 **단당체 (monosaccharide)** 라 하고, 가장 간단한 당은 트리오스 (triose) 로 알도스 (aldose) 형태의 글리셀알데하이드 (glyceraldehyde) 와 케토스 (ketose) 형태의 다이하이드록시아세톤 (dihydroxyacetone) 이 있다. 단당체는 기능그룹이 어떤 것인지, 또 탄소의 수가 몇 개인지에 따라 여러 종류로 구분된다.

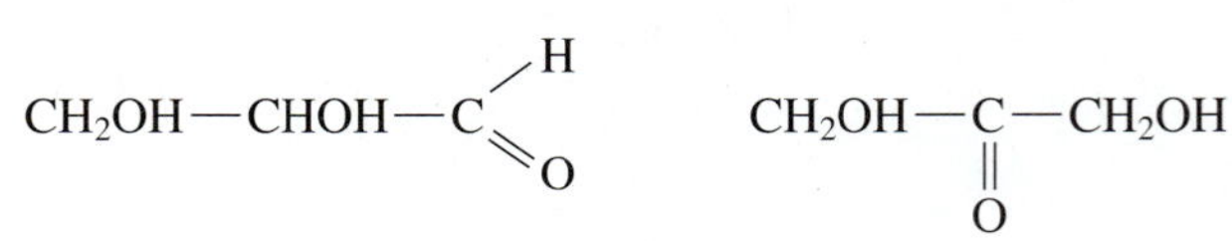

글리셀알데하이드 다이하이드록시아세톤

가수분해하여 두 개에서 여섯 개의 단당체를 포함하는 화합물을 **올리고당 (oligosaccharide)** 이라고 한다. 여기서 이당체 (disaccharide) 는 두 개의 단당류로 만들어지는 올리고당이다. 대부분의 단당체와 올리고당은 물에 잘 녹고, 단맛을 가지고 있다. 반면에 다당체는 긴 사슬의 단당체의 중합체로 긴 사슬이거나 또는 곁사슬이 있는 구조를 갖는다. 두 개 이상의 서로 다른 단당체가 중합된 화합물을 **헤테로다당체 (heteropolysaccharide)** 라 한다. 글라이코사이드결합으로 다당체를 만드는 단당체들로는 글루코스 (glucose) , 자일로스 (xylose), 아라비노스 (arabinose) 들이 있다. 다당체는 높은 분자량을 가지고 물에 거의 녹지 않으며, 맛이 없는 것이 일반적인 특징이다.

6.1.2 입체이성질체의 화학

탄수화물은 유기화합물 중에서 구조적으로 가장 대표적인 입체이성질체이다. 이성화현상에서 **구조이성질체 (structural isomer)** 는 분자식은 같으나 서로 다른 분자구조를 갖는 두 화합물을 말한다. 한편 **입체이성질체 (stereoisomerism)** 는 분자식과 같은 구조를 갖지만, 공간의 원자의 배열 (configuration) 이 서로 다른 분자들을 말한다. 특히 입체이성질체는 광학이성질체 (optical isomer) 와 기하이성질체 (geometric isomer) 로 나누어진다. 기하이성질체는 시스 (cis) 와 트랜스 (trans) 쌍으로, 퓨말산과 말산이 좋은 예가 된다.

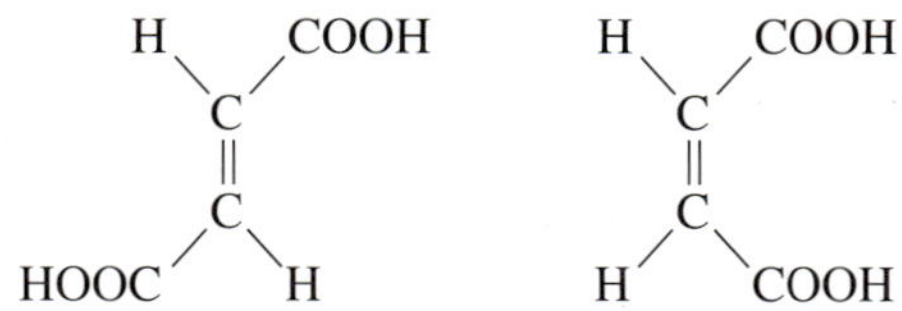

퓨말산
(트렌스)

말산
(시스)

1. 광학이성질체

탄수화물에서 보통 발견되는 이성질체의 형태가 광학이성질체이다. **광학이성질체 (optical isomer)** 는 탄수화물의 분자가 한 개나 그 이상의 비대칭 (chiral, 그리스어 cheir = hand) 또는 대칭 탄소원자를 가질 때 나타난다. 입체이성은 반트 호프 (van't Hoff) 와 르벨 (LeBel) 에 의해서 사면체 (tetrahederal) 의 중심에 있는 탄소원자의 구조의 소개로 널리 알려지게 되었다.

탄소원자를 포함하는 화합물의 상당수가 삼각추 (tetrahedron) 의 중심에 탄소의 핵이 놓이고, 네 모서리에 네 개의 공유결합 또는 결합이 삼각추의 네 모서리까지 연장된 모양을 갖게 된다.

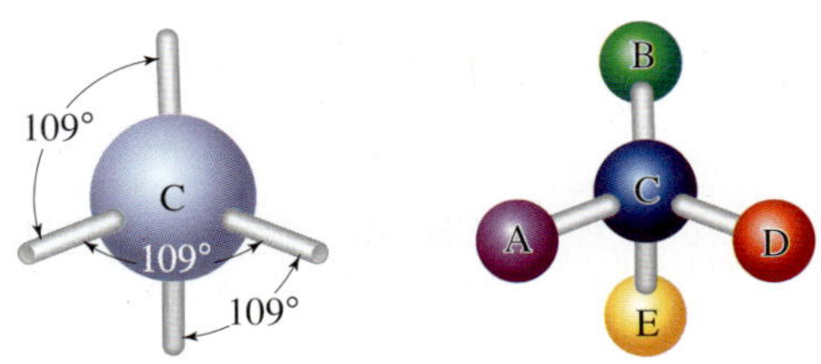

만약에 네 개의 다른 그룹이 결합에서 중앙의 탄소원자인비대칭탄소 (중심) 에 연결된다면 네 개의 그룹은 공간에서 두 개의 다른 방법으로 배치된다. 이때 이 두 개의 화합물은 분명히 서로 다르고, 포개지지 않게 된다. 마치 오른손과 왼손의 관계처럼, 화합물은 거울상에 서로 대칭이 되게 나타나며, 이를 **거울상이성질체 (enantiomer)** 의 쌍이라고 한다.

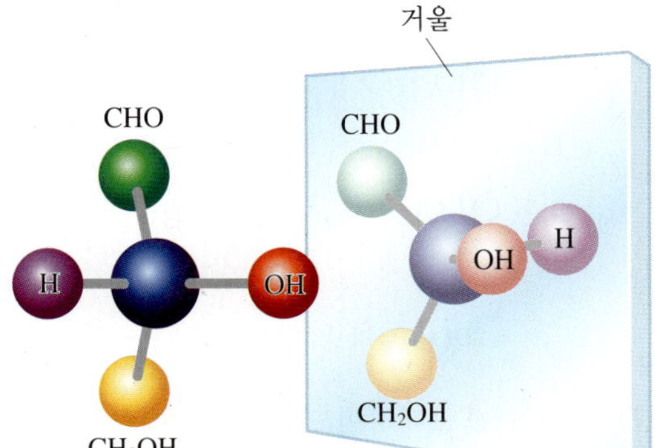

공-막대 그림

거울상이성질체에서 두 쌍의 화합물의 성질은 거의 동일하다. 같은 비점, 융점 또 여러 용매에 같은 용해도를 가진다. 그러나 광학활성에서 유일하게 서로 다른 성질을 갖는다. 거울상이성질체 중에서 하나는 편광의 면에 시계방향으로 회전하기 때문에 **우선성 (dextrorotatory)** 이 된다. 또 거울상이성질체는 편광의 면에 정확하게 같은 정도로 회전하지만 반대방향, 즉 시계반대방향으로 회전한다. 이 이성질체를 **좌선성 (levorotatory)** 이라고 한다. 비대칭중심을 갖는다고 모든 화합물이 꼭 비대칭하고 또 광학활성을 나타내는 것은 아니다. 대부분의 탄수화물은 두 개 또는 그 이상의 비대칭중심탄소를 갖기 때문에 이성질체의 구조적인 상관관계를 표시할 필요가 있다.

2. D-글리셀알데하이드를 기준 화합물

탄수화물에는 많은 광학이성질체가 존재하기 때문에 어떤 기준화합물을 정할 필요가 있다. 대칭탄소를 가진 가장 간단한 단당체의 비교기준 화합물로서 삼탄당(triose)인 글리세로스 또는 글리셀알데하이드로 정하고 있다. 비대칭탄소를 가지고 있으므로 두 개의 광학활성형 화합물이 존재한다. 이들을 세 가지 표시 방법으로 아래와 같이 나타낸다.

피셔구조

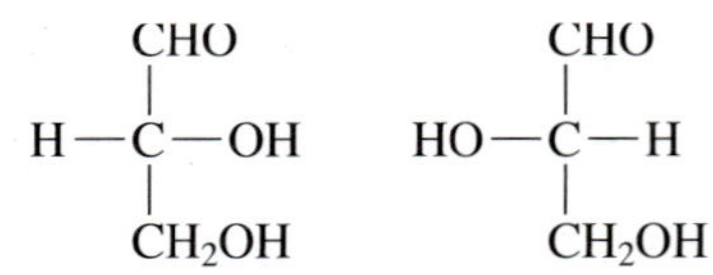

공-막대 그림

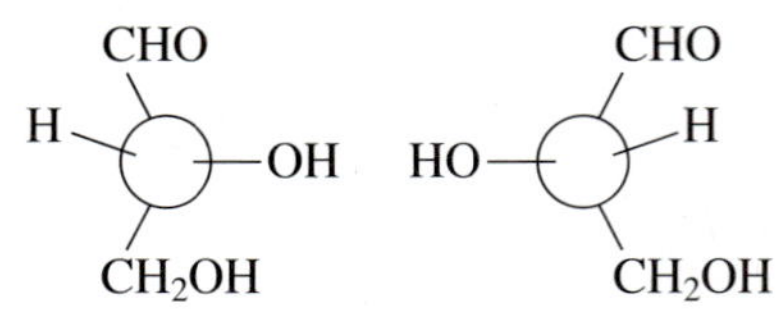

투시도

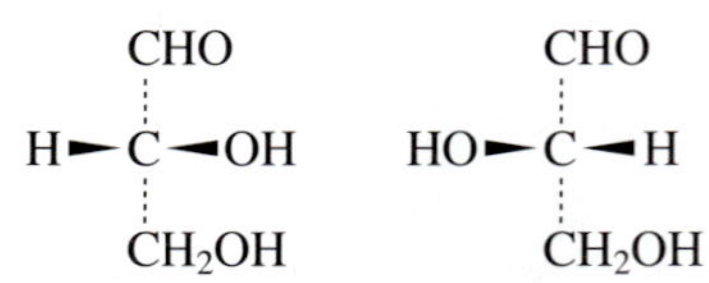

이 두 형태의 화합물들은 거울상이성질체로 서로 관련되고 있다. 광학이성질체로 빛을 시계방향으로 회전시키는 광학활성화합물은 (+)로 나타내며, 이는 우선성이라고 한다. 편광의 회전과는 상관없이 글리셀알데하이드의 구조적 상관관계를 나타내는 기호로 D와 L을 사용하기로 한다.

피셔(Fisher) 구조에서 기준 화합물 글리셀알데하이드의 —OH그룹이 오른쪽에 있으면 이를 D(왼쪽에 있으면 L)라 하고, 화합물의 명칭 앞에 표기하기로 한다. 따라서 이러한 형태의 광학 활성 화합물은 "D(+)-글리셀알데하이드"로 표시하기로 정하고 있다.

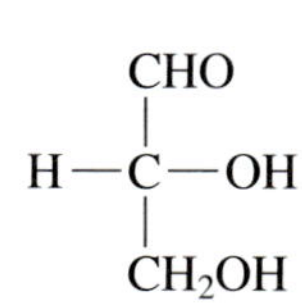

피셔구조

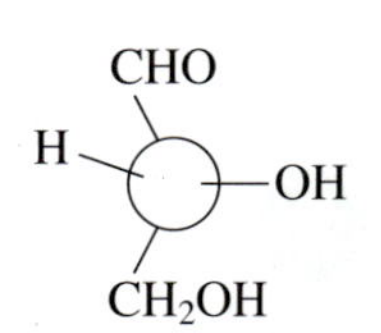

공-막대 그림

D(+)-글리셀알데하이드

표준화합물로 정한 D(+)-글리셀알데하이드는 생화학에서 등장하는 모든 탄수화물뿐만 아니라, 하이드록시아미노산의 기준화합물로도 중요한 역할을 하게 되었다.

대칭탄소원자의 수가 증가하면 탄수화물분자에서 광학이성질체의 수도 증가하게 된다. 반트 호프는 비대칭탄소원자의 수를 n이라 할 때, 가능한 광학이성질체의 수를 나타내는 식으로 2^n을 얻게 되었다. 그래서 트리오스는 $n = 1$이므로 두 개의 이성질체가 가능하고, 알도헥소스의 경우 네 개의 대칭탄소를 가지므로 16개의 광학이성질체가 존재한다. 아랫부분(두 번째 탄소)이 D-글리셀알데하이드와 같은 모양을 가지면 D-당(sugar)이고, D-글리셀알데하이드와 관련되는 여덟 개의 화합물을, 관련된 사탄당(tetrose)과 오

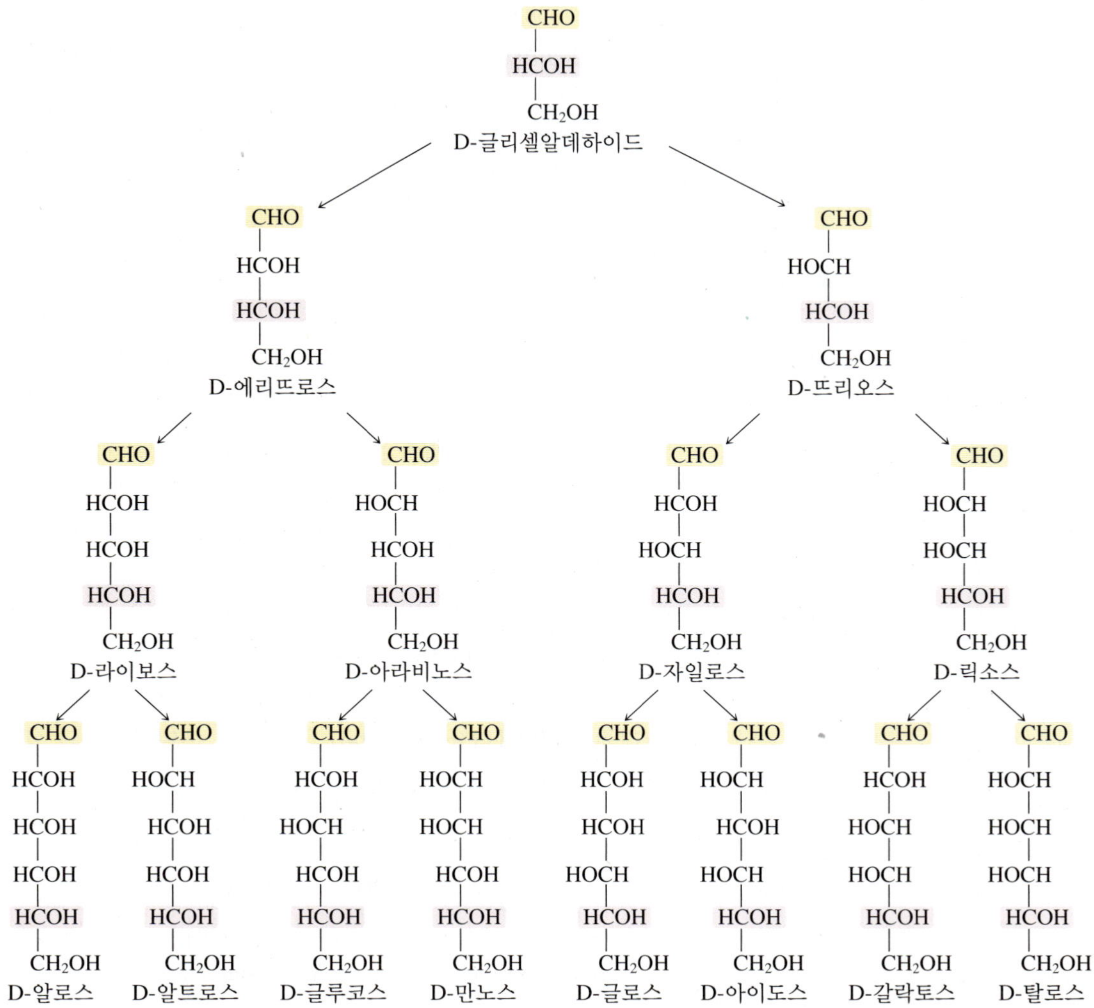

그림 6-1 삼탄당, 사탄당, 오탄당, 육탄당의 D-알도스의 화학구조. D-알도스는 알데하이드그룹을 가지며(노란색), 알데하이드그룹에서 제일 멀리 떨어져 있는 탄소는 D-글리셀알데하이드의 대칭탄소 (핑크색) 가 된다.

탄당 (pentose) 의 구조와 같이 그림 6-1에 보여주고 있다. D-프럭토스와 같은 케토헥소스의 경우 $n = 8$이므로 여덟 개의 가능한 이성질체들이 존재한다.

세 개의 알도헥소스는 입체이성질체이고, 또한 특수한 광학이성질체이다. 셋 중의 하나가 다른 두 개와 서로 거울상이성질체가 아니므로 그들은 **부분입체이성질체 (diastereomer)** 로 관련되고 있다. 만약 두 광학이성질체가 거울상이성질체가 아니면 그들은 부분입체이성질체의 관계를 가진다. 이러한 부분입체이성질체들은 서로 다른 화학

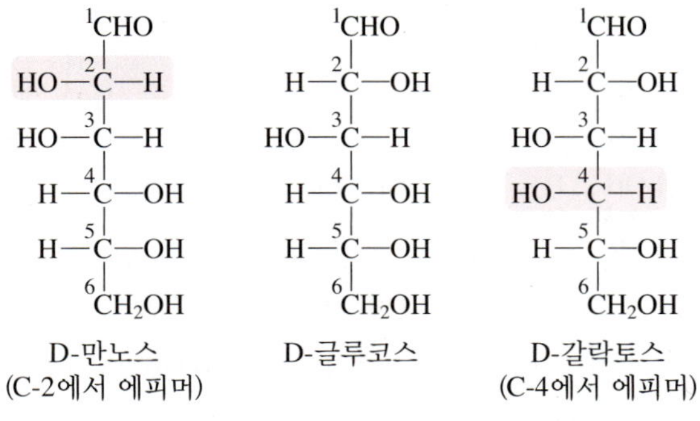

그림 6-2 육탄당의 에피머들. D-글루코스와 다른 두 개의 에피머를 나타내고 있으며, 각 에피머는 비대칭중심탄소(핑크색)에서 D-글루코스와 다른 구조를 갖는다.

적인 성질을 갖는다. 한 개의 비대칭탄소에서 구조가 다른 부분입체이성질체 (diastereomer)를 서로 **에피머 (epimer)** 라고 한다. D(+)-글루코스는 한 개의 대칭탄소원자에서 구조가 다르기 때문에 D(+)-만노스의 에피머가 된다. 또한 D(+)-글루코스는 D(+)-갈락토스의 에피머이다. 반면에 D(+)-만노스와 D(+)-갈락토스는 에피머의 관계는 아니다 (그림 6-2).

6.1.3 글루코스의 구조

피쉬 (Emil Fhsher)는 글루코스구조의 연구로 네 개의 대칭탄소원자의 구조를 갖는 알도헥소스와 D(+)-글리셀알데하이드 관계의 구조를 확립하게 되었다. 그림 6-3에서 D-와 L-글루코스의 투시도와 공-막대 모델의 구조를 나타내고 있다.

글루코스와 다른 알도스들은 알데하이드의 확인반응인 쉬프 (Schiff) 시험에 부정적인 결과를 나타낸다. 글루코스는 두 개의 결정형으로 존재함을 확인할 수 있었다. D-글루코스를 물에 녹였다가 결정을 얻으면 α-D-글루코스가 얻어진다. 만약 글루코스가 아세트산이나 피리딘용액에서 결정을 얻게 되면 다른 형태의 β-D-글루코스가 얻어진다. 이 두 형태의 글루코스는 **상호회전 (mutarotation)** 에 의해서 얻어지게 된다.

두 가지 형태의 글루코스의 존재가 가능한 설명으로, 알도헥소스와 다른 당은 내부적으로 반응하여 고리형 **헤미아세탈 (hemiacetal)** 을 만든다. 헤미아세탈의 형성은 알데하이드와 알콜 사이의 특징적인 반응으로 알려지고 있다.

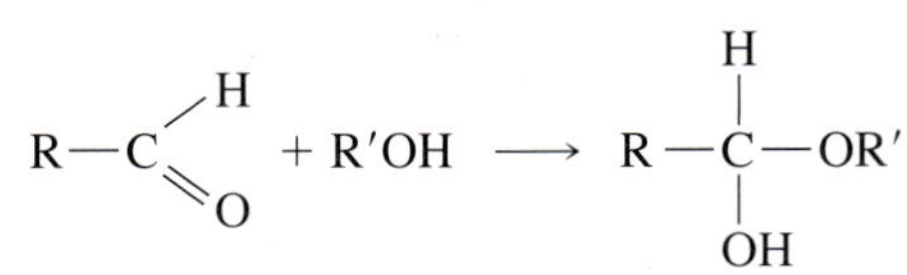

이 반응은 다섯 번째 탄소원자의 알콜성 하이드록실그룹이 탄소원자 1의 알데하이드 그룹과 근접하기 때문에 일어난다. C-5 하이드록실그룹은 반응하여 여섯원소고리의 **피란 (pyran)** 의 유도체를 만든다. 한편 다섯원소의 고리로 **퓨란 (furan)** 의 유도체가 얻어진다. 그래서 이들 화합물을 보통 **피라노스 (pyranose)** 또는 **퓨라노스 (furanose)** 단당체라고 부르고 있다.

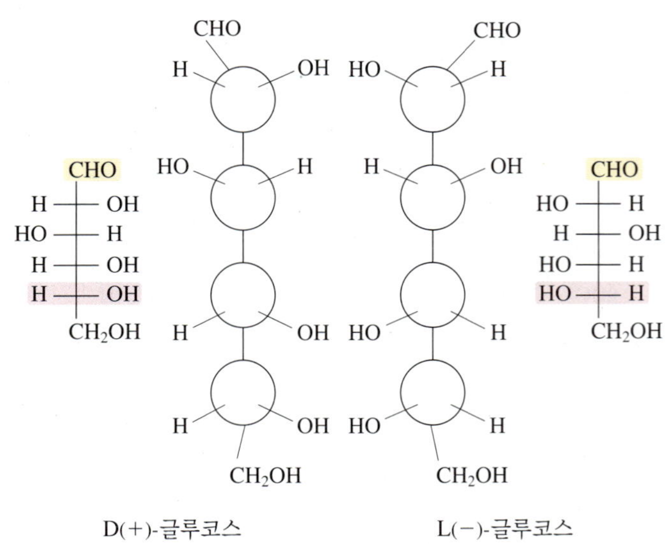

그림 6-3 D, L-글루코스의 프로젝션 및 공-막대 구조.

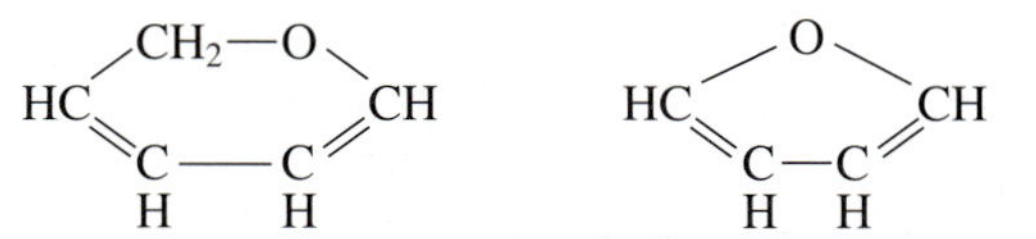

α-피란　　　퓨란

고리형 헤미아세탈의 형성과정을 그림 6-4에 나타내고 있으며, 어떻게 다음의 그림을 갖게 되는지 자세히 살펴보면 이해할 수 있을 것이다. 탄소원자 4와 5 사이의 결합은 시계반대방향으로 간단한 회전을 통하여 C-5 하이드록실그룹이 알데하이드그룹과 반응할 수 있는 위치로 이동할 수 있게 된다. 그렇게 해서 —CH_2—OH그룹은 전에 C-5의 수소가 차지하던 자리를 차지하게 된다. 이때 헤미아세탈고리가 얻어지면 C-1은 대칭탄소원자가 된다. 그래서 두 개의 부분입체이성질체 분자가 가능하다. 이들 이성질체는 α와 β형의 글루코스가 된다. 그들은 α형과 β형이 단지 헤미아세탈 탄소원자주위의 구조에서만 다르기 때문에 거울상이성질체라기보다는 부분입체이성질체이다. 더 특별하게 말하면 그들이 단지 헤미아세탈 탄소에서 구조가 다른 부분입체이성질체이기 때문에 그들은 **아노머(anomer)** 라고 한다.

영국의 화학자 하워드(W. H. Howard)는 알도헥소스의 처음 다섯 탄소와 고리의 산소원자를 종이의 평면에 직각을 이루도록 나타내는 것이 좋겠다고 제안하였다. 그래서 육

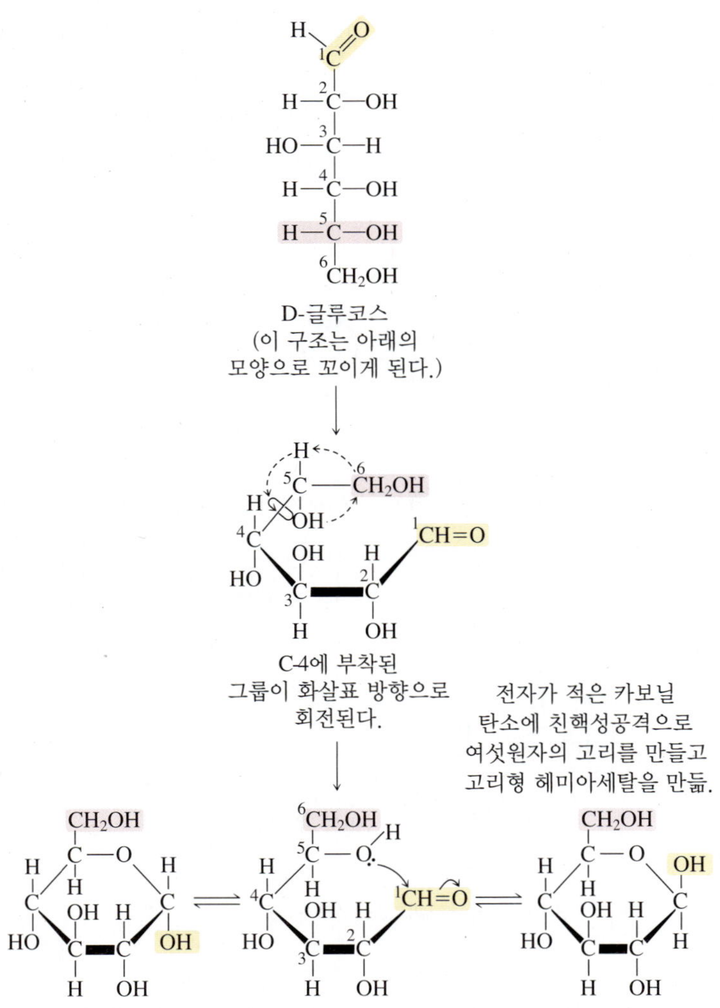

그림 6-4 헤미아세탈형의 D-글루코스의 형성. D-글루코스는 α, β 및 열린 구조의 평형상태로 존재한다.

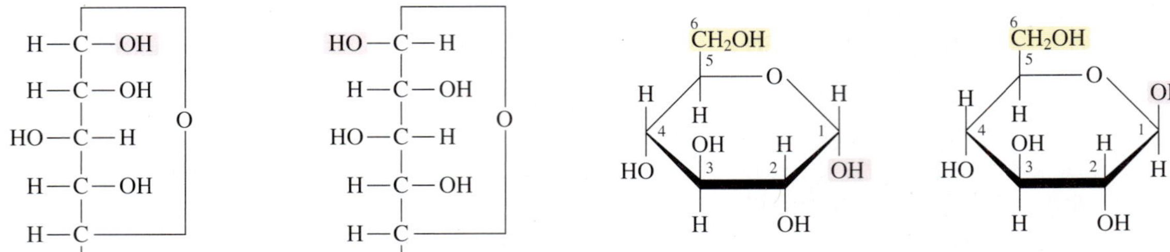

α-D-글루코스 β-D-글루코스

피쉬구조 하워드구조

■ 그림 6-5 ■ α-D(+)-글루코스와 β-D(+)-글루코스의 하워드구조를, 두 부분입체이성질체(diasteromer)의 피쉬(Fisher)구조와 비교하여 나타내었다.

각형의 한쪽, 즉 독자와 가까운 쪽은 두꺼운 선으로 나타내기로 하였다. 이렇게 그리면, 탄소원자에 치환된 물질이 육각형 평면의 위와 아래에 놓이게 표시할 수가 있다. 그래서 C-5에 치환된 여섯 번째 탄소원자는 고리의 평면의 위쪽에 위치하게 된다. 이들 부분입체이성질체를 하워드식 구조로 그려 α-D-(+)-글루코스와 β-D-(+)-글루코스로 비교해 볼 수 있다(그림 6-5). 하워드구조에서 D-헥소스와 D-펜토스의 α-아노머는 아노머의 하이드록실그룹이 평면 아래쪽에 놓여질 때이고, β-아노머는 반대로 고리의 평면 위쪽에 놓일 때가 된다. 헤미아세탈고리 (110°) C—O—C의 결합각이 사이클로헥세인고리 C—C—C의 각도(109°) 와 서로 비슷하기 때문에, 실제로 평면을 형성하기 보다는 글루코스의 피라노스의 고리는 사이클로헥세인과 같은 방법으로 약간 뒤틀려 있게 된다.

의자형 구조의 글루코스는 비틀림의 긴장을 최소화하고, 그에 더하여 최대의 큰 그룹 —OH이나—CH_2OH의 입체적 구조가 고리를 통과한 축에 대하여 수평에 놓이기를 선호하고 있다.

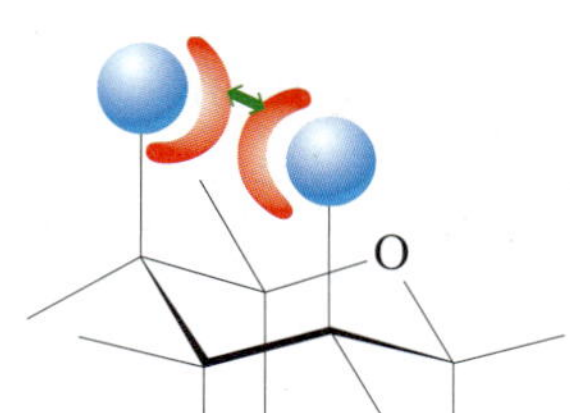

그룹 간 비틀림의 긴장 (steric hindrance)

아래 그림에서 β-D-(+)-글루코피라노스로 모든 큰 그룹이 축을 따라 수평하게 놓인 입체구조를 갖게 된다. 이 구조는 열역학적으로 —OH그룹과 —CH_2OH그룹이 대칭축에 있는 것보다 더욱 안정하다.

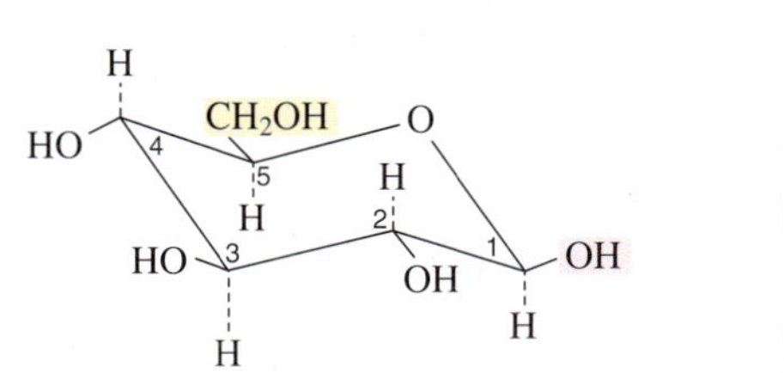

β-D(+)-글루코피라노스(의자형) 축

β-D-글루코피라노스는 아노머의 하이드록실그룹을 제외하고 모든 큰 그룹이 수평하에 놓인 입체구조를 가질 수 있다. 그리고 이 형태의 선호되는 구조는 아래처럼 나타낸다.

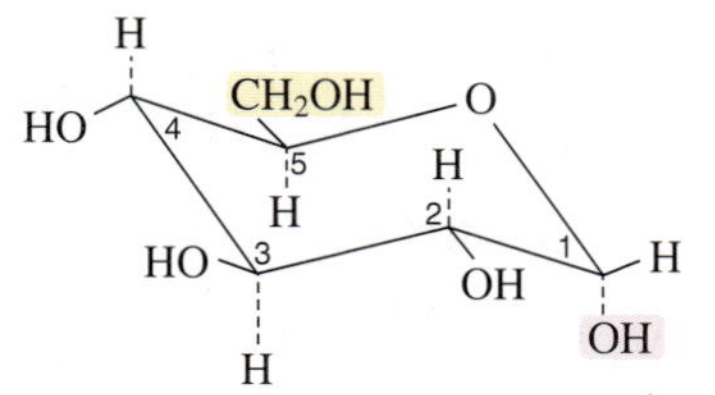

α-D(+)-글루코피라노스(의자형)

그래서 두 아노머 중의 하나인 모든 큰 그룹이 수평하게 놓이는 β-아노머가 한 개의 축에 있는 아노머 하이드록실그룹을 갖는 α-이성질체보다 용액에서 훨씬 더 지배적이 된다. 수용액에서 β-D-(+)-글루코피라노스는 상호회전 반응 후 63%를 차지하는 반면에 α-D-(+)-글루코피라노스는 36%를 차지한다.

6.1.4 다른 단당체의 구조

다른 알도헥소스들의 (그림 6-1) 피라노스 구조는 하이드록실그룹 C_2, C_3, C_4배치로 그릴 수 있다. 동시에 프럭토스 (fructose) 는 수크로스 (sucrose) 에서 헤미케탈 (hemiketal) 그룹으로 치환했을 때 오각형의 퓨라노스로 얻어진다.

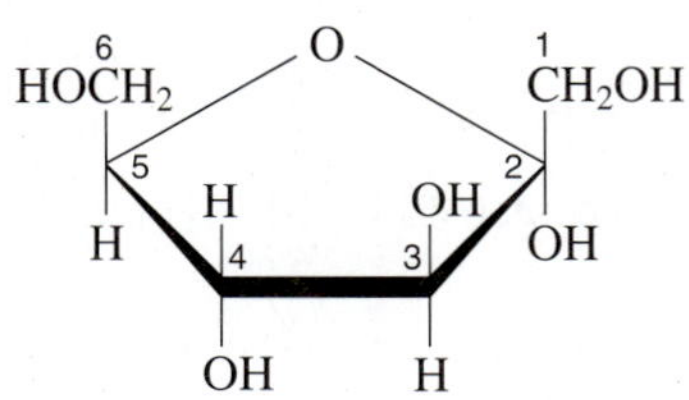

α-D-프럭토퓨라노스

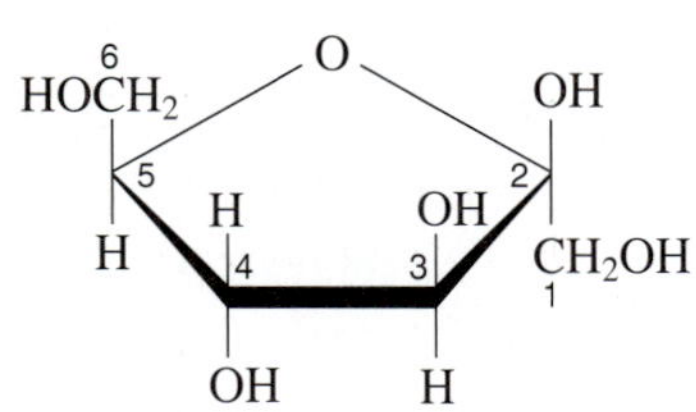

β-D-프럭토퓨라노스

세포의 모든 곳에 존재하는 펜토스인 핵산의 성분 D-라이보스는 퓨라노스이고, 2-데옥시라이보핵산의 성분인 2-데옥시-D-라이보스는 역시 퓨라노스당이다. α, β 두 이성질체가 용액에 존재하지만 핵산에서는 β-형 이성질체가 발견된다.

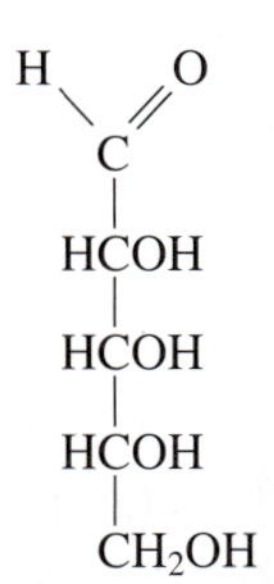

D-라이보스

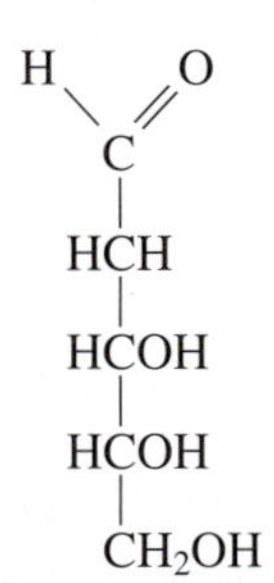

2-데옥시-D-라이보스

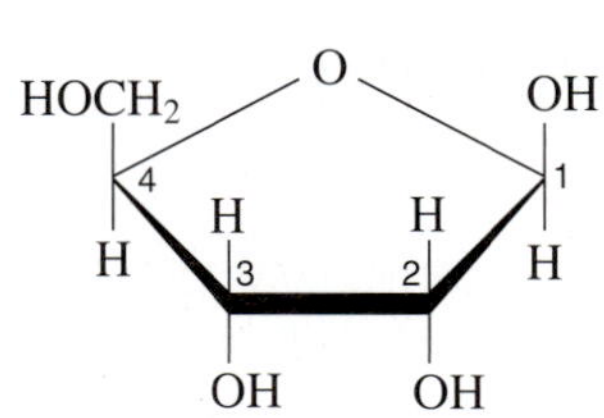

β-D-라이보퓨라노스

광합성 중에서 탄수화물의 신진대사에 중요한 역할을 하는 다른 네 개의 단당체로는 알도테트로스인 D-에리뜨로스 (erythrose) , 케토 헵토스인 D-자일루로스 (xylurose) 와 D-리뷸로스 (ribulose) 그리고 케토헵토스인 D-세도헵튤로스 (sedo-heptulose) 들이 있다.

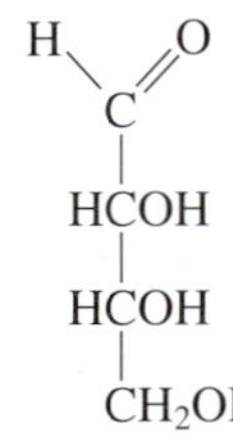

D-에리트로스

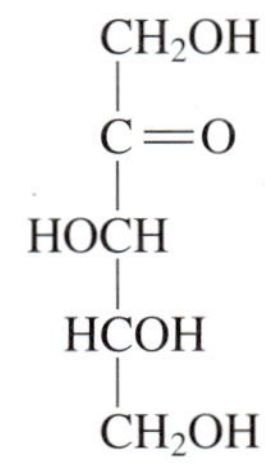

D-자일루로스

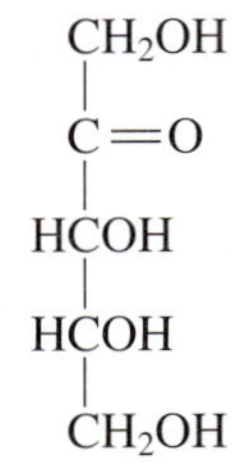

D-리뷸로스

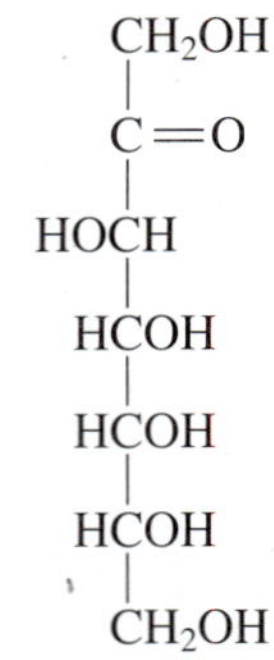

D-세도헵튤로스

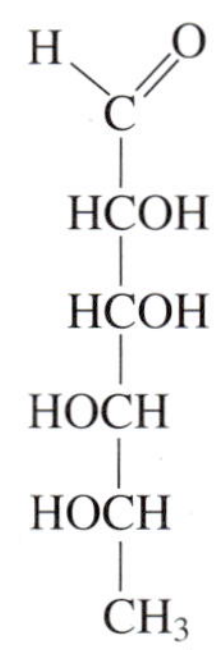

L-람노스

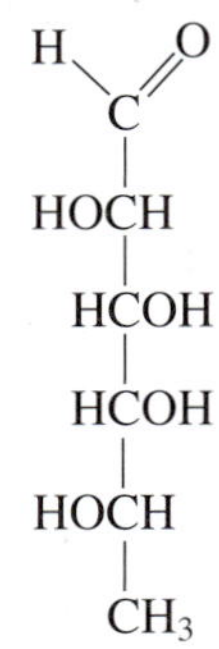

L-퓨코스

다른 두 개의 데옥시 (deoxy) 당이 세포막의 성분으로 자연에 존재한다. 그들은 L-람노스 (rhamnose, 6-데옥시-L-만노스) 와 L-퓨코스 (fucose, 6-데옥시-L-갈락토스) 가 있다.

두 개의 아미노당, D-글루코사민 (glucosamine) 과 D-갈락토사민 (galactosamine) 은 C-2의 하이드록실그룹이 아미노그룹으로 교체되어 존재한다. D-글루코사민은 곤충이나 갑각류에서 발견되는 구조 다당체인 카이틴 (chitin) 의 성분이다. 또 D-갈락토사민은 관절의 다당류의 주된 성분이다. 그들의 헤미아세탈형 그림을 아래에 나타내었다.

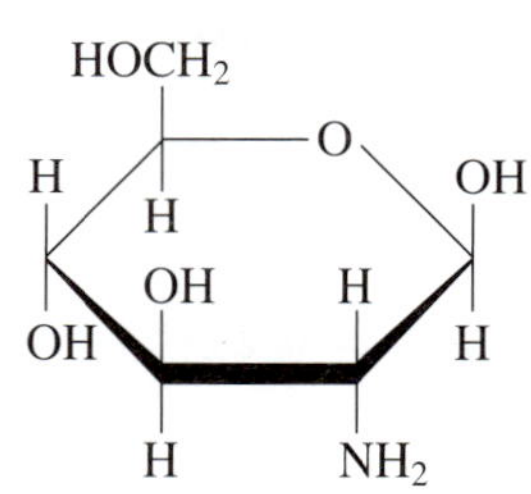

2-데옥시-2-아미노-β-D-갈락토피라노스(β-D-글루코사민)

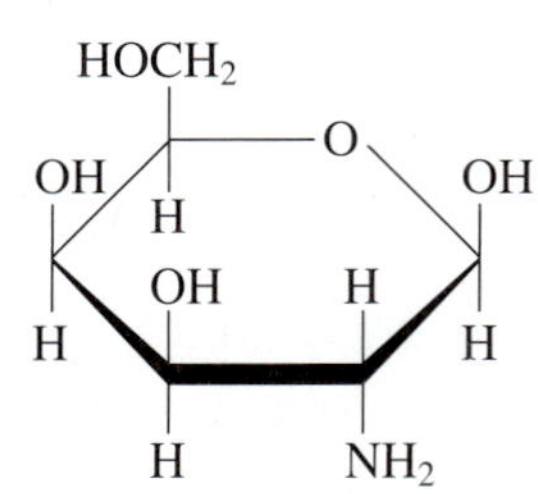

2-데옥시-2-아미노-β-D-갈락토피라노스(β-D-갈락토사민)

6.1.5 단당체의 성질

1. 상호회전

D-글루코피라노스 아노머의 형태에 따라 나타나는 **상호회전 (mutarotation)** 의 성질은 자유롭게 열린 사슬의 당을 만드는 헤미아세탈과 케탈형의 당이 갖는 독특한 성질이다. 이미 그림 6-4에서 열린 사슬의 폴리하이드록시알데하이드나 케톤은 상호회전과정에서 α와 β의 상호회전 시 나타나는 중간체이다. 글루코스가 수시간 동안 약한 알칼리에 노출되면 얻어지는 혼합물은 프럭토스와 만노스들 모두 갖게 된다. 두 당을 모두 약 알칼리로 처리하면 평형혼합물에 글루코스는 물론 다른 당도 포함하게 된다. 이는 알칼리 존재 시

이들 당의 에놀화 (enolation) 때문에 엔다이올 (endiol) 중간체가 평형에 도달하는 과정에 나타나는 세 당 모두의 공통적인 특징 때문이다. 반면에 단당체는 엷은 광산에서 가열하여도 안정하다. 그러나 강한 산에서 알도헥소스를 가열하면 탈수되어 하이드록시 메틸 풀프랄 (furfural) 이 얻어진다.

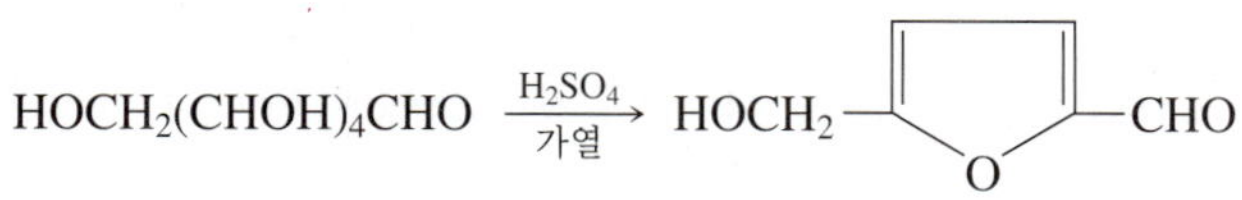

하이드록시 메틸 풀프랄

이때 얻어진 풀푸랄을 알파나프톨 (α-naphtol) 과 다른 방향족 화합물과 반응시키면 특징적인 색깔을 갖는 화합물이 발생하여 당을 정성적으로 확인하는 방법이 된다.

2. 환원당

탄수화물은 환원 또는 비환원당으로 분류된다. 더 보편적인 환원당은 분자내에 자유로운 알데하이드와 케톤그룹이 있으므로 환원제로 기능할 수 있다. 알칼리 용액에서 특히 구리나 은은 금속이온으로 환원되는 능력을 가짐으로써 환원당을 확인하는 방법으로 사용된다. **베네딕트시약 (Benedict's veagent)** 에서 Cu^{+2}가 환원되면 얻어진 Cu^{+} 이온은 덜 녹고, 알칼리용액에서 Cu_2O의 침전의 형성으로 노란색 또는 붉은색 고체가 나타나기 때문에 환원당의 확인에 사용된다.

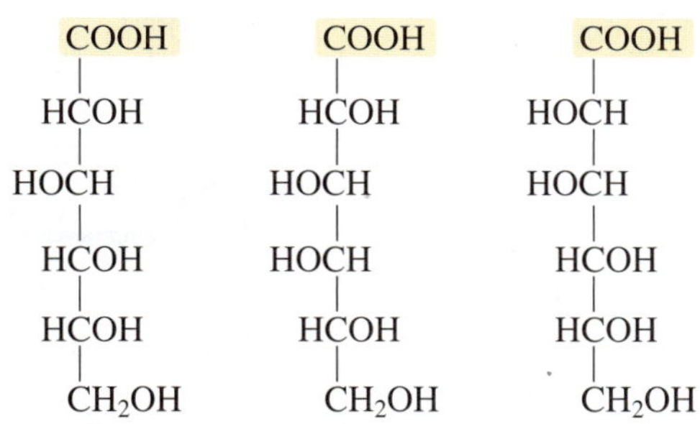

D-글루콘산　　D-갈락톤산　　D-만노산

알도헥소스의 알데하이드그룹은 중성 pH에서 약한 산화제나 효소에 의해서 카복실산으로 쉽게 산화된다. 단일 카복실산인 **알돈산 (aldonic acid)** 으로 글루콘산, 갈락톤산과 만노산 등이 얻어진다. 질산 같은 강산화제 존재하에 알데하이드와 일차알콜그룹 중 모두가 산화되어 해당하는 다이카복실산인, **알달산 (aldalic acid)** 을 생성한다. 더 중요한 단당류의 산화에 의한 생성물로는 보통 특수효소에 의해 단지 일차알콜의 산화로 해당하는 단일 카복실산인 **유론산 (uronic acid)** 이 얻어진다. 갈락유론산과 글룩유론산은 많은 다당체의 성분으로 중요하다.

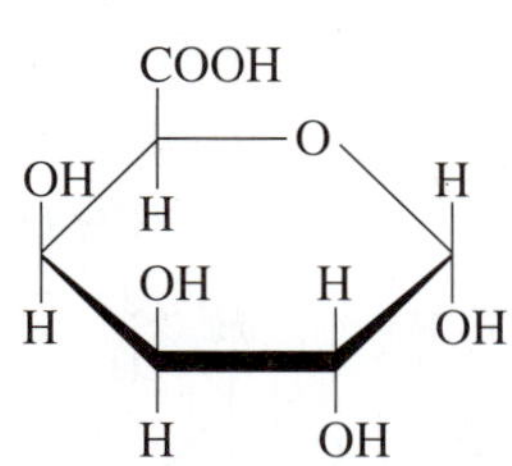

α-D-갈락유론산

단당체의 알데하이드나 케톤기 등은 화학적으로 (수소나 $NaBH_4$ 또는 효소) 환원되어 해당하는 알콜을 얻게 된다. D-글루코스가 환원되면 많은 고등식물, 특히 들장미의 열매에 존재하는 D-솔비톨(sorbitol)이 얻어지고, D-만니톨(mannitol)은 엘지나 균류에서 발견되며, 모두 물에 잘 녹고 단맛을 갖는다.

3. 글라이코사이드의 형성

단당체의 가장 중요한 성질 중의 하나로, 그들이 **글라이코사이드(glycoside)**나 **아세탈(acetal)**을 만들 수 있다는 점이다. 용액의 D-글루코스에 메탄올과 염산을 처리하면 글루코스의 메틸글라이코사이드가 얻어진다. 반응된 물질의 구조를 결정해 보면 두 화합물이 부분입체이성질체인 α와 β-D-글루코사이드들이 얻어진다. 글루코스보다 일반적으로 글라이코사이드는 산에 불안정하고 알칼리성 pH에서 비교적 안정하다. 메틸글라이코사이드가 형성되면 메틸글라이코사이드가 알데하이드를 아세탈그룹으로 바꾸게 되고, 이때 글라이코사이드는 환원당은 아니다. 그래서 상호회전현상도 보이지 않게 된다.

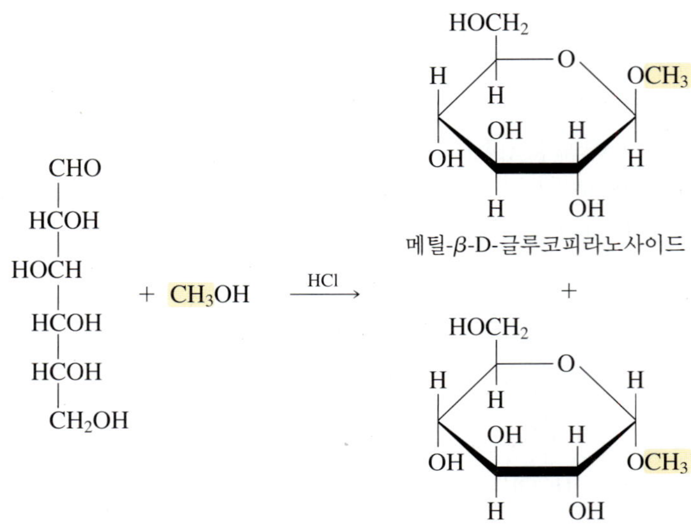

메틸-β-D-글루코피라노사이드

메틸-α-D-글루코피라노사이드

당분자의 알콜성 하이드록시그룹은 다른 당의 헤미아세탈 하이드록실그룹과 반응하여 얻어진 글라이코사이드는 이탄당이 된다. 그래서 다당체는 많은 수의 단당체가 글라이코사이드결합으로 서로 연결된 것이다.

6.1.6 올리고당(이당체)

자연에서 가장 자주 마주치게 되는 올리고당은 가수분해하여 2몰의 단당체를 만들게 되는 이당체들이다. 이당체 중에 말토스당은 전분을 아밀레이스(amylase)로 가수분해했을 때 중간체로 얻어진다. 말토스에서 한 분자의 글루코스가 **글라이코사이드결합(glycosidic bond)**으로 C-1 탄소원자의 하이드록실그룹이 다음 글루코스 분자의 C-4 하이드록실그룹과 연결되어 얻어진다.

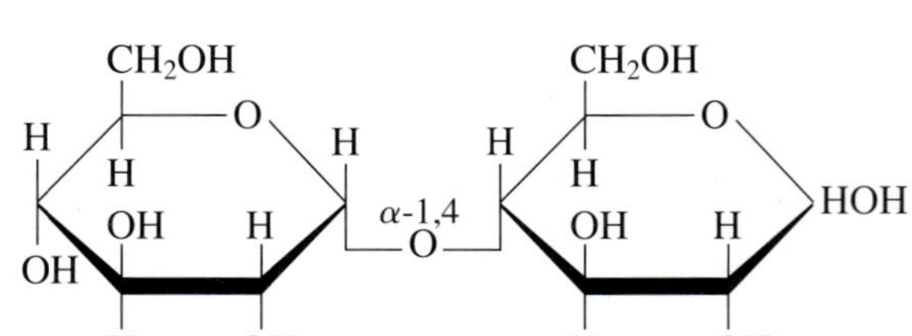

말토스

α-1,4-글라이코사이드결합

반응에 관여하는 헤미아세탈 탄소원자구조가 α-형태이고, 두 번째 글루코스 단위의 네 번째 위치에 연결되기 때문에, 이러한 연결을 α-1,4연결이라고 한다. 두 번째 글루코스 분자가 α 또는 β 구조가 가능한 자유로운 아노머 하이드록실그룹을 가지고 있다. 그래서 말토스는 상호회전성질을 나타내는 자유로운 아노머 하이드록실그룹을 가지고, 이당체인 환원당이 얻어진다. 이당체인 **셀로바이오스(cellobiose)**는 말토스와 같으며, β-1,4-글라이코사이드결합을 갖는다. 셀로바이오스는 셀룰로스를 가수분해하여 얻는다. 이는 환원당이고 상호회전을 한다.

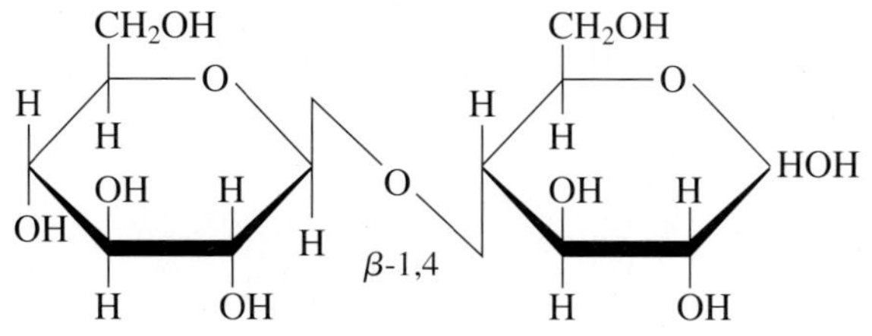

셀로바이오스

또 다른 이당체로 **아이소말토스(isomaltose)**는 어떤 다당체의 가수분해로 얻어진다. 아이소말토스는 α-1,6-글라이코사이드결합을 갖는다.

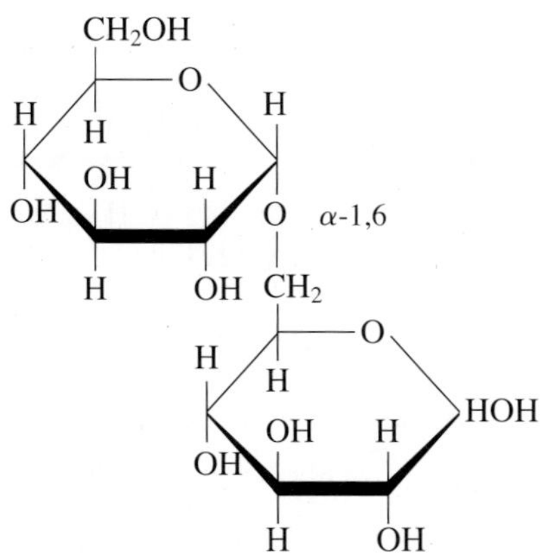

아이소말토스

락토스(lactose)는 우유에서 발견되는 이당체이다. 가수분해하면 각 1몰의 D-갈락토스와 D-글루코스를 내놓으며, β-1,4로 연결되어 있고, 환원당으로 상호회전의 성질을 갖는다.

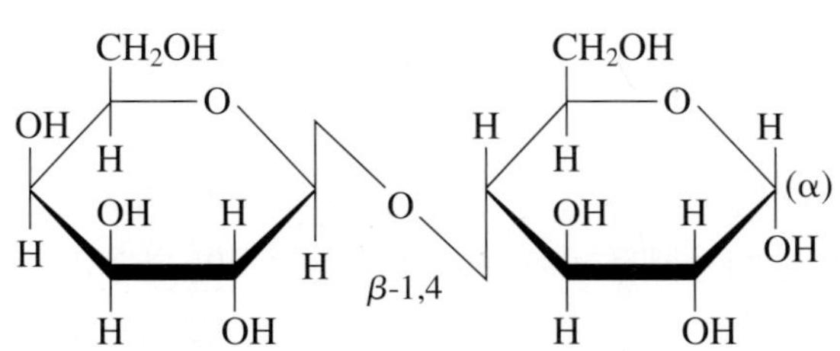

락토스(β-D-갈락토피라노실-(1,4)-β-D-글루코피라노스)

설탕으로 알려진 **수크로스(sucrose)**는 고등식물에 광범위하게 분포하고 있다. 가수분해에 의해서 1몰의 D-글루코스와 1몰의 D-프럭토스를 만든다. 이미 언급한 이당체외에는 환원당은 아니다.

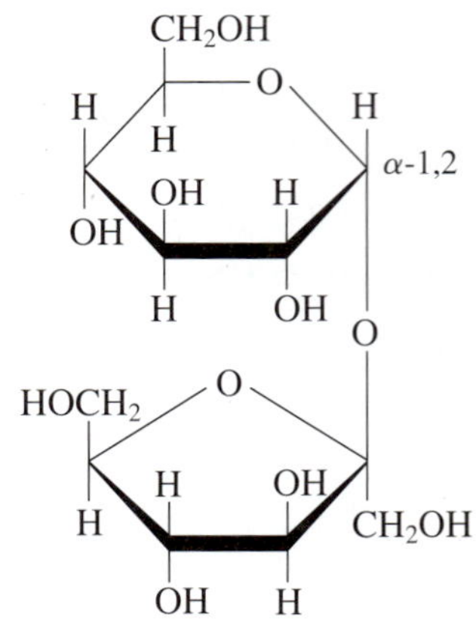

수크로스

트리할로스(**trehalose**)는 글루코스(α-1-1α) 글루코스의, D-글루코스의 이당체로 수크로스처럼 비환원당이다. 곤충의 주된 순환기 액체성분(hemolymph)으로 에너지 저장화합물로 기능한다.

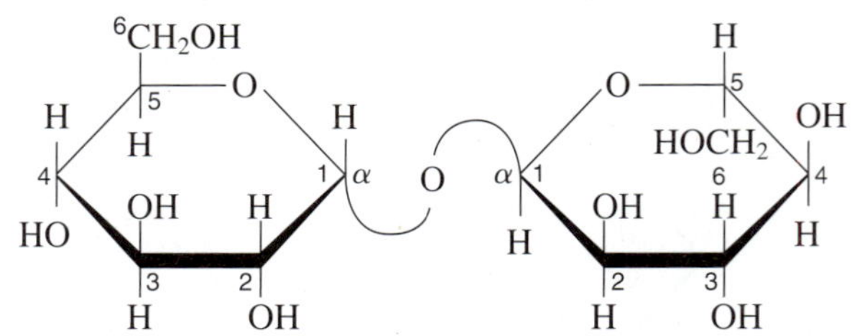

트리할로스
α-D-글루코피라노실 α-D-글루코피라노사이드
Glc(α1 ⟷ 1α)Glc

두 단당체의 환원그룹이 두 당 사이의 연결에 관여하고 있음을 알 수 있다. 이당체가 어떠한 결합을 하고 있는지 분석하는 방법으로, 다이메틸설페이트를 사용하여 옥타메틸유도체를 만든다. 수크로스의 옥타메틸유도체를 산으로 가수분해시키면 2,3,4,6-테트라-O-메틸 D-글루코스와 1,3,4,6-테트라-O-메틸-D-프럭토스를 얻게 된다. 프럭토스의 구조는 β-이고, 반면에 글루코스는 α-임을 X-선 연구나 알파나 베타를 특수하게 가수분해시키는 효소를 사용하여 확인할 수 있다. 위 그림에서처럼 수크로스는 α-1,2-연결의 구조를 갖게 된다.

6.1.7 다당체

자연에서 발견되는 다당체들은 생물체의 구조적 기능과 에너지저장용 형태로 중요한 역할을 하고 있다. 모든 다당체는 산이나 효소를 사용하면 단당체로 가수분해된다. 가수분해시 한 가지 형태의 단당체분자를 만드는 다당체를 **동종다당체**(**homopolysaccharide**)라고 한다. 한편 다당체의 가수분해로 여러 다른 단당체성분의 혼합된 형태의 생성물이 얻어질 때 이를 **이종다당체**(**heteropolysaccharide**)라고 한다.

1. 에너지보존형 다당체

녹말은 고등식물에 존재하는 에너지보존형 다당체로 **아밀로스**(**amylose**)와 **아밀로펙틴**(**amylopectin**) 두 성분의 다양한 양의 비율로 존재한다. 아밀로스는 α-1,4-연결의 직선형의 D-글루코스 단위성분으로 구성되고 있고, 비환원성 말단과 환원성말단을 동시에 갖는다.

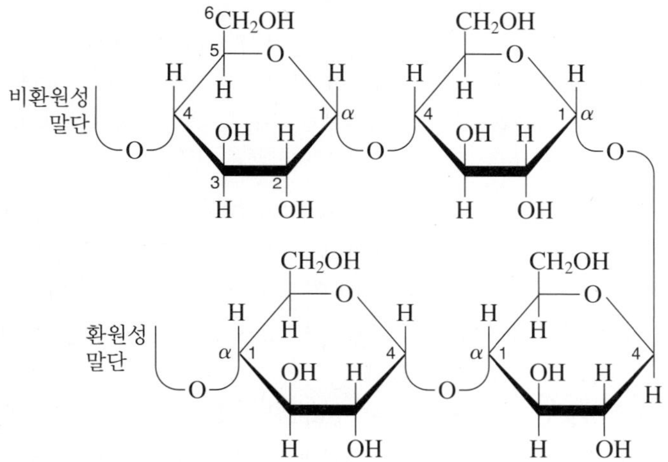

아밀로스

분자량은 수천에서 150,000 정도로 다양하다. 아밀로스는 아이오딘을 처리했을 때 독특한 청색을 나타내는데, 수용액에서 아밀로스는 글루코스단위의 나선형 코일내부에 아이오딘을 차지할 수 있기 때문이다.

아밀로펙틴은 곁사슬을 갖는 다당체이며, 짧은 사슬 (30개의 글루코스) 에는 α-1,4의 결합으로 서로 연결되고, 또 다른 곁사슬에는 α-1,6-결합으로 붙어 있다. 감자의 아밀로 펙틴의 분자량은 큰 폭으로 변하고 있으며, 500,000 정도 또는 그 이상이 된다. 아밀로펙틴은 아이오딘의 처리로 자색에서 붉은색을 나타낸다.

다당체의 구조연구에는 메틸화와 산화제 처리를 동시에 수행하고 있지만, 효소를 사용하여 구조를 구명할 수도 있다. 동물의 침이나 췌장액에서 발견되는 α-아밀레이스는 직선의 아밀로스사슬의 α-1,4연결을 절단하여 말토스와 글루코스의 혼합물을 생성한다. 식물에서 발견되는 β-아밀레이스는 아밀로스의 비환원말단을 공격하여 지속적인 말토스 단위를 배출한다.

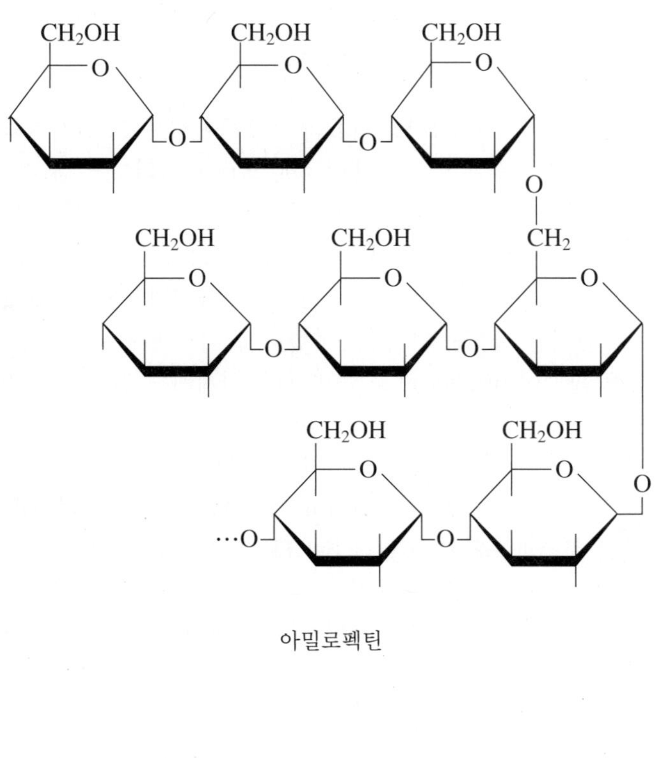

아밀로펙틴

아밀로펙틴도 α나 β-아밀레이스에 의해서 공격을 받기는 하나, 가지가 갈라지는 지점의 α-1,4-글라이코사이드결합과 α-1,6-결합 자체는 가수분해시키지 못한다. 따라서 이들 효소반응의 생성물로는 고도의 곁사슬을 갖는 중심부인 원래 아밀로펙틴이 얻어진다. 별도로 곁사슬을 파괴시키는 효소인, α-1,6-글루코시데이스(glucosidase)를 사용하여 가지 지점에서의 결합을 가수분해시킨다. 그래서 α-아밀레이스와 α-1,6-글루코시데이스의 혼합물을 사용하면 아밀로펙틴을 최대한 가수분해시켜 글루코스와 말토스의 혼합물을 얻게 된다.

동물의 에너지보존형 다당체인 **글라이코젠(glycogen)**은 곁사슬을 갖는 점에서 아밀로펙틴과 동일한 구조를 가지며, 동종다당체이고, 글루코스로 구성된다. 아밀로펙틴보다는 많은 곁사슬을 가지나, 곁사슬점에서 8~10개의 글루코스단위를 갖는다. 글라이코젠은 α와 β-아밀레이스에 의해서 가수분해되고 글루코스, 말토스 및 제한된 **덱스트린(dextrin)**을 생성한다.

또한 보존형 탄수화물로는 많은 식물의 뿌리(달리아, 뚱딴지)에서 발견되는 "**이눌린(inulin)**"이 있다. 이눌린은 주로 프럭토스단위가 β-2,1-글라이코사이드결합으로 서로 연결된다.

2. 구조다당체

자연에서 가장 풍부한 구조형 다당체는 셀룰로스(cellulose)이며, D-글루코피라노스단위가 β-1,4로 결합된 동종다당체이다.

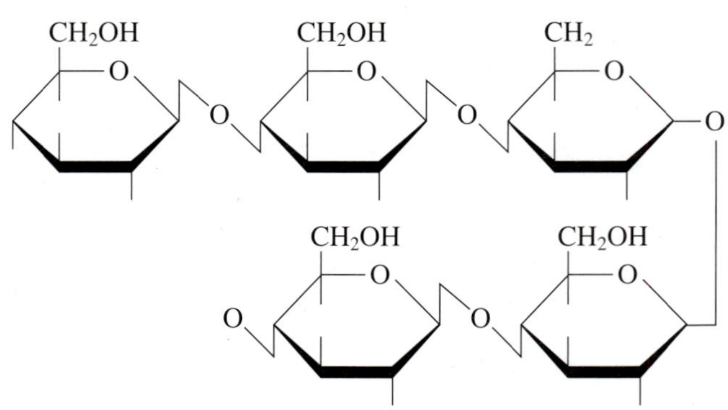

셀룰로스

셀룰로스는 생물체의 주된 구조물로, 식물의 세포벽에서 주로 발견된다. 나무의 목재는 주로 셀룰로스와 다른 중합체인 리그닌(lignin)으로 구성되고 있다. 전분과 비교하여 β-1,4-연결의 셀룰로스는 산의 가수분해에 매우 강하다. 강한 산을 사용하면 D-글루코스를 만들고, 부분적인 가수분해로 환원성 이당체 셀로바이오스를 만든다.

사람이나 고등동물의 소화기관에서 발견되는 효소인 **글라이코시데이스(glycosidase)**로는 β-1,4의 셀룰로스연결을 가수분해시키지 못한다. 그러나 달팽이는 이중합체를 가수분해시키는 효소인 **셀룰레이스(cellulase)**를 분비하며, 흰개미도 같은 효소를 가지고 있다. 또한 소의 창자에 서식하는 되새김 위의 박테리아나 다른 되새김 위를 갖는 동물도 셀룰로스를 가수분해할 수 있고, 그 이상 대사과정을 거쳐 D-글루코스를 생성한다.

식물의 다른 구조적인 다당체로 **펙틴(pectin)**과 **헤미셀룰로스(hemicellulose)**가 있다. 헤미셀룰로스는 셀룰로스유도체가 아니라 β-1,4로 연결된 D-자일로스의 동종중합체이다. 펙틴에는 아라비노스, 갈락토스 또는 갈락유론산 등을 포함하고 있다. 펙트산은 D-갈락토스의 동종중합체로 구성되어 있다. 갑각류의 껍질이나 곤충의 비늘을 구성하는 구조적 다당체로, **카이틴 (chitin)** 은 N-아세틸 D-글루코사민의 동종중합체이다.

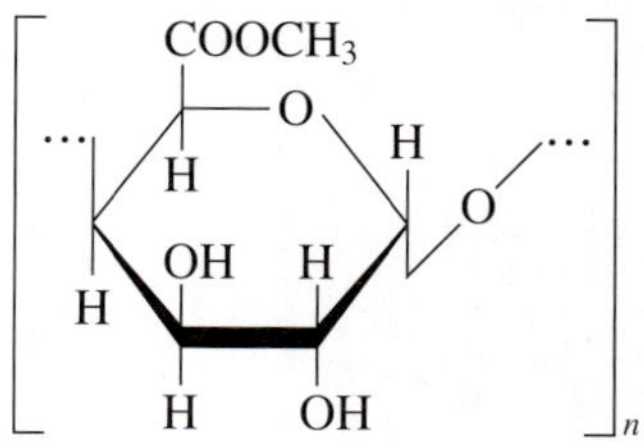

펙트산

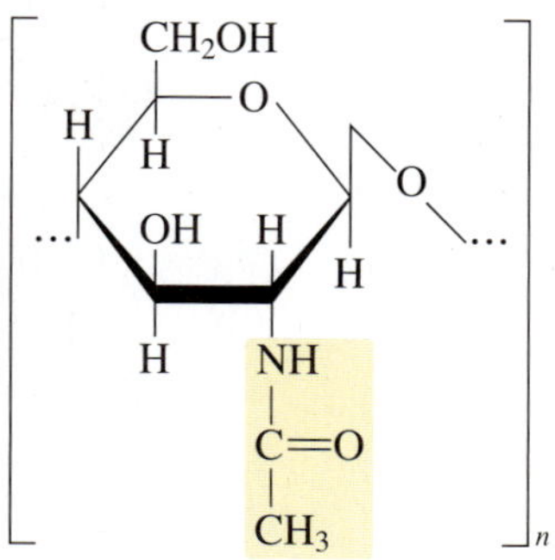

카이틴(chitin)

동물의 세포벽은 당지질, 당단백, 뮤코다당체를 포함하고 있다. **뮤코다당체 (mucopolysaccharide)** 는 높은 분자량을 갖는 젤라틴 (gelatin) 같은 물질로, 윤활제로 또는 접착력을 갖는 물질이다. 일반적인 뮤코다당체인 **하이얄유론산 (hyaluronic acid)** 은 D-글룩유론산과 N-아세틸 D-글루코사민 이당체단위가 교대로 들어 있는 이종다당체이다. 이때 두 다른 단당체는 β-1,3-결합으로 이당체를 만들고, 이 이당체의 계속되는 단위는 β-1,4-결합으로 연결되고 있다. 하이얄유론산은 눈의 수정체 또는 태반의 성분으로 발견되고 있으며, 물에 녹아 점성 용액이 된다.

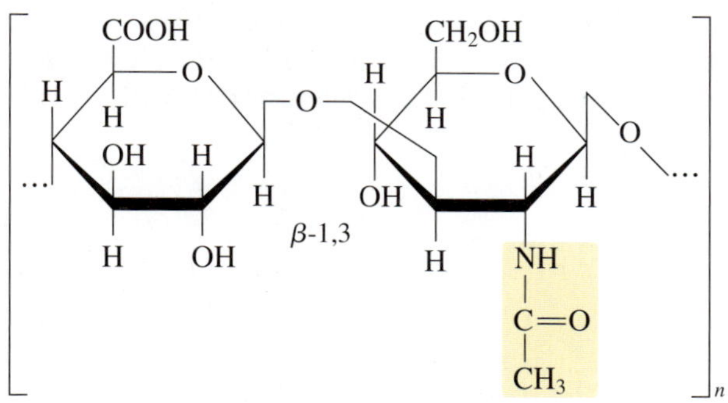

하이얄유론산

콘드로이틴 (chondroitin) 은 하이얄유론산과 같은 (β-1,3) 구조이나, 단지 아미노당이 N-아세틸 D-갈락토사민으로 구성되며, 세포외피의 구성성분이다. 콘드로이틴의 황산에스터는 (C-4 또는 C-6 위치의 아미노당) 관절, 힘줄, 뼈의 주된 성분이다.

유기체를 포장하고 많은 생리적인 특성을 결정하는 박테리아 세포벽은 아미노산의 사슬에 연결된 복잡한 중합체의 다당체로 구성되고 있다. 각각의 아미노산사슬이 단백질은 아니기 때문에, 그러한 단백질을 글라이코사이드단백질이라기보다는 **펩티도글라이칸 (peptidoglycan)** 이라 부른다. 연속되는 펩티도글라이칸의 단위는 N-아세틸 D-글루코사민 (NAG) 과 N-아세틸뮤람산 (NAMA) 이 β-1,4-글루코사이드 결합으로 구성된 이당체이다. N-아세틸뮤람산은 N-아세틸글루코사민단위의 C-하이드록실그룹이 에테르연결에 의하여 젖산의 α-하이드록실그룹에 부착된다. 대신 펩티도글라이칸에서 각 젖산의 카복실그룹은 L-알라닌, D-아이소글루타민, L-라이신, D-알라닌으로 구성된 테트라펩타이드에 연결되고 있다 (그림 6-6). 박테리아의 세포벽에 관한 연구는 면역감응, 세포성장, 분화 등 중요한 현상의 이해에 필수적인 것으로 현재 대단히 중요한 생화학의 연구 분야이다.

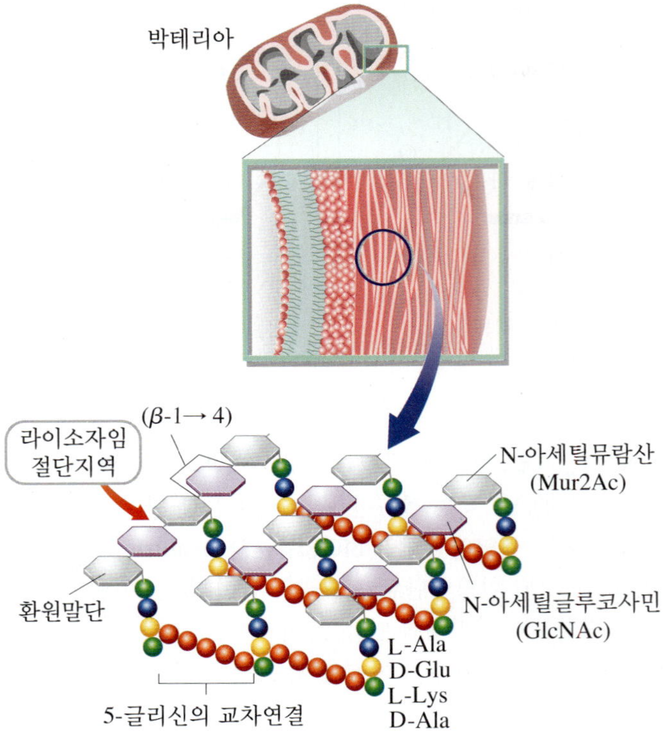

그림 6-6 펩티도글라이칸의 구조. 펩티도글라이칸의 계속되는 기본단위 N-아세틸글루코사민(NAG)과 N-아세틸뮤람산(NAMA)은 β-1,4 글루코사이드결합으로 연결되고, N-아세틸뮤람산의 C-3의 하이드록실그룹에 젖산의 α-하이드록실그룹과 에테르결합을 하고 있다. 각 젖산에는 L-알라닌, D-아이소글루타민, L-라이신 그리고 D-알라닌으로 구성된 테트라펩타이드가 연결되고 있다.

6.2 에너지대사 및 해당작용

생화학을 배우는 중요한 이유 중의 하나는 어떻게 생물체가 생화학적인 활동을 수행하기 위하여, 그들의 주위로부터 화학적인 에너지를 활용하는가를 이해하려는 데 있다. 이를 **생화학에너지학 (biochemical energetics)** 이라 하고, 에너지가 풍부한 화합물이 세포 속에서 어떻게 활용되는지를 논의하게 된다. 생체에너지대사의 가장 기본이 되는 탄수화물 중 특히 글루코스분해를 통하여 얻어지는 화학적 에너지가 해당과정에서 논의된다.

6.2.1 에너지의 생화학

중간단계의 대사는 세포의 구성물들이 수행하는 모든 화학반응의 총화로 구성된다. 완전한 세포에서 합성 (anabolic) 과 붕괴 (catabolic) 의 과정이 동시에 진행되고 몇몇 화합물의 붕괴로부터 배출되는 에너지는 다른 세포성분을 합성하는데 활용된다. 그래서 생화학에서 에너지순환개념으로, 잠재적인 화학에너지원의 연료분자가 알려진 효소 반응에 의해서 붕괴되며, 몇 개의 다른 고에너지화합물을 만들게 된다. 이 에너지순환에 중요한 역할을 하는 것이 ATP-ADP의 체계이다. ADP(아데노신이인산)은 대사과정에서 만들어진 다른 고에너지화합물로부터 인산을 받아들여서 ATP(아데노신삼인산)로 바뀌게 된다. ATP는 대신 많은 생체합성반응을 추진하기 위해서 사용되며 운동, 일, 배출, 흡수, 유도작용 같은 특수한 생리적인 활동의 주된 에너지로 작용한다. 그러한 과정에서 ATP는 ADP로 되돌아 온다.

1. 자유에너지의 측정

열역학에서 특히 생화학자에 유용한 것은 자유에너지의 개념이다. 어떤 반응에서 자유에너지는 아래와 같이 표시된다.

$$\Delta G = \Delta G^\circ + \mathrm{RTln}\ [\mathrm{B}]/[\mathrm{A}] \tag{6-1}$$

식 6-1에서 반응의 자유에너지 변화 ΔG는 반응물 A와 생성물 B의 농도와 표준자유에너지 변화 ΔG°의 함수가 된다. ΔG°는 ΔG가 평형일 때 쉽게 구할 수 있다. 반응물과 생성물의 농도가 단위농도일 때 6-1식은

$$\begin{aligned}\Delta G &= \Delta G^\circ + \mathrm{RTln}\ 1/1\\ \Delta G &= \Delta G^\circ\end{aligned} \tag{6-2}$$

반응의 평형에서 A에서 B로 전환하는 총체적인 변화가 없다면 자유에너지 변화 ΔG는 0이 된다. 이 식을 다시 쓰면, [B]에 대한 [A]의 비율은 평형상수 K_{eq}이 된다. 6-1 식은

$$\begin{aligned}0 &= \Delta G^\circ + \mathrm{RTln}\ K_{eq}\\ \Delta G^\circ &= -\mathrm{RTln}\ K_{eq}\end{aligned} \tag{6-3}$$

여기서 R = 1.987cal/mol.deg 25°C = 298K 또 lnX = 2.303 log10X이므로

$$\begin{aligned}\Delta G^\circ &= -(1.987)(298)(2.303)\ \log 10K_{eq}\\ &= -1363\ \log 10K_{eq}\end{aligned} \tag{6-4}$$

ΔG°와 K_{eq}이 관련된 위 식 6-4는 특수반응에서 ΔG°를 결정하는 데 매우 유용한 식이 된다. 만약 평형에서 반응물과 생성물의 농도를 측정할 수 있으면 K_{eq}를 얻어 낼 수 있고, 대신 반응의 ΔG°도 계산될 수 있다. K_{eq}값이 너무 크거나 작으면 ΔG°의 값이 거의 소용없다. 왜냐하면 반응물과 생성물의 평형농도가 측정하기에 너무 적기 때문이다. 표준자유에너지 변화 ΔG°가 0이 아닌 어느 특정 pH에서 값은 $\Delta G'$이고, 그래서 $\Delta G'$에 대한 pH를 항상 명시해야 한다. 만약 프로톤이 반응에서 만들어지지 않고 또 쓰이지도 않으면 $\Delta G'$는 pH에 무관한 상태함수가 되며, ΔG°와 $\Delta G'$는 같게 된다.

2. 고에너지화합물

아데노신삼인산(ATP)은 대표적인 높은 에너지화합물이며, 가수분해반응 시 큰 자유에너지감소를 수반한다. 이 화합물은 산, 알칼리, 열에 불안정하다.

(1) 이인산(pyrophosphate) 화합물

중성 pH의 수용액에서 ATP와 ADP는 음이온으로, 각각 순하전(net charge)이 −4와 −3이 된다.

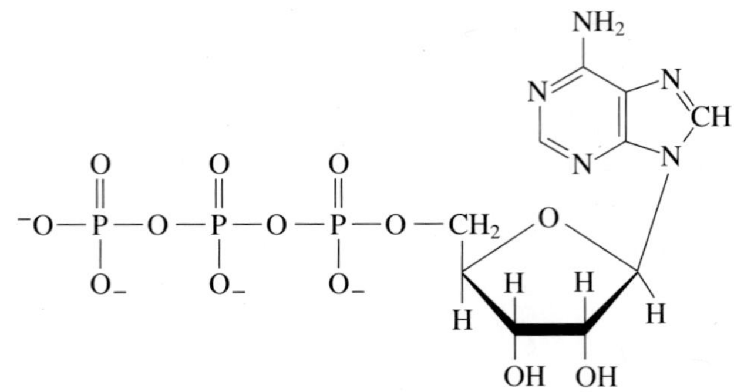

아데노신삼인산(ATP)

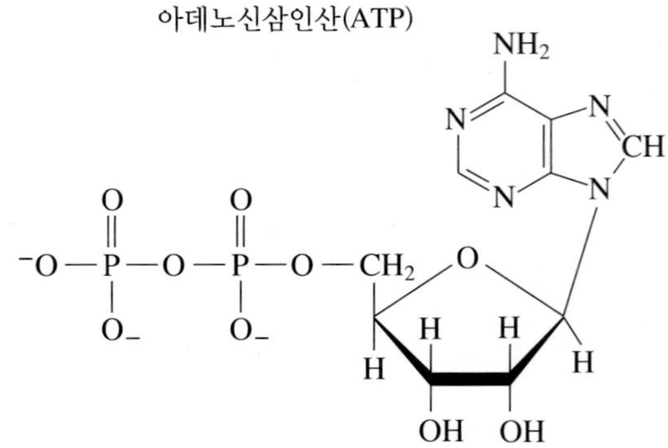

아데노신이인산(ADP)

이는 ATP 내부의 인산에 있는 두 개 (ADP에서 한 개의 내부인산) 의 해리 가능한 프로톤이 pH 2~3 범위에서 pK_a의 값을 갖는 일차수소이기 때문이다. ATP (ADP도) 의 말단 인산도 pK_a 2~3의 일차수소와 pK_a 6.5의 이차수소를 둘 다 가지고 있다. 그래서 pH 7.0에서 일차수소는 완전히 해리되고, 이차수소도 75% 정도 해리된다. 세포에는 비교적 높은 농도의 Mg^{2+} 이 존재하므로, ATP와 ADP는 1가 또는 2가의 해당하는 착염을 1 : 1의 비율로 만들기 위하여 양이온과 착염을 형성하게 된다.

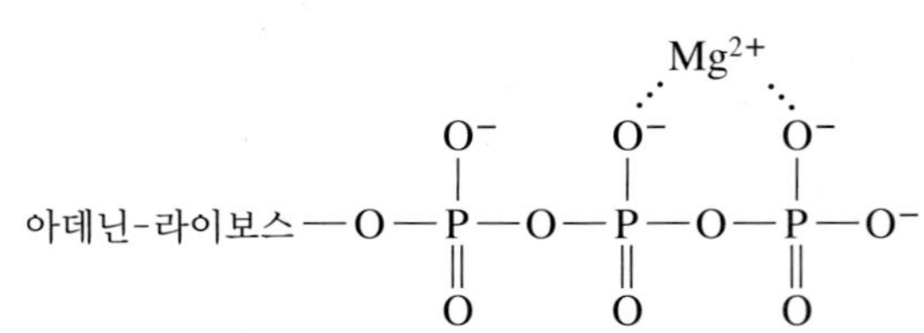

$[ATP-Mg]^{2-}$ 착염

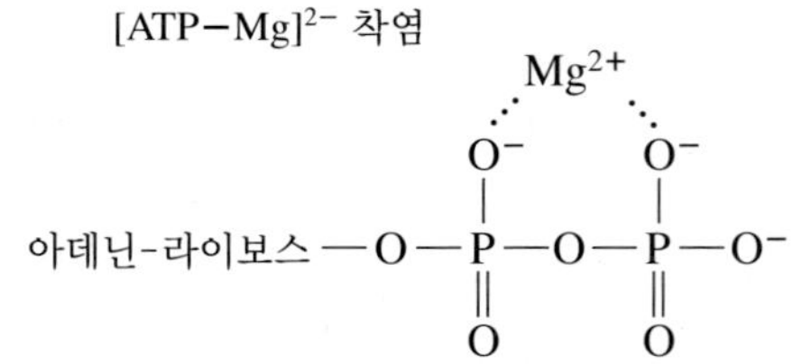

$[ATP-Mg]^{-}$ 착염

ATP의 가수분해의 $\Delta G'$와 다른 인산화합물의 자유에너지를 비교해 보는 것은 상당히 많은 정보를 제공하게 해 준다. 올쏘-인산의 절단이라 부르는 ATP 말단 인산의 가수분해를 아래와 같이 적는다.

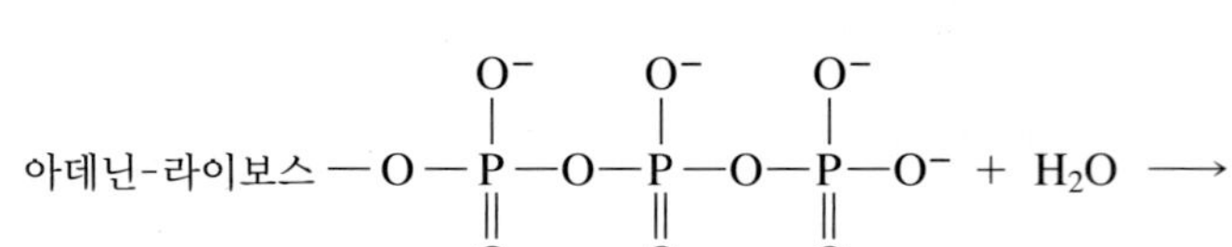

ATP

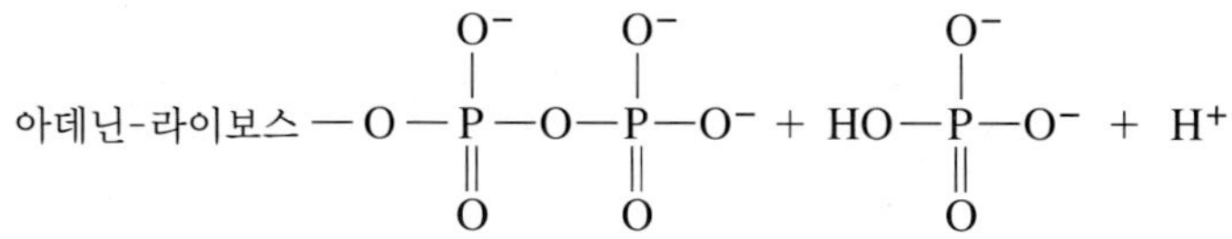 (6–5)

ADP

pH 7에서의 $\Delta G'$은 -7300cal/mole의 자유에너지를 감소시키는 것으로 예측된다. 훨씬 적은 자유에너지감소를 갖는 글루코스-6-인산의 가수분해와 비교가 된다.

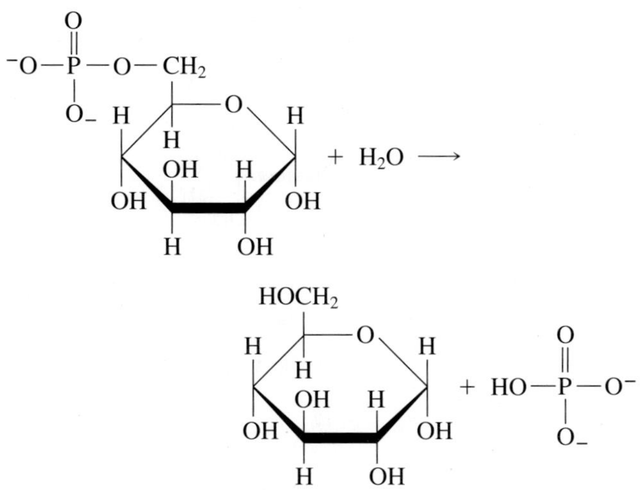 (6–6)

$\Delta G' = -3300$ cal (pH 7.0)

위 반응에서 가수분해의 자유에너지변화가 이렇게 크게 차이가 나는 이유는 무엇일까? 중간대사에서 마주치는 여러 형태의 고에너지화합물을 조사해 볼 때, 모든 고에너지화합물에 적용되지는 않지만, 여러 가지 중요한 인자가 있음을 알 수 있다. 관여되는 특수한 인자에 상관없이, 가수분해 중에 자유에너지의 큰 감소는 반응물보다 생성물이 현저하게 안정한 경우인 것을 볼 수 있다. 이런 안정성에 영향을 주는 원인들은: 1. 정전기적인 반발 때문에 나타나는 반응물의 긴장된 결합, 2. 이온화로 인한 생성물의 안정화, 3. 이성화를 통한 생성물의 안정화, 4. 공명에 의한 생성물의 안정화 등을 들 수 있다. ATP의 경우에, 고에너지화합물로 특성을 결정짓는 구조의 중요성은 pH 7.0에서 이인산부분이 완전히 이온화되는 것이다.

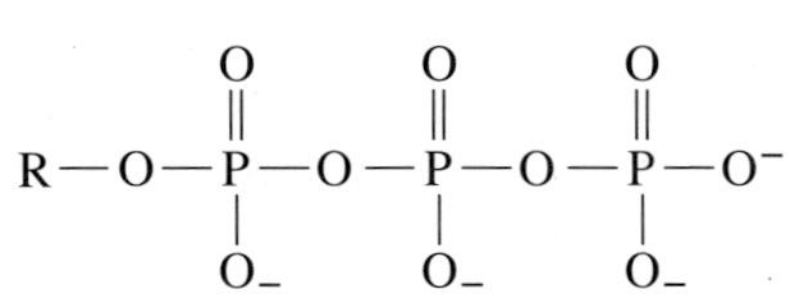

ATP에서 인산의 P = O에 결합되어 있는 전자들은 전기음성적인 산소원자에 끌려 접근되는 경향이 있어서 원자에 부분적으로 음전하(δ^-)를 갖도록 만든다. 인-산소결합이 극성화로 인해 인원자에 부분적으로 양전하(δ^+)를 띠게 되는 결과가 얻어지며, 아래와 같은 상태로 표시된다.

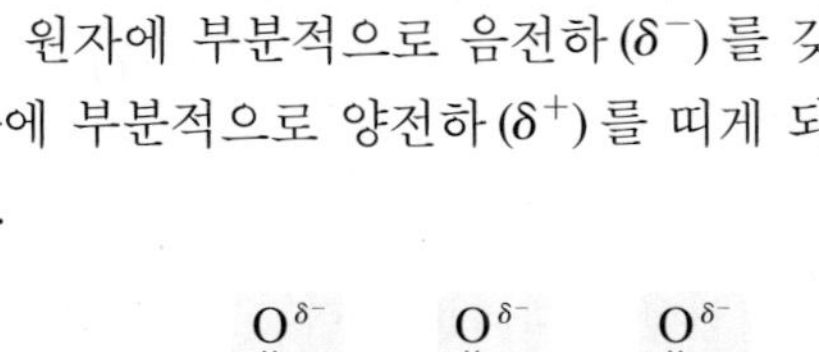

ATP의 이인산구조에서 근처의 인원자가 갖는 양전하의 존재 때문에, 이때 분자에는

근처의 하전들 사이의 정전기적인 반발을 이기려는 충분한 내부에너지를 포함하게 된다는 의미를 갖는다. 가수분해에 의해서 이인산 구조가 파괴되면 에너지는 발산되고, 전체 반응에서 음의 부호 ΔG값이 증가하는 원인이 되게 된다. 비록 글루코스-6-인산에서 P = O결합의 극성을 갖게 되는 상황을 고려해 볼 수는 있지만, 여기에는 δ^+를 갖는 인원자가 근처에 없다. 이 화합물에서는 하전의 반발 때문에 불안정화되는 일이 없으며, 이 반응에서 가수분해의 ΔG는 작게 된다.

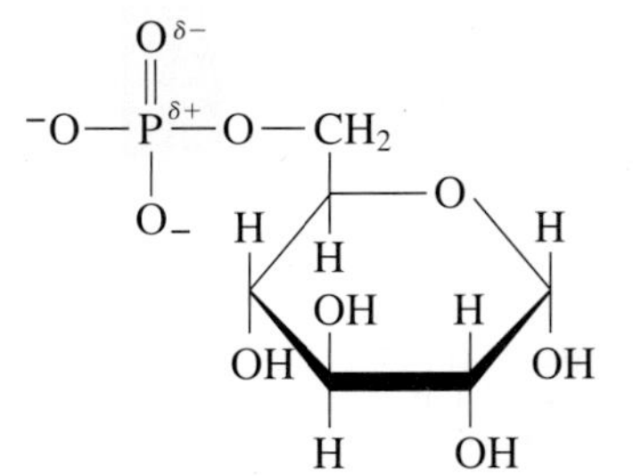

분명히, ADP에서 AMP로 바뀌는 과정의 가수분해와 같은 원인이 적용되고, 무기인산의 pH 7.0에서 가수분해 시 관찰된 $\Delta G'$값이 6500cal/mole이며, 반면에 AMP에서 아데노신으로 가수분해는 위에서와 같은 영향이 없어 H_3PO_4는 작은 ($\Delta G' = -2200$ pH 7.0) 값을 갖게 된다.

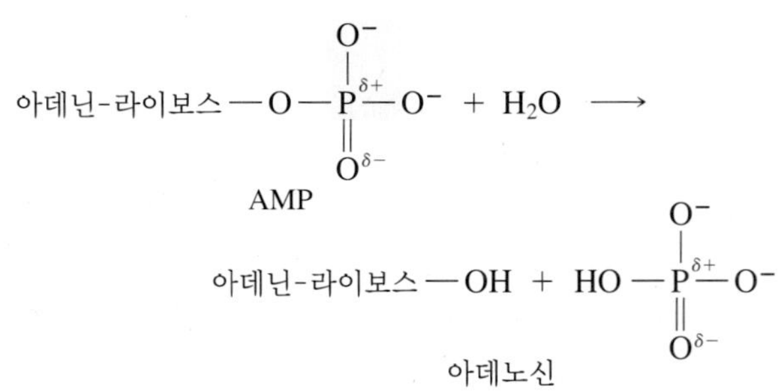

(6–7)

$\Delta G' = -2200$ cal (pH 7.0)

중간대사의 많은 반응들 중에서 비록 ATP가 ADP로 바뀌기는 하지만, 어떤 경우에 ATP의 내부이인산결합이 파괴되어 AMP와 무기인산을 만드는 수많은 중요한 반응들이 있다.

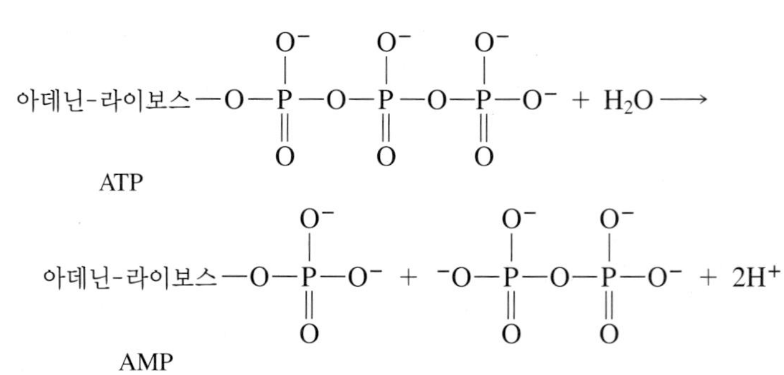

(6–8)

$\Delta G' = -8600$ cal (pH 7.0)

이런 형태의 결합의 파괴는 이인산의 파괴로 알려지고 있고 ADP가 만들어지는 올토인산의 파괴와는 다른 것이다.

ATP–ADP에너지체계는 생물체계에서 매우 중요한 기능을 하며, ADP가 ATP로부터 만들어졌기 때문에 에너지를 발생하는 반응에서 재인산화되어 다시 ATP로 변화될 수도 있다. 그래서 이인산의 파괴로 얻어지는 AMP와 이인산이 다시 ATP로 변환되는 반응은 대단히 중요한 것이다. 이 반응은 자연에 널리 분포하는 효소에 의해 촉매되는 두 반응에 의해서 성취된다. 이 반응들 중 첫 번째는 이인산인산가수분해효소(pyrophosphatase)에 의해 촉매되고, 이인산의 가수분해로 2몰의 무기인산을 생성한다.

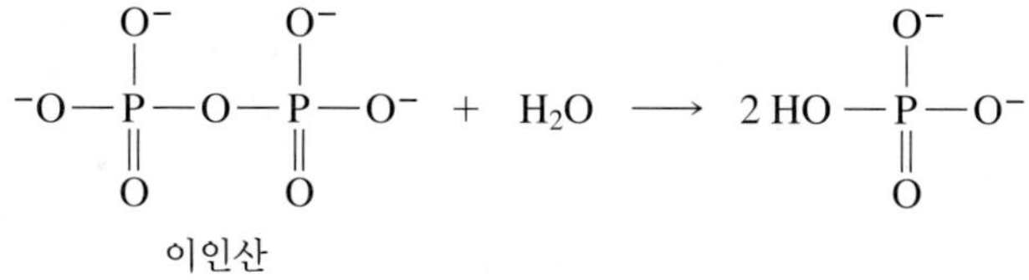

(6–9)

두 번째 반응은 ATP와 AMP가 반응해서 2몰의 ADP를 생성하는 것으로, 여기서 ADP는 여러 다른 에너지발생반응들을 통하여 더 인산화되어 ATP를 재생하게 된다. 평형상수 K_{eq}가 대략 1이 되기 때문에 이 반응의 $\Delta G'$는 대략 0이 된다.

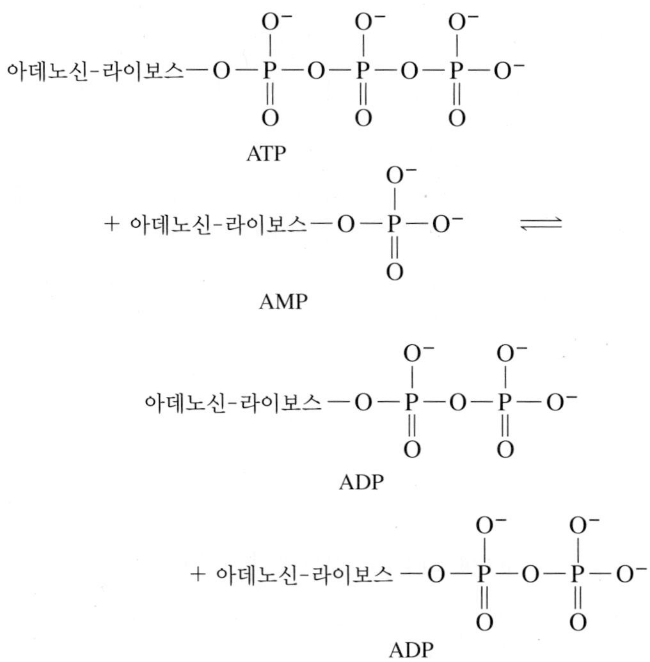

(6–10)

ADP가 ATP로 변화되는 과정의 조사방법으로, 두 개의 다른 고에너지인산화합물인 1,3-이인산글리셀산(1,3-diphospho-glycerate)과 인산에놀피루브산(phosphoenolpyruvate)을 소개한다. 이 두 화합물은 글루코스가 피루브산으로 변화하는 동안 나타나는 화합물이고, 둘 다 가수분해의 표준자유에너지가 ATP의 것보다 더 음의 값을 갖는다.

(2) 아실인산

1,3-이인산글리셀산은 고에너지 **아실인산(acylphosphate)**의 좋은 예가 된다. 가수분해 표준자유에너지값은 −11.8kcal/mole이 된다. 아실인산결합의 긴장은 이런 종류의 화합물이 큰 음의 가수분해로 자유에너지를 얻게 되는 원인이 된다.

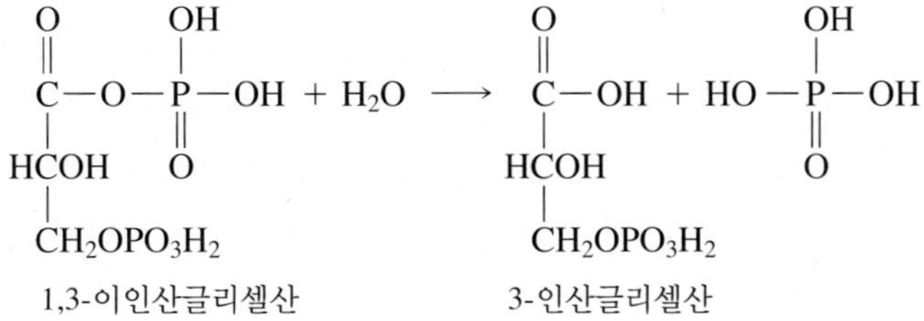

(6–11)

아실인산그룹의 C = O결합은 이중결합에서 전자를 전기음성인 산소에 가깝게 보내려는 경향 때문에 상당한 극성인 성질을 갖는다. 탄소와 인원자 사이의 부분적인 양전하 간의 반발을 이기려는 에너지가 필요하게 되고, 이러한 형태의 에너지가 아실인산의 가수분해시 배출되게 된다.

특별한 pH에서 이온화하기 위해 반응물과 생성물 사이의 상대적인 경향은 반응의 ΔG에 중요한 영향을 주게 된다. 식 6-11에서 보이듯이, 이러한 원인이 1,3-이인산글리셀산의 경우에 보인다. 이 반응은 pH 7에서 일차, 이차수소이온이 이온화되고, 반면에 무기인산에서 삼차수소는 이온화되지 않는 것으로 더욱 정확하게 표현할 수 있다.

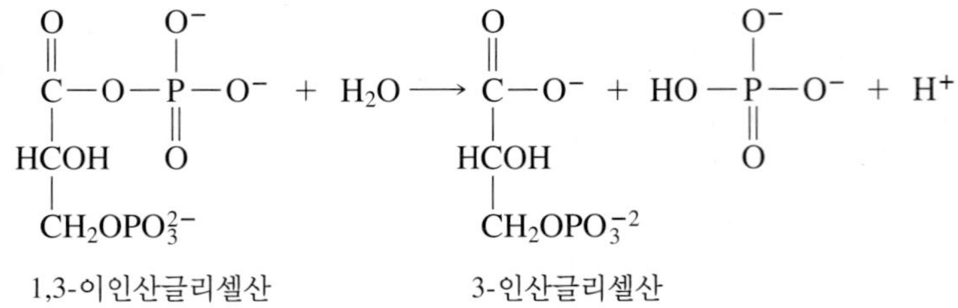

(6-12)

위 반응의 $\Delta G'$는 이온화할 수 있는 정도가 주된 영향을 주며, 이는 새로 만들어지는 이온화되는 그룹과 반응이 일어나는 pH의 pK_a값의 차이에 따라 좌우된다는 사실을 강조하려고 한다. 용액의 pH에 비교해서 새로운 그룹의 pK_a값의 차이가 1단위 작을 때의 영향은 −1363cal/mole이 된다. 새로이 형성되는 3-인산글리셀산이 현저하게 이온화되지 않는 산성 pH에서 반응이 일어난다면, 이때 이온화의 영향은 1,3-이인산글리셀산의 가수분해의 $\Delta G'$에 거의 영향을 주지 못하게 된다.

(3) 에놀인산

ADP로부터 ATP를 재생시키는 과정에서 글루코스를 피루브산으로 전환시키는 데 만들어지는 두 번째 화합물인 인산에놀피루브산(phosphoenolpyruvate, PEP)을 필요로 한다. 이 고에너지 **에놀인산(enolphosphate)** 가수분해로 얻어지는 자유에너지변화는 pH 7에서 −14,800이 된다.

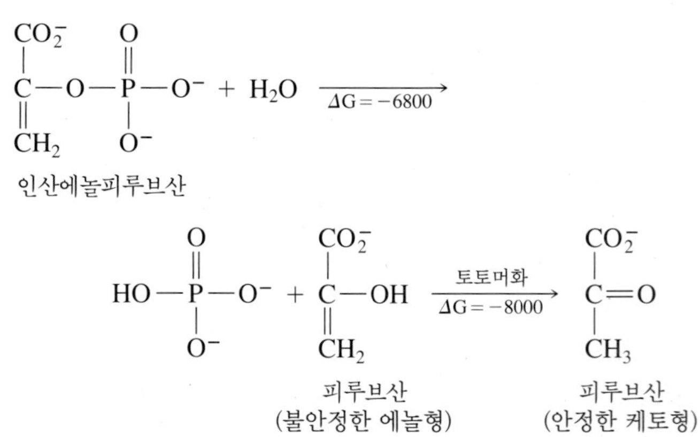

(6-13)

이 화합물의 가수분해 시 얻어진 큰 음의 ΔG값은 만약 피루브산의 처음부터 불안정한 에놀형이 인산에스터 그룹에 의해서 PEP형태로 안정화된다는 사실을 알면 쉽게 이해가 될 것이다. 가수분해에 의해서 불안정한 에놀형이 얻어지는 것처럼 보이며, 이는 곧 이성화되어 더욱 안정한 케토구조를 갖게 된다. 이 토토머화(totomerization)는 생물학적으로 중요한, 가장 높은 에너지를 갖는 화합물 중의 하나인 인산화합물, PEP를 만드는 중요한 반응이 된다.

(4) 싸이올에스터

ADP로부터 ATP를 만드는 데 사용되는 세 번째 높은 에너지 화합물은 **싸이올에스터(thiolester)** 인 아세틸 CoA이다. 이 화합물의 가수분해 시 $\Delta G'$값이 대략 −7500cal이 된다.

$$CH_3-\overset{\overset{\displaystyle O}{\|}}{C}-S-CoA + H_2O \longrightarrow CH_3-\overset{\overset{\displaystyle O}{\|}}{C}-O^- + CoA-SH + H^+$$

아세틸−CoA　　　　　　　　　　　　조효소 A

$$\Delta G' = -7500 \text{ cal (pH 7.0)}$$

이는 싸이올에스터의 독특한 성질 때문에 큰 $\Delta G'$의 가수분해값을 갖는다.

(5) 구아니듐인산

에너지의 이동 및 저장에 중요한 역할을 하는 네 번째 고에너지화합물은 **구아니듐인산(guanidium phosphate)** 이다. 포유동물과 비포유동물의 근육에서 각각 인산크레아틴(phosphocreatine) 과 인산아르지닌(phosphoarginine) 의 구조가 발견되고 있다.

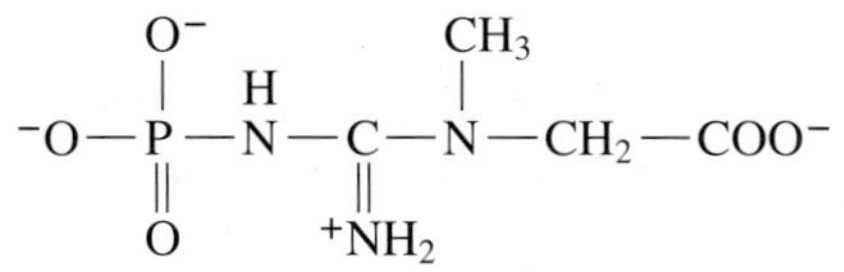

인산크레아틴

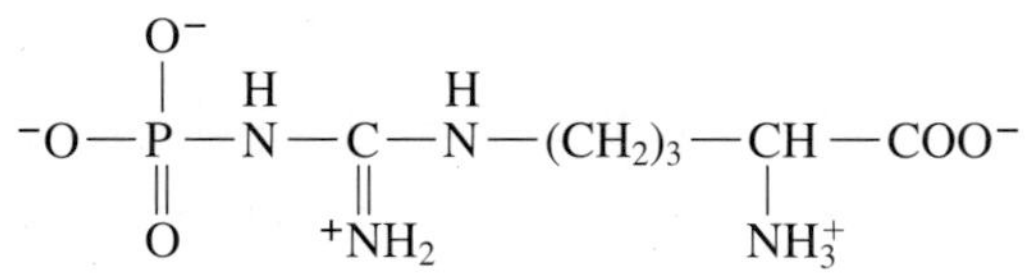

인산아르지닌

이들 화합물은 **포스파젠(phosphagen)** 으로 알려지고 있으며, 이들 포스파젠은 적절한 효소 존재하에 ATP에 의해서 크레아틴과 아르지닌의 인산화 형태로 얻어진다.

표 6-1 중요한 대산물질들의 가수분해 표준자유에너지

	pH 7.0(cal/mol)에서 $\Delta G'$
인산에놀피루브산	−14.800
Cyclic-AMP	−12.000
1,3-이인산글리셀산	−11.800
인사크레아틴	−10.300
아세틸인산	−10.100
S-아데노실메싸이오닌	−8.000
이인산	−7.500
아세틸-CoA	−7.300
ATP에서 ADP와 Pi	−8.600
ATP에서 AMP와 이인산	−6.500
ADP	−8.000
UDP-글루코스에서 UDP와 글루코스	−5.000
글루코스-1-인산	−3.800
프럭토스-6-인산	−3.300
글루코스-6-인산	−2.200

$$\text{인산크레아틴} + \text{ADP} \xrightarrow[\text{인산화효소}]{\text{크레아틴}} \text{크레아틴} + \text{ATP} \qquad (6\text{–}14)$$
$$\Delta G' = -3000\text{cal (pH 7)}$$

평형이 실제로 ATP형성을 선호하지만, 이들 화합물의 가수분해 표준자유에너지변화는 ATP보다는 약 −3000 cal/mole 정도의 덜 음의 값을 갖게 된다. 포스파젠은 고에너지 인산을 저장할 수 있는 장소를 제공함으로써 그들의 생리적인 역할을 수행한다. ATP의 농도가 높으면 반응 6–14는 오른쪽에서 왼쪽으로 진행하고, 인산이 고에너지 인산크레아틴으로 저장되게 된다. 반대로, ATP의 수준이 낮아질 때 위 반응은 왼쪽에서 오른쪽으로 진행하여 ATP의 농도가 증가하게 된다.

인산크레아틴으로 나타내고 있듯이, 구아니듐인산은 ATP와 ADP의 경우에서처럼 결합 긴장 때문에 근본적으로 덜 안정한 것만은 아니다. 가수분해생성물이 반응물인 구아니듐인산보다 많은 수의 공명구조를 갖게 되기 때문에 현저하게 안정화되는 것으로 알려지고 있다.

지금까지 논의된 다섯 가지 형태의 고에너지화합물들은 유기알콜의 인산에스터인 비교적으로 적은 값의 가수분해 $\Delta G'$를 갖는 글루코스-6-인산이나 sn-글리세롤-3-인산과 비교해서 살펴볼 필요가 있다. 표 6–1에서 고에너지와 저에너지화합물들의 경계가 뚜렷하지는 않으나, ATP를 포함해서 몇 개의 화합물들은 표의 중간위치에 놓여 있다. 그러므로 ATP가 에너지이동에 관여하는 많은 다른 반응에 관여하게 되는 독특한 능력은 연료분자의 파괴로 발생하는, 또 그들의 신진대사과정에서 인산화되는 여러 수용체분자를 생성하는 아실과 에놀인산 사이의 정확이 중간의 위치를 차지하기 때문이다.

이인산화합물 중에 ATP와 ADP에 관해서만 논의하였지만, GTP, GDP, CTP, CDP, UTP, UDP들과 또 dATP, dGTP, dTTP, dCTP들도 마찬가지로 모두들 고에너지화합물이다. 더구나 이들 화합물의 생물학적인 역할을 살펴보면 특이한 성질을 가지고 있다. 그중에 UTP는 다당체의 생합성에만 주로 사용되고, GTP는 단백질의 합성 시 사용되며, CTP는 지질의 합성시에 사용된다. 위에 언급한 세 개는 ATP와 함께 RNA의 합성에 관여되고, 반면에 dATP, dGTP, dCTP, dTTP는 DNA의 합성에 사용된다. 고리형AMP (cAMP) 는 불안정한 안하이드라이드 고리 때문에 가수분해 시 큰 자유에너지감소를 수반하지만, 고에너지의 성질 때문에 알려진 기능은 없다. 오히려 다른자리입체성의 영향을 끼치는 물질로 또는 이차신호전달체 등으로 중요한 기능을 한다.

3. 반응의 연결

세포내에서 발열반응으로 얻어진 에너지는 때때로 관련되는 흡열반응을 진행시키는데 사용되고, 그렇게 해서 일을 수행하게 된다. 이러한 일은 공통적인 중간체를 갖는 연결된 반응을 통하여 성취된다. 이러한 중요한 원리는 특수한 예를 통하여 잘 설명될 수 있다. 글루코스에서 젖산으로 전환되는 과정에서, 인산화된 트리오스인 D-글리셀알데하이드-3-인산은 산화되어 3-인산글리셀산을 얻게 된다. 이 반응은 수화된 형태의 알데하이드로부터 두 개의 수소원자를 제거함으로써 일어난다.

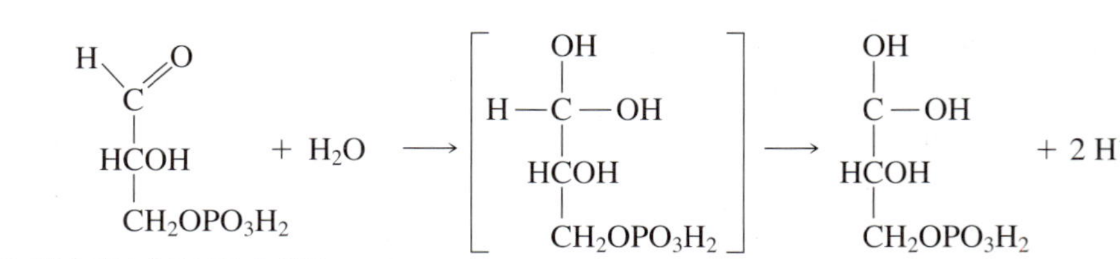
(6–15)

D-글리셀알데하이드-3-인산

$\Delta G' = -12{,}000$ cal

3-인산글리셀산

이때 새로 얻어진 산(인산그룹도 마찬가지로)의 카복실그룹이 pH 7.0에서 이온화된다. 그러나 이 이온화는 반응 6-17과 6-19에서 알데하이드그룹의 산화 시에 일어나는 프로톤의 배출과의 혼돈을 피하기 위하여 의도적으로 반응 6-15에서처럼 반응 6-19를 나타낼 수가 없다. 반응 6-15의 $\Delta G'$은 대략 $-12{,}000$cal로 반응이 쉽게 가역적이 아님을 알 수 있다. 그러나 살아 있는 세포에서는 우리가 이미 살펴본 과정인 ATP의 발생으로 37℃에서 7300cal/mole 정도의 $\Delta G'$을 갖는 ATP를 만드는 과정에서 반응 6-15를 연결시킴으로써 가능한 메커니즘으로 발전시킬 수 있다.

$$\mathrm{ADP} + H_3PO_4 \rightarrow \mathrm{ATP} + H_2O \qquad (6\text{-}16)$$
$$\Delta G' = +7300\mathrm{cal}\ (\mathrm{pH}\ 7.0)$$

이와 같은 반응은 11,800cal을 소비해야 형성되는 아실인산인 1,3-이인산글리셀산 같은 공통된 중간체를 참여시킴으로써 가능하게 된다. 이 1,3-이인산글리셀산을 형성하는 실제 반응은 산화환원반응과 인산화반응들이 연결된 것이다.

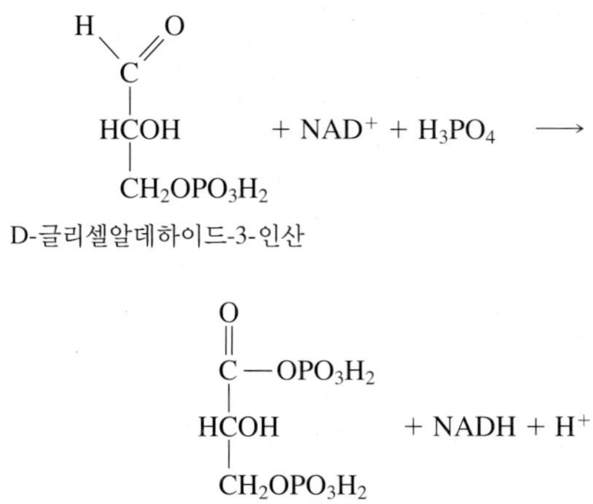

D-글리셀알데하이드-3-인산

1,3-이인산글리셀산

$\Delta G' = 1500$ cal

(6-17)

아실인산은 이어지는 반응으로 ADP를 ATP로 전환시키는 데 활용된다.

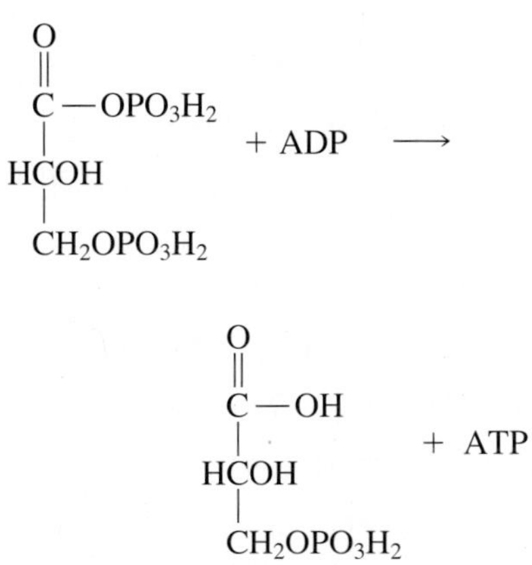

$\Delta G' = -4500$ cal

(6-18)

그리고 연결시켰을 때 두 반응의 총화는 다음과 같다.

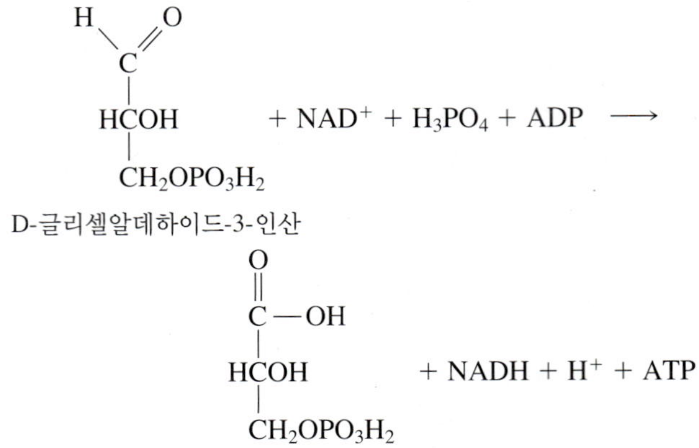

D-글리셀알데하이드-3-인산 → 1,3-이인산글리셀산 (6–19)

$\Delta G' = -3000$ cal

그래서 반응 6–19의 $\Delta G'$는 반응 6–17의 $\Delta G'$에 반응 6-18의 $\Delta G'$를 더하여 계산될 수 있으며, −3000cal의 값이 된다. 반응 6–19에서 보이듯이, 알데하이드를 카복실그룹으로 산화시켜 얻어지는 큰 양의 에너지는 주위에 열로 상실되지 않고 ATP를 형성하는 반응의 에너지로 쓰이고 있음을 알 수 있다. 그렇게 함으로써 세포에서 전체 $\Delta G'$가 반응 6–15를 오른쪽에서 왼쪽으로 가게 하는 큰 에너지가 못되기 때문에 3-인산글리셀산을 글리셀알데하이드-3-인산으로 되돌리는 데 쓰여지는 전체과정의 에너지를 활용할 수 있게 된다.

6.2.2 해당작용

1. 소개

탄수화물은 살아 있는 유기체가 필요한 주된 에너지원으로 쓰인다. 사람이 음식물로 섭취하는 탄수화물은 주로 곡물로, 식물에서 생산되는 전분과 다당체이다. 식물은 비교적 많은 양의 전분을 자신의 세포내에 저장했다가 자신의 필요에 따라 나중에 에너지로 사용하거나 동물의 음식물로 사용된다.

동물에서 탄수화물은 주로 간 (2∼8%) 이나 근육 (0.5∼1%) 에 글라이코젠으로 저장된다. 근육에 저장된 글라이코젠은 한정된 시간에 수축작용의 중요한 에너지원으로 사용된다. 간에서 글라이코젠의 주된 역할은 혈액의 글루코스농도를 유지하는 데 쓰인다. 단순한 당인 수크로스, 글루코스, 프럭토스, 만노스, 갈락토스 등이 자연에서 쉽게 접근가능한 것들이며, 이들은 생물체의 식품으로 활용된다. 대사과정을 통하여 전분이나 글라이코젠으로부터 얻어지는 최종화합물이 글루코스이기 때문에, 이 단당체를 탄수화물 대사물질로 논의하려고 한다.

글루코스는 호기성 또 혐기성 유기체에 의해서 대사된다. 초기상태에서 발효의 경로는 두 형태의 유기체에서 동일하다. 발효는 혐기성 유기체에 글루코스를 분해하여 연계된 산소의 환원과정이 없이 적은 물질로 만들면서 에너지를 공급하는 과정으로, 최종생성물은 유기체가 그 이상 대사시키지 못하면 배설하게 된다. 호기성 유기체는 그동안 혐기성 유기체로부터 진화되어 왔고 발효경로를 유지시켜 주고 있다. 산소를 활용할 수 있도록 하는 호기성 유기체의 발효경로를 통하여 완전히 붕괴시키는 메커니즘은 최종산물인 탄산가스와 물이 되도록 발전시켜 왔다.

그래서 혐기성 경로는 글루코스를 불완전하게 파괴되도록 하고, 세포에 비교적 적은 에너지를 제공하게 된다. 반면에 호기성 유기물은 글루코스의 완전한 파괴로 더 많은 에너지를 얻게 된다. 그래서 글루코스의 불완전한 연소가 실제로 이득이 되도록 진화됐다는 설이 있고, 이와 같은 방법으로 세포의 구조에 필요한 그리고 그들의 다양한 기능에 맞게 분자를 선택한다고 볼 수 있다.

2. 해당작용의 정의

글루코스가 혐기성으로 붕괴되는 반응들의 순서를 해당반응과정이라고 한다. 엄격히 말해서 1몰의 글루코스로부터 2몰의 젖산이 생성되는 과정이다. 글루코스 이외의 단당류는 다음과 같다.

$$C_6H_{12}O_6 \xrightarrow[\text{해당반응과정}]{} 2CH_3CHOHCOOH$$

이 경우에는 어떤 과정의 반응을 거쳐 **해당작용(glycolysis)**의 중간체로 얻어지고, 순서의 해당작용을 거치게 된다. 단당류가 붕괴되면 ATP형태의 에너지가 배출되고, 여러 중요한 대사물질이 만들어지며, 이들은 여러 중간대사과정의 어느 쪽에 사용된다. 청녹색 엘지를 제외하고 모든 유기체는 이 해당과정을 통하여 글루코스를 붕괴시켜 피루브산을 얻을 수 있는 능력을 갖는다. 그러한 세포나 조직들에서 실제로 피루브산을 젖산이 주된 생성물이 되도록 전환시킬 수 있는 능력은 더욱 제한되고 있다. 동물의 골격근육, 젖산 박테리아(신 우유나 독일식김치의 생성)와 몇몇 식물조직(감자)들이 젖산을 주생성물로 만드는 적절한 예이다. 적은 산소의 공급, 비교적 적은 마이토콘드리아 그리고 높은 농도의 해당효소들을 가지고 있는 골격근육은 해당작용을 수행하도록 이상적으로 고안되어 있다.

심장근육은 산소와 마이토콘드리아의 공급이 잘 되어서 단지 적은 양의 피루브산만을 젖산으로 전환시킨다. 모든 조직에서 보여지고 있듯이, 적정한 산소의 공급으로 호기성 상태의 탄수화물대사에서 아세틸CoA를 경유하여 그것을 산화시킴으로써 피루브산을 직접 활용하고 있다.

3. 알콜의 발효

알콜발효에서 1몰의 글루코스에서 2몰의 탄산가스와 에탄올이 생성된다.

$$C_6H_{12}O_6 \xrightarrow[\text{알콜발효}]{} 2\ CH_3CH_2OH + 2CO_2$$

주로 효모나 몇 개의 다른 미생물에서 일어나는 알콜발효 과정은 해당작용반응의 순서에서 마지막 두 반응만을 제외하고는 해당작용의 여러 반응과 동일하다. 해당작용이나 알콜발효과정의 두 과정에 산화가 일어나지만, 산소분자가 참여하지 않으면서 진행되는 것에 주의할 필요가 있다. 산화가 일어나는 사실의 증명으로, 몇몇 탄소원자(젖산의 C−COOH와 CO_2)가 글루코스분자에서보다 더욱 산화되고, 반면에 다른 화합물(젖산의 −CH_3그룹과 에탄올)은 더욱 환원되고 있다.

오늘날 알려진 해당작용의 반응 순서는 초기에 선구적인 연구를 수행한 엠덴(Embden), 메이어호프(Meyerhof), 로빈슨(Robinson), 뉴버그(Neuburg), 코리(Cori) 부부, 리프만(Lipman), 파르나스(Parnas)와 와브르그(Warburg) 등 여러 연구자들의 연구업적으로 얻어진 결과이다.

6.2.3 해당과정의 반응들

글루코스가 젖산으로 전환되는 과정에 열 개의 반응들이 관여하고 있다(표 6-2). 이들

표 6-2 해당과정의 반응들과 그들의 표준 자유에너지의 변화

단계	반응	효소	$\Delta G^{\circ\prime *}$ kj/mol	ΔG^{**} kj/mol
1	글루코스 + ATP ⟶ 글루코스-6-인산 + ADP	헥소스인산화효소/글루코스인산화효소	−4.0	−33.9
2	글루코스-6-인산 ⟶ 프럭토스-6-인산	글루코스인산이성화효소	+0.4	−2.92
3	프럭토스-6-인산 + ATP ⟶ 프럭토스-1,6-이인산 + ADP	인산프럭토인산화효소	−3.4	−18.8
4	프럭토스-1, 6-이인산 ⟶ 다이하이드록시아세톤 인산 + 글리셀알데하이드-3-인산	알돌레이스	+5.7	−0.23
5	다이하이드록시아세톤인산 ⟶ 글리셀알데하이드-3-인산	트리오스인산이성화효소	+1.8	+2.41
6	2(글리셀알데하이드-3-인산 + NAD^+ + P_i ⟶ 1, 3-이인산글리셀산 + NADH + H^+)	글리셀알데하이드-3-인산 탈수소효소	2(+1.5)	2(−1.29)
7	2(1, 3-이인산글리셀산 + ADP ⟶ 3-인산글리셀산 + ATP)	인산글리셀산인산화효소	2(−4.5)	2(+0.1)
8	2(3-인산글리셀산 ⟶ 2-인산글리셀산)	인산글리셀산전환효소	2(+1.1)	2(+0.83)
9	2(2-인산글리셀산 ⟶ 인산에놀피루브산 + H_2O)	에놀레이스	2(+0.4)	2(+1.1)
10	2(2-인산에놀피루브산 + ADP ⟶ 피루브산 + ATP)	피루브산인산화효소	2(−7.5)	2(−23.0)
전체	글루코스 + 2 ADP + 2Pi + NAD^+ ⟶ 2 피루브산 ⟶ 2 ATP + NADH + H^+	젖산탈수소효소	−17.5	−98.0
	2 피루브산 + NADH + H^+ ⟶ 젖산 + NAD^+		2(−6.0)	2(−14.8)
	글루코스 + 2 ADP + $2P_i$ ⟶ 2 젖산 + 2 ATP		−29.5	−127.6

**ΔG°: 37°C 1 *M*의 반응물과 생성물 pH 7.0
**ΔG°: 37°C 백혈구대사물질의 일정상태의 농도

을 편리하게 두 개의 그룹으로 나눈다. 첫 네 개의 반응은 글루코스의 산화로 세포에 에너지를 배출하는 D-글리셀알데하이드-3-인산화합물로 전환되는 반응들이다. 반면에 준비단계의 4반응은 글루코스분자가 인산화되는 글리셀알데하이드-3-인산이 형성되기 이전의 반응으로, 에너지의 소비가 요구되는 단계들이다(그림 6-7).

1. 1단계

반응 1. 글루코스 ⟶글루코스-6-인산(헥소스인산화효소, hexokinase): 해당과정에서 글루코스가 활용되는 첫 단계는 ATP에 의한 인산화로 글루코스-6-인산을 생산하는 단계이다.

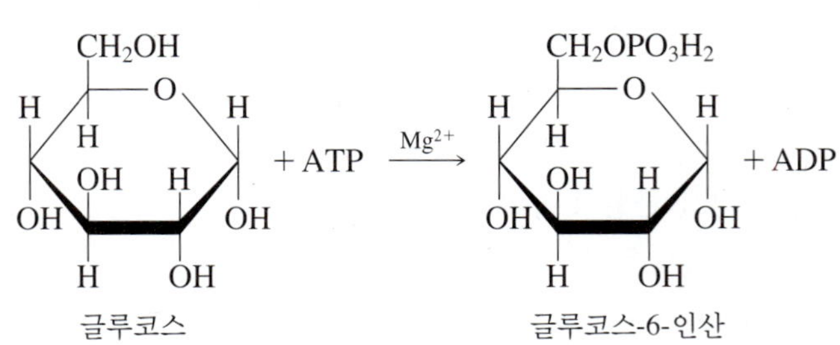

(6-20)

$\Delta G' = -4000$ cal(pH 7.0)

이 반응을 촉매하는 효소인 헥소스인산화효소는 1927년 메이어호프(Meyerhof)에 의해서 처음으로 효모에서 발견되었다. 효모에서 얻은 효소는 결정화되었고, 분자량이 111,000D이다. 효모의 헥소스인산화효소는 55,000D분자량을 갖는 두 개의 폴리펩타이드 소단위체로 해리되고, 각 소단위체가 각각 활성부위를 가진다.

이 효소는 광범위한 기질특이성을 가지므로, ATP로부터 글루코스에만 인산을 전달하

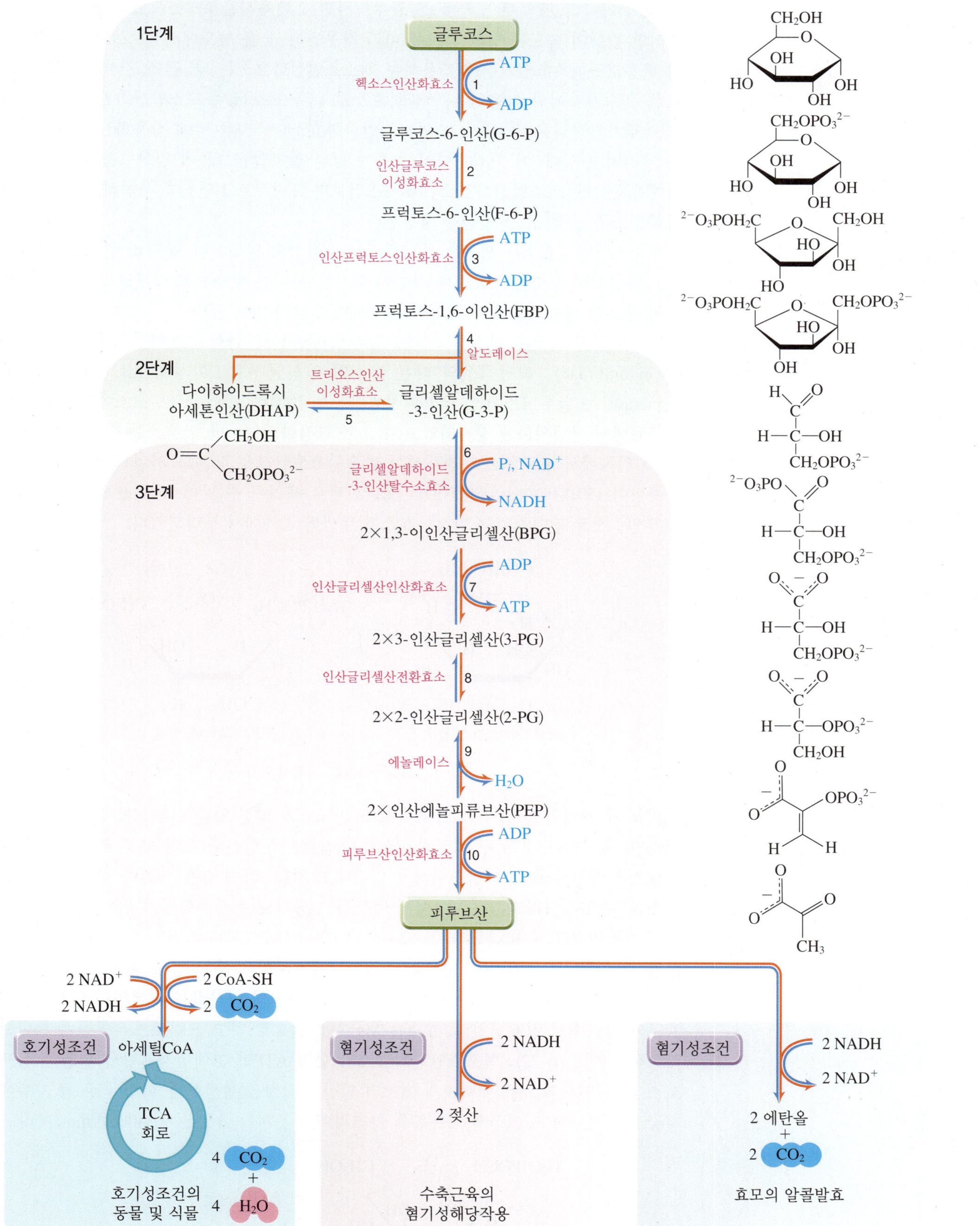

그림 6-7 해당과정의 전체 반응. 한 분자의 글루코스는 두 분자의 글리셀알데하이드-3-인산을 만들게 된다(1단계). 다이하이드록시아세톤인산은- 글리셀알데하이드-3-인산으로 상호전환된다. 글리셀알데하이드-3-인산은 여섯 개의 반응을 통하여 피루브산을 최종산물로 얻게 된다(2단계).

는 것이 아니라, 프럭토스, 말토스, 글루코사민, 2-데옥시글루코스에도 전달하고 있다. 상대적인 반응의 속도는 당의 농도에 따라 좌우된다. 높은 농도에서는 프럭토스가 가장 빨리 반응하였다. 여러 기질에 작용하는 헥소스인산화효소는 뇌, 근육, 간에서 발견되었다. 또한 특수기질에만 작용하는 인산화효소로 글루코스(글루코스인산화효소), 프럭토스(프럭토스인산화효소), 만노스(만노스인산화효소) 및 다른 당에 작용하는 인산화효소들도 알려지고 있다. 이 기질특이성 효소는 당의 일차알콜그룹에 인산그룹을 이전시킨다. 간에 있는 프럭토스인산화효소는 6-에스터보다 프럭토스-1-인산을 생성하고, 갈락토스인산화효소는 갈락토스-1-인산을 생성한다.

헥소스인산화효소는 생성물에 의해서 효소활성이 방해된다. 분명히 현저한 양의 글루코스-6-인산이 생성되면 효소의 기능이 정지된다. 다른 반응으로 글루코스-6-인산이 소모되어 감소할 때까지 효소는 불활성화된 상태로 남아 있게 된다.

반응 2. 글루코스-6-인산 ⟶ 프럭토스-6-인산(인산헥소스이성화효소, phosphohexoisomerase) : 해당작용의 다른 효소인 인산글루코스이성화효소(phosphoglucoisomerase)는 글루코스-6-인산의 이성화반응을 촉매한다. 인산글루코스이성화효소는 골격근육에서 광범위하게 정제되었고, 효소가 결정화되었으며, 조효소는 필요 없다. 반응의 K_{eq}가 왼쪽에서 오른쪽으로 진행하는 반응인 0.5의 값을 갖는다. 사람의 골격근육효소의 분자량이 130,000D이고, 61,000D의 소단위체로 해리될 수 있다. 만노스-6-인산과 프럭토스-6-인산으로 전환시키는 이성화효소가 토끼의 근육에서 분리되었다.

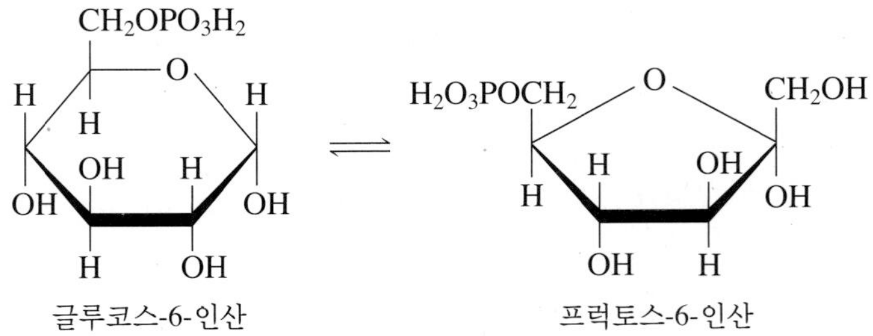

(6–21)

$\Delta G' = +400$ cal (pH 7.0)

비록 세 가지인 당 글루코스, 프럭토스, 만노스가 약한 알칼리에서 쉽게 상호전환될 수 있지만, 흥미있는 것은 두 이성화효소가 프럭토스-6-인산과 그것 때문에 이름이 붙여진 헥소스-6-인산에 높은 기질특이성을 나타내고 있다. 비록 반응 6-21이 피라노스와 퓨라노스의 구조로 그려져 있으나, 실제 이성화는 당의 열린사슬형태가 관여되고, 엔다이올이 중간체인 것으로 밝혀졌다.

반응 3. 프럭토스-6-인산 ⟶ 프럭토스 -1,6-이인산(인산프럭토스인산화효소, phosphofructokinase) : ATP에 의하여 프럭토스-6-인산의 인산화를 촉매하는 인산화효소는 효모와 근육에서 정제되었다. 효소는 Mg^{2+}를 필요로 하고 프럭토스-6-인산에 특이하게 작용한다(반응 6–22). 헥소스인산화효소와 함께 ATP의 고에너지결합을 활용하여 프럭토스-1,6-이인산의 낮은 에너지의 에스터-인산의 결합을 형성한다. 이 반응은 큰 자유에너지감소로 진행되고, 그래서 자유롭게 가역적이지 못하다. $\Delta G'$은 -3400cal/mole이다.

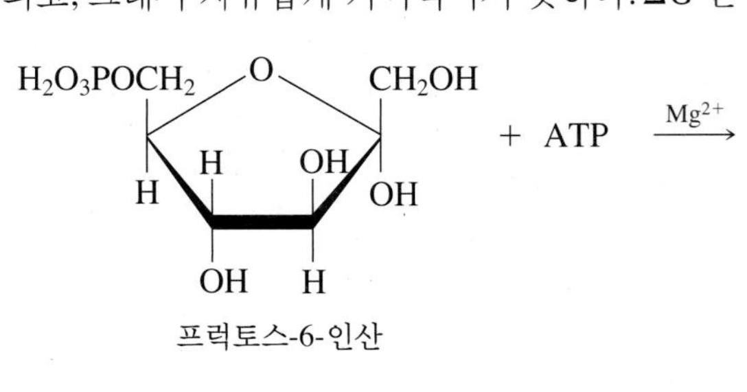

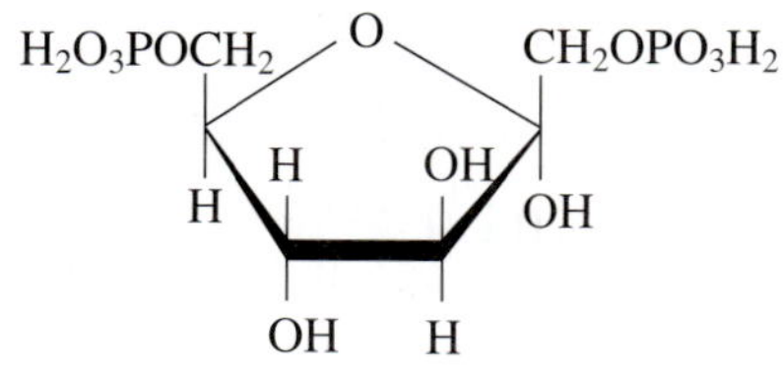

+ ADP (6-22)

프럭토스-1,6-인산

인산프럭토스인산화효소는 많은 공통적인 대사물질들에 의해서 효소의 활성이 증가되거나 감소되기 때문에 대사조절에 중요한 위치가 된다. 이 경우 그러한 영향을 주는 물질들은 다른자리입체성조절을 한다. 그래서 과잉의 ATP와 시트르산은 프럭토스-6-인산의 합성을 방해한다. 반면에 AMP, ADP, 프럭토스-6-인산은 효소를 활성화시키고, 효소의 활성제로 기능한다.

다른자리입체성효소인 인산프럭토스인산화효소는 큰 분자량(−360,000D)과 네 개의 소단위체로 해리된다(그림 6-8). 다른자리입체성효소의 특징인 전형적인 시그마 운동력학의 성질을 나타낸다. 뿐만 아니라, 해당과정을 조절하는 하나의 효소로서, 촉매되는 반응은 비가역적이다. 이 결과는 반응의 $\Delta G'$와 반응물과 생성물의 Km 때문만이 아니라, 다른자리입체성 영향제의 성질 때문이기도 하다.

반응 4. 프럭토스-1,6-이인산 ⟶ 글리셀알데하이드-3-인산 + 다이하이드록시아세톤인산(알돌레이스, Aldolase). 해당과정의 다음 단계의 순서로, 프럭토스-1,6-이인산이 두 개의 트리오스인산으로 붕괴되는 과정의 반응이다. 이 반응을 촉매하는 효모의 효소인 알돌레이스는 와브르그(Warburg)에 의해서 광범위하게 정제되고 연구되었다. 현재 이 효소는 수많은 동물, 식물, 미생물에서 결정화되었고, 자연에 널리 존재한다. 특정한 조직에서 높은 농도로 이 효소가 존재하면 그곳에 기능성 해당과정의 경로가 있음을 의미한다.

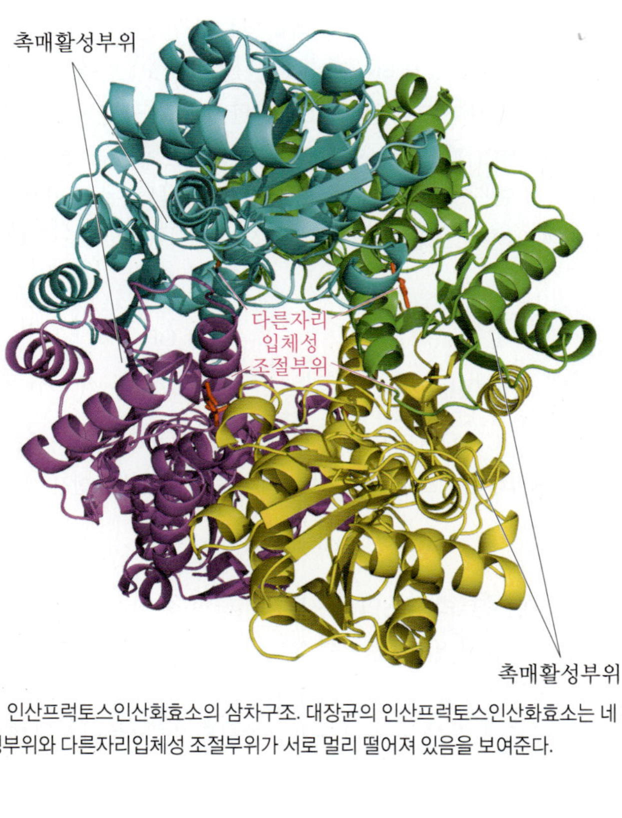

그림 6-8 인산프럭토스인산화효소의 삼차구조. 대장균의 인산프럭토스인산화효소는 네 개의 동일한 소단위체로 구성된다. 촉매활성부위와 다른자리입체성 조절부위가 서로 멀리 떨어져 있음을 보여준다.

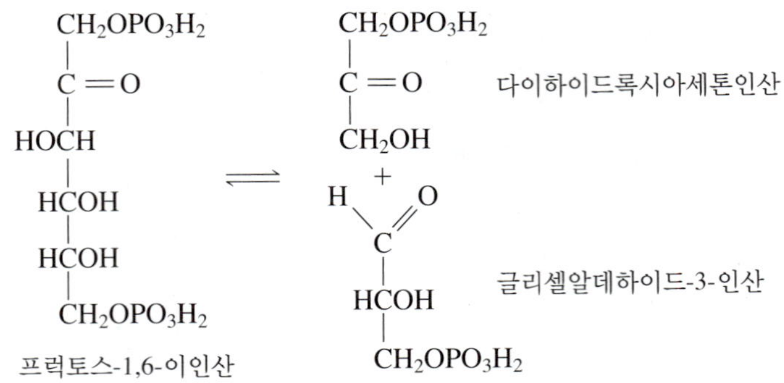

(6-23)

$\Delta G' = +5500$ cal (pH 7.0)

위 식의 반응은 왼쪽에서 오른쪽으로 진행되고, K_{eq}의 값은 10^{-4}M이며, $\Delta G'$의 값이 +5500cal이다. K_{eq}나 $\Delta G'$값으로 볼 때, 반응은 왼쪽에서 오른쪽으로 진행할 수 없는 것처럼 보인다. 그러나 이런 종류의 반응에서처럼 한 반응물이 두 개의 생성물을 만들게 되는 경우, 반응에 관여되는 반응물의 농도에 강하게 영향을 받게 된다.

예를 들면, 알돌레이스는 프럭토스-1,6-인산, 세도헵튤로스-1,7-이인산, 프럭토스-1-인산, 에리뜨로스-1-인산 같은 수 많은 케토스의 이인산이나 일인산의 붕괴반응을 촉매한다. 알아둘 것은 반응 6-23이 오른쪽에서 왼쪽으로 진행하면 두 개의 새로운 비대칭 탄소원자를 형성하는 알돌축합반응이 되는데, 이론적으로는 네 개의 헥소스이인산분자의 이성질체가 만들어질 수 있다. 실제로 효소는 특이하게도 프럭토스-1,6-이인산 한 개만 만들도록 촉매한다.

2. 2단계

반응 5. 글리셀알데하이드-3-인산 ⟶ 다이하이드록시아세톤인산 (트리오스인산 이성화효소, triosephosphateisomerase). 반응 4에서 알돌레이스에 의한 D-글리셀알데하이드-3-인산의 생성은 기술적으로 해당과정에서 준비상태를 완성하는 의미를 갖는다. 두 번째 또는 에너지를 생성하는 단계에는 글리셀알데하이드-3-인산의 산화가 관여된다. 글루코스분자는 반으로 쪼개져 글리셀알데하이드-3-인산을 만들고, 만약 세포가 다이하이드록시아세톤인산을 글리셀알데하이드-3-인산으로 전환시키지 못한다면 케토스인산으로 축적되거나 다른 반응을 통하여 폐기되어야 한다. 그러나 진화하는 동안에 이 문제를 해결하기 위하여, 세포가 트리오스인산이성화효소를 만들어 이들 두 트리오스를 서로 상호교환되도록 함으로써 전체 글루코스분자가 다음의 신진대사에 쓰이도록 하고 있다.

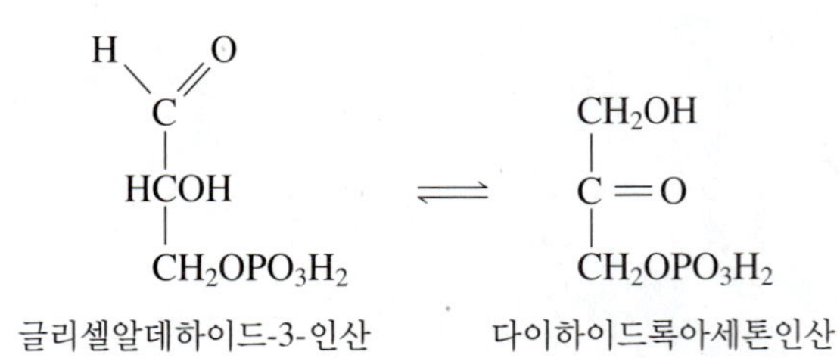

(6-24)

$\Delta G' = -1800$ cal (pH 7.0)

메이어호프 (Meyerhof)는 트리오스인산 사이의 평형을 처음으로 기술하였다. 반응은 케토스와 알도스의 상호변환이 일어나는 헥소스인산의 이성화와 같은 반응이다. 트리오스인산 이성화효소는 대단히 활성이 강한 효소이다.

반응 6. 글리셀알데하이드-3-인산 ⟶ 1,3-이인산글리셀산 (글리셀알데하이드-3-인산탈수소효소, glyceraldehyde-3-phosphate dehydrogenase). 처음으로 에너지를 발생하는, 또 해당과정에서 두 번째 단계가 되는 이 반응 6은 산화-환원이 관여되는 해당과정에서 첫 번째 반응이다. 반응 6-25에서 보듯이 이전에는 존재하지 않던 새로운 고에너지 인산화합물이 얻어지는 반응이다.

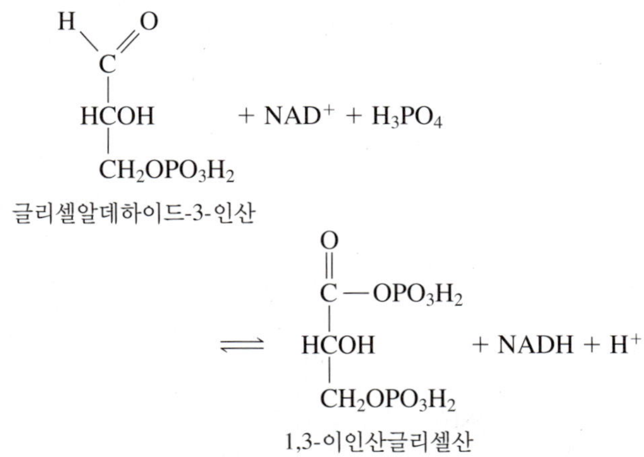

(6–25)

$\Delta G' = +1500$ cal (pH 7.0)

한 개의 알데하이드그룹이 산화되어 카복실산 수준으로 얻어지는 것은 열의 형태로 배출되리라고 생각했던 많은 에너지가 1,3-이인산글리셀산의 아실인산의 형성으로 보존되기 때문이다. 이 과정의 산화제로는 조효소인 NAD$^+$가 관여된다. 반응 6–25는 $\Delta G'$이 대략 + 1500cal가 된다. Keq가 0.08로 반응이 쉽게 가역적이다. 효소는 토끼의 근육과 효모에서 결정화되었으며, 분자량은 145,000D이다. 또한 효소는 사량체로, 네 개의 동일한 대략 35,000D의 분자량으로 구성되고 있다(그림 6–9). 각 소단위체는 1분자의 NAD$^+$와 단단하게 부착되어 네 개의 NAD$^+$가 모든 효소분자에 들어 있다. 뿐만 아니라 이들 NAD$^+$ 분자는 효소의 촉매작용에 밀접하게 관여되고 있다.

트리오스인산탈수소효소는 촉매활성에 환원된 상태로 필요한 −SH그룹을 가지고 있다. 잘 알려진 해당과정을 방해하는 화합물인 아이오도아세트아마이드(iodoacetamide)는 공유결합에 의해, 또 비가역적으로 탈수소효소의 −SH그룹에 부착되기 때문에 촉매기능을 방해하게 된다.

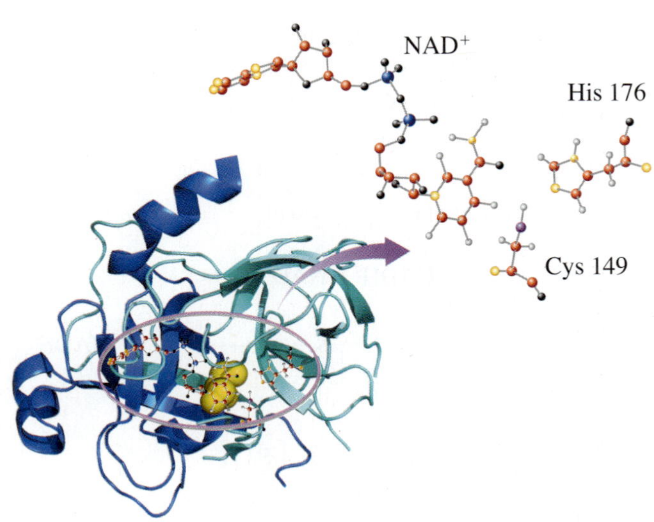

그림 6–9 글리셀알데하이드-3-인산탈수소효소의 구조. 활성부위 아미노산으로 시스테인 159와 히스티딘 176은 조효소 NAD$^+$에 서로 인접해 있다. 시스테인 황 원자는 기질과 연결되어 잠정적인 싸이오에스터 중간체를 형성하게 된다.

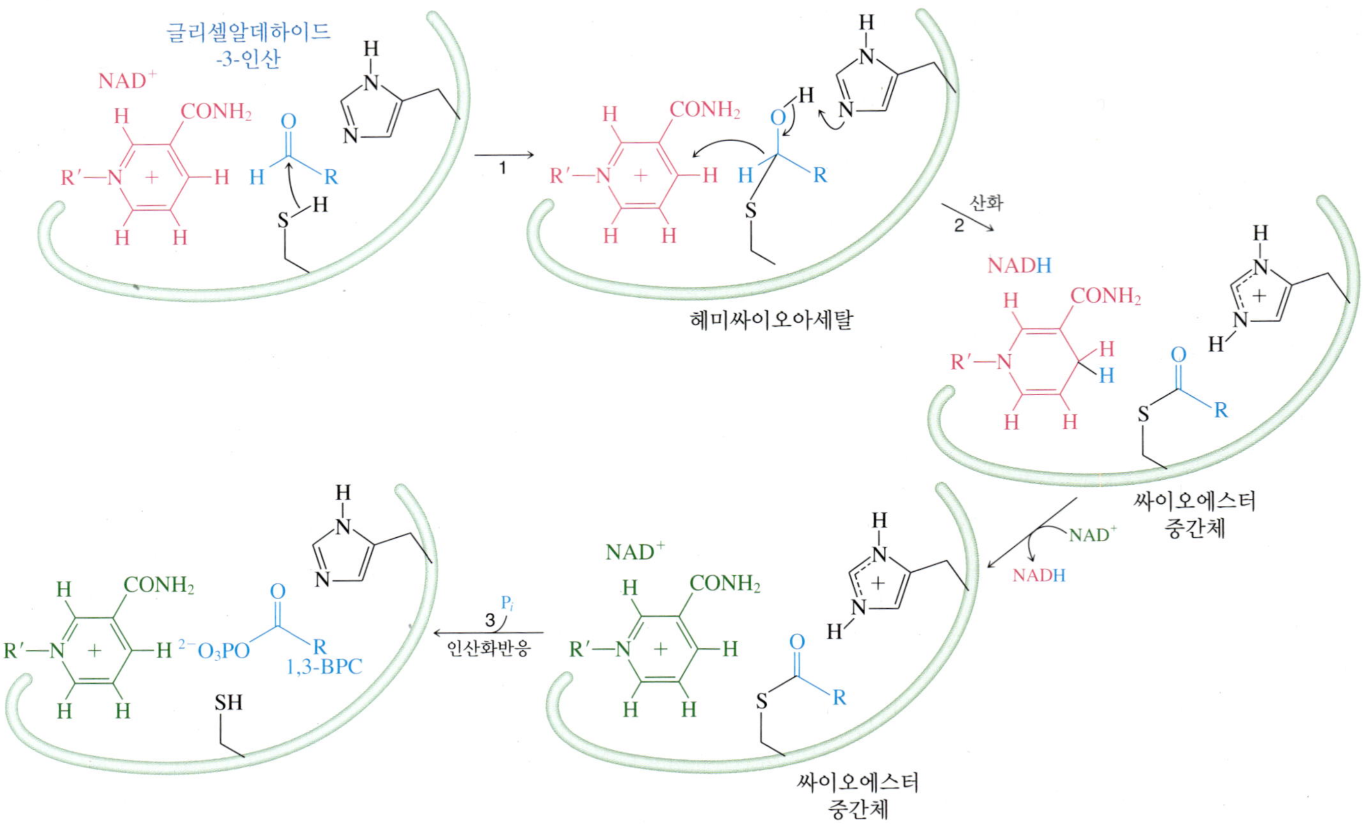

■■ **그림 6-10** ■■ 글리셀알데하이드-3-인산탈수소효소의 촉매 메커니즘. 싸이오에스터 중간체의 형성으로 글리셀알데하이드의 산화는 3-인산글리셀산이 된다. 1 시스테인은 기질의 알데하이드그룹과 반응하여 헤미싸이오아세탈을 형성한다. 2 하이드라이드이온이 NAD^+에 이동하면서 산화가 일어나고, 싸이오에스터가 얻어진다. 이때 프로톤은 히스티딘에 옮겨지면서 반응이 일어난다. 3 환원된 NADH는 NAD^+분자와 교환된다. 4 올쏘인산이 싸이오에스터를 공격하여 1,3-이인산글리셀산이 얻어진다.

$$R-SH + ICH_2CONH_2 = R-S-CH_2CONH_2 + HI$$

필수적인 −SH그룹이 관여되는 메커니즘으로 초기반응에서 탈수소효소−NAD^+의 존재하에 알데하이드가 산화되어 싸이오에스터로 되고, 이때 싸이오에스터 연결에 관여하는 황원자는 효소의 활성부위 잔기인 시스테인의 −SH그룹이 된다(그림 6-10).

$$R-C\begin{smallmatrix}H\\ \\ O\end{smallmatrix} + HS-\text{효소}-NAD^+ \rightleftharpoons R-\underset{\displaystyle O}{\underset{\|}{C}}-S-C-\text{효소}-NADH + H^+$$

아실-효소화합물의 NADH가 NAD^+로 교환된다.

$$R-\underset{\displaystyle O}{\underset{\|}{C}}-S-\text{효소}-NADH + NAD^+ \rightleftharpoons R-\underset{\displaystyle O}{\underset{\|}{C}}-S-\text{효소}-NAD^+ + NADH$$

마지막으로 효소의 아실그룹은 무기인산에 옮겨진다.
이들 세 반응의 합은 반응 6-25의 전체반응이 된다.

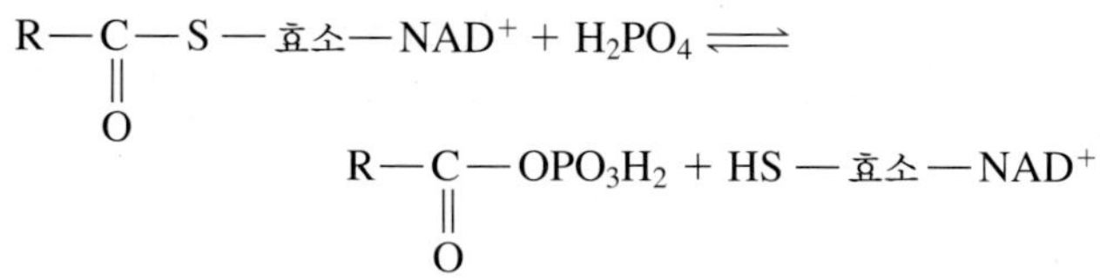

반응 7. 1,3-이인산글리셀산 ⟶ 3-인산글리셀산 (1,3-인산글리셀인산화효소, phosphoglycerylkinase). 이 반응은 반응 6에서 얻어진 아실인산으로부터 인산그룹을 ADP에 옮겨 ATP를 만드는 일을 한다. 효소의 이름은 고에너지인산이 ATP로부터 3-인산글리셀산으로 옮겨지는 과정의 역반응에서 얻어지고 있다. 이 반응에서 아실인산그룹(가수분해 $\Delta G = -11{,}800$cal)이 활용되어 ADP의 인산화로 ATP를 만들게 된다. 반응 6–25와 6–26을 결합하면 다음의 반응이 얻어진다.

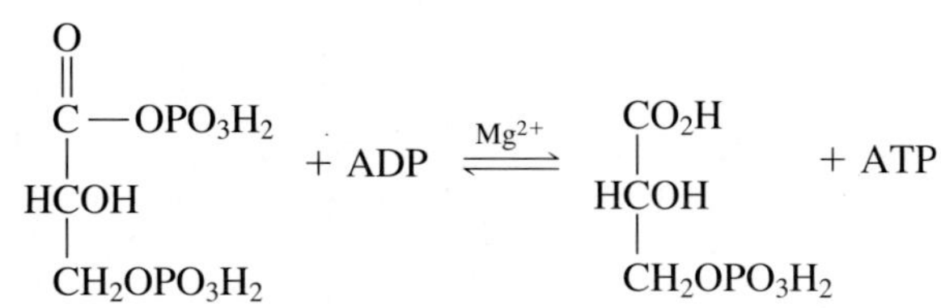

(6–26)

1,3-이인산글리셀산 3-인산글리셀산

$\Delta G' = -4500$ cal (pH 7.0)

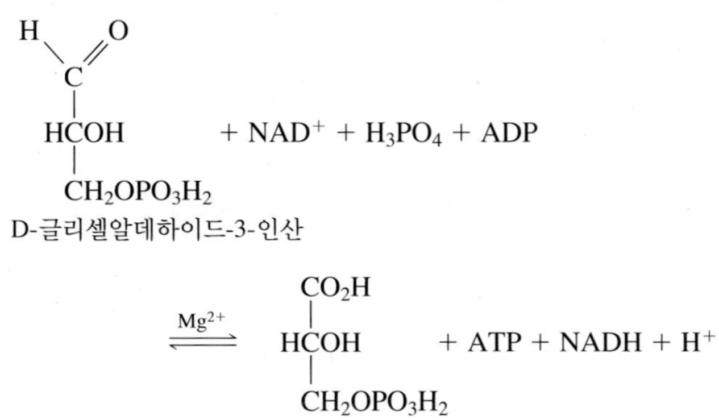

D-글리셀알데하이드-3-인산

3-인산글리셀산

(6–27)

이 반응은 고에너지화합물인 인산화합물의 형성이 보통 열의 형태로 에너지를 방출하는 화학적인 산화반응과 연결되는 가장 잘 알려진 좋은 예가 된다. 현재의 경우 일부의 에너지는 ATP의 형태로 보존되었다가 차후에 세포가 다른 흡열반응을 추진하는 데 쓰이게 되는 경우이다.

반응 8. 3-인산글리셀산 ⟶ 2-인산글리셀산 (인산글리셀산전환효소, phosphoglycerylmutase). 인산글리셀산전환효소는 두 인산글리셀산의 상호전환을 촉매하는 효소이다. 반응은 왼쪽에서 오른쪽으로 일어나고, 반응상수는 0.17이다.

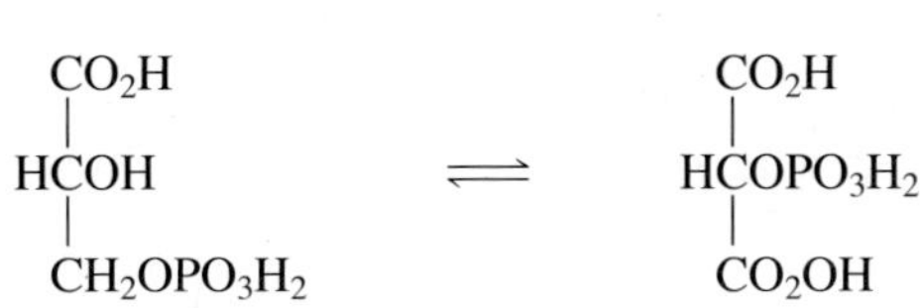

(6–28)

3-인산글리셀산 2-인산글리셀산

$\Delta G' = +1050$ cal (pH 7.0)

이 효소는 인산그룹을 같은 화합물의 한 탄소원자에서 다른 탄소원자로 옮기는 반응을 촉매하는, **인산전환효소 (phosphomutase)** 라고 부르는 일종의 효소들의 그룹에 속한다.

인산글리셀산전환효소는 둘 다 효소의 활성을 위하여 2,3-이인산글리셀산을 활성의 보조인자로 필요로 한다. 이 효소는 아래의 메커니즘에 의해서 반응을 진행시킨다.

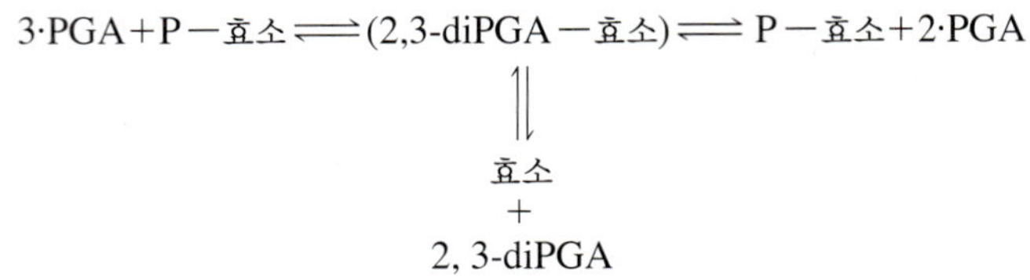

효소는 2,3-이인산글리셀산(2,3 diPGA)과 반응하여 이인산화된 효소를 만들고, 다음 해리되어 일인산화된 효소와 3-인산글리셀산(3-PGA)과 2-이성질체(2-PGA)의 두 가지를 만들게 되는 것으로 밝혀졌다.

반응 9. 2-인산글리셀산 ⟶ 인산에놀피루브산(에놀레이스, enolase). 글루코스 붕괴의 다음 반응은 2-인산글리셀산의 탈수로 고에너지의 에놀인산그룹을 갖는 인산에놀피루브산을 만드는 반응이다. 반응은 자유롭게 가역적이다. 이렇게 간단한 탈수로 고에너지의 에놀인산이 생성된다. 에놀레이스에 의한 촉매로 탈수가 발생하면서 두 분자에서 전자의 재배치가 일어나

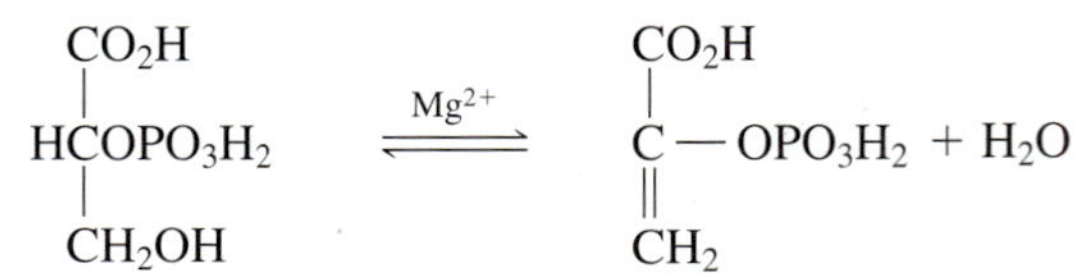 (6–29)

2-인산글리셀산 인산에놀피루브산

$\Delta G' = -650$ cal (pH 7.0)

고, 화합물의 많은 양의 전체 위치에너지가 가수분해에 의해서 배출된다. 에놀레이스는 활성을 위하여 Mg^{2+}를 필요로 한다. Mg^{2+}과 인산의 존재하에 플루오린이온은 효소활성을 방해한다.

반응 10. 인산에놀피루브산 ⟶ 피루브산(피루브산인산화효소, pyruvate kinase). 피루브산인산화효소는 인산에놀피루브산에서 인산그룹을 ADP에 주고, ATP와 피루브산을 생성한다.

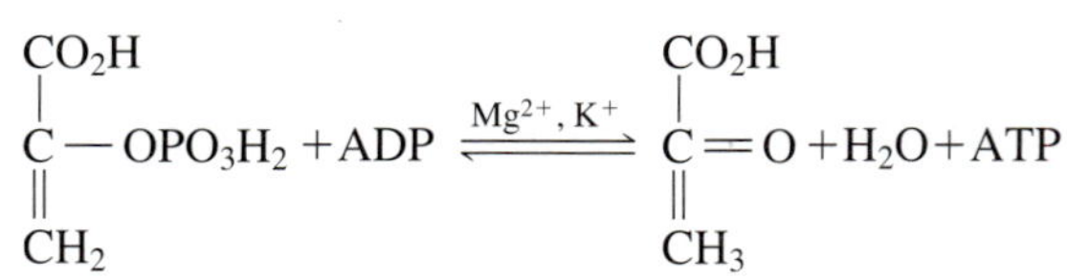 (6–30)

인산에놀피루브산 피루브산

$\Delta G' = -6100$

효소의 활성에 Mg^{2+}와 K^+이 필요하다.

인산에놀피루브산(−14,800cal)의 큰 $\Delta G'$ 때문에 반응 식6–30의 $\Delta G'$은 대략 −7500cal을 예상할 수 있다. 실제 연구결과 −61,00cal의 $\Delta G'$에 대한 K_{eq}가 3×10^4로 높기 때문에 평형이 오른쪽으로 치우쳐 반응의 정확한 K_{eq}를 얻기 힘들다. 대사적인 측면에서 본다면, 피루브산은 매우 활성이 있는 화합물질이고, 세포에서 여러 다른 반응에 관여하는 물질이다. 그래서 6–30 반응을 역으로 되돌리기 위해 높은 농도(0.01 *M*)에 도달할 기회는 거의 없는 것으로 알고 있다.

3. 피루브산에서 젖산의 생성반응(젖산탈수소효소)

피루브산이 NADH에 의해서 환원되어 L(+)-젖산을 생성하는 반응은 **젖산탈수소효소(Lactic dehydrogenase)**에 촉매되고, 해당과정에서 마지막으로 나타나는 반응이다. 반응

6-25의 반응에서 생성된NADH가 이 반응에서 사용되기 때문에 해당과정이 일어나는 조직에 NADH의 축적이 일어나지는 않는다. 이 반응에서 조효소 NADH는 NADPH에 비교해서 170배나 더욱 빨리 반응에 기여한다.

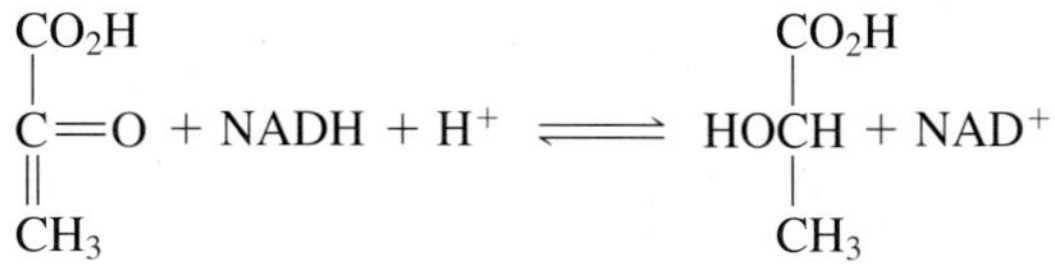

(6-31)

피루브산 L(+)-젖산

$$\Delta G' = -6000 \text{ cal (pH 7.0)}$$

효소는 피루브산에만 특이하게 작용하지 않고, 페닐피루브산을 비롯해서 많은 다른 케토산과 반응에 관여한다. 평형 ($K_{eq} = 2.5 \times 10^4$) 은 pH 7에서 훨씬 오른쪽으로 치우치고 있다.

젖산탈수소효소는 동위효소 (isoenzyme) 로, 심장에 나타나는 H4형태와 골격근육의 효소 M4는 상당히 다른 동력학적인 성질을 갖는다. 심장의 효소 (H4) 는 낮은 수준의 피루브산의 농도에서 활성을 갖고 10^{-3} M 이상의 농도에서 방해 받는다. 근육의 효소 (M4) 는 피루브산의 농도가 3×10^{-3} M이 될 때까지 최대속도를 얻지 못하나, 훨씬 높은 농도에서 그 활성을 유지한다. 지속적인 에너지공급을 요구하는 심장에서 글루코스를 피루브산으로 전환시킴으로써 가장 적절한 기능을 하게 되며, 피루브산을 산화시켜 **TCA회로 (TCA cycle)** 를 통하여 CO_2와 H_2O를 만든다.

골격근육에서는 대단히 낮은 농도의 산소 존재하에 에너지가 급격하게 필요하게 된다. 이때의 에너지는 ATP가 생성되는 해당과정의 반응에서 공급될 수 있으나 O_2는 관여되지 않는다. 물론 그런 요구는 비교적 많은 양의 피루브산을 필요로 하고 그 대신 젖산으로 환원시키게 된다. 이런 논리를 뒷받침하기 위하여 지속적으로 수축하는 심장 같은 조직에서는 H4-젖산탈수소효소가 발견되고, 대신 때때로 짧은 거리를 날아야 하는 닭이나 꿩의 날개 근육에는 전적으로 M4-젖산탈수소효소를 가지고 있다. 반면에 지속적으로 공중에 날고 있는 바다제비의 날개 근육에는 전적으로 H4형 효소를 가지고 있음이 밝혀졌다.

알콜의 발효와 전통주의 제조

글루코스가 알콜과 탄산가스로 전환되는 효모의 알콜발효와 근육에서는 해당과정 반응의 순서가 동일하나, 피루브산 이후의 대사과정에서는 서로 다르다. 알콜발효를 수행하는 효모 같은 유기체는 피루브산탈카복실화효소 (pyruvic decarboxylase) 를 가지고 있어서, 피루브산을 비가역적으로 탈카복실화하여 아세트알데하이드와 CO_2의 생성을 촉매하게 된다. 동물에는 존재하지 않는 이 피루브산탈카복실화효소는 타이민이인산 (TPP, cocarboxylase) 과 Mg^{2+}를 조효소로 필요로 한다. 반응은 상당한 발열반응으로, 해당과정에 비교해서 알콜 발효의 최종산물인 C_2H_5OH와 CO_2가 글루코스로 다시 되돌릴 수 없다는 사실을 보여 주고 있다.

얻어진 아세트알데하이드는 알콜탈수소효소에 의해서 환원되어 알콜이 얻어진다. 이 반응의 평형상수 K_{eq}는 pH 7에서 알데하이드가 환원되는 쪽을 훨씬 더 선호하고 있다. 니코틴아마이드뉴클레오타이드 (NADH) 조효소가 관여되는 반응으로, 과정이 pH에 전적으로 좌우된다. 과잉의 NAD^+ 존재하에 pH 9.5에서의 탈수소반응은 역반응인 알콜을 아세트알데하이드로 정량적으로 전환시킬 수 있다. 알콜탈수소효소는 동물의 간이나 망막, 혈청, 고등 식물의 잎, 효모를 포함한 많은 미생물 등에 광범위하게 분포되고 있다.

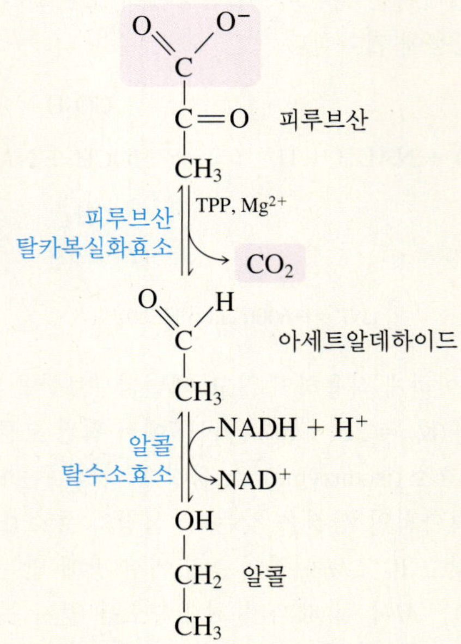

분명한 것은 효소가 많은 양의 알콜을 생산하는 조직에만 제한되지는 않는다는 점이다.

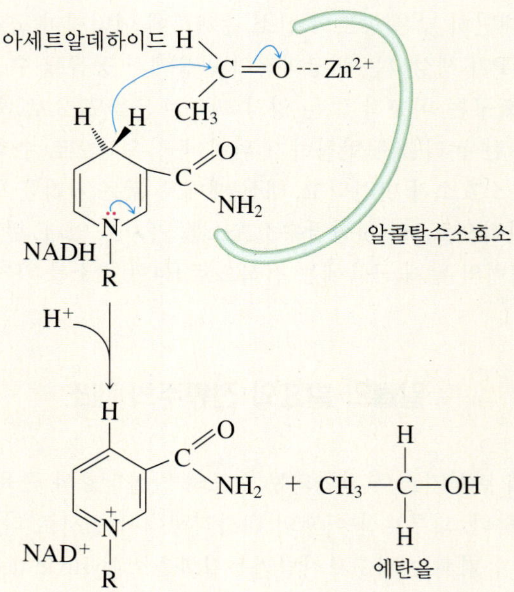

알콜탈수소효소의 작용 메커니즘

전통적으로 우리나라에서 오랜 기간 동안 농민들의 사랑을 받아 오던 막걸리는 누룩(효모)이 가진 해당반응의 효소들과 피루브산탈카복실화효소, 알콜탈수소효소를 이용하여 글루코스를 에탄올과 탄산가스를 만드는 생화학적인 발효지식이 활용되어 만들어졌다. 전통주인 막걸리는 쌀, 보리, 밀 등을 글루코스원으로 하여 해당과정을 통하여 피루브산으로 만든 다음, 피루브산을 위 두 단계의 반응을 거쳐 에탄올과 탄산가스로 만들게 된다. 막걸리가 톡 쏘는 맛을 내는 것은 발효과정에서 발생한 탄산가스 때문이다. 소주는 감자의 전분 등을 발효시켜 얻은 알콜을 증류하고, 알콜을 적당히 희석시켜 만들고 있다.

6.2.4 ATP의 생성

글루코스가 혐기성으로 붕괴 됐을 때 세포가 얻게 되는 에너지를 고려해 볼 필요가 있다. 해당과정과 알콜발효에서 ATP의 형태로 고에너지 인산화합물의 총체적인 생성을 알아본다(그림 6-11). 트리오스인산화합물이 산화될 때 고에너지결합이 얻어진다(반응 6-27). 이는 세포에서 ATP의 형태로 다음 반응에서 사용된다. 산화단계에서 한 몰당 헥소스에서 두 개의 2몰 고에너지 인산화합물이 생성된다. 두 개의 트리오스가 산화되어 1,3-이인산글리셀산이 된다.

마찬가지로 반응 6-30에서 고에너지 인산결합이 1몰의 트리오스로부터 얻어진다. 그리고 다시 다음 단계에서 ADP에 전달되어 ATP를 만들게 된다. 그래서 각 몰당 육탄당은 이 단계의 경로에서 2몰의 ATP를 만든다. 따라서 전체적으로 네 개의 ATP가 생성된다. 글루코스가 인산화되는데, 그리고 프럭토스-6-인산이 인산화되어 트리오스로 붕괴되기 전에 프럭토스이인산이 되는데는 두 고에너지 인산이 초기의 준비단계에서 사용된다. 순수한 고에너지생성은 글루코스의 몰당 붕괴로 피루브산이나 발효되어 젖산이나 에탄올이 되는 과정에서 두 개의 ATP를 얻게 된다.

1. 다른 탄수화물의 활용

글루코스 이외의 당은 해당과정의 반응 순서 중 어떤 중간체를 만드는 보조의 효소들에 의해 전환된 다음 해당과정의 순서로 대사된다. 프럭토스와 만노스는 헥소스인산화효소의 존재하에 ATP에 의해서 인산화되어 프럭토스-6-인산이나 만노스-6-인산이 된다. 앞의 것은 해당과정의 중간체이고, 만노스-6-인산은 인산글루코스이성화효소에서처럼 인산만노스이성화효소에 의해서 프럭토스-6-인산이 된다.

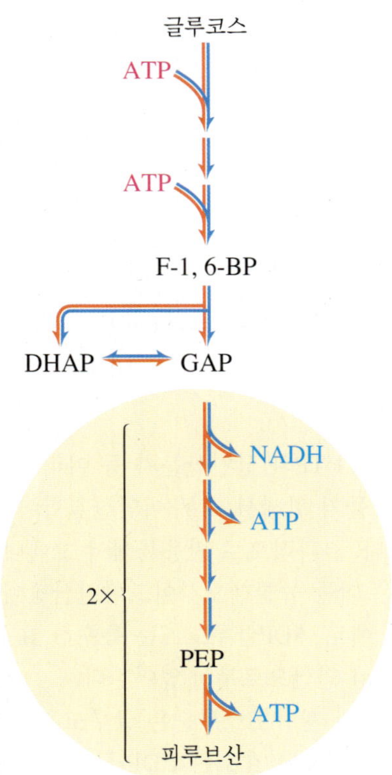

그림 6-11 해당과정에서의 에너지평형. 한 분자의 글루코스는 2ATP분자를 소비하고 4ATP를 만들게 된다. 그래서 글루코스가 피루브산으로 바뀌는 과정에서 2분자의 순수한 ATP를 만들고 있다.

락토스나 수크로스 같은 이탄당은 동물의 음식물 중에서 가장 보편적으로 얻어지는 탄수화물이다. 이들의 활용은, 처음 단계는 동물의 소화기관에서 발견된 특수한 효소인 글라이코시데이스 (glycosidase), 락테이스 (lactase) 및 수크레이스 (sucrase) (인버테이스) 에 의해 해당성분의 단당체로 가수분해시킨 다음 사용된다.

(1) 갈락토스의 활용

락토스의 가수분해로 얻어진 갈락토스의 신진대사는 초기에 갈락토스-1-인산을 만드는 특수한 갈락토스인산화효소 (galactokinase) 의 존재하에 ATP에 의해서 갈락토스의 인산화가 선행되어야 한다. 이 갈락토스인산화효소는 효모나 동물의 간세포에 존재한다.

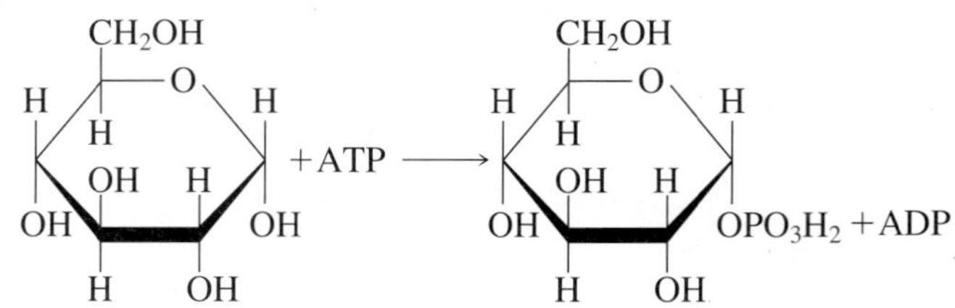

(6–32)

갈락토스-1-인산의 그 이상의 대사는 유리딘삼인산과 유리딘이인산의 갈락토스 (UTP-갈락토스) 로 알려진 유라실 유도체가 된다. 반응 6–32에서 얻어진 갈락토스-1-인산은 성인의 간에 존재하는 효소인 UDP 갈락토스이인산가인산분해효소에 의해서 UDP-갈락토스로 전환된다.

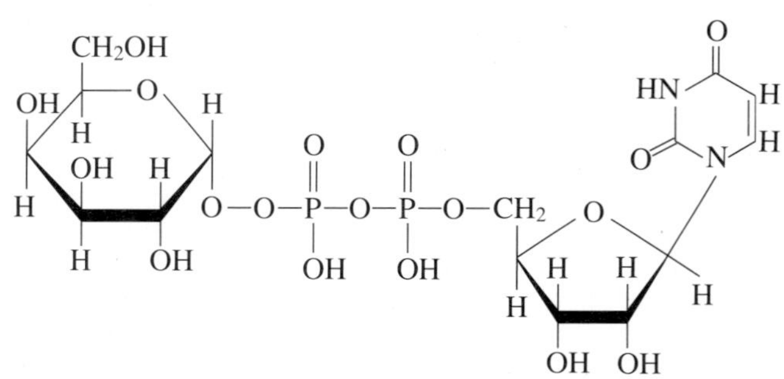

유리딘이인산갈락토스
(UDP-갈락토스)

$$\text{Gal}-\text{P} + \text{U}-\text{R}-\text{P}-\text{P}-\text{P} \rightleftharpoons \text{U}-\text{R}-\text{P}-\text{P}-\text{gal} + \text{P}-\text{P} \qquad (6\text{–}33)$$

갈락토스-1-인산   UTP   UDP-갈라토스   이인산

이 반응을 설명하기 위하여, UTP와 당인산분자 등 여러 성분들이 확인되었다. 당뉴클레오타이드에서 이인산을 만들기 위해서 내부 이인산결합이 활용되기 때문에, 예상했던 대로 반응은 쉽게 가역적이다. 결과적으로 반응물에서 고에너지구조의 수는 생성물에서의 것과 동일하다. 이 반응은 이들 뉴클레오사이드이인산당이나 당뉴클레오타이드의 형성과정의 모델이 된다. 다른 예로, ADP글루코스는 특수한 효소인 이인산가인산분해효소의 존재하에 ATP와 글루코스-1-인산으로부터 얻어진다.

다음 단계로 UDP-갈락토스의 갈락토스부분은 글루코스로 이성화되어 UDP-글루코스를 만들게 된다. 이 반응을 촉매하는 효소는 UDP-글루코스에피머화효소 (UDP-glucose epimerase) 로 알려지고 있다.

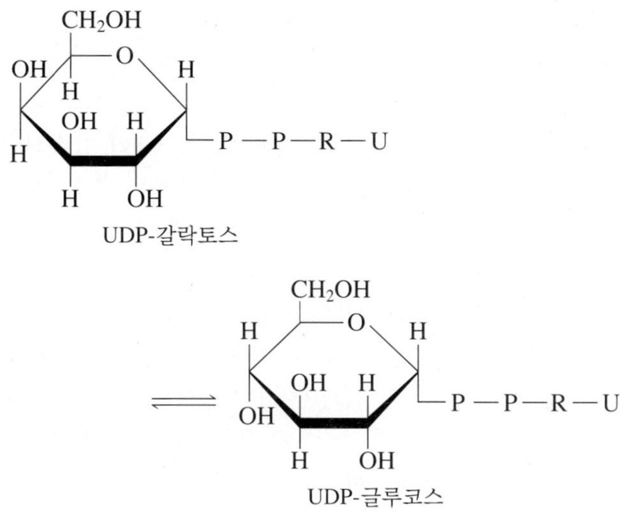

(6-34)

마지막으로 세 번째 효소인 UDP-글루코스이인산가인산분해효소는 UTP를 배출시키고 글루코스-1-인산을 만든다.

$$\underset{\text{UDP-글루코스}}{U-P-P-P-Glu}+P-P = \underset{\text{UTP}}{U-R-P-P-P}+\underset{\text{글루코스-1-인산}}{Glu-P} \tag{6-35}$$

갈락토스-1-인산에서 UDP-갈락토스의 생성을 촉매하는 효소는 성인의 간에서만 발견되고 있다. 그러면 어떻게 갓난아이가 갈락토스를 대사시킬까? 이것은 당연한 질문이다. 왜냐하면 갓난아이의 주된 에너지원의 하나가 우유에 있는 락토스당을 소비하기 때문이다.

그동안 연구한 결과, 갓 태어난 유아의 간의 조직에는 인산갈락토스유리딜이동효소(phosphogalactose uridyl transferase)를 가지고 있음을 밝혀냈다. 이 반응을 반응 6-34와 연결(coupling)시키면 순수한 갈락토스-1-인산이 글루코스-1-인산으로 전환한 과정을 설명할 수 있고, 이 반응이 유아에게서 갈락토스대사를 위한 정상적인 통로가 된다.

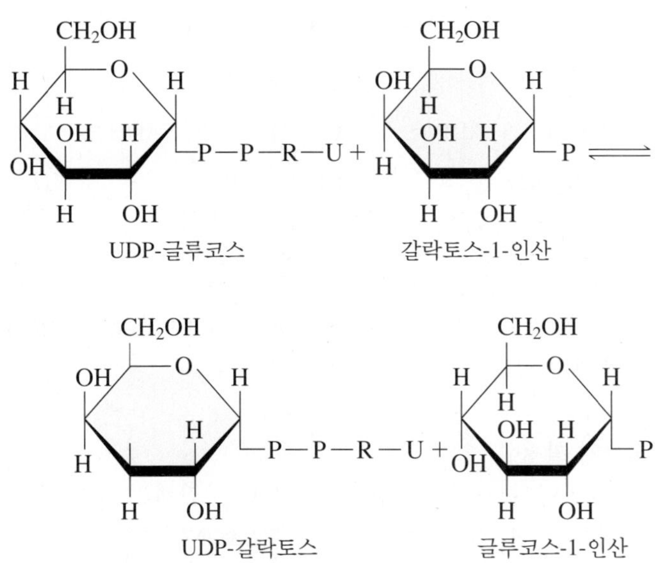

(6-36)

이 일련의 반응에서 **갈락토시미아(galactosemia)**라고 알려진 유전병에 관하여 관심을 갖게 되었다. 만약 유아가 이런 유전적인 질병을 갖게 되면 갈락토스가 대사시킬 수 없고, 혈액 중에 높은 수준의 갈락토스를 나타내게 된다. 이 당은 뇨를 통하여 배출되고, 만약 조건이 개선되지 않으면 유아는 백내장(cataracts)으로 발전되고, 정신박약아가 된다. 이런 상황을 발견하게 되면 간단한 치료방법으로, 보통 유아의 주된 음식인 우유에서 갈락토스의 원인을 제거하여 갈락토스가 배제된 음식을 공급하면 된다.

갈락토시미아에 걸린 개인은 유리딜이동효소(반응식 6–36)가 결손되어 있고, 이러한 이유 때문에 갈락토스를 대사 할 수 없게 된다. 이러한 환자는 사춘기에 이르면 적당한 양의 UDP-갈락토스이인산가인산분해효소가 간에 나타나게 되고, 그래서 갈락토스를 대사시킬 수 있는 능력을 갖게 된다.

핵산의 당(예: UDP-글루코스, UDP-갈락토스)은 글라이코겐, 세포벽 성분, 하이얄유론산 같은 중요한 세포구성성분의 초기물질임을 알아야 한다. 갈락토시미아에 걸린 유아가 이러한 세포의 구성성분을 생성하기 위하여 UDP-갈락토스의 공급이 필요하기 때문에, 반응 6–34와 6–35의 역방향으로 글루코스-1-인산을 UDP-갈락토스로 전환시키게 된다. 반면에 성인은 UDP-갈락토스를 합성하는 효소인 이인산가인산분해효소(반응 6–33)를 가지게 된다.

(2) 글리세롤의 활용

해당과정의 반응들에 의해서 대사되는 또 다른 보통의 대사물질 중에 글리세롤 화합물이 있다. 글리세롤은 트라이아실글리세롤이 붕괴하는 동안 생성되고, 글리세롤인산화효소의 존재하에 ATP에 의해서 인산화된다.

$$\begin{array}{ccccc} CH_2OH & & & CH_2OH & \\ | & & & | & \\ HOCH & + ADP & \xrightarrow{Mg^{2+}} & HOCH & + ADP \\ | & & & | & \\ CH_2OH & & & CH_2OPO_3H_2 & \\ \text{글리세롤} & & & \text{sn-글리세롤-3-인산} & \end{array} \qquad (6\text{–}37)$$

이 반응에서 생성된 인산글리세롤은 글리세릴인산 탈수소효소(glyceryl phosphate dehydrogenase)에 의해서 다이하이드록시-아세톤-인산으로 산화될 수 있다. 세포질에 있는 이 효소는 산화제로 NAD^+를 활용한다. 다이하이드록시아세톤인산은 직접 해당과정의 두 번째 단계로 진입이 가능하다.

$$\begin{array}{ccccc} CH_3OH & & & CH_2OH & \\ | & & & | & \\ HOCH & + ADP & \xrightarrow{Mg^{2+}} & C{=}O & + NADH + H^+ \\ | & & & | & \\ CH_2OH & & & CH_2OPO_3H_2 & \\ \text{sn-글리세롤-3-인산} & & & \text{다이하이드록시아세톤인산} & \end{array} \qquad (6\text{–}38)$$

마이토콘드리아에 있는 다른 글리세릴인산탈수소효소는 일차산화제로 플라보단백질인 FAD를 활용한다. 이들 두 효소들은 세포질 NADH를 마이토콘드리아 내부로 운송하는 데 중요한 역할을 하고 있다.

(3) 글루코스-1-인산의 활용

다음에 논의될 다당체를 활용하는 과정에서 중요한 중간체는 글루코스-1-인산이다. 전분, 글라이코겐 및 다른 α-1,4 글루칸을 가인산분해효소에 의해서 얻어진 이 화합물은 효소, 인산글루코스전환효소(뮤테이스, mutase)에 의해서 해당과정의 중간체로 전환된다. 이 효소는 글루코스-1-인산을 글루코스-6-인산으로 상호전환시키는 반응을 촉매한다.

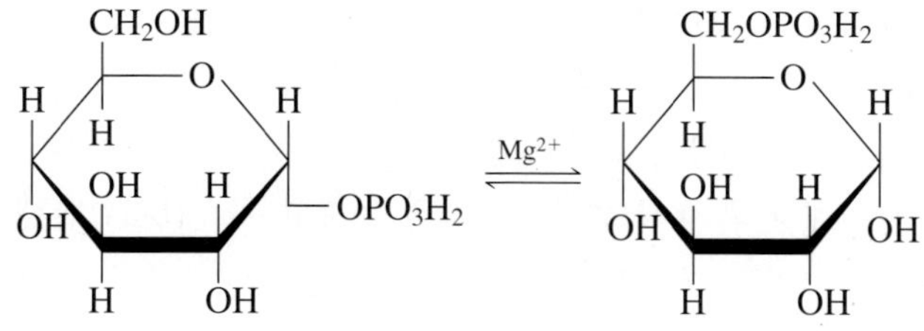

글루코스-1-인산 글루코스-6-인산 (6-39)

(4) 다당체의 활용

다당체로 식물에서 얻어지는 전분이나 또는 동물에서 글라이코젠은 생물체의 중요한 연료분자이다. 이 글루코스의 중합체는 해당과정에 수용되기 위하여 두 개의 다른 과정을 통해 파괴되어 글루코스가 된다. 한 과정의 경로는 소화관에서 다당체가 덱스트린을 통하여 말토스, 아이소말토스, 글루코스로 붕괴된다. 이 조각들은 점액세포에서, 이당체가 말테이스 (maltase) 와 아이소말테이스 (isomaltase) 에 의해서 글루코스로 쪼개진다. 단당체는 혈액에 흡수되고, 그렇게 해서 세포 속으로 들어간다. 세포에서 글루코스는 인산화되고, 해당과정을 통하여 분해된다. 다른 과정은 인산화절단과정을 거친다.

다당체의 가수분해반응들을 촉매하는 효소들은 아밀레이스 (amylase) 들로 알려지고 있다. 그 중 하나가 α-1,4-글루칸-4-글루칸하이드롤레이스 (α-아밀레이스) 인 당을 분해하는 아밀레이스로, 직선의 다당체 아밀로스 (amylose) 의 내부결합을 무작위로 가수분해하여 글루코스와 말토스의 혼합물을 만들게 된다. 기질이 가지를 갖는 **아밀로펙틴 (amylopectin)** 일 때는 가수분해산물이 α-1,6-결합을 갖는 가지를 갖거나 또는 가지가 없는 올리고당의 혼합물을 얻게 된다. 또 다른 가수분해효소인, α-1,4-글루칸말토하이드롤레이스 (β-아밀레이스) 는 외부아밀레이스로, 다당체의 비환원성말단으로부터 말토스를 얻어내는 효소이다. 곁사슬을 갖는 아밀로펙틴 (글라이코젠) 이 기질인 경우, 효소는 α-1,6-결합의 2-3개의 단당체까지 α-1,4-결합을 절단할 수 있기 때문에 말토스와 곁사슬을 많이 가진 **덱스트린 (dextrim)** 을 생성하게 된다.

연료 다당체가 붕괴될 수 있는 다른 과정은 자연에 광범위하게 존재하는 효소인 가인산분해효소 (phosphorylase) 의 작용에 의하여 가능하다. 인산화과정은 에너지로 사용하는 저장용 다당체를 갖는 유기체에 의해서 활용된다. 비록 가인산분해효소가 다른 출처

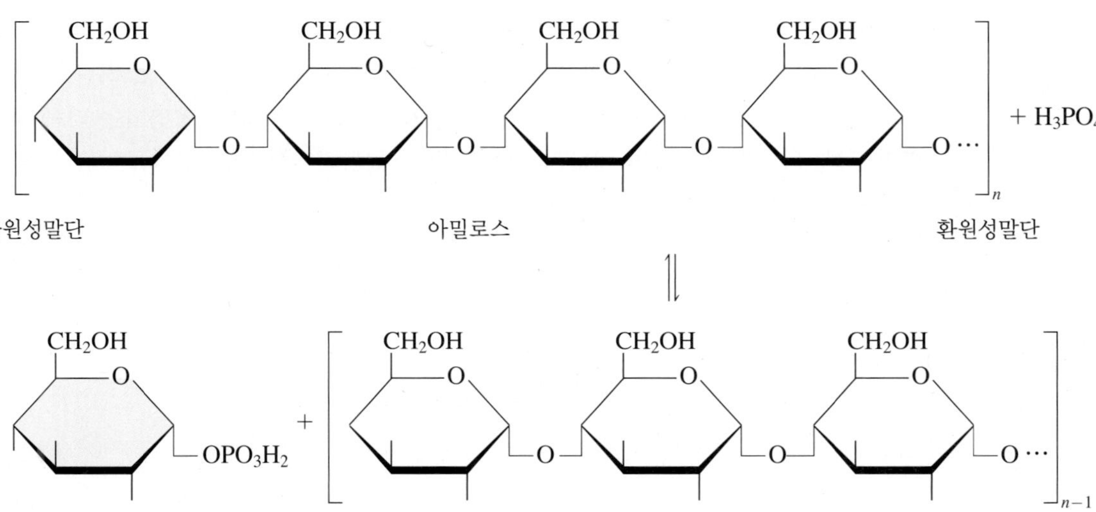

(6-40)

β-D-글루코스-1-인산

에서 얻어지지만, 전분이나 글라이코젠사슬의 비환원성말단에 있는 α-1,4-결합을 인산화시켜 사슬의 절단을 촉매하는 효소이다.

왼쪽에서 오른쪽으로 표시하고 있듯이, 반응은 다당체의 비환원성말단으로부터 한 개의 글루코스단위를 잃게 되고, α-D-글루코스-1-인산 형성하는 가인산분해 (가수분해와 비교, phosphorolysis) 이다. 역반응에서 무기인산은 당의 잔기가 이미 존재하는 올리고 또는 다당체사슬로 이동하는 것처럼, α-D-글루코스-1-인산으로부터 떨어져 나오게 된다.

2. 해당과정의 조절

모든 세포에서 해당과정은 대단히 정밀하게 조절되어 세포의 필요에 따라 탄수화물에서 에너지를 생성하게 한다. 이러한 증거로, 처음 파스퇴 (Pasteur) 이 제시한 산소의 영향에 의해서 조직은 해당과정을 통하여 글루코스를 젖산으로 전환시킬 수 있는 능력뿐만 아니라 피루브산을 완전히 산화시켜 TCA의 회로를 통하여 CO_2와 H_2O로 만들 수 있는 능력을 가지고 있음을 증명하게 되었다. 그런 조직은 산소가 있을 때보다 산소가 없는 상태에서 훨씬 효율적으로 글루코스를 활용할 수 있다. 산소에 의해서 글루코스 소비가 억제되는 기능 (Pasteur의 영향으로 알려진) 의 중요성은 혐기성 상태에서 글루코스가 젖산, 알콜로 전환될 때보다 호기성 산화로 CO_2와 H_2O로 바뀔 때 ATP의 형태로 훨씬 더 많은 에너지를 얻게 된다는 것을 알면 더욱 잘 이해될 것이다. 호기성 조건에서 더욱 많은 ATP가 형성되기 때문에, 세포에서 같은 양의 일을 하는 데 더 적은 글루코스를 소비하게 된다.

근육에서 해당과정은 아래와 같은 효소들에 의해 촉매되는 반응에서 대부분의 조절이 수행된다: 가인산분해효소 (글라이코젠), 헥소스인산화효소 (기질 글루코스를 위해), 인산프럭토스인산화효소 및 피루브산인산화효소 등이다. 반대로 탄소들이 젖산과 피루브산으로부터 탄수화물로 되돌아가는 **글루코스신생합성 (gluconeogenesis)** 반응은 피루브산카복실화효소, 프럭토스-1,6-이인산가수분해효소, 글루코스-6-인산가수분해효소 (글루코스생성을 위해), 글라이코젠합성효소 (글라이코젠합성을 위해) 에 의해 촉매되는 반응단계에서 주로 조절된다. 단지 한 방향으로 진행하는 해당과정과 글루코스신생합성의 반응들에서 조절이 대부분 일어난다. 한 방향인 단계에서 조절의 이점이 분명한 것은, 단지 단일방향의 단계를 통해서 탄소의 통로를 켜고 끌 수 있기 때문이다.

3. 글라이코젠대사의 조절

가인산분해효소와 글라이코젠합성효소에 의한 글라이코젠대사의 조절은 주로 동물의 조직에서 효소의 활성형과 비활성형으로 상호전환을 통해서 수행한다. 그러나 그 메커니즘은 초기의 신호를 계속 확대시키는 **연쇄확장 (cascade)** 의 원리로 운영되는 더욱 정교한 방법을 택하고 있다 (그림 6-12). 가인산분해효소 b의 가인산분해효소 a로의 인산화는 가인산분해효소인산화효소에 의해서 촉매된다. 대신 가인산분해효소 b 인산화효소는 역시 활성형 (인산화된) 과 비활성 (탈인산화된) 형태로 존재한다. 비활성 형태는 ATP의 존재하에 활성형으로 전환하는데, 단백질인산화효소 (protein kinase) 라는 다른 효소에 의하여 얻어진다.

$$\underset{(\text{비활성형})}{\text{가인산분해효소 b 인산화효소}} + n\text{ATP} \xrightarrow[\text{소 (활성형)}]{\text{단백질인산화효}} \underset{(\text{비활성형})}{\text{가인산분해효소 b 인산화효소}} + n\text{ADP} \tag{6-41}$$

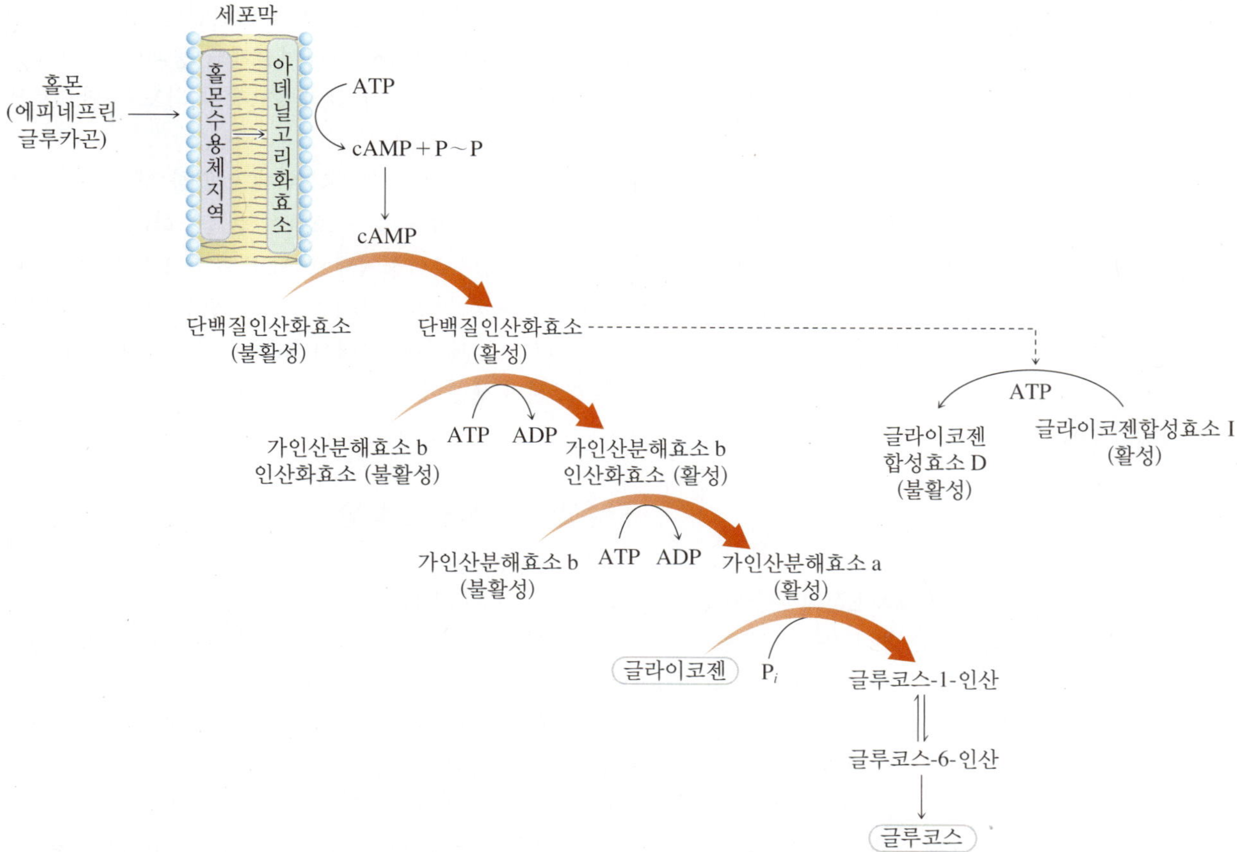

그림 6-12 해당과정의 조절. 홀몬, 에피네프린과 글루카곤은 수용체에 결합함으로써 세포내부에 cAMP를 증가시키고, 단백질인산화효소를 활성화시킴으로써 인산화효소의 활성을 증가시키게 된다. 활성화된 인산화효소는 글라이코젠의 파괴를 증가시키고, 동시에 글라이코젠합성효소 D의 형성으로 글라이코젠 합성을 감소시키게 된다.

단백질인산화효소는 비활성형으로 존재하고 대신 cAMP에 의해서 활성화된다. 단백질인산화효소(골격 근육)는 네 개의 소단위체를 가지고, 그 중 두 개의 조절단위(R)와 두 개의 촉매단위를 가지며, 4단위체로 존재할 때 R_2C_2로 표시한다. cAMP는 R소단위체에 직접 부착되고 C단위를 배출하며, 그렇게 되면 가인산분해효소 b 인산화효소의 인산화를 촉매한다. 이 과정에서 Mg^{2+} 이온은 필수적이다.

$$\underset{\text{비활성인산화효소}}{R_2C_2 + 2cAMP} \longrightarrow \underset{\text{활성인산화효소}}{R_2\text{-}(cAMP)_2 + 2C} \qquad (6\text{-}42)$$

단백질인산화효소가 활성인 글라이코젠합성효소 I을 인산화하여 비활성인 글라이코젠합성효소 D로 전환하는 효소인 것을 제외하고는 비슷한 연쇄확장현상이 근육의 글라이코젠합성효소의 조절에도 존재한다. 간단한 촉진체 홀몬인**에피네프린(epinephrine)**의 배출은 가인산분해효소에 의해서 증가되는 글라이코젠의 붕괴뿐만 아니라, 똑같이 중요한 글라이코젠합성효소 D의 불활성으로 글라이코젠합성이 감소되는 현상도 같이 나타난다.

에피네프린 이외에도 탄수화물 신진대사와 글라이코젠 신진대사에 영향을 주는 다른 홀몬들이 알려지고 있다. 그 한 예로 **췌장의 렝거헨섬(Islets of Langerhen)**의 α-세포에서 만들어진 폴리펩타이드인 **글루카곤(glucagon)**이 있다. 글루카곤의 작용은 에피네프린과 동일하다. 홀몬이 수용체에 부착함으로써 비슷한 연쇄확장현상을 발동시킨다. 대단히 적은 양으로 활성화되며, 에피네프린에서 관찰된 것처럼 혈압의 상승 없이 활성화된다.

역시 렝거헨섬의 ***β*-세포(*β*-cell)**에서 분비되는 홀몬인 **인슐린(insulin)**은 글라이코젠합성효소인산화효소-3 (GSK-3) 을 억제하고, 인슐린에 민감한 단백질인산화효소를 활성화하여 글라이코젠가인산분해효소를 억제하며, 그래서 글라이코젠의 붕괴를 억제하고, 동시에 글라이코젠합성효소를 활성화시켜 글루코스가 글라이코젠이 되도록 함으로써 혈액에 있는 글루코스의 농도를 낮추는 기능을 수행한다.

포유동물의 근육에서 글라이코젠의 합성과 붕괴는 분명히 위에 언급한 것처럼 홀몬의 조절하에 진행되지만, 박테리아나 식물에서는 이와 같은 조절이 불가능하다. 이들 유기체에서는 글라이코젠의 합성을 위하여 글라이코실공여체로 ADP-글루코스를 생산하는 반응을 조절한다. 뿐만 아니라, 조절은 근육의 가인산분해효소처럼 활성, 비활성의 메커니즘보다 다른자리입체성조절체를 통하여 중개된다. 그래서 ADP-글루코스의 공급을 조절함으로써 대신 박테리아의 글라이코젠의 생성이 조절된다.

탄수화물 대사관련 질병

1. 대사조절에 관련된 질병: 당뇨병 (Diabetes mellitus)

인슐린 부족으로 혈액의 글루코스가 정상인보다 높아져서 소변에 글루코스를 배출하는 만성질환으로, 40~60대의 남성에 많이 나타나는 병이다. 초기의 증상으로 다뇨, 갈증 및 나른함이 나타난다. 당뇨는 예전에 생각했던 것보다, 인슐린이 수많은 세포에너지 대사과정에 서로 다른 방법으로 관여됨이 밝혀졌다.

탄수화물이 많은 음식을 섭취하게 되면 혈액의 글루코스 농도가 올라가게 되고, 이때 인슐린의 배출이 증가하게 된다. 간에서 인슐린은 글라이코젠합성효소인산화효소 3 (GSK-3, glycogen synthase kinase-3) 의 활성을 억제하고, 인슐린에 민감한 단백질인산화효소 (protein kinase) 의 활성을 증가하여 단백질가인산분해효소 (PP1) 를 활성화시킨다. 이때에 가인산분해효소인산화효소의 활성을 방해하게 되며, 또 글라이코젠가인산분해효소의 활성을 억제하게 되어, 결과적으로 글라이코젠의 파괴를 억제시킴으로써 혈액 중에 있는 글루코스의 농도를 낮추게 한다.

2. 선천성 대사관련질병 (Inborn-error of metabolism) :

유전적인 이유로 대사관련 효소가 결핍되면 글라이코젠이 축적되는 결과를 가져오고, 이것은 심각한 질병으로 나타난다. 글라이코젠 축적으로 일어난 질병은 1929년 길케 (Edgar von Gierke) 에 의해서 발견되었다. 이 병의 증상은 간이 크게 부어 커다란 복부패창이 나타난다. 이 병의 효소적인 측면에서 원인을 처음 밝힌 것은 1952년 코리 (Cori) 부부에 의하여 이루어졌다. 이 유전적인 질병에 걸린 환자는 간에서 글루코스-6-인산가수분해효소 (glucose-6-phosphatase) 가 결핍된 것이 발견되었다. 이 효소가 결핍되면 간에서 글루코스-6-인산으로부터 글루코스를 만들지 못하기 때문에 저혈당 (hyphoglycemia) 이 된다.

4. 에너지충전도

해당과정이나 당신생합성과정의 조절은 역시 위에 언급한 몇몇 조절효소들에 ATP나 AMP의 다른자리입체성 영향을 통하여 세포의 에너지충전도에 의해서 영향을 받게 된다. 해당과정에서는 이들 화합물을 생성하거나 소비하는 반응들에 의해서 ATP와 ADP의 상호 전환을 통하여 조절됨을 이미 살펴보았다. 그러나 지질과 핵산의 대사과정에서와 마찬가지로 단백질합성에서 특정한 반응을 추진하는 힘을 제공하기 위하여 ATP가 ADP

대신 AMP로 전환되는 여러 종류의 반응들이 있다. 즉, 이들 반응에서 ATP는 이인산의 절단과정을 겪게 된다. 이들 세 개의 아데노신의 유도체들은 자연에 광범위하게 존재하는 효소인 아데닐산인산화효소(adenylate kinase)가 존재하기 때문에 효과적으로 상호교환 될 수 있다.

$$2ADP \underset{\text{아데닐산인산화효소}}{\rightleftharpoons} ATP + AMP$$

반응을 왼쪽에서 오른쪽으로 진행시키는 이 효소는 세포에 있는 반 정도의 ADP를 흡열반응에 좀 더 사용될 수 있는 ATP로 되돌리는 메커니즘을 제공해 준다. 분명히 세포내부에 ATP, ADP 및 AMP의 상대적인 양은 어떤 특정 시간에 지배적인 신진대사활동에 따라 좌우된다.

에킨슨(Atkinson)에 의하면 **에너지충전도(energy charge)** 란 ATP-ADP-AMP의 에너지 상태로 정의되고, 충전지(electromotive cell)의 충전과 유사하다고 지적하였다. 수학적인 식으로 에너지충전도는 ATP로 구성된 아데닐산 체계(ATP + ADP + AMP)의 분수로 정의하였다.

$$\text{에너지 충전도} = \frac{[ATP] + 0.5[ADP]}{[AMP] + [ADP] + [ATP]} \qquad (6\text{-}43)$$

이 식에 따르면, 세포내의 모든 AMP와 ADP가 ATP로 전환되었을 때의 에너지충전도는 1.0이 된다. 예를 들면, 세포가 산화적인 인산화를 빠른 속도로 수행하고 몇 개의 생합성 반응만이 일어날 때 이와 같은 조건에 도달하게 된다. 이러한 조건하에서 아데닐산체계

표 6-3 사람의 글라이코젠축적 유전병

형태(이름)	영향을 받는 효소	영향을 받는 주된 기관	증상
0형	글라이코젠합성효소	간	낮은 혈당, 높은 케톤체 조기사망
Ia형 폰 길케병(von Gierke's)	마이크로솜의 글루코스 6-인산가수분해효소	간	간의 팽창, 신장기능정지,
Ib형	글루코스 6-인산이동효소		Ia와 같음 박테리아 감염에 쉽게 노출
Ic형	마이크로솜 P_i 운반체	간	Ia와 같음
II형 폼프병(Pompe's)	라이소솜글루코시데이스	골격근육 및 심장근육	유아형: 2살에 사망; 유년기형: 근육장애, 성인형: 근육장애
IIIa코트 또는 포브스병 (Cort's or Forbes's)	곁사슬효소	간근육 심장근육	유아 간의 팽창
IIIb형	간, 곁사슬효소 (근육효소정상)	간	유아 간의 팽창
IV형 엔더슨 병(Andersen's)	곁사슬효소	간, 골격근육	간과 지라의 팽창. 뇨에 마이오글로빈 배출
V형 멕카들병(McArdle's)	근육, 가인산분해효소	간격근육	운동자극에 의한 근육통증, 간팽창, 뇨에 마이오글로빈
VI형 히어(Here's)병	간, 가인산분해효소	간	간의 팽창
VII형 타룰(Tarul's)병	근육, PFK-1	근육, 적혈구	V처럼 빈혈증세
VIb, VII, 또는 IX형병	가인산분해효소 인산화효소	간, 백혈구, 근육	간의 팽창
XI형 판코니 빅켈 (Fanconi-Bickel)병	글루코스 운송체(GLUT2)	간	성장억제, 간의팽창, 구루병, 신장기능장애

에 최고의 수의 고에너지 인산결합이 얻어질 수 있다. 모든 아데노신화합물이 ADP로 존재할 때 에너지충전도는 0.5가 되고, 반 정도의 고에너지결합이 아데닐산체계에 포함된다. 모든 ATP와 ADP가 AMP로 전환된다면 에너지충전도는 0이 되고, 아데닐산체계는 고에너지구조가 없는 상태가 된다.

세포의 에너지충전도는 ATP, ADP와 AMP에 의한 특수한 효소의 다른자리입체성조절을 통하여 신진대사의 조절에 관여한다. ATP-AMP체계를 이용한 해당작용조절의 주된 지역은 프럭토스-6-인산과 프럭토스-1,6-이인산의 상호전환반응이다. 다른자리입체성효소인 인산프럭토스인산화효소는 ATP에 의해서 강력하게 방해되고, AMP와 ADP에 의해서 촉진된다. 반면에 프럭토스이인산 인산가수분해효소 (fructose diphosphate phosphatase) 는 ATP에 의해서 촉진되고, AMP에 의해서 방해된다.

6.3 트라이카복실산회로(TCA회로)

6.3.1 소개

트라이카복실산회로 [**tricarboxylic acid** 또는 **시트르산회로** (**citric acid cycle**), TCA cycle] 는 아세트산 (아세틸 CoA형태) 을 완전히 산화해서 CO_2와 물이 되도록 하는 순환과정 이다. 아세틸 CoA는 피루브산으로부터 쉽게 얻어지기 때문에, 회로는 역시 글루코스의 완전한 산화로 CO_2와 H_2O가 되는 과정이라고 말할 수 있다. 산화되면서 기질로부터 제거된 전자는 산소분자에 최종적으로 이동하게 됨으로써, 이때는 호기성 과정이 된다. 그동안 대사순서의 진화는 녹색식물의 광합성이 진화될 때까지 지연되어야 했으며, 호흡을 지원하기 위하여 대기의 산소의 양이 충분히 증가되었다. 산화적인 호흡을 구성하고 있는 반응들로 선택된 과정들은 그들이 탄소원자를 산화하여 마지막 CO_2에 이르게 할 수 있기 때문에 유기기질의 화학적인 에너지를 배출하는 데 매우 효율적인 방법이 되고 있다.

이 트라이카복실산회로를 구명하는 데에는 많은 연구자들의 연구결과로 가능하였지만, 그중 가장 중요한 공헌을 한 연구자는 영국의 생화학자 크랩스 (Hans Krebs) 경으로, 그의 광범위한 연구의 결과, 피루브산의 산화로 CO_2와 물이 되는 과정을 설명하는 반응의 회로를 1937년에 완성할 수 있게 되었다. 현재 알려진 트라이카복실산회로의 반응들은 1937년 크랩스 (Krebs) 가 제안한 초기의 회로와 근본적으로 동일하다 (표 6-4). 그렇게 이 문제에 대한 그의 공헌은 대단히 크기 때문에 이 회로를 "크랩스회로 (Krebs cycle)"라고도 부른다. 크랩스 (Krebs) 자신은 "트라이카복실산회로 (tricarboxylic acid cycle)"를 더 선호하였다 (그림 6-13) .

살아 있는 유기체에서 피루브산과 젖산 그 이상의 산화는 에너지생성의 입장에서 중요한 의미를 지니고 있다. 글루코스의 완전한 산화로 CO_2와 물이 되는 과정의 자유에너지 변화는 −686Kcal가 되고 있다.

$$C_6H_{12}O_6 + 6O_2 = 6CO_2 + 6H_2O$$
$$\Delta G' = -686{,}000 \text{ cal (pH 7.0)}$$

6.2절에서 글루코스로부터 젖산이 되는 과정에서 $\Delta G'$은 대략 −47Kcal이다.

표 6-4 TCA회로의 반응

단계	반응	효소	보결원자단	반응형태	$\Delta G^{o\prime}$ kj mol^{-1}	$\Delta G^{o\prime}$ kcal mol^{-1}
1	아세틸 CoA + 옥살아세트산 + H_2O ⟶ 시트르산 + CoA + H^+	시트르산합성효소		ㄱ	−31.4	−7.5
2a	시트르산 ⇌ 시스-아코니테이트 + H_2O ⟶	아코니테이스	Fe-S	ㄴ	+8.4	+2.0
2b	시스-아코니테이트 + H_2O ⇌ 아이소시트르산	아코니테이스	Fe-S	ㄷ	−2.1	−0.5
3	α-아이소시트르산 + NAD^+ ⇌ α-케토글루탈산 + CO_2 + NADH	아이소시트르산 탈수소효소		ㄹ + ㅁ	−8.4	−2.0
4	α-케토글루탈산 + NAD^+ + CoA ⇌ 석시닐 CoA + CO_2 + NADH	α-케토글루탈산 탈수소효소복합체	Lipoic acid FAD, TPP	ㄹ + ㅁ	−30.1	−7.2
5	석신닐 CoA + Pi + GDP ⇌ succinate + CTP + CoA	석시닐 CoA 합성효소		ㅂ	−3.3	−0.8
6	석신산 + FAD(효소-부착) ⇌ 퓨말산 + $FADH_2$(효소-부착)	석신산탈수소효소	FAD, Fe-S	ㅁ	0	0
7	퓨말산 + H_2O ⇌ L-말산	퓨마레이스		ㄷ	−3.8	−0.9
8	L-말산 + NAD^+ ⇌ 옥살아세트산 + NADH + H^+	말산탈수소효소			+29.7	+7.1

* 반응형태; (ㄱ) 축합반응, (ㄴ) 탈수반응, (ㄷ) 수화반응, (ㄹ) 탈카복실화, (ㅁ) 산화반응, (ㅂ) 기질-수준인산화 반응.

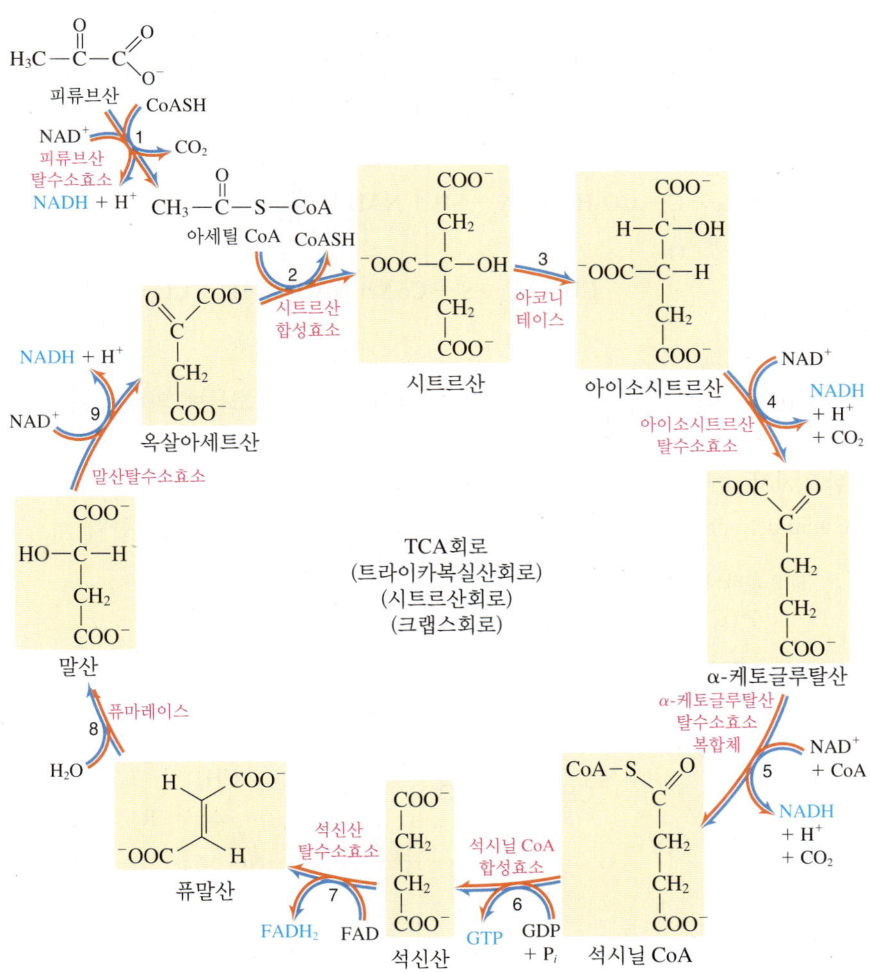

그림 6-13 트라이카복실산회로. 회로의 진행으로 옥살산의 탄소가 반응 3과 4에서 탄산가스로 배출된다. 반응 3, 4와 8에서 NADH가 얻어지고, 반응 5에서 GTP가 얻어지며, 반응 6에서 $FADH_2$가 발생한다.

$$C_6H_{12}O_6 = 2\ CH_3CHOHCOOH$$
$$\Delta G' = -47{,}000\text{cal (pH 7.0)}$$

이는 글루코스분자에서 얻을 수 있는 단지 7% 정도의 에너지가 해당과정에서 젖산이 형성될 때 배출되고, 대략 −639,000cal의 에너지는 원래 글루코스분자가 완전히 산화되어 2몰의 젖산이 될 때 배출되도록 남아 있다. 그래서 몰당 산화된 젖산의 $\Delta G'$값은 −319,000cal이 예상된다.

$$CH_3CHOHCOOH + 3O_2 = 3CO_2 + 3H_2O$$
$$\Delta G' = -319{,}000\text{cal (pH 7.0)}$$

살아있는 유기체에서 호기성 글루코스의 산화로 CO_2와 H_2O가 되는 중간단계로 일반적으로 젖산의 형성이 관여되지는 않는다. 대신, 해당과정에서 환원되어 젖산도 되고, 완전히 산화되어 CO_2와 H_2O가 되지만, 얻어지는 주된 화합물은 피루브산이다.

6.3.2 피루브산의 산화로 아세틸CoA

반응 1: 피루브산+CoA-SH → 아세틸CoA(피루브산탈수소효소)

정확하게 말하면, 피루브산은 TCA회로의 중간체는 아니다. 알파-케토산은 처음 피루브산탈수소효소복합체(pyruvic acid dehydrogenase complex)인 다중효소에 의해서 아세틸CoA로 전환된다. 이 전환은 해당과정의 세포질에서 피루브산을 형성한 다음, 마이토콘드리아에서 α-산화적 탈카복실화가 수행된다. 반응은 여섯 개의 보조효소인 CoA, NAD^+, 리포산, FAD, Mg^{2+}, 타이민이인산(TPP)이 참여한다.

$$CH_3-\underset{\underset{O}{\|}}{C}-CO_2H + CoA-SH + NAD^+ \xrightarrow[\text{TPP, FAD}]{\text{리포산, }Mg^{2+}}$$
$$CH_3-\underset{\underset{O}{\|}}{C}-S-CoA + NADH + H^+ + CO_2 \qquad (6\text{–}44)$$

전체반응은 다중효소복합체를 구성하는 세 개의 별도의 효소들에 의해서 촉매되는 부분적인 반응으로 쪼개진다.

초기반응에서 피루브산은 탈카복실화하여 CO_2와 이들 중 하나인 피루브산탈수소효소(pyruvic acid dehydrogenase)에 단단히 부착된 TPP의 아세톨착염을 형성한다.

TPP 카바나이온

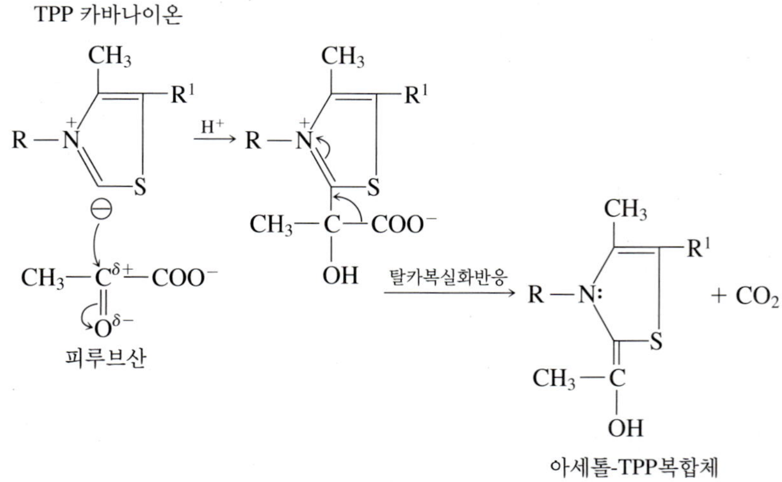

(6–45)

2탄소의 아세톨그룹은 효소복합체의 두 번째 효소인 다이하이드로리포일트랜스아세틸레이스(dihydrolipoyl transacetylase)에 공유결합된 산화된 리포산으로 이동시킨다. 이 반응의 결과로, 고에너지 싸이오에스터(환원된 리포산)가 형성되고, 2탄소단위는 이제 아세트알데하이드보다 초산의 산화수준에 있게 된다.

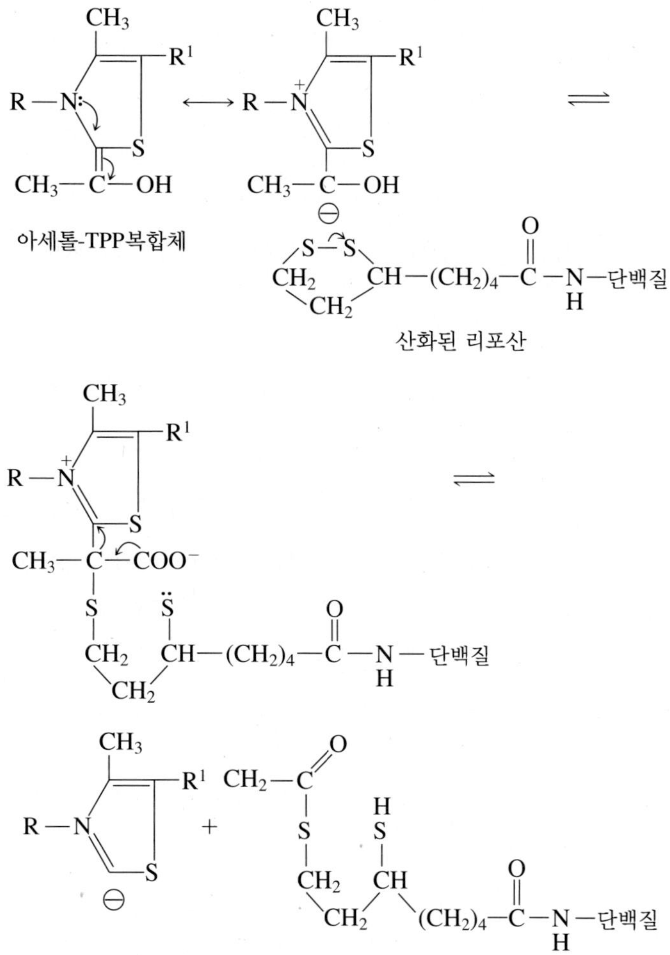

(6-46)

아세틸-리포산복합체

세 번째 반응에서, 아세틸그룹은 CoA에 이동되어 효소로부터 해리되어 전체반응의 생성물의 하나인 자유로운 아세틸CoA를 형성하게 된다.

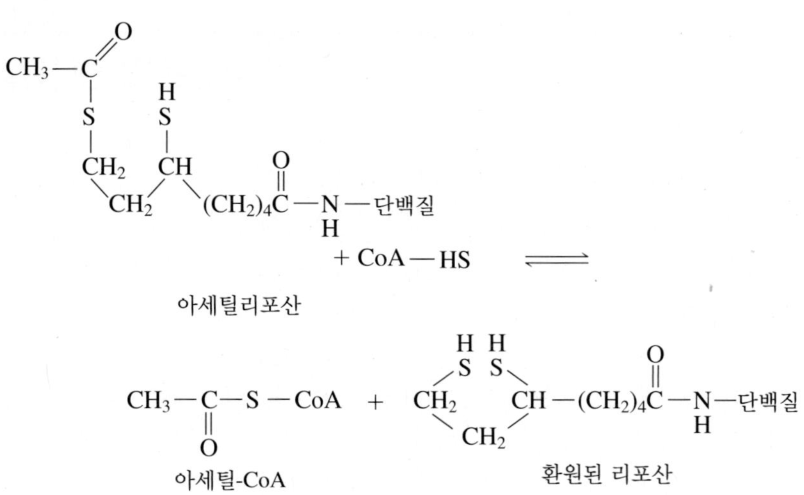

(6-47)

다이하이드로리포산탈수소효소(dehydrolipoyl dehydrogenase)의 환원된 리포산부분은 세 번째 복합체효소 FAD를 포함한 플라보단백질, 다이하이드로리포산탈수소효소에 의해서 재산화되어 고리형 리포형태가 된다.

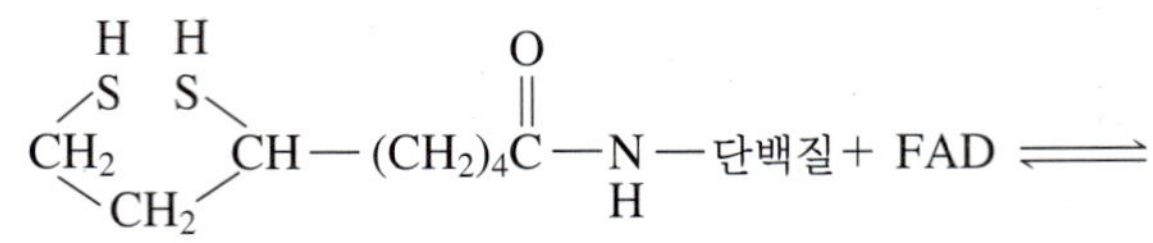

환원된 리포산

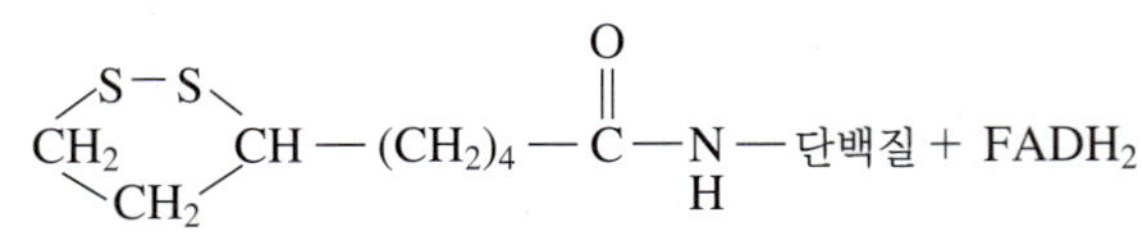

산화된 리포산

(6-47)

최종적으로 환원된 플라빈 보조효소는 전체과정에서 반응물 중의 하나인 NAD^+에 의해서 재산화되고, NADH가 얻어진다.

$$FADH_2 + NAD^+ = FAD + NADH + H^+ \qquad (6\text{–}49)$$

피루브산탈수소효소에 의하여 촉매된 모든 부분적인 반응들은 초기의 탈카복실화반응을 제외하고는 가역반응들이다. 첫 단계의 비가역적인 성질은 전체반응을 비가역적으로 만들며, $\Delta G'$이 대략 -8000cal가 예상된다.

6.4 TCA회로의 반응들

반응 2: 아세틸 CoA + 옥살아세트산 → 시트르산(시트르산합성효소)

아세틸 CoA가 트라이카복실산회로에 진입하는 과정을 촉매하는 효소는 **시트르산합성효소(citrate synthase**, 과거에는 축합효소(condensing enzyme))가 담당하고 있으며, 마이토콘드리아의 세포간질(matrix)에서 발견된다. 다음 반응에서 아세틸CoA로부터 유래된 두 탄소원자와 그리고 그 이후의 반응에서 추적된 탄소원자를 엷은 색으로 표시하였다. 이 반응의 평형상수는 3×10^5이어서 평형은 시트르산이 주로 합성되는 방향으로 진행되고 있다. 간접적인 증거에 의하면 중간체로 형성되는 시트르산CoA는 효소에 부착되어 있고, 자유 시트르산과 CoA로 절단되기 전까지는 해리되지 않고 있다.

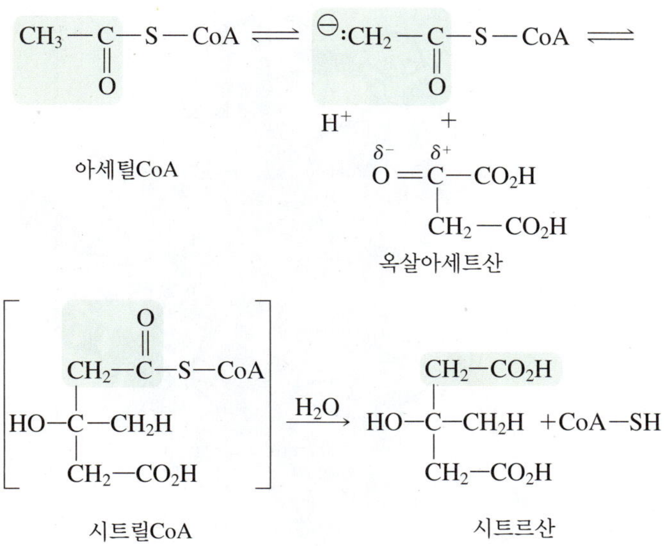

(6–50)

시트르산합성효소는 높은 농도의 NADH와 석시닐CoA에 의해서 방해된다. 두 화합물 모두 고등동물의 효소에 부착되어 기질 중의 하나인 아세틸CoA의 효소에 대한 흡착력을 감소시키며, 그래서 반응의 속도를 느리게 하고 있다. ATP는 분명히 석시닐 싸이오인산화효소 (succinyl thiokinase) 의 반응에서 석시닐CoA가 축적되기 때문에, 방해제로 작용한다. 시트르산합성효소에 의해서 얻어지는 시트르산은 대신 해당과정에서 효소의 조절체로 기능한다.

반응 3: 시트르산 → 아이소시트르산 (아코니테이스)

아코니테이스 (aconitase) 는 시트르산과 아이소시트르산의 상호전환반응의 촉매이다.

평형에서 시트르산에 대한 아이소시트르산의 비율은 대략 15 정도이다. 철이온 (Fe^{2+}) 을 필요로 하는 아코니테이스는 시트르산, 아이소시트르산 그리고 시스-아코니트산 사이의 이성화를 촉매하는 대단히 기질특이성이 높은 효소이다. 확실히 시스-아코니트산은 시트르산이 아이소시트르산으로 전환되는 과정의 중간체로 자주 이용된다. 트라이카복실산의 카보늄이온 (carbonium ion) 이 실제 중간체이고, 이 이온은 아코니테이스에 의해서 상호전환되는 세 개의 트라이카복실산들과 평형으로 존재한다. 효소가 Fe^{2+} 이온을 필요로 하는데, 그 역할은 하이드록실그룹의 해리를 추진하여 카보늄이온을 형성하는 것이다 (그림 6–14) .

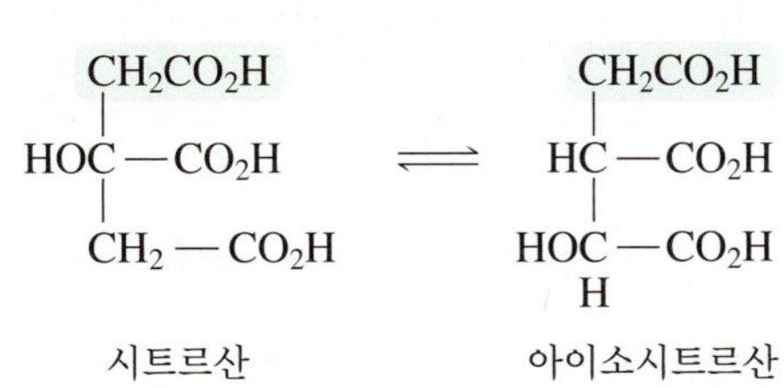

(6–51)

반응 4: 아이소시트르산 → α-케토글루탈산 (아이소시트르산 탈수소효소)

아이소시트르산탈수소효소 (isocitrate dehydrogenase) 는 2가 양이온 (Mg^{2+} 또는 Mn^{2+}) 의 존재하에 산화적인 β-탈카복실화를 통하여 아이소시트르산을 β-케토글루탈산과 CO_2로 촉매하는 효소이다. 이때 니코틴아마이드뉴클레오타이드 (NAD^+) 는 산화제이다. 이 반응은 초기의 산화의 결과로 옥살석신산을 생성하고, 다음에 β-케토산의 탈카복실화반응으로 CO_2와 α-케토글루탈산을 형성하는 것이라고 보는 것이 합리적이다.

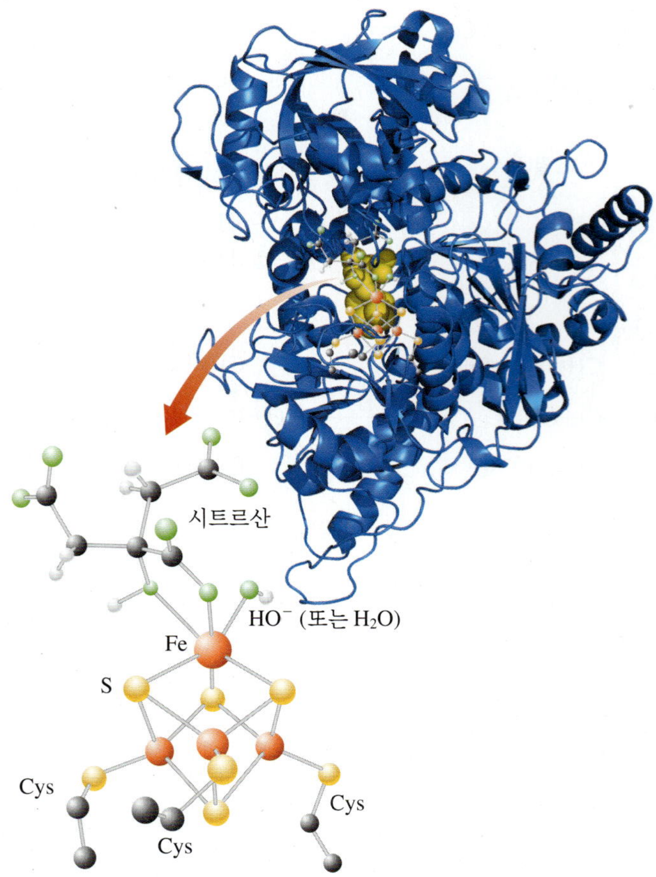

그림 6-14 아코니테이스의 철-황과 시트르산의 결합의 구조. 아코니테이스의 활성부위의 일부로 철-황(4Fe-4S) 집단이 있으며, 이때 철 원자에 시트르산의 $-COO^-$그룹과 $-OH$그룹이 결합되어 있다.

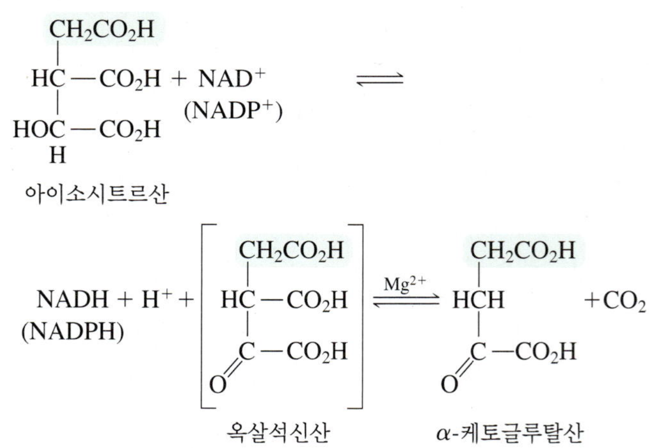

(6-52)

그러나 옥살석신산이 형성되면 효소의 표면에 강하게 부착되어 아이소시트르산의 산화적인 탈카복실화와 환원적인 α-케토글루탈산의 카복실화반응 모두에서 자유로운 중간체로 배출되지 않고 있음이 증명되고 있다. 이러한 이유 때문에 아이소시트르산탈수소효소는 말산탈수소효소 (malic acid dehydrogense) 와 동일한 것으로 제안되기도 하였다.

대부분의 조직에는 두 가지 형태의 아이소시트르산탈수소효소가 존재한다. 하나는 마이토콘드리아에만 존재하며, NAD^+와 Mg^{2+}를 필요로 한다. 다른 하나는 마이토콘드리아와 세포질에 존재하며, $NADP^+$를 필요로 한다. NAD^+를 필요로 하는 효소가 트라이카복실산회로의 기능에 관련되고 있다. NAD^+ 사용효소는 다른자리입체성 조절체에 의하여 정밀하게 조절을 받고 있으며, 아이소시트르산과 AMP 모두가 반응 활성제로 작용한다. 이들 화합물이 그들의 영향을 주는 지역에 붙게 됨으로써 효소의 기질인 아이소시트르산과 NAD^+가 촉매활성부위에 부착을 증진하도록 한다. 한편 ATP와 NADH는 방해기능의 조절체로 효소는 분명하게 마이토콘드리아의 에너지충전도(energy charge)에 의해서 조절을 받도록 하게 한다.

반응 5: α-케토글루탈산 → 석신산CoA (α-케토글루탈산탈수소효소)

트라이카복실산회로의 다음 단계는 α-케토글루탈산의 산화적인 α-탈카복실화에 의해서 석신산 CoA를 형성하는 과정이다. 이 반응을 촉매하는 **α-케토글루탈산탈수소효소(α-ketoglutarate dehydrogenase)**는 보조효소로 TPP, Mg^{2+}, NAD^+, FAD, 리포산 및 CoA를 필요로 하고 있다. 그 반응 메커니즘은 피루브산탈수소효소(pyruvate dehydrogenase)와 동일하다. 전체과정의 반응은 반응 6-44에 적은 부분적인 반응들과 전적으로 동일한 방법으로 각각 반응들의 총화로 이루어진다.

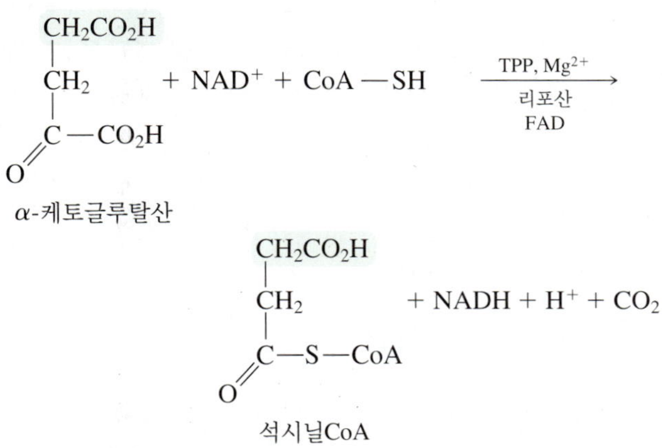

(6–53)

전체적으로 반응은 탈카복실화단계이기 때문에 쉽게 가역적이지 못하다. 반응에서 생성된 석시닐CoA와 NADH들은 그들을 만드는 효소의 방해제들이다. 대장균효소의 복합체는 분자량이 2×10^6이다. 역시 이동효소(transferase)는 중심단백질로 작용한다.

반응 6: 석시닐 CoA → 석신산 (석신산싸이오인산화효소)

이전의 반응에서 싸이오에스터의 고에너지결합은 산화적인 탈카복실화에 의해서 생성된다(반응 6–53). **석신산싸이오인산화효소(succinate thiokinase)**는 싸이오에스터를 소비하고, 고에너지 인산구조를 형성하는 촉매이다.

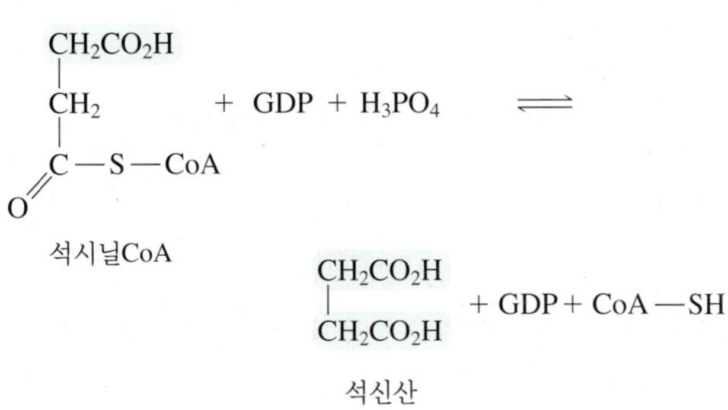

(6–54)

반응 6–54는 새로운 고에너지 인산구조를 형성하는 데 관여하고, 싸이오에스터를 활용하며, 반응의 양쪽에 고에너지 구조의 전체 수가 같게 하는 데 관여하고 있다. 그래서 평형상수 K_{eq}가 3.7로 반응은 쉽게 가역적이다.

반응 7: 석신산 → 퓨말산(석신산탈수소효소)

석신산탈수소효소(**succinic dehydrogenase**)는 석신산에서 두 개의 수소를 제거하여 퓨말산이 되는 반응을 촉매한다.

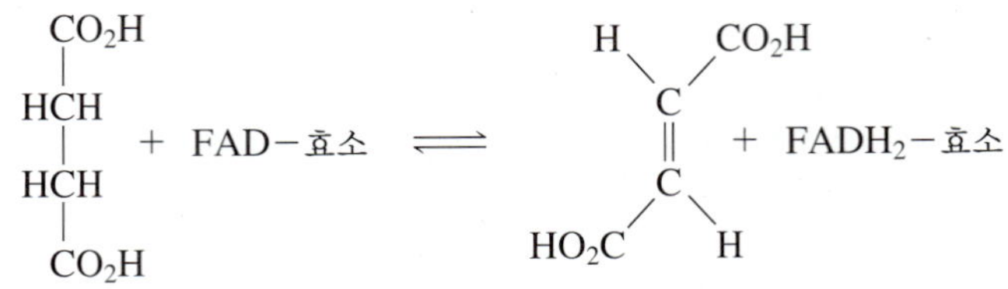

(6-55)

전자의 직접적인 수용체(산화제)는 플라빈보조효소로 플라빈효소와는 반대로 공유결합을 통하여 석신산탈수소효소에 결합되어 있다. 석신산탈수소효소는 내부 마이토콘드리아 막에 강하게 회합되고 있으며, 상당히 녹지 않은 상태로 존재하고 있다. 소의 심장이나 효모에서 얻은 효소당 1몰의 플라빈과 4원자의 철이 비힘(non-heme) 철로 구성되고 있다. 철은 사이토크롬에서처럼 힘(heme)과 회합되고 있지 않기 때문에 "**비힘 철**(**non-heme iron**)"이라고 부른다. 석신산탈수소효소는 초기에 트라이카복실산회로에서 구체적으로 가장 유용할 것이라 생각했던 사실 때문에, 말론산에 의해서 경쟁적으로 방해된다.

반응 8: 퓨말산 → L-말산(퓨마레이스)

다음 반응은 퓨말산에 H_2O를 더하여 L-말산을 만드는 반응이다.

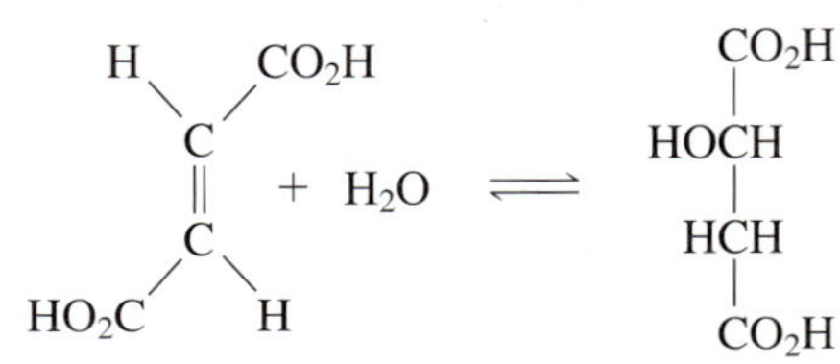

퓨말산　　　L-말산

(6-56)

평형상수가 대략 4.5이다. **퓨마레이스**(**fumarase**)는 돼지의 심장에서 결정(분자량 200,000)되었으며, 네 개의 동등한 소단위체를 갖는다.

반응 9: L-말산 → 옥살아세트산(말산탈수소효소)

트라이카복실산회로는 **말산탈수소효소**(**malic dehydrogenase**)에 의해서 말산의 산화로 옥살아세트산을 만드는 반응을 수행함으로써 완성된다. 반응은 회로 중에 네 번째 산화-환원반응으로, 돼지의 심장에서 얻은 효소의 산화제는 NAD^+이다.

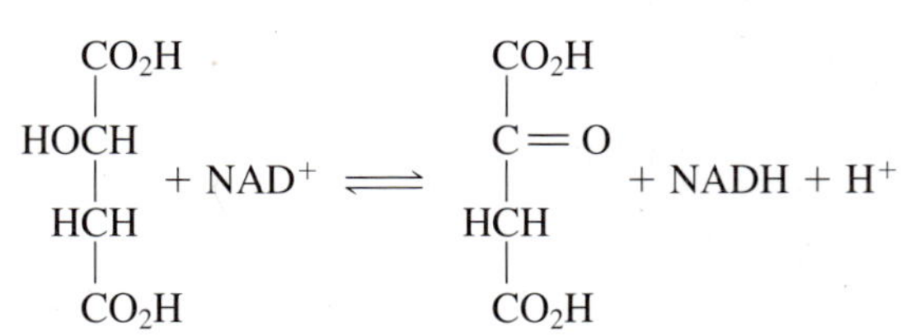

L-말산　　　옥살아세트산

(6-57)

평형상수는 pH 7.0에서 1.3×10^{-5}으로 평형이 대단히 왼쪽방향으로 치우치고 있다. 반면에 축합반응에서 아세틸 CoA와 옥살아세트산의 그 이상의 반응은 시트르산을 합성하는 방향으로 강한 발열반응이다. 이는 지속적인 옥살아세트산의 제거를 통하여 반응의 평형을 말산이 옥살아세트산으로 전환되도록 추진시키는 경향이 있다.

위에 언급한 마이토콘드리아의 세포간질(matrix)에 있는 말산탈수소효소는 세포질에 있는 동위효소(isoenzyme)와는 분명히 다른 것으로 보인다. 세포질의 말산탈수소효소는 세포질에서 NADH로부터 NADPH를 생성하는 중요한 역할을 한다.

6.4.1 트라이카복실산회로(TCA)의 조절

몇 개의 화합물이 트라이카복실산회로의 특별한 반응에 방해제로 기능한다. 그 중의 하나로 말론산은 석신산산화에 관여하는 석신산탈수소효소의 강력한 방해제이다. 트라이카복실산회로의 또 다른 방해제로는 세포에서 만들어지는 플루오로시트르산(fluorocitrate) 으로 아코니테이스를 방해하며, 이 산은 아프리카의 식물에 존재하는 모노플루오로아세트산 (FCH_2COOH) 을 축합효소로 사용하여 만들어진다.

TCA회로를 진행시키기 위하여 NAD^+의 지속적인 공급이 필수적이다. 전자전달경로(electron transport pathway) 에 관여하는 효소들이 생동적으로 활성화되며, 부수적으로 일어나는 산화적 인산화과정을 수행하도록 한다. 일반적으로 이 과정들이 어느 지역의 반응을 방해하거나, 동시에 TCA회로를 방해하게 된다. 그러나 기능을 하도록 하는 반응속도는 훨씬 정교한 조절에 의하여 진행된다.

TCA회로를 통하여 아세틸CoA를 산화시키고, 또 공급하는 피루브산탈수소효소는 NADH와 아세틸CoA가 축적되면 활성이 방해된다. 또 다른 조절방법으로 ATP의 농도가 증가하게 되면, 동시에 생산되는 cAMP에 의해서 조절된다. 동물의 피루브산탈수소효소(pyruvic dehydrogenase) 는 cAMP에 의해서 활성화되는 단백질인산화효소(protein kinase) 에 의해 인산화될 수 있다. 효소의 비대칭적인 소단위체에 있는 세린그룹의 인산화로 인하여 전체 효소복합체가 불활성화된다. 재활성화는 ATP와 cAMP의 농도가 감소할 때 인산가수분해효소(phosphatase) 에 의해서 효소의 탈인산화가 일어난다. 조절 메커니즘으로, 인산화된 형태의 효소가 불활성화된 글라이코젠합성효소(glycogen synthase) 에서와 마찬가지로 조절된다.

시트르산합성효소(citrate synthase) 는 매우 정밀한 조절의 대상효소이다. ATP와 NADH 모두 TCA회로의 초기반응을 방해할 수 있다. ATP와 NADH는 아이소시트르산탈수소효소(isocitrate dehydrogenase) 를 방해하는 것으로 알려지고 있다. 그래서 에너지충전도(energy charge) 가 트라이카복실산회로의 운영 속도에 영향을 주게 된다. TCA회로는 세포내의 중요한 중간체의 공급원으로 알려지고 있다(그림 6-15). 그 중 대표적인 화합물이 α-케토글루탈산이다. α-케토글루탈산은 글루탐산, 글루타민, 오르니틴, 프롤린, 하이

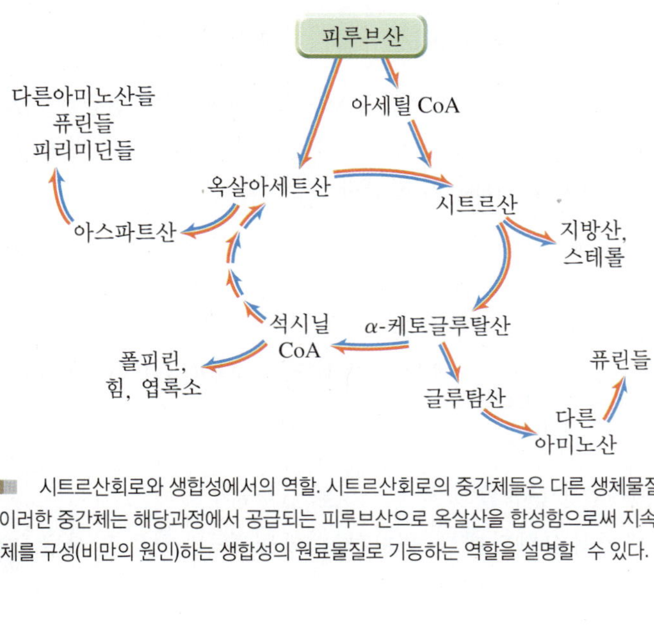

■ 그림 6-15 ■ 시트르산회로와 생합성에서의 역할. 시트르산회로의 중간체들은 다른 생체물질의 생합성의 중간체로 활용될 수 있다. 이러한 중간체는 해당과정에서 공급되는 피루브산으로 옥살산을 합성함으로써 지속적으로 얻어진다. 이것은 탄수화물이 생체를 구성(비만의 원인)하는 생합성의 원료물질로 기능하는 역할을 설명할 수 있다.

드록시 프롤린 등의 탄소골격의 기초가 된다. 또 다른 필수적인 중간체로는 석신산CoA가 있으며, 헤모글로빈, 마이오글로빈 그리고 사이토크롬에 존재하는 포피린합성의 중간체로도 중요하다.

6.5 글라이옥실산회로

트라이카복실산회로의 두 개의 중요한 역할은 아세틸CoA (또는 아세틸CoA로 전환되는 화합물) 의 완전산화 그리고 복합적인 합성과정 (예; 글루탐산, 석신산CoA, 아스파트산) 에 관여하는 것이다. 회로의 반응들은 단지 아세트산을 붕괴하기 때문에 세포의 모든 탄소원이 단지 아세트산인 경우인 유기체들 (많은 박테리아, 알지, 고등식물) 은 이를 어떻게 활용하는지 의문이 남게 된다. 다시 말해서 아세트산만이 TCA회로에 의하여 산화되어 CO_2와 H_2O를 만들 수 있기 때문에 어떻게 몇 유기체에서 아세트산은 트라이카복실산회로에서 유래되는 탄수화물과 마찬가지로 아미노산을 만들어낼 수 있겠는가?

이 도전적인 질문은 콘버그 (H.L. Kornberg) 와 다른 연구자들에 의해서 가장 성공적으로 해결이 되었으며, 이때 아세트산은 그런 유기체에서 글라이옥실산회로라고 불리는 합성과정의 반응들에 의해서 탄수화물로 전환됨이 밝혀졌다. 사실상 **글라이옥실산회로 (glyoxylic cycle)** 는 TCA회로의 반응 6-52로부터 6-56까지의 반응들을 우회시킴으로써 CO_2를 생성하는 두 반응을 제거하게 된다 (그림 6-16) . 이 우회방법에는 아이소시트르산이 쪼개져서 석신산과 글라이옥실산으로 되는 과정과 글라이옥실산의 다른 아세틸 CoA와 반응하여 말산을 만드는, 두 반응들이 포함된다.

처음 두 반응을 보면, 아이소시트르산이 산화되는 대신 아이소시트리테이스 (isocitritase, 아이소시트르산붕괴효소) 에 의해서 석신산과 글라이옥실산을 만들게 된다.

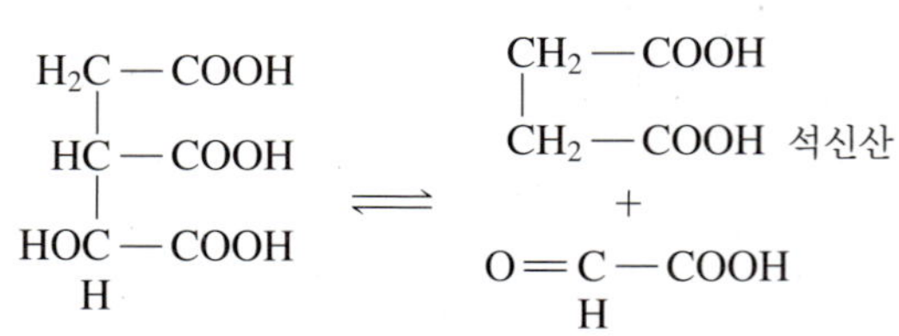

(6-58)

아이소시트르산 글라이옥실산

얻어진 글라이옥실산은 1몰의 아세틸CoA와 축합되어, 전에 언급한 시트르산합성효소 (citrate synthase) 에서의 반응과 동일하게, 말산을 만들게 된다. 이 반응에 관여되는 효소를 **말산합성효소 (malate synthase)** 라고 한다.

아세틸-CoA

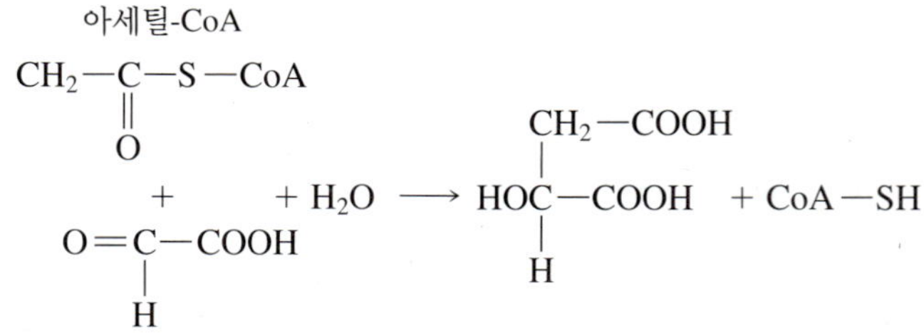

(6-59)

글라이옥실산 L-말산

TCA회로의 탈카복실화단계를 우회하는 이들 두 반응은 말산탈수소효소 (malic

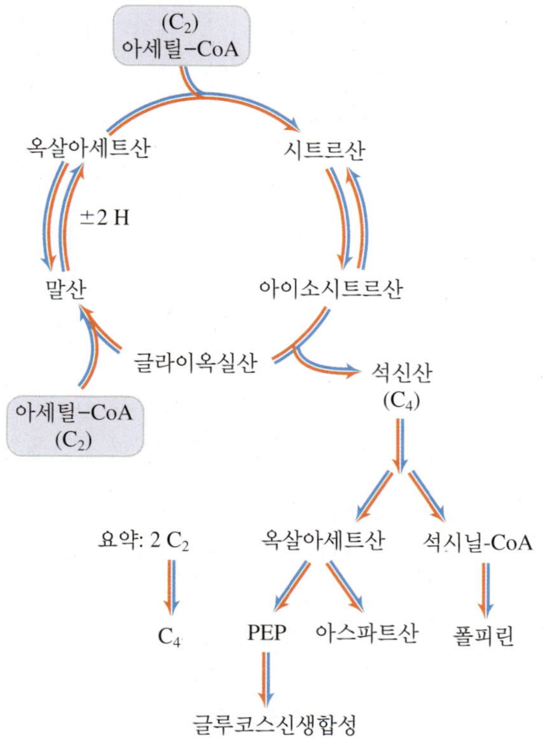

■■ 그림 6-16 ■■ 글라이옥실산회로. 두 분자의 아세트산으로부터(아세틸CoA) 1몰의 석신산이 얻어진다. 만들어진 석신산은 옥살산을 거쳐 글루코스신생합성과정에 참여하기도 하고, 포피린이나 아미노산이 될 수도 있다.

dehydrogenase), 시트르산 합성효소(citrate synthase) 그리고 아코니테이스(aconitase) 들이 촉매하는 반응들과 함께 쓰지 않는 한 이들이 스스로 한 회로를 구성하지 않는다. 글라이옥살산회로를 구성하는 다섯 효소들은 2몰의 아세트산을 석신산으로 전환하는 반응을 수행하게 된다.

단원요약

1. 탄수화물은 폴리하이드록시, 알데하이드, 케톤 또는 가수분해되어 이들 성분 중의 하나를 배출하는 물질로 실험식은 $(CH_2O)_n$으로 나타낸다. 가수분해시켜 최종단위로 얻어진 당을 단당체라고 하고, 두 개에서 여섯 개의 단당체를 포함하면 올리고당이라고 부른다. 다당체에는 같은 단당체가 포함되면 동종다당체이고, 서로 다른 단당체가 포함되어 헤테로다당체가 된다.

2. 한 개 이상의 비대칭(chiral) 탄소를 가지면, 광학이성질체이며, 그 중에는 거울상이성질체가 존재한다. 편광의 면에 시계방향으로 회전하면 우선성이고, 반대방향으로 회전하면 좌선성이 된다. 광학이성질체를 표시하는 기준물질로 D-글리셀알데하이드를 사용한다. −OH그룹이 오른쪽에 있으면 D형 그리고 왼쪽에 있으면 L-형이 된다. D(+)-글루코스는 한 개의 대칭탄소가 다르기 때문에 D(+)-만노스의 에피머라고 한다.

3. α-D-글루코스와 β-D-글루코스는 상호회전에 의해서 얻어진다. 알도헥소스는 내부적으로 알데하이드와 −OH 그룹이 헤미아세탈을 만든다. α와 β-이성질체는 부분입체이성질체이고, 그들은 아노머이다. 글루코스에서 의자형이 비틀림의 긴장을 최소화하며, 축을 따라 −OH그룹이 수평으로 놓이는 구조를 선호한다.

4. 프럭토스는 헤미케탈그룹으로 오각형 퓨라노스를 만든다. 펜토스핵산의 성분으로 라이보퓨라노스가 있다. 두 개의 아미노당으로 D-글루코사민과 D-갈락토사민은 2−OH그룹이 아미노그룹으로 대체된 상태이다.

5. 강한 산에서 알도헥소스를 가열하면 하이드록시 풀푸랄이 얻어지며, α-나프톨과 특징적인 색깔을 나타낸다. 탄수화물은 자유로운 알데하이드와 케톨그룹이 있으므로 환원당이며, 환원당은 베네딕트시약과 반응하여 노란색의 고체가 얻어진다. 알도헥소스의 알데하이드그룹은 약한 산화제에 의해서 카복실산으로 산화된다. 단일 카복실산을 알돈산, 일차알콜이 산화하면 다이카복실산인 알달산이 얻어진다.

6. D-글루코스는 메탄올과 염산처리로 메틸글루코사이드가 얻어지며, 다당체는 단당체의 글라이코사이드결합으로 연결된다. 이당체 중에서 말토스는 (α-1,4-글루코스) 셀로바이오스 (β-1,4-글루코스), 아이소말토스 (α-1,6-글루코스) 락토스 (갈락토스-β-1,4-글루코스) 및 수크로스 (글루코스-α-1,2-프럭토스) 등이 있다.

7. 아밀로스는 동종다당체이며, 아밀로펙틴과 함께 식물의 녹말에 존재한다. 아밀로펙틴은 α-1,4결합과 α-1,6결합의 곁사슬로 연결되고 있다. 동물의 보존성 다당체는 글라이코젠으로 글루코스로 구성된 곁사슬의 구조를 갖는다. 구조다당체에는 식물의 셀룰로스, 펙틴, 헤미셀룰로스가 있다. 갑각류의 껍질성분은 카이틴과 헤미셀룰로스가 있다. 세포벽의 구성성분으로 뮤코다당체가 존재한다.

8. 생체에너지 ATP는 높은 에너지 화합물로서, ATP가 ADP로 되는 데는 $\Delta G'$값이 −7300 cal/mol이 된다. 에너지가 높은 화합물로 이인산화합물, 아실인산, 에놀인산, 싸이올에스터결합 등이 있다. 글리셀알데하이드인산의 알데하이드를 산화시켜 3-인산글리셀카복실산을 만들게 되며, 얻어지는 많은 양의 에너지는 ATP를 형성하는 반응에너지로 쓰이게 된다. 이처럼 반응의 연결을 통하여 중요한 높은 에너지의 생체물질을 만드는 데 이용된다.

9. 글루코스가 혐기성으로 붕괴되는 반응들의 순서를 해당과정이라고 한다. 1몰의 글루코스가 분해되면 2몰의 젖산이 생성된다. 청녹색 엘지를 제외하고, 유기체는 해당과정을 통하여 글루코스를 붕괴시켜서 피루브산을 만들게 된다. 피루브산이 젖산이 되는 과정은 세포나 조직에서 제한되고 있다.

10. 글루코스가 젖산으로 전환되는 과정의 반응에는 열 개의 연결되는 반응들이 있다. 처음 네 개의 반응은 글루코스의 산화로, 세포에너지가 배출되는 D-글리셀알데하이드 -3-인산으로 전환되는 반응들이다. 글루코스는 글루코스-6-인산으로 되고, 다음 프럭토스-6-인산이 되며, 프럭토스-6-인산은 다음에 프럭토스-1,6-이인산이 만들어지고, 글리셀알데하이드-3-인산과 다이하이드록시아세톤인산이 얻어진다.

11. 글리셀알데하이드-3-인산은 이성화효소에 의해서 다이하이드록시아세톤인산으로 변경된다. 글리셀알데하이드-3-인산은 1,3-이인산글리셀산이 되고, 다음에 3-인산글리셀산이 된다. 3-글리셀인산은 2-인산글리셀산이 되고, 다음에 인산에놀피루브산이 된다. 인산에놀피루브산은 최종단계에서 피루브산이 만들어진다. 피루브산은 NADH에 의해서 환원되어 젖산을 생성한다.

12. 혐기성 해당과정에서는 두 개의 ATP가 사용되고, 네 개의 ATP를 만들게 됨으로써 글루코스 1몰당 2분자의 피루브산으로 전환되는 과정에서는 2ATP를 만들게 된다. 또 갈락토스는 갈락토스-1-인산으로 되고, UDP-갈락토스가 된 다음에 UDP-글루코스로 전환되며, 최종단계에서 글루코스-1-인산이 되어 해당과정에 진입하여 붕괴된다. 글리세롤은 ATP에 의해서 글리세롤-3-인산이 되고, 환원되어 다이하이드록시 아세톤인산이 된다. 글루코스-1-인산은 인산글루코스전환효소에 의하여 글루코스-6-인산이 된다.

13. 전분이나 글라이코젠은 소화관에서 덱스트린을 거쳐 말토스, 아이소말토스 그리고 글루코스로 붕괴된다. 이 과정에 β-아밀레이스나 α-아밀레이스가 사용된다. 아밀로펙틴은 분해되어 많은 덱스트린을 만들게 된다. 가인산분해효소는 다당체의 비환원말단의 α-1,4결합을 인산화 시켜 절단한다.

14. 해당과정에서 대부분의 조절은 글라이코젠의 가인산분해효소, 헥소스인산화효소, 인산프럭토스인산화효소 그리고 피루브산인산화효소에 의해서 조절된다. 반대로 글루코스신생합성은 피루브산카복실화효소, 프럭토스-1,6-이인산가수분해효소, 글루코스-6-인산가수분해효소 그리고 글라이코젠합성효소들에 의해서 조절된다.

15. 글라이코젠대사의 조절에서 가인산분해효소와 글라이코젠합성효소는 연쇄확장 메커니즘에 의해서 신호를 계속 확장시키는 방법으로 조절된다. 혹은 에피네프린과 글루카곤은 수용체에 결합함으로써 세포내부에 cAMP를 증가시키고, 단백질인산화효소를 활성화시킴으로써 인산화효소의 활성을 증가시키게 된다. 활성화된 인산화효소는 글라이코젠의 파괴를 촉진시키고, 동시에 글라이코젠 합성효소D의 형성으로 글라이코젠합

성을 감소시키게 된다.

16. 해당과정이나 당신생합성과정의 조절은 여러 조절효소들에 ATP나 AMP의 다른자리입체성 영향을 통하여 세포의 충전도에 의해서 영향을 받게 된다. 해당작용에서 주된 조절지역인 프럭토스-6-인산과 프럭토스-1,6-이인산의 상호전환반응이고 상호전환과정에서 다른자리입체성효소인 인산프럭토스인산화효소는 ATP에 의해서 강력히 방해되고, AMP와 ADP에 의해서 촉진된다.

17. 아세틸CoA를 완전히 산화시켜 CO_2와 물로 되도록 하는 호기성 순환과정인 트라이카복실산회로(TCA회로)가 완성되었다. 회로는 피루브산이 아세틸CoA로 되는 과정에서부터 시작된다. 아세틸CoA는 옥살아세트산과 결합하여 시트르산이 만들어지고, 시트르산은 아이소시트르산이 되며, 다음 α-케토글루탈산이 되면서 산화되어 NADH와 CO_2가 만들어진다. α-케토글루탈산은 재산화되어 NADH와 CO_2를 다시 배출하고, 석시닐CoA가 된다. 다음 석신산이 얻어지고, 산화에 의해서 퓨말산과 $FADH_2$를 만들게 되며, 다음 말산이 만들어지고, 산화되어 옥살아세트산과 NADH가 얻어진다.

18. TCA회로의 조절은 대단히 정밀하게 조절되고 있다. ATP와 NADH는 초기반응을 방해한다. 그리고 에너지 충전도가 회로의 운영속도에 영향을 준다. 또 회로가 지속적으로 진행되기 위하여 NAD^+가 필요하게 된다. 세포의 신진대사의 중요한 중간체로 α-케토글루탈산은 여러 생체화합물의 탄소골격의 근원이 된다.

19. 몇몇 유기체에서 아세트산은 글라이옥실산 회로를 통하여 탄수화물로 전환된다. TCA회로의 우회방법으로 두 분자의 아세틸CoA는 1몰의 석신산을 만들고, 옥살산을 거쳐 글루코스신생합성이나 또는 포피린 그리고 아미노산을 만들 수 있다.

어휘

광학이성질체 (optical isomer)
거울상이성질체 (enantiomer)
구조이성질체 (structural isomer)
글라이코사이드결합 (glycosidic bond)
글라이코젠 (glycogen)
글루카곤 (glucagon)
글루코스신생합성 (gluconeogenesis)
덱스트린 (dextrin)
동종다당체 (homoploysaccharide)
베네딕트시약 (Benedict's reagent)
β-세포 (β-cell)
부분입체이성질체 (diastereomer)
비힘 철 (non-heme iron)
상호회전 (mutatrotation)
아노머 (anomer)
알달산 (aldaric acid)
알돌산 (aldonic acid)
아밀로스 (amylose)
아밀로펙틴 (amylopectin)
아세탈 (acetal)
에너지충전도 (energy charge)
에피네프린 (epinephrin)
에피머 (epimer)
연쇄확장 (cascade)
올리고당 (oligosaccharide)
우선성 (dextrorotatory)
유론산 (uronic acid)
이눌린 (inulin)
이종다당체 (heteropolysaccharide)
인슐린 (insulin)
입체이성질체 (stereoisomer)
좌선성 (levorotatory)
췌장의 렝거헨섬 (Pancreas, Islets of Langerhen)
탄수화물 (carbohydrate)
카이틴 (chitin)
콘드로이틴 (chondroitin)
트리할로스 (trehalose)
펙틴 (pectin)
펩티도글라이칸 (peptidoglycan)
퓨란 (furan)
퓨라노스 (furanose)
피란 (pyran)

피라노스 (pyranose)
하이알유론산 (hyaluronic acid)
헤미셀룰로스 (hemicellulose)
헤미아세탈 (hemiacetal)
헤테로다당체 (heteropolysaccharide)

참고문헌

탄수화물의 구조

Pigman, W. W. and Horton, D. eds. 1972. The Carbohydrates: Chemistry/ Biochemistry Vol. IA, IIA & IIIB, Academic Press.

Bently, R. 1972. Configuration and conformational aspects of biochemistry, Annu. Rev. Biochem. 41, 953.

Varki, A., Cummings, R., Esko, J., Freeze, H., Hart, G., and Marth, J. (eds) 1999. Essentials of Glycobiology, Cold Spring Harbor Laboratory Press

Sharon, N. 1980. Carbohydrates. Sci. Amer. 243, 90.

Sharon, N. and Lis H. Carbohydrates in cell recognition, Sci. Amer. 268.(1), 82.

에너지대사 및 해당작용

Spare, P. A. 1975. The enzymology of the formation and breakdown of citrate, Adv. Enzymol. 43, 57.

Boyer, P.D., eds. 1972. The enzymes Vol. 5-9. New York; Academic Press.

Folkin, M., and Stotz, E. H. eds. 1967. Comprehensive Biochemistry, New York, Elsevier.

Lipman, F. A. 1984. Long life in times of great upheval, Annu. Rev. Biochem 53, 1.

TCA회로

Krebs, H. A. 1981. Reminiscences and Reflection. New York, Oxford University Press.

Bodner, C. M. 1986. The tricarboxylic acid(TCA), citric acid or Krebs cycle, J. Chem. Ed. 63, 673.

Owen, O. E. Kalhan, S. C., and Hanson, R. W. 2002. The key role of analplerosis and catalerosis for the citric acid cycle function. J. Biol. Chem. 277, 30409.

Estmond, P. J. and Graham, I. A., 2001. Re-examining the role of the glyoxylate cycle in oilseeds, Trend Pant Sci. 6, 72.

Krebs, H.A. 1970. The history of the tricaboxylate acid cycle. Perspect Biol. Med. 14, 154.

대사의 조절

Ovadi, J. 1988. Old pathway-new concept, Control of glycolysis by metabolite -mediated dynamic enzyme association. Trends Biochme. Sci. 13, 486.

Martin, B. C. 1987. Metabolic regulation. A molecular approach. Blackwell Scientific Publication, Oxford.

Pilkis, S. J., El-Maghrabi, M. R. and Clays, T. H. 1988. Hormonal regulation of hepatic gluconeogenesis and glycolysis. Annu. Rev. Biochem. 57, 755.

Atkinson, D. E. 1977. Cellular energy metabolism and its regulation. New York: Acacemic Press

Reitner, R. 1985. Regulation of carbohydrate metabolism. Boca Raton, Fla.: CRC Press.

Williamson, J. R. and Cooper, R. V. 1980. Regulation of the citric acid cycle in mammalian system. FEBS Lett. 177:K73.

연습문제

1 바이오 대체에너지 중에서 알콜이 현재 많이 사용되고 있으며, 우리나라에서 셀룰로스의 원료로 볏짚이 사용될 수 있다. 볏짚으로 알콜을 만드는 데 어떤 과정이 필요한가? 셀룰로스를 글루코스로 만드는 데 어떤 효소가 필요한가?

2 환원당을 정량적으로 측정하는 방법은 무엇인가?

3 젖산탈수소효소가 다양한 동위효소들을 갖게 되는 이유는 무엇인가? 심장근육과 골격근육을 비교해 보시오.

4 펩티도글라이칸의 구조적인 특징에 관하여 설명하시오.

5 당을 정성적으로 분석하는 방법에 관하여 반응식과 함께 설명하시오.

6 이인산화합물 중에 UTP, GTP, CTP의 중요한 생물학적인 기능을 설명하시오.

7 다음 이당체들은 어느 것이 환원당인지?

1. 말토스
2. 셀로바이오스
3. 아이소말토스
4. 수크로스

8 사람의 태반에 상당량 포함되고 있는 다당체는 무엇인가?

9 해당과정을 통하여 젖산의 주된 생성물이 되도록 전환시키는 조직이나 생명체는 어떤 것들이 있는가?

10 아밀로스는 아이오딘화반응시켰을 때 독특한 청색을 나타낸다. 아밀로펙틴은 아이오딘화반응시키면 무슨 색으로 변하는가?

11 최근 관절보호영양제로 글루코사민을 많아 사용한다. 글루코사민은 어느 생물체에서 얻을 수 있는가?

12 생물체에서 ATP가 에너지이동에 관여하는 많은 다른 반응에 관여되는 이유를 설명하시오.

13 이당체가 어떤 결합을 하고 있는지 분석하는 방법으로 다이메틸설페이트를 사용한다. 락토스를 다이메틸설페이트를 처리한 후 얻어지는 옥타메틸유도체를 사용하여 이당체가 어떤 결합을 하는지 확인하시오.

14 인공감미료 수크랄로스 (sucralose) 는 수크로스의 유도체이며, 화학명은 1,6-다이클로로-1,6-다이데옥시-*D*-프럭토프라노실-4-클로로-4-데옥시-α-*D*-갈락토피라노사이드이다. 구조식을 그려 보시오.

15 거울상이성질체 (enantiomer) 와 부분입체이성질체 (diastereomer) 의 차이점은 무엇인가?

16 카이틴과 셀룰로스의 구조적인 차이점과 그 기능들은 무엇인가?

17 글라이코젠과 전분의 차이점을 비교해 보시오.

18 운동선수가 운동시합 전에 많은 탄수화물을 섭취하게 된다. 그 이유를 생화학적으로 설명해 보시오.

19 음식물에 섬유소가 많이 들어있는 식품은 무엇이며, 왜 우리가 적절히 섭취해야 하는가?

20 NADH는 세 개의 ATP에 해당하고 $FADH_2$는 두 개의 ATP에 해당한다면, 1분자의 글루코스가 분해되어 모두 탄산가스와 물로 되는 과정에서 만들어지는 전체 ATP는 몇 분자가 되는가?

21 이성화효소 (isomerase) 와 전환효소 (mutase) 의 기능의 차이를 설명하시오.

22 해당작용에서 조절에 관여하는 중요한 효소들은 어떤 것들이 있는가?

23 TPP는 탈카복실화반응에서 어떤 기능을 하는가?

24 시트르산회로에서 어떤 중간체들이 세포내의 다른 대사물질의 합성에 전구물질로 작용하는가?

25 얼마나 많은 다른 *D*-글루코피라노사이드의 이당체가 가능한가?

26 글라이코젠에 다이메틸설페이트를 처리하여 모든 자유로운 −OH그룹에 메틸그룹을 부착시키는 반응을 하였다. 그런 다음 가수분해시켜 모든 글라이코시드결합을 파괴시켰을 때

ㄱ. 얼마나 많은 다른 종류의 메틸화된 글루코스를 얻을 수 있을까?
ㄴ. 그 중 가장 많이 존재하는 글루코스유도체의 구조를 적으시오.

근육수축 운동으로 근육에서 급격한 에너지가 필요할 때, 글라이코젠의 분해는 일시에 많은 양의 글루코스를 생성하게 해준다. 글루코스의 합성과 이용 간의 균형은 아주 정교한 방법으로 조절된다.

Chapter 7

탄수화물합성과 산화적 인산화

7.1 글라이코젠의 대사

7.1.1 글라이코젠의 분해

에너지대사에 필수적인 글루코스는 주로 동물(균류 또는 박테리아)의 근육과 간에서 글라이코젠의 형태로 저장되었다가 필요한 곳에 공급된다. 근육대사의 연료로 사용되는 저장 형태의 글라이코젠은 세포내부의 글루코스를 사용하여 간에서 합성된다. 글라이코젠은 120,000개의 글루코스단위를 가지며, 100~400Å 직경의 과립체로 발견되고 있다. 글라이코젠은 매8~14개의 글루코스 잔기마다 α-(1,6)의 곁사슬을 포함하고 있는 α-(1,4)의 긴 사슬의 중합체이다(그림 7-1). 글라이코젠의 대사는 음식물에서 섭취하지 않은 생체내부로부터 얻어진 탄수화물의 대사과정을 주로 다루게 된다.

글라이코젠의 분해는 매 곁사슬마다 글루코스단위의 비환원말단에서부터 제거되므로, 수많은 가지를 갖는 글라이코젠은 동시에 수많은 글루코스를 배출하여 급격한 수요에 대처할 수 있다. 곁사슬말단의 글루코스들이 제거되면 효소의 작용으로 근처의 가지에서 3단위의 글루코스를 절단된 곁사슬에 이동시킨다. 그래서 글라이코젠의 분해반응에는 세 가지의 효소, **글라이코젠가인산분해효소(glycogen phosphorylase)**, **글라이코젠곁사슬절단효소(glycogen debranching enzyme)**, **인산글루코스전환효소(phospho-glucomutase)**가 필요하게 된다.

1. 글라이코젠에서 단위 글루코스의 제거

(1) 글라이코젠가인산분해효소

글라이코젠가인산분해효소는 글라이코젠의 여러 가지 사슬에서 한 개씩의 글루코스 단위를 제거하기 위하여 다음과 같은 반응을 수행하게 된다. 글라이코젠가인산분해효소는 글라이코젠의 비환원성 말단으로부터 글루코스-1-인산을 배출시키는 반응을 촉매한다. 이 반응에서 무기인산분자는 α-1,4-글라이코사이드결합의 C1을 공격하며, 동시에 글라이코젠결합의 C4의 하이드록실그룹을 남기게 된다.

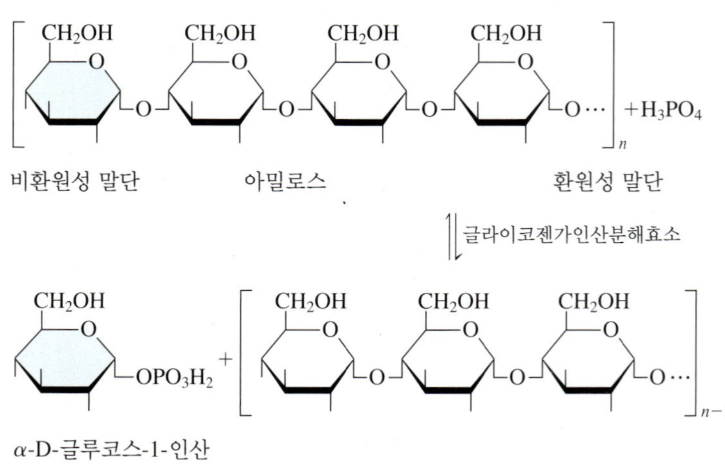

(7-1)

이 반응은 물의 공격으로 결합이 절단되는 가수분해와 유사하다. 그래서 이를 **가인산분해(phosphorolysis)**라고도 부른다. 글라이코젠를 합성하는 축합반응을 할 때, ATP를 사

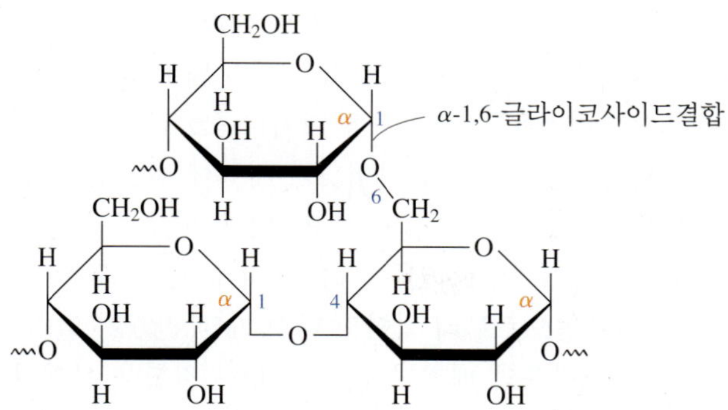

■■ 그림 7-1 ■■ 글라이코젠의 구조. 많은 글루코스사슬을 갖는 글라이코젠은 주로 α-1,4-글라이코사이드결합으로 글루코스들 사이를 연결시킨 긴 사슬을 만든다. 그리고 매8에서 14번째 글루코스마다 α-1,6-글라이코사이드결합으로 곁사슬의 글루코스들이 연결되고 있다.

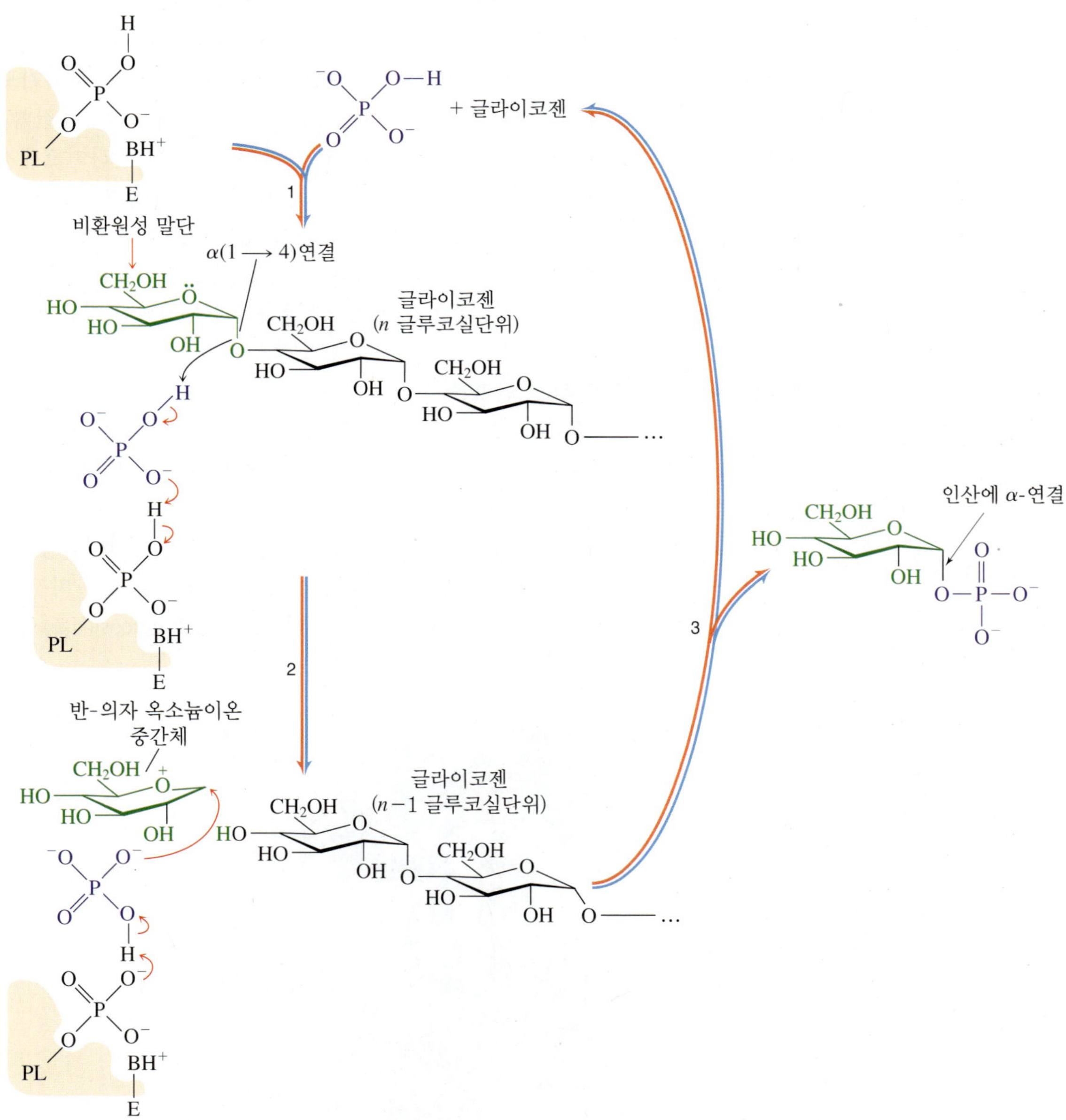

■■ 그림 7-2 ■■ 글라이코젠가인산분해효소의 반응 메커니즘. 효소의 활성부위에 부착된 조효소, 피리독살그룹의 인산의 음전하는 촉매활성부위의 양전하를 갖는 라이신 잔기(BH^+)에 의해서 안정화된다. 1. 일시적으로 글라이코젠, 인산효소활성부위와 복합체를 만들게 되며, 전자의 이동을 유발하게 한다. 2. 효소활성부위의 옥소늄이온의 중간체는 α결합된 글라이코사이드 말단 잔기에 Pi의 산성촉매로, PLP로부터 양성자에 의해서 일시적으로 중간체를 형성한다. 3. 옥소늄이온의 인산글라이코젠은 α-D-글루코스-1-인산을 만들게 된다.

용하지 않고도 α-1,4-글라이코사이드결합에 저장된 에너지가 글루코스인산결합을 형성하는 데 충분하다. 이 효소의 활성에는 조효소인 피리독살-5′-인산(PLP, pyridoxal-5′-phosphate)을 필요로 한다. 이것은 효소의 반응 메커니즘으로, 효소에 있는 PLP의 알데하이드와 효소활성부위의 라이신 잔기의 ϵ-아미노기 사이에 쉬프염기(Schiff's base)에 의해서 공유결합으로 연결되고 있다. 이 과정에서 PLP는 공명구조를 형성하는 방향족 고리가 전자받개로 작용하여 전자를 분리시키는 역할을 하게 된다. 글라이코젠으로부터 글루코스-1-인산을 만들 때, 가지점으로부터 적어도 다섯 개의 잔기가 떨어져 있을 때 글루코스를 배출시키게 된다. 효소반응의 메커니즘은 C1–O의 결합을 분해시키는 동안 **옥소늄이온(oxonium ion)** 중간체의 전이상태를 통하여 수행된다. 일반적인 산-염기촉매에서 PLP의 인산기가 참여하게 된다(그림 7-2).

글라이코젠가인산분해효소는 이량체로, 842개의 아미노산을 갖는 두 개의 소단위체로 구성되고 있다. 효소는 다른자리입체성으로 조절되며, 방해제로 ATP, G-6-P와 글루코스가 있으며, 활성제로는 AMP가 있다. 또 이 효소는 –Ser–14에 인산화(가인산분해효소 a) 되거나, 탈인산화(가인산분해효소 b)하여 공유성 변형으로 활성이 조절되기도 한다. 효소의 삼차구조에서 N-말단부위에 다른자리입체성 활성부위, 글라이코젠결합부위, 그리고 소단위체의 중심에 촉매활성부위들을 가지고 있다(그림 7-3). 글라이코젠가인산분해효소는 사슬이 갈라지는 부분에 의해서 입체적으로 방해를 받을 때까지 글라이코젠사슬로부터 글루코스 잔기를 순차적으로 제거하게 된다. 글라이코젠의 잔기 중에서 10%는 G-1-P보다는 자유로운 글루코스가 된다. 이때 가지제거효소는 α-1,6-글루코시데이스와 같은 촉매기능을 가지고 있으며, 두 기능의 효소활성자리가 분리되어 있음이 확인되었다.

(2) 글라이코젠곁사슬의 절단효소

글라이코젠의 곁사슬이 4~5개의 글루코스 잔기가 남게 될 때까지 효소에 의하여 제거되면, 그 다음 과정은 세 개의 글루코스 잔기를 근처의 다른 가지의 말단으로 옮기게 된다. 이렇게 글라이코젠가지를 비환원성말단에 옮기는 기능은 α-1,4-글루코스전이효소(α-1,4-transglycosylase)에 의해서 수행된다. 이 효소는 곁사슬의 3단위의 글루코스를 제거하여 근처 사슬의 비환원성말단에 전이시키는 기능을 하기 때문이다. 마지막으로 가지점의 나머지 한 개의 글루코스는 α-1,6-글루코시데이스(α-1,6-glucosidase)에 의해서 가

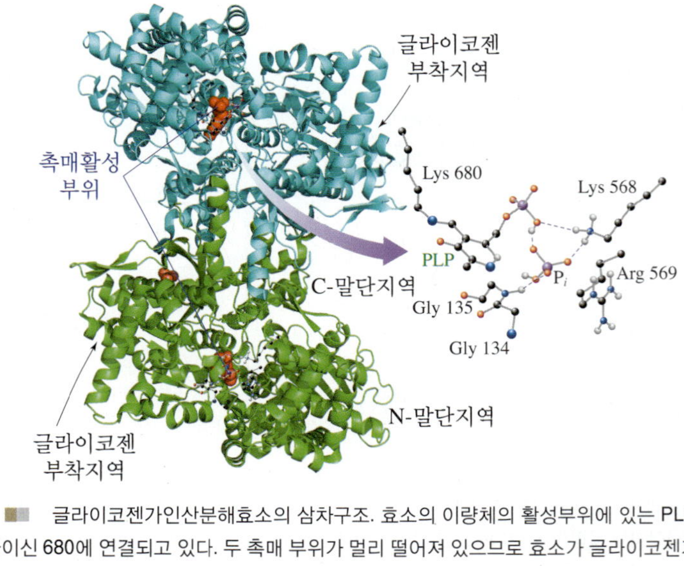

■ 그림 7-3 ■ 글라이코젠가인산분해효소의 삼차구조. 효소의 이량체의 활성부위에 있는 PLP(붉은색으로 표시된)는 효소의 라이신 680에 연결되고 있다. 두 촉매 부위가 멀리 떨어져 있으므로 효소가 글라이코젠기질에 다시 부착되기 전에 몇 개의 글루코스 단위를 인산화할 수 있도록 해 준다.

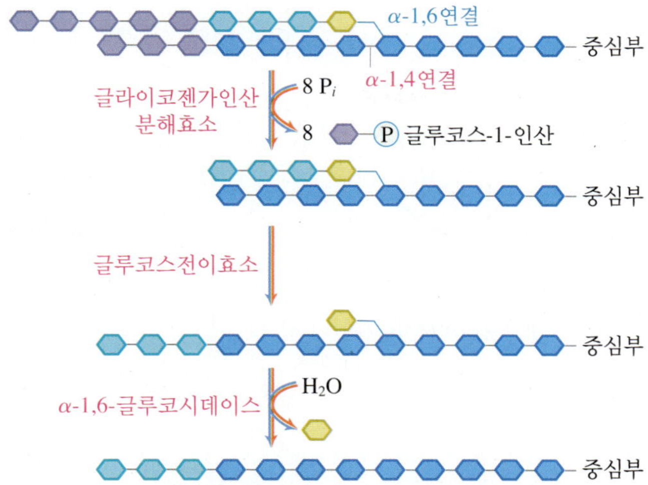

■ 그림 7-4 ■ 글라이코젠의 붕괴방법. 글라이코젠가인산분해효소에 의하여 순차적으로 말단의 글루코스 잔기들이 제거되면 다음 두 단계를 통하여 가지 쪽의 글루코스가 제거된다. 첫째로 곁사슬전이효소의 작용으로 근처의 비환원성 말단의 가지로부터 세 개의 글루코스 잔기를 옮기고, α-1,4의 결합을 다시 만들게 된다. 가지가 갈라지는 지점에 남은 한 개의 글루코스 잔기는 α-1,6-글루코시데이스의 작용으로 α-1,6결합을 절단하여 자유로운 글루코스로 배출시킨다.

수분해로 제거되어 자유로운 글루코스를 만들게 된다 (그림 7-4). 근육에는 탈인산화시키는 글루코스-6-인산가수분해효소의 활성이 없으나, 글라이코젠에는 대략 10%가 α-1,6연결을 가지는 것으로 알려지고 있다.

인산화나 탈인산화에 의한 글라이코젠합성효소와 가인산분해효소의 근접조절로 효소의 활성이 조절된다. 글루코스, 글루코스-6-인산, ATP, ADP, AMP 및 GMP 등의 다른자리입체성 조절체들에 의해서 조절되고 있다. 이러한 방법으로 다시 새로운 긴 글루코스 사슬이 나타나면 곧바로 가인산분해효소의 새로운 목표의 기질이 된다. 아밀로펙틴 같은 가지가 많은 다당류는 단지 55%만이 절단되고, 결국에는 가지가 많은 제한된 덱스트린으로 남게 된다. 에너지가 급격히 필요한 근육에서 에너지원인 글루코스의 공급은 이러한 방법으로 신속하게 이루어지고 있다. 정상적인 조건하에서 글라이코젠가인산분해효소와 가지제거효소가 글라이코젠분자의 다른 위치에서 동시에 작용하게 된다.

(3) 인산글루코스전환효소

글라이코젠으로부터 가인산분해효소에 의하여 얻어진 G-1-P은, 인산글루코스전환효소 (phosphoglucomutase) 에 의하여 G-6-P로 바뀌어 해당과정으로 진입하게 된다. 이 효소의 작용 메커니즘은 Ser 잔기에 인산화된 효소를 G-1-P가 공격하여 탈인산화시킨 다음, 효소와 글루코스-1,6-이인산의 중간체로 생성되었다가, Ser 잔기에 C1의 인산그룹의 공격으로, 인산화된 효소와 G-6-P의 최종산물을 얻게 된다 (그림 7-5) .

간에서는 글루코스-6-인산가수분해효소 (glucose-6-phosphatase) 의 작용에 의해서 G-6-P로부터 글루코스를 얻어서 필요한 다른 조직으로 세포막을 통하여 이동시키게 된다. 글리셀산전환효소와는 달리 Ser의 −OH기에 인산기가 공유결합으로 연결되고 있다. 한편 가수분해가 되지 않은 상태의 G-6-P는 글루코스-6-인산이동효소 (G-6-P translocase) 에 의해서 소포체로 옮겨지게 되고, 소포체막에 일부 존재하는 글루코스-6-인산분해효소에 의해서 글루코스로 가수분해되기도 한다. 제1형태의 글라이코젠저장병 (Type I glycogen storage disease) 은 G-6-P 가수분해체계의 결핍으로 발생되는 유전병이며, 이 경우 간세포의 글루코스는 GLUT2라는 글루코스수송체에 의해서 간세포에서 혈액을 통하여 다른 조직으로 운반된다.

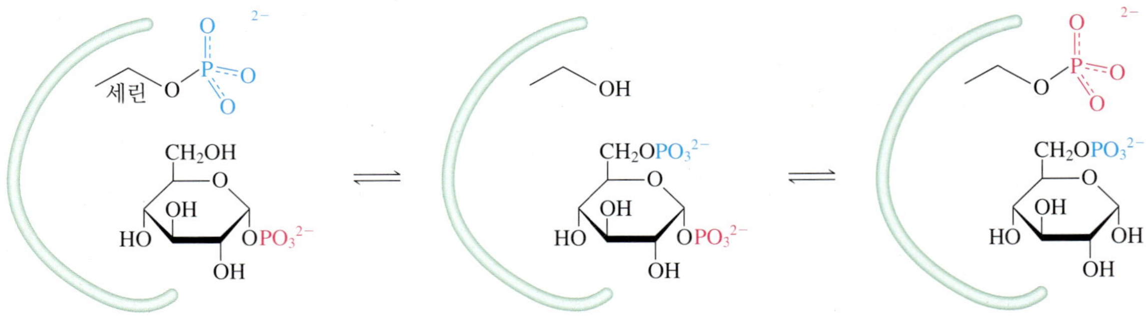

그림 7-5 인산글루코스전환효소의 작용. 인산그룹은 효소로부터 기질로 이동하게 되고, 다른 인산그룹이 효소에 이동되어 초기상태의 효소로 재생된다.

7.1.2 글라이코젠의 합성

생리적인 조건에서 글라이코젠의 분해반응은 발열반응이며, 따라서 G-1-P으로부터 글라이코젠의 합성반응은 열역학적으로 외부에서 자유에너지의 유입 없이 불가능하다. 그래서 글라이코젠의 분해와 합성은 다른 경로를 통해서 일어난다. 글라이코젠의 합성에는 UDP-글루코스파이로가인산분해효소 (UDP-glucose pyrophosphorylase), 글라이코젠합성효소 (glycogen synthase) 그리고 글라이코젠가지첨가효소 (glycogen branching enzyme) 들이 관여하게 된다.

1. UDP-글루코스파이로가인산분해효소

UDP-글루코스파이로가인산분해효소 (UDP-glucose pyrophosphorylase) 는 1957년 를로아 (Luis Leloir) 가 G-1-P와 UTP의 결합과정에 UDP-글루코스파이로가인산가수분해효소가 관여됨을 처음 발견하게 되었다. 여기서 얻어지는 UDP-글루코스 (UDPG) 는 글라이코젠 사슬에 글루코스단위를 전달해 주는 활성화된 물질이다.

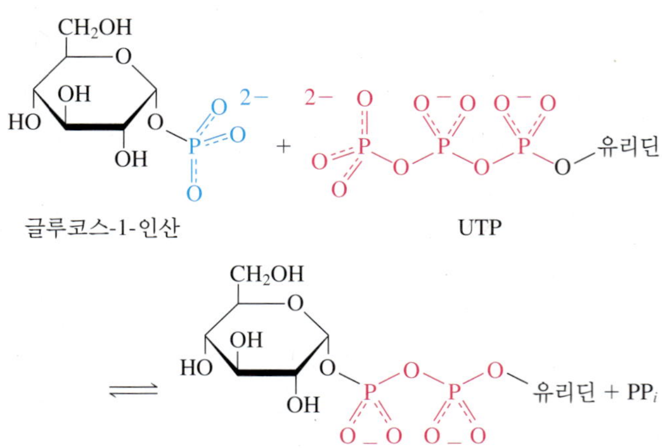

(7-2)

2. 글라이코젠합성효소

글라이코젠합성효소 (glycogen synthase) 는 UDPG에서 글루코스단위를 글라이코젠의 비환원말단의 4번째 탄소의 −OH그룹에 옮겨서, α-1,4-글라이코사이드결합을 만드는 반응의 촉매로 기능한다. 글라이코젠합성효소는 이미 존재하는 글라이코젠의 사슬에 글루코스를 전달하여 α-1,4결합을 만들게 함으로써 합성반응을 수행한다(그림 7-6). 글라이코제닌(glycogenin)이라 부르는 글라이코젠합성효소는 UDP에 있는 글루코스 잔기를 공격하여 글라이코제닌 Tyr194의 $-$OH그룹에 결합시키도록 한다. 이 효소는 UDPG로부터 글루코스 잔기를 일곱 번 첨가시켜 글라이코젠사슬을 만들어 글라이코젠 시작물질을 만들게 되면 합성이 시작하게 된다. 글라이코젠합성효소는 위에서 얻은 미성숙된 글라이코젠을 성숙시키는 글라이코젠의 합성반응을 계속하도록 한다. 글라이코젠의 과립체를 분석한 결과, 글라이코젠 분자마다 한 분자의 글라이코제닌과 글라이코젠합성효소가 함께 있어 이들이 서로 깊이 연관됨을 보여주고 있다.

UDPG로부터 성장되는 글라이코젠사슬에 글루코스단위의 전이는 효율적인 공급원인 UDP를 제거함으로써 만들어진 중간체로, 글라이코사이드옥소늄이온의 형성은 글루코스가 쉽게 글라이코젠에 첨가되어 글라이코사이드결합을 만들게 된다. 사람의 근육세포에 있는 글라이코젠합성효소는 소단위체가 737개의 아미노산을 가지며, 이들이 모여 동족사량체를 구성하게 된다. 인산화된 b 형태의 효소는 활성이 적으나, 탈인산화된 a 형태는 높은 활성을 갖는다. 글라이코젠합성효소는 다른자리입체성으로 조절되며, ATP, ADP 그리고 Pi가 생체농도에서 방해제로 작용한다.

3. 글라이코젠곁사슬이동효소

글라이코젠에 곁사슬을 도입시키는 반응은 아밀로(α-1,4$\rightarrow$$\alpha$-1,6) 글라이코실이동효소(amylo-($\alpha$-1,4 α-1,6) transglycosylase)에 의해서 수행된다. 이를 보통 글라이코실이동효소라고 하며, 글라이코실가지제거효소와는 다른 효소이다. 이 효소는 글루코스에 일곱

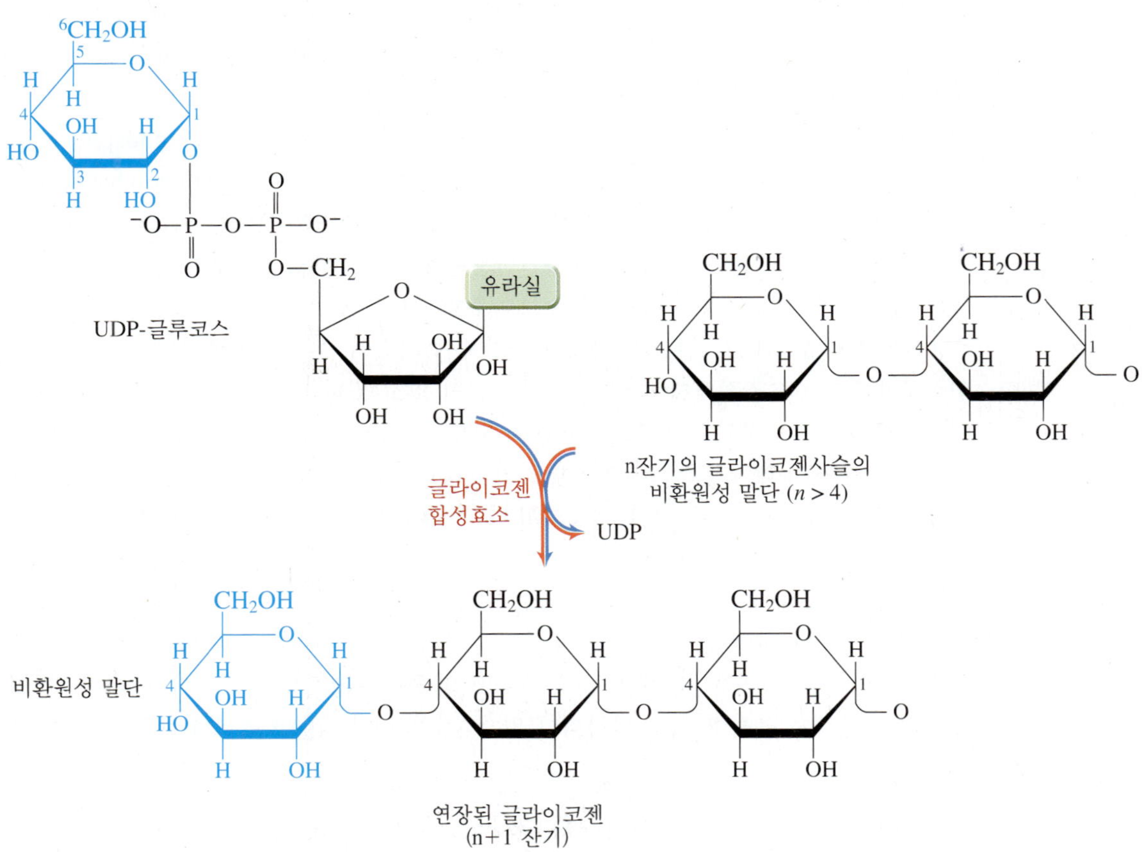

■ 그림 7-6 ■ 글라이코젠합성과정. 글라이코젠합성효소의 작용에 의해서 UDP-글루코스 잔기를 글라이코젠사슬의 비환원성 말단의 사슬에 이동시켜 α-1,4연결을 추가하여 글라이코젠에 n+1의 사슬연장을 가져 온다.

개의 잔기의 조각을 사슬의 말단으로부터 같은 글라이코젠분자나 또는 다른 글라이코젠 사슬의 글루코스 잔기의 $-C_6-OH$ 그룹에 옮기는 기능을 촉매한다. 이때에 효소는 옮겨지는 조각이 적어도 11개 이상의 조각으로부터 잘려지게 되어, 이를 받아들이는 조각도 가지점 (분리되는) 에서 4개의 잔기가 떨어진 지점으로 옮겨지게 된다.

7.1.3 글라이코젠의 대사조절

글라이코젠대사의 조절은 효소의 공유결합변형으로, 주로 글라이코젠가인산분해효소와 글라이코젠합성효소의 조절을 통하여 근육과 간에서 조절된다. 이들 효소의 활성은 근육조직에서나 글루코스를 연료로 사용하는 간에서 대사적인 필요에 따라 변화된다. 인산화나 탈인산화에 의한 합성효소와 가인산분해효소의 근접조절로 공유성변형의 조절을 수행한다. 그리고 글루코스, 글루코스-6-인산, ATP, AMP 및 GMP 같은 다른자리입체성 조절체에 의하여 조절되고 있다. 또는 외부자극에 의한 근육의 글라이코젠의 대사는 Ca^{2+}의 농도나 홀몬에 의하여 효소가 조절되기도 한다.

1. 공유성 변형에 의한 효소활성의 조절

(1) 글라이코젠가인산분해효소

글라이코젠가인산분해효소는 b→a로의 인산화에 의해서 활성화되고, 글라이코젠합성효소는 a→b로의 인산화에 의해서 효소의 활성을 잃게 된다. 글라이코젠가인산분해효소의 효소에 의한 상호전환과정에서 활성의 연쇄확산 (cascade) 은 세 가지 효소들에 의하여 수행된다. 첫째 효소로는 아데닐산고리화효소에 의해서 만들어진 cAMP가 단백질인산화효소를 활성화시킨다. 다음 효소로는 단백질인산화효소 (PKA, protein kinase) 로, 가인산분해효소인산화효소를 인산화시켜 활성화시키게 된다. 마지막으로 글라이코젠가인산분해효소 b의 Ser14를 인산화시키는 가인산분해효소인 산화효소 (phosphorylase kinase) 가 있다. 한편 인산화단백질인산가수분해효소-1 (phosphoprotein phosphatase-1)은 글라이코젠가인산분해효소 a와 인산분해효소인 산화효소를 탈인산화시킴으로써 효소들을 불활성화시키게 된다. 글라이코젠가인산분해효소의 활성조절과 관련된 세 개의 효소들의 작용에 관하여 그림 7-7에 자세히 보여주고 있다.

가인산분해효소 b는 다른자리입체성 조절체에 의하여 민감하게 조절되고 있지만, 가인산분해효소 a는 조절체에 의해서 영향을 받지 않고 있다. 단백질인산화효소A의 활성에는 cAMP가 필수적이다. cAMP는 ATP가 아데닐산고리화효소 (adenylate cyclase) 에 의하여 얻어지는 아데노신-3′, 5′-고리형 일인산 (adenosine 3′,5′-cyclic monophosphate) 으로, 이차신호전달체로 기능한다. 이 cAMP의 합성에 관여되는 아데닐산고리화효소의 활성은 특정 홀몬이 세포표면의 수용체에 부착됨으로써 촉진되며, 동시에 많은 cAMP를 만들게 된다. 세포내의 수많은 단백질인산화효소들 중에서, 특히 특정세포의 기능에 영향을 주는 세포신호전달경로의 신호중계체로 주요 기능을 수행하는 부류의 인산화효소들은 홀몬, 성장인자, 신경전달체 또는 독소들에 의해서 활성화되기도 한다. 단백질인산화효소 소단위체는 원래 R_2C_2로 회합되고 있으나 cAMP의 작용으로 활성화된 C소단위체가 얻어진다.

$$\underset{\text{불활성}}{R_2C_2} + 4cAMP \rightleftharpoons \underset{\text{활성}}{2C} + R_2(cAMP)_4$$

불활성화된 R_2C_2 복합체에는 C소단위체의 기질과 비슷한 **자동방해제조각**

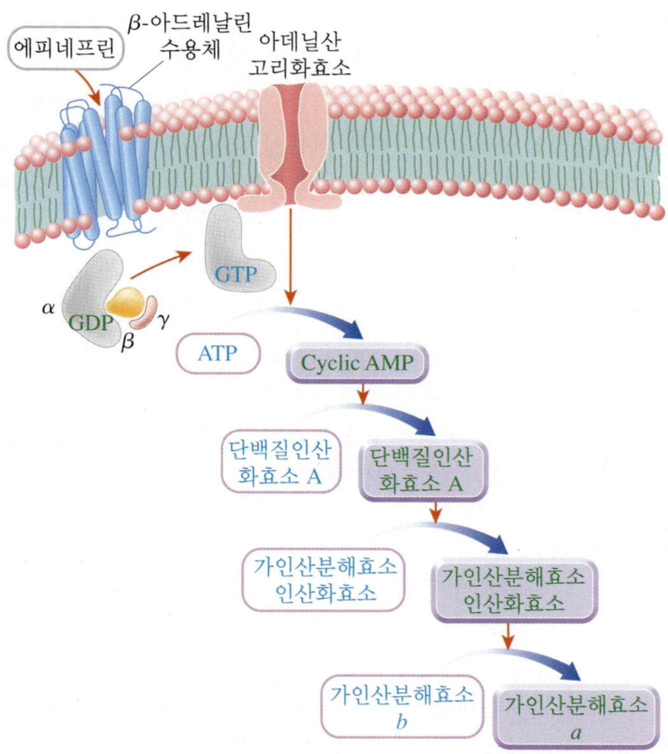

그림 7-7 홀몬에 의한 글라이코겐가인산분해효소의 효소활성조절. 홀몬, 에피네프린이 수용체에 접속되면 세포내부로부터 신호는 아데닐고리화효소를 활성화시킴으로써 cAMP의 양이 현저하게 증가하게 된다. 이렇게 순차적으로 증폭된 신호는 단백질인산화효소A를 활성화시키고, 곧이어 가인산분해효소의 활성으로 글라이코겐의 분해가 가속화된다.

(autoinhibition segment) 을 가지고 있으며, 이는 C소단위체의 활성자리에 경쟁적으로 결합된다. 그래서 단백질인산화효소A의 R소단위체는 경쟁적으로 C소단위체의 기능을 억제시키게 된다.

(2) 가인산분해효소인산화효소

가인산분해효소인산화효소 (phosphorylase kinase) 는 조절기능을 갖는 α, β, 및 δ의 소단위체와 촉매활성부위를 갖는 γ-소단위체로 구성되고 있다. PKA에 의해서 α와 β-소단위체의 인산화로 활성화되고, 또 Ca^{2+}에 의해서 효소활성이 증가되기도 한다. γ-소단위체의 촉매활성은 자동억제제 C-말단의 조각이나 β-소단위체의 방해제조각에 의해서 방해된다. 가인산분해효소인산화효소의 자동억제는 PKA에 의해서 효소 α와 β-소단위체의 인산화로 활성이 감소된다.

γ-소단위체의 전체활성은 δ-소단위체에 결합되는 **칼모듈린 (calmodulin, CaM)** 으로 알려진 Ca^{2+}이 부착된 단백질에 의해서 조절된다. 칼모듈린은 낮은 칼슘농도 (10^{-7} M이하)에서 구조의 변화를 유도하고, 가인산분해효소를 활성화시키게 된다. Ca^{2+} 자극에 의한 근육수축과정은 글라이코겐의 분해로 얻어진 해당과정의 연료 에너지인 ATP를 공급할 수 있기 때문에, 근육수축의 속도와 해당과정의 속도가 서로 연계되어 일어난다.

(3) 단백질 인산가수분해효소-1

단백질인산가수분해효소-1 (protein phosphatase-1) 은 글라이코겐가인산분해효소 a와 가인산분해효소 소단위체 α와 β의 인산기를 제거할 뿐만 아니라, 글라이코겐대사에 관련된 단백질인산기를 제거하는 데 관여한다. 단백질인산가수분해효소는 간과 근육에서 서로 다른 방법으로 조절된다.

근육에서 단백질인산가수분해효소-1 (PP1) 의 촉매성 소단위체는 글라이코젠결합 G_M 소단위체를 통하여 글라이코젠에 결합할 때에만 활성화된다. G_M 소단위체의 PP1c의 활성은, 2개의 분리된 G_M소단위체의 인산화에 의해서 조절된다. 인슐린에 의해서 조절되는 단백질인산화효소는 G_M소단위체의 인산화자리 1을 인산화시키고, 더욱 활성화시킨다. 반면에 G_M소단위체의 자리 2의 인산화는 에피네프린에 의해서 조절되며, PKA에 의해서 G_M소단위체를 인산화시키고, 동시에 PP1c를 세포질로 배출시키게 된다 (그림 7-8).

간세포에는 단백질인산가수분해효소보다 글라이코젠가인산분해효소를 10배나 더 가지고 있어서, 인산가수분해효소는 글라이코젠가인산분해효소가 90% 이상 b형으로 있을 때까지 방출시키지 않는다. 글라이코젠합성효소는 가인산분해효소인산화효소 (phosphorylase kinase) 에 의한 인산화로 불활성화된다. 이 과정에는 PKA와 가인산분해효소인산화효소가 연계되어 있으며, 인산화를 통하여 글라이코젠합성효소는 불활성화된다.

2. 다른자리입체성 조절

글라이코젠인산가수분해효소와 글라이코젠합성효소는 다른자리입체성으로 조절된다. 근육의 글라이코젠가인산분해효소는 AMP에 의해서 활성화되고, ATP와 G-6-P에 의해서 효소의 활성이 억제된다. 반대로 글라이코젠합성효소는 G-6-P에 의해서 활성화된다. 가인산분해효소 a는 활성체인 AMP가 없이도 활성화되며, 글라이코젠합성효소는 탈인산화되고, G-6-P가 없으면 불활성화된다. 글라이코젠가인산분해효소와 글라이코젠합성효소는 공유성 변형을 통하여 두 효소가 다른자리입체성 영향체에 의해서 조절되는 과정을 더욱 정밀하게 조절하도록 한다.

3. 글라이코젠대사에 홀몬의 조절작용

간에서 글라이코젠의 합성은 인슐린에 의해서 활성화되고, 반대로 글루카곤은 글라이

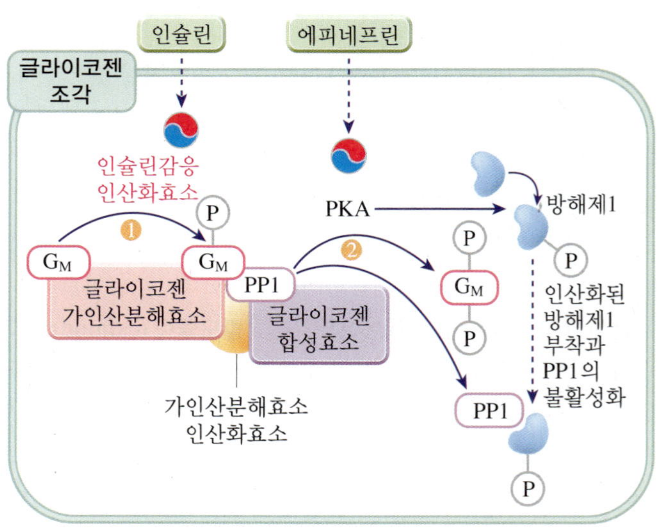

■ 그림 7-8 ■ 글라이코젠 목표단백질 G_M의 역할. 글라이코젠 대사조절물질인 G_M은 인슐린이나 에피네프린의 감응에 의하여 G_M의 두 지역을 인산화시킬 수 있다. 만약 인슐린에 의해서 지역1이 인산화되면 PP1을 활성화시키고, 동시에 글라이코젠가인산화분해효소와 글라이코젠합성효소를 활성화시키게 된다. 한편 에피네프린은 G_M의 나머지 지역 2를 인산화시키면서 글라이코젠에서 PP1을 분리시키게 된다. 글라이코젠가인산분해효소와 글라이코젠합성효소를 서로 격리시키게 됨으로써 인슐린은 글라이코젠의 파괴를 억제하게 되고, 글라이코젠합성을 활성화 시키게 되며, 한편 에피네프린은 그 반대의 효과를 나타내게 된다.

코젠의 분해를 활성화시킨다. 간세포에서 글루카곤은 글루코스의 농도가, 운동하는 동안이나 식후 여러 시간 경과 후처럼 5mM 이하로 될 때에 췌장에서 배출된다. 인슐린도 혈중의 글루코스농도에 따라 췌장에서 합성된다.

근육과 다른 조직에서 글라이코젠대사의 조절은 인슐린, **에피네프린 (epinephrine, 아드레날린)** 및 노에피네프린에 의해서 조절된다. 이들 홀몬은 세포막의 해당하는 수용체에 결합하여 표적대사물의 공유결합성 변형 (주로 인산화) 을 자극함으로써 조절하게 된다. 해당하는 홀몬의 수용체에는 세포내부에서 특수한 이차신호전달체를 생성하여 세포내의 신호의 전달자로 기능하게 한다. 수용체마다 각각 다른 **이차신호전달체 (second messenger)** 의 방출을 촉진하도록 한다. 이때 cAMP나 Ca^{2+}은 이차신호전달체로 기능하며 홀몬의 자극에 의해서 cAMP가 증가하게 되면 PKA의 활성이 증가 되고, 많은 단백질의 인산화속도는 증가되고, 반대로 탈인산화속도는 감소된다.

$H_3\overset{+}{N}$—His—Ser—Glu—Gly—Thr—Phe—Thr—Ser—Asp—Tyr—10
Ser—Lys—Tyr—Leu—Asp—Ser—Arg—Arg—Ala—Gln—20
Asp—Phe—Val—Gln—Trp—Leu—Met—Asn—Thr—COO^- 29

글루카곤

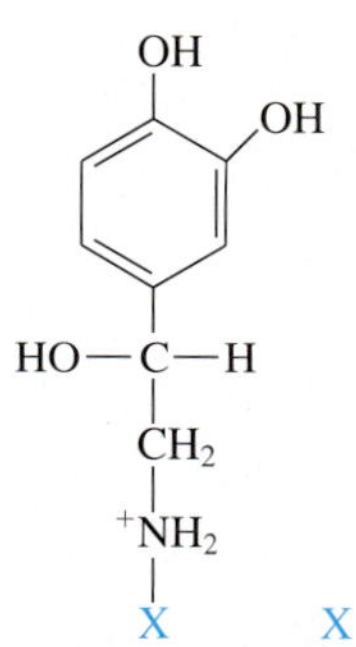

$X = CH_3$ 에피네프린
$X = H$ 노에피에프린

cAMP의 농도가 감소될 때 인산화속도는 감소되어 글라이코젠합성효소의 활성이 증가하고, 글라이코젠가인산분해효소의 활성이 억제되며, 따라서 글라이코젠의 합성이 활성화된다. 이러한 조절체계는 적은 cAMP의 양으로 인산화된 효소들의 큰 변화를 유발시키는 연쇄확산 (cascade) 시키는 방법으로 극적인 변화를 유발시킨다.

근육세포에는 글루카곤의 수용체가 비교적 적으나, 간세포에서는 글루카곤의 수용체

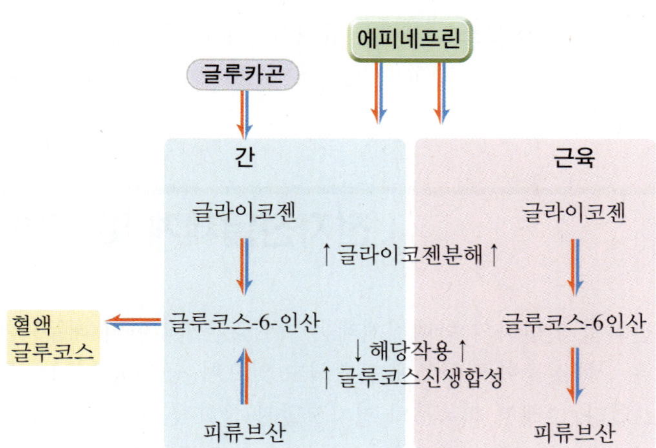

그림 7-9 간과 근육에서 탄수화물대사의 조절의 차이. 간에서 글루카곤과 에피네프린은 글루코스가 최대한 혈액으로 이동하도록 영향을 주게 된다. 반면에 근육에서는 에피네프린은 글라이코젠의 파괴와 해당과정을 통하여 근육 운동에 필요한 에너지를 공급하도록 자극하게 된다.

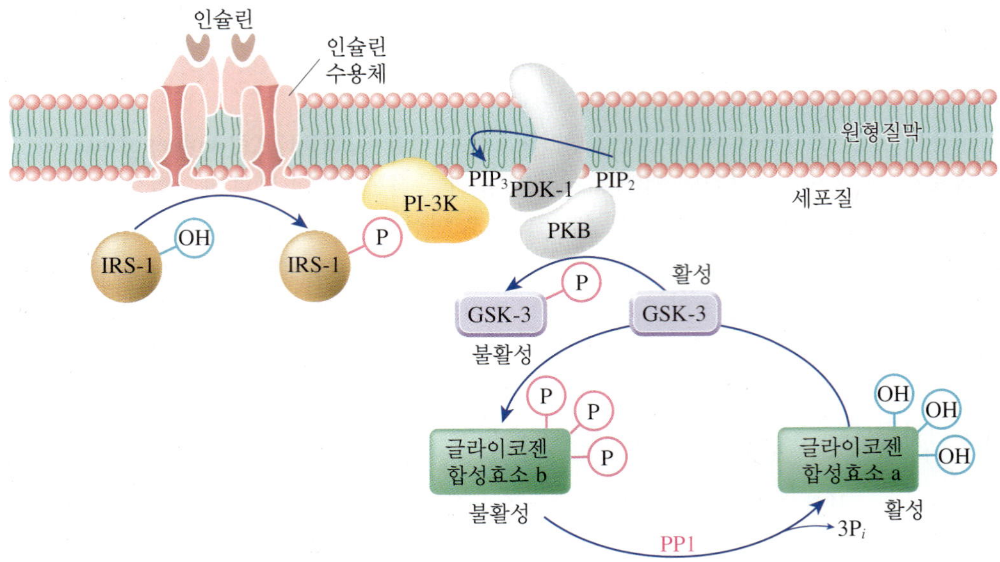

그림 7-10 인슐린으로부터 글라이코젠합성효소인산화효소-3(GSK-3)와 글라이코젠합성효소의 조절 경로. 혈액 속의 높은 글루코스 농도를 감지하게 되면 췌장에서 인슐린의 분비가 활발하게 된다. 인슐린이 수용체에 부착하면 인슐린수용체기질-1(IRS-1)을 인산화시켜, 이차신호전달체인 PIP2(포스파디딜이노지톨-3-인산인산화효소)를 PIP3로 변형시키게 된다. 이러한 효과는 단백질인산화효소(PKB)를 활성화시키게 되고, GSK-3(글라이코젠합성효소인산화효소-3)을 인산화시키게 된다. 이때 GSK-3는 불활성화되고, 글라이코젠합성효소의 탈인산화로 글라이코젠합성효소를 활성화시킨다. 인슐린은 결과적으로 글라이코젠의 합성을 활성화시킴으로써 혈액내의 글루코스농도를 감소할 수 있게 된다.

가 훨씬 많아서 cAMP의 합성이 촉진된다. 이때 얻어지는 많은 글루코스는 각 조직으로 충분히 공급되게 된다. 간세포에서 에피네프린은 췌장에서 글루카곤의 배출을 증진시키게 하고, 글라이코젠의 분해를 촉진시킨다. 간세포에서 에피네프린의 α, β-아드레날린수용체 둘 다 결합된다. β-아드레날린수용체는 cAMP를, 그리고 α-아드레날린수용체는 Ca^{2+}의 농도를 증가시켜 cAMP의 반응을 강화시키게 된다(그림 7-9).

혈액 중에 글루코스의 농도가 높아지면 인슐린이 췌장에서 분비된다. 인슐린의 증가는 곧 수용체에 전달되고, 세포내부로 글루코스 유통속도의 증가를 가져온다. 이 경우 cAMP의 감소 때문에 글라이코젠이 분해되기보다는 합성되는 방향으로 바뀌게 된다. 근육에서 인슐린의 표적효소는 단백질인산가수분해효소1이며, 글라이코젠의 결합자리인 G_M소단위체자리-1을 인산화시키게 된다. 동시에 글라이코젠대사의 효소를 탈인산화시키게 되며, 결과적으로 글라이코젠분해를 억제시키게 되고, 글라이코젠합성의 자극을 통하여 글라이코젠형태로 글루코스의 저장을 증진시키게 된다(그림 7-10).

7.2 전자전달체계 및 산화적 인산화

전자의 전달과 산화적 인산화의 단백질체계는 마이토콘드리아의 내부막에 회합되어 있고, 관여되는 많은 단백질들이 막구조에 포함되고 있으며, 근본적으로는 해리되지 못하는 상태로 결집되고 있다. 그래서 대부분의 전자전달과 산화적 인산화의 개별성분을 분리하거나 분석하는 것은 불가능한 상태이다. 이 분야의 연구에서 실험적으로 어려운 점은 기능적으로 물리적인 배열과 깊은 관계를 가진 두 체계가 서로 접속(coupled)되어 기능하고 있다는 점이다. 그래서 ATP를 합성하기 위해서는 세포막의 자연스러운 모양이 기능에 필수적이며, 만약 물리적으로 변화를 주어 연결이 **해제(uncoupling)** 되면 전자전달은 가능하지만, 산화적인 인산화가 안 되는 결과를 가져오게 된다. 이러한 사실은 생물학의 연구에서 세포막의 기능과 구조 사이에 내부적으로 서로 의존성을 갖는 관계가 존재함을 알려주고 있으며, 구조의 파괴는 연구하고자 하는 생물학적인 현상의 파괴로 이어지게 된다. 그렇지만 그동안 마이토콘드리아에서 ATP의 합성을 분자수준으로 설명하기 위하여 많은 어려움을 감수하고 중요한 연구업적을 수립하게 되었다.

TCA회로에 의한 NADH와 $FADH_2$의 생성은 글루코스와 다른 탄수화물로부터 ATP의 호기성 합성과정에서 "전자전달"의 필수적인 단계가 되고 있다. 피루브산의 산화로부터 얻어진 전자쌍을 동반하는 환원된 조효소들의 재산화과정이 연속적인 수용체분자(마지막 수용체인 O_2가 환원되어 물이 되는) 들을 통하여 전자를 전달하도록 설계된 마이토콘드리아의 전자전달과정을 시작하게 해 준다. 이 전자운송체계는 호기성 호흡인 산화적 인산화의 마지막 성분에 의해서 ATP의 합성을 수행하게 되며, 현저하게 많은 양의 보존된 가능한 에너지를 만들도록 한다.

7.2.1 전자전달체계

1. 전자전달의 측정

(1) 표준환원전위

전자전달의 회로는 산화환원반응들의 적정한 순서의 연결로 기능하며, 반응들마다 분자의 산화(전자공여체)는 다른 분자(전자수용체)의 환원을 반드시 수반하게 된다. 마치 브뢴스테드-로우리(Brönsted-Lowry) 산-염기들이 프로톤을 내놓고 받아들이는 능력이 각각 다르듯이, 생물체에서 산화환원분자의 전자를 받아들이거나 내놓는 경향의 정도가 서로 달라서, 어떤 것은 다른 것에 비교해서 더욱 강한 산화제나 또는 환원제가 된다. 생화학에서는 생체분자가 전자를 얻거나 잃게 되는 경향을 그들의 환원전위(E, V로 나타냄)로 나타내고, 반응의 환원전위는 항상 표준환원전위($E°$)로 표시한다. $\Delta G°$값처럼 $E°$는 특수하게 정해진 실험조건에서의 값이 된다. 산화환원은 다음과 같은 과정으로 일어난다.

$$2H^+ + 2e = H_2$$

표준환원전위는 25°C (298K), $[H^+]$가 1.0M (pH = 0.0) 이고, H_2기체의 압력이 1.0기압에서 0.0V로 나타낸다. 생화학적인 목적으로 pH = 7.0에서 수소의 표준환원전위(E_o') 인 −0.42V를 사용 한다.

표 7-1에서 많은 생체반응들과(환원), E_o' (pH = 7.0) 의 값을 나타내고 있다. 알아둘 것은 반응에 따라 전자가 수소원자($H^+ + e^-$) 의 형태로 수용(또는 공여) 될 수 있다. 표 7-1에서 각 반쪽반응들은 특수한 전자수용체(예 NAD^+ 또는 피루브산) 이고, 전자공여체는 아니다. 그래서 이들 산화환원반응의 반쪽반응을 나타내고 있다. 산화환원전위에서 보면, 더욱 양의 값의 E_o'을 갖는 분자는 더욱 강한 산화제로, 전자를 받아들일 수 있는 더 큰 경향을 가지고, 환원된다. 반대로 더 음의 E_o'을 갖는 분자는 더욱 강력한 환원제로 전자를 내놓을 수 있는 더욱 높은 경향을 가지며, 산화된다. 표 7-1에 나타난 화합물 중에 산소($E_o' = +0.82V$) 가 가장 강력한 산화제이고, 수소($E_o' = -0.42V$) 는 가장 좋은 환원제가 된다.

(2) 두 반응의 연결

산화환원반응이 일어나도록 하기 위하여 두 개의 반쪽반응을 서로 연결(coupling) 시

표 7-1 산화환원 반쪽반응의 환원전위들

반쪽반응(환원형으로 적음)	E_o' (V)
$2H^+ + 2e^- \rightarrow H_2$	−0.42
페레독신-$Fe^{3+} + 1e^- \rightarrow$ 페레독신-Fe^{2+}	−0.39
α-케토글루탈산$+CO_2+2H^+ + 2e^- \rightarrow$ 아이소시트르산	−0.38
$NAD^+ + 2H^+ + 2e^- \rightarrow NADH + H^+$	−0.32
라이보플라빈$+2H^+ + 2e^- \rightarrow$ 라이보플라빈-H_2	−0.20
다이하이드록시아세톤인산$+2H^+ + 2e^- \rightarrow$ 글리세롤 3-인산	−0.19
피루브산$+2H^+ + 2e^- \rightarrow$ 젖산	−0.19
옥살아세트산$+2H^+ + 2e^- \rightarrow$ L-말산	−0.17
사이토크롬 b-$Fe^{3+} + 1e^- \rightarrow$ 사이토크롬 b-Fe^{2+}	−0.04
퓨말산$+2H^+ + 2e^- \rightarrow$ 석신산	+0.03
사이토크롬 c-$Fe^{3+} + 1e^- \rightarrow$ 사이토크롬 c-Fe^{2+}	+0.25
사이토크롬 a_3-$Fe^{3+} + 1e^- \rightarrow$ 사이토크롬 a_3-Fe^{2+}	+0.38
$\frac{1}{2}O_2 + 2H^+ + 2e^- \rightarrow H_2O$	+0.82

킬 때, 큰 양의 환원전위를 갖는 반쪽반응에서 환원이 진행되고, 다른 반쪽반응은 산화(환원반응의 역반응) 반응이 일어난다. 예를 들면, 반쪽반응 O_2와 NAD^+의 반쪽반응의 연결은 아래와 같이 쓸 수 있다.

$$
\begin{array}{ll}
\text{환원 (큰 양의 } E_o'\text{)} & \frac{1}{2}O_2 + 2H^+ + 2e^- = H_2O \\
\text{산화 (작은 양의 } E_o'\text{)} & NADH + H^+ = NAD^+ + 2H^+ + 2e^- \\
 & \frac{1}{2}O_2 + NADH + H^+ = H_2O + NAD^+
\end{array}
$$

위 반응에서, 산소는 NADH가 내놓은 전자를 수용하고 환원되며, NADH 자신은 산화된다.

(3) 산화환원반응의 $\Delta G°$ 값의 계산

두 반쪽반응의 E_o'값으로 다음 표현을 사용하여 산화환원반응의 $\Delta G°$를 계산할 수가 있다: $\Delta G° = -nF\Delta E_o'$, 여기서 n은 이동되는 전자의 수, F는 패러데이 (Faraday) 의 상수 (23,063 cal/V equi.), 그리고 $\Delta E_o'$는 두 반쪽반응 사이의 표준환원전위의 차이가 된다. NADH에 의한 O_2의 환원반응이 관련되는 위 반응에서 $n = 2$ 이고 $\Delta E_o' = 0.82 - (-0.32) = 1.14$V이다.

$$\Delta G° = -(2)\ (23{,}063)\ (1.14)$$
$$\Delta G° = -52{,}583\ \text{cal mol}^{-1}\ (-52.6\ \text{kcal mol}^{-1})$$

큰 음의 값의 $\Delta G°$는 산화환원반응에서 매우 많은 양의 에너지를 방출하게 됨을 의미한다. 그러나 이러한 계산에 의해서 반응의 속도에 관한 정보를 얻지는 못한다. 실제로 상온에서 NADH에 의한 O_2의 환원은 적당한 효소에 의해서 촉매되는 경우에만 가능하다.

O_2-NADH 반응의 $\Delta G°$값은 전자전달에서 초기의 NADH의 재산화, 또 그 후에 O_2의 환원를 일으키는 에너지관계를 가진다. 이 과정에서 몇 개의 ATP를 합성하는 데 충분한 에너지를 배출하고 있다. 전자전달사슬과정에서 혐기성 변환(해당과정) 과정으로 1몰의 글루코스가 2몰의 L-젖산 ($\Delta G° = -47.0$ (kcal) 을 배출하는 과정에서보다 더 많은 에너지를, 1몰의 NADH의 산화 ($\Delta G° = -52.6$kcal) 로 배출시키고 있다.

2. 전자전달체계의 성분들

호흡성 전자전달사슬에서 전자들이 NADH로부터 O_2에 이전되는 과정에는 4개의 복합체, 3개의 프로톤 펌프 및 TCA회로에 물리적인 연결들로 구성되고 있다. 호흡사슬에 참여하는 것으로 알려진 몇 가지 분명한 단백질 산화-환원운반체들이 확인되었다. 전자전달사슬을 구성하는 생체의 거대한 단백질분자집단으로, NADH-Q 산화환원효소, Q-사이토크롬 *c* 산화환원효소, 사이토크롬 *c* 산화효소 및 석신산-Q 환원효소복합체들이 있다(표 7-2). 이들 복합체를 구성하는 성분들로, 피리딘-연결탈수소효소, 플라빈-연결탈수소효소, 철-황단백질, **유비퀴논(ubiquinone)** 그리고 **사이토크롬(cytochrome)**이 있으며, 이들에 관하여 소개하고자 한다.

(1) 피리딘-연결 탈수소효소

이 효소는 NAD^+나 $NADP^+$를 조효소로 헐겁게 부착되어 기능한다. XH_2와 NADH는 환원된, 그리고 X와 NAD^+는 각각 산화된 형태의 특수기질을 나타내고, 아래의 일반적인 반응을 촉매한다.

$$XH_2 + NAD^+ \ (NADP^+) = X + NADH \ (NADPH)$$

세포에 존재하는 200개 이상의 피리딘-연결 탈수소효소들 중에 대부분 NAD^+ 연결 탈수소효소가 호기성 호흡과정에서 생체산화반응에 참여되고 있다. 간에서 대략 60%의 NAD^+는 마이토콘드리아에 있으며, 예를 들어 아이소시트르산이나 말산탈수소효소처럼, 호기성 산화에서 여러 마이토콘드리아의 NAD^+-연결 탈수소효소들이 주로 관여되고 있다. 반면에, $NADP^+$ 연결 탈수소효소들은 주로 생합성의 목적으로 사용된다.

(2) 플라빈-연결 탈수소효소

이들 효소들은 기질을 산화시키거나 환원시키는 기능을 하며, 단단히 붙어 있는 조효소 또는 보결원자단(prosthetic group)으로 FMN 또는 FAD(또는 그들의 환원형)을 필요로 하고 있다. 플라빈-연결된 탈수소효소들은 아래와 같은 일반적인 반응들을 촉매한다.

$$XH_2 + E-FMN = X + E-FMNH_2$$
$$XH_2 + E-FAD = X + E-FADH_2$$

표 7-2 마이토콘드리아의 전자전달사슬의 성분들

효소복합체	질량 (kd)	소단위체	보결원자단	산화 또는 환원: 간질쪽	산화 또는 환원: 막중심	산화 또는 환원: 세포질쪽
NADH-Q 산화환원효소	880	≥34	FMN Fe-S	NADH	Q	
석신산-Q 환원효소	140	4	FAD Fe-S	석신산	Q	
Q-사이토크롬 *c* 산화환원효소	250	10	힘 b_H 힘 b_L 힘 b_1 Fe-S		Q	싸이토크롬 *c*
사이토크롬 *c* 산화효소	160	10	힘 *a* 힘 a_3 Cu_A와 Cu_B		Q	싸이토크롬 *c*

FMN을 보결원자단으로 포함하고 있는 NADH탈수소효소들은 호흡성 전자전달체계에서 NADH로부터 전자를 다른 수용체에 전달하는 기능을 한다. 마이토콘드리아에서는 생체연료물질들의 호기성 산화과정에 중요한 석신산탈수소효소 같은 부가적인 플라빈-연결 탈수소효소들이 있다.

(3) 철-황단백질

이들 성분은 철과 산에 용해되는 황을 정량적인 비율로 함유한 특징적인 단백질들이다. 혐기성 박테리아에서 **페레독신 (ferredoxin)** 으로 알려진 철-황단백질이 발견된 이후 다른 미생물, 식물, 동물에서도 분리되기 시작하였다. 전자전달체로서 ($Fe^{3+} \rightarrow Fe^{2+}$) 이러한 형태의 단백질은 호흡과 마찬가지로 광합성전달체계에 회합되고 있다. 그동안 많은 철-황단백질이 전자전달사슬에서 확인되었다. 예를 들면, 플라보단백질, NADH탈수소효소, 그리고 석신산탈수소효소는 각각 분자당 4개와 2개의 철-황 중심 (Fe-S) 을 가지고 있다 (그림 7-11).

(4) 유비퀴논

유비퀴논 (Ubiquinones, CoQ) 은 전자전달체로 기능하는, 지질에 녹는 조효소들이다. Ubi란 의미가 아무 곳에서나 발견된다는 의미로, 미생물, 식물 또는 동물에서 발견되고 있다. 유비퀴논은 **조효소 Q (CoQ)** 라고도 부르며, 가지를 갖는 오탄소의 **아이소프레노이드 (isoprenoid)** 단위로 구성된, 긴 비극성 곁사슬의 퀴논의 유도체이다 (그림 7-12). 곁사슬에서 아이소프렌단위의 수가 다른 몇 종류의 CoQ가 알려지고 있다. 포유동물의 마이토콘드리아에는 그 곁사슬에 10개의 아이소프레노이드를 갖는 조효소를 CoQ_{10}이라고 하며, 또는 몇몇의 미생물에서 6개의 단위를 갖는 CoQ_6도 존재한다. 그림 7-12에서 보듯이 CoQ가 전자전달에 참여할 때, 두 개의 수소원자 ($2H^+ + 2e^-$) 가 얻어지거나 잃게 된다.

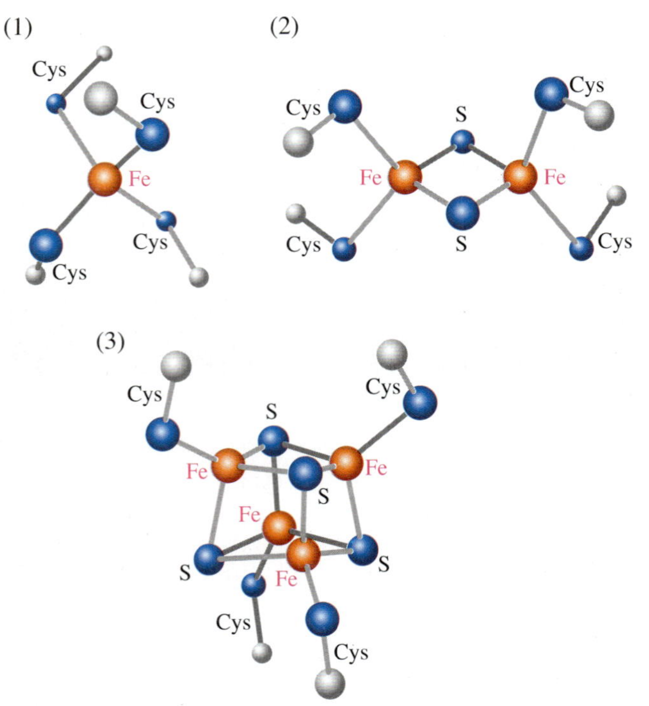

그림 7-11 산환환원반응에 관여하는 철-황집합체. 1. 한 개의 철이온이 4개의 시스테인 잔기들과 배위결합. 2. 2Fe-2S집합체가 황이온의 다리로 철이온과 연결. 3. 4Fe-4S집합체.

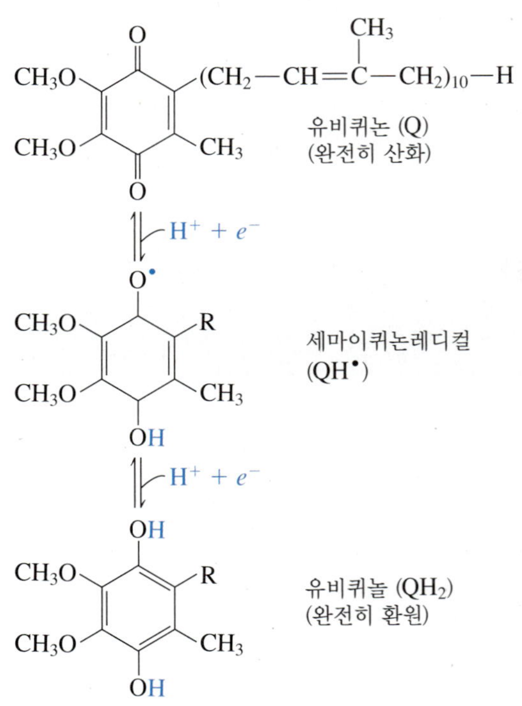

그림 7-12 유비퀴논(CoQ)의 환원상태. 환원과정에서, 유비퀴논은 세마이퀴논레디컬의 중간체를 거쳐 유비퀴놀로 환원된다. 이 과정에는 두 개의 전자와 프로톤을 필요로 한다.

(5) 사이토크롬

사이토크롬(**cytochrome**)은 철-황단백질처럼 철원자의 산화환원전위에 따라 전자를 전달시키는 기능을 하는 단백질이다. 진핵세포에서 다양한 사이토크롬이 마이토콘드리아(호흡사슬)와 소포체(하이드록실화반응)에서 발견되고 있다. 사이토크롬 중에는 특수한 α-흡수띠, 환원상태에서 스펙트럼이 청색과 붉은색의 범위로 나타나는 분명한 특성을 가지는 *a*, *b* 또는 *c* 종류로 분류되는 사이토크롬들이 존재한다(그림 7-13).

모든 사이토크롬은 철-포피린그룹을 가지는 헴(heme) 단백질들이다. 또한 *b*, 와 *c* 사이토크롬은 마이오글로빈(myoglobin)과 헤모글로빈(hemoglobin)처럼 힘그룹으로 철-프로토포피린IX를 가지고 있으며, 사이토크롬 *b*는 아니지만 사이토크롬 *c*에는 힘그룹이 단백질에 공유결합으로 부착되고 있다. 전자전달사슬에서 사이토크롬 *c*와 *c*1의 힘은 싸이오에터(thioether) 결합으로 두 시스테인 잔기와 연결되고 있다(그림 7-14). 프로토포피린IX와 달리 힘 *a*는 단백질에 비공유결합으로 연결되고 있으며, 긴 탄화수소사슬이 바이닐그룹과 교체되고 있고, 포밀그룹이 메틸그룹과 교체되고 있다. 힘의 구조와 힘의 접착능력의 차이는 분명히 다른 환원된 사이토크롬의 흡수스펙트럼을 갖게 해 준다.

포유동물의 전자전달사슬에서 다섯 개의 사이토크롬인 *b*, *c*, *c*1, *a*와 a_3들이 확인되었다. 최근에 사이토크롬 *b*는 두 개의 성분인 Cyt b_K와 Cyt *bt*를 가지며, Cyt b_K는 산화환원 전달체로, 그리고 Cyt *bt*는 에너지보존, 즉 전자전달체계를 산화적 인산화에 연결시키는 기능에 관여되고 있음이 밝혀졌다.

사이토크롬 *a*와 a_3는 사이토크롬옥시데이스(Cyt aa_3)라고 부르는 올리고머단백질로 존재하고, 전자를 산소에 전달하는 과정의 말단의 사이토크롬수용체이다. Cyt aa_3복합체는 두 개의 힘 *a*(Fe)와 두 개의 구리 원자를 가지며, 두 금속이 전자전달의 기능을 수행한다. 또한 Cyt *a*에서 Cyt a_3로 전자의 전달에는 구리($Cu^{2+} \rightarrow Cu^{+}$)를 복합체 내부에 갖게 된다. 운송의 마지막 단계에서 전자의 전달은 다음과 같이 진행된다.

$$\text{Cyt } a \rightarrow \text{Cyt } a_3 \rightarrow O_2$$

환원된 사이토크롬 a_3는 일산화탄소(CO)와 결합하여 빛에 의해서 해리가능한 복합체를 만들게 된다. 산화된 (Fe^{3+}) 상태의 사이토크롬옥시데이스는 사이아나이드(CN)와 대단히 높은 친화력을 가지고 있어 환원되지 못하도록 하므로, 극심한 독성을 가진다.

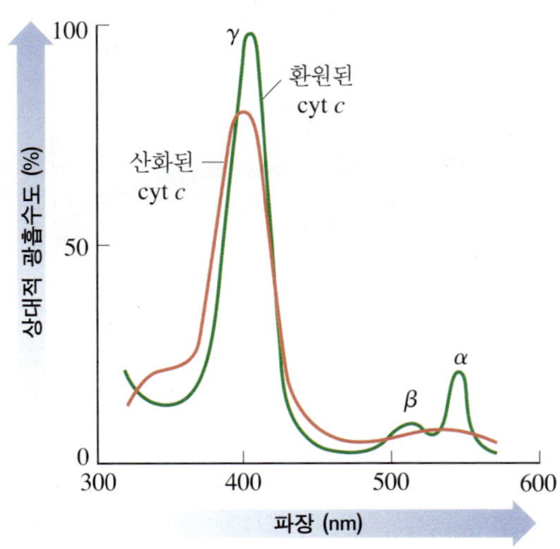

그림 7-13 사이토크롬 *c*의 흡수스펙트럼.
사이토크롬 *c*의 산화상태(갈색)와 환원된 상태(녹색)가 서로 다른 모양의 흡수스펙트럼을 나타낸다. 환원된 상태의 사이토크롬 *c*는 α, β 및 γ의 특징적인 정점을 가진다.

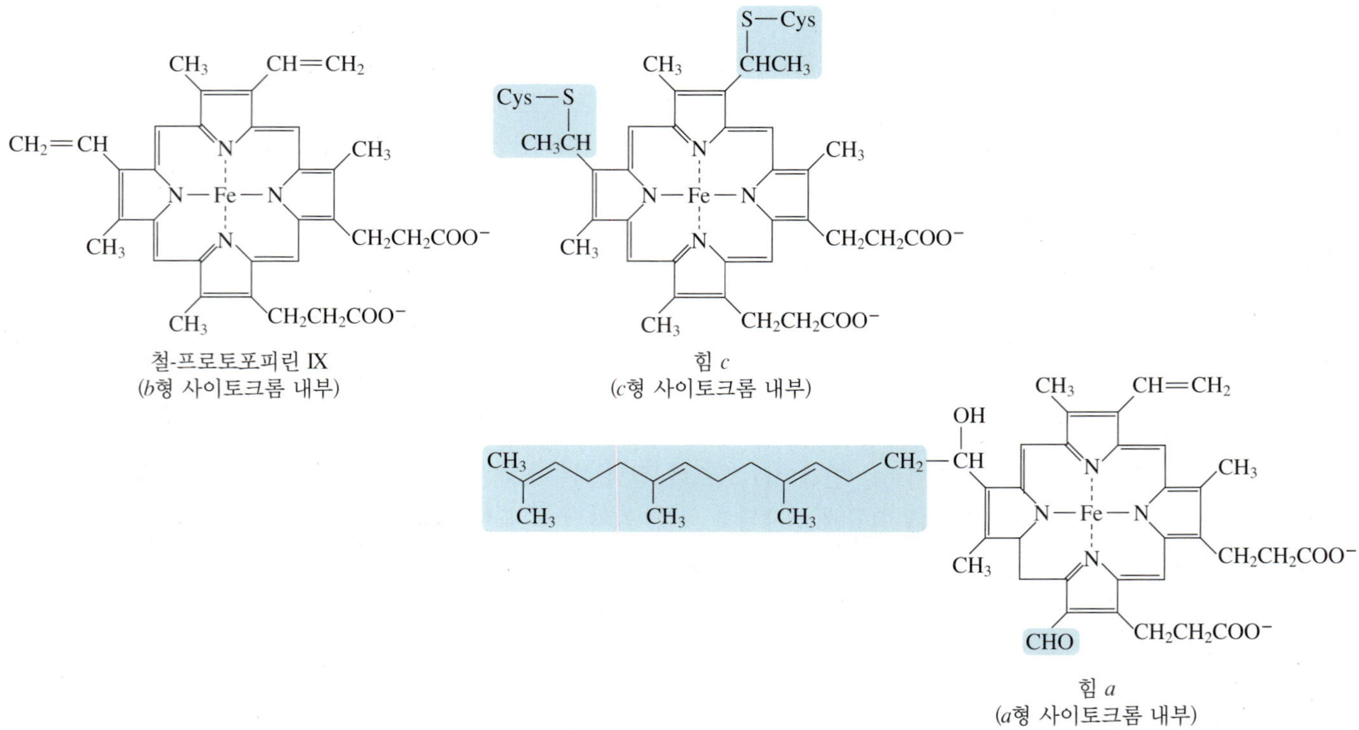

■■ 그림 7-14 ■■ 사이토크롬의 보결원자단, 힘의 구조. 프로토포피린은 질소를 포함한 오원자고리의 포피린고리 4개로 만들어진다. 포피린고리의 질소원자는 중앙의 철 이온과 배위결합되고 있다. Cyt c, 헤모글로빈 그리고 마이오글로빈은 철프로토포피린을 분자내부에 포함하고 있으며, 힘 *c*는 시스테인 잔기가 싸이오에테르결합으로 연결되고 있다. 사이토크롬 *a*에서 발견되는 힘 *a*는 긴 사슬의 아이소프레노이드를 갖는 구조를 가지고 있다.

3. 포유류의 전자전달순서

마이토콘드리아의 간질 (matrix) 은 연료분자인 탄소원자의 산화가 일어나는 곳으로, 호흡과정의 주된 전자전달공여체인 NADH 그리고 $FADH_2$의 풍부한 공급원으로 기능한다.

NADH의 대단히 높은 전위차의 전자들은 NADH-Q산화 환원효소에서 호흡사슬에 진입한다. 유비퀴놀은 플라보단백질의 $FADH_2$로부터 전자들의 진입지점이 된다. 전자들은

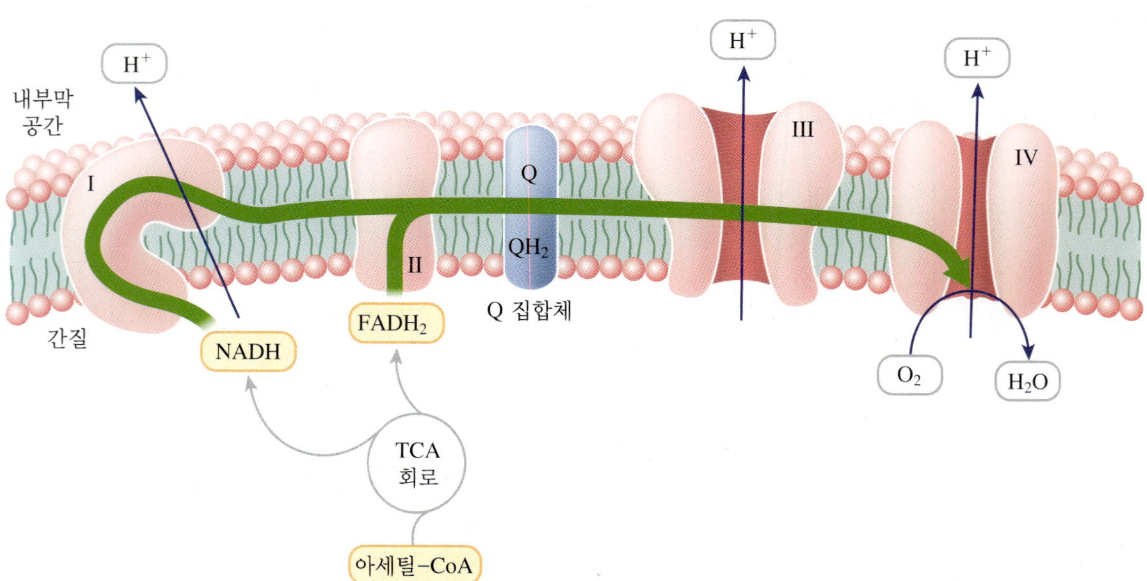

■■ 그림 7-15 ■■ 전자전달사슬의 모형. 해당과정을 거친 연료는 TCA회로 동안 고에너지의 전자들을 NADH와 $FADH_2$의 형태로 얻게 된다. 이들 전자들은 호흡사슬의 복합체 막단백질 I, II, III 와 IV를 통하여 막내외를 이동시키는 프로톤 펌프를 작동시키게 되고, 이러한 작용은 최종적으로 O_2를 환원시키게 된다.

유비퀴놀에서 Q-사이토크롬 *c* 산화환원효소를 통하여 사이토크롬 *c*에 흘러들어간다. Q 회로는 두 전자운반체로부터 한 전자운반체와 프로톤펌프로 전자들을 통로로 흐르게 한다. 마지막으로 사이토크롬 산화효소는 산소분자를 물로 환원시키는 촉매작용을 한다. 포유동물의 마이토콘드리아 내부막에서 마지막 수용체 O_2에 전자를 전달하는 반응의 순서를 그림 7-15에 요약하고 있다.

NADH탈수소효소의 FMN부분의 이전에 의해서 NADH에서 두 개의 전자가 운반사슬에 들어가게 되고, $FADH_2$의 두 개의 전자는 CoQ에 이전하여 다음 자리로 들어가게 된다. 사이토크롬을 통한 전자들의 통로의 순서로는 Cyt *b*로 부터 Cyt *c*로, 다음으로 Cyt aa_3가 된다. 호흡과정의 전자의 운반체로 확인된 철-황 중심은 NADH탈수소효소[FMN (3Fe·S) → Fe·S], 석신산탈수소효소 [FAD (Fe·S) → (Fe·S)] 그리고 사이토크롬 *b* (Cyt *b* → Fe·S) 의 복합체의 성분이 된다. 각 사이토크롬과 철-황 중심이 한 번에 단지 한 개의 전자만을 이전할 수 있기 때문에, 각각 두 분자가 NADH나 $FADH_2$에 의해서 공여된 두 개의 전자를 전달시키기 위하여 필요하게 된다.

초기의 전자이동에 관여하는 기질로부터 NAD^+에 전자전달을 나타내는 다른 방법을 그림 7-16에 설명하고 있다. 이러한 설명으로 개별 산화환원반응에서 순환성인 성질과, 또한 한 개나 두 개의 프로톤 (H^+) 을 받아들이거나 ($2Fe^{2+}S + CoQ + 2H^+ \rightarrow 2Fe^{3+} \cdot S + CoQH_2$) 또는 방출시키는 ($CoQH_2 + 2Cyt\ b\text{–}Fe^{3+} \rightarrow CoQ + 2Cyt\ b\text{–}Fe^{2+} + 2H^+$) 전자전달을 강조하고 있다.

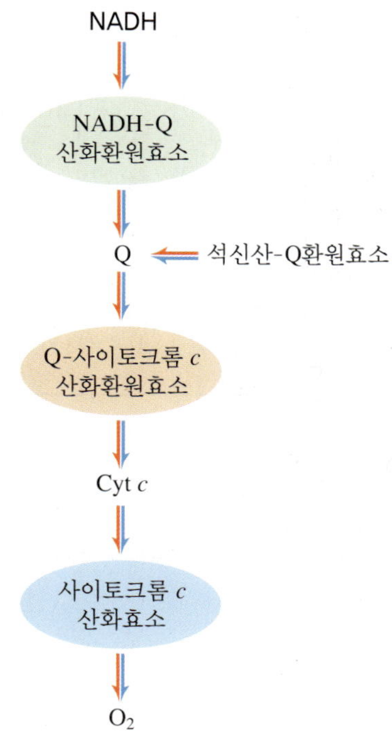

그림 7-16 호흡사슬에서 전자전달의 순서.
전자전달 운반체들은 그림의 순서대로 전자를 운반하게 된다. NADH로부터 발생된 전자들은 NADH-Q산화환원효소를 통하여 유비퀴논으로 전달된다. 전자는 다시 사이토크롬 *c* 산화환원효소를 통하여 사이토크롬 *c*에 이전되고, 사이토크롬 *c* 산화효소는 전자를 활용하여 환원된 산소를 얻는 데 사용한다.

4. 전자전달의 에너지 관계 및 ATP합성

호흡의 전자전달은 전자쌍이 NADH에서 O_2로 이동하는데, 자유에너지가 지속적으로 감소하도록 한다 ($-52.6 kcal\ mol^{-1}$). 그림 7-17에서 자유에너지의 순차적인 감소를 나타내고, 산화적 인산화와 전자전달의 연결을 통하여 ATP를 합성 ($-7.3 kcal\ mol^{-1}$) 하는 데 충분한 에너지를 방출하는 곳이 사슬의 3개 지역에서 확인되었다. 전자전달체계에서 이들 지역은 역시 그림 7-15에서 ATP합성의 지역인 I, II, 및 III을 나타내고 있다. 예측되고 있듯이, NADH나 $FADH_2$에 의해서 제공된 전자쌍이 각 2.5개와 1.5개의 ATP분자를 생산하게 된다. 그래서 기질수준의 인산화는 인산화된 기질로부터 인산그룹을 뉴클레오사이드이인산의 말단인 인산그룹에 이전시키는 한편, 산화적 인산화는 전자쌍들의 이전 때문에 배출된 자유에너지를 사용하여 ADP로부터 2개 또는 3개 분자의 ATP의 생성을 가능하게 하고 있다.

7.2.2 산화적 인산화

산화적 인산화를 세포의 **호흡 (respiration)** 이라고도 하며, 이는 연속적인 에너지의 전달과정들이 집합되어 있기 때문이다. 전자전달과정과 프로톤의 펌프과정들로 구성된 호흡사슬이 전자동력을 프로톤동력으로 바꾸고 있다. 산화적인산화과정에서 전자동력을 프로톤동력으로 변경시키고, 이러한 힘을 활용하여 인산화를 시키게 된다.

ATP합성에 의한 전자전달의 보존으로 에너지가 배출되는 분자 메커니즘은 오랫 동안 논의의 대상이 되었다. 산화적 인산화를 설명하는 가장 발전된 이론으로, 영국의 미첼 (Peter Mitchell. 1978년 노벨상) 이 제안한 "**화학삼투압-연결 (chemiosmotic coupling)**" 이론이 알려지고 있다. 그의 이론에 의하면, 전자전달에 의해서 마이토콘드리아의 내부막을 통하여 만들어지는 프로톤과 전자들의 전기화학적인 위치에너지 차이가 산화적 인산화의 추진력이 된다. 또한 전자전달은 마이토콘드리아의 내부막을 통하여 프로톤을 옮기

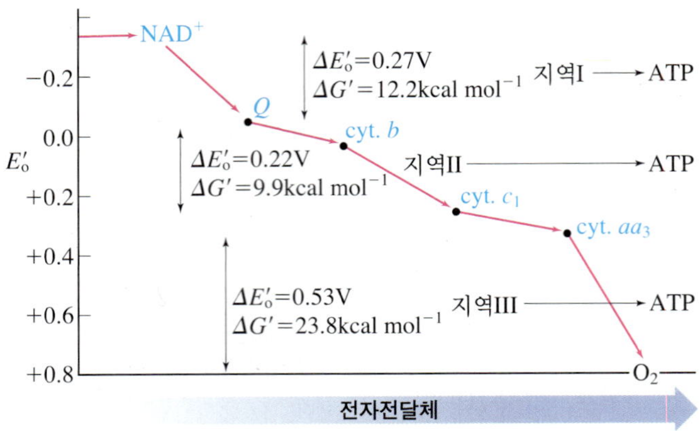

■ 그림 7-17 ■ 전자전달과 자유에너지의 관계.
전자쌍이 산소에까지 전달되는 과정에서 자유에너지감소의 경향을, 사슬의 세 지역에서 ATP의 합성과 자유에너지배출과의 관계로 나타내고 있다.

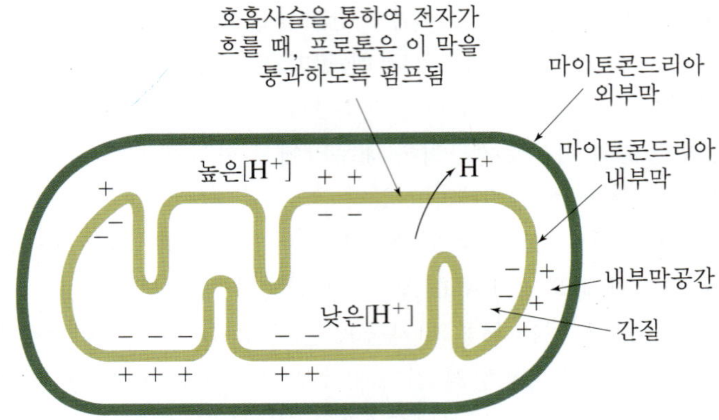

■ 그림 7-18 ■ 미첼의 화학삼투압 이론.
호흡사슬을 통한 전자의 이동은 프로톤을 마이토콘드리아 내부막의 세포질 쪽으로 펌프하여 보내게 된다. 이렇게 만들어진 pH농도기울기와 막전위차로부터 얻어진 프로톤동력은 ATP합성효소의 기능에 필요한 동력으로 쓰이게 된다.

는 일을 맡게 되며, 프로톤의 막에 대한 침투성의 결핍으로 전위차는 물론 H^+의 농도기울기를 만들게 되는 결과를 가져온다(그림 7-18). 전자전달과정은 마이토콘드리아간질로부터 프로톤을 펌프시켜 막을 통과시키도록 한다. 결과적으로 얻어진 프로톤의 불균형된 분포는 pH의 **농도기울기(gradient)**를 유발시키고, 막의 안팎으로 만들어진 전위차는 프로톤동력(proton motive force)을 만들게 된다. 전기화학적인 농도기울기는 ATP합성효소의 촉매를 통하여 ADP와 Pi의 탈수를 일으키고, 동시에 ATP합성을 추진하게 된다. 미첼의 프로톤농도기울기에 의해서 산화와 인산화가 연결되고 있다는 이론은 근래에 수많은 실험으로 증명되었다. 그래서 ATP는 ATP합성효소를 통하여 마이토콘드리아간질로 프로톤이 되돌아갈 때 합성된다. 탄소연료의 산화와 ADP의 인산화는 마이토콘드리아 내부막을 통과하는 프로톤의 농도기울기에 의해서 서로 연결되고 있다. 실제로 전자전달은 마이토콘드리아의 내부막을 통하여 프로톤 농도기울기를 만들고 있다.

1. ATP합성효소

프로톤펌프로 작용하는 ATP 합성효소는 F_1F_o-ATPase로도 알려진 다중 소단위체로 구성된 막단백질이다. 마이토콘드리아 ATP합성효소는 2개의 소단위체 F_1과 F_o로 구성되었음이 밝혀졌다. 여기서 F_o는 8개의 다른 소단위체를 가지며, 단백질이 막의 안팎에 걸쳐 있는 효소이다. F_1은 5개의 소단위체로 구성되고, 물에 녹는 막횡단단백질이며, 용해된 F_1은 ATP를 가수분해시킨다.

마이토콘드리아 ATP합성효소의 F_1성분은 $\alpha_3\beta_3\gamma\delta\epsilon$의 소단위체들로 구성되고, 효소의 촉매활성부위를 가진다. 사실은 분리된 F_1은 ATPase의 활성을 가지기도 한다. F_1은 효소의 대부분을 구성하는 α,β소단위체 6개의 고리로, 서로 하나 걸러 연결되어 있다(그림 7-19). 이 α,β-소단위체는 서로 동일한 소단위체들로, 이들의 바로 밑에 γ와 ϵ-소단위체들이 놓여 있다. β-소단위체가 효소의 촉매작용에 직접 관여하고 있다. α,β-소단위체는 γ-소단위체의 존재 때문에 비대칭적이다. 또 α,β-소단위체 각 쌍은 기질에 다른 친화력을 가지고 있으며, 첫 번째 β-소단위체는 비가수분해적인 ATP동종분자와 결합하고, 두 번째는 ADP와 결합하며, 세 번째 β-소단위체는 텅 빈, 그리고 뒤틀린 결합자리를 가진다.

F_o성분도 다중소단위체로 구성되어 있고, 소수성 조각이 내부마이토콘드리아의 막에 걸쳐 존재한다. F_o는 복합체의 프로톤통로를 포함하고 있으며, 이 통로는 10에서 14개의 c- 소단위체들을 포함하는 고리로 구성되고 있다. 단일의 a-소단위체는 고리의 바깥쪽에

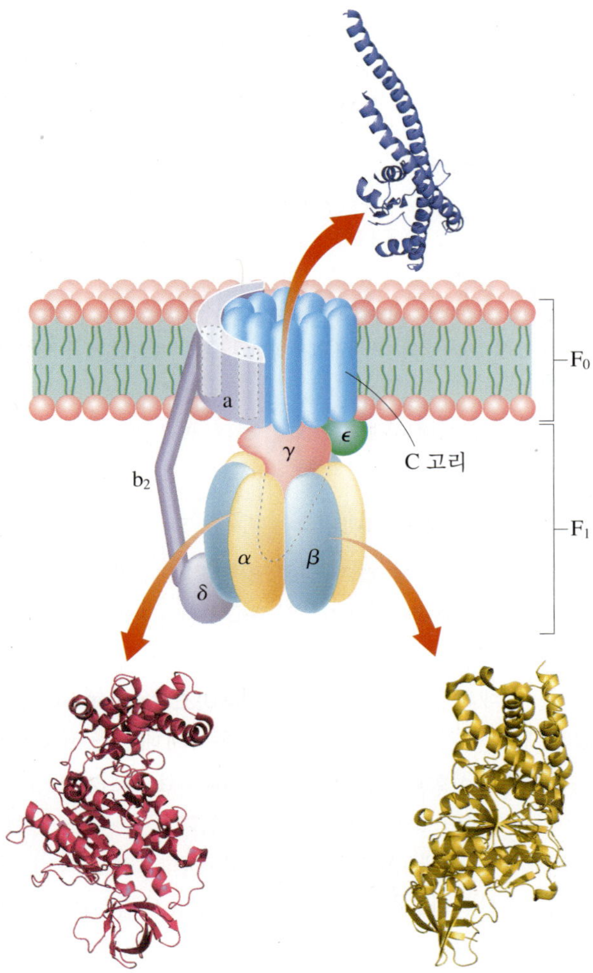

그림 7-19 ATP합성효소의 구조.
마이토콘드리아 막에 걸쳐있는 ATP합성효소는 막내부에 α와 β소단위체를 가지고 있다. F_o는 프로톤의 연결통로가 되고, C고리와 γ, ϵ-소단위체는 회전되는 부분이고, 나머지 부분은 고정되어 프로톤동력으로 회전될 때에 ATP가 만들어진다. 호흡사슬과 ATP합성효소를 연결시키는 방법으로 프로톤동력이 사용된다.

부착되어 있다. F_o와 F_1은 중앙의 γ와 ϵ축으로 구성된 움직이는 단위회전체와, 또 분자의 나머지로 구성된 움직이지 않은 단위체들로 구성되어 있다.

보이어 (Paul D. Boyer) 에 의해 제시된 ATP의 합성의 **결합변화 메커니즘 (binding change mechanism)** 에서는 F_1이 3개의 상호작용하는 촉매작용의 촉진자 (α, β-소단위체)를 가진다. 프로톤의 이동에 의해서 배출되는 자유에너지는 세 가지 다른 구조적인 상태인; 1. 기질과 생성물이 느슨하게 결합된 상태 (L상태). 2. 강하게 결합된 상태 (T상태). 3. 전혀 결합하지 않은 상태 (O상태) 로 존재한다. 이 세 가지 상태가 상호전환되고 있으며, ATP의 인산무수물결합의 형성은 단지 T상태에서 일어나고, O상태에서는 ATP가 배출된다. 위 반응은 3단계로 진행된다 (그림 7-20). ATP의 합성의 "결합변화 메커니즘"은 3단계로 진행된다; 1. F_o에 의해 수행되는 프로톤자리옮김. 2. F_1에 의해 수행되는 ATP인산무수물 결합형성에 대한 촉매작용. 3. 프로톤농도기울기의 소멸과 F_1과 F_o의 상호작용을 요구하는 ATP합성과의 짝지움.

보이어가 제안한 결합변화 메커니즘에서 순환적인 성질은, F_1F_o-ATPase의 내부의 일부분에 대하여, 촉매적인 조립구조 ($\alpha_3\beta_3$)의 상호변환에 의해서 추진된다고 하였다. 고정된 $\alpha_3\beta_3$조립구조내에서 F_1의 촉매부위 안에서 회전하는 γ-소단위체는 프로톤농도기울기로

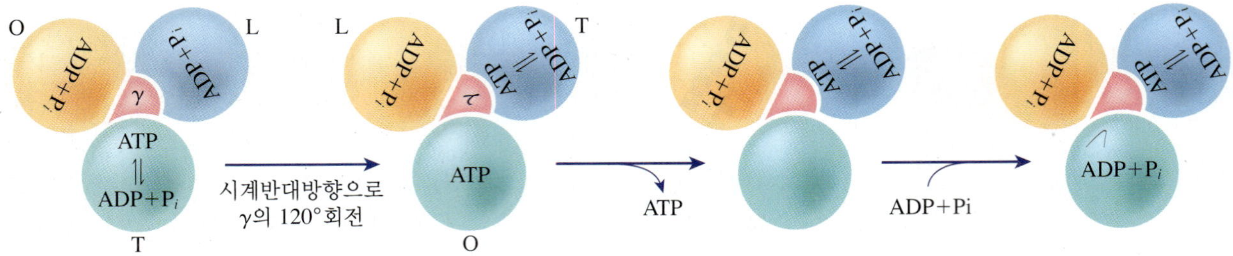

■ 그림 7-20 ■ ATP합성효소의 결합변화 메커니즘에 의한 ATP의 합성.
ATP합성효소의 γ-소단위체의 회전으로 효소의 활성부위 β-소단위체가 상호변환된다. T형은 ADP +Pi 와 ATP를 상호교환하고 있으나, ATP가 생성되지 못한다. 효소의 γ- 소단위체를 120° 시계반대방향으로 회전시키므로 T형의 효소를 O형으로 변경시키게 되며, 이 과정에서 합성된 ATP가 배출된다. 또 계속 120°회전으로 L형의 효소에 ADP +Pi를 삽입시키게 된다. 이렇게 지속적인 회전으로 생체에너지 ATP가 얻어진다.

추진되는 회전모터를 구조적인 변화에 연결시킴으로 분자회전축(camshift) 처럼 행동한다.

2. 세포에서 다른 산화반응들: 옥시지네이스

세포에서 다른 형태의 산화는 세 가지 다른 방법으로 수행된다; 1. 하이드라이드이온과 1개의 프로톤(또는 2 프로톤과 2 전자)을 포함하는 수소의 제거, 2. 사이토크롬에서처럼 전자들의 제거, 3. 산소원자의 취득. 산소분자에서 한 개나 두 개의 산소원자를 기질에 삽입시키는 반응을 촉매하는 효소들을 **옥시지네이스(oxygenase)** 라고 한다. 옥시지네이스 중에는 한 개의 산소원자를 삽입시키는 모노옥시지네이스(monooxygenase) 로 하이드록실레이스 또는 **혼합기능산화효소(mixed function oxidase)**가 있고, 두 개의 산소원자를 삽입시키는 다이옥시지네이스(dioxygenase) 가 있다. 산화되는 기질로는 더욱 산화된 탄수화물이나 유기산보다는 스테로이드, 지방산, 카로틴 그리고 아미노산들이 있다. 효소는 철이나 다른 금속을 포함한다. 전형적인 반응의 예로, 트립토판분해 시 첫 단계인 헤테로고리가 열리는 반응을 촉매하는 효소로 다이옥시지네이스가 있다.

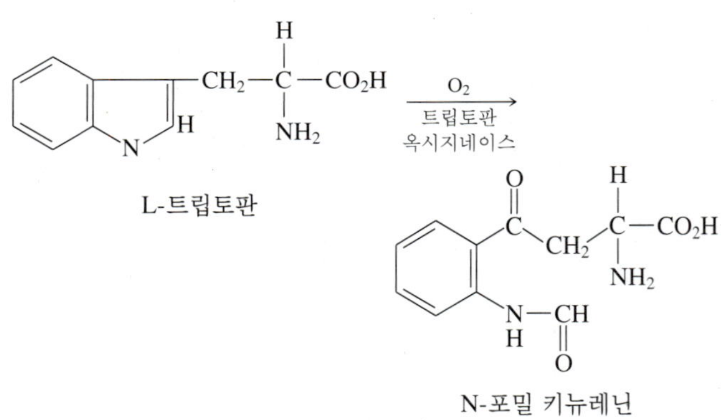

(7-3)

똑같은 중요한 효소로, 페닐알라닌으로부터 타이로신을 형성하는 데 사용되는 모노옥시지네이스가 있다(그림 7-21). 이 반응에서 기질에는 들어가지 않는 산소원자의 환원을 위하여 환원제가 두 개의 전자를 제공해야 한다. 환원제는 테트라하이드로포이에틴으로, 다이하이드로형으로 산화될 때 대신 NADPH에 의해서 환원된다. 위의 두 가지 예에서 보듯이, 다이옥시지네이스는 두 산소원자를 산화된 화합물에 삽입시키고, 반면에 모노옥시지네이스(하이드록실레이스)는 단지 한 개의 산소원자를 산화된 화합물에 결합시키며, 이때 다른 산소원자는 환원되어 물이 된다.

옥시지네이스는 산소분자를 활성화시키고, 두 산소원자를 환원시켜 물이 되게 하며, 이 과정에 모두 4개의 전자들이 요구된다. 중간체의 특성이나 관여되는 메커니즘은 아직 확정되지 않고 있으나, 다음의 과정이 관여된다.

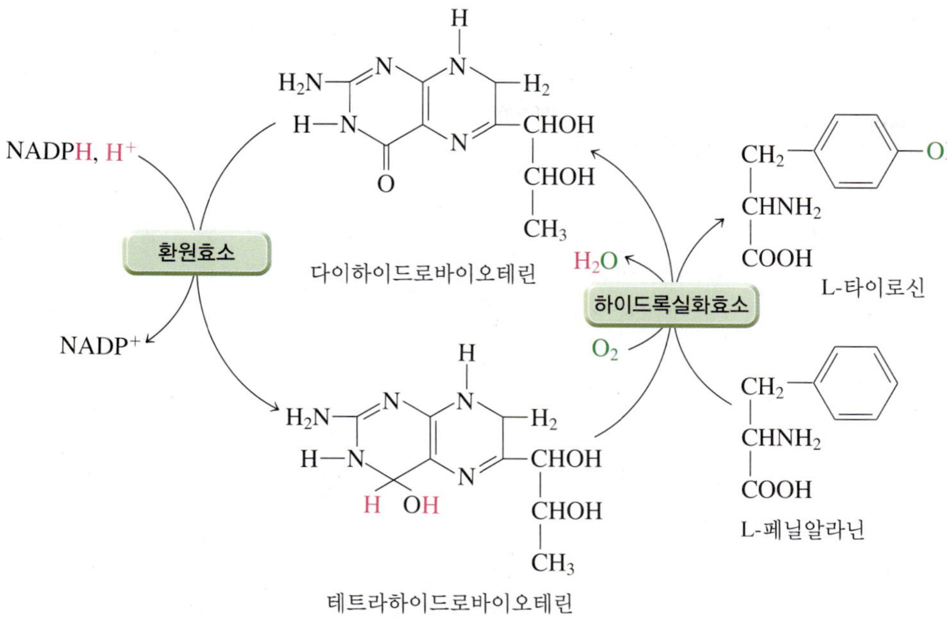

그림 7-21 L-페닐알라닌의 하이드록실화에 의한 L-타이로신의 제조반응.
NADPH의 산화는 다이하이드로바이오테린의 환원으로 테트라하이드로바이오테린으로 변화시키게 되고, 이때 하이드록실화효소에 의해서 페닐알라닌의 하이드록실그룹의 도입으로 타이로신이 얻어진다.

$$O_2 \xrightarrow{1e^-} \underset{\text{초과산화 음이온}}{O_2^-} \xrightarrow[2H^+]{1e^-} \underset{\text{과산화 수소}}{H_2O_2} \xrightarrow{1e^-} \underset{\text{하이드록시 레디컬}}{HO\cdot} \xrightarrow[H^+]{1e^-} H_2O \qquad (7\text{-}4)$$

초과산화불균등화효소(superoxide dismutase)는 초과산화물 음이온의 불균등화(한 개의 물질이 산화도 되고 환원도 되는 반응) 반응을 촉매시키는 효소로, 이 효소는 호기성 유기체에 광범위하게 존재한다.

$$O_2^- + O_2^- + 2H^+ \longrightarrow H_2O_2 + O_2 \qquad (7\text{-}5)$$

7.2.3 산화적 인산화 대사의 조절

활기찬 운동을 할 때와 수면시 ATP의 소모속도는 100배의 차이가 난다. ATP를 생산하는 경로들의 각 반응은 엄격하게 조절되고 있어서, 필요한 양의 ATP를 빠르게 공급하지 못한다. 대사경로에 관여하는 효소들은 보통 다른자리입체성조절에 의하여 활성화된다. 산화적 인산화의 경우 NADH로부터 사이토크롬 *c*까지 경로의 평형상태부근에서 조절된다. 사이토크롬 *c*효소는 기질들 중에 한 개의 환원된 사이토크롬 *c* (Ca^{2+})에 의해서 조절된다. Ca^{2+}의 농도는 NADH/NAD^+와 ATP/(ADP) (Pi)의 마이토콘드리아내부의 비율에 따라 조절되고 있다. NADH/NAD^+의 비가 크면 클수록 또 ATP의 질량작용비가 낮을수록 사이토크롬 *c*농도가 더 높아지고 사이토크롬 *c* 산화효소의 활성도가 커진다.

마이토콘드리아에서 ATP합성효소의 조절에는 IF_1이라는 단백질이 관여한다. 간질에서 pH가 비교적 높은 호흡과정에서 IF_1은 비활성의 사합체로 남아 있다. 그러나 pH 6.5 이하에서 이합체로 분리되고, 이때 β_{DP} 소단위체에 결합한 ATP를 잡아두기 위하여 α_{DP} 소단위체와 β_{DP}가 두 복합체의 경계면에 결합하여 F_1성분은 ATPase의 활성을 방해한다. 호흡활동이 산소부족으로 정지되면 곧바로 ATP가 분해가 정지된다.

산소에 의한 NADH와 $FADH_2$의 산화과정인 전자운반과, 산화적 인산화, 그리고 프로톤기울기가 추진하는 ATP합성과정은 밀접하게 서로 연결되고 있다. 이 연결은 전적으로 마이토콘드리아내막의 투과성에 의존하며, 전자를 운반하는 동안 프로톤이온의 자리옮김에 의해 전기화학적인 기울기가 이 막을 가로질러 형성된다. 2,4-다이나이트로페놀 (2,4-dinitrophenol, DNP) 같은 화합물은 전자운반과 ATP의 합성의 연결을 단절(uncoupled) 시키는 기능을 갖는 것으로 알려지고 있다. 전자운반으로부터 산화적 인산화가 분리되는 것은 DNP가 ATP합성이 중지되는 프로톤의 전기화학적인 기울기의 소멸에 대한 길을 제공하기 때문이고, 이는 마이토콘드리아의 내부막의 프로톤의 투과성을 증가시키기 때문에 일어난다. 그래서 화학삼투압이론은 이러한 **연결제거제 (uncoupler)** 의 기능을 설명하는 데 좋은 근거를 제공하게 된다.

1. 마이토콘드리아의 투과성

마이토콘드리아의 외부막은 분자량을 10,000까지 완전히 투과시킬 수 있으나, 내부막은 대단히 선택성을 가지고 있다. 피루브산은 산화되기 위하여 내부막에 자유롭게 드나들게 된다. 그러나 옥살아세트산은 투과되지 못한다. 이러한 선택성의 결과로 글루코스 신생합성과정에서 피루브산 (또는 젖산) 이 역으로 글루코스가 되는 것이 가능하다. 그래서 마이토콘드리아에서 피르뷰산카복실화효소 (pyruvic carboxylase) 에 의해서 만들어진 옥살아세트산은 쉽게 떠날 수 없으나, 말산은 이동이 가능하며, 해당과정을 역으로 되돌리는 데 마이토콘드리아와 세포질 말산탈수소효소가 사용된다.

내부막 역시 퓨말산은 투과되지 못하고, 시트르산이나 아이소시트르산은 간질 속으로 들어갈 수 있다. 운반체계는 역시 트라이 카복실산과 다이카복실산을 간질 속으로 운반하게 하고 있다. 마이토콘드리아로부터 아세틸CoA의 운반과정에서 시트르산의 역할은 그곳에서 β-산화에 의해서 형성되어 세포질로 운반되며, 지방산합성에 사용된다.

NAD^+와 NADH는 간질로부터 세포질로 통과되지 못한다. sn-글리세롤-3-인산의 운반방법을 사용하여 세포질의 NADH로부터 전자전달에 참여할 수 있는 내부환원당량 (equivalent) 을 운반시키는 방법이 이미 논의되었다. 말산, 옥살아세트산, 아스파트산이 마이토콘드리아 세포질 말산탈수소효소와 아스파트산-옥살아세트산 트랜스아미네이스는 환원당량의 또 다른 운반체계를 구성하고 있다. 이 체계는 sn-글리세롤-인산 운반체계보다 양방향으로 작동되고, 마이토콘드리아 안팎으로 환원당량을 이동시킬 수 있다.

ADP와 ATP들은 막을 통하여 통과되며, 두 분자를 서로 교환시키게 된다. 한 분자의 ADP가 간질 속으로 들어가게 되면 한 분자의 ATP는 동시에 마이토콘드리아를 떠나게 된다. 이러한 방법은 세포질에서와 달리 마이토콘드리아간질에서 아데닌 뉴클레오타이드의 대사적인 모임장소 (pool) 를 만들게 해 준다.

7.3 오탄당인산의 대사

글루코스의 분해로 세포가 ATP형태의 에너지를 얻게 된 것은 생명체의 진화에 필요한 요구를 충족시켜 주는, 처음으로 알려진 초보적인 대사과정이 된다. 유기체가 점차 복잡해지면서 해당과정에서 얻어지는 중간체를 활용하여 그 이상의 생합성을 수행하는 능력을 갖도록 발전하게 되었으며, 특수한 생합성의 발전으로 환원능력의 공급이 필요하게 되었다. 해당과정에서 일부 얻어진 환원제인 NADH는 생합성에 소비되고, 또 다른 형태의 환

표 7-3 오탄당인산경로가 활성화된 조직들

조 직	기 능
아드레날선	스테로이드합성
간	지방산 콜레스테롤합성
고환	스테로이드합성
지방세포	지방산합성
난소	스테로이드합성
유선	지방산합성
적혈구	환원된 글루타싸이온의 유지

원제를 만들어내는 그럴듯한 반응을 선택하게 되었다. 오탄당의 대사과정에는 환원제로, NADPH를 생성할 수 있는 두 개의 반응을 포함하고 있으며, 이들은 여러 가지 생체반응에서 주된 환원제로 쓰이고 있다.

NADPH는 특별히 긴 사슬의 지방산이나, 스테로이드의 생합성과정에 사용된다. 글루코스에서 **솔비톨(sorbitol)**의 합성이나, **이수소엽산(dihydrofolic acid)**에서 사수소엽산(tetrahydrofolic acid)의 제조, 또한 글루유론산에서 L-글로닉(L-gulonic) 산의 생성 등에 사용된다. 피루브산을 말산으로 전환시키는 환원적인 카복실화반응에도 NADPH가 사용된다. 마지막으로 NADPH는 독특하게, 불포화지방산의 형성과정에 또는 페닐알라닌을 타이로신으로 변화시키는 하이드록실화반응에도 필요하다. NADPH가 생합성되는 오탄당인산경로들의 역할을 증명해 주는 예로, 경로에 관여되는 효소들이 특별히 관련이 있는 지방조직, 포유류의 선(gland), 또는 아드레날 피질(cortex) 등의 생체합성이 수행되는 조직에서 주로 발견되고 있다는 점이다(표 7-3).

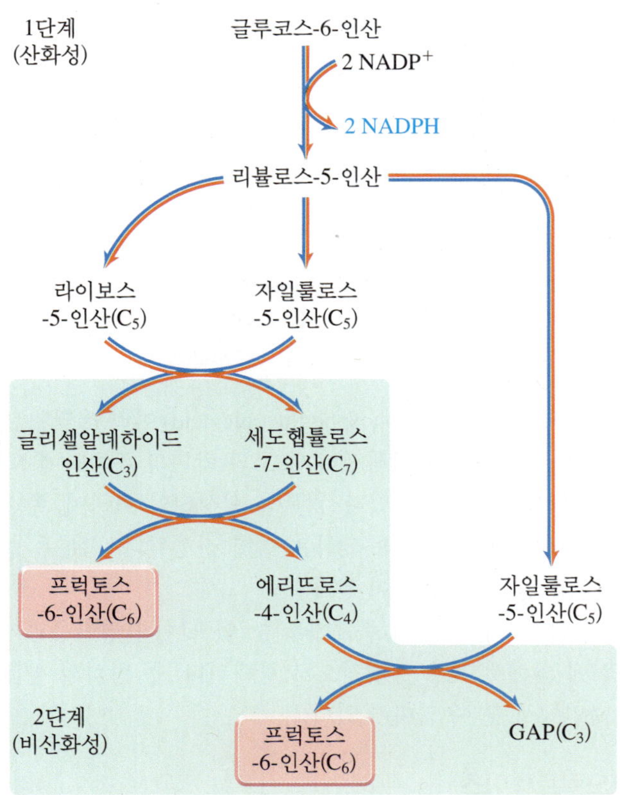

그림 7-22 오탄당인산경로.
오탄당인산경로는 산화적인 NADPH생성과정과 비산화적인 인산화당의 상호교환을 통한 다양한 당의 합성과정으로 구성된다.

오탄당인산경로의 생리적인 중요성을 살펴보면 NADPH의 생성, 해당과정의 중간체를 포함해서 여러 종류의 당의 상호변환 및 합성과정 등을 들 수 있다. 이 경로를 다른 이름으로 **육탄당 일인산경로(hexose monophosphate shunt)** 또는 인산글루콘산경로로 부르기도 한다. 이 경로의 시작단계에는 글루코스-6-인산의 산화로 6-인산-글루코노-γ-락톤이 얻어지고, 이 반응의 촉매로는 $NADP^+$와 Mg^{2+}의 조효소를 필요로 하는 글루코스-6-인산탈수소효소가 관여한다. 두 번째 반응은 락토네이스에 의하여 락톤고리가 절단되고, 산화된 유도체인 글루코스-6-인산글루콘산을 얻게 된다. 그리고 다음 반응은 역시 $NADP^+$와 Mg^{2+}을 필요로 한 6-인산글루콘산탈수소효소가 펜토스-D-리뷸로스-5-인산과 CO_2의 생성을 촉매한다. 이 과정에서 두 분자의 NADPH가 생성되는 산화적인 반응들로 구성되고, 여기서 얻어지는 오탄당인산은 비산화적으로 상호교환반응들을 통하여 칠탄당에서 삼탄당까지 다양한 생체반응의 중간체들을 생성하게 된다. 오탄당인산경로에 사용되는 효소들을 두 단계로 나누어 소개한다(그림 7-22).

7.3.1 NADPH 생성의 산화적 반응

1. 글루코스-6-인산탈수소효소

오탄당대사경로를 시작하는 산화적 비가역적인 반응은 글루코스-6-인산탈수소효소에 의해서 촉매된다. 이 효소는 와브르그(Warburg)에 의해서 처음 발견되었고, 필수조효소로 $NADP^+$가 필요하다. 효소가 촉매하는 반응은 다음과 같다.

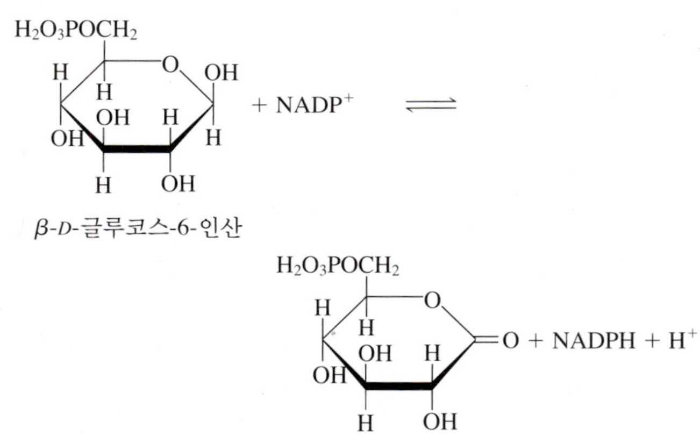

β-D-글루코스-6-인산

6-인산글루코노-δ-락톤

(7-6)

초기에는 생성물이 인산글루콘산(phosphogluconic acid)이라고 믿었으나, 실제로 반응의 처음 생성물은 인산 δ-락톤으로 밝혀졌다. 효소와 락톤의 존재하에 NADPH의 산화가 일어나므로 반응을 가역적으로 쓰고 있다. 락톤을 형성하기 위하여, 두 개의 수소원자를 제거해야 하므로 기질의 피라노실형의 산화는 쉽게 진행된다. 락톤은 불안정하고, 자발적으로 가수분해되어 6-인산글루콘산이 된다.

이 반응은 중요한 대사적인 조절의 목표가 되고 있으며, 진행반응과 역반응에 필요한 $NADP^+$와 NADPH에 의해서 서로 경쟁적으로 방해된다. 두 방식의 방해 모두 오탄당인산경로의 기능의 측면에서 볼 때 의미가 있다.

2. 6-인산글루코노락토네이스

위 첫 반응에서 얻어진 6-인산글루코노-δ-락톤은 어떤 효소의 도움 없이도 곧 가수분해된다. 그러나 락톤의 빠른 가수분해를 촉매하는 락토네이스(lactonase)가 역시 존재한다.

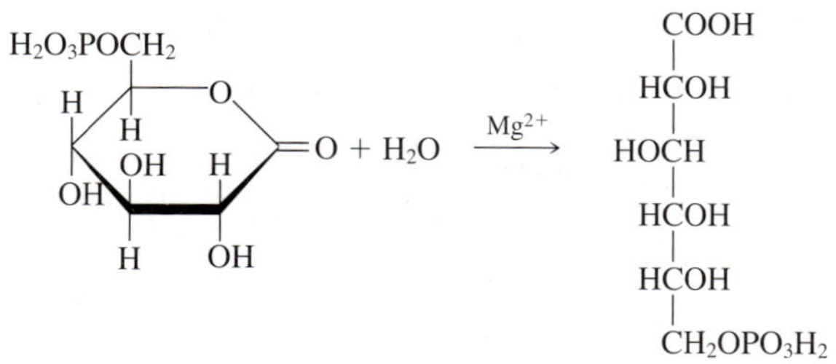

6-인산글루코노-δ-락톤 6-인산글루콘산 (7-7)

락톤의 가수분해 $\Delta G'$값이 크기 때문에 글루코스-6-인산이 인산글루콘산으로 산화되는 전체반응은 비가역적이 된다. 뿐만 아니라, 반응 7-8도 7-6과 7-7 반응들이 함께 오탄당인산경로가 비가역적인 상태로 구성된다.

3. 6-인산글루콘산탈수소효소

이 탈수소효소의 연구도 와브르그의 초기연구에 포함되고 있다. 그는 글루코스-6-인산탈수소효소를 포함하고 있는, 정제가 되지 않은 효모추출물에서 생성물이 탄산가스가 되는 것을 확인하게 되었다. 반응이 산화와 탈카복실화 둘 다 포함하고 있기 때문에, 3-케토-6-인산글루콘산은 탈카복실화시키기 이전에 중간생성물로 나타나고 있다. 반응은 리뷸로스-5-인산을 생성하게 되는 단일단계의 산화적 탈카복실화반응으로 알려지고 있다.

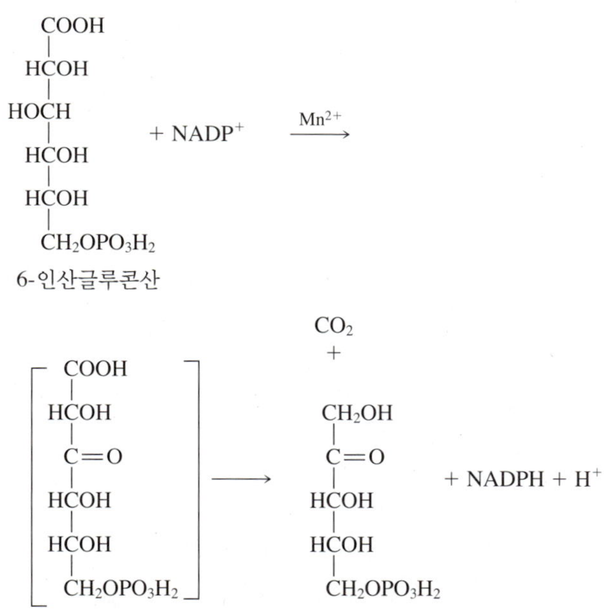

6-인산글루콘산 3-케토-6-인산글루콘산 (예상된 중간체) D-리뷸로스-5-인산 (7-8)

이 반응에 사용되는 $NADP^+$ 탈수소효소는 널리 분포되고 있으며, 활성을 위하여 Mn^{2+} 또는 다른 2가 양이온을 필요하고, 반응은 비가역적이다.

7.3.2 오탄당인산의 상호교환반응

1. 인산라이보이성화효소

글루코스의 탄소원자로부터 얻어진 리뷸로스-5-인산의 변형과정은 오탄당인산경로 중 이 부분에서부터 모든 다음 반응들이 쉽게 가역적이 된다. 초기에, 리뷸로스-5-인산은 경로의 다음 단계에 필요한 생성물을 만들기 위하여 두 이성화반응을 거쳐야 한다. **인산라이보이성화효소 (phospho-riboisomerase)** 는 케토당과 오탄당인산인 라이보스-5-인산의 상호교환반응을 촉매한다. 이 반응은 해당과정에서 나타난 인산육탄당-이성화반응과 그 행동에 있어서 동일하다. 반응의 K_{eq}는 왼쪽에서 오른쪽으로 대략 3이 된다.

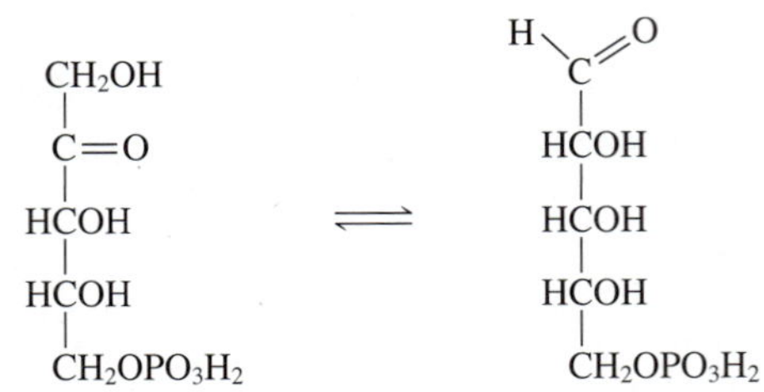

(7-9)

D-리뷸로스-5-인산 *D*-라이보스-5-인산

2. 인산케토오탄당에피머화효소

두 번째 이성화는 리뷸로스-5-인산이 자일룰로스-5-인산이 되는 반응으로, **인산케토오탄당에피머화효소 (phospho-ketopentose epimerase)** 에 의해서 촉매된다. 평형 상수, K_{eq}는 0.8이다.

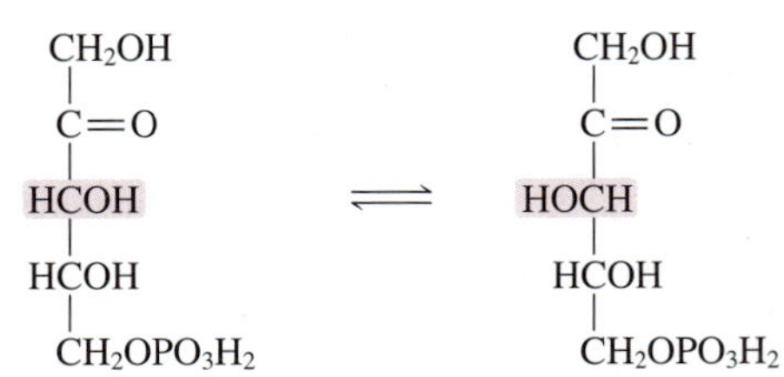

(7-10)

D-리뷸로스-5-인산 *D*-자일룰로스-5-인산

이 반응의 메커니즘은 아마 엔다이올 중간체가 관여되는 것으로 알려지고 있다.

3. 트랜스케톨레이스

지금까지 글루코스-6-인산의 육탄당사슬의 산화적인 붕괴과정과 다음으로 얻어진 오탄당인산과의 상호관계에 관하여 논의하였다. 이들의 반응은 다른 당들인 칠탄당 (heptose), 사탄당 (tetrose) 및 삼탄당 (triose) 이 생성되는 것이 분명하다. 오탄당과 다른 당들을 만들게 된 효소 **트랜스케톨레이스 (transketolase)** 의 발견으로 이들 사이의 관계는 더욱 분명하게 되었다. 이 효소는 제공하는 분자로부터 케톨그룹을 알데하이드에 전달하는 반응을 촉매하고 있다. 일반적인 반응은 다음과 같다.

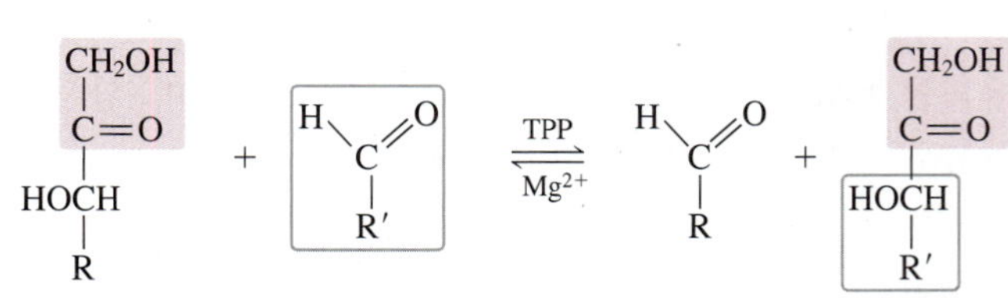

(7-11)

케톨공여체 알데하이드 수용체 알데하이드 생성체 케톨공여체

특수한 경우, 트랜스케톨레이스는 자일룰로스-5-인산 (xylulose-5-phosphate) 으로부터 케톨그룹을 라이보스-5-인산에 전달하여 세도헵튤로스-7-인산 (sedoheptulose-7-phosphate) 과 글리셀알데하이드-3-인산을 생성하는 반응을 촉매하기도 한다.

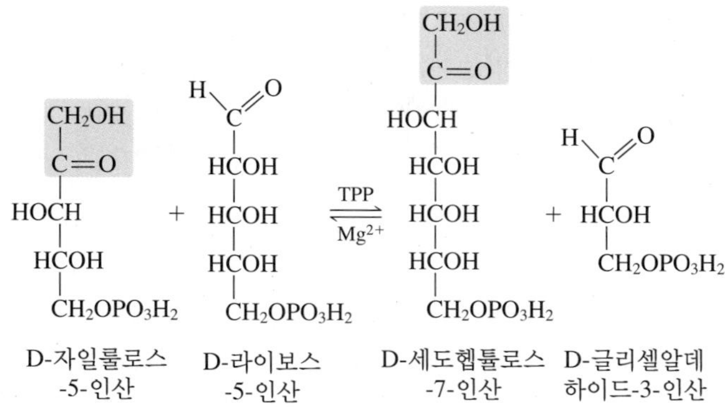

(7-12)

트랜스케톨레이스는 두 개의 동일한 소단위체를 가지고, 싸이아민이인산(TPP)과 Mg^{2+}를 조효소로 필요로 한다. 이 반응과정에서 TPP는 프로톤의 해리에 의해서 싸이아졸(thiazole) 고리의 C-2탄소원자에 카바나이온(carbanion)을 형성하게 된다. 얻어진 카바나이온은 대신 케톨공여체와 반응하여 만들어진 부가생성물(I)은 적절한 전자들의 재배치를 통하여 TPP에서 케토그룹을 제거하여 α,β-다이하이드록시 에틸 싸이아민이인산(α,β-dihydroxyethylthiamine pyophos-phosphate) (II)을 만들게 된다. 케톨-TPP부가생성물(II)은 수용체 알데하이드와 반응하여 케톨공여체의 생성물을 만들고, 카바나이온을 재생시키게 된다.

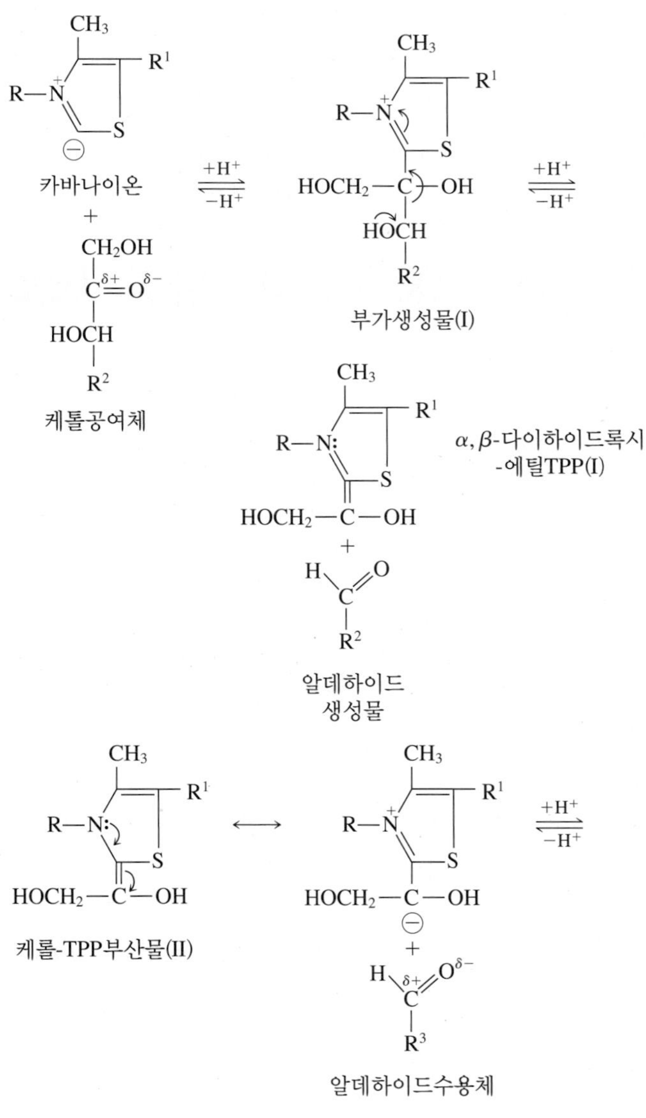

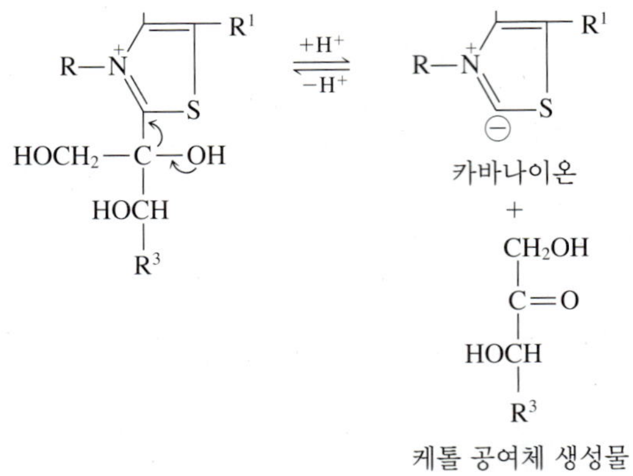

트랜스케톨레이스 역시 자일룰로스-5-인산에서 케톨그룹을 에리뜨로스-4-인산에 전달하여 프럭토스-6-인산과 글리세롤-3-인산을 만들게 된다(반응 7-13). 반응 7-12와 이 반응 모두 쉽게 가역적이어서, 아래의 화합물들이 효소의 공여분자나 수용체 알데하이드로 기능할 수 있다.

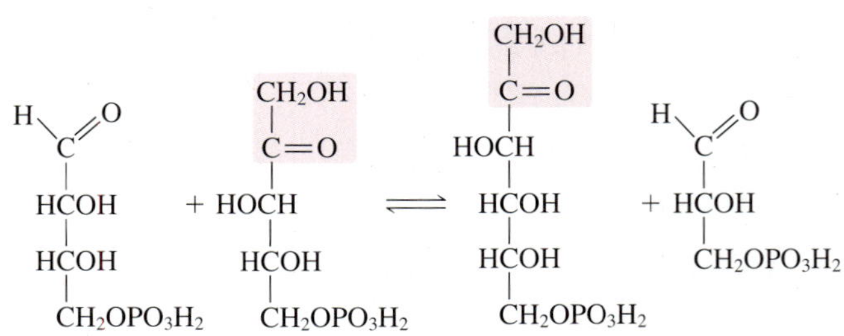

(7-13)

D-에리뜨로스-4-인산 D-자일룰로스-5-인산 D-프럭토스-6-인산 D-글리셀알데하이드-3-인산

케톨공여체(케토스)	수용체알데하이드(알도스)
D-자일룰로스-5-인산	D-라이보스-5-인산
D-프럭토스-6-인산	D-글리셀알데하이드-3-인산
D-세도헵튤로스-7-인산	D-에리뜨로스-4-인산

공여하는 케토스들이 C-3위치에 하이드록실그룹을 가지고 있는 것은 눈여겨 볼 필요가 있다.

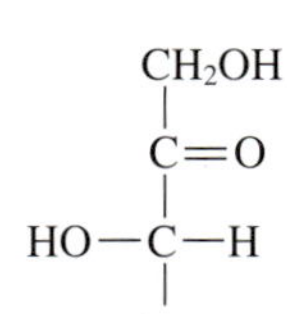

4. 트랜스알돌레이스

이 효소는 트랜스케톨레이스처럼, 프럭토스-6-인산이나 세도헵튤로스-7-인산으로부터 다이하이드록시아세톤 부분을 적절한 알도스에 전달하는 반응을 촉매하는 이동효소이다. 펜토스인산의 신진대사과정에서 나타나고 있듯이, 수용체 알도스는 글리셀알데하이드-3-인산 또는 역방향으로 에리뜨로스-4-인산이 되고 있다(반응 7-14).

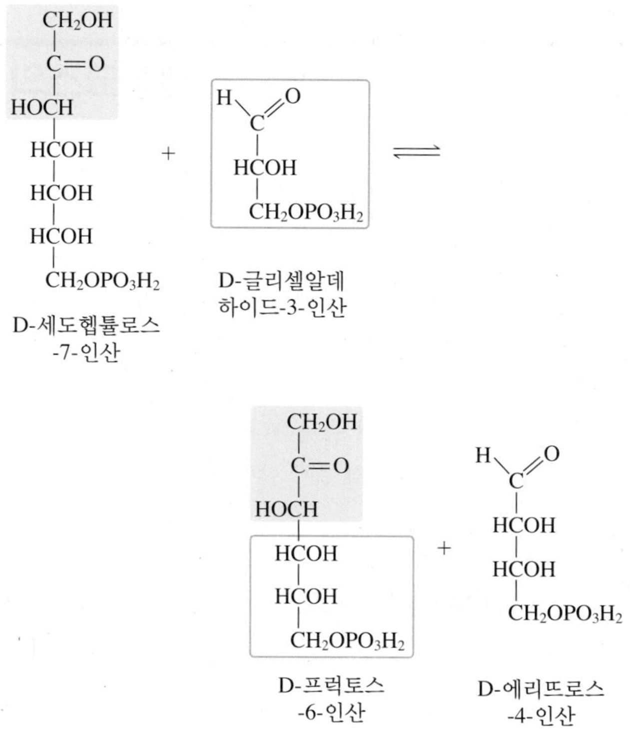

(7–14)

같은 방법으로, 라이보스-5-인산이 수용체가 될 수 있으며, 옥토스(octose)인 옥튤로스-8-인산이 얻어진다. 효소반응의 메커니즘으로 이동하는 다이하이드록시아세톤부분의 카보닐과 효소 라이신 잔기의 ϵ-아미노그룹 사이에서 쉬프(Schiff) 염기의 형성이 관여된다. 이 메커니즘은 해당과정에서 알돌레이스(aldolase)의 메커니즘과 동일하다. 그러나 트렌스알돌레이스(transaldolase)는 자유로운 다이하이드록시아세톤 또는 그것의 인산화합물을 기질로 사용할 수 없다.

마지막으로, 오탄당인산경로를 마무리하기 위하여 반응 7–13에서 얻어진 에리뜨로스-4-인산은 트랜스케톨레이스의 촉매에 의해서 프럭토스-6-인산과 글리셀알데하이드-3-인산을 만드는 과정의 반응에서 자일룰로스-5-인산으로부터 C_2 단위를 수용하게 된다.

7.3.3 오탄당인산경로의 조절

NADH에 비교해서 NADPH는 많은 생합성반응에서 환원제로 중요한 역할을 수행한다. 산화적 오탄당인산경로는 세포내의 NADPH의 충분한 공급을 위하여 필요하기도 하지만, 이 과정에서 얻어지는 여분의 오탄당은 핵산의 합성에 사용된다. 일부 오탄당은 쉽게 육탄당이나 삼탄당으로 변환되기도 한다. 오탄당인산경로에 여분의 ATP가 필요하지는 않지만, TCA회로에서 얻어진 대사물질에 좌우되지 않고 생합성에 요구되는 NADPH에 따라 주된 방법으로 조절된다. 이때 NADPH는 아마도 호흡사슬을 통하여 그 이상 산화되지 않는 상태로 남아 있다. 또한 식물과 미생물에서 오탄당은 에리뜨로스-4-인산과 함께 쉬킴산(Shikimic acid)과 아미노산의 생합성의 초기단계에서 반응물로 반드시 필요하다.

7.4 글루코스의 신생합성

유기체는 간단한 초기화합물을 사용하여 해당과정의 반대방향으로 탄수화물을 합성할 수 있다. 글루코스가 세포내에서 합성이 가능하기 위해서는 비가역적이라고 했던 글루코스가 글루코스-6-인산이 되는 반응(6-20), 프럭토스-6-인산이 프럭토스-1,6-이인산이 되는 반응(6-22), 그리고 인산에놀피루브산이 피루브산으로 되는 반응(6-30) 등의 3단계 반응들을 우회시키거나, 그렇지 않으면 회피시켜야 한다.

이러한 역방향의 가장 적절한 예로, 아마도 광합성의 일부과정에서 CO_2가 식물의 보존형 다당류를 만드는 데 활용되는 경우와 유사하다. 이렇게 환원반응들이나 CO_2 환원회로(cycle) 재생과정의 몇 개의 반응들이 해당과정의 가역반응들과 동일함을 알게 될 것이다.

7.4.1 글루코스의 신생합성의 반응

해당과정의 역반응으로, 글루코스(그리고 글라이코젠)을 재생시키는 반응을 **글루코스신생합성(gluconeogenesis)**이라 부르며, 이때 글루코스는 고등동물의 운동 중에 얻어진 젖산으로부터 만들 수 있다. 골격근육에서 산소의 공급이 부족하고 해당과정의 효소가 여유 있게 공급될 때, 단기간에 필요한 ATP를 지원하기 위하여 해당과정을 활용하게 된다. 이 과정에서, 많은 양의 젖산은 근육에서 혈액에 배출되어 간으로 운송된다. 간에서 주로 80%의 젖산이 헥소스의 수준으로 재생되고, 글라이코젠의 합성을 위하여 근육으로 보내진다. 나머지 20%는 트라이카복실산회로를 통하여 산화되어 해당반응순서를 역으로 할 수 있는 필요한 에너지를 공급하게 되고, 이렇게 해서 대부분의 젖산을 글라이코젠으로 되돌려 지게 된다. 이러한 글루코스의 해당과정으로 젖산이 회전되는 과정을 **코리회로(Cori cycle)**라고 한다(그림 7-23).

글루코스신생합성은 역시 젖산 이외의 화합물로부터 일어날 수도 있다. 트라이카복실산순환의 중간체인 피루브산이나 옥살아세트산이 글루코스로 전환될 수 있다. 몇몇 아미노산들(알라닌, 시스틴, 세린, 아스파트산)이 분해되어 피루브산과 옥살아세트산이 되기 때문에, 이들 화합물이 글루코스로 전환될 수 있다. 이 과정은 생물체가 긴급히 글루코스

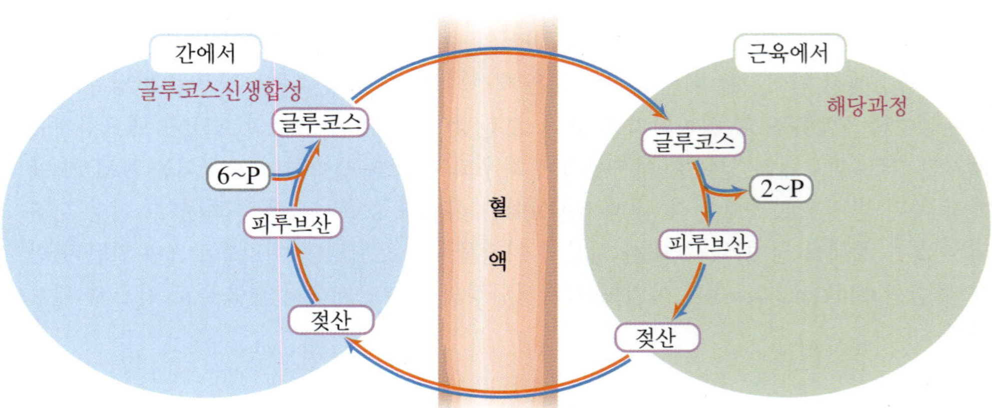

그림 7-23 코리(Cori)회로. 근육이 운동하는 동안 만들어진 젖산은 간으로 이동하여 글루코스신생합성과정을 통하여 글루코스가 얻어진다. 젖산은 간에서 글루코스로 변환되고, 근육으로 이동된 글루코스는 글라이코젠으로 보존되었다가 다시 젖산을 만드는 회로를 계속시키게 된다.

를 필요로 하고, 또 단백질 이외의 다른 곳에서 탄소원을 찾을 수 없을 때 즉, 동물이 굶주리거나 또는 글루코스가 전부 소모되는 조건에 있을 때 주로 일어난다.

1. 피루브산카복실화효소

인산에놀피루브산이 피루브산으로 되는 반응 6-30을 우회시키려면 TCA회로의 기능에 중요한 역할을 하는 탄산가스의 고정반응을 촉매하는 새로운 두 개의 효소들이 필요하게 된다. 그 중 첫 효소는 마이토콘드리아에 존재하는 **피루브산카복실화효소 (pyruvate carboxylase)** 이다. 그래서 세포질에서 젖산으로부터 생산되는 피루브산은 첫 단계로 마이토콘드리아 속으로 들어가야 한다. 이때 촉매되는 반응은 :

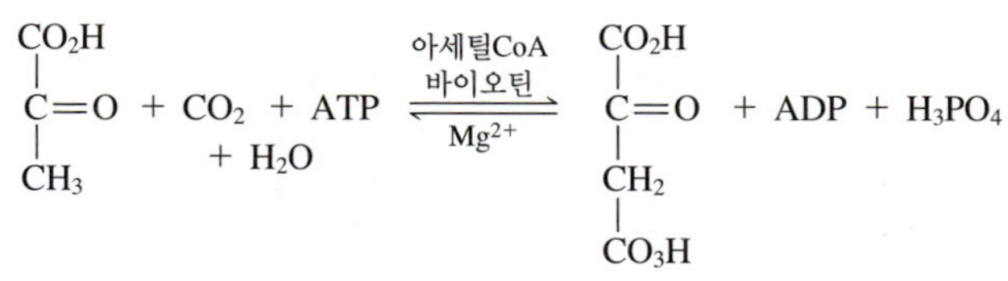
(7-15)

피류브산 옥살아세트산

$\Delta G' = -500$ cal (pH 7.0)

$\Delta G'$값은 상당히 작고, 따라서 반응은 쉽게 가역적이다. 효소는 다른자리입체성 조절을 받으며, 활성체로 아세틸CoA가 절대적으로 필요하다. 효소는 활성화된 CO_2의 운반체로서 조효소인 바이오틴 (biotin) 을 갖게 되며, 각 소단위체마다 활성부위 라이신의 ϵ-아미노그룹에 1 mol의 바이오틴이 연결되고 있다.

2. 인산에놀피루브산 (PEP) 카복실인산화효소

해당 과정의 순서에서 일부를 역으로 진행시키는 데 관여하는 두 번째 효소로, 옥살아세트산을 인산에놀피루브산으로 전환시키는 인산에놀피루브산 (PEP) 카복실인산화효소 (carboxykinase) 가 있다.

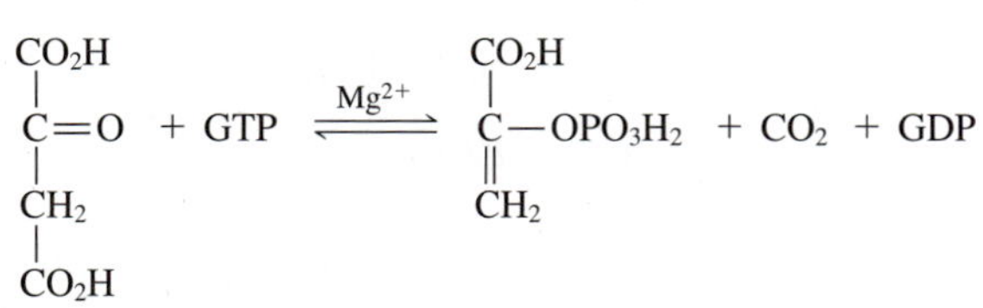
(7-16)

옥살아세트산 인산에놀피루브산

$\Delta G' = +700$ cal (pH 7.0)

이 반응에서 자유에너지의 변화가 양의 값을 가지기는 하나, CO_2고정의 역반응인 CO_2가 생성되는 반응이므로 PEP로 변형이 가능하다. 이 효소의 세포에서의 분포를 살펴보면 생물의 종에 따라 그 변화가 큰 차이가 있다. 돼지의 간이나 토끼의 간 등의 조직의 마이토콘드리아에서 현저한 양이 나타나고 있으며, 생성된 PEP는 확산되어 나오게 되므로 프럭토스-1,6-이인산에 의해서 흡수되고, 1,3-이인산글리셀산에서 3-인산글리셀산이 되는 반응 6-26과 글리셀알데하이드로부터 1,3-이인산글리셀산이 되는 반응 6-25 들을 역으로 되돌리기 위하여 각각 ATP와 NADH를 필요로 하게 된다.

피루브산을 PEP로 전환시키기는 전체반응은 피루브산으로부터 옥살아세트산을 만드는 반응 7-15와 옥살아세트산에서 PEP를 얻어내는 반응 7-16을 합하여 얻어진다.

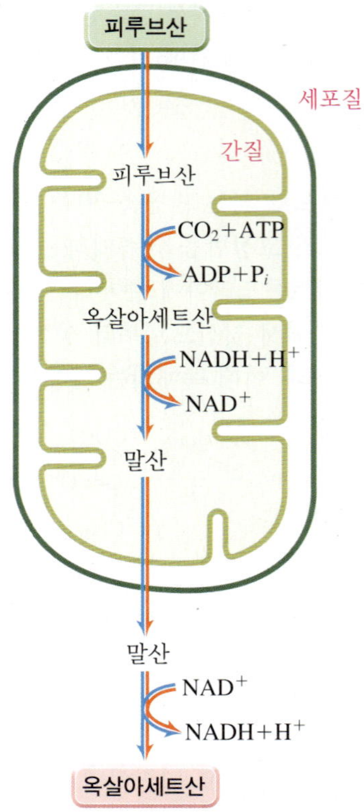

■■ 그림 7-24 ■■ 대사물질합성의 구획화.
세포질에서 탄수화물신생합성과정으로 만들어진 피루브산은 마이토콘드리아에 이동되어 카복실화반응을 통하여 옥살아세트산(OAA)가 된다. 이렇게 마이토콘드리아의 간질에서 만들어진 OAA는 투과될 수 있는 말산으로 변경시켜 막 밖으로 내보내게 된다. 말산은 다시 OAA로 얻어진다. 이 과정이 해당과정의 역으로 글루코스를 생산할 수 있는 중요한 방법이 되고 있다.

$$\underset{\text{피루브산}}{\begin{matrix} CO_2H \\ | \\ C{=}O \\ | \\ CH_3 \end{matrix}} + ATP + GTP \rightleftharpoons \underset{\text{인산에놀피루브산(PEP)}}{\begin{matrix} CO_2H \\ | \\ C{-}OPO_3H_2 \\ \| \\ CH_2 \end{matrix}} + ADP + GDP + H_3PO_4 \qquad (7\text{-}17)$$

$$\Delta G' = +200\ \text{cal}$$

PEP에서 피루브산을 합성하는 반응 6-30은 $\Delta G'$의 큰 음의 값(−6,000cal)을 가지므로 문제가 없으나, 무시할 정도의 $\Delta G'$ 값(+200cal)을 갖는 피루브산을 PEP로 전환시키는, 위 전체반응(7-17)이 진행되게 하기 위하여 2 mol의 뉴클레오사이드삼인산을 필요로 하게 된다. 많은 종류의 생물체에서 PEP-카복실인산화효소가 주로 세포질에 위치하고 있고, 피루브산에서 얻어진 옥살아세트산이 마이토콘드리아막을 통과할 수 없기 때문에 반응의 진행에 장애가 되고 있다. 세포질에서 PEP-카복실인산화효소에 의해서 옥살아세트산이 사용될 수 있도록 하기 위하여 대신 마이토콘드리아에서 말산탈수소효소(malic dehydrogenase)에 의해서 말산이 환원되어야 한다. 마이토콘드리아내부막에 말산의 침투가 가능하고, 다음에 세포질로 확산되어 나오기 때문에 세포질의 말산탈수소효소에 의해서 옥살아세트산으로 재산화시키고, PEP-카복실인산화효소에 의해서 PEP로 전환될 수 있다(그림 7-24).

$$\text{옥살아세트산} + NADH + H^+ \xrightarrow{\text{마이토콘드리아 말산탈수소효소}} \text{말산} + NAD^+$$

$$\text{말산(마이토콘드리아)} \xrightarrow{\text{마이토콘드리아내부막}} \text{말산(세포질)}$$

$$\text{말산} + NAD^+ \xrightarrow{\text{세포질 말산탈수소효소}} \text{옥살아세트산} + NADH + H^+$$

글루코스신생합성에서는 ATP와 ADP가 관여되는 반응으로 프럭토스-6-인산이 프럭토스-1,6-이인산이 되는 반응 6–22과 글루코스가 글루코스6-인산이 되는 반응 6–24의 두 반응이 우회하도록 해야 한다. 이는 프럭토스-1,6-이인산의 가수분해로 프럭토스-6-인산을 만드는 반응을 촉매하는 인산가수분해효소(phosphatase)에 의해서 수행된다. 다양한 조직에서 헥소스이인산으로부터 프럭토스-6-인산을 만드는데 인산가수분해효소가 반드시 필요함을 설명할 수 있으며, 이는 글루코스나 글라이코젠이 핵소스이인산으로부터 얻어질 수 있음을 보여주고 있다.

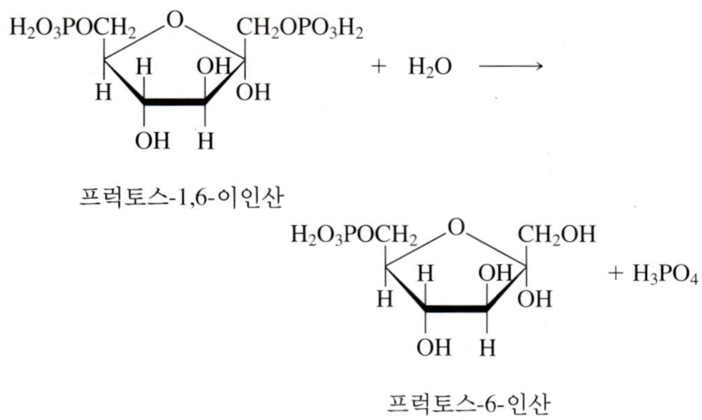

프럭토스-1,6-이인산 → 프럭토스-6-인산 (7–18)

$\Delta G' = -4000$ cal (pH 7.0)

프럭토스이인산 인산가수분해효소는 인산프럭토인산화효소(phosphofructokinase)와 함께 중요한 조절효소로, 해당작용의 순서에서 탄소가 위아래로 변형되는 과정의 조절에 중심역할을 하고 있다. 이 올리고머단백질에서 소단위체의 수는 어느 유기체로부터 얻는가에 따라 달라진다. 그러나 취득원에 상관없이 인산가수분해효소는 AMP에 의해서 강력하게 방해된다.

글루코스-6-인산으로부터 글루코스의 생산은 아래 발열반응을 촉매하는 두 번째의 인산가수분해효소가 작용한다.

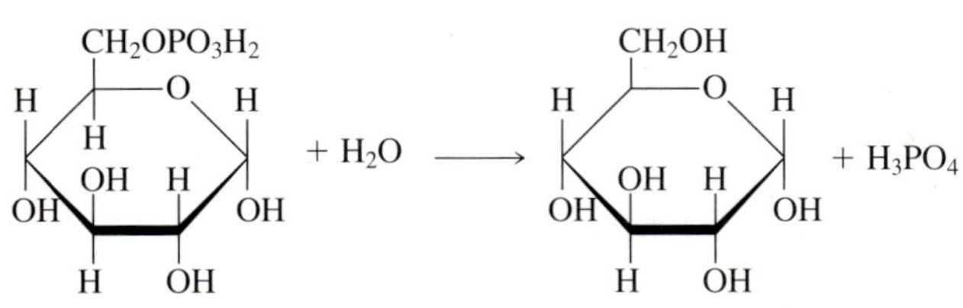

글루코스-6-인산 → 글루코스 (7–19)

$\Delta G' = -3300$ cal (pH 7.0)

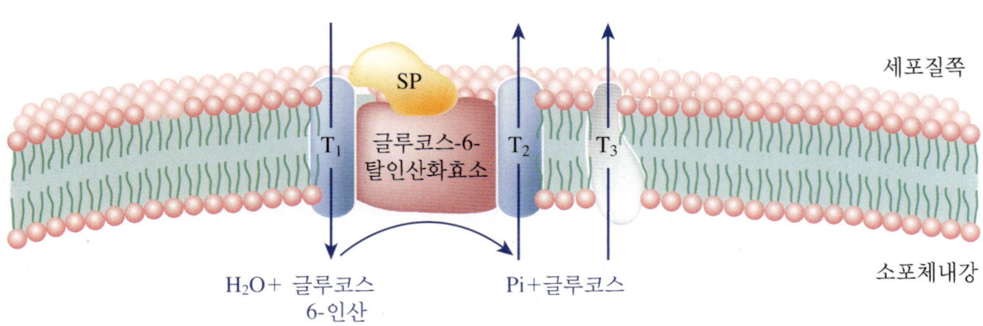

그림 7–25 글루코스-6-인산에서 글루코스의 생성 메커니즘. 글루코스신생합성의 마지막 단계로, 글루코스-6-인산에서 글루코스를 얻는 과정은 소포체의 막에 걸쳐 있는 효소 및 여러 단백질들의 기능으로 가능하다. 이때 T_1은 글루코스-6-인산을 소포체의 내강으로 이동시키고, 반면에 T_2는 Pi를, 그리고 T_3는 글루코스를 세포질로 이동시키는 기능을 수행한다. 여기서 SP는 Ca^{2+}의 부착단백질로 글루코스-6-인산을 안정하게 효소에 정착되도록 해 준다.

글루코스-6-인산가수분해효소는 소포체 (endoplasmic reticulum) 에 특징적으로 회합되어 있고, 세포혼합물의 고속원심분리 시 마이크로솜의 둥글게 뭉친 입자들로부터 분리된다. 이들 마이크로솜은 주로 글루코스를 생산할 수 있는 조직 (포유동물의 간) 에 존재한다 (그림 7-25).

지금까지 취급한 여러 반응들의 순서적인 과정을 정리하면, 2 몰의 젖산으로부터 시작해서 한 분자의 글루코스를 만들어내는 해당과정의 반대인 글루코스신생합성의 전체반응을 아래와 같이 요약하여 적을 수 있다.

$$2젖산 + 4ATP + 3GTP + 6H_2O \rightarrow 글루코스 + 4ADP + 2GDP + 6H_3PO_4$$

글루코스신생합성은 세포내부에서 반응이 진행되도록 여러 장애단계를 우회시키고, 총 6개의 에너지가 풍부한 인산을 사용함으로써 가능하게 된다 (그림 7-26) .

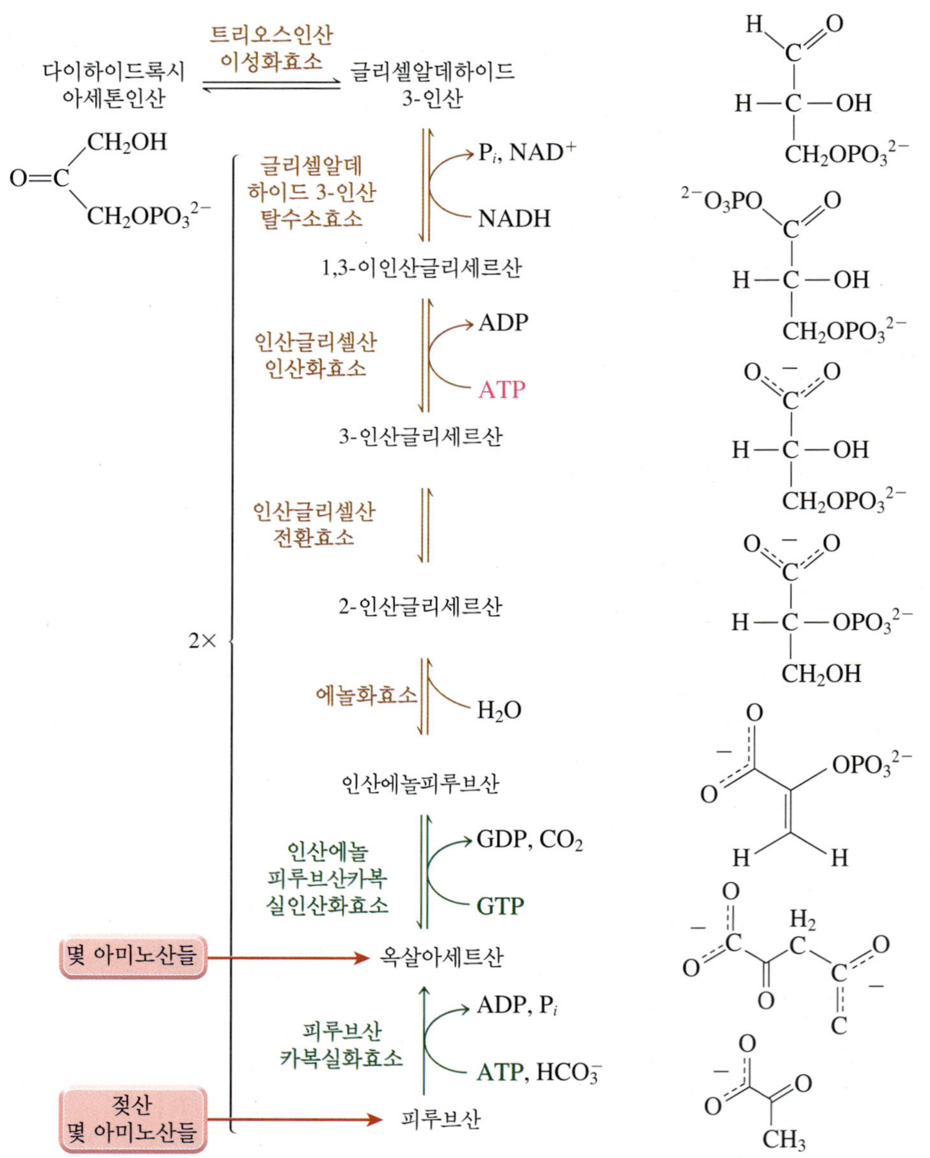

■ **그림 7-26** ■ 글루코스신생합성의 경로. 모두 해당과정에서 사용되는 공통적인 반응을 사용하지만, 다만 녹색으로 표시된 반응과 효소들은 글루코스를 신생합성하는 독특한 단계들이다. 이 경로에 진입되는 중간체, 젖산, 글리세롤 및 아미노산들을 나타내고 있다. 대부분 글루코스신생합성과정에 쓰이는 효소들은 세포질에 존재하나, 예외로 두 효소인 피루브산카복실화효소는 마이토콘드리아에 위치하고, 글루코스-6-인산화효소는 소포체에 들어 있다.

7.4.2 다른 탄수화물의 신생합성

엉겅퀴에서 발견되는 제한된 동종다당체인 **이눌린 (inulin)** 은 특수한 글루코스이동효소 (transglycosidase) 에 의해서 프럭토스단위를 직접 수용체인 성장하는 이눌린사슬에 이전시켜 합성한다. 그러나 대부분의 중요한 이탄당이나 자연에서 흔히 발견되는 수크로스, 글라이코젠, 전분 및 셀룰로스들은 글라이코실단위를 뉴클레오사이드이인산으로부터 적절한 수용체에 이동시켜 합성하게 된다.

UDP-글루코스 (근육) 또는 ADP-글루코스 (박테리아) 로부터 글루코스부분을 비환원말단의 α-1,4-글루칸에 보내 곁사슬을 갖는 다당체인 α-1,4-글루코실글루칸을 합성하게 된다. 이러한 합성방법은 이미 글라이코젠 합성에서 자세히 논의되었다. 여기에서는 글루코스 이외의 단당류의 합성과 이들을 이용한 핵산다당류 또는 당단백질의 합성에 관하여 간단히 소개하고자 한다.

뉴클레오타이드당은 다당류성분으로 발견되는 중요한 당유도체들로 변형시키는 여러 종류의 효소들의 기질로 작용한다. 그러한 반응으로, 글라이코실부분의 에피머화반응, 탈수소화반응 및 탈카복실화반응들이 있다. 글라이코실 부분의 에피머화반응으로 인하여 UDP-글루코스는 UDP-갈락토스가 된다.

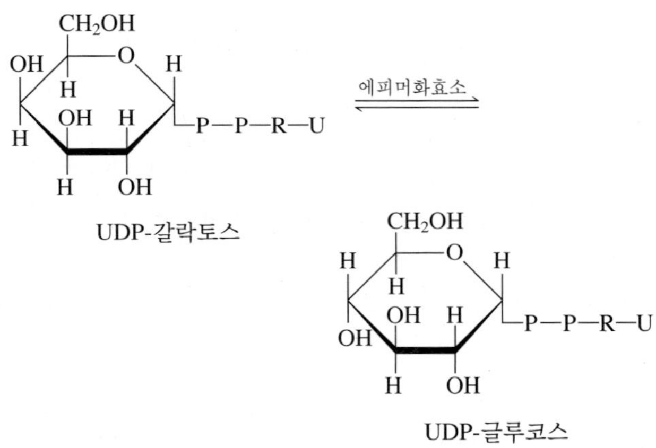

(7-20)

탈수소화반응은 UDP-글루코스로부터 UDP-글룩유론산을 얻게 된다. 또한 굴룩유론산 탈카복실화반응으로 얻어진 UDP-자일로스는 여러 가지 생합성반응의 당공여체로 사용되고 있다.

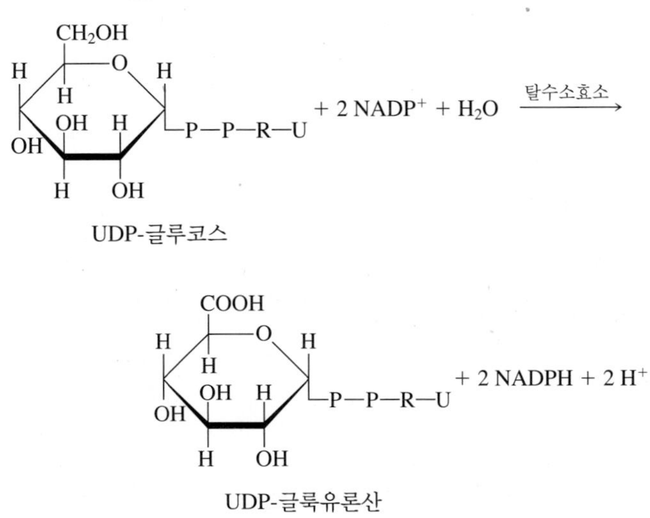

(7-21)

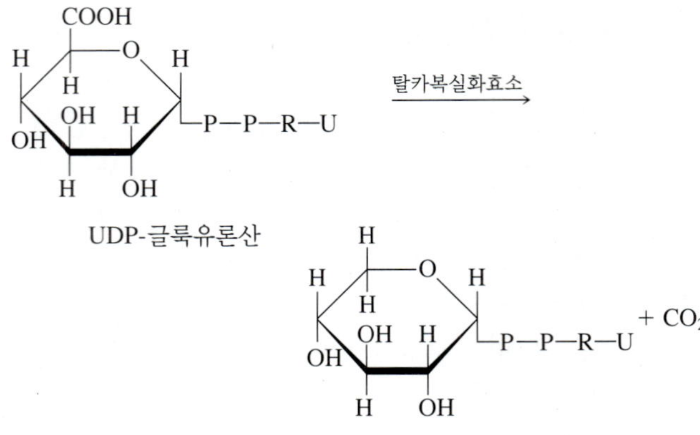

(7-22)

글루코스는 젖당의 합성과정에서 사용되는데, 뉴클레오당이 글루코사이드결합의 중요한 원료물질이 된다.

당단백질이나 당지질의 합성 시 글루코스 또는 다른 이당류들이 사용된다. 뉴클레오사이드이인산은 글라이코실전이효소에 의해서 올리고당 생합성반응에서 글라이코사이드그룹을 공급하고 있다(그림 7-27).

포유동물의 올리고당 합성과정에서는 대부분 UDP-글루코스가 사용되고 있으나, 퓨코스와 만노스는 GDP를 통하여 이동되고, 살리실산은 CMP에 의해서 이동된다. 식물에서는 ADP-글루코스가 녹말의 합성에 이동되는 기본단위가 되고, 셀룰로스는 CDP-글루코스에 의해서 만들어 진다.

뉴클레오타이드당은 올리고당의 합성과정에서 **O-연결 올리고당**(**O-linked oligosaccharide**) 또는 **N-연결 올리고당**(**N-linked oligosaccharide**)의 공급으로 얻어진다(그림7-28). 또한 O-연결 당단백질은 GalNac전이효소(GalNac transferase)에 의해서 폴리펩타이드사슬의 Ser이나 Thr 잔기의 $-OH$그룹에 UDP-GalNac로부터 N-아세틸갈락토

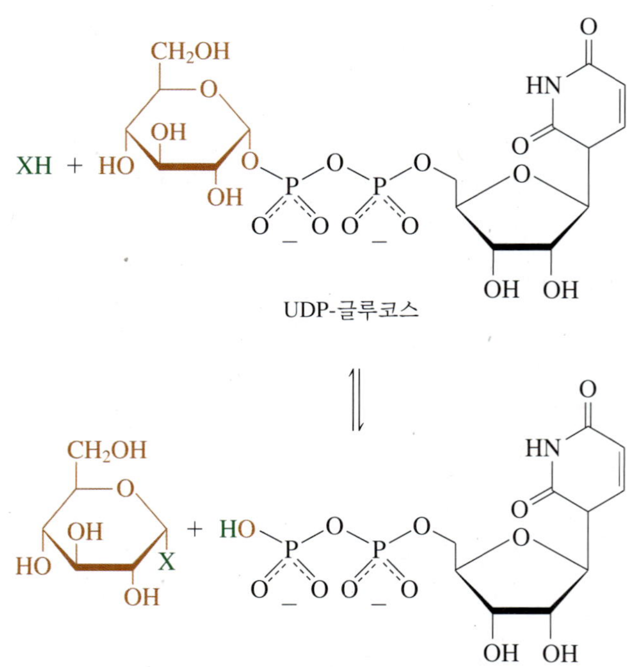

■■ 그림 7-27 ■■ 글라이코사이드이동효소의 반응.
UDP-글루코스는 당의 공여체로 기능하고, 이때에 수용체(X)는 단당체, 다당복합체 또는 단백질의 Ser또는 Thr이 되고 있다.

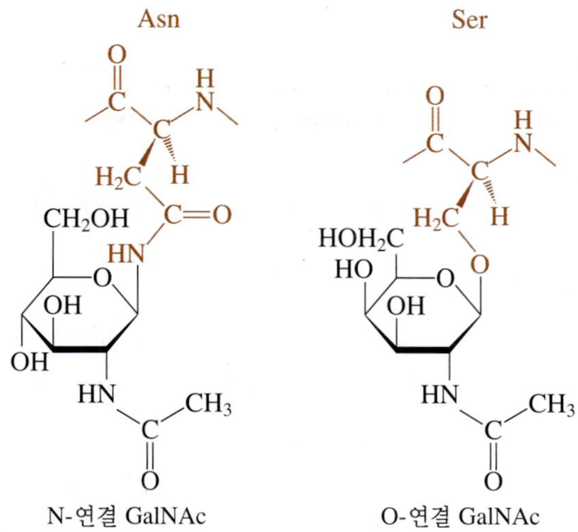

그림 7-28 당단백질에서 탄수화물의 글라이코사이드결합.
글라이코실결합은 아스파라진의 곁사슬에 탄수화물이 연결됨으로써 N-연결을 얻게 되고, 세린이나 트레오닌의 탄수화물이 연결되면 O-연결의 글라이코사이드결합이 형성된다.

사민 (GalNac) 을 이전시키는 반응을 수행한다. 글라이코실화는 단백질의 삼차구조에 특이하게 영향을 미치고, 또 중요한 기능을 갖게 하므로 매우 중요하다. 글루코스 이외에도 갈락토스, N-아세틸글루코사민 그리고 퓨코스 같은 당들이 첨가될 수 있다.

N-연결올리고당들의 합성에는 **돌리콜 (dolichol)** 이인산인 지방운반체에 의해서 진행된다. 돌리콜은 동물에서 17~21개의 아이소프렌단위를 가진 탄수화물 운반체로 알려지고 있다 (그림 7-29) . 이렇게 뉴클레오당이 단당류를 성장하는 돌리콜-pp-올리고당에 전이하게 되고, 돌리콜인산의 활성으로 뉴클레오타이드이인산처럼 당 잔기를 수송하게 된다. N-연결올리고당은 대단히 복잡한 구조의 당단백질을 만들게 된다. 올리고당은 성장하는 폴리펩타이드사슬 중에서 Asn-X-Ser/Thr의 순서를 갖는 펩타이드의 Asn 잔기에 전이시키게 된다. 당단백질을 합성하는 효소의 방해제인 **바시트라신 (bacitracin)** 은 이인산의 탈인산화를 억제하므로 글루코사이드화반응을 억제하게 된다. 이때에 바시트라신은 박테리아 세포벽의 합성을 억제하게 된다.

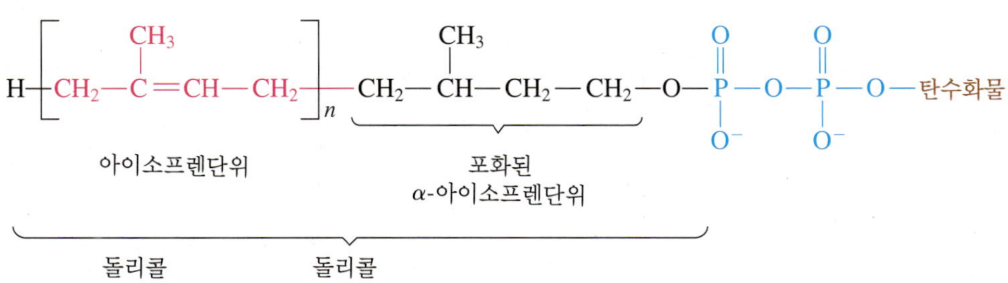

그림 7-29 돌리콜이인산글루코사이드의 구조.
N-연결 글루이코사이드의 탄수화물전구체는 돌리콜에 연결된 탄수화물의 이전에 의해서 합성된다.

생화학 둘러보기

스포츠와 에너지 공급

적절하고 지속적인 운동을 하는 생활습관은 건강하게 살 수 있는 필수적인 조건이 된다. 규칙적인 운동으로 단련된 신체는, 첫째 혈액순환이 잘되어 혈관에 노폐물이 남아있지 않게 되며, 근육의 양이 증가하고, 기초대사량이 증가하게 되며, 체지방이 에너지원으로 사용되어 비만이 없어진다. 요즘 많이 거론되는 스포츠과학에서 현명한 운동인은 혐기성 그리고 호기성 신진대사를 잘 이해할 필요가 있으며, 그래서 운동에 필요한 음식물의 섭취 및 영양의 계획을 세울 수 가 있다.

사람은 활기찬 운동을 할 때에는 수면 중일 때보다 ATP의 소모가 100배나 빠르게 진행된다. 신체내부에서 운동의 종류나 강도 및 경과시간에 따라 체내에서 사용되는 에너지원이 다르게 된다. 움직이는 근육은 4가지 다른 에너지원을 근육세포에서 사용하게 된다. 크레아틴인산(CP)는 ADP와 직접반응하여 기질수준의 인산화로 ATP를 만들게 되므로, 근육은 단시간에 급격히 체력을 소모하는 100 m 달리기, 테니스, 배구, 역도, 단거리 수영, 스케이트선수들이 주로 사용하는 에너지원이 된다. 두 번째의 에너지로는 근육에 저장된 글라이코젠으로부터 얻어진 글루코스가 해당과정의 초기에 혐기성 신진대사로 공급되는 ATP를 위에서 언급한 크레아틴인산과 함께 사용하게 된다.

다음 에너지로 근육에 저장된 글라이코젠 그리고 젖산으로부터 간에서 글루코스를 신생합성하거나 또는 저축된 글라이코젠(코리회로)으로부터 얻어진 글루코스가 혐기성 신진대사에서 초기에 사용된다. 마지막으로 마이토콘드리아에서 일어나는 호기성 신진대사로 에너지를 얻어내게 된다. 초기에는 위에 언급한 네 종류의 에너지원이 사용가능하지만, 수분 내에 크레아 틴인산이 소진되면 쓸 수 있는 에너지는 근육이나 간에 저장된 글라이코젠에서 얻을 수 있는 에너지들만 남게 된다. 다음으로 근육의 글라이코젠이 모두 소진되면 혐기성 대사는 속도가 급격히 줄게 된다. 마지막으로 간에 있는 글라이코젠까지 소멸되면 마이토콘드리아에서 호기성 신진대사가 작동하고, 지방산의 분해로 탄산가스와 물이 만들어진다.

크레아틴인산은 주로 1분 이내에 소진되기 때문에, 역도나 100 m 달리기에는 시중에서 판매되는 크레아틴영양제로 효과를 얻을 수 있다. 운동의 세기에 따라 다르지만, 근육의 글라이코젠은 10~30분 정도에 모두 사용된다. 만약에 비교적 장거리인 1,500 m나 10 km의 마라톤을 뛰는 운동선수들에게는 근육의 글라이코젠이 중대한 영향을 미치게 된다. 그리고 간에 저장된 글라이코젠이나 젖산으로부터 합성되는 글라이코젠 등에 의해서 지속적인 에너지가 공급될 수 있다. 최종적으로 사용되는 산화성 신진대사는 NADH와 피루브산을 세포질에서 마이토콘드리아로 이동시키는 운송능력과도 관계되고 있다.

운동을 지속적으로 많이 하게 되면 유산소운동으로 근육조직 내의 마이토콘드리아의 수가 증가하여 에너지원으로 지방을 많이 쓰게 되고, 산소의 소모가 많아지고, 젖산의 축적은 적게 된다. 많은 운동은 근육이 뼈를 자극하여 칼슘의 축적의 농도를 높여 뼈를 강하게 하며, 심장혈관에 호흡계의 자극으로 심장이 튼튼해지고, 동맥의 내벽의 근육도 강해지고, 수축이완의 반복으로 혈압은 낮아지게 된다.

근래에 초인적인 에너지를 필요로 하는 울트라 마라톤이나 사이클링 같은 장거리 경주의 경우에는 호기성 신진대사가 작동하게 되고, 지방산의 연소가 일어나게 된다. 이때 지방산은 아세틸CoA로 분해되고, TCA회로에 진입하여 ATP를 만들게 되며, 이러한 운동선수는 지방이 있을 수 없고, 마른 체격을 유지하게 된다.

전자전달사슬과 마이토콘드리아의 중요성은 항상 운동선수가 염두에 두어야 할 일이다. 특히 장거리 자전거 경기 같은 지구력이 요구되는 경우, TCA회로와 전자전달계를 통한 지방산의 유산소대사가 활성화되고, 이때 필요한 에너지 60~80%

의 ATP를 공급하게 된다. 지구력이 필요한 운동은 격렬한 운동보다 해당과정에 덜 의존하므로 젖산의 축적은 감소된다. 특히 마라톤 선수의 결승점에서 사용되는 에너지는 혐기성 해당작용에 의존하므로, 글라이코젠의 최대한 저장능력이 중요하다. 운동을 너무 격렬하게 오래 지속하면 경우에 따라서 근육의 통증이나, 또는 희귀한 경우에는 마이토콘드리아가 근육장애로 없어지게 된다. 오랫동안 이러한 운동을 지속하게 되면 호기성 운동가는 혐기성 방법으로 에너지를 공급하지 못하게 되고, 결국 운동을 그만 두게 되는 경우도 일어난다.

단원요약

1. 생체에너지대사의 기본물질인 글루코스는 간에서 글라이코젠의 형태로 합성되고, 저장되었다가 필요에 따라 분해하면서 ATP의 에너지를 생산한다. 글라이코젠에는 많은 곁사슬이 존재하고, 동시에 수많은 글루코스를 배출하여 급격한 수요에 대처한다. 글라이코젠의 분해과정에는 글라이코젠가인산분해효소, 글라이코젠곁사슬전달효소 그리고 글루코스전환효소가 작용한다.

2. 글라이코젠의 비환원성 말단에서 글루코스는 글루코스-1-인산으로 α-1,4-글루코사이드결합을 붕괴하여 글루코스가 배출되는 반응에 글라이코젠가인산분해효소가 관여된다. 이 효소의 조효소로는 PLP로 C1－O의 결합을 절단하기 위하여 옥소늄이온의 중간체의 전이상태가 형성되며, 산염기촉매에 의해서 반응이 진행된다.

3. 글라이코젠의 붕괴는 글라이코젠가인산분해효소가 글루코스 잔기를 제거하면 3개의 글루코스 잔기를 근처의 다른 가지의 말단으로 옮겨가게 되고, 마지막 남은 1개의 글루코스 잔기는 α-1,6-글루코시데이스의 작용으로 절단되게 된다.

4. 글라이코젠가인산분해효소에 의해서 얻어진 G-1-P는 인산글루코스전환효소에 의해서G-6-P로 변환되고, 해당과정에 진입하게 된다. 간에서는 글루코스-6-인산가수분해효소에 의해서 G-6-P는 글루코스가 되고, 세포막을 통하여 다른 곳으로 이동시키게 된다. G-6-P의 가수분해체계가 결핍되면 제1형태의 글루코스 저장병이 얻어지며, 간세포의 글루코스는 GLUT2라는 글루코스수송체에 의해서 혈액을 통하여 다른 조직으로 운송된다.

5. 글라이코젠의 분해와 합성은 다른 경로를 통하여 진행된다. 글라이코젠의 합성에는 UDP-글루코스이인산가인산분해효소, 글라이코젠합성효소, 글라이코젠가지첨가효소 등이 관여된다. UDP-글루코스는 글루코스단위를 제공하는 활성화된 화합물이다. UDPG에서 글루코스단위는 글라이코젠합성효소에 의해서 글라이코젠의 비환원말단의 4번째 탄소의 －OH그룹에 이동시켜 α-1,4-글루코사이드결합을 만들게 된다. 마지막으로 글라이코젠사슬이동효소는 글라이코젠에 7개의 글루코스 잔기의 조각을 사슬 말단에서 같은 글라이코젠이나 또는 다른 글라이코젠사슬의 글루코스 잔기의 C6－OH그룹에 옮기는 기능을 수행한다.

6. 글라이코젠대사의 조절은 효소의 공유결합변형을 통하여 글라이코젠가인산분해효소나 글라이코젠합성효소의 조절을 통하여 진행한다. 글라이코젠가인산분해효소는 인산화에 의해서 b→a로 활성화되고, 글라이코젠합성효소는 a→b로 인산화에 의해서 효소의 활성을 잃게 된다. 이들 효소는 에피네프린이 수용체에 영향을 주게 되면 고리화효소의 활성화로 cAMP의 양이 증가하고, 연쇄확산의 형태로 인산화효소를 자극하여 최종적으로 활성화된 가인산분해효소a를 공유변형시키게 된다.

7. 가인산분해효소인산화효소는 PKA에 의해서 α,β-소단위체의 인산화로 활성화되고, 칼슘부착단백질인 칼모듈린의 낮은 칼슘농도에 의해서 구조변화를 유도하고, 효소를 활성화시킨다. 단백질인산화가수분해효소는 글라이코젠결합 G_M소단위체를 통하여 글라이코젠 결합 시 활성화된다. 글라이코젠가인산분해효소는 AMP에 의해서 다른자리입체성으로 활성화되고, ATP와 G-6-P에 의해서 억제된다.

8. 간세포에는 글루카곤수용체가 많아서 cAMP의 합성이 촉진된다. 혈액에서 글루코스의 농도가 높아지면 인슐린이 분비되고, 글라이코젠합성효소를 활성화시키게 된다. 근육에서 인슐린표적효소는 단백질 인산가수분해효소1이며, G_M소단위체를 인산화시키게 된다. 결국에 글라이코젠분해를 억제시키고, 글라이코젠합성을 자극하여 글루코스의 저장을 증진시키게 된다.

9. 전자전달과 산화적 인산화는 마이토콘드리아 내부막에서 회합되고, 두 체계가 서로 접속되어 기능한다. ATP의 호기성 합성과정에서 TCA회로에 의해서 얻어진 NADH와 $FADH_2$의 생성은 전자전달이 필수적인 단계가 된다. 이 전자전달운송체계는 호기성 호흡인 산화적 인산화의 마지막 성분으로 ATP합성을 수행하게 되며, 현저하게 많은 양의 보존된 에너지를 만든다.

10. 호흡전자전달사슬에서 전자들의 NADH로부터 O_2에 이전하는 과정에 4개의 복합체, 3개의 프로톤 펌프 및 TCA회로에 연결되어 있다. 전자전달사슬을 구성하는 단백질분자집단으로, NADH-Q산화환원효소, Q-사이토크롬 *c*산화효소 및 석신산 Q 환원효소복합체들이 존재한다. 이들 복합체의 구성성분으로, 피리딘연결탈수소효소, 플라빈연결탈수소효소, 철-황단백질, 유비퀴논, 그리고 사이토크롬 등이 있다.

11. 피리딘연결탈수소효소 중에는 NAD^+연결탈수소효소가 호기성 호흡과정에서 생체산화반응에 참여되고 있다. 플라빈연결효소는 호흡성 전자전달체계에서 NADH로부터 전자를 다른 수용체에 전달하는 기능을 수행한다. 마이토콘드리아에는 석신산탈수소효소와 플라빈연결탈수소효소가 있다. 철-황단백질은 혐기성 박테리아에서 페레독신으로 알려지고 있으며, 전자전달사슬에서 플라보단백질, NADH탈수소효소, 그리고 석신산탈수소효소는 철-황 중심을 가진다. 유비퀴논은 조효소Q로, 포유동물의 마이토콘드리아에서 아이소프레노이드가 10개인 CoQ_{10}이 있다. 사이토크롬은 철원자의 산화환원전위에 따라 전자를 전달시킨다.

12. 포유류에서 전자전달순서로, NADH의 높은 전위차의 전자들은 호흡사슬의 NADH-Q산화환원효소에 진입된다. 전자들은 유비퀴논에서 Q사이토크롬 산화환원효소를 통하여 사이토크롬 *c*에 들어간다. 최종적으로 사이토크롬산화효소에 옮겨진 전자는 마이토콘드리아내부막에서 수용체 O_2에 이동하여 환원된 산소를 얻게 된다.

13. 호흡의 전자전달은 전자쌍이 NADH에서 O_2로 이동하는 지속적인 자유에너지감소를 가져오며, NADH나 $FADH_2$의 전자쌍이 각 3개와 2개의 ATP분자를 생산하게 된다.

14. 산화적 인산화를 세포의 호흡이라 하며, 전자전달과정과 프로톤의 펌프로 구성된 호흡사슬의 전자동력은 프로톤동력으로 바꾸게 되고, 이러한 힘을 이용하여 인산화가 이루어진다. 미첼의 화학삼투압이론에 의하며, 전자전달에 의해서 마이토콘드리아의 내부막을 통하여 만들어지는 프로톤과 전자들의 전기화학적인 에너지차이가 산화적 인산화의 추진력이 된다. 이때 얻어진 프로톤농도기울기는 ATP합성효소가 지속적으로 ADP를 인산화시켜 ATP의 합성을 추진할 수 있도록 한다.

15. ATP합성효소는 프로톤의 펌프로 작용하며, 마이토콘드리아내부막의 촉매활성부위를 갖는 F1과 막내재단백질 프로톤통로를 갖는 소단위체로 구성된다. 보이어의 결합변화 메커니즘에 의하면 F1의 γ-소단위체의 회전으로 활성부위 β-소단위체가 상호변환하게 된다. γ-소단위체의 회전으로 T형에서 O형으로 변경되며, 이 과정에서 합성된 ATP가 배출된다. 프로톤동력은 지속적으로 γ와 ϵ-소단위체를 회전시키게 되고, 지속적인 ATP의 합성을 가능하게 한다.

16. ATP를 생성하는 경로들은 엄격하게 조절되고 있다. 산소에 의한 NADH와 $FADH_2$의 산화과정인 전자운반과, 산화적 인산화, 그리고 프로톤기울기가 추진하는 ATP 합성과정이 서로 밀접하게 관련되고 있다. 이 연결은 마이토콘드리아의 투과성에 의존하며, 전자운반과 ATP합성의 연결은 2,4-다이나이트로페놀(DNP)에 의해서 해지될 수가 있다. 전자운반으로부터 산화적 인산화의 분리는 DNP가 프로톤기울기를 소멸시키기 위해 마이토콘드리아의 내부막의 프로톤의 투과성을 증가시키기 때문이다.

17. 해당과정에서 환원제로 NADH를 얻는 대신 오탄당의 대사과정에 환원제로 NADPH를 생성한다. NADPH는 긴 사슬의 지방산이나 스테로이드합성과정에 사용된다. 오탄당인산경로는 산화적인 NADPH생성과정과 비산화적인 인산화당의 상호교환을 통한 당의 합성과정으로 구성된다. 글루코스-6-인산이 6-인산글루코노-δ-락톤으로 되는 글루코스-6-인산탈수소효소의 촉매반응에서 NADPH가 얻어진다. 또 다른 반응으로 인산글루콘산탈수소효소의 촉매로 3-케토-6-인산글루콘산이 리불로스-5-인산이 될 때 NADPH가 만들어진다.

18. 오탄당인산의 상호교환반응에는 D-리불로스-5-인산이 D-라이보스-5-인산이 되는 인산라이보스이성화효소의

반응이 있으며, 인산케토오탄당에피머화효소에 의해서 D-리뷸로스-5-인산이 D-자일룰로스-5-인산으로 에피머화된다. 케톤그룹을 알데하이드에 전달시키는 트랜스케톨레이스는 TPP를 조효소로 필요하다. 프럭토스-6-인산이나 세도헵튤로스-7-인산으로부터 다이하이드록시아세톤 부분을 알도스에 전달하는 트랜스알돌레이스의 반응 메커니즘은 다이하이드록시아세톤부분이 효소의 라이신 잔기에 ε-아미노산과 쉬프염기를 형성되며, 해당과정의 알돌레이스의 반응과 비슷하다.

19. 유기체는 간단한 화합물로부터 해당과정의 반대방향으로 탄수화물을 합성할 수가 있으며, 이 반응을 글루코스신생합성이라고 한다. 고등동물의 운동 중에 근육에서 만들어진 젖산은 혈액을 통하여 간으로 운송되고, 80%의 젖산이 헥소스의 형태로 재생되고, 글라이코젠의 합성을 위하여 근육으로 보내진다. 해당과정으로 얻어진 젖산이 글루코스로 회전되는 과정을 코리회로라고 부른다. 인산에놀피루브산이 피루브산이 되는 반응을 우회시키기 위하여 TCA회로의 중요반응인 탄산가스의 고정반응을 촉매하는 새로운 두 개의 효소가 필요하다. 첫 번째 효소는 마이토콘드리아에 이동되어 쉽게 가역적이 된다. 해당과정의 순서를 역방향으로 진행하는데, 두 번째 반응은 옥살아세트산을 인산에놀피루브산으로 전환시키는 인산에놀피루브산카복실화효소이다.

20. 글루코스신생합성에서 ATP와 ADP가 관여되는 반응들인, 프럭토스-6-인산이 프럭토스-1,6-이인산이 되는 반응과 글루코스가 글루코스-6-인산이 되는 두 반응을 우회시키도록 해야 한다. 프럭토스-1,6-이인산이 프럭토스가 되는 반응에 인산가수분해효소가 사용된다. 프럭토스이인산가수분해효소와 인산프럭토인산화효소는 중요한 조절효소가 된다.

21. 뉴클레오타이드당은 다당류 성분으로 발견되는 중요한 당유도체를 변형시키는 반응에 관여된다. 글라이코실부분의 에피머화반응으로 UDP-글루코스는 UDP-갈락토스가 된다. 탈수화반응으로는 UDP-글루코스로부터 UDP글룩유론산을 얻게 된다. 글룩유론산탈카복실화반응으로 자일로스가 얻어진다. 뉴클레오타이드당은 올리고합성과정에서 O-연결올리고당과 N-연결 올리고당을 만들게 된다.

어휘

가인산분해 (phosphorolysis)
결합변화 메커니즘 (binding change mechanism)
글라이코젠가인산분해효소 (glycogen phosphorylase)
글라이코젠곁사슬절단효소 (glycogen debranching enzyme)
글루코스신생합성 (gluconeogenesis)
돌리콜 (dolichol)
바시트라신 (bacitracin)
사이토크롬 (cytochrome)
솔비톨 (sorbitol)
아데닐산고리화효소 (adenyl cyclase)
아이소프레노이드 (isoprenoid)
에피네프린 (epinephrine)
N-연결 올리고당 (N-linked oligosaccharide)
연결제거제 (uncoupler)
O-연결 올리고당 (O-linked oligosaccharide)
옥소늄이온 (oxonium ion)
옥시지네이스 (oxygenase)
유비퀴논 (ubiquinone)
육탄당 일인산경로 (hexose monophosphate shunt)
이눌린 (inulin)
이수소엽산 (dihydrofolic acid)
이차신호전달체 (second messenger)
인산가수분해효소 (phosphatase)
인산글루코스전환효소 (phosphoglucose mutase)
자동방해조각 (autoinhibition segment)
전자받이 (electron sink)
조효소Q (coenzyme Q)
초과산화불균등화효소 (superoxide dismutase)
칼모듈린 (calmodulin)
코리회로 (Cori cycle)
페레독신 (ferredoxin)
pH농도기울기 (pH gradient)
혼합기능산화효소 (mixed-function oxidase)
화학삼투압연결 (chemiosmotic coupling)

참고문헌

글라이코젠의 대사

Florkin, M. and Stotz, eds. 1967. Comprehensive Biochemistry. New York, Elsevier.

Shulman, R. G. and Rothman, D. L. 1996. Enzymatic phosphorylation of muscle glycogen synthase: A mechanism for maintenance of metabolic homeostasis. Proc. Natl. Aca. Sci. 93, 7491.

전자전달체계 및 산화적 인산화

Dickerson, R. E. 1980. Cytochrome C and the evolution of energy metabolism. Sci. Amer. 242(3) 136.

Fillingame, R. H. 1980. The proton-translocating pumps of oxydative phosphorylation. Ann. Rev. Biochem. 49, 1097.

Fillingame, R. H. 1999. Molecular rotary motors. Science 286, 1687.

Hinkel, R. C. and McCarty, R. E. 1978. How cell make ATP. Sci. Amer. 238(3), 104.

Hatefi, Y. 1985. The mitochondrial electron transport oxidative phosphorylation system. Ann. Rev. Biochem. 54, 1015.

Lane, M. D., Pederse, P. L. and Mildvan, A. S. 1986. The mitochondroin updated. Science 234, 526.

Moser, C. C., eds. 1992. Nature of biological electron transfer. Nature 355, 796.

Vignais, P. V. and Lunardi, J. 1985. Chemical probe of the mitochondrial ATP synthesis and translocation. Ann. Rev. Biochem. 54, 977.

오탄당의 대사

Horecker, B. L. 1973. Transaldolase and transketolase. Comprensive Biochemistry, New York. Elsevier.

글루코스신생합성

Melendez-Hevia, E., Waddell, J. C. and Shadon, E. D., 1993. Optimization of molecular design in the evolution of metabolism: The glycogen molecule. Biochem. J. 295, 477.

Roach, P. J. and Skurat, A. V. 1997. Self-glucosylating initiator proteins and their role in glycogen biosynthesis. Prog. Mecl. Acad. Res. Mol. Biol. 57, 289.

연습문제

1 글라이코젠의 분해에 관여하는 세 개의 효소는 어떤 것들이 있으며, 그들이 작용하는 반응들을 설명하시오.

2 글라이코젠합성과정에서 글라이코제닌과 글라이코젠합성효소의 역할은 무엇인가?

3 글루코스의 신생합성을 위하여 해당과정을 반대로 진행시켜야 할 곳이 세 군데가 있다. 어떤 반응들이 있는가?

4 마이토콘드리아의 NAD^+연결 탈수소효소들은 주로 당의 호기성 산화과정에 사용된다. $NADP^+$는 어디에 사용되는가?

5 사이토크롬과 헤모글로빈은 구조상으로 공통점은 무엇인가?

6 CoenzymeQ_{10}은 무엇이며, 왜 화장품에 첨가시키는가?

7 NADH에서 O_2에 전자를 이동하는 과정의 어느 단계에서

ATP를 몇 분자를 합성하는지 설명하시오.

8 당단백질에서 아스파라진과 탄수화물 사이에 어떤 글라이코사이드결합이 가능한가?

9 글라이코젠의 합성에 관여하는 세 가지 효소는 어떤 것들이 있는가?

10 홀몬에 의한 글라이코젠가인산분해효소는 어떻게 활성화되는가?

11 인슐린과 글루카곤의 기능의 차이점을 설명하시오.

12 ATP합성효소에서 회전되는 부분과 고정된 부분은 어떤 것들이 있으며, 왜 이를 분자 모터라고 부르는가?

13 초과산화불균등화효소는 어떤 반응을 촉매하는가?

14 마이토콘드리아막의 선택성 투과능력과 글루코스신생합성과정의 관계를 설명하시오.

15 NADPH는 어느 대사단계에서 주로 합성되며, 세포내에서 어떤 용도로 사용되는가?

16 트랜스케톨레이스는 어떤 조효소를 필요로 하며, 반응 메커니즘에서 역할을 설명하시오.

17 우리가 운동할 때 만들어지는 젖산의 운명은 어떻게 되는가? 또 이 젖산과 관계되는 대사회로는 무엇인가?

18 마이토콘드리아에서 만들어지는 물질이 막을 통과하지 못하기 때문에 다른 물질로 변경시켜 세포질로 보내게 된다. 이 과정은 글루코스 신생합성 과정에 왜 꼭 필요한지 설명하시오.

19 박테리아 세포벽의 합성을 방해하는 물질은 어떤 것이 있으며, 어느 단계의 반응을 억제하는가?

20 유비퀴논의 산화환원상태의 구조를 그려보시오.

21 글라이코젠대사의 조절물질인 G_M의 기능에 관하여 설명하시오.

22 CN(사이아나이드)가 전자전달과정에 치명적인 독성을 나타내는데, 어느 단계에서 영향을 주게 되는지 설명하시오.

23 오탄당인산경로에서 얻어진 오탄당은 식물과 미생물에서 어떤 단계에 쓰이는가?

24 자일로스는 껌이나 식품첨가물로 사용하는 단맛을 내는 물질이다. 글루코스로부터 어떻게 만들 수 있는가? 또 자일로스를 껌에 사용하는 이유가 무엇인가?

25 오탄당인산경로의 산화적인 반응과 비산화적인 반응의 기능을 설명하시오.

최근 발표된 연구결과에 의하면 오메가-3 (ω-3) 지방산이 두뇌를 명석하게 한다고 보고되고 있으며, 특히 오메가-3 지방산은 물개의 지방세포에 많이 존재한다. 지방산의 구조에서 카복시말단의 반대쪽 끝의 메틸기의 탄소를 ω-탄소라 하고, 여기서부터 3번째와 4번째 사이에 이중결합이 있을 때 이를 ω-3 지방산이라고 부른다.

Chapter 8

지질구조, 대사 및 세포막의 기능

8.1 지질의 화학구조와 기능

8.2 지질대사

8.3 세포막과 운송

8.1 지질의 화학구조와 기능

8.1.1 지질의 분류 및 화학구조

지질은 생물체를 구성하는 중요한 성분 중의 하나이며, 탄수화물, 단백질 및 핵산처럼 중합체는 아니지만, 세포막을 구성하고, 세포의 생존에 필요한 여러 기능을 수행하는 필수적인 물질이다. 지질은 물에 거의 녹지 않고, 유기용매에만 녹는 특수한 물리적인 성질로 보아, 그들의 독특한 구조를 예상할 수 있다. 지질은 상당히 불균일한 종류의 화합물로, 전통적으로 1. 아실글리세롤 (acylglycerol), 2. 왁스 (wax), 3. 인지질 (phospholipid), 4. 스핑고지질 (sphingolipid), 5. 당지질 (glycolipid), 6. 터펀계 (terpene) 지질 카로티노이드 (carotenoid) 및 스테로이드 (steroid) 들이 포함되고 있다.

1. 지방산

대부분의 지질과 회합되고 있는 주된 성분은 **지방산 (fatty acid)** 이다. 지방산은 직선의 포화탄화수소사슬로, 4～30까지의 짝수의 탄소원자를 가지고 있으며, 한 개에서 6개의 거의 모두가 시스 (cis) 모양의 이중결합을 갖기도 한다. 박테리아의 지방산은 포화되어 있거나, 모노에노익 (monoenoic) , 곁사슬 또는 고리형 프로페인 (예; lactobacillic acid) 을 포함할 수도 있다.

(1) 반응성

지방산에서 화학반응성은 카복실그룹과 다른 기능성 그룹, 또는 탄화수소사슬의 불포화 정도에 따라 좌우된다. 자유지방산은 세포에서 매우 제한적으로 나타나기 때문에 대부분이 에스터로, 트라이아실글리세롤 그리고 인지질 상태로 발견된다. 지방산의 에스터결합은 산염기 가수분해에 의해서 분해된다. 산성 가수분해는 가역적이고, 또 염기성 가수분해는 마지막 단계에서 여분의 염기가 있을 때 산이 알콜과 반응하려는 경향을 갖지 않은 완전히 해리된 음이온으로 존재하기 때문에 비가역적이다. 산성가수분해에서 그 체계는 모든 단계가 근본적으로 가역적이고, 반응이 완전히 진행되기보다는 평형에 도달하게 된다. 그래서 강한 염기가 간단한 그리고 복잡한 지질에서 에스터결합을 가수분해시키는 데에 사용된다.

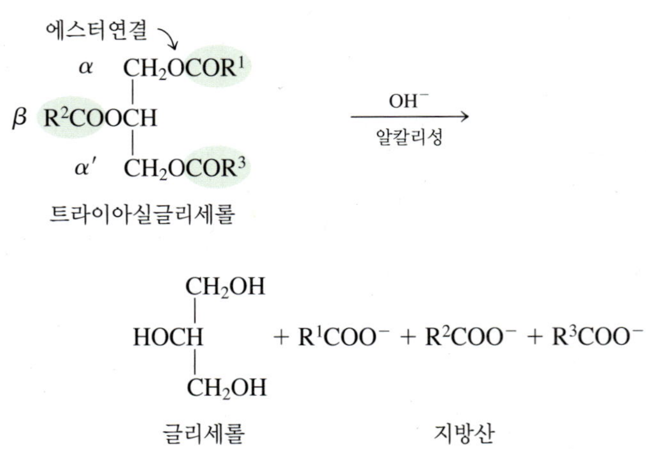

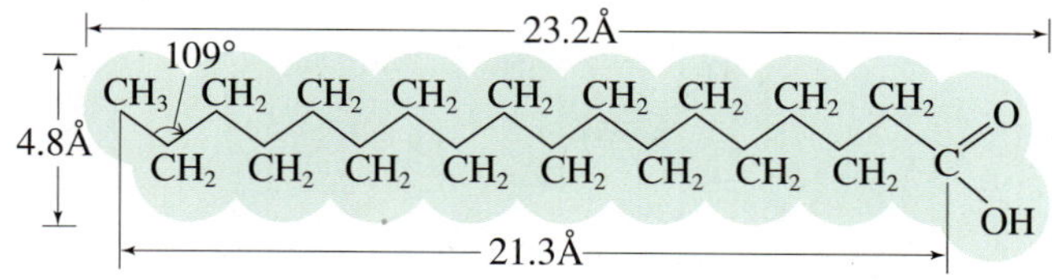

■ **그림 8-1** ■ 포화지방산의 구조. 탄소-탄소 사이는 109°의 결합각을 가지고 있다.

pK_a는 산의 효과적인 해리의 정도를 알아보는 중요한 수단이다. 더 강한 산은 낮은 pK_a 값을 갖게 되고, 약한 산은 더 높은 pK_a 값을 갖는다. 아세트산은 물에 매우 잘 녹기 때문에 그들의 성질을 쉽게 측정할 수 있다. 한편, 긴 소수성이고 탄화수소결사슬을 갖는 팔미트산은 물에 잘 녹지 않기 때문에, 그들의 산성 성질을 곧바로 측정하기 힘들다. 지방산의 pK_a 값은 보통 4.76~5.00 정도가 된다.

지방산들이 가지는 서로 다른 성질들은 탄화수소사슬의 성질에 따라 좌우되고 있다. 자연에 존재하는 한 개에서 여덟 개의 탄소원자를 갖는 포화지방산들은 액체이나, 반면에 더 많은 탄소를 갖는 지방산은 고체이다. **스테아르산 (stearic acid)** 은 녹는 온도가 70°C이나 **올레인산 (oleic acid)** 처럼 한 개의 이중결합의 도입으로 녹는점은 13°C로 낮아지고, 더 많은 이중결합의 도입으로 녹는점은 더 낮아지게 된다. 지방산의 탄화수소사슬에 한 개의 이중결합이 발견되면 기하이성체가 나타난다. 대부분의 불포화지방산은 더 안정한 트랜스-이성체보다는 덜 안정한 시스-이성체로 발견되고 있다.

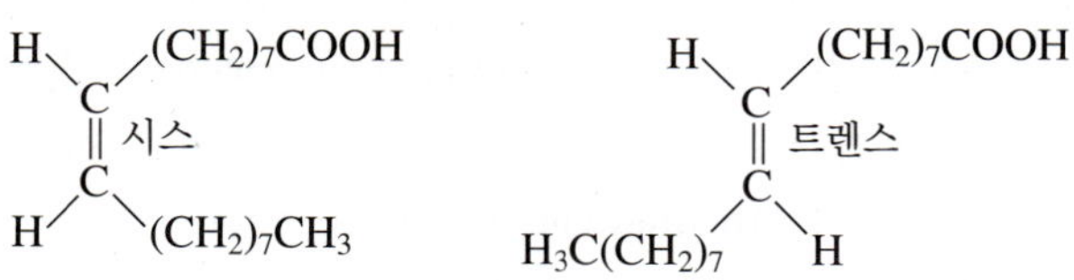

올레인산 엘라이딕산

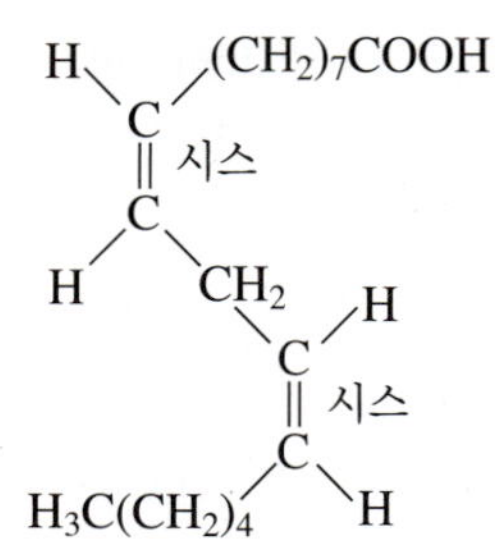

구조적으로 포화지방산의 탄화수소사슬은 탄소-탄소결합에 109°의 결합각을 갖는 그림 8-1의 구조의 모양을 갖게 된다. 올레인산에서처럼 시스 9 : 10에 이중결합이 도입되면, 시스 모양과 이중결합의 σ와 π결합이 합쳐져서 그림 8-2에서처럼 구부러진 분자를

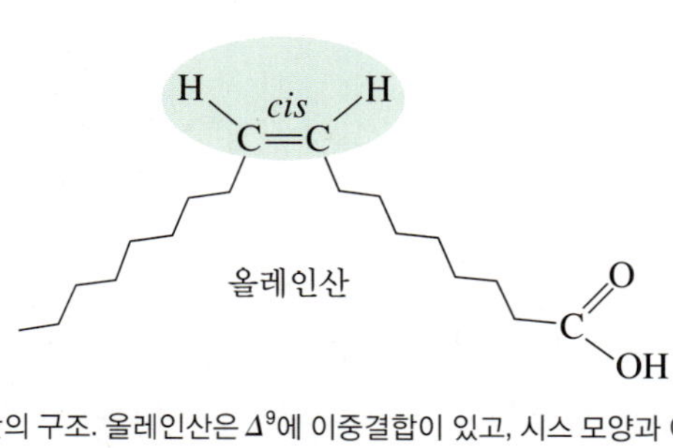

■ **그림 8-2** ■ 올레인산의 구조. 올레인산은 Δ^9에 이중결합이 있고, 시스 모양과 이중결합의 σ와 π결합이 합쳐져 구부러진 분자의 모양을 만든다.

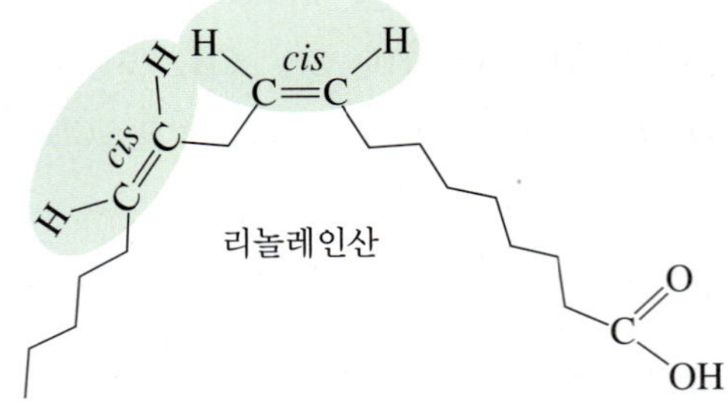

■ **그림 8-3** ■ 리놀레인산의 구조. 리놀레인산은 두 개의 이중결합 $\Delta^{9,12}$를 가지므로 더욱 구부러진 구조를 갖게 된다.

만들게 된다. 탄화수소사슬에 두 개의 이중결합을 갖는 **리놀레인산 (linoleic acid)** 은 그의 알켄 사슬은 더욱 심하게 구부러진다 (그림 8-3). 그래서 탄화수소사슬에 이중결합을 갖는 화합물을 조사할 때, 이들은 최소의 공간을 차지하는 직선의 사슬로 보지 않고, 대신 그들이 만약 불포화되어 있으면 부피가 큰 현저하게 구부러진 모양을 갖는 것으로 그리게 된다.

동물이나 식물세포들의 막에서 다중불포화지방산이 풍부한 것은 흥미 있는 사실이다. 반면에, 박테리아는 다중불포화지방산을 포함하지 않는다. 다중불포화지방산의 주된 모노에노익산인 **시스-벡시닉산 (cis-vaccenic acid)** 의 구조는 ($CH_3-(CH_2)_5-CH=CH(CH_2)_9-COOH$) 이다. 기하이성체에 더하여 자연에 나타난 지방산들은 다른 측면의 구조적 성분으로, 다중불포화지방산의 비공액성 (non-conjugated) 이중결합체계를 갖기도 한다. 이중결합이 메틸렌그룹으로 방해된 비공액성 형태의 좋은 예가 리놀레인산이다. 이러한 구조의 배열을 **펜타다이엔 (pentadiene)** 구조라고 부른다.

$$-CH_2-CH=CH-CH_2-CH=CH-CH_2-$$

비공액성 이중결합 체계

그러나 중요한 다중불포화지방산인 동유 (tung oil) 의 주된 성분으로, α-엘리오스테아르산 (α-elaeostearic acid) 이 α-리놀레인산 (α-linoelic acid) 의 이성체이나, 공액성 트라이엔체계를 갖는 점에서 상당히 다르다.

다중-이중결합체계의 이들 두 가지 형태는 화학반응성에 중요한 차이를 나타내게 된다. 비공액성 또는 1,4-펜타다이엔체계는 이중결합의 양쪽의 측면에 배치된 메틸렌그룹을 가진다. 메틸렌그룹은 아마 직접 공격하여 자유레디컬을 만들고, 산소와 여러 단계의 계속된 반응에 이르게 된다.

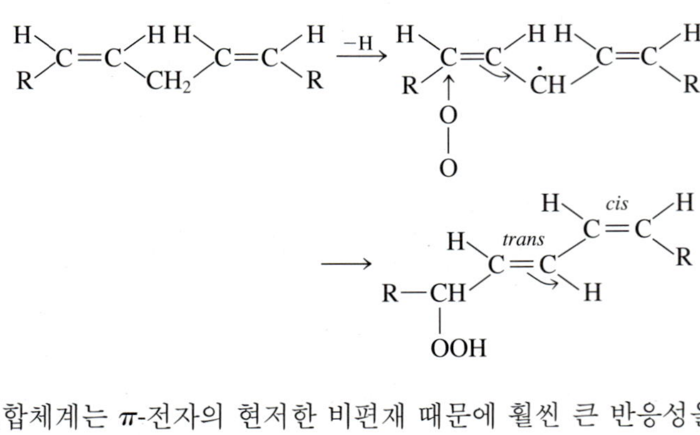

공액이중결합체계는 π-전자의 현저한 비편재 때문에 훨씬 큰 반응성을 갖게 된다. 이러한 체계를 갖는 지방산은 광범위한 중합반응을 일으키고, 특히 도료산업에 응용되는 가치 있는 성질이 된다. **레티놀 (retinol)** 과 **카로틴 (carotene)**, 모두 다 생체분자에서 중요

표 8-1 자연에 존재하는 지방산들

					30°C 용해도에서 (mg/g 용매)	
탄소골격	구조	체계적인 명명	일반명(유도)	녹는점(°C)	물	벤젠
12 : 0	$CH_3(CH_2)_{10}COOH$	*n*-데카노산	라우르산 (Latin laurus, "laurel plant")	44.2	0.063	2,600
14 : 0	$CH_3(CH_2)_{12}COOH$	*n*-테트라데카노산	미리스트산 (Latin *Myristics*, mutmeg genus)	53.9	0.024	874
16 : 0	$CH_3(CH_2)_{14}COOH$	*n*-헥사테카노산	팔미트산 (Latin *paima*, "palm tree")	63.1	0.0083	348
18: 0	$CH_3(CH_2)_{16}COOH$	*n*-옥타테카노산	스테아르산 (Greek *Stear*, "hard fat")	69.6	0.0034	124
20 : 0	$CH_3(CH_2)_{18}COOH$	*n*-아이코사노산	아라키드산 (Latin *Arachis*, legume genus	76.5		
24 : 0	$CH_3(CH_2)_{22}COOH$	*n*-테트라코사노산	리그노셀산 (Latin *lignum*, "wood"+cera, "wax")	86.0		
16 : 1(Δ^9)	$CH_3(CH_2)_5CH{=}CH(CH_2)_7COOH$	*cis*-9-헥사데시노산	팔미토레인산	−0.5		
18 : 1(Δ^9)	$CH_3(CH_2)_7CH{=}CH(CH_2)_7COOH$	*cis*-9-옥타데시노산	올레인산 (Latin *oteum*, "oil")	13.4		
18 : 2($\Delta^{9,12}$)	$CH_3(CH_2)_4CH{=}CHCH_2CH{=}CH(CH_2)_7COOH$	*cis*-, *cis*-9,12-옥타데카다이에노산	리놀레인산 (Greek *linon*, "flax")	−5		
18 : 3($\Delta^{9,12,15}$)	$CH_3CH_2(CH{=}CHCH_2)_3(CH_2)_6COOH$	*cis*-,*cis*-,*cis*-9,12,15-옥타데카트라이에노산	α-리놀레닌산	−11		
20 : 4($\Delta^{5,8,11,14}$)	$CH_3(CH_2)_4(CH{=}CHCH_2)_4(CH_2)_2COOH$	*cis*-, *cis*-, *cis*-, *cis*-5,8,11,14-아이코산테트라에노산	아라키돈산	−49.5		

한 공액체계를 갖는 좋은 예가 된다. 이러한 결합체계는 레티나가 시력감응과정에서 중요한 역할을 하게 된다.

(2) 지질의 명명법

지질의 구조는 간단한 표기법을 사용하여 나타낼 수 있다. 기본적인 규칙으로는 처음에 탄소원자의 수를 적고, 다음은 이중결합의 수, 그리고 마지막으로 카복실탄소로부터 수를 세는 이중결합의 위치를 지정하는 것이다. 그래서 **팔미트산(palmitic acid)**은 포화 C_{16}산이므로 16 : 0으로, 또 올레인산(oleic acid)은 18 : 1 (Δ^9), 또 아라키돈산은 20 : 4 ($\Delta^{5,8,11,14}$)로 표시한다. 여기서 18 : 1 (Δ^9)은 탄소의 수가 18개이며, 1개의 이중결합이 (Δ) 9~10의 탄소 사이에 있음을 나타낸다. 여기서 시스 모양은 존재하는 유일한 기하이성체로 생각한다. 만약 트랜스모양이 구조로 나타나면, 예를들어 18 : 3 ($\Delta^{6t,9t,12c}$)로 표기하기로 한다. 근래에 인지질의 명칭이 명확해졌다. **글리세롤(glycerol)**의 1 또는 3 탄소가 지방산이나 인산으로 에스터화되면, 탄소 2는 비대칭탄소가 되고 정반대의 화합물을 만들게 된다. 그래서 L-3-글리셀인산이 D-3-글리셀인산과 같다는 혼란에 빠지게 된다. 이 문제를 명확하게 하기 위하여, 1967년 IUPAC-IUB생화학명명위원회에서 글리세롤의 유도체를 더욱 명확하게 명명할 수 있는 체계를 채택하게 되었다.

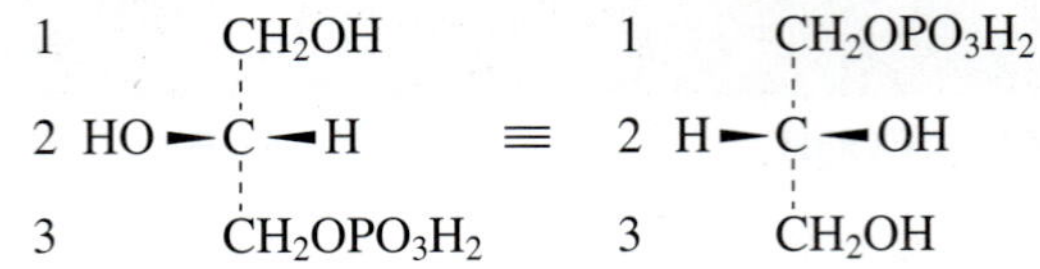

I II

글리세롤인산

같은 1차알콜그룹에 숫자 1, 과 3을 상호교환되도록 쓸 수 없다. 글리세롤의 2번째 하이드록실그룹은 피쉬 (Fisher) 도형에서 C-의 왼쪽에 나타내고, C-2 탄소원자라 부르고, 아래쪽을 탄소를 C-3라고 하기로 한다. 이러한 입체특이성 번호는 화합물의 줄기이름 앞에 sn이라는 접두어를 표시하기로 한다. 그러면 글리세롤은 다음처럼 표시한다.

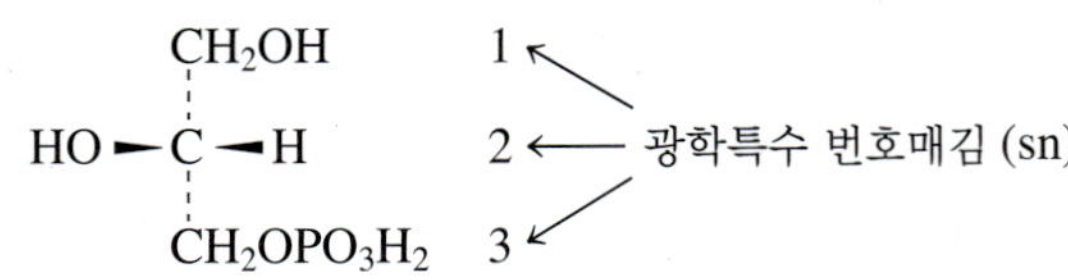

분명히 화합물 (I) 은 sn-글리세롤-3-인산이고, sn-글리세롤-1-인산 (III) 과 광학적으로는 반대가 된다.

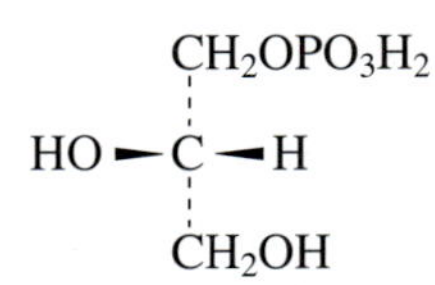

III

두 화합물의 혼합체는 rac-글리세롤인산이라 부른다. 포스파디딜콜린의 입체화학은 3-sn-포스파디딜콜린에 의해 정의된다. sn의 정의를 알면 구조를 간단히 적을 수 있다.

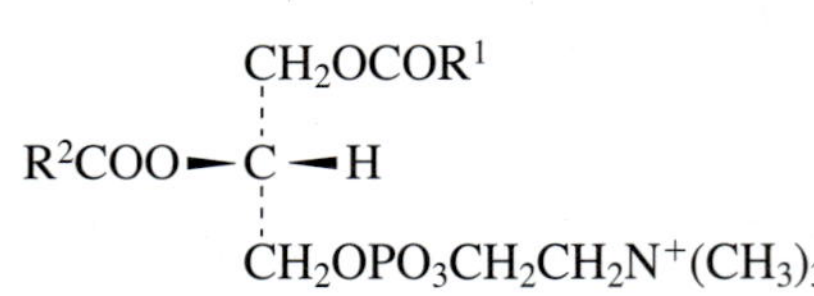

2. 아실글리세롤

가장 널리 존재하는 글리세롤은 **트라이아실글리세롤 (triacylglycerol)** 이고, **트라이글리세라이드 (triglyceride)** 라고도 부른다.

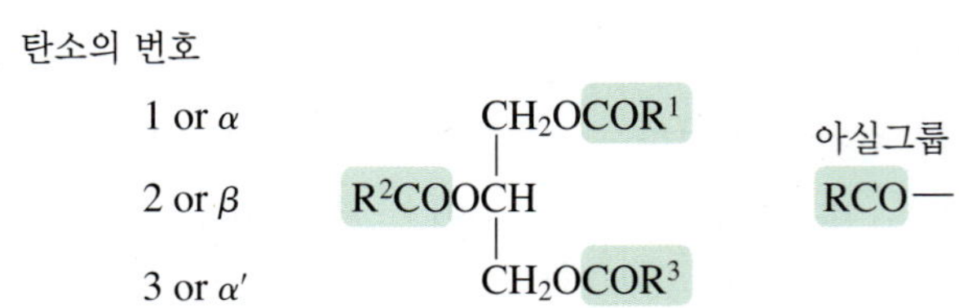

트라이아실글리세롤

다이아실글리세롤과 모노아실글리세롤은 자연에 충분한 양이 나타나지는 않으나, 여러 생합성 반응에서 중요한 중간체가 된다. 그들의 구조는 아래에 적는다.

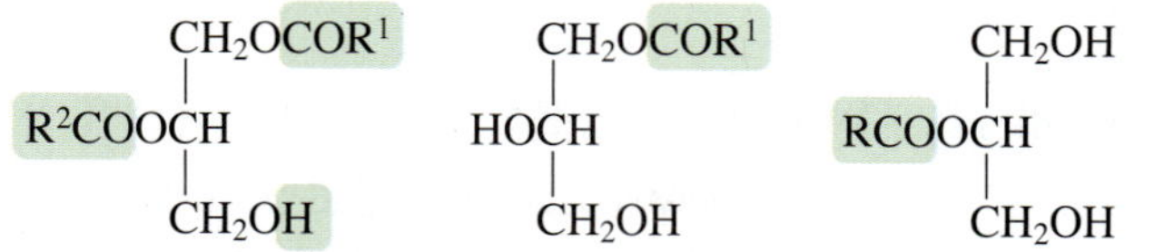

1,2,-다이아실글리세롤 1-모노아실글리세롤 2-모노아실글리세롤

트라이아시글리세롤은 지방산의 구성성분의 성질에 따라 고체 또는 액체형태로 존재한다. 대부분의 식물의 트라이아실글리세롤은 낮은 녹는점을 가지고, 그들이 불포화지방산으로 올레인산, 리놀레인산(linoleic acid), 리놀레닌산(linolenic aicd) 등을 많이 포함하기 때문에 상온에서 액체로 존재한다. 반면에 동물의 트라이아실글리세롤은 그들이 많은 양이 포화지방산인 팔미트산이나 스테아르산을 갖기 때문에 높은 녹는점과 상온에서 반만 고체이거나 고체로 존재한다. 표 8-1은 자연에 나타나는 지방산 및 그들의 구조 및 녹는점 등을 보여주고 있다.

3. 왁스

생물체에서 광범위하게 존재하는 **왁스(wax)**는 과일이나 잎사귀의 보호막으로 기능하고, 곤충(꿀벌의 왁스)에서 배설되기도 한다. 일반적으로 왁스는 긴 사슬의 알케인의 사슬로, 탄소가 $C_{25} \sim C_{35}$ 범위의 홀수의 탄소원자에 이차알콜이나, 케톤과 긴 사슬의 지방산의 에스터, 긴 사슬의 모노하이드록시알콜 같은 산소의 유도체들로 구성된다. 물에 전혀 녹지 않고, 탄화수소사슬에 이중결합이 없기 때문에 이들 왁스는 화학적으로 반응성이 전혀 없다. 그들은 잎사귀의 표면에서 식물의 수분손실을 막거나 또는 마모성 손상에서 보호시키도록 하는 중요한 역할을 하고 있다. 또 왁스는 곤충이나 새, 양 같은 동물에서 물의 보호막을 제공하는 중요한 역할을 수행한다. 최근에는 바다에서 기름의 유출로 기름을 용해시키기 위하여 계면활성제가 광범위하게 사용되는데, 이러한 조건하에서 바닷새들은 그들의 깃털을 감싸는 왁스층의 기름이 계면활성제에 의해서 제거되기 때문에 부력을 유지하는 데 어려움을 겪고 있다.

4. 인지질

인지질(phospholipid)은 인원자를 가지고 있어서 붙여진 이름으로, 글리세롤, 지방산, 그리고 질소염기가 주된 성분이 된다. 몇몇 인지질들은 포스파티드산(phosphatidic acid)의 유도체들이라고 본다. 포스파티드산의 구조는 다음과 같다.

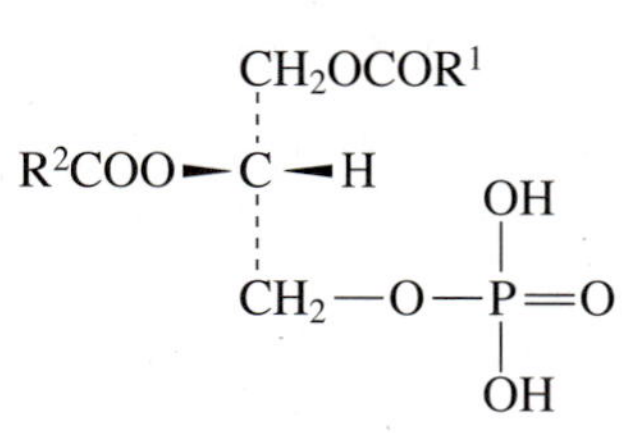

3-*sn*-포스파티드산

인지질은 박테리아, 동물, 식물의 조직에 광범위하게 분포되고, 그들의 공급원에 상관없이 상당히 유사하다. 인지질, **포스파티딜에탄올아민(phosphatidylethanolamine)**, 콜린, 또는 세린 등은 주로 세포막의 성분으로 존재한다. 그들은 극성 및 비극성 기능을 같이 가지고 있기 때문에 양성물질이라고 부르기도 한다.

5. 스핑고지질

스핑고지질 (sphingolipid) 에는 조직이나 동물의 세포막과 밀접하게 회합된 화합물의 중요한 그룹을 포함하고 있다. 중심화합물로 **4-스핑고신 (4-sphingosine** 또는 4-sphingenine) 의 다양한 성분이 구조에 연결되어 중요한 유도체를 만든다.

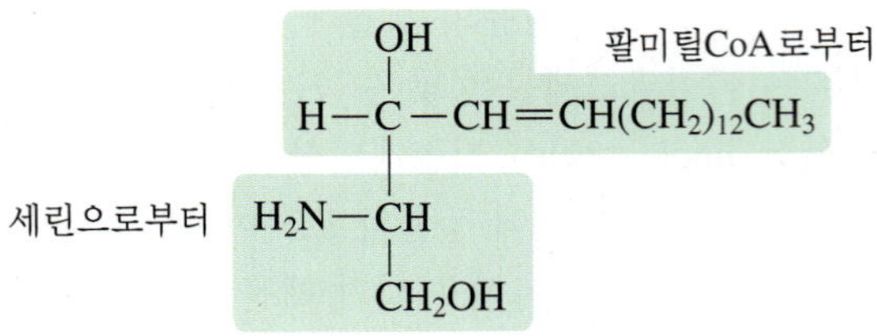

4-스핑고신

4-스핑고신은 팔미틸CoA와 세린이 관여되는 복잡한 여러 단계의 반응을 통하여 생성된다. 완전히 환원된 형태의 화합물로는 **다이하이드로스핑고신 (dihydrosphingosine** 또는 sphinganine) 이 있다. **세레브로사이드 (cerebroside)** 는 간단한 당이 있으며, 신경조직세포막이나 비신경조직세포의 원형질막의 구성성분이다. **스핑고메이얼린 (sphingomyelin)** 은 인산콜린이나 인산에탄올아민을 극성그룹으로 포함하고, 동물의 원형질막이나 신경세포의 막으로 기능한다.

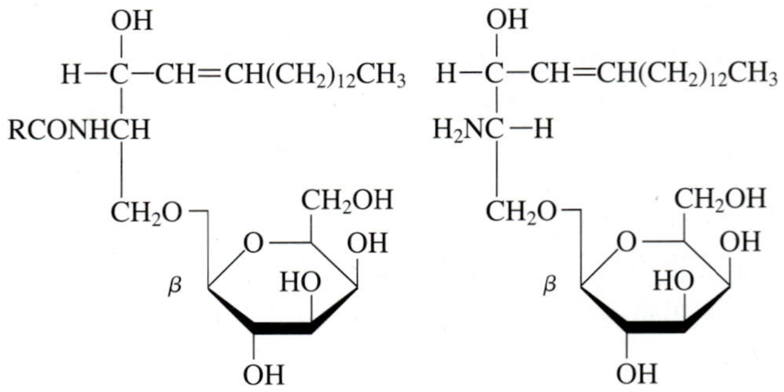
세레브로사이드 사이코신

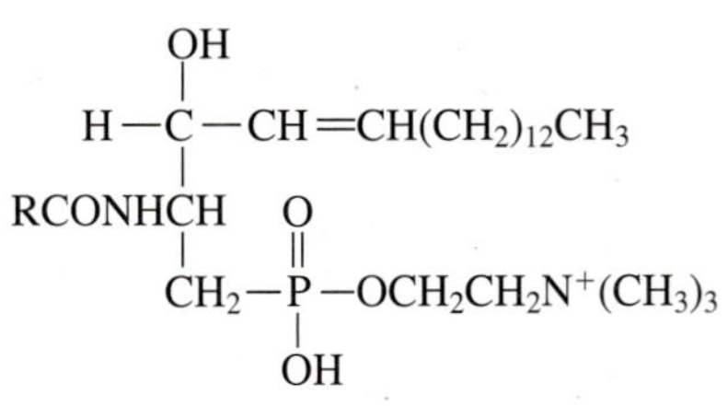
스핑고메이얼린

6. 당지질

주로 탄수화물 글리세라이드 유도체를 포함하고, 인산이 없는 종류의 **당지질 (glycolipid)** 화합물들이 있다. 이들 화합물은 엽록소에서 주로 발견되는 갈락토지질과 황지질이 포함된다. 그들의 구조는 다음과 같다.

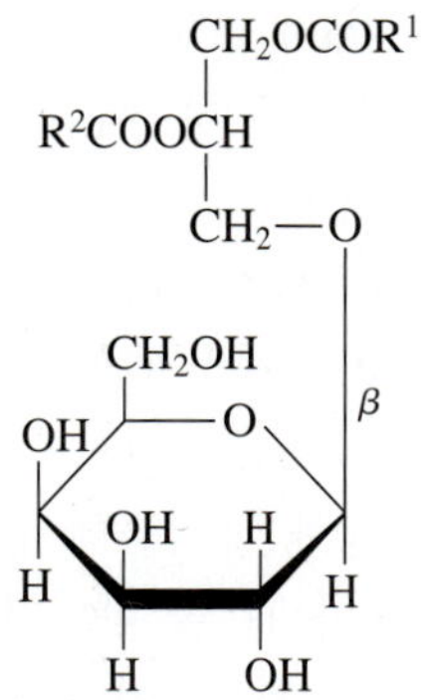

3-*sn*-모노갈락토실다이아실글리셀산

R[1] and R[2]:
18 : 2(9, 12),
18 : 3(9,12,15)

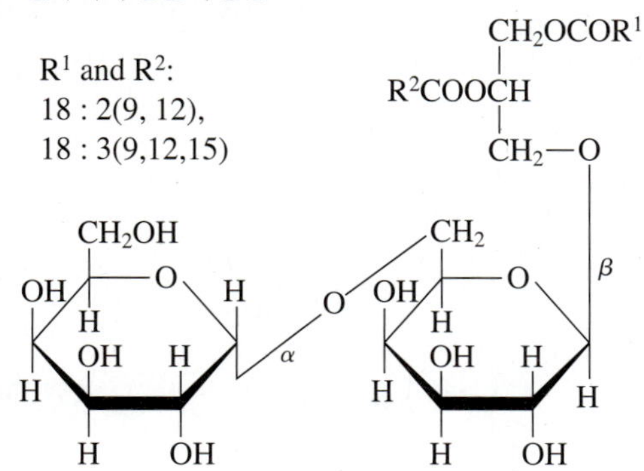

3-*sn*-다이갈락토실다이아실글리세롤

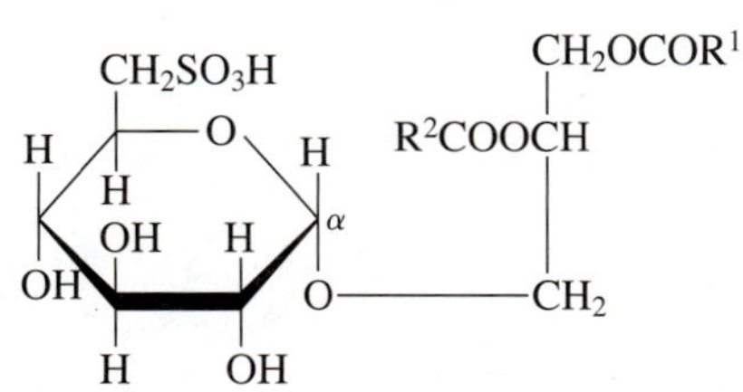

3-*sn*-설포닐-6-데옥시글루코실다이아실글리세롤

7. 터피노이드와 콜레스테롤

터피노이드 (terpenoid) 는 계속되는 단위 아이소프레노이드의 축합반응으로 얻어지며, 분자량이 매우 크고, 생체기능에 중요한 화합물의 하나로, 고무, 카로테노이드, 스테로이드 그리고 다양한 종류의 간단한 터핀을 만들게 된다.

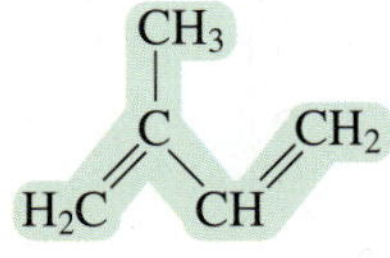

아이소프레노이드단위

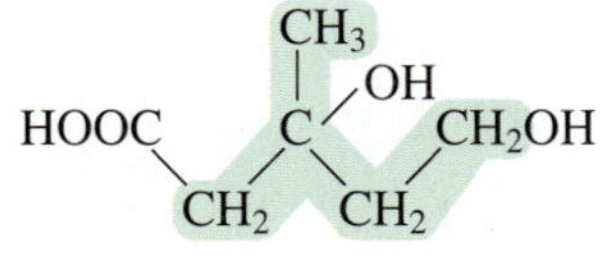

메발론산

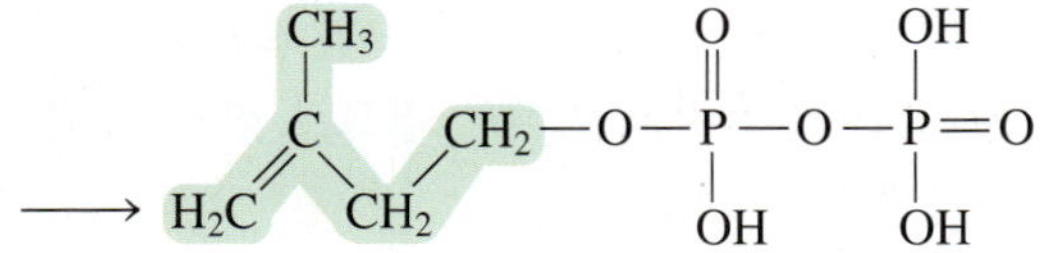

아이소펜테닐이인산

터핀이 자연에서 쉽게 발견되지는 않으나, 실제로 생물학적으로 활성이 있는 상대물질로 아이소펜테닐이인산이 있으며, **메발론산 (mevalonic acid)** 으로부터 여러 단계의 효소 촉매에 의해서 얻어진다. 아이소펜테닐이인산은 반응이 더 진행되어 **스쿼렌 (squalene)** 이 얻어지면 이들 스스로 축합되어 콜레스테롤이 얻어진다. 다른 전형적인 터피노이드생성물로 β-카로틴 (β-carotene) 이 있으며, 장의 점액세포에서 절단되어 레티놀 (retinol) 이 만들어진다. 여기서 β-카로틴과 레티놀은 바이타민 A의 전구체들이다. 여러 구조적인 관계를 아래 그림에서 나타나고 있으며, 계속되는 아이소프레노이드단위의 위치를 모두 이들 화합물에 표시하였다. 아이소프레노이드 유도체 중에서 식물에서 합성되는 필로퀴논을 바이타민 K_1이라 하고, 박테리아에서 합성되는 메나퀴논을 바이타민 K_2라고 부르며, 이들은 혈액응고 시 관여되는 단백질인 글루타민의 카복실화에 관여한다. 또 다른 아이소프레노이드유도체로 α-토코페롤을 바이타민 E라고 한다. 바이타민 E는 세포막에 부착된 단백질이나 지질의 산화적인 손상을 방지하는 가능을 한다.

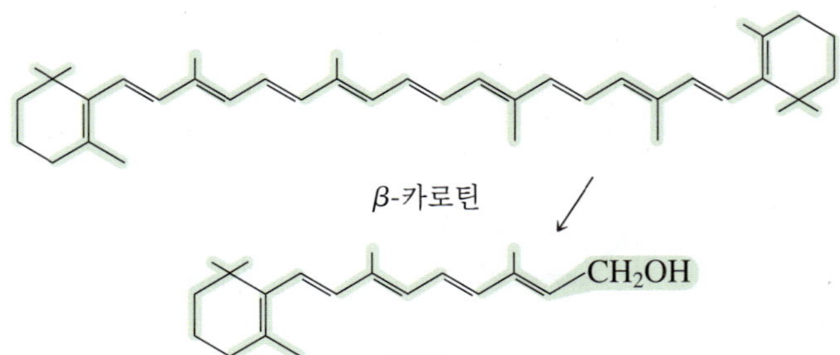

β-카로틴

레티놀
(바이타민 A)

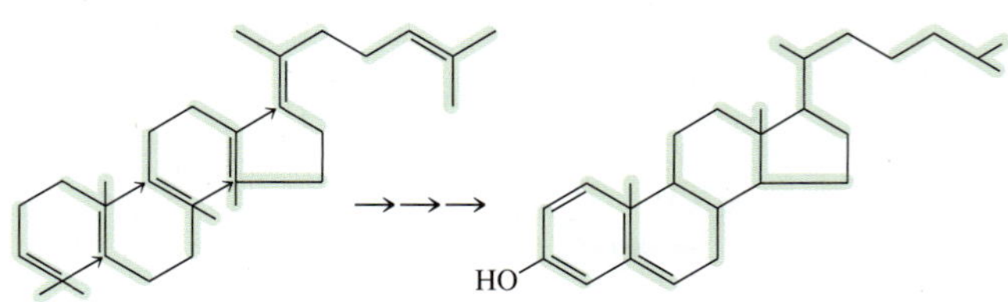

β-스쿼렌 콜레스테롤

8.1.2 지질의 기능

1. 소개

근래에 지질은 세포의 정상적인 기능을 수행하는 데 아주 중요한 역할을 하고 있음이 명백해졌다. 지질은 에너지의 환원된 보존형태로 뿐만 아니라, 세포내부기관의 막의 구조성분으로서의 중요한 역할을 하고 있다. 또 지질은 직접 또는 간접적으로 대사활동과정에 다음과 같이 참여하고 있다.

1. 동물, 곤충, 새, 또는 높은 지질을 함유한 씨앗 등에서 주된 에너지원이 된다.
2. 효소의 활성제로, 세 가지 마이크로솜효소, 글루코스-6-인산가수분해효소, 스테아릴 CoA-디세츄레이스, ω-모노옥시지네이스, 그리고 β-하이드록시뷰틸탈수소효소 등의 활성을 위하여 포스파티딜콜린의 미셀을 필요로 한다. 많은 다른 효소들도 최고의 활성을 위하여 지질미셀을 필요로 한다.
3. 마이토콘드리아에서 전자전달체계의 성분으로, 마이토콘드리아내부막의 전자전달사슬이 인지질의 주위에 감추어져 있다는 충분한 증거가 있다.
4. 기질로 α-아실-β-올레오일포스파디딜콜린은 특수하게 S-아데노실메싸이오닌의 CH_3

그룹의 수용체로 기능하며, 이들이 β-올레오일부분의 이중결합에 가해져서 락토바실리산(lactobacillic acid)의 사이클로프로판을 만들게 된다.

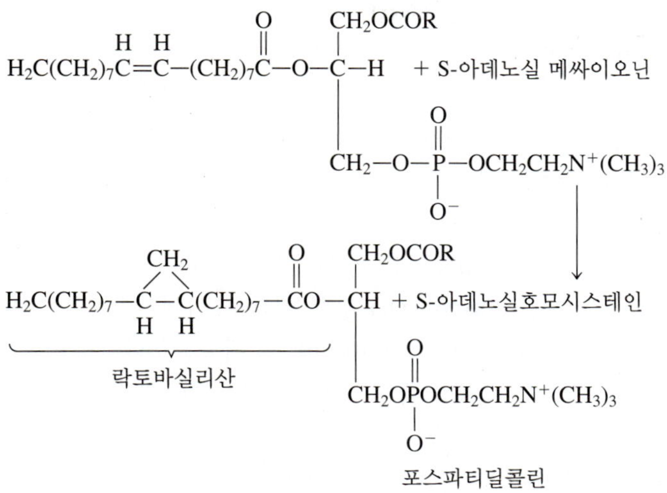

5. 아이소프레노이드화합물인 언데카프레닐인(undecaprenyl phosphate)은 박테리아의 세포막, 리포폴리당과 펩티도글라이칸의 지질선호성 글라이코실부분의 운반체로 기능한다.

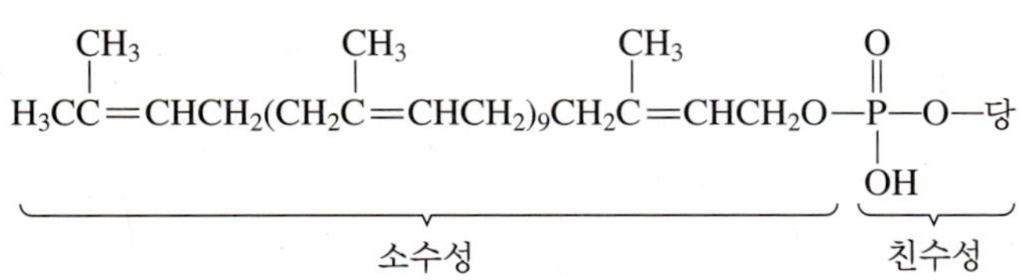

6. 세린으로부터 아미노에탄올의 간접적인 탈카복실화과정에서 기질로, 포스파티딜세린이 특수한 탈카복실화효소에 의해서 탈카복실화되어 포스파디딜에타놀아민이 된다. 세린에서 직접적인 탈카복실화는 아직 확인되지 못하고 있다.

2. 지질단백질

지질이 자유로운 형태로 순환되는 혈장에 의해서 운송되지는 못하나, 대단히 저밀도지질단백질 또는 자유지방산-알부민복합체인 **유미입자(chylomicron)**에 의해서 운송되게 된다. 또한 지질단백질은 세포막의 성분으로도 나타난다.

지질단백질(lipoprotein)은 생체구성물질의 한 종류로, 지질성분인 트라이아실글리세롤, 인지질 그리고 콜레스테롤 등이 각 부류의 리포단백질들 속에 현저하게 일정한 성분비로 존재한다. 이때 단백질성분은 지질과 결합에 참여하도록, 비교적 높은 비율의 비극성 아미노산 잔기들을 가진다. 연구를 통하여 확인된 바에 의하면, 이들은 특수한 결손단백질에 단단히 결합하는데, 공유결합과 이온결합이 배재되고 있다. 론돈(London)과 반데르발스 분산력이 결합과정에 현저히 작용을 하고 있다. 분명한 것은 주된 부착력은 결손단백질과 지질 사이의 소수성 상호작용으로부터 얻어진다. 이 소수성 작용은 탄화수소성분이 수용성 조건하에서 서로 회합되려는 경향 때문이다. 지질과 단백질 사이의 소수성 결합의 좋은 예로는 11-cis레티놀과 옵신(opsin) 그리고 레티놀과 레티놀부착단백질 등이 있다.

지질단백질은 역시 마이토콘드리아, 소포체, 핵의 막들에서 발견되고 있다. 마이토콘드리아 전자전달체계에 많은 양의 지질단백질이 존재하는 것으로 보인다. **라멜라**

(lamella) 지질단백질체계는 신경의 축삭돌기, 광흡수구조, 엽록소 그리고 박테리아의 세포막에서 나타난다.

3. 지질의 상대적인 분포

(1) 원핵세포

지질의 분포는 원핵생물과 진핵생물이 현저하게 다르다. 일반적으로 박테리아세포에서 95% 이상의 지질성분이 세포막에 포함되고 있으며, 나머지 5%는 세포벽과 세포질 사이에 분포되고 있다. 박테리아세포에는 스테롤이 전혀 없는 것이 특징적이며, 비록 연장된 직선의 아이소프레노이드중합체를 합성할 수는 있으나, 스테로이드고리구조는 합성할 수가 없다. **마이코박테리아 (mycobacteria)** 를 예외로, 박테리아에는 트라이아실글리세롤이 존재하지 않는다. 또 16:2 ($\Delta^{5,10}$) 와 16:2 ($\Delta^{7,10}$) 다중불포화지방산을 포함한 바실리 (bacilli) 를 예외로 하고, 박테리아는 흔히 있는 다중불포화지방산을 합성하는 능력이 없다. 박테리아는 단지 포화된 모노에노익, 사이클로프로펜 또는 곁사슬의 지방산만을 합성하게 된다. 실제로, **마이코플라스마 (mycoplasma)** 또는 대장균의 돌연변이들 몇 종의 박테리아에게는 모노에노익 지방산을 보급해 주어야 한다.

(2) 진핵세포

1) 식물

일반적으로 고등식물의 씨앗에는 그들의 유전자형의 표현형 발현으로 지방산의 고정된 성분을 갖는다. 성숙된 씨앗은 발아되는 동안 다른 기간에 다른 속도로 서로 다른 지방산을 합성하고 있으나, 씨앗이 휴지기간에 들어가게 되면 지방산의 성분은 그의 어버이씨앗의 성분과 동일하다. 색다른 지방산이 성숙된 씨앗에서 트라이아실글리세롤의 형태로 발견되고 있으나, 엽록체 같은 조직의 세포기관에서는 거의 발견되지 않고 있다.

고등식물의 엽록소는 현저하게 일정한 종류의 지방산들과 복합체의 지질 등을 가진다. 특별히 다중불포화지방산인 α-리놀레인산은 항상 네 개의 높은 극성의 지질복합체로 광합성 조직에 특유한 모노갈락토실다이아실글리세롤, 다이갈락토실다이아실글리세롤, 설포퀴노보실 (sulfoquinovosyl) 다이아실글리세롤 그리고 포스파티딜글리세롤 등과 회합되어 발견된다. 이들 지질은 엽록소의 라멜라에 밀접하게 회합되어 있으며, 고등식물은 광범위한 다중불포화지방산을 합성한다.

2) 동물

동물세포의 지질은 역시 매우 복잡하고, 그들의 성분에 따라서 세포가 특성을 가진다. 신경세포에는 스핑고지질이 특별히 풍부하고, 글리셀에터 및 인지질과 함께 플라스말로젠이 풍부하게 포함되어 있으나, 반면에 지방세포는 근본적으로는 트라이아실글리세롤로만 구성되고 있다. 한 가지 저급 또는 고등동물의 세포에서 독특하고 두드러진 특성은 특징적인 다중불포화지방산을 형성하는 능력이 제한되어 있다. 일반적으로, 진핵세포에서 쉽게 cis-Δ^9 위치에 이중결합이 들어가는 올레인산을 체내에서 호기성 메커니즘에 의해서 합성한다. 그러나 동물세포에서 완전히 올레일CoA를 리놀레일CoA로 그 이상 불포화시키는 데 필요한 효소가 결핍되어 있다. 이런 특수한 **불포화효소 (desaturase)** 가 식물조직에는 널리 존재한다. 뿐만 아니라, 동물세포는 시스-이중결합을 카복시말단의 탄화수소사슬에 투입시킬 수 있으나, 식물세포는 항상 메틸말단에 부차적인 이중결합을 도입시킨다.

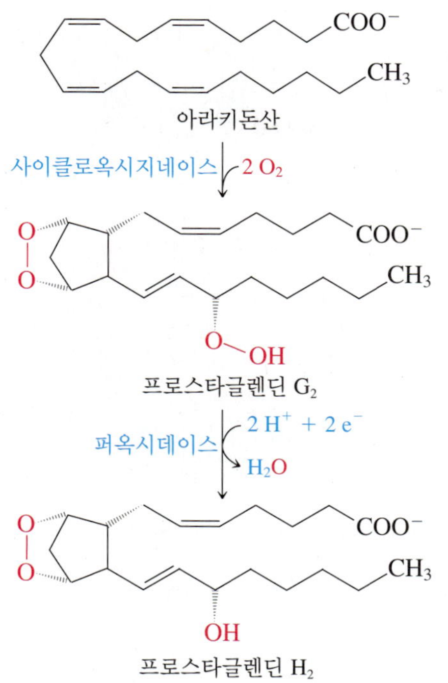

그림 8-4 프로스타글렌딘의 구조. 프로스타글렌딘은 아라키돈산으로부터 여러 가지 프로스타글렌딘의 유도체들이 만들어진다.

동물세포 :

$$\underset{\text{리놀레인산}}{18:2(9,12)} \xrightarrow{-2H} \underset{\gamma\text{-리놀레인산}}{18:3(6,9,12)} \xrightarrow{+C_2} \underset{\text{호모-}\gamma\text{-리놀레인산}}{20:3(8,11,14)}$$

$$\xrightarrow{-2H} \underset{\text{아라키돈산}}{20:4(5,8,11,14)}$$

식물세포 :

$$\underset{\text{올레인산}}{18:1(9)} \xrightarrow{-2H} \underset{\text{리놀레인산}}{18:2(9,12)} \underset{\text{여러 경로}}{\rightarrow\rightarrow\rightarrow} \underset{\alpha\text{-리놀레인산}}{18:3(9,12,15)}$$

동물조직에서 아직 설명되지 못한 영양의 필요에 따라 다중불포화지방산이 반드시 필요하다. 아라키돈산의 유도체 중에 **프로스타사이클린 (prostacyclin)**, **트롬복세인 (thromboxane)**, **류코트라이엔 (leukotrien)** 그리고 **프로스타글렌딘 (prostaglandin)** 의 새로운 그룹의 홀몬의 전구물질들이 있다. 프로스타글렌딘은 나노그램의 적은 양으로 근육을 부드럽게 하는 자극제로, 혈압강하제 또는 유산을 촉진하는 물질, 그리고 여러 가지 홀몬들의 반대기능을 하는 물질로 행동한다 (그림 8-4) .

8.1.3 지질의 두겹층

긴 탄화수소사슬의 말단부분이 소수성이고, 반대로 이온성 카보닐그룹이 친수성인 분자의 양성물질은 세포의 막을 구성하는 중요한 성분이 되고 있다. 적은 양의 양성물질이 물에 더해지면 두겹층의 막을 형성하게 되며, 층이 쌓이게 되면 라멜라 (lamella) 상으로 친수성분이 물과 접촉되고 소수성분은 다른 층의 소수성성분과 접촉하게 된다. 이렇게 지질과 단백질로 구성된 생명체의 세포막은 이온이나 분자의 통로 또는 홀몬이나 신호물질의 영향을 세포내부로 전달하는 수용체로서의 중요한 기능들을 수행하게 된다.

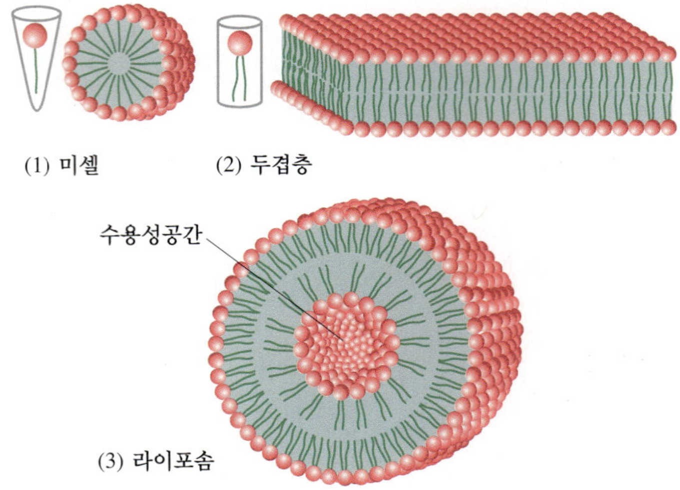

그림 8-5 미셀, 두겹층 및 라이포솜의 구조. (1) 지방산의 소수성그룹이 중앙에 집중되어 공모양의 미셀을 만들게 된다. (2) 물에서 지질의 두겹층은 두 개의 지질 단일층의 소수성 부분이 내부에서 상호작용하도록 배치되어 만들어진다. (3) 이차원의 두겹층이 스스로 포개져 밀폐된 두겹층을 만들게 됨으로써 수용성 조건에서 최대의 안정성을 갖게 된다.

당인산지방질과 스핑고지방질은 디스크형 **미셀(micelle)**을 만들게 된다. 또 인산지방질은 용액상에서 단일 겹층으로 둘러 쌓인 **라이포솜(liposome)**을 만들게 되고, 이를 생체막의 모형으로 사용하거나 원형질막과 융합시켜 많은 세포들에 흡수가 가능하므로 약물의 전달매체로 사용한다(그림 8-5).

지질은 두겹층이 평면상에서 측면확산으로 매우 유동적으로 움직인다. 이러한 지질의 유동성 때문에 지질두겹층은 이차원적인 유체로 취급하기도 한다. 지질의 두겹층에서 소수성 꼬리는 굽어져 있고, 유동성을 갖는다. 지질두겹층은 온도에 따라 유동성에 변화가 가능하다. 지방산의 길이가 증가하게 되면 녹는점이 높아진다. 두겹층을 구성하는 지방산의 탄화수소의 길이가 커지고, 포화도가 증가하게 되면 두겹층의 전이온도는 상승하게 된다. 대부분의 생체막의 전이온도는 10°C에서 40°C 사이에 존재한다. 주위환경의 온도에 유동성을 유지하도록 막지질의 지방성분이 변화되고 있으며, 생체막의 유동성은 생명현상에 커다란 영향을 주게 된다(그림 8-6).

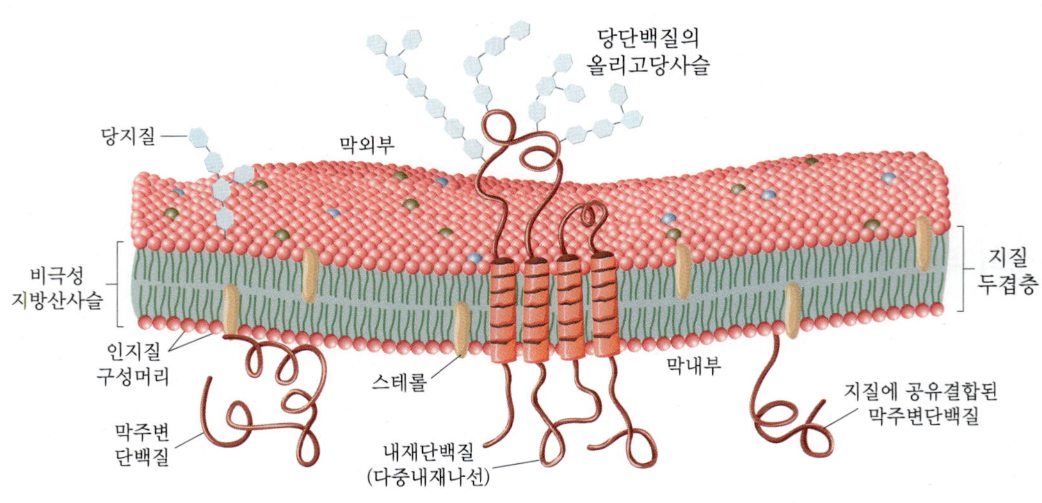

그림 8-6 막구조의 유동성 모자익모델. 단백질은 세포막의 내부에 걸쳐 있거나 또는 막주변에 다양한 모양으로 놓여 있게 된다. 막내부에 걸쳐 있는 내재단백질은 지질의 바다 위를 떠다니는 배처럼, 단백질과 지질이 두겹층의 평면에 자유롭게 움직이고 있다.

8.2 지질대사

이 절에서는 신체에서 지방질의 운송 및 여러 조직에서 지질의 이동, 지질의 붕괴, 생합성, 또한 케톤체의 형성 등의 지질의 활용에 관하여 다루고자 한다. 마지막으로 지질대사의 조절 및 콜레스테롤의 대사에 관하여 기술하고자 한다.

8.2.1 지방의 흡수 및 수송

식물 및 동물에서 지질은 중성이고, 물에 거의 녹지 않는 대단히 많은 양이 트라이아실글리세롤로 저장되고 있다. 이들은 빠르게 이동되고, 세포의 에너지 수요에 대응해서 곧바로 붕괴될 수 있다. 전형적인 지방산인 팔미트산의 완전한 연소로 큰 음의 값의 자유에너지변화를 가져온다.

$$C_{16}H_{32}O_2 + 23O_2 \rightarrow 16CO_2 + 16\ H_2O$$
$$\Delta G' = -\ 2340\ \text{kcal/mole}$$

큰 자유에너지의 음의 값은 지방산의 카복실그룹에 붙어 있는, 높게 환원된 탄화수소 레디컬의 산화 때문에 발생된다. 보통 우리가 섭취하는 음식물 중에서 긴 사슬의 지방산만이 독특한 화학적인 성능을 가지며, 지질은 모든 식품 중에서 정량적으로 가장 큰 열량의 값을 가진다. 탄수화물이나 단백질이 4.1 kcal/g의 열량을 발생하는 데에 비교하여 지질은 9.1 kcal/g의 열량을 가지고 있다.

지질은 역시 민감한 내부기관인 신경조직, 원형질막의 중요한 차단제로 기능하고, 마이토콘드리아, 소포체 그리고 핵 등의 세포구성 소기관을 구획화하는 막으로 기능한다. 그리고 이 막은 복잡한 지질을 필수성분으로 포함하고 있다. 뿐만 아니라, 마이토콘드리아의 탄력성 있는 전자 전달체계나 광합성 장소인 엽록소에서 발견되는 절묘한 구조들로 보아, 지질의 유도체들이 근본적인 골격의 주요성분으로 기능함을 알 수 있다.

동물세포에서 저장형태의 유용한 에너지가 주로 지질분자이다. 필 j요 이상의 열량을 섭취하면 여분의 음식은 모두 지방의 형태로 보존된다. 그렇게 많은 양의 에너지를 신체가 다른 형태로 저장할 수 있는 방법은 없다. 탄수화물이 글라이코젠으로 변경되지만, 신체가 잠정적인 에너지원으로 다당류를 저장하는 능력은 상당히 제한되고 있다. 정상적인 간에서 평균 글라이코젠의 양은 간 전체무게의 5∼6%에 해당하며, 골격근육 글라이코젠의 양은 평균 0.4∼0.6%에 해당된다. 혈액 중의 글루코스는 글라이코젠의 형태로 100 mL의 혈액에서 60∼100mg의 수준으로 존재한다. 이러한 수준의 급격한 변화는 병리적인 상태에서만 극적으로 나타나게 된다. 정상적인 동물에서 홀몬이나 대사의 조절로 매우 조심스럽게 당의 양이 조절되며, 여러 조직에서 탄수화물은 단지 제한된 양의 에너지보존의 형태로 남아 있게 된다.

또한 단백질은 세 번째의 주된 음식물로, 생물학적인 기능의 측면에서 탄수화물과 지방과는 현저하게 다른 물질이다. 단백질은 체내의 단백질합성에서 필요한 20개의 아미노산의 공급처로, 또한 퓨린이나 피리미딘 또는 다른 질소포함화합물의 합성에 필수적인 탄소골격의 공급원으로 기능하게 된다. 뿐만 아니라, 성장이 정지된 성인의 경우에 질소원의 배출은 얼마간 질소원의 흡수에 의해서 조절되고, 생물체가 음식으로부터 여분의 단백질을 저장하려는 경향을 보이지 않는다.

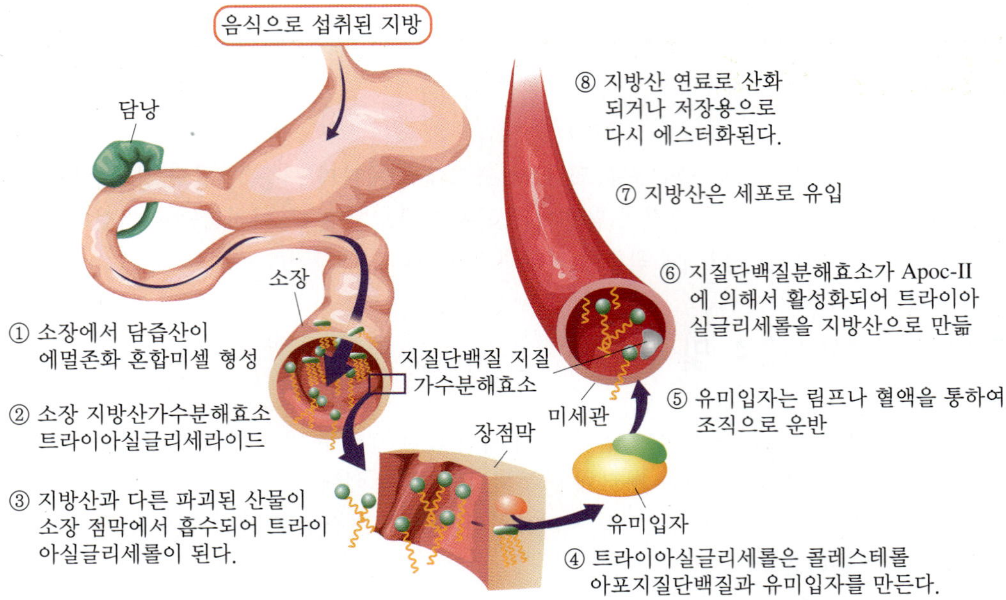

그림 8-7 음식물로 섭취된 지질의 수송 및 저장. 지질의 소화 흡수는 소장에서 이루어진다. 트라이아실글리세롤에서 떨어진 지방산은 포장되어 근육이나 지방세포에 보내진다. 지방이 소화흡수되는 여러 단계를 나타내고 있다.

지질의 흡수는 소장의 내강에서 트라이아실글리세롤이 공액성담즙산과 췌장의 **지방산가수분해효소 (lipase)** 에 의해서 파괴되어 자유지방산과 모노아실글리세롤로 얻어진다. 공액성담즙산은 지질에 녹는 스테로이드나 극성의 타우린 또는 글리신부분으로 구성된 계면활성제이다. 미셀 (micelles) 에서 비극성부분은 중앙에 위치하고, 극성부분은 표면에 위치한다. 미셀은 역시 지방에 녹는 바이타민들과 콜레스테롤의 흡수운반체로 기능한다. 그러나 담즙산은 림프의 경로를 따라 흡수되지 않고, 문맥의 혈액을 통하여 간에 전해지고, 담낭을 통하여 내강으로 되돌려져 다시 회귀된다.

음식으로 섭취된 지질은 그림 (8-7) 에서 보듯이, 신체에서 지질의 흐름을 나타내고 있다. 이때 지질의 행선지는 세 가지의 구역으로 간, 혈액 및 지방조직이 되고 있다. 혈액은 운송체계이며, 간과 지방조직에서 대사활동이 일어나는 주된 지역이 된다. 다른 구역인 심장과 골격근육을 포함한 지역에서 지방산과 케톤체의 중요한 활용처가 되기도 한다.

1. 지질의 수송과 유미입자

자유지방산은 모노아실글리세롤 그리고 나머지 다이아실글리세롤은 미셀의 형태로 소장의 상피세포에 흡수되고, 그곳에서 소포체의 효소들에 의해서 트라이아실글리세롤이 합성되는 반응들이 일어난다.

(1) 아실CoA 합성효소

$$\mathrm{RCH_2COOH + ATP + CoASH \xrightarrow{Mg^{2+}} RCH_2CO-SCoA + AMP + PPi}$$

(2) 모노아실글리세롤 아실이동효소

$$\mathrm{R^1CH_2CO-SCoA + RC(=O)O\!\!\begin{array}{c}CH_2OH\\|\\CH\\|\\CH_2OH\end{array} \longrightarrow RC(=O)O\!\!\begin{array}{c}CH_3OCOR^1\\|\\CH\\|\\CH_2OH\end{array} + CoASH}$$

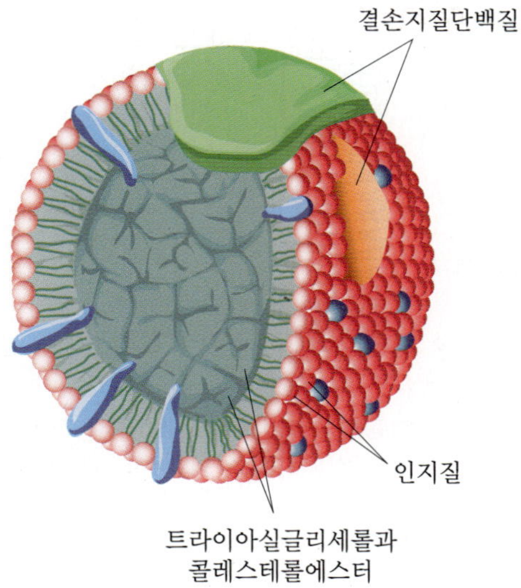

그림 8-8 유미입자의 구조. 인지질층은 머리부분이 수용액상을 향하고, 트라이아실글리세롤이 내부를 차지한다. 유미입자의 내용물을 선택하는 신호는 여러 개의 지질단백질로 표면에 부착되어 있다.

(3) 다이아실글리세롤 아실이동효소

$$R^1CH_2CO-SCoA+\overset{\displaystyle O}{\overset{\|}{RC}}O\underset{\underset{\displaystyle CH_2OH}{|}}{\overset{\overset{\displaystyle CH_3OCOR^1}{|}}{CH}} \longrightarrow \overset{\displaystyle O}{\overset{\|}{RC}}O\underset{\underset{\displaystyle CH_2OH}{|}}{\overset{\overset{\displaystyle CH_3OCOR^1}{|}}{CH}} + CoASH$$

새로 합성된 트라이아실글리세롤, 음식으로 섭취된 콜레스테롤, 그리고 새로 합성된 인지질들이 새로 합성된 특수한 단백질과 함께 상피세포의 소포체에서 집합되어 에멀존화된 **유미입자 (chylomicron)** 에 의해서 배출되게 된다. 이 입자는 반경이 약 200 nm로 안정하고, 대략 0.2~0.5%의 단백질, 6~10%의 인지질, 2~3%의 콜레스테롤과 콜레스테롤에스터, 그리고 약 80~90%의 트라이아실글리세롤을 포함하고 있다. 이들 유미입자는 장의 암죽관으로부터 림프체계를 통과하게 되며, 최종적으로 가슴관에서 우유 같은 현탁액으로 왼쪽 동맥으로 배출된다. 혈액으로부터 유미입자의 제거는 매우 신속하게 진행되며, 이들 입자의 반감기는 대략 10초 정도이다 (그림 8-8).

대부분의 유미입자는 지방으로 보존시키기 위하여 지방조직으로 옮겨간다. 그러나 배가 고픈 상태의 동물에서 지방의 저장이 어려운 경우, 유미입자는 주로 붉은 골격근육, 심장근육, 그리고 에너지가 필요한 간에 의해서 활용되게 된다. 유미입자는 첫째 목표조직을 붕괴시키는 과정에 직접 필요한 중요한 조절인자들, 리포단백질, 지방산가수분해효소들을 활용하기 이전에, 먼저 트라이아실글리세롤의 성분이 파괴되어 자유지방산을 만들게 된다 (그림 8-9).

목표조직 미세관 세포벽의 바닥에 위치하고 있는 지방효소는 지방조직에서 높은 활성을 갖는다. 유미입자로부터 유래된 자유지방산은 장기간 보존을 위하여 지방조직으로 운반된다. 반대로, 금식하는 조건에서 효소의 활성은 지방조직의 혈관체계에서 현저하게 떨어지고, 대신 근육, 간, 심장조직 등 모두가 에너지의 연료가 요구되는 곳에서 효소활성은 올라가게 된다. 혈액에서 어떤 유미입자도 지방조직에 보존시킬 목적으로 활용되지 않고, 오히려 중요한 에너지를 사용할 목적으로 하는 근육 같은 조직이 목표조직으로 전환되게 된다.

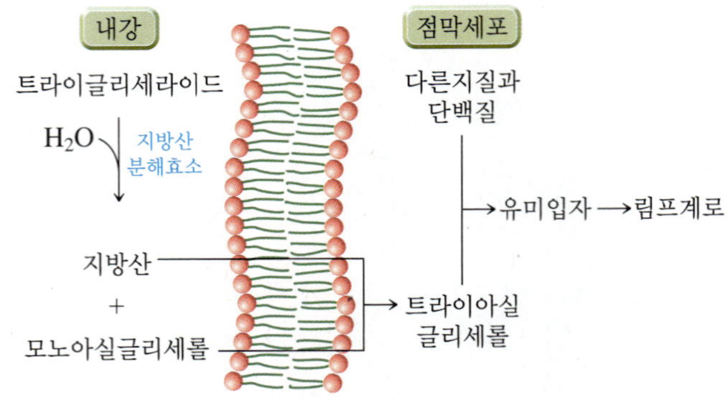

■■ 그림 8-9 ■■ 유미입자의 형성. 소장의 융털돌기에서 흡수된 지방산이나 모노아실글리세롤이나 트라이아실글리세롤의 지방산가수분해효소에 의해서 얻어진 지방산들은 소장의 내막에서 트라이아실글리세롤로 합성되고, 다른 지질이나 아포단백질 B-48과 함께 유미입자를 만들게 된다.

2. 지방조직

지방산가수분해효소의 작용으로 지질단백질에서 얻어진 자유지방산은 주위 모세관벽에서 빠른 속도로 트라이아실글리세롤로 전환되어 지방조직의 지방세포로 들어가게 된다. 성숙된 지방세포는 큰 방울의 트라이아실글리세롤에 전체세포부피의 99%까지를 차지하며, 널리 펼쳐진 원형질의 얇은 봉투모양으로 구성되어 있다. 특히 포유동물과 새들의 지방세포는 전체 에너지의 저장장소로서 중요한 역할을 하고 있다. 사람에서 지방의 주된 저장은 피하조직, 근육 그리고 장 간막조직이 되고, 비만의 주요원인이 되고 있다. 충분한 지질은 지방세포에 트라이아실글리세롤의 형태로 비축되고, 개인이 40일 간 음식을 먹지 않고도 살아남을 수 있는 에너지가 된다. 반대로, 몇 종류의 물고기의 경우에는 지질의 보존을 위해 그들의 간을 활용한다.

지방의 보존은 정적인 것이 아니라 지속적으로 이동되고, 비축되는 지질의 역동적인 상태로 보존된다. 지질의 양은 보통 신체에서 아마도 음식물의 조절에 의해서 긴 시간 동안 일정하게 유지된다. 아드레날린은 굶주림 또는 연장된 운동이나 격렬한 운동으로 빠른 감응의 스트레스 조건의 동물의 혈액에서, 지방세포표면의 특수한 수용체에 부착하게 되고, 그림 8-10에서처럼 감응에 자극을 주게 된다. 홀몬에 민감한 지방산가수분해효소

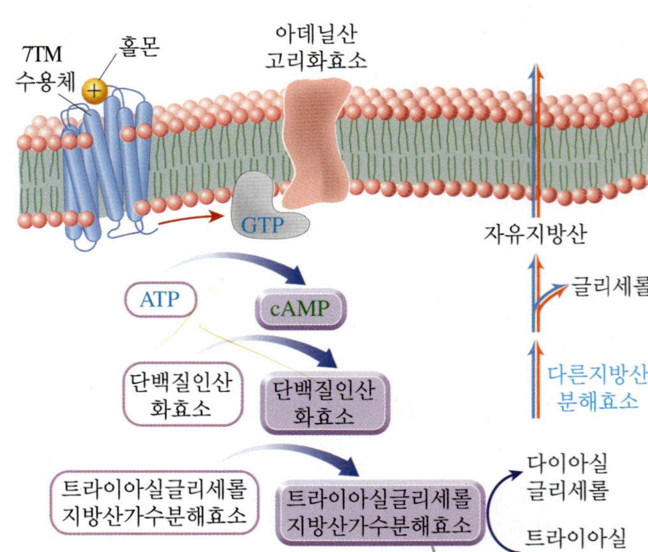

■■ 그림 8-10 ■■ 트라이아실글리세롤의 이동. 홀몬의 신호에 의해서 활성화된 지방분해효소는 트라이아실글리세롤을 지방산으로 만들게 된다. 이렇게 얻어진 지방산은 혈액으로 흘러들어간다.

는 활성화되고 트라이아실글리세롤을 다이아실글리세롤과 자유지방산(FFA)으로 급격히 전환시킨다. 자유지방산은 결국에 혈액에 옮겨지고, 혈청알부민과 결합하여 용해성인 안정한 FFA-알부민의 복합체를 형성하게 된다.

혈청에서 알부민은 전체 혈장단백질의 50%를 차지하게 된다. 분자량이 69,000D로, 이 단백질은 근본적으로 혈액에서 삼투압의 조절에 관여한다. 혈청알부민의 높은 용해성과 독특한 지방산과의 결합부위 때문에 대단히 용해성이 작고 독성을 갖는, 중요한 지방산의 운반기능을 수행한다. 지방산이 한 번 혈청알부민에 부착되면 얻어진 FFA-알부민복합체는 용해도가 매우 높고, 비독성이 되며, 쉽게 간으로 운반되어 지방산의 활용이 가능하게 된다. 단지 전체 혈장지질의 2%만이 혈장의 알부민과-FFA복합체로 회합되고 있으며, 혈액에서 자유지방산의 전환속도는 매우 높다. 한 번 FFA-알부민복합체가 간에 진입하면 신속하게 자유지방산을 간에 내놓고, 동시에 지방이 없는 알부민을 혈액으로 되돌려 보낸다. 알아둘 것은 혈액에서 실제 자유지방산의 농도가 매우 낮다는 것이다.

8.2.2 지방산의 산화과정

1. 막횡단 수송

간에서는 여러 가지 생체물질의 대사경로가 운영되고 있으며, 그중 지질이 파괴되는 β-산화과정은 중요한 대사경로의 하나가 된다. β-산화체계와 관련된 모든 효소들은 간의 내부막과 간질, 그리고 다른 조직의 마이토콘드리아에 위치하고 있다. 마이토콘드리아내부막이 역시 전자전달과 산화적 인산화경로가 일어나는 지역과 같기 때문에, 이러한 배치는 효율적인 배출과 긴 사슬의 지방산에 저장된 가능한 에너지의 활용을 위하여 근본적으로 중요하다. 지방산이 붕괴되어 아세틸CoA가 생성될 때, 간질에 위치한 TCA회로의 효소들에 의해서 산화되어 CO_2와 H_2O가 얻어진다. 간과 다른 조직 마이토콘드리아의 비정상적인 성질로 보아, **카니틴(carnitine)**의 충분한 양을 더해 주지 않는 한 지방산 또는 지방산 아실CoA를 산화시킬 수 없다는 것이다. 분명히 자유지방산이나 지방산아실CoA들은 간의 내부막과 다른 조직 마이토콘드리아를 침투할 수 없으나, 반면에 아실카니틴이 쉽게 막을 통과할 수 있고, 간질에서 아실CoA로 변환시키는 것이 가능하다. 그림

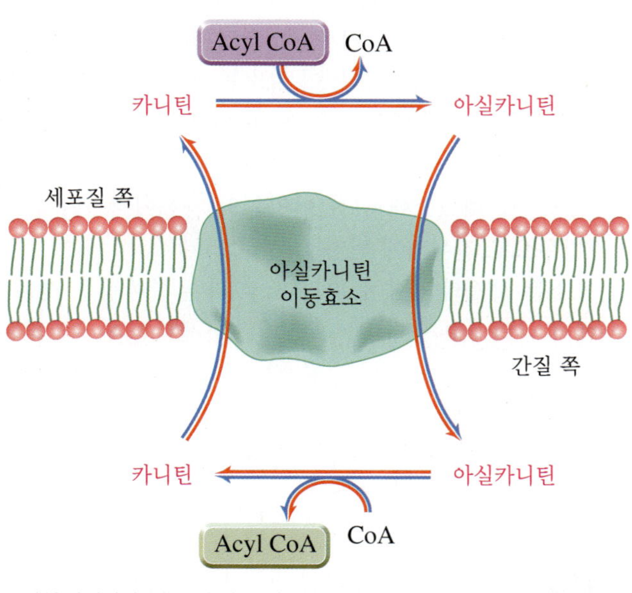

그림 8-11 아실-카니틴이동효소의 기능. 아실카니틴이동효소는 아실카니틴을 마이토콘드리아 간질에 이동시키게 된다. 아실그룹은 남겨두고 카니틴은 내부마이토콘드리아막의 원형질 쪽으로 되돌아가게 된다.

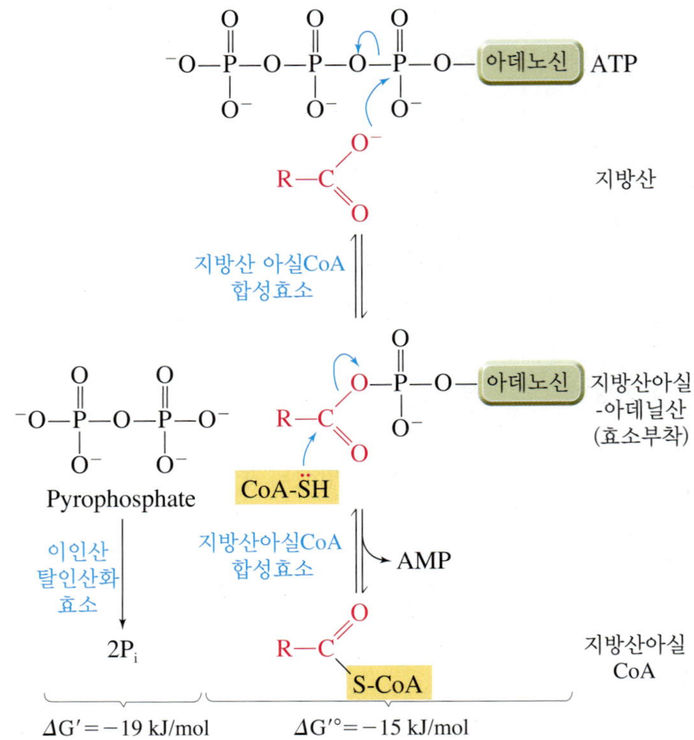

■■ 그림 8-12 ■■ 지방산으로부터 싸이오지방산아실CoA의 형성. 지방산아실CoA합성효소에 의해서 지방산의 카복실이온은 ATP의 바깥쪽 두 인산과 교환되어 효소가 부착된 지방산아실아데닐산이 얻어진다. CoA의 싸이올그룹은 효소에 붙은 아실아데닐산에 친핵성 공격으로 AMP와 싸이오지방산아실CoA를 만들게 된다.

8-11은 마이토콘드리아 바깥쪽 아실CoA의 β-산화를 내부의 β-산화지역으로 장소를 옮기는 것을 보여주고 있다. 이 과정에 관여되는 주된 효소가 아실 카니틴CoA이동효소(acyl carnitine CoA transferase) 이다.

2. 지방산의 활성화

지방산은 자유에너지를 발생시키는 산화과정에 의해서 분해된다. 이 과정의 지방산 β-산화경로는 지방산에서 2탄소단위씩 제거되는 단계적인 산화과정이 연속적으로 되풀이되는 방법이 채택된다. 지방산이 산화되기 이전, 초기 활성화단계에서 지방산의 활성화 효소인 아실CoA합성효소가 관여되고 있다. 이 효소는 소포체 또는 마이토콘드리아 외막과 결합되어 그림 8-12의 반응을 촉매하게 된다. 이 반응은 중간체인 아실아데닐산을 경유하며, CoA의 황화수소그룹에 의해서 공격을 받아 싸이오에스터 생성물이 얻어진다. 전체과정의 반응은 이인산분해효소에 의한 이인산의 자유에너지가 감소되는 가수분해에 의해서 반응이 정방향으로 진행되게 된다.

이 아실CoA합성효소는 사슬의 길이에 따라 서로 다른 특이성을 갖는 적어도 세 개의 동위효소들이 세포에서 나타나고 있다. 그중 하나는 아세트산과 프로피온산을 활성화시켜해당하는 싸이이오에스터를 만들고, 다른 효소는 중간사슬지방산 C_4에서 C_{11}까지를 활성화시키며, 세 번째 효소는 지방산 C_{10}에서 C_{20}까지를 활성화시킨다. 언급한 위 효소들 중에서 처음 두 효소는 마이토콘드리아 바깥막에 존재하고, 세 번째 효소는 소포체막(마이크로솜) 과 회합되어 있다.

3. β-산화과정의 반응

지방산CoA의 β-산화는 네 가지 효소촉매반응으로 추진되며, 관여되는 반응의 효소들

의 역할을 아래에 설명된다 (그림 8-13-1)

1. 아실CoA의 α,β-탈수소화는 가수분해반응으로 트랜스-α,β의 이중결합을 형성한다. 마이토콘드리아의 간질에서 3개의 아실CoA탈수소효소가 발견되었다. 모두 FAD를 보결원자단으로 가지고 있다. 처음 효소는 C_4에서 C_6범위의 특이성을 가지고 있고, 두 번째는 C_6에서 C_{14}까지의 범위의 특이성을 가지고 있으며, 세 번째 효소는 C_6에서 C_{18}까지의 지방산에 효소특이성을 나타낸다. $FADH_2$는 산소에 의해서 직접 산화되지 않고 다음의 경로에 연계된 반응에 따라 FAD 로 산화된다.

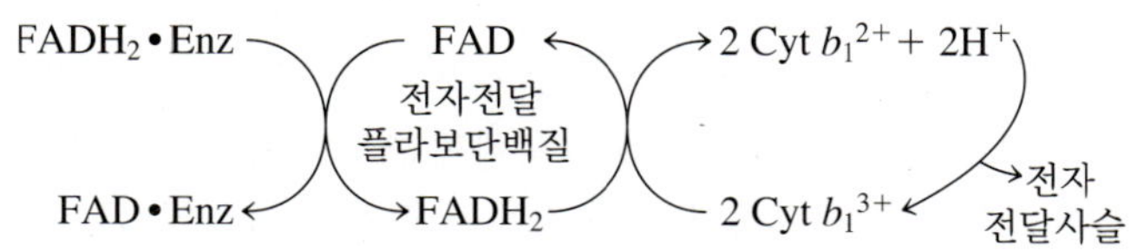

2. α,β-불포화아실CoA의 수화반응 (hydration) 을 촉매하는 에노일CoA수화효소 (enoyl CoA hydratase) 는 이중결합의 수화로 3-L-하이드록시아실CoA를 만들게 된다. 효소는 광범위한 기질특이성을 갖는다. 트랜스-α,β-아실CoA의 수화반응은 L-(+) β-하이드록시아실CoA를 만들게 된다. 역시 α,β-시스불포화아실CoA도 수화시키며, 이 경우, D (−) β-하이드록시아실CoA를 얻는다.
3. β-하이드록시아실CoA의 산화과정에는 넓은 효소특이성을 갖는 L-β-하이드록시아실CoA탈수소효소가 관여되며, 반응은 NAD^+의존탈수소반응으로 해당하는 β-케토아실CoA를 만드는 반응을 촉매한다. 이 반응은 L-형에만 특이하게 반응된다.
4. **싸이올가수분해효소 (thiolase)** 라고도 부르는 β-케토아실CoA싸이올가수분해효소 (β-ketoacyl CoA thiolase) 는 β-케토아실CoA의 싸이올성 절단에 의한 $C_\alpha-C_\beta$결합의 분해

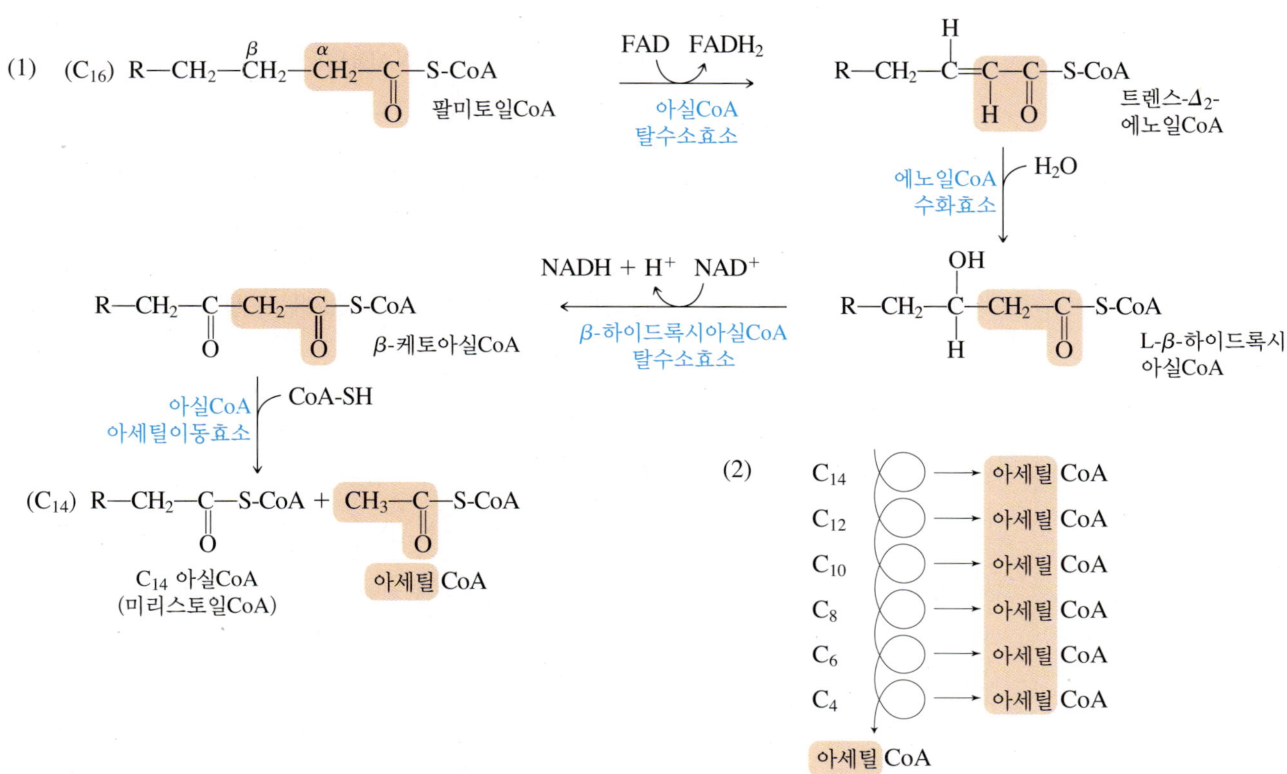

■ 그림 8-13 ■ β-산화반응의 경로. (1) 4단계의 반응을 통하여 카복시 말단에 팔미토일CoA에서 2탄소단위의 아세틸CoA를 제거하게 된다. (2) 이러한 β-산화경로를 일곱 번 거치는 동안 7개의 아세틸CoA가 제거되고, 최종적으로 8개의 아세틸CoA가 얻어진다.

반응을 촉매하며, 아세틸CoA와 원래보다 2개의 탄소가 부족한 아실CoA를 만들게 된다. 효소는 광범위한 특이성을 갖는다. 효소단백질을 시스테인 잔기에 반응성 SH그룹을 가지고 있으며, 그림 8-13-(2)의 여러 단계의 반응을 통하여 아실그룹을 줄이는데, 두 탄소원자인 아세틸CoA의 절단으로 총 $\Delta G' = -8.45$kcal/mol의 에너지가 발생된다. 열역학적으로 C_2단위 (아세틸CoA) 절단을 상당히 선호하게 된다.

이와 같은 지방산의 β-산화체계는 모든 유기체에서 발견되고 있다. 그러나 지방산이 없는 박테리아에서는 β-산화가 실질적으로 결핍되고 있으나, 배양액에 지방산이 더해지면 곧 유도되어 β-산화과정이 재생된다. 박테리아의 β-산화체계는 완전히 용해성이고, 따라서 세포막에 붙어있지 않는 것이 특징이다. 흥미 있는 것은 식물의 발아되는 씨앗에서 높은 지질을 포함하고 있는데, 식물의 β-산화체계는 글라이옥시솜이라 부르는 마이크로체에서만 특유하게 존재한다. 그러나 낮은 지질을 함유한 씨앗에서는 효소가 마이토콘드리아에 회합되어 있다. 모든 생체에서 일어나는 β-산화체계는 지방산을 붕괴시키는 수단으로, 이러한 순서의 반응은 매우 중요한 의미를 갖는다.

4. β-산화과정의 에너지발생

β-산화되는 탄화수소사슬의 탄소수에 상관없이 지방산의 완전산화에 의해서 아세틸CoA로 파괴되는 과정의 활성에는 단지 한 분자의 ATP가 소요되는 것에 주목할 필요가 있다. 다시 말하면, C_4산이나 또는 C_{16}산을 산화시키는 데 단지 한 분자의 ATP가 활성에 소요된다는 것이다. 이것은 지방산산화에서 이 방법이 매우 경제적이고 효율적이라는 것을 말해 주고 있다

팔미트산의 전체 연소로 상당한 양의 에너지가 배출된다. 팔미트산이 효소에 의해서 붕괴될 때 한 개의 ATP가 처음 활성에 사용되고, 여덟 개의 에너지가 풍부한 아세틸CoA 싸이오에스터가 얻어진다. 팔미트산이 완전히 붕괴되는 과정에 회전을 7번 되풀이하여 이루어진다. 이 과정에서 7 mol의 환원된 $FADH_2$와 NADH가 얻어진다.

$$\text{팔미트산CoA} + 7\text{CoA} + 7\text{FAD} + 7\text{NAD}^+ + 7\text{H}_2\text{O}$$
$$= 8\text{아세틸CoA} + 7\text{FADH}_2 + 7\text{NADH} + 7\text{H}^+$$

지방산이 산화하는 동안에 생성된 각 분자의 $FADH_2$는 한 쌍의 전자를 호흡사슬의 전자전달 플라보단백질에 전달하고, 각 전자쌍을 O_2에 이동시키는 동안 1.5분자의 ATP가 얻어진다. 같은 방법으로, 마이토콘드리아 NADH탈수소효소에 한 쌍의 전자를 전달시키고, 다음 O_2에 각 전자쌍을 이동시키므로 2.5개의 ATP를 얻게 된다. 그래서 각 2단위 탄소가 한 번 제거될 때마다 4분자의 ATP분자가 만들어진다. 이때 NADH나 $FADH_2$가 O_2에 전자들을 이동시킴으로써 전자쌍당 한 분자의 H_2O를 얻게 된다. NADH에 의한 O_2의 환원은 NADH분자당 한 개의 H^+를 소비한다. 그래서 다음과 같다.

$$\text{NADH} + \text{H}^+ + \tfrac{1}{2}\text{O}_2 = \text{NAD}^+ + \text{H}_2\text{O}$$

팔미트산CoA가 8개의 아세틸CoA로 산화되는 전체반응은 전자이동과 산화적 인산화를 포함해서 아래와 같은 반응식을 갖게 된다.

$$\text{팔미트산CoA} + 7\text{CoA} + 7\text{O}_2 + 28\text{Pi} + 28\text{ADP}$$
$$= 8\text{아세틸CoA} + 28\text{ATP} + 7\text{H}_2\text{O}$$

이론적으로 팔미트산의 완전산화로 CO_2와 H_2O가 될 때 발생되는 에너지 중에서 이용될 수 있는 에너지는 48%가 ATP의 형태로 세포가 일할 수 있도록 보존된다고 본다. 나머

지 에너지는 열의 형태로 상실되게 된다. 이로써 분명한 것은 지방은 식품으로 이용될 수 있는 가장 효과적인 에너지원이 된다.

5. 불포화지방산의 산화

포화지방산의 β-산화체계와 달리 불포화지방산의 산화는 몇 개의 더 많은 다른 반응 단계를 포함하고 있다. 불포화지방산의 산화에 두 개의 새로운 효소인 시스-Δ^3-에노일CoA이성화효소와 2,4-다이에노일CoA환원효소가 있어야 가능하다. 이중결합 한 개를 갖는 팔미토레오일 (palmitoleoyl) CoA의 β-산화가 세 번 일어난 후에, 시스-Δ^3-에노일CoA 이성화효소에 의해서 트랜스-Δ^3을 시스-Δ^2형으로 전환시키면 다시 에노일CoA의 수화효소의 기질이 되어 β-산화가 계속 될 수 있다 (그림 8-14).

예를 들면, 이중결합이 시스-Δ^9과 시스-Δ^{12}에 두 개가 있는 리놀레오일 (linoleoyl) 산을 기질로 사용 시 정상적인 β-산화를 3회전 ($3C_2$) 거친 다음, 시스-Δ^3-에노일CoA이성화효소로 트랜스-Δ^2이중결합이 얻어지고, 다른 β-산화로 시스-Δ^4의 이중결합이 된다. 탈수소화효소에 의하여 2,4다이에노일 중간체가 얻어진다. 이때 2,4-다이에노일중간체는 트랜스-Δ^3-에노일CoA중간체를 거쳐, 시스-Δ^3에노일CoA이성화효소에 의해서 β-산화의 기질인 트랜스-Δ^2에노일CoA를 만들어서 β-산화가 이루어지게 된다 (그림 8-15).

홀수사슬의 지방산의 산화는 최종회전의 β-산화에서 프로피오닐CoA를 만들게 되며, TCA회로에 진입되기 위하여 석시닐CoA로 바뀌는 반응을 위하여 프로피오닐CoA카복실화효소가 필요하다. 여기서 얻어진 (S)-메틸말로닐CoA는 라세미화효소에 의해서 (R)-메틸말로닐CoA가 얻어지며, 메틸말로닐CoA전환효소 (mutase) 에 의해서 석시닐CoA가 얻어진다 (그림 8-16). 메틸말로닐CoA전환효소는 탄소골격내부에서 그룹의 위치를 이동하는 특수한 반응을 촉매하며, 5′-데옥시아데노실코발아민 (deoxyadenosyl cobalamin, 바이타민 B_{12}) 를 보조효소로 필요로 하는 것이 특징이다.

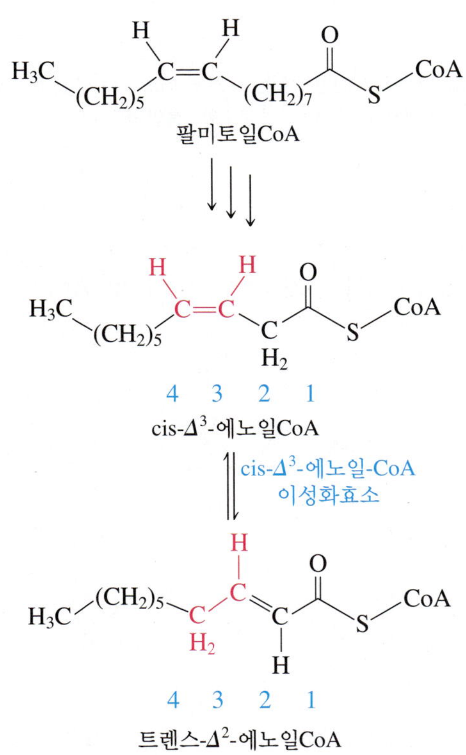

■ 그림 8-14 ■ 팔미트산의 세 번의 되풀이 붕괴. 지방산의 카복시말단에서 2단위의 탄소그룹이 순차적으로 제거된다.

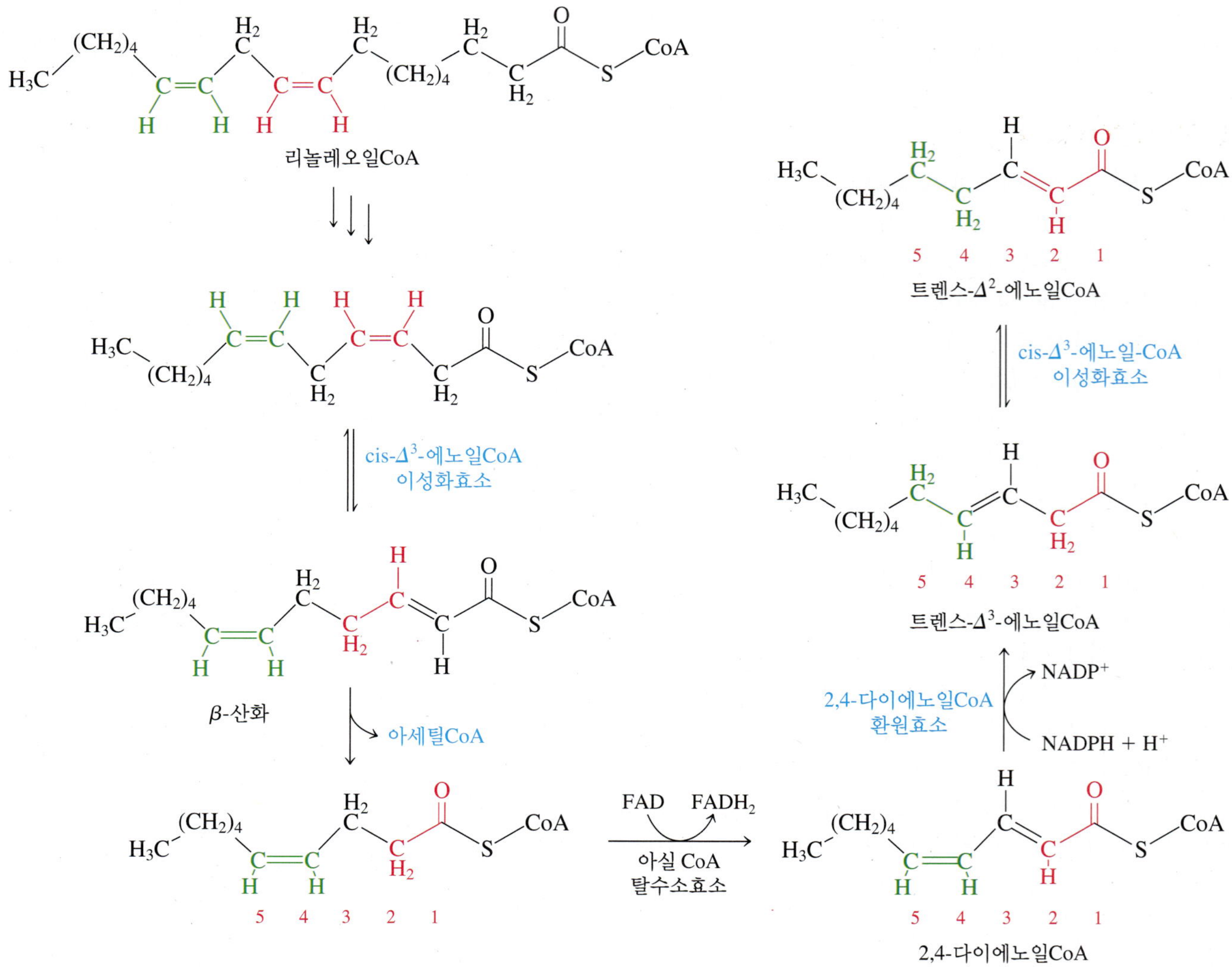

■ 그림 8-15 ■ 리놀레오일CoA의 산화. 2개의 불포화그룹을 갖는 리놀레오일산의 완전한 산화는 두 효소, 에노일 CoA이성화효소와 2,4-다이에노일CoA환원효소가 관여된다. 시스형의 이중결합은 트랜스형으로 바뀌고, 또 다른 이성화효소에 의해서 마지막 한 개의 불포화그룹이 제거된다.

6. 케톤체의 형성

동물에서 지방산의 이동통로를 추적해 볼 필요가 있다. 자유지방산은 유미입자나 또는 피하지방조직의 지방세포에서 만들어진 FFA (Free Fatty Acid) 알부민복합체로 간 세포

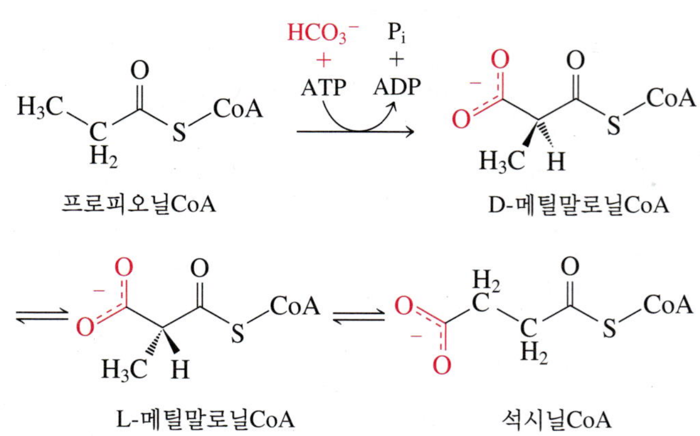

■ 그림 8-16 ■ 프로피오닐CoA로부터 석신닐CoA의 합성. 홀수의 탄소를 갖는 지방산의 분해로 얻어지는 최종산물인, 프로피오닐CoA는 TCA회로의 중간체인 석신닐CoA로 변화한다.

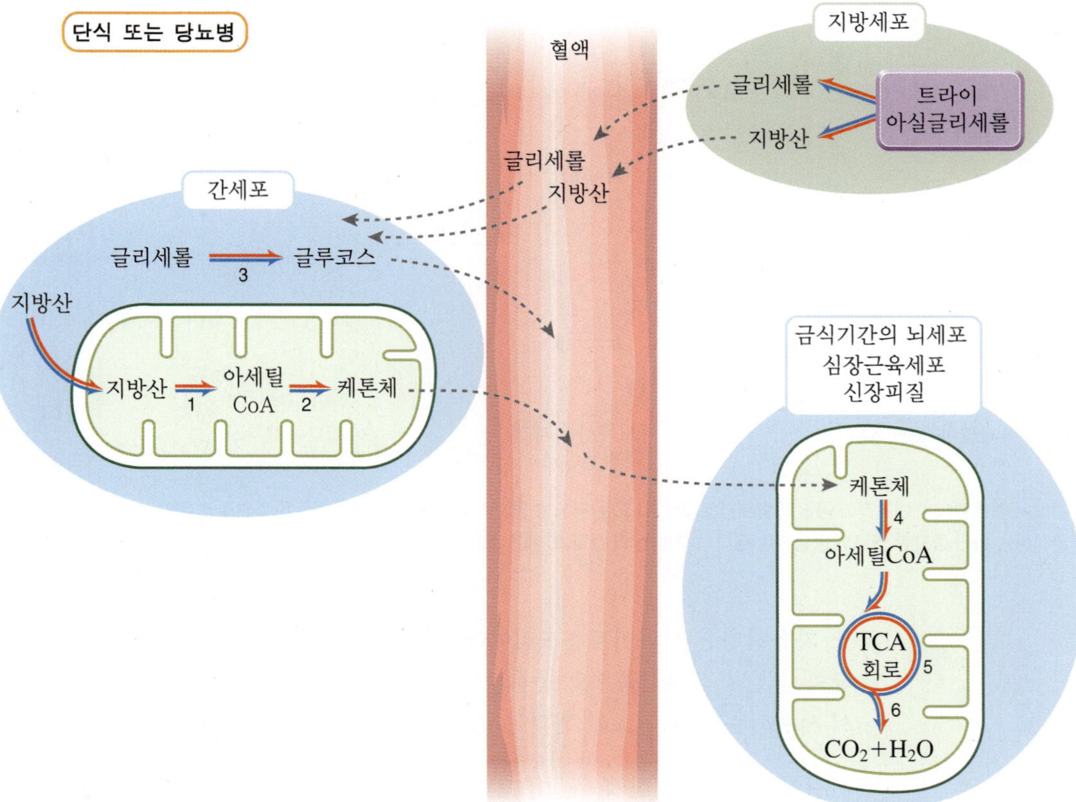

■ 그림 8-17 ■ 케톤체의 형성. 간에서 얻어진 아세틸CoA로부터 케톤체인 아세토아세트산, D-3-하이드록시뷰틸산 그리고 아세톤이 얻어진다. 이들 반응의 촉매효소는 1. 3-케토싸이올레이스, 2. 하이드록시메틸글루타릴CoA합성효소, 3. HMGCoA파괴효소, 4. D-3-하이드록시뷰틸산탈수소효소들이다. 마지막으로 아세토아세트산은 자발적으로 탈카복실화되어 아세톤을 만들게 된다.

에 들어간다. 또 지방산은 간에서 글루코스로부터 만들어지기도 하고, 이러한 지속적으로 변하는 집합체로 구성되고 있다. 케톤체는 주로 간과 콩팥의 마이토콘드리아에서 특유하게 연계된 반응들을 통하여 만들어진다 (그림 8-17). 케톤체는 D-β-하이드록시뷰틸산, 아세토아세트산, 그리고 아세톤들이다. 한편 케톤체가 간에서 이용되지 못하는 것은 주된 효소인 3-옥소산 : CoA이동효소가 간에 없기 때문이고, 대신 다른 모든 조직, 붉은색 근육, 심장근육, 뇌 그리고 콩팥에는 효소가 존재하기 때문에 케톤체의 대사가 가능하다. 보통 정상적인 영양의 조건하에서, 지방산은 몇 가지 아래와 같은 운명을 겪게 된다 (그림 8-18).

1. 지방산은 에스터화되어 트라이아실글리세롤이 된다. 그러나 간은 트라이아실글리세롤 대사의 제한된 능력을 가지고 있으며, 여분은 **고밀도지질단백질 (high density lipoprotein, HDL)** 콜레스테롤, 그리고 인지질과 함께 **초저밀도지질단백질 (very low density lipoprotein, VLDL)** 입자를 만들게 된다. 이들은 혈액체계로 배출되어, 혈액을 통하여 목표조직인 근육이나 지방조직으로 운송된다. 여기서 지질단백질은 지방산가수분해효소 (lipase) 에 의해서 트라이아실글리세롤을 제거하고 변환시켜 자유지방산을 만들게 되며, 그런 다음 조직에서 흡수되고, 이용되게 된다. 그리고 활용된 다음의 나머지 VLDL입자는 HDL (고밀도지질단백질) 로 혈액순환계를 통하여 간에 되돌아가 여분의 트라이아실글리세롤을 보충시켜 또 다시 회로를 되풀이 하게 된다.
2. 자유지방산은 마이토콘드리아에 들어가서 β-산화되고, 결국에 TCA회로를 통하여 CO_2와 H_2O가 된다.

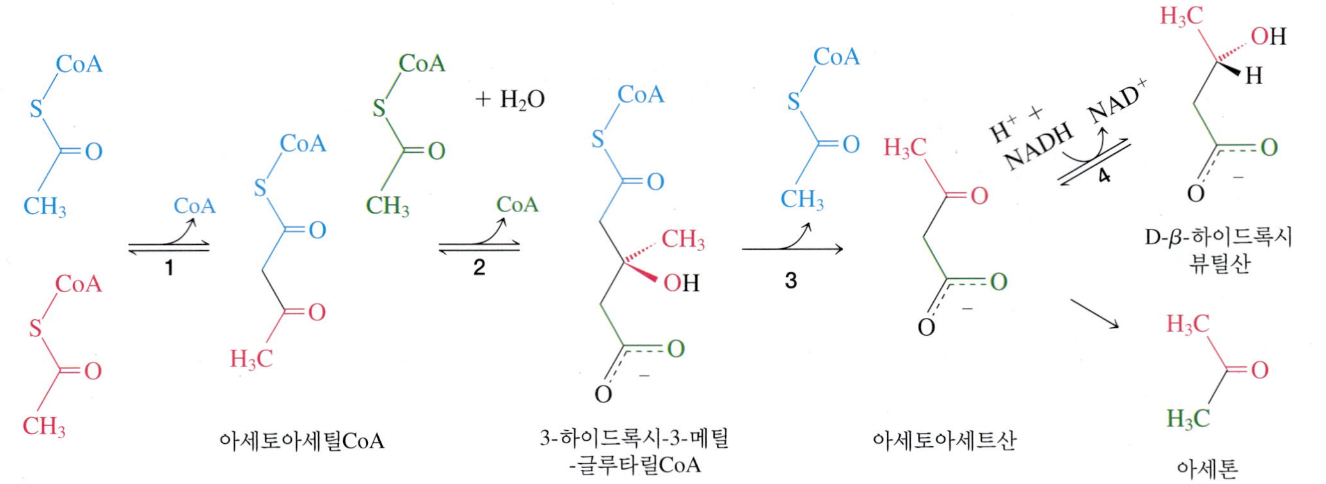

■ 그림 8-18 ■ 간에서 케톤체의 주변조직에 공급의 협조경로. 굶거나 또는 당뇨병 환자가 간에서 지방산을 케톤체로 만들게 된다. 케톤체는 여러 조직에서 에너지원으로 쓰이고, 특히 금식하는 동안 중요한 연료의 공급원이 된다. 1. 지방산의 산화, 2. 케톤체의 형성, 3. 글루코스신생합성, 4. 케톤체가 아세틸CoA.

3. 또 자유지방산은 마이토콘드리아에서 케톤체가 되고, 간으로부터 목표조직인 붉은색 근육, 뇌, 및 심장근육으로 운송되어 CO_2 H_2O로 연소된다. 이는 케톤체가 주변근육에서 사용되는 주된 연료가 된다는 사실을 입증하는 강력한 증거가 있다.

사람이 굶게 되면 혈액의 글루코스 수준이 생리적으로 허용되는 한계인 정상 금식 수준의 70%인 90 mg/1000 mL로 줄어들게 되며, 다음에 보존된 지방산의 광범위한 이동으로 간이나 콩팥으로 흘러가게 된다. 이러한 조직의 마이토콘드리아는 감소된 옥살아세트산 때문에 CO_2와 H_2O로 바꿀 수 있는 지방산의 양에 제한이 있으며, 결과적으로 대량의 케톤체의 형성이 이루어진다. β-하이드록시뷰틸산은 보통 100 mg혈액에서 3 mg이하이고, 하루에 약 20 mg 정도 배설하게 된다. 굶어 있는 동안에는 케톤체의 증가가 50에서 100배만큼 증가하게 된다.

글루코스를 에너지로 이용할 수 없는 당뇨병환자는 에너지로 지방산의 대사를 이용하게 된다. 그러나 당뇨병환자는 케톤체를 이용할 수 있는 효소의 기능이 없기 때문에 다시 당뇨병을 갖는 사람의 케톤체가 특징적으로 혈액에 쌓이게 된다. 흥미로운 것은 운동선수는 주변 근육조직에서 케톤체를 이용하는 높은 수준의 효소들을 유지하고 있기 때문에, 케톤체의 증가현상인 **케토화 (ketosis)** 가 거의 나타나지 않게 된다.

요약하면, 케톤체는 근육과 뇌에서 에너지원으로 글루코스를 대신할 수 있는 대사물질이 되고 있다. 케톤체의 전구체로 자유지방산은 높은 농도에서 독성이 강하고, 매우 제한된 용해도를 가지며, 혈장알부민에 의한 운반능력을 곧 포화시키게 된다. 반면에 케톤체는 매우 잘 녹고, 높은 농도가 유지되므로 독성이 낮으며, 빨리 세포막을 통하여 확산되고 대사되어 CO_2와 H_2O로 된다.

8.2.3 지방산의 합성

1. 포화지방산의 합성

동물체에서 지방은 주로 음식물로부터 섭취하여 이용되고 있지만, 체내에서 탄수화물로부터 쉽게 지방산으로 바꿔지고, 또 피하지방에 보존된다. 아세틸CoA로부터 팔미트산이 합성되는 세포내에서 전체반응은 다음과 같다.

$$\begin{aligned} &8\text{아세틸CoA} + 7\text{ATP} + 14\text{NADPH} + 14\text{H}^+ \\ &= \text{팔미트산} + 7\text{ADP} + 7\text{Pi} + 8\text{CoA} + \text{H}_2\text{O} \end{aligned} \qquad (13\text{–}1)$$

팔미트산합성의 원료로 쓰이는 ATP, NADPH 그리고 아세틸CoA의 출처를 확인할 필요가 있다.

혈액의 글루코스는 쉽게 중요한 두 개의 경로, 즉 해당과정과 오탄당인산경로들이 진행되는 간으로 들어가게 된다. 해당과정이 중요한 것은 2ATP와 2NADH가 글루코스 1분자당 2분자의 피루브산이 만들어지는 과정에서 얻어진다. 오탄당인산경로는 글루코스를 이용하여 2NADPH를 만들게 된다. 팔미트산의 형성에는 8개의 아세틸CoA와 7ATP 그리고 14개의 NADPH가 필요하게 된다. 그래서 지방산의 산화로부터 8개의 아세틸CoA의 생성에는 전체적으로 32개의 ATP를 만들게 되므로, 합성에 필요한 에너지를 여유 있게 공급할 수 있다.

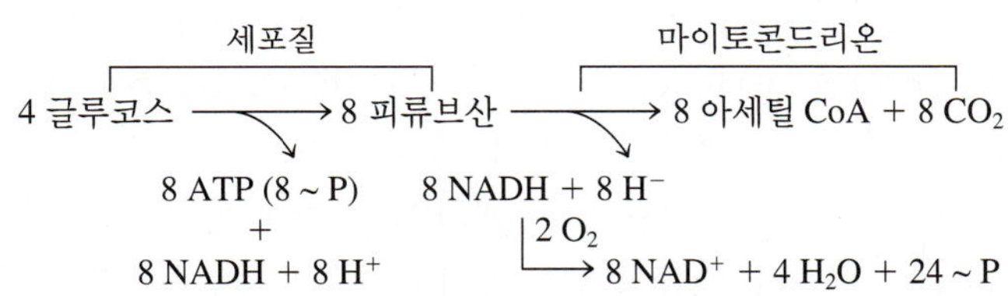

이 과정에 또한 14NADPH가 필요한데, 실험적으로 오탄당인산화경로에서 필요한 NADPH의 60%를 공급하게 되고, 나머지 환원제로는 NADH를 변경시켜 얻게 된다. 이때 세포질효소에 의해서 해당과정에서 간접적으로 NADPH를 얻게 된다.

$$\text{(1) NADH} + \text{H}^+ + \text{옥살아세트산} \xrightarrow[\text{탈수소효소}]{\text{말산}} \text{말산} + \text{NAD}^+$$

$$\text{(2) 말산} + \text{NADP}^+ \xrightarrow[\text{효소}]{\text{말산}} \text{피류브산} + \text{CO}_2 + \text{NADPH} + \text{H}^+$$

$$\begin{aligned} \text{총화 (1 + 2): } &\text{NADH} + \text{NADP}^+ + \text{옥살아세트산} \longrightarrow \\ &\text{피류브산} + \text{CO}_2 + \text{NADPH} + \text{H}^+ + \text{NAD}^+ \end{aligned}$$

마이토콘드리아에서 얻어진 아세틸CoA가 세포질에서 이용되는 방법으로, 피루브산은 피동적인 확산의 방법으로 세포질에서 마이토콘드리아의 간질로 이동하게 되며, 피루브산탈수소효소에 의해서 산화되어 아세틸CoA가 만들어진다. 다음으로 피루브산카복실화효소(pyruvate carboxylase)에 의해서 카복실화되어 옥살아세트산이 만들어진다. 두 아세틸 CoA와 옥살아세트산은 시트르산합성효소(citrate synthase)에 의해서 축합되어 시트르산이 만들어지면 마이토콘드리아로부터 세포질로 운송되게 된다. 세포질에서 시트르산은 절단된다.

$$\begin{aligned} &\text{시트르산} + \text{ATP} + \text{CoA} \xrightarrow[\text{분해효소}]{\text{시트르산}} \\ &\qquad \text{아세틸 CoA} + \text{옥살아세트산} + \text{ADP} + \text{Pi} \end{aligned}$$

$$\Delta G' = -3400 \text{ cal/mole}$$

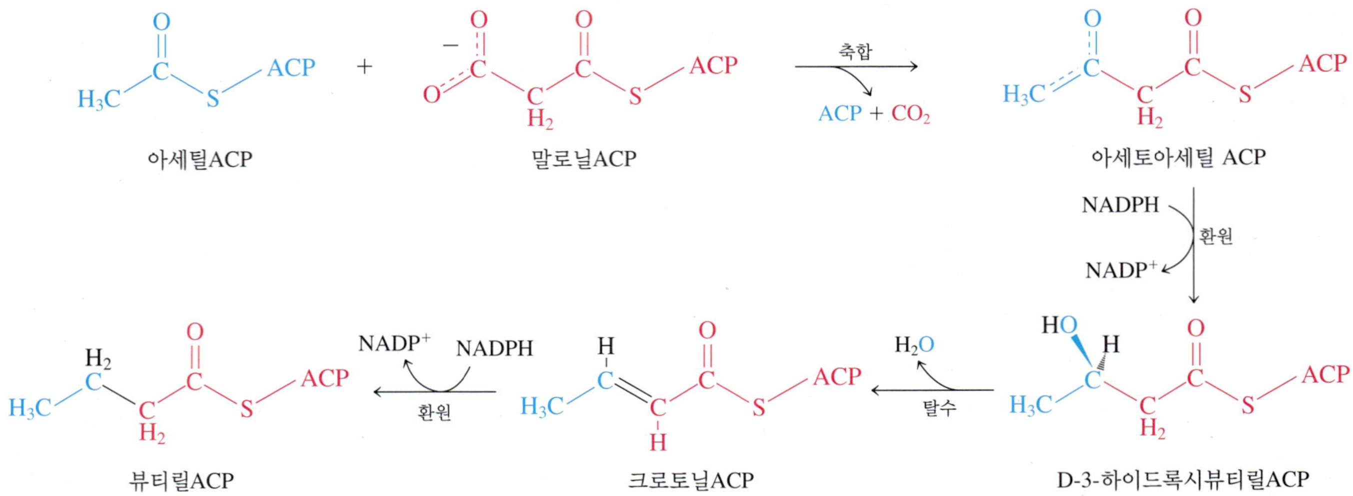

■ **그림 8-19** ■ 지방산의 합성. 지방산은 다음 반응의 순서로 되풀이함으로써 합성이 가능하다. 반응은 축합, 환원, 탈수, 및 환원의 순서이고, 한 번 이 순서의 반응을 거치는 동안 얻어지는 중간체들을 보여주고 있다.

여기서 얻은 아세틸CoA는 팔미트산을 만드는 데 필요한 양의 ATP와 NADPH와 함께 기질로 작용하게 된다. 지방산의 합성에서 중간체로 아실운반단백질 (ACP, acyl carrier protein) 과 연결시켜 합성을 진행시킨다. ACP의 세린 잔기에 인산판토티인 (Coenzyme A) 그룹이 부착되고, 이를 **거대 CoA (Macro CoA)** 라고도 부른다. 다음 CoA의 SH그룹에 지방산의 합성중간체들이 연결된다. 간세포의 세포질에서, 아세틸CoA는 아세틸CoA카복실화효소 (acetyl CoA carboxyl-ase) 에 의해서 말로닐CoA로 전환된다. 아세틸 CoA의 카복실화 메커니즘은 이미 다른 곳에서에서 다루었다.

아세틸ACP와 말로닐ACP는 아세토아세틸ACP를 만들게 되고, 환원되어 D-3-하이드록시뷰티릴ACP를 만들게 된다. 다음 탈수화에 의해서 크로토닐ACP가 만들어지며, 환원되어 뷰티릴ACP가 얻어지게 된다 (그림 8-19). 이들 반응은 독특한 효소복합체인 지방산합성효소 (fatty acid synthetase) 복합체에 의해서 촉매된다. 간에서 이 복합체는 분자량이 540,000D이고, 8개의 단백질이 공유결합과 소수성 힘에 의해서 서로 연결되고 있다. 크로토닐ACP가 뷰티릴ACP로 환원되는 과정의 에노일ACP환원효소는 항박테리아물질인 트리클로산 (triclosan) 에 의해서 방해된다. 그래서 이 트리클로산은 치약, 비누 또는

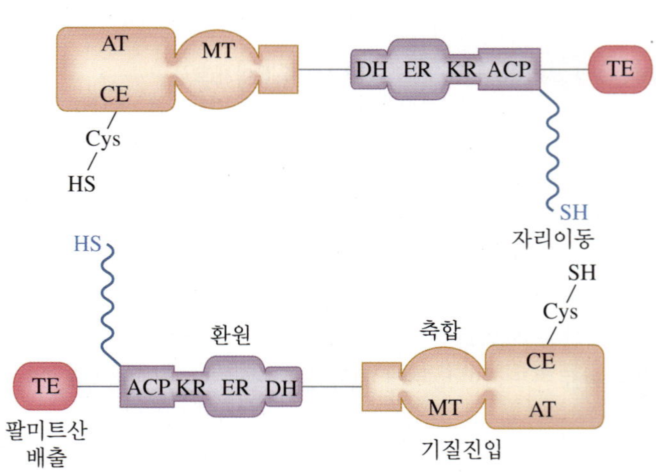

■ **그림 8-20** ■ 동물의 지방산합성효소복합체의 모형. 효소복합체는 두 개의 동등한 사슬의 이합체로 3개의 부분으로 구성된다. 효소부위 I(오렌지색); AT(아세틸이동효소) MT(말로닐이동효소) CE(축합효소), 효소부위II(황색); ACP(아실운반 단백질) KR(β-케토아실환원효소) DH(탈수소효소) ER(에노일환원효소) 효소부위 III(적색); TE(싸이오에스터레이스) 청색; 인산판토티인그룹은 지방산을 한지역의 촉매부위에서 다른 지역으로 이동시킨다.

피부용 크림에 사용되기도 한다.

비록 아세틸CoA와 말로닐 CoA로부터 긴 사슬의 지방산의 합성이 모든 유기체에서 동일하지만, 두 개의 일반적인 형태의 합성효소가 확인되었다. 처음 효소는 밀접하게 연계된 다중효소의 복합체로, 하나의 단일기능단위로(간의 합성효소), 또 다른 하나는 각각 개별적인 효소로 구성되고, 이들의 분리가 가능하며, 실험실 조건에서 회합하려는 어떠한 경향도 배제되고 있다. 이미 첫째 형은 기술하였고, 두 번째 형은 대부분의 원핵세포와 고등식물에서 발견되고 있다. 각각의 효소들이 대장균으로부터 분리정제되었고, 결정도 얻어졌다. 이러한 형태의 합성효소에서 아실운반단백질은 완전히 용해가 가능하며, 첫 번째 형의 단백질은 전체 다중효소체계로, 단단한 복합체를 이루고 있다(그림 8-20).

계속해서 지방산합성은 새로 형성된 뷰티릴ACP는 반응하여 다른 말로닐ACP분자와 축합되고, C_6 β-케토아실ACP가 얻어진다. 이는 아세틸ACP와 말로닐ACP가 축합되어 C_4 β-케토아실ACP가 되는 반응과 정확하게 동일하다. 그래서 환원, 탈수 두 번째의 환원으로 C_6 β-케토아실ACP는 아실ACP가 되며, 그리고 위에 제시한 반응의 순서는 원하는 지방산의 길이가 얻어질 때까지 계속된다. 위에 제시된 메커니즘으로 포화지방산의 체내합성을 설명할 수 있다. 프로피오닐CoA를 초기의 화합물로, 홀수의 포화지방산의 생합성을 설명할 수 있다. 그러나 아세틸트랜스아실화효소의 친화력이 프로피오닐이나 다른 아실CoA싸이오에스터보다 아세틸CoA에 훨씬 높다. 식물과 동물 두 체계에서 모두 생합성의 직접적인 생성물은 팔미트산이다.

2. 불포화지방산의 합성

간 세포에서 스테아릴CoA가 합성되면 이를 기질로 곧 불포화시켜 산소의 존재하에 올레일CoA를 만들게 된다. NADPH와 소포체막에 부착된 효소체계를 활용하여 아래의 순서로 반응이 진행된다. 지방산아실CoA와 NADPH는 지방산아실CoA **불포화효소(desaturase)**와 혼합기능산화효소(mixed-function oxidase)에 의해서 산소분자에 의한 산화로 이중결합을 도입시킨다(그림 8-21).

이러한 순서의 반응을 호기성 메커니즘이라 하고, 모든 동물세포에서 올레인산의 합성에 전적으로 이용되고 있다. 식물에서 매우 유사한 반응이 일어나지만, 다른 점은 페레독신이 사이토크롬 *b*5를 대치하고, 불포화효소는 용해되고, 또 기질은 스테아릴ACP가 된다. 정확한 화학적인 메커니즘은 알려지지 않고 있지만, 실험적으로 증명된 사실은 동물이나 식물체계에서 스테아릴싸이오에스터 C_9-C_{10} 탄소원자에서 $2H_D$원자의 시스의 삭제로 불포화그룹이 만들어지는 것으로 알려지고 있다. 대부분의 불포화효소는 사이안이

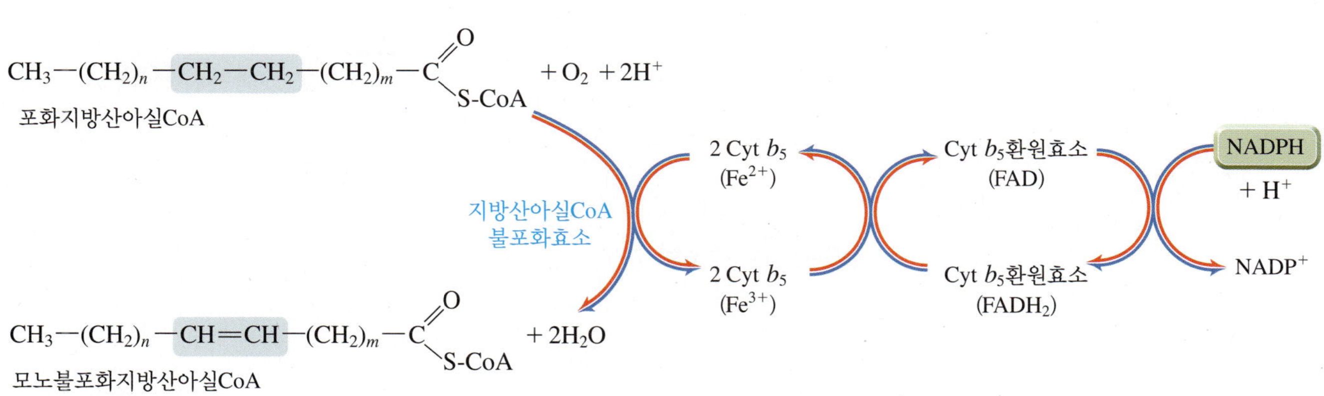

■ 그림 8-21 ■ 포유동물 지방산의 포화과정에서 전자의 이동. 청색의 화살표가 지적한 전자들의 경로에 따르면, 전자는 지방산아실CoA와 NADPH는 산소분자에 의해서 산화를 거치게 된다.

온(CN^-)에 의해서 방해되고, 이때 사이아나이드는 민감한 인자에 부착되며, 이 인자는 철-단백질환원제를 불포화효소에 연결시키고 있다.

리놀레인산은 프로스타글렌딘과 다른 에이코사노이드(eicosanoid)의 전구체가 된다. 리놀레인산은 체내에서 합성이 어렵고, 주로 Δ^{12}와 Δ^{15}의 불포화효소를 가지고 있는 음식물에서 흡수해야 하는 필수지방산이다.

3. 트라이글리세라이드의 합성

체외에서 흡수되거나 또는 체내에서 합성된 지방산이 남게 되는 경우, 에너지의 장기보존을 위하여 지방산은 트라이글리세라이드 형태로 지방세포에 보존하게 된다. 한편, 빨리 성장하는 유기체의 경우에 새로운 세포막이 필요하게 되고, 이때 지방산은 인지질의 합성에 쓰이게 된다. 두 경우 모두 그 경로는 지방산의 아실에스터로부터 합성이 시작되게 된다.

이렇게 장기보존형의 트라이아실글리세롤은 글라이코젠이 필요이상 섭취되면 남는 탄수화물로부터 만들어지기도 한다. 사람에서 저장용 트라이아실글리세롤은 평균 70 Kg의 성인남자의 경우에 대략 15 Kg의 트라이아실글리세롤이 저장되고, 이는 적어도 12주 동안 필요한 기본적인 에너지에 해당된다. 식물에서 트라이아실글리세롤은 주로 과일, 견과류 또는 씨앗에 저장되어 있다.

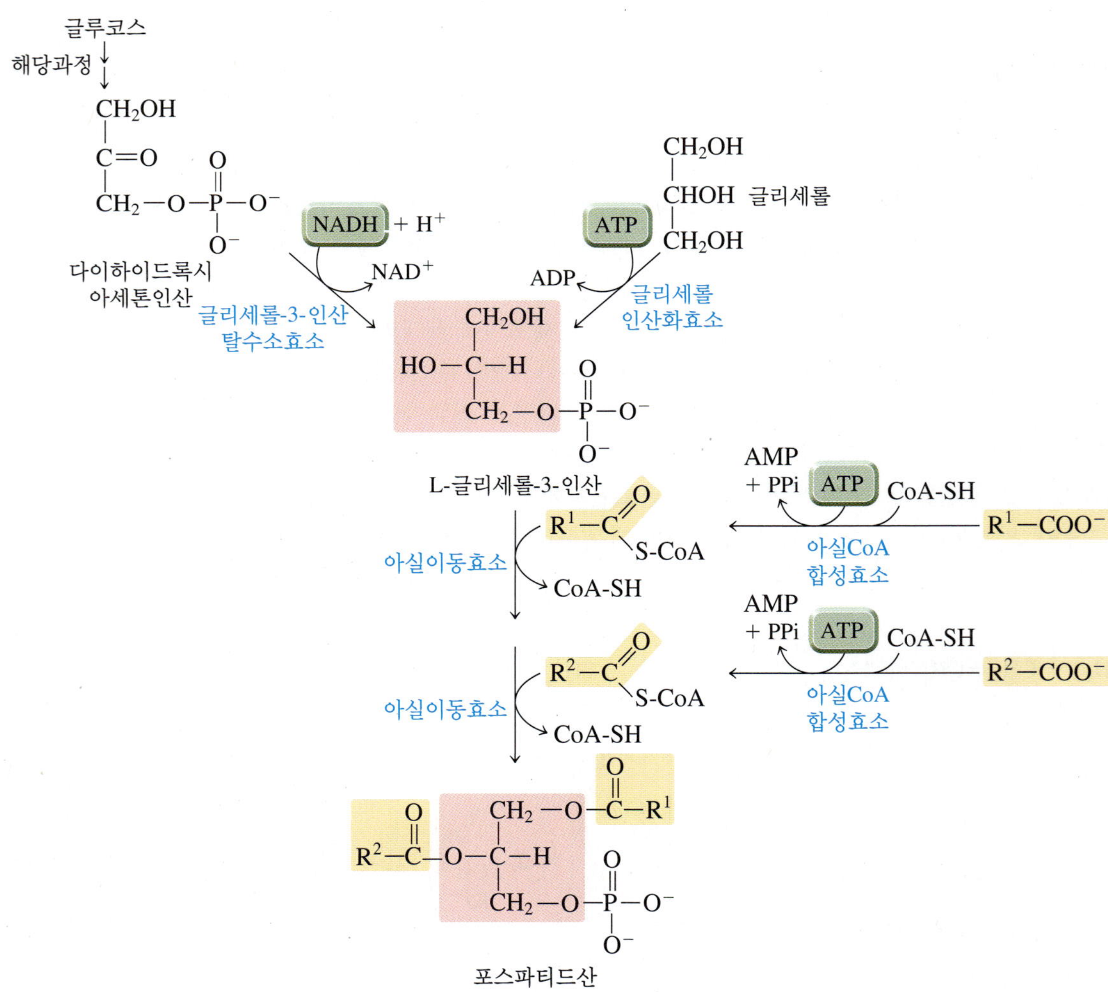

그림 8-22 포스파티드산의 합성. 활성화된 지방산아실CoA는 L-글리세롤-3-인산의 C1, C2 위치에서 에스터연결로 포스파티드산이 얻어진다. 글리세롤-3-인산은 다이하이드록시아세톤인산과 글리세롤로부터 얻어진다.

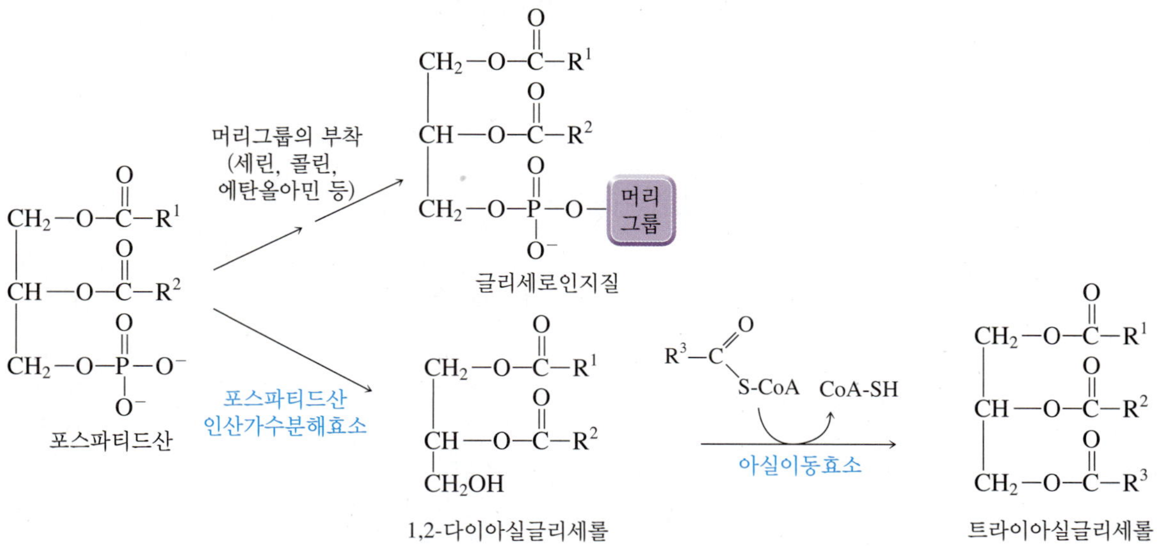

그림 8-23 지질합성에서 포스파티드산. 포스파티드산은 트라이아실글리세롤과 인지질의 합성의 전구물질이다.

동물조직에서 트라이아실글리세롤의 골격인 글리세롤-3-인산은 NAD-연결 글리세롤-3-인산탈수소효소에 의해서 해당과정의 중간체인 다이하이드록시아세톤인산(DHAP)으로부터 유도되어 얻어지기도 한다. 또 다른 트라이아실글리세롤의 전구체로, 지방산아실CoA들을 아실CoA합성효소에 의해서 지방산으로부터 만들어진다.

트라이아실글리세롤의 생합성은 두 분자의 지방산아실CoA에 의해서 L-글리세롤-3-인산의 두 하이드록실그룹의 아실화를 통하여 다이아실글리세롤-3-인산이 얻어진다. 이 다이아실글리세롤-3-인산은 **포스파티드산(phosphatidic acid)** 이라고 부른다(그림 8-22). 트라이아실글리세롤의 합성을 위하여 포스파티드산은 포스파티드산탈인산화효소(phosphatidic acid phosphatase)에 의해서 가수분해되어 1,2 다이아실글리세롤을 만들게 된다(그림 8-23). 마지막으로 트라이아실글리세롤은 3번째 지방산아실CoA의 에스터화로 얻어진다.

4. 세포막 인지질의 합성

세포막을 구성하는 주된 인지질은 글리세로인지질과 스핑고지질들이며, 여러 지방산과 극성머리그룹의 조합으로 글리세롤과 스핑고신 골격에 부착되어, 인지질들이 만들어질 수 있다. 이들 막지질의 합성은 글리세롤이나 스핑고신 골격이 만들어지면 에스터결합이나 또는 아미이드연결로 지방산이 부착되고, 인산다이에스터연결로 친수성 머리그룹이 더해지거나, 일부 머리그룹의 변형이나 교체로 최종적인 인지질이 얻어진다.

글리세로인지질의 합성은 첫단계에서 L-글리세로-3-인산의 C1에는 보통 포화지방산이 부착되고, C2에는 불포화지방산이 에스터화되어 포스파티드산이 얻어진다. 글리세로인지질에서 극성머리그룹은 두 알콜하이드록시그룹의 인산다이에스터결합으로 부착된다(그림 8-24).

생합성과정에서 그 중 한 개의 하이드록실그룹은 뉴클레오타이드, 사이티딘이인산(CDP) 부착으로 처음 활성화된다. 다음, 다른 하이드록실그룹의 친핵성공격으로 CMP의 교체가 일어난다. CDP-는 다이아실글리세롤에 부착되어 활성화된 CDP-다이아실글리세롤이 얻어지기도 하고, 머리그룹의 하이드록실그룹에 부착되기도 한다(그림 8-25).

대장균에서 다이아실글리세롤이 포스파티드산과 CTP-가 축합되어 CDP-다이아실글리세롤로 활성화된다. 세린의 하이드록시그룹의 친핵성공격을 통한 CMP의 교체로 포스

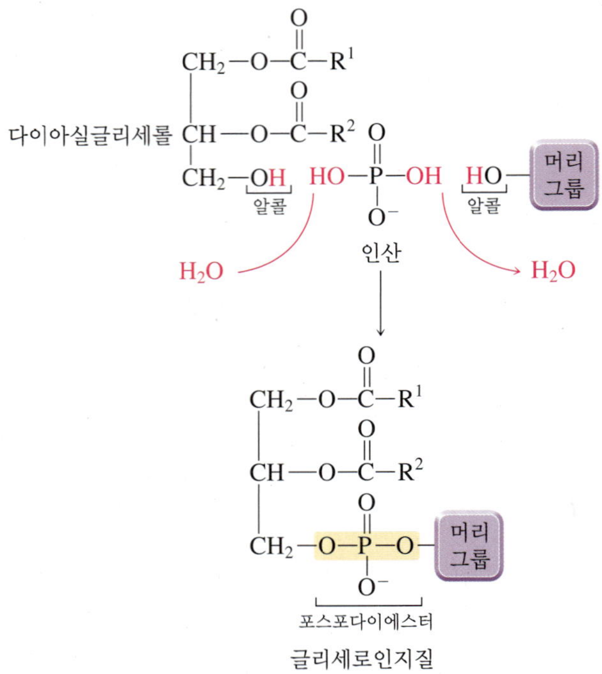

■ 그림 8-24 ■ 인지질의 머리그룹 부착방법. 인지질의 머리부분은 인산다이에스터결합으로 다이아실글리세롤에 부착된다. 이때 두 분자의 물이 제거되고, 두 알콜이 축합된다.

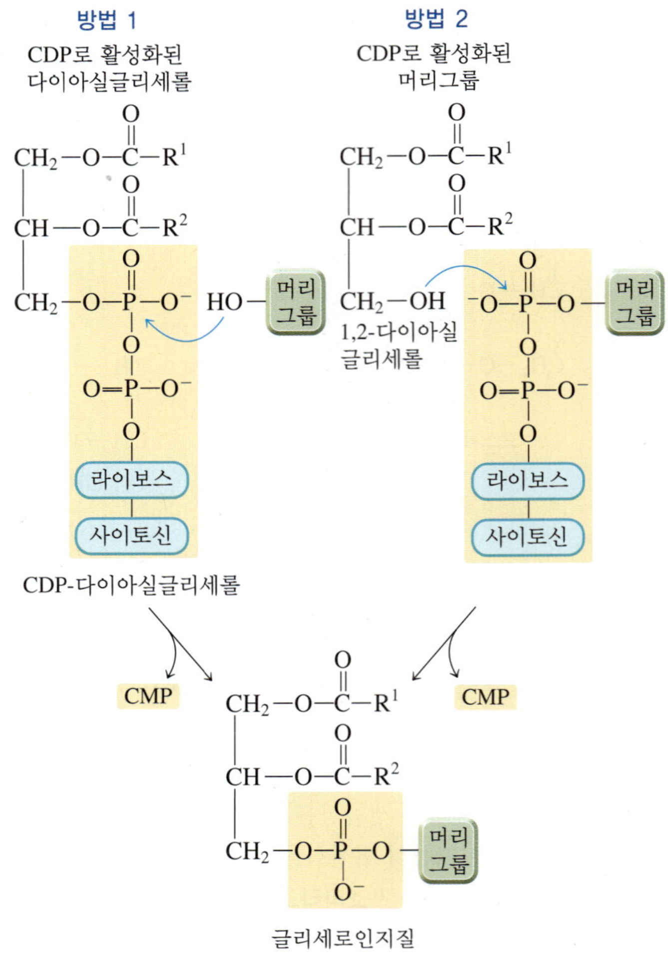

■ 그림 8-25 ■ 인지질의 두 종류 인산다이에스터결합 방식. 두 경우 모두 CDP는 인산다이에스터결합의 인산그룹을 제공한다. 제1의 방법에서는 머리 그룹의 −OH그룹이 γ-인산을 친핵성 공격으로 글리세로인지질을 합성한다. 한편, CDP-머리그룹이 1,2-다이아실글리세롤의 알콜그룹의 공격으로 글리세로인지질이 얻어진다.

파티딜세린이 얻어진다. 포스파티딜세린에서 탈카복실화로 포스파티딜에탄올아민이 얻어진다.

진핵세포에서 포스파티딜글리세롤과 포스파티딜이노지톨은 박테리아의 인지질합성과 같은 방법으로 얻어진다. **카디오리핀 (cardiolipin)** 은 포스파티딜글리세롤이 CDP-글리세롤과 축합되어 만들어진다. 또 포스파티딜이노지톨은 CDP-글리세롤이 이노지톨과 축합되어 합성된다 (그림 8-26).

스핑고지질은 다음의 4단계의 과정을 거쳐 합성된다; 1. 팔미틸CoA와 세린으로부터 18개 탄소의 아민인 **스핑가나인 (sphinganine)** 이 합성된다. 2. 아마이드 연결에 의한 지방산의 부착으로 N-아실스핑가나인이 얻어진다. 3. 스핑가나인 부분의 포화로 **N-아실스핑고신 (N-acylsphingoshine)** 인 **세라마이드 (ceramide)** 가 합성된다. 4. 머리그룹을 스핑고지질에 부착함으로써 **세레브로사이드 (cerebroside)** 나 **스핑고메이얼린 (sphingomyelin)** 을 합성하게 된다 (그림 8-27).

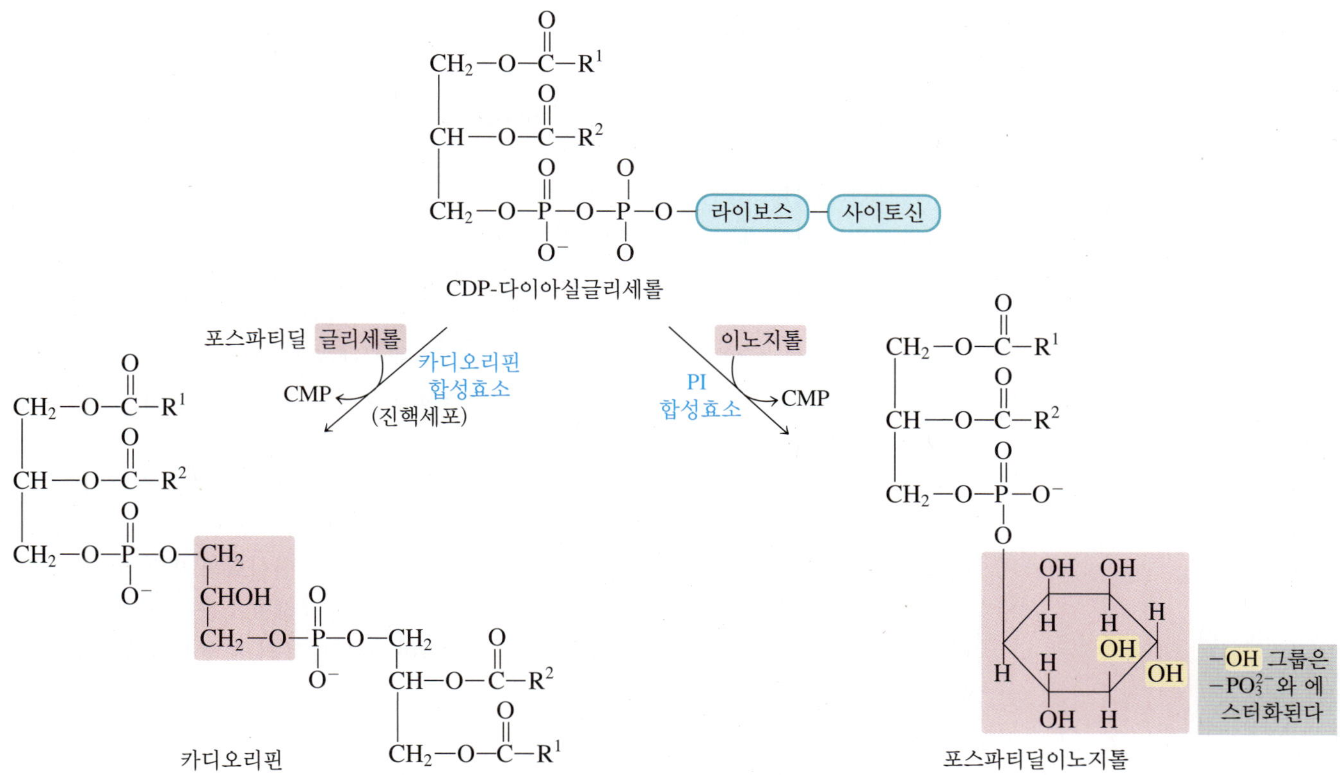

■ **그림 8-26** ■ 카디오리핀과 포스파티딜이노지톨의 합성. 글리세로인지질은 방법1(그림 8-25)을 사용하여 합성된다. 포스파티딜글리세롤은 박테리아에서 얻어진다.

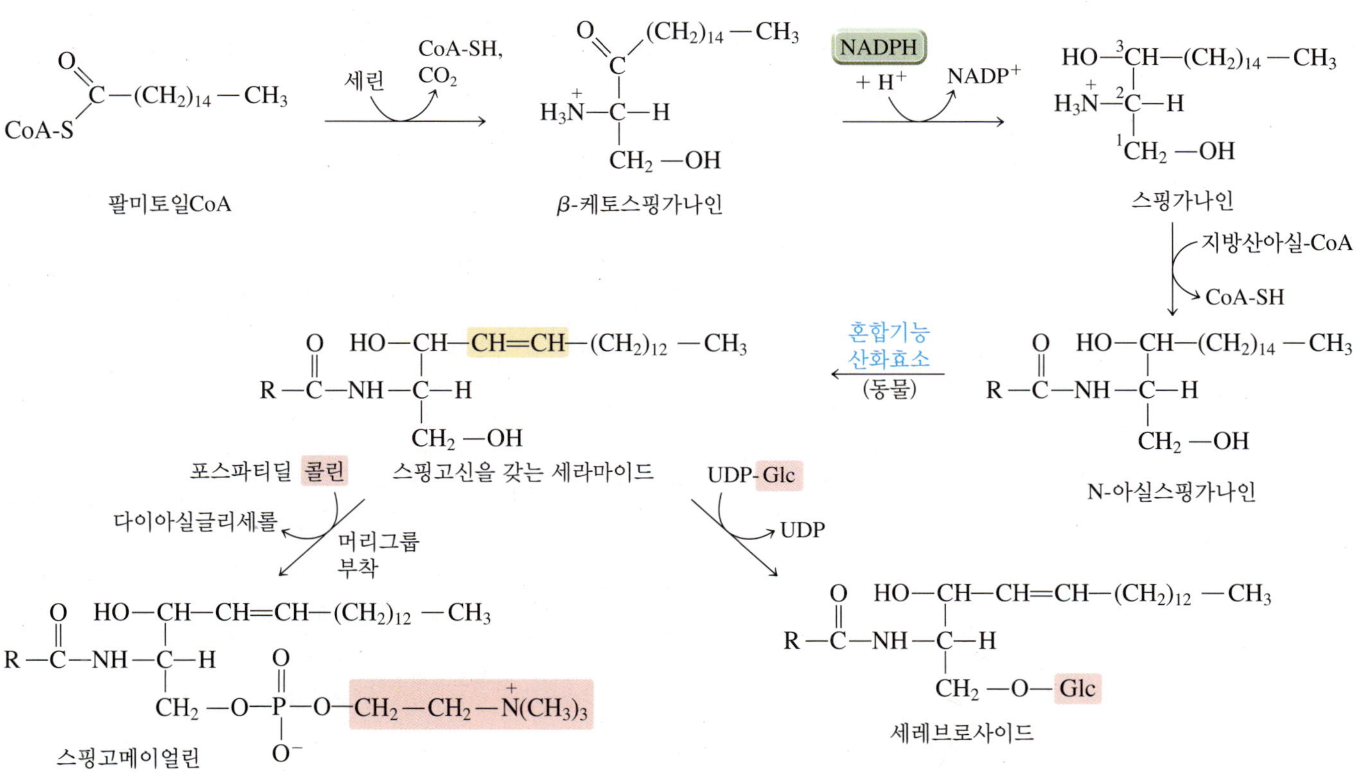

■ **그림 8-27** ■ 스핑고지질의 생합성. 팔미토일CoA와 세린을 축합시키고, NADPH로 환원시키면 스핑가나인이 얻어진다. 다음 아실화되어 N-아실스핑가나인이 얻어진다. 동물에서 혼합기능산화효소(mixed function oxidase)에 의해서 이중결합이 만들어지고, 머리그룹을 더하여 포스파디딜콜린을 사용하여 스핑고메이얼린이 얻어지며, 글루코스를 더하여 세레브로사이드가 만들어진다.

8.2.4 지방산대사의 조절

지방산의 대사는 주로 간에서 이루어지며, 그중 합성은 세포질에서, 또 붕괴의 β-산화는 마이토콘드리아에서 일어난다. 이렇게 합성된 지질은 지방세포에 비교적 장기간 비축용 에너지로 보존된다.

포유류의 기초연료로는 글라이코젠과 트라이아실글리세롤이 사용되며, 이들의 합성과 분해는 혈액의 흐름과 관여된, 상호의존성인 망상조직의 기관이나 조직이 관여되고 있다. 특히 트라이아실글리세롤의 운송에는 유미입자와 VLDL의 형태, 지방산은 알부민 복합체, 케톤체의 형태로 운반된다. 글라이코젠의 대사에 관여되는 홀몬인 인슐린이나 글루카곤이 지질대사경로에 반대되는 반응을 조절함으로써 지방산을 산화시킬지 또는 합성할지를 조절하게 된다.

혈액내부의 지방산의 농도가 지방산의 산화를 조절하는데, 지방세포내의 트라이아실글리세롤의 가수분해는 홀몬에 민감한 트라이아실글리세롤 지방산가수분해효소(lipase)에 의하여 조절된다. 이 효소의 활성에 cAMP의 농도에 따른 인산화와 탈인산화가 서로 관여되고 있다. 이러한 인산화는 홀몬에 민감한 지방산가수분해효소를 활성화시키게 되며, 따라서 지방 조직에서 지방의 분해가 활성화되며, 혈액내부의 지방산의 농도의 증가를 가져온다(그림 8-28).

단백질인산화효소(PKA)는 아세틸CoA카복실화효소(acetyl CoA carboxylase)의 불활성을 유도하며, cAMP-의존 인산화는 지방산의 산화를 촉진시키고, 반대로 지방산의 합성을 저지하게 된다.

인슐린은 트라이아실글리세롤의 생성을 촉진하며, 또 cAMP의 농도를 낮추어 탈인산화반응을 유도하며, 홀몬에 민감한 지방산가수분해효소를 불활성화시킨다. 인슐린은 아세틸CoA카복실화효소(acetyl CoA carboxylase, ACC)의 활성을 촉진한다. 또한 인슐린은 지방산이 지방조직에 운송되는 과정에 참여하는 효소인 지질단백질-지방산가수분해

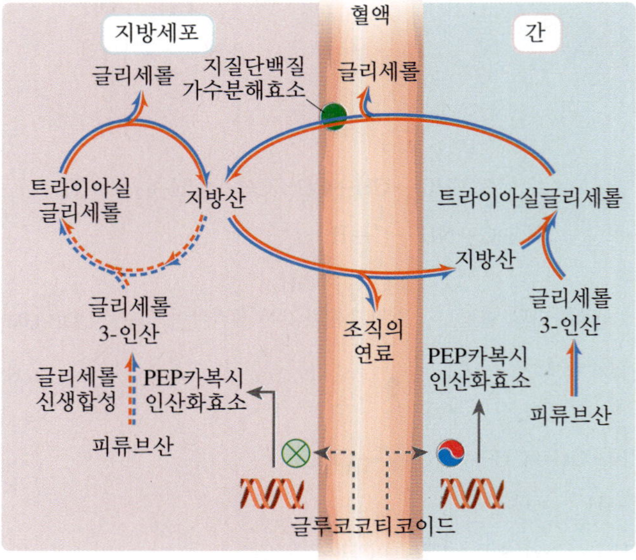

■ 그림 8-28 ■ 트라이아실글리세롤의 회로. 동물에서 트라이아실글리세롤은 굶주릴 때 트라이글리세롤 회로에서 파괴되고 재합성된다. 지방조직의 트라이아실글리세롤에서 얻어진 지방산은 혈액에 들어가게 된다. 혈액으로 배출된 지방산은 에너지로 사용되고, 일부는 간에서 취하여 트라이아실글리세롤의 합성에 사용된다. 간에서 만들어진 트라이아실글리세롤은 혈액을 통하여 지방조직에 운반된다. 지방조직에서 배출되는 지방산은 지방세포가 흡수하고 트라이아실글리세롤로 다시 에스터화한다.

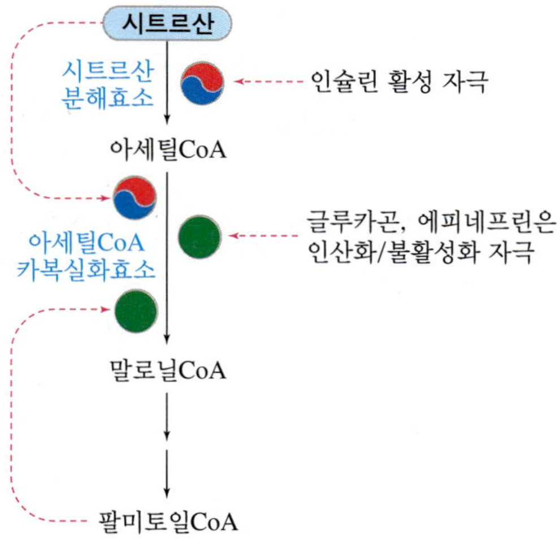

그림 8-29 지방산합성의 조절. 포유류의 세포에서 다른자리입체성조절과 홀몬에 좌우되는 공유성변형에 의해서 전구체인 말로닐CoA가 얻어진다. 식물에서는 아세틸CoA 카복실화효소는 Mg^{2+}와 pH와 빛의 조사에 의한 변화에 따라 활성화된다.

효소의 양을 증가시키는 데 기여하고 있다.

AMP에 의해서 활성화되는 AMP-의존 단백질인산화효소(AMP-dependent protein kinase)는 아세틸CoA카복실화효소를 인산화하여 불활성화시키며, 지방산대사의 중요한 조절자로 기능한다. 음식물을 섭취하거나 휴식상태의 신호로 ATP의 농도가 높아지면 인산화효소가 불활성화되고, 반면에 아세틸CoA카복실화효소를 탈인산화시키므로 이 효소가 활성화된다(그림 8-29).

지질대사의 장기간의 조절은 인슐린에 의해서 촉진되고, 기아상태에서 아세틸CoA카복실화효소(ACC)와 지방산합성효소의 방해로 이루어진다.

8.2.5 콜레스테롤의 대사

1. 콜레스테롤의 생합성

1930년대 초 콜레스테롤이 처음 발견되고, 그 화학구조가 밝혀지기 이전에는 복잡한 고리모양의 구조는 대단히 홍미를 돋우는 연구의 대상이었다. 콜레스테롤의 화학구조의 해결은 거의 40년 후에 많은 연구자들의 노력에 의해서 이루어졌다. 모든 콜레스테롤의 탄소원자들은 직접 아세트산으로부터 유래된다. 고리구조의 분자는 평면적이고, 그림 8-30과 같이 표기한다.

여러 단계들의 반응으로 구성된 콜레스테롤합성에서, 특히 초기의 하이드록시메틸글루타릴CoA(HMG-CoA)는 콜레스테롤합성의 전구체로, 또 이 HMG-CoA가 다음 메발론

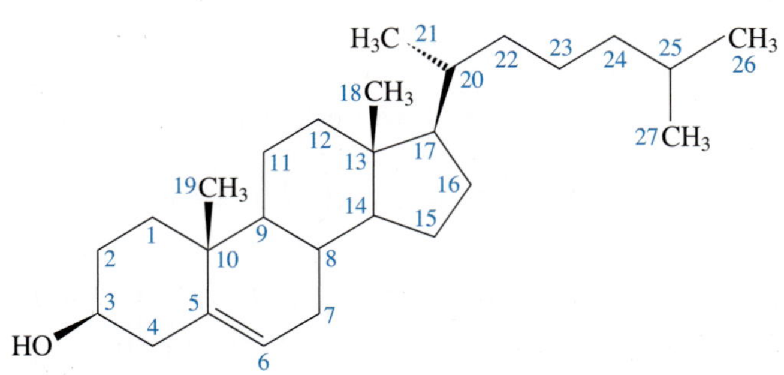

그림 8-30 콜레스테롤의 탄소번호. 콜레스테롤과 다른 스테로이드의 탄소번호.

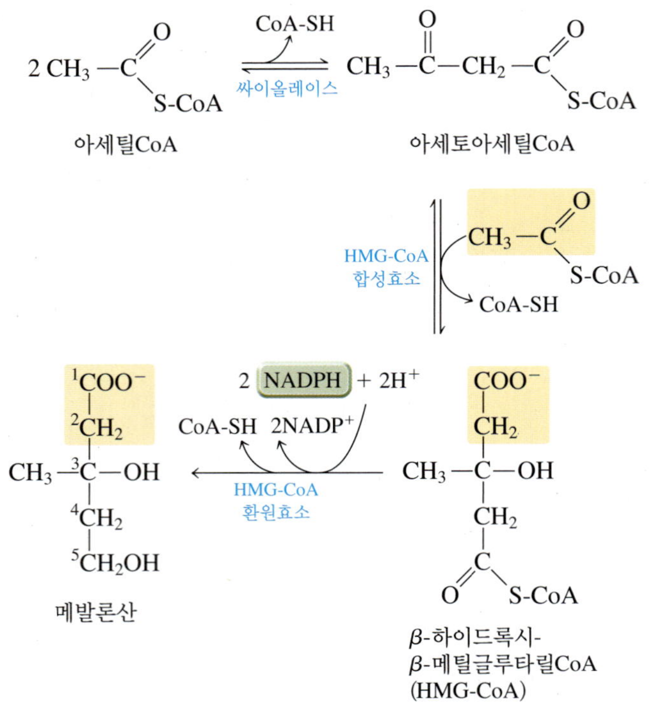

■■ 그림 8-31 ■■ 아세틸CoA에서 메발론산의 합성. 메발론산의 C_1과 C_2는 아세틸CoA로부터 얻어진다. 싸이올레이스는 2분자의 아세틸CoA의 축합으로 아세토아세틸CoA를 합성한다. HMG-CoA는 합성효소의 작용으로 아세토아세틸CoA로부터 얻어진다. 메발론산을 만드는 HMG CoA환원효소는 속도조절단계의 효소로, 콜레스테롤 합성의 가장 중요한 조절지역이 된다.

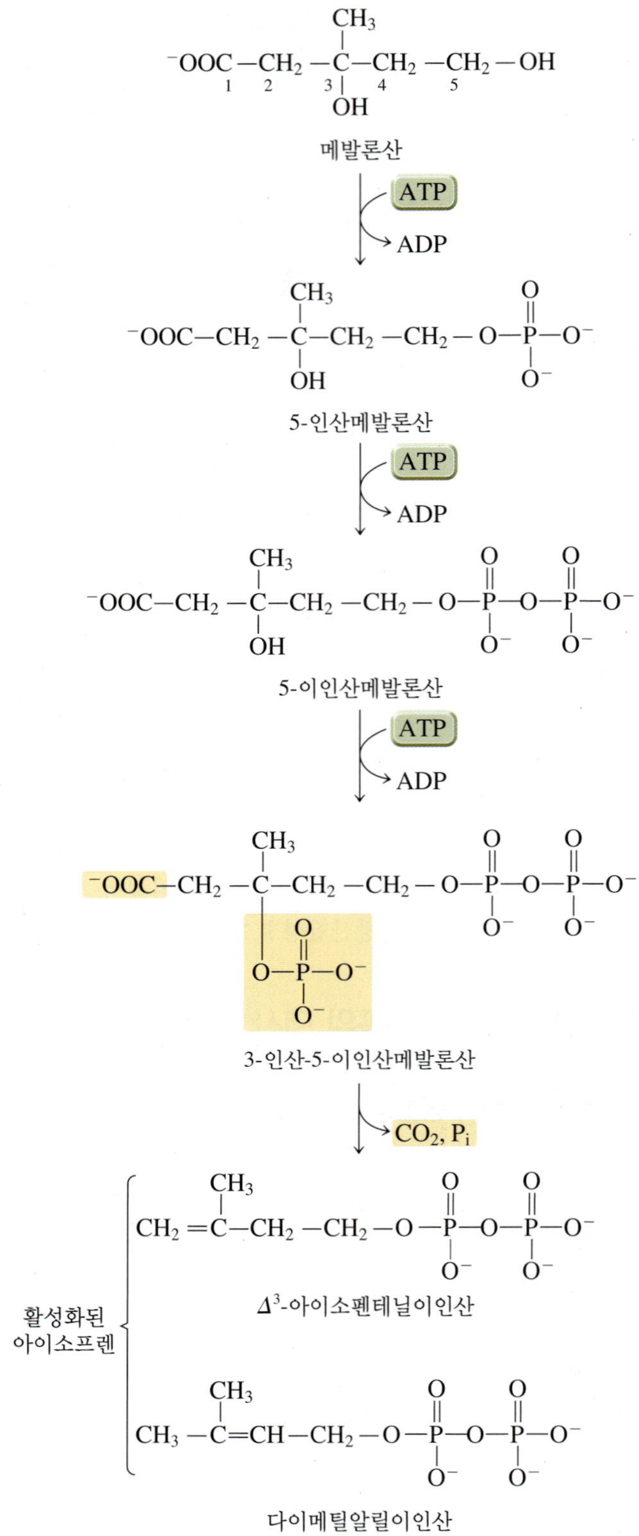

■■ 그림 8-32 ■■ 메발론산의 활성화된 아이소프렌단위로 변형. 여기서 활성화된 여섯 개의 단위는 축합되어 스쿼렌을 만들게 된다. 3-인산-5-이인산메발론산으로 부터 제거되는 그룹은 핑크색으로 나타내고 있다.

산으로 되는 반응에 필요한 HMG-CoA환원효소는 콜레스테롤 합성의 전 과정에서 속도결정단계 (rate determining step) 반응으로서 콜레스테롤합성조절에 매우 중요한 지역이 된다. HMG-CoA환원효소는 NADPH에 의한 4개의 전자들의 환원으로 메발론산을 합성하게 된다. 마이토콘드리아에서 싸이올분해효소와 HMG-CoA합성효소는 케톤체의 합성을 위하여 HMG-CoA를 만들게 된다 (그림 8-31). 세포질에 있는 두 효소의 동위효소들이 HMG-CoA를 합성하며, 4단계의 반응을 통하여 아이소펜테닐이인산 (isopentenyl pyrophosphate) 을 만들게 된다 (그림 8-32).

아이소펜테닐이인산은 이성화효소에 의해서 다이메틸알릴이인산 (dimethyl allylpyrophosphate) 으로 변경된다. 네 개의 아이소펜테닐이인산과 두 개의 다이메틸알릴이인산은 두 효소의 촉매에 의한 세 번의 반응으로 **스퀄렌 (squalene)** 으로 축합된다. 다이메틸알릴이인산과 아이소펜테닐이인산의 머리-꼬리의 축합반응으로 제라닐이인산이 얻어지며, 이 반응은 프레닐전달효소 (prenyl transferase) 에 의해서 촉매된다. 한 번 더 제라닐이인산과 아이소펜테닐이인산은 머리-꼬리의 축합반응으로 파네실이인산 (farnesyl

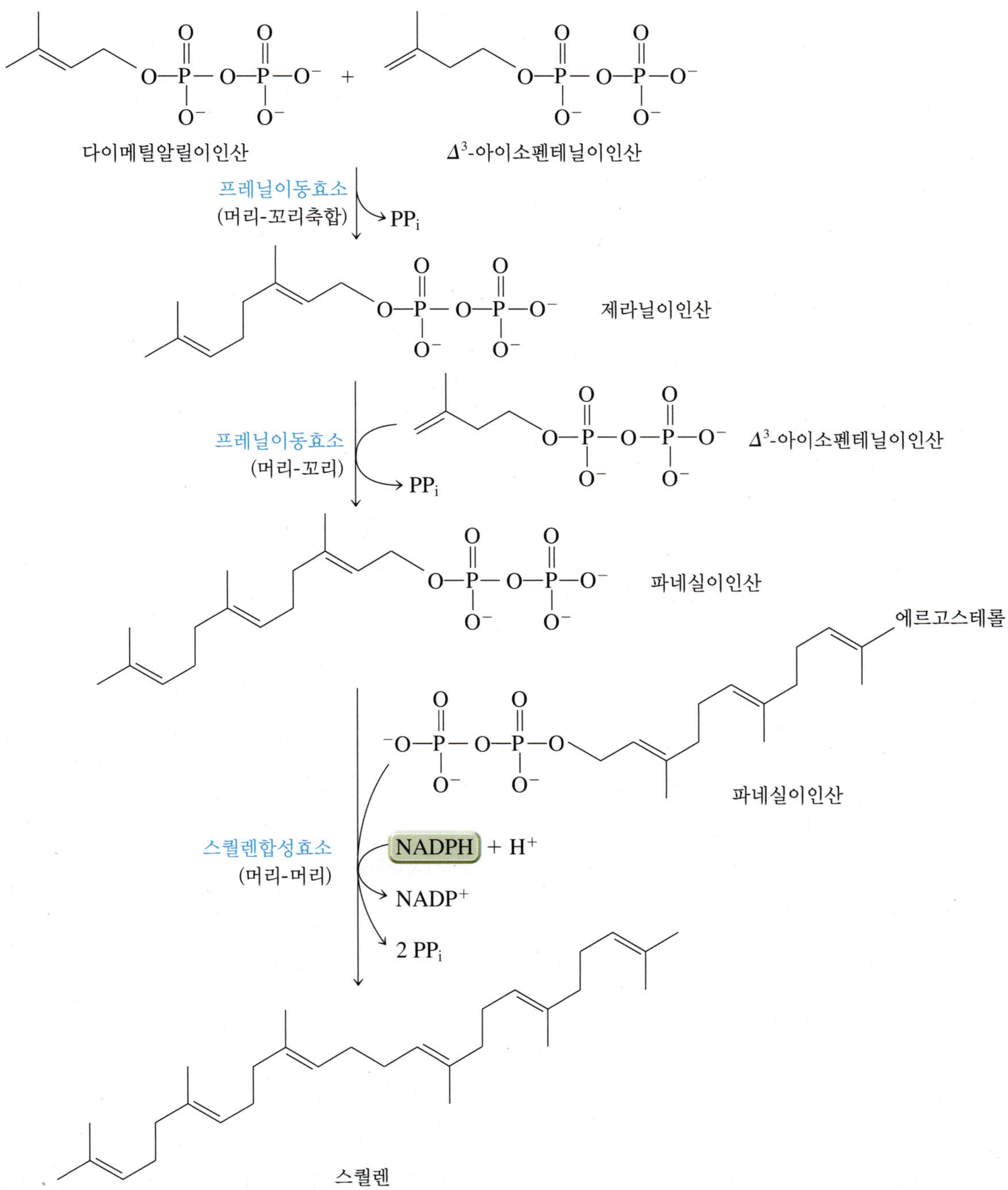

■ 그림 8-33 ■ 스퀄렌의 합성. 활성화된 아이소프렌단위의 계속적인 축합반응으로 30개 탄소구조의 스퀄렌이 얻어진다.

pyrophosphate)을 합성한다. 마지막으로 스쿼렌합성효소에 의해서 두 개의 파네실이인산의 머리-머리축합반응으로 스쿼렌을 합성하게 된다.(그림 8-33).

스쿼렌은 두 단계를 거쳐 고리화되고, 스쿼렌에폭시데이스(squalene epoxidase)에 의해서 산화되어 2,3-옥시도스쿼렌이 얻어진다. 다음 2,3-옥시도스쿼렌은 옥시도스쿼렌고리화효소(oxidosqualene cyclase)에 의해서 **라노스테롤(lanosterol)**을 만들게 된다. 라노스테롤에서 콜레스테롤로의 전환되는 과정에는 산화반응과 3개의 메틸그룹을 제거하는 19단계의 과정들이 있다(그림 8-34).

스테로이드 유도체로 일종의 홀몬인 콜레칼시페롤을 바이타민 D_3라 하고 에르고칼시

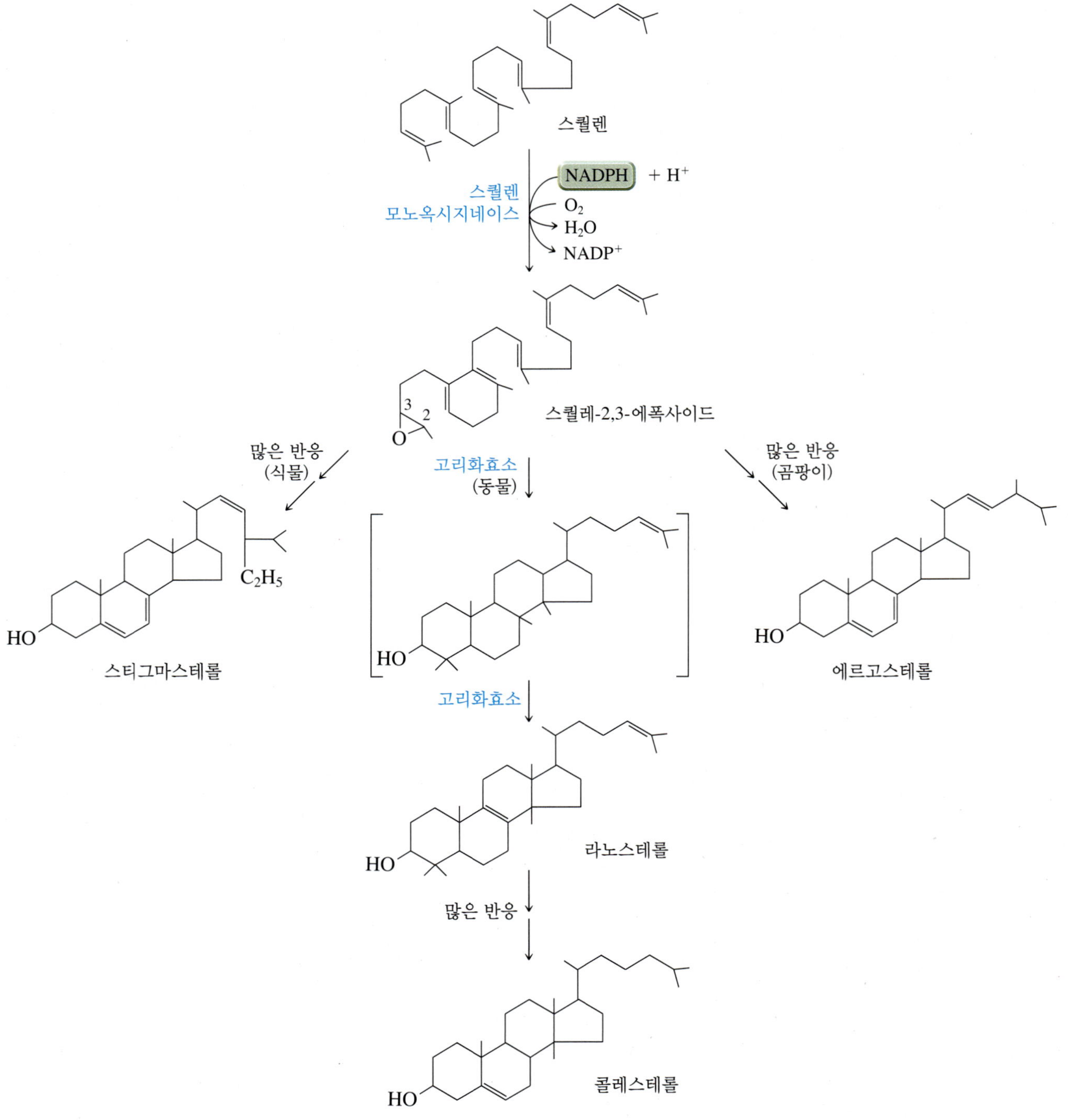

■ 그림 8-34 ■ 선형 스쿼렌에서 고리형 스테로이드핵의 형성. 이 반응의 첫 단계를 촉매하는 효소는 혼합기능산화효소로 다른 기질로 NADPH가 쓰여진다. 얻어진 중간체는 에폭사이드로, 다음 단계에서 스테로이드골격의 고리형이 된다. 동물세포에서 최종생성물이 콜레스테롤이 된다.

페롤을 바이타민 D_2라고 하며, D_3는 7-다이하이드로콜레스테롤로부터 자외선의 촉매작용으로 합성된다.

2. 콜레스테롤합성의 조절

콜레스테롤합성의 조절은 오랫동안 신약개발 연구에서 가장 비중이 큰 고지혈증치료제의 개발과 밀접하게 관련되고 있다. 체내에서 콜레스테롤의 합성의 조절은 두 가지로 나누어 생각할 수 있다. 생성된 효소의 기능의 조절과 또 유전자에 의한 효소합성의 조절을 통한 콜레스테롤 생성의 조절을 들 수 있다.

콜레스테롤의 합성은 여러 많은 단계의 반응을 거치지만, 그중 속도제한단계 (rate limiting step)의 효소인 HMG-CoA 환원효소가 가장 적절한 조절의 목표가 된다. 이 효소는 방해제에 의한 경쟁적인 억제, 다른자리입체성조절, 그리고 가역적인 인산화에 의한 공유성 변형에 의한 조절이 가능하다.

HMG-CoA환원효소의 방해제는 고지혈증(hypercholes-terolemia) 치료제로 효소의 활성부위에 강력한 접착능력을 가진 **로바스타틴(Lovastatin)** 등이 발견되었다(그림 8-35). 이들 방해제는 HMG-CoA나 메발론산과 유사한 구조를 포함한 복잡한 화학구조를 가지며, 미생물에서 초기에 얻어졌으나, 합성을 통하여 부작용이 적고, 억제능력이 우수한 합성약물이 출현하여 치료제로 쓰이고 있다.

또한 세포내에서 HMG-CoA환원효소의 유전자발현을 조절하는 방법도 연구되었다. 효소가 분해되는 정도에 비교하여 합성으로 증가되는 정도가 매우 높아, 이의 조절이 연구의 대상이 되고 있다. HMG-CoA환원효소의 발현에는 수많은 (20여개) 다른 유전자들의 조절을 통하여 효소의 발현이 상호조절되고 있다. **스테롤조절결합단백질(sterol regulatory binding protein, SREBP)**의 일부분이 단백질분해효소의 절단에 의해서 조각으로 되고, 핵 속에 진입하여 염기성 헬릭스-루프-헬릭스(bHLH)의 전사활성인자로, 효소의 유전자에 부착하여 전사를 활성화시키는 것으로 알려지고 있다(그림 8-36).

3. 콜레스테롤과 심장병

저밀도지질단백질(LDL) 형태로 혈액 속의 콜레스테롤의 농도가 증가하는 것은 심장질환의 가장 주된 원인이 되고 있다. 특히 혈관의 벽에 축적된 지질은 순환되는 지질단백질로부터 세포가 콜레스테롤을 흡수하는 능력과 관계가 있기 때문이다. **심근경색(myocardial infraction)**이나 **뇌졸중(stroke)**은 콜레스테롤 및 콜레스테롤에스터나 대식세포(지방이 혈관내의 세포벽에 부착백혈구세포와 대식세포로 분화) 등이 응고되어 얻어진 덩어리(plaque)를 상처난 혈관벽에 정착시키므로 근육세포가 분화되고 경화되어

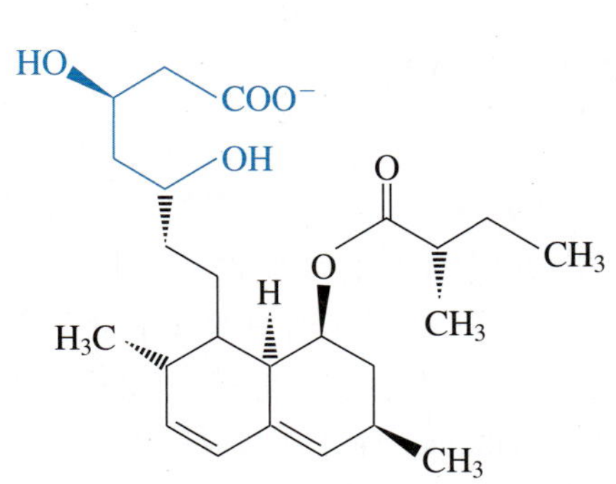

로바스타틴(lovastatin)

■ 그림 8-35 ■ HMG CoA 환원효소의 경쟁적인 방해제 로바스타틴. 구조의 일부인 3-하이드록시-3-메틸글루타릴 부분은 청색으로 나타내고 있다.

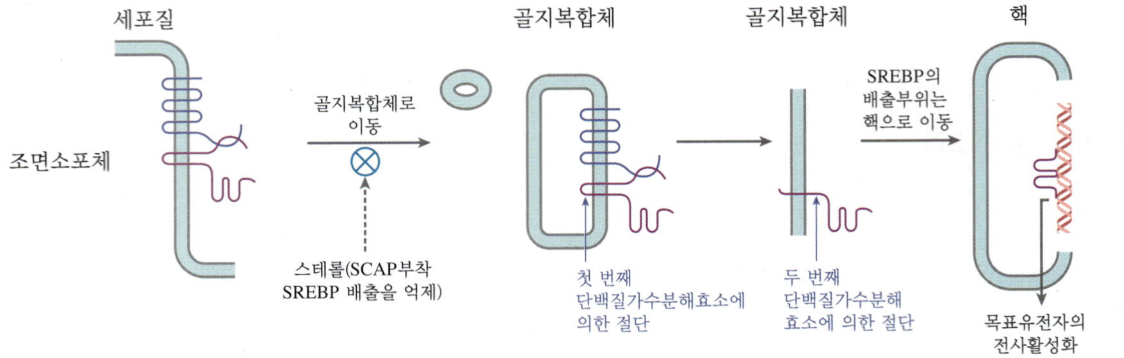

그림 8-36 SREBP의 활성화. 스테롤조절결합단백질(SREBP, 보라색)이 처음 합성되면 ER막에 걸쳐 있는 SREBP 절단활성단백질(SCAP)과 복합체로 SCAP가 붙게 되면 SREBP는 활성을 잃게 된다. 스테롤의 농도가 떨어지면 복합체는 골지복합체로 이동되고, SREBP는 절단된다. 떨어져 나온 SREBP의 N-말단부분이 핵 속으로 들어가면 스테롤-조절유전자의 전사를 활성화시키게 된다.

혈관내부에 혈액의 순환을 막게 됨으로써 나타나는 질병이다. 오랜 기간 동안 많은 양의 동물성 지방의 섭취로 혈액에 콜레스테롤의 농도가 높아지면 혈관동맥의 경화가 나타난다. 특히 동맥경화는 혈액내의 총 콜레스테롤의 양을 낮게 유지하는 것이 꼭 필요하므로 혈압이 높은 환자는 HMG-CoA환원효소의 방해제를 매일 복용하여야 한다. 적은 콜레스테롤을 섭취하거나 또는 높은 HDL (고밀도지질단백질) 의 농도를 유지하는 사람의 지질단백질은 콜레스테롤을 간으로 수송하고 담즙으로 제거하기 때문에 동맥경화에 걸리지 않게 해 준다.

LDL (저밀도지질단백질) 수용체는 혈청의 LDL농도의 조절에 중요한 역할을 하며, 장기간 고지방질 식사를 하게 되면 LDL수용체의 합성을 억제하여 LDL이 순환계에 많이 남게 되고, 혈관내의 덩어리의 형성에 큰 영향을 미치게 된다. 또한 동물성 지방을 많이 섭취하게 되면 콜레스테롤은 유미입자를 통하여 조직에 운반되고, 혈청의 LDL농도를 높이는 원인이 된다.

콜레스테롤은 코티솔, 엔드로젠, 에스트로젠 등 홀몬의 전구체이다. 간에서는 콜레스테롤을 담즙으로 전환시키며, 지방의 용해성을 높이는 기능을 수행한다. 담즙은 혈액을 통하여 순환되어 간으로 되돌아오는데, 담즙은 장내의 미생물에 의해서 대사되어 배출된다.

8.3 세포막과 운송

8.3.1 세포막의 구조 및 구성

원형질막은 세포가 내부에서 복잡한 기능을 수행하는 정도로 다양하고 복잡한 구조적인 특성을 지닌다. 세포막은 인산지방질과 콜레스테롤로 구성된 두 겹층으로, 세포막의 단백질은 세포막의 안팎으로 걸쳐 있고, 이때 당단백질과 당지질의 탄수화물은 막의 바깥쪽 부분에만 존재한다 (그림 8-37) . 실제로 생체막이 유동성을 갖는다는 사실은 싱거 (Jonathan Singer) 와 니콜슨 (Grath Nicolsen) 에 의해서 유동모자이크 모델로 설명되고 있다. 그들에 의하면, 내재막단백질은 지질의 넓은 바다 같은 공간에 모자이크형태의 분포로 떠다니는 일종의 빙산처럼 유동성을 갖는다고 제안하고 있다. 실험적으로 측정해 본 결과, 세포막 내재의 단백질들 중 30~70%가 유동성을 가지고 자유롭게 움직이고 있으

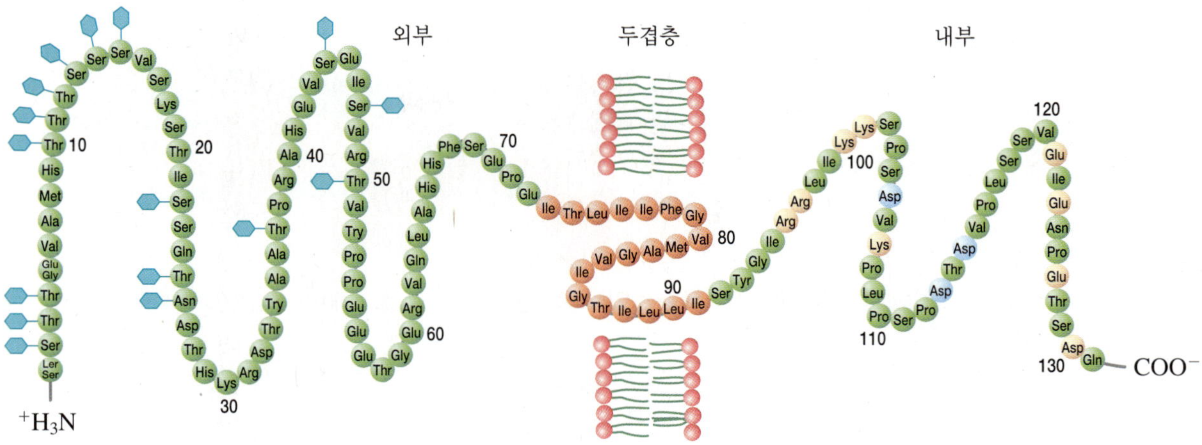

■ 그림 8-37 ■ 글라이코포린의 세포막에 걸쳐서 존재. 적혈구 세포막으로부터 글라이코포린 A의 세포막에 걸쳐진 아미노산의 순서로, 세포 밖의 육각형은 탄수화물을 나타내고 있다. 두겹층에 감춰진 부분은 오렌지색으로 표시하고 있다. 세포막 내부의 극성아미노산들은 푸른색과 노란색으로 표시하고 있다.

며, 속도는 크기에 따라 다양하나, 일부단백질은 전혀 움직이지 않는 경우도 있다고 제안하고 있다. 기능에 필요한 주변단백질은 막안쪽에 닻을 내리듯이 연결되고 있다(그림 8-38).

1. 막골격

적혈구 막골격의 75%를 차지하는 단백질인 스펙트린은 적혈구의 유동성을 갖게 하는 독특한 구조를 가지고 있다. 막단백질은 막의 골격으로 기능하고, 이는 단백질의 특별한 구조와 조성 때문에 가능하다. 스펙트린은 비슷한 크기의 α-나선의 꼬인 코일 이종이량체와 삼중나선의 α-나선의 꼬인 코일 이종이량체가 합쳐져서 이종사량체 $(\alpha\beta)_2$로 구성된다. 실제로 이러한 구조는 적혈구의 원형질막을 조밀하고 불규칙한 그물구조로 만들게 된다.

8.3.2 세포막단백질

세포막에서 단백질은 세포의 생존을 위하여 여러 가지 중요한 기능을 수행하는 데 필수적이다. 세포막단백질은 세포막의 안팎으로 영양분이나 폐기물을 운송하거나, 세포외부

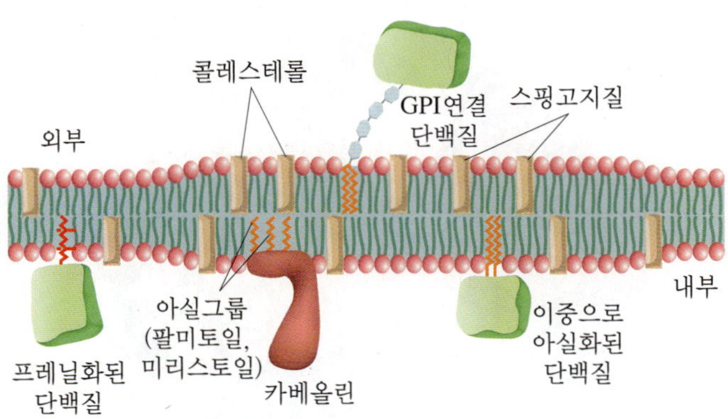

■ 그림 8-38 ■ 원형질막의 미세부위. 세포막 바깥쪽의 스핑고지질과 콜레스테롤의 안정한 결합이 마이크로부위를 만든다. 다른 부위가 약간 두터운 것은 특수한 단백질들이 있기 때문이다. GPI연결단백질은 흔히 있는 단백질이고, 내부에서 단백질이 여러 사슬의 아실그룹을 가지고 있다. 카베올린은 안쪽으로 일부 파묻혀 있고, 긴 사슬의 아실그룹으로 세포막과 연결되고 있다.

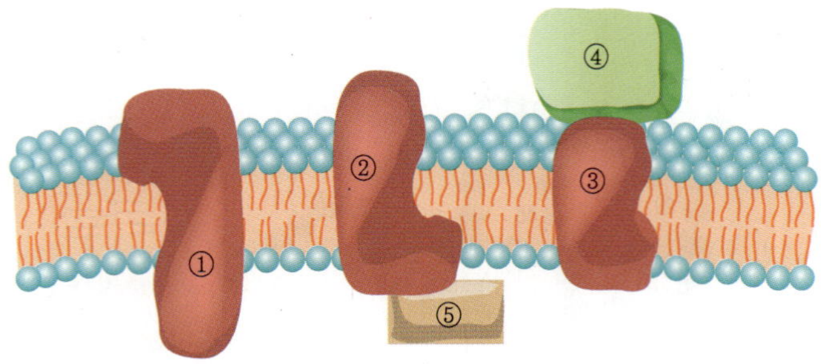

그림 8-39 막내재단백질과 막주변단백질. ①, ②, ③, 막내재단백질, ④, ⑤ 막주변단백질.

로부터 필요한 정보를 받아들이는 기능, 또 반응을 촉매하는 등의 여러 기능을 수행한다.

단백질이 세포막과 접촉하여 존재하는 방법에는 몇 가지가 가능하다. 단백질은 세포의 지질두겹층에 안팎으로 걸쳐있게 되는 **막내재단백질 (integral protein)** 과 세포막의 주변에 부착되어있는 **막주변단백질 (peripheral protein)** 로 존재한다 (그림 8-39) .

1. 막내재단백질

막내재단백질은 쉽게 용해된 상태로 얻기 어렵기 때문에 그동안 단백질 기능의 연구를 수행하는데 많은 어려움이 있었다. 막내재단백질은 단백질 자체도 양성물질로, 세포 안쪽에는 강한 소수성을 갖는 아미노산 잔기들로 구성되고 있으며, 수용성부분도 극성분자로 둘러 싸여있다. 단백질 분해효소를 이용하여 막내재단백질이 어떤 상태로 막과 연계되어 있는지를 알아보는 여러 가지 실험들이 시도되었다. 단백질 분해효소에 의하여 용매에 노출된 부분을 절단시키고, 세포막의 내재단백질을 얻어낼 수 있었다. 이러한 방법

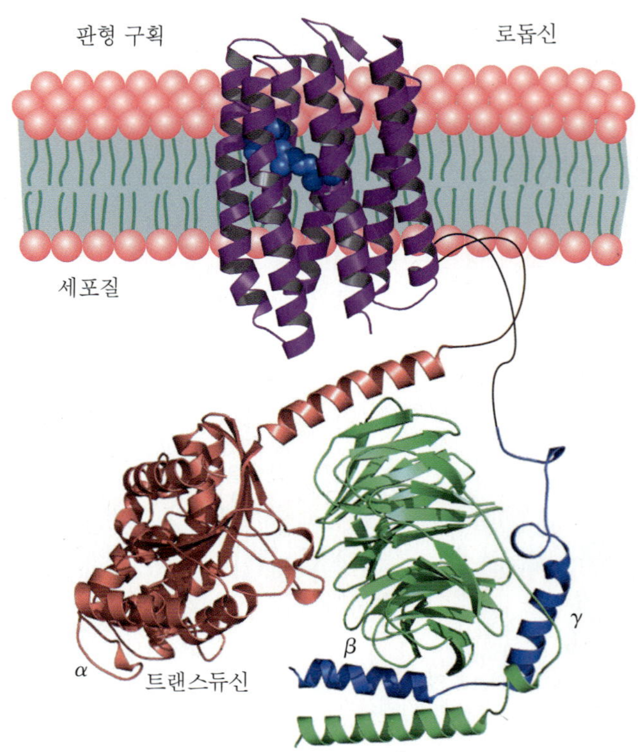

그림 8-40 로돕신의 구조. 붉은색의 로돕신은 세포막 안팎으로 나선들이 걸쳐 있으며, C-말단은 세포질에 N-말단은 두겹층에 들어있다. 발색단 11-시스-레티날(붉은색)은 두겹층의 중앙에 위치하고 있다. G-단백질 트랜스듀신(녹색)은 원형질 고리에 상호작용하고 있다. 세 개의 소단위체인 트랜스듀신(엷은녹색)을 보여주고 있다.

표 8-2 7TM 수용체가 중계하는 생물학적인 기능

• 냄새	• 혈압조절
• 맛	• 태아형성
• 시각	• 세포성장, 분화
• 신경전달	• 발생
• 홀몬분비	• 바이러스 감염
• 세포내 분비	• 암세포화

으로 적혈구막단백질인 글라이코포린의 세포막에서의 구조와 기능을 설명할 수 있게 되었다. **글라이코포린(glycoporin)** 막을 통하여 존재하는 단백질로 N-말단부분은 막외부에 노출되어 있고, 세포막을 관통하는 소수성 부분의 단백질과, 세포막 안쪽의 극성이고 수용성인 C-말단의 부위가 존재한다. (그림 8-37) 막내재단백질은 주로 α-나선으로 구성되고, 일부분이 수용성 환경에 노출되어 있으므로 필요한 기능을 수행 할수 있게 된다.

또 다른 잘 연구된 막을 관통하는 단백질로 **로돕신(rhodopsin)**이 있으며, 광자의 유도에 의하여 트랜스듀신과 상호작용하여 GDP를 GTP로 교체시키는 기능을 촉매한다. 트랜스듀신은 해리되어 신호를 수용체에서 cGMP의 경로에 보내게 된다(그림 8-40). 이밖에도 박테리아 광합성의 반응중심도 막내재단백질로 구성되고 있다.

주로 홀몬의 수용체 그리고 각종 약물의 수용체들도 대부분이 막내재단백질로서 외부로부터의 신호를 접수하는 수용체로 기능하고, 세포내부에서 유도된 효소촉매의 작용으로 인산화 등을 통하여 신호를 내부로 전달하게 된다. 세포내부에서 cAMP의 합성을 촉매하는 효소인 아데닐고리화효소(adenyl cyclase) 등, 생체의 조절에 중요한 기능을 수행

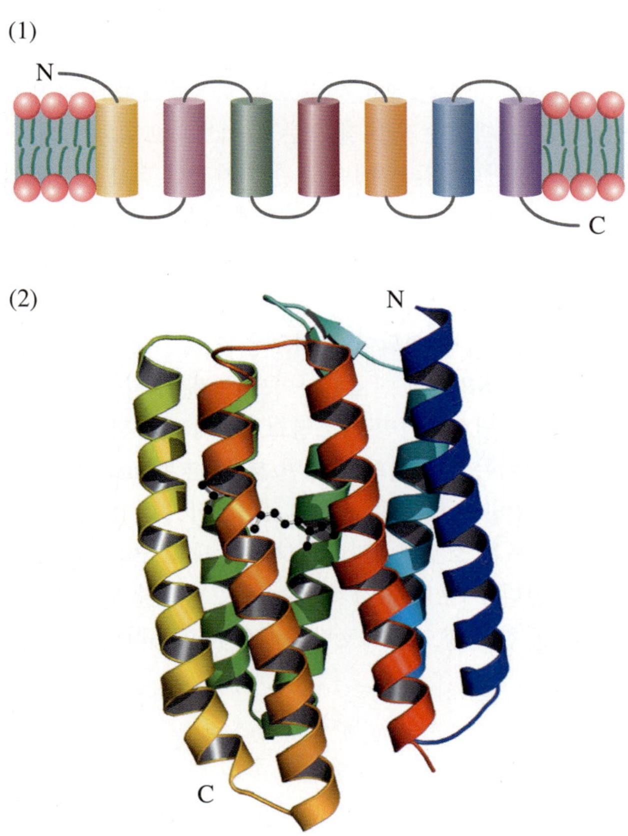

그림 8-41 7TM수용체의 구조. (1) 세포막에 7번이나 걸쳐 있는 부위(7TM)를 나타내고 있다. (2) 로돕신의 삼차구조 7TM수용체가 보이는 신호의 전달을 담당한다.

하는 단백질들이 이러한 방법으로 신호를 전달하게 된다(표 8-2). 막내재단백질은 세포외부의 신호를 세포내부로 전달하는 신호의 수용체로, 독특한 구조를 가지며, 다양한 신호들을 전달하므로 세포의 중요한 기능들을 수행하도록 한다(그림 8-41). 막내재단백질은 신호의 종류에 따라 독특한 구조를 가지므로 매우 다양한 종류가 가능하며, 특히 약물을 인식하고 내부에 영향을 주게되므로, 질병의 원인이 되는 물질을 활용한 적절한 치료약물의 개발연구에 매우 유용한 목표물질이 되고 있다.

2. 막주변단백질

대부분의 **막주변단백질(peripheral protein)** 들은 비교적 헐겁게 세포막에 붙어 있으며, 내재단백질에 공유성 결합이나 또는 정전기적인 힘으로 부착되어 있기도 한다. 대표적인 막주변단백질로 사이토크롬 *c*가 있으며, 이는 마이토콘드리아막 바깥쪽에 존재한다. 막주변단백질 중에 세포의 신호전달체계에서 세포의 성장의 신호에 중요한 기능을 수행하는 G-단백질이 있으며, G-단백질은 신호전달체계에서 신호의 스위치기능을 수행한다. ras단백질은 막주변단백질로 대표적인 단백질이며, 특히 ras단백질은 세포막 안쪽에 부착되기 위하여 파네실이동효소에 의해서 파네실그룹을 싸이이오에스터결합으로 ras단백질의 시스테인 잔기에 부착시키고, 파네실기의 소수성그룹은 세포막 안쪽의 지질두겹층에 닻을 내리게 된다. 이 과정은 세포성장의 신호전달의 스위치기능을 수행하도록 하는 중요한 과정이다. 그래서, 변형된 ras단백질의 부착을 억제함으로써 대장암세포의 성장을 저지시키기 위하여 파네실그룹을 부착시키는 효소의 억제제를 탐색하여 항암제를 개발하는 연구도 시도되고 있다. 이와 관련된 SOS단백질 등과 같은 신호전달과정의 중요한 단백질들이 세포막주변단백질들로 연구되고 있다.

3. 분비경로

세포 안에서 각종 물질의 운송은 분비경로 또는 목표장소를 찾아가는 체계에 의해서 운영된다. 막의 안팎으로 통과되는 단백질 또는 라이보솜으로 배송되는 단백질, 그리고 소포체에 남아있어야 하는 단백질들의 배송에 관한 자세한 정보는 단백질이 합성될 때에 N-말단부분에 13~36 정도 아미노산 잔기의 **신호펩타이드(signal peptide)**에 의해서 지정된다. 신호펩타이드들은 N-말단에 한 개나 그 이상의 친수성인 염기성 잔기를 포함하고, 친수성 잔기에 인접한 6~15 잔기의 소수성 잔기들을 가진다(그림 8-42).

신호펩타이드에는 단백질이 합성되어 라이보솜을 나올때, 핵단백질인 **신호인식입자(signal recognition particle, SRP)**가 신호펩타이드와 라이보솜에 결합하게 된다. 라이보솜의 SRP는 GTP를 GDP로 변화시키면서 조면소포체에 이동되어 SRP의 수용체(SR)와 결합하게 된다. 소포체 막에는 단백질의 통로인 **트랜스로콘(translocon)**이 있으며, 수용체가 트랜스로콘에 결합되어 기공을 통하여 신호펩타이드를 소포체의 내강으로 밀려들어 가게 한다. 신호펩타이드는 소포체내강에서 가수분해효소에 의해서 절단되어 전체 폴리펩타이드로부터 제거된다. 세포막에 걸쳐 있는 펌프단백질은 두가지 구조적인 상태를 상호변환시키면서 이온을 한 방향으로 세포막을 통하여 이동시키게 된다(그림 8-43).

4. 막소포운반

라이보솜에서 단백질의 합성이 완료되면 번역 후의 변형과정으로 골지체에서 당을 부착시킨다. 골지체에서 시스골지 네트워크는 단백질이 골지체에 들어올 때 통과하는 지역이고, 트랜스골지네트워크는 완성된 단백질의 출구가 된다. 단백질들은 변형되는 동안 골지층의 한쪽 끝에서 다른 쪽으로, 다음 두 가지 메커니즘에 의해서 이동되게 된다. 단백

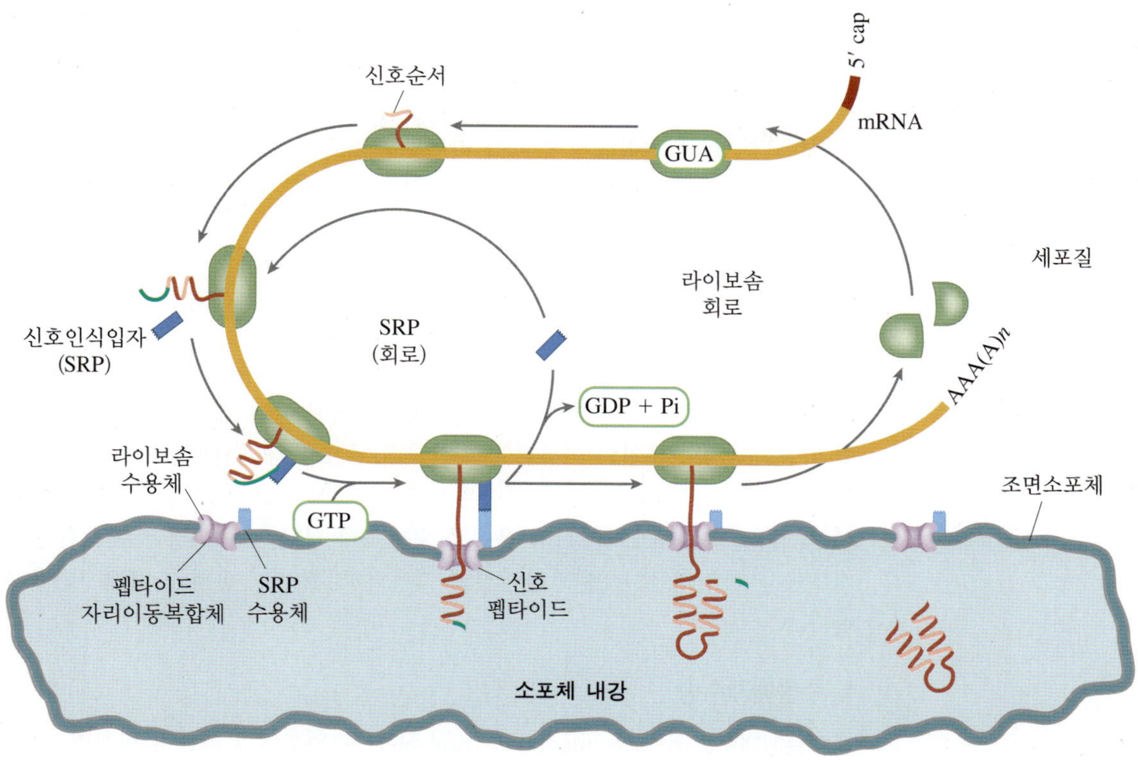

■ **그림 8-42** ■ 원핵세포의 적절한 신호펩타이드를 갖는 단백질이 소포체로 이동. 이 과정에서 SRP회로, 위치이동 그리고 폴리펩타이드의 절단이 포함된다. SRP는 막대모양의 복합체로, 뉴클레오타이드RNA와 다른 단백질로 구성되고 있다. SRP의 소단위체에 신호펩타이드가 직접 부착되고, 아미노아실 tRNA의 진입을 막고 펩타이드의 연장을 방해한다. SRP수용체는 이종이량체로, 다른 GTP와 부착되고 가수분해된다.

질은 한 구획에서 다음 구획으로 융합되는 막소포내부의 화물의 형태로 이동된다. 이러한 운반은 **전진운반(anterograde transport)**이라고 한다. 다른 운송방법으로는 막소포를 거쳐서 골지체의 적층을 통과하는 골지구획의 탑승객형태로 운반되는 것이 있다. 이러한 운반은 단백질의 **후진운반**이라고 한다. 이러한 방법을 통하여 트랜스골지네트워크에 도달하면 완벽하게 만들어진 단백질들이 분류되고, 곧 세포의 목적지로 이동하게 된다.

단백질은 이동시킬 때의 운반체로는 **포장된 막소포(coated vesicle)**가 있다. 포장된 막소포로는 세 가지 형태, 즉 **클라트린(clathrin)**, COPI (Coated Protein I) 단백질, 그리고 COPII단백질들이 있다. 클라트린은 막횡단의 분비성단백질로서, 골지에서 세포막으로 운반하는 막소포의 주변에 다면체틀을 형성한다. COPI단백질은 전진 운반과 후진운반을 수행하는 막소포의 다면체보다는 불명확한 형태이고, 골지체에서 붙어 나온 소포체거주 단백질을 다시 소포체로 돌려보내는 일을 수행한다. COPII단백질은 단백질을 소포체에서 골지체로 이동시키는 운반체이다.

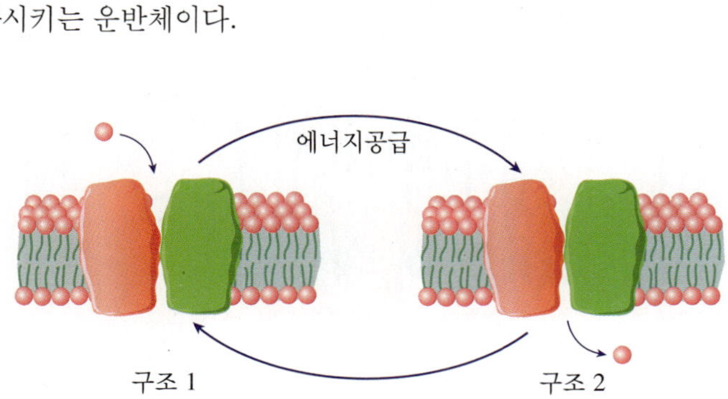

■ **그림 8-43** ■ 세포막펌프의 작용. 세포막을 통하여 분자를 펌프로 이동시키는 모형을 보여주고 있다. 이 펌프는 두 개의 입체상태의 모양을 가지며, 부착부위가 세포막의 다른 쪽과 접근 가능하도록 되고 있다.

클라트린으로 입혀진 막소포는 **막함입**(endocytosis)에 의해서 막횡단단백질과 분비성 단백질들을 트랜스골지네트워크에서 세포막으로 운반시킨다. 세포막부분이 포장기능에 의해서 함입되어 세포 밖의 특정단백질을 세포 안의 표적지로 운반시키기도 한다. 또 단백질이 탄수화물 인식표지에 따라 라이소솜으로 운반된다. 또 소포체 안에 들어있는 단백질의 C-말단에는 KDEL의 서열의 아미노산 잔기를 가지고 있다.

8.3.3 막을 통한 운송

고등생물의 세포는 세포들 사이의 막 이외에도 세포내부를 구획시키기 때문에 내용물들의 위치가 특정위치에 제한되게 된다. 세포 안에서 여러 효소들이나 핵산의 기능을 위하여 이온이나 극성물질의 이동이 필수적인데, 주로 막내재단백질이 이러한 수송에 직간접으로 이용된다. 이러한 운반단백질은 여러 이온, Na^+, K^+ 및 Ca^{2+} 또는 피루브산, 아미노산, 당류 및 뉴클레오타이드의 운송을 수행하게 된다. 수송과정은 단순확산에 의해 비매개수송을 하거나 또는 운반단백질의 작용에 의해서 수송되는 매개수단을 이용하기도 한다.

1. 수동매개수송

수동매개수송(**passive mediated transport**)은 농도의 차이를 발생시켜, 농도가 높은 쪽에서 낮은 쪽으로 흐르게 되는 일종의 확산을 통하여 수행된다. 세포막의 지질두겹층을 통하여 확산되는 과정에는 운반체(carrier), 투과효소(permease), 통로(channel) 및 수송계(transporter) 등을 활용하게 된다.

2. 이온운반체

이온운반체는 **운송이온운반체**(**carrier ionophore**)와 **통로형성 이온운반체**(**channel forming ionophore**)의 두 종류가 있다. 이온의 막투과과정을 증가시키고, 이온운반체는 이온의 농도 차이를 없애도록 하여 세포를 활동적으로 유지시키게 된다(그림 8-44).

(1) 운송이온운반체

선택된 이온들이 운반체에 결합되고, 지질겹층을 통하여 다른 방향으로 확산시켜 막의 투과성을 향상시키게 된다. 마치 주걱으로 물건을 퍼내듯이 이온을 담아서 막을 통하여 내보내고, 다시 원상태로 되돌아가 이온을 퍼내온다. 주로 선택된 이온에 결합되어 이와

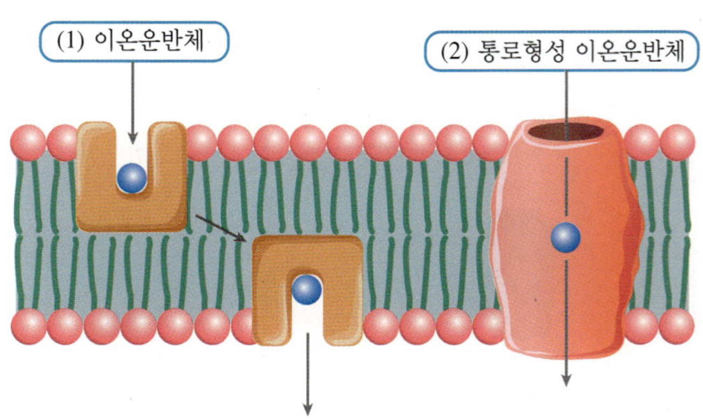

그림 8-44 이온의 운반체. (1) 이온운반체는 지질두겹층을 통하여 확산에 의해서 이온을 운반한다. (2) 통로형성 이온운반체는 이온의 확산을 통하여 통로로 이온을 통과시킨다.

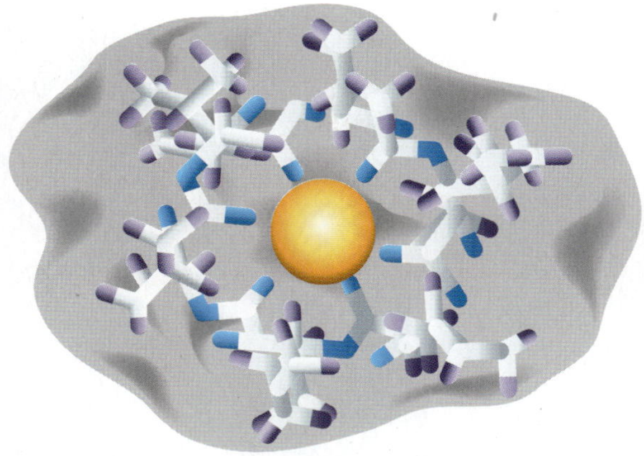

그림 8-45 발리노마이신, K⁺을 부착하는 펩타이드 이온운반체. 투명한 그물구조의 막대형 펩타이드와 K^+원자(노란색)의 입체적인 구조를 보여주고 있다. 중앙의 친수성 홈에 산소원자(푸른색)와 붙어 있는 K^+를 보여주고 있다. 소수성 아미노산사슬(보라색)은 분자의 바깥쪽을 둘러싸고 있다. K^+-발리노마이신복합체는 소수성이므로, 복합체는 쉽게 세포막을 통하여 확산되면서 K^+의 농도기울기를 낮추게 된다. 이러한 세포막 안팎으로 이온기울기의 감소로 미생물을 죽이게 된다.

같은 작업을 되풀이함으로써 이온을 운송하게 된다.

(2) 통로형성이온운반체

선택된 이온들은 이온을 통과할 수 있도록 하는 막통로 또는 막기공(pore)을 만들어 통과시키게 된다. 포타슘(K^+) 이온을 운반하는 **발리노마이신(valinomycin)**은 초당 10^4개의 이온을 수송하게 된다. 발리노마이신은 특이하게 D-와 L-형의 아미노산 잔기를 가지며, 고리형의 펩타이드로 포타슘(K^+) 이온과 배위결합을 하고 있으며, 특히 다른 이온들과 비교하여 K^+ 이온이 배위결합부위에 잘 들어맞아 높은 친화도를 가지게 된다(그림 8-45).

그라미시딘(gramicidin)은 항생제로, 10^7개의 포타슘(K^+)을 통과시키는 막통로이다. 그라미시딘은 15 잔기의 폴리펩타이드로 D-나 L-형의 아미노산 잔기를 가진 소수성 폴리펩타이드이다. 그라미시딘 A는 머리와 머리가 만나서 원형기공을 만드는 투과성 막통로로 기능하며, 소듐(Na^+)과 포타슘(K^+) 이온만을 선별하여 통과시킨다(그림 8-46).

(3) 포린

포린(porin)은 β-원통형구조를 가진 수용성 이온통로이다. 대장균의 ompF포린은 독특한 크기의 기공을 만들어 600D 이상의 용질이 통과하지 못하게 되며, 양이온만을 선택적으로 통과시킨다. 또 대장균에서 말토덱스트린을 수송하는 **말토포린(maltoporin)**은 미끄러운 활주로처럼 통로의 한쪽 끝이 수축되면서 다른 한쪽 끝은 길게 뻗어 있다. 이동과정에서 미끄러운 활주로는 연속되는 수소결합의 교환이 가능한 통로의 수축부분이 미끄러

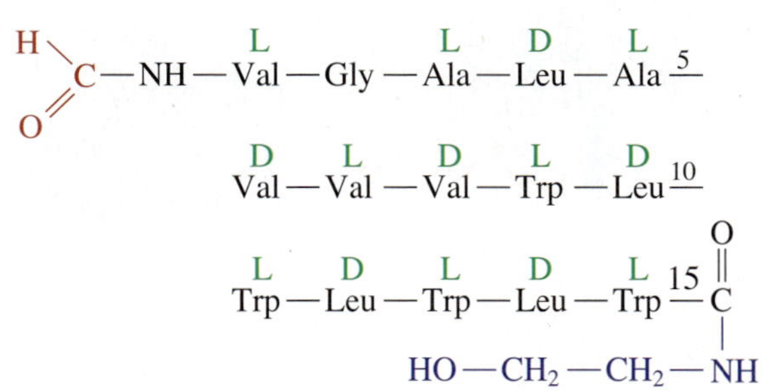

그림 8-46 그라미시딘 A의 구조.

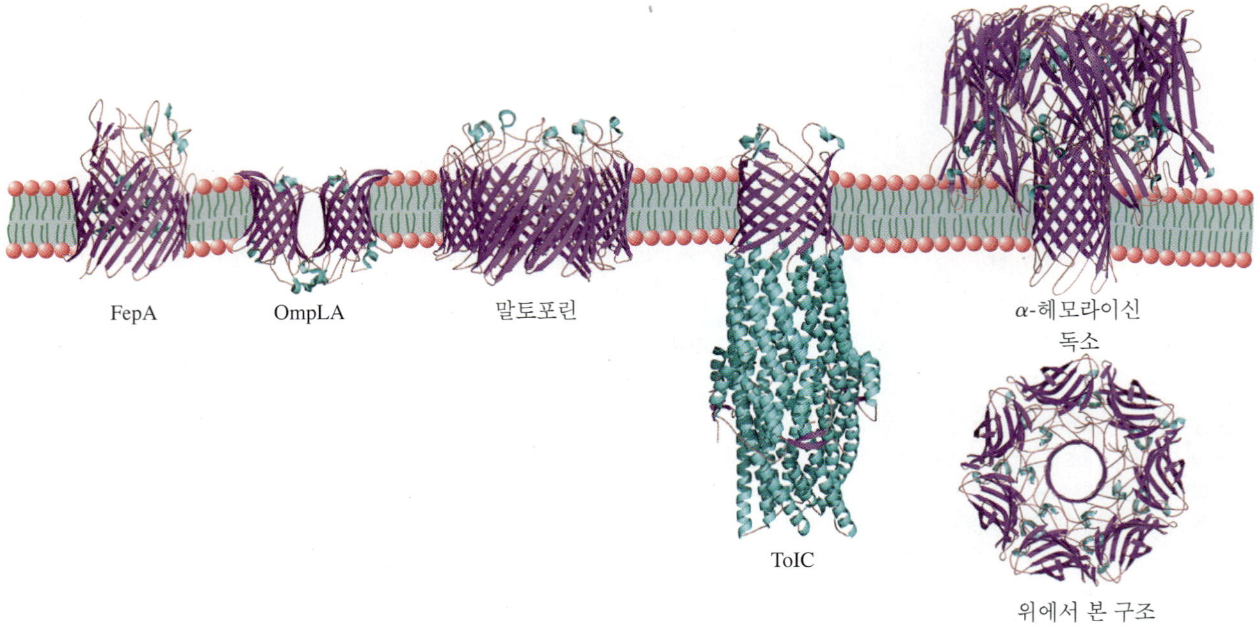

■ 그림 8-47 ■ 원통형구조를 β-통을 갖는 세포막단백질인 말토포린의 구조. 말토포린은 말토스를 운반하는 삼량체의 단백질로, 단위체가 16개인 β-나선으로 구성되어 있다.

운 표면과 극성기들이 이동할 때 필수적이며, 이동과정에 에너지의 소모 없이 이동이 가능하도록 해 주고 있다(그림 8-47).

(4) 이온통로

세포막은 특수한 이온의 통과를 위하여 독특한 **이온통로(ion channel)** 를 가진다. 이러한 이온통로는 삼투압의 균형을 유지하거나, 신호전달이나 신경전달에서 막전위의 차를 발생시키는 역할을 수행한다. 매우 높은 선택성을 갖는 이온통로는 주로 막내재단백질로, 세포질에서 세포의 공간으로 수동적인 확산을 통하여 이온을 운송시킨다.

포타슘(K^+) 이온통로로 스트렙토마이시스 리비던스(streptomyces lividans)의 KcsA로 불리는 이 이온통로는 158개의 잔기를 갖는 막단백질로, 동종사량체의 구조를 갖는데, 그 삼차구조가 밝혀지면서 기능에 필요한 독특한 구조를 설명할 수 있게 되었다. 포타슘이온이 가수화된 상태로 통과하기에 충분한 직경이 10 Å 기공을 가지고 있다(그림 8-48).

한편 이온통로는 선택적으로 열리고 닫히는 기능을 스스로 갖추고 있어서, 정상상태에서는 닫혀 있으나 세포가 필요할 때만 열리도록 되어 있다. 이러한 이온통로의 열림과 닫힘을 개폐(gating)라 하고, 다양한 자극에 대한 감응에 따라 열리고 닫히게 된다. 이온통

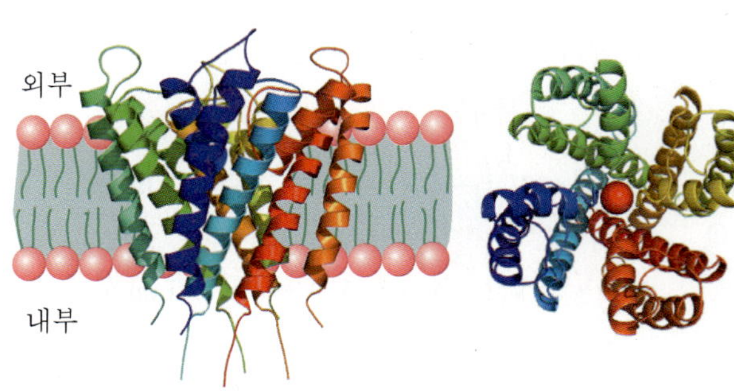

■ 그림 8-48 ■ 스트렙토 마이시스 리비던스의 K^+통로의 구조와 기능. 통로는 막에 걸쳐 있는 8개의 나선으로 되어 있고, 세포 바깥쪽 공간에 넓은 끝을 가진다. 각 소단위체의 짧은 조각들은 선택적인 필터기능을 하도록 원추형의 열린 말단에 한 곳으로 집중된다. 이온기울기의 감소로 미생물을 죽이게 된다.

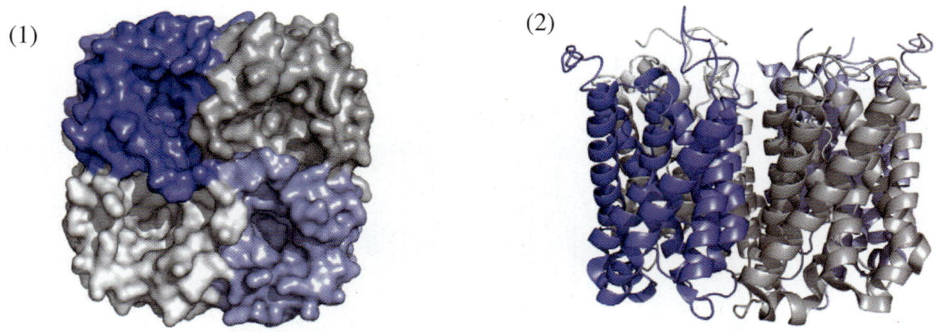

■ 그림 8-49 ■ 아쿠아포린의 구조. 단백질의 동등한 단량체가 모인 사량체로 각각 세포막을 통하는 기공을 만들고 있다. (1) 세포막의 평면에 수직의 표면을 보이고 있다. 단백질은 각 소단위체에 한 개의 기공으로 모두 4개를 갖게 된다. (2) 각 소단위체의 나선은 뭉쳐 있어 중앙의 세포막 기공을 둘러싸고 있다.

로는 지질두겹층의 국소적인 변형에 의하여 열리는 기계적인 감각통로 (mechano-sensitive channel) 로, 물리적인 자극, 접촉 및 삼투압에 의해서 감응하게 된다 (그림 8-48) . 세포외부의 화학적인 자극, 즉 신경전달물질에 의해서 반응하는 **리간드개폐통로 (ligand-gated channel)** 와 세포내의 칼슘이온 같은 신호물질에 의해서 열리는 **신호개폐통로 (signal-gated channel)** 가 있다. 다세포생물이 신경자극을 생성하는 전압개폐통로는 막전위의 변화에 의하여 열리고 닫히게 된다.

(5) 아쿠아포린

물을 수송하는 단백질이 1997년 피터 아그레 (Peter Agre) 에 의해서 처음 발견되었다. 포유동물에는 7개의 **아쿠아포린 (aquaporin)** 이 있으며, 특히 물을 빨리 수송해야 하는 조직인 신장, 침샘, 눈물샘 등에서 높은 유전자의 발현을 관찰하게 되였다. 아쿠아포린은 특이하게도 물만을 빠른 속도로 수송하고, 글리세롤이나 요소와 같은 용질과, 세포 안의 막전하를 소멸시키는 프로톤의 수송은 허용하지 않고 있다 (그림 8-49) .

(6) 운반단백질

세포막의 한 면에서 다른 면으로 물질을 이동시키고자 할 때는 단백질의 구조적인 변

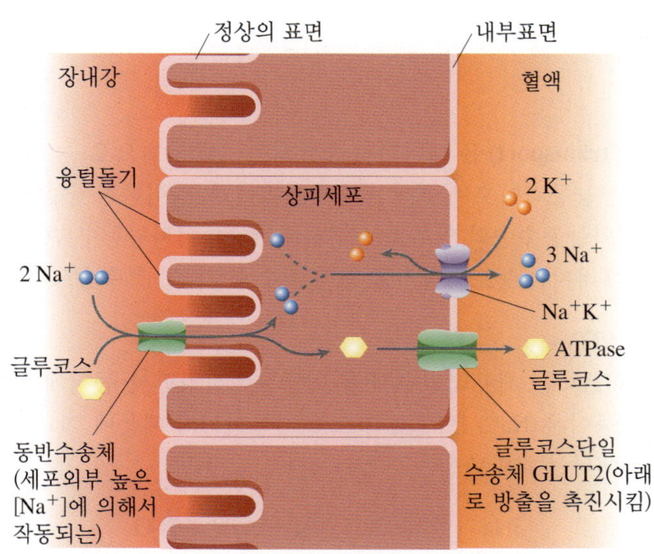

■ 그림 8-50 ■ 소장의 융털돌기세포에서 글루코스의 이동. 글루코스는 정점의 원형질 세포막을 통하여 융털돌기세포로 Na^+과 같이 운송된다. 글루코스 능동수송체계로 GLUT2를 통하여 혈액으로 보내진다. (Na^+-K^+)-ATPase는 계속 Na^+를 밖으로 펌프시켜 Na^+기울기를 유지하면서, 글루코스를 선택하여 유입시킨다.

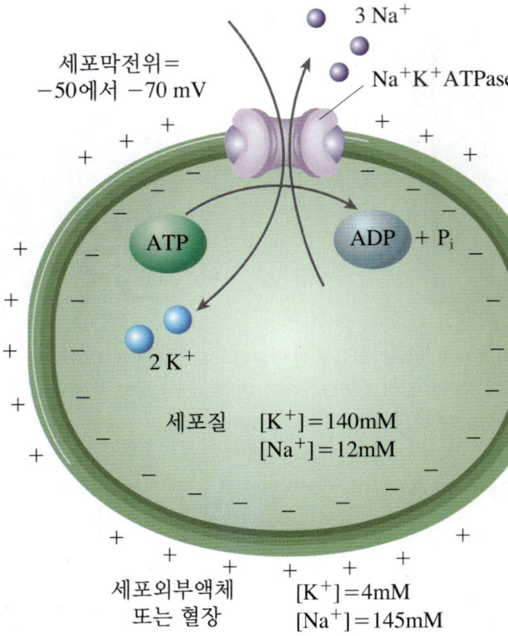

그림 8-51 (Na^+-K^+)−ATPase. 동물의 세포에서 능동운송체계는 세포내부의 Na^+과 K^+의 농도를 유지시키고, 정해진 주된 책임기능을 수행한다. 이는 세포막을 통한 전위차를 형성한다. 이는 3개의 Na^+를 세포밖으로 이동시키고 매 2개씩의 K^+을 세포내부로 유입시키게 된다. 이렇게 만들어진 전위차는 신경세포에서 전기적인 신호로, 또 Na^+의 농도기울기는 용질의 농도차이를 거슬러 동시에 이동시키는 기능을 하게 된다.

형을 통하여 수행한다. 이때 막단백질은 번갈아 변하는 두 개의 구조형태를 갖는다. **적혈구 글루코스 수용체 (erythrocyte glucose transporter, GLUT1)** 가 이러한 기능을 하는 단백질의 하나이다. 글루코스가 세포의 안팎으로 수송되는 과정은 다음의 순서로 진행된다. 1. 글루코스가 세포막의 한쪽에서 단백질과 결합한다. 2. 다음 구조적인 변화로 처음 결합부위가 닫혀지고, 세포막의 다른 면의 결합부위는 열리게 된다. 3. 글루코스는 단백질에서 분리되게 된다. 이런 과정에 세포 밖의 글루코스는 안으로 운반되게 된다. 4. GLUT1은 결합된 글루코스가 없는 최초의 상태로 다시 되돌아온다. 이렇게 하여 GLUT1은 적혈구 세포막을 통과하여 글루코스농도의 평형을 유지하도록 하는 수단을 제공한다 (그림 8-50).

3. 능동수송

능동수송 (active tramsport) 은 에너지가 소요되는 수송방법으로, 농도기울기를 거슬러 세포막을 통과하는 능동적이고 선택적인 수송방법이다. 양이온을 수송하는 세포막과 결합된 ATPase가 일차능동수송의 임무를 수행한다. 한편, 이차능동수송에서는 전기화학적인 기울기의 자유에너지는 농도기울기를 역행하여 중성분자를 수송시키는 방법이 된다.

(1) (Na^+-K^+)−ATPase

(Na^+-K^+)−ATPase는 세포내의 ATP를 가수분해시키면서 동시에 포타슘이온 (K^+)은 세포내부로, 소듐이온 (Na^+)은 세포 밖으로 이동시키기 때문에, Na^+-K^+ 펌프라고도 부른다. 이때에 일어나는 화학반응은 다음과 같다.

$$3Na^+ (\text{안}) + 2K^+ (\text{밖}) + ATP + H_2O$$
$$= 3Na^+ (\text{밖}) + 2K^+ (\text{안}) + ADP + Pi$$

(Na^+-K^+)−ATPase의 반응은 위의 식에서처럼 세 개의 양전하의 이온이 세포밖으로

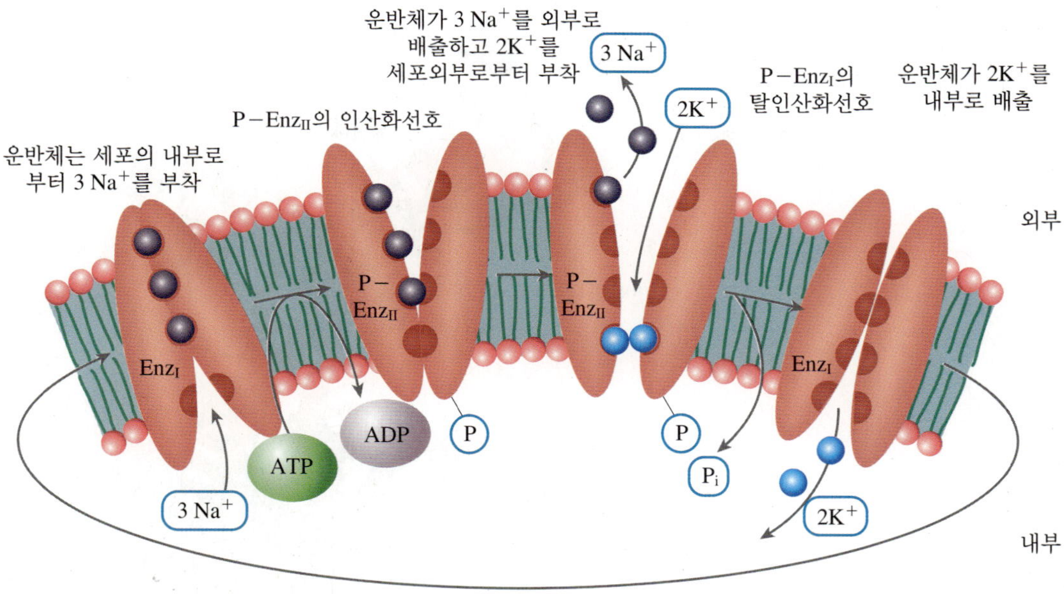

■ 그림 8-52 ■ (Na^+-K^+)−ATPasee에 의한 Na^+ K^+의 운송메커니즘 가상도. 운반체는 세포의 안쪽으로부터 $3Na^+$를 부착한다. P-효소II를 인산화시킨다. 운반체는 $3Na^+$을 밖으로 배출시키고, 세포의 바깥쪽으로부터 $2K^+$를 부착한다. 효소I은 탈인산화한다. 운반체는 $2K^+$를 안쪽으로 배출한다.

나가게 되고 동시에 두 개의 양전하의 이온이 안으로 들어오는, 세포막을 경계로 하전을 분리시키는 상호수송체계의 기능을 한다.

Na^+을 세포밖으로 배출시키는 과정에 동물세포는 삼투압에 의해서 물의 함량을 조절하게 해 준다. 만약에 세포 (Na^+-K^+)−ATPase 의 기능이 없다면 아주 많은 양의 물이 세포내부로 유입되고, 결국에는 세포가 팽창되어 기능이 불가능하게 된다.이 효소의 또 다른 중요한 기능의 하나로, (Na^+-K^+)−ATPase에 의해 만들어진 양이온의 전기화학적인 기울기는 신경세포의 전기적인 자극에 필수적이다. 신경세포에서 70% 이상의 ATP는 세포질에 필요한 소듐이온과 포타슘이온의 균형을 유지하기 위하여 소비된다(그림 8-51).

(Na^+-K^+)−ATPase의 기능이 스코우(Jen Skou) 에 의해서 처음 밝혀지고, 투과성 막단백질의 화학구조가 알려지게 되었다. 이 효소는 110KD의 α-소단위체에 효소촉매활성과 이온들의 결합부위가 있으며, 55KDa의 β-소단위체의 기능은 알려지지 않고 있다. 단백질은 $(\alpha\beta)_2$ 사합체로 구성된다. 막투과성 α-나선조각이 두 소단위체에 α에는 8개, β에는 1개씩 들어있다. (Na^+-K^+)−ATPase의 작용 메커니즘은 그림 8-52에 따라 진행된다.

(2) Ca^{2+} − ATPase

세포질에서 Ca^{2+} 농도의 증가는 근육의 수축, 신경물질의 방출, 글라이코젠의 분해 등, 세포내부의 다양한 변화를 일으키는 원인이 된다. 세포질내부의 Ca^{2+} 의 농도는 $\sim 0.1\mu M$로 세포의 공간에서 보다 10^4배 정도가 적다. 큰 농도기울기의 차이 때문에 세포질막을 통과하는 Ca^{2+} 의 능동수송과 조면세포의 ATP의 가수분해를 통하여 Ca^{2+}−ATPase는 세포질 밖의 두 개의 Ca^{2+} 이온을 활발하게 받아들이게 되고, 반면에 두 개 또는 세 개의 프로톤을 반대로 수송하게 된다(그림 8-53)

(3) 이온기울기에 의한 능동수송

전기화학적인 기울기에 저장된 자유에너지를 활용하여 다양한 생리적인 에너지흡수과정에 동력을 공급한다. 장에서는 소듐이온의 농도기울기에너지를 이용하여 글루코스를 흡수하게 된다. 그래서 소듐-글루코스수송계는 세포내에 글루코스를 축적시키게 된다. 락토스투과효소(lactose permease) 의 경우, 양성자농도기울기를 활용하여 수소이온(H^+) 과

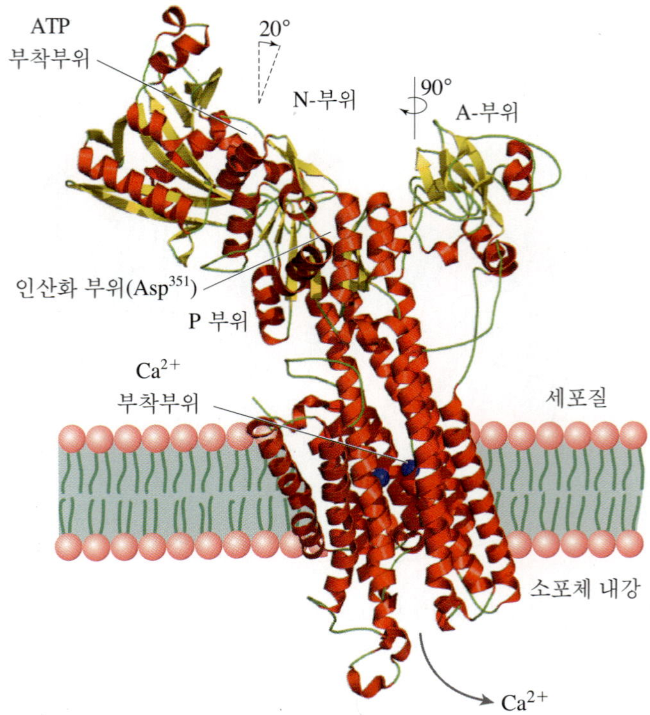

그림 8-53 근소포체(sarcoplasmic reticulum)의 Ca^{2+}펌프의 구조. 열 개의 막에 걸쳐 있는 나선들은 막을 통한 Ca^{2+}을 이동시키는 경로를 둘러싸고 있다. 두 개의 나선은 두겹층의 중간을 차폐시키고, 비나선지역이 두 개의 Ca^{2+}을 부착하는 지역을 형성한다. 한 나선의 아스파트산의 카복실그룹과 다른 나선의 굴루탐산은 Ca^{2+}부착의 중심이 된다. 단백질의 구형 부분이 세포질 사이로 확장되어 있고, N 부위는 ATP이 부착지역, P부위는 Asp351로 가역적인 인산화가 되는 부분이고, A 부위는 구조의 변화를 연계시켜 Ca^{2+}부착부위의 Ca^{2+}부착 능력을 변화시킨다.

락토스를 수송하게 된다 (그림 8-54) . 양성자농도기울기는 마이토콘드리아와 유사한 산화적 대사를 통하여 얻어진다. 대장균과 같은 그람 음성균은 당을 농축시키기 위하여 여러 가지 능동수송계를 갖는다. 락토스투과효소의 단백질 구조를 살펴보면 많은 막투과성 나선구조를 가지고 있다.

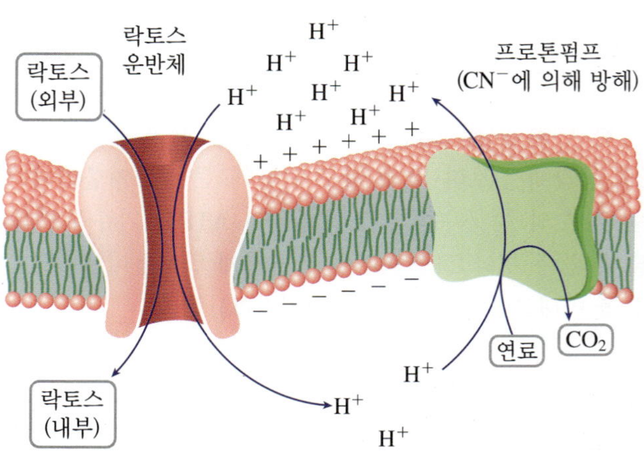

그림 8-54 대장균에서 락토스의 흡수. 프로톤의 세포막으로의 주된 운송은 , 여러 연료의 산화에 의해서 추진되고, 이는 막을 통하여 프로톤 기울기와 전기적인 전위차 두 가지를 만들게 된다. 세포내부로 락토스의 이차적인 운송은 H^+와 락토스를 락토스운반체로 동시에 수송하는 과정이 관여된다. 농도기울기에 역행하여 락토스를 선택하는 것은 전기화학적인 기울기에 의한 추진으로 프로톤(H^+)이 내부로 흐름에 따라 좌우된다.

생화학 둘러보기

지방과 비만

비만은 생리적으로 필요한 양보다 더 많은 여분의 에너지를 섭취함으로써 나타난 현상이다. 또 비만으로 발전되는 현상은 유전적이거나, 홀몬의 장애, 행동양식, 생활습관, 운동, 식습관 심지어는 문화적인 요인 때문에 일어난다. 에너지의 소비량에 비해 과다한 지방 또는 탄수화물을 섭취하게 되면 지방조직에서 트라이아실글리세롤의 형태로 지방산이 축적된다. 또한 글라이코젠 형태로 저장될 수 있는 한계 이상으로 탄수화물이 섭취되면 곧 탄수화물은 지방으로 합성되어 장기보존 형 에너지로 바뀌게 된다.

지방과 탄수화물을 과다섭취함으로써 발생하는 지속적인 불균형은 지방세포의 수와 크기를 증가시키게 되므로 지방조직의 부피가 비대하게 된다. 이렇게 만들어진 지방세포는 크기가 작아지거나 커질 뿐 없어지지는 않게 된다. 또 이때 저장된 지방은 지방산의 형태로 에너지가 필요한 다른 조직으로 이동하게 되며, 점차 지방의 저장과 이동이 균형을 이루어 정적인 상태 (steady state) 가 된다.

유전적인 측면에서 비만은 인간에게 적용되지 않지만, 쥐에서 obese유전자가 모두 돌연변이 되면 정상 쥐보다 체중이 두 배가 된다. 이때 비만 쥐에는 obese유전자의 발현산물인 단백질, 렙틴 (leptin) 이 없기 때문에 무절제한 식사를 하게 되고, 체중이 급격하게 증가된다. 렙틴은 지방조직에서 만들어지는 단백질로, 렙틴을 obese유전자가 돌연변이된 쥐에 주입시키면 이 쥐들은 적게 먹게 되고, 체중이 줄어들게 된다. 렙틴은 아마도 식욕조절시스템에 영향을 주는 "포만감 (satiety)"의 신호로 기능하고 있는 것 같다. 인간의 렙틴단백질의 발현은 체지방의 함량에 따라 비례하며, 이는 렙틴이 지방세포에서만 만들어지기 때문이다.

지방세포에서 렙틴과 함께 분비되는 레지스틴 (resistin) 은 주로 복부지방에서 합성되고, 지방세포에서 인슐린의 작용을 억제한다. 식욕의 조절에 관여하는 펩타이드홀몬으로 뇌하수체에서 분비되는 뉴로펩타이드 Y와, 또 식욕을 자극하는 홀몬으로 그렐린 (ghrelin) 이 있으며, 이들은 모두 펩타이드형 홀몬으로, 12장에서 구조와 기능을 소개하고자 한다.

인류가 살아오는 동안 체중을 줄이는 것보다 늘리는 것이 쉬웠던 이유는, 굶주림에 대처할 수 있는 좋은 방법이 되었기 때문이다. 그래서 지방과 같은 비상에너지원은 필요할 때까지 저장하게 된 것이다. 비만은 고지방 · 고탄수화물 섭취가 많은 반면 운동량이 적은 사람들에게 주로 나타나며, 개인의 먹는 습관 및 운동의 정도 등 개인의 행동양식에 의해서 신체구도가 결정됨을 알 수 있다. 비만은 또한 에너지원의 대사과정에 선천적인 이상이 있는 경우에도 발생하기도 한다.

단원요약

1. 지질은 세포막을 구성하고 세포의 생존에 필수적인 물질이다. 지질에는 아실글리세롤, 왁스, 인지질, 당지질, 터핀계 지질, 카로테노이드 및 스테로이드 등이 포함된다.

2. 지방산은 직선의 포화탄화수소로 4~30까지의 짝수의 탄소원자, 거의 모두 시스 모양의 이중결합을 가진다. 지방산의 대부분은 에스터결합으로, 트라이아실글리세롤

과 인지질에 포함되고 있다. 지방산의 에스터결합은 산염기 가수분해에 의해서 가수분해된다. 탄소가 8개까지는 액체이나, 그 이상의 탄소를 갖는 지방산은 고체로 존재한다. 이중결합의 도입으로 녹는점이 낮아진다. 시스의 이중결합은 구부러진 모양을 갖는다.

3. 지질의 명명법은 탄소원자의 수를 나타내고, 팔미트산, C_{16}, 16 : 0 또 올레인산은 19:1, Δ^9으로 포화된 지역을 표시한다. 트라이아실글리세롤은 입체특이성으로 sn의 접두어를 사용하고, 위에서부터 탄소에 1,2,3의 번호를 사용하며, 자연에 가장 널리 존재한다. 왁스는 알케인의 사슬로 $C_{25} \sim C_{35}$의 홀수의 탄소원자에 이차알콜, 케톤, 긴 사슬의 지방산의 에스터이다.

4. 인지질은 글리세롤지방산과 질소염기를 가지며, 포스파티드산의 유도체이다. 스핑고지질은 세포막성분으로, 팔미틸CoA와 세린이 관여된다. 세레브로사이드는 당이 포함되고, 스핑고메이얼린은 극성그룹으로 인산콜린이나 인산에탄올아민을 갖는다. 당지질은 탄수화물 글리세라이드를 포함하고, 인산은 포함되지 않고 있다. 터피노이드는 아이소프레노이드의 축합으로 얻어지며, 카로테노이드, 스테로이드가 여기에 속한다.

5. 인이 포함된 인지질로는 포스파티드산이 있고, 스핑고지질은 중심화합물로 4-스핑고신이며, 완전히 환원된 다이하드록시스핑고신, 당이 있는 세레브로사이드, 극성그룹이 있는 스핑고메이얼린이 있다. 탄수화물 글리세라이드 유도체를 당지질이라고 한다. 계속되는 단위인 아이소프레노이드의 축합으로 터피노이드가 얻어지며, 메발론산, 아이소펜테닐이인산을 거쳐 콜레스테롤이 얻어진다.

6. 지질은 에너지의 환원된 보존형태로, 세포막의 구조성분으로, 그리고 직접 또는 간접으로 대사활동에 참여한다. 효소의 활성제로, 전자절달체계의 성분으로, 글라이코실운반체로 기능한다. 지질은 저밀도지질단백질 또는 지방산알부민복합체인 유미입자는 혈액을 통하여 운송이 가능하다. 원핵세포에는 95% 이상의 지질성분이 세포막에 포함되고 있다. 박테리아에는 스테롤이 전혀 없다. 고등식물은 씨앗에 고정된 지방산을 갖는다. 고등식물은 다중불포화지방산을 합성한다. 동물세포는 지질성분에 따라 세포가 특성을 갖는다. 신경세포는 스핑고지질, 글리셀에터가 풍부하고, 지방세포는 트라이아실글리세롤로만 구성된다. 고등동물의 다중불포화지방산의 합성능력이 제한되고 있다.

7. 탄화수소사슬의 말단이 소수성이고, 반대로 이온성 카보닐그룹을 갖는 양성물질은 물에서 두겹층을 구성하고, 이 세포막은 단백질과 더불어 이온이나 분자의 통로로 홀몬이나 신호물질의 영향을 세포내부로 전달하는 수용체로 기능한다. 세포막의 단백질은 유동성을 가지고 있다.

8. 지질은 모든 식품 중에서 가장 큰 열량의 값을 갖는다. 동물세포에서 저장용 에너지로 지질을 사용하며, 필요 이상의 열량을 모두 지방의 형태로 보존된다. 지질은 소장의 내강에서 트라이아실글리세롤이 공액성 담즙산에 의해서 분해되고, 췌장의 지방산과 모노아실글리세롤로 흡수된다. 음식으로 섭취된 지질은 간, 혈액 및 지방조직으로 운송된다. 혈액은 운송체계이며, 간과 지방조직에서 대사활동이 일어난다. 심장과 골격근육에서 지방산과 케톤체가 활용된다.

9. 소장의 상피세포에서 흡수된 자유지방 모노아실글리세롤은 소포체의 효소들에 의해서 트라이아실글리세롤로 합성된다. 새로 합성된 트라이아실글리세롤, 음식으로 섭취된 콜레스테롤 그리고 새로 합성된 인지질들이 특수단백질과 함께 상피세포의 소포체에서 집합되어 에멀존화된 유미입자로 이동된다. 유미입자는 지방조직으로 옮겨간다.

10. 간에서 일어나는 지질의 파괴는 β-산화과정을 통하여 이루어진다. β-산화체계에 관련된 효소들은 간의 내부막과 간질 그리고 다른 조직의 마이콘드리아에 있으며, 붕괴되어 얻어지는 아세틸 CoA는 간질에서 TCA회로를 통하여 산화되고, H_2O와 CO_2로 된다. 자유지방산이나 지방산아실CoA는 간의 내부막과 다른 조직의 마이토콘드리아를 침투할 수 없으나 반면에 아실카니틴이 막을 통과하여 간질에서 아실CoA로 변화시키게 된다.

11. 지방산의 활성화는 아실CoA합성효소가 관여된다. 중간체인 아실아데닐산을 경유하여 싸이오에스터의 생성물이 얻어진다. 마이토콘드리아간질효소인 아실CoA의 α, β-탈수소화는 가수분해반응으로 트랜스 α, β-이중결합을 형성한다. 다음 에노일CoA수화효소는 이중결합의 수화로 3-L-하이드록시아실 CoA를 만들게 된다. 계속해서 L-β-하이드록시아실탈수소효소에 의해서 β-케토아실CoA를 만들게 된다. 마지막 단계로 β-케토아실CoA 싸이올가수분해효소는 β-케토아실CoA의 싸이올성 절단에 의하여 C_α-C_β결합의 분해로 원래보다 두 개의 탄소가 적은 아실CoA와 아세틸CoA를 만들게 된다.

12. β-산화과정에는 한 분자의 ATP가 소요되며, 팔미트산의 경우 8개의 아세틸CoA의 생산에 7번의 회전으로 7

몰의 $FADH_2$와 NADH가 얻어지며, 28개의 ATP에 해당하는 에너지가 발생된다.

13. 불포화지방산, 팔미토레오일CoA의 β-산화는 3번 일어난 후에 시스-Δ^3-에노일CoA이성화효소에 의해서 트랜스-Δ^3을 시스-Δ^3로 전환시키며, 이는 다시 에노일CoA수화효소의 기질이 된다. 홀수 사슬지방산의 경우 최종회전의 β-산화에 의해서 프로피오닐CoA가 얻어진다. 이는 메틸말로닐CoA전환효소에 의해서 석시닐CoA로 변환된다.

14. 케톤체는 D-α-하이드록시뷰틸산, 아세토아세트산 그리고 아세톤으로, 주로 간과 콩팥의 마이토콘드리아에서 특유하게 연계된 반응으로 얻어진다. 지방산의 최종의 운명은 에스터화되어 트라이아실글리세롤이 되거나, 자유지방산은 마이토콘드리아에서 β-산화되고, 최종적으로 TCA를 통하여 H_2O나 CO_2가 된다. 마지막으로 자유지방산은 마이토콘드리아에서 케톤체가 되고, 간에서 목표물질인 근육, 뇌 및 심장근육에서 H_2O나 CO_2가 된다. 간에서 에스터화되지 못한 지방산은 고밀도지질단백질 (HDL) , 콜레스테롤, 인지질과 함께 초저밀도지질단백질 (VLDL) 을 만들어 혈액을 통하여 근육이나 지방조직으로 운송된다.

15. 동물에서 지방산은 탄수화물로부터 만들어지게 되고, 피하지방에 보관된다. 지방산의 합성에 NADPH가 필요하며, 오탄당인산경로에서 만들어진 NADPH가 사용된다. 지방산합성 시 중간체로 아실운반단백질 (ACP) 와 연계되어 진행된다. 아세틸CoA는 아세틸CoA카복실화효소에 의해서 말로닐CoA가 된다. 아세틸ACP와 말로닐ACP는 아세토아세틸ACP를 만들게 되고, 환원되어 D-3-하이드록시뷰티릴ACP가 만들어지고, 탈수되어 크로토닐ACP가 만들어지며, 환원되어 뷰티릴ACP가 얻어진다. 이들 반응은 지방산합성효소 복합체에 의해서 촉매된다.

16. 불포화지방산의 합성은 소포체막에 부착된 효소체계를 활용하여 지방산아실CoA, NADPH, 지방산아실CoA불포화효소와 혼합기능산화효소에 의해서 산소분자에 의한 산화로 이중결합이 도입된다. 트라이아실글리세롤의 생합성은 두 분자의 지방산아실CoA에 의해서 다이아실글리세로-3-인산인 포스파티드산이 얻어지고, 3번째 지방산아실CoA의 에스터화로 트라이아실글리세롤이 얻어진다.

17. 막인지질인 글리세로인지질은 L-글리세로-3-인산의 C_1에 포화지방산이 부착되고, C_2에 불포화지방산이 에스터화되어 포스파티드산이 얻어진다. 세린의 하이드록실그룹에 의한 친핵성공격을 통한 CMP의 교체로 포스파티딜세린이 얻어진다. 카디오리핀은 포스파디딜글리세롤이 CDP글리세롤과 축합되어 얻어진다. 스핑고지질은 팔미틸CoA와 세린에서 스핑가나인이 만들어지고, 부분적인 포화로 N-아실스핑고신인 세라마이드가 합성된다. 머리그룹의 스핑고메이얼린이 만들어진다.

18. 지방산대사의 조절은 간에서 이루어진다. 그중 합성은 세포질에서, 파괴는 마이토콘드리아에서 이루어진다. 글라이코젠대사에서 홀몬인 인슐린, 글루카곤이 지질대사의 경로에 반대되는 반응을 조절함으로써 지방산을 산화시킬지, 또는 합성할지를 조절하게 된다. 혈액내의 지방산의 농도는 지방산의 산화를 조절하고, 지방세포의 트라이아실글리세롤의 가수분해는 홀몬에 민감한 지방산 가수분해효소에 의해서 조절된다. 단백질의 인산화효소 (PKA) 는 아세틸CoA카복실화효소의 불활성을 유도하며, cAMP의존 인산화는 지방산의 산화를 촉진시키고, 반대로 지방산의 합성을 방해한다. 인슐린은 트라이아실글리세롤의 생성을 촉진하며, 아세틸CoA카복실화효소의 활성을 촉진시킨다.

19 콜레스테롤합성의 전구체는 아세틸CoA와 아세토아세틸CoA로부터 얻어진 β-하이드록시메틸글루타릴CoA가 된다. 다음 HMG-CoA환원효소에 의해서 메발론산이 만들어지며, 이 단계가 콜레스테롤합성의 속도결정단계가 된다. 메발론산은 ATP에 의한 인산화과정을 거쳐 Δ^3-아이소펜테닐이인산을 만들게 된다. 다음 이성화효소에 의해서 다이메틸알릴이인산이 얻어지고, 두 효소의 촉매의 반응과 세 번의 반응으로 스퀄렌으로 축합된다. 스퀄렌은 두 단계를 거쳐 고리화되고, 스퀄렌에폭시데이스에 의해서 산화되어 2,3-옥시도스퀄렌이 만들어지고, 다시 고리화되어 라노스테롤이 만들어진다. 마지막으로 산화반응 3개와 메틸그룹제거 등의 여러 반응을 거쳐 콜레스테롤이 만들어진다.

20. 콜레스테롤합성의 조절은 합성단계에서 속도조절단계효소인 HMG-CoA환원효소의 방해제인 로바스타틴에 의해서 경쟁적으로 방해된다. 이 방해제의 유도체는 현재 시장이 가장 큰 고지혈증치료제로 사용되고 있다. 이 효소의 유전자발현의 조절도 연구대상이 되고 있다. 효소합성의 유전자에는 스테롤조절 결합단백질의 일부분이 핵 속으로 진입하여 전사활성인자로 작용한다.

21. 심장병의 가장 주된 원인으로는 저밀도지질단백질형태로 혈액 속에 콜레스테롤농도의 증가로, 혈관벽에 축적

된 지질은 순환되는 지질단백질과 세포가 콜레스테롤을 흡수하는 능력과 관계가 있다. 심근경색이나 뇌졸중은 콜레스테롤, 콜레스테롤에스터나 대식세포 등이 응고된 덩어리가 상처난 혈관벽에 정착되어 근육세포가 경화됨으로써 혈액의 순환을 억제하여 나타난 성인병이다.

22. 세포막은 인산지방질과 콜레스테롤로 구성된 두겹층으로, 세포막단백질은 세포막 안팎으로 분포되고, 당단백질과 당지질의 탄수화물은 막의 바깥쪽 부분에 존재한다. 세포막의 내재단백질은 30～70%의 유동성을 가지고 움직이고 있으며, 막단백질에서 막의 골격으로 기능하고 있다.

23. 세포막의 단백질은 세포의 생존을 위한 여러 가지 중요한 기능을 수행한다. 세포막단백질은 세포지질두겹층에 안팎으로 걸쳐 있는 막내재단백질과 세포막의 주변에 있는 막주변단백질이 포함된다.

24. 글라이코포린은 막을 통하여 존재하는 단백질로, N-말단은 막외부에 노출되고 있다. 로돕신은 광자유도에 의한 신호수용체로, 막을 관통하는 내재단백질이다. 대부분의 홀몬수용체나 각종 약물의 수용체들은 막내재단백질이며, 외부로부터 신호를 접수하는 수용체로 기능을 하고, 세포내부에서 인산화 등의 방법으로 신호를 세포내부로 전달한다. 막주변단백질인 사이토크롬 *c*는 마이토콘드리아 바깥쪽에 존재한다. 막주변단백질 중에 세포의 신호전달체계에서 중요한 G-단백질이 있으며, 신호의 스위치기능을 수행한다.

25. 각종 물질의 세포 안에서의 운송은 목표체계를 찾아가는 방법으로 운용된다. 단백질이 합성될 때 N-말단에 13～ 36개 정도의 아미노산은 신호펩타이드로 배송에 관한 자세한 정보를 가지고 있다. 신호펩타이드를 갖는 단백질은 라이보솜을 나올 때 신호인식입자(SRP)가 신호펩타이드와 라이보솜에 결합하게 된다. 다음 조면세포체에 이동하여 SRP의 수용체에 결합하게 된다. 통로인 트랜스로콘을 통하여 소포체의 내강으로 진입시킨다. 여기서 신호펩타이드가 제거된다.

26. 합성된 단백질은 골지체에서 당을 부착하게 된다. 시스골지네트워크로 들어온 단백질은 트랜스골지네트워크를 통하여 배출된다. 단백질이 한 구획에서 다른 구획으로 융합되는 막소포내부에서 화물의 형태로 이전되는 운반을 전진운반이라 하며, 막소포를 거쳐서 골지체의 적층을 통과하는 골지구획의 탑승객형태로의 운반을 후진운반이라고 한다. 단백질의 운반체로 포장된 막소포가 있으며, 세 가지 형태인 클라트린, COPI단백질 COPII단백질들이 있다. 클라트린으로 입혀진 막소포는 막함입에 의해서 막횡단단백질과 분비성 단백질들을 트랜스골지네트워크에서 세포막으로 운반시킨다.

27. 세포내의 효소들이나 핵산의 기능을 위하여 이온이나 극성물질의 운송은 막내재단백질이 관여한다. 농도의 차이를 발생시켜 농도가 높은 쪽에서 낮은 쪽으로 흐르게 되는 확산을 통한 수송을 수동매개수송이라고 한다. 이온운반체는 운송이온운반체와 통로형성이온운반체의 두 종류가 있다. 운송이온운반체는 선택된 이온들이 운반체에 결합되고, 지질겹층을 통하여 다른 방향으로 확산시켜 막의 투과성을 향상시키게 된다. 통로형성이온운반체로 선택된 이온들이 통과할 수 있도록 막통로 또는 막기공을 만들어 통과시키게 된다.

28. 포린은 β-원통형구조를 갖는 수용성이온통로이다. 대장균에서 말토덱스트린은 말토포린에 의해서 수송되며, 미끄러운 활주로처럼 운송된다. 이온의 통과를 위하여 세포막에 특수한 이온통로가 있다. 이온통로는 주로 막내재단백질로, 세포질에서 세포공간으로 수동적인 확산을 통하여 이온을 운송시킨다. 이온통로는 선택적으로 열리고 닫히는 기능을 가지고 있으며, 세포가 필요할 때 통로가 열리도록 고안되어 있다. 이러한 이온통로의 개폐는 다양한 자극에 의한 감응으로 작동하게 된다.

29. 물을 수송하는 단백질로 포유동물에 7개의 아쿠아포린이 있으며, 물을 빨리 수송해야 하는 신장, 침샘, 눈물샘에서 아쿠아포린유전자가 많이 발현되고 있다.

30. 능동수송은 에너지가 소요되는 수송방법으로 농도기울기를 거슬러 세포막을 통과하는 능동적이고 선택적인 수송방법이다. $(Na^+-K^+)$$-$ATPase는 Na^+를 세포 밖으로 배출시키는 과정에서 ATP의 에너지를 사용한다. 동물의 세포는 삼투압에 의해서 물의 함량을 조절해 주며, 세포질에서 Ca^{++}농도의 증가는 근육의 수축, 신경물질의 방출, 글라이코젠의 분해 등 다양한 변화를 일으키는 원인이 된다. Ca^{++}이온은 큰 농도기울기의 차이로 세포막을 통과하는 능동수송과 조면세포의 ATP의 가수분해를 통하여 $Ca^{++}$$-$ATPase는 세포질 밖의 Ca^{++}을 받아들이고, 반대로 프로톤을 세포 밖으로 내보내게 된다.

어휘

거대CoA (macro CoA)
결손지질단백질 (apolipoprotein)
고밀도지질단백질 (HDL, high density lipoprotein)
그라미시딘 (gramicidin)
글라이코포린 (glycoporin)
글리세롤 (glycerol)
다이하이드로스핑고신 (dihydrosphingosine)
당지질 (glycolipid)
라노스테롤 (lanosterol)
라멜라 (lamella)
라이포솜 (liposome)
레티놀 (retinol)
로돕신 (rhodopsin)
류코트리엔 (leucotriene)
리간드개폐통로 (ligand-gated channel)
리놀레인산 (linoleic acid)
마이코박테리아 (mycobacteria)
마이코플라스마 (mycoplasma)
막내재단백질 (integral protein)
막주변단백질 (peripheral protein)
막함입 (endocytosis)
말토포린 (maltoporin)
메발론산 (mevalonic acid)
미셀 (micelle)
발리노마이신 (valinomycin)
불포화효소 (desaturase)
비공액성 이중결합 (non-conjugated double bond)
세라마이드 (ceramide)
세레브로사이드 (cerebroside)
수동매개수송 (passive mediated transport)
스테아르산 (stearic acid)
스핑가나인 (sphinganine)
스핑고메이얼린 (sphingomyelin)
4-스핑고신 (4-sphingosine)
스핑고지질 (sphingolipid)
스퀄렌 (squalene)
시스-벡시닉산 (cis-vaccenic acid)
신호개폐통로 (signal-gated channel)
신호인식입자 (SRP, signal recognition particle)
신호펩타이드 (signal peptide)
N-아실스핑고신 (N-acylsphingosine)
아쿠아포린 (aquaporin)
올레인산 (oleic acid)
왁스 (wax)
운송이온운반체 (carrier ionophore)
유미입자 (chylomicron)
적혈구글루코스수용체 (GLUT1, erythrocyte glucose transporter)
전진운반 (anterograde transport)
지방산가수분해효소 (lipase)
지질단백질 (lipoprotein)
초저밀도지질단백질 (VLDL, very low density lipoprotein)
카니틴 (carnitine)
카디오리핀 (cardiolipin)
카로틴 (carotin)
케토화 (ketosis)
클라트린 (clathrin)
터피노이드 (terpenoid)
통로형성이온운반체 (channel forming ionophore)
트라이글리세라이드 (triglyceride)
트라이아실글리세롤 (triacylglycerol)
트랜스로콘 (translocon)
트롬복세인 (thromboxane)
팔미트산 (palmitate)
펜타다이엔 (pentadiene)
포스파티드산 (phosphatidic acid)
포스파티딜에탄올아민 (phosphatidyl ethanol amine)
포장된 막소포 (coated vesicle)
프로스타글렌딘 (prostaglandin)
프로스타사이클린 (prostacyclin)

참고문헌

지질의 구조

Kim, J.-J.P. and Battaile, K. P., 2002. Burning fat: the structural basis of fatty acid β-oxidation. Curr. Opin. Strut. Biol. 12, 721

Vance, D. E. and Vance, J. E. (eds). 1996. Biochemistry of lipids, Lipoprotein, and Membranes, Elesevier.

Bodner, G. M. 1986. Lipids. J Chem. Ed. 633, 772.

지질대사

Istvan, E. S. and Deisenhofer, J., 2001. Structural mechansim for statin inhibition for HMG-CoA reductase. Science, 292, 1160

Kent, S., 1995. Eukaryotic phospholipid synthesis. Annu. Rev. Biochem. 64, 315.

Rinaldo, P., Matern, D., and Bennet M. J. 2002. Fatty acid oxidation disorders. Ann. Rev. Physiol. 64. 433.

Eaton, S., Bartlett, K., and Pourfarazam, M. 1996. Mammalain mitochondrial β-oxidation. Biochem. J. 320, 345.

Kim, K. H. 1997. Regulation of mammalian acetyl-coenzyme A carboxylase. Ann. Rev. Nutr. 17, 77.

Brown, M. S. and Goldstein, J. L. 1984. How LDL receptors influence cholestrol and atherosclerosis. Sci. Amer. 251, 58.

Lawn, R. 1992. Lipoprotein in heart disease. Sci. Amer. 266. 54.

McCarry, J. D. and Foster, D. W. 1980. Regulation of hepatic fatty acid oxidation and ketone body production. Ann. Rev. Biochem. 49, 395.

Ruderman, N., and Flies, J. S. 2001. Chewing the fat ACC and energy balance. Science 291, 2558.

Wakil, S. J. and Burnes, J. S. 2001. Fatty acid metabolism. Comp. Biochem. 18, 57.

Brwon, M. S. and Goldwteein, J. L. 1986. A receptor-mediated pathway for cholesterol homeostasis. Science 232, 34.

Dauty-Varsat, A., and Lodish, H. F. 1984. How receptors bring proteins and particles into cells. Sci. Amer. 250, 52.

세포막 및 운송

De Weer, P. 2000. A century of thinking about cell membranes. Annu. Rev. Physiol. 62. 919.

Bretscher, M. S. 1985. The molecules of the cell membrane. Sci. Am. 253. 100.

Unwin, N., and Henderson, R. 1984. The structure of proteins in biological membranes. Sci. Am. 250, 78.

Nagle, J. F., and Tristram-Nagle, S. 2000. Lipid bilayer structure. Curr. Opin. Strutct. Biol. 10, 474.

Jennings, M. L. 1989. Topology of membrane protiens. Ann. Rev. Biochem. 58, 999.

Jahn, R., and Sudhof, T. C. 1999. Membrane fusion and exocytosis. Ann. Rev. Biochem. 68, 863.

Stroud, R. M. and Waller, P. 1999. Signal sequence recognition and proteins targeting. Ann. Rev. Biochem. 68, 863.

Stein, W. D. 1990. Channels, Carriers, and Pumps: An introduction to membrane transport. Academic Press.

Bretscher, M. S. 1985. The molecules of the cell membranes. Sci. Amer. 253, 100.

Engelman, D. 1996. Crossing the hydrophobic barrier: insertion of membrane proteins. Science 274, 1850.

연습문제

1 지방산에 이중결합을 도입하면 어떤 물리적인 성질이 달라지는가?

2 능동수송과 수동수송의 차이점은 무엇인가?

3 공액이중결합체계를 갖는 지방산은 어떤 화학적인 특성을 가지는가? 생체에 중요한 기능과의 관계는 무엇인가?

4 지질의 구조를 18:1(Δ^9)으로 표시하면 어떤 구조인가?

5 HDL수용체와 심장병의 원인에 관하여 설명하시오.

6 오염된 강이나 바다에 계면활성제를 사용하는데, 날짐승들에게 어떤 피해를 주게 되는가?

7 고지혈증치료제는 실제로 콜레스테롤합성의 어느 단계에서 효소의 방해제가 되며, 현재 어떻게 개발되어 있는지 조사해 보시오.

8 어떤 효소들은 효소의 활성을 위하여 미셀(micelle)을 필요로 한다. 어떤 효소들인가?

9 심근경색과 뇌졸중의 원인을 지방산의 대사와 관련하여 설명하시오.

10 유미입자의 기능에 관하여 설명하시오.

11 동물세포에 존재하는 아라키돈산유도체로 만들어진 홀몬들은 어떤 것들이 있는가?

12 사람은 지방을 주로 어디에 저장하며, 며칠이나 버틸 수 있는 에너지가 되는가?

13 발리노마이신은 어떤 기능을 하는가?

14 막지질 카디오리핀은 어떻게 만들어지는가?

15 지방산합성의 조절과정에서 인슐린의 기능은 무엇인가?

16 콜레스테롤 합성에서 속도결정단계의 반응과 관여하는 효소는 무엇이며, 왜 이 단계가 중요한지 설명하시오.

17 지방산의 염기성 가수분해가 왜 비가역적인가?

18 심장병의 원인을 콜레스테롤의 어떤 역할 때문인가? 심근경색이나 뇌졸중에 걸리지 않으려면 어떻게 준비해야 합리적인가?

19 콜레스테롤 합성단계에서 아이소펜테닐이인산으로부터 어떤 단계적인 물질을 거쳐 콜레스테롤이 얻어지는가?

20 HDL과 혈관질환의 관계를 설명해 보시오.

21 세포막에서 단백질은 어떤 상태로 존재하는가? 실제로 예를 들어 그 기능을 설명하시오.

22 신약개발과정에서 세포막내재단백질의 중요성에 관하여 설명하시오.

23 왁스는 생물체에 어떤 기능으로 도움을 주는가?

24 단백질의 분비경로를 추적해 보고, 운송에 관한 정보는 어디에서 결정되는가?

25 물이 수송되는 과정에 어떤 물질이 관여되며, 물이 빨리 수송되어야 하는 조직은 어떤 것들이 있는가?

26 동물세포와 식물세포의 지질분포와 특성을 비교해 보시오.

27 불포화효소(desaturase)는 어떤 대사단계에 사용되는가?

28 콜레스테롤과 인지질은 어느 쪽이 친수성인가? 그 이유를 설명하시오.

29 단백질과 스핑고지질의 구조적인 공통점과 차이점을 지적하시오.

30 무기이온인 K^+, Na^+, Ca^{2+} 및 Mg^{2+}들이 세포막을 단순한 확산으로 통과하지 못하는 이유를 설명하시오.

31 올레인산(18:1 Δ^9)의 완전산화로 모두 몇 분자의 ATP가 만들어지나?

32 지방산이 모두 17개의 탄소를 가질때 β-산화를 몇 회나 하게 될까?

33 어떤 조건에서 케톤체가 만들어지는지 설명하시오.

34 알콜중독자가 왜 지방간일 가능성이 높은가?

35 지방산가수분해효소가 어떻게 홀몬에 의해 활성화되는지 설명하시오.

36 ACP가 어떤 점이 조효소A(CoA)와 다르고, 또한 유사점은 무엇인지 설명하시오.

37 트라이아실글리세롤 형성과정에서 글리세롤은 어디에서 오는가?

벼농사는 우리의 주식인 쌀을 생산하는 방법으로, 그동안 꾸준히 연구하여 수확이 크게 증가하였으며, 우리 국민이 자급 할 수 있도록 발전되었다. 벼는 광호흡을 하는 식물로, 햇빛을 활용하여 탄소동화작용으로 탄수화물을 얻게 되며, 사람의 에너지대사의 필수영양소를 공급해 주고 있다. 근래에 친환경농업을 위하여, 농약을 적게 사용하여 벼를 재배하려는 노력과 기능성 쌀을 개량하려는 연구가 활발히 진행되고 있다.

Chapter 9

광합성

9.1 광합성기구

9.2 명반응과 전자전달

9.3 암반응과 광합성의 조절

광합성은 지구상의 모든 생명체가 생존하기 위하여 전적으로 의존하고 있는 생화학적인 과정으로, 태양의 복사에너지를 이용하여 탄수화물이 합성되는 과정이다. 태양에너지가 화학에너지로 바뀌는 과정은 식물이 갖는 독특한 빛의 흡수장치와 전자전달체계의 연결을 통하여 가능하다. 광합성과정에서 특정주파수의 빛을 활용하는 전자전달체계는 에너지 변환과정에서 식물이 가지는 독특한 기능이며, 이 과정에서 광자의 에너지가 화학에너지로 바뀌게 된다. 광합성을 통해 얻어진 생화학적인 에너지를 추진력으로 사용하여, 화학반응을 통하여 탄산가스를 유기화합물의 형태로 동화시키는 반응이 수행된다. 식물의 세포에서 탄수화물을 합성하는 과정은 제6장과 7장에서 이미 논의되었던 대부분의 반응에서 탄수화물의 중간체들이 CO_2를 수용하게 되며, 이 과정에서 논의되지 않았던 새로운 두 개의 반응만이 필수적이다.

21세기에는 탄소동화작용의 주된 탄소원이지만 온난화의 주범으로서의 환경오염원인 대기 중의 CO_2 증가와, 또 바이오에너지의 급격한 수요로 인한 곡물가격의 폭등에 기인하여 식물의 광합성연구가 다시 주목을 받게 되고 있다. 지구를 살리기 위해서는 개선된 광합성기구의 창출과, 더욱 다양한 식량자원의 개발 그리고 동시에 환경의 문제를 해결하도록 요구되고 있다.

이 장에서는 광합성을 수행하는 기구의 독특한 화학구조와 전자전달체계 및 에너지 전환에 관하여 소개하려고 한다. 광합성에 관여되는 대부분의 화학반응과 필요한 에너지를 포함하는 물질의 합성이 논의된다. 몇 가지 중요한 작물들이 나타내는 탄소동화작용의 변화와, 마찬가지로 광합성 박테리아에 의해서 수행되는 환원적인 카복실화회로에 관해서도 소개하고, 마지막으로 광호흡의 현상을 설명하려고 한다.

9.1 광합성기구

지구상의 모든 생물체들은 탄산가스가 광합성유기체뿐만 아니라 모든 살아있는 세포에서 발견되는 유기물로 전환되는 초기의 과정인 광합성에 주로 의존하여 영양분을 공급받고 있다. 이 과정에서 탄산가스와 물이 글루코스로 바뀌는 반응은 역으로 나타나는 현상인 글루코스가 산화되어 CO_2와 H_2O로 될 때 배출되는 과정과 같은 양의 최소의 에너지의 지원을 필요로 한다. 광합성이 의미하고 있듯이, 대기 중에 탄산가스가 글루코스로 유입되는 반응을 다음과 같이 적고 있다.

$$6CO_2 + 6H_2O = C_6H_{12}O_6 + 6O_2$$
$$\Delta G' = +686{,}000 \text{ cal}$$

이때 글루코스가 생성되는 과정에 쓰이는 에너지는 빛에 의해서 공급된다.

이제까지는 빛이 광합성 색소에 의해 흡수되면 위에서 제시한 식에서처럼 CO_2가 환원되고 물과 결합하여 탄수화물이 얻어진다고 간단하게 표현하였다. 그러나 실제로는 햇빛의 에너지를 활용하는 광합성 반응에서 H_2O가 산화되어 탄수화물로 얻어지는 과정은 두 단계를 통하여 수행된다.

$$2H_2O \xrightarrow{hv} O_2 + 4[H\cdot]$$

이때 얻어진 전자들은 계속해서 CO_2를 환원시키고 있다.

표 9-1 여러 다른 파장의 빛에 포함된 에너지

빛의 색	파장(nm)	에너지 (cal/아인스타인)
원적외선	750	38,000
적색	650	43,000
황색	590	48,000
청색	490	58,000
자외선	395	72,000

$$4[H\cdot] + CO_2 \rightarrow (CH_2O) + H_2O$$

광합성과정의 진화는 해당과정 (glycolysis) 과 오탄당인산대사의 진화와 밀접하게 연계되어 진행된 것으로 보인다. 빛의 에너지를 흡수하는 엽록소가 형성되기 이전에는 광합성이 일어날 수가 없었다. 이들 색소는 태양광의 광자를 흡수할 수 있는 능력을 가지고 있으며, 그러한 에너지를 활용하여 화학에너지인 ATP로 전환시키게 된다. 이러한 에너지의 필요성 때문에 광인산화과정이 나타나게 된 것이다. 현저한 양의 광인산화와 오탄당인산대사의 반응중간체들은 빛에 의해서 얻어진 활성화된 탄산가스를 동화시키는 효소의 기질이 되고 있다. 이때 탄산가스의 환원을 위하여 전자는 H_2S나 $[H\cdot]$에 의해서 마련된다.

어떤 광합성박테리아의 광합성 형태에서는 광합성 초기의 증거들을 볼 수 있도록 보존되고 있다. 그동안 광합성유기체는 지속적으로 진화되었으며, 전자의 출처로 H_2O를 사용하는 능력을 얻게 되었다. 이 과정에서 O_2가 생성되고, 진화적인 형태로 전에는 알지 못했던 호흡이나 호기성호흡을 위하여 새로운 산화제를 제공하게 되었다.

9.1.1 빛과 물질의 상호작용

1. 빛의 성질

초기에 물리학자들의 빛에 의해서 방사되는 에너지연구의 결과로, 빛은 광자로 알려진 입자와 파동으로 취급되고 있다. 이들 광자의 에너지는 아래의 식에서 계산될 수 있다.

$$E = Nhv = \frac{Nhc}{\lambda}$$

여기서 E는 1몰의 광자의 열량을 칼로리로 나타내는 에너지를 나타내고, N은 아보가드로상수 (Avogadro Number, 6.023×10^{23}) 이며, h는 플랑크상수 (Plank constant, 1.58 $\times 10^{-34}$cal sec), 그리고 λ는 나노미터의 파장을 나타낸다. 위 식에 나타내고 있듯이, 광자의 에너지는 입자가 갖는 파동의 파장에 반비례한다. 그래서 단파장의 청색 빛의 에너지는 장파장의 적색 빛의 양보다 훨씬 크다. 각각 다른 빛의 종류에 따라 1몰의 광자의 에너지량을 표 9-1에 나타내고 있다.

물질의 중요한 성질 중의 하나는 물질이 빛을 흡수할 수 있는 능력을 갖는 것이다. 다시 말해서, 물질이 빛을 흡수하는 능력은 물질의 원자구조에 따라 좌우된다. 또 안정한 원자에서 핵의 주위에 있는 전자들의 수는 핵의 양전하와 같다. 이들 전자들은 핵 주위의 다른 궤도들에 놓여져 있으며, 일부는 핵에서 상당히 멀리 떨어진 궤도에 전자들이 놓여져 있어서 바깥쪽 궤도의 전자들은 핵에 덜 강하게 부착되어 있게 된다. 그래서 이렇게 바깥쪽의 채워지지 않은 궤도에 전자들을 놓기 위해 에너지가 필요하게 된다. 왜냐하면,

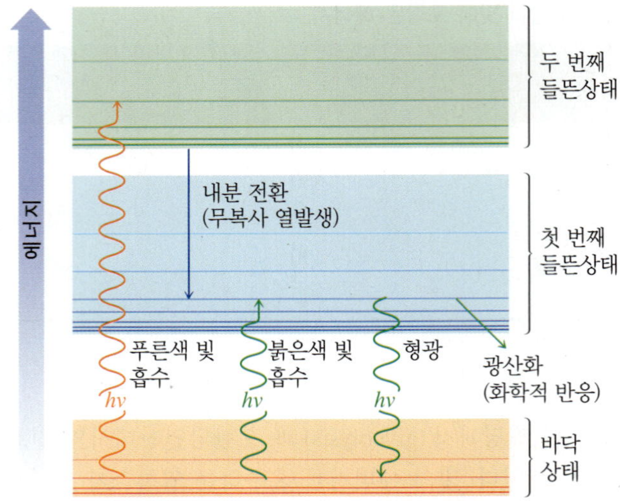

■ 그림 9-1 ■ 엽록소의 에너지준위 도형. 들뜬에너지는 내부에서 변화되어 열이나 화학반응을 추진하게 한다. 구불구불한 선은 광자의 흡수나 형광의 방출을 나타낸다.

양전하를 띠는 핵으로부터 음전하를 띠는 전자는 멀리 떨어지도록 놓여 져야 하기 때문이다.

이러한 에너지를 전자가 획득하는 한 가지 방법으로는 바깥쪽 또는 높은 에너지궤도로 이동하면서 빛의 광자를 흡수함으로써 가능하게 된다. 원자에 이런 일이 일어나게 되면 들뜬상태가 된다고 한다. 주어진 원자가 얻을 수 있는 여러 가지 가능한 들뜬상태가 가능하다. 원자가 이러한 특수한 상태에 도달하게 되는 것은 흡수된 빛의 광자의 파장에 따라 좌우된다.

들뜬상태의 원자는 불안정하기 때문에 바깥쪽 궤도로부터 낮은 에너지수준으로 전자가 되돌아가려는 경향이 있다. 이렇게 전자가 되돌아가려면 들뜬상태에서 필요한 에너지의 배출이 따르게 된다. 초기의 행동은 들뜬상태로부터 조금 낮은 에너지 상태로 되돌아가게 한다. 전자들이 원래의 상태인 바닥상태로 되돌아 갈 때, 들뜬에너지의 나머지는 형광이나 인광으로 알려진 빛의 형태로 배출시킨다. 이때 형광은 즉시 방사($\approx 10^{-8}$sec) 되는 빛인 반면에, 인광은 흡수된 방사가 지연되어 배출되는 빛이다(그림 9-1).

2. 엽록소에서의 빛의 흡수

엽록소 a는 가시스펙트럼의 두 청색 및 적색지역의 빛을 같은 효율로 흡수한다. 청색광의 에너지량이 적색광보다 대략 50% 더 크기 때문에 청색광이 광합성에 더욱 효율적이라고 예상할 수 있다. 그러나 실제로 그렇지 않은 것은 엽록소분자가 들뜬상태가 되는 데 도달하는 에너지준위로 설명이 가능하다.

청색의 빛은 엽록소분자를 두 번째 들뜬상태로 만드는 데 충분한 에너지가 된다. 이러한 상태의 생존율(life time)은 10^{-11}초가 예상되고, 광합성에서 사용되기에는 너무 짧은 것이다. 그래서 전자가 처음 들뜬상태에 도달하기 위해 40 Kcal 정도 에너지가 상실되는데, 이는 적색파장의 빛의 흡수에 의해서 얻어질 수 있다. 다시 말해서, 이런 상태의 기간(10^{-9}sec)은 매우 짧으며, 준안정의 들뜬상태로 되려면 열의 상실이 따르게 된다. 이러한 전이상태의 기간은 충분히 길어서(10^{-2}sec) 들뜬 엽록소 a의 분자가 얼마 간의 에너지를 다른 분자에 이전시키기에 충분하다. 이러한 과정은 광합성에서 빛의 에너지를 화학에너지로 전환시키는 첫 단계가 된다. 그렇지 않으면 첫 번째 들뜬상태가 열이나 또는 인광의 형태로 상실되면서 바닥상태로 쇠퇴하여 에너지를 포획하지 못하게 된다(그림 9-2).

이러한 과정을 통해서 보통 엽록소분자의 광합성에 적합한 들뜬에너지는 짧은 파장에

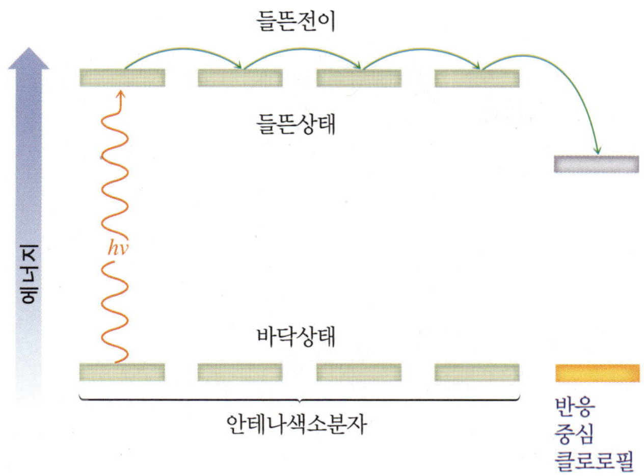

■ **그림 9-2** ■ 광합성중심전자의 들뜬상태. 들뜬전이에 의해서 색소분자들을 통과한 빛에너지는 가장 들뜬상태가 안테나색소분자의 것보다 적은 에너지를 가지고 있어서 엽록소에 의해서 포집된다.

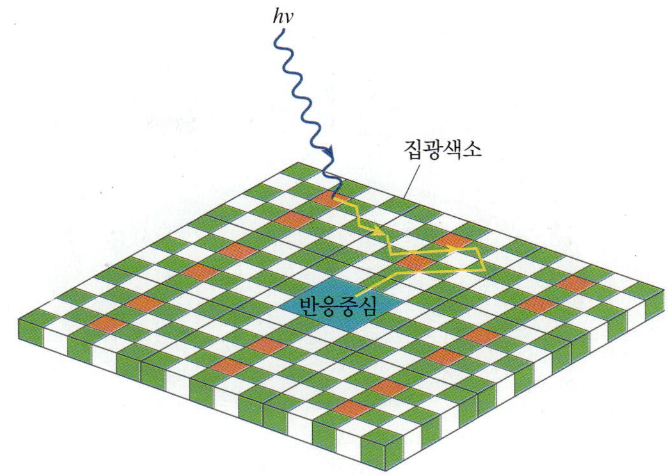

■ **그림 9-3** ■ 광합성안테나복합체를 이용한 에너지의 흐름. 흡수된 광자에너지는 안테나복합체(녹색)을 통하여 엽록소의 반응중심에 도달하도록 이동시키거나 아주 적은 부분은 형광으로 재방출한다.

해당하는 두 번째 들뜬상태의 광자를 흡수함으로써 가능하다. 또 들뜬분자는 직접적으로 들뜬에너지를 전기적으로 성질이 유사한 들뜨지 않은 분자에 전달하게 된다. 빛의 에너지는 안테나색소들 간의 공명에너지 전달을 통하여 반응중심으로 좁은 통로를 흐르게 된다. 이 에너지는 반응중심의 엽록소에 모이게 되는데, 이는 안테나엽록소보다 이들이 조금 낮은 들뜬상태를 유지하기 때문이다. 빛에 의해서 들뜬공여체의 전자가 수용체분자로 전달됨으로써 이 과정에 환원이 일어나게 된다. 광합성에서 들뜬상태의 엽록소분자는 전자공여체로 작용한다. 그래서 엽록소분자는 다른 분자를 산화시키면서 결국은 환원된 상태로 되돌아가게 된다. 이러한 방법으로 광자로 흡수된 에너지는 에너지를 갖는 분자에 의해서 화학적으로 광합성반응계에 전달된다(그림 9-3).

9.1.2 엽록소의 구조와 기능

광합성은 원핵세포와 진핵세포 모두에서 수행된다. 원핵생물, 청록색 엘지를 포함하여 자청색 박테리아 같은 유기체들은 빛을 포획시키는 과정에서 발색단(chromophore)이라고 부르는 작은 화학구조를 갖는 물질을 통하여 수행하고 있다. 진핵생물과 광합성 녹색식물, 다세포 적색-녹색갈색 엘지 등에서 엽록체가 광수용체로 기능한다.

광에너지를 흡수하는 엽록체는 높은 투과성을 갖는 외벽과 거의 비투과성인 내막을 가진다. 탄수화물의 합성에 필요한 효소들 및 관련물질들로 채워진 막내부를 **스트로마(stroma)**라고 한다(그림 9-4). 스트로마는 층을 이루는 **틸라코이드(thylakoid**, 그리스어 "자루"의 뜻)라는 막모양의 물질들로 둘러 싸여 있다. 틸라코이드는 10~100여개의 그라나(grana, 여러 겹의 둥근모양)로 구성되고, 그라나는 연결통로인 스트로마얇은판(lamella)에 연결되고 있다. 여기서 틸라코이드막에는 빛에너지를 수집하고, 전자를 운반하며, ATP를 합성하는 단백질복합체를 가지고 있다. 광합성박테리아에서 빛의 흡수반응은 그라나처럼 얇은막층의 원형질막내부에서 수행된다.

엽록소(chlorophyll)는 마그네슘을 포함하는 포피린으로, 지방족 알콜이 테트라피롤 IV고리의 프로피온산에 에스터 결합으로 연결되고 있다. 엽록소 a의 구조를(그림 9-5)에 나타내고 있다. 적녹색 엘지는 엽록소 a뿐만 아니라 **파이코사이아노빌린(phycocyanobilin)**이라는 청색 또는 적색 색소와 Mg^{2+}이 고리형 구조가 아닌 엽록소와

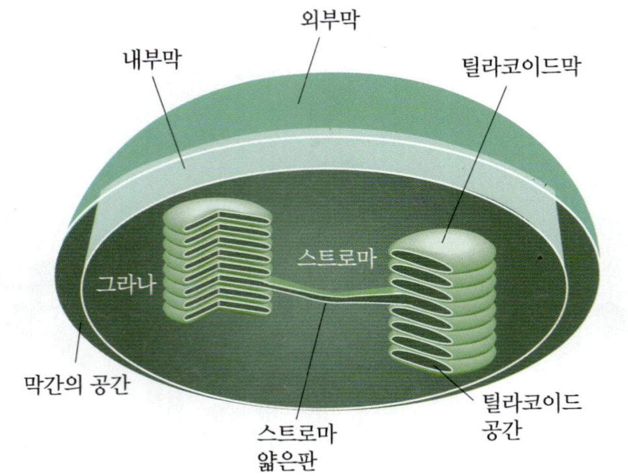

■ **그림 9-4** ■ 엽록체의 단면 그림. 엽록체는 광합성의 빛을 흡수하고, 전자를 운반하며, ATP를 합성하는 단백질복합체를 갖는 틸라코이드 (thylakoid) 와, 틸라코이드가 여려 겹으로 된 그라나 (grana), 탄수화물의 합성에 필요한 농축된 효소들로 이루어진 스트로마 (stroma), 그리고 그라나를 연결시키는 스트로마 얇은판 (stroma lamella) 으로 구성된다.

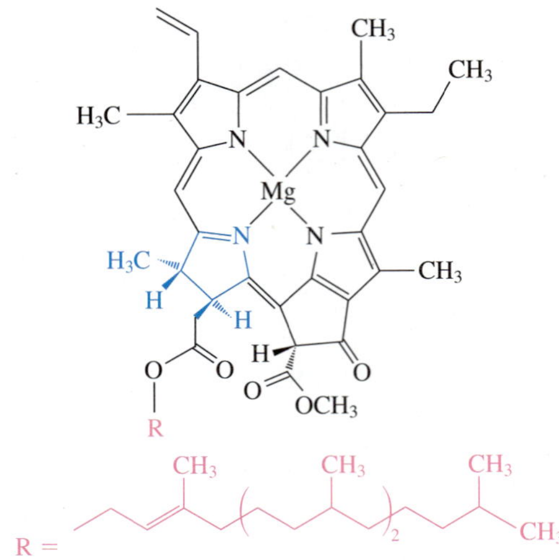

■ **그림 9-5** ■ 엽록소의 화학구조. 엽록소 a는 고리형 테트라피롤로, 피롤고리 중 하나는 환원되어 (청색) 있다. 또 다른 오탄소 고리가 다른 피롤고리에 융합되어 있다.

관련된 테트라피롤을 포함하고 있다.

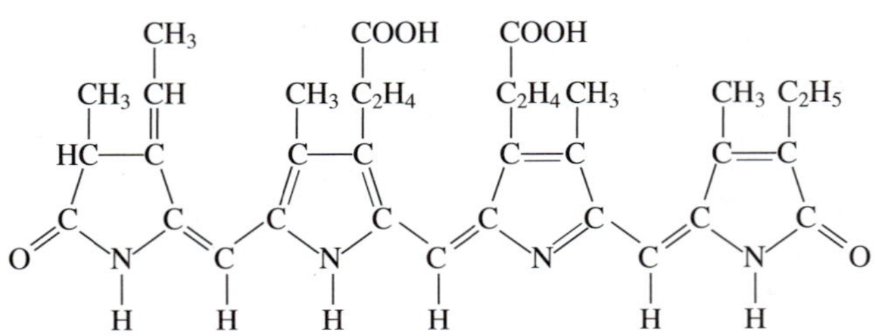

테트라피롤

광합성유기체는 다양한 광합성색소를 포함하고 있으며, 광합성활동의 주된 역할을 수행하는 이차적인 기능들 사이에서 그 차이점들이 밝혀지게 되었다. 단지 엽록소 a (또는 광합성박테리아에서 발견되는 박테리아엽록소 형태) 만이 빛에 의한 들뜬상태가 일어나고, 다음으로 빛의 에너지를 에너지가 풍부한 화합물로 바뀌게 하는 형광성의 특징인 과정이 일어난다. 다른 색소는 직접 에너지변환과정에 참여하지 않고, 대신 짧은 파장의 높은 에너지를 갖는 빛을 수집하여 잘 알려지지 않은 과정을 통하여 엽록소 a를 따라 통과하도록 해 준다.

엽록소 (chlorophyll) 는 집광작용에서 안테나의 역할을 수행한다. 에너지의 전달은 안테나체계에서 **광합성중심 (photosynthetic center)** 으로 90%의 효율로 이전이 가능하다. 안테나의 색소 또는 집광복합체는 광합성 부속색소를 포함하고 있으며, 폴리엔 (polyene) , **β-케로틴 (β-carotin)** 같은 카로티노이드를 포함하며, 엽록소가 강하게 흡수하지 못하는 영역의 빛을 흡수한다. 안테나색소복합체는 **집광복합체 (light harvesting center, LHC)** 가 필수적이다.

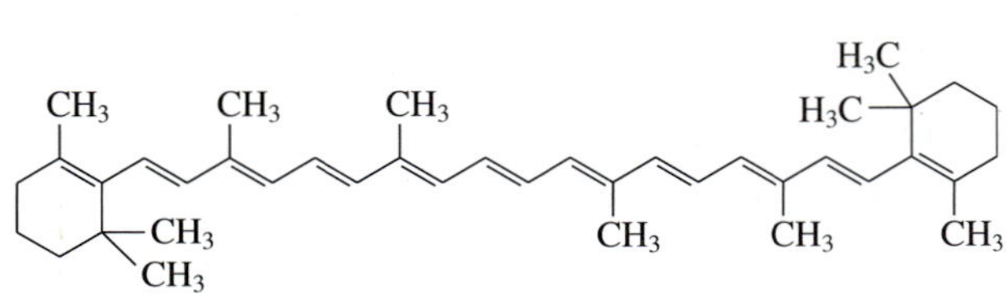

β-케로틴

광합성 색소는 필요한 효소들과 구조적인 성분들과 함께엽록체의 라멜라내부에 광합성단위를 구성하고 있다. 이들 단위는 한정된 비율로 에너지변환체계의 다른 성분들을 포함하게 된다. 단일 단위는 400분자의 엽록소 a를 가지고 있는데, 한 분자당 P700과 엽록소 a-682로 알려진 특별한 형태의 엽록소 a가 있으며, 다른 한 분자에는 사이토크롬 *f*와 **플라스토사이아닌 (plastocyanin)** 이 각각 들어 있다. 그리고 두 분자당 사이토크롬 b_6와 사이토크롬 b_3를 각각 가지게 된다. 엽록소의 분자는 직접 광화학반응에 참여하지 않고, 빛을 수집하는 작용을 하며, 광합성의 기본반응은 **광합성반응중심 (photosynthetic reaction center)** 에서 수행된다.

9.1.3 전자전달기구

1930년 로버트 에머슨(Robert Emerson) 은 빛에 의해서 이루어지는 광합성이 적어도 두 개의 명반응으로 구성되고 있음을 처음으로 제시하게 되었다. 이는 청색 엘지 (scenedesmus) 에 의해서 수행된 실험으로, 에머슨이 빛의 파장에 따른 광합성의 양을 측정한 결과 광합성이 700 nm이상의 파장에서는 일어나지 않음을 관찰하게 되었다. 이것은 그 당시 상당히 놀라운 사실로, 이 엘지세포가 원적외선의 파장에서 아직도 빛을 흡수하고 있었기 때문이다. 에머슨은 이와 같이 원적외선지역에서 갑작스런 광합성의 강하를 "**원적외선 강하 (far red drop)**" 라고 부르게 되었다. 그러나 그는 700 nm 빛을 여분의 조사와 동시에 650 nm의 파장의 빛을 두 번째의 빛으로 조사하였을 때 여러 가지 다양한 양의 광합성이 일어날 수 있음을 보여주었다. 이러한 광합성 양의 확대는 에머슨으로 하여금 이 엘지의 경우 광합성과정에서 CO_2의 동화작용에 두 개의 다른 파장의 빛이 필요함을 제안하게 되었다.

그 후 힐 (Hill) 과 벤달 (Bendal) 은 녹색식물과 H_2O를 환원제로 활용하는 다른 어떤 유기체들에서, 광합성단위는 두 개의 광합성체계, 원적외선 (680∼700 nm) 에 의해서 활성화되는 PSI과 적색광 (650 nm) 에 의해서 활성화되는 PSII를 포함하고 있음을 제안하게 되었다. 힐-벤달의 방법의 근본적으로 중요한 점은 엽록소에서 일어나는 산화-환원운반체로 구성된 전자전달방법을 통하여 PSII에서 PSI으로 전자가 흐르게 된다는 것이다. 힐과 벤달은 전자가 PSII에서 PSI으로 사슬을 따라 흐르게 되면 적어도 한 개의 에너지가 풍부한 부산물이 ATP의 형태로 얻어진다고 가정하게 되었다. 여러 가지 운반체는 환원전위에 따라 사슬에 위치하게 되고, 마찬가지로 적색광 (PSII의 활성화) 과 원적외선 (PSI의 활성화) 의 스펙트럼의 변화도 일어난다. 고등식물에서 PSII는 기본단위체가 ∼25 소단위체와 몇 개의 안테나단백질로 이루어진 ∼1,000KD의 막횡단거대복합체로 구성된다.

오늘날 이러한 연구결과는 많은 다른 광합성유기체가 원적외선파장 (680∼700 nm) 에 의해서 활성화되는 PSI체계와 짧은 파장 (650 nm) 에서 활성화되는 PSII체계의 존재 그리고 에머슨의 가정이 서로 일치한다는 사실이 일반화되게 되었다. 그래서 식물에서 빛의 에너지를 활용하여 H_2O의 산화로 얻어진 환원력을 이용하여 NADPH를 얻어내는 광합성은 두 개의 광합성중심 (reaction center) 인 물을 산화시키는 **광반응계II (Photosystem II, PSII)** 와 $NADP^+$ 를 환원시키는 **광반응계I (PSI)** 으로 구성된다. 이때 전자는 PSII에서 PSI으로 흐르며, 광자에 의해서 전자는 들뜬상태가 된다 (그림 9-6).

제초제인 다이클로로페닐다이메틸유리아 (dichloro-dimethyl urea, DCMU) 는 전자전달사슬을 따라 전자의 흐름을 방해시킴으로써 잡초제거약제로 작용하고 있다. DCMU의 존재하에서 엽록체는 원적외선 빛 (PSI) 의 존재하에 사슬의 운반체를 산화시키지만, 짧은 파장의 빛을 사용할 때 (PSII)는 운반체가 환원되지 않게 된다.

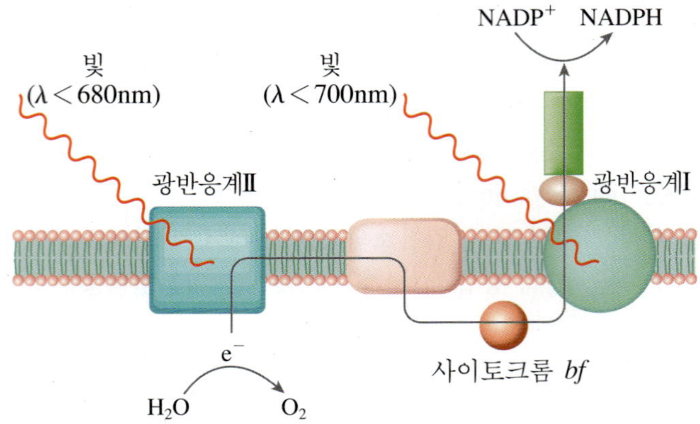

■ **그림 9-6** ■ 광반응계의 구성. 틸라코이드막에 걸쳐 있는 광반응계복합체II (PSII) 는 물을 산화시키는 기능을 수행하고, NADP$^+$ 를 환원시키는 광반응복합체I (PSI) 은 사이토크롬 *bf*를 통하여 전자의 이동을 연결시키고 있다.

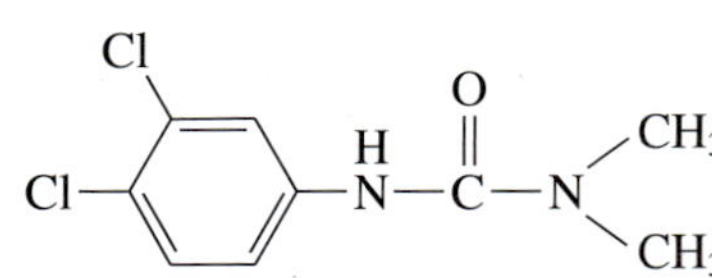

3-(3, 4, 다이클로로페닐)-1,
1-다이메틸요소

엽록체에서 전자의 운반경로는 H_2O에서 NADPH로 전자들을 운반시키는데, 세 개의 틸라코이드막결합입자들로 구성되어 있다 (그림 9-7) . 전자전달단백질인 사이토크롬 b_6f (라틴어로 frons로 잎사귀) 는 두 광반응계의 사이에 놓여 있으며, *c* 형태의 사이토크롬 (E'_o = + 0.36) 으로서 최대흡수는 553 nm에서 일어난다. 전자는 이 복합체들 사이의 유동성인 전자운반체를 경유하여 전달된다. 청색의 플라스토사이아닌 (plastocyanin, PC) 은 구리를 포함하는 유동적인 원형질막에 존재하는 공간막단백질로서 한 개의 전자의 환원이 일어나며, E'_o = 0.37이다. 유비퀴논과 같은 구조의 **플라스토퀴논 (plastoquinone, Q)** 의 E'_o는 대략 0.00V를 가지며, 환원되어 **플라스토퀴놀 (plastoquinol, QH_2)** 로 된다.

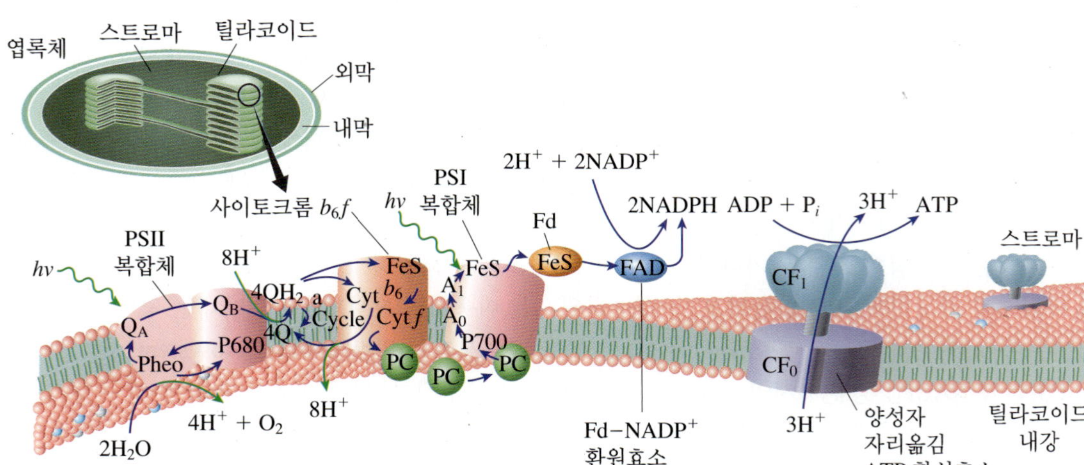

■ **그림 9-7** ■ 틸라코이드막 모형. 전자운반계는 광합성계 II, 사이토크롬 b_6f 및 광합성계 PSI으로 구성된다. 빛에 의한 추진력으로 H_2O에서 NADP$^+$ 로 전자들의 이동은 양성자 (H^+) 들을 틸라코이드내강으로 운반시키는 힘이 된다. 산소발생중심 (OEC) 에 의해 물을 분해하여 만든 부차적인 양성자들과 산소를 발생시킨다. 여기서 얻어진 양성자기울기는 ATP합성효소를 작동시켜 ATP합성을 수행하게 된다.

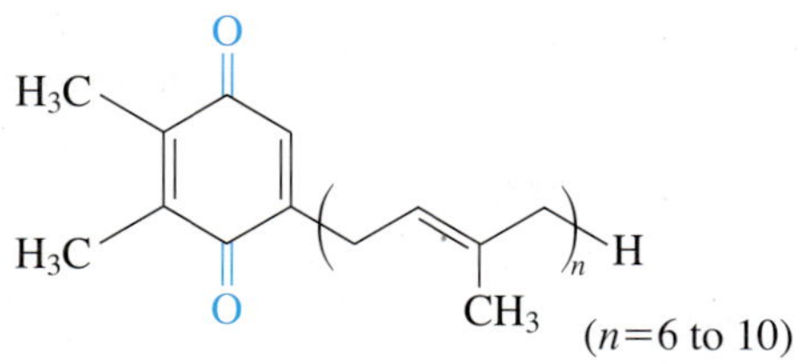

플라스토퀴논
(산화상태, Q)

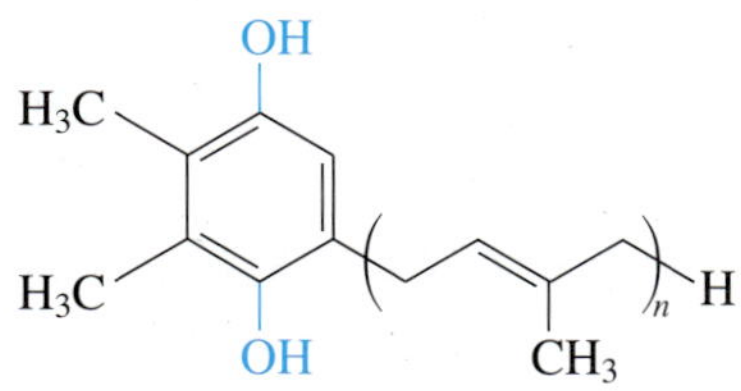

플라스토퀴놀
(환원상태, QH_2)

단백질 페레독신은 클로스트리듐파스튜리님(clostridium pasteurinum)에서 질소고정을 연구한 케나한(Carnahan)과 몰텐슨(Mortenson)에 의해서 처음 발견되었으며, 많은 수의 광합성유기체인 박테리아, 엘지, 고등식물에서 분리되었다. 그러나 이 유기체에서 페레독신은 단백질의 분자당 7개의 철원자와 7개의 황그룹을 [2Fe − 2S]형태로 포함하고 있으며, 전자전달의 최종단계에 페레독신-NADP$^+$ 환원효소의 형태로 NADP$^+$를 환원시키는 기능을 하고 있다. 페레독신은 분자량이 600D 정도이고, 현저하게 낮은 pH 7.55에서 −0.42V의 전위차를 가지고 있다. 시금치의 엽록소에서 분리된 페레독신은 두 개의 철원자가 산성화에 의해서 H_2S를 배출시키는 특수한 두 개의 황원자에 연결되고 있다. 시금치에서 페레독신의 분자량은 11,600D이고, 그 산화환원전위는 −0.43V이다. 산화된 페레독신은 파장 420 nm와 463 nm에서 독특한 흡수띠를 갖는다. 이것을 산성화시키면 이들 띠는 없어지고, 동시에 단백질은 생화학적인 활성을 상실하게 된다(그림 9-8).

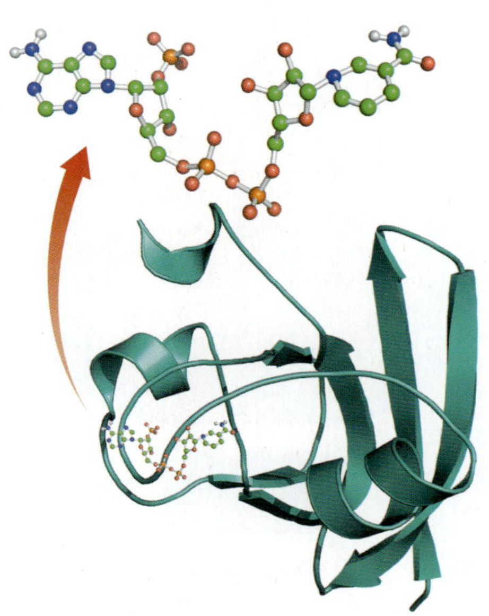

■ **그림 9-8** ■■ 페레독신의 구조. 단백질인 페레독신은 전자를 광반응계I으로부터 받아 페레독신 −NADP$^+$ 환원효소에 전달시키는 기능을 수행한다.

9.2 명반응과 전자전달

9.2.1 전자전달과 에너지변환

광합성반응은 들뜬 엽록소분자에서 전자들의 이동이 이루어지는 과정이다. 이 과정에서 전기적에너지는 화학적에너지로 바뀌게 되며, 빛의 추진력에 의한 H_2O의 산화로 발생한 환원력을 이용하여 NADPH를 생산하고, 동시에 앞에서 언급한 여러 연결된 전자수용체들이 전자전달의 기능을 수행하게 된다.

보드만(Boardman)은 엽록체를 파괴시킨 다음 적당한 전자수용체를 보충하였을 때 H_2O의 산화(PSII)와 $NADP^+$의 환원(PSI)을 수행하는 능력을 보강시키는 성분을 확보하게 되었다. 그래서 엽록체에 장파장(PSI을 활성화시킬 수 있는)의 빛을 조사하였을 때 얻어진 산화제는 사이토크롬 *f*와 플라스토사이아닌으로부터 전자를 받아들이고, 이때 그런 색소들의 산화적인 형태가 색소체 중에서 지배적이었다. 단파장의 빛으로 PSII를 활성화시킬 때, 환원제 Q는 전자를 전달사슬에 제공하여 PSI에 이르게 하고, 사이토크롬 *f*를 포함한 모든 운반체는 환원되게 된다.

식물의 광합성기구는 PSII와 PSI을 포함한 여러 가지 전자전달체들을 낮은 전위차에서 높은 전위차의 순서로, 즉 전자들이 낮은 전위차에서 높은 전위차로 흘러가도록 연결시킨 **Z도형(Z-scheme)**으로 나타내고 있다(그림 9-9). 그동안 많은 연구결과 이 Z도형이 완전하게 완성되었으며, 전자전달사슬에 두 광합성체계가 서로 연결되고 있음이 밝혀지게 되었다. 동시에, Z도형으로 여러 가지 에너지변환과정의 내용들이 박테리아와 녹색식물의 광합성에서 밝혀지게 되었다.

광합성의 기초단위인 엽록소분자들도 대략 비슷하게 두 광합성체계로 나누어지게 된다. 엽록소 또는 보조색소에 의해서 흡수되는, 그리고 PSI에서 이들 엽록소에 전달되는 빛

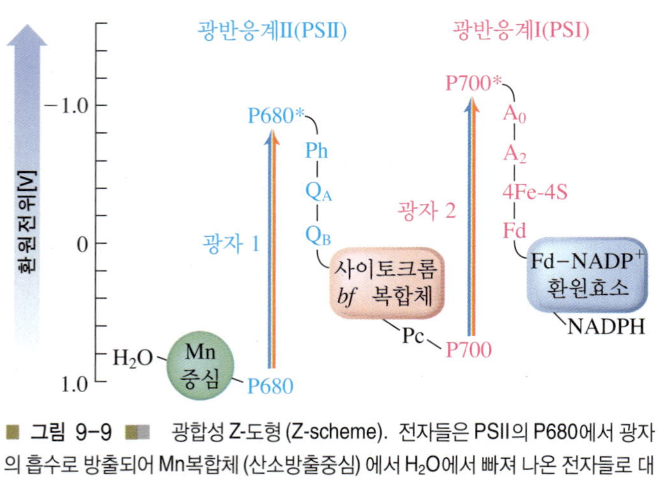

■ 그림 9-9 ■ 광합성 Z-도형(Z-scheme). 전자들은 PSII의 P680에서 광자의 흡수로 방출되어 Mn복합체(산소방출중심)에서 H_2O에서 빠져 나온 전자들로 대체되며, 동시에 O_2와 $4H^+$를 만들게 된다. 방출된 전자들은 전자운반통로를 따라 플라스퀴논(Q)으로 들어간다. 이때 플라스토퀴논은 번갈아 틸라코이드내강으로 양성자를 동반하여 왕복함으로써 사이토크롬복합체를 환원시킨다. 전자들은 다음 플라스토사이아닌(PC)으로 운반되고, 플라스토사이아닌은 PSI의 광산화된 P700을 재생시킨다. P700에서 방출된 전자들은 전자운반체의 여러 단계를 통과하여 비순환계인 전자운반계의 $NADP^+$를 NADPH로 환원시키게 된다. 전자들은 순환반응의 사이토크롬 *bf*복합체로 되돌아가기도 하고, 동시에 양성자를 틸라코이드내강으로 이동시키게 된다.

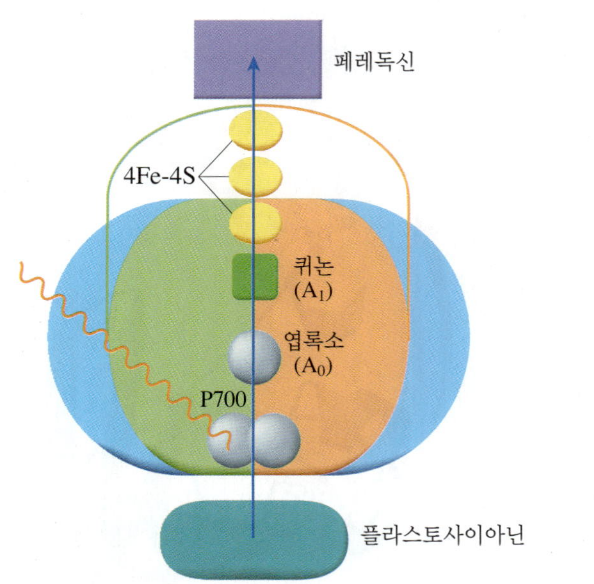

■ 그림 9-10 ■ 광반응계I에서 페레독신으로의 전자이동. 빛의 흡수는 아래쪽의 P700에서 전자를 엽록소, 퀴논, 그리고 4Fe-4S를 통하여 페레독신에 이동시키게 한다. P700의 양전하는 환원된 플라스토사이아닌으로부터 전자에 의해서 중성화된다.

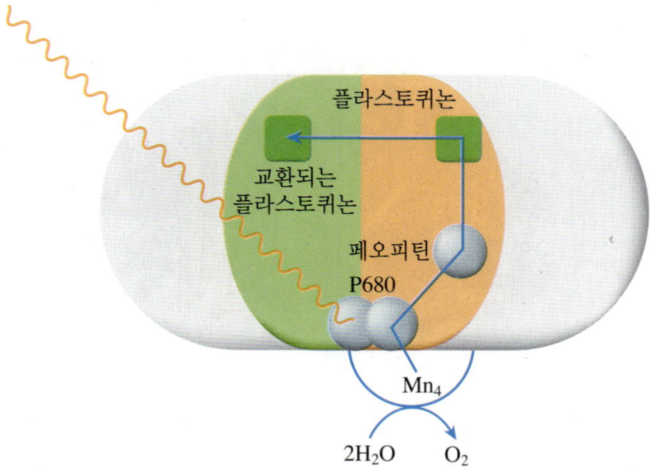

■ 그림 9-11 ■ 광반응계II를 통한 전자의 이동. 엽록소 P680이 광자를 받게 되면 들뜬상태가 되고, 전자는 전자운반경로를 따라 서로 교환되는 플라스토퀴논으로 이동하게 된다. P680의 양전하는 Mn중심에 부착된 물분자로부터 나온 전자에 의해서 중화되고, 동시에 H_2O는 산화되어 O_2가 얻어진다.

의 에너지는 P700으로 알려진 특수한 형태의 엽록소 a에 옮겨지게 된다. 들뜬상태에 의해서 P700은 전자를 **페레독신 (ferredoxin, Fd)** 과 $NADP^+$ 를 환원시킬 수 있는 강력한 환원제 (Z^-) 를 생성시키도록 수용체에 제공하게 된다 (그림 9-10). **산소발생중심 (oxygen evolving center, OEC)** 에 의해서 물로부터 탈취된 전자들은 Z의 실체인 P680*으로 이동된다. Z는 OEC와 P680 사이에 자리잡은 D1형태의 Tyr161에 위치된 과도기의 중성적인 타이록신레디컬로 알려지고 있다. 전자가 결핍된 P700 $(P700^+)$ 은 플라스토사이아닌 (plastocyanin) 으로부터 한 개의 전자를 수용함으로써 환원된 상태로 재생된다. 비슷한 전자의 포획과정이 다른 특별한 엽록소 a (Chl a-680) 의 들뜬상태가 되는 PSII에서 일어나게 된다. 들뜨게 되면, 한 개의 전자는 Q^-를 만들도록 Q에 이동시키게 된다. 들뜬 Chl a-680은 Y로부터 전자를 수용하고, 강력한 산화제 Y^+ 를 만들게 된다 (그림 9-11).

PSII에서 반응중심의 보조인자들은 Chl a, Pheo a, 또 플라스토퀴논은 BChl b, BPheo b 그리고 **메나퀴논 (menaquinon)** 으로 구성된다 (그림 9-12). 전자는 Pheo a, 아마도 Chl a분자를 경유해서 플라스토퀴논 (QA) 에 결합한다. 전자는 다시 이차플라스토퀴논분자인 QB로 전달되는데, QB는 두 번째 전자를 같은 방법으로 받아들인 후에 두 개의 양성자를 틸라코이드막의 스트로마표면에 흡수하게 된다. 사이토크롬 b_6f복합체의 전자운반이 양성자기울기를 형성하여 엽록체에서 ATP합성을 추진하게 된다. 플라스토퀴논에서 유래

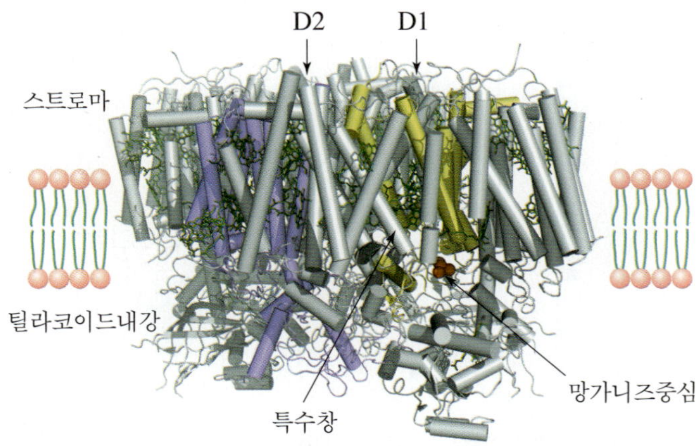

■ 그림 9-12 ■ 광반응계II의 삼차구조. 클로로필분자 (녹색) 가 틸라코이드막에 내재되고 있다. 산소가 발생하는 망가니즈중심은 막의 틸라코이드내강 쪽에 있다.

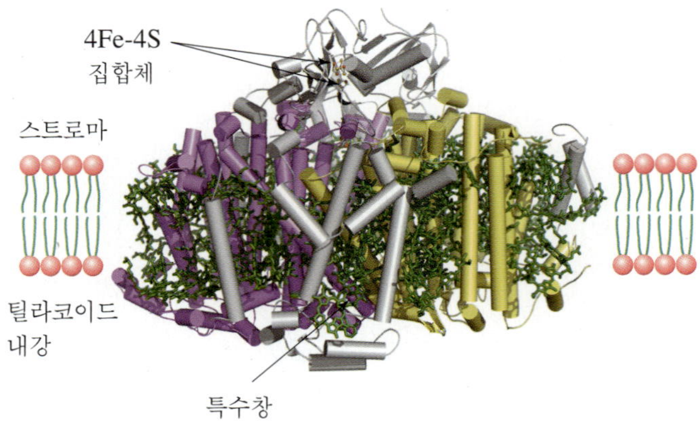

■ 그림 9-13 ■ 광반응계I의 입체구조. 광반응계 I은 psaA (붉은색) 와 psaB (푸른색) 의 두 소단위체로 구성되고 있으며, 여러 개의 엽록소분자가 틸라코이드막에 내재되어 있다. 2Fe-2S는 스트로마로부터 전자를 원활하게 이동하도록 도와주고 있다.

된 전자는 사이토크롬복합체를 통과한다. 사이토크롬복합체를 통과한 전자흐름은 Q순환계를 통하여 일어난다. 사이토크롬 b_6f복합체의 마지막 전자운반체인 사이토크롬 f 사이에서 전자가 전달되고, PSI은 플라스토사이아닌 (PC) 에 의해서 중계된다. PSI의 들뜬전자는 $NADP^+$ 를 환원시키거나 양성자기울기형성을 유도하게 된다 (그림 9-13) .

빛의 조사에 의해서 광반응계 I에 의해서 얻어진 약한 산화제는 아마도 전자가 결핍된 P700 ($E'_o = 0.42V$) 일 것이다. 광반응계II (PSII) 에 의해서 생성된 강한 산화제 Y^+ 의 성질은 알려지지 않고 있으며, 산화제가 물을 산화시키는 정확한 메커니즘은 아직 불분명하다. 그러나 Mn^{2+}이온은 이 과정에 필수적인 것으로 알려지고 있다. 환원제 Z가 $NADP^+$ 를 환원시키는 과정은 자세히 알려지고 있다. 광반응계I이 활성화되면 페레독신-환원제라는 물질 (FRS) 이 환원된다. 이 화합물은 그의 전자를 페레독신 ($E'_o = -0.42V$) 으로 알려진 비힘철단백질에 전달시키게 된다. 환원되면 이 단백질은 대신 플라빈을 포함하는 효소인 페레독신-$NADP^+$ 환원효소의 존재하에 $NADP^+$ 를 환원시킨다.

무기 (H_2S, $Na_2S_2O_3$) 와 유기 (석신산, 아세트산) 환원제를 이용하는 박테리아는 물을 사용하는 유기체가 필요로 하는 PSII를 필요로 하지 않는다. 이런 유기체들이 사용하는 전자 경로를 그림 9-14에 나타내고 있으며, 여기서는 전자들이 플라스토퀴논 수준에서 전자전달사슬에 영입된다. 그래서 이들 유기체는 페레독신을 환원시키기 위해서 단지 광반응계I (PSI) 이 필요하다. 빛에 의해서 얻어진 산화제 (P700) 는 주된 환원제에 의해서 처음부터 공급된 전자를 수용하게 된다.

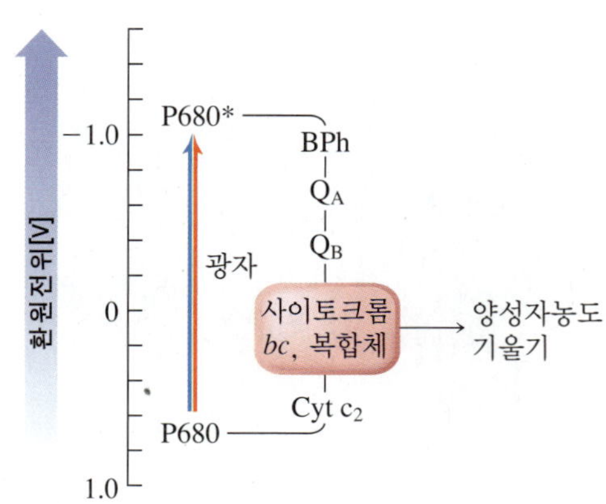

■ 그림 9-14 ■ 박테리아 반응중심에서 전자의 회로성 이동. P680*의 들뜬전자는 박테리아페오피틴에서 한 쌍의 퀴논 분자, 사이토크롬 *bf* 그리고 사이토크롬 c_2를 거쳐 반응중심으로 흘러간다. 전자의 이동 때문에 사이토크롬 bc_1은 양성자를 유입시켜 ATP를 만드는 추진력으로 기능한다.

9.2.2 명반응과 광합성

광합성은 초기에 연구될 당시 빛에 의존하는 명반응과 빛에 관계없이 그 속도가 제한되는 암반응으로 구성되고 있음을 알게 되었다. 빛에 좌우되는 명반응은 광화학반응과정의 특징으로서 보통 온도와 무관하며, 암반응은 서로 다른 온도에 민감하다. 오늘날 빛에 좌우되는 과정은 빛에너지를 화학에너지인 ATP와 NADPH로 변환시키는 반응으로 알려지고 있고, 반대로 암반응은 명반응에서 얻어진 ATP와 NADPH를 사용하여 탄수화물이 대사되는 과정으로 알려지고 있으며, 효소에 의해서 CO_2가 환원된 탄소화합물에 유입되는 반응이 되고 있다.

1. 박테리아의 광합성

초기에는 광합성박테리아의 연구로 명반응에 관한 많은 유용한 정보를 얻게 되었고, 이는, 오랫 동안 광합성연구를 자극시키는 많은 기초자료를 제공하게 되었다. 특히 두 다른 계통의 자색박테리아, 황 그리고 비황박테리아들에 관하여 광범위하게 연구하게 되었다. 이러한 유기체들의 광합성과정과 녹색식물에서 수행된 광합성의 전체반응을 요약하여 적으면 1몰 CO_2를 기본으로 고려하여 비교하였을 때 다음과 같다.

산화됨

$$CO_2 + H_2O \xrightarrow{h\nu} C(H_2O) + O_2 \qquad (9\text{-}1)$$

환원됨

$$\Delta G' = +118{,}000 \text{ cal}$$

더 분명한 것은, 이 반응은 산화환원반응으로서, 산화제 CO_2가 C (H_2O) 로 나타내는 탄수화물의 수준으로 환원되는 반응이라고 볼 수 있다. 이러한 반응에서 환원제는 H_2O이고, 자체는 산화되어 O_2로 얻어진다. 이러한 반응은 대단히 흡열반응이어서 빛 ($h\nu$) 에 의해서 필요한 에너지가 공급될 때에만 가능함을 알 수 있다 (그림 9-15) .

자색황박테리아 (예: chromatium) 는 광합성의 환원제로 H_2O 대신 H_2S를 사용한다. 이때 원소 S가 얻어지며, 산소가 형성되지 않는다.

$$CO_2 + 2H_2S \xrightarrow{h\nu} C(H_2O) + 2S + H_2O \qquad (9\text{-}2)$$

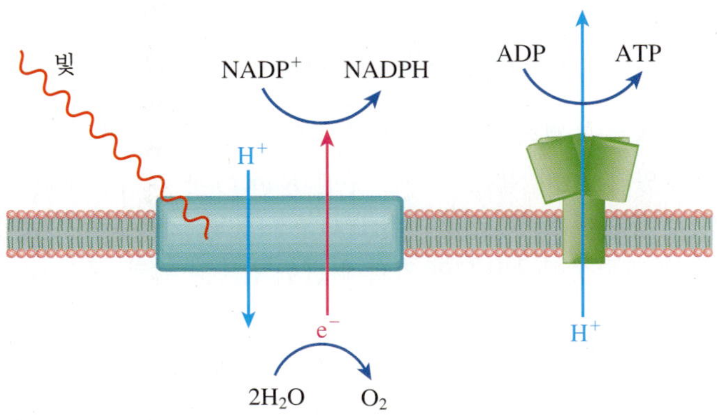

■ 그림 9-15 ■■ 빛의 추진력에 의한 생체에너지의 생성. 빛으로부터 흡수된 광자는 물에서 전자를 탈취하여 $NADP^+$를 환원시켜 NADPH를 만들게 된다. 동시에 얻어진 양성자기울기는 ATP합성효소의 추진력으로 작용하여 ATP를 합성하게 한다.

2몰의 H_2S가 식의 평형을 위하여 필요하고, H_2S에서 S^{2-}이온은 CO_2가 환원되어 C (H_2O) 로 되는 과정에 전체 네 개의 전자를 공급하게 해 준다. 싸이오설페이트 (thiosulfate) 가 자색황박테리아에서 광합성의 환원제로 기능할 수도 있다.

$$2CO_2 + Na_2S_2O_3 + 5H_2O \xrightarrow{hv} 2C(H_2O) + 2H_2O + 2NaHSO_4 \quad (9\text{-}3)$$

이 반응은 환원제가 반드시 수소를 가질 필요가 없음을 보여주는 것이며, 단순히 전자들을 제공함으로써 가능함을 알 수 있다.

비황자색박테리아 (예: Rhodospirillum rubrum) 는 에탄올, 아이소프로판올 또는 석신산과 같은 유기화합물을 전자공여체로 사용하고 있다. 예를 들어, 에탄올의 경우 반응을 아래와 같이 적는다.

$$CO_2 + 2CH_3CH_2OH \xrightarrow{hv} C(H_2A) + 2CH_3CHO + H_2O \quad (9\text{-}4)$$

2몰의 에탄올을 산화시켜 아세트알데하이드로 만드는 과정에 네 개의 전자가 CO_2의 환원에 쓰이게 된다.

반 니일 (C. B. van Niel) 은 이들 반응이 녹색식물에서 일어나는 반응과 유사한 점을 지적하고, 일반적인 광합성반응으로 다음과 같이 쓸 수 있음을 제안하게 되었다.

$$CO_2 + 2H_2A \xrightarrow{hv} C(H_2A) + 2A + 2H_2O \quad (9\text{-}5)$$

여기서 H_2A는 일반적인 표현의 환원제로, 다양한 화합물이 이러한 기능을 하게 된다.

H_2S가 $Na_2S_2O_3$나 H_2O보다 훨씬 강력한 환원제이기 때문에 $Na_2S_2O_3$나 H_2O를 환원제로 사용하는 것보다 H_2S를 사용하면 광합성에서 보다 적은 빛의 에너지가 요구된다고 예상하게 되었다. 그러나 실험적으로 외부환원제의 성질에 상관없이 같은 양의 빛에너지가 필요하였다. 이러한 사실은 반 니일로 하여금 주된 광합성반응은 모든 유기체에서 동일하고, H_2O를 파괴하여 환원제 $[H^+]$와 산화제 $[OH^-]$를 둘 다 생성하는 과정으로 구성되었다는 가정을 하게 되었다.

$$H_2O \xrightarrow{hv} [H^+] + [OH^-] \quad (9\text{-}6)$$

이러한 가정은 더 많은 실험을 하도록 하였고, 광합성과정의 더 많은 이해를 가능하게 하였다. CO_2가 환원되어 C (H_2O) 로 되는 과정에 네 개의 전자가 필요하다는 사실은 식 9-1의 H_2O에서 한 개의 산소원자가 두 개의 전자를 제공하면서 2몰의 H_2O가 환원제로 쓰이게 됨을 반응식에 나타내도록 하게 되었다.

$$CO_2 + 2H_2{}^{18}O \xrightarrow{hv} C(H_2O) + H_2O + {}^{18}O_2 \quad (9\text{-}7)$$

이 재조정된 반응식은 녹색식물의 광합성에서 얻어진 두 산소원자가 단지 H_2O로부터 발생됨을 알려주고 있다. 이와 같은 사실은 루벤 (Ruben) 과 케이맨 (Kayman) 에 의해서, 엘지에서 광합성 시 동위원소 ^{18}O로 표지된 H_2O를 사용하여 전통적인 실험을 통하여 확인하게 되었다. 후에 광합성에서 H_2O의 역할에 관한 연구의 결과, 물의 광분해에 대한 반 니일의 가정이 잘못된 것임이 밝혀지게 되었다. 그러나 그의 초기광합성활동에서 산화제와 환원제가 발생되는 것이 포함된다는 제안은 에너지보존의 법칙에 잘 따르고 있다.

2. 힐반응

1937년 영국의 힐 (Robin Hill) 은 식물자체보다 분리된 엽록소를 사용하여 세포에서 분리된 상태에서 광합성을 처음 연구하게 되었다. 그는 세포에서 분리된 상태의 엽록소를 갖는 엽록체 또는 그라나(grana)를 사용하게 되면 더 많은 정보를 얻으리라 생각하게 되었다. 만약 엽록소가 H_2O의 산화나 CO_2의 환원의 두 가지 과정으로 유기탄소화합물이 얻어지게 되는 과정을 연구하는 것이 이상적일 것이라고 보게 되었다. 당시에는 이러한 방법으로 실험이 수행되지는 못하였다. 그렇지만 엽록소는 적절한 산화제로 포타슘-철옥살산(potassium ferric oxalate)의 존재하에서 광화학적으로 O_2를 생성할 수가 있었다. 이 반응에서는 H_2O가 광산화되는 동안 산화제로 CO_2 대신 철(Fe^{3+}) 이온을 대치하여 사용하게 되었다.

$$4Fe^{3+} + 2H_2O \xrightarrow[\text{엽록체}]{hv} 4Fe^{2+} + 4H^+ + O_2$$

이때 산소분자는 첨가된 산화제의 화학당량에 해당하는 양만큼 얻어졌다. 이와 같은 관찰은 근본적으로 대단히 중요한 것이다. 왜냐하면, 광합성에서 환원제로서의 H_2O의 역할을 연구할 수 있게 되었기 때문이다. 그래서 이 반응을 "**힐반응(Hill reaction)**"이라 하게 되었고, 또 포타슘-철옥살산을 힐시약(Hill reagent)이라 하게 되었다. 분리된 엽록소를 사용한 연구에서 다른 화합물들도 힐시약으로 기능함을 알게 되었다. 와브르그(Warburg)는 벤조퀴논이 그러한 기능을 수행함을 보여주었다.

또 산화된 염료가 추후에 환원에 의해서 힐시약으로 기능함을 보이게 되었다. 그러나 이러한 연구방법은 힐시약으로 사용하는 화합물들이 주로 생리적으로 중요한 물질이 아닌 화합물들을 사용하여 논란이 되었다.

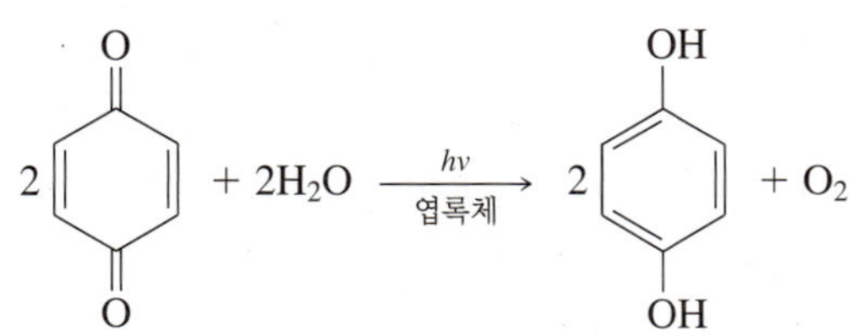

벤조퀴논 하이드로퀴논

1962년 미국에서 처음으로, 시금치의 그라나와 빛을 사용하여 $NADP^+$ (그리고 NAD^+)가 힐시약으로 기능한다는 연구결과를 발표하였다. 엽록소 자체만으로 $NADP^+$가 우선적으로 환원되었으며, 생리적으로 중요한 화합물이 힐시약으로 기능함을 처음으로 보이게 된 것이다. 이러한 관찰이 중요한 것은 빛에 좌우되는 반응에 의해서 환원된 니코틴아마이드뉴클레오타이드가 얻어지는 메커니즘을 설명할 수 있기 때문이다.

$$2NADP^+ + 2H_2O \xrightarrow[\text{엽록체}]{hv} 2NADPH + 2H^+ + O_2 \tag{9-8}$$

초기에 적당한 효소의 존재하에 NADPH와 NADH가 여러 기질들을 환원시킬 수 있는 능력을 가지고 있음이 밝혀지게 된 것이다.

9.2.3 광인산화와 ATP의 합성

1. 비회로성광인산화

에너지변환과정에서 2몰의 NADPH를 만들기 위하여 필요한 빛의 광자수를 최소의 제한으로 놓을 수 있다. H_2O를 활용하는 녹색식물에서 PSI과 PSII 둘 다 $2NADP^+$를 환원시키기 위하여 네 개의 전자를 생성하는 데 네 번의 활성화가 일어나야 한다. 그래서 에

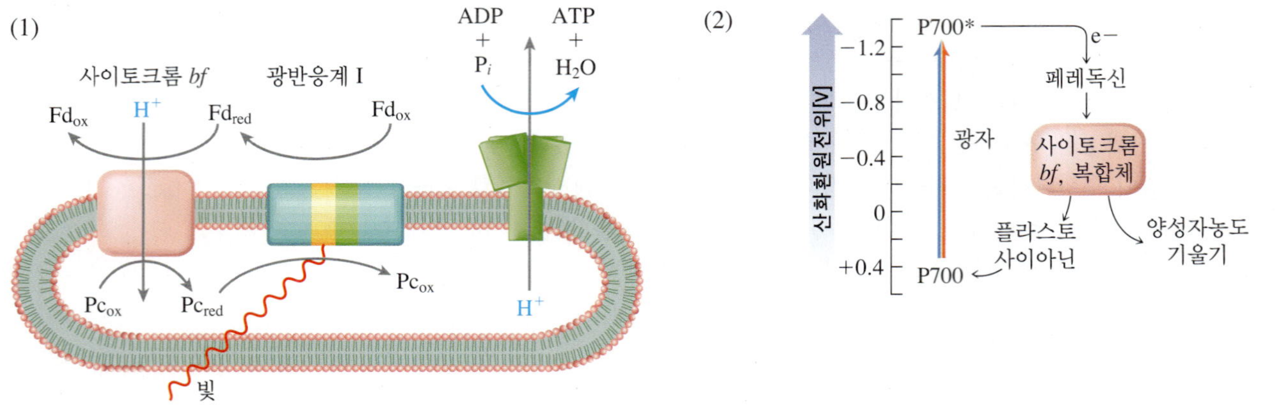

■ 그림 9-16 ■ 회로성광인산화반응. (1) 이 단계의 경로에서는 환원된 페레독신으로부터 전자들이 페레독신-$NADP^+$ 환원효소보다는 사이토크롬 *bf*로 이동시킨다. 사이토크롬 *bf*를 통한 전자의 흐름은 틸라코이드내강으로 보내게 된다. 산소나 NADPH는 이 경로에서 만들어지지 않고, 전자의 흐름 때문에 ATP합성효소가 ATP를 만들게 된다. (2) 회로성인산화의 에너지에 기초한 추진 도형.

너지전환반응에서 Q와 Z에 전자가 사용될 수 있도록 전체적으로 최소한 8광자의 빛이 필요하게 된다. 각 광학활성과정에 적어도 한 개의 광자가 필요하다는 사실을 일반적으로 인정하고 있으므로 만약 한 쌍의 전자가 PSII와 PSI를 연결하는 경로를 움직일 때, 단지 한 번의 인산화가 일어나면 비회로성광인산화는 필요한 ATP를 생산할 수 있다. 이러한 조건에서 회로성인산화는 아마도 부가적인 ATP를 공급하고, 더 많은 빛이 공급되도록 하게 된다. 그러나 만약 PSI과 PSII를 연결시키는 사슬에 두 개의 인산화지역이 존재하면 사용할 수 있는 충분한 ATP가 얻어질 수 있을 것이다.

비회로성인산화에서 전자의 흐름을 이미 기술한 바 있는 에너지변환과정으로 요약하려고 한다. 반응 9-10에 의하면 ATP와 NADPH 모두 H_2O가 산화되어 O_2로 될 때 얻어진다. PSII로부터 시작해서 OH^-로부터 한 개의 전자는 산화제 Y^+를 환원시킬 수 있고, 다른 두 전자는 Q를 환원시키며, 다시 사슬을 따라 통과되어 PSI에서 산화제로 이동하게 된다. 이 과정을 완성하기 위해서 전자들은 화합물의 환원을 성취하기 위하여 Z^-로부터 $NADP^+$로 흘러가게 된다.

전자들이 PSII와 PSI 사이를 흐르게 되면 ADP의 인산화가 일어나게 된다. 한 쌍의 전자들이 Q로부터 P700에 흐르게 되면서 적어도 한 번의 인산화단계가 일어난다. 화학삼투압가설에 의하면 엽록체의 빛의 조사기간 중에 막의 안 팎으로 이온의 움직임이 발생한다. 내부엽록체막을 따라 존재하는 pH농도기울기가 ATP합성효소를 작동시키게 된다는 설명은 세포막에서 Z도형 (scheme) 성분을 다시 배열시키도록 하는 것이다.

2. 회로성광인산화

회로성인산화의 근본적인 요점은 이 과정에서 어떤 연계된 전자가 $NADP^+$로 이전되는 과정 없이 ATP가 얻어진다는 점이다. 아논(Arnon)에 의해서 광범위하게 연구된 이 과정은 PSI을 활성화시키는 장파장의 빛에 의해서 수행된다. 이 과정에서 NADPH나 다른 어떤 환원되는 화합물의 축적이 없기 때문에 PSI에서 빛의 작용으로 사용될 수 있는 전자들은 PSI이 활성화되었을 때 얻어진 산화제 (P700) 에 되돌아가는 진로를 구축하게 된다. 그래서 전자흐름의 회로성은 다른 사이토크롬-사이토크롬 b_{563} ($E'_o = -0.180V$) 이 관여되어 일어난다. 이 회로의 경로를 따라 전자가 흐르는 동안 산화적인산화가 일어나는 과정과 유사한 메커니즘에 의해서 ADP와 H_3PO_4로부터 ATP가 생성된다 (그림 9-16).

3. 광인산화 (photophosphorylation)

1952년에 광합성에서 CO_2가 탄수화물로 바뀌는 과정에 NADPH와 ATP가 모두 필요하다는 사실이 밝혀지게 되었다. 힐반응을 통하여 NADPH를 획득하고, 식물의 마이토콘드리아의 사이토크롬 전자전달체계를 통하여 산소에 의해서 환원된 니코틴아마이드뉴클레오타이드의 재산화로 ATP를 생성할 것이라고 생각하게 되었다. 엽록소와 마이토콘드리아를 포함하는 식물의 세포에서, 두 세포소기관의 광합성이 탄소환원회로를 운영하기 위하여, 두 조효소 NADPH 와 ATP의 생성이 관여되고 있음을 밝혀내게 되었다.

1954년 아논 (Arnon) 은 특수한 기술로 분리된 엽록소에 빛을 조사할 때 CO_2가 탄수화물로 바뀌는 사실을 발견하고, ATP도 그렇게 생성되는지 의문을 갖게 되었다. 아논의 실험실에서 계속된 연구로, 마이토콘드리아가 없어도 엽록소가 두 형태의 빛에 의존되는 인산화반응으로 ATP를 합성할 수 있음을 보여 주었다. 첫 번째 형태는 회로형광인산화로 ATP만 만들고, 어떤 외부의 전자공여체나 수용체의 연계된 변화를 만들지 않았다.

$$\mathrm{ADP} + \mathrm{H_3PO_4} \xrightarrow{hv} \mathrm{ATP} + \mathrm{H_2O} \qquad (9\text{-}9)$$

두 번째 형태의 비회로형광인산화로는 ATP의 생성이 빛의 힘으로 전자들에 의해서 $NADP^+$ 같은 말단전자수용체에 이동하면서, 결과적으로 산소를 발생시키는 과정이 관여된다.

$$\begin{aligned}&2\mathrm{NADP^+} + 2\mathrm{H_2O} + 2\mathrm{ADP} + 2\mathrm{H_3PO_4} \xrightarrow{hv}\\ &\quad 2\mathrm{NADPH} + 2\mathrm{H^+} + \mathrm{O_2} + 2\mathrm{ATP} + 2\mathrm{H_2O} \qquad (9\text{-}10)\end{aligned}$$

이 반응은 두 가지 이유 때문에 그 이상의 언급을 해야 한다. 첫째, 전자의 움직임이 마이토콘드리아의 전자운반체계에서 나타나는 것과 반대인 것처럼 보인다. 다음으로 전자의 에너지를 방출하는 일부 에너지는 ATP의 형태로 포획되는 전위차기울기를 따라 $NADP^+$ $(E' -0.32)$ 에서부터 O_2 $(E'o = 0.82)$ 에 전자가 흘러간다.

반응 9-10에 따르면, H_2O의 산소원자로부터 나타나는 전자들은 $NADP^+$로 가게 되고, NADPH로 환원시키게 된다. 이러한 전위차기울기를 거슬러 전자의 움직임이 가능하도록 분명히 에너지를 더해 주어야 한다. 이것이 광합성에서 빛의 중요한 기능이 된다. 또한 반응 9-10에서 더욱 분명한 것은 전자들이 분명하게 H_2O에서 $NADP^+$ 로 흐르게 되기 때문에, 역시 사용할 수 있는 에너지가 ATP의 형태로 얻어지게 된다.

9.3 암반응과 광합성의 조절

9.3.1 탄소경로의 추적

CO_2가 궁극적으로 탄수화물이 되거나 다른 유기물질이 되는 일련의 반응들은 주로 켈빈 (Calvin) , 호렉커 (Horecker) 및 레커 (Racker) 의 연구실에서 연구되었다. 켈빈과 동료연구자들이 광합성과정에서 CO_2가 유입되는 처음 생성물에 관하여 발표하기 전까지는 광합성에 의한 탄수화물의 고정이 광범위하게 연구되지 못하였다. 이들의 연구방법은 생합성과정에서 원소추적의 해결에 새로운 연구기법을 적용하게 된 우수한 연구사례가 되고

있다.

탄산가스가 동화되는 과정을 이해하기 위한 근본적인 실험 방법은 아래와 같다. 광합성이 일어나는 식물에서 일정한 속도로 CO_2가 여러 중간단계를 거쳐 글루코스로 전환된다.

$$CO_2 \rightarrow A \rightarrow B \rightarrow C \rightarrow \text{글루코스}$$

만약 시간이 0일 때, 방사성으로 표지된 CO_2 ($^{14}CO_2$) 가 연속되는 반응체계에 유입되면 표지된 탄소원자가 일부는 글루코스로 전환될 것이다. 동시에 모든 중간체도 표지되게 된다. 만약 비교적 짧은 시간이 지난 다음 광합성을 일으키는 식물을 뜨거운 알콜에 넣어 효소의 기능을 정지시키면 모든 연쇄 반응을 정지시킨다. 이때에 표지된 탄소는 처음 몇 개의 중간체에서만 나타나게 된다. 만약 시간간격을 가능한 한 짧게 하면 표지된 탄소원자는 첫 안정한 중간화합물 A에서 주로 발견되고, 이는 CO_2가 고정되는 첫 생성물이 될 것이다.

1946년 처음으로, 미국원자력위원회로부터 사용될 수 있는 정도의 C^{14}양을 확보하게 되었다. 같은 시기에, 종이크로마토그래피법의 사용으로 식물에서 나타나는 많은 수의 세포의 구성물질을 분리할 수 있는 수단이 준비되었다. 켈빈그룹은 이러한 도구들을 사용하여 탄산가스로부터 글루코스가 합성되는 과정에서, 탄소의 진로 중에 초기의 안정한 중간체들을 확인할 수가 있었다.

그들은 빛과 탄소의 존재하에 일정한 속도로 배양한 엘지 또는 콜레라의 현탁액을 사용하였다. 방사성으로 표지된 CO_2를 반응혼합물에 0 시각에 혼합시킨 다음 일정기간 경과하도록 두었다. 엘지를 30초 동안 $^{14}CO_2$에 노출시켰을 때 육탄당인산, 삼탄당인산 그리고 인산글리셀산이 표지되었다. 다음 더 긴 시간을 노출시키게 되면 이들 화합물과 함께 아미노산과 유기산들이 표지되었다. 또 5초 동안 노출시킬 때대부분의 방사성탄소는 3-인산글리셀산에 위치하였으며, 이 화합물 안에서는 카복실그룹이 대부분 방사성을 포함하게 되었다.

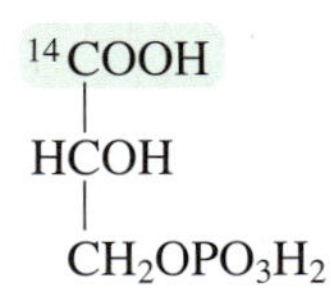

3-인산글리셀산

이렇게 방사성으로 표지된 물질을 사용한 실험결과로 3-인산글리셀산 (3-PG) 은 두 개의 탄소원자를 갖는 알지 못하는 화합물의 카복실화에 의해서 얻어졌다고 설명할 수 있게 되었다. 그 당시 수용체분자를 확인하는 시도는 실패하였으나, 더 세심한 광합성의 초기생성물의 조사로 세도헵튤로스-7-인산과 리뷸로스-1,5-이인산이 표지된 화합물로 얻어졌다. 이렇게 해서 이들 당들이 CO_2 의 수용체분자로 기능하고 있음을 확인하게 되었다 (그림 9-17) .

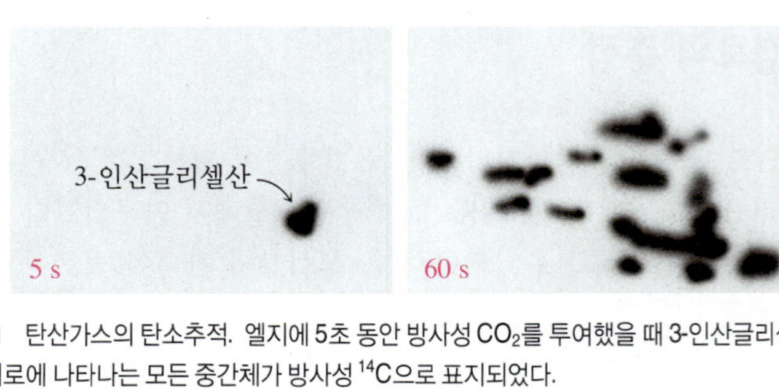

■ 그림 9-17 ■■ 탄산가스의 탄소추적. 엘지에 5초 동안 방사성 CO_2를 투여했을 때 3-인산글리셀산에 ^{14}C이 나타났다. 60초 후에는 켈빈회로에 나타나는 모든 중간체가 방사성 ^{14}C으로 표지되었다.

9.3.2 CO_2의 환원 및 켈빈회로

1. CO_2-환원(켈빈) 회로

방사능 표지연구가 진행되는 동안 오탄당인산경로가 다른 실험실에서 분명하게 밝혀지기 시작하였고, 삼탄당, 사탄당, 오탄당, 육탄당 그리고 칠탄당 사이의 관계가 확립되었다(7.3절 참조). 광합성의 짧은 시간 동안에 만들어진 당의 ^{14}C의 표지연구는 켈빈의 연구실에서 광합성 동안에 탄산가스의 환원회로작동에 관하여 몇 가지 중요한 가정을 할 수 있게 하였다. 이 회로는 근본적으로 단지 한 개의 새로운 반응인 리뷸로스-1,5-이인산의 카복실화가 관여된다고 보았다. 나머지 반응들은 해당과정이나 오탄당대사 이전에 접했던 동일하거나 비슷한 반응들이다. 켈빈회로는 CO_2로부터 2단계의 과정을 거쳐 글리셀알데하이드(GAP)를 만들게 된다. 켈빈회로에서 반응을 촉매하는 데 필요한 모든 효소들이 엽록체에서 나타나는 것으로 알려졌다. 그래서 반응들을 3단계의 그룹으로 나누어 설명하면 이해가 잘 될 수 있을 것이다(그림 9-18).

(1) 카복실화단계

켈빈회로의 첫 단계는 카복실화반응으로, 리뷸로스-1,5-이인산카복실화효소(카복시디스뮤테이스)에 의해서 촉매되는 한 개의 반응이 관여된다. 이 효소는 CO_2고정을 촉매시키므로 지구상의 생명체에 생화학적인 에너지를 공급하게 되는 대단히 중요한 효소이다. 여기서 주된 반응은 탄소 두개를 갖는 화합물의 카복실화가 아니라 다섯 탄소화합물, 즉

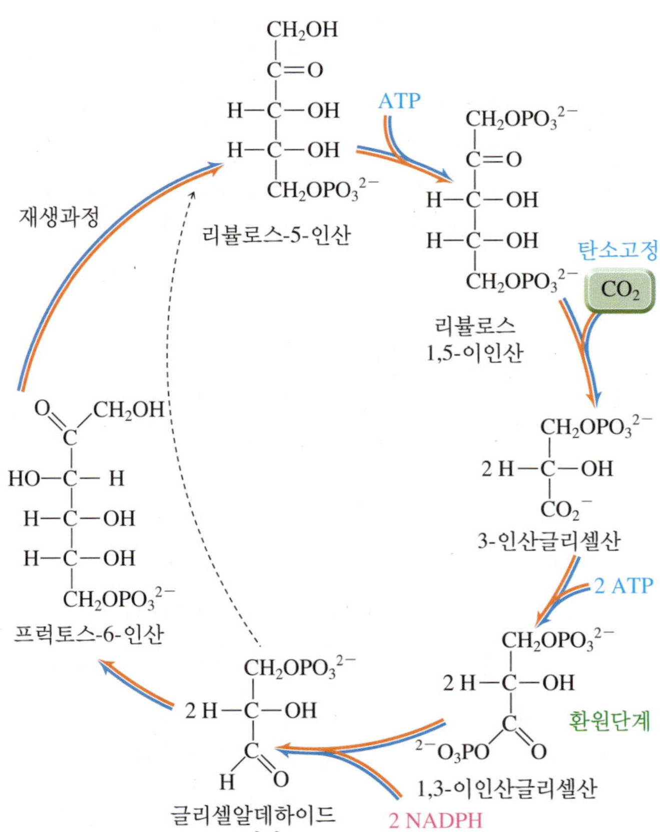

■ 그림 9-18 ■ 켈빈회로. 켈빈회로에서는 CO_2가 리뷸로스-1,5-이인산에 카복실화되어 동화되고, 얻어진 1,3-이인산글리셀산이 환원되어 글리셀알데하이드 3-인산으로 되는 과정과 결국에 육탄당이 얻어진 다음 회로의 진행을 위하여 리뷸로스-1,5-이인산이 만들어지게 된다.

리뷸로스-1,5-이인산에 카복실화되고, 다음 2몰의 3-인산글리셀산을 만드는 반응이 포함된다.

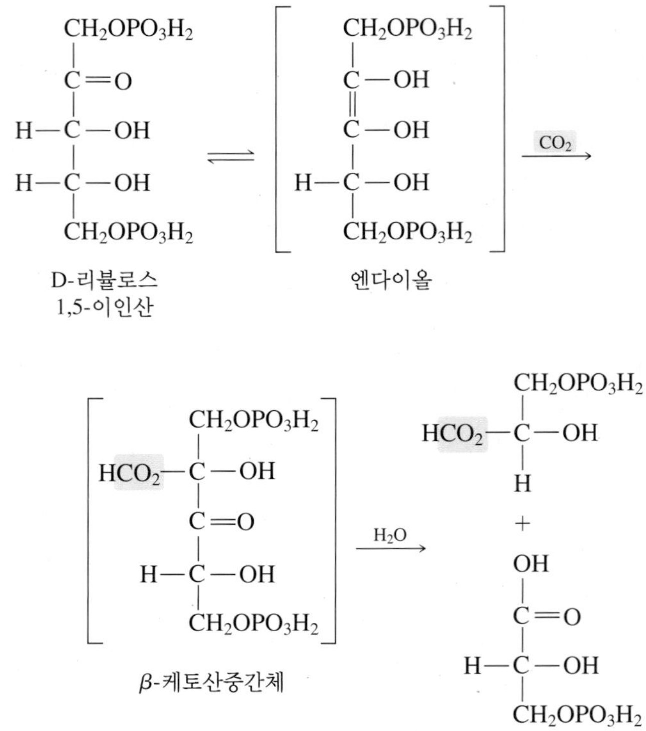

(9–11)

리뷸로스-1,5-이인산카복실화효소의 존재하에 C_3의 양성자가 제거되고, CO_2는 친핵성 공격으로 엔다이올형의 리뷸로스이인산에 유입되어 불안정한 β-케토산의 유도체를 만들고, 알돌분해반응과 유사한 가수분해에 의해서 C_3를 공격하여 오탄당을 절단시켜 두 분자의 인산글리셀산이 만들어 진다. 이 반응의 평형은 오른쪽으로 치우쳐 있다. 호레카는 시금치 잎에서 카복실화효소를 순수하게 정제하였다. 효소의 5～10%는 용해성단백질이다. 효소의 분자량은 550,000D이고, 8개의 작은 단위체 (12～16,000D) 와 8개의 큰 단위체 (54～60,000D) 로 구성된 올리고머이다.

(2) 환원단계

켈빈회로의 두 번째 반응을 환원단계라 부르며, 이 단계는 해당과정에서 이미 접했던 두 개의 반응으로 구성되어 있다. 이 반응에서 ATP와 환원된 니코틴아마이드뉴클레오타이드가 소비된다. 처음 반응은 ATP에 의한 3-인산글리셀산의 인산화로 1,3-이인산글리셀산이 만들어진다.

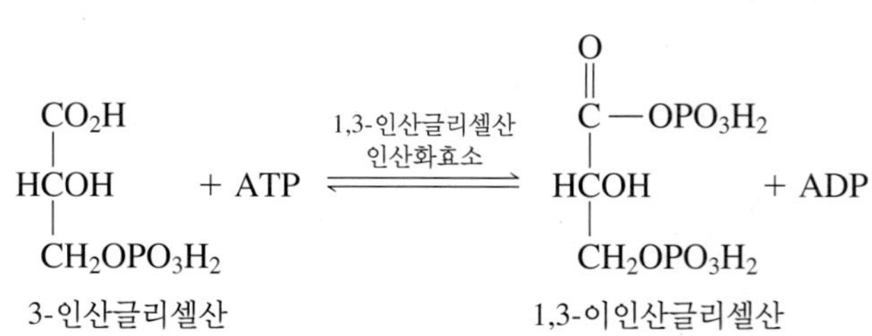

(9–12)

켈빈회로의 두 번째 반응에서 NADP-특수 글리셀알데하이드-3-인산탈수소효소 (NADP-glyceraldehyde-3-phospho dehydrogenase) 의 존재하에 NADPH에 의해서 1,3-이인산글리셀산이 환원되어 글리셀알데하이드-3-인산이 얻어진다.

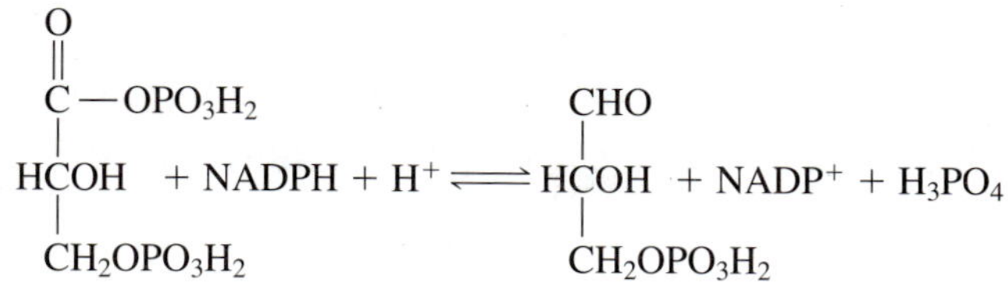

1,3-이인산글리셀산 　　　　 글리셀알데하이드 3-인산 　　　　 (9-13)

이러한 방법으로 엽록소의 효소는 ATP와 NADPH에 의해서 활성화되고, 이 두 반응에서 NADPH와 반의 ATP가 켈빈회로의 추진에 이용되게 된다.

(3) 재생반응

켈빈회로의 세 번째 반응인 재생반응은 회로가 계속 진행되도록 필요한 리뷸로스-1,5-이인산의 재생과정을 수행하게 된다. 탄소환원회로에서 전체적으로 얻어진 프럭토스-6-인산은 해당과정의 초기상태의 역으로 글루코스로 변환된다.

$$\text{프럭토스-6-인산} \longrightarrow \text{글루코스-6-인산} \xrightarrow{H_2O} \text{글루코스} + H_2PO_4$$

이러한 반응이 진행되면 전체 탄소환원 회로는 다음과 같이 된다.

$$\begin{aligned} &6CO_2 + 18ATP + 12NADPH + 12H^+ + 12H_2O \rightarrow \\ &\quad \text{글루코스} + 18ADP + 18H_3PO_4 + 12NADP \end{aligned} \qquad (9\text{–}14)$$

이 식을 6으로 나누면 광합성의 에너지에 대한 중요한 사실을 설명하게 된다.

$$\begin{aligned} &CO_2 + 3ATP + 2NADPH + 2H^+ + 2H_2O \rightarrow \\ &\quad C(H_2O) + 3ADP + 3H_3PO_4 + 2NADP^+ \end{aligned} \qquad (9\text{–}15)$$

반응 9-15는 광합성에서 1몰의 CO_2를 탄수화물로 바꿀 때는 3몰의 ATP와 2몰의 NADPH가 필요함을 보여주고 있다.

식물은 별로 쓸모없는 소모적인 대사작용으로 생산되는 ATP와 NADPH로부터 켈빈회로를 보호하기 위하여 빛에 민감한 조절메커니즘이 필요하다. 켈빈회로의 대사유출을 조절하는 효소로는 큰 음의 $\Delta G_0'$값을 갖는 RuBP-카복실화효소(Rubisco, ribulose bisphosphate carboxylase), 오탄당인산경로의 프럭토스이인산가수분해효소(FBP, fructose bisphosphatase)와 세도헵튤로스이인산가수분해효소(SBP, sedoheptulose bisphosphatase)에 의해서 조절된다. 이들 세 효소는 촉매효율이 빛의 조사준위에 따라 생체내에서 크게 변화한다. RuBP-카복실화효소의 빛에 의한 활성의 조절은 세 가지로 진행된다. 1. 빛의 양에 따라 스트로마의 pH는 양성자가 스트로마에서 틸라코이드내강으로 유입되므로 pH7에서 pH8로 증가된다. 효소의 최적 pH는 pH8에서 나타난다. 2. 틸라코이드내강에서 빛에 유도되

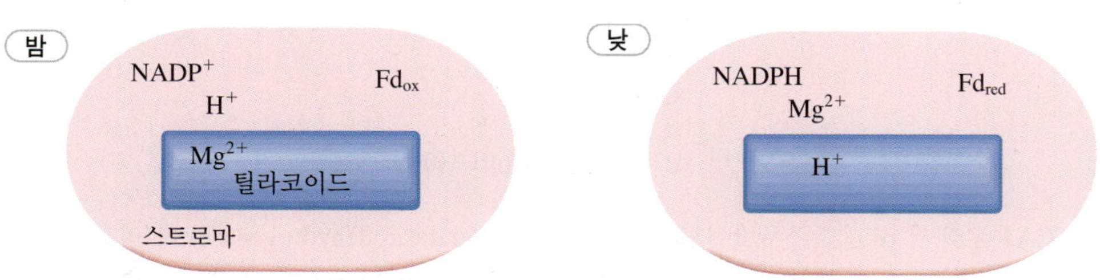

■ 그림 9-19 ■ 빛에 의한 켈빈회로의 조절. 광합성에서 빛은 양성자를 틸라코이드 내강으로 유입시키고, 해가 있는 동안은 환원된 페레독신, Mg^{2+}이 스트로마에 높은 농도로 존재하게 된다. 밤에는 반대로 산화된 페레독신과 양성자의 농도가 스트로마에 높아지게 된다.

어 양성자가 유입될 때 스트로마 속으로 Mg^{2+}이 유출된다. RuBP-카복실화효소는 Mg^{2+}에 의해서 활성화된다. 3. 많은 식물이 합성하는 2-카복시아라비니톨-1-인산(AIP) 은 어두울 때만 RuBP-카복실화효소의 활성을 방해한다. FBP와 SBP는 pH, Mg^{2+}의 증가에 따라 활성화된다(그림 9-19).

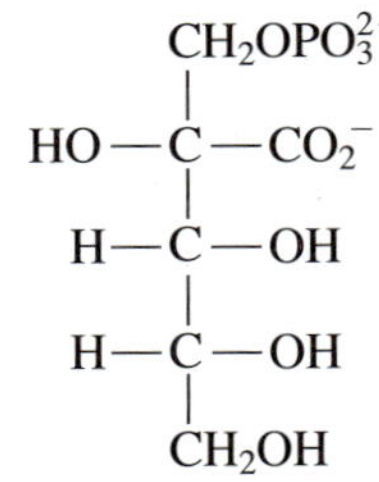

2-카복시아라비니톨-1-인산(AIP)

또 환원된 싸이오레독신은 이황화내부교환반응에 의해서 FBP와 SBP효소들을 활성화시킨다. 싸이오레독신은 역시 해당과정의 중요한 조절효소인 인산프럭토스인산화효소(PFK, phosphate fructose kinase) 를 비활성화시킨다. 다시 말하면, 식물에서 빛은 해당과정을 비활성화시키는 동안 켈빈회로를 활성화하고, 반대로 어둡게 되면 암반응인 켈빈회로가 일어나지 않게 된다.

2. 박테리아에서 환원적인 카복실화

어떤 광합성박테리아(chorobium thiosulfatophillum 과 chromatium) 는 켈빈과 그의 동료연구자들이 제안한 CO_2의 동화방법을 사용하지 않고 있다. 대신 이들 유기체는 TCA 회로를 반대 방향으로 작동시키는 방법을 채택하고 있다. 이회로의 작동에 관하여 이미 설명했던 것처럼, 회로를 뒤로 되돌리기 위해서는 α-케토글루탈산합성효소 (α-ketoglutaric synthase) 에 의해서 촉매되는 비가역적인 반응이 변형되어야 한다.

아논(Arnon) 과 뷰케넌(Buchanan) 은 이들 유기체가 α-케토글루탈산합성효소(α-ketogluraric synthase) 의 한 개를 가지고 있는데, 이 효소는 NADH 대신 환원제로 페레독신을 사용하여 α-케토글루탈산의 탈카복실화를 역으로 진행시키게 된다.

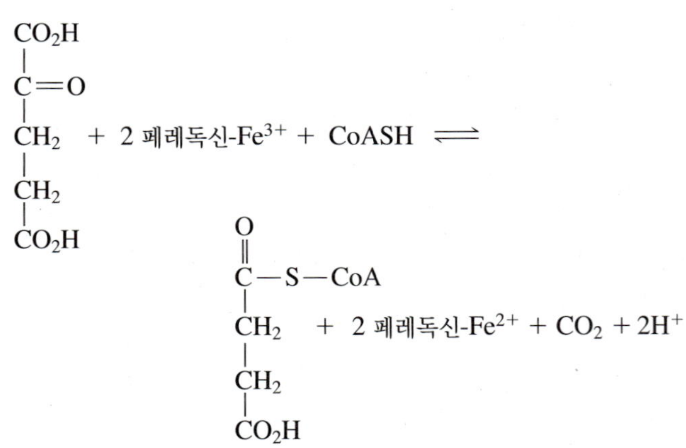

$\Delta G' = -3400$ cal(pH 7.0)

TCA회로에서 α-케토글루탈산탈수소효소(α-ketogluraric dehydrogenase) 에 의해서 촉매되는 반응의 $\Delta G'$는 -8000 kcal로 알려졌다. 페레독신의 E_0'는 pH 7.0에서 -0.42V이고, 반면에 NAD^+/NADH가 0.32 V이다. 이 두 산화제의 E_0'의 차이는 -0.10 V로 계산에 의하면 -4600cal이 된다($\Delta G' = -nF\,\Delta E_0'$의 식에서 계산). 그래서 광합성박테리아에서 α-케토글

루탈합성효소에 의해서 촉매되는 반응의 $\Delta G'$는 $-8000-(-4600)$ 또는 -3400 cal로 예상된다. 이 값은 우리들이 보아 온 다른 반응에서 가역적 범위에 있으므로 반응은 오른쪽에서 왼쪽으로 일어날 수 있다. TCA회로의 모든 다른 반응들이 가역적이고, 이들 유기체가 NAD^+보다 페레독신을 필요로 하는 피루브산합성효소를 가지고 있기 때문에 3몰의 CO_2로부터 피루브산을 합성하는 일련의 반응들이 그림 9-20에서 보인 것처럼 일어날 수 있다. 이들 유기체는 시트르산을 절단하기 위하여 시트르산합성효소보다는 시트르산절단효소를 활용하며, 회로의 다음 회전을 위하여 옥살아세트산을 재생시켜야 한다. 한 번 피루브산이 형성되면 이들은 탄수화물로 전환되고, 8장에서 논의했던 반응들에 의해서 지질이 되기도 한다.

이 환원적인 카복실화회로의 에너지 요구는 오히려 신뢰할 만하고, 녹색식물에서 작용되는 켈빈회로보다 더 많이 필요하다. 전체 2몰의 ATP 그리고 두 전자들 ($FADH_2$, 2NADH 그리고 4 페레독신-Fe^{2+})의 5환원당량이 3몰의 CO_2로부터 1몰의 피루브산을 생성하는 데 필요하게 된다.

9.3.3 광호흡과 C_4경로

식물도 동물이나 미생물과 같이 해당과정과 TCA회로를 사용하여 탄수화물을 분해시키는 동등한 과정을 수행한다. 그들은 역시 지질 분해과정인 β-산화를 수행하고, 단백질과 아미노산의 분해대사에 대한 일반적인 반응들이 일어난다. 그 보다도 이들 반응들은 동물의 세포에서처럼 같은 부분의 식물세포(마이토콘드리아, 세포질 그리고 마이크로솜)에서 일어난다. 그러나 많은 식물은 단지 식물이 빛에 조사되었을 때만 일어나는 광호흡이라는 부가적인 대사활동을 하게 된다. 광호흡은 산화적 인산화경로의 반응에서 CO_2의 발생과 O_2의 소비의 결과로 나타나는 대사현상으로, 광합성 CO_2과정을 능가하기 때문에 광합성을 감소시키는 영향을 주게 된다. 결과적으로 식물의 성장을 감소시키고, 곡물의 수확률을 줄이게 된다. 이런 이유 때문에, 광호흡은 더 많은 연구자들에게 관심 있는 연구분야가 되고 있다.

글라이콜산(glycolic acid)은 높은 농도의 산소와 낮은 CO_2, 즉 광호흡을 선호하는 실험적인 조건하에서 어떤 식물들에 의해서 주로 얻어지는 광합성의 부산물이다. 또 글라이콜산은 광호흡에서 얻어지는 CO_2의 원료가 되는 것으로 보이며, 퍼옥시솜(미소체)과 마이

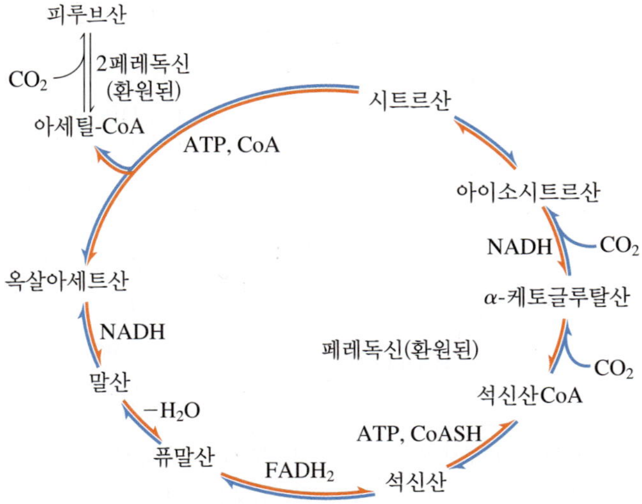

■ 그림 9-20 ■■ 광합성박테리아에서 환원적인 카복실화 회로.

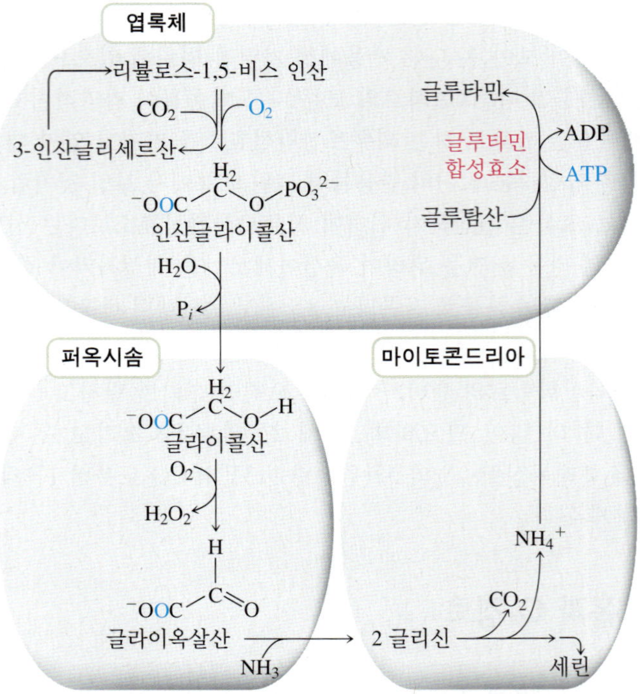

■ 그림 9-21 ■ 광호흡 반응경로. 엽록체에서 오탄당에 산소원자를 직접 유입시키는 옥시지네이스의 작용으로 인산글라이콜산이 얻어진다. 얻어진 글라이콜산은 퍼옥시솜에 이동되고, 글라이옥살산이 얻어진다. 마이토콘드리아에서 두 분자의 글리신은 세린이 된다.

토콘드리아에서 나타나는 효소들에 의해서 2몰의 글라이콜산은 CO_2 한 분자와 1몰의 3-인산글리셀산으로 전환되는 것으로 알려지고 있다(그림 9-21). 이 과정에서 주된 반응은 글라이콜산(인산글리콜산으로)으로 생성되고, 켈빈회로의 카복실화 효소인 리뷸로스-1,5-이인산카복실화효소가 이 과정에 사용되고 있다. 이 효소는 높은 농도의 O_2(20% 그 이상)과 또는 CO_2가 거의 없게 되면 리뷸로스-1,5-이인산을 아래처럼 절단시키게 된다.

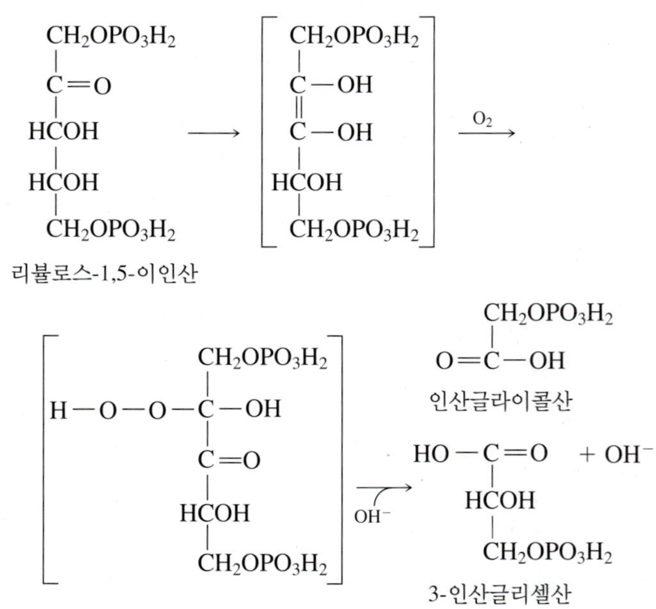

(9-16)

이 과정에서 얻어진 인산글라이콜산은 다음 여러 반응에 들어가면서 글라이콜산에서 탄소의 25%가 CO_2로 배출되고, 대신 3-인산글리셀산의 재생의 결과를 가져오며, 또 켈빈회로에 다시 들어가서 회로를 계속하게 된다.

전 세계적인 식량공급원으로서의 중요한 곡물로는 광호흡을 수행하는 식물들인 밀, 쌀, 많은 콩류 그리고 사탕수수가 있다. 이들 중 일부는 광호흡이 광합성에 의해 가능한 전체 CO_2동화되는 양의 거의 50%를 감소시킨다고 예측하고 있다. 어떤 연구자들은 광호흡을 방해하는 수단을 찾게 되면 식물의 수확률을 증가시키는 것이 실질적인 방법이 될 것이라고 제안하고 있다. 한편 다른 똑같이 중요한 곡물류 중에는 옥수수, 수수, 사탕수수대는 광호흡의 현상이 나타나지 않고 있다. 그러나 그런 식물의 잎에도 퍼옥시솜이 포함되어 있고, 아마도 광호흡의 개별적인 반응을 아직도 수행할 것으로 보이며, 이 부분에 대한 설명이 필요하다. 몇 가지 증거로, 이들 식물은 위에서 언급한 C_4고정과정에 의지하고 있음을 보이고 있으며, CO_2고정의 효율이 훨씬 높아서 광호흡에서 얻어진 어떤 CO_2도 재활용할 수 있고, 또 모든 CO_2가 효율적으로 유지되고 있다.

열대지방에서 재배된 중요한 곡식류인 열대 사탕수수대, 옥수수 그리고 수수과 식물을 포함한 많은 식물들은 CO_2 동화작용에서 흥미 있는 다른 점을 가지고 있다. 이들 식물에 관한 초기연구에 의하면 CO_2가 인산글리셀산보다는 어떤 다이카복실산, 말산, 아스파트산에 유입되고 있는 점이다. 호주의 연구팀인 헤치 (M.D. Hatch) 와 슬렉 (C.R. Slack) 은 1966년 일련의 연구를 통하여 많은 연구실에 흥미 있는 정보를 제공하게 되었고, 탄소동화를 위하여 C_4경로의 새로운 이해를 갖도록 해 주었다.

C_4경로를 활용하는 식물들은 역시 도관요소 (vascular element) 사관부 (phloem) 와 목질부 (xylem) 등이 **유관속세포 (bundle sheath cell)** 의 줄로 둘러 싸여 있고, 대신 **식물근육세포 (mesophyll cell)** 의 한 개 또는 여러 층으로 둘러 쌓인 공통적인 잎사귀의 조직을 가지고 있다. 이런 독특한 조직 (Kranz-type) 은 전도시키는 요소가 한 개나 그 이상의 식물근육세포와 같은 유관속세포층에 의해서 잎사귀의 표면의 **숨구멍 (stomata)** 으로부터 격리되어 있기 때문에, 건조한 열대지역의 식물이 증발에 의한 조직의 수분의 손실을 최소화시키는 메커니즘으로 오랫동안 알려지고 있었다. 이러한 구조적인 모양은 광합성에 필요한 CO_2의 양이 제한을 받게 되고, C_4경로는 열대지역이나 사막의 식물들이 이러한 어려운 환경 (stress) 에 적응하려는 대응방법이라는 의견도 있었다. 그래서 C_4경로는 식물근육세포와 유관속세포에서 일어나는 반응으로 설명되고 있다 (그림 9-22).

1. 식물근육세포

숨구멍이 열려 있는 동안, CO_2가 C_4경로의 입사귀에 진입하는 것은 인산에놀피루브산카복실화효소 (phosphenol pyruvic acid carboxylase) 에 기질을 제공하는 기능인 식물근육세포 (mesophyl cell) 로 확산시킴으로써 가능하다.

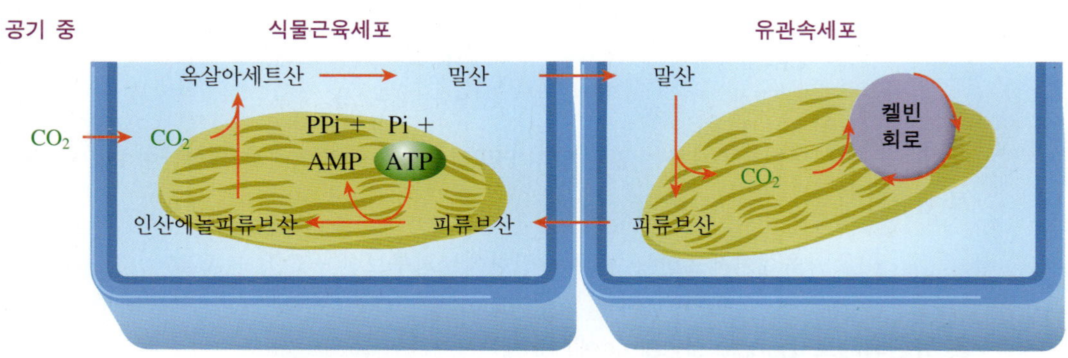

■ 그림 9-22 ■ C4 경로. 식물근육세포에서 공기 중의 CO_2는 PEP에 유입되어 옥살산이 얻어지고, 말산은 유관속세포에 이동하여 피루브산이 되면서 CO_2를 켈빈회로에 공급시키게 된다. 이 과정의 식물근육세포는 ATP는 켈빈회로의 탄소고정에 추진력으로 작용한다.

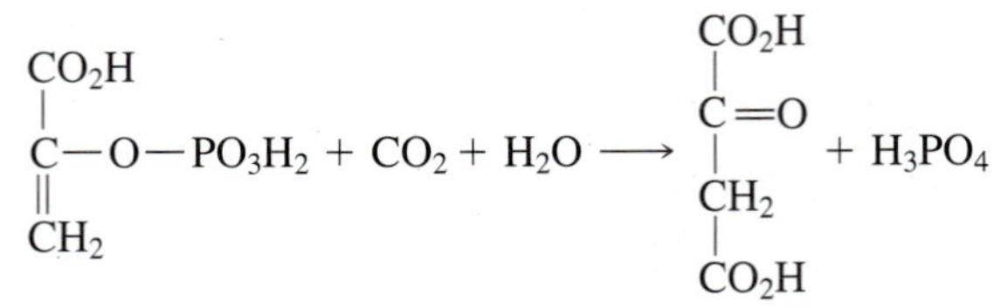

(9-17)

인산에놀피류브산 옥살아세트산

이 효소는 식물근육세포의 엽록체에 위치하고 있으며, 리불로스-1,5-이인산카복실화효소 (ribulose-1,5-bisphosphate carboxylase)보다 CO_2에 훨씬 강한 친화력을 가지고 있다. 그래서 접촉하게 되는 낮은 수준의 CO_2를 더욱 효과적으로 포획하여 옥살산을 생성하는 기능을 가지고 있다.

또한 C_4식물 중에는 식물근육세포에 높은 농도의 말산탈수소효소 (malate dehydrogenase) 를 갖는 것과, 또 활성이 강한 알라닌-아스파트산아미노이동효소 (alanine-aspartate transaminase) 를 갖는 두 가지로 나눌 수 있다. 앞의 것 (반응 9-18) 은 옥살아세트산이 환원되어 말산이 되고, 다음 반응 (9-19) 은 아스파트산이 얻어진다. 이들 두 다이카복실산들은 CO_2의 운반체로 행동하는 것으로 보이며, 이들은 유관속세포에 진입하게 된다.

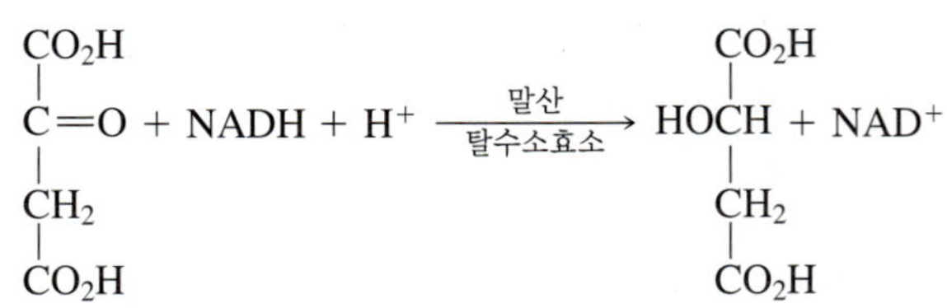

(9-18)

옥살아세트산 L-말산

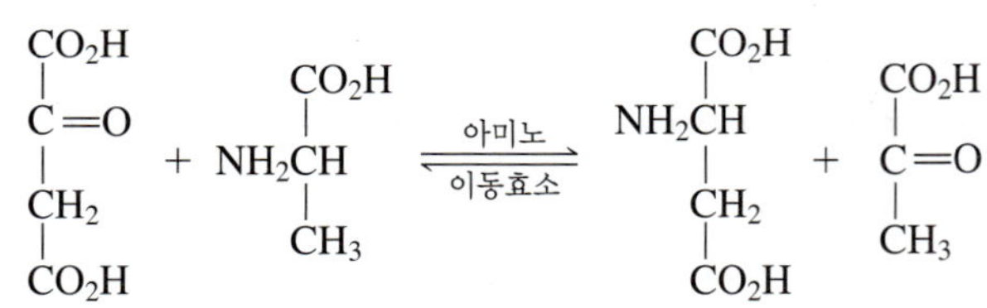

(9-19)

옥살아세트산 알라닌 아스파트산 피루브산

다른 식물근육세포의 독특한 반응은 CO_2의 포획물질인 인산에놀피루브산이 결국에는 유관속세포에서 돌아오는 피루브산으로부터 얻어지는 것이다. 이 반응을 촉매시키는 효소는 피루브산-인산이인산화효소 (pyruvate-phosphate dikinase) 이다.

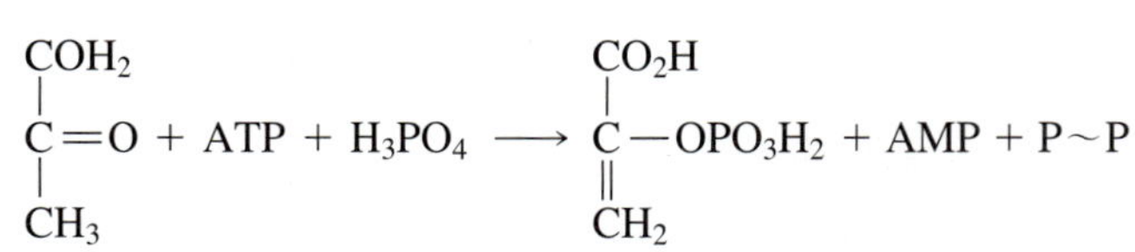

(9-20)

피루브산 인산에놀피루브산

식물근육세포에만 존재하는 많은 양의 PEP인산화효소에 의해서 옥살산이 PEP와 CO_2로 전환된다.

$$\text{옥살아세트산} + ATP = \text{인산에놀피루브산} + CO_2 + ADP \qquad (9\text{–}21)$$

2. 유관속세포 (bundle sheath cell)

CO_2의 운반체로 말산을 활용하는 식물들은 유관속엽록체에 $NADP^+$ 특수말산효소 ($NADP^+$ specific enzyme) 를 높은 수준으로 가지고 있다. 이 효소는 켈빈회로에 의해서 유

입되는 말산으로부터 CO_2의 생성을 촉매한다. 켈빈회로의 효소들은 $NADP^+$ 말산효소와 함께 단지 유관속엽록체에서만 발견되고 있다. 이 반응에서 얻어진 피루브산은 식물근육세포로 되돌아가게 된다.

$$\begin{array}{c} CO_2H \\ | \\ HCOH \\ | \\ CH_2 \\ | \\ CO_2H \\ \text{L-말산} \end{array} + NADP^+ \longrightarrow \begin{array}{c} CO_2H \\ | \\ C{=}O \\ | \\ CH_3 \\ \text{피루브산} \end{array} + NADPH + H^+ + CO_2 \qquad (9\text{–}22)$$

아스파트산을 CO_2의 운반체로 활용하는 식물들은 유관속세포(bundle sheath cell)에 아스파트산을 다시 옥살아세트산으로 되돌리는 하나의 아미노이동효소(transaminase)를 포함하고 있다.

$$\text{아스파트산} \xrightarrow{\text{아미노이동효소}} \text{옥살아세트산} \qquad (9\text{–}23)$$

또한 옥살아세트산의 운명은 특별한 식물에 의해서 좌우된다. 아스파트산을 형성하는 주된 식물의 그룹은 NAD^+ 특수말산탈수소효소와 NAD^+ 특수말산합성효소를 포함하고 있다. 그래서 이들 두 효소들은 옥살아세트산을 처음에는 말산으로, 그리고 다음에는 CO_2와 피루브산으로 전환시킨다.

$$\text{옥살아세트산} + NADH + H^+ \rightarrow \text{L-말산} + NAD^+ \qquad (9\text{–}24)$$

$$\text{L-말산} + NAD^+ \rightarrow \text{피루브산} + NADH + H^+ + CO_2 \qquad (9\text{–}25)$$

다른 아스파트산 운반체의 더 적은 그룹은 분명히 옥살아세트산을 그들의 PEP카복실화효소에 의해서 PEP와 CO_2로 전환시킨다.

$$\text{옥살아세트산} + ATP = PEP + CO_2 + ADP \qquad (9\text{–}26)$$

말산과 아스파트산운반체를 갖는 식물에서 CO_2는 결국 유관속세포에서 기능한 켈빈회로의 리뷸로스-1,5-이인산카복실화효소의 기질로 농축된다. 아스파트산 운반체 식물에

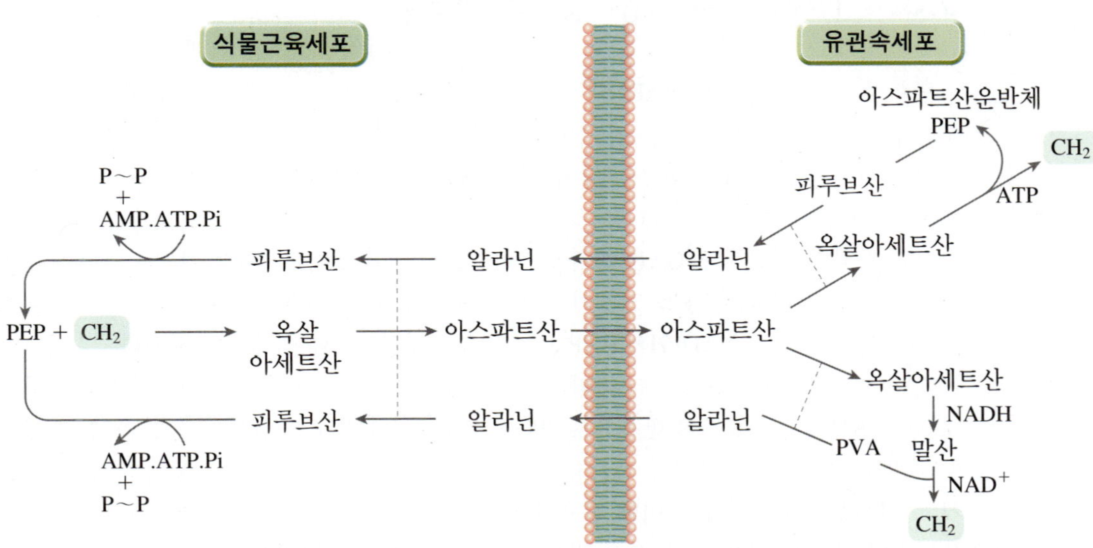

■ 그림 9-23 ■ C_4-광합성에서 CO_2의 운반체로서 아스파트산의 역할. CO_2는 식물근육세포에서 아스파트산에 유입되어 유관속세포로 이동하며, 유관속세포에서 아스파트산은 옥살아세트산이 되고 PEP로 되면서 CO_2를 배출시키거나, 말산을 거쳐 CO_2를 배출하게 된다.

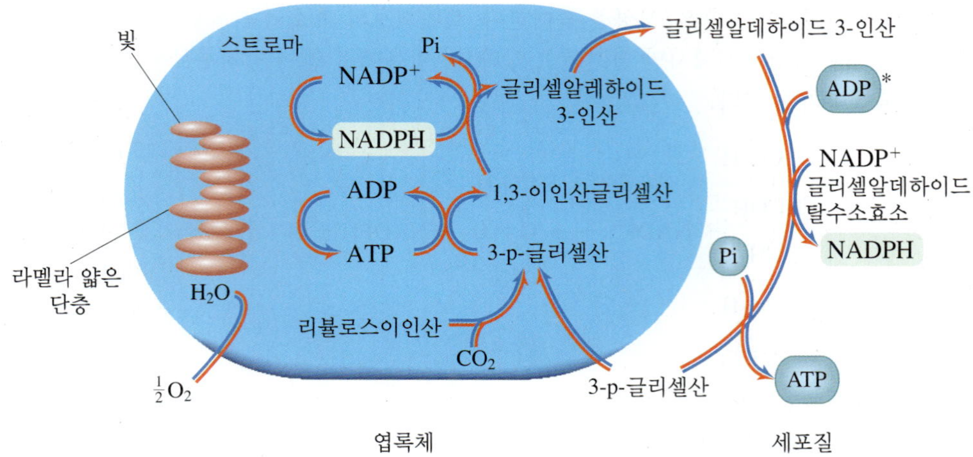

■ 그림 9-24 ■ 엽록체에서 ATP와 NADPH의 세포질로 이동. 빛의 조사로 스트로마에서 NADPH와 ATP가 만들어지나, 직접적으로 엽록체 외부로 이동하지 못하기 때문에 쉽게 통과가 가능한 글리셀알데하이드-3-인산과 3-인산글리셀산이 왕복운반체계로 기능하게 된다.

서 아미노산이 식물근육세포에서 유관속세포로 움직이기 때문에 한 가지 단계가 더 소요되는데, CO_2 뿐만 아니라 아미노그룹도 운반시키게 된다. 유관속세포에서 아미노질소의 총체적인 이동을 피할 수 있도록 하기 위하여 반응 9-25에서 얻어진 피루브산은 알라닌에서 아미노기를 이동시키고, 다음으로 식물근육세포로 움직이는 것으로 알려지고 있으며, 그렇게 해서 NH_2그룹의 균형을 유지하는 것으로 보인다. 식물근육세포에서 알라닌은 초기에 얻어진 옥살아세트산과 아미노그룹을 이동하게 된다. 이런 관계는 그림 9-23에 나타내고 있다.

요약하면, C_4다이카복실산에 CO_2을 고정하는 과정은 CO_2를 포획하는 효과적인 메커니즘으로 보이며, 유관속세포에서 켈빈회로를 위하여 농축시키는 것으로 보여진다. C_4경로는 아마도 높은 광선의 조합과 높은 온도, 그리고 제한된 H_2O의 공급의 특징적인 생태의 조건에서 진화되어 온 것으로 보인다. C_4종의 생존능력과 이런 악조건에서의 성장은 낮은 농도의 CO_2에서 작동하는 PEP카복실화효소의 능력 때문이다.

9.3.4 NADPH의 이동: 엽록소 세포질

광합성 시 엽록체에서 NADH와 ATP가 생성되고 있으나, 엽록체의 바깥쪽 주머니를 통하여 뉴클레오타이드가 안으로 침투되지도 또 밖으로 나오지도 못하기 때문에 엽록체의 밖에서 반응을 위해 직접 쓰여질 수 없다. 왕복운반체계에는 글리셀알데하이드-3-인산(GAP)과 3-인산글리셀산(3-PGA) 둘 모두 자유롭게 투과되도록 하는 체계가 관여된다고 제안되고 있다. 그래서 3PGA는 리뷸로스이인산의 카복실화로 엽록체의 스트로마상에서 합성되고, NADPH와 ATP를 만들게 되며, ATP존재하에 $NADP^+$-GAP탈수소탈수소효소에 의해서 환원된다. NADPH와 ATP 모두 비회로성인산화에 의해서 발생된다.

GAP는 곧바로 엽록체로부터 나와서 세포질로 들어가고, 그 곳에서 세포질의 가역적인 $NADP^+$-ATP탈수소효소의 반응으로 3PGA, NADPH와 ATP를 생성한다. 그래서 한 개의 NADPH와 한 개의 ATP는 효과적으로 엽록체로부터 운송되어 나와 한 개의 GAP를 한 개의 3-PGA로 전환시키고, 이때 필요하면 3-PGA는 엽록체로 재순환되어 들어가게 된다. 부가적인 왕복체계는 무기인산이 필요 없는 비가역적인 $NADP^+$-GAP탈수소효소에 의해서 엽록체로부터 세포질로 NADPH의 간접적인 이동을 작동하게 한다(그림 9-24).

9.3.5 광합성의 조절

광합성과정에서 켈빈회로의 몇 개의 효소들이 대사적인 조절의 대상이 되고 있다. 이들은 리뷸로스-1,5-이인산카복실화효소(rubulose 1,5-diphosphate carboxylase), 3-인산글리셀산인산화효소(3-phosphoglyceric kinase), 글리셀알데하이드-3 인산탈수소효소(glyceraldehyde-3-phosphate dehydrogenase), 프럭토스 1,6-이인산가수분해효소(fructose 1,6-diphosphate phosphatase) 그리고 리뷸로스-5-인산인산화효소(ribulose 5-phosphate kinase)들이다. 위의 처음 세 효소들은 켈빈회로의 카복실화와 환원반응들을 촉매시킨다. 따라서 조절메커니즘은 두 종류의 영향을 주게 된다. 이들 효소의 각각의 활성은 원래의 식물에 빛을 처리하면 증가된다. 그런 영향은 부분적으로 이미 얻어진 효소의 활성화 때문이다. 뿐만 아니라 빛을 조사시키는 동안 원래 식물에서 이들 효소 몇몇의 절대량이 증가하게 된다. 어두워지면 효소들의 양은 감소된다.

빛의 영향과 더불어, 이들 효소들의 활성제로 기능하는 특수한 화합물들이 있다. 카복실화효소는 프럭토스-6-인산에 의해서 활성화되고, 프럭토스-1,6-이인산에 의해서 방해된다. 이들 화합물의 광합성의 속도에 관한 영향은 프럭토스-1,6-이인산가수분해효소가 빛의 작용에 의해서 대신 영향을 받게 된다. 빛은 환원된 페레독신을 생성할 수 있고, 이는 프럭토스-1,6-이인산가수분해효소를 활성화시키며, 이 효소는 프럭토스-1,6-이인산을 프럭토스-6-인산으로 전환시키고, 다음 카복실화효소를 활성화시키게 된다.

엽록체에 빛을 조사하면 ATP와 NADPH 모두 얻어지고, 또한 글리셀알데하이드-3-인산탈수소효소를 활성화시키게 된다. 뿐만 아니라 3-인산글리세린의 인산화효소에는 ATP가 필요하다. 그리고 리뷸로스-5-인산인산화효소는 ATP에 의해서 활성화된다. 모든 이런 영향이 빛에 의해서 복합적으로 켈빈회로를 통하여 빠른 탄소의 흐름을 가능하게 한다.

생화학 둘러보기

광합성의 활용

1. 제초제

제초제는 농작물의 수확을 높이거나, 근래 잔디의 보급으로 잡초를 제거하기 위하여 사용하는 양이 급증하고 있다. 이것은 선택적으로 잡초의 광합성을 방해시키는 대신 원하는 식물에는 영향이 없도록 하는 광합성의 메커니즘을 활용한 농약의 일종이다. 제초제는 넓은 잎사귀를 갖는 민들레 같은 잡초는 죽이고, 잔디의 성장에 영향을 주지 않아야 한다. 제초제로 사용되는 2.4-D (2,4-다이클로로페녹시아세트산) 과 2,4-D의 수소가 염소로 교체된 2,4,5T (2,4,5-트라이클로로페녹시아세트산) 이 주로 사용되었다. 2,4,5T의 생산과정에서 미량의 불순물인 TCDD (다이옥신, 2,3,7,8-테트라클로로다이벤조-p-다이옥신) 은 동물시험에서 가장 독성이 강한 화합물로 알려지면서 현저하게 사용이 줄어들게 되었다. 대신 아트라진 (atrazine) 으로 대체되고 있다.

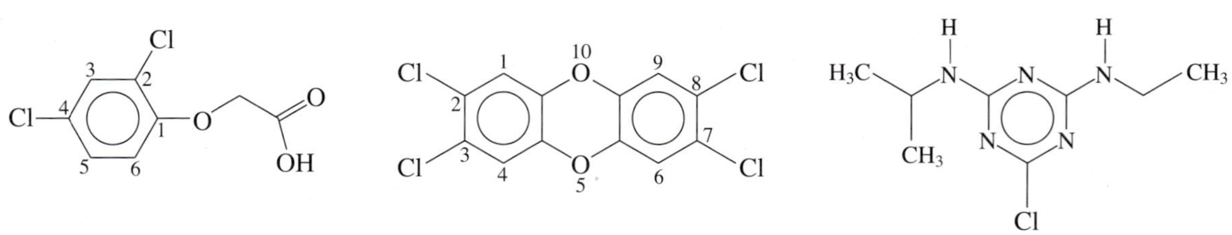

2,4-D TCDD 아트라진

이들 제초제는 특수한 방법으로 광합성을 방해하고 있다. 아미트롤 (amitrole) 은 엽록소와 카로티노이드의 합성을 방해한다. 아트라진은 물이 산화되어 수소이온과 산소로 되는 과정을 방해한다. 다른 제초제는 두 광합성계에서 전자의 전달을 간섭하게 된다. 광합성계II에서 다이유론 (diuron) 은 전자가 플라스토퀴논의 이동을 방해한다. 광합성계I의 방해제로는 우리 농가에서 많이 사용되는 파라콰트 (paraquat) 가 포함된다.

2. 바이오대체에너지의 연구현황

최근 화석연료공급의 제한으로 유가가 급등하면서 바이오대체에너지가 각광을 받게 되고, 옥수수 등 곡물의 급격한 가격 상승을 가져오고 있다. 곡물은 주로 에탄올합성의 글루코스공급에 사용되고, 에탄올은 휘발유와 혼합되어 사용됨으로써 전 세계적으로 그 수요가 급격히 증가되고 있다. 경작면적에서나 일사량이 적은 우리 실정에는 에탄올발효용 곡물이나 셀룰로스 공급원에 큰 문제가 되고 있다.

식물의 광합성원리를 이용한, 태양에너지에 의한 물의 분해로 수소를 얻는 연구가 여러 곳에서 진전을 보이고 있다. 식물은 햇빛의 에너지를 활용하여 물을 산소와 수소로 이온화시키는 방법으로 수소를 생산하려는 연구가 대체에너지의 새로운 방법으로 흥미를 끌고 있다. MIT의 노세라 (Nocera, D.) 와 카난 (Kanan, M.) 은 무기촉매의 개발로 백금 대신 코발트의 인산포타슘코팅으로 상온에서 태양전지의 에너지로 수소를 발생시키는 실험에 성공하였다. 호주 모나시대학의 스피시아 (Spiecia) 교수는 식물의 광합성에서 물을 분해시키는 핵심요소에 망가니즈가 작용하는 원리를 이용하여 전극에 식물과 흡사한 망가니즈막을 구성하여 햇빛을 조사하여 수소와 산소를 분리하는 실험을 시도하여 처음으로 성공하였다. 한편 켈리포니아 공대의 연구진은 햇빛을 이용한 물의 전기분해방법을 고안하여 광에너지로 물에서 수소와 산소를 얻어내는 장치를 개발하게 되었다. 앞으로 다음 세대에는 환경에 최소의 오염을 남기고 무한정한 에너지를 얻기 위해 노력해야 하며, 자연의 기존 메커니즘을 활용하는 것이 바람직하다.

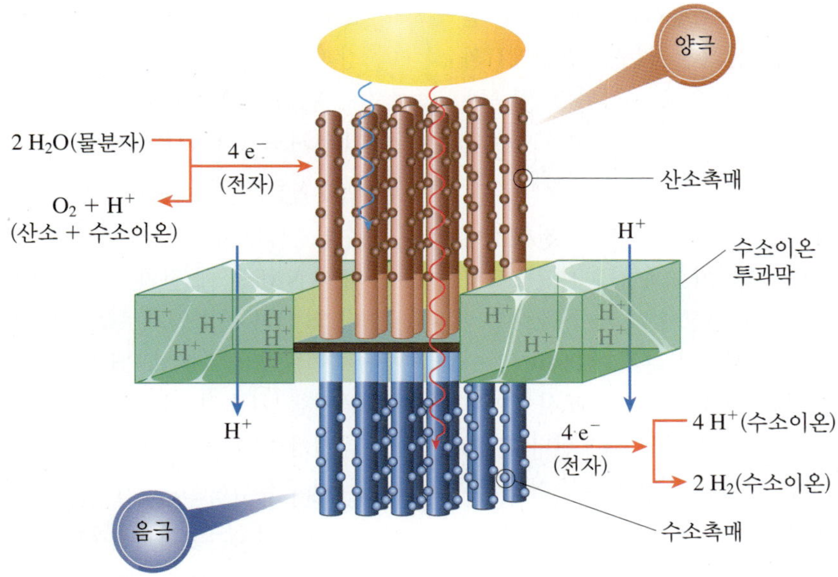

$$2\ H_2O(\text{물분자}) \longrightarrow 2\ H_2(\text{수소}) + O_2(\text{산소})$$

단원요약

1. 지상의 모든 유기체들은 광합성에 의해서 탄수화물을 만들어 생존에 필요한 영양소로 사용하고 있다. 햇빛의 에너지는 광합성반응에서 물을 산화시켜 탄수화물로 되는 동화과정에 소요되며, 물에서 공급되는 전자들은 CO_2를 환원시킴으로써 활성화시키게 된다. 광인산화와 오탄당인산대사의 중간체들이 빛에 의해서 활성화된 탄산가스를 동화시키는 기질이 된다.

2. 빛은 입자성과 파동성을 갖는 광자로 구성되고 있다. 광자의 에너지는 입자가 갖는 파동의 파장에 반비례한다. 물질이 빛을 흡수하는 능력은 물질의 원자구조에 따라 좌우된다. 원자는 핵주위의 다른 궤도들에 전자들이 놓여져 있다 채워지지 않은 궤도에 전자들을 배치하기 위하여 외부에서 에너지가 더해 주어야 한다. 원자는 광자의 흡수에 의해서 전자가 더 높은 궤도로 이전하면서 들뜬상태가 된다.

3. 엽록소 a는 청색 또는 적색지역의 빛을 같은 효율로 흡수한다. 청색의 빛은 엽록소를 들뜬상태로 놓을 수 있으나, 광합성에 사용하기에는 너무 짧은 기간의 생존율을 갖는다. 적색파장의 빛은 처음 들뜬상태에 도달하게 되고, 전이상태의 기간이 길어서 빛의 에너지를 화학에너지로 전환시킬 수가 있다. 빛에 의해서 들뜬공여체의 전자가 수용체분자에 전달됨으로써 환원이 일어나게 된다.

4. 광에너지를 흡수하는 엽록체에는 높은 투과성을 갖는 외벽을 가지며, 탄수화물합성에 필요한 효소 및 관련물질들이 채워진 스트로마가 존재한다. 빛을 흡수하여 전자를 운반하고 ATP를 합성하는 단백질복합체는 엽록체의 틸라코이드막에 존재한다. 틸라코이드막은 여러 겹의 둥근모양으로 구성되어 그라나를 만들게 된다. 엽록소는 마그네슘을 포함한 포피린으로, 지방족 알콜이 테트라피롤고리의 프로피온산에 에스터결합으로 연결되고 있다. 엽록소는 집광작용의 안테나로 기능하며, 이때 에너지는 안테나체계에서 반응중심으로 이전된다. 광합성의 기본반응들은 모두 광합성의 반응중심에서 수행된다.

5. 에머슨은 700 nm 이상의 파장에서 광합성이 그 이상 일어나지 않는 사실을 확인하고 이를 "원적외선 강하"라고 하였고, 650 nm의 파장의 빛에 광합성이 일어남을 관찰하게 되었다. 힐과 벤달은 엽록체가 원적외선 680 nm에서 활성화되는 PSI과 적색광 (650 nm) 에서 활성화되는 PSII를 포함하고 있음을 밝혀냈다. 전자는 PSII에서 PSI으로 흐르게 된다. 식물에서 빛의 에너지를 이용하여

H_2O의 산화로 얻어진 환원력을 이용하여 NADPH를 얻어내는 광합성중심은 물을 산화시키는 광반응계II와 $NADP^+$를 환원시키는 광반응계I으로 구성된다. 엽록체에서 전자의 운반경로는 H_2O에서 PSII, 그리고 사이토크롬 b_6f를 거쳐 PSI을 통과하여 $NADP^+$에 전달하게 된다.

6. 식물의 광합성기구에서 전자전달체들은 낮은 전위차에서 높은 위치로 단계적으로 흘러가도록 연결시킨 Z도형을 밝혀내게 되었다. 산소발생중심에 의해서 물로부터 탈취된 전자들을 강력한 환원제 Z의 실체인 P680*로 이동하게 된다. 전자가 결핍된 P700은 플라스토사이아닌으로부터 한 개의 전자를 수용함으로써 재생된다. P700의 특수엽록소 a에 옮겨진 전자를 페레독신과 $NADP^+$를 환원시키도록 수용체에 제공하게 된다. PSII반응중심의 보조인자들은 chl a, pheo a, 또 플라스토퀴논은 B chl b, B pheo b 그리고 메나퀴논으로 구성된다. 전자는 pheo a에서 chl a분자를 경유하여 플라스토퀴논으로 이동되고, 그리고 QB로 옮겨진 다음 사이토크롬 복합체 b_6f에 전달되고 있다.

7. 광합성과정은 빛의 에너지를 화학에너지인 ATP와 NADPH로 변화시키는 명반응과, 얻어진 ATP와 NADPH를 사용하여 효소에 의해서 CO_2가 환원된 탄소화합물에 유입되는 암반응으로 구성된다.

8. 광합성박테리아의 전체반응은 1몰의 산화제 CO_2가 환원제인 H_2O와 반응하여 CO_2가 $C(H_2O)$의 탄수화물의 수준으로 환원되는 산화환원반응이라고 볼 수 있다. 자색황박테리아는 H_2O 대신 H_2S를 환원제로 사용한다. 비황자색박테리아는 에탄올, 아이소프로판올 또는 석신산을 전자공여체로 사용한다. 반 니일은 주된 광합성은 모든 유기체에서 동일하고 H_2O를 파괴시켜 환원제 $[H^+]$와 산화제 $[OH^-]$를 둘 다 생성하는 과정으로 구성되고 있다고 가정하게 되었다.

9. 광합성에서 환원제로 H_2O의 역할을 연구하기 위하여 분리된 상태의 엽록소를 산화제로 포타슘-철-옥살산을 사용하여 O_2를 생성할 수가 있었다. 그 후 시금치의 그라나와 $NADP^+$를 사용하여 NADPH로 환원됨을 관찰하게 되었다.

10. 전자들이 PSII에서 PSI으로 흐르게 되면 ADP의 인산화가 일어난다. 이 인산화단계는 전자들이 Q로부터 P700에 흐르게 될 때 일어난다. 엽록체에 빛을 조사하면 막의 안팎으로 이온의 이동이 나타나며, 엽록체막을 따라 생성되는 pH농도기울기가 ATP합성효소를 작동시키게 된다. 회로성광인산화과정에서 연계된 전자는 $NADP^+$로의 이전이 없이 ATP가 합성된다. PSI을 활성화시키는 장파장의 빛에 의해서 전자의 흐름은 P700에 되돌아가는 진로를 구축하게 되고, 전자가 흐르는 동안 ADP와 H_3PO4로부터 ATP가 얻어진다.

11. 엽록소는 빛에 의존되는 인산화반응으로 ATP를 합성할 수가 있다. 회로형광인산화는 빛의 힘으로 전자들에 의해서 $NADP^+$에 전자가 이동하면서 산소를 발생하게 된다. H_2O의 산소원자로부터 나타나는 전자들은 $NADP^+$로 가게 되고, NADPH를 환원시키게 된다. 전위차기울기를 거슬러 전자의 움직임이 가능하도록 빛의 에너지를 더해 주어야 한다.

12. 방사선 표지된 $^{13}CO_2$를 사용하여 짧은 시간을 노출시켰을 때 3-인산글리셀산이 얻어졌다. CO_2의 수용체로 리뷸로스-1,5-이인산과 세도헵튤로스-7-인산들이 얻어졌다. 이러한 여러 단계의 방법을 사용하여 켈빈회로가 밝혀지게 되었다. 카복실화에 의해서 CO_2는 리뷸로스-1,5-이인산을 카복실화시키게 되고, 2몰의 3-인산글리셀산을 만들게 된다. 3-인산글리셀산은 ATP에 의한 인산화로 1,3-이인산글리셀산이 만들어지고, 탈수소효소에 의해 환원되어 글리셀알데하이드-3-인산이 얻어진다. 탄소환원회로에 의해서 프럭토스-6-인산이 얻어지고, 다음 해당과정의 초기상태의 역으로 글루코스가 얻어진다.

13. 켈빈회로의 대사조절은 리뷸로스-1,5-이인산카복실화효소, 오탄당인산경로의 프럭토스이인산가수분해효소, 세도헵튤로스이인산가수분해효소에 의해서 조절된다. 이들 세 효소는 빛의 조사준위에 따라 촉매효율이 조절된다. 싸이오레독신은 이황화내부교환반응에 의해서 위의 효소들을 활성화시킨다. 빛은 해당과정을 비활성화시키고 켈빈회로를 활성화시키며, 어둡게 되면 암반응인 켈빈회로가 작동되지 못하게 된다.

14. 어떤 광학활성박테리아는 TCA회로를 반대로 작동시키는 방법으로, α-케토글루탈산합성효소와 환원제 페레독신을 활용하여 α-케토글루탈산의 탈카복실화를 역으로 진행시킨다. TCA의 모든 다른 반응들이 가역적이어서 3몰의 CO_2로부터 피루브산을 합성할 수가 있으며, 탄수화물로 전환된다.

15. 식물은 동물과 달리 빛에 조사되었을 때 광호흡이라는 대사활동을 수행한다. 광호흡은 산화적 인산화경로반응에서 CO_2의 발생과 O_2의 소비로 광합성의 CO_2과정을 능가하기 때문에 광합성을 감소시키는 영향을 주게 된다. 글리콜산은 높은 농도의 산소와 낮은 CO_2, 즉 광호흡을 선호하는 조건에서 어떤 식물에서 얻어지는 광합

성의 부산물로 얻어진다. 2몰의 글리콜산은 CO_2와 1몰의 인산글리셀산으로 전환된다. 그리고 높은 농도의 O_2와 CO_2가 거의 없을 때 리뷸로스-1,5-이인산을 절단시켜 인산글리콜산을 만들게 된다. 광호흡을 수행하는 곡물로는 밀, 쌀, 콩, 사탕수수가 포함된다.

16. 열대식물 중에 CO_2가 인산글리셀산보다는 어떤 다이카복실산, 말산, 아스파트산에 유입되고 있다. 탄소동화의 C4경로를 활용하는 식물은 식물근육세포 (mesohphyl cell) 와 유관속세포 (bundle sheath cell) 가 표면의 숨구멍으로부터 격리되어 수분의 증발을 막도록 하고 있으며, C4의 경로를 사용하고 있다. C4식물 중에 식물근육세포에 높은 농도의 말산탈수소효소를 갖는 것과 알라닌아스파트산이동효소를 갖는 두 가지로 나눈다. 앞의 것은 옥살산이 말산이 되고, 다음 반응은 옥살산이 환원되어 아스파트산이 된다. 이들 두 카복실산은 CO_2의 운반체로, 말산을 활용하는 식물은 켈빈회로에서 말산이 CO_2로 생성을 촉매한다. 여기서 얻어지는 피루브산은 식물근육세포로 들어간다. 말산과 아스파트산의 운반체를 갖는 식물에서 CO_2는 결국 유관속세포에서 켈빈회로의 리뷸로스-1,5-이인산카복실산효소의 기질로 농축된다. C4다이카복실산에 CO_2를 고정하는 과정은 CO_2를 포획하는 효과적인 메커니즘으로 보이며, 유관속세포에서 켈빈회로를 위하여 농축시키는 것으로 보인다.

17. 엽록체에서 ATP와 NADPH는 엽록체 바깥쪽 주머니를 통하여 안팎으로 이동이 불가능하며, 왕복운반체계로 글리셀산알데하이드-3-인산과 3-인산글리셀산을 활용하게 된다. 글리셀알데하이드-3-인산은 엽록체로부터 나와서 세포질로 이동하고, $NADP^+$-ATP탈수소효소의 반응으로 3PGA, NADPH, ATP를 생산한다.

18. 광합성에서 켈빈회로의 효소인 리뷸로스-1,5-이인산카복실화효소, 3-인산글리셀산인산화효소, 글리셀알데하이드-3-인산탈수소효소, 프럭토스-1,6-이인산가수분해효소 그리고 리뷸로스-1,5-이인산인산화효소들이 조절된다. 처음 세 효소들은 켈빈회로의 카복실화 및 환원반응의 효소로, 식물에서 빛을 조사하면 효소의 활성이 증가한다. 카복실화효소는 프럭토스-6-인산에 의해서 활성화되고, 프럭토스-1,6-이인산에 의해서 방해된다. 엽록체에 빛을 조사하면 ATP, NADPH가 얻어지고, 글리셀알데하이드-3-인산탈수소효소를 활성화시키게 된다.

어휘

광학반응중심 (photosynthetic reaction center)
광합성중심 (photosynthetic center)
그라나 (grana)
메나퀴논 (menaquinon)
β-케로틴 (β-carotin)
산소발생중심 (oxygen evolving center, OEC)
숨구멍 (stomata)
스트로마 (stroma)
스트로마얇은판 (lamella)
식물근육세포 (mesophyl cell)
엽록소 (chlorophyll)
원적외선강하 (far red drop)
유관속세포 (bundle sheath cell)
Z도형 (Z-scheme)
집광복합체 (light harvesting center, LHC)
파이코사이아노빌린 (phycocyanobilin)
페레독신 (ferredoxin)
플라스토사이아닌 (plastocyanin)
틸라코이드 (thylakoid)
힐반응 (Hill reaction)

참고문헌

Basham, J. A. and Calvin, M. 1957. The path of carbon in photosynthesis. Englewood Clifts, N. J., Prentice Hall.

Bering, C. L. 1985. Interconversion in Photosynthesis. J. Chem. Ed. 62, 659.

Bishop, M. B. and Bishop, C. B. 1987. Photosynthesis and carbon dioxide fixation. J. Chem. Ed. 64, 302.

Blankship, R. E. 2002. Molecular mechanisms of photosynthesis, Blackwell Science.

Deisenhofer, J., and Michel, H. 1989. The photosynthetic reaction center from the purple bacterium Rhodopseudomonas viridis. Science 245, 1463.

Dennis, D. T. 1987. The biochemistry of energy utiliazation in plants. New York: Chapman and Hall.

Ferreira, K. N., Iverson, T. M., Maghlaoui, K. Barber, J., and Iwata, S., 2004. Architecture of the photosynthetic oxygen-evolving center, Science 303, 1831.

Hathway, D. 1989. Molecular mechanisms of herbicide selectivity. New York: Oxford University Press.

Halliwell, B. 1981. Chloroplast metabolism: The structure and function of chloroplasts in green leaf cells. New York: Oxford University Press.

Hatch, M. D. and Boardman, N. K. 1973. Biochemistry of photosynthesis. Biochemistry of Herbage Vol II. (G.W. Butler & R.D. Bailey) ed. New York, Acedemic Press.

Hatch, M. D. and Slack, C. R. 1970. Progress in phytochemistry, L. Reinhold and Y. Liwschitz eds. vol 2. London, Interscience.

Heathcote, P., Fyfe, P. K., and Jones, M. R. 2002. Reactions centers: the structure and evolution of biological solar power, Trends Biochem. Sci. 27, 79.

Hill, R. 1965. The biochemist green mansions: The photosynthetic electron transport chain in plants. Essays in Biochemistry. Vol. 1. London, Academic Press.

Kurisu, G., Zhang, H., Smith, J. L., and Cramer, W. A. 2003. Structure of the cytochrome b_6f complex, Nature 426, 413.

Tolbert, N-E. 1973. Glycolate biosynthesis, Curr. Top. in Cell Regulation 7, 2.

Trebst, A. 1974. Energy conservation in photosynthetic electron transport of chloroplast. Ann. Rev. Plant Phyiol. 25, 423.

Youvan, D. C. and Marrs, B. L. 1987. Molecular mechanism of photosynthesis. Sci. Amer. 256, 42.

Zelitch, I. 1971. Photosynthesis, Photorespiration and plant productivity, New York: Academic Press.

Zubar, H. 1986. Structure of light-harvesting antenna complexes of photosynthetic bacteria, Cyanobacteria and Red algae. Trends Biochem. Sci. 11, 414.

연습문제

1 파장이 395 nm의 자외선의 광자가 나타내는 에너지를 계산하시오(아보가드로상수 $N=6.023\times10^{23}$, 플랑크상수 $k=1.58\times10^{-34}$cal·sec).

2 제초제인 DCMU는 어떤 방법으로 식물의 기능에 영향을 주는지 설명하시오.

3 열대식물의 특징으로 식물근육세포와 유관속세포의 특징에 관하여 비교해보시오.

4 광반응계I에서 전자의 이동경로를 그림을 사용하여 설명하시오.

5 광합성과정에서 CO_2가 탄수화물로 되는 과정은 어떤 방법으로 확인하게 되었는가?

6 두 개의 명반응이 존재한다는 사실을 어떤 실험방법으로 확인하게 되었는지 설명하시오.

7 광합성에서 두 주된 반응은 어떤 기능을 하는 반응들인가?

8 광호흡은 어떤 과정인가? 또 광호흡을 하는 곡식류는 어떤 것들이 있으며, 어떤 영향을 주게 되는가?

9 PSII반응중심의 구성요소는 무엇이며, 전자전달의 순서를 설명하시오.

10 녹색식물의 광합성에서 두 산소원자가 H_2O로부터 발생됨을 어떻게 확인할 수 있는가?

11 Z도형은 어떻게 해서 완성되었는가? PSII와 PSI을 연결하는 전자의 통로는 무엇인가?

12 비황자색박테리아의 광합성반응을 적고, 다양한 환원제들은 어떤 것들이 있는지 설명하시오.

13 엽록체에서 전자전달에 사용되는 주된 금속이온은 무엇인가? 마이토콘드리아에서 발견되는 이온들과 어떻게 다른지 설명하시오.

14 엽록소가 힘 (heme) 의 구조와 비교해서 세 가지 다른 점은 무엇인가?

15 엽록체에서 전자전달사슬과 마이토콘드리아에서 전자전달사슬의 유사한 점들은 무엇인가?

16 광합성반응중심을 축전지와 비교해보시오.

17 광반응계I에서 회로성 광호흡과정은 어떻게 양성자 농도기울기를 만들게 되는지 설명하시오.

18 리뷸로스-이인산카복실화효소 (Rubisco) 가 왜 자연에 가장 많이 존재하는 단백질인가?

19 열대식물이 C_3고정경로보다 C_4고정경로를 사용하는 이 점은 무엇 때문인가?

20 광합성과정에 조절에 관여하는 효소들을 어떤 것들이 있는가?

자운영은 뿌리혹박테리아식물로 친환경비료로 사용되도록 재배된다. 우리 선조들은 요소화학 비료가 없을 때, 자운영을 재배하여 토양을 비옥하게 하여 농사를 지었다.

Chapter 10

질소화합물의 대사

생명체에서 가장 중요하고 다양한 기능을 수행하는 단백질을 구성하는 아미노산들은 세포내에서 질소대사의 기본물질이 된다. 아미노산의 기초반응으로는 아미노그룹의 이동 (transamination) , 탈아미노화 (deamination), 탈카복실화 (decarboxylation) 등이 있다. 이 장에서는 이들 반응들이 소개되고, 탈아미노화된 탄소골격의 최종운명에 관하여 소개되며, 암모니아가 유기화합물로 유입되는 과정이 다루어진다.

생체구성 요소의 형성에는 반응성이 거의 없는 중요한 기체 N_2와 반응성이 매우 좋은 기질인 NH_3가 관여되는데, 다음 여러 반응들을 통하여 글루탐산으로 전환되는 질소고정 과정을 소개하려고 한다. 그래서 정교하고 잘 정리된 반응들을 통하여 무기질소가 NH_3로 되는 과정이 소개된다. 세포에서 필요 이상의 질소가 배설되는 방법으로 요소회로가 있다. 모든 생명체에 존재하는 기본 성분이며, 유전자의 기초 성분인 피리미딘과 퓨린들도 질소화합물이므로 이들의 합성과 분해에 관하여 소개된다.

최근 세계적으로 관심이 되고 있는 영양결핍의 문제는 모든 인류에게 적절한 단백질을 공급하는 일이다. 식물에서 전분형태의 탄수화물은 곡식작물 중 쌀, 옥수수, 밀 그리고 카사바에서 쉽게 얻을 수 있으나, 적절한 단백질을 공급하는 것이 큰 문제가 되고 있다. 육류를 소비하는 국가에서는 필수아미노산을 단백질로 공급할 수 있어서 문제가 없으나, 세계의 대부분의 인구는 식물을 주식으로 섭취하기 때문에 심각한 아미노산의 결핍을 초래하게 된다. 따라서 부족한 필수아미노산의 공급에 대한 생명과학자들의 연구가 필요하게 되고 있다.

10.1 아미노산의 분해

1930년대에 체내의 단백질은 탄수화물과 지질에 비교해서 대사적인 측면에서 상당히 안정한 물질로 생각되었다. 그래서 단백질은 한 번 세포에서 합성되면 그 동물이나 식물이 죽을 때까지 안정하게 남아 있고, 생명이 끝나게 되면 붕괴가 시작된다고 보게 되었다. 당시 이러한 생각이 지배적이었던 것은 탄수화물이나 지질은 동물의 영양상태에 따라 직접 눈에 띄게 변하기 때문 이었다. 실제로, 체내의 단백질은 필요한 에너지의 생산에 쓰이지도 않고, 모든 다른 보존된 물질이 없어지거나 극심한 금식의 경우 이외에는 유지되고 있기 때문이다.

아미노산과 단백질의 중간대사에 관한 기본지식은 주로 초기에는 영양학자들에 의해서 얻게 되었다. 오스본 (Osborne) 과 멘델 (Mendel) 이 1914년 성장하는 쥐의 음식물에 트립토판과 라이신이 반드시 필요하다는 연구결과를 발표하게 되었다. 다음에 로즈 (W.C. Rose) 는 여덟 개의 다른 아미노산이 쥐의 성장과 발달에 반드시 필요함을 밝혀내게 되었다. 이차대전이 일어나고 사람에게 필요한 아미노산을 확인하는 연구가 활성화되어, 잘 정제된 그람 수준의 아미노산을 남성의 지원자들에게 먹여 보는 연구들이 수행되었다. 이들 실험은 체내의 "질소의 평형"이란 관점에서 수행되었고 라이신, 트립토판, 페닐알라닌, 트레오닌, 발린, 메싸이오닌, 루신 그리고 아이소루신들이 필수적인 아미노산으로 밝혀지게 되었다.

이들 필수적인 아미노산들의 영양에 관한 연구과정에서 얻은 두 가지 중요한 결론은 첫째, 동물은 자신이 필요로 하는 적은 양의 이들 아미노산들을 만들 수 없다는 것이며, 또 하나는 동물은 이러한 필수아미노산들의 탄소골격을 만들 수 있는 능력이 결핍되어

표 10-1 사람에서 필수아미노산과 비필수아미노산들

필수	비필수
아르지닌[a]	알라닌
히스티딘	아스파라진
아이소루신	아스파트산
루신	시스테인
라이신	글루탐산
메싸이오닌	글루타민
페닐알라닌	글리신
트레오닌	프롤린
트립토판	세린
발린	타이로신

[a] 비록 동물들은 아르지닌을 합성하지만, 그들은 요소를 형성하기 위해 아르지닌의 대부분이 분해된다.

있다는 사실이다. 예를 들어, 동물이 페닐알라닌을 음식으로 보충하지 못하는 경우, 대신 페닐알라닌의 케토유사체인 페닐피루브산을 공급해 주어야 한다. 특히 페닐알라닌의 경우, 동물은 아미노산이 가지고 있는 방향족 고리의 합성에 어려움이 있으며, 또한 어떤 형태의 고등동물의 경우에 탄소골격을 쉽게 합성하지 못하고 있다.

자연에 존재하는 단백질에 포함되는 아미노산들의 절반이 동물에게 필수적인 것을 보면, 동물은 나머지 반의 아미노산을 체내에서 합성할 수 있다는 것이다. 이렇게 합성될 수 있는 아미노산들을 **비필수아미노산 (non-essential amino acid)** 이라고 한다. 이런 비필수아미노산들의 합성을 위하여 탄소골격의 제조뿐만 아니라, 몇몇 질소공여체로부터 질소원자의 이동이 포함되어야만 한다. 이러한 질소원자의 이동이 아미노그룹이동 (transamination)에 의해서 이루어지며, 아미노산의 일반적인 반응으로, 많은 아미노산들의 파괴와 합성이 모두 직접 관여되고 있다.

동물의 단백질분자들은 그 전환속도가 서로 다르다는 사실이 중요하다. 혈액, 간, 신장 그리고 다른 주된 기관들의 단백질들은 그들의 반감기 (예; 반의 단백질이 대사 과정에 활용되는 필요한 시간) 가 2~10일이 된다. 적혈구세포의 헤모글로빈은 반감기가 30일이 되고, 근육단백질은 180일이며, 콜라겐은 1000일이 된다. 성인 남자의 경우, 전환속도가 하루에 신체 무게의 Kg당 1.2g의 단백질로 예측되고 있다. 이렇게 단백질들의 아미노산이 산화적인 방법으로 파괴되기 때문에 음식물로 대체해 주어야 한다. 20개의 아미노산 중에서 그 반의 아미노산들이 필수적인 것이기 때문에 **필수아미노산 (essential amino acid)** 이 적당량 포함되는 음식물이 꼭 필요하게 된다 (표 10-1).

10.1.1 아미노산의 일반적인 반응

단백질은 그 기능에 따라 독특한 입체모양을 가지는 매우 큰 고분자이므로, 이를 구성하는 아미노산들이 갖는 아미노그룹과 카복실그룹은 중합체의 연결고리를 만드는 중요한 화학적인 특성이 된다. 또 핵산을 구성하는 질소를 포함하는 생체고분자 단위화합물인 퓨린과 피리미딘들도 서로 깊은 관계를 가지고 대사된다. 고등식물과 많은 미생물은 정규적으로 질산염의 형태로 화합물의 합성에 필요한 질소를 획득하게 된다. 식물과 대부분의 미생물은 NH_3를 질소의 기초공급원으로 사용하여 아미노산, 단백질 및 핵산의 합성을 수행한다. 반면, 고등생물에서는 NH_3를 질소를 포함하는 화합물을 합성하는 데 사용하기도 하지만, 동물의 기본적인 질소의 공급원은 그들이 소비하는 음식물 중의 단백

질을 통하여 얻게 된다. 단백질은 소화기장내에서 효소들의 도움으로 적은 펩타이드로 가수분해되며, 혈액으로 흡수되고, 간으로 운송된다. 이 기관에서는 특수한 생합성의 목적을 위하여 단위아미노산으로 분해시키고, 외부 간조직에 운송되면 이는 단백질을 합성하는 기초원료가 된다. 간은 여러 혈액 단백질, 혈청알부민, 글로뷸린, 파이브리노젠, 그리고 프로트롬빈 등을 합성하는 장소를 제공한다.

생체내의 질소화합물의 평형을 방사선 표지화합물을 사용하여 연구했던 초기의 연구자들은 표지된 질소를 갖는 아미노산이 처음에 투여했던 아미노산에 있거나 또는 많은 다른 아미노산에서도 널리 분포되어 있음을 발견하게 되었다. 이는 여러 조직에 많은 양의 아미노이동효소(transaminase)들이 널리 존재하여 한 아미노산에서 다른 아미노산으로 쉽게 이동된다고 예상하게 되었다. 하지만 동물의 단백질에서 방사선동위원소의 추적은 그 양이 많지 않아 예상했던 결과를 얻어내지는 못하였다. 여기서 얻은 결론은 동물의 단백질은 탄수화물이나 지질처럼 정적인 것이 아니고 역동적인 것이다. 그래서 성장한 동물은 비교적 높은 비율의 단백질합성과 파괴가 같은 비율로 평형을 유지한다고 생각하게 되었다. 동물에서 활동적으로 대사적인 상호교환이 이 두 과정으로 얻어진다고 보게 되었다. 쉔하이머(Schoenheimer)는 단백질의 경우에 아미노산과 NH_3의 대사적인 모임장소(pool)의 개념을 도입하게 되었고, 이들 공동으로 집합된 성분들이 체내단백질의 재합성에 활용될 것 이라고 보게 되었다.

아미노산들은 대부분 생체에서 분해되어 CO_2와 H_2O로 대사되거나 또는 포도당신생합성의 원료가 되기도 하며, 10～15%가 에너지로 사용된다. 아미노산은 7가지의 대사중간산물의 하나로 되며, 분해대사과정에 따라 두 가지 그룹으로 분류하고 있다. 글루코스의 전구체로 분해되는 경우 **글루코제닉(glucogenic)**이라 하고, 이들은 분해되어 피루브산, α-케토글루탈산, 석시닐CoA, 퓨말산, 옥살아세트산, 아세틸CoA 그리고 아세토아세트산이 얻어진다. 한편, 지방산이나 케톤체로 되는 분해를 **케토제닉(ketogenic)**이라 하고, 아미노산들이 아세틸CoA 또는 아세토아세트산으로 분해되어 지방산이나 케톤체합성의 전구체가 되는 경우이다(그림 10-1). 아미노산의 탄소골격분해의 대사경로는 근래에 병리학적인 측면에서 관심이 증가되고 있으며, 붕괴에 필요한 효소의 유전적인 결핍으로 아미노산이 축적하게 되면 심각한 질병을 초래하기 때문에 중요하다.

1. 아미노그룹이동반응

아미노그룹이동반응(transamination)은 아미노산에서 아미노그룹이 이동하여 케토산으로 옮겨가고, 그와 비슷한 아미노산이 얻어지며, 원래 아미노그룹 공여체는 케토산이 된다.

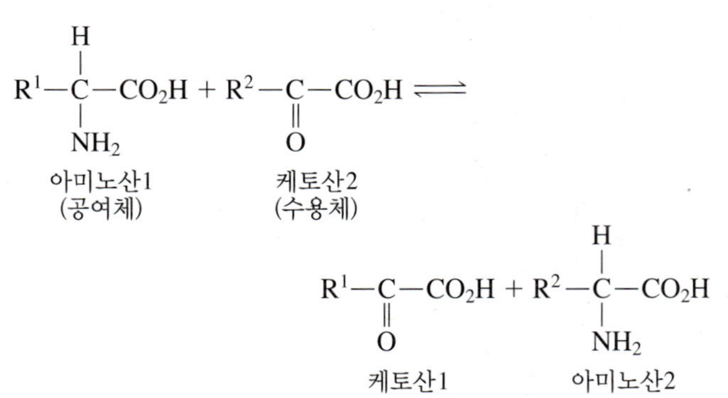

아미노그룹이동효소는 거의 모든 아미노산에 반응할 수 있는 능력을 가진 것으로 보고되고 있다. 그러나 특별히 중요한 효소로 글루탐산아미노그룹이동효소와 알라닌아미노그룹이동효소가 있다. 글루탐산아미노그룹이동효소는 글루탐산과 α-케토글루탈산을 기

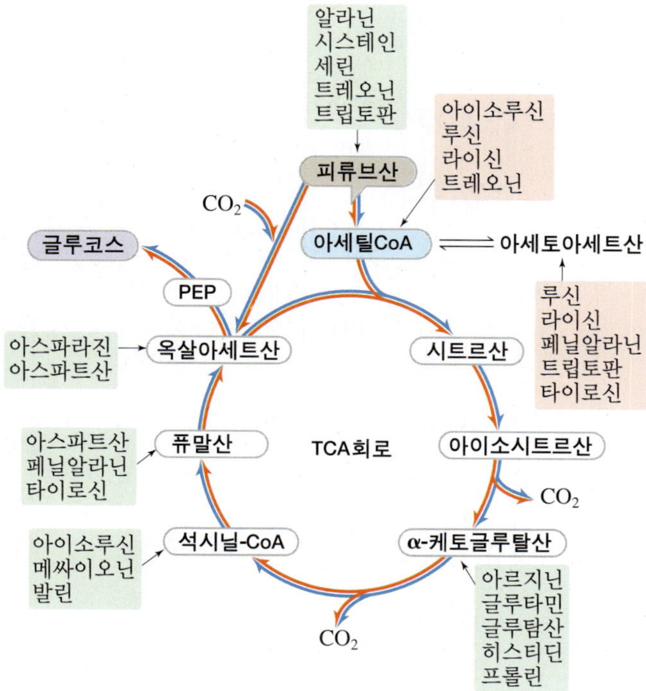

그림 10-1 아미노산의 분해와 탄수화물대사와 관계. 글루코제닉한 아미노산들은 녹색으로 또 케토제닉한 아미노산들은 분홍색으로 표시하였다.

질쌍 중의 하나로 특이적으로 작용하지만, 다른 속도로 거의 모든 다른 단백질의 아미노산들에 반응한다.

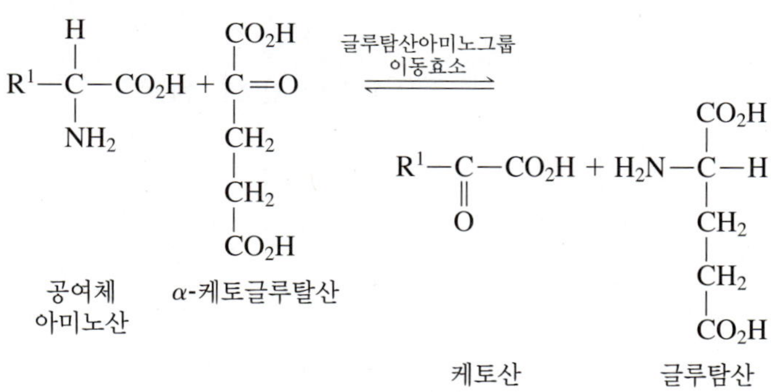

(10–1)

동시에 알라닌아미노그룹이동효소는 알라닌과 피루브산을 기질쌍 중의 하나로 특이성을 가지지만, 역시 거의 모든 다른 아미노산들과도 반응한다. 마지막으로 많은 유기체에서 발견되는 높은 특이성의 글루탐산-알라닌아미노그룹이동효소는 이들 두 아미노산들에만 아미노그룹을 이동시키는 반응을 촉매한다.

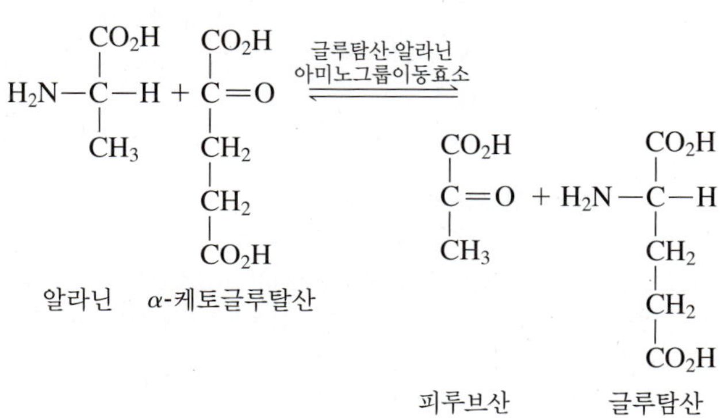

(10–2)

1단계 : 아미노그룹이동

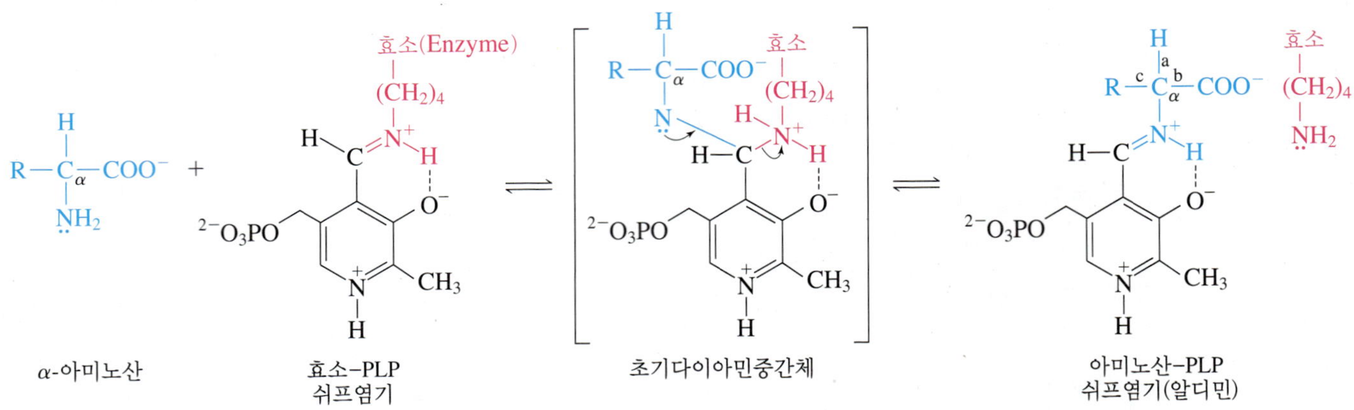

2단계 : 토토머화

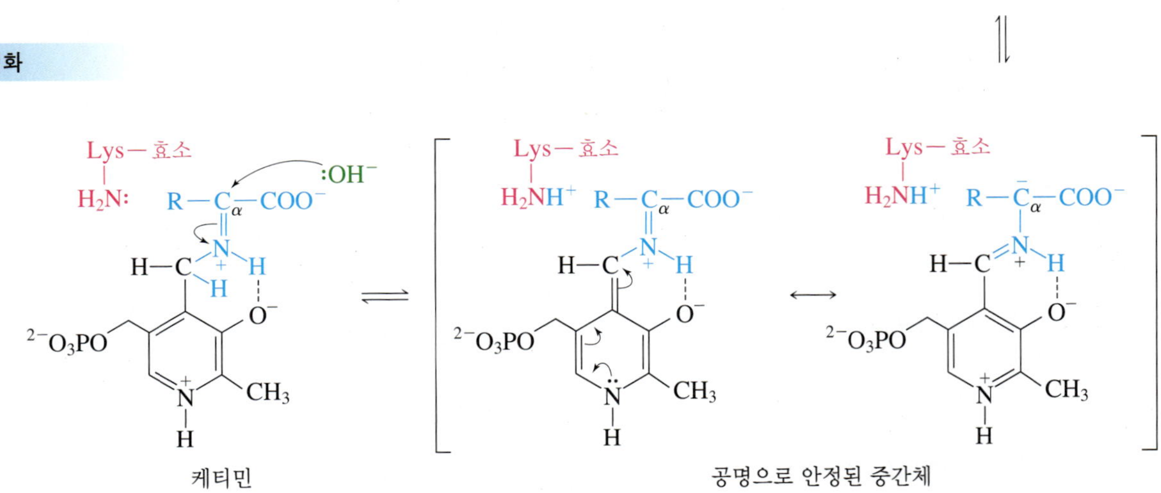

3단계 : 가수분해

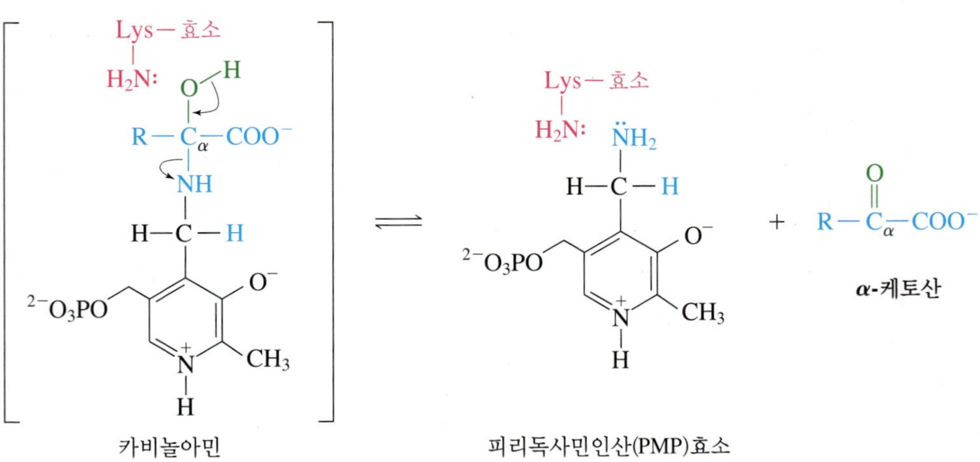

그림 10-2 아미노그룹이동효소의 반응메커니즘. 효소활성부위의 라이신 잔기의 ϵ-아미노기에 PLP의 알데하이드기와 축합으로 연결된 쉬프염기 PLP는 아민교환반응에 의해서 라이신에서 떨어지고, 아미노산-PLP 쉬프염기가 얻어진다. 공명안정화된 카바나이온 중간체를 거쳐 다음 토토머화에 의해서 α-케토산-PMP 쉬프염기(케티민)가 얻어진다. α-케토산-PMP 쉬프염기는 가수분해 되어 PMP와 α-케토산이 얻어진다.

예상했던 대로, 아미노그룹이동효소에 의해서 촉매되는 반응들은 평형상수가 1.0으로, 반응이 쉽게 가역적이 된다. 아미노그룹이동효소는 피리독살인산을 조효소로 필요하며, 효소의 존재하에 조효소는 아미노산과 **쉬프염기 (Schiff base)** 를 만들게 된다. 다음으로 전자의 재배치에 의해서 아미노그룹은 조효소로 이동하고, 알디민을 생성한다. 나중에 화합물은 수용체인 케토산과 반응하여 피리독살인산을 재생시키고, 아미노생성물을 얻게 된다 (그림 10-2).

아미노그룹이동과정의 의미는 반응 10-1 (또는 10-2 알라닌아미노그룹이동효소) 에서 글루탐산처럼 많은 다른 아미노산의 아미노그룹을 받아들일 수 있는 기능을 한다는 것이다. 주로 이들 반응들은 세포질에서 일어나고, 글루탐산은 특이하게 내부 마이토콘드리아막으로 침투할 수 있어서 마이토콘드리아의 간질에 들어가게 된다. 그곳에서 다시 마이토콘드리아의 아스파트산아미노그룹이동효소에 의해 아미노그룹을 이동시키든지, 또는 마이토콘드리아의 글루탐산탈수소효소에 의해서 산화적인 탈아미노화가 이루어진다. 그래서 아미노그룹이동효소는 진핵세포에서 세포질과 마이토콘드리아에 모두 존재하고, 효소들은 세포의 각 지역에서 독특한 성질을 갖는다.

2. 탈아미노화반응

세포에는 글루탐산탈수소효소 (glutamic dehydrogenase) 가 광범위하게 존재하기 때문에, 이 효소가 아미노산의 대사에서 중심역할을 하게 된다. 이 효소는 L-글루탐산의 NAD^+에 의한 산화성 탈아미노화로 α-케토글루탈산, NH_3와 NADH를 만드는 가역적인 반응을 촉매한다.

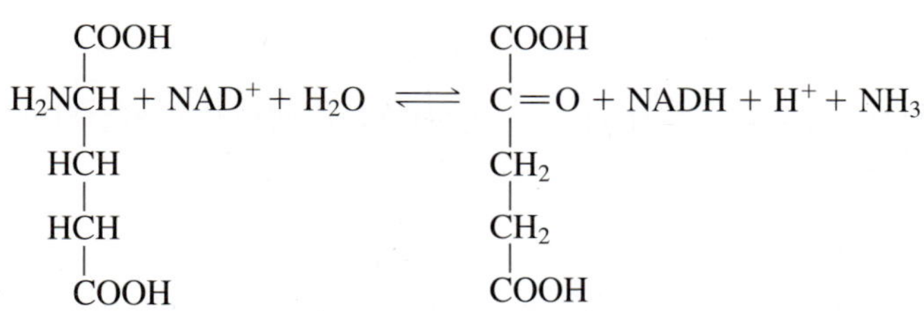
(10–3)

L-글루탐산 α-케토글루탈산

반응 10-3은 가역적이고, 같은 농도의 NAD^+와 NADH에서 반응은 실제로 글루탐산을 합성하는 방향을 선호하게 된다. 그러나 비교적 높은 농도의 NH_3에 대한 Km (1~5mM) 값은 마이토콘드리아 전자전달체계를 이용한 NADH의 빠른 재산화와 함께, 글루탐산탈수소효소가 주로 글루탐산의 산화와 NH_3가 생성되는 방향으로 반응할 것이라고 제안되고 있다.

반응 10-3과 글루탐산의 아미노그룹이동과의 연결은 모든 다른 아미노산들의 탈아미노화메커니즘을 뒷받침해 주고 있다.

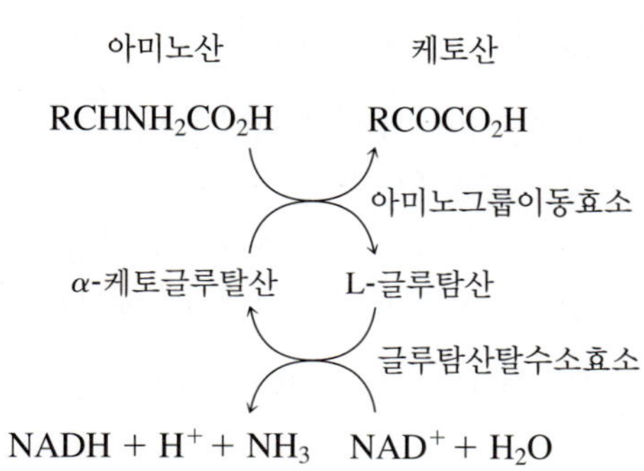

이와 같은 방법으로 얻어진 NH_3는 독성이 있으므로, 바로 배설되어야 한다. 그래서 동

물에서는 잘 조정된 해독작용의 메커니즘이 필요하다(요소회로). 식물에서는 동물에서처럼 배설하는 기관이 없기 때문에, NH_3는 비독성 아마이드인 글루타민 그리고 아스파라진으로 바뀌게 되고, 이들 화합물이 현저하게 높은 농도로 축적되게 된다. 단백질이 많은 루핀씨앗의 발아 시 건조한 무게의 20%의 아스파라진이 씨앗에 쌓이게 된다.

다른 아미노산들의 대사과정에서 글루탐산이 중요한 것은, 글루탐산은 프롤린과 오르니틴 전구체로 기능하며, 간접적으로 하이드록시프롤린, 사이트룰린, 아르지닌의 전구체가 되기도 한다. 그래서 글루탐산탈수소효소가 다른자리입체성 조절을 받는다는 것을 알게 되면, 이는 크게 놀랄 일이 아니다. 소 간의 효소를 예를 들면, ATP와 NADH에 의해서 방해되고, ADP와 AMP에 의해서 촉매기능이 촉진된다.

3. 아미노산산화효소에 의한 반응

산화성 탈아미노화반응은 플라빈효소인 아미노산산화효소(amino acid oxidase)에 의해서 촉매된다. 단백질에 들어있는 모든 아미노산들이 기질로 작용되고, 효소의 보결원자단으로 FAD를 가지며, 반응은 쉽게 가역적이지 못하다. 크랩(Kreb)은 여러 다른 아미노산들이 NH_3를 만들고, 산소가 소비되는 반응의 촉매를 처음으로 확인하게 되었다. 아미노산의 라세믹 혼합물의 **거울상이성질체(enantiomer)**는 모두 이들 효소에 의해서 기질로 작용되었다. 부분적으로 정제된 D-아미노산산화효소에 의해서 D-이성질체의 산화성 탈아미노화반응이 촉매되었으며, 그 반응은 아래와 같다.

$$\mathrm{R-\underset{\underset{H}{|}}{\overset{\overset{NH_3^+}{|}}{C}}-COO^- + O_2 + H_2O \longrightarrow R-\overset{\overset{O}{\|}}{C}-COO^- + NH_4^+ + H_2O_2} \qquad (10\text{–}4)$$

실제로 위 반응은 다음 두 단계를 거쳐 일어난다. 아미노산의 산화반응으로 해당하는 이미노산이 첫 단계에서 얻어진다.

$$\mathrm{R-\underset{\underset{H}{|}}{\overset{\overset{NH_3^+}{|}}{C}}-COO^- + FAD \rightleftharpoons R-\overset{\overset{NH}{\|}}{C}-COO^- + FADH_2 + H^+} \qquad (10\text{–}5)$$

대신 이미노산은 자발적으로 가수분해된다.

$$\mathrm{R-\overset{\overset{NH}{\|}}{C}-COO^- + H_2O + H^+ \rightleftharpoons R-\overset{\overset{O}{\|}}{C}-COO^- + NH_4^+} \qquad (10\text{–}6)$$

반응에서 환원된 플라빈은 O_2에 의해서 H_2O_2를 생성시키므로 재산화된다.

$$\mathrm{FADH_2 + O_2 = FAD + H_2O_2} \qquad (10\text{–}7)$$

마지막 반응인 산소분자에 의한 $FADH_2$의 산화반응은 가역적이지 못하다. 그래서 5에서 7까지 반응들의 총화가 되는 반응 10-4도 역시 가역적이지 못하다. H_2O_2를 붕괴시키는 불순물이 전혀 없는 잘 정제된 효소는 반응을 더 진행시키게 된다. 반응 10-7에서 얻어진 H_2O_2는 효소의 촉매작용이 없이 케토산과 아래와 같은 반응을 하게 된다.

$$\mathrm{R-\underset{\underset{O}{\|}}{C}-COO^- + H_2O_2 \longrightarrow R-COO^- + CO_2 + H_2O}$$

또한 D-아미노산산화효소도 간세포의 퍼옥시솜에서 발견되고 있으며, D-아미노산은 자연에 희귀하게 존재하며, 그 기능이 아직 분명하지 못한 상태이다.

동물의 조직에는 L-아미노산산화효소가 존재하며, 모든 L-아미노산을 산화시키게 된다. 효소는 간과 신장세포의 조면세포에 단단히 붙어 있다. 특히 박테리아나 곰팡이에 존재하는 L-아미노산산화효소는 많은 아미노산의 산화적 탈아미노화반응을 통하여 아미노산이 NH_3, CO_2, H_2O로 붕괴되는 첫 단계의 촉매로 작용한다. 이들 반응은 가역적이지 못하므로 아미노산의 생합성에는 별의미가 없다.

4. 암모니아분해효소 (ammonia lyase)

또한 비산화적인 탈아미노화과정에는 α-탈아미노화효소 (α-deaminses 또는 amino acid ammonia lyases) 에 의해서 반응이 촉매되기도 한다. 예를 들면, 아스파테이스 (aspartase)는 아래의 반응을 촉매시킨다.

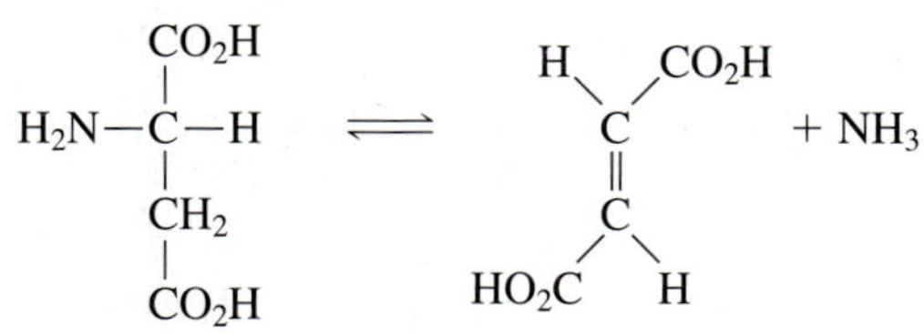

(10–8)

L-아스파트산 퓨말산

이 효소는 L-아스파트산과 퓨말산에 기질 특이성을 가지며, 대장균 등에서 발견되고 있다. 반응이 쉽게 가역적이어서, 이 반응은 글루탐산탈수소효소와 함께 유기체에서 아미노산의 α-위치에 NH_3형태의 무기질소를 유입시키는 반응을 촉매하기도 한다. 동물과 식물조직에서 다른 암모니아분해효소들이 히스티딘, 페닐알라닌, 타이로신의 탈아미노화반응을 촉매하게 된다. 그러나 이들 반응은 반응 10–8에서와는 달리 비가역적이다.

5. 특수 탈아미노화효소 (specific deaminase)

간에서 발견된 세린탈수효소 (serine dehydratase) 에 의해서 다른 형태의 탈아미노화반응이 촉매된다. 이 반응은 L-세린에 특이적이며, NH_3가 상실되고, 나머지 원자들이 재배치되어 피루브산을 만들게 된다.

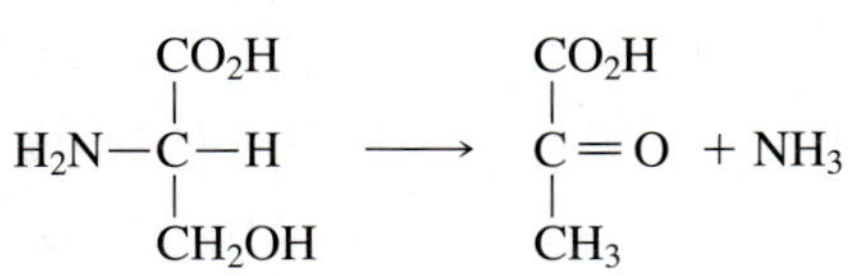

(10–9)

L-세린 피루브산

이 효소는 피리독살인산을 필요로 하며, 반응의 촉매과정에서 아미노아크릴산, 그의 이성질체, 그리고 아미노산이 중간체로 존재하는 것으로 보인다. 실제 중간체는 아미노산과 조효소가 쉬프염기를 만들고 있다. 비슷한 트레오닌탈수효소 (threonine dehydrtase)는 탈아미노화반응을 촉매하여 α-케토글루탈산을 최종 산물로 만들게 된다. 시스테인의 탈아미노화반응에는 시스테인디설퍼하이드레이스 (cysteine desulfhydrase) 의 촉매로 역시 PLP가 필요하다.

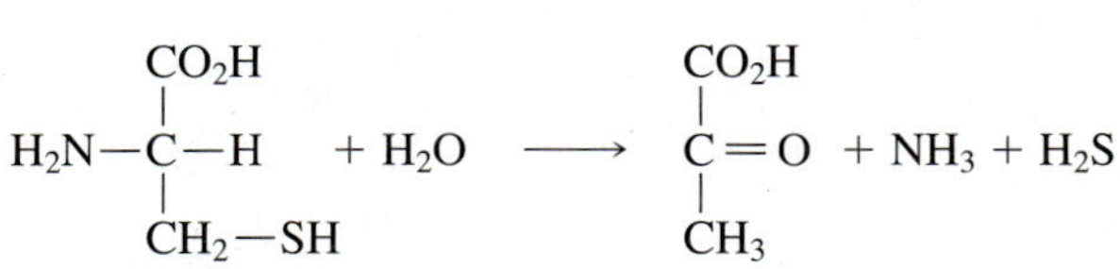

(10–10)

L-시스테인 피루브산

6. 탈아마이드화효소

글루타민과 아스파라진의 아마이드그룹의 질소가 제거되는 반응에는 특수한 가수분해효소인 탈아마이드화효소(deamidases)가 두 아미노산의 아마이드그룹을 가수분해시켜 NH_3를 생성하게 된다.

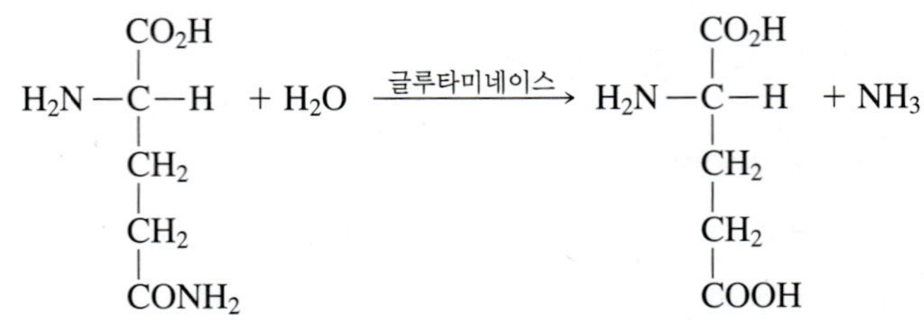

(10-11)

L-글루타민 L-글루탐산

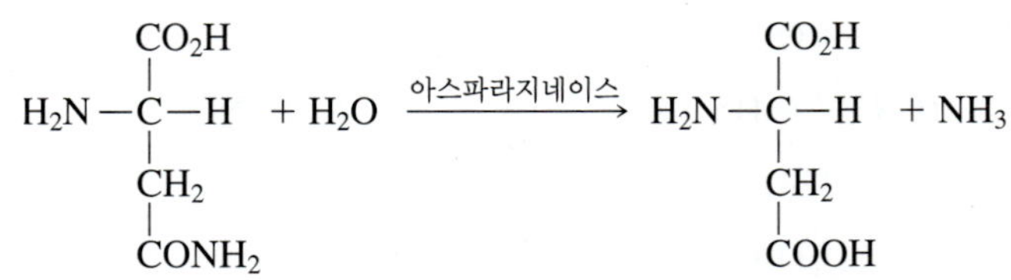

(10-12)

L-아스파라진 L-아스파트산

글루타민은 질소대사과정에서 아미노그룹의 전구체로서의 중요한 역할을 수행한다. 또한 글루타민은 체외로 배설되기 전에 비독성 형태로 암모니아를 이동시키거나 또는 저장하는 데 이용된다. 그래서 유기체는 글루타민을 합성하거나 붕괴시키는 수단을 가지고 있다. 반면에 아스파라진은 생합성반응에서 질소의 공급처로 기능하지 못하는 것으로 알려졌다. 식물에서 아스파라진은 단백질에 유입되는 것을 제외하고는 대사적으로 불활성화된 물질이다.

7. 탈카복실화반응

아미노산의 세 번째 형태의 일반적인 효소촉매반응으로는 아미노산들이 탈카복실화(decarboxylation) 되는 반응들이다.

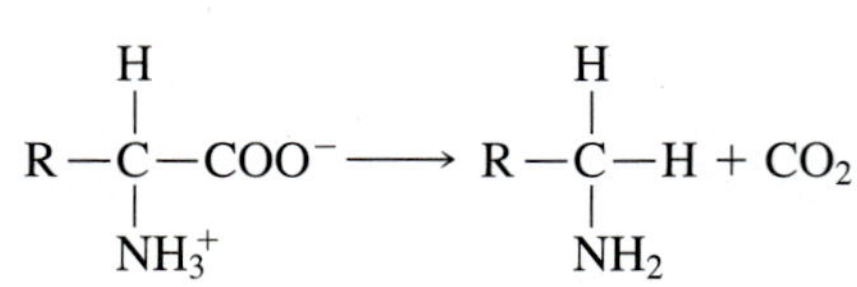

(10-13)

아미노산의 분해반응에 관여되는 탈아미노화, 아미노기이동반응과 비교해서 혐기성 측면의 탈카복실화반응은 중요하다. 이러한 탈카복실화에 의해서 얻어진 몇몇 아민들 중에 중요한 생리적인 영향을 주는 물질들이 있다. 그래서 동물의 조직에서 나타나는 히스티딘탈카복실화효소는 히스타민을 생성하고, 이는 소화기관의 배설을 자극하는 영향을 미치는 물질이다. 촉매되는 반응은 다음과 같다.

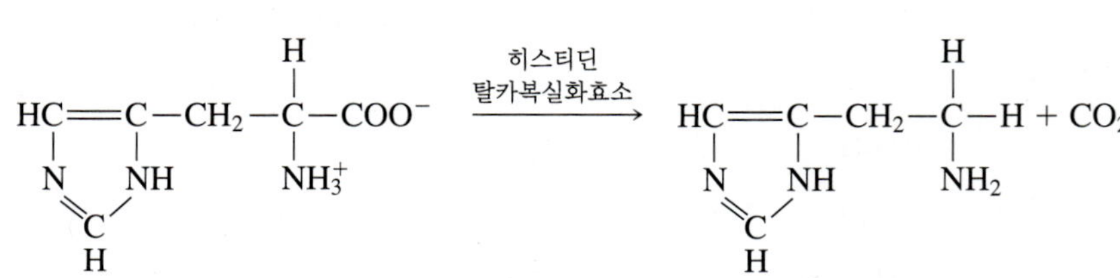

(10-14)

L-히스티딘 히스타민

다른 탈카복실화효소인 3,4-다이하이드록시페닐알라닌의 탈카복실화반응의 촉매로 **도파민** (**dopamine**) 을 생성하게 된다. 대신 이 물질은 사람이 놀랐을 때나 겁이 났을 때 배출되는 아드레날린형성의 중간체로서 혈관수축제로 기능한다. 아드레날린의 배출이 다른 메커니즘의 조절 아래 놓이게 되면 탈카복실화효소는 아민전구체의 형성에 관여하게 된다.

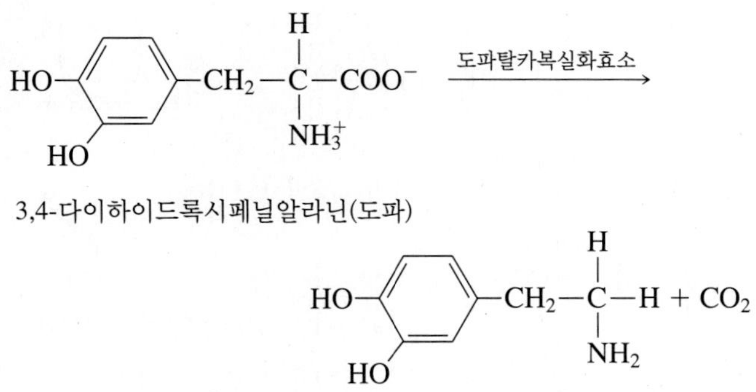

3,4-다이하이드록시페닐알라닌(도파)

3,4-다이하이드록시페닐메틸아민(도파민)

(10-15)

뇌와 신장에 존재하는 특수한 효소인 탈카복실화효소에 의해서 5-하이드록시트립토판의 탈카복실화로 **세로토닌** (**serotonin**) 이 얻어진다. 세로토닌은 혈관수축제로 기능하며, 신경전달물질로 장수말벌, 두꺼비의 독액에 들어있다.

아미노산의 탈카복실화효소에 의해서 얻어진 다른 아민들 중에 γ-아미노뷰틸산이 있다. 이 비단백질성 아미노산은 감자의 줄기 또는 다른 식물에 풍부하며, 글루탐산의 α-카복실그룹이 효소에 의한 탈카복실화로 만들어진다.

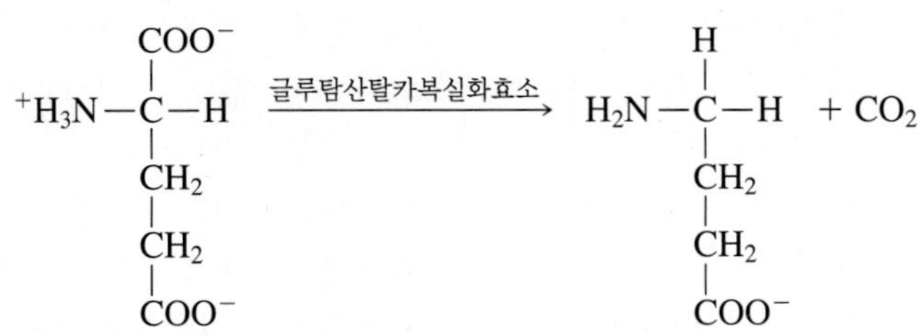

(10-16)

L-글루탐산 γ-아미노 뷰틸산

이 반응으로 동물의 신경중추에 대단히 중요한 화합물인 **γ-아미노뷰틸산** (**GABA**) 이 생성된다. 이 물질은 포유동물의 뇌에서 신경연접부의 전달방해제로 기능하는 것으로 알려지고 있다. α-케토글루탈산은 GABA의 아미노그룹의 이동으로 글루탐산과 석신산세미알데하이드를 만들게 되고, GABA를 TCA회로에 재진입시키는 경로를 제공하게 된다. 이러한 **GABA의 경로** (**shunt**) 로 α-케토글루탈산의 10~20%를 전환시키게 한다.

아미노산탈카복실화효소들은 피리독살인산을 조효소로 필요로 하며, 쉬프염기가 중간체가 되고, 탈카복실화반응의 중요한 반응메커니즘의 일부가 된다. 아미노산탈카복실화효소는 자연에 널리 존재하고, 박테리아의 배양액이 아미노산인 경우에는 효소가 유도되어 생성된다.

10.1.2 피루브산으로 분해되는 아미노산들

알라닌, 시스테인, 글리신 및 트레오닌 등은 분해되어 최종적으로 피루브산이 얻어진다. 알라닌은 아미노그룹이동효소에 의해서 곧바로 피루브산이 된다. 세린은 세린탈수효

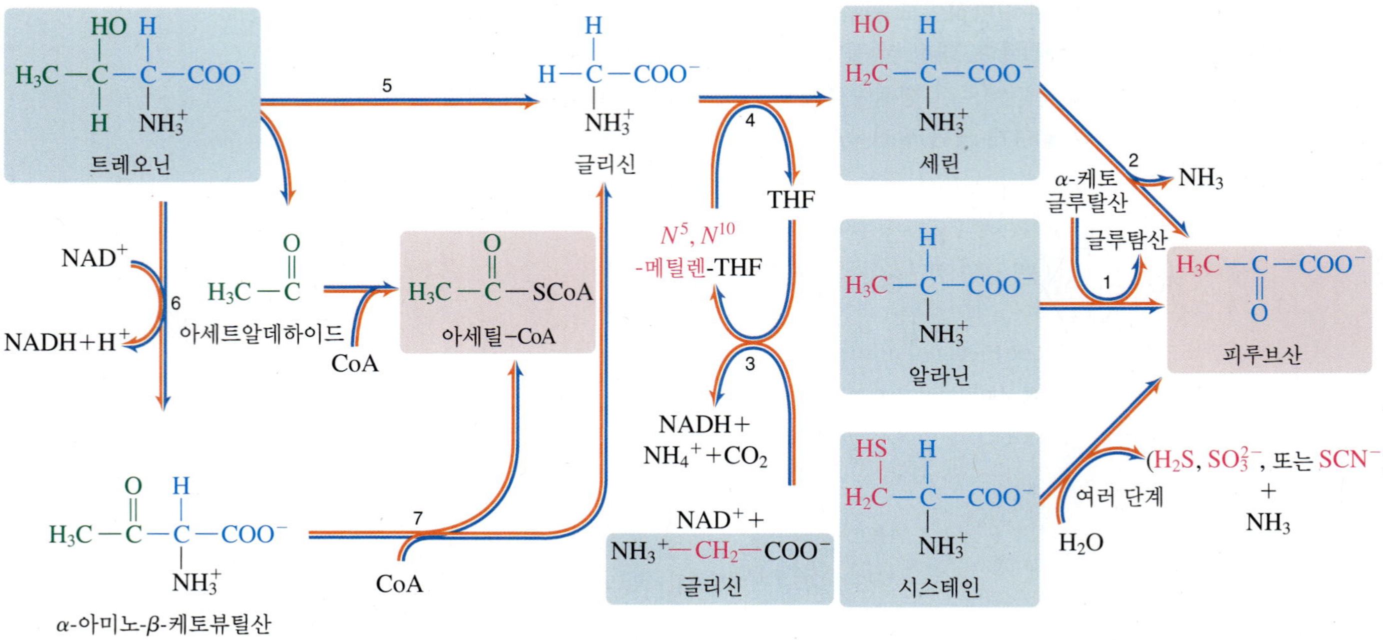

■ 그림 10-3 ■ 피루브산으로 전환되는 아미노산들인 알라닌, 글리신, 세린, 시스테인 및 트레오닌. 관여되는 효소는 1. 알라닌아미노그룹이동효소, 2. 세린탈수소효소, 3. 글리신분해효소 체계, 4. 및 5. 세린하이드록시메틸전달효소, 6. 트레오닐탈수소효소, 7. α-아미노-케토뷰틸산분해효소.

소 (serine dehydratase) 에 의해서 직접 최종산물인 피루브산으로 얻어진다. 이 효소는 피리독살 조효소를 필요로 하며, 아미노그룹의 이동효소 반응메커니즘 (그림 10-2) 에서처럼 쉬프염기를 만들고, 이 단계에서 아미노산의 α-수소를 제거하게 된다. 이때 아미노산의 C_β 하이드록실기의 제거로 분해되며, 물의 α,β-제거가 이루어진다. 탈수반응으로 얻어진 엔아민 (enamine) 인 아미노아크릴산은 효소의 도움 없이 이민 (imine) 으로 토토머화되고, 다음으로 피루브산과 암모니아가 만들어진다 (그림 10-3) .

글리신은 피리독살인산을 보조효소로 사용하는 세린하이드록시메틸전달효소 (serine hydroxymethyl transferase) 에 의해 세린이 되므로 최종적으로는 피루브산으로 얻어진다. 이 효소의 피리독살인산에 의해서 $C\alpha$-C_β 결합의 절단은 피리독살인산의 π-궤도에 수직면의 결합에서 일어난다. 이 배열은 PLP π-궤도체계를 이탈하고 있는 전자쌍을 보유한 결합궤도를 중첩시키도록 한다. 이러한 기하학적인 배열은 높은 에너지를 갖는 궤도의 중첩을 줄이려는 방향으로 절단을 선호하게 된다. 글리신이 세린이 되는 과정은 조효소 N^5N^{10}-메틸렌THF가 관여하는 글리신분해체계의 복합체에 의해서 촉매된다. 세린은 역시 PLP를 조효소로 분해되어 피루브산이 얻어진다 (그림 10-4).

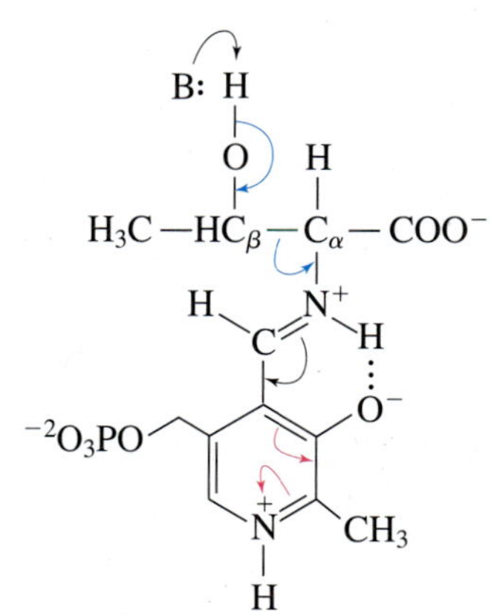

세린-PLP의 중간체

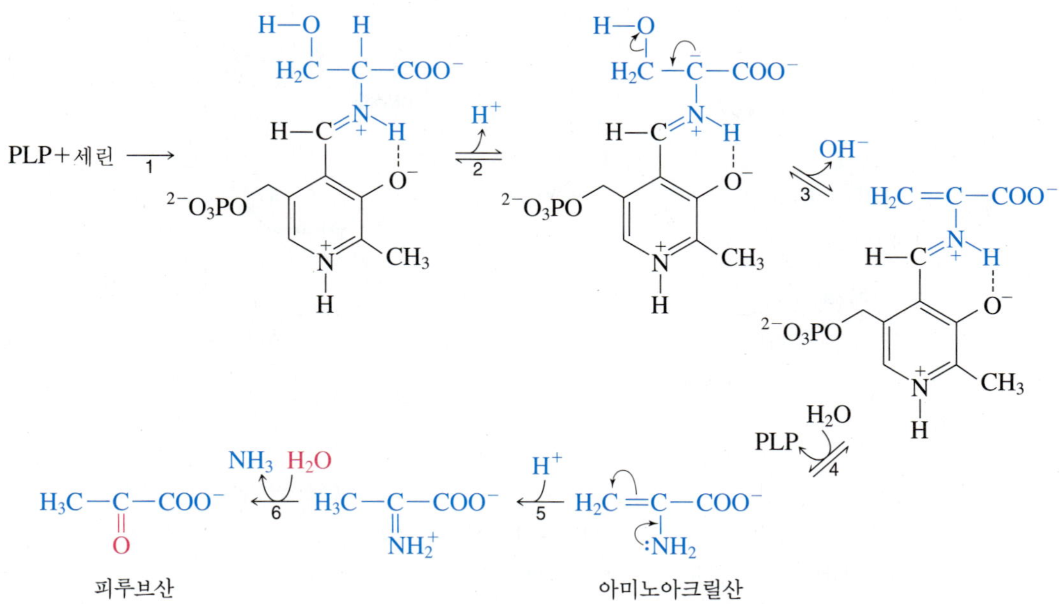

■ 그림 10-4 ■ 세린탈수효소의 반응메커니즘. PLP가 관여되는 탈수반응이다. 관여효소들로는; 1. 세린-PLP-쉬프염기가 생성된다. 2. 세린의 α-수소제거로 카바나이온이 얻어진다. 3. 수산기이온의 β-제거, 4. 쉬프염기의 가수분해로 아미노아크릴산의 생성, 5. 이민형성을 위한 비효과적인 토토머화, 6. 비효소적인 가수분해로 피루브산 생성.

글리신분해의 주요경로를 담당하는 글리신분해체계는 동물조직에서 유전적으로 효소의 생산이 결핍될 때 **비케토성 고혈압(non-ketotic hyperglycenemia)** 의 질병을 얻게 되며, 체액에 많은 글리신의 축적으로 정신장애를 일으키게 된다.

트레오닌의 분해과정에서는 α-아미노-β-케토뷰틸산(α-amino-β-ketobutyrate)이 트레오닌탈수소효소에 의해서 만들어지며, α-아미노-β-케토뷰틸산분해효소(α-amino-β-ketobutyrate lyase)에 의해서 아세틸CoA와 글리신이 만들어진다.

10.1.3 석시닐CoA로 분해되는 아미노산

아이소루신, 메싸이오닌과 발린은 여러 단계의 분해경로를 거쳐 프로피오닐CoA(홀수지방산의 분해산물)가 되며, 마지막으로 석시닐CoA가 얻어진다. 메싸이오닌분해경로는 생체에서 주요 기능 중의 하나인 메틸기를 공여하는 **S-아데노실메싸이오닌(S-adenosyl methionine, SAM)** 과 시스테인합성이 관여되고 있다. SAM은 포스파티딜에탄올아민에서 포스파티딜콜린을 합성할 때 메틸그룹의 공여체로 기능하고 있다.

S-아데노실메싸이오닌은 메틸기를 수용체에 주고 S-아데노실호모시스테인이 되며, 다음에 아데노실기를 잃고 가수분해되어 **호모시스테인(homocystein)** 이 얻어진다. 호모시스테인은 세린과 결합하여 **시스타싸이온(cysthathione)** 이 되고, 시스타싸이온은 최종적으로 시스테인을 만들게 되며, 동시에 α-케토뷰틸산을 만들게 된다. α-케토뷰틸산의 탈카복실화로 프로피오닐CoA가 얻어진다. 프로피오닐CoA는 여러 단계를 거쳐 석시닐CoA가 얻어진다(그림 10-5).

곁사슬을 갖는 아미노산인 아이소루신, 루신 및 발린은 해당되는 α-케토산으로 만들어지고, 아미노기의 교환, 해당되는 아실CoA로 산화적 탈카복실화반응 그리고 이중결합을 형성하기 위한 FAD에 의한 탈수소화반응을 거쳐 최종산물인 석시닐CoA가 얻어진다. 루신은 분해되면 프로피오닐CoA 대신 최종적으로 아세토아세트산을 만들게 된다. 발린은 분해될 때 CO_2를 발생하고 프로피오닐CoA가 얻어진다. 아이소루신은 아세틸CoA와 프

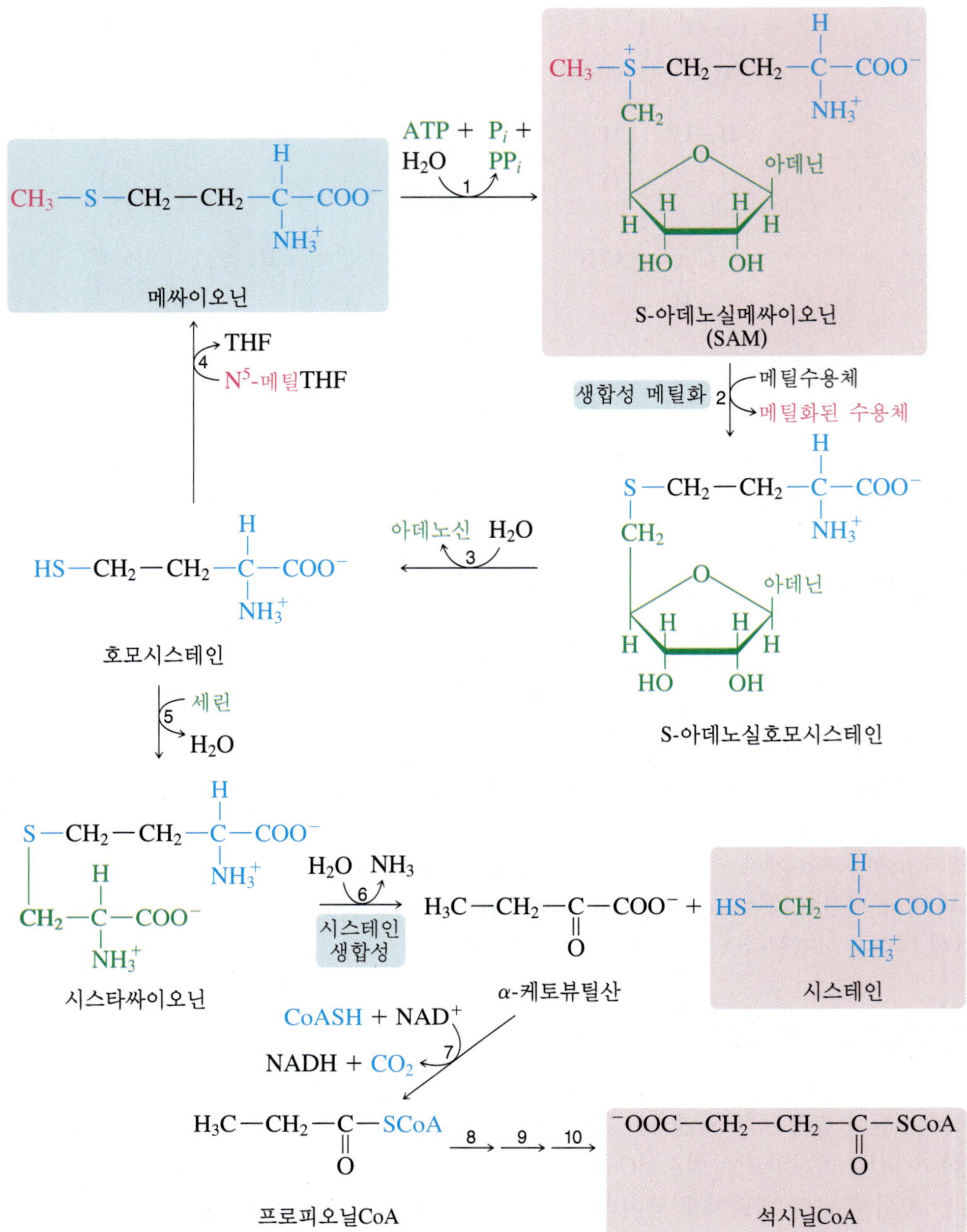

■ 그림 10-5 ■ 메싸이오닌의 분해경로. 메싸이오닌은 최종적으로 석시닐CoA를 얻게 된다. 1. 메싸이오닌아데노실전달효소는 S-아데노실메싸이오닌(SAM)을 생성한다. 2. 메틸전달효소에 의해서 S-아데노실호모시스테인 합성, 3. 아데노실호모시스테인이동효소, 5. 세린과 함께 시스타싸이온을 형성(PLP의존 반응), 6. 시스타싸이오닌-γ-분해효소, 7. α-케토산탈수소효소에 의한 프로피오닐CoA의 합성.

로피오닐CoA를 거쳐 석시닐CoA로 얻어진다(그림 10-6).

결사슬 α-케토산탈수소효소(branched chain α-keto acid dehydrognase)의 유전적인 결함은 연속적으로 얻어지는 α-케토산 때문에 단풍나무시럽의 냄새를 갖는 소변을 보게 되므로 단풍나무시럽소변병의 원인이 된다.

10.1.4 아세틸CoA 및 아세토아세트산으로 분해되는 아미노산

라이신은 위의 아이소루신 및 발린과 비슷한 방법으로 분해되고, β-크로토닐CoA(β-crotonyl CoA)가 얻어지지만, 케톤체인 아세틸CoA와 아세토아세트산으로 전환된다. 라이

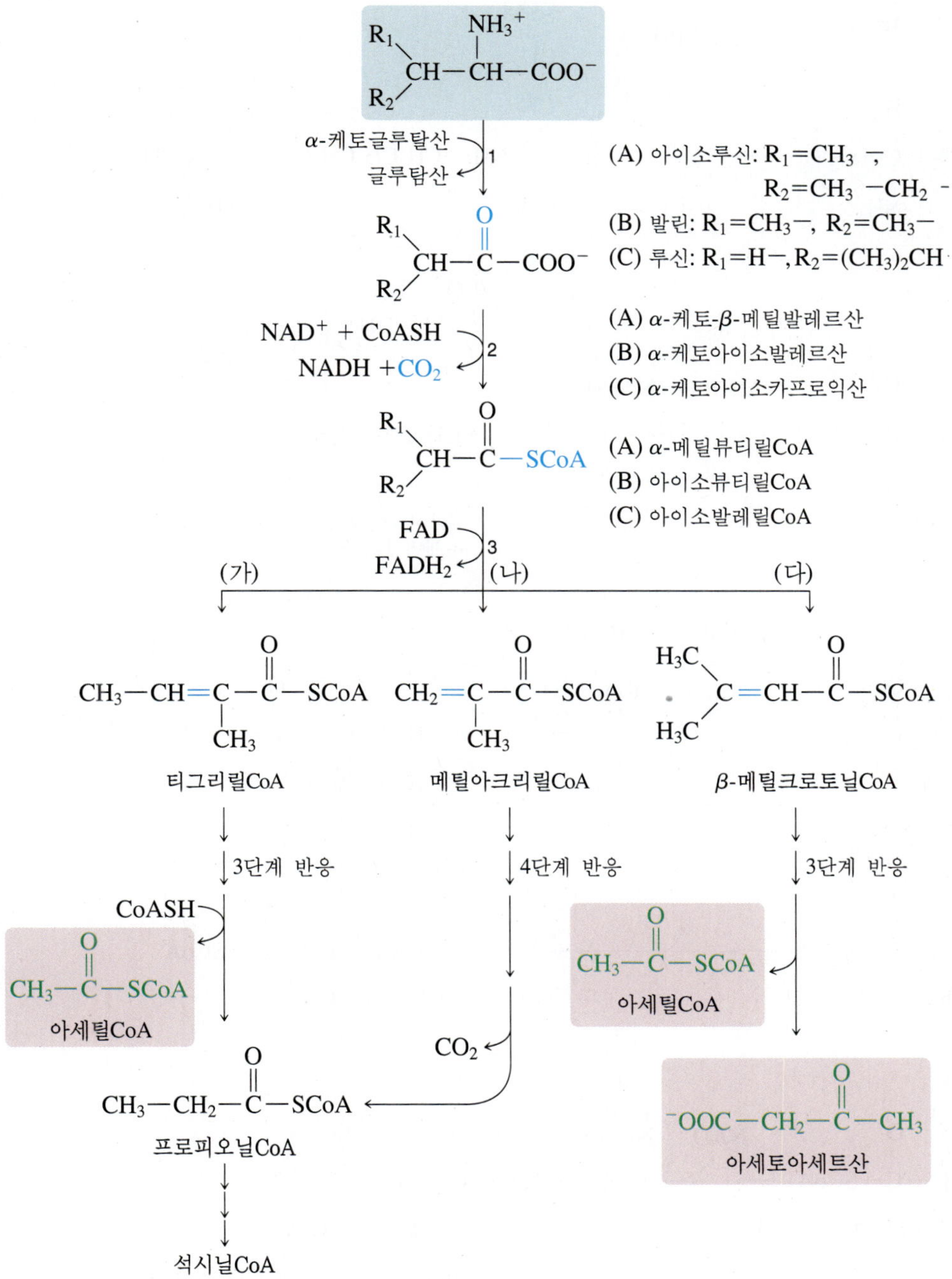

그림 10-6 곁사슬을 갖는 아미노산의 분해. 아이소루신, 발린, 루신은 처음 3단계 반응이 같은 경로에 따라 수행 1. 아미노그룹이동효소에 의해서 아미노그룹의 제거, 2. 곁사슬 α-케토산탈수소효소, 3. 아실CoA탈수소효소, 발린의 분해는 최종산물이 석시닐CoA가 된다.

신의 분해는 동물의 간에서 일어나며, **사카로핀(saccharopine)**이 얻어지고, 아세토아세트산과 두 분자의 CO_2가 얻어진다(그림 10-7). 이 분해반응을 잘 살펴보면 11개의 반응 중에 7개의 반응이 이미 여러 곳에서 인용한 반응들이다.

사카로핀경로를 통한 라이신의 분해는 일반적으로 동물에서 진행되는 아미노산분해대사이다. 특히 라이신에서 사카로핀으로 진행되는 반응의 효소가 유전적으로 결핍된 경우에 혈액과 소변에서 라이신의 함량이 많아져서 **과다라이신혈증(hyperlysinemia)**과 **과다라이신뇨증(hyperlysinuria)**에 걸리게 된다. 증세는 정신적 그리고 육체적인 장애로 나타난다.

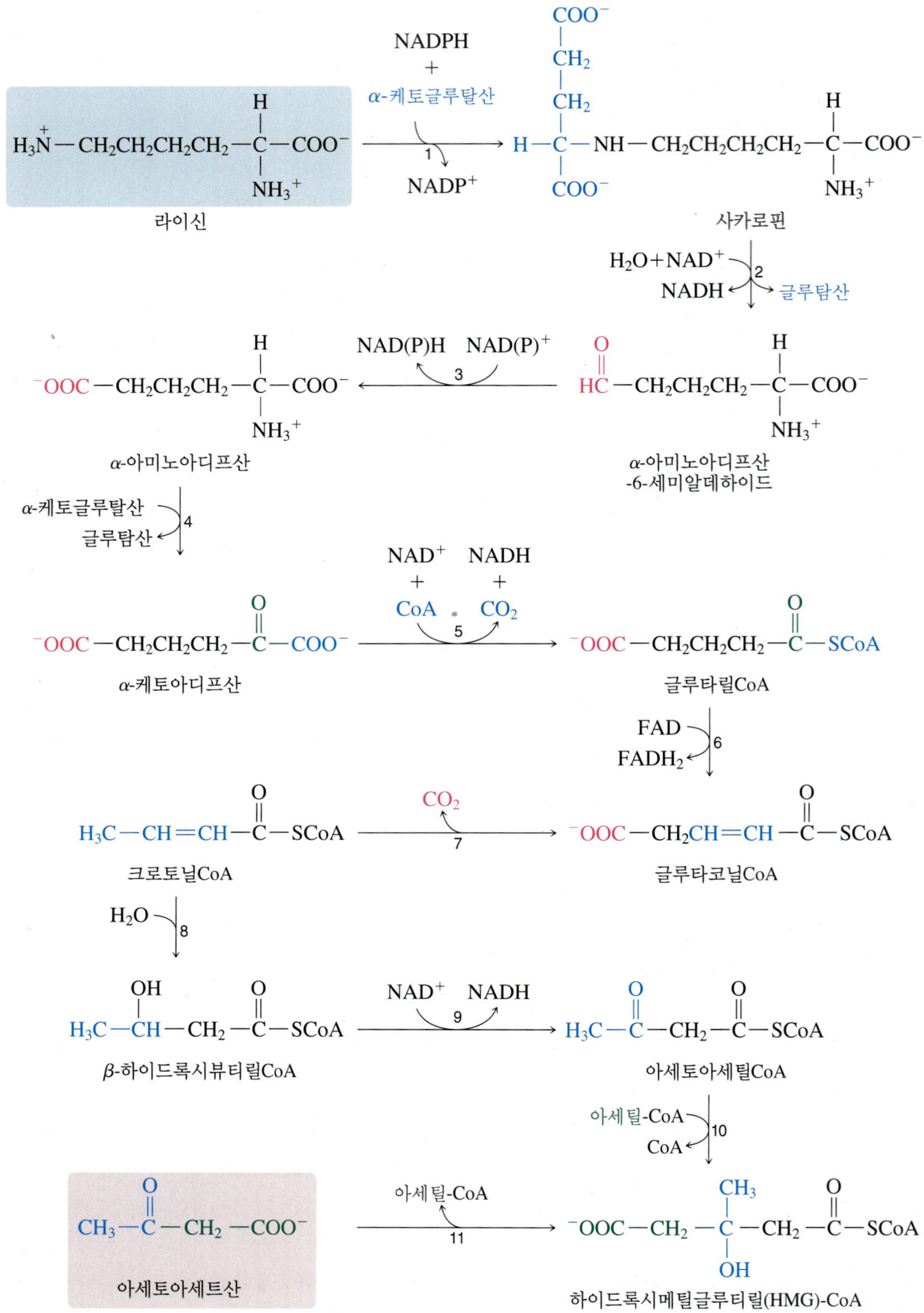

그림 10-7 라이신의 분해(동물의 간). 분해경로의 효소들은 1. 사카로핀탈수소효소($NADP^+$, 라이신생성), 2. 사카로핀탈수소효소(NAD^+글루탐산생성), 3. 아미노아디프산세미알데히이드 탈수소효소, 4. PLP의존 아미노그룹이동효소, 5. α-케토산탈수소효소, 6. 글루타릴CoA탈수소효소, 7. 탈카복실화효소, 8. 엔오일 CoA가수화효소, 9. β-하이드록시아실CoA 탈수소효소, 10. HMG-CoA생성효소, 11. HMG-CoA분해효소.

10.1.5 옥살아세트산으로 분해되는 아미노산

아스파트산과 아스파라진은 분해되어 옥살아세트산이 얻어진다. 아스파트산은 아미노그룹이동효소(amino transferase)에 의해서 아미노기를 아미노산, 특히 글루타민에 주고 옥살아세트산이 만들어진다.

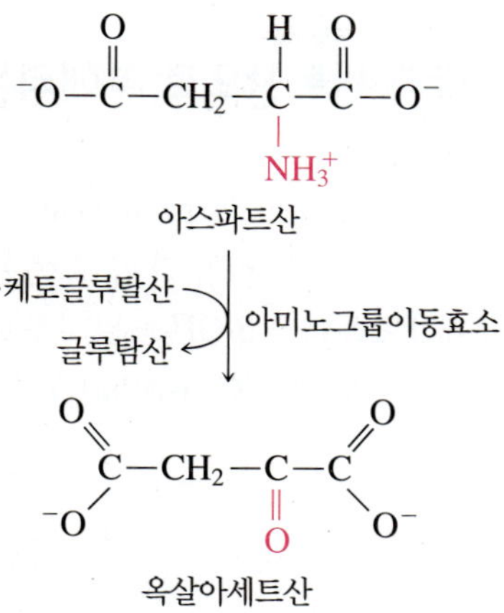

아스파라진은 효소 L-아스파라지네이스(L-asparaginase)에 의해서 아스파트산으로 가수분해되고, 다음으로 옥살아세트산이 만들어진다.

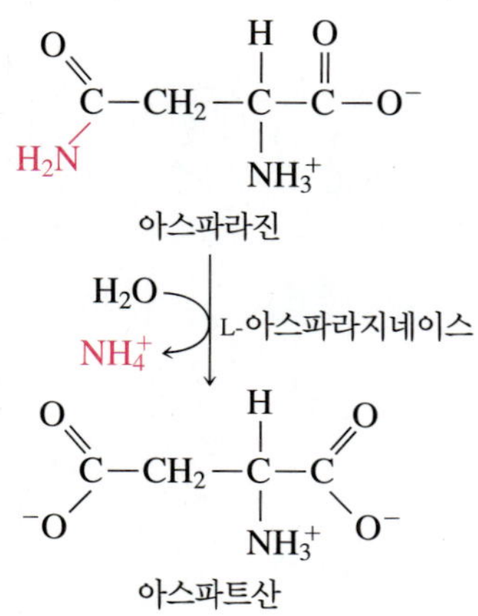

급성림프성백혈병(acute lymphoblastic leukemia)에 걸린 환자는 혈액에 아스파라진을 충분히 가져야 하기 때문에 L-아스파라지네이스를 혈액에 주입하게 되며, 암세포를 파괴시키는 치료법으로 이용되고 있다.

10.1.6 α-케토글루탈산으로 분해되는 아미노산

아르지닌, 글루탐산, 글루타민, 히스티딘과 프롤린들은 분해되어 글루탐산이 되며, 다음에 글루탐산탈수소효소(glutamate dehydrogenase)의 촉매로 α-케토글루탈산으로 산화된다. 먼저 글루타미네이스(glutaminase)는 글루타민을 글루탐산으로 바꾸게 된다. 글루타민이 합성되는 간과 글루타미네이스에 의해서 가수분해되는 신장 사이에서 글루타민은 암모니아 전달체로 작용한다. 신장에서 글루타미네이스에 의해서 만들어진 암모니아는 양성자와 결합하여 $NH_4{}^+$을 만들고, 곧바로 배설된다. 대사적인 산혈증이 있는 사람의 신장에서 암모니아는 카복실인산과 반응하므로 글루타미네이스는 독성이 있는 암모니아와 여분의 산을 제거하는 기능을 하게 된다.

히스티딘은 비산화적으로 탈아미노화되고, 물이 첨가되어 히스티딘의 이미다졸고리가 N-포름이미노글루탐산(N-formimino-glutamate)이 되도록 절단된다. 이때 포름이미노 그룹은 N^5-포름이미노-THF(N^5-formimino-tetrahydrofolate)를 만드는 THF에 전달하게 된다. 아르지닌과 프롤린 모두 글루탐산-5-세미알데하이드(glutamate-5-semialdehyde)의 중간체를 통하여 글루탐산이 된다(그림 10-8).

10.1.7 퓨말산 및 아세토아세트산으로 분해되는 아미노산

페닐알라닌은 페닐알라닌하이드록실화효소(phenylalanyl hydroxylase)에 의해서 타이로신을 만들게 된다. 이렇게 해서 얻어진 타이로신은 아미노그룹의 전달효소(aminotransferase)에 의해서 탈아미노화되어 β-OH-페닐피루브산이 얻어진다. 다음 생성물로 호모젠티스산(homogentisate)은 **바이타민C (ascobate)**가 탈수소반응의 수소수용체로

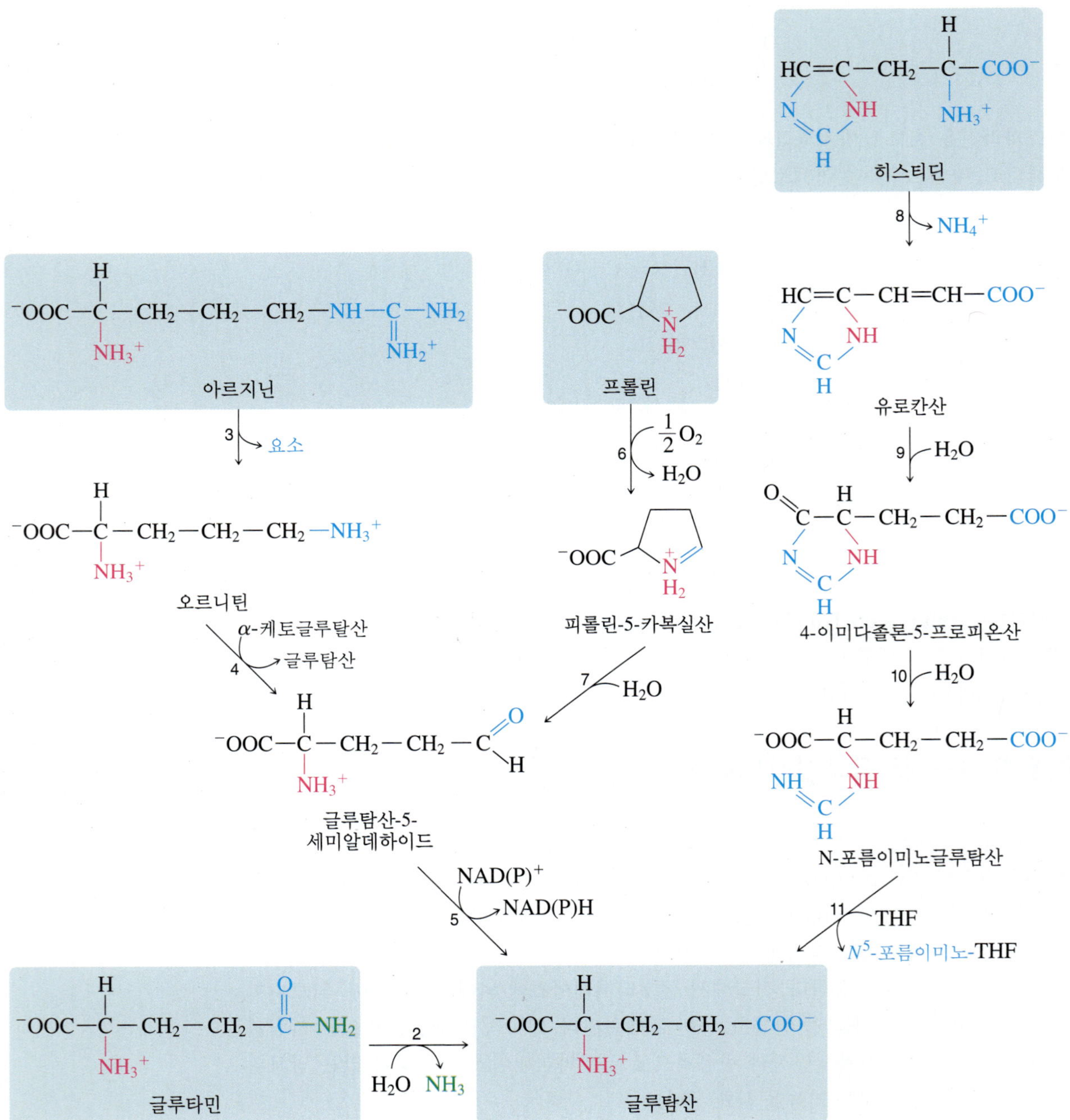

■■ 그림 10-8 ■■ 아르지닌, 글루타민, 글루탐산, 히스티딘 및 프롤린의 분해. 분해반응에 관여되는 효소는 1. 글루탐산탈수소효소, 2. 글루타미네이스, 3. 아르지네이스, 4. 오르니틴-δ-아미노그룹이동효소, 5. 글루탐산5-세미알데하이드탈수소효소, 6. 프롤린산화효소, 7. 분해(비효소적) 8. 히스티딘-암모니아분해효소, 9. 유로칸산가수화효소, 10. 이미다졸론프로피오네이스, 11. 글루탐산포름이미노이동효.

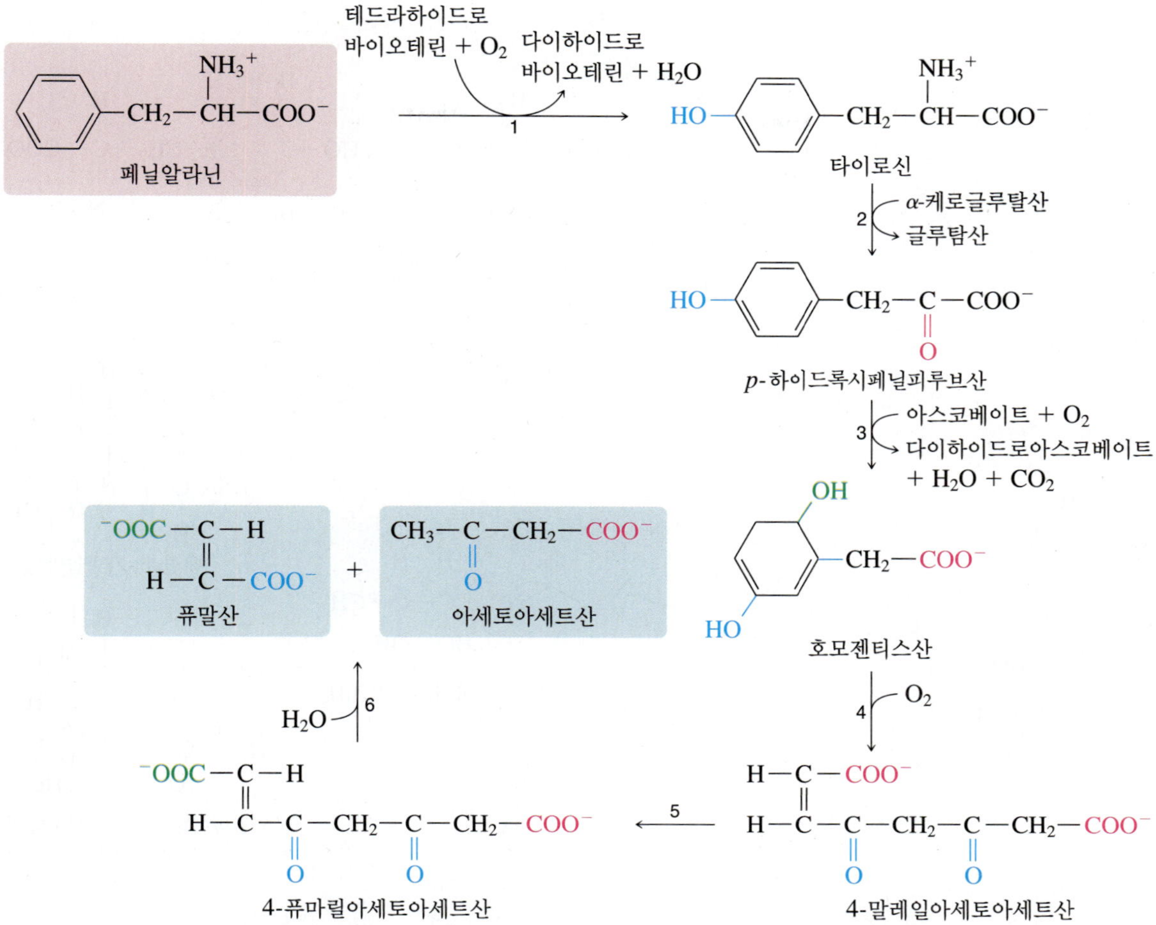

■ 그림 10-9 ■ 페닐알라닌의 분해- 반응에 관여되는 효소들은. 1. 페닐알라닌하이드록실화효소, 2. 아미노그룹이동효소, 3. *p*-하이드록시페닐피루브산탈수소효소, 4. 호모젠티스산 탈수소효소, 5. 말레일아세토아세트산이성화효소, 6. 퓨마릴아세토아세테이스.

기능한다. 호모젠티스산의 벤젠고리가 탈수소효소에 의해서 파괴되어, 4-말레일아세토아세트산, 다음으로 4-퓨마릴아세토아세트산으로 이성화반응을 거쳐 퓨말산과 아세토아세트산의 최종생성물이 얻어진다(그림 10-9).

페닐알라닌하이드록실화효소는 **바이오테린 (biopterin)** 을 보조효소로 사용하며, 5,6,7,8-테트라하이드로바이오테린 (BH_4) 은 테린-4a-카비놀아민으로 하이드록실화되며, 테린-4a-카비놀아민은 테린-4a-카비놀아민탈수소효소 (pterin-4a-carbinolamin dehydratase) 에 의해서 7,8-다이하이드로바이오테린으로 전환된다(그림 10-10).

10.1.8 알라닌 및 아세토아세트산으로 분해되는 아미노산

트립토판은 트립토판 2,3-탈수소효소에 의해서 인돌의 고리가 끊어지고, N-포밀키뉴레닌이 만들어진다. 포름아미데이스는 포밀그룹을 제거하여 키뉴레닌을 얻게 된다. 키뉴레닌은 키뉴레닌-3-인산화효소에 의해서 3-OH키뉴렌닌을 만든다. 다음 가수분해되어 알라닌과 3-OH-안트라닐산이 얻어진다. 여러 단계의 반응을 거쳐 α-케토아디프산 그리고 2개의 탄소를 제거하는 7번의 반응으로 아세토아세트산이 얻어진다(그림 10-11). 가수분해 반응은 키뉴레니에이스(kynureninase) 는 PLP를 보조효소로 필요하며, 아닐린을 제거하기 위하여 $C\alpha$-$C\gamma$결합의 절단을 촉매한다.

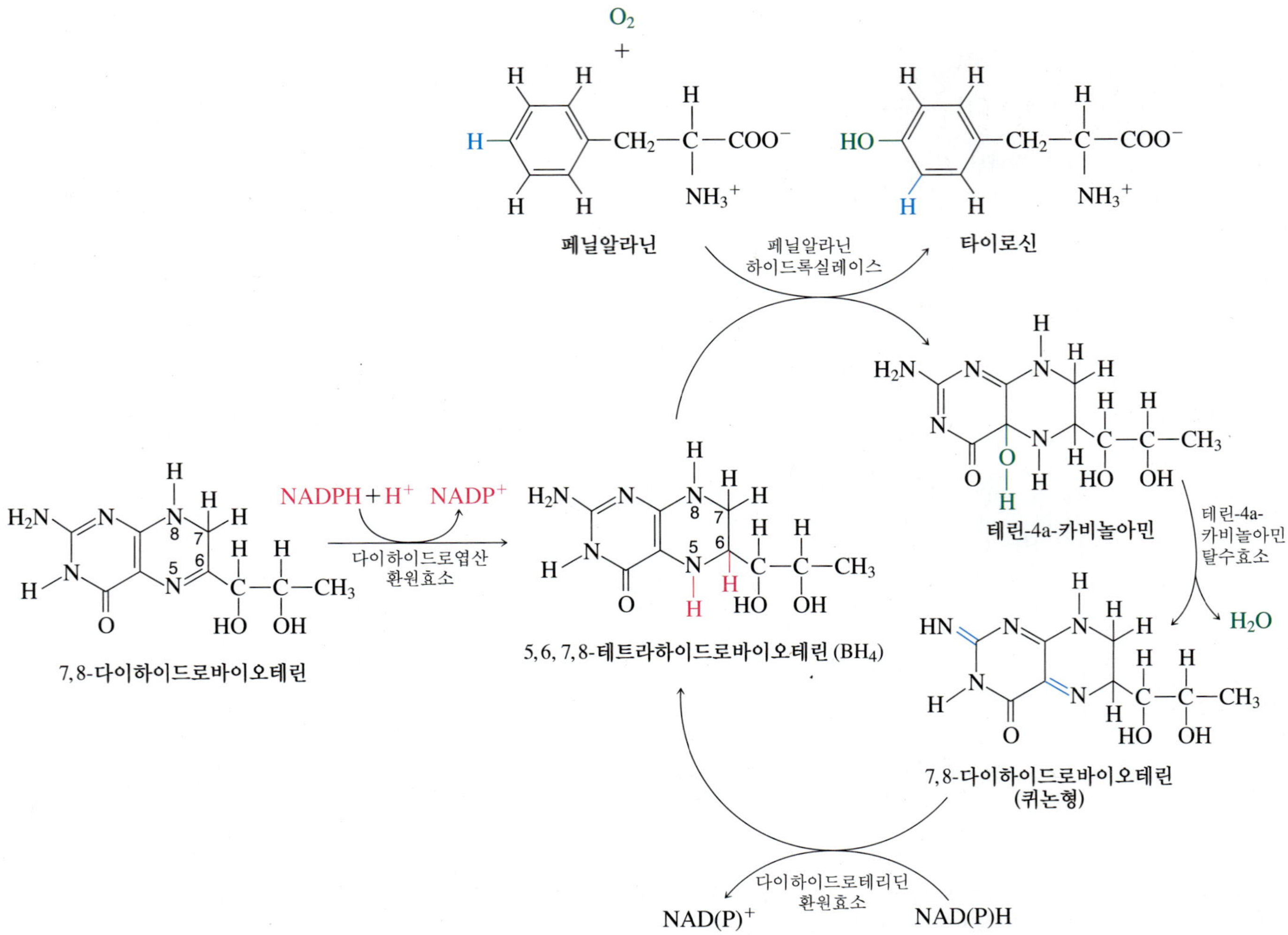

■ **그림 10-10** ■ 페닐알라닌에서 타이로신으로 변환. 페닐알라닌하이드록실화효소의 반응에서 5,6,7,8-테트라하이드로바이오테린(BH_4)의 재생회로.

10.2 요소회로

10.2.1 요소회로반응

유기질소화합물의 합성에 소요되고 남는 여분의 암모니아는 동물에서 다른 방법으로 배출시키게 된다. 포유류는 NH_3의 질소원자를 요소로 변환시켜 소변으로 배출한다. 이때 요소합성을 완성시키는 반응의 회로는 한 가지 반응만을 예외로 하고 모두 아르지닌 생합성경로를 선택하게 된다.

크렙스(Hans Krebs) 경과 헨스라이트(K. Hensleit)는 처음으로 쥐의 간세포에서 CO_2와 NH_3로부터 요소의 생성을 관찰하였다. 이 반응에서 젖산과 글루코스 같은 산화될 수 있는 물질이 요구되는 것은 NH_3와 CO_2로부터 요소가 만들어지려면 에너지가 필요하기 때문이다.

한편 아르지네이스(arginase)는 아르지닌의 가수분해로 요소와 **오르니틴(ornithine)**을

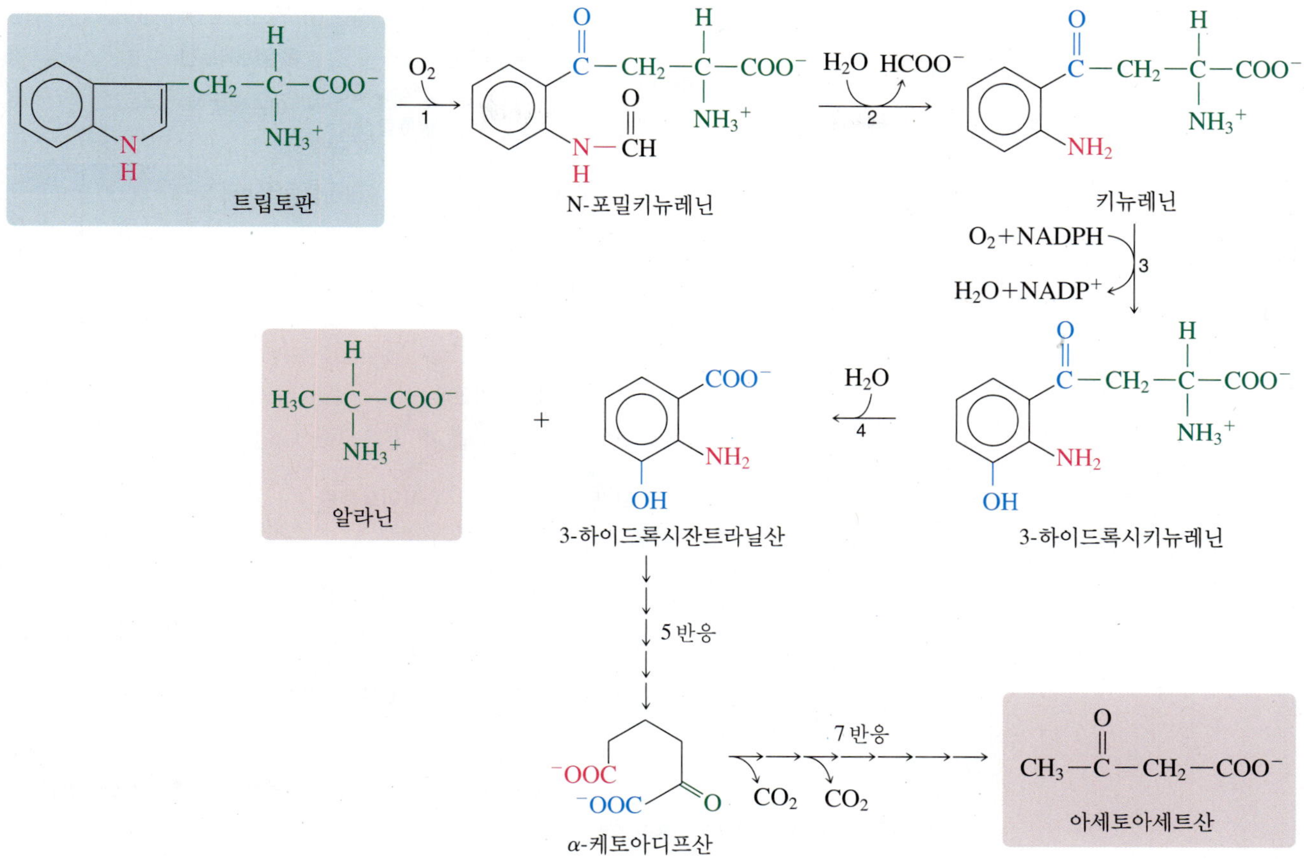

그림 10-11 트립토판의 분해경로. 관여되는 효소 1. 트립토판 2,3-탈수소효소, 2. 포름아미데이스, 3. 키누레닌-3-일산소화효소, 4. 키누레니네이스, 5. 3-하이드록시안트라닐산은 α-케토산으로 되고, 다음 7개의 반응으로 아세틸CoA와 아세토아세트산이 얻어진다.

만드는 반응을 촉매하므로, 아르지닌이 관련되는 반응임을 밝혀내게 되었다. 크렙스는 촉매하는 정도의 아르지닌, 오르니틴 및 **사이트룰린 (citrulline)** 들이 암모니아로부터 상당량의 요소의 생성을 촉진시킴을 관찰하고, 이들의 정확한 상호관계에 관심을 갖게 되었다. 이를 **요소회로 (urea cycle)** 또는 오르니틴회로라 한다 (그림 10-12). 요소회로에는 4개의 효소촉매반응이 포함되고 있으며, 2개는 마이토콘드리아에서, 나머지 2개는 세포질에서 일어난다. 여기서 오르니틴과 사이트룰린은 단백질에 포함되지 못하는 α-아미노산들이다.

초기 단계에서 오르니틴트랜스카바모일레이스 (ornithine transcarbamoylase) 에 의해서 카바모일인산 (carbamyl phosphate) 을 오르니틴에 전달하는 반응으로 사이트룰린을 만들게 된다.

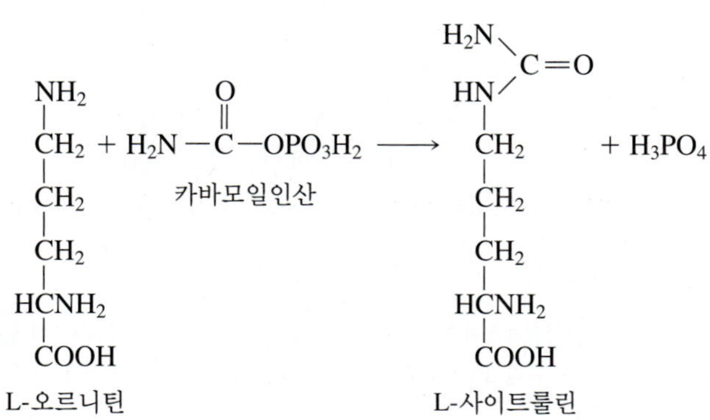

(10-17)

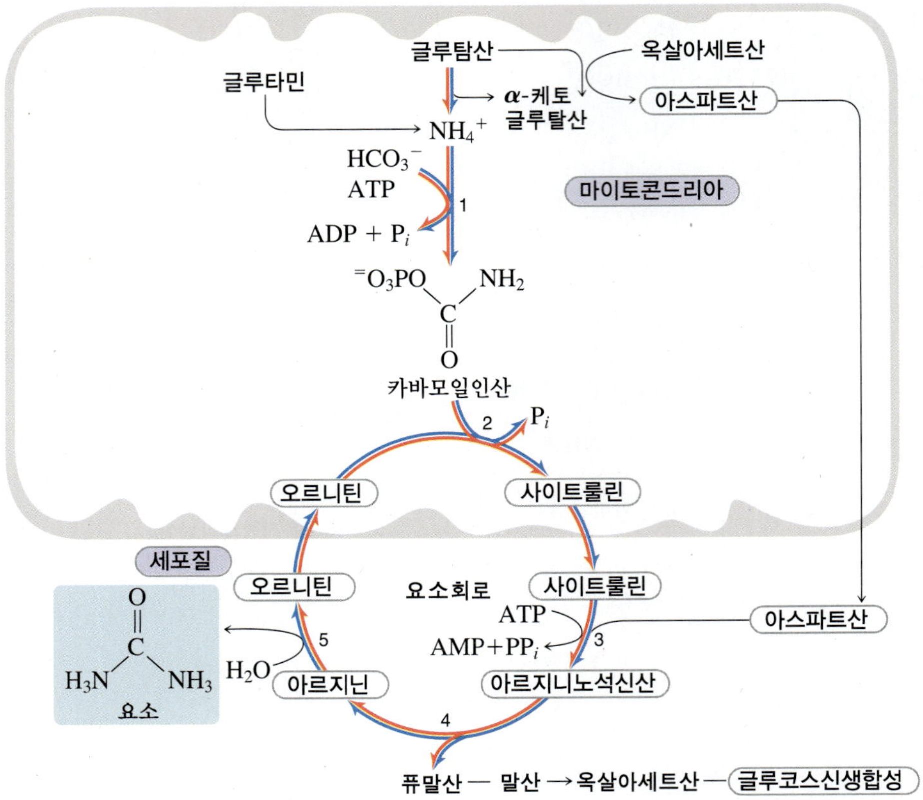

■ 그림 10-12 ■ 요소회로(urea cycle)

카바모일인산의 합성은 실제 요소회로의 구성단위는 아니다. 카바모일합성효소는 암모니아와 탄산이온의 축합과 활성으로 카바모일인산의 합성을 촉매한다. 이 과정에서 2개의 ATP분해를 수반하게 되며, 요소회로에 2개 질소함유기질에서 첫째 질소화합물의 생성이 이루어진다.(그림 10-13). 회로의 다음 단계는 사이트룰린으로부터 아르지닌의 생성으로 레트너(Sara H. Ratner)가 두 효소가 관여됨을 처음 밝혀내게 되었다. 그중 첫 번째 효소가 아르지니노석신산합성효소(agininosuuccinic synthetase)로 사이트룰린과 아스파트산으로부터 아르지니노석신산을 만드는 반응이다. 에놀릭형의 사이트룰린이 아스파트산과 반응하여 아르지니노석신산을 만드는 반응은 다음과 같다.

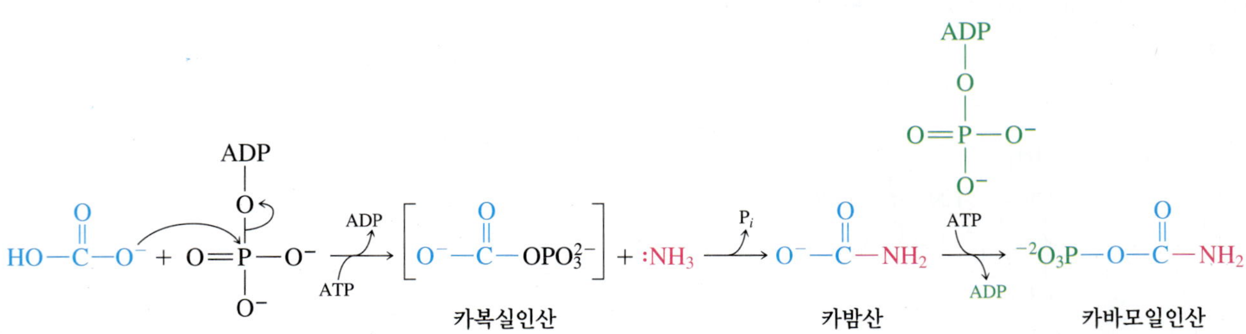

■ 그림 10-13 ■ 카바모일인산합성효소의 메커니즘. 인산화를 통하여 탄산이온(HCO_3^-)을 활성화시키기 위하여 중간체 카복실인산이 얻어진다 암모니아와 카복실인산으로부터 카밤산을 얻게 된다. ATP는 카밤산을 인산화시켜 카바모일인산을 만들게 된다.

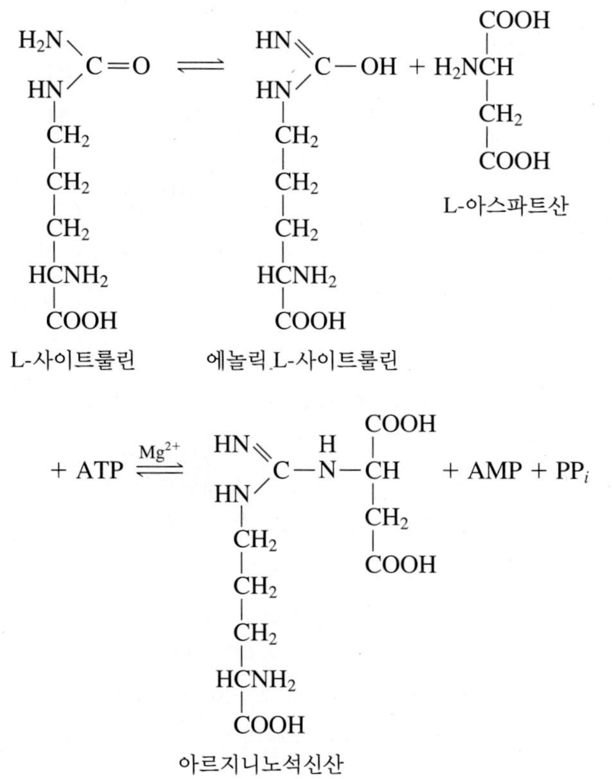

L-사이트룰린 에놀릭 L-사이트룰린 L-아스파트산 아르지니노석신산

(10-18)

아르지니노석신산합성효소는 ATP와 Mg^{2+}이 필요하며, 사이트룰린의 유레이도기는 아스파트산의 아미노기와 축합되어 아르지니노석신산이 얻어진다. ATP는 중간체를 만듦으로써 유레이도 산소원자를 활성화시킨다. 요소에 있는 두 질소원자 중 한 개는 아스파트산으로부터 유래되고, 다른 하나는 카바모일인산에서 오게 되며, NH_3에서 오지 않는다. 반응 10-19는 이전의 아스파트산암모니아분해효소(aspartic ammonia lyase)와 동일하며, 아르지니노석시네이스에 의해서 아르지닌이 이탈하여 퓨말산이 얻어진다. 이때 퓨말산을 만들기 위하여 NH_3 또는 치환된 아민이 제거된다.

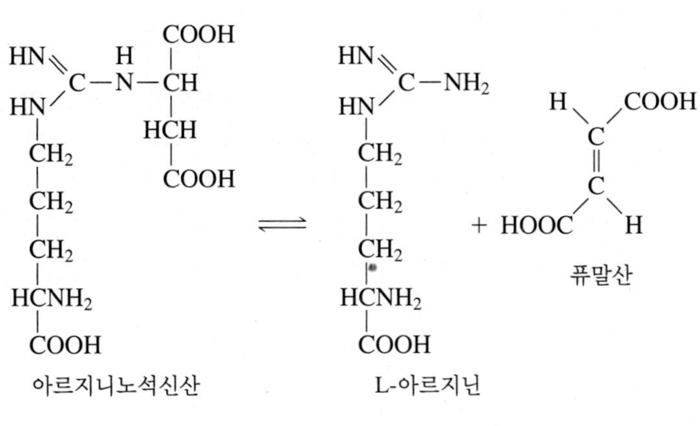

아르지니노석신산 L-아르지닌 퓨말산

(10-19)

퓨말산은 퓨마레이스와 말산탈수소효소의 작용으로 옥살아세트산이 되며, 이는 포도당신생합성에 이용된다.

아르지네이스는 L-아르지닌의 비가역적인 가수분해로 오르니틴과 요소를 만드는 반응의 효소로, 아르지닌의 가수분해로부터 요소를 생합성하기 위하여 회로성 과정을 한 방향으로 전환시키는 효소이다. 이때 오르니틴은 다른 회로를 위하여 마이토콘드리아로 되돌아간다.

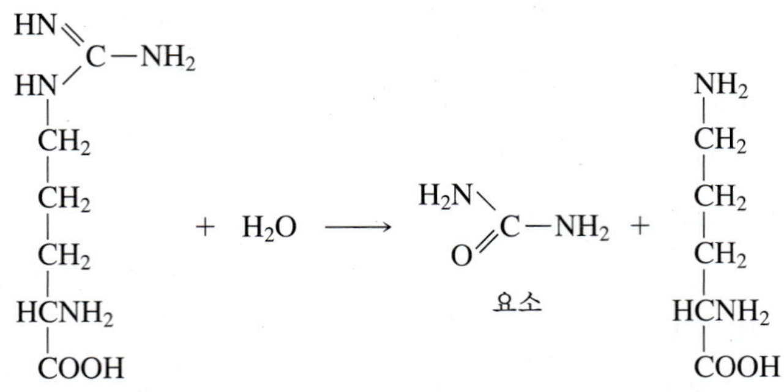

(10-20)

그래서 반응 10-17, 10-19는 널리 존재하는 아미노산인 아르지닌을 오르니틴, 암모니아, 그리고 물로부터 생성하도록 해 주고 있다. 아르지닌은 간을 제외하고 대부분의 포유류에서 폐기되는 아미노산으로는 그 합성의 속도가 대단히 느리다.

요소를 만드는 것을 가능하게 하는 아르지네이스의 활성은 아르지닌 생합성을 위한 다른 효소들과 함께 배설되는 동물의 간에서 발견되고 있다. 요소회로(그림 10-12)는 요소가 NH_3와 CO_2 그리고 아스파트산의 아미노그룹으로 부터 형성됨을 보여주고 있다. 카바모일인산과 아르지니노석신산의 형성과정에서, ATP의 참여에 의하여 산화성 기질의 필요성을 크렙스는 설명하고 있다. 이렇게 해서 요소회로를 통하여 두 개의 질소(암모니아와 아스파트산) 원자와 한 개의 탄소(탄산이온) 원자가 높은 에너지를 소모하면서 비교적 독성이 적은 요소로 체내에서 배출된다.

동물의 세계에서 공통적인 세 가지의 질소배출화합물은 NH_3, 요소와 요산들이다. 유기체가 이들 중 하나를 선택하게 되는 것은 부분적으로 화합물의 성질과 밀접하게 관계가 있다. NH_3는 독성이 매우 강하지만 물에 잘 녹는다. 그러나 요소는 독성이 훨씬 적지만 물에는 잘 녹는다. 요산은 불용성이고, 상당히 비독성이다. 질소를 어떤 형태로 유기체가 배설하는가는 주로 그 생성유기체가 물에 얼마나 접근성이 큰가에 따라 결정된다는 사실에 상당한 근거를 두고 있다.

10.2.2 요소회로의 조절

요소회로의 조절은 카바모일인산을 합성하는 반응의 효소인 카바모일인산합성효소를 N-아세틸글루탐산이 다른자리입체성으로 활성화시킨다. N-아세틸글루탐산은 글루탐산과 아세틸CoA로부터 합성된다. 이 N-아세틸글루탐산의 합성은 아미노산분해가 왕성하게 되면 증가하게 된다. 한편 증가된 글루탐산이 N-아세틸글루탐산의 합성을 증가시킨다. 아미노산의 용해로 얻어지는 여분의 질소는 카바모일인산합성효소의 활성화로 효과적인 분비가 촉진된다.

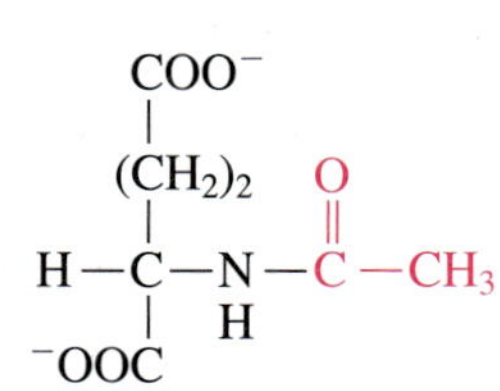

N-아세틸글루탐산

요소회로에 관여되는 효소들은 기질의 농도에 의해서 조절된다. 요소회로가 유전적으로 손상된 동물에서는 그에 상응하는 기질이 만들어지게 됨으로써 질소공급원의 배출을 가능하게 할 수 있다. 그러나 만약 요소회로 전체가 손상된 개체에서는 심각한 문제가 발생한다. 기질농도의 증가로 회로를 암모니아로 되돌리려는 모든 방법이 가동되어 고암모니아증을 유발할 수 있다. 특히 두뇌는 고농도의 암모니아에서 민감하며, 혼수상태 또는 정신지체를 유발하게 된다.

10.2.3 질소고정

질소원자는 생체를 구성하는 가장 중요한 원소로 세포의 구성체 중에서 단백질, 아미노산, 핵산, 포피린, 알카로이드 및 바이타민들에 포함된다. 낮은 온도와 압력에서 생물학적으로 질소의 고정은 모두 효소의 힘으로 가능하게 된다. 주로 생물학적인 질소고정은 고등식물에 공생하는 박테리아나 독립적으로 생존하는 비공생미생물에 의해서 이루어진다. 질소가스는 극도로 안정한 물질로, 질소의 고정은 다이아조트롭이라 부르는 세균에 의해서 대사적으로 유용한 형태로 변환이 가능하다.

유기체가 탄수화물이나 지질을 사용할 수 있는 한 단백질 (아미노산) 은 에너지대사를 위하여 파괴되지 않는다. 그 대신, 아미노산이 생체에서 사용되는 경우로는 펩타이드나 단백질의 합성에 사용되거나, 다른 아미노산의 합성을 위하여 아미노기이동을 통하여 질소원자의 공급원으로 사용된다. 또한 다른 질소함유 또는 비질소화합물의 합성에 사용된다. 이러한 세 가지의 용도로, 필요 이상의 아미노산은 탈아미노화과정을 통하여 붕괴되고, 또 탄소골격은 대사된다. 그리고 얻어진 NH_3가 많아지면 질소폐기물로 제거된다. 만약 질소화합물이 더 많아지게 되면 새로운 질소화합물의 합성을 위하여, 세포에 의해서 동화되게 된다.

다이아조트롭으로는 토양에 호기성유기체 (Azotobactar), 토양혐기성박테리아 (Clostridium), 광합성박테리아(Rhodosirillum rubrum) 그리고 엘지 (mytophyceae) 등이 포함된다. 공생체계는 콩과식물, 클로버, 자운영 및 콩으로 구성되어 있다. 콩과식물체로는 반드시 공생으로 질소를 고정하는 고등식물뿐만 아니라 190여종의 관목, 나무, 털갈매나무, 오리나무속과 식물 등이 질소고정을 한다. 높은 고도의 산의 호수에서 비옥한 정도를 입구의 근처에 자라는 오리나무속과 식물 (alder tree) 의 수를 가지고 결정한다.

공생고정의 필수적인 장소는 식물의 뿌리에 생성되는 작은 혹 (nodule) 이 된다. 이 작은 혹은 숙주인 나무나 콩에 박테리아들에 의해서 뿌리에 형성되는 것이다. 이들 중 박테리아는 항상 리조비아 (Rhizobia) 의 종이 된다. 만약 박테리아와 식물이 서로 분리되어 자라면 박테리아는 질소를 고정시킬 수 없다. 그러나 적은 일부 리조비아가 특별한 생장조건하에서 질소를 고정할 수 있다. 박테리아로 감염시킨 토양에서 자라는 식물은 뿌리에 작은 혹이 생성되고, 질소고정이 가능하다. 특수한 콩과식물과 특수한 리조비아 종의 공생에 관하여 회의를 갖는 연구자들도 있다. 어떤 이론에 의하면 공생의 관계가 진화되는 동안 질소고정효소의 합성에 관한 정보를, 보유한 유전체를 갖는 박테리아가 숙주에 이전시켜 준다고 보고 있다. 박테리아에 감염되게 되면 이 정보는 박테리아가 완전한 질소고정효소를 합성할 수 있도록 박테리아의 mRNA에 의해서 숙주에 전달된다.

질소고정에 관한 개념은 주로 혐기성 클로스드리듐 (clostridium) 과 호기성 아조토박터 빈란데이 (azotobacter vinlandeii) 같은 박테리아 등의 자유생존체의 연구를 통하여 주로 얻어졌다. 그러나 콩과식물과 리조비아박테리아에 관여되는 공생질소고정은 독특하고, 생화학적인 질소고정에서 생태학적으로 가장 중요한 공헌자가 되었다. 콩 종류와 클로바, 완두콩 그리고 자운영의 뿌리는 특수한 종의 그람음성균인 리조비아에 의해서 감염된다. 식물이나 박테리아 자체만으로 질소고정이 불가능하다. 한 리조비아가 콩과식물의 뿌리체계의 실뿌리에 들어가게 되면 뿌리의 특별한 종양 같은 조직에 감염되는 박테리오

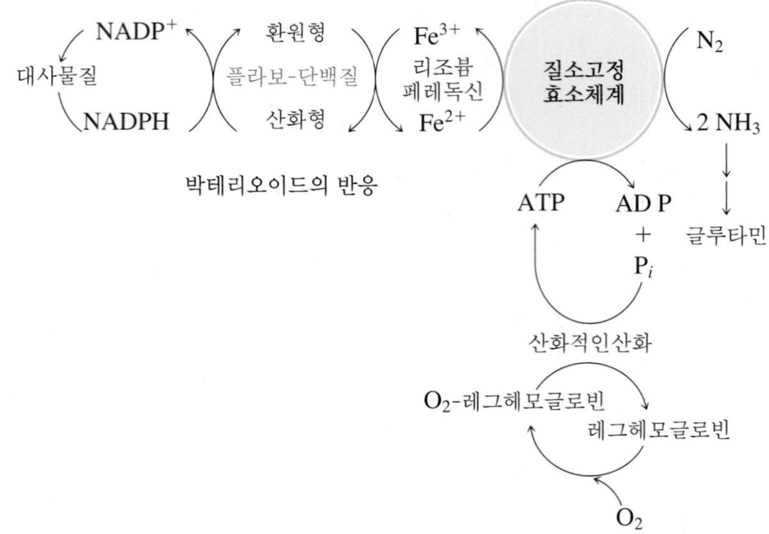

그림 10-14 콩과식물의 뿌리혹에서 질소분자의 고정메커니즘. 질소고정 효소복합체계는 산화환원을 통한 전자의 공급이 연계됨으로써 수행된다. 박테로이드에서 연속적인 전자의 흐름은 질소고정효소(nitrogenase)가 N_2를 환원시켜 NH_3가 되도록 한다. 필요한 에너지는 산화적 인산화를 통하여 공급된 ATP에 의해서 수행된다.

이드라 불리는 리조비아의 감염으로 부어오른, 정체된 그리고 독립적이지 못하는 혹 같은 것이 형성되는 여러 단계의 일이 일어나게 된다. **박테리오이드(bacteriod)**는 생화학적으로 대단히 완벽한 질소고정체계를 가지고 있다. 박테리오이드의 첨가는 헤모글로빈과 산소의 상호관계와 비슷한 방법으로, 가역적으로 산소와 결합하는 **레그헤모글로빈(leghemoglobin)**이라 불리는 질소고정 효소복합체의 색소를 가지게 된다. 산소화된 레그헤모글로빈은 낮은 유리상태의 산소를 ATP를 발생하는 데 사용하는 박테리오이드의 산화적 인산화지역으로 운반하게 된다. 그림 10-14에서 박테리오이드에서 일어난다고 예상되는 생화학적인 과정이 발생한다.

1960년 케나한(J. E. Carnahan)과 그의 동료들은 클로스트리듐 파슈튜리아넘(clostridium pasteurianum)의 수용성 추출물을 사용하여 실험관에서 질소기체를 환원시켜 암모니아를 만드는 실험을 처음으로 수행하였다. 그들이 발견한 사실은, 고정이 일어나도록 하기 위하여 많은 양의 피루브산을 추출물에 첨가하는 것이었고, 케토산이 인산화적인 붕괴로 아세틸인산, CO_2, 그리고 H_2를 만들도록 한 것이다. 곧바로 그 추출물은 두 성분인 수소를 제공하는 체계와 질소를 고정하는 체계로 분배되었다. 수소를 제공하는 성분은 전자를 동화되지 않은 피루브산으로부터 페레독신을 거쳐 질소고정체계로 흐르도록 하게 한다. 다른 성분인 질소고정체계는 질소가 암모니아로 전환되는 과정을 수행한다.

그래서 피루브산은 직접 질소고정에 참여하지 않으나 전자와 ATP의 공급원으로 기능하고 있다. 다른 중요한 사실이 관찰되었는데, 정상적인 양으로 수소공여체계가 존재하는데, 질소공급원으로 NH_3의 존재하에 배양시킨 클로스트리디아(clostridia) 추출물에 질소고정효소체계가 결손되고 있다는 사실이다.

케나한의 그룹의 연구성과는 많은 연구자들이 이 중요한 연속적인 반응의 자세한 분석에 새로운 신뢰를 더 갖도록 해 주었다. 결과적으로 현재 우리가 알고 있는 질소고정의 지식으로 혐기성, 호기성, 여러 다른 환경에서도 생존할 수 있는 혐기성 청록색 엘지, 콩의 뿌리혹, 어떤 곳에서 추출물이 어디에서 얻어졌는지 상관없으며, 근본적인 질소고정효소 복합체계의 구조성분은 1. 전자공여체, 2. 전자수용체(예: 질소기체), 3. Mg^{2+} 같은 2가 양이온이 ATP 4. 두 단백질 성분, 처음 몰리브데늄(molybdenum), 분자량이 170,000의

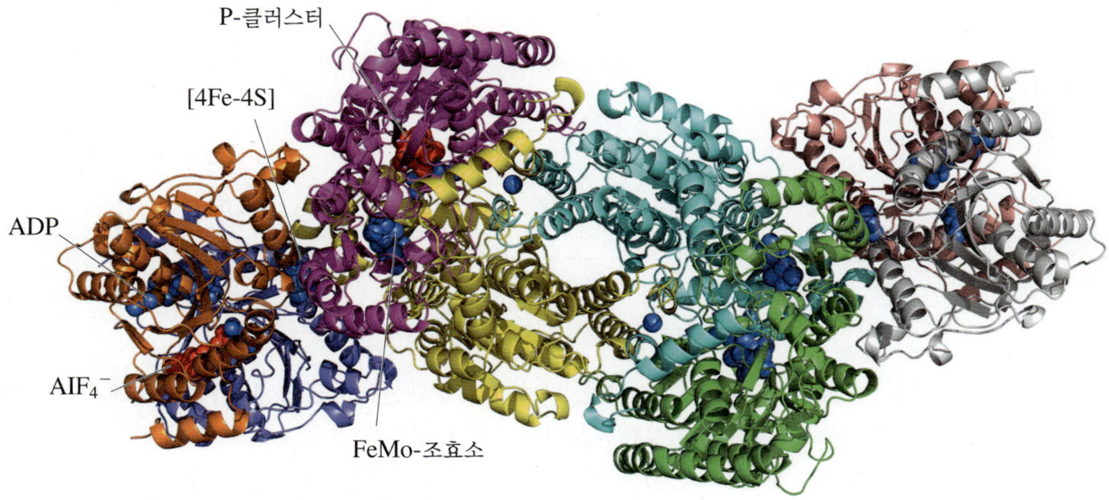

■ 그림 10-15 ■ A. vinelandii의 질소고정효소(nitrogenase)의 X-선 삼차구조. 효소의 소단위체의 구성은 $(\alpha\beta\gamma_2)_2$의 구조를 갖는다. 이형팔단위체이며, Fe-Mo를 포함하고 있다.

비힘철단백질과 분자량이 55,000의 비힘철단백질로 구성되고 있다(그림 10-15). 각 성분만으로는 질소고정을 촉매하는 능력이 효과적이지 못하였다. 또 다른 호기심을 갖게 하는 것은 모두 특수하게 ATP를 필요로 하는 것이었다. 전자수용체로 질소가 결핍되었을 때 ATP는 곧바로 ADP와 무기인산으로 가수분해되고(ATPase의 활성), 다음 반응에 의해서 수소기체가 발생되었다.

$$2ATP + 2e^- + 2H^+ = 2ADP + 2Pi + H_2$$

이 반응은 NH_3 배양세포에서 ATPase활성이 없고, 단지 N_2-배양세포만이 존재하므로 어느 정도로 질소고정효소반응이 필요하다. 이 과정에 **몰리브데늄페레독신(molybdenium ferredoxin)**과 **아조페레독신(azoferredoxin)**이 모두 요구된다. 질소고정에서 질소고정효소에 의하여 촉매된 환원과정에서, 전자의 흐름을 그림 10-16과 같이 나타내고 있다. N_2가 암모니아로 환원되는 데는 8개의 전자가 필요하다. 그리고 이 결과는 질소고정의 연구 초기에 케나한에 의해서 높은 농도의 피루브산이 필요하게 됨을 설명해 주고 있다. 모든 질소고정체계에서 공통적인 자유생존(free living) 체계와 마찬가지로 공생(뿌리혹) 체계를 포함하는 질소고정의 일반적인 모형으로 쓸 수 있다.

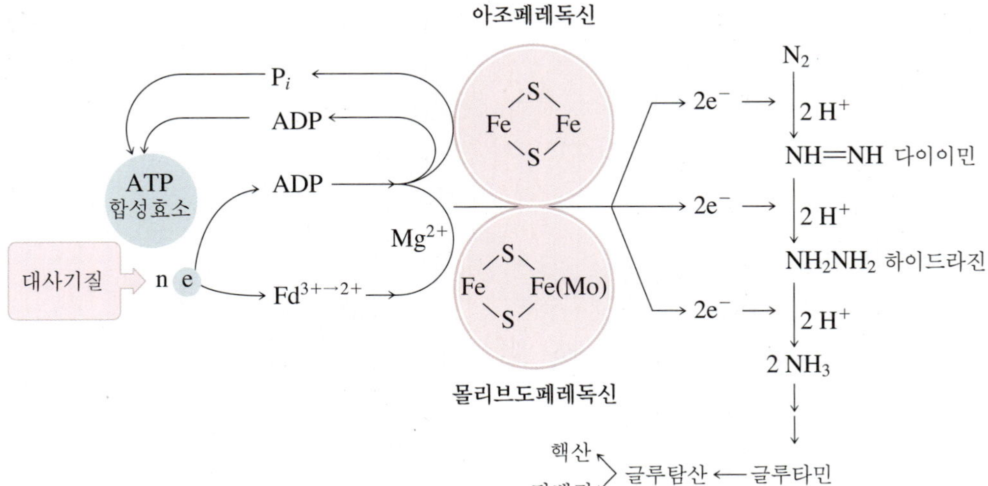

■ 그림 10-16 ■ N_2의 질소고정효소복합체의 환원에서 전자의 전달메커니즘.

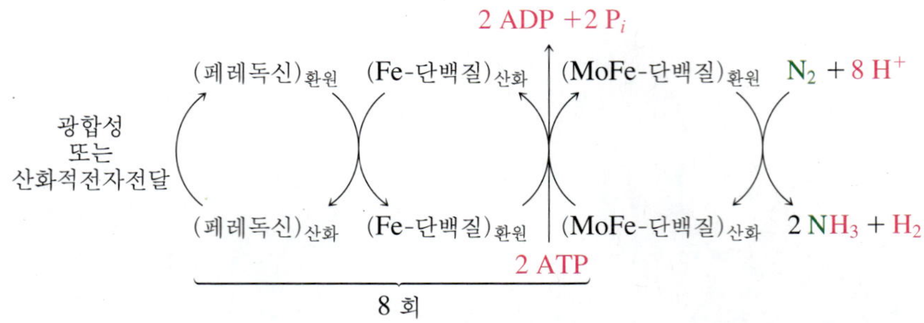

■ 그림 10-17 ■ 질소고정효소 복합체의 기능. N_2 에서 NH_3로 환원되는 과정의 전자의 흐름.

질소고정효소복합체는 환원되고, 전자의 연쇄확산(cascade)과 ATP에 의해서 활성화된다. 아조페레독신과 몰리브데늄페레독신의 활성화된 복합체는 그들의 전자를 적절한 수용체인 보통 질소분자(N_2)에 이동시키게 된다. 만약 질소분자가 결핍되면 프로톤은 환원되고, 수소기체가 배출된다(그림 10-17).

이러한 관찰은 질소고정을 미량측정할 수 있는 훌륭하고 간편한 방법으로 발전시키게 되었다. 표준적인 조건하에서 토양이나 물의 시료에 의해서 아세틸렌이 환원되어 에틸렌으로 되는 속도를 측정하게 된다. 이러한 현장분석이 질소를 고정하는 시료의 능력을 빠르게 조사할 수 있게 되었다. 여기서 얻은 정보는 N_2고정에서 다른 환경인자의 영향을 평가하는 기초정보를 제공하게 된다. 또한 이러한 정보는 농업실습에 대단히 큰 가치가 될 수 있다.

1. 암모니아의 동화

질소원자가 NH_3의 형태로 유기화합물에 유입하는 과정에는 세 가지 반응이 포함된다. 이들 반응은 글루탐산탈수소효소(glutamic dehydrogenase), 글루타민합성효소(glutamine synthase), 카바모일인산화효소(carbamoyl kinase)에 의해서 촉매된다. 이들 반응의 자세한 내용은 이미 아미노산의 대사에서 논의되었다.

글루탐산탈수소효소

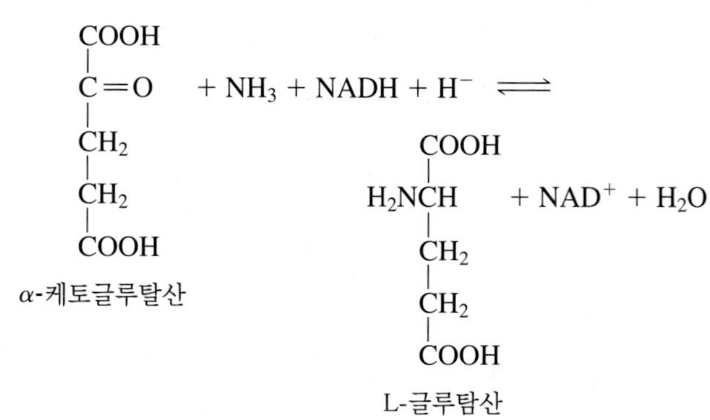

(10-21)

글루타민합성효소

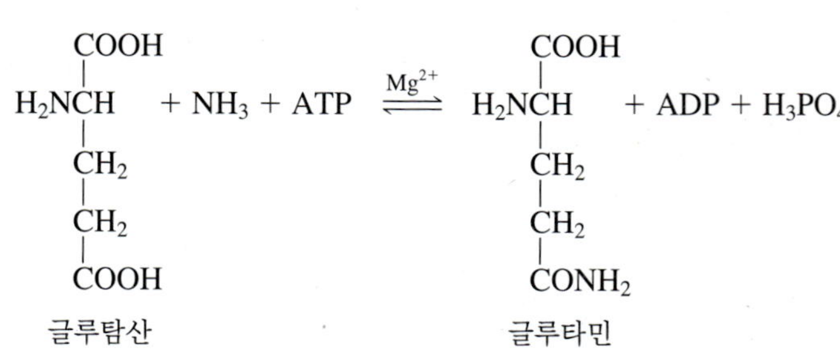

(10-22)

카바모일합성효소

$$NH_3 + CO_2 + ATP \xrightleftharpoons{Mg^{2+}} H_2N-\underset{\underset{\displaystyle O}{\|}}{C}-OPO_3H_2 + ADP \qquad (10\text{–}23)$$

카바모일인산

글루탐산탈수소효소에 의해 촉매되는 NH_3가 글루탐산의 α-아미노그룹으로 전환되는 과정은 암모니아의 동화과정의 가장 주된 메커니즘이 된다. 그렇지만 다른 공급원에서 많은 글루탐산탈수소효소들의 NH_4^+에 대한 Km값은 5∼40mM로, 이러한 농도는 세포에 독성이 되는 수준에 도달하는 정도로 다양하게 변하고 있다.

대장균에서 발견된 새로운 효소인 글루탐산합성효소(glutamate synthase)는 L-글루타민을 간접적인 NH_3의 공급원으로 활용하고 있다.

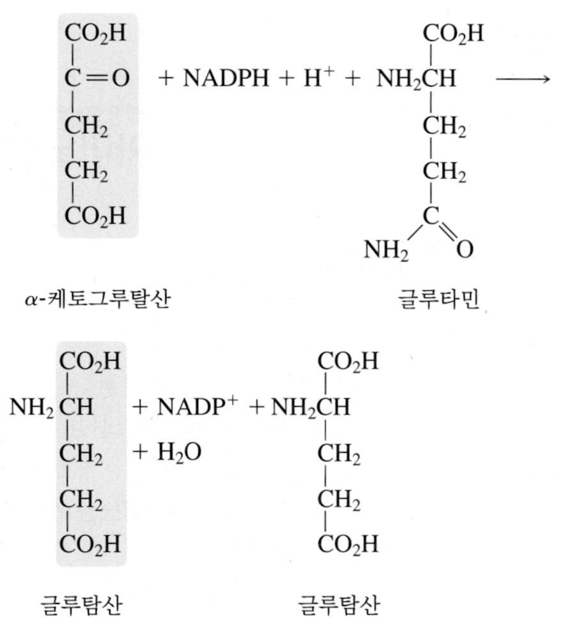

(10–24)

이번 반응에서 글루타민은 아미노질소원자의 운반체로 기능한다. 반응 10–22와 10–24를 연결시키면, 유기체는 한 분자의 글루탐산을 생성하기 위하여 한 분자의 ATP와 한 분자의 NADPH를 사용해야 하며, 이 반응체계는 근본적으로 비가역적이다. 더욱이 글루타민합성효소의 Km값이 NH_4^+에는 0.5mM보다 적고, 글루타민에는 0.3mM이므로, 글루탐산합성효소를 가진 유기체는 유기질소화합물의 합성을 위하여 낮고 비독성 수준의 암모니아를 활용하게 된다.

$$NH_3 + \text{글루탐산} + ATP \xrightarrow{Mg^{2+}} \text{글루타민} + ADP + Pi$$

$$\text{글루타민} + \alpha\text{-케토글루탈산} + NADPH + H^+ \longrightarrow 2\ \text{글루탐산} + NADP^+ + H_2O$$

$$\text{총화: } NH_3 + ATP + \alpha\text{-케토글루탈산} + NADPH + H^+ \longrightarrow \qquad (10\text{–}22)$$

$$\text{글루탐산} + ADP + Pi + NADP^+ + H_2O \qquad (10\text{–}24)$$

고등식물에는 글루타민과 환원된 페레독신 및 NADPH 대신 환원제를 사용하는 글루탐산합성효소를 소유하고 있다.

2. 질소고정효소의 활성조절

암모니아의 존재하에서 질소고정이 곧 정지되는 것은 잘 알려진 사실이다. 이때 암모니아가 실험관에서 질소고정 효소에 직접 방해작용을 하는 것은 아니다. 유기체에 과잉의 암모니아가 축적되면 질소고정효소가 더 증가하지 못하도록 효소의 합성이 방해된다. 성장하는 세포에 의해서 암모니아가 활용되고, 낮은 수준이 되도록 농도가 떨어지게 된다. 그렇게 해서 반응이 억제되고, 효소의 합성이 다시 시작되게 된다. ATP는 질소고정효소를 대단히 정밀하게 조절하는 경쟁적인 방해제이다. ADP/ATP의 비율이 0.2가 되면 53%의 효소의 기능이 방해된다. 그래서 ATP의 농도가 떨어지고, ADP의 농도가 세포에서 증가하게 되면 세포는 질소고정효소의 활성이 정지되는 신호가 되며 이 과정에 많은 양의 ATP가 요구된다. 그리고 제한된 ATP의 공급은 세포기능에 더욱 심각한 문제를 일으키게 된다.

10.3 아미노산의 생합성

10.3.1 비필수아미노산의 생합성

케토산들인 피루브산, 옥살아세트산, α-케토글루탈산은 이미 언급한 대로 아미노그룹의 이동에 의해서 알라닌, 아스파트산, 글루탐산으로 각각 변화된다. 또 이들 케토산들이 탄수화물의 전구체들로부터 얻어지기 때문에 알라닌, 아스파트산, 글루탐산들은 비필수아미노산들이다. 그리고 아스파트산과 글루탐산이 그들의 아마이드로 변할 수 있기 때문에 이들 아마이드인 아스파라진과 글루타민도 역시 **비필수아미노산(non-essential amino acid)**이다. 글루탐산은 프롤린이나 오르니틴으로 변환될 수 있으므로 비필수아미노산이다. 이렇게 글루탐산의 탄소골격이 여러 아미노산들을 만들 수 있으므로 이들을 아미노산들 중에서 **글루탐산족(glutamic acid family)**이라고 구분하여 논의하게 되었다(표 10-2).

생합성연구에서 5개의 다른 가족이 확인되었으며, 주로 미생물에서 글루코스 또는 간단한 전구체인 아세트산으로부터 모든 단백질에 포함된 아미노산들을 만들 수 있다. 아마도 이와 같은 상호관계가 고등식물에서도 발견되고 있으며, 모두 이들 화합물은 궁극적으로 CO_2에서 유래되고 있다. 피루브산, 인산에놀피루브산 그리고 3-인산글리셀산 같은 해당작용의 중간체들은 대부분의 아미노산합성의 기초화합물이 되고 있다. 이러한 경우, 모태화합물의 탄소골격에는 아미노질소원자가 결손되어 있으며, 이는 보통 아미노그룹의 이동에 의해서 공급된다. 미생물과 식물에만 존재하는 독특한 경로에 의해서 많은 아미노산들이 합성되고 있으며, 동물에서는 이러한 효소들이 결손되어 이들 아미노산들

표 10-2 생합성으로 관련된 아미노산들의 분류

글루탐산족	아스파트산족	피루브산족	인산에놀피루브산	3-인산글리셀산
글루탐산	아스파트산	알라닌	페닐알라닌	세린
글루타민	아스파라진	루신	타이로신	글리신
프롤린	라이신	발린	트립토판	시스테인
아르지닌	메싸이오닌	아이소루신		
	트레오닌			

은 필수아미노산으로 알려지고 있다. 특히 인간에게 반드시 필요한 필수아미노산과 비필수아미노산들은 표 10-1에 나타내었다. 아르지닌은 요소회로에 의해서 합성되지만, 성장하는 어린이에게 더 많은 양이 소요되므로 필수 아미노산으로 분류하고 있다.

영양학의 측면에서 보면, 단백질마다 모든 아미노산을 골고루 갖추지 못하고 있다. 콩단백질에는 메싸이오닌이 부족하고, 밀은 메싸이오닌은 풍부하지만 라이신이 부족하다. 반면에 우유는 인간이 필요한 필수아미노산들을 영양분의 비율에 맞게 골고루 갖추고 있어서, 성장하는 어린이에게는 충분한 우유섭취가 필수아미노산뿐만 아니라 바이타민도 함께 섭취할 수 있는 거의 완벽한 식품이 되고 있다.

비필수아미노산들 중에 타이로신을 제외하고 모두 4개의 공통적인 중간대사산물인 피루브산, 옥살아세트산, α-케토글루탈산, 3-인산글리셀산 중의 하나를 탄소골격으로 사용한다. 지금부터 비필수아미노산의 합성에 대하여 알아본다.

1. 세린, 글리신 및 시스테인의 합성

황을 포함한 아미노산의 대사는 얼마간 다른 방법으로 이루어진다. 시스테인과 세린은 인산글리셀산에서 2-OH그룹이 일종의 인산화케톤인 3-인산하이드록시피루브산으로 되고, 아미노그룹 이동반응에 의해서 3-인산세린을 만들게 되며, 가수분해되어 세린이 얻어진다(그림 10-18). 글리신은 3-인산글리셀산으로부터 합성된다. 글리신은 세린을 하이드록시메틸전달효소에 의해서 N^5, N^{10}-메틸렌-THF를 축합시켜 얻게 된다. 동물에서 시스테인은 메싸이오닌의 분해로 얻어진 호모시스테인(그림 10-5, 반응 5와 6)으로부터 만들어진다. 박테리아와 고등식물에서 황의 공급원으로 시스테인으로부터 메싸이오닌을 만들 수 있다. 포유류에서 시스타싸이오닌합성효소II의 도움으로 호모시스테인은 세린과 반응하여 시스타싸이오닌을 만들게 된다.

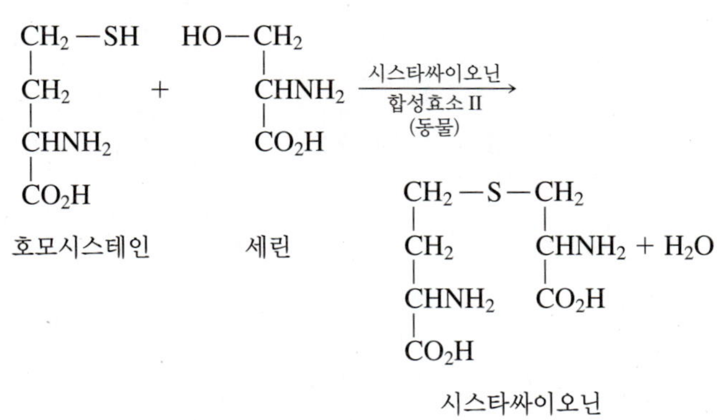

(10-25)

이 화합물은 가수분해되어 시스테인, α-케토뷰틸산 그리고 NH_3를 만들게 된다.

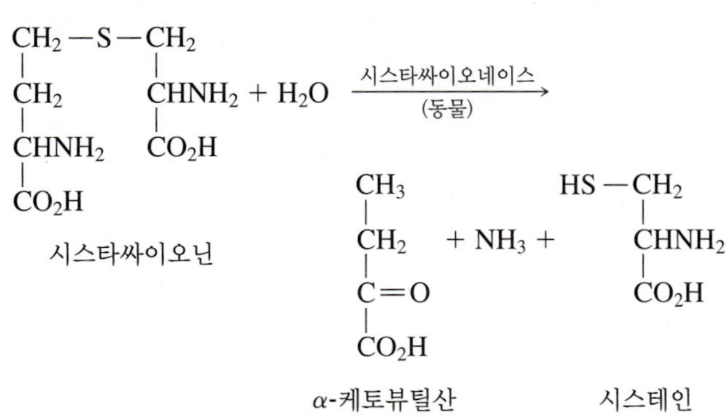

(10-26)

시스테인의 세 탄소원자는 세린에서 유래되고, 황원소는 호모시스테인에서 만들어지

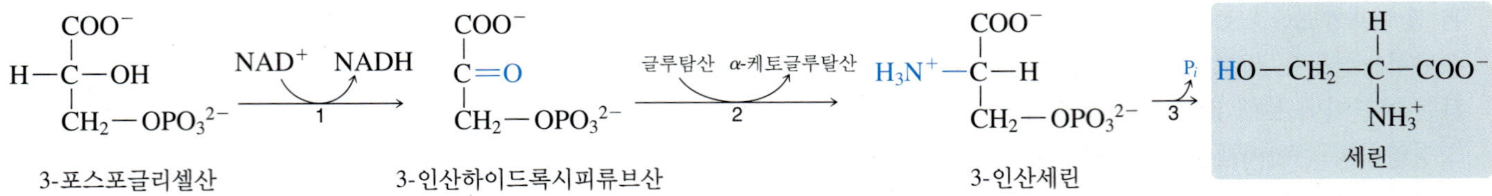

그림 10-18 세린의 합성. 세린은 3-인산글리셀산으로부터 합성된다. 관여되는 효소는 1. 3-인산글리셀산탈수소효소, 2. 아미노그룹이동효소, 3. 인산세린인산분해효소.

는데, 간접적으로 메싸이오닌에 의해서도 만들어진다. 시스타싸이오닌의 형성 및 가수분해에 관련되는 효소들은 피리독살인산을 조효소로 포함하게 된다.

2. 알라닌, 아스파라진, 아스파트산, 글루탐산과 글루타민의 합성

알라닌, 아스파트산, 글루탐산은 해당하는 α-케토산의 탄소골격인 피루브산, 옥살아세트산, α-케토글루탈산들의 아미노그룹이동효소에 의해서 합성된다(그림 10-19). 이때 아미노그룹은 글루탐산에서 유래되며, 글루탐산은 질소대사 특히 아미노산들의 합성과정에서 가장 중요한 조절지역이 되고 있다. 특히 글루탐산은 미생물, 식물에서 글루탐산합성효소에 의해서 만들어지며, 척추동물에는 이 효소가 존재하지 않는다.

아스파라진은 아스파트산을 아마이드화시키는 아스파라진합성효소에 의해서 만들어진다. 아미노그룹은 글루탐산에서 가져온다. 글루타민은 ATP의존성 글루타민합성효소

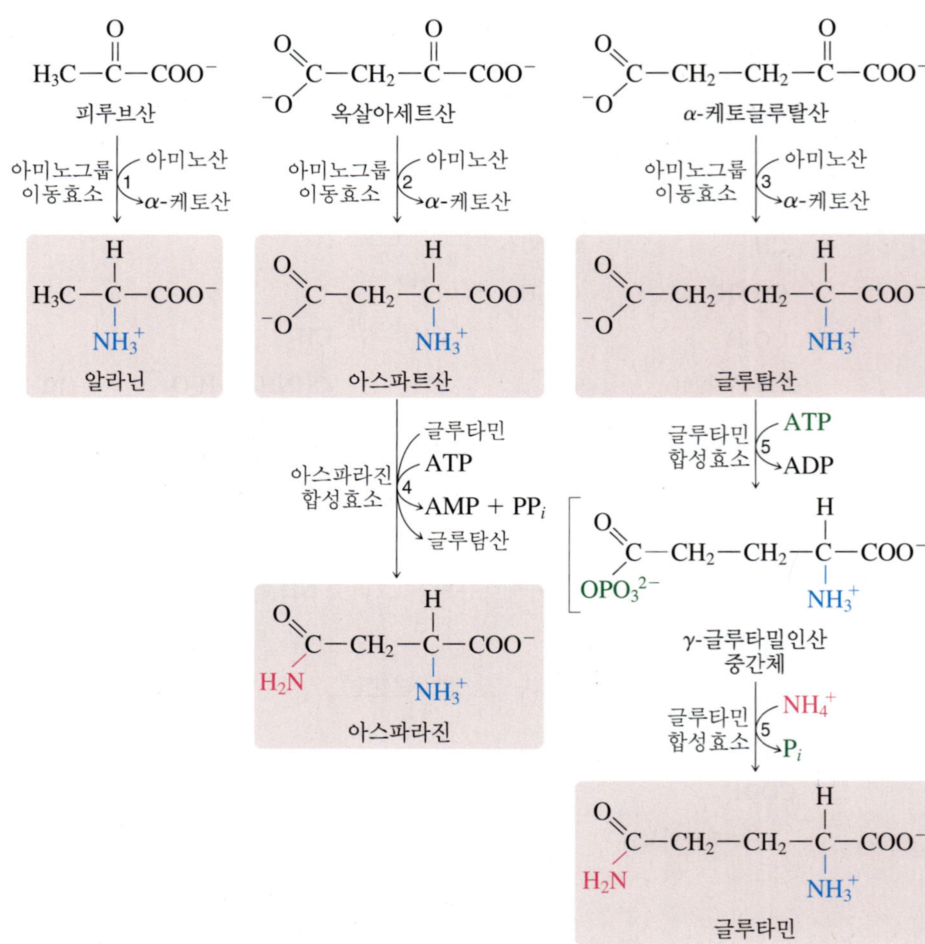

그림 10-19 알라닌, 아스파트산, 글루탐산, 아스파라진과 글루타민의 합성.
이들 아미노산들의 합성에는 공통적으로 아미노그룹이동효소가 관여하며, 아스파트산과 글루탐산의 아마이드화로 아스파라진과 글루타민을 만들게 된다.

에 의해서 활성화된 γ-글루타밀인산의 중간체를 거쳐 얻어진다.

프롤린, 오르니틴, 아르지닌은 글루탐산으로부터 만들어진다. 글루탐산으로부터 프롤린이 얻어지는 반응은 γ-카복실그룹을 알데하이드로 환원시키고, 다음에 내부의 쉬프염기의 형성으로 프롤린을 합성한다(그림 10-20). 글루탐산은 카복실그룹을 인산화시키는 γ-글루탐산인산화효소에 의해서 글루탐산-5-인산을 만들게 된다. 글루탐산-5-인산의 환원에 의해서 글루탐산-γ-세미알데하이드가 얻어지며, 이는 아르지닌과 프롤린의 분해산물이기도 하다. 효소의 작용 없이 고리모양을 갖는 Δ^1-피롤린-5-카복실산이 얻어진다. 피롤린-5-카복실산환원효소(pyroline-5-carboxylate reductase)에 의해서 프롤린이 만들어진다. 글루탐산은 오르니틴-δ-아미노전달효소(ornitine-δ-amino transferase)에 의해서 오르니틴이 만들어진다. 오르니틴은 요소회로의 반응에 의해서 아르지닌으로부터 얻게 된다.

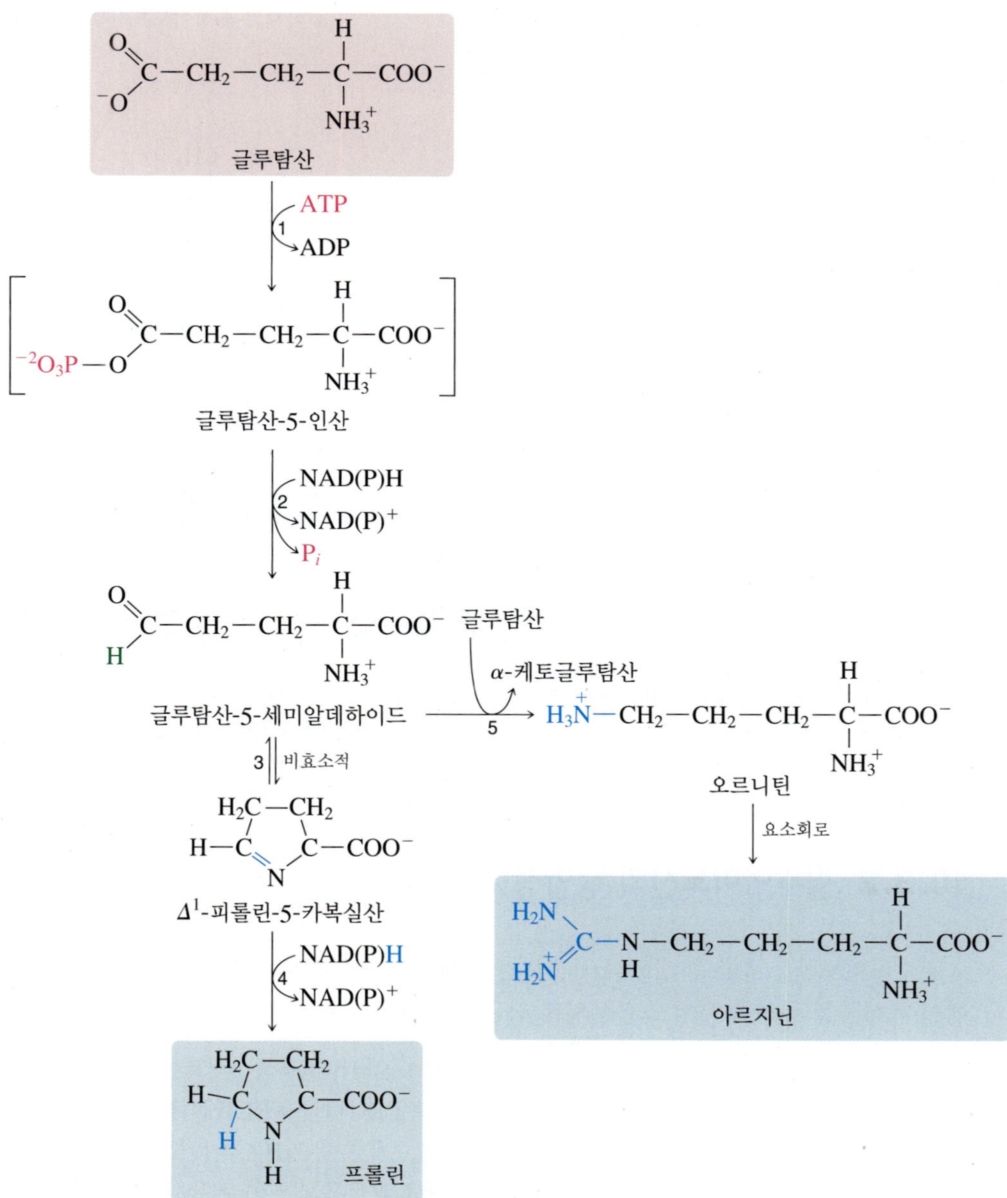

■ 그림 10-20 ■ 글루탐산족의 합성. 아르지닌, 프롤린의 합성- 아르지닌과 프롤린은 글루탐산으로부터 만들어진다. 글루탐산의 인산화는 γ-글루탐산인산화효소에 의해서 얻어지며, 글루탐산-5-세미알데하이드로 환원된다. 글루탐산-5-세미알데하이드에서 효소의 참여 없이 Δ^1-피롤린-5-카복실산이 얻어진다. Δ^1-피롤린-5-카복실산환원효소에 의해서 프롤린이 합성된다. 동물에서 오르니틴-δ-아미노그룹전달효소의 작용으로 오르니틴이 얻어진다. 아르지닌은 요소회로를 통하여 오르니틴으로부터 만들어 진다.

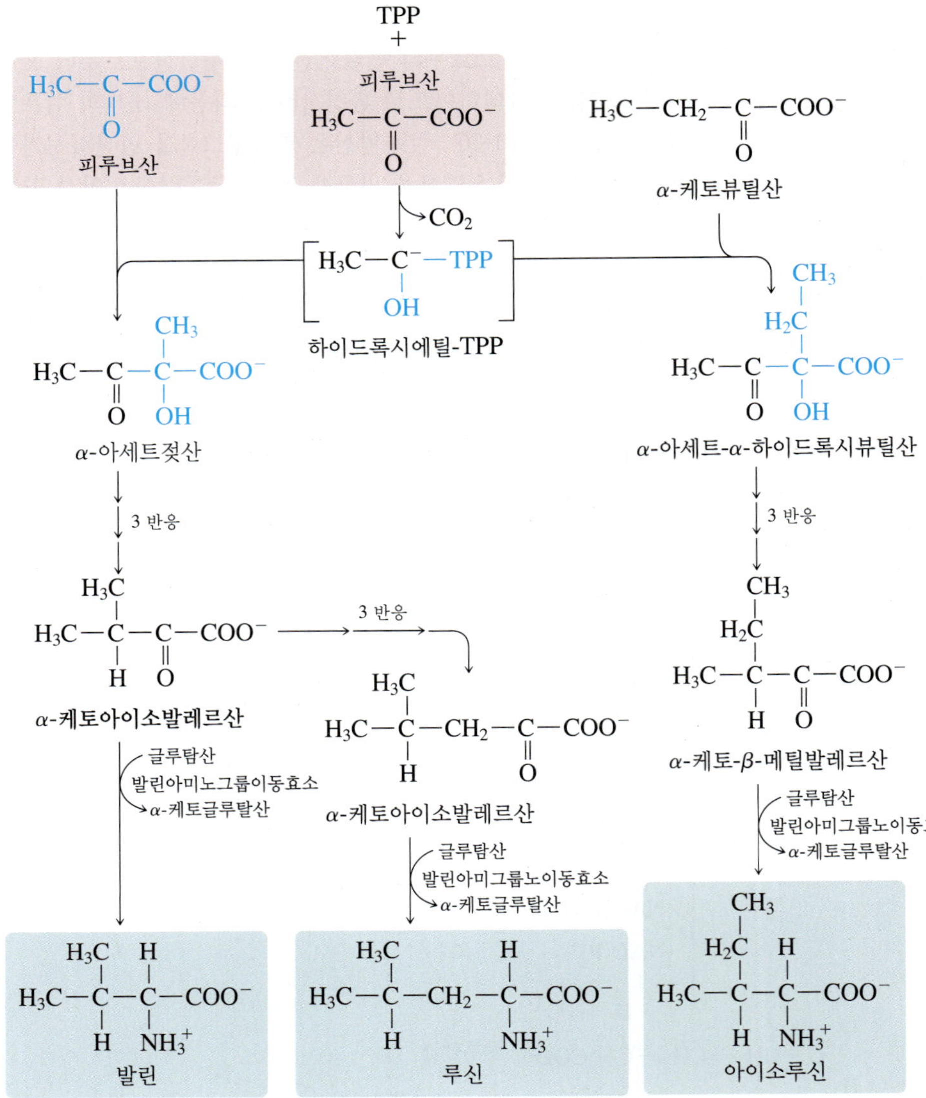

■■ 그림 10-21 ■■ 피루브산족인 아이소루신, 루신과 발린의 합성. 피루브산에 싸이아민이인산(TPP)이 결합되어 하이드록시에틸싸이아민이인산(HE-TPP)이 얻어진다. 또 다른 피루브산에 HE-TPP의 케톨그룹의 이전으로 α-아세토아세트산이 만들어진다. HE-TPP가 α-케토뷰틸산과 축합되어 α-아세토-α-하이드록시뷰틸산을 만든다. 마지막단계로 α-케토산들에 아미노그룹이동효소(PLP의존)의 작용으로 발린, 루신, 아이소루신이 만들어진다.

10.3.2 필수아미노산의 생합성

필수아미노산은 주로 미생물과 식물에만 존재하는 합성경로를 따라 만들어진다. 식물에서 음식물을 통하여 아미노산을 얻게 되는 동물들은 진화과정 초기에 필수아미노산의 효소유전자를 잃게 되는 것으로 보인다.

1. 루신, 아이소루신, 발린의 합성

아미노산들 중 루신, 아이소루신 및 발린을 피루브산족으로 분류한다. 피루브산은 TPP가 첨가되어 하이드록시에틸 TPP (HE-TPP) 로 탈카복실화된다. HE-TPP는 트랜스케톨레이스 (transketolase) 의 반응에서처럼, 두 번째 피루브산의 케토그룹에 하이드록시에틸그룹을 첨가시켜 아세토아세트산을 만들게 되며, 발린의 합성을 인도한다. 한편 아이소루신은 α-케토뷰틸산에 케토그룹의 첨가로 α-아세토-α-하이드록시뷰틸산을 만들게 된다.

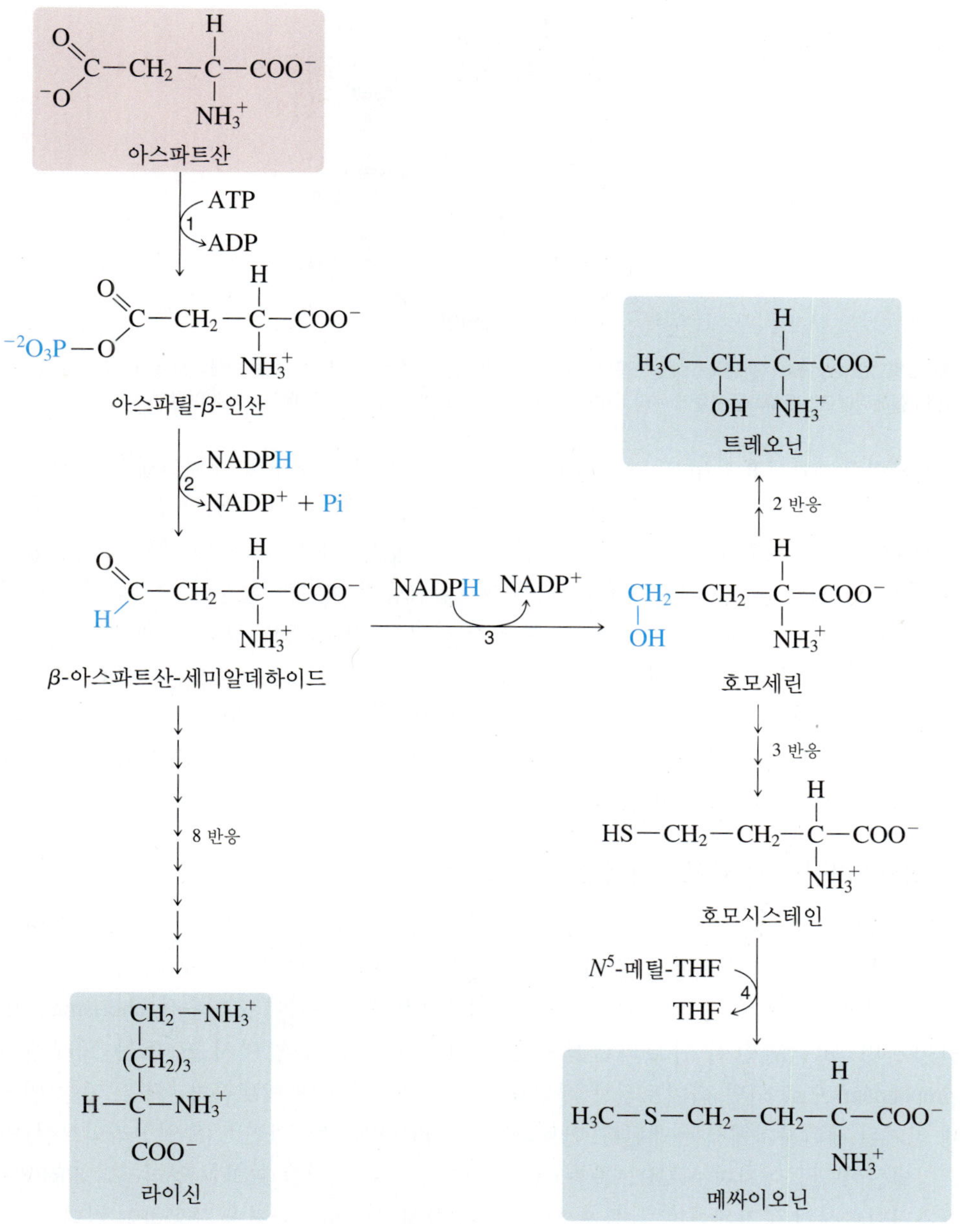

■■ **그림 10-22** ■■ 아스파트산족인 라이신, 메싸이오닌, 트레오닌의 합성. 아스파트산은 인산화효소에 의해 인산화되어 아스파틸-β-인산을 만들게 된다. 다음 탈수소효소는 β-아스파트산세미알데하이드를 만들며, 여기서부터 여러 단계를 거쳐 라이신이 얻어진다. 호모세린탈수소효소에 의해 호모세린이 얻어진다. 호모세린은 트레오닌이 되거나 호모시스테인이 되어 메싸이오닌합성효소(B_{12}보조효소)에 의해서 메싸이오닌을 합성한다.

발린, 루신과 아이소루신 합성의 최종단계에는 PLP의존성 글루탐산의 아미노기전달효소에 의해서 아미노기를 획득하게 된다. (그림 10-21).

2. 라이신, 메싸이오닌과 트레오닌의 합성

라이신, 메싸이오닌과 트레오닌의 주요 탄소골격은 아스파트산에서 유래한다(그림 10-22). 첫 반응은 아스파트인산화효소에 의해서 아스파트산을 아스파트-β-인산으로 만들게 된다. 다음은 β-아스파트산세미알데하이드탈수소효소(β-aspartate semialdehyde reductase)에 의해서 환원되어 β-아스파트산세미알데하이드를 만들고, 여러 단계의 반응을 거쳐 라이신을 만들게 된다. β-아스파트산세미알데하이드는 호모세린탈수소효소(homo-serine dehydrogenase)에 의해 호모세린이 얻어진다.

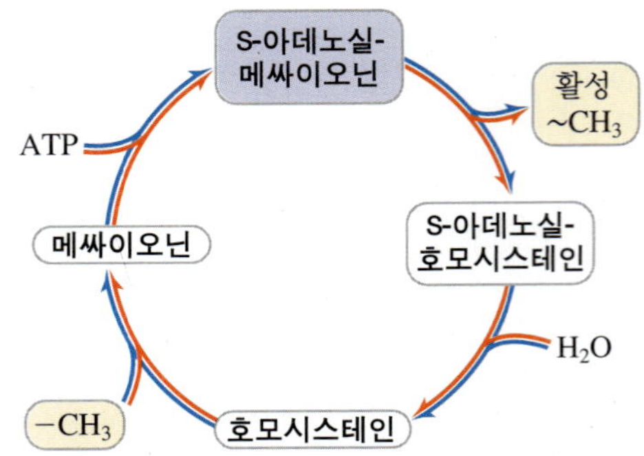

■■ 그림 10-23 ■■ 생체에서 메틸그룹이동회로. 메사싸오닌은 ATP와 함께 활성화된 형태의 메틸그룹이동 물질인 S-아데노실메싸이오닌(SAM)을 만들게 된다. SAM의메틸그룹은 세포내의 여러 단계의 메틸화에 기여한다.

메싸이오닌합성효소(methione synthase)는 N^5-메틸-THF로부터 메틸그룹을 호모시스테인에 이동시키고 호모시스테인의 메틸화를 촉매한다. 메싸이오닌합성효소는 보조효소로 B_{12}가 필요하며, 호모시스테인의 메틸화에 기여한다. 메싸이오닌의 메틸그룹은 활성화되고, SAM의 생성을 가능하게 하며, 아데노실그룹의 첨가로 활성이 증가되어 생체내에서 다양한 수용체에 메틸그룹을 줄 수 있게 된다(그림 10-23). DNA의 메틸화로 박테리아의 유전자 보호역할도 하게 된다.

심장질환을 갖는 환자 중에 높은 농도의 호모시스테인을 갖게 되면 대단히 위험하다. 호모시스테인은 혈관내벽의 손상을 주는 것으로 알려지고 있다. 바이타민 B_6의 처치로 호모시스테인의 대사를 활성화시켜 그 농도를 낮추게 된다.

3. 페닐알라닌, 타이로신 및 트립토판의 합성

당분해의 중간체인 인산에놀피루브산(PEP)과 에리뜨로스-4-인산은 이들 방향족 아미노산의 합성의 초기에 이용된다. 이들은 축합되어 2-케토-3-데옥시-D-아라비노헵튤로소네이트-7-인산을 만들게 된다(그림 10-24). 이 화합물은 고리화되어 코리슴산(chorismate)이 얻어지며, 코리슴산이 안트라닐산으로 되면 트립토판이 얻어지고, 또는 프레펜산(prephenate)으로 되면 타이로신과 페닐알라닌이 얻어진다. 트립토판의 아미노기는 인돌에 첨가된 세린분자에서 유래된다. 안트라닐산은 PRPP와 축합하면 N(5′-인산라이보실)안트라닐산이 만들어지며, −OH그룹과 CO_2가 제거됨으로써 인돌 고리가 얻어진다. PRPP는 히스티딘합성의 중간체이며, 뉴클레오타이드의 합성에도 탄소골격을 제공하고 있다.

4. 히스티딘의 합성

히스티딘의 탄소골격은 6개의 탄소 중 5개를 5-인산라이보실-α-이인산(PRPP)로부터 얻게 되며, 나머지 한 개의 탄소원자는 ATP에서 얻어진다. PRPP와 ATP는 N′-5′-인산라이보실 ATP를 만들게 된다. 가수분해에 의해서 아데닌고리가 파괴되고, 글루타민이 제거된다. 얻어진 이미다졸글리세롤인산은 아미노그룹의 이동과 카복실화에 의해서 히스티딘을 만들게 된다. 히스티딘에 결합되지 않은 ATP원자들은 5-아미노이미다졸-4-카복사아마이드라이보뉴클레오타이드로 제거된다. 이 화합물은 퓨린생합성 시의 중간체이다(그림 10-25).

10.3.3 아미노산의 대사산물−헴(heme)의 합성

1. 힘(heme)의 합성

생화학적으로 기능적인 측면에서 대단히 중요한 화합물인, 엽록소, 헤모글로빈 그리고

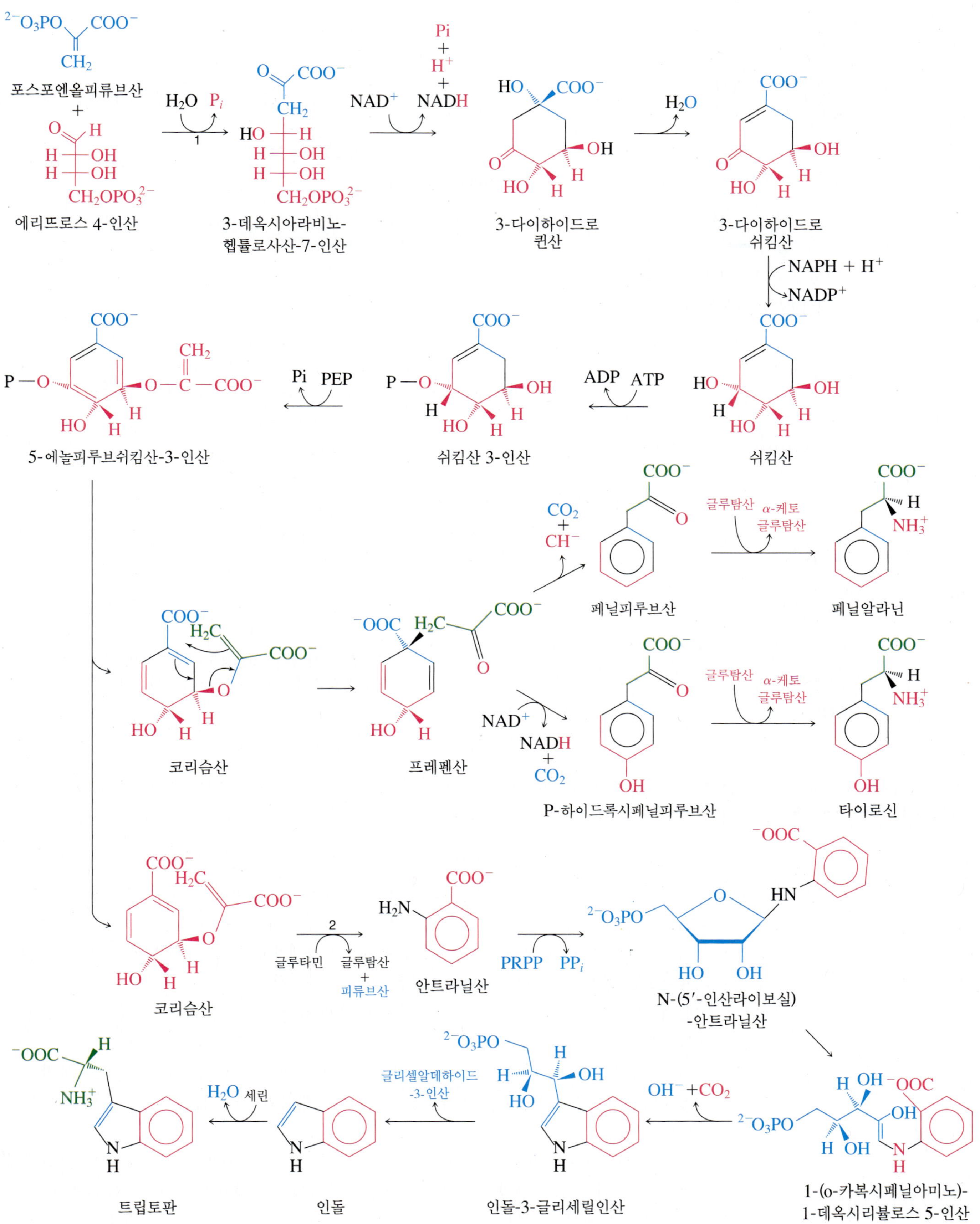

■ 그림 10-24 ■ 방향족아미노산인 타이로신, 페닐알라닌 및 트립토판의 합성.

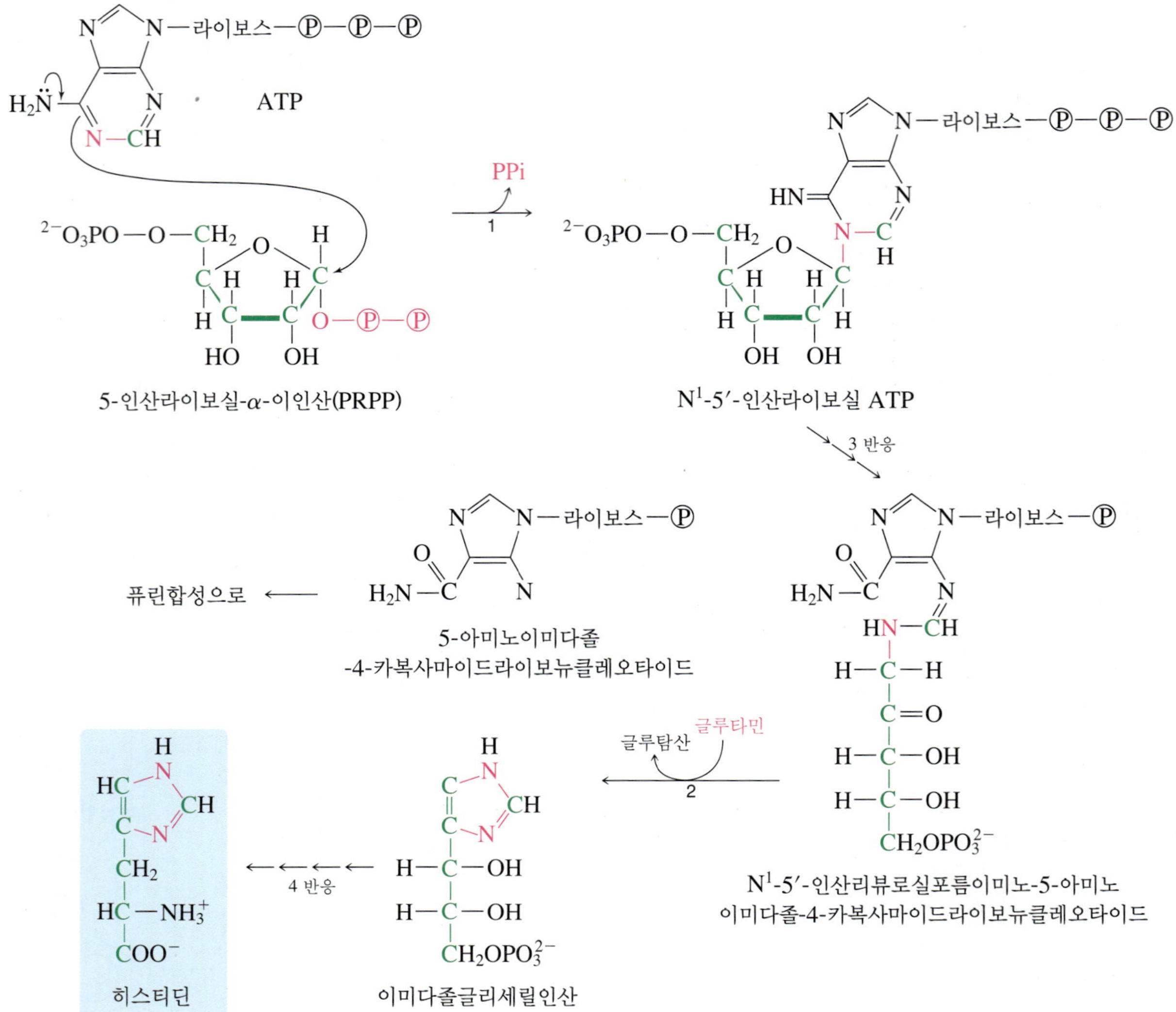

■ 그림 10-25 ■ 히스티딘의 생합성. 히스티딘의 합성은 PRPP의 사용 또는 중간체가 뉴클레오타이드의 합성과 밀접하게 관련되고 있다. 처음 단계에서 ATP라이보실전달효소는 PRPP와 ATP를 축합시켜 인산라이보실ATP를 만들게 된다.

사이토크롬들은 구조에 **포피린 (porphyrin)** 이라 부르는 고리형 테트라피롤을 공통적으로 갖는다. 원래 초기화합물인 폴핀 (porphin) 의 4개의 피롤고리는 메틸 다리 (−C−CH=) 에 의해서 연결되고 있다. 그래서 이중결합체계가 공액성을 갖는다. 다시 말해서 이중결합이 분명히 정해지지 못하고, 구조는 공명체계로 몇 가지 가능한 구조를 갖는다. **프로토포피린IX (protoporphyrin IX)** 은 60개의 가능한 구조 중의 하나이다. 포피린은 평면의 구조로, 특수금속이 대단히 강력하게 네 피롤 잔기의 질소원자의 전자쌍에 킬레이트되고 있다. 생물학적 기능이 있는 테트라피롤의 금속은 마그네슘이 엽록소에, 또 철이 힘, 사이토크롬, 퍼옥시데이스 (peroxidase) 및 케털레이스 (catalase) 에, 그리고 코발트가 코발아민이나 변형된 테트라피롤에 존재하므로 생화학적인 기능에 중요한 역할을 하게 된다.

쉐민 (David Shemin) 과 그레닉 (S. Granick) 은 중요한 고리형 피롤구조의 생합성연구에 큰 기여를 하였다. 방사성 표지물질을 사용하여 포피린고리의 탄소와 질소원자들이 글리신과 석신산에서 유래됨을 확인하게 되었다. 포피린의 생합성 순서를 4단계로 나누어 설명한다.

1단계 : 글리신과 활성화된 석신산인 석시닐CoA는 δ-아미노레뷰린산합성효소 (δlevulinic acid synthase)를 사용하여 δ-아미노레뷰린산(δ-amino levulinic acid, ALA)을 만들게 된다. 이 효소는 힘생합성에서 속도조절단계로 힘이나 PLP를 필요로 하는 힘과 히민(hemin)인 최종산물에 의해서 방해되고 있다.

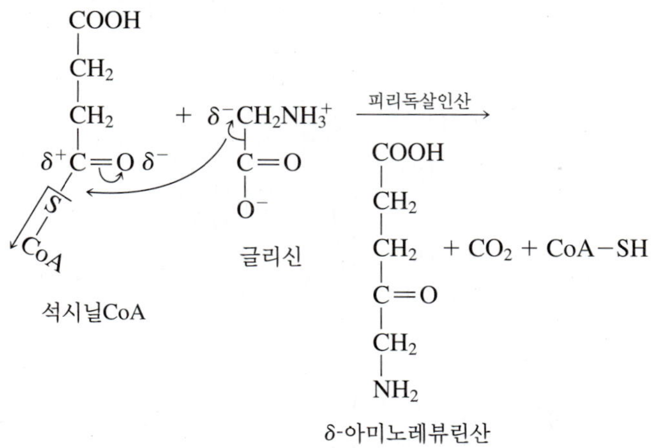

(10-27)

2단계 : 두 분자의 ALA가 ALA탈수효소(ALA dehydrase)에 의해서 축합되어 피롤유도체인 **폴포빌리노젠(porphobilinogen)**을 만들게 된다. 글리신과 석신산의 탄소골격을 다른 색으로 표시하고 있다. 이 과정에서 효소는 낮은 농도의 힘에 의해서 방해된다.

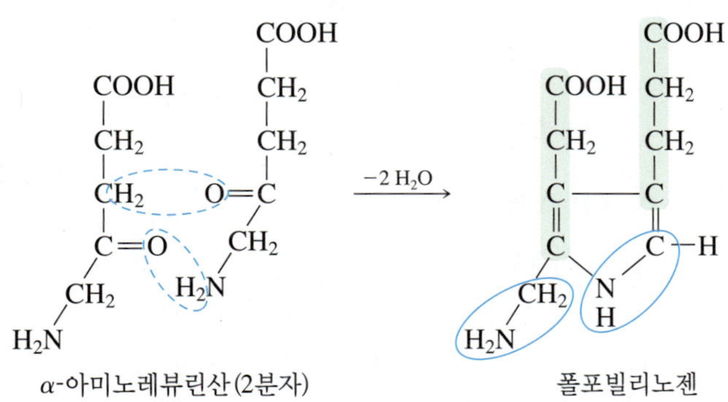

(10-28)

3단계 : 이 단계의 중요한 반응에서는 4개의 가능한 **유로폴피리노젠(uroporphrinogen)**의 이성질체들 중에 유일하고 정확한 이성질체인 유로폴피리노젠III를 합성하게 된다.

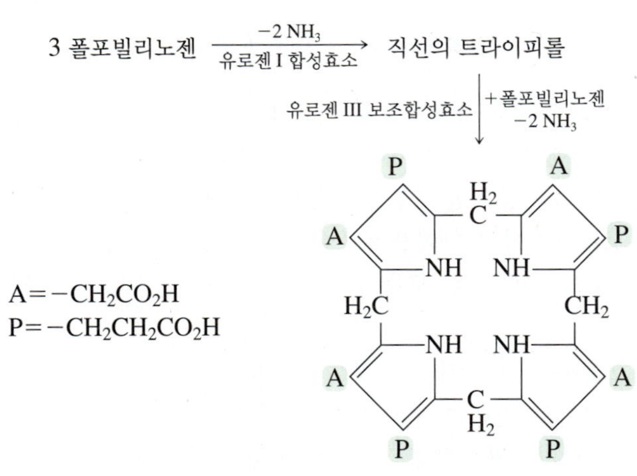

(10-29)

유로폴피리노젠 III

4단계 : 합성된 유로폴피리노젠III의 고리 I, II, III 그리고 IV의 아세틸곁사슬이 광범위하게 존재하는 탈카복실화효소에 의해서 코폴피리노젠III의 메틸그룹을 생성한다. 다음에는 고리 I, II의 프로피오닐 잔기와 또 α, β, γ, 그리고 δ위치의 메탄다리들이 특수한 체계에 의해서 산화되어 프로토포피린IX를 얻게 된다. 마지막으로 특수한 효소인 페로킬라테이스(ferrochelatase) 에 의해서 Fe^{2+}을 테트라피롤에 삽입시켜 **헴(heme)** 을 만들게 된다. 또 다른 특수한 효소들의 도움으로 프로토포피린IX은 녹색식물에서 엽록소로 변환된다.

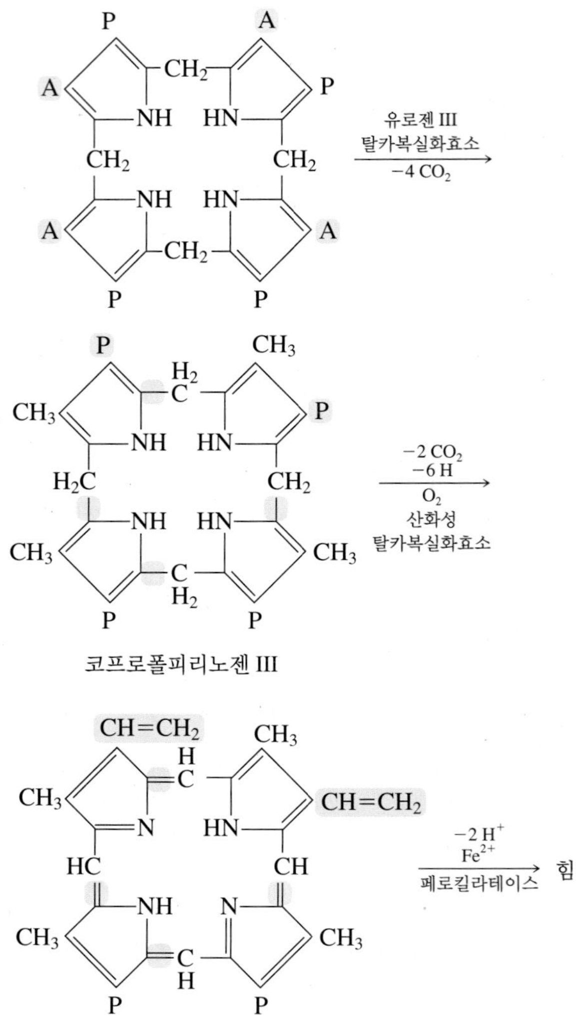

코프로폴피리노젠 III

프로토폴피린IX

(10-30)

사이토크롬 c의 힘골격은 특수단백질의 시스테인 잔기에 싸이오에터(thioether) 결합으로 연결되고, 그리고 메싸이오닐과 히스티딘 잔기에도 붙게 된다. 세포의 효율적인 운용에 포피린의 역할은 극히 중요한 기능을 갖는다. 즉, 생체내에서 특히 중요한 기능을 수행하는 광합성, 헤모글로빈이나 마이오글로빈의 산소의 운반 등이다. 그리고 산소에 전자를 전달하는 사이토크롬체계 등, 모두가 포피린을 중심구조로 갖고 있는 것이 특징이다.

포피린 합성의 조절에는 여러 가지 인자들이 관여되고 있다. 특히 포피린생합성에 관여하는 효소들은 구획화로 인하여 서로 다른 곳에 완벽한 체제를 갖추고 있다. 그래서 ALA합성효소와 코폴피리노젠산화효소는 마이토콘드리아에, 다른 효소들은 세포질에 위치한다. ALA합성효소와 ALA탈수효소는 모두 힘합성의 조절지역이 되며, 두 효소 모두 힘에 의해서 되먹임방해를 받게 된다. ALA합성효소는 낮은 농도로 존재하며, 속도제한(rate-limiting) 효소로 기능한다.

10.4 핵산염기의 합성 및 분해

10.4.1 퓨린라이보뉴클레오타이드의 생합성

1. 퓨린뉴클레오타이드의 합성

식물이나 동물에서 퓨린이나 피리미딘은 아주 간단한 전구체로부터 만들어진다.

방사성실험의 결과로 퓨린핵의 9개의 원자들은 5개의 다른 전구체들로부터 유래됨을 밝혀냈다. 퓨린의 각 원자들의 출처가 되는 전구체들을 다음 그림에 나타내고 있다.

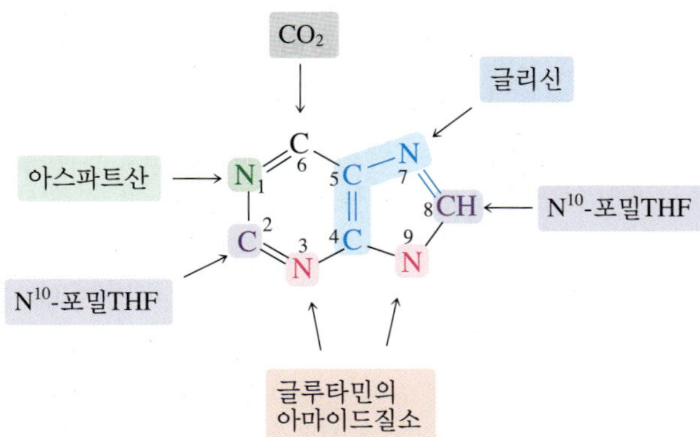

흥미 있는 것은 포유류, 새 그리고 박테리아 등의 다양한 생물체에서 퓨린은 근본적으로 같은 생합성 경로를 통하여 만들어지고 있는 것이다. 단계적으로 라이보스-5-인산의 탄소1에 개별적인 원자를 첨가시킴으로써 주요 중간체 이노신산 (inosinic acid) 을 만들게 된다 (그림 10–26) .

퓨린생합성의 시작은 α-5-인산라이보실-1-이인산 (PRPP) 의 합성으로, ATP와 라이보스-5-인산으로부터 얻어진다 (10–31) .

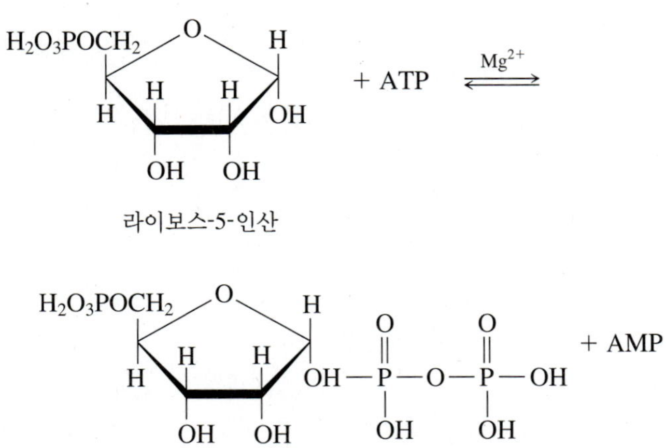

라이보스-5-인산

α-5-인산라이보실-1-이인산 (PRPP)

(10–31)

이 반응에 관여하는 인산화효소 (kinase) 는 말단 인산그룹 보다는 ATP의 이인산 부분을 수용체분자인 라이보스-5-인산에 이동시킨다. α-5-인산라이보실-1-이인산은 글루타민과 반응하여 5-인산라이보실-1-아민, 글루탐산 그리고 이인산을 생성시키는 초기단계에 참여하게 된다.

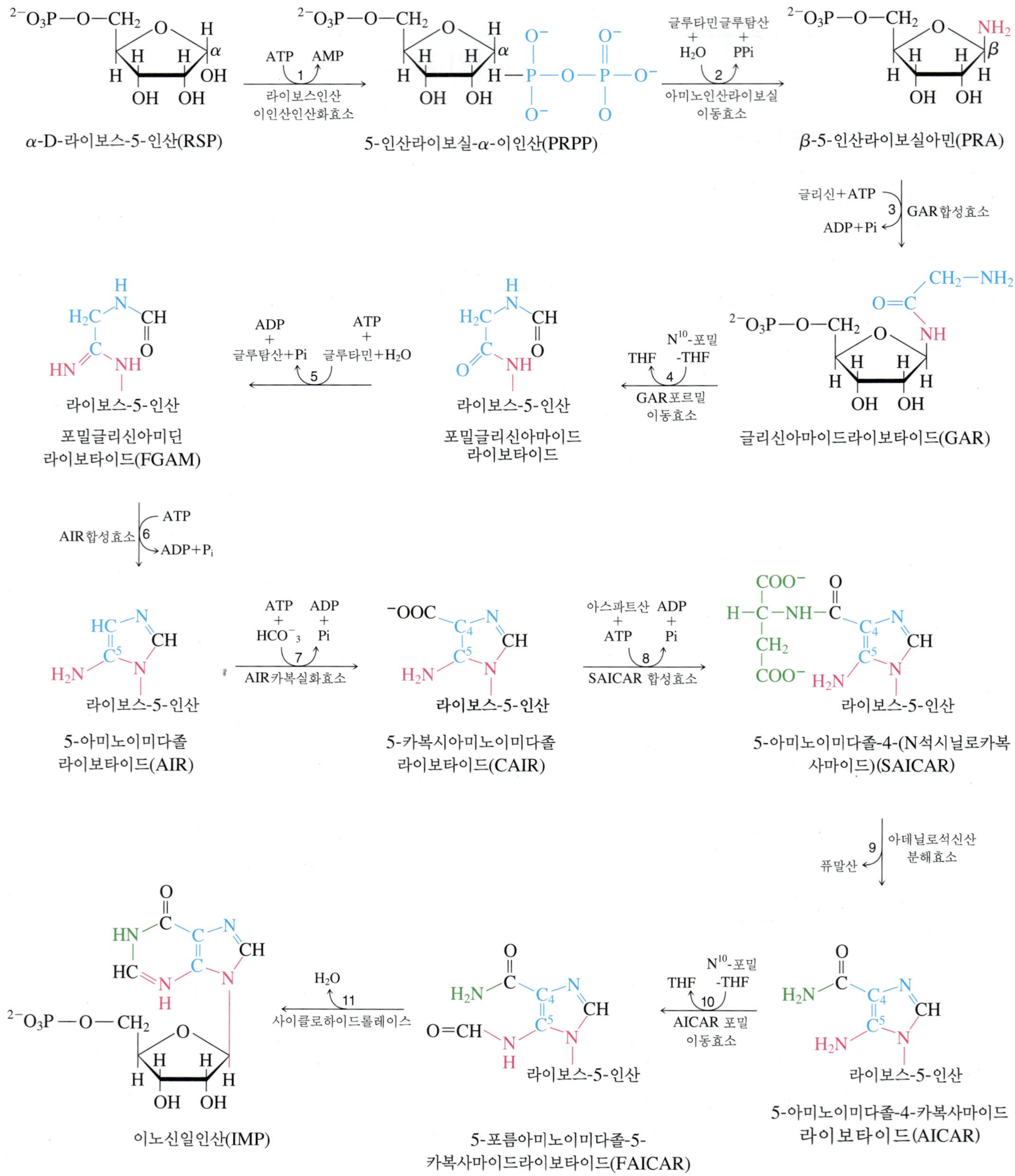

■ 그림 10-26 ■ 이노신일인산(IMP) 신생합성경로.

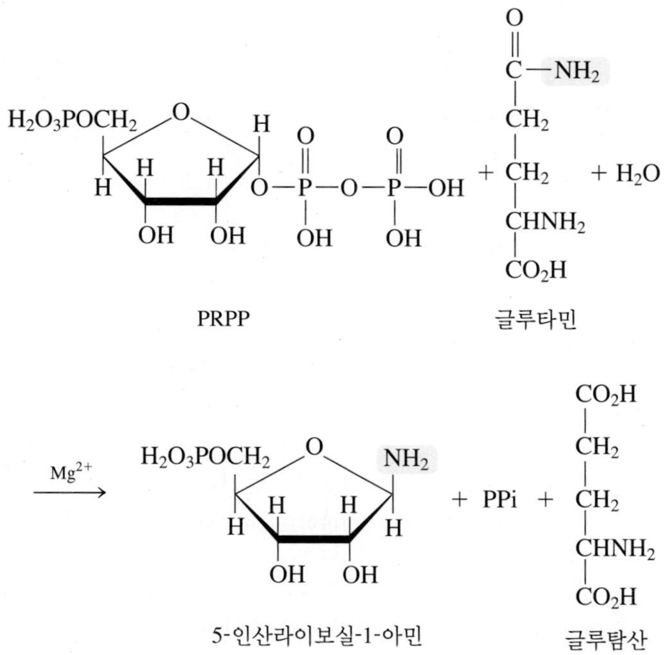

(10-32)

이 반응에서 글루타민이 아마이드질소원자를 유기복합체에 공급하게 된다. 반응 10-32를 촉매하는 효소는 글루타민 인산라이보실이인산아미도이동효소(glutamine phosphoribosyl pyrophosphate amido transferase)로, 생합성 경로의 다음 단계에서 얻어지는 퓨린뉴클레오타이드에 의해서 방해된다. 라이보스의 헤미아세탈탄소에서 입체모양은 반응 중에 반대로 된다. PRPP의 이인산의 연결은 경로에 의해서 최종으로 만들어지는 퓨린뉴클레오타이드에서 N-라이보실 결합의 모양이 된다. 반응 10-32는 항생제 아자세린(azaserine)에 의해서 방해된다. 글루타민이 관여되는 연속되는 다음 반응들도 역시 아자세린에 의해서 방해된다.

다음 단계로, 아미노산인 글리신의 아마이드그룹이 라이보실아민에 연결된다. 그래서 반응이 ATP에 의해서 공급된 에너지의 공급원이 필요하게 된다.

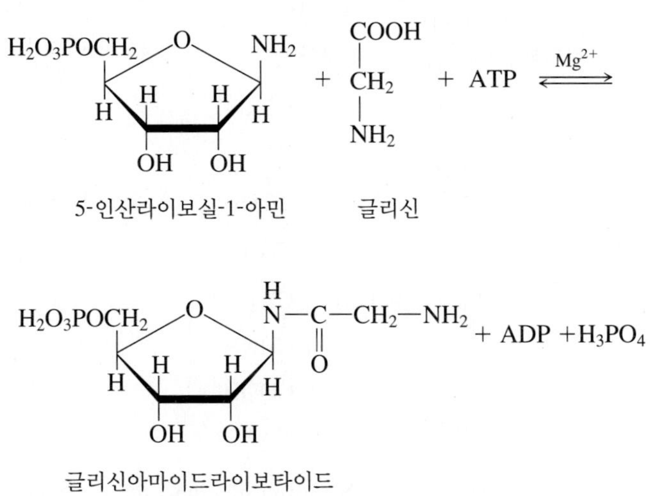

(10-33)

이 단계의 반응 10-33에서 얻어진 글리신아마이드라이보타이드는 포밀이동조효소인 N^5, N^{10}-메테닐-THF로부터 포밀그룹의 이동을 촉매하는 포밀이동효소(transformylase)에 의해서 포밀글리신아마이드라이보타이드를 만들게 된다.

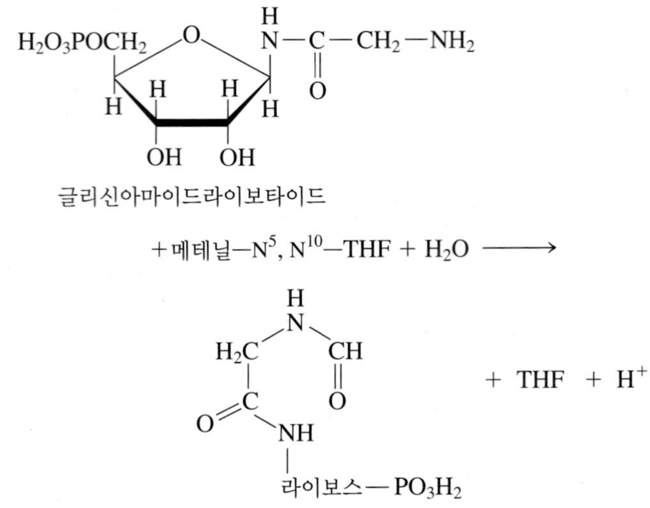

글리신아마이드라이보타이드

+메테닐—N^5, N^{10}—THF + H_2O ⟶ + THF + H^+ (10–34)

α-N-포밀글리신아마이드라이보타이드

이 반응과 엽산, 조효소를 필요로 하는 반응 10–34는 아미노테린 (amino pterin) 과 다른 유사한 바이타민에 의해서 방해된다. 이 단계에서 퓨린핵의 이미다졸고리의 모든 원자들은 인산라이보실 부분에 부착된다. 다음에 인산라이보스를 라이보스-PO_3H_2로 나타낸다. 다음 반응에서 퓨린 3의 위치에 질소원자를 첨가시키는 반응이 된다. 예측한 대로, ATP의 에너지로 글루타민에서 질소가 제공되고 있다. 질소가 도입되는 메커니즘 아마 인산화된 중간체가 관여되는 글루타민의 합성에서와 비슷할 것으로 예상하고 있다.

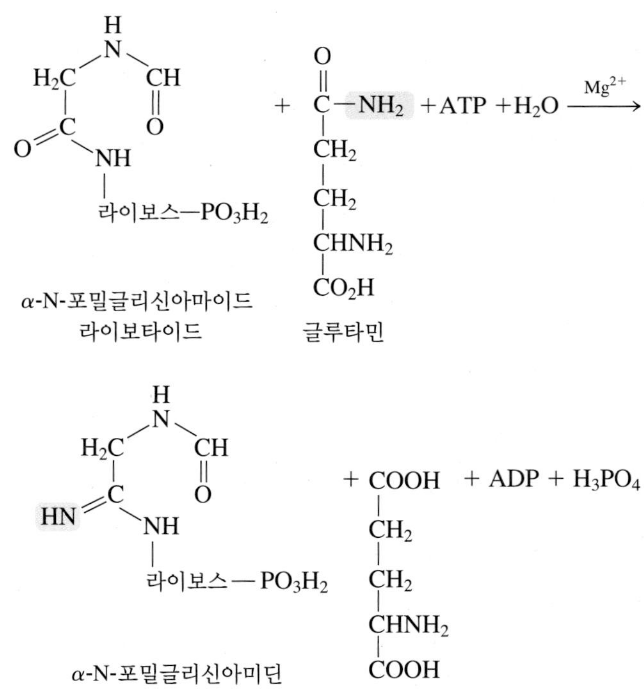

α-N-포밀글리신아마이드 라이보타이드 + 글루타민 + ATP + H_2O $\xrightarrow{Mg^{2+}}$

α-N-포밀글리신아미딘 라이보타이드 + 글루탐산 + ADP + H_3PO_4 (10–35)

α-N-포밀글리신아미딘라이보타이드 (α-N-formyl-glycineamidine ribotide) 는 ATP가 필요한 탈수반응에 의해서 고리의 폐쇄가 일어난다. 이 단계에서 퓨린핵의 이미다졸고리가 만들어진다. 그리고 ATP는 가수분해되어 ADP와 H_3PO_4가 얻어진다.

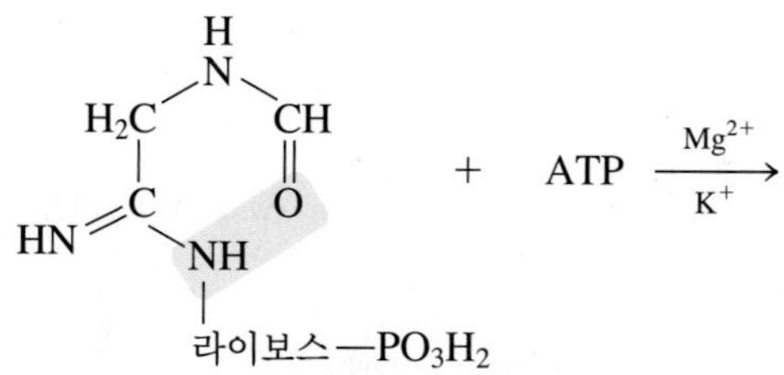

α-N-포밀글리신아미딘
라이보타이드

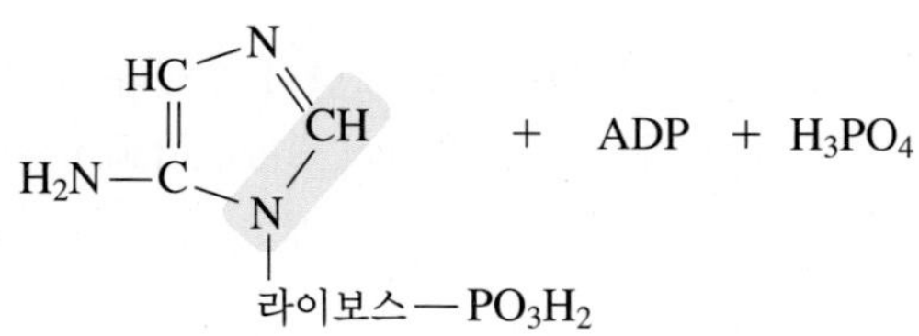

(10-36)

5-아미노이미다졸
라이보타이드

퓨린골격에 3개의 나머지 원자들이 추가되기 위하여, 다음에 6의 위치에 탄소원자가 부가되고 있다. 이 반응이 수행되기 위하여 조효소 바이오틴이 필요하며, 반응 10-37의 반응을 촉매하는 박테리아의 효소체계에 의하여 바이오틴의 필요성이 증명되고 있다.

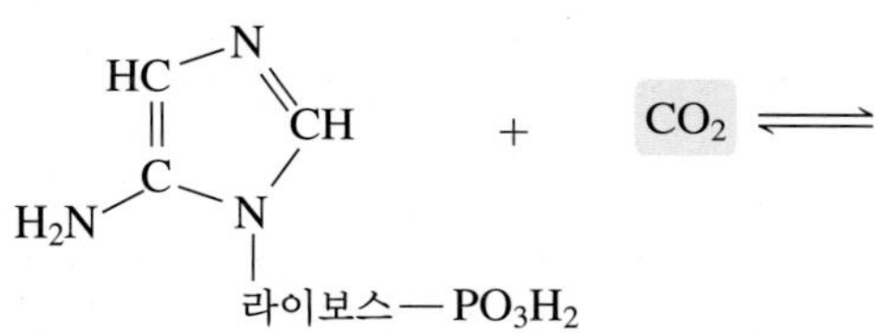

5-아미노이미다졸
라이보타이드

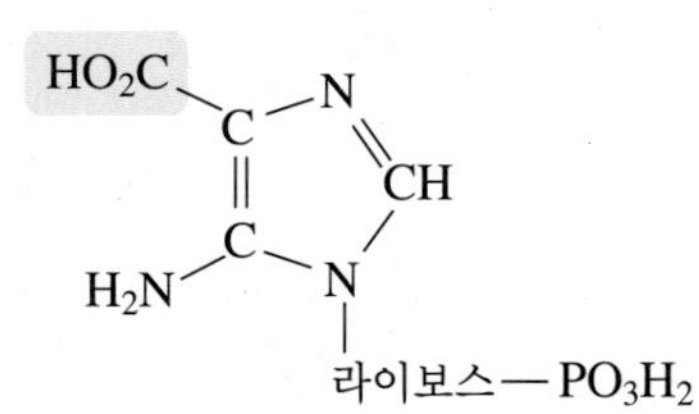

(10-37)

5-아미노이미다졸
4-카복시라이보타이드

이 경로의 다음 단계는 중간대사의 몇몇 반응으로, 질소원자가 아스파트산에 의해서 공급된다. ATP가 에너지원으로 요구되는 요소회로의 아르지니노석신산의 합성과 매우 유사하다.

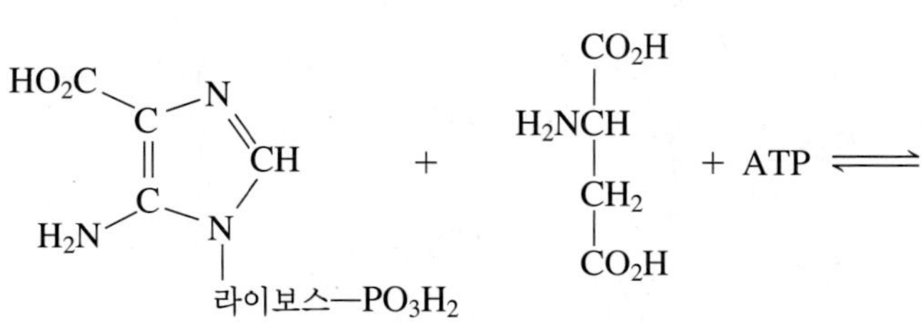

5-아미노이미다졸
4-카복시라이보타이드

아스파트산

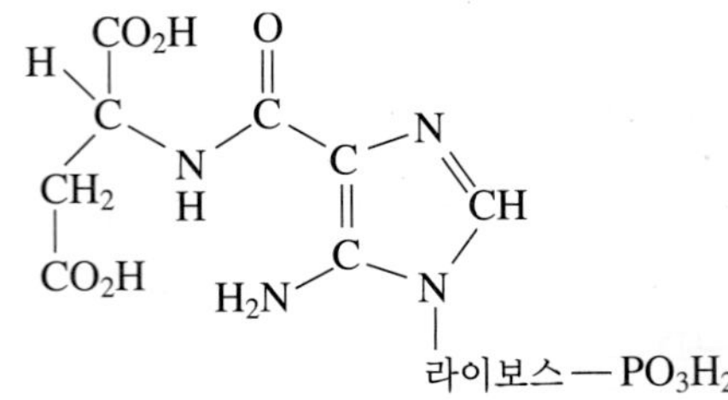

+ ADP + H_3PO_4 (10–38)

5-아미노이미다졸-4-N-석시노
카복사마이드라이보타이드

그러나 이 경우, ATP가 ADP와 H_3PO_4로 절단되고 있다. 부수적으로 석신산카복사마이드 (succinocarboxamide) 유도체는 아스파테이스 (aspartase) 형태의 반응에서 아르지니노석신산의 절단과 매우 유사하게 퓨말산을 만들게 된다.

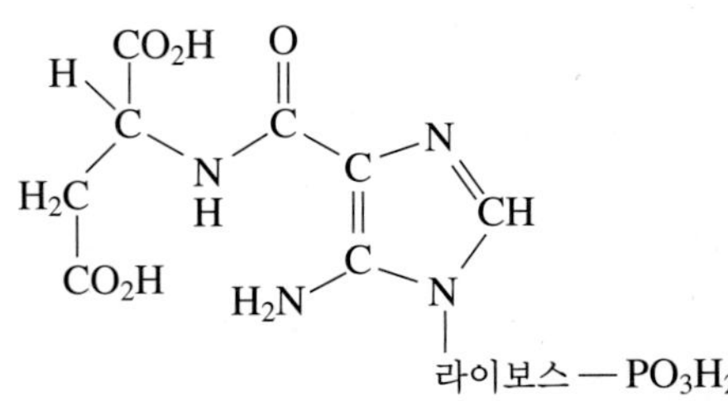

$\rightleftharpoons$

5-아미노이미다졸-4-N-석시노
카복사마이드라이보타이드

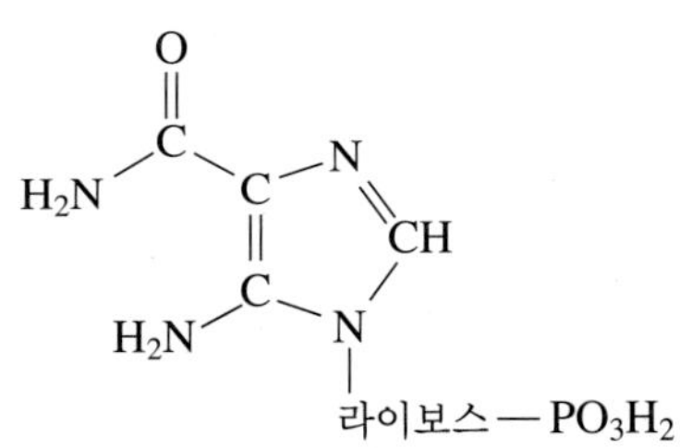

+

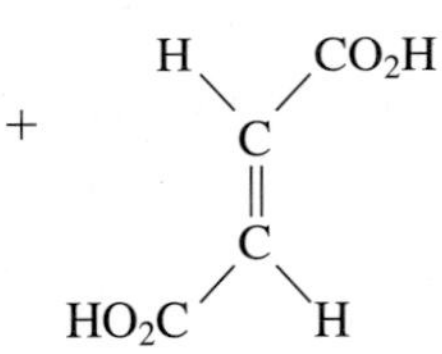

(10–39)

5-아미노이미다졸
4-카복사마이드라이보타이드

퓨말산

고리가 폐쇄되기 위하여 퓨린의 6위치원자의 고리를 만들려면 한 개의 마지막 원자가 필요하게 된다. 이 원자는 포밀그룹의 형태로 엽산의 단일탄소이동의 대사를 통하여 제공된다. 이 반응은 역시 설폰아마이드 항생제에 의해서 방해된다.

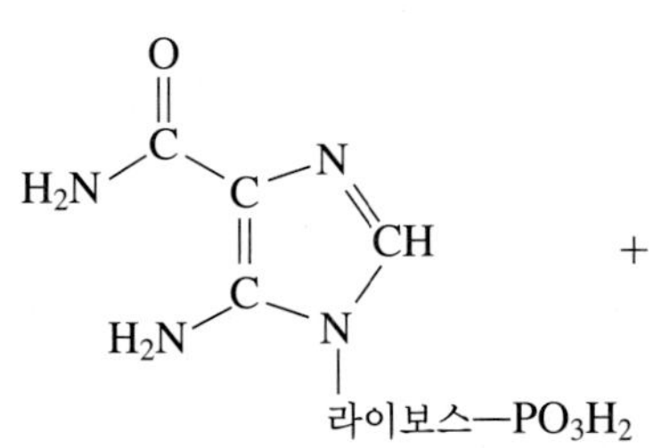

+ 포밀-N^{10}—THF $\rightleftharpoons$

5-아미노이미다졸-4-N-카복사마이드
라이보타이드

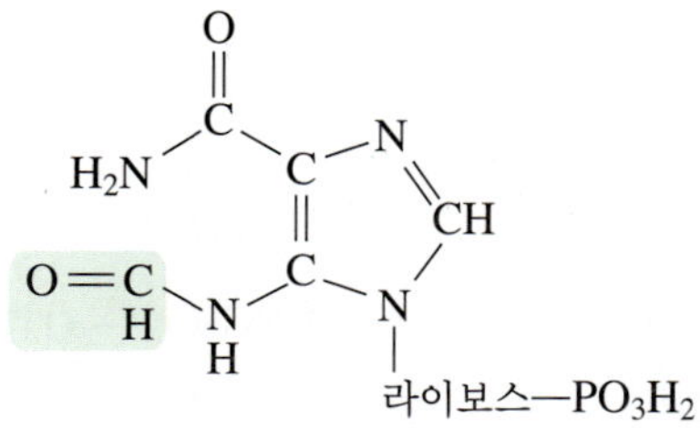

$+$ THF (10-40)

5-아미노이미다졸-4-카복사마이드
라이보타이드

고리의 폐쇄는 가역반응으로, H_2O의 제거를 촉매하는 효소의 존재하에서 일어난다. 생성물은 RNA와 DNA의 성분은 아니지만, 생체물질로 자유롭게 나타나는 이노신산 (inosinic acid) 이 된다.

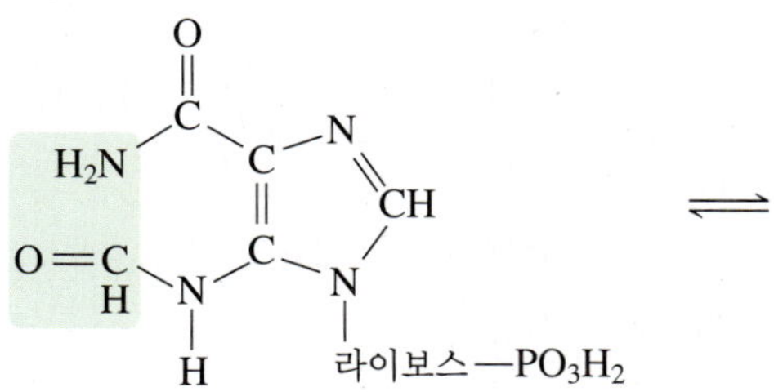

5-아미노이미다졸-4-카복사마이드
라이보타이드

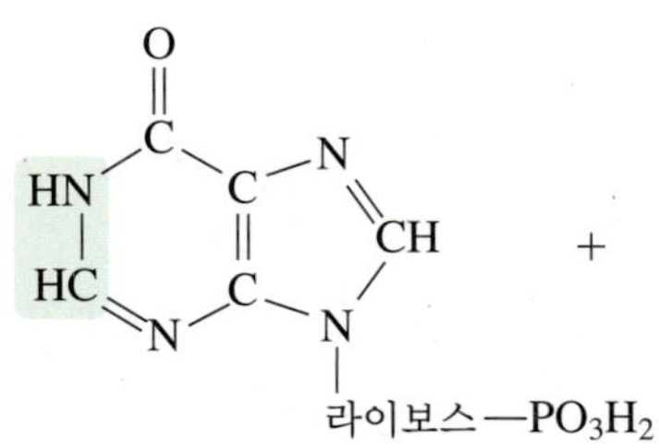

$+$ H_2O (10-41)

이노신산(IMP)

여기서 반응 10-32에서 10-41까지 전체반응을 적으면 다음과 같다.

$$2NH_3 + 2\ 포밀산 + CO_2 + 글리신 + 아스파트산 +$$
$$라이보스\text{-}5\text{-}인산 = 이노신산 + 퓨말산 + 9H_2O$$

이들 과정을 수행하기 위하여 필요한 에너지는 물론 ATP분자에 의해서 제공되며, 절단에 의해서 ADP와 H_3PO_4가 만들어지는 한 개를 빼고, 모두가 반응에 소요된다.

$$9ATP + 9H_2O = 8ADP + 8H_3PO_4 + AMP + PPi$$

에너지가 필요한 생합성을 순서적으로 수행하기 위하여 분명한 반응들에 의해서 공급되는 에너지의 활용이 필수적이다.

2. 뉴클레오타이드의 상호변환

뉴클레오타이드 AMP와 GMP는 퓨린경로의 초기생성물인 이노신산으로부터 만들어지고 있다. AMP의 경우, 6위치의 질소원자는 치환된 석신산의 형성이 관여되는 반응에서 아스파트산에 의해서 제공된다. 이 반응이 반응 10-38과 전적으로 유사한 반응인 반면에, 다른 뉴클레오타이드삼인산인 GTP가 반드시 필요하다. 그 다음 치환된 석신산은 아스파테이스에 의해서 절단되어 AMP와 퓨말산을 만들게 된다(그림 10-27).

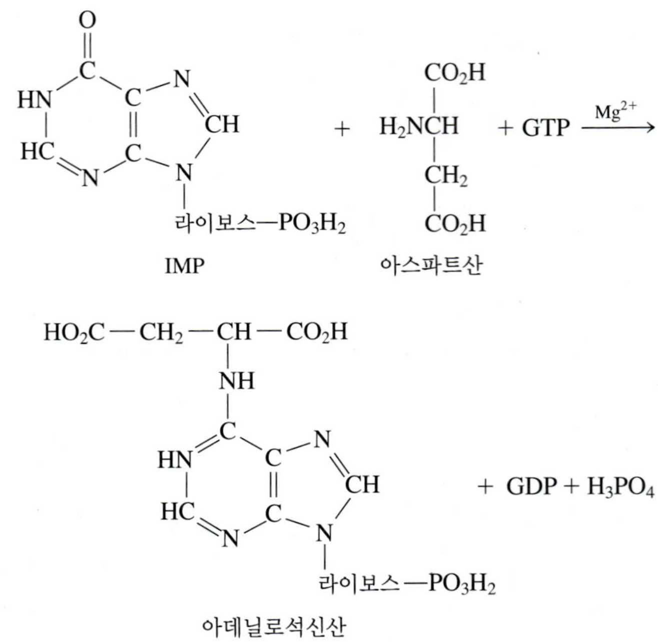

(10-42)

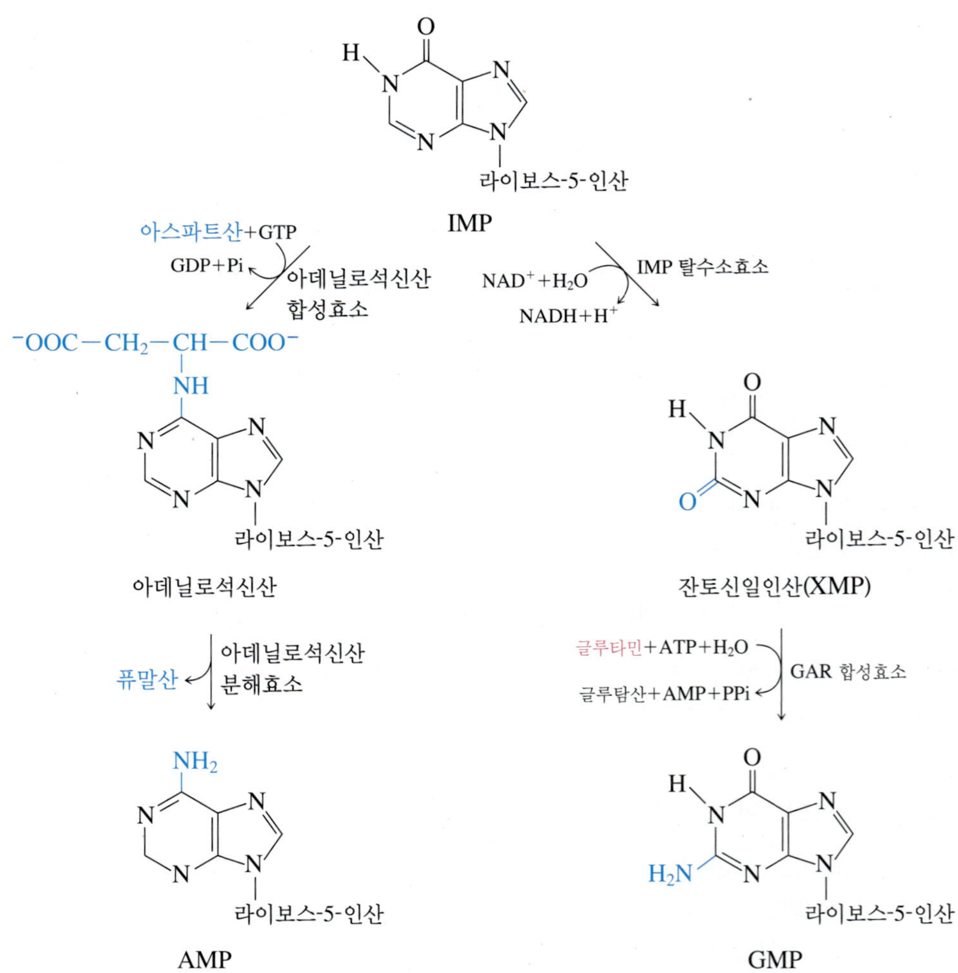

■ 그림 10-27 ■ 이노신산으로부터 AMP와 GMP의 신생합성.

이 반응은 반응 10-39와 유사하며, 두 반응을 촉매하는 효소들이 아마 동일한 것일 것이다.

구아닐산(GMP)의 합성의 경우, 퓨린핵의 2의 위치에 질소원자가 유입되어야 한다. 이노신산의 2위치의 탄소원자가 이미 높은 수준의 산화상태에 있는 아미노그룹을 획득할 수 있도록 하기 위하여, 먼저 더 높은 산화상태로 산화시켜야 한다. 산화는 니코틴아마이드뉴클레오타이드, NAD^+가 필요한 탈수소효소에 의해서 이루어진다.

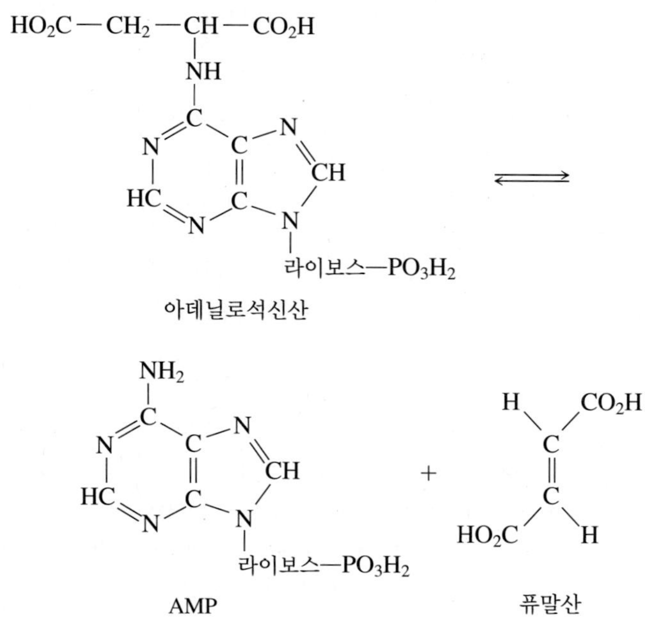

(10–43)

여기서 한 번 잔틸산(Xanthylic acid)이 얻어지면 질소원자는 글루타민으로부터 ATP를 활용하여 얻게 된다.

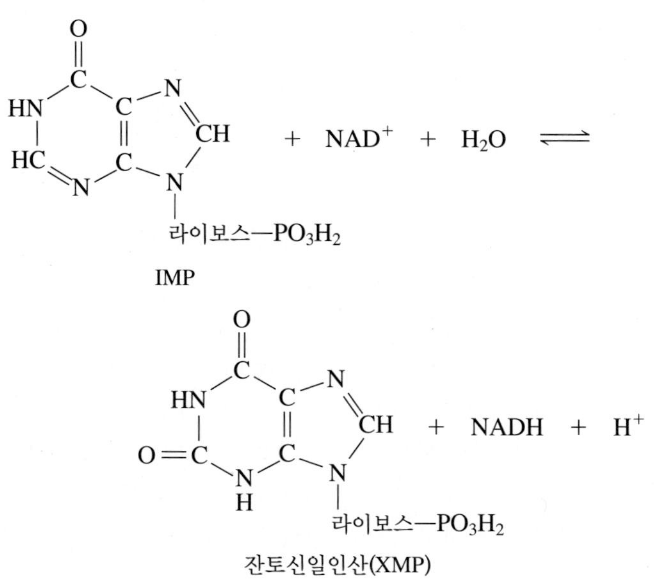

(10–44)

그리고 GMP를 생성하는 과정에, IMP탈수소효소에 의해서 XMP가 얻어진다. XMP는 ATP를 AMP와 PPi로 가수분해시키는 반응의 도움으로, 글루타민의 아마이드질소원자를 전달하여 GMP를 만들게 된다.

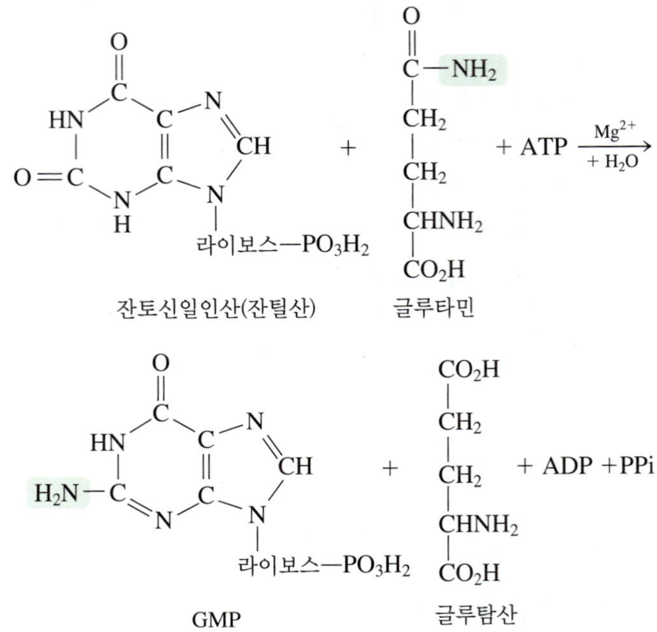

(10-45)

면역기능에 관여하는 B-림프 또는 T-림프세포가 많이 증식되게 하기 위하여 구아노신이 급격하게 공급되어야 하며, 따라서 여기에 작용하는 효소인 IMP탈수소효소의 활성이 증가되어야 한다. 그래서 곰팡이에서 얻은 마이코페놀산(mycophenolic aicd)은 IMP탈수소효소의 효과적인 방해제로, 신장의 이식수술 후에 이와 같은 **면역억제제(immunosup-prescent)**를 사용함으로써 면역에 따른 부작용을 최소화시키게 된다.

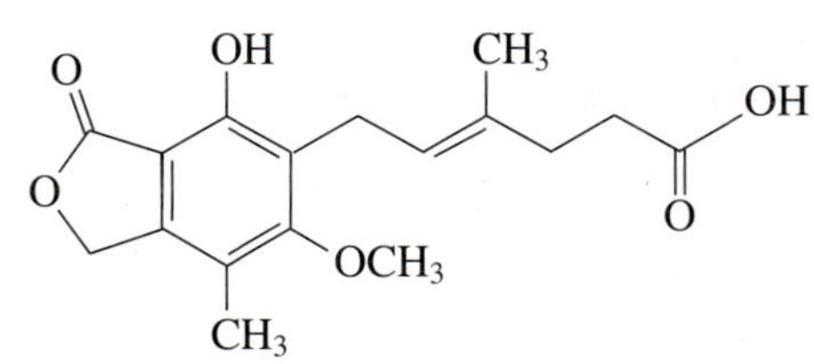

마이코페놀산

3. 퓨린뉴클레오타이드생합성의 조절

퓨린모노뉴클레오타이드생합성의 조절은 생합성 순서에서 나타나고 있듯이 두 다른 수준에서 조절이 가능하다. 생합성 경로의 첫 단계로 보여지는 이 반응을 촉매하는 효소는 최종생성물인 AMP, ADP 및 ATP에 의해서 어떤 조절부위가 방해되며, 또 다른 조절부위는 GMP, GDP 및 GTP에 의해서 **되먹임방해(feedback inhibition)**를 받게 된다.

또 다른 조절은 합성과정에서 서로 갈라지는 지점인, 이노신에서 주로 이루어진다. 반응 10-42에서 최종적으로 AMP가 만들어지고 GTP를 필요로 하며, 반면에 반응 10-44와 10-45에서 GMP를 만들고, ATP를 필요로 하고 있다. 그래서 ATP가 충분하게 되면 높은 농도는 더 많은 GMP를 만들게 하고, 반대로 여분의 GTP는 더 많은 AMP, 즉 ATP를 만들게 된다(그림 10-28).

10.4.2 피리미딘라이보뉴클레오타이드의 생합성

1. 피리미딘뉴클레오타이드의 합성

피리미딘의 핵에 포함된 원자들은 세 개의 간단한 전구체들인 CO_2, NH_3 그리고 아스파

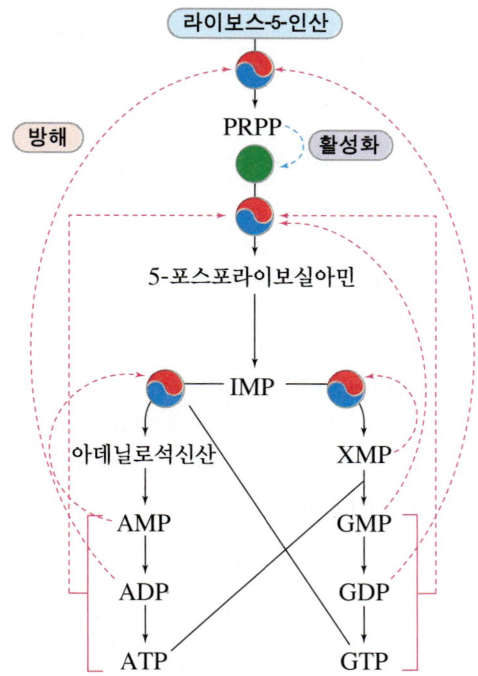

그림 10-28 퓨린생합성의 되먹임조절. 태극모양의 원과 청색원은 조절작용을 받는 효소를 나타낸다. 최종생성물에 의해서 되먹임방해는 붉은 점선으로 나타내고 있다. 한편, 반응물에 의한 효소활성화는 녹색화살표로 표시하고 있다.

트산으로부터 유래된다.

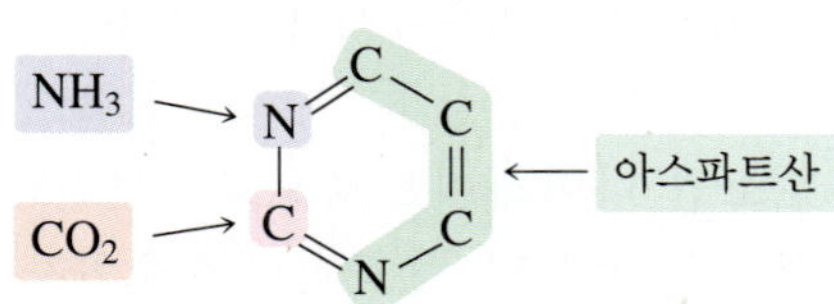

피리미딘의 생합성경로는 카바모일인산에서 카바모일그룹을 아스파트산으로 이동시켜 N-카바모일아스파트산(N-carbamoyl aspartic acid, ureidosuccinic acid)을 생성하는 반응으로부터 시작된다(그림 10-29).

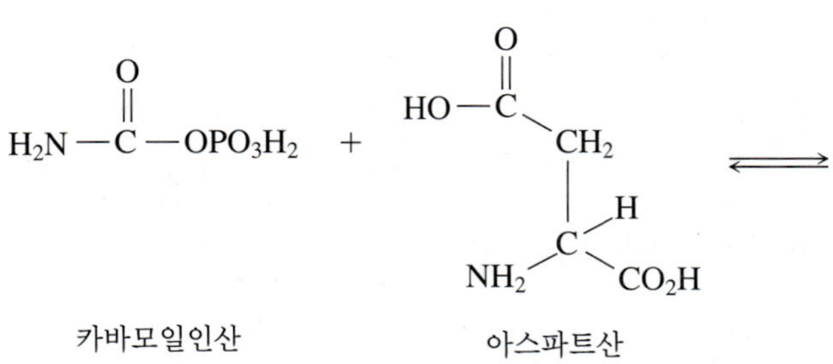

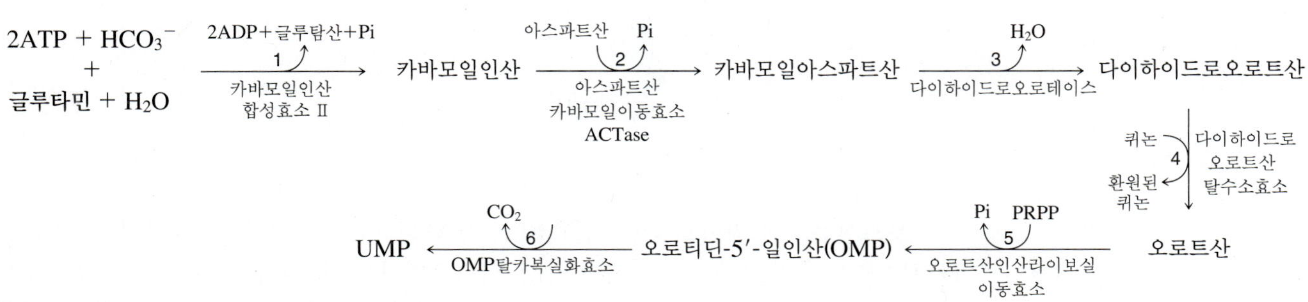

그림 10-29 피리미딘, UMP의 생합성.

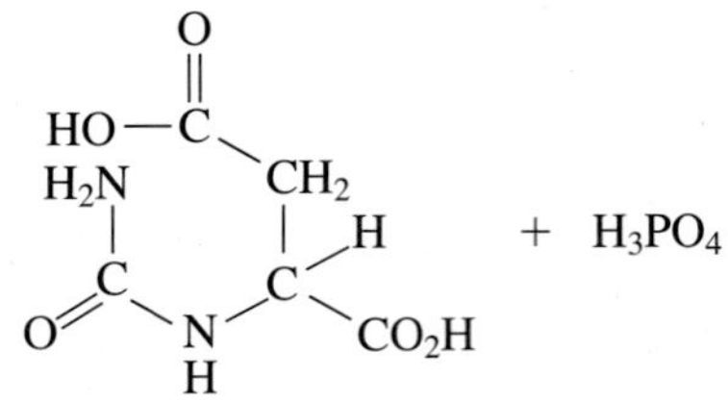

(10–46)

N-카바모일아스파트산
(유레이도석신산)

카바모일인산은 세포에서 유기물질에 질소원자를 도입시키는 두 개의 주된 화합물 중의 하나가 된다. 반응 10–46을 촉매하는 효소는 아스파트카바모일이동효소(aspartic trans-carbamoylase)로, 합성 경로의 생성물로 알려진 CTP에 의해서 되먹임 방해되는 지역이 된다. N-카바모일아스파트산의 고리의 연결은 다이하이드로오로테이스 (dihydrooro-tase)에 의해서 다이하이드로오로트산(dihydroorotic acid)을 만들면서 가능하게 된다.

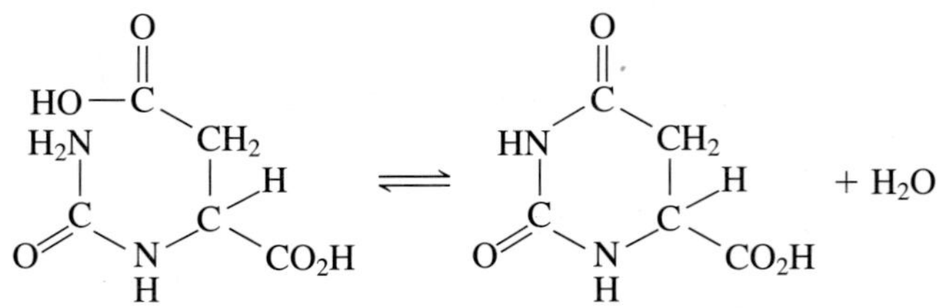

(10–47)

N-카바모일아스파트산 다이하이드로오로트산

이 탈수반응은 자유롭게 가역적이고, 평형에서 2 : 1의 비율로 열린사슬화합물이 지배적이다.

다음 단계에서 플라빈효소인 다이하이드로오로트산탈수소효소 (dihydroorotic dehydorgenase)는 근처의 탄소원자로부터 두 분자의 수소원자를 제거함으로써 탄소-탄소 이중결합을 형성하여 오로트산의 생성을 촉매하게 된다. 대신 환원된 플라빈은 NAD-좌우되는 탈수소효소에 의해서 재산화된다 (10–48).

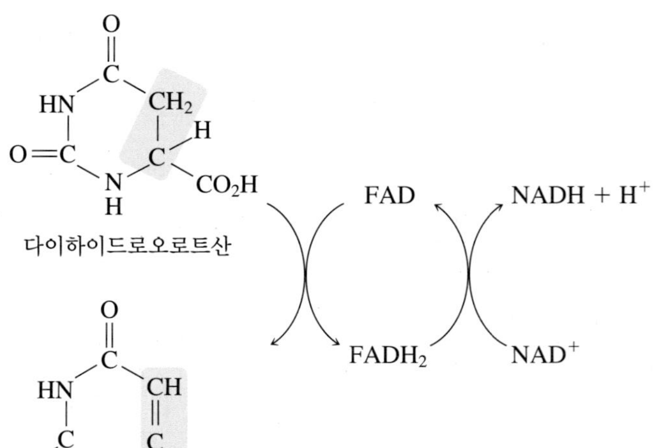

(10–48)

다이하이드로오로트산

오로트산

오로트산은 인산라이보실이인산(PRPP)과 반응하여 5-인산라이보실부분 (라이보스-PO_3H_2)을 얻게 되고, 뉴클레오타이드오로티딘-5-인산이 만들어진다. 이 과정에서 오로트산의 고리질소는 친핵성으로 반응하여 PRPP의 이인산을 대체시키고, β-N-글라이코실결합을 생성한다 (10-49).

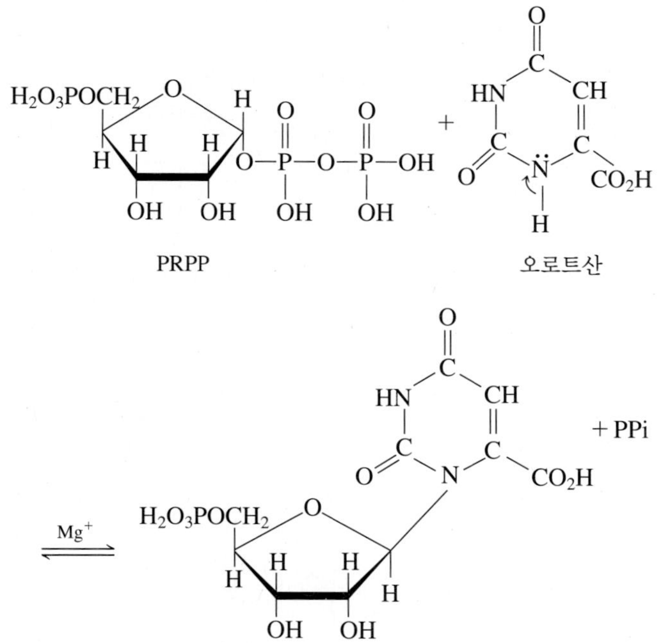

PRPP　　오로트산

오로티딘-5′-인산
(오로티딜산)

(10-49)

최종적으로 오로트산은 특수한 탈카복실화효소에 의해서 탈카복실화되어 유리딘-5′-인산 (UMP) 을 만들게 되며, 사이티딘과 타이민뉴클레오타이드합성의 출발점이 된다.

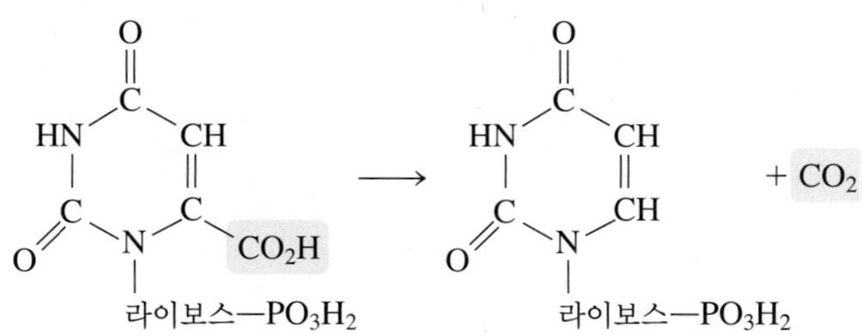

오로트산　　유리딘-5′-인산
(UMP)

(10-50)

퓨린과 피리미딘의 일인산유도체가 얻어지면 이인산 및 삼인산의 유도체의 생성이 쉽게 가능하다. 특수한 인산화효소가 ATP로부터 인산기를 이동시켜 특수 뉴클레오사이드 일인산인 NMP에 옮기게 된다.

$$\text{NMP} + \text{ATP} = \text{NDP} + \text{ADP} \qquad (10\text{–}51)$$

이들 인산화효소는 각각의 염기에 대단히 기질특이성이지만, 라이보스나 데옥시라이보스에 모두 반응한다. 뉴클레오사이드이인산의 합성은 ADP의 제거나 산화적인 인산화에 의해서 ATP로 되기 때문에 반응을 선호된다. 대신 삼인산염은 뉴클레오사이드이인산 인산화효소의 인산화에 의해서 얻어진다.

$$\text{NDP} + \text{XTP} = \text{NTP} + \text{XDP}$$
$$\text{dNDP} + \text{XTP} = \text{dNTP} + \text{XDP}$$

이 효소는 자연의 모든 곳에 존재하며, 아무 염기나 또는 라이보스, 데옥시라이보스에 상관없이 상당히 비특이성을 갖는다. 이때 공여체(XTP)는 보통 ATP이고, 다른 삼인산의 합성은 에너지를 발생하는 인산화과정들에 의해서 ADP로부터 ATP를 재생하는 세포의 능력에 따라 좌우된다.

CTP는 UTP에 아민기를 결합시키는 반응의 CTP합성효소(CTP synthetase)에 의해서 얻어진다. 아민은 동물의 경우 글루타민에서 얻고, 미생물의 경우에는 NH_3에서 얻는다.

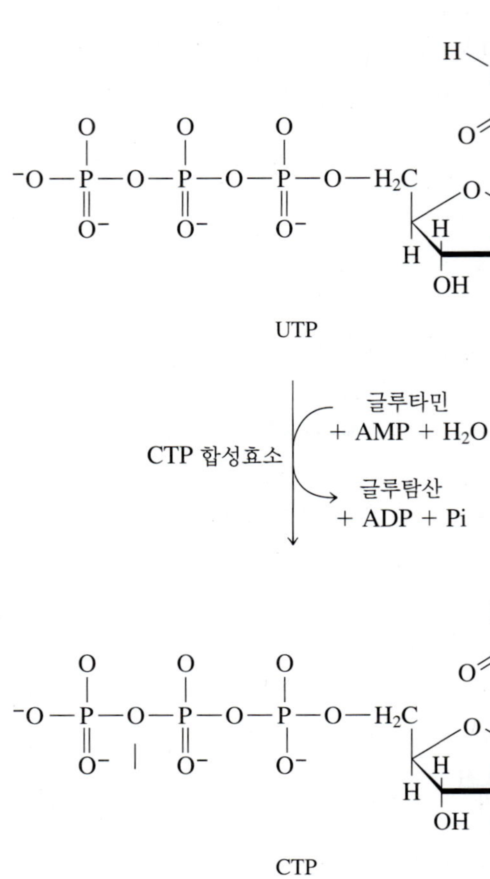

(10–52)

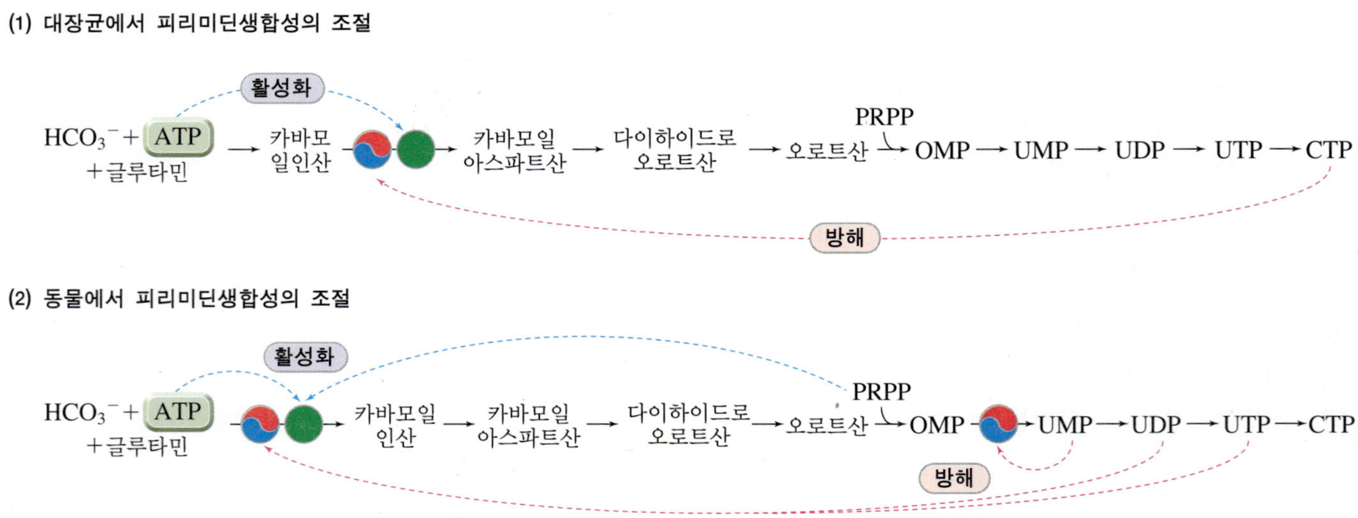

그림 10–30 피리미딘생합성반응의 조절. 대장균과 미생물에서 조절은 태극모양의 기호와 녹색원으로 나타내고 있으며, 두 유기체간에 미세한 차이가 있다. 되먹임방해는 붉은 화살표로 나타내고, 녹색화살표는 활성을 나타낸다.

2. 피리미딘뉴클레오타이드의 합성의 조절

피리미딘생합성의 조절은 동물과 미생물에서 약간 다른 방법으로 이루어진다(그림 10-30). 동물의 경우 두 번째 반응의 ATCase가 조절되는 효소는 아니고, 카바모일합성효소 II의 효소활성이 조절되는데, UDP와 UTP에 의해 억제되고, ATP와 PRPP에 의해서 활성화된다. OMP탈카복실화효소에 의해서 조절이 일어나며, CMP는 경쟁적인 방해제이다. 세균의 경우에는 ATCase가 조절의 대상이 되는 효소이다. 대장균의 경우, ATCase는 ATP가 다른자리입체성으로 활성제가 되고, CTP는 효소의 억제제가 된다.

유전적으로 피리미딘뉴클레오타이드생합성과정에서 5, 6번째 반응을 촉매하는 이중기능의 효소가 유전적으로 결손되면 다량의 오로트산을 배출하게 되며, 생육지체 및 극심한 빈혈증에 걸리게 된다. 치료방법으로 유리딘 또는 사이티딘을 투여하게 되면 뉴클레오사이드가 인산그룹과 UMP를 만들게 되어 오로트산 합성속도를 감소시키고, 카바모일인산합성효소 II의 활성을 억제함으로써 치료의 효과를 나타낸다.

10.4.3 데옥시라이보뉴클레오타이드의 생합성

DNA의 합성은 생체고분자의 전구체로 기능하는 네 개의 데옥시라이보뉴클레오타이드의 합성과 공급에 따라 좌우된다. 생화학이 갖는 단순성은 이 과정에서 쉽게 분명해진다. 앞에서 논의된 여러 생합성반응에서 와는 달리, 단지 한 번의 반응으로 이런 화합물을 생성하도록 한다는 것이다. 반응의 구체적인 사실이 이제 분명해지고 있지만, 현저하게 단순한 것이 특징이다.

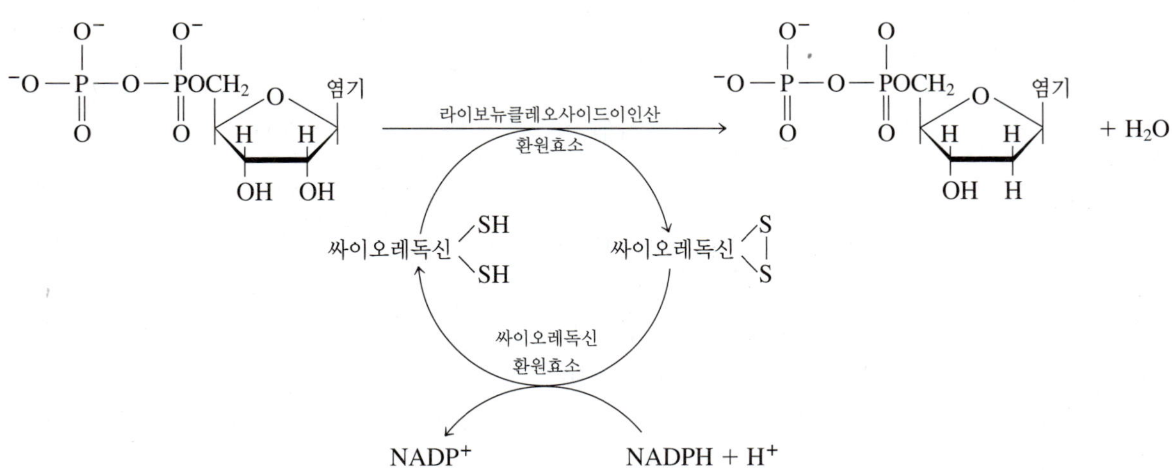

(10-53)

대장균에서 라이보뉴클레오사이드이인산환원효소(ribonu-cleoside diphosphate reductase)는 반응 10-53과 같은 반응을 촉매한다.

이 과정에서 환원제에 의해서 환원된 싸이오레독신(thiore-doxin)은 산화환원 운반체로 기능하는 비교적 작은, 간단한 폴리펩타이드이다. 싸이오레독신의 활성그룹은 두 개의 시스테인 잔기로 산화되어 내부 이황화(S—S—) 그룹을 형성한다. 산화된 싸이오레독신은 플라보단백질인 싸이오레독신환원효소(thioredoxin reductase)의 존재하에 NADPH에 의해 다시 환원된다.

대장균의 라이보뉴클레오사이드이인산환원효소는 비힘철을 포함하고 있다. 이는 4개의 자연적인 라이보뉴클레오타이드인 ADP, GDP, CDP 그리고 UDP를 환원시킨다. 동물조직의 종양세포, 그리고 고등식물에서 발견된 이 환원효소는 대장균의 것과 유사하고,

싸이오레독신은 환원제이며, 기질은 이인산이 된다. 다양한 원핵세포 (lactobacillus, clostrid-ium, pseudomonas, bacillus) 에 존재하는 다른 환원효소는 환원의 기질은 뉴클레오사이드삼인산이고, 환원제는 바이타민 B_{12} 조효소인 5,6-다이메틸벤즈이미다졸코발아

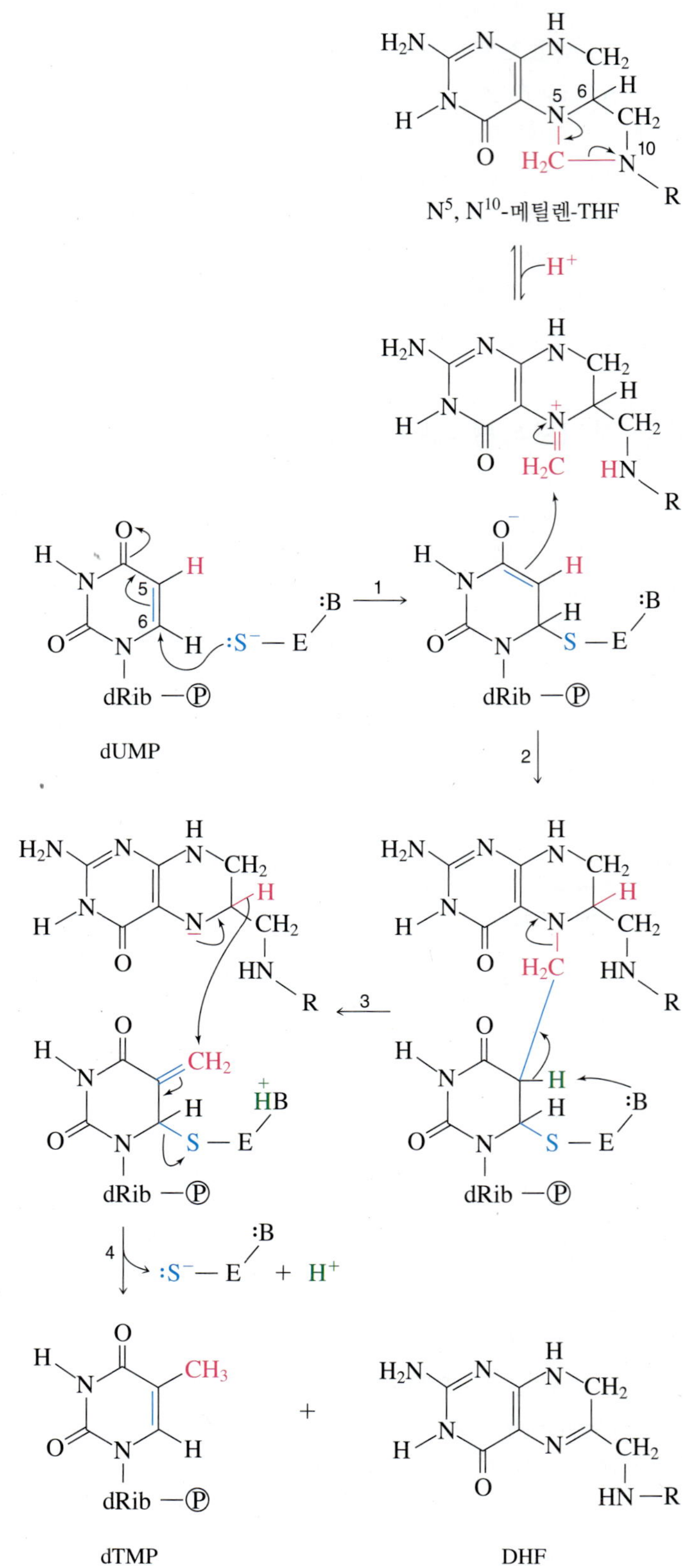

■ 그림 10-31 ■ 타이미딜산의 합성의 효소촉매메커니즘. 메틸기는 DHF로 산화되는 N^5, N^{10}-메틸-THF에 의해서 공급된다.

민으로, 서로 다르다. B_{12} 보조효소는 아데노실 부분의 5′-메틸렌그룹이 수소이전에 관여되는 반응의 환원을 수행한다.

라이보스에서 데옥시라이보스의 변환으로, 실제로 생화학과정에서 희귀하게 일어나는 탈산소화반응 (deoxy-genation) 이다. 예를 들면, 수소화에 의해서 탈수화 또는 인산화와 하이드라이드의 교체 등의 반응이 일어날 수 있긴 하지만, 이러한 메커니즘이 데옥시라이보스의 형성에 관여되지 않고 있다. 이 과정에서 −OH그룹은 어떤 중간체의 관여 없이 직접 환원되는 것으로 보인다.

타이민은 타이민합성효소 (thymidylate synthetase) 와 사수소엽산 (THF) 에 의해서 데옥시유리딜산으로부터 만들어진다. THF는 탄소와 수소를 공급하고, 코바마이드조효소는 역시 이 반응과 관련되고 있다. 이렇게 엽산이 필요한 과정은 아미노테린 (aminopterin) 과 아메도테린 (amethopterin) 에 의해서 방해된다 (그림 10-31) .

10.4.4 뉴클레오타이드의 분해

1. 퓨린의 분해

새나 육상파충류들의 단백질대사에서 발생되는 NH_3는 요산의 형태로 배설한다. 한편 사람, 영장류, 달마샨개, 새 그리고 일부 파충류에서, 퓨린대사에 주된 최종분해산물이 요산이기도 하다 (그림 10-32) . 자유로운 퓨린염기는 요산으로 변경된다. 요산의 형성을 촉매하는 잔틴산화효소 (xanthine oxidase) 는 다른 산화효소들과 함께 신장의 퍼옥시좀에서 발견되고 있다. 영장류 이외에 포유류, 대부분의 파충류는 퓨린대사에 최종산물로 알란토인 (allantoin) 을 생성한다. 그러한 생명체는 요산을 알란토인으로 바꾸는 효소인 유리케이스 (uricase) 를 가지고 있다. 경골어류는 알란토인을 알란토산으로 변경시키고, 반면에 대부분의 물고기와 양서류는 알란토산을 요소나 글라이옥실산으로 분해시킨다 (그림 10-32) .

통풍은 물에 잘 녹지 않은 요산의 소듐염이 주로 관절에 축적되어 신경말단부를 자극함으로써 엄청난 통증을 유발하는데, 주로 성인 남자에게 나타나는 질병이다. 이 요산 소듐염은 신장이나 방광에 결석으로 나타나기도 한다. 이 질병은 대사기능의 불완전한 수행으로 하이포잔틴-구아닌인산라이보실이동효소 (HGPRT) 의 결핍 때문에 PRPP의 축적으로 과다한 요산염이 만들어지는 것이 원인으로 밝혀지고 있다. 치료제로는 잔틴산화효소의 방해제인 알로퓨리놀 (allopurinol) 을 사용한다. 알로퓨리놀의 구조는 N^7과 C^8의 위치가 변경된 하이포잔틴의 유도체이다.

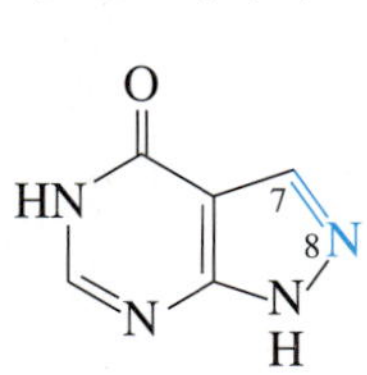

알로퓨리놀

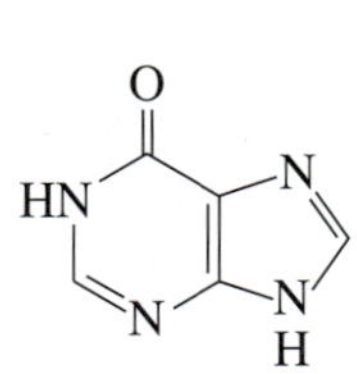

하이포잔틴

이때 잔틴산화효소가 하이포잔틴을 분해시키듯이, 알로퓨리놀의 가수분해로 만들어진 알로잔틴은 환원된 상태의 효소에 결합하여 활성을 정지시키게 된다.

2. 피리미딘의 분해

퓨린 뉴클레오타이드의 분해와 비슷하게 탈인산화, 탈아미노화 그리고 글라이코사이드결합의 절단으로 피리미딘을 분해시킨다 (그림 10-33). 사이티딘과 유라실 모두 유리딘으로 얻어지며, 유리딘가인산분해효소에 의해서 유라실 또는 타이민이 만들어진다. 다음 하이드라테이스에 의한 물분자의 첨가로 피리미딘고리가 파괴되어 β-유레이도프로피온산이 얻어진다. 분해대사의 최종산물은 β-알라닌과 β-아미노아이소뷰틸산을 거쳐 지방산합성의 전구체인 말로닐CoA와 TCA회로의 석신산이 되는 메틸말로닐CoA가 얻어진다.

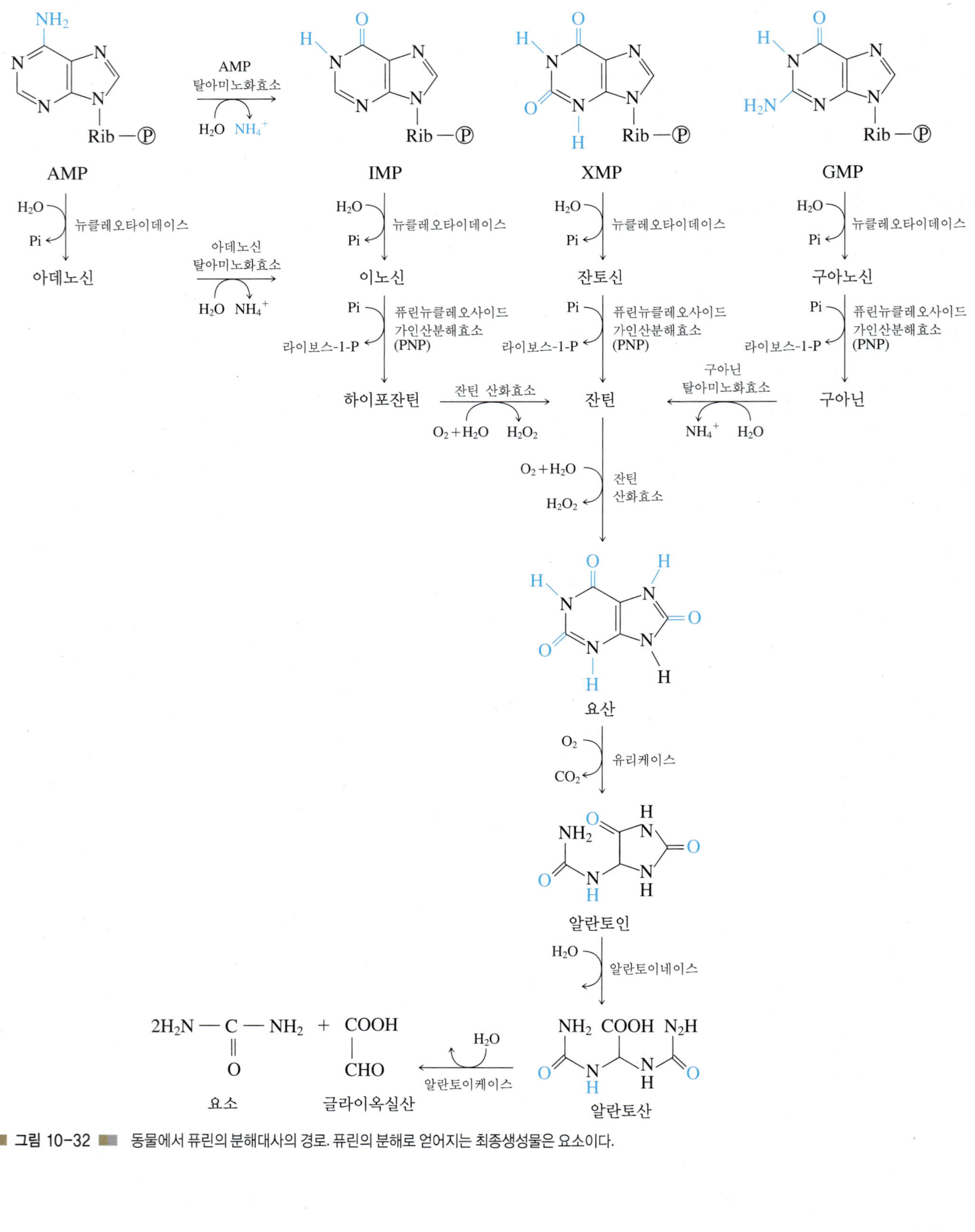

■ 그림 10-32 ■ 동물에서 퓨린의 분해대사의 경로. 퓨린의 분해로 얻어지는 최종생성물은 요소이다.

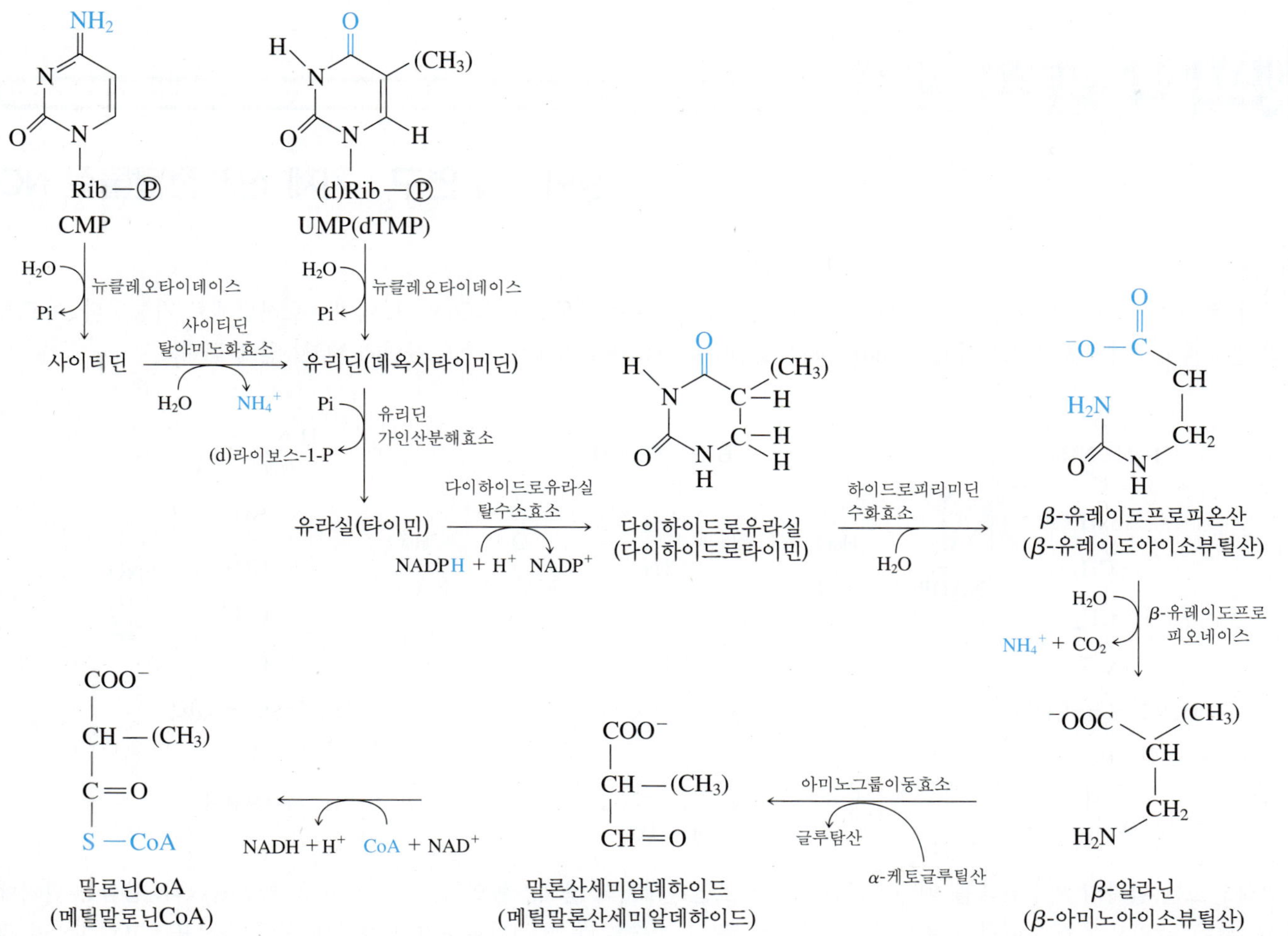

■ 그림 10-33 ■ 동물에서 피리미딘의 생분해반응의 경로.

생화학 둘러보기

생화학의 연구 : 기체 신호전달물질 NO

우리의 몸 속에서 중요한 기능을 수행하는 가장 적은 기체분자는 산화질소(NO)이며, 이차신호전달체로 기능한다. 아르지닌의 분해과정에서 산화질소생성효소(nitric oxide synthase, NOS)에 의해서 사이트룰린과 NO를 얻게 된다.

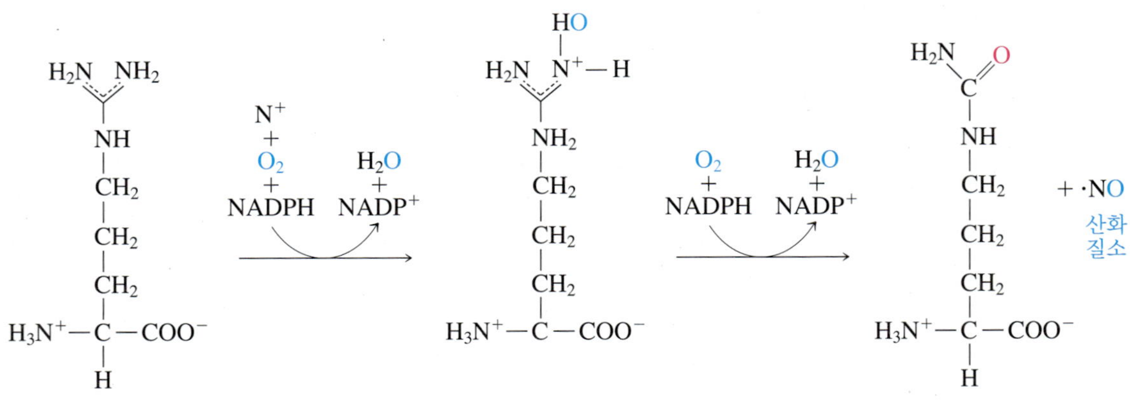

아르지닌 N-ω-하이드록시 아르지닌 싸이트룰린

산화질소는 혈관의 확장효과를 매개시키는 나이트로글리세린의 분해산물의 연구 중에 처음 확인되었다. 협심증 환자에게 나이트로글리세린을 투여하면 충분한 혈류의 공급으로 가슴의 통증을 완화시키기 때문에 지금도 사용되고 있다. 이 과정에서 NO는 근육을 부드럽게 하는 유도신호로 작용함을 밝혀내게 되었다. 실제로 아르지닌은 내피혈관세포에서 합성되고, 내피혈관 이완인자의 전구체로 기능함이 이미 알려졌다.

NOS는 동형이량체의 단백질(분자량 125~160KD)로, 소단위체에 한 개씩의 FMN, FAD, 테트라바이오테린 및 힘[Fe(III)]을 가지고 있다. 이렇게 보조인자들은 아르지닌에서 5개의 전자를 산화시키면서 NO를 만들게 된다. 특히 신호전달과정에서 NO는 기체이므로 확산이 매우 빨라서 효과가 즉시 나타난다.

NO는 중추신경조직의 기능에 필수적이며, 대뇌와 다른 동맥의 팽창에 기능하는 것으로 알려지고 있다. NO가 초산화물과 반응하여 반응성이 큰 수산화물을 만들게 되며, 이 수산그룹은 외부에서 침입된 세균에 치명적으로 작용하기도 한다.

고동생물에서 NO는 신경전달경로의 전달체로 관여하며, 구아닐산고리화효소(guanylate cyclase)에 부착하여 효소를 활성화시키는 신호를 세포내부로 전달하게 한다. NO가 급격히 증가되면 효소의 활성화로 많은 cGMP가 근육을 부드럽게 이완시키는 작용을 하게 된다. 높은 수준의 cGMP는 인산다이에스터레이스 5(phosphodiesterase 5)의 작용으로 cGMP를 가수분해시켜 농도를 떨어뜨리게 된다. 특히 발기촉진제인 실데나필(sildenafil)은 인산다이에스터레이스의 활성을 방해하여 cGMP의 농도를 높게 유지시키는 작용으로, 혈류를 집중시킴으로써 약효를 나타난다.

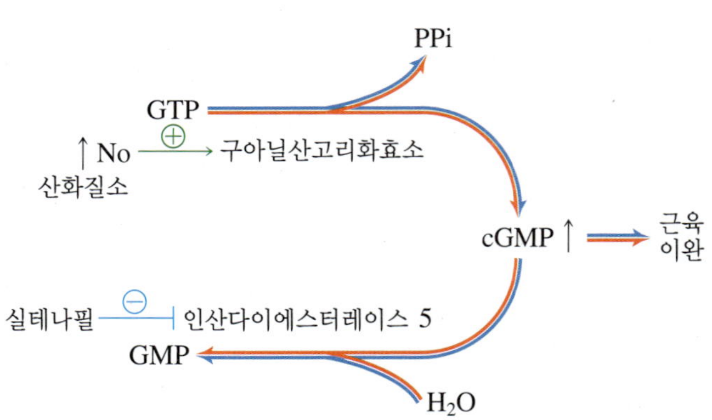

단원요약

1. 동물에서 단백질은 기관에 따라 전환속도가 다르다. 자연에 존재하는 아미노산들 중에 절반은 필수적인 아미노산으로, 생체내에서 합성하지 못하므로 외부에서 공급되어야 한다. 아미노산들은 분해되어 글루코스합성의 원료가 되는 경우를 글루코제닉하다고 하며, 분해된 최종산물이 TCA회로를 통하여 탄수화물 합성과정에 유입된다. 또 지방산이나 케톤체가 되는 케토제닉한 분해도 존재한다.

2. 아미노그룹의 이동반응에는 케토산의 수용체에 아미노그룹의 이동으로 새로운 아미노산이 얻어진다. 이 과정의 반응에는 PLP와 쉬프염기가 형성되고 토토머화에 의해 α-케토산과 PMP쉬프염기가 얻어지며, 다음 가수분해되어 케토산이 얻어진다. 이외에도 아미노산의 반응 중에는 탈 아미노화반응이 있으며, 산화성 탈아미노화반응은 플라보효소인 아미노산산화효소에 의해서 수행한다. 그 밖에도 암모니아분해효소로, 특수한 아미노화효소 또는 탈아미드화효소들에 의해서 아미노그룹이 제거되고, 아미노산의 탈 카복실화반응은 피리독살인산을 조효소로 사용한다.

3. 알라닌, 시스테인, 글리신 및 트레오닌은 분해되어 피루브산이 된다. PLP를 조효소로 필요하며, 아미노그룹이동반응에 사용된다. 글리신분해체계의 유전적인 효소의 결핍은 정신장애의 질병을 나타낸다.

4. 석시닐CoA로 분해되는 아미노산들로는 아이소루신, 메싸이오닌, 발린 등이 있다. 메싸이오닌은 분해 시 메틸그룹의 이동은 S-아데노실메싸이오닌 (SAM) 이 관련된다. 곁사슬을 갖는 아이소루신, 루신, 발린은 해당되는 α-케토산이 되고, 아미노그룹의 교환, 해당되는 아실CoA 산화적 탈카복실화와 이중결합을 위한 FAD에 의한 탈수소화반응을 거쳐 석시닐CoA가 얻어진다.

5. 라이신은 분해되어 케톤체인 아세틸CoA와 아세토아세트산이 된다. 동물에서 라이신의 분해는 사카로핀 경로를 통하여 분해된다. 아스파트산과 아스파라진은 분해되어 옥살아세트산이 된다. 아르지닌, 글루탐산, 글루타민, 히스티딘과 프롤린은 분해되어 글루탐산이 되며, 다음에 α-케토글루탈산으로 산화된다.

6. 페닐알라닌은 타이로신으로 되고, 탈아미노화되어 호모젠티스산, 4-말레일아세트산을 거쳐 퓨말산과 아세토아세트산이 얻어진다. 트립토판의 인돌은 파괴되어 키뉴레닌이 얻어지며, 가수분해되어 알라닌과 3-OH-안트라닐산이 얻어지며, 여러 단계를 거쳐 아세토아세트산이 된다.

7. 생체에서 유기질소화합물에 사용되고 남은 여분의 암모니아는, 동물에서는 암모니아를 요소회로를 통하여 배출하고, 요소회로는 한 가지 반응을 제외하고 아르지닌의 합성반응과 정확히 똑같다. 암모니아는 마이토콘드리아에서 탄산과 반응하여 카바모일산이 얻어지고, 카바모일산은 오르니틴과 반응하여 사이트룰린이 만들어진다. 사이트룰린은 세포질로 이동되고, 아스파트산과 아르지니노석신산이 만들어지며, 다음 퓨말산이 떨어져 나가면 아르지닌이 얻어지며, 분해되어 요소와 오르니틴이 만들어진다.

8. 요소회로에서 카바모일을 합성하는 효소인 카바모일인산합성효소는 N-아세틸글루탐산에 의해서 다른자리입체성으로 활성화시킨다. 질소의 고정은 식물에 공생하는 박테리아에 의해서 뿌리에서 생성되는 뿌리혹에서 진행된다. 질소고정의 분자메커니즘은 산환환원을 통한 전자의 공급과 연계되어 질소고정효소가 N_2를 환원시킴으로써 NH_3가 얻어진다. 전자의 전달에는 몰리브데늄페레독신과 아조페레독신이 관여된다.

9. 아미노산의 생합성에서 글루탐산족을 비롯하여 다섯 개의 다른 족이 있으며, 글루탐산족은 해당작용의 중간체들이 아미노산합성의 기초화합물이 된다. 시스테인과 세린은 인산글리셀산으로부터 합성되고, 글리신은 3-인산글리셀산으로부터 합성된다.

10. 알라닌, 아스파트산, 글루탐산, 아스파라진과 글루타민의 합성은 해당하는 α-케토산에 아미노그룹의 이동으로 합성되고, 이때 아미노그룹은 글루탐산으로부터 온다. 프롤린, 오르니틴, 아르지닌은 글루탐산으로부터 만들어진다.

11. 필수아미노산은 주로 미생물과 식물에서 합성된다. 루신, 아이소루신 및 발린은 피루브산족으로, TPP와 반응하여 얻어진 하이드록시에틸-TPP로부터 합성이 시작된다. 라이신, 메싸이오닌과 트레오닌은 탄소골격이 아스

파트산에서 유래되고, 메싸이오닌은 SAM에 의해서 메틸그룹을 얻게 된다.

12. 방향족 아미노산인 페닐알라닌, 타이로신 및 트립토판은 인산에놀피루브산(PEP)과 에리뜨로스-4-인산으로부터 만들어진다. 히스티딘은 인산라이보실이인산(PRPP)으로부터 합성이 시작된다. 중간체가 뉴클레오타이드합성에 관여된다.

13. 엽록소, 헤모글로빈 그리고 사이토크롬은 테트라피롤의 고리형인 포피린이 합성에 관여한다. 석시닐CoA와 글리신에서 δ-아미노레뷰린산이 만들어지고, 두 분자가 축합되어 폴포빌리노젠, 또 4분자가 결합하여 유로폴피리노젠III가 만들어진다. 철분자가 삽입되면 헴(heme)이 얻어지고, 프로토포피린 IX는 엽록소로 변하게 된다.

14. 퓨린뉴클레오타이드는 PRPP로부터 합성이 시작되며, 글리신, N^{10}-포밀THF, 아스파트산과 CO_2에서 모든 원소를 공급받아 이노신산을 만들게 된다. IMP로부터 AMP와 GMP가 얻어진다. 퓨린뉴클레오타이드는 되먹임조절에 의해서 최종생성물인 ATP와 GTP가 IMP의 이전단계의 효소를 억제하고 있다.

15. 피리미딘은 카바모일인산과 아스파트산으로부터 N-카바모일아스파트산으로 만들어지고, 오로트산, 오로티딘-5′-인산을 거쳐 UMP가 얻어진다. 피리미딘생합성의 조절은 동물에서와 미생물에서 약간 다르다. 동물의 경우, 카바모일합성효소II가 UDP와 UTP에 의해서 억제되고, ATP와 PRPP에 의해서 활성화된다. 데옥시라이보뉴클레오타이드는 라이보뉴클레오타이드이인산환원효소에 의해서 촉매되고, 이 과정에 싸이오레독신환원효소에 의해서 환원된 싸이오레독신이 산화된 레독신으로 되며, NADPH가 얻어진다.

16. 퓨린염기가 분해되어 육상 파충류 및 사람에게서 요산의 형태로 얻어진다. 한편 포유류, 파충류에서는 최종산물이 알란토인으로 얻어진다. 피리미딘은 분해되어 최종산물이 β-알라닌과 β-아미노아이소뷰틸산을 거쳐 말로닐CoA와 메틸말로닐CoA가 얻어진다.

어휘

과다라이신뇨증(hyperlysinuria)
과다라이신혈증(hyperlysinemia)
글루탐산족(glutamic acid family)
글루코제닉(glucogenic)
급성림프성백혈병(acute lymphoblastic leukemia)
다이아조트롭(diazotrope)
도파민(dopamine)
되먹임방해(feedback inhibition)
레그헤모글로빈(leghemoglobin)
몰리브데늄페레독신(molybdenium ferredoxin)
바이타민 C(ascobate)
바이오테린(biopterin)
박테리오이드(bacteroid)
비필수아미노산(non-essential amino acid)
비케토성고혈압(non-ketotic hyperglycenemia)
사카로핀(saccharopine)
세로토닌(serotonin)
쉬프염기(Schiff's base)
시스타싸이온(cistathione)
사이트룰린(citrulline)
S-아데노실메싸이오닌(SAM)
γ-아미노뷰틸산(GABA)
아조페레독신(azoferredoxin)
오르니틴(ornithine)
요소회로(urea cycle)
유로폴피리노젠(uroporphyrinogen)
케토제닉(ketogenic)
포피린(porphyrin)
폴포빌리노젠(porphobilinogen)
프로토포피린(protoporphyrin)
필수아미노산(essential amino acid)
호모시스테인(homocysteine)
헴(heme)

참고문헌

아미노산의 분해와 합성

Bender, D.A. 1985. Amino Acid Metabolism, (2nd ed). Wiley

Huang, X., Holden, H. M. and Raushel, F. M. 2001. Channeling of substrates and intermediates in enzymes catalyzed reaction. Ann. Rev. Biochem. 70, 149.

Brosnan, J. T., 2000. Glutamate at the interface between amino acid and carbohydrate metabolism, J. Nutr. 130. 988.

Katagiri, M. and Nakamura, M. 2002. Animals are dependent on performed α-amino nitrogen as an essential nutrient. Life 53, 125.

Scruver, C. R., Beaudet, A. L., Sly, S. S. and Vale, D. (eds) 2001. Metabolic and inherited bases of inherited diseases(8th ed.) McGraw Hill

Prusiner, S. and Stadtman, E. R. 1973. The enzymes of glutamine metabolism, New York, Academic Press.

Bender, D. A. 1985. Amino acid metabolism (2nd ed). Wiley-Interscience, New York

요소회로

Withers, P.C. 1998. Urea: Diverse function of a waste product; Clin. Exp. Phar,. Physiol. 25, 722.

질소고정

Postgate, J. R. , ed., Chemistry and Biochemistry of Nitrogen Fixation. New York: Plenum Press 1971.

Walsh, C. 1979. Enzymatic Reaction Mechanism. W.H. Freeman and Company,

Rees, D. C. and Howard, J. B. 2002. Nitrogenase: Standing at the cross roads, Curr. Opi. Chem. Biol. 4, 559.

Igarashi, R. Y. and Seefeldt, L. C. 2003. Nitrogen fixation: the mechanism of Mo-dependent nitrogenase. Crit. Rev. Biochem. Mol. Biol. 38, 551

Patriarca, E. J., Tate, R., and Iaccarino, M. 2002. Key role of bacterial NH_4^+ metabolism in rhizobuium-plant symbiosis, Microbiol. Mo. Biol. Rev. 66, 203.

퓨린 및 피리미딘의 합성

Kornberg, A. 1974. DNA synthesis, San Francisco; W. H. Freeman.

Jordan, A. and Reichard, P. 1998. Ribonucleotide reductases, Ann. Rev. Biochem. 67. 71.

Kappock, J. J., Ealick, S. E. and Stubbe, J. 2000. Molecular evolution of the purine biosynthesis pathway, Curr. Opin. Chem. Biol. 4, 567.

Kornberg, A and Baker, T. A. 1991. DNA replication 2nd ed. W. H. Freeman & Co., New York

연습문제

1 요소회로에는 몇 개의 α-아미노산들이 직접 관여되고 있는가?

2 퓨린합성에서 사수소엽산의 역할은 무엇인가?

3 신진대사에서 대사회로가 상당히 자주 발견된다(TCA, 요소 등). 왜 회로가 생명체에 도움이 되는가?

4 요소회로에서 마이토콘드리아에서 일어나는 반응은 어떤 것이 있는가?

5 퓨린뉴클레오타이드의 생합성과 피리미딘뉴클레오타이드생

합성의 중요한 차이점은 무엇인가?

6 요소회로에서 아르지닌이 만들어지는데, 왜 아르지닌이 필수 아미노산인가?

7 고단백 다이어트를 하는 사람에게, 많은 물을 먹도록 하는 것은 무엇 때문인가?

8 아스파트산에서 아미노그룹을 제공하게 되는 두 개의 다른 효소촉매반응들은 무엇인가?

9 요소를 생산할 필요가 없는 식물이, 왜 요소회로의 모든 효소를 가지고 있는가?

10 무기질소(암모니아)를 유기화합물에 유입시키는 네 가지 다른 효소촉매반응은 어떤 것들이 있는가?

11 방사선으로 표지된 알라닌을 쥐에게 투여했을 때, 쥐는 두 개의 질소원자에 ^{15}N을 포함하는 요소를 배출한다. 알려진 효소반응을 통하여, 이와 같은 전환이 어떻게 일어나는지 설명하시오.

12 글루코스로부터 분해되어 얻어지는(글루코제닉) 아미노산의 전구체들은 어떤 것들이 있는가?

13 글리신이 피루브산으로 분해되는 과정은 어떤 단계를 거치는가?

14 아미노산의 탈아미노화로 얻어진 NH_3는 생물체에 독성을 갖는다. 식물에서 어떤 방법으로 NH_3가 제거되는가?

15 분해되어 최종적으로 피루브산이 되는 아미노산들은 어떤 것들이 있는가?

16 케토제닉한 아미노산들은 어떤 것들이 있는가?

17 GABA경로에 관하여 설명하시오.

18 아미노그룹의 이동반응의 촉매과정에서 어떤 조효소가 관여되며, 효소와 어떤 형태로 결합하여 촉매기능을 하는가?

19 아미노산의 탈카복실화로 만들어진 기능성 물질(신경전달물질, 홀몬)은 어떤 것들이 있는가?

20 바이타민 C가 아미노산분해과정에서 어떤 기능을 수행하는가?

21 세포내의 합성반응과정에서 메틸그룹 공여체로 어떤 물질이 쓰이며, 그 기능은 무엇인가?

22 급성림프성 백혈병치료에 어떤 방법이 사용되는가? 그 이유를 설명하시오.

23 사카로핀은 어떤 성분으로 구성되고 있는가?

24 세포내의 합성반응과정에서 메틸그룹의 공여체로 어떤 물질이 쓰이며, 그 기능은 무엇인가?

25 우유가 완벽한 식품인 이유를 설명하시오.

26 질소고정에서 박테리오이드의 역할에 관하여 설명하시오.

27 히스티딘생합성의 초기물질들은 무엇인가?

28 석시닐CoA와 글리신은 어떤 화합물을 만드는 초기 화합물인가?

29 질소고정체계에서 전자의 전달메커니즘에 관하여 설명하시오.

30 퓨린염기의 구조를 그리고, 각 원소가 어디로부터 유래되는지 지적하시오.

31 퓨린뉴클레오타이드의 합성과정의 에너지는 무엇이며, 한 분자의 이노신을 합성하기 위하여 몇 cal/mole의 에너지가 소요되는지 알아보시오.

32 피리미딘이 분해되어 최종적으로 얻어지는 물질은 무엇인가?

33 이노신산으로부터 AMP가 만들어지는 과정의 반응을 살펴보고, 어떤 특징을 가지는지 설명하시오.

34 통풍의 원인은 무엇이며, 그 치료제는 어떻게 고안되어 만들어졌는지 설명하시오.

35 피리미딘의 기본구조를 그리고, 각 원소들이 어디서 오는지 밝히시오.

생체방어체계는 마치 성곽을 지키는 것과 비슷하다. 사람이 생존할 수 있는 것은 다양한 외부공격에 대항하는 조직적이고 우수한 방어체계를 가지고 있기 때문이다. 세포는 외부에서 침입하는 미생물이나 화학물질에 대처하는 단백질인 면역글로불린들을 수없이 다양하게 만들어 외부물질의 기능을 파괴하도록 하여 스스로를 보호하게 된다.

Chapter 11

면역단백질과 세포방어체계

생체방어체계에서는 면역감응에 관여하는 여러 분자들의 중심이 되는 역할을 기술하고자 한다. 그 중에서 항체는 가장 중요한 기능을 수행하고 있으며, 전체 혈장단백질의 20%를 차지하고 있다. 사람이 병으로부터 스스로 보호하는 능력은 계속적으로 생명을 위협하는 감염에 대처하는 신체의 신비한 방어체계가 극적으로 잘 보여주고 있다. 사람의 면역체계를 이해하는 것이 다양한 질병에서 인류가 생존할 수 있도록 도와주는 가장 중요한 생명과학 연구분야 중의 하나가 된다.

먼저 면역글로뷸린 및 다른 방어체계 등에 관하여 설명하기 전에 관여하는 세포들의 기능과 역할에 관하여 정리하고자 한다. 면역글로뷸린의 구조와 그리고 다양한 구조가 가능하게 된 것은 유전자의 재조합으로 설명되고 있다. 또 원래 타고난 면역체계와 외부의 적응으로부터 유도된 면역체계들이 서로 비교 설명된다.

세포의 면역체계에서 자기와 남을 인식하는 능력은 어떻게 가능한가? 이러한 인식과정에 관계되는 조직적합성 (MHC) 단백질의 기능과, 이것과 관련하여 T-세포와 보조T-세포의 기능들을 소개하려고 한다.

그동안 생화학교재에서 전혀 다루지 않았으나 임상의학에서는 중요한 보체계, 즉 외부물질로 인식된 후 생체내부에서 소멸시키는 과정을 소개하고, 면역체계에서 세포의 분화 및 조절의 역할을 담당하는 면역조절분자들에 관하여 소개하려고 한다.

11.1 방어관련 세포들의 기능

포유동물이 상처나 감염으로부터 보호되는 매우 정교한 메커니즘이 오랜 기간 동안에 걸쳐 진화되었다. 만약 혈관이 손상되면 분자들과 응고되는 체계의 세포가 이를 감지하여, 상처지역을 막아서 낫게 해 준다. 또 만약 외부의 침입자가 체내에 침투하면 항체 같은 분자와 면역체계의 세포가 이를 확인하여 침입자를 파괴시키게 된다. 생명체에서 면역체계는 자신의 세포 (self) 와 외부로부터의 물질을 구별할 수 있어야 하고, 박테리아나 악성 바이러스 감염세포를 파괴시키는 동안 자신은 공격을 받지 않도록 해야 한다. 이러한 면역감응에서 두 가지 중요한 특성은 특이성 (specificity) 과 기억성 (memory) 에 있다.

면역체계는 기억능력이 있기 때문에, 사람은 한 번 이상 같은 형태의 유기체에 의해서 감염되지 않게 된다. 또 백신의 역할은 감염되는 유기체를 약화시키는 능력과 동시에 병으로 고통을 겪지 않고도 이를 기억할 수 있는 것이다. 사람에게 더 약화된 유기체를 주입할 필요성 때문에, 최근 생물학의 발전으로 유전자가 조작되거나 합성된 백신의 제조가 가능하게 되고 있다. 박테리아나 바이러스의 분자 또는 용액에 녹는 것이거나, 어떤 것이든 항체에 결합하는 외부물질을 **항원 (antigen)** 이라 한다. 이러한 항원에 대항해서 수십억 개의 독특한 **항체 (antibody)** 의 단백질분자가 한 사람에 의해서 합성될 수 있고, 그렇게 해서 사람에게 해가 될 수 있는 광범위한 항원에 대하여 보호장치를 마련하게 된다.

만약 생물체가 어떤 항원에 대하여 감응하지 않으면 그들에 대한 허용되는 내성을 갖는다고 한다. 생물체는 보통 자신, 즉 자신을 만들고 있는 분자들이나 세포들에 대하여는 내성을 갖는다.

백혈구 (Leukocyte, White Blood Cell) 세포는 적혈구세포와는 달리 핵 (nucleus) 이 존재하여, 스스로 복제할 수 있는 능력을 가진 세포이다. 여기에 속하는 세포로는 호염기체 (basophils) , 호산성 (eosinophils) 그리고 대식세포 (macrophage) 등의 대식능력의 세포

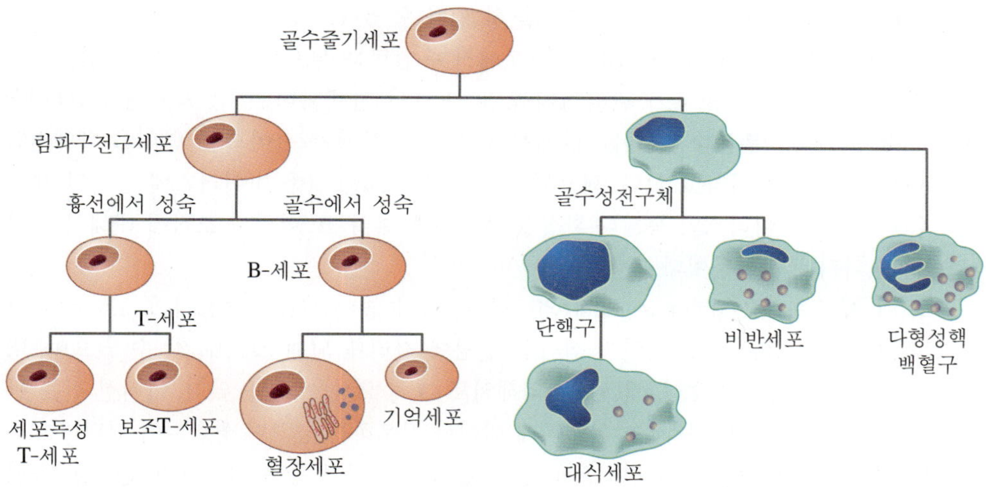

■ **그림 11-1** ■ 생체 방어체계에 관여되는 세포들. 적응에 의해서 면역성을 가지는 세포로는 면역글로불린을 만드는 B-세포 와 T-세포가 있으며, T 세포는 세포독성 T-세포와 보조 T-세포가 있다. 선천적으로 방어를 담당하도록 만들어진 세포들로, 대식세포나 비반세포들이 관여된다. 이들 모든 세포는 골수세포에서 유래된다.

(phagocytic cell) 들이 대부분이며, 이러한 세포들은 원래부터 **타고난 면역성 (innate immunity)** 에 관계되는 모든 기능을 담당하고 있다. 림파구세포 (lymphocyte) 는 **적응성 면역 (adaptive immunity)** 에 관여하는 세포로, 대표적으로 알려진 것은 T-세포와 B-세포이다. T-세포에는 CTL (cytotoxic T-cell) 과 보조T-세포들이 있으며, 여러 면역반응에 관여하는 것으로 알려지고 있다 (그림 11-1) .

림파구세포는 감염에 대항해서 싸우는 중요한 역할을 하며, 세포를 기반으로 한 면역적인 기억에도 관여하게 된다. 두 개의 주된 림파구세포로는 **T-세포 (T-cell)** 와 **B-세포 (B-cell)** 가 있다. B-세포는 항체를 만드는 세포이고, 그들의 전구체 B-세포에서 합성되는 항체에 부착특이성을 갖는 면역 글로불린분자가 세포표면에서 방어작용을 하게 된다. 예를 들면, 바이러스가 B-세포막의 항체에 부착하게 되면 세포와 바이러스는 분리되도록 자극되고, 그래서 세포의 복제가 얻어지게 되며, 그래서 모든 세포가 그 바이러스에 부착되는 항체를 합성하게 하고, 배출시키게 된다.

외부물질에 선택적으로 대항하는 개별 세포의 증식을 자극하게 되면 이들 세포들은 복제세포를 새로 만들게 되고, 이런 과정을 **복제세포선택 (clonal selection)** 이라고 한다. 복제세포의 선택은 면역적인 기억으로 유기체가 오랫동안 혈액 속에 보호적인 항체를 갖게 될 뿐만 아니라, 그 이상 바이러스에 노출되어도 반응하는 더 많은 세포가 필요한 특이성을 가지고, 많은 양의 항체를 더 빨리 합성하게 된다. 그래서 세포는 바이러스에 부착되는 새로운 항체의 설계를 지시하기보다는 기존에 이미 존재하는 부착특이성을 갖는 항체를 선택하는 일을 우선 수행하게 된다. 각 바이러스 (외부물질) 들이 많은 복제세포를 자극하기 때문에 이렇게 전형적인 항체의 감응에 의해 만들어진 세포를 **다중복제세포 (polyclonal)** 라고 한다.

자극된 B-세포는 외부물질 때문에 특수한 항체를 배출하게 하는데, 가끔 T-세포와 **보조T-세포 (helper T-cell)** 가 관여되고, **대식세포 (macrophage)** 라 부르는 흡착력이 있는 **식작용 (phagocytic)** 세포도 관여된다. 보조T-세포의 기능을 파괴시키는 바이러스가 AIDS (acquired immunodeficiency syndrome) 의 병의 원인이다.

한편 **억제T-세포 (suppressor T-cell)** 는 어떤 항원에 대항해서 T-세포가 감응하지 못하도록 하는 것으로 알려지고 있다. 이는 아마도 사람의 면역체계에서 자신의 조직을 외부것으로 오인시키는, 그래서 심각한 병리적인 현상이 나타나게 되는 **자가면역병**

(autoimmune disease) 을 방지하는 역할을 하게 될 수 있다.

세포독성T-세포 (cytotoxic T-cell) 는 외부에서 유입되는 세포를 인식하고 죽이는 기능을 한다. 이 과정에는 항체가 관여되지 않고 기억이 관계되며, 이를 **세포면역 (cellular immunity)** 이라고 부른다. 반대로 항체를 생산하여 항체가 관여되는 면역을 **채액면역 (humoral immunity)** 이라고 한다. 세포면역이 특히 중요한 것은 바이러스에 감염된 세포를 파괴시키고, 바이러스의 복제나 확산을 제한하게 하며, 또 이식된 조직에 대해서도 거부반응을 나타내기 때문이다.

모든 T-세포는 흉선 (thymus gland) 의 영향에 따라 증식된다. T-세포의 중요성은 어떤 특정의 T-세포의 결핍으로 개인이 심각한 질병에 걸리게 되는 것으로 알 수 있으며, 또 누드마우스 (흉선결핍 또는 털 없는)에 의해서도 그 중요성을 알 수 있다. 이러한 쥐는 관련이 없는 쥐나 심지어 사람의 이식조직에 대해서 거부하는 능력이 상실되어 있다.

다양한 유전성과 면역성의 결핍으로 인한 질병들이 많이 존재한다. 비록 정확한 유전물질의 결핍이 대부분의 이런 사람의 질병에서 어떻게 작동되는지 알려져 있지는 않지만, 면역성의 T-세포나 B-세포의 심각한 결손은 주로 아데닌 탈아미노화효소 (adenine deaminase) 의 결손 때문에 나타나는 것으로 알려지고 있다.

림파구세포와 더불어 감염에 대항하여 보조하는 중요한 기능의 다른 세포들이 존재한다. **수지상세포 (dendric cell)** 는 항원을 다른 세포에 제시하는 기능에 관여하고, **식세포 (phagocyte)**, **대식세포 (macrophage)** 그리고 **과립세포 (granulocyte)** 는 침입하는 세포를 분해시키거나 죽이게 하는 기능을 수행한다. 비록 이들 세포가 유기체에게 이전에 대면한 특수한 기억을 되살리게 하지는 못하지만, 그들의 행태는 가끔 세포 (T, B) 나 분자 (항체) 에 의해서 지시되고, 외부물질에 대항해서 특수하게 지시된 세포들이 처음 공격을 받고난 다음에는 증가된 양으로 나타나게 된다.

활성화된 과립세포는 다양한 라이소솜의 가수분해효소들을 배출하고, 또 그들의 특성인 활성산소 (H_2O_2를 포함해서) 를 배출하게 된다. 이때 활성산소는 호흡방출에 의해서 배출된다.

비반세포 (mast cell, 비만세포) 는 부드러운 근육의 수축을 일으키는 기능을 하고, 히스타민을 배출한다. 염증이 있는 부드러운 근육의 수축은 혈관의 투과성을 증가시켜 주고, 혈액세포나 혈장이 순환계를 떠나 염증이 있는 곳으로 도달하게 해 준다. 이 때문에 염증의 주위가 붉게 되고, 또 붓게 되는 원인이 된다.

T-세포가 활성화되면 단백질인산화효소C (protein kinase C) 를 활성화시키고, 칼슘의 세포내부로 진입을 자극하고, 포타슘과 이노시톨인지질을 배출시키며, 세포질을 알칼리화시키게 됨을 확인하였다. T-세포의 활성에는 타이로신탈인산화효소, CD45와 타이로신 인산화효소가 중요한 역할을 하는 것으로 알려지고 있다.

조직적합성항원 (histocompatability antigen) 이라고 불리는 세포표면 당단백질은 면역감응과정에서 세포-세포 간의 통신에 반드시 필요하다. 또한 이들 당단백질의 가장 중요한 기능은 면역체계에서 어떤 세포나 분자를 자신의 일부 (self) 로 또는 자신이 아닌 것 (non-self) 으로 인식하는 능력이다.

혈청단백질 중의 한 그룹으로, 항원항체와 비특이적으로 결합된 후, 감염의 염증반응 등에 직접 동원되고 또 여러 생물학적인 활성을 갖는 체액 (주로, 혈청) 들을 **보체 (complement)** 라고 한다. 이 보체는 자신과 타인을 인식하는데 관여하고, 타인의 신호의 인식능력을 증폭시키며, 외부 세포를 직접 죽이는 것, 그리고 숙주세포의 염증으로 감응을 자극하는 등 여러 기능에 관여된다. 이 과정에서 다른 중요한 중계자가 세포로부터 방출되고 다른 세포들을 활성화시키는 기능을 하는 분자들로 **인터루킨 (interleukin)**, **인터페**

론 (interferon), 류코트라이엔 (leukotrien) 등이 있다.

11.2 면역글로불린의 구조와 기능

11.2.1 항체의 구조

모든 항체 (면역글로불린) 가 갖는 기본구조는 네 개의 폴리펩타이드들로 구성되고 있다. 이들 구조는 두 개의 동일한 가벼운 사슬과 이황화결합으로 연결된 두 개의 무거운 사슬을 포함하고 있다 (그림 11-2) . 이 구조에는 무거운 사슬과 가벼운 사슬 모두로 만들어진, 양편의 끝부분에 두 개의 항원부착지역을 가지고 있다. 한 번 항원이 부착되면 비교적 간단한 메커니즘에 의해서 침입자인 항원이 파괴된다. 그래서 항체면역체계는 광범위하게 다양한 항원에 대항하여 만들어진 항체들에 부착하는 능력과, 항원의 파괴를 위하여 몇 가지 일정한 생물학적인 통로와 결합시키는 두 가지 기능을 포함하게 된다. 다른 항체분자들이 다른 지역에서의 방어작용은 전적으로 면역글로불린의 변화된 아미노산의 순서에 의해서 결정된다.

항원에 따라 항체에 부착되는 다른 능력은 아미노산의 다른 순서를 필요로 하고 있으며, 가벼운 사슬과 무거운 사슬의 항원부착 아미노말단지역의 아미노산의 순서들이 다르게 된다. 그래서 항체는 항원에 따라 다른 아미노산들로, 항체의 부착특이성이 변화되고 있다. 반면에 나머지 사슬부분은 근본적으로 같은 효과적인 기능 때문에 일정하고, 단지 다른 항체의 **부류** (class) 에 따라 다르게 된다. 면역글로불린의 이들 부분을 **변성** (variable)

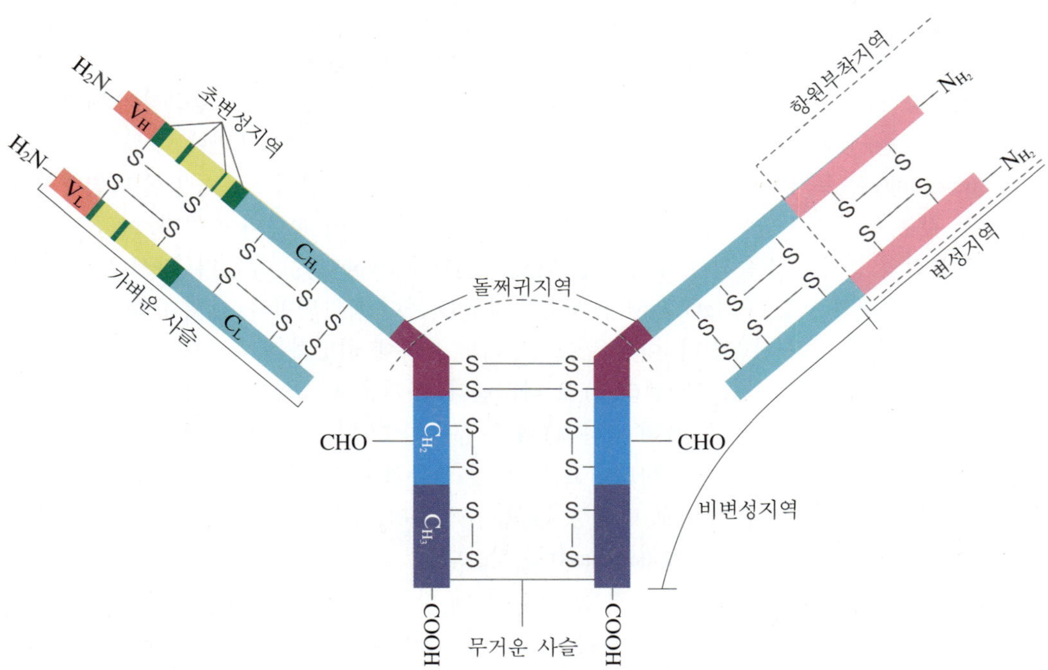

■■ 그림 11-2 ■■ 면역글로불린의 구조. 두 쌍의 가벼운 사슬 (L) 과 무거운 사슬 (H) 들은 서로 이황화결합으로 연결되고 있다. 많은 다양한 항원의 부착능력은 유전자상에서 초변성지역의 아미노산들의 복잡한 변화의 조합으로 가능하다. 분홍색은 변성지역을 나타내고, 청색은 비변성지역을 나타낸다.

표 11-1 사람 면역글로불린의 부류

	IgG	IgM	IgA	IgE	IgD
분자량	150,000	950,000	160,000	190,000	180,000
분자모양	한단위체	오단위체	(한단위체) 이중체, 다중체	한단위체	한단위체
사람에서 무거운 사슬의 다음 부류	$\gamma_1, \gamma_2, \gamma_3, \gamma_4$	μ	α_1, α_2	ϵ	δ
가벼운 사슬	κ or λ	κ or λ	κ or λ	κ or λ	κ or λ
혈중농도(mg/ml)	12.5(대부분 IgG1)	1.25	2.10	0.003	0.04
%혈청면역단백질	80	7~10	7~15	0.203	0.2
혈청반감기(일)	20	5	6	2	3
보체-고정 :					
전형적 경로	+(IgG1-3)	+			
교대적 경로	+		+	+	
생물학적인 역할	• 태반교차 • 식세포표면 수용체에 부착 • 전형적 경로로 보체계활성화	처음으로 생산된 항체, 전형적경로에 의한 보체활성화	분비되는 주된 면역글로불린	비반세포에서 히스타민 분비	세포막부착형태 항체합성의 조절 및 자극

과 **비변성**(**constant**)이라고 한다. 사실은 비변성부위의 아미노산의 순서는 다른 항체 사이에서 부류에 따라 보존되어 있고, 가벼운 그리고 무거운 사슬 모두 **초변성지역**(**hypervariable region**)을 가지며, 일직선의 아미노산 순서에 비록 분리되어 있긴 하나 모이게 되면 삼차구조의 공간에서 독특한 항원부착부위를 형성하게 된다. 유전자조작 기술을 사용하여 한 개의 항체의 적은 초변성지역을 다른 특이성을 갖는 항체의 초변성지역으로 교체시킬 수 있다. 변성지역의 어느 곳이나 적은 변화로 인하여 항체가 복합된 특이성을 갖게 할 수 있다.

또한 다른 항체들의 독특한 항원의 인식지역과 특이적으로 상호작용하는 항체를 만들어 낼 수 있다. 그러한 항체는 다른 항체의 **항원결정기**(**idiotype**)를 인식한다고 말한다. 항원결정기는 어떤 면역글로불린의 항원결합부위에서 발견되는 독특한 항원성이 된다.

특수한 생물학적인 영향력을 나타내는 능력으로, 예를 들어 태반에 대한 교차능력(crossing)은 무거운 사슬의 비변성지역에 따라 결정된다. 근본적으로 동일한 비변성지역을 갖는 무거운 사슬의 분자를 같은 면역글로불린의 부류에 속한다고 한다. 이들 면역글로불린의 분자가 소속되는 부류를 **항원성결정인자**(**isotype**)라고 부른다. 다섯 부류의 면역글로불린(Ig)으로는 IgG, IgM, IgA, IgE 및 IgD 등이 확인되었다. 각 부류는 독특한 무거운 사슬에 따라 달라진다. 이들은 그리스어의 부류에 해당하는 이름으로; 감마(γ), 뮤(μ), 알파(α), 입실론(ϵ) 및 델타(δ)로 나타낸다. 무거운 사슬의 다섯 개의 부류에 더해서, 가벼운 사슬에는 캅파(κ)와 람다(λ)의 두 부류가 더 있다. 다른 부류의 면역글로불린과 그들의 성질을 표 11-1에 나타내고 있다. 몇 종류의 면역글로불린은 아미노산의 순서가 비슷하면서 미세한 차이로 비변성지역을 구성하며, 동등하지 않고 얼마간 다른 생물학적인 기능을 갖는 하위부류(subclass)를 갖는다.

개별의 항체분자는 독특한 부착특이성 때문에 항원들 사이에 나타나는 분명하게 적은 차이들도 구별하게 된다. 다른 항체분자는 같은 항원에 다른 부착능력과 특이성을 가지고 붙게 된다. 같은 항체에 붙게 되는 두 개의 다른 항원을 **교차반응**(**cross-react**)한다고 한다. 적혈구에 있는 원형질막의 중요한 그룹의 탄수화물의 항원과 다른 세포가 혈액의 형을 결정한다.

항체가 림파구세포에 의해서 인식되는 항원의 일부분을 **에피토프 (epitope)** 라고 부른다. 한 개의 항원분자가 다중 에피토프를 가질 수 도 있다. B-세포의 각 복제세포는 한 에피토프에 특이한 항체분자를 생산한다. 세포독성 T-세포는 똑같이 개개의 에피토프에 대항하여 관리한다.

합텐 (hapten 또는 불안전항원) 은 그들 스스로는 면역감응을 자극할 수는 없는 작은 분자이다. 만약 합텐이 운반체분자에 부착되면 면역감응을 유발하게 된다. 그러나 엔타이합텐 (antihapten) 항체는 자유로운 합텐에 부착한다. 페니실린에 대한 엘러지가 하나의 예가 된다. 체내에서는 페니실린과 그 산물의 일부가 단백질에 공유결합된다. 면역체계는 이들 복합체를 외부물질로 인식하고 항페니실린항체를 생성하게 된다. 만약 이들 항체가 IgE 형태이면 페니실린의 유도체의 투여로 가끔 생명에 위협적인 아나필락시성 (anaphylactic, 과민증, 면역저하) 감응을 나타낸다.

11.2.2 항체의 종류와 기능

1. 항체원자가

항체는 한 개 이상의 항원부착지역을 가지고 있으며, 다중 부착지역을 갖는 항체를 다중부착가 (multivalent) 를 갖는다고 한다. 당량의 농도에서 다중부착능력을 갖는 항체 (그림 11-3) 는 다중부착능력의 항원과 구조적인 격자모양을 형성하게 된다. 이들 격자구조는 용액으로부터 침전되어 나온다. 그들이 구조격자를 만들기 때문에 **식세포 (phagocytic cell)** 에서 제거되지 않으면 주위의 조직을 파괴시키고, 부종의 감응을 자극시키는 활성화된 세포나 분자의 사구체 (실로 만든 공, glomeruli) 처럼 항원-항체복합체는 여과지에 걸러지지 않고 남게 된다.

한 개 이상의 지역에서 항원에 부착하는 항체는 단일지역에 그들이 부착될 때보다 더 높은 명백한 회합상수를 갖는다. 단일지역 결합에서, 항체가 항원으로부터 해리될 때 자유롭게 확산되어 나가게 된다. 만약 항원-항체 상호작용이 한 개 이상의 지역과 관여되면 한 지역은 해리되고, 항원-항체는 아직까지는 해리된 지역이 높은 확률로 재부착되는 다른 지역들에 의해서 서로 붙잡고 있게 된다. 가장 극적인 예가 다중성의 IgM으로 볼 수 있다. 다중지역의 부착은 분명한 IgM의 부착능력이 단일지역의 부착보다 -10^6배 이상 또는 당량의 단일지역의 부착능력을 갖는 한 개의 IgM분자에서 100배에서 1000배나 그 이상으로 증가시키는 것으로 발견되었다. 다중지역부착에 의해서 분명한 부착능력의 증

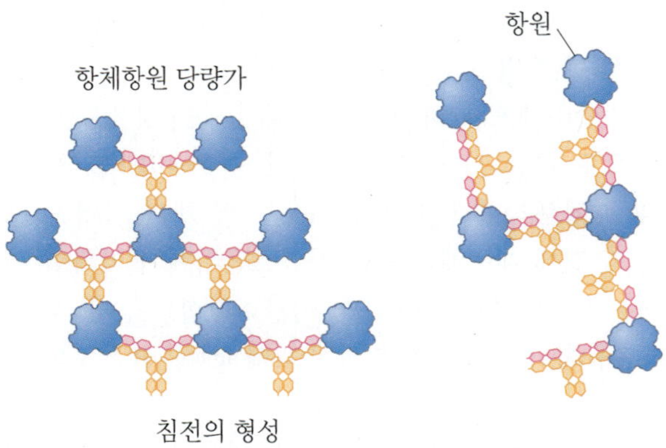

그림 11-3 항원-항체의 교차연결구조. 면역글로불린 G(IgG)은 각각의 N-말단에 항원부착지역을 가지고 있어, 박테리아에 서로 부착함으로써 많은 항원-항체의 연결을 만들게 된다. 항원-항체가 같이 많이 있으면, 많은 연결로 얻어진 항원-항체복합체는 물에 녹지 않고 침전으로 얻어진다.

가는 외부물질에 노출되어 합성되는 첫 항체가 다중가의 IgM이기 때문에 생물학적으로 중요하다. 그래서 면역체계는 많은 양의 높은 부착력의 항체를 생산하기 이전에, IgM의 다중복합체를 유지함으로써 항체의 효과적인 부착력을 더욱 증가시킬 수 있다.

무거운 그리고 가벼운 사슬에 더해서, 다중성 면역글로뷸린 (두 개의 무거운 사슬 그리고 두 개의 가벼운 사슬보다 더 많이 포함시킨) 은 J 또는 연결 (joining) 사슬을 가지며, 연결사슬에는 129개의 아미노산과 8%의 탄수화물을 포함하고 있다. IgA와 IgM에서는 부차적인 사슬배출성분이라 부르는 첨가된 사슬을 가지고 분비됨을 (눈물로) 확인하였다. 두 세포가 한 개의 배출되는 IgA분자의 합성에 관여한다. B-세포는 IgA의 이중체와 상피세포를 합성한다. 배출성분 (secretory component, sc) 은 분자량이 70,000이고, 10～15%의 탄수화물을 가지며, 실제로 상피세포 IgA수용체의 일부이다. IgA수용체는 IgA를 부착하고, 세포를 가로질러 소포체로 운송하며, 다른 반대의 표면으로 IgA를 따라 분비시키게 된다. 이 반대편 표면은, 예를 들면 창자의 내부가 되고 있다. 이때 배출성분은 그런 표면에서 발견되는 단백질가수분해효소에 대항하여 IgA를 보호시키는 기능을 갖는 것으로 보인다.

2. 항체의 종류

세포질의 주된 면역글로뷸린은 IgG이다. IgG의 비변성지역의 중요한 역할은 대식세포나 과립세포의 수용체에 부착되어 IgG에 부착된 외부생물체를 식작용으로 파괴하거나 죽이게 되는 것이다. 사람의 IgG는 4개의 주된 하위부류를 가지며, 상대적인 농도에 따라 $IgG_1 > IgG_2 > IgG_3 > IgG_4$들이 있다. 모두 2가 항체이고, 4단위체의 구조를 가진다. 혈청의 대부분의 항체는 IgG_1으로 존재한다. IgG (모두의 하위 부류) 는 태반과 교차하는 유일한 면역글로뷸린으로, 3～6개월의 영아들에게 수동적인 면역성을 제공해 준다. IgG의 동위 부류들 중에는 기능성에서 차이가 있는 것들이 있다. 예를 들면, IgG_1과 IgG_3는 세포를 활성화시키고, 혈청중의 보체나 대식세포와 연계하여 항체에 따라 세포독성세포에 의해서 외부유기체를 죽이는 가장 효과적인 면역글로뷸린이다.

신체 표면의 밖으로 분비되는 (눈물, 장, 호흡기도, 비뇨생식기, 침) 주된 보호적인 면역글로뷸린은 배출IgA (s IgA) 이다. sIgA는 모유로 이전된 다음 유아를 보호하는 장치를 마련하게 된다. sIgA 단위체로는 전통적으로 4단위로 구성되고, 배출되는 성분과 J사슬에 의해 결합되고 있다. sIgA는 외부표면에 위치하기 때문에 배출물에 존재하는 단백질가수분해효소에 의해 보호되어야 한다. 특히 IgA의 두 하위부류는 그들이 저항하는 단백질분해효소들에 대해서 다른 성질을 갖는다. IgA는 분비물에 존재할 뿐만 아니라, 보통사람의 혈청에 15% 이상으로 존재하는 면역글로뷸린이다. 순환되는 IgA는 그림 11-4에서 보인 형태의 구조 중에서 한 개의 소단위체로 존재한다.

새로 활성화된 재조합B-세포에 의해서 처음 배출되는 항체는 IgM부류이다. IgM은 가장 큰 면역글로뷸린으로 순환되는 면역글로뷸린 중 5～10%를 차지한다. IgM는 오단위체로 가능한 열개의 항체부착지역을 가지며 (모두 열 개의 지역이 전형적으로 사용되지 않지만, 아마 구조상의 견제 때문에), 다섯 개의 소단위체가 이황화결합으로 서로 연결되어 있다 (그림 11-4). 각 오단위체는 한 개의 이황화결합J사슬을 갖는다. 어떤 IgM은 배출성분과 회합되어 배출물에서 발견된다. 단일 단위체 IgM은 B-세포의 표면에서 발견되고 있다.

면역글로뷸린의 약 0.2%는 순환되는 IgD이다. 성숙된 B-세포의 세포막에 IgD가 연결된 형태가 B-세포분화의 조절에 중요한 역할을 하는 것으로 보인다.

IgE는 비반세포와 호염기성 (basophil) 백혈구에 부착되는 면역글로뷸린이다. 이 IgE가

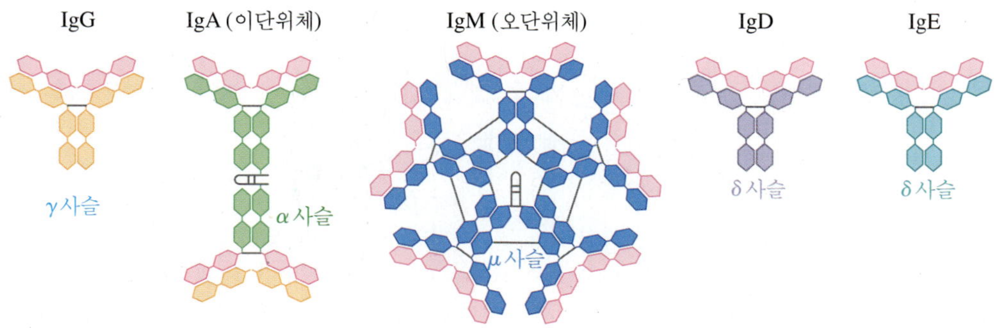

그림 11-4 면역글로불린 부류의 일차구조. 면역글로불린의 다섯 가지 부류에는 같은 가벼운 사슬을 가지고 있다(푸른색). 한편 무거운 사슬은 면역글로불린의 부류에 따라 각각 다른 ($\gamma, \alpha, \mu, \delta$ 그리고 ϵ) 구조를 갖게 된다. IgA는 이단위체 그리고 IgM은 오단위체의 구조를 갖는다.

그 항원에 부착하게 되면 비반세포 표면수용체는 신호를 전달하게 되고, 항원은 세포내의 신호에 부착되고, 다음 파괴될 육아질조직 (degranulation) 으로 유도하게 된다. 동시에 히스타민이나 류코트라이엔 같은 물질을 배출시키며, 예민한 엘러지반응과 관련된 증상이 나타나게 된다. 이들 증상으로 부종 (edema), 재채기, 통증 그리고 호흡기곤란 등이 나타난다. 비록 엘러지의 결과가 원하지 않는 것이지만, 히스타민의 배출로 나타나는 부드러운 근육의 수축은 기생충을 밖으로 내보내는 데 큰 역할을 하고 있다.

3. 면역글로불린의 접힘

면역글로불린분자는 정상적으로 이황화결합을 갖는 영역 (domain) 을 가진다. 각 단백질부위는 대략 110~120개의 아미노산 크기이고, 각각 내부사슬에 이황화결합을 갖는다. 단백질부위는 연속된 서로 반대방향으로 평행인 병풍구조의 면역단백질이 독립적으로 접히고 있다 (그림 11-5). 각각의 독립적으로 접힌 단백질부위들은 개별적인 기능을 갖는 것으로 생각되며, 면역글로불린 분자에서 무거운 그리고 가벼운 사슬들의 N-말단의 첫 단백질부위가 가장 분명하게 노출되고 있다. 이 부위는 항체부착지역을 포함하는 변성지역에 해당한다.

면역체계의 인식을 중계하는 다른 분자들도, 역시 면역글로불린의 분자에서 발견되는 동등한 부위를 포함하고 있다. 면역글로불린 분자의 부위를 포함하는 것으로는, T-세포 표면을 포함하여 CD2, 3, 4 및 8과 부류 II의 T-세포항원수용체, 부류 I의 세 부위 중의 한 개 그리고 조직적합성 (histocom-patibility) 복합체 항원의 4부위 중에 2개, β2-마이크로글로불린 그리고 T-세포 표면분자들이 포함된다. 이들 단백질들은 (면역글로불린 유전자, superfamily), 다양한 조직에서 세포의 생태에 영향을 미치는 세포표면을 인식하는 역할을 갖는 것으로 생각된다. 그리고 이들은 유전자의 복사와 변형을 통하여 같은 조상의 유전자로부터 진화해 온 것으로 보인다.

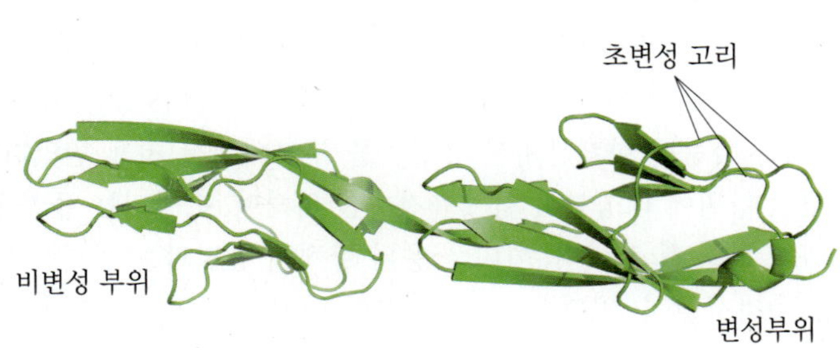

그림 11-5 면역글로불린의 접힘. 면역글로불린의 변성 및 비변성지역은 이황화그룹으로 연결되어, 모두 β-병풍구조로 접히고 있다. 초변성지역인 N-말단지역은 구조의 끝 쪽에 놓여 있으며, 비변성지역에서 멀리 떨어져 있다.

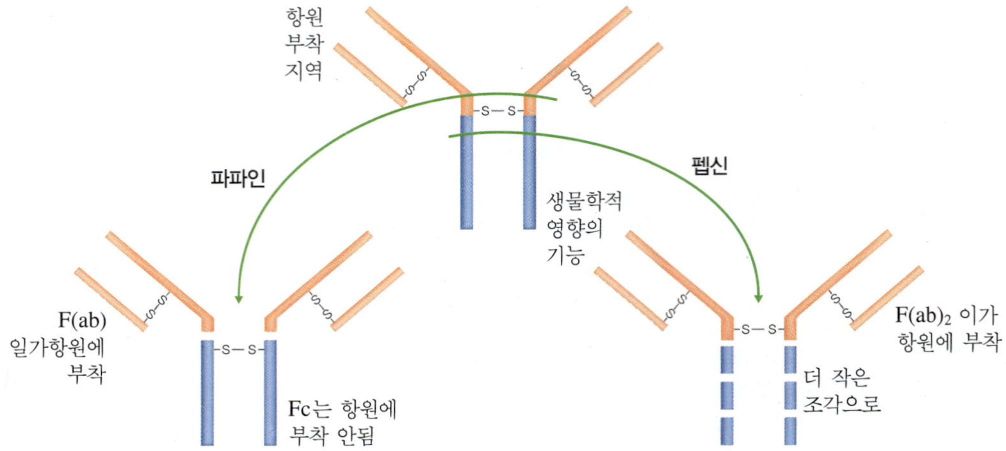

그림 11-6 IgG의 돌쩌귀지역의 조각들은 단백질가수분해로 얻어진다. 단백질가수분해효소인 파파인을 처리했을 때, 면역글로불린 G는 항원이 붙을 수 있는 두 개의 조각 (Fab) 들과 한 개의 조각 (Fc) 이 얻어진다. 반면에, 다른 단백질가수분해인 펩신을 처리하면 두 개의 항원이 붙을 수 있는 한 개의 큰 조각과 작은 Fc조각들이 얻어진다.

IgG, IgA, 및 IgD들의 C_H1과 C_H2부위들은 신축성 있는 돌쩌귀 (hinge) 지역에 의해서 서로 분리되어 있다 (그림 11-4). 이는 항원부착지역의 움직임을 허용하여 부착을 용이하게 해 준다. 예를 들면, 같은 항원이 좁은 공간에서 결정요소 (determinant) 에 부착되거나 다른 항원 간에 다리를 형성할 수 있게 해 준다.

면역글로불린은 비교적 개방된 구조를 가지고 있기 때문에, 온화한 조건에서 단백질가수분해효소의 처리로 돌쩌귀 (hinge) 지역이 우선 절단된다. 파파인은 IgG의 무거운 사슬을 연결시키는 이황화결합의 N-말단지역을 절단하므로 3개의 큰 조각을 얻을 수 있다 (그림 11-6). 조각의 둘은 서로 동일하고, 항원을 부착할 수 있는 능력을 가진다. 이들 조각들은 전체 가벼운 사슬과 V_H 그리고 C_H1부위를 포함하는 Fab (항원부착조각, fragment for antigen binding) 과 Fc라 부르는 조각은 항원에 부착하지 못하지만, 그러나 조각이 얻어진 항체에서 하위부류의 독특한 다른 부착성질을 갖게 해 준다. 또한 펩신은 무거운 사슬 내부의 이황화결합 C-말단 쪽의 파파인조각으로 잘리는 지역 아래를 절단하여 이중체의 Fab를 $F(ab)'_2$를 얻게 된다. 이와 같은 효소처리로 항원에 부착하는 1가 또는 2가 조각들과, Fc지역에 있는 생물학적인 기능을 갖지 않은 조각들을 얻어 낼 수가 있었다. 이러한 조각들은 연구목적으로 널리 사용하게되며, 항체분자의 N-말단지역에 대한 항원부착능력을 설명할 수 있게 되었다.

11.2.3 항체의 다양성

1. 도약유전자

면역글로불린의 분자가 분자생물학적으로 부류에 따라 기능을 일정하게 유지하면서 엄청나게 다양한 항원의 부착지역을 갖는 항체를 어떻게 만들 수 있는가? 만약 한 사람이 합성할 수 있는 모든 가능한 항체분자의 유전자를 부모에게서 전해 받았다면 그 개인의 선조가 겪지 못했던 항원에 대항하는 항체유전자를 위하여, 손상되는 돌연변이를 가능한 한 축적하지 못하게 하려 할 것이다. 이미 사용된 항체의 유전자는 진화에 의해서 비파괴적인 돌연변이를 축적시킬 수 있다. 그래서 사람의 항체는 비변성지역에 대단히 많은 변이가 가능하도록 유지됨을 예상하게 된다.

유전자의 다양성과 또 안정성의 서로 상반되는 요구를 수용하기 위하여, 적은 수의 조상으로부터 내려온 비변성 지역유전자가 존재한다. 그러나 변성지역은 개별 B-림파구세포가 분화되는 동안 증가된 변화의 항원부착 가능성을 가지는 세포를 생성하도록 변화된다. 이러한 **체세포 돌연변이 (somatic mutation)** 가설은 한 때 거의 모든 곳에서 받아들여진 세포분화과정에서 면역관련유전자를 작동시키고 또 정지시키게 된다는 개념에 반대가 되는 것이다.

2. 다양성의 생성

V와 C지역은 실제로 세포가 분화하는 동안 재조합되어 있다. 호즈미 (Hozumi) 와 토네가와 (Tonegawa) 는 이정표가 되는 실험으로, 태아로부터 얻은 면역글로불린DNA의 제한효소처리로 특수한 순서의 조각을 얻을 수 있게 되었다. 이렇게 얻어진 제한효소조각은 크기에 따라 분리되었고, DNA조각은 방사선으로 표지되었으며, V와 C 또는 단지 C지역과 혼성화될 수 있는 V유전자와 C유전자를 확인하는 탐침으로 사용하게 되었다. V유전자와 C유전자의 탐침은 다른 크기의 태아의 DNA조각에 부착되었다. 그렇지만, 항체를 합성하는 골수종세포에서 얻은 DNA로 같은 실험을 되풀이 하였으나, V와 C 탐침이 같은 크기의 DNA조각에만 부착하게 됨을 발견하였다. 그래서 태아에서 골수종세포로 분화되는 과정에서, 제한효소로 잘린 유전자의 순서가 V와 C유전자 사이에서 상실되어 있음을 확인하게 되었다. 다시 말하면, 세포가 분화되는 동안에 DNA순서에서의 변화를 감지하게 된 것이다.

변성지역유전자의 첫 96 잔기는 비변성지역으로부터 유래되며, 이는 태아의 DNA에서 분리되어 암호화되고 있음을 확인하게 되었다 (그림 11-7-1) . 변성지역의 나머지 잔기들을 갖는 DNA는 J 또는 연결 (joining) 이라 부르는 분리된 조각으로부터 비변성지역의 가까운 곳에서 암호화시킨다. 사람의 κ유전자는 다섯 개의 J지역에 의해 하위그룹의 C지역 DNA가 개재서열 (intron) 들로 분리된다.

가벼운 사슬 유전자에서는 그림 11-7-1에서처럼 체세포 재조합으로 두 가지 방법으로 다양하게 생성함을 보여 주고 있다. 처음으로 많은 변성유전자 중의 하나가 다섯 J지역유전자와 서로 재조합될 수 있다. 둘째로 (그림 11-7-2) 재조합이 일어나는 정확한 지점에서 일부 신축성이 있어서 아미노산 순서에서 부가적인 다양성을 가질 수 있도록 한다.

무거운 사슬 역시 이와 비슷한 그리고 부차적인 다양성을 만들어 내는 메커니즘을 사용하게 된다 (그림 11-7-3) . 무거운 사슬 변성지역에서는 J/C유전자의 재조합이 일어나게 된다. V와 J유전자 사이의 부가적인 순서는 다른 그룹의 유전자인 D라는 다양성 지역 유전자로부터 도출된다. V/D 그리고 J 사이에서 일어나는 재조합은 가벼운 사슬의 V와 J 사이의 것보다 더욱 융통성을 가지고 일어난다. 왜냐하면, 전체 D지역은 항상 포함되지 않고 있으며, 부가적인 새로운 순서가 V와 D 사이 또 D와 J지역 사이에 나타나기 때문이다. 이렇게 해서 단순히 V, D 및 J유전자재조합으로부터 일어나는 것보다 더 많은 다양성을 생성하게 된다.

어떤 무거운 그리고 가벼운 사슬을 번역시키는 유전자, V지역의 뉴클레오타이드의 변화가 발견된 지역의 DNA와 해당되는 V지역의 태아의 DNA와 비교되었다. 연구결과는 어떤 부류의 면역글로불린분자는 체세포재조합에 부가해서 체세포 돌연변이를 일으키고 있으며, 그렇게 해서 더 많은 다양성을 확대시킬 수가 있다. 면역글로불린의 다양성은 체세포재조합의 기여, V-J연결의 유연성, 염기의 삽입, D-D 재조합, 다른 무거운 사슬과 가벼운 사슬의 조합 등을 통하여, 이 면역체계가 진화하는 동안에 예상하지 못했던 감응에 대처하는 능력을 갖게 해 주었다.

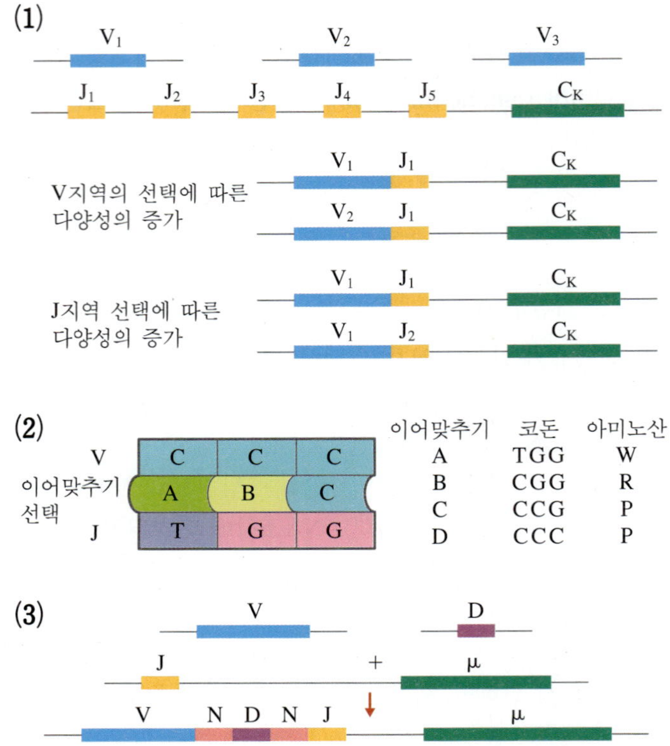

그림 11-7 면역글로불린의 유전자재조합에 의한 다양성의 증가. (1) 가벼운 사슬(κ)의 유전자의 V지역과 J지역의 선택으로 다양한 순서의 사슬이 얻어진다. 두 지역의 연결의 조합은 적어도 150개의 V 지역과 5 J 지역이 있으므로, 150× 5=750개의 다른 결합특이성을 갖게 된다. (2) 같은 V지역과 J지역 사이의 정확히 어떤 염기를 자르는가에 따라 다른 코드를 만들게 되기 때문에 다양성이 증가하게 된다. 가벼운 사슬에는 102개의 다른 λ사슬이 있다. (3) 무거운 사슬의 유전자의 다양성의 생성도 역시 가벼운 사슬에서와 마찬가지로 D지역의 선택과 절단지역에 의하여 가능하다. 51V, 27D, 6J은 모두 8,262개의 다른 펩타이드가 가능하다. 뿐만 아니라 V와 D지역 또는 D와 J지역 사이에 뉴클레오타이드의 추가가, 말단이동효소(terminal transferase)에 의해서 가능하다. 가벼운 사슬에서 750개 또 무거운 사슬에서 8262개의 연결만으로 6.2×10^6의 다른 항체의 합성이 가능하다.

3. 부류의 전환

외부의 항원에 대해서 감응되어 만들어진 첫 항체가 IgM이나, 그 감응은 다음에 IgM이 "전환(switch)"에 의해 IgG로 바뀌게 된다. IgM의 비변성지역을 제외하고, 한 번 V/D/J지역이 조립되면 다른 무거운 사슬 비변성지역으로부터 유전자가 따로 놓여지도록 움직이게 되고, 결과적으로 항원에 대항하는 다른 영향성을 갖는 기능을 갖도록 하게 된다. 분자수준에서 **부류의 전환(class switch)**의 조절에 관하여 아직 잘 모르지만, T-세포에서 배출된 분자들이 관여되는 것으로 보인다. 누드마우스에서 순환되는 거의 지배적인 면역글로불린은 IgM이다.

연속되는 DNA순서의 지역을 전환(switch)지역이라 부르고, 이 부류전환에 사용되는 재조합지역이 된다. 부류전환이 이루어지기 위하여 유전자는 부류와 같은 변성지역을 만들고, 새로운 비변성지역을 코드화하지 않는다.

부류의 전환에서 극적인 초기의 증거로, 골수종으로 고통 받는 환자로부터 그런 부류전환이 나타나는 사실이 밝혀졌다. 이 질병에서, 한 형태의 면역글로불린분자를 합성하는 세포복제의 부적절한 분화로 인하여 환자의 순환계에 면역글로불린의 많은 양이 나타난다. 환자의 혈액에서 골수종의 항체로는 IgM과 IgG가 혼합되어 나타난다. 이들 IgM과 IgG분자의 무거운 사슬은 같은 변성지역을 갖는 것으로 밝혀졌고, 적어도 복제과정에서 어떤 세포들은 변성 DNA지역이 μ에서 γ 비변성지역으로 움직이고 있음도 확인되었다.

면역글로불린유전자의 재조합이 일어나는 순서는 B-세포 발생의 단계를 정의하는 데

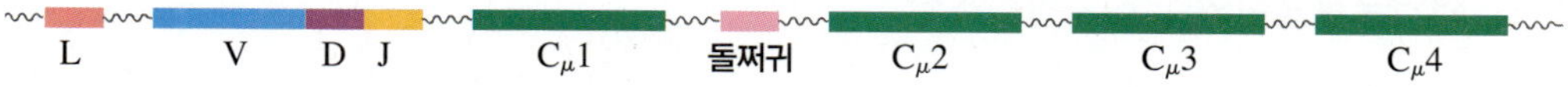

그림 11-8 무거운 사슬의 유전자에 있는 개재서열(꾸불꾸불한 선). 세포에서 분비되는 전형적인 단백질에서처럼, 처음 발현서열은 선도순서, 신호펩타이드를 포함하고 있다. 다른 발현서열의 각각은 면역글로불린 분자의 다른 부위들과 회합되고 있다.

사용될 수 있다. 초기 B-세포 단계에서 발생되는 악성종양은 면역글로불린의 유전자에서 재조정이 불완전하게 이루어지고 있음이 밝혀졌다.

4. RNA 이어맞추기

면역글로불린 유전자에는 개재서열이 포함된다(그림 11-8). 예상했던 대로, 면역글로불린부위 발현서열들 사이의 개재서열들의 RNA들이 잘려지고 있다. 그러나 같은 RNA 전사체로부터 한 개 이상의 단백질을 형성하는 것은 예상하지 못했던 것이다.

IgM은 분비되는 오단위형(pentamer)으로 기능할 뿐만 아니라, 세포막에 부착된 단일단위체로, 오단위체를 합성하는 B-세포의 항원수용체로 기능한다. 이 두 형태의 IgM의 μ 사슬은 그들의 C-말단에서 서로 다르다. 분비되는 형태의 IgM의 카복시말단은 오단위체를 만드는 이황화그룹을 형성하는 데 필요한 시스테인 잔기를 가진다. 대신 세포막에 부착되는 형태는 이 지역에 대신 소수성 아미노산의 순서를 가진다. 그리고 다음에 내부단백질에 대신 접촉하도록 친수성 카복시말단이 존재한다. 이러한 구조는 세포밖에 항원이 나타내는 신호들인 면역글로불린분자를 통해서 세포의 안쪽으로 전달하는 것으로 보인다.

단지 한 개의 μ유전자가 존재하며, 분비되는 또 세포막에 부착된 형태의 IgM을 코드화한다. 한 개의 μ유전자는 발현서열을 가지고, 세포에 부착 또는 같은 유전자로부터 용해성 형태의 IgM이 되도록 다르게 이어맞추기(splicing)가 이루어진다(그림 11-9). 이러한 선택성 이어맞추기지역의 사용으로 세포막부착 그리고 용해성을 갖는 다른 면역글로불린들이 얻어진다. IgM 또 IgD, 즉 V/D/J지역은 δ지역의 왼쪽으로 부류전환지역을 절대로 재배치하지 않고 있으며, 모두 합성하는 과정에 선택성 이어맞추기가 쓰인다. 오히려 IgD는 μ유전자를 포함하는 유전자전사체로부터 얻어지고, δ-무거운 사슬의 mRNA를 형성시키는 동안에는 μ-발현서열의 이어맞추기가 일어나지 않고 있다.

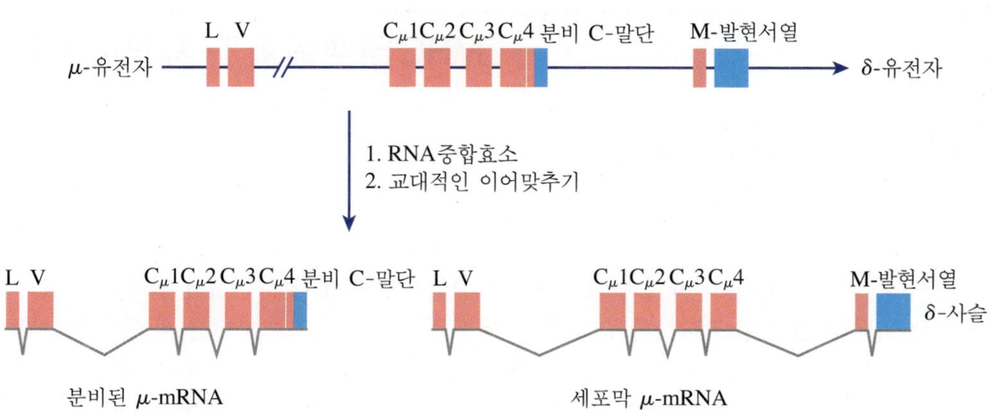

그림 11-9 이어맞추기지역의 선택에 따라, 동일한 RNA전사체에서 시작할 때, 세 개의 다른 무거운 사슬이 합성될 수 있다. 이어맞추기는 C-분비말단, 또는 세포막부착(M 발현서열) μ-사슬들을 만든다. 모든 μ-발현서열의 이어맞추기로 δ-사슬을 합성할 수 있다.

5. 면역글로불린의 유전자발현조절

면역글로불린의 유전자의 조절에도 다른 구조유전자의 조절에 쓰이는 것과 같은 메커니즘이 채용된다. 예를 들어, 전사시작의 속도는 조직에 특이한 전사증진자에 의해서 영향을 받게 되며, 면역글로불린유전자의 재배치가 일어날 때 까지는 발현되지 않는다. V유전자가 재배치되면 전사개시지역은 J와 C지역 사이의 큰 개재서열에 위치한 증진자지역의 서열에서 lkb쌍 이내로 움직이게 된다.

6. 다른 유전자의 재배치

이러한 유전적 재배치(rearrangement)의 가능성은 병리학적인 결과로 잘 나타나고 있다. 무거운 사슬병에 걸린 환자에 의해서 합성된 변이된 무거운 사슬은 이들 유전자의 비정상적인 재배치로 설명되고 있다. 뿐만 아니라, DNA의 재배치는 때때로 면역글로불린 또는 T-세포수용체지역 그리고 다른 염색체의 유전자 사이에서도 일어나게 된다. 그러한 DNA의 재배치와 악성종양의 원인이 서로 연계되고 있다. 벅킷의 림프암(Burkett's lymphoma)의 경우는 그러한 유전자의 재배치로, 정상적인 조절로 세포분열을 자극시키는 유전자를 배출시키게 되고, 림파구세포에서 발현이 증가되어 분열과정의 조절이 불가능한 상태가 된다.

면역체계의 유전자들만이 유전자의 재배치를 겪는 것은 아니다. 어떤 트리파노소마(수면병의 병원충) 기생충은 항원표피분자를 코드하는 유전자를 변화시키므로, 표면을 지속적으로 변화시켜 항체에 대하여 자체를 보호하게 한다. 유전적인 재배치로 인플루엔자바이러스는 그 표면항원을 변형시켜 면역체계의 기억을 무력화시킬 수도 있다. RNA바이러스인 인플루엔자바이러스 유전정보는 한 개 이상의 RNA조각에 의해서 운반된다. 다른 표면항원을 갖는 두 인플루엔자 바이러스에 의해서 세포가 감염되면 자손의 바이러스는 각 어버이로부터 RNA조각을 포함하고, 다른 표면항원의 조합으로 발현시키며, 그래서 기존에 이미 존재하는 항체에 의한 공격에 저항하게 된다. 그래서 면역체계는 기대하지 못했던 것에 감응하도록 다양성을 유발하는 많은 메커니즘을 갖게 된다. 어떤 병원균은 면역체계에 의해서 파괴되는 것을 피하기 위하여 표피의 다양성을 만드는 능력을 가지고 있다.

11.3 MHC단백질과 T-세포수용체

11.3.1 MHC의 소개

세포의 면역체계가 어떻게 상대방 그리고 목표세포를 인식하고, 또 이식된 심장이나 악성종양을 거부하며, 만약 세포가 바이러스에 감염되면 죽여야 하는지를 결정하게 될까? 그러한 인식과정에는, 조직적합성지역에서 유전자에 의해서 코드화되는 세포표면분자들의 그룹이 관여되고 있다. 이 **주된 조직적합성(major histocompatability, MHC)** 지역은 사람에서는 HLA, 또 쥐에서는 H-2라고 부른다. 이들 단백질의 어떤 것은, 이식된 조직의 거부에 관련된 세포표면항원으로 처음 확인되었고, 그래서 이를 **조직적합성항원**이라고 부른다.

MHC 당단백질에는 세 개의 주된 부류가 존재한다. 혈장의 표면에 나타나고 있는 부류 III는 보체 (complement) 단백질들로 구성되고 있다. 혈장의 표면에 존재하고 **부류I 당단백질 (class I glycoprotein)** 이 외부의 것으로 인식될 때, **타가이식 (allografts**, 같은 종의 유전적으로 동등하지 않은 개인 사이의 이식) 은 거부된다. 이 지역은 대단히 다형현상을 나타내기 때문에 완벽한 상대를 찾기 힘들기 때문이다. 부류II분자는 대식세포와 B-세포에서 발현되고, T-세포와 이들 세포의 정보교환의 중심역할을 하게 된다. 예를 들면, 특수한 외부항원과 부류II HLA항원 모두를 인식하는 **보조T-세포 (helper T-cell)** 는 단지 대식세포에 의해서만 인식하게 되고, 대신 표면의 특수한 두 항원을 갖는 B-세포만을 활성화시킬 수 있다.

1. 부류I HLA분자

부류I분자 (class I molecule) 는 면역체계에 의해 자신과 남을 구별하는 중요한 기능을 수행하며, 기관의 이식거부를 인식하는 역할뿐만 아니라, 바이러스감염에 대한 보호작용에도 관여한다. 세포독성T-세포의 전구체가 증식하고 분화하도록 자극되고, 바이러스 항원과 목표세포의 표면에 있는 부류I분자의 특수한 협력으로 세포독성T-세포를 죽이게 된다.

특정한 위치에서 두 개인의 부류I분자 사이의 한 개의 아미노산의 차이에도, 그들 사이의 피부이식조직 (grafts) 의 거부를 일으킨다. 부류I 당단백질의 구조는 그림 11-10에 나타내고 있다. 특이성은 더 큰 α-사슬 (M.W. 44,000, 350아미노산) 이 놓여 있을 때, 적은 사슬, β-2-마이크로글로뷸린 (M.W. 12,000, 100아미노산) 은 같은 종에서 부류I항원은 모두 동일하다. 그 유전자는 MHC지역에 들어있지 않다. **다형성 (polymorphic)** 은 다른 개개인 사이에 다른 $\alpha1$과 $\alpha2$부위가 상호작용하여 한 개의 β-병풍구조 승강장 (platform) 과 두 α-나선벽으로 구성되고, 홈 (굴곡) 을 만들게 된다. 이 홈은 항원의 에피토프가 부착되도록 하고, 또 세포독성T-세포의 항원수용체에 그들을 제시하도록 하기 위하여 세포를 마주보지 못하도록 놓이게 된다. 다른 HLA항원 사이의 변하는 잔기들이 아마 항원인식에 도움을 주는 홈을 마주보고 있는 것들 사이에서 발견되고, 역시 홈에 접하지 않은 부분은 T-세포 항원수용체에 의해서 부류I분자의 특수한 인식에 도움을 주는 것으로 보인다.

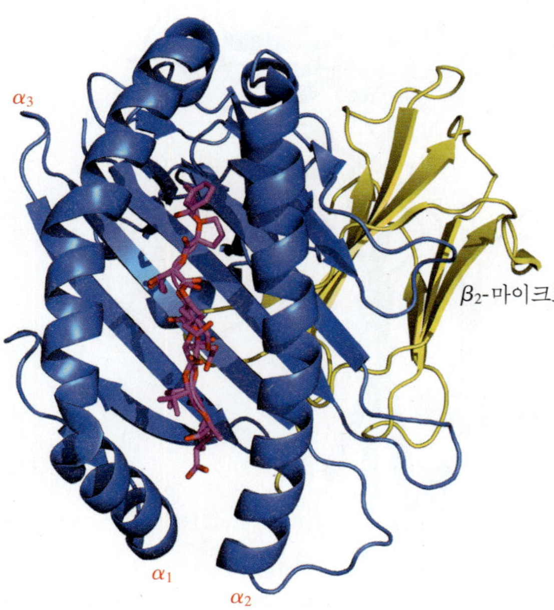

그림 11-10 부류I HLA단백질 의 구조. 사람의 부류I HLA단백질은 두 개의 사슬로 구성되어 있다. 세포외막의 α 사슬은 두 부위로 ($\alpha_1\alpha_2$) 로 α-나선을 포함하고 있으며, 면역글로뷸린부위의 α_3 부위와 α_2-마이크로글로뷸린으로 구성된다. 그리고 막내재단백질과 세포질의 꼬리를 가진다.

부류I분자는 체세포돌연변이를 하지 않은 것으로 보이며, 높은 비율의 배선변이 (variation)를 갖는 것 같다. 이들 유전자 가족의 개체 중에서 배선재조합으로 이런 변화성을 일부 설명할 수 있는 것으로 제안되었다.

2. 부류II HLA분자

외부인자를 인식하고, 어떤 물질의 항체를 합성하며, 많은 질병에 감수성 (susceptibility)을 갖는 능력은 부류II분자를 코드화하는 DNA의 지역에 따라 좌우되고 있음이 알려지고 있다. 그들의 표면에 같은 **부류II분자 (class II molecule)**를 가지는 세포는 서로 협조적으로 작용하여 면역감응을 자극하게 된다.

항원-제시세포는 B-세포, 대식세포, 또는 수지상 (나뭇가지 모양) 세포들이 될 수 있다. 이들 세포는 부류II분자와 협조해서 그들의 표면에 드러내게 되고, 이 항원들은 세포외부분자로부터 얻어진 분자들이며, 세포에 의해 취득되고 처리된 것들이다. 처리방법은 아직 생화학적으로 이해되지 않고 있으나, 단백질가수분해효소가 관여되고 있는 것으로 보인다.

보조T-세포는 그들의 항원수용체를 통하여 대식세포의 표면항원과 부류II분자 복합체의 상호작용에 의해서 활성화된다. 이 활성화된 보조T-세포는 항체를 합성하기 위하여 부류II분자와 동등하고 특수하게 회합된 항원을 갖는 B-세포를 활성화시킨다. 이때 IL-2 같은 림포카인 (lymphokine)을 배출하며, 그들의 부류I을 갖는 목표물질을 공격하기 위하여 세포독성T-세포를 활성화시키게 된다. 타가이식세포의 부류II항체는 숙주의 보조T-세포를 자극하여 이식거부를 부추기게 된다. 흉선 같은 조직에 대항하여 나타나는 자가면역으로, 그 조직의 세포에 부적절한 부류II분자의 발현이 나타난다. 이것은 인터페론과 바이러스 감염에 의해서 부류II분자를 유도하기 때문이다.

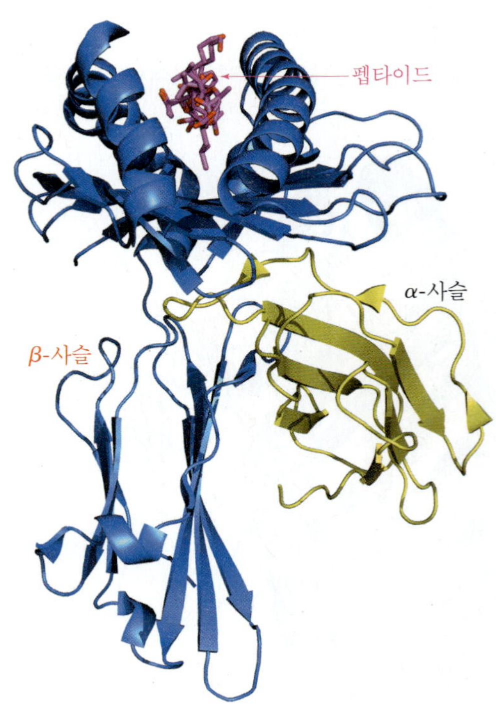

그림 11-11 부류II HLA단백질의 삼차구조. 이 단백질은 같은 두 개의 α와 β-사슬로 만들어지고 있다. N-말단지역은 반의 펩타이드의 부착지역이고, 면역글로불린이 부착되는 지역을 갖는다. 여기서 펩타이드부착지역은 부류I HLA단백질과 동일하다. 부류II HLA 단백질의 펩타이드부착지역은 더 넓게 열려 있어서 긴 펩타이드가 부착하기에 더 좋도록 만들어지고 있다.

세포표면의 부류II항원은 보통 B-림파구세포, 대식세포, 그리고 수상돌기세포에서 발현된다. 부류II항원의 발현은 대식세포 그리고 γ-인터페론에 의해서 다른 어떤 세포에서 유도되고, 항원자극에 의해서 B-세포에서 증가될 수 있다. 항염증성약제인 코티손(cortisone)과 프로스타글랜딘 E2는 부류II 항원의 발현을 억제시킨다.

부류II분자들은 두 개의 비공유결합된 사슬로 구성된다(그림 11-11). HLA 부류II지역의 유전체는 비록 세 개의 주된 산물을 발현시키고 있지만, 적어도 6쌍의 α와 β-유전자를 포함하고 있다. 또한 그 이상의 다양성은 한 분자사슬이 양 부모의 모두에게서 전해 내려오기 때문에 이들의 결합으로 얻어진다.

부류II단백질은 부류I단백질보다는 얼마간 변화성이 적다. 그래도 모든 다른 단백질들보다는 아직 더욱 다형성(polymor-phic)을 갖는다. 면역글로불린과는 다르게, 부류I분자의 무거운 사슬과 같이 부류II분자의 변화성은 배선(germ line)에 국한되어 개인의 일생동안 변화되지 않는 것처럼 보인다.

3. HLA와 자가면역

어떤 자가면역(autoimmunity)병에서, 유전은 어떤 조직적합성(histo compatability) 유전자의 유전성과 관련이 되어 있다. 부류II분자와 회합은 부류I분자나 부류III분자보다 훨씬 보편적인 것이다. 이때 연결은 전형적으로 100%는 아니지만, 또 두 일란성 쌍생아가 영향을 모두 받지 않은 것은 아마도 바이러스 같은 환경적인 요인과 상호작용 때문이다.

인슐린 때문에 발생되는 당뇨병에 대한 감수성은 특별한 부류II항원의 57번째 아스파트산 잔기의 존재의 유무와 관련되고 있다.

11.3.2 T-세포수용체

1. T-세포수용체의 항원

앞 절에서 설명한 면역글로불린과는 달리, 특정세포가 외부에서 침투한 항원의 공격을 분쇄하는 독특한 방어체계가 생체내부에서 존재한다. 세포막-부착된 면역글로불린이 B-세포에서 항원의 수용체인 것과 같이, T-세포의 표면분자는 항원에 대한 T-세포수용체로 작용한다. T-세포는 다른 세포에 부착된 항원은 인식하지만, 용액에서 자유로운 물질은 인식하지 못한다. 세포독성T-세포의 항원의 수용체는 항원과 함께 부류I조직적합성(MHC)분자의 복합체를 인식하게 된다.

외부의 항원이 대식세포나 다른 항원-제시세포에 의해서 접촉되면 에피토프가 그의 조직적합성분자와 함께 세포의 표면에 나타나게 된다. 표면의 항원성 에피토프와 조직적합성분자의 복합체를 갖는 대식세포가 에피토프와 조직적합성분자 둘 다 인식하는 T-세포와 작용할 때 T-세포는 활성화되고, 분화된다. 또 활성화된 보조T-세포는 같은 부류II형태의 B-세포에 의해서 항체의 생성을 자극할 수 있다. 반면, 활성화된 세포독성T-세포와 **억제 T-세포(suppressor T-cell)**는 각각 외부세포를 죽이고, 다른 림파구 세포를 억제하게 된다.

사람의 T-세포에 있는 항체의 수용체는 분자량이 ~90,000의 당단백질이다. 대부분의 **T-세포수용체(T-cell receptor)**는 이황화결합으로 연결된 분자량이 42,000~50,000인(어떤 T 세포는 신체 표면을 제외하고는 희귀하고, 피부에서 α, β-사슬 대신 γ와 δ-소단위체 보유) α와 β-소단위체로 구성된다. 각 사슬은 N-말단에 한 개의 변성부위를 가지고, 다음에 비변성부위를 가지며, C-말단 근처는 소수성 세포막의 부착서열을 가지고 있다. 이 단백질의 유전자는 구조적으로 면역글로불린유전자와 비슷하며, 분화할 때 재배치되고 있다.

또한 사람의 T-세포에는 적어도 4개의 비공유결합된 단백질(M.W. 16,000~25,000)인

CD3라고 부르는 T-세포수용체가 복합체를 형성하면서, α와 β-사슬이 1:1의 복합체로 회합되고 있다. 각 T-세포의 복제세포는 다른 α와 β의 변성지역을 가지고 있으며, 제안된 역할로 특수항원의 수용체로 기능한다. 그러나 또 다른 T-세포의 복제세포는 동등한 CD3분자를 가지게 된다. 이 CD3는 세포질에 긴 꼬리를 가진 세포막에 내재된 단백질로, 또 비슷한 세포막내재단백질을 자극시키는 역할을 가지고 있으며, 항체가 CD3와 회합되어 T-세포수용체에 부착되면 항원의 신호를 세포질내부로 전달하는 기능을 가진다.

2. 비변성 T-세포 표면분자

면역글로뷸린유전자와 부류I, 부류II와 조직적합성유전자들이 하듯이, T-세포수용체의 유전자는 체세포재배치와 돌연변이를 통한 다양성을 갖게 된다. 조직적합성항원은 대단히 다형성이고, 또 다양한 비다형성 세포표면분자가 T-세포의 활성에 중요한 역할을 하게 된다. 이들은 다음 절에서 설명하는 어떤 림포카인의 수용체를 포함하고 있다. 그리고 다른 분자들은 T-세포가 항원에 제시되는 또는 세포의 활성신호를 전달하며, T-세포의 상호작용을 안정화시키는 중요한 역할을 하게 된다.

항원에는 무관하게, T-세포의 항원-제시세포와의 접착과정에 특히 항원 상호작용이나 인식 등이, 활성화되기 전에 나타날 수 있다. 이렇게 T세포에서 항원에 상관없이 세포-세포 간의 상호작용을 증진시키는 분자들로 **림파구세포 기능 항원 (LFA) -1**인 **CD4**, **CD8**과 **CD2**들이 존재한다.

똑같은 항원수용체가 부류II분자에 회합된 항원에 특이한 보조T-세포에 의해서 쓰여질 수 있고, 부류I분자에 회합된 항원에 특이한 세포독성T-세포에 의해서 사용될 수도 있다. 사람의 림파구세포의 CD4는 보조T-세포에서 발견되고, 분자량 62,000의 단백질이며, CD8 (M.W. 76,000) 은 세포독성과 억제T-세포에서 발현된다. 그리고 CD4는 부류II에 부착되고, CD8은 부류I의 MHC항원에 붙게 된다. 이러한 상호작용은 보조T세포와 세포독성T-세포의 하위 형태의 MHC의 특이성을 설명 할 수 있는 것으로 생각된다. 이들의 구조와 기능은 다음 절의 보조 T-세포에서 상세히 논의된다.

림파구세포의 기능항원-1 (LFA-1) 은 림프성이나 골수성 세포에서 발견된 단백질족의 일부이다. 이 종류의 단백질은 공통적인 β-소단위체 (M.W. 95,000) 를 공유한다. α-소단위체 (M.W. 180,000, LFA-1) 는 유일한 가족의 일부를 나타낸다. LFA-1은 **세포접착분자 ICAM-1**에 부착한다. 이러한 부착은 T-세포와 항원제시, 그리고 목표세포 사이의 상호작용을 강화시키는 것으로 보인다. ICAM-1의 발현은 림프성 그리고 목표세포가 어떤 염증중계체인 인터루킨-1에 노출된 다음 그 양이 증가되었다.

CD2는 분자량 50,000의 당단백질로, T-세포와 자연적으로 파괴되는 세포에서 발견되고, 널리 분포된 분자량 60,000의 당단백질인 LFA-3에 부착된다. CD2의 활성화는 T-세포 항원수용체에 의해서 CD3의 활성을 더욱 증진시키게 된다. 이때 인터루킨-2에 좌우되는 T-세포분화를 유도하며, 세포독성T-세포와 자연적파괴세포에서 세포독성이 증진되고, 그리고 보조T-세포에 의해서 림포카인의 분비를 촉진시키게 된다. 흥미 있는 활성화로, CD2를 활성화시키는 항원-제시세포에서 LFA-3는 대신 T-세포의 CD2에 부착함으로써 활성화된다. 이러한 상호작용은 항원-제시세포로부터 림포카인 분비를 자극하고, T-세포 활성을 더 자극하게 된다.

11.3.3 보조T-세포

면역체계에서 보조T-세포의 주된 기능은 사이토카인 같은 용해성 신호단백질을 생산

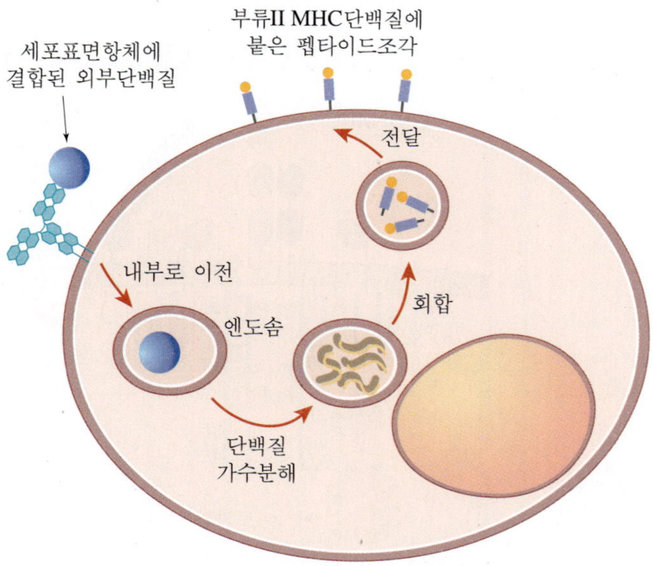

그림 11-12 내부에 진입된 단백질로부터 펩타이드의 제시방법. 외부에서 포획된 펩타이드는 엔도솜내부에서 산성조건에 의해서 절단되고 세포표면에 부류II MHC단백질에 의해서 모든 세포표면에 나타나게 된다.

하는 것이다. 대식세포와 상호작용하여 인터루킨 같은 사이토카인을 분비하고, T-세포, 보조T-세포 및 B-세포의 증식을 자극하게 된다. 보조T-백혈구세포는 다른 종류의 T-세포로, 채액과 세포면역감응을 통하여 B-세포와 세포독성T-세포의 분화와 증식에 관여하고 있다. 또한 보조T-세포는 세포독성T-세포처럼 MHC단백질에 의해서 세포표면에 나타나는 외부펩타이드를 감지하는 기능을 갖는다. 이때 보조T-세포가 인식하는 펩타이드는 MHC단백질에 부착된 것이고, 이를 **부류II** (**Class II**) 라고 한다. 이들의 보조역할은 B-세포, 대식세포 그리고 수지상세포에서 수행된다.

부류II MHC단백질은 부류I단백질과 달리, 이들 항원-제시세포에서만 발현된다. 그러나 부류I MHC단백질은 거의 모든 세포에서 발현된다. 부류II MHC단백질에 의해서 제시된 펩타이드는 원형질로부터 유래되지는 않고 있다. 오히려 이들 펩타이드는 세포막을 통과하지 못하는 큰 분자의 **세포내이입** (**endocytosis**) 을 통하여 내부에 들어와 있던 펩타이드의 파괴로 얻어진다. 그림 11-12에서처럼 바이러스입자가 B-세포의 표면에 붙어있는 면역글로불린에 의해서 포획되면 이 복합체는 **엔도솜** (**endosome**) 으로 운반되어 산성의 조건에서 분해된다. 얻어진 펩타이드는 부류II MHC단백질에 회합되고, 세포의 표면으로 다시나오게 된다. 이때 원형질의 펩타이드는 부류II단백질에 접근할 수 없으며, 엔도솜 구획의 펩타이드는 부류I단백질에 도달하지 못하게 된다. 이런 제시용 펩타이드가 서로 분리되어 있는 사실은 생물학적으로 중요한 의미를 갖는다. 부류II MHC단백질에 외부 펩타이드가 회합된 것은 세포가 병원균과 대면한 상황이 되며, 세포는 곧바로 구조를 요청하는 신호를 보내게 된다. 반면에 부류I MHC단백질과 병원균의 만남은 세포가 병원균에 굴복하게 되는 것이고, 파괴되도록 요청을 하는 상황이 된다.

보조T-세포는 항원-제시세포 때문에, 외부펩타이드의 인식과정에서 T-세포수용체와 CD4에 전적으로 의존하게 된다. 부류II MHC분자는 33KD의 α-사슬과 비공유결합으로 연결된 33KD의 β-사슬로 구성되고 있다 (그림 11-13). 이 단백질의 각 사슬은 두개의 막외단백질, 한 개의 막내재단백질 그리고 작은 꼬리를 세포질에 가지고 있다. 펩타이드가 부착되는 지역은 α_1과 β_1부위에 의해 만들어지고, 각각 긴 나선과 일부 β-병풍구조를 가진다. 부류I과 부류II MHC분자들은 거의 같은 구조적인 요소를 가지고 있으나, 다른 방법으로 폴리펩타이드들이 조합되어 있다. 부류II분자는 양쪽의 연결상태에서 얻어진 홈에

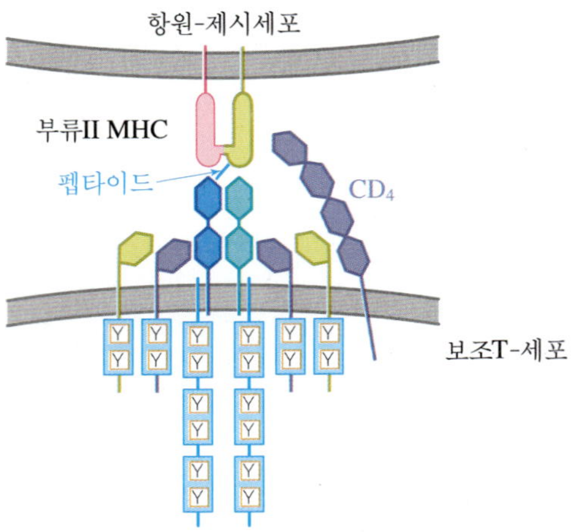

■■ 그림 11-13 ■■ 보조T-세포의 기능. 보조T-세포는 특수한 항원제시세포의 부류II MHC단백질에 부착된 펩타이드를 인식한다. 이때 보조수용체로 CD4의 도움이 필요하다. 한편 부류I이 제시한 펩타이드는 보조수용체 CD8의 도움으로 세포독성T-세포가 인식하게 된다.

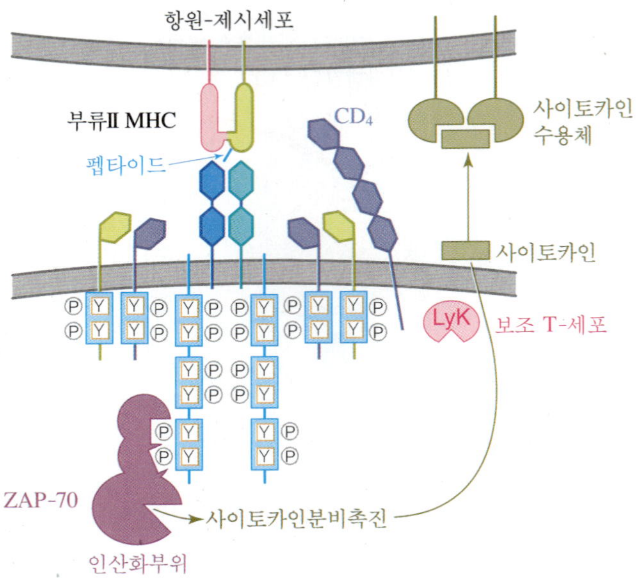

■■ 그림 11-14 ■■ 보조T-세포의 역할. 보조T-세포의 항원-제시세포의 펩타이드의 확인으로, 보조T-세포는 사이토카인의 분비를 촉진하여, LyK 단백질가수분해의 도움으로, 사이토카인을 분비하게 된다. 사이토카인이 항원제시세포의 수용체에 부착되면 B-세포의 분화 및 성장을 자극하여 항체를 분비하도록 자극한다.

13~18 잔기의 폴리펩타이드를 부착시키게 된다.

보조T-세포는 세포독성T-세포가 사용하는 같은 유전자를 사용하여 T-세포수용체를 발현시키게 된다. 이 T-세포수용체는 부류I MHC분자가 T-세포수용체와 상호작용하는 것과 유사한 방법으로 부류II MHC분자와 상호작용하게 된다. 그렇지만, 세포독성T-세포와 보조T-세포는 자기의 세포막표면에 발현되는 다른 단백질 때문에 서로 구별된다. 앞 절에서 언급했듯이, 특히 보조T-세포는 CD8 대신 CD4라 부르는 단백질을 발현한다. CD4는 적은 세포질지역에서와 같이 T-세포표면으로부터 확장된 4개의 면역글로뷸린부위로 구성되어 있다. N-말단부위의 CD4단백질이 부류II MHC분자에 있는 염기들과 상호작용된다. 그래서 보조T-세포는 부류II MHC를 발현하는 세포와 특수하게 부착된다 (그림 11-14).

보조T-세포가 해당하는 부류II MHC-펩타이드복합체를 발현하는 항원제시세포에 부착하게 되면 세포독성T-세포에서와 동일한 신호경로가 T-세포수용체와 같이 회합된 CD4분자에서 ITAMs의 인산화효소 LcK에 의해서 작동하게 된다. 활성화된 신호경로는 보조T-세포에서 사이토카인의 분비를 유발하게 한다. 사이토카인은 항원제시세포의 특수수용체에 부착되고, 항체를 분비하는 B-세포로부터 얻어진 혈청세포의 성장, 분화를 촉진하게 한다. 외부에서 들어온 병원균 때문에 보조T-세포를 통하여 세포들이 병원균에 대항하는 방어체계의 임무를 완벽하게 수행하도록 하게 해 준다.

보조T-세포는 CD4를 가지고 있으며, 레트로바이러스인 사람의 **T-세포림프친화성바이러스 (HTLVs)** 와 사람의 면역결핍바이러스 (HIV-1) 공격의 목표가 된다. HTLV-1은 성인의 T-세포백혈병과 관련되고 있으며, 반면에 HIV는 **에이즈 (AIDS, acquired immunodeficiency syndrome)** 의 병인의 원인물질이다. HTLV-1의 감염으로 림파구세포 분화의 조절이 불가능하도록 하게 된다. 그러나 AIDS바이러스는 세포독성세포와 보조T-세포를 결핍시키게 한다. 이러한 면역손상의 결과는 AIDS환자가 방어체계를 상실한 감염의 위험에 빠지게 된다.

HIV는 CD4에 부착하게 되고, 그들의 표면에 CD4 분자를 갖는 세포들을 감염시킨다. 유전자재조합으로 세포막 부착지역을 제거해서 용해성 CD4를 갖게 되면 조직배양에서

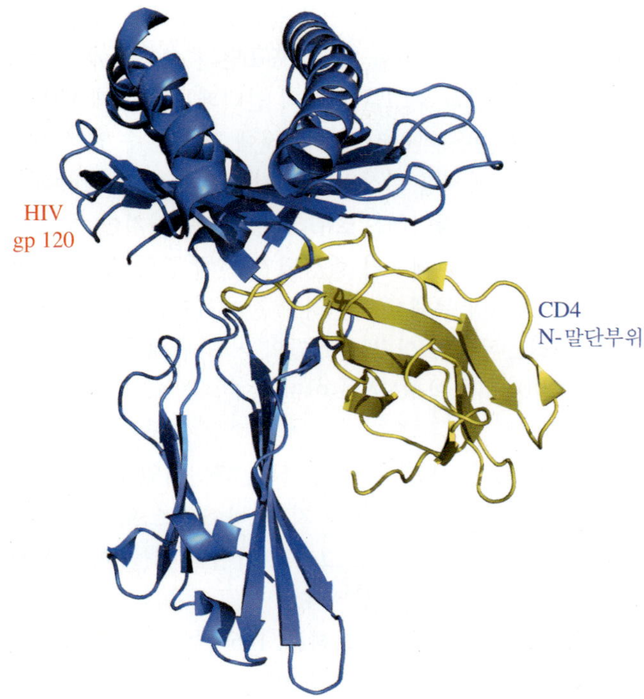

그림 11-15 HIV수용체와 CD4의 결합구조. HIV의 변형된 표피당단백질(gp120)은 보조T-세포의 보조수용체인 CD4와 복합체를 형성한다. HIV는 보조T-세포의 면역체계를 파괴하게 된다.

HIV에 의한 보조T-세포의 감염을 막을 수 있게 된다(그림 11-15). 그러나 HIV는 실험실 모델에서 면역자극을 간섭한다. 아마도 CD4와 부류II분자의 상호작용을 중단시키는 것으로 보인다. 사람의 배양세포에서 CD4의 cDNA의 이전과 발현으로 그들을 감염될 수 있는 세포로 전환시킬 수 있다. HIV는 역시, 항체에 부착된 바이러스입자의 포식현상(phagocytosis)의 후에도 대식세포를 감염시킨다. 그러나 HIV는 대식세포에 의해서 죽지 않기 때문에, 역설적으로 대식세포는 면역체계로부터 보호되는 바이러스의 보존장소로 기능하는 것처럼 보인다.

11.4 면역조절분자와 보체계

만약 충분한 양의 면역체계의 조절분자가 마련되고, 그들의 역할이 잘 이해되며, 또 그들이 적절한 세포에 전달할 수 있게 되면 면역체계의 세포의 행태(behavior)를 조절할 수 있는 수단이 마련될 수 있게 될 것이다. 현재 정제된 **림포카인(lymphokine**, 림파구세포에서 분비된)과 **사이토카인(cytokine**, 어떤 세포에서 유래된)이 재조합DNA를 통하여 임상시험용으로 상당량이 얻어질 수 있다. 면역조절분자인 **인터페론(IFNs)**과 **인터루킨(ILs)**을 아래에서 논의하려고 한다. 또 다른 중요한 면역조절분자는 **뉴코트라이엔(leukotrien)** 으로, 아라키돈산으로부터 합성된다.

11.4.1 림포카인과 사이토카인

1. 인터페론

인터페론(interferon)은 당단백질로, 바이러스의 복제를 간섭(interfere)하는 기능을 갖는다. 인터페론은 부차적으로, 면역체계세포의 분화 및 형태를 조절하는 중요한 역할을 한다. 쥐가 어떤 바이러스에 노출되었을 때, 세포표면의 수용체에 인터페론이 부착되는 능력을 방해시키는 항체를 주입하여 그들 자신의 인터페론 감응체계가 손상되면 곧 죽게 된다. 반면에, 정상적인 쥐는 같은 바이러스의 도전에 저항할 수 있다. 이러한 보호장치가 특수한 바이러스에 대항하는 항체를 합성하기 이전에 일어난다. 왜냐하면 어떤 인터페론이 바이러스감염에 대항해서 첫 방어선으로부터 먼저 만들어져야 하기 때문이다.

바이러스에 대항하는 항체나 T-세포가 합성되기 전에 즉각적으로 바이러스로부터 보호하기 위하여 어떤 바이러스의 복제를 확인하고 정지시키는 메커니즘이 가동될 수 있어야 한다. 모든 RNA바이러스는 그들의 생존기간의 어떤 단계에서 이중가닥의 RNA를 포함하게 된다. 그래서 이 이중가닥의 RNA가 어떤 종류의 인터페론의 가장 좋은 유발체가 된다.

세 개의 주된 인터페론으로 α, β 및 γ-인터페론이 확인되었다. α와 β-인터페론은 모두 배설되는 단백질로서 166개의 아미노산을 가지며, 바이러스 또는 부류I인터페론으로 알려지고 있고, dsRNA, RNA, DNA바이러스 그리고 어떤 미생물, 미생물 생성체 같은 유발체에 감응하여 다양한 세포에 의해서 합성된다.

사람의 γ-인터페론 (부류II 또는 면역인터페론, 146아미노산) 은 어떤 세포분화를 자극하는 유사분열유발인자 (mitogen) 로 기능하지만, 항원에 의해서 자극된 T-림파구세포에 의해서 합성되고, 배출시키게 된다. γ-인터페론에 영향을 받는 세포들 중에는 B-세포, 대식세포, 다른 T-세포들이 있다. 항바이러스 상태의 유도과정에서 α와 β-인터페론들은 γ-인터페론과 함께 강하게 상승적인 효과를 나타낸다. 인터페론은 미량만으로도 매우 강력한 효능을 가진다. 어떤 체계에서 인터페론의 농도는 3×10^{-14}mol/L가 바이러스의 복제를 방해하게 된다.

지금까지 세 가지 부류의 인터페론유전자가 재조합되었다. 적어도 20개의 비대립유전자와 대립유전자가 사람의 α-유전자 가족에 존재한다. 반면에 사람의 γ-인터페론의 유전자는 단지 한 개만 발견되고 있다. 인터페론은 여러 세포종에서 조직적합성분자의 발현을 자극하게 된다. 모든 인터페론들은 세포독성T-세포에 의해서 세포가 더욱 잘 분해되는데, 감수성이 있도록 해 주는 부류I 조직적합성분자의 발현을 자극하게 된다. γ-인터페론 역시 부류II와 부류III의 발현을 자극시킨다.

인터페론은 바이러스 RNA의 번역으로 단백질을 만드는 과정을 간섭하고, 마찬가지로 면역체계를 활성화시킴으로써 바이러스에 저항하는 상태를 만들어낸다. 바이러스단백질의 합성은 근본적으로 두 가지 메커니즘에 의해서 방해된다. (그림 11-16) . 처음으로, 핵산분해효소에 의한 RNA절단을 자극하든지, 둘째로 단백질의 합성이 직접 방해되는 것이다. 핵산가수분해효소는 잠복된 또는 불활성화된 형태의 자극되지 않은 세포에 존재한다. RNA의 절단은 인터페론의 영향하에서 합성된 적은 분자에 의해서 자극된다. 적은 분자는 비정상적인 2′-5′연결의 아데닐산의 올리고머로, 인터페론의 존재하에 그리고 dsRNA에 의해 활성화된 (2′-5′) 올리고아데닐산합성효소에 의해서 유도되어 ATP로부터 합성된다.

이 인터페론 단백질합성에 주는 영향은 라이보솜에서 주로 이루어진다. 부류I인터페론은 세포내부의 단백질인산화효소 (protein kinase) 의 활성의 수준을 증가시킨다. 그리고 단백질인산화효소는 dsRNA가 있으면, 펩타이드사슬 개시인자 eIF-2의 α-소단위체를 인산화시킨다. 그래서 단백질합성의 지시를 억제하게 된다. 이 인산화효소는 dsRNA에 좌우되는 자발적인 인산화에 의해서 활성화되는 것으로 보인다.

요약하면, dsRNA 같은 인터페론 유발체의 존재하에 숙주세포가 즉각적인 항바이러스

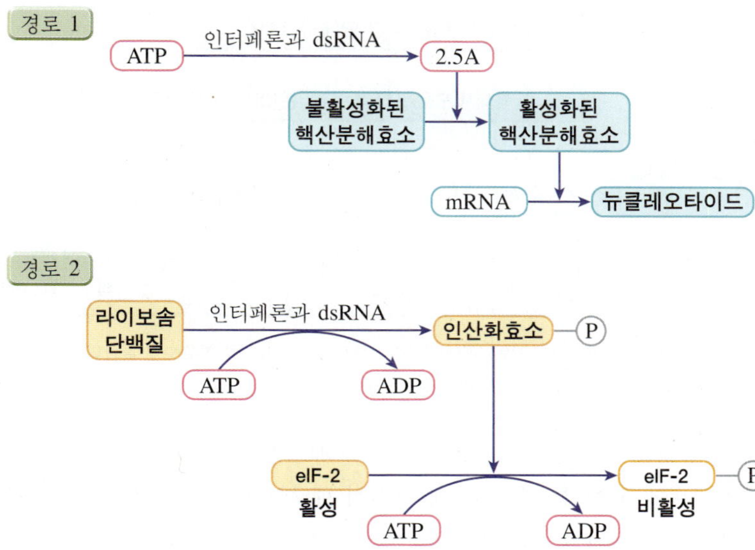

그림 11-16 인터페론의 번역개시과정에서 방해기능. 인터페론의 번역개시과정의 방해는 두 가지 경로에 따라 작동된다. 세포가 바이러스의 dsRNA에 노출되면 합성되고, 분비된 인터페론이 세포표면의 수용체에 부착되면서 경로는 시작된다. 경로1. 세포표면의 수용체와 상호작용하면 인터페론은 ATP로부터 2.5An의 합성을 유도하게 된다. 만들어진 An은 RNA의 분해효소 L을 활성화시키고, RNA를 파괴시킨다. 경로2. dsRNA의 존재하에 인터페론은 인산화효소의 활성을 증가시키고, 인산화시키도록 하며, 단백질 합성개시인자 eIF2를 불활성화시킨다.

감응을 일으키도록 일반적인 신호를 인식시키게 해 준다. dsRNA는 인터페론의 합성을 유도하여 한 세포로부터 분비되며, 다른 세포의 수용체에 부착함으로써 기능하게 된다. 만약 두 번째 세포가 바이러스에 감염되어 있으면 인터페론에 의해서 유발된 효소들은 바이러스의 dsRNA에 의해서 영향을 받게 된다. 결국에 바이러스의 단백질합성은 방해된다. 부차적인 바이러스로부터의 보호방법으로 인터페론이 백혈구를 자극시킴으로써 가능하다. 인터페론에 의한 면역체계의 자극은 바이러스는 물론 기생충이나 다른 유기체로부터 보호하는 데 중요한 역할을 하게 된다. 면역체계의 세포들 간의 의사소통에 γ-인터페론이 중요한 역할을 한다.

2. 인터루킨

림파구세포와 다른 백혈구세포의 세포들 간의 의사소통의 중요한 메커니즘은 **인터루킨 (interleukin)** 의 합성과 배출에 의해서 이루어진다. B-세포의 항체감응의 자극과정에서 T-세포의 보조역할은 B-세포성장의 촉진과 분화시키도록 T-세포가 인터루킨을 생산하도록 한다. 지금까지 열한 개의 인터루킨들이 재조합되고, 그 아미노산의 서열들이 밝혀졌다. 다른 림포카인은 γ-인터페론과 같은 관련되는 역할을 수행하고 있다. 인터루킨은 가끔, 목표세포에 가까이 있거나 또는 부착된 세포에 의해서 배출된다. 비록 처음에는 인터루킨 같은 분자는 한 형태의 림파구세포에 의해서 합성되고, 그리고 다른 형태의 세포에 특수한 영향을 주는 것으로 알고 있었지만, 이제 주어진 인터루킨은 한 개 이상의 형태의 세포에 의해서 합성되고, 행동하는 것이 분명해졌다. 그래서 혼합된 인터루킨들이 조절방식과 면역감응의 척도를 결정하게 한다.

인터루킨-1 (IL-1) 은 민감한 상태의 감응 (acute-phase response) 에서 주된 중계자로 기능을 수행한다. 어떤 상처나 감염에 의해서 자극된 감응은 간이나 다른 감응에 의해서 다양한 혈장단백질 (어떤 보체단백질을 포함해서) 의 합성과 관련이 있으며, 감염을 조절하는 일을 도와주고, 손상된 조직을 재건하게 된다 (그림 11-17) . 높은 농도의 IL-1이 류마티스성신경통으로 고생하는 사람의 관절활액에서 발견되고 있다. IL-1은 대식세포에 의해

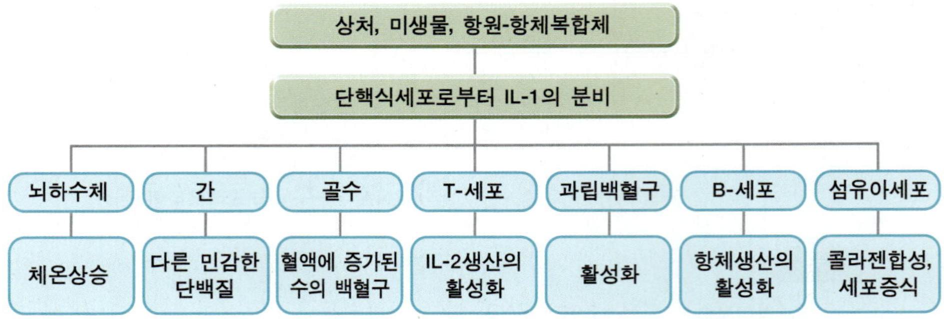

■ 그림 11-17 ■ 인터루킨-1(IL-1)의 기능. 인터류킨-1은 상처나 감염에 대한 감응으로 광범위한 영향을 주게 된다. T-세포에서 IL-2의 생산을 활성화시키고, B-세포에서 항체의 생산을 증가시킨다.

서 배출되고, 활성화된 T-세포를 자극하여 IL-2를 배출시키게 된다(그림 11-18).

IL-2는 항원자극에 의한 보조T-세포에 의해서 배출되고, 항원에 특수한 림파구세포의 복제증식에 기여하고 있다. IL-2의 배출은 글루코코티코이드 같은 어떤 항염증물질에 의해서 억제될 수 있다.

IL-2수용체는 보통 항원에 의해서 자극된 세포에 의해서 많이 발현된다. IL-2의 수용체는 항원자극성 물질이 제거될 때 세포표면으로부터 빨리 없어진다. 그래서 단지 항원에 자극된 복제세포만이 IL-2에 의해서 활성화된다. 성인의 T-세포백혈병에서 IL-2수용체는 이들 세포의 분열이 분명히 조절되지 않고 있음을 증명하듯이 구성성(constitutive)으로 자극에 상관없이 항상 발현시키게 된다.

IL-1수용체의 결손 때문에 IL-1의 감응에 의해서 IL-2가 생성되지 못하게 되면 심한 면역결핍현상이 나타난다. IL-3 역시 활성화된 T-세포에서 배출되고, 골수나 지라에서 보통 전구체로부터 많은 다른 형의 혈액세포의 분화를 자극하게 된다.

림포카인의 혼합물은 합성된 항체의 부류에 영향을 주게 된다. 어떤 인터루킨은 무거운 사슬의 부류전환(class switch)에 관여하며, 또 특정한 부류나 부류들의 항체를 생산하도록 조절하는 것으로 보인다. 예를 들면, 쥐에서 IL-4는 항기생충의 비반세포의 성장, IgE와 IgG의 합성, 면역성의 발전 등을 자극시킨다. γ-인터페론은 세포독성이나 항바이러스면역을 강화시키고, IL-5는 점액면역성을 자극시킨다.

임상연구의 측면에서 유용성의 가능성에 대하여 살펴보면, 인터루킨의 연구에서 다양한 응용성을 제시해 주고 있다. 예를 들면, IL-2를 손쉽게 얻을 수 있으므로, 연구자들이 실험관에서 HTLV나 HIV바이러스의 확인의 주단계인 어떤 사람의 T-세포의 종류를 배

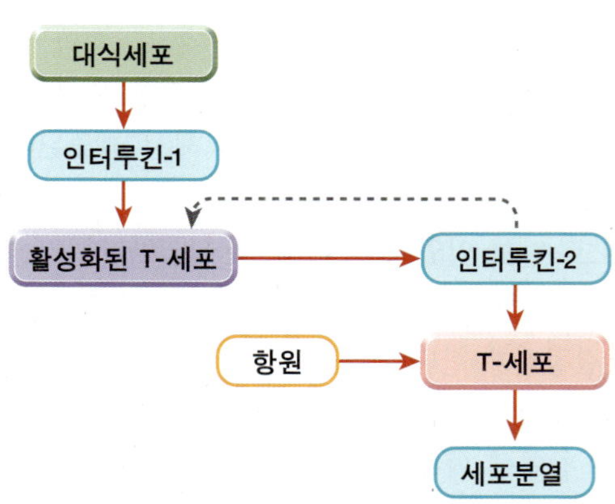

■ 그림 11-18 ■ 인터루킨의 기능의 복잡성. 대식세포에서 분비된 인터루킨-1이 부착되면 활성화된 T-세포를 자극하여 T-세포가 인터루킨-2를 분비하게 한다. 인터루킨-2가 T-세포의 수용체에 부착하면 항원과 상호작용하여 세포가 불활성화되도록 한다.

표 11-2 사람의 인터루킨들의 특성

이름	크기(아미노산수)	M.W.	출처	T-세포에 영향	T-세포에 영향
IL-1	271→ 159 269→ 153 전구체 → 생성물	16,000	활성화된 대식세포	IL-2분비 증가	세포분화, 항원자극세포의 분화
IL-2	133	15,000	보조T-세포 다른 세포	활성화된 T-세포의 부착. IL-2 수용체수 증가, IL-2 분비증가	성장 및 분화, 항체분비
IL-3	152 (15, 794)	28,000	활성화된T-세포		
IL-4	120	20,000	보조T-세포	증식	휴식상태로부터 활성화, 부류II 발현증가(항체존재하에 세포성장 IL-4 수용체 발현 증가, IgG와 IgE의 합성 증가
IL-5	134	45,000	T-세포	IL-2수용체증가	항체존재하에 DNA합성, 세포분화, Ab분비, IL-2수용체 증가, IgA분비 증가
IL-6	184	20,000	IL-1 T-세포포함 자극된 세포		분화 항체분비
γ-인터페론		165	50,000 T-세포와 NK세포 (IL-1 또는 TNF에 의한 감응)	항원-자극T세포,	IgG_{2s}자극, $IgG_{1, 3, 2b}$의 방해, 면역성 (항바이러스성)

양시킬 수 있게 되었다.

면역억제가 AIDS환자에 목숨을 위협하는 것인 반면, 다른 환자에서 면역억제는 세포독성T-세포에 의해서 기관의 이식에 대한 거부를 피할 수 있는 필요한 수단이 된다. 사이클로스포린 (cyclosporin) 은 광범위하게 사용되는 면역억제제로, 이는 분명히 전사의 유도를 방해시킴으로써 IL-2의 생성을 차단하고 있다.

표 11-2는 인터루킨에 관한 전체적인 여러 정보를 제공해 주고 있다. 각 인터루킨은 한 개 이상의 세포에 영향을 주며, 독특한 양상의 활성을 갖는다. 어떤 세포감응을 위하여 다른 인터루킨의 존재가 요구되는 경우도 있다. 그래서 인터루킨의 수준을 조정하는 방법은 면역체게에 커다란 영향으로 나타나기도 한다.

3. 바이러스와 T-세포유전자의 상호작용

한 개인의 세포가 HIV에 감염되고, 면역성의 결핍이 나타나는 시간의 간격은 가끔 대단히 길다. HIV유전자발현을 조절하는 시스-작동의 서열은 보조T-세포에서 트랜스로 작동하는 조절인자에 감응하게 된다. 예를 들어, IL-2수용체 발현을 방해하는 비활성화된 T-세포의 인자는 HIV유전자 발현을 방해시키는 것으로 보인다. 반대로 T-세포가 활성화되고, 이로 인해 IL-2수용체의 발현을 유도하는 것으로 생각되는 전사인자, NF-κB는 HIV의 발현을 HIV의 증진자에 부착시킴으로써 활성화시킨다. 다른 바이러스에 의해 초감염, 단순포진형태-1 (herpes simplex type-1) 이나 아데노바이러스도 HIV의 증진자를 활성화시킨다.

HTLV-1으로부터 트랜스-활성인자는 IL-2수용체의 구성성 (constitutive) 발현의 원인이 되고, 어떤 조건에서 IL-2유전자도 역시 마찬가지다. 이러한 바이러스에 의해 원인이 되는 림프암도 IL-2에 의한 IL-2수용체의 구성성인 자극에 의해서 계속적인 세포분열을 하도록 한다.

11.4.2 보체계

항체가 외부 유기체와 부착되는 것으로, 단순히 유기체들이 죽게 되는 것은 아니다. 그것은 **보체계 (complement system)** 가 그렇게 하도록 자극해야 한다. 또는 식세포 (phagocytes) 에 의해서 유기체가 죽도록 자극하게 된다. 또한 보체계는 항체가 없이도 어떤 물질을 외부의 것으로 인식하게 한다.

보체는 대개 19개의 혈장단백질로 구성되고, 대부분이 불활성화된 전구체로 순환되며, 몇몇 세포막부착단백질 (표 11-3) 로 순환되고 있다. 이 혈장단백질은 간과 단백구 (monocyte) 그리고 대식세포 같은 염증지역의 원인을 제공하는 세포에서 합성된다. 보체계의 어떤 성분이 부족할 때, 감염에 대한 감수성이 극적으로 증가하는 원인이 된다. 한편, 부적절한 활성화는 면역복합질병에 걸리게 되기도 한다.

마치 혈액응고가 내부적 또는 외부적인 경로에 의해서 활성화되듯이, 보체계도 두 가지 주된 경로에 의해서 활성화된다. **전형적경로 (classical pathway)** 와 **교대적경로 (alternative pathway)** 를 통한 보체계의 활성을 그림 11-19에 나타내고 있다. 두 경로 모두 활성을 통하여 "**세포막공격복합체 (mem-brane attack complex, MAC)**"를 만들게 되며, 이들 단백질은 세포막을 침투하고 붕괴시키는 기능을 수행한다. 만약 박테리아의 표면에서 보체계가 활성화되면 세포막공격복합체는 박테리아의 세포막을 파괴시키고, 세포를 죽음에 이르게 한다.

보체는 MAC의 보체단백질에 의해서 침투된 유기체를 직접 죽이는 것 이외에도 여러 기능들이 있다(표 11-4). 보체단백질과 보체활성에 의한 단백질가수분해로 보체단백질로부터 배출된 펩타이드들은 염증의 감응에 관여되는 숙주세포의 기능을 주도하게 된다. 염증이 일어나면 보체활성으로 분비된 분자들은 백혈구가 골수를 이탈하여 순환계로 진

표 11-3 전형적, 교대적 및 세포막공격경로에서 보체계의 단백질들

단백질	대략적인 혈청농도 (g/mL)	대략 M.W.	이들 경로에서 활성형의 역할
전형적 경로			
C1q	150	410,000	Fc 지역의 어떤 항원-항체복합체의 부착으로 C1r의 활성화
C1r	50	85,000	세린단백질가수분해효소임. 자동활성화 및 C1s의 활성화
C1s	50	83,000	세린단백질가수분해효소임. C2와 C4의 활성화
C4	640	206,000	C4b는 공유결합으로 목표세포에 부착됨. C2와 복합체형성하면 C1s가 C2를 절단하도록 함.
C2	25	110,000	C4b2a의 세린단백질가수분해효소의 활성부위를 포함, C3와 C5를 절단.
C3	1400	185,000	C3b는 공유결합으로 목표세포에 부착될 수 있음. C4b2a에 의해서 C5의 절단.
교대적 경로			
C3	1400	185,000	C3b는 목표세포에 공유결합으로 부착될 수 있음. 인자 B와 복합체 형성, D가 B를 절단하도록 하고, C5와 복합체를 만들면 C3bBb가 C5를 절단하도록 함.
D	2	24,000	B의 절단으로 C3bB를 활성화시킴.
B	200	93,000	C3를 절단할 수 있는 C3bBb의 세린단백질가수분해효소의 활성부위 포함.
세포막공격 경로			
C5	80	200,000	C5b에서 C9까지 단계적인 조립에 의해서 세포막공격복합체를 형성.
C6	75	128,000	
C7	55	121,000	
C8	80	160,000	
C9	200	79,000	

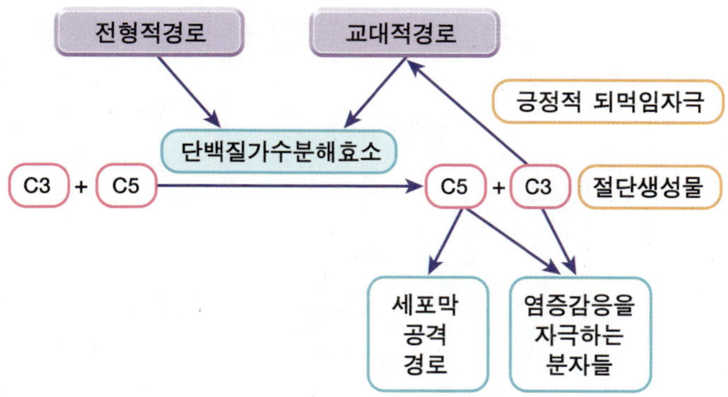

그림 11-19 보체계의 활성화 방법. 전형적인 경로와 교대적인 경로는 보체계의 활성을 통하여 목표세포를 파괴시킨다. 목표세포의 세포막을 직접 공격하기도 하고, 식세포 같은 숙주세포의 활성을 통하여 두 경로가 수행된다.

표 11-4 보체활성생성물의 생물학적인 영향

C3a	혈관투과성의 증가 비반세포의 과립의 파괴
C3b	식세포의 수용체에 목표세포를 부착시킴으로써 식작용의 촉진
C5a	혈관투과성의 증가 비반세포의 과립의 파괴 식세포의 화학농도기울기에 의한 이동 과립백혈구로부터 가수분해효소의 분비

입하게 하며, 염증이 일어나는 지역의 혈관벽에 붙게 된다. 그런 다음 더욱 투과성이 있도록 도와 주게 된다. 이들 백혈구는 화학주화성(chemotactic, 화학농도기울기에 의한 세포의 이동) 펩타이드에 의해서 조직에서 염증이 일어나는 지역으로 움직이게 된다. 또한 세포를 죽이는 식작용(phagocytosis)이 활발해 지게 된다. 이 과정에는 산화성으로 죽이는 메커니즘으로, 라이소솜의 가수분해효소들이 배출된다. 보체단백질은 백혈구의 작용에도 영향을 준다.

1. 보체단백질, C3의 절단

혈장에서 가장 높은 농도로 존재하는 보체단백질 C3는 보체활동의 중심적인 기능을 수행한다.

전형적인 경로와 교대적경로에서 공통적인 첫 단계가 C3단백질(M.W. 180,000)을 C3a와 C3b로 절단시키는 것이다. C3a(M.W. 8900)는 비반세포(mast cell)로부터 히스타민을 분비시키며, 따라서 혈관투과성을 증진시킨다. C3의 절단으로 C3a를 분비하게 되지만, 여러 가지 중요한 생물학적인 결과를 가져오게 된다. 첫째, C3의 절단으로 큰 절단생성물 C3b는 순간적으로 활성화된 세포와 공유결합으로 부착이 가능하게 된다. 이 부착은 다른 보체 분자와 C3b의 수용체를 갖는 식세포에 의해서 파괴시키도록 하는 정보를 가진, 세포에 붙여진 꼬리표가 된다. 두 번째로 C3의 절단은 보체경로를 지속적으로 진행하도록 하고, MAC이 생성되도록 하게 한다. 세 번째로 C3b는 C3분자를 더욱 활성화시키도록 하며, 교대적경로를 통하여 긍정적되먹임증폭(positive feedback amplification)에 기여한다.

C3b가 목표세포에 공유결합으로 부착되는 과정에서 보체단백질 C3와 C4는 단백질가수분해에 의해서 절단시킬 때 가지고 있는 싸이오에스터결합의 반응성이 매우 커지도록

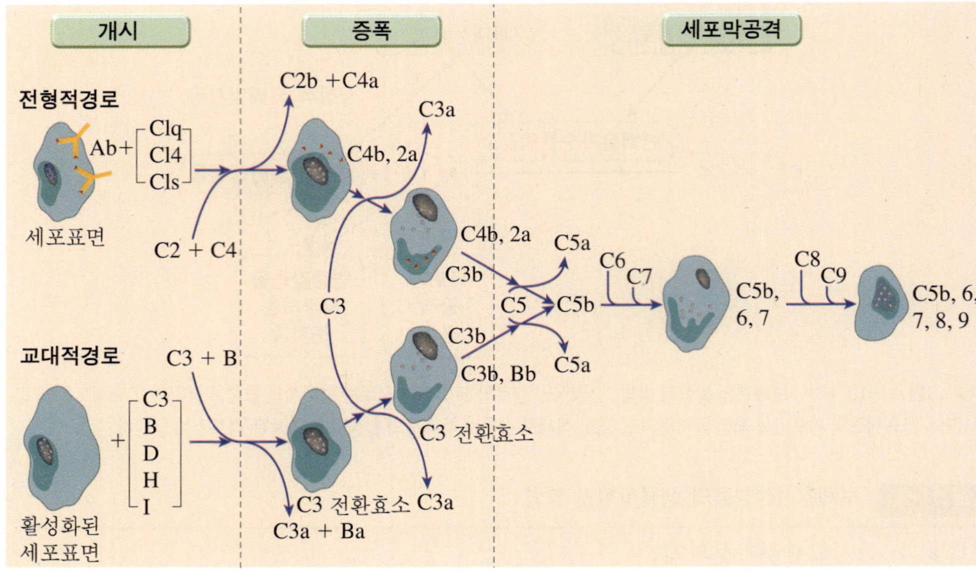

■ 그림 11-20 ■ 전형적 및 교대적경로에서 보체활성의 유사성. 보체계의 활성은 개시단계, 증폭단계 그리고 세포막공격단계로 진행된다. 두 경로 모두 C3의 절단으로 보체의 활성이 시작된다. 첫 인식단계는 세린단백질분해효소의 촉매활성에 의해서 증폭된다. 이때 각 효소의 분자는 많은 기질들을 활성화시키게 된다. 세포막공격단계를 시작으로 C5의 절단이 일어나며, 마지막 단계에서 C5b~8은 중합되어 C9단백질이 목표세포막에서 큰 통로를 만들게 된다.

한다. 곁사슬의 글루타민과 시스테인 사이의 싸이오에스터 결합은 세포표면의 하이드록실그룹이나 아미노그룹과 같은 친핵성의 공급으로 열리게 되고, 결과적으로 세포와 에스터나 아마이드결합으로 연결되게 된다. 이 싸이오에스터결합은 물에 의해서 불활성화되는데, 그 반감기가 0.1초가 된다. 물에 대한 이렇게 빠른 불활성화는 높은 싸이오에스터결합성으로 새로 얻어진 C3b 또는 C4b가 보체활성의 지역세포에 공유결합되는 데 제한을 하게 된다. 이 제한능력은 C3b가 세포표면에 공유결합되면 그 세포가 파괴되는 꼬리표가 되기 때문에 중요하다. 그래서 활성화된 보체계, 그리고 활성화된 C3b가 오랫 동안 생존하지 못하기 때문에 공격은 세포에 집중화시키게 된다. C3의 활성화로 활성화된 세포의 파괴를 가져오기 때문에 C3절단은 대단히 조심스럽게 조절되어야 한다. 전형적인 경로와 교대적경로가 C3활성화의 두 주된 경로가 된다 (그림 11-20).

2. 보체활동의 전형적경로

전형적경로 (classical pathways) 에서는 C1q가 사람의 IgG1, IgG2, IgG3 그리고/또는 IgM을 포함한 항원-항체의 복합체의 Fc지역에 부착됨으로 활성화된다. C1q는 다중가로, 한 개 이상의 면역글로뷸린분자에 부착되는 것이 보체계 활성에 전적으로 필요하다. 그래서 항원의 밀도는 보체활성에 중요한 조건이 될 수 있다. 세포표면에 부착된 항체는 보체의 효과적인 활성제로 작용한다.

전자현미경으로 보면 C1q (M.W. 410,000) 는 그 구조가 마치 튤립의 꽃다발처럼 보인다 (그림 11-21). 튤립의 꽃 봉우리는 C1q의 면역글로뷸린 부착지역에 해당된다. 또 줄기에 붙은 C1r은 세린단백질분해효소 자이모젠이고, 그래서 C1q, C1r그리고 C1s들은 Ca^{2+}에 의해서 안정화된 C1의 인식복합체로 순환되고 있다. 항원-항체복합체에서 항체의 Fc부분이 C1q의 공모양의 머리그룹이 부착되면 줄기지역에 붙은 C1r은 활성화되며, 이때 C1r의 절단이 이루어진다. C1r은 절단되고 C1s를 활성화시킨다.

C4와 C2는 세린 단백질분해효소 C1s의 기질이 된다. 각 C1s는 많은 C4분자를 잘라서 보체 확장과정에서 증폭단계를 마련한다. C4가 내부 싸이오에스터 결합을 가지므로 C4b

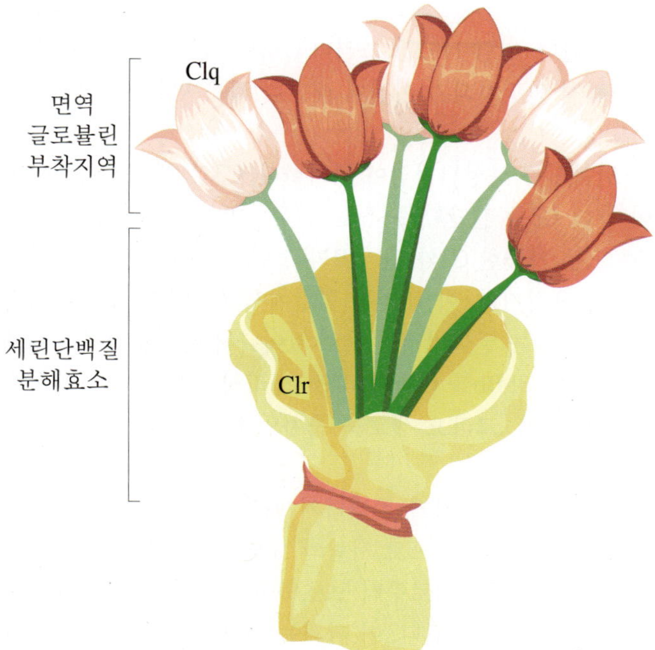

■ 그림 11-21 ■ 보체의 C1q성분의 구조. 꽃 봉우리는 C1q가 면역글로불린을 부착시키는 지역에 해당한다. 줄기는 콜라젠 같은 분자의 3나선지역이다. 이 구조는 3개의 동등한 폴리펩타이드 6개로 이루어진다. 여섯 개의 줄기는 세 번째 위치마다 글리신을 갖는 콜라젠 같은 구조를 갖는다. 줄기의 구부러짐은 글리신 잔기 대신 다른 아미노산이 들어가서 만들게 된다.

조각이 활성화되면 세포막에 공유결합으로 부착된다. 또 다른 세린단백질가수분해효소 자이모젠 C2는 C4b에 부착되고, C1s에 의해서 C2a와 C2b로 잘려진다. C2a는 가장 큰 조각으로, C4b에 붙은 채로 있으며, 가수분해에 활성을 갖는 C4b2a의 복합체로, 이는 C3를 절단시키는 데 사용되고, 그래서 C3전환효소(convertase)로 알려지고 있다. 만약 C3전환효소가 없으면 C4b와 C2a는 불안정하여 곧바로 불활성화된다. 이 같은 빠른 불활성화는 항체에 부착하지 못하게 하거나, 목표가 아닌 근처세포에 보체가 부착되는 것을 막아준다.

C3 절단생성물 C3b와 C4b2a의 존재하에 C5를 절단하여 C5a와 C5b를 만든다. C3a처럼 C5a는 비반세포(mast)에서 히스타민을 분비시킨다. 또한 C5a는 식세포의 농도기울기에 의한(chemotactic) 이동을 하게 한다. C5b의 발생은 세포막 공격경로를 활성화시켜 준다. 그래서 C1활성은 침공하는 세포의 표면에서만 가능하도록 제한되고 있다. 또한 C1방해제는 혈장에 순환되고 있으며, C1r과 C1s를 불활성화시키게 된다.

3. 세포막공격경로

세포막공격복합체(MAC)의 형성은 C5의 절단으로 시작된다. C5b는 C6에 붙게 되고, 다음에 C7에 붙어 있게 된다. C5b-7복합체는 세포막에 부착된다. 그리고 C8은 세포막에 부착된 C5b～6, 7에 붙게 된다. C5b～8복합체는 보체단백질 C9을 중합시켜 목표세포막에 큰 통로의 고리를 만들게 해 준다. 그래서 공격을 받은 세포는 내부성분을 조절할 수 없게 되고, 결국에 죽게 된다. 단백질 **퍼포린(perforin)**에 의해 만들어진 이와 같은 고리는 세포독성T-세포에 의해 죽은 세포의 막에 나타난다.

4. 보체활성의 교대적경로

보체활성의 **교대적경로(alternative pathway)**는 C3b분자의 존재로 시작된다. C3b는 세린단백질가수분해효소의 자이모젠인 인자 B에 부착되고, B는 활성화된 세린단백질가수분해효소 인자 D에 의해서 잘려지게 된다. 이때 얻어진 C3bBb는 교대적경로에서 C3와 C5의 절단효소로 기능한다(그림 11-22). 그러나 C3전환효소는 다른 혈청단백질인 **프로퍼딘(properdin)**에 의해서 안정화되기 이전에 대단히 짧은 반감기 때문에 곧 소멸되고 만다.

교대적경로에는 반복되는 양성되먹임이 관여한다. C3의 전달을 통하여 C3bBb의 다른 분자를 만들고, 아직 더 C3를 절단할 수 있는 다른 C3b분자를 만들어내게 된다. 그래서 한 개의 C3b분자는 모든 가능한 C3와 인자 B의 절단을 수행하게 된다. 목표세포의 표면에서 그러한 증폭은 유용하지만, 이 체계는 혈청에서 보체단백질을 소비하면서, 또 C3b를 자기의 세포에 부착시키는 일들이 무작위로 일어나지 않도록 조심스럽게 조절하게 된다. 부착단백질인자 H는 C3bBb를 C3b와 Bb로 해리시키고, 단백질가수분해효소인 I가 C3b를 불활성화시키는 동안, 그리고 새로운 분자인 B인자가회로를 재시동하기 위하여 부착을 못하도록 한다.

사람의 세포표면에는 세포막분자가 존재하기 때문에 C3bBb의 해리를 가속화시키고 인자 I에 의해서 C3b 절단을 허용함으로 사람의 교대적경로로부터 보호받게 한다. 반대로 어떤 박테리아는 C3bBb를 H와 I로부터 보호하여, 자체의 표면에서 C3가 지속적으로 활성화되게 함으로써, 그들이 파괴된다. 이 파괴는 박테리아에 해당하는 항체가 없는 데도 일어날 수 있다.

전형적경로에서 C3b는 C5에 부착된다. 또 교대적경로의 $(C3b)_2Bb$는 C5에 붙게 된다. 교대적 경로에서 C3bBb는 C5 전환효소의 기질로 작용하기도 한다. 그림에서 보체활성의 전형적경로와 교대적경로의 유사점을 강조하고 있다. 교대적경로는 어떤 공급처로부터 얻어진 C3b의 양을 증폭시키게 된다. 그래서 전형적경로를 통하여 보체활성에 도움을 줄 수 있게 된다.

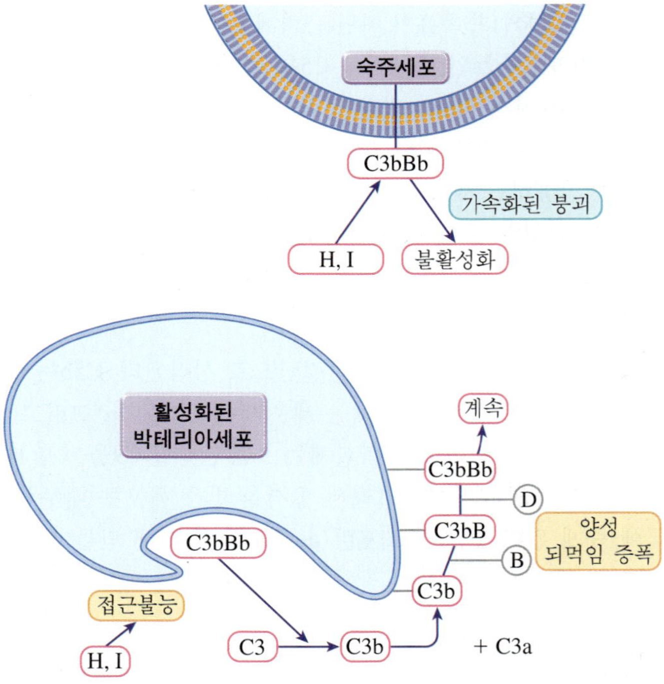

■ 그림 11-22 ■ C3bBb의 불활성화의 방해에 의한 교대적경로의 활성화 방법. 활성화된 박테리아세포의 C3bBb는 H와 I인자들로부터 보호시키며, 자체표면에서 지속적인 활성화가 가능하게 하고, 또 파괴시키게 된다. 이러한 파괴는 박테리아에 대항하는 항체가 없이도 진행된다.

5. 보체계의 조절

전형적경로에서, 보체계는 어떤 형태의 항체가 부착되면 어느 것이든 자신이 아닌 것을 확인하게 해 준다. 즉, 자신의 세포에 대항하는 항체가 만약 존재한다면(마치 자가면역질병에서처럼) 전형적경로는 숙주조직을 공격하도록 활성화된다. 그리고 가끔 심각한 결과로 나타나지만, 이러 조직에 대한 염증에 공격을 지시하게 된다. 교대적경로에서 남(nonself)은 C3bBb가 활성화되어 있도록, 즉 인자I가 이 효소를 불활성화시킬 수 없는 표면임을 알려주게 된다. 이렇게 남에 대한 신호가 확인될 수 있고, 전형적경로에서 단백질가수분해효소가 증폭확대되고, 또한 교대적경로에서 순환양성되먹임을 통하여 그 효과가 증폭되는 것이 확인되었다.

외부물질에 대한 공격은 세 가지 메커니즘에 의해서 활성이 일어나는 직접적인 지역에만 제한되게 되었다. 첫째, 특수한 단백질가수분해효소는 활성화된 보체펩타이드와 단백질을 불활성화시킨다. 예를 들면, **아나필라톡신(anaphylatoxin)**들은 C3와 C5a가 혈청효소인 카복시펩티데이스에 의해 C-말단의 아르지닌이 제거되면 비반세포로부터 히스타민을 분비하지 못하도록 한다. 둘째, 어떤 단백질은 활성의 보체 단백질에 부착함으로써 보체를 불활성화시킨다. 그러한 예로, 단백질은 세포막내부가 아니라 혈청에서 만들어진 세포막공격복합체에 부착하며, 이 복합체는 주위 세포로부터 공격을 못하게 한다. C1방해제는 C1r과 C1s의 활성부위에 결합하는 혈청단백질이며. C2와 C4의 절단을 방해한다. 셋째, 어떤 보체단백질의 활성화된 형태는 단지 일시적으로만 안정하다. 예를 들면, C3b와 C4b의 싸이오에스터는 물에 의해서 빨리 절단된다. 효소복합체 C3bBb와 C4b2a는 빨리 해리되고, MAC의 뉴클리에이트되는 지역의 C5~b6, 7은 세포막에 빨리 부착하게 하거나 또는 그렇게 할 수 없도록 하게 된다.

6. 임상에 이용

감염에 대한 보호과정에서 개인의 보체계의 중요성은 보체체계가 결핍된 환자를 통하여 알 수 있다. 유기체를 죽이게 하는 수막염균(meningococci), 임균(gnococcus) 등이 세포막공격복합체에서 어떤 특정 단백질이 결핍됨으로써 그런 감염에 감수성을 증가시키는 것으로 보아 세포막의 해체의 중요성을 알 수 있다.

염증세포에서는 보체계의 협력을 통한 C3와 C5의 절단생성물의 중요한 역할로, 이들 보체생성물의 결핍은 포도상구균(staphylococci), 연쇄상구균(streptococci) 및 폐렴구균(pneumococci) 등의 감염성을 증가시키게 된다. 전형적경로 성분이 결핍되어도, 자가면역의 장애로 전신성 홍반루프스(systemic lupus erythematosus) 같은 병이 나타나게 되고, 용해화시키고 면역복합체를 제거시키는 전형적경로의 역할의 중요함을 지적하지 않을 수 없다.

그동안 박테리아도 보체계로부터 자신들을 보호하는 메커니즘을 진화시켜왔다. 예를 들면, 실험실용 대장균 균주는 교대적경로에 의해서 쉽게 죽는다. 그러나 신생아 대장균형 연막염(neonatal coliform menigitis)은 이 경로에 저항한다. 이러한 환자로부터 분리된 박테리아는 대부분 탄수화물 캡슐로 포장되어 있으며, 교대적경로를 활성화시키는 그들의 표면부분이 감추어져 있기 때문이라고 생각된다. 이들 박테리아는 다당체에 대한 항체의 존재하에 전형적경로에 의해서 죽게 된다. 그래서 전형적경로의 진화를 통하여, 그런 공격자를 다른 방법으로 죽게 만들고 있는 것이다. 이러란 현상은 병원균과 면역체계의 지속적인 분자진화의 계속되는 전쟁의 일부라고 볼 수 있다.

생화학 둘러보기

면역체계에서 크루즈미사일 단일클론항체

단일클론항체는 전형적인 면역의 감응에서 얻어지는 다중복제세포 (ploycloonal cell) 의 항체, 즉 B-세포에 의해서 많은 다른 단일복제 (monoclonal) 세포에 의해서 합성된 항체들이다. 이렇게 만들어진 항체는 다른 변성지역을 가지고, 그래서 항원에 대한 다른 흡착력과 특이성을 가지게 된다. 연구에서나 또는 어떤 임상적인 응용을 위하여, 잘 정의된 그리고 동일한 특이성을 갖는, 단일복제 또는 단일클론항체의 지속적인 공급이 필수적이다.

그러한 항체의 지속적인 공급이 가능하려면 클론이 계속해서 분열되어야 한다. 면역된 지라세포는 무한정하게 분열되지 못한다. 반면에 골수종세포는 조직배양이나 동물에서 무한정하게 분열되지만, 대신 흥미 있는 항원에 대한 항체를 합성하지는 못한다. 쾰러 (Köhler) 와 밀스타인 (Milstein) 은 세포막에 영향을 주는 물질을 사용하여, 지라림파구세포와 골수종세포를 융합시켜 두 세포의 원하는 기능을 결합시킬 수 있게 되었다. 이러한 결과로, 지라세포, 골수종세포 그리고 **하이브리도마세포 (hybridoma cell)** 들이 혼합된 세포들의 원하는 항체들을 만들 수 있게 되었다.

융합되지 않은 지라세포는 배양 중에 죽게 된다. 마지막 단계에서는 원하는 항체를 합성하는 하이브리도마세포만을 만들게 된다 (그림 11-23). 골수종세포의 퓨린생성의 경로에 관여하는 하이포잔틴인산라이보실그룹이동효소 (hypoxanthine phosphoribosyl transferase, HPRT) 는 유전자의 돌연변이를 일으켜, 퓨린합성을 위한 전구체를 합성하는 **폐활용경로 (salvage pathway)** 로 새로운 합성 (de novo) 을 하게 되고, 만약 배양액에서 폐활용경로를 사용하지 못하게 되면 골수종세포는 죽게 된다. 그래서 융합시킨 다음, HAT배양액에 (hypoxanthine, 아미노테린, 그리고 타이민을 포함한다) 융합된 세포를 기르게 되면 살아남게 된다.

아미노테린 (aminopterin) 은 엽산의 반대의 기능물질이고, 퓨린과 피리미딘의 새로운 합성을 방해시키게 된다. 아미노테린이 이러한 새로운 경로를 방해하기 때문에 또 골수종세포는 HPRT가 없기 때문에 아미노테린의 존재하에 살 수 없게 된다. 한편 정상적인 지라세포와 융합된 골수종세포는 하이브리도마 (hybridoma) 세포를 만들게 되고, 지라세포의 폐이용경로의 효소들의 도움으로 배양액에서 하이포잔틴과 타이민을 사용할 수 있게 된다.

융합되지 않은 지라세포는 배양액에서 죽게 되고, 지라세포와 융합안 된 골수종세포도 HAT배양액에서 아미노테린에 의해서 죽게 되기 때문에 단지 융합된 하이브리도마세포만이 살아있게 된다. 그래서 이 세포는 많은 다른 항원에 대항하는 항체를 합성하는 세포들을 포함하게 된다. 그래서 특정항원을 사용하면 이들 세포는 원하는 항원에 대항하는 항체만을 합성하

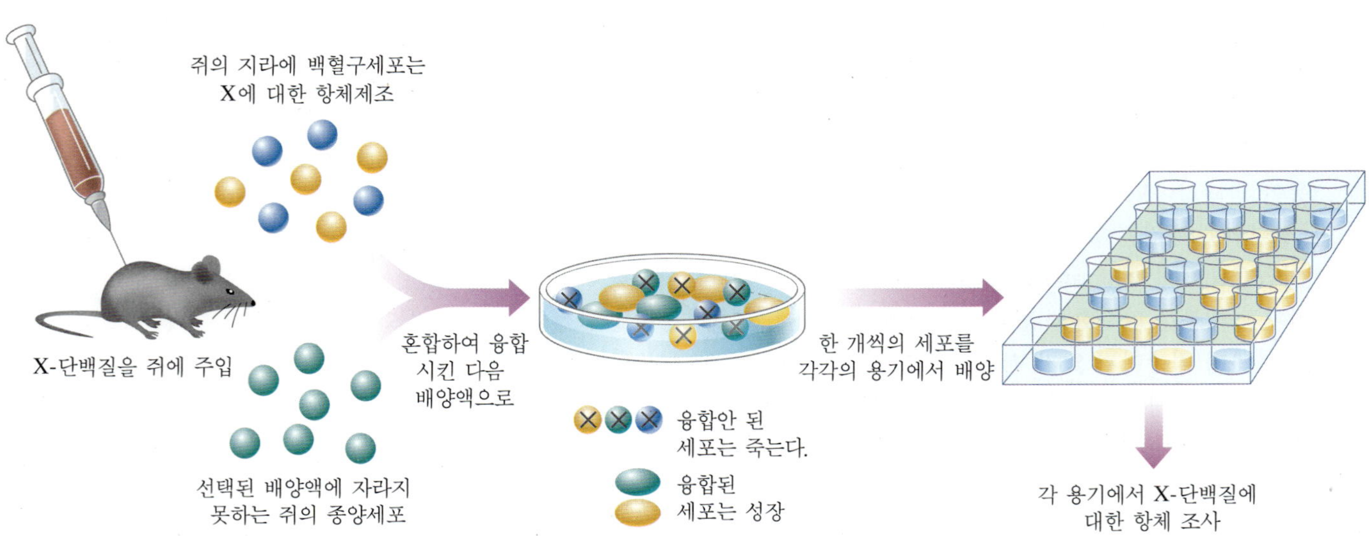

그림 11-23 단백질 항원 X에 대항하는 단일클론항체 제조.

도록 하는 림파구세포를 포함하는 하이브리도마세포를 만들어, 지정된 항원에 대항하는 항체만을 무한정하게 만들게 된다.

단일 클론항체의 출현은 선택된 항체만을 생산하는 기술로, 금세기가 바뀌는 과정에 Erlich에 의해서 재안된 "마술의 탄환"의 접근이 현실화되게 되었다. 여기서 탄환은 종양세포를 파괴시키는 물질을 말하고, 마술은 하이브리도마세포가 종양세포의 항체를 만들도록 고안되면 해당 종양세포를 찾아내고 단지 종양세포만을 공격하기 때문에 붙여진 것이다. 마치 크루즈미사일처럼 암세포만을 찾아 파괴시키는 장치를 개발하게 된 것이다. 이러한 목적으로 단일클론항체에 독소, 약물 또는 면역학적으로 영향을 주는 물질을 자극시키는 분자들을 선택하여 부착시킬 수 있게 되었다. 단일클론항체를 사용하면 고분자물질의 정제, 감염질환의 확인, 생체조직내의 약물이나 다른 물질의 존재의 확인 등이 가능하다.

단일클론항체는 대단히 선택적인 촉매의 설계에도 쓸모가 있다. 효소촉매에서처럼 기질과 생성물 사이의 전이상태의 에너지를 기저상태에 가까운 에너지로 낮추어 반응의 속도를 빨리 하게 한다. 단일클론항체도 예상되는 반응을 촉매하는 안정한 전이상태의 유사체로 만들어지고, 따라서 촉매성항체 (catalytic antibody) 는 재단된 효소기능의 인공촉매로 구분할 수 있으며, 아편 중독자의 치료방법으로 촉매항체가 유용하게 쓰이고 있다.

단원요약

1. 생명체가 외부의 침입자로부터 보호되는 과정에는 적응에 의하여 방어체계에 관여하는 림파구세포들로는 면역글로뷸린을 합성하는 B-세포와 T-세포가 관여되고 있으며, T-세포에는 세포독성T-세포와 보조T-세포가 존재한다. 세포독성T-세포는 외부에서 유입되는 세포를 인식하고 죽이는 기능을 한다. 항원을 다른 세포에 제시하는 수지상세포가 있다. 선천적으로 방어를 담당하는 세포들로는 대식세포, 과립세포 및 식세포가 있으며, 외부에서 침입하는 세포를 죽이게 하고, 또 비반세포는 히스타민을 배출하고, 염증에 대처한다. 이들 모든 세포가 골수줄기세포에서 유래된다.

2. 박테리아, 바이러스 또는 모든 외부물질을 항원이라 하고, 항원에 대항하여 수없이 많은 항체가 만들어진다. 항체 (면역글로뷸린) 는 변성과 비변성지역을 가지며, T자 모양의 움직이는 두 날개를 갖는 구조를 가진다. 양쪽 날개 부위의 끝에 항원부착지역을 가지며, 다양한 아미노산의 변화로 항원에 특이하게 부착하게 된다. 무거운 사슬의 구조에 따라 다섯 개의 면역글로뷸린인 IgG, IgM, IgA, IgE 및 IgD를 만들게 된다. 항체가 인식하는 항원의 일부분을 에피토프라고 부른다. IgG를 파파인을 처리하여 두 개의 Fab와 한 개의 Fc조각을 얻게 된다.

3. 항체가 다양한 구조를 갖게 되는 것은 유전자의 체세포 돌연변이를 통하여 변성지역이 림파구세포에서 분화하는 동안에 증가된 항원부착가능성을 만들도록 한다. 면역글로뷸린의 다양성은 V와 C지역 사이에 J (연결) 유전자와 D유전자를 포함하여 무수한 조합으로 다양성이 증가되고 있다. 뿐만 아니라, RNA이어맞추기, 유전자의 재조정 등으로 다양성이 첨가된다. IgM이 전환에 의해서 IgG가 되는 부류의 전환이 일어난다.

4. 세포의 면역체계가 자기와 남을 구별하는 메커니즘으로, 조직적합성지역유전자에 의해서 코드화되는 세포표면분자들이 관여되고 있다. 이식된 조직에서 거부에 관련된 세포표면항원 (MHC) 이 확인되었다. MHC단백질에는 세 개의 부류가 있고, 부류III는 보체계단백질이고, 부류II는 외부인자를 인식하고 어떤 물질의 항체를 합성하며, 많은 질병에 감수성을 갖는 능력을 가진다. 부류I은 면역체계에 의해서 자신과 남을 구별하는 기능을 하며, 세포독성T-세포의 전구체가 분화하고 증식하도록 자극한다.

5. 특정 세포가 외부에서 침투한 항원의 공격을 분쇄시키는 방어체계에서 T-세포표면분자는 항원에 대항하는 T-세포수용체로 기능한다. 사람의 T-세포에는 구조적으로 면역글로뷸린유전자와 비슷하다. T-세포수용체의 유전자는 체세포재배치와 돌연변이를 통한 다양성을 갖게 된다. T-세포에는 세포-세포 간의 상호작용을 증진시키는 림파구세포의 기능항원인 CD4, CD8 그리고 CD2가 있다.

6. 보조T-세포의 주된 기능은 대식세포와 상호작용하여 인터루킨 같은 사이토카인을 분비시키고, T-세포, 보조T-세포 그리고 B-세포의 증식을 자극하게 된다. 보조T-세포는 MHC단백질에 의해서 표면에 나타나는 외부펩타이드를 감지하는 기능을 수행한다. 보조T-세포가 인식하는

펩타이드는 MHC에 부착된 것이고, 이를 부류II 라고 한다.

7. 면역조절분자에는 림파구세포에서 분화된 림포카인과 어떤세포에서 유래된 사이토카인이 있다. 인터페론은 바이러스 RNA의 번역으로 단백질을 만드는 과정을 간섭하고, 면역체계를 활성화시킴으로써 바이러스에 저항하게 된다. 인터루킨은 백혈구세포의 세포 간의 의사소통에 관여하고, B-세포의 성장과 분화를 촉진시킨다. 인터루킨-1 (IL-1) 은 상처나 감염을 조절하고 손상된 조직의 재건에 관여한다. IL-2는 항원에 특수한 림파구세포의 복제증식에 기여한다.

8. 보체계에서는 항체가 유기체와 부착되면 식세포에 의해서 유기체를 죽이도록 자극한다. 보체계는 항체가 없이도 외부물질을 인식하는 기능을 가진다. 보체계의 활성화경로는 전형적인 경로와 교대적인 경로로 진행되며, 두 경로의 활성화로 세포막공격복합체가 만들어지며, 이들 단백질은 세포막을 침투하고 붕괴시키는 기능을 수행한다. 보체계는 혈장단백질로, 19개의 다른 단백질들이 알려지고 있으며, C3는 보체활동의 중심적인 역할을 수행한다. 전형적인 경로에서 C1q는 사람의 IgG_1, IgG_2, IgG_3와 IgM을 포함하는 항원항체의 복합체의 Fc지역에 부착하여 활성화시킨다. 교대적경로에서 C3의 절단으로 얻어진 C3b는 C3분자를 활성화시키고, 교대적경로를 시작하게 한다. C3b분자는 단백질가수분해효소에 의해서 잘려져 C3bBb가 되고, 이는 교대적경로의 C3와 C5의 절단효소로 기능한다.

어휘

과립세포 (granulocyte)
교대적경로 (alternative pathway)
교차반응 (cross reaction)
다중복제세포 (polyclonal cell)
다형성 (polymorphic)
대식세포 (macrophage)
류코트라이엔 (leukotriene)
림파구세포기능항원 (LFA-1)
림포카인 (lymphokine)
변성 (variable)
보조T-세포 (helper T-cell)
보체계 (complement system)
복제선택세포 (clonal selection)
부류 (class)
부류I 당단백질 (class I glycoprotein)
부류II분자 (class II molecule)
부류전환 (class switch)
분화클러스터 (cluster of determination, CD)
비반세포 (mast cell)
비변성 (constant)
사이토카인 (cytokine)
B-세포 (B-cell)
T-세포 (T-cell)
세포내이입 (endocytosis)
T-세포수용체 (T-cell receptor)
세포독성T-세포 (cytotoxic T-cell)
세포림프친화성바이러스 (HTLVs)
세포막공격복합체 (membrane attack complex, MAC)
세포면역 (cellular immunity)
세포접착분자 (ICAM-1)
수지상세포 (dendric cell)
식작용 (phagocytic)
아나필라톡신 (anaphylatoxin)
억제T-세포 (suppressor T-cell)
에이즈 (aquired immunodeficiency syndrome, AIDS)
에피토프 (epitope)
엔도솜 (endosome)
인터루킨 (interleukin)
인터페론 (interferon)
자가면역병 (autoimmune disease)
전형적경로 (classical pathway)
적응성면역 (adaptive immunity)
조직적합성항원 (histocompatability antigen)
주된조직적합성 (MHC, major histocompatability)
채액면역 (humoral immunity)
초변성지역 (supervariable region)
타고난면역성 (innate immunity)
퍼포린 (perforin)

참고문헌

생체의 방어

Janeway Jr., C. A. 1988. Frontiers of the immune system. Nature, 333, 804.

Rothbard, J. 1987. Synthetic peptide as vaccines. Nature 330, 106.

Marrack, P., Kappler. J., and Kotzin, B. L. 2001. Autoimmune disease: why and where it occurs, Nature Medicine 7, 899.

항체구조 및 특이성

Alzaric, P. M., Lascombe, M-B. and Poljare, R. J. 1988. Three dimensional structure of antibodies. Ann. Rev. Immunol. 62, 555

Riechamann, C., Clark, M., Waldmann, H. and Winter, G. 1988. Reshaping human antibodies for theraphy. Nature 332, 323.

Schultz, P. G., Lerner, R. A. and Benkovic, S. J. 1990. Catalytic antibodies, Science, 240, 426.

Williams. A. F. and Barday, A. N. 1988. The immunoglobulin superfamily: Domains for cell surface recognition. Ann. Rev. Immuno. 6, 381.

도약유전자

Tonegawa, S. 1988. Somatic generation of immune diversity, Biosci. Rep.8, 3.

Milstein, C. 1986. From antibody structure to immunological diversification of immune response. Science, 231, 1261.

HLA와 T-세포 표면분자

Bierer, S. J. and Burakoff, S. J. 1988: T cell adhesion molecule. Fed. Am. Soc. Exp. Biol. F. 2. 2584.

Klausner R.D. and Samuelson L. E. 1991. T cell antigen receptor activation pathway: The tyrosine kinase connection. Cell, 64, 875.

Todd, J. A. Acha-Orbea, H. L., Bell et al 1988. A molecular basis for MHC Class II-associated autoimmunity. Sceince, 240, 1003.

보체계와 사이토카인

Muller- Eberhard, H. J. 1988. Molecular organization and function of complement system. Ann. Rev. Biochem., 57, 321.

Petska, S., Langer, J. A., Zoom, K. C. and Samuel, C. E. 1987. Interferons and their action. Ann. Rev. Biochem., 56, 727.

연습문제

1 면역글로불린분자의 구성성분을 설명하시오.

2 면역글로불린은 유전자의 조합으로 다양성이 얻어지는데, 얼마나 많은 다른 면역글로불린분자가 가능한가?

3 타고난 면역성과 적응성면역을 비교해 보시오.

4 면역글로불린의 V_L과 V_H의 구역에서 초가변성고리에 주로 제한되어 있는 이유는 무엇인가?

5 항체촉매 (catalytic antibodies) 의 응용성에 관하여 설명하시오.

6 면역감응에서 자기 (self) 와 남 (non-self) 을 어떻게 구별하는가?

7 조직을 이식할 때 거부반응이 최소화하도록 어떤 조치를 해야 하는가?

8 페니실린의 부작용은 어떻게 발생되는가?

9 사이토카인의 생성과 기능에 관하여 설명하시오.

10 보체계에서 활성화되는 두 가지 경로를 비교해 보시오.

11 보체계가 결핍된 환자는 어떻게 질병에 쉽게 노출되는가?

12 유전성과 면역성의 결핍으로 인한 다양한 질병들이 존재한다. 이는 면역성T-세포와 B-세포의 심각한 결손 때문에 일어난다. 이러한 결손은 주로 무엇 때문인가?

13 면역글로불린분자에서 발현되는 동등한 부위를 갖는 면역체계의 인식을 중개하는 분자들은 어떤 것들이 있는가?

14 생체에 침입하는 세포를 분해시키거나 죽이게 하는 기능을 어떤 세포들이 담당하고 있는가?

15 다른 부착능력을 갖는 항체가 항원과 결합되면 어떤 변화가 발생되는가?

16 무엇이 T-세포를 활성화시키며, 어떤 현상이 나타나는지 설명하시오.

17 HIV와 전사인자 NF-κB의 관계를 설명하시오.

18 사람의 T-세포에 있는 CD3의 구조와 기능에 관하여 설명하시오.

19 사이토카인과 림포카인의 다른 점은 무엇인가?

20 보조T-세포의 기능에 관하여 설명하시오.

21 인터페론은 어떤 종류가 있으며, 무슨 기능을 하는가?

22 사이클로스포린은 어떤 용도로 사용되며, 어떤 방법으로 기능하는지 설명하시오.

23 부류II MHC단백질에 의해서 제시되는 펩타이드는 어디서 유래된 것이며, 또 이런 제시용펩타이드가 서로 분리되어 있는 것이 생물학적으로 어떤 의미를 갖는지 설명하시오.

24 인터루킨-1의 기능에 관하여 설명하시오.

25 보조T-세포가 특수한 항원제시세포를 인식하는 방법을 그림으로 설명하시오.

26 γ-인터페론은 어느 세포에서 만들어지고, 또 어느 세포에 영향을 주는지 설명하시오.

컴퓨터의 운영을 맡는 프로세서 칩은 모든 프로그램을 적절히 활용되는 데 필수적이다. 생물체도 스스로 살아남기 위하여 내부적으로 대사, 운동 및 방어 등 여러 가지 체계가 상호 조절되어야 하며, 특히 홀몬은 이러한 기능을 수행하는 데 필수적이다.

Chapter 12

운동, 홀몬 및 생체감각체계

원시시대의 인간은 격렬한 운동을 통하여 음식물을 취득해야 하고, 적을 피하기 위하여 빠른 대응이 반드시 필요하였다. 사람은 지속적인 움직임을 통하여 체내의 원활한 신진대사활동을 유지시켜 생명을 연장시키며, 건강을 유지하게 해 준다. 이러한 근육의 운동메커니즘의 이해는 근육섬유의 구조를 근거로 이해되기 때문에, 먼저 근육섬유의 구조를 근거로 운동의 메커니즘을 설명하려고 한다. 또 여러 종류의 근육의 구조와 기능들을 소개하고 있다.

근육운동의 메커니즘은 초기 생리학자들의 가장 큰 관심의 대상이 되었으며, 근래에 와서 효소의 활성과 근육운동의 메커니즘이 완전히 밝혀지게 되었다. 그래서 운동에 필요한 에너지의 공급과 에너지의 활용에 관하여 소개하려고 한다. 요즘에 우리생활에서 스포츠는 가장 중요한 관심의 대상이고, 생화학적인 측면에서의 운동의 이해는 건강의 유지나 운동에서의 기량의 향상에 도움을 주는 스포츠과학의 연구대상이 되고 있다.

홀몬은 신체를 운영하는 신경전달물질과 함께 가장 중요한 연구분야 중의 하나이다. 그동안 홀몬의 연구는 생화학적인 연구기법의 활용으로 급진적으로 발전하게 되었으나, 일반 생화학에서는 소홀이 다루는 학문분야가 되었다. 앞으로 신진대사의 통합적인 조절에 관심이 증대하면서 이 분야의 소개는 중요한 의미를 갖게 된다. 이 장에서는 홀몬의 종류와 기능 및 조절메커니즘에 관하여 많이 할애하였다. 생활과 밀접하게 관련되는 비만에서의 홀몬들에 관한 최근 연구도 소개되고 있다. 특히 홀몬의 연구 중에 세포막의 내외에서 신호를 감지하는 수용체의 연구는 최근 생화학에서 새로운 약물의 개발연구에 관심을 갖게 되면서 가장 각광을 받는 연구분야가 되고 있으므로 자세히 소개한다.

생체감각체계의 연구는 인간이 그 생활의 질을 높이는 문화와 깊은 관계를 가지므로 흥미 있는 연구대상이 된다. 최근 냄새를 인지하는 수용체들의 유전자가 밝혀지면서 여러 감각들을 인지하는 메커니즘이 밝혀지고 있다. 감각을 전달하는 물질과 수용체가 접촉되는 초기의 관계에서 다행히 냄새, 맛 그리고 시각작용이 동일한 수용체분자와 상호작용을 통하여 이루어지므로 이를 정리하여 소개하고 있다. 한편 청각과 촉감은 이온통로를 통하여 신호를 전달하게 되므로 함께 다루기로 한다. 오감에서 발생된 신호감지의 메커니즘에 관한 연구는 상당히 활발하여 여기에 소개될 수 있지만, 뇌에서의 정보의 분석이나 인식되는 방법은 아직 미흡한 상태이여서 앞으로 흥미 있는 연구의 대상이 되고 있다.

12.1 운동의 생화학

전형적인 진핵세포에는 세 종류의 세포골격단백질이 존재하며, 이들은 중합되거나 집합된 형태로서 형광현미경으로 관찰된다. 이들은 미세근섬유 (microfilament), 중간미세근섬유 (intermediate filament) 미세소관 (microtubule) 등으로 섬유의 크기, 단위구조 및 역동성에서 서로 차이가 난다. 근육을 구성하는 주된 단백질로는 **액틴 (actin)** 과 **마이오신 (myosin)** 이 있으며, 두 가닥의 홑섬유가 머리에서 꼬리로 길게 연결된 상태이다.

중간미세근섬유는 약 100 Å의 직경을 가지며, 미세근섬유와 미세소관의 중간의 두께를 갖는다. 중간미세근섬유는 구조형성에만 관여하는 단백질로, 미세근섬유와 미세소관의 단백질과 비교하여 전혀 다른 구성으로 만들어져 있다. 인간의 유전체에는 50개 이상의 중간미세근섬유유전자를 포함하고 있다. 핵내막을 포장하는 섬유로 핵성 라민을 발현시키는 유전자들이며, 핵모양을 결정하는 보조역할을 하고, 유전체가 정박되는 지점으로 역할을 한다.

세포가 특별한 모양을 가지고 내부의 세포소단위체를 움직이는 능력은 액틴섬유 **미세소관(microtubule)** 그리고 중간미세근섬유로 구성된 **세포골격(cytoskeleton)**에 따라 좌우된다. 세포의 움직임에 관여하는 액틴과 미세소관은 전체적으로 액틴과 튜불린을 포함하고 있다(표 12-1). 이들은 실제로 움직임에 직접 관여되지 않고 구조를 이루는 기본물질이 된다. 모든 살아있는 세포에서 액틴, 미세소관 그리고 한 개나 그 이상의 중간미세근섬유단백질이 발견되고 있다. 중간미세근섬유는 다섯 부분의 섬유단백질로 바이멘틴(vimentin), 데스민(desmin), 케라틴(keratin), 신경교의 원섬유(glial fibrilary)의 산성단백질 그리고 신경섬유단백질들로 나누어진다.

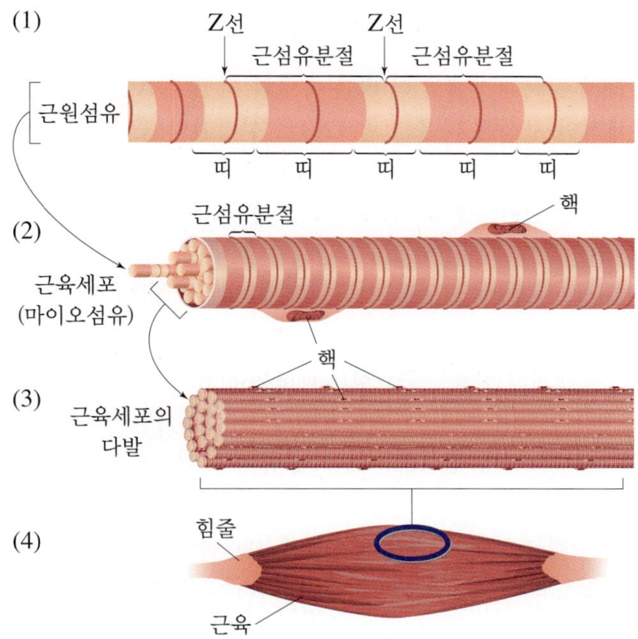

그림 12-1 골격근육의 구조. (1) 근원섬유는 근섬유분절(sarcomere)이 세로로 나란히 배열된 긴 원통형으로, 진하게 칠해진 중앙부분의 A띠, 두 근접된 엷게 칠한 지역의 I띠들로 구성된다. 아주 진하게 칠한 Z선은 연속적인 근섬유분절의 경계선이 된다. (2) 많은 마이오글로빈 섬유가 한 근섬유에 포장되어 있다. (3) 한 묶음의 근육세포: 근육세포는 다중핵을 가지고 있다. (4) 근육 속에 근육세포의 묶음이 큰 묶음으로 배열되고 있다.

표 12-1 액틴-마이오신의 근육수축체계

	액턴-마이오신의의 체계
구조적인 배열	액틴(엷은)근섬유와 마이오신(두터운)근섬유 마이오신머리가 수축과정에서 교각을 형성 근육에서 근섬유 안정, 비근육에서 불안정
정적인 요소/동적인 요소	액틴근섬유/마이오신근섬유
운동의 형태	액틴의 미끄러짐(잡아당김)과 마이오신근섬유의 서로 통과
에너지공급/전달체	마이오신이 액틴활성화된 Mg^{2+}ATPase
정적인 단백질의 성질	액틴: 구형단백질, M.W. 42,000단량체는 한 분자의 ATP부착, 체외에서 Ca^{2+} 중합의 증진, 중합되어 두 가닥의 나선, 직경 6~7nm, 각 소단위체는 4개의 근처 소단위체와 상호작용, 단량체가 양쪽 끝에서 더해지거나 빠질 수 있다. 다중유전자가 코드한다.
동적인 단백질의 구조	마이오신: M.W. 50,000, 섬유상 그리고 구상 이종6량체 ATPase의 활성, 기능성단위를 모아서 10~500마이오신 단량체, 어떤 형태는 인산화로 활성화, 다중 유전자가 코드
세포내에서 조절인자	세포질 칼슘 농도, 마이오신의 가벼운 사슬의 인산화 및 다른 단백질의 인산화, 액틴부착단백질과 상호작용

화학에너지 ATP가 기계적인 일로 조절된 이전을 **화학기계변환 (chemomechanical transduction)** 이라고 한다. 액틴과 튜불린에 더하여 수축의 조절과 고에너지 인산의 적절한 공급을 위하여 몇 가지 부속단백질인 마이오신과 다이네인 (dynein) 들이 화학기계적인 운동에 연계가 필요하게 된다.

12.1.1 분자모터단백질

1. 근육체계와 골격근육의 구조

포유동물에서 특히 신축운동의 세포는 골격근육, 심장근육, 평활근 그리고 **근상피성근육 (myoepithelia)** 에 나타난다 (표 12-2). 골격근육과 심장근육은 긴장을 하고 있는 동안에 평활근과 비교해서 수축과정에서 더 많은 속도와 더 많은 ATP를 소비한다.

골격근육의 전체적인 구성은 다음 그림 12-1로 설명된다. 근육은 근육세포의 다발 (또는 근세포, myoblast) 로 구성된다. 근육세포는 **미세근섬유 (micro filament)** 의 모음인 **섬유다발 (fiber)** 로 구성되고, **근원섬유 (myofibril)** 라고 한다. 이는 길게 연장되고, 보통 가지사슬이 없으며, 대략 원통형의 10～100 μm 직경의 세포이다. 이 근원섬유는 세로로 융합되어 **근모세포 (myoblast)** 의 연장으로 얻어진다. 이들은 수센티미터의 길이로, 적어도 200개의 핵을 포함하게 된다. 근원섬유는 많은 마이오미세근섬유 (myofilament, 또는 미세근섬유, filament) 로 구성된다. 개개의 섬유는 **근형질 (sarcoplasma)** 이라 부르는 세포질막으로 둘러싸여 있다. 마이오미세근섬유는 엷은 마이오미세근섬유 (액틴분자의 중합체) 와 두터운 마이오미세근섬유 (마이오신의 집합체) 의 두 종류가 있다. 여기서 마이오미세근섬유는 미세근섬유와 정확히 같은 물질이다.

각 미세근섬유 내부에는 다른 세포의 **근소포체 (sarcoplasmic reticulum)** 라 부르는 관들이 세로로 그물모양의 조직을 갖는다 (그림 12-2). 근소포체에서 Ca^{2+}에 대한 투과성의

표 12-2 포유동물의 근육수축에 특수한 4가지 종류

세포의 종류	구조	수축성질	기능
골격근육	긴 원통형, 다중핵의 세포 마이오신과 액틴근섬유의 질서있는 배열은 평행임. 각 섬유는 직접 모터뉴런에 의해서 직접 자극하여 활동.	빠르고 강력한 수축: 60～80%의 단축가능. 자발적인 조절에 의한 중추신경에 의해 수축이 일어남.	관절을 따라 뼈들의 움직임.
심장근육	골격근육과 유사, 외부적 자극은 특수한 마디 심장박동기에 자극, 활동전위는 틈새지역을 통한 세포와 세포 사이로 전달.	골격근육과 유사: 대신 박동기 세포의 자동적인 발사에 의한 수축, 골격근육세포보다 더 지속된 느린 수축.	반복적인 리드믹한 수축에 의한 혈액의 움직임, 정상적인 수명에서 30억 번의 충격가능.
평활근	연장된, 끝이 가늘어진 세포 단일핵, 하나씩 수평으로 안되고, 적은 뭉치나 기관을 포장하는 판형, 자발적인 신경에 의해서 지역적인 망상, 외분적으로 신경자극활동.	느린 근육수축, 비자발적인 조절, 25%까지 단축가능.	소화기, 호흡기 요도, 순환기 체계와 같은 관 같은 기관의 모양과 크기의 조절.
근상피성근육	바구니 모양, 외분비선의 포도상선으로 둘러싸인 단일 핵의 세포: 중배엽보다는 원배엽에서 유도된 평활근과 유사한 세포질 섬유를 보유.	수축 홀몬에 의해서 자극(옥시토신) 자발적인 신경작용 신장피질에서 압력전달의 비근육성 기능.	수축으로 외분비물질배출(침, 땀) 홍채의 확장근 형성. 방사구체세포의 압력전달.

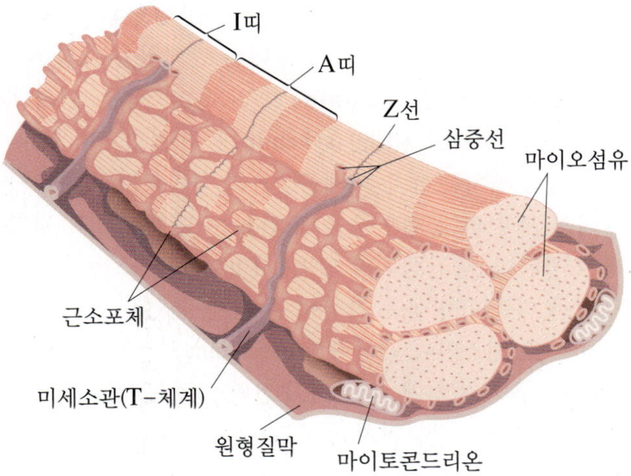

■ 그림 12-2 ■ 근육섬유의 내부구성. 근원섬유의 평행적인 배치와 근소포체와 미세소관의 위치를 나타내고 있다. 이 배열은 포유동물의 전형적인 빠른 운동섬유를 미세소관과 같이 보여주고 있다.

변화는 자극-수축의 연결에 필수적인 것이다. 근소포체를 교차하는 세로축에 수평인 관(transverse tubule)이 존재한다. 세로축에 수평인 관은 근소포체로부터 Ca^{2+}을 배출시키기 위해 세포막 분극화와 연결시키는 역할을 한다.

근육세포는 마이토콘드리아를 포함하며, 다른 세포에서 발견되는 분명한 세포소단위체보다는 섬유 안에서 세로로 놓인 연장된 소포체 같은 구조로 가끔 존재하고 있다. 이와 같은 배치는 수축과 세포질의 칼슘농도를 조절하는 Ca^{2+} 펌프를 위하여 많은 양의 고에너지 인산을 빨리 준비하는 데 도움을 주게 된다. 다른 골격미세근섬유는 넓이, 관체계의 구성 그리고 마이토콘드리아의 내용물에 있어서 현저하게 다르다.

골격근육 섬유는 긴 원통형 근원섬유(직경 1,000~2000 nm)로, 세로로 배열되어 있으며, 엷은 마이오미세근섬유(6~7 nm 직경)와 두터운 마이오미세근섬유(15~16nm 직경)로 구성되고 있다. 이들의 구조는 마이오미세근섬유의 근육수축기구를 만들게 된다(그림 12-3).

(1) 근원섬유

골격근육은 보통 현미경으로 보이는 **띠(band)**를 포함하고 있다. 이런 모양의 띠는 두텁고 엷은 마이오미세근섬유가 부분적으로 겹쳐지기 때문에 나타난다(그림 12-3). 그 단면을 잘라보면, 섬유는 내부에 침투되는 육변형으로 배치되어 있다. 섬유의 사이는 움직이는 **연결교(cross-bridge)**가 된다. 심장근육은 역시 띠모양을 이루고, 엷고 두터운 근원섬유와 비슷한 배치를 갖는다.

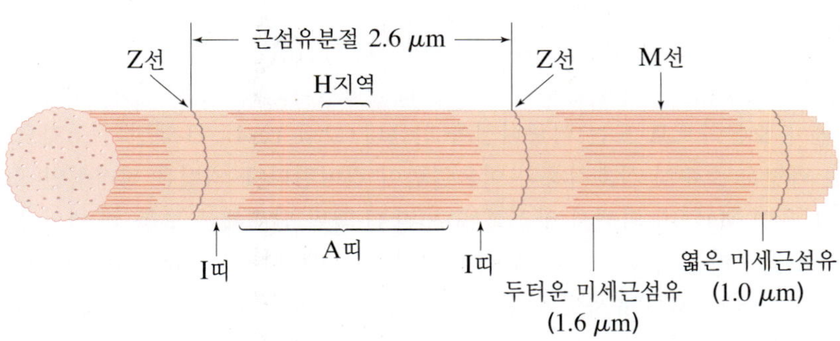

■ 그림 12-3 ■ 근원섬유의 구조. Z선은 근섬유분절의 끝을 보여주고 있다. A띠는 두터운 근섬유로 구성된다. I띠는 엷은 근섬유로만 구성된다. 엷은 근섬유는 중앙은 비우면서, 지역을 떠나서 부분적으로 연장되어 길어진다. H지역은 엷은 근섬유는 없고 M선이 H지역의 중앙에 남게 된다.

엷은 미세근섬유의 각 한쪽의 끝은 Z-선이라고 부르는 밀집된 섬유상 구조에 정착되고 있다. Z선의 중심지역은 액틴, α-엑티닌 그리고 다른 단백질을 포함하고 있다. Z선의 주변에는 주로 **액틴 (actin)**, **데스민 (desmin)** 그리고 더 적은 양의 섬유인 **바이멘틴 (vimentin)**, **필라민 (filamin)** 그리고 **시네민 (synemin)** 등이 포함되어 있다.

Z선에서 이들 단백질의 배치는 엷은 미세근섬유가 육변형의 배치로 구성되게 된다. 섬유의 길이는 체내에서 액틴의 중합반응을 조절하는 단백질들의 결합인 ***β*-엑티닌 (*β*-actinin)** 에 의해서 조절된다. 중간섬유의 단백질 (바이멘틴 또는 시네민처럼) 인 데스민 (desmin) 은 한 Z선에서 다음 근원섬유 직경에 걸쳐 연장되어 그물모양의 조직을 형성한다. 이러한 연결은 아마도 데스민이 근섬유막 (sarcolema) 의 접착에 도움이 되며, 근섬유분절 (sarcomere) 의 정렬을 유지하게 해 준다. Z선의 양편의 낮은 전자밀도의 지역과 I띠는 두터운 섬유에 둘러 싸여서 만들어지게 된 것은 아니고, 엷은 섬유에 의해서 만들어진다.

Z선 사이의 다른 지역들을 그림 12-3에 보여주고 있다. 각 완벽한 섬유의 조립으로, 한 Z선에서 다른 띠의 연장으로 만들어진 **근섬유분절 (sarcomere)** 은 평행을 달리는 홈이 있는 미세근섬유의 기능성 기본단위가 된다. 엷은 미세근섬유의 말단 사이의 지역은 H띠를 만들게 된다. 또 두터운 마이오미세근섬유에 해당하는 A띠는 Z선 사이에 놓이게 된다. 근육이 수축하는 동안 근섬유분절인 H와 I띠는 짧아지고, 반면에 A띠는 길이가 조금 변하게 된다.

A띠의 중앙에 두터운 미세근섬유는 그물모양의 단백질들이 M선을 형성하면서 연결되며, 근원섬유의 폭을 따라 두터운 미세근섬유의 공간을 유지하게 된다. **마이오네신 (myonesin)** 이라고 부르는 특수단백질을 포함하고 있는 M선은 크레아틴인산화효소의 활성지역이 되고 있다. 중간섬유단백질은 Z선의 정렬을 유지해 주고, 근섬유분절 내부에 두터운 섬유를 놓이게 해 준다.

두텁고 그리고 엷은 마이오섬유에 더해서, 세 번째 섬유는 Z선들 사이를 연장시켜 주고 있다. 그런 섬유를 전자현미경으로 관찰할 수 있었으며, 어떤 경우에 분리되어 그 특성이 연구되었다. 그들은 수축에는 관련되지 않고, 수동적인 근육의 뻗치기를 하는 동안에 연속적인 탄력성을 갖는 (load-bearing) 요소로 기능한다.

(2) 엷은 마이오미세근섬유

엷은 **마이오미세근섬유 (thin myofilament)** 는 공모양의 G-액틴분자 (MW 43,000) 의 중합체이다. 골격근육 G-액틴은 375개의 아미노산 잔기를 갖는 폴리펩타이드로 구성되고, 73번째의 위치에 한 개의 N^3-메틸 히스티딘을 가진다. 심장과 골격근육액틴은 17위치에 발린을 가지며, 이것이 다른 액틴과 구분된다. 많은 비근육 액틴은 골격근육액틴에서 N-말단 아미노산 (Asp) 이 결손되고, 그래서 374 잔기의 길이를 갖는다. 필수 아미노산 (특별히 루신, 아이소루신 및 트레오닌) 들이 분자의 내부를 차지한다.

G-액틴 단위체는 직선의 섬유상 F-액틴 섬유로 중합된다. 엷은 섬유에서 두 액틴의 사슬이 감고 돌아 오른쪽으로 도는 이중나선을 만든다 (그림 12-4) . G-액틴의 조립으로 F-액틴이 되는 과정은 소수성 상호작용과 이온결합이 관여된다. F-액틴은 생리적인 조건하에서 2가 양이온인 Mg^{2+}에 의해서 안정화된다. 각 G-액틴 단위체는 보통 한 개의 ATP분자를 포함하고 있으며, G-액틴이 중합되어 F-액틴이 될 때 탈인산화되어 ADP가 얻어진다. 가수분해되지 않은 ATP유사체가 중합을 허용하고, 뉴클레오타이드가 없는 액틴이 어떤 조건에서 중합될 수 있기 때문에 중합은 에너지를 필요로 하지 않는다.

엷은 마이오미세근섬유의 주된 성분은 액틴을 포함할 뿐만 아니라 두 개의 조절단백질인 **트로포마이오신 (tropomyosin)** 과 **트로포닌 (troponin)** 을 가지고 있다 (그림 12-5). 트로포마

■■ **그림 12-4** ■■ 액틴의 미세근섬유의 구조. 액틴분자가 내부를 감아 도는 두 나선으로 배열되고 있다.

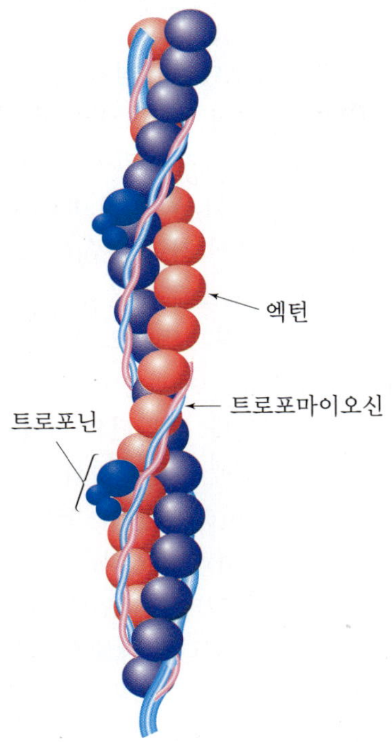

■■ **그림 12-5** ■■ 엷은 미세근섬유의 구조. 두 개의 트로포마이오신근섬유는 각각 두 개의 섬유가 나선을 만들어 액틴사슬을 감고 돌아가고 있다. 그들은 마이오신의 둥그런 머리부분의 부착을 방해한다. 트로포닌은 세 개의 폴리펩타이드로 구성되고, 액틴과 트로포마이오신에 부착되고 있다.

이오신 (M.W. 68,000) 은 꼬인 코일의 α-나선의 이종이량체이다. α와 β 사이의 비율과 특수한 형태는 근육의 형태에 따라 좌우되며, 인산화된 형태로 일부 근육에 존재한다. 트로포마이오신 분자는 F-액턴섬유에서 두 세로로 굴곡을 갖는 끝과 끝에 놓여 있다. 각각은 40 nm 길이이고, 7개의 G-액턴단위체에 걸쳐 놓인다. 트로포마이오신은 보통 마이오신이 액턴에 부착하지 못하도록 한다.

각 트로포마이오신의 거의 한쪽 끝은 트로포닌 (troponin, M.W. 76,000) 분자로, 동등하지 않은 삼량체로 트로포닌C (TnC), 트로포닌I (TnI) 그리고 트로포닌T (TnT) 들과 비공유결합으로 부착되어 있다. TnT는 트로포마이오신에 붙고, TnC에 붙는다. TnI는 TnC에 붙고 액턴에 부착되며, 이는 트로포닌-트로포마이오신복합체를 액틴중합체에 위치를 고정시켜 주는 역할을 하는 것처럼 보인다. TnC는 구조적으로나 기능적으로 **칼모듈린 (calmodulin)** 과 비슷하다. 각 TnC분자는 협조적으로 네 개의 칼슘이온에 부착되고 있으며, 생리적으로 휴지기간에 Mg^{2+}에 의해서 두 부착지역을 차지하고 있고, 나머지 두 지역은 비어 있다. Ca^{2+}이 TnC에 부착하게 되면 마이오신부착지역에서 트로포마이오신의 방해작용을 반대로 하게 하고, 근육이 수축되도록 허용된다.

TnI는 179개 아미노산 잔기를 가진 폴리펩타이드 (M.W. 20,000) 이며, 액틴부착지역은 염기성 아미노산들이 지배적이다. TnT (M.W. 37,000) 에서 259 잔기의 아미노산들의 아마도 반 정도는 세포 안에서 하전을 띠고 있으며, 그 중 음전하를 띠는 그룹은 N-말단에, 그리고 양전하를 띠는 그룹은 C-말단 근처에 있다. TnC (M.W. ~18,000) 의 159개의 아미노산 중에서 아스파트산과 글루탐산이 우세하며, 칼모듈린과 아미노산의 순서가 유사성을 보이고 있다. TnC는 아니지만, TnT와 TnI는 cAMP에 좌우되는 단백질인산화효소에 의해서 인산화되고 있다. 기능적으로 골격근육에서 이 인산화반응은 분명하지가 않지만,

심장근육에서 **엑토마이오신 (actomyosin)** ATPase의 활성을 낮추게 한다.

(3) 두터운 마이오미세근섬유

마이오신은 전체 골격근육에서 거의 반을 차지한다. 마이오신은 내부적으로 낮은 ATPase의 활성을 가지고 있으나, 액틴에 부착함으로써 효소활성이 수백 배로 증가될 수 있다. 마이오신 (M.W. 500,000) 은 6단위체의 단백질로, 두 개의 큰 사슬 (M.W. ~200,000) 과 4개의 작은 사슬 (M.W. 16,000 ~200,000) 로 구성되어 있다. 이들 폴리펩타이드는 공유결합으로 연결되지 않고 있으며, 가벼운 사슬의 크기는 마이오신의 출처에 따라 좌우되고 있다 (그림 12-6) .

전체 길이의 반은 무거운 사슬의 α-나선으로 꼬인 코일로 되어 있으며, 단단하고 불용성인 꼬리를 가진다. N-말단의 나머지 반의 사슬은 분명한 공모양의 머리를 갖는다. 각 머리부분에 두 개의 작은 폴리펩타이드 중 사슬 하나는 각 머리부분에 부착되고 있다. 마이오신분자에서 머리부분에는 엷은 마이오미세근섬유와 상호작용은 물론 ATP가수분해의 활성지역을 보유하고 있다.

마이오신은 지역2가 파파인에 의해 쉽게 절단되면서 S_1조각 (M.W. 120,000) 의 머리부분과 거의 완벽한 꼬리를 배출하게 된다 (그림 21-6) . 트립신에 짧은 노출을 하여 마이오신의 지역1을 절단하게 되며, 두 조각의 **무거운 메로마이오신 (heavy meromyosin, HMM**, M.W. 350,000) 과 **가벼운 메로마이오신 (light meromyosin, LMM**, M.W. 125,000) 을 얻게 된다. LMM은 두터운 마이오미세근섬유의 중심부를 형성하고, 생리적인 이온강도에서 마이오신은 낮은 용해도를 갖게 된다. HMM 머리부분의 목은 팔지역에 부착시켜 만들어지고 있다. 파파인에 의한 HMM의 절단으로 S_1조각과 팔지역에 해당하는 S_2조각으로 절단된다. S_2조각은 LMM에 비교해서 두 개의 나선이 서로 뒤틀린 고정되지 않은 상태로 비교적 신축성을 가지며, 생리적인 조건하에서 거의 하전을 띠지 않고 있어서 LMM과 상호작용이 거의 없다. 이 두 가지 사실 때문에 연결교 회로기간의 머리부분은 마이오신근섬유에서 멀리 떨어져 있어서 흔들리게 된다.

트립신의 가수분해에 민감한 지역1은 아미노산 165 잔기의 길이를 갖는 돌쩌귀지역이다. 이 지역의 굴곡은 S_2가 섬유의 축으로부터 멀리 움직이도록 해 주며, 근육수축운동을 하는 동안 힘을 발생시키는 장치가 되고 있다. 지역2가 위치하고 있는 S_1-막대구역

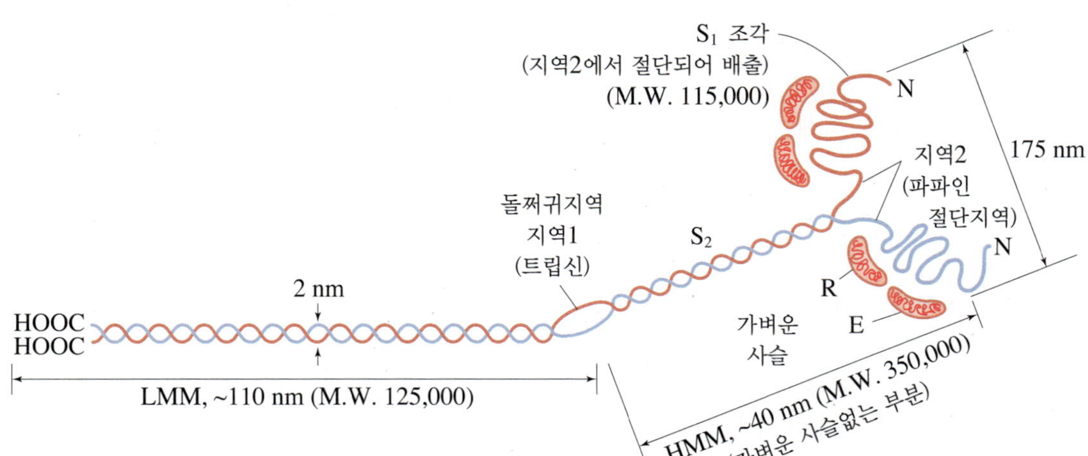

그림 12-6 마이오신 분자의 구조. C-말단에서 절단지역2의 두 α-나선이 서로 꼬인 코일의 마이오신 막대구조를 가진다. 트립신은 돌쩌귀지역에 위치한 지역1을 절단시키며, 가벼운 메로마이오신(LMM)과 무거운 메로마이오신(HMM)으로 얻어진다. HMM은 파파인으로 절단시키면 지역2를 절단시켜 두 S_1조각(마이오신 머리)와 한 개의 S_2조각(마이오신 팔)을 얻게 된다.

(swivel)은 대략 30 아미노산 잔기의 길이가 된다. 마이오신은 머리의 움직임을 허용하기 때문에 특별히 중요하다. 돌쩌귀지역과 막대구역은 생리적인 조건에서 비나선성이 된다.

마이오신의 두 특성인 액틴에 단단히 결합하는 것과 자신의 ATPase의 활성을 갖는 것은 근육과 다른 액틴-섬유 체계에서 힘을 생성하게 되는 주된 원인이 된다.

그동안 가벼운 사슬에 몇 가지 명명법이 사용되었다. 각 마이오신에서 머리부분의 한 개는 필수적인 가벼운 사슬과 조절능력의 가벼운 사슬을 갖는다고 알려지고 있다. 이때 "필수적인 사슬"은 ATPase의 활성과 액틴부착에 필요하다고 생각되었다. 이 어휘는 비록 마이오신의 가벼운 사슬이 배제되어도 액틴 활성화된 ATPase의 활성이 알려져 있으므로 이렇게 부르도록 하고 있다. 조절능력을 갖는 가벼운 사슬의 변형(인산화 또는 Ca^{2+}결합으로)으로 마이오신을 본질상으로 그 능력을 바꿀 수 있다. 알칼리에 노출시킬 때 배출되는 가벼운 사슬을 "알칼리 가벼운 사슬"이라 부르며, 그래서 DTNB (55'-dithiobis-(2-nitorbenzoate)에 의해서 배출되는 사슬은 알칼리사슬이 아니어서, "DTNB사슬"이라고 한다.

조절능력을 갖는 가벼운 사슬의 큰 쪽 부분은 목부분에 위치하고 있다. 특히 Ca^{2+} 같은 2가양이온이 가벼운 사슬에 부착하면 이 지역의 모양을 변형시키고, 지역2에서 파파인의 절단을 방해한다(그림 21-6). 그래서 이 사슬은 아마 머리-목지역의 신축성이나 구조를 조절하여 근처의 액틴섬유에 머리가 접촉하도록 하는 능력을 변경시키게 된다. "필수적인 가벼운 사슬"은 목부분에서부터 액틴부착지역까지 연장시키게 된다. 필수적인 가벼운 사슬의 C-말단은 아마도 고정되어 있고, N-말단은 자유롭다.

마이오신의 생리적으로 활성화된 형태는 두터운 미세근섬유(그림 12-7)이고, 머리들이 바깥쪽으로 붙어 있으며, 전체 길이가 1.6 μm이고, 마이오신의 꼬리들과 밀착되어 한 묶음을 만들게 됨으로써 얻어진다. 머리의 쌍은 축을 따라 14.3 nm의 공간을 가지고 있으며, 두터운 섬유를 따라 6개의 액틴섬유가 섬유를 60°각도로 유지해 주고 있다. 두터운 섬유의 축의 계속되는 길이는 43 nm이다.

마이오신분자들의 부착은 대칭으로 평행하고, 두터운 미세섬유의 축의 중앙에 머리부분이 없다(그림 12-7). 섬유는 양쪽 끝으로부터 자라고 있으며, 이미 있는 곳에 마이오신 분자가 추가된다. 마이오신, 액틴 그리고 튜불린의 내재적인 성질 때문에 섬유로의 자체조립이 가능하다. 체외에서 용해된 마이오신은 체내에서 한 것처럼 같은 조립방법으로 자체 섬유를 형성한다. 섬유의 조립은 마이오신꼬리의 특성과, 특히 LMM의 부분의 많은 아미노산의 순서가 다섯 펩타이드로 반복되는 양상을 나타내는 것들에 의해서 좌우된다. 만약 반복되는 단위가 ABCDEFG로 나타난다면 잔기 A와 D가 소수성이고 α-나선이 꼬인 코일로 접촉되는 지역에 놓여 있다. E는 보통 산성아미노산이며, G는 보통 염기성이며, 아마도 이러한 배열이 꼬인 코일을 안정화하도록 하는 이온성 상호작용에 기여하는 것으로 알려지고 있다. 두터운 미세근섬유는 마이오신꼬리의 포장에 해당하는 하위구조를 가지게 된다.

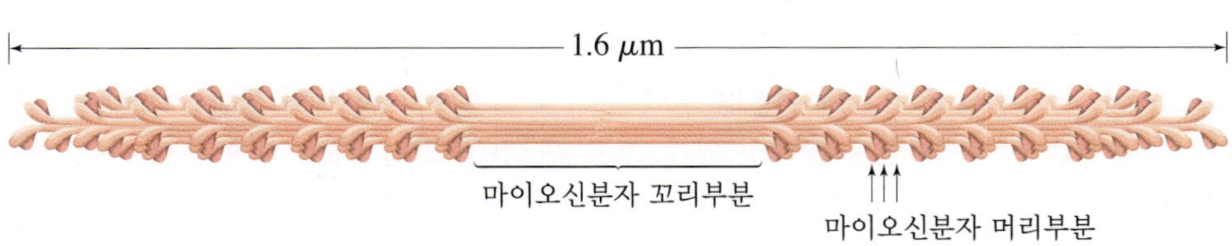

그림 12-7 평행으로 달리는 근육, 두터운 근섬유에서 마이오신의 구성. 마이오신분자가 꼬리-꼬리의 한쪽으로 결합하여 근미세섬유를 형성한다. 다음 마이오신분자의 처음 핵의 끝 쪽은 평행으로 부착되어 중심에 정리된 (깨끗한) 지역을 만들게 된다.

2. 근육단백질의 다중유전자 가족

많은 엑토마이오신과 관련이 있는 단백질들의 다중형의 동형 (isoform) 들이 존재한다. 액틴, 트로포닌T, 트로포마이오신, 마이오신 무거운 사슬, 그리고 마이오신 알칼리 가벼운 사슬들은 아마도 모든 포유동물종의 유전자 가족에 의해서 코드화되고 있다. 이들 유전자의 발현은 조직-특이성, 섬유형태의 특이성 또는 발달-특이성일 수 있다.

사람의 유전체에는 20개 정도의 액틴유전자들이 여러 염색체에 분포되고 있다. 골격근육의 액틴과 심장근육의 액틴은 단일염색체 자리, 염색체1 그리고 염색체15의 유전자에서 각각 코드화시킨다. 다른 액틴유전자인 β-액틴은 평활근에서 그리고 γ-액틴은 비근육 액틴섬유에서 발견된다. β와 γ-액틴유전자는 X염색체에서 나타나고, 유전체의 다른 곳에서도 나타난다.

마이오신 무거운 사슬 (MHC) 의 유전자는 사람의 염색체17에 위치하고 있으며, 이들은 적어도 6개일 수 있다. 두 개의 MHC가 심장근육에서 나타나고, 또 배아근육과 신생아 근육의 MHC들 그리고 성인의 역동적이고 **빠른 (Fast twitch, FT**, II형) **섬유**와 완만하고 **느린 (slow twitch, ST**, I형) **섬유**로부터 비록 몇몇 차이가 전사 후에 얻어진 것이지만, 서로 다른 일차구조를 가지고 나타난다.

쥐에서는 적어도 세 개의 다른 유전자자리에서 TnT를 코드화하고, FT와 ST섬유에서 그리고 심장근육에서 다르게 발현되었다. 비슷한 변화가 TnC와 TnI에서 나타난다. 쥐에서 다른 염색체3의 유전자자리가 알칼리 가벼운 사슬성인 FT섬유, 심장심실근육 또는 태아/심장 동맥근육 등을 코드화시킨다.

TnT와 알칼리 가벼운 사슬의 순서에서, 부차적인 다양성이 RNA의 대체 이어맞추기 (splicing) 에 의해서 발생된다. 단일 RNA의 일차전사체에서 다른 발현서열을 성숙된 mRNA들에 포함시키므로 단일 유전자가 실제로 한 개 이상의 폴리펩타이드를 코드하게 된다. 이러한 메커니즘은 많은 종의 여러 신축단백질들의 합성에서 보고되었다.

여러 근육단백질 소단위체의 형태에 다중성이 주어지고, 소단위체의 다른 조합에 의해서 얻어지는 분명한 사차구조는 상당히 큰변화를 가지고 구성된다. 그러나 단지 세 개의 기능적으로 분명한 마이오신이 포유류의 **심장근육층 (myocardium)** 에서 나타나고, 또 네 개는 포유류 골격근육에서 많은 양이 나타난다. 다른 마이오신들은 발달과정에서 여러 시간에 걸쳐 발현되고, 비슷한 모양이 평활근과 비근육세포에서 나타난다.

유전자의 다중복사의 뉴클레오타이드의 순서는 시간이 지나면서 서로 엇갈리게 되는 경향이 있다. 그러나 액틴의 일차구조는 많은 비치명적 (non-leathal) 돌연변이가 허용되고, 몇 개의 특수한 부착지역이 존재하며, 이들이 잘 보존되고 있다. 사실은 액틴의 순서는 곰팡이, 어떤 박테리아와 포유동물의 골격근육과 비교해서 단지 8%만 다르게 나타났다. 다른 유기체나 그리고 같은 유기체의 다른 조직에서 마이오신의 무거운 사슬은 일차구조와 기능이 상당한 변화를 보인다. 이런 변화에는 그들의 크기가 반영되고, 기능적으로 분명한 지역의 분자의 존재, 그리고 특히 마이오신의 가벼운 사슬들은 여러 조절단백질에 의해서 마이오신의 기능의 변형 등이 잘 반영되고 있다. TnT유전자 사이에는 상당한 비동위성 (homology) 서열이 존재한다. 그래서 FT근육의 TnT유전자는 다른 두 TnT의 유전자와 교차-혼성화가 일어나지 않고 있으며, 그들 세 개 유전자의 생성물 사이에서 항원성 교차 혼성화도 일어나지 않고 있다. 트로포닌은 조절단백질이기 때문에 이런 광범위한 변화를 통하여 다른 근육형태에서 다른 조절의 성질을 갖도록 반영되고 있다.

12.1.2 근육운동의 메커니즘

근육의 수축 시에 근육을 현미경 또는 전자현미경으로 관찰한 결과 **근섬유분절 (sarcomere)** 길이의 단축이 일어나고 있음을 분명하게 보여주고 있다 (그림 12-3). **연결교 가설 (cross-bridge hypothesis)** 에 의하면 수축과정은 두터운 그리고 엷은 미세근섬유 사이에서 연결교가 만들어짐으로써 시작된다. 긴장이 교각에서 발생되고, 근섬유분절의 각 말단에서 서로를 향한 엷은 미세근섬유의 두 배열이 서로 끌어당겨지게 된다.

근섬유분절의 단축과 근육수축은 아마도 두터운 그리고 엷은 미세근섬유들이 서로의 사이를 미끄러져 지나가면서 얻어지고, 마치 마이오섬유들이 손가락을 깍지끼우고 움직이는 정도의 변화에 의해서 일어난다. 이 미끄럼-미세근섬유 모델의 중요한 점은 최대의 힘은 근육이 생성할 수 있는 연결교의 수와 관련이 있는 근육에 의해서 발전되고, 또한 미세근섬유가 손가락의 깍지짓기를 하듯이 서로 밀면서 거리를 좁힘으로써 가능하게 된다. 근육이 수동적으로 펼쳐지게 되면 두터운 그리고 엷은 미세근섬유의 포개지는 정도가 감소하면서 나타나는 최대의 같은 크기의 긴장을 줄이게 된다. 이 모델은 두터운 그리고 엷은 미세근섬유배열과 근섬유분절이 없는 평활근이나 비근육의 수축에도 적용될 수 있다. 미끄러짐이 일어나기 위해서는 연결교가 계속 만들어져야 하고, 또 부서지면서 **연결교의 회로 (cross-bridge cycle)** 라 부르는 과정이 되풀이되어 일어나야 한다.

근육수축의 활성과정에서 기본적으로 세포내에서 일어나는 일은 수축되는 동안 **근형질 (sarcoplasm)** 의 Ca^{2+}이 0.05 μmol/L에서 5 μmol/L로 증가하게 되며, 수축은 α-모터뉴런의 자극이나 직접적인 전기적 충격에 의해서 일어난다. 이 과정의 근본적인 자세한 내용은 골격근육, 평활근근육 그리고 심장근육에서 다르게 나타난다.

골격근육에서 척수의 복부나팔세포 (ventral horn cell) 로부터 만들어진 작동전위는 아세틸콜린을 모터 말단-평판의 신경후부연접부에 분비시키도록 자극하게 된다. 신경후부연접부 쪽에서 아세틸콜린은 근섬유를 따라 급속히 전달되는 근육작동전위를 일으키도록 한다. 탈분극작용 (depolarization) 은 아마도 수동적인 과정에 의해서 근소포체에서 Ca^{2+}을 배출하도록 한다. 근소포체의 안쪽으로부터 바깥쪽으로 형성된 Ca^{2+}의 농도기울기는 104~105 : 1로, 이렇게 심한 기울기의 정도가 유출의 속도를 더욱 증가시키게 해 준다.

메틸잔틴 (methyl xanthine), 특히 카페인은 근소포체 (SR) 로부터 Ca^{2+}의 분비를 촉진시키고, 움직임의 크기와 기간을 증가시키게 된다. 만약 카페인의 농도가 충분히 높아지면 Ca^{2+}의 분비는 탈분극작용이 없이 배출하게 되며, 칼슘의 급격한 감축으로 이어진다. 이런 방법으로 심한 카페인 독성에 의해서 근육의 경련이 발생된다.

빠른 섬유 (FT, 빠르고 역동적인 운동 섬유) 와 느린 섬유 (ST, 느린 완만한 운동 섬유) 에서의 역동적이고 빠른 운동은 어떻게 칼슘이 취급되는가에 따라 차이가 난다. 빠른 미세근섬유에서의 근소포체는 더 광범위하게 칼슘의 양을 저장하고, 분비를 위한 표면적 그리고 칼슘의 취득을 증가시키게 된다. Ca^{2+}-ATPase의 활성은 느린 섬유에서보다 빠른 섬유에서 훨씬 높게 나타난다. 그래서 칼슘 펌프 단백질로 보이는 7~9 nm의 입자의 수가 느린 섬유보다 빠른 섬유의 근소포체에서 훨씬 많이 나타난다. 빠른 섬유 역시 주된 세포질 Ca^{2+}-완충단백질인 파브알부민 (parvalbumin) 의 농도가 느린 섬유보다 높은 농도를 갖는다. 이러한 차이 때문에 빠른 섬유는 칼슘을 밖으로 움직여 근소포체로 되돌리는 작용을 느린 섬유보다 더욱 빨리하게 되고, 그렇게 함으로써 수축과 이완의 속도를 증가시키게 된다.

근소포체에서 ATP에 좌우되는 칼슘 펌프의 소단위체의 분자량은 100,000D가 되고, 이 펌프는 세포막단백질의 60~70%에 해당한다. 또 활성을 위하여 30개의 인지질분자가 필요하며, 이량체로 기능한다. 폴리펩타이드의 극성지역은 세포질까지 확장되고, 반면에

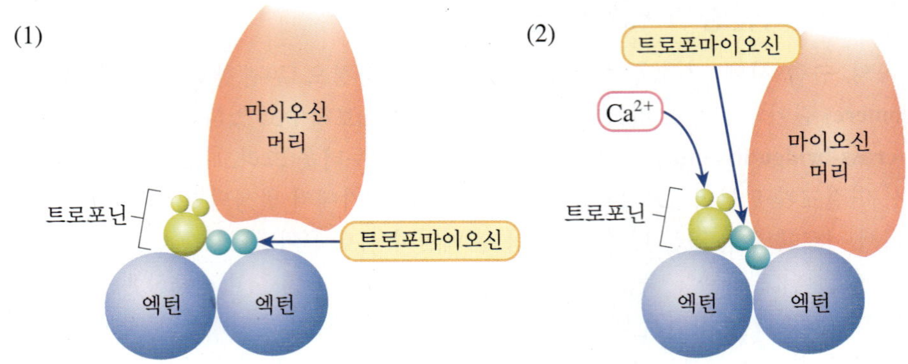

그림 12-8 마이오신과 액틴의 상호작용. (1) Ca^{2+}이 없을 때, 트로포마이오신은 마이오신머리가 액틴에 붙지 못하도록 한다. (2) Ca^{2+}농도가 증가되면 Ca^{2+}은 트로포닌의 소단위체에 부착되고, 이 때문에 트로포마이오신을 약간 움직여 액틴의 엷은 근섬유의 굴곡에 들어가게 한다. 트로포마이오신의 위치의 변경으로 마이오신머리가 액틴에 부착되게 한다. Ca^{2+}의 감소로 이러한 움직임이 반대로 진행되게 한다.

비극성지역은 세포막에 감추어지고 있다. ATP의 부착과 가수분해는 세포질 쪽에서 일어나고, 각 1 mol의 ATP가 가수분해될 때마다 2 mol Ca^{2+}이 근소포체로 운송되어 들어간다. 펌프단백질은 Pi농도가 높을 때 Pi에 의해서 인산화될 수 있다. 이 경우에 Ca^{2+}의 농도기울기가 적어지면서, ADP와 Pi로부터 ATP를 합성하는 "후진방향"의 반응이 일어날 수 있다. **칼시퀘스트린 (calse-questrin)** (M.W. 50,000) 은 근소포체의 전체단백질에서 10~20%를 차지하고 있다. 비교적 낮은 Ca^{2+}에 대한 부착상수에도, 그 풍부함 그리고 근소포체 내부의 표면에서 가능한 위치 때문에 칼슘의 받이 (Sink) 로 기능하는 것으로 보고 있으며, 그래서 세포막에서 칼슘의 수용능력을 증가시킨다. 그러나 이는 Ca^{2+}-ATPase의 활성을 위하여 필요로 하지는 않는다.

근소포체에서 [Ca^{2+}]의 농도가 증가하면 엷은 미세근섬유에 위치한 TnC에 대한 Ca^{2+}의 부착도 증가하게 된다. TnC의 칼슘부착지역이 포화되면 TnC는 굉장한 구조적인 변화

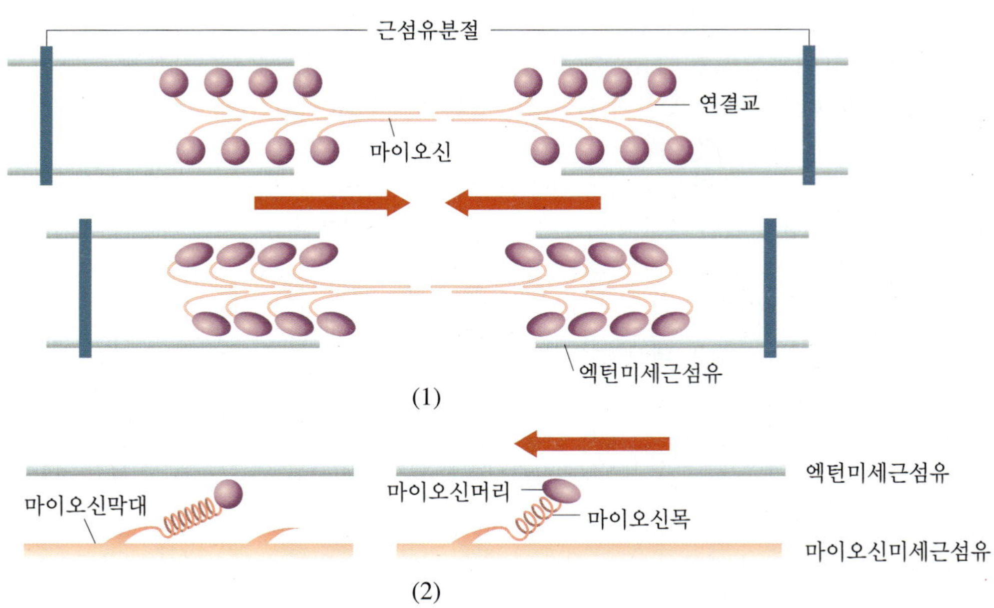

그림 12-9 근육에서 미끄러진 근섬유-머리 회전메커니즘에 의한 힘의 생성. 엷은 근섬유에 오른쪽 각도로 연결교가 형성된다. (1) 다리가 떨어져 나올 때, 연결교의 회로의 끝의 각도는 약 30° 정도 변하게 된다. 부착된 다리에서, 긴장을 목부분에 주면서 입체모양의 변화가 일어나게 되며, 이는 머리의 각도에서 급작스런 변화가 원인이다. (2) 두터운 그리고 엷은 미세근섬유가 서로 움직여서 목부분의 긴장이 풀어지게 된다. 이때 얻어진 긴장(힘)과 움직인 거리가 연결교의 한 번 회전으로 일어난 일이 된다.

를 일으킨다. 이런 입체구조의 변화는 트로포마이오신이 액틴과 마이오신 간의 부착을 방해하지 못하게 하고, 그래서 기능성 액틴-마이오신 연결교가 형성되도록 하게 된다. 마이오신의 부착을 방해하지 못하게 하는 것과 TnC의 칼슘부착과 연계시키는 메커니즘은 물리적으로 트로포마이오신분자를 교체시키게 되는 기능으로, 이들은 TnC에서 입체구조의 변화와 관여되고 있다(그림 12-8). 이렇게 칼슘에 의해 유도된 연결교형성의 시작을 "근육수축의 활성화"라고 부른다.

회전-머리모델(그림 12-9)에서 움직임의 힘은 마이오신 머리와 두터운 미세근섬유 표면과의 각도의 변화에 의해서 얻어진다. 각 연결교가 회전할 때 마다 관찰된 10~12nm의 움직임은 연결교가 형성될 때 머리와 두터운 미세근섬유사이의 각도가 90°가 되어야 가능하며, 다음 연결교 운동의 마지막에 45°로 변해야 한다. 그러나 실제로 이정도의 각도의 변화가 얻어지지 못하였다. 그래서 제안된 대체되는 모델로, 마이오신 머리의 회전이 없이 S_2지역의 단축으로 긴장이 발생된다고 보는 것이다(그림 12-6). 이 모델에서 연결교의 형성은 두터운 미세근섬유의 표면에서 S_2지역이 배출되도록 자극하게 된다. 트립신 가수분해에 민감한 돌쩌귀지역(그림 12-6)이 두터운 미세근섬유의 표면에 부착함으로써 빠른 나선-코일의 변형이 일어나게 되고, 그것 때문에 단축과 힘이 얻어지므로 α-나선의 입체모양을 부자연스럽게 만들게 된다. 돌쩌귀 지역과 같은 길이의 α-나선에서, 나선-코일의 변이로 발생되는 힘의 양은, 수축하는 근육에서 예상되는 각 연결교에 의해서 얻어지는 긴장과 거의 같다.

ATP의 가수분해와 마이오미세근섬유의 움직임과의 관계에서 예상되는 그럴듯한 메커니즘은 "화학기계적인 변환"이다(그림 12-10). 이 메커니즘은 S_2수축모델에도 역시 적용될 수 있다. 그림 12-10에 보인 모든 90°의 상태는 마이오신이 액틴과의 부착은 미약하고, 부착되지 않은 그리고 액틴에 부착된 마이오신 사이의 빠른 평형은 초기에 연결교가 만들어지는 마이오신의 상태에 해당된다. 반대로 마이오신이 액틴에 45°상태로 부착하게 되면 부착은 강하고, 일을 하게 된 마이오신의 입체구조가 얻어진다.

첫 단계는 M-ATP를 만들기 위하여 마이오신에 ATP가 부착되는 것이다. ATP의 급격

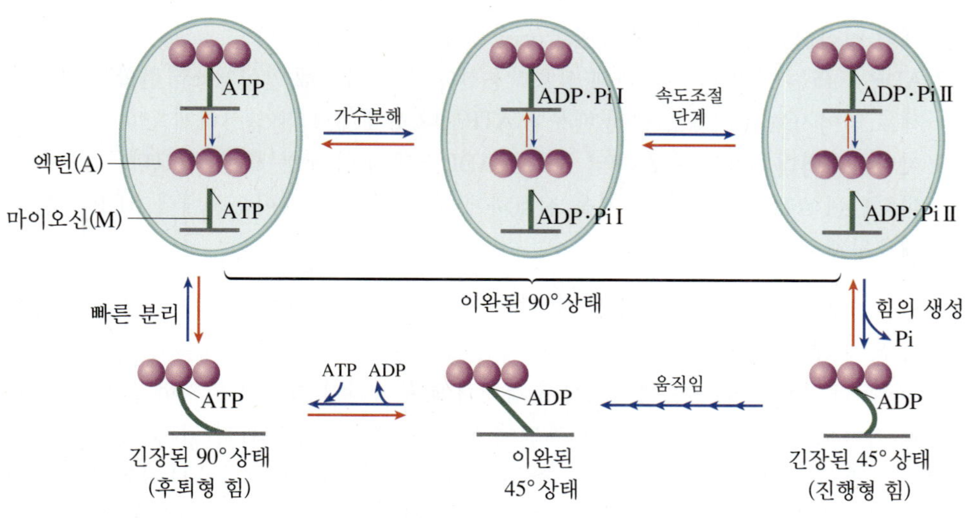

그림 12-10 엑토마이오신 연결교회로에 일어나는 작용의 순서. 마이오신-ATP는 곧 액틴-마이오신-ATP와 평형에 도달한다. 이 상태에서 다른 두 90°상태 A와 M 사이의 부착이 약하고, 부착된 상태와 부착안된 상태의 평형에 도달하게 된다. 90°에서 45°로 변이과정에 교각은 단단히 붙게 되고, 긴장이 조성된다. 교각의 배출은 강력한 ATP부착에서 마이오신으로 자유에너지가 공급되어야 한다. ADP가 배출될 때까지 이완된 상태이고, 마이오신과 액틴이 상대적으로 서로 움직임으로 교각이 처음 45°의 긴장 되지 않은 상태에 도달한다(근육의 수축). 긴장된 교각에서 ADP가 배출될 수 있으나, 대단히 느린 속도가 된다.

한 가수분해로 얻어진 생성물은 마이오신에 (M-ADP-Pi) 로 부착되어 남아 있게 된다. 그 다음 느린 복합체의 재배치가 일어나서 [M-ADP-Pi]를 얻게 된다. ATP의 부착과 가수분해는 연결교회로에서 속도결정단계에 해당된다.

두 번째 단계에서 액틴에 대한 마이오신의 친화력이 증가하고, 45°상태의 마이오신의 입체구조를 에너지측면에서 선호하게 된다. 그러나 회로의 여러 단계에서 마이오신과 액틴의 단단한 부착과 액틴미세근섬유와 다른 마이오신머리 사이의 단단한 부착 때문에 마이오신의 머리가 낮은 에너지상태의 입체모양이라고 볼 수는 없다. 액틴과 마이오신미세근섬유는 서로 비교해서 10～12 nm를 움직일 때까지 연결교는 천천히 ATP로부터 해리되면서 긴장된 모양으로 남아 있게 된다. 미세근섬유의 운동이 일어나면 연결교는 미세근섬유 운동의 속도에 의해 얻어진 정도의 낮은 에너지 상태로 입체구조에 변화를 미치게 된다. 45°상태에서 운동의 자유에너지는 (그림 12-10) , 미세근섬유가 서로 미끄러져 지나가게 되기 때문에 이 단계에서 연결교가 일을 하게 된다.

세 번째 단계에서 ATP가 마이오신의 머리에 다시 부착하게 되면 약한 부착(90°) 상태로 되돌려지게 된다. 그럴듯하게, 연결교는 아직도 액틴과 부착되어 있고, 그래서 미세근섬유는 다른 연결교의 작용에 의해서 움직이게 되며, 원하는 반대방향으로 긴장을 조성하게 되어 연결교를 늘리기 시작하게 된다. 그러나 이것은 약한 부착상태이므로 다음 단계에서 마이오신의 머리는 액틴으로부터 빨리 떨어져 나가고, 새로운 연결교를 형성하기 위하여 자유롭게 된다. 사후강직 (rigor mortis), 즉 죽은 다음에 근육이 굳어지고 확장되지 않는 현상은 ATP가 고갈되면 연결교를 파괴할 수가 없기 때문에 나타나는 현상이다.

용액에서 ATP에너지는 마이오미세근섬유의 운동에 모두 쓰이게 된다. 연결교회로에서 ATP는 ADP+Pi로 바뀌게 된다.

$$ATP_{H_2O} \longrightarrow ATP_M \xrightarrow{H_2O} (ADP + Pi)_M \longrightarrow (ADP + Pi)\ H_2O$$

ATP와 그 가수분해 생성물 사이의 자유에너지의 차이는 다음 세 가지 조건에 따른 함수가 된다.

1. ATP와 ADP + Pi의 분자구조는 다르고, 특히 말단의 음전하와 ATP의 끝에서 두 번째의 인산그룹은 서로 강력한 반발을 하게 된다.
2. ADP + Pi는 물과 더 강력하게 상호작용한다. 부분적으로 인산에스터결합의 가수분해로 얻어지는 부차적인 하전 때문에 ATP보다 용액에서 더 안정하게 된다.
3. 마이오신머리 주위에서 ATP의 농도는 ADP + Pi보다 보통 훨씬 더 크다. 그래서 마이오신에 ATP가 부착하는 것을 선호하게 되고, 동시에 마이오신에서 ADP + Pi를 배출하게 된다.

연결교회로에서 액틴과 마이오신 사이의 강력한 결합은 교각의 파괴 없이 긴장이 지속되도록 하게 해 준다. 회로의 마지막 단계에서 교각은 다음 회로의 개시를 위하여 파괴되어야 한다. 에너지는 ATP가 마이오신에 강력하게 부착되기 때문에 발생하며, 이 때문에 액틴과 미이오신 사이의 결합으로 대체되게 된다. 입체모양의 변화가 있지만, 계의 자유에너지의 변화는 대단히 적다. 회로를 지속시키기 위해서 마이오신과 ATP사이의 결합은 ATP의 가수분해를 통하여 부서지게 되며, 마이오신이 액틴에 높은 부착력을 갖는 상태로 원상복귀된다. 그 자신의 가수분해에는 대단히 적은 자유에너지의 변화가 따르고 있으며, 이는 M-ADP-Pi가 M-ATP만큼 안정하기 때문이다. 뿐만 아니라, ATP에 단단히 부착되는 것과는 반대로 마이오신에서 ADP + Pi의 배출은 에너지측면에서 선호되고 있다. 그래서 수축으로 얻어진 일은 마이오신-액틴결합에 저장된 자유에너지로부터 나온다고 볼 수 있다. 다음 회로를 위하여 뉴클레오타이드결합지역이 깨끗해지면 ATP의 가수분해는 분명하게 에너지가 이동되도록 해 준다.

12.1.3 에너지의 출처와 운동의 조절

1. 에너지의 출처

근육수축과정에서 마이오신의 ATPase에 의해서 에너지를 얻기 위해 가수분해로 소비되는 ATP는 ATP의 재합성에 의해서 공급되고 있다. 각 연결교회로에서 한 개의 ATP분자의 가수분해가 필요하다. 쉬고 있는 근육에서도 근소포체의 Ca^{2+}펌프는 근육에너지 소비의 7%를 사용하고 있다. 그러나 운동하는 근육은 수배나 더 많은 에너지를 사용하게 된다. 격렬히 수축하는 근육에서는 쉬고 있는 근육보다 50~100배의 ATP의 소비가 발생한다. 또 에너지는 근육에서 Na^+/K^+-ATPase와 원형질막의 다른 이온펌프 그리고 고분자의 합성에도 역시 사용된다.

근육수축에 필요한 에너지의 대부분은 중간대사에서 온다. 특별한 필요에 의해서 대사경로를 조절하는 것과 마찬가지로, 근육에서 독특한 적응방법으로 대사물질을 재단하게 된다. 느린 (ST, I형) 섬유는 높은 산화성 능력을 가지므로 β-산화를 통한 지방산을 우선적으로 사용하고, 지속적으로 연장되는 일을 하기 위하여 TCA회로 그리고 전자전달사슬을 활용하게 된다.

보통사람은 800 km를 달리는 데 필요한 에너지를 가지며, 트라이아실글리세롤을 지방산으로 전환시켜 ATP를 합성함으로써 공급한다. 비록 지방산이 모두 산화된 후에도 근육에 있는 글라이코젠으로 32 km 정도를 더 달리는 데 지원되고, 또 간의 글라이코젠을 사용하여 5 km를 더 달릴 수가 있다. 이러한 이유 때문에 느린 (ST, I형) 섬유는 장시간 피곤을 견뎌야 하는 마라톤 같은 장거리를 뛰거나 크로스칸트리 스키 같은 연장되는 운동에 중요하다. 지속적인 운동을 하는 동안 사용되는 대부분의 트라이아실글리세롤은 근육 이외의 지역에 저장된 것으로부터 얻어진 것이다. 비록 느린 (I형) 섬유가 비교적 많은 양의 트라이아실글리세롤을 포함하고 있지만, 예를 들어 12시간 정도 오랜 시간을 달리기에는 그 양이 대단히 적은 것이다.

연료로서 트라이아실글리세롤의 이용은 상당히 제한되고 있다. 지방산으로부터 에너지를 생산하는 최대속도는 해당과정 (glycolysis) 의 반 정도밖에 되지 않는다. 그래서 만약 운동이 지속적이어서 글라이코젠이 모두 소진되면 결국에는 지방산의 산화가 주된 에

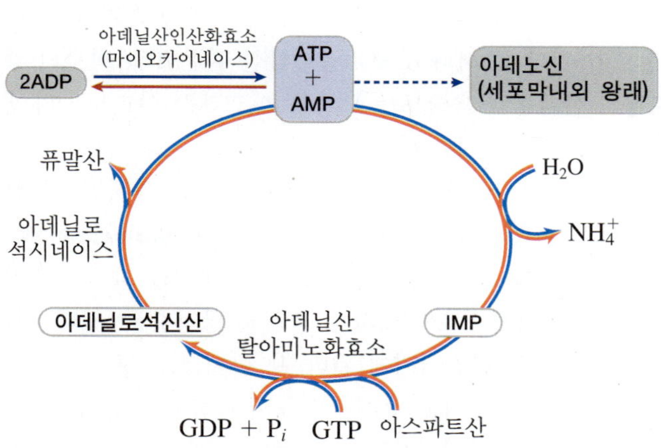

■ 그림 12-11 ■ 근육에너지대사에서 퓨린뉴클레오타이드의 역할. AMP에서 IMP로 변환됨으로써 세포에서 아데노신의 상실을 방지한다.

너지원으로 사용된다. 대신 근육에서 힘의 방출은 현저하게 감소하게 된다. 그리고 지속적인 운동에서 글라이코젠의 소진은 근육피로의 주된 원인이 된다. 글라이코젠을 절약하고 긴 시간 동안 힘의 방출을 유지하기 위하여 근육의 연료대사는 통합적으로 조정되어야 한다. 운동을 시작할 때에는 글루코스가 거의 사용된다. 또 주로 지방산의 활용은 연장된 기간의 일에 이용된다.

빠른 섬유는 에너지를 산화성대사보다는 해당과정에 주로 의존하게 된다. 이 섬유에서 에너지는 근육과 간에 저장된 글라이코젠 그리고 글루코스신생합성으로부터 얻어진 글루코스의 해당과정을 통하여 얻어진다. 해당과정은 혐기성이기 때문에 이들 섬유는 간단하게 산소의 공급 없이 높은 힘을 발생시킬 수 있다. 그래서 글루코스 분해대사와 빠른 섬유는 단거리달리기나 역도 같은 운동에서 가장 중요하다.

해당과정에서 글리셀알데하이드-3-인산탈수소효소와 역으로 젖산탈수소효소에 의해서 NAD^+의 환원에 의해서 NADH가 얻어진다. 글리셀알데하이드-3-인산은 세포막을 통과하지 못하고, 또 생성물에 의한 방해는 호기성대사가 그 농도를 감소시킬 때까지 글리셀알데하이드-3-인산탈수소효소의 활성을 감소시키게 된다.

운동으로 해당과정에서 얻어진 젖산의 운명은 섬유의 형태에 따라 변하게 된다. 산화성 섬유들(느린 I형과 빠른 II형)에서 젖산의 세포막 투과성이 제한되고 있다. 이들 세포로부터 젖산의 유출은 H^+과 젖산의 농도에 따라 운반체에 의해 중계되고 조절된다. 젖산의 유출은 세포내부의 젖산의 농도가 10 mmol/L 이하일 때 가능하다. 그래서 얻어진 모든 젖산은 남아 있게 되고, 글리셀알데하이드-3-인산탈수소효소의 단계에서 해당과정을 방해하게 된다. 산화성인산화를 자극시키는 NAD^+/NADH의 비율을 유지시킴으로써 이들은 "산화환원-완충용액(redox-buffer)"으로 행동하게 된다. 원형질(plasma)에 나타나는 일부 젖산은 간에서 다시 변형되어 글루코스로 된다. 그러나 대부분의 젖산은 높은 산화성 능력을 갖는 세포로 확산되어 들어간다. 심장, 횡경막, 느린(I형) 섬유 그리고 뇌에서는 세포내부에 낮은 젖산을 포함하게 된다. 강력한 운동을 하는 경우에, 근육의 pH는 7.0～7.1에서 6.4～6.5로 감소되고, 젖산의 농도는 1.1 mmol/L에서 30 mmol/L로 증가될 수 있다. 혈액의 pH 역시 일시적으로 0.6pH 단위가 감소된다. 다시 말해서 피곤하게 되는 것은 집중적인 운동에 의한 pH의 감소 때문인데, H^+이 피로에 영향을 주는 메커니즘에는 아직 논쟁의 여지가 있다.

근육에서 아미노산의 대사는 실제로 훨씬 광범위하게 작용하게 된다. 일반적인 경로는 다른 조직에서와 같지만, 남게 되는 최종산물은 주로 피루브산과 α-케토글루탈산이다. 이 부분적인 분해대사에서 얻어진 ATP는 운동 시 크게 도움이 되지는 못한다. 몇 분간의 운동에서 전체의 전환수(turnover)는 2～3%의 증가이고, 존속기간은 몇 시간 지속되는 운동에서 10% 정도가 된다. 그러나 α-케토글루탈산 같은 TCA회로의 중간체의 기여는 탄수화물이나 지질의 산화를 계속하도록 도와주고, 그래서 아미노산의 신진대사는 에너지생산에 간접적으로 중요한 기여를 하게 된다.

퓨린뉴클레오타이드회로 역시 근육에너지생성에 기여를 하지만, 논쟁의 여지가 있다. 집중적인 수축과정에서 아데닐산탈아미노효소(adenylate deaminase)에 의해서 AMP가 IMP로 바뀌는 반응은 특별히 빠른 섬유에서 두 가지 기능을 가지고 작용한다(그림 12-11). 처음으로, IMP로 전환시킴으로써 AMP의 축적을 방지할 수 있다. 그래서 **마이오인산화효소(myokinase)**의 반응을 증진시키게 된다. 두 번째로, 세포에서 아데노신의 상실을 막아주게 된다. 이는 뉴클레오타이드가 세포막을 투과하지 못하지만 뉴클레오사이드는 가능하기 때문이다. 근육에서 아데닐산탈아미노화효소가 결핍되면 다른 생화학적인 장애가 없는 사람에게서 어떤 근육장애로 나타나고 있다. 이 경우에 집중적으로 운동 중에는 암모니아를 생성할 수 없기 때문에 이 질병의 진단의 방법으로 쓰일 수 있다. 심장에서 AMP의 축적은 국소빈혈의 증상으로 나타나고, 결과적으로 분비되는 아데노신은 관상동맥관 구조에서 강력한 확장시키는 물질로 작용하게 된다. 따라서 **심장근육층 (myocardium)** 은 골격근육에서 보다 적은 아데닐산탈아미노화 효소의 활성을 갖는다. 그러나 심장근육층에서 아데노신의 막대한 손실은 심각한 것이다. 왜냐하면, 산소치료나 **관상동맥확장물질 (coronary dialator)** 에 감응하지 않고 ATP농도를 떨어지게 하기 때문이다. 림파구 조직에서 아데닐산탈아미노화효소의 결핍은 심각한 면역결핍증을 일으키게 된다.

2. 인산크레아틴의 왕복체계

마이토콘드리아와 마이오근섬유의 ATPase 사이에서 에너지의 이동은 인산크레아틴에 의해서 매개된다. 그림 12-12에서 인산크레아틴 왕복체계 (phosphocreatine shuttle) 의 근본적인 내용을 보여주고 있다. 마이토콘드리아에서 ATP의 합성은 인산크레아틴과 밀접하게 연계되어 일어난다. 다음 반응은 거의 평형에 있으며, 마이토콘드리아의 호흡을 자극시켜 ADP를 배출하면서 ATP로부터 곧 인산크레아틴이 만들어진다.

$$\text{크레아틴} + ATP^{4-} \overset{CK}{=} \text{인산크레아틴}^{2-} + ADP^{3-} + H^+$$

인산크레아틴은 마이토콘드리아에서 세포내의 여러 활용되는 지역으로 운송되며, 그곳에서 크레아틴인산화효소 (CK) 가 반응을 역으로 진행시키면서 ATP와 크레아틴을 만들게 된다. 또한 마이토콘드리아에서 ADP를 만들기 위하여 크레아틴이 필요하기 때문에, 크레아틴의 증가는 근육활동이 증가할 때 호흡을 자극시키게 된다. 세포에서 아데닌 뉴클레오타이드는 구획화되어 있으며, 마이토콘드리아, 근원섬유, 근소포체

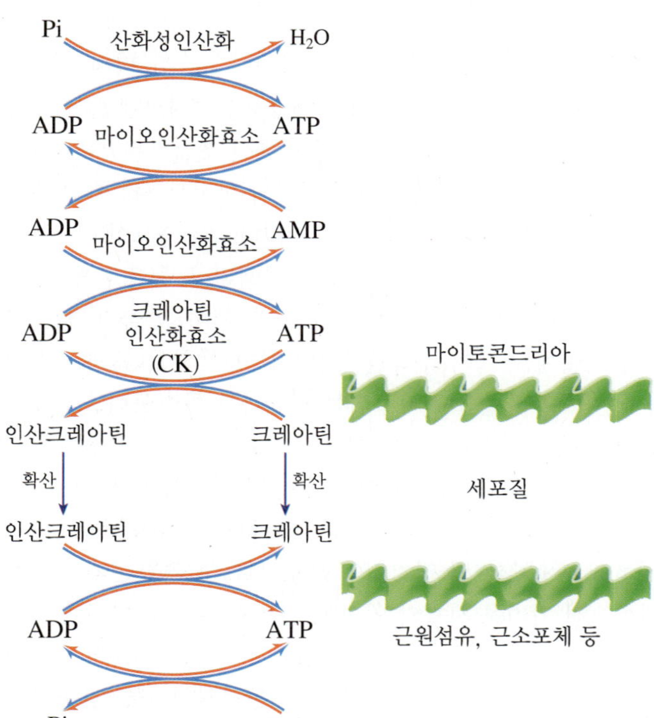

■■ 그림 12-12 ■■ 인산크레아틴의 왕복체계. 산화성 인산화와 크레아틴인산화효소사이에 아데닐산인산화효소의 연쇄확산 (cascade)이 제안되었다. 유사한 마이오섬유의 연쇄확산이 마이오섬유의 ATPase지역에서 일어날 수 있다.

(sarcoplasmic reticulum), 등 다른 에너지 소모지역에 모임장소(pool)를 갖게 된다. 크레아틴인산화효소는 이들 지역에 존재한다.

에너지의 이동기능에 더해서, 인산크레아틴은 세포내부의 에너지 저장물로도 기능하게 된다. ATP가 마이토콘드리아의 호흡을 방해하기 때문에, 얻을 수 있는 ATP의 최대의 농도는 제한되고 있다. 그러나 휴식하는 근육에서, 인산크레아틴은 호흡의 방해 없이 축적될 수 있으며, 이때 ATP가 합성된다. 그래서 인산크레아틴은 예비에너지로 준비되고, 단기에 갑자기 소요되는 에너지로 쓰일 수 있다. 멀리뛰기 또는 투원반 같은 운동의 경우, 대부분의 ATP에너지는 인산크레아틴으로부터 나온다. 인산크레아틴은 혐기성 해당과정 또는 산화성 신진대사가 자극되기 바로 이전, 즉 경주 같은 처음 4~5초 동안의 운동에 중요하다.

해당과정에서 기질수준의 인산화에 의하여 만들어진 ATP는 크레아틴을 인산화시키게 되고, 혐기성 운동으로부터 초기 회복되는 동안 인산크레아틴 모임장소에 새로 보충해 주는 기능으로 중요하다. 그러나 크레아틴인산화효소는 글루코스분해효소들과 회합되고 있지 않으며, 인산크레아틴은 단지 산화성 신진대사에 의해서만 빨리 보충되고 있다.

크레아틴인산화효소(creatine phosphokinase, CK, M.W. 40,000)는 이량체의 단백질이다. 뇌의 동위효소는 B-소단위체의 이량체이고, 골격근육에서 효소의 기본 형태는 M-소단위체의 동종이량체이다. 심장근육에 80~85%의 크레아틴인산화효소는 MM 그리고 15~20%는 MB로 구성되고 있다. 이들 세 동위효소는 전기영동에서 마이토콘드리아의 CK (MiMi-CK) 처럼 독특하다. 근육의 형태에 따라 10~30%의 CK의 활성은 내부마이토콘드리아 세포막의 바깥쪽에서 나타나고, 효소의 3~4%가 근원섬유 M-계 단백질에 부착되고 있다. 나머지는 세포질 또는 근소포체, 원형질막, 유사분열방추사, 그리고 다른 ATP활용지역에 부착되고 있다.

전체 크레아틴인산화효소와 크레아틴인산화효소-2 (MB) 동위효소의 혈청에서의 농도의 측정으로, 심근의 파열이 의심되는 환자의 심근손상의 심각한 정도를 진단할 수 있다.

3. 근육수축운동의 조절

골격, 심장, 및 평활근 그리고 비근육액틴 체계에서 수축은 세포질의 [Ca^{2+}]의 증가와 함께 시작된다. 이들 체계의 차이점은 어떻게 수축이 조절되는가에 달려 있다. 몇몇 신경의 지배나 신경전달조절물질등과 같이 조절에서의 차이는 세포외부적인 것들이다. 다른 조절의 차이는 세포의 형태에 따른 내인성인 것이다. 골격근육이나 심장근육에서 트로포마이오신이 액틴에 부착되면 연결교의 형성이 방해된다. 근소포체에서 [Ca^{2+}]의 증가는 연결교 형성의 방해를 반대로 되돌리게 된다. 근육의 수축이 일어나기 위해서는 방해의 해제가 필요하기 때문에 근육의 수축을 "액틴이 연결"되었다고도 말한다. 대신 평활근 마이오신의 가벼운 사슬의 칼슘에 좌우되는 인산화는 마이오신을 액틴-활성화된 Mg^{2+}-ATPase로 변경시키고, 마이오신과 액틴을 부착되게 하는 데 중심적인 역할을 하게 되는 것으로 보인다(그림 12-13). 그래서 평활근 수축을 "마이오신과 연결" 되어 있다고 말한다. 엑토마이오신 체계에서 수축조절의 주된 메커니즘은 골격근육, 심장근육에서 마이오신과 액틴의 상호작용에 Ca^{2+}의 직접적인 영향 그리고 평활근과 비근육체계에서 칼슘-자극에 의한 마이오신 가벼운 사슬의 인산화이다. 수축은 또 다른 방법으로 조절될 수도 있다.

골격근육의 근소포체로부터 Ca^{2+}의 분비는 작동전위에 대한 감응에 의해서 일어난다. T-작은관 근처의 근소포체의 말단조에서 특수한 세포막의 구조는 전압에 민감한 Ca^{2+}분비 메커니즘의 발생지역이 된다. 칼슘 "방아쇠"라 부르는 근세포원형질의 칼슘농도의 초

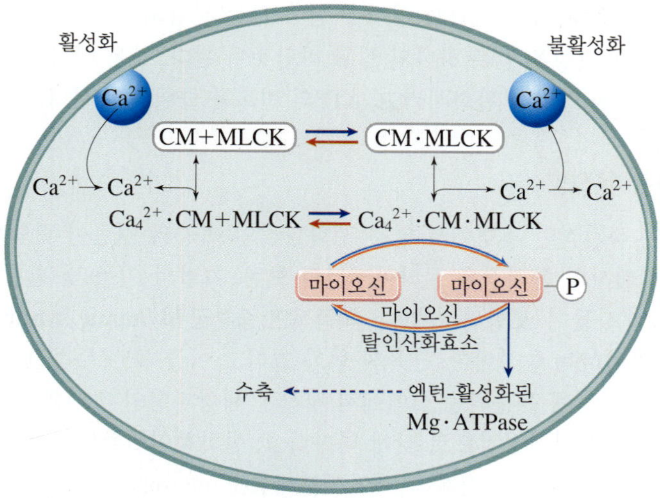

■ **그림 12-13** ■ 평활근세포에서 마이오신 가벼운 사슬-인산화의 조절. 세포외 액에서 칼슘의 유입 또는 세포내부의 보존된 칼슘의 배출에 의해서 근세포원형질의 자유로운 Ca^{2+}의 농도가 증가하게 되면 엑토마이오신의 활성이 일어난다. 오른쪽의 불활성화는 자유로운 혈청 Ca^{2+}이 감소함으로써 나타난다. 마이오신 가벼운 사슬인산화효소(MLCK)은 **β**-아드레날린자극에 의해서 cAMP에 좌우되는 인산화에 의해서 불활성화되어 질 수 있다 (CM : 칼모듈린).

기증가로 근소포체의 Ca^{2+}투과성을 크게 증가시키도록 자극하고, 그래서 Ca^{2+}자극에 의한 Ca^{2+}의 분비가 가능하도록 한다. 근육의 이완은 근소포체의 Ca^{2+}의 재충전으로 조절된다. cAMP에 의해 좌우되는 인산화효소에 의하여 Ca^{2+}펌프 단백질을 인산화시킴으로써 펌프의 속도를 몇 배나 증가시킬 수 있다.

심장근육층에서 작동전위가 높게 평평하게 유지되는 동안 현저한 양의 칼슘이 섬유내부로 들어가게 되고, 이때 칼슘은 자극제로 기능한다. 다른 조직에서처럼 노에피네프린은 심장근육층의 아데닐산고리화효소(adenylate cyclase)를 활성화시킨다. 결과적으로 근소포체에서 cAMP의 증가는 cAMP에 좌우되는 단백질인산화효소를 활성화시키게 되고, 또 원형질막의 전압에 좌우되는 Ca^{2+}의 통로단백질을 인산화시키게 된다. 이러한 인산화는 통로의 전압에 대한 감수성을 증가시키고, 활성화시키며, 또 세포외의 Ca^{2+}을 대량 유입시키게 되며, 근소포체로부터 Ca^{2+}분비를 증가시키게 된다. 가벼운 사슬에 칼슘의 부착은 액틴부착을 증가시키게 되고, 동시에 긴장의 축적으로 발전시키게 된다. 이러한 가벼운 사슬의 중계에 의한 칼슘의 영향은 역시 골격근육에서도 일어나며, 좀 더 적은 정도로 나타난다.

평활근에서 수축의 활성화에 필요한 칼슘의 공급은 어떤 근육인가에 따라 좌우된다. 많은 평활근들은 광범위한 근소포체를 가지며, 골격근육에서와 마찬가지로 기능한다. 다른 평활근에서 근소포체의 부피는 칼슘이 없는 매체에서 수축능력과 관련되고 있으며, 이는 어떤 평활근에서 다른 어떤 것보다 외부 칼슘이 수축에 더욱 중요함을 말해 주고 있다.

대부분의 평활근에서 세포막 전위차와 수축과의 연결은 심근세포에서 "느린 통로"와 유사하게 전위차에 좌우되는 Ca^{2+}통로에 의해서 중재된다. 평활근에서 이 통로들은 크기가 적고 표면에 대한 부피의 비율이 크기 때문에 중요하며, 세포의 Ca^{2+}의 유입을 허용하여 세포질 $[Ca^{2+}]$에 비교적 큰 영향을 주게 된다. 세포막 전위차의 변화가 없이 일어나는 평활근의 화학적 자극은 역시 부분적으로 세포막을 통한 Ca^{2+}흐름의 조정에 의해 조절되고 있다. 다른 근육수축세포에서처럼 Ca^{2+}의 유입은 방아쇠 칼슘으로 기능하고, 특별한 평활근에서 근소포체가 얼마나 광범위하는지에 따라 중요성이 좌우된다. 혈관의 평활근수축은 세포외부의 Ca^{2+}에 비교적 좌우되는 것으로 보인다. Ca^{2+}통로를 선택적으로 막는 물질 (verapamil, nifedipine, diltiazem) 은 세포들을 이완시켜 혈압을 낮추게 한다. 동맥의 평활근은 정맥의 평활근이 거의 영향을 받지 않는 분량의 약으로도 영향을 받게 된다. 이때 관상혈관은 영향을 받는 하나의 혈관 바닥층이 된다. 같은 메커니즘으로 이들 물질은 역시 심장근육의 긴장을 완화시키고, ATP의 변화를 줄이려고 한다.

4. 근육과 관련된 유전병

근육에 관련된 유전적인 질병에서 일부 생화학적인 기능의 결손이 확인되고 있다(표 12-3). 근육에서 대사의 문제점은 글라이코젠의 보존, 기질의 이동 및 활용 그리고 전자전달사슬과 ATP대사들이 포함되고 있다. **역동적인 증후군(dynamic syndrome)**은 힘을 사용할 때 주로 일어나는 증상이며, 근육의 퇴화 그리고 이들 둘 모두를 포함하는 질병이다. 근육의 수축운동 후에 유출되는 혈액에서 젖산은 해당과정의 장애와 글라이코젠인산화의 결핍으로 인하여 비정상적으로 낮게 나타나고, 산화적인산화의 장애에서는 비정상적으로 높은 젖산이 나타난다. 근육의 가인산분해효소(phosphorylase) 의 결핍환자에게 글루코스를 주입함으로써 증상을 완화시킬 수 있다. 그러나 글루코스분해효소의 결손은 그 이상 개선되지 못한다.

마비성 중증근무력증(myasthenia gravis, MG)은 가장 흔하게 나타나는 자동면역장애로, 모터끝-평판에 아세틸콜린의 수용체의 수가 항수용체 항체에 의해서 감소되어 나타난다. 이들 항체는 보통 수용체의 붕괴를 가속화시키고, 수용체의 기능에는 최소의 영향을 미치게 된다. 희귀하기는 하지만, MG의 선천적인 형태는 신경근육전달에 필요한 단백질 중의 하나가 결손된 것이 원인으로 알려지고 있다.

근육장애에서 가장 주가 되고, 진전되는 병으로 심한 신체장애(Duchenne type muscular dystrophy, DMD)가 알려지고 있다. DMD의 유전자는 유전자산물이 알려지기 이전에 그 특성이 조사되었다. 이 병은 비정상적인 DMD유전자에 의해서 나타난다. 정상적인 DMD유전자는 **다이스트로핀(dystrophin)** 단백질을 코드하는데, 이는 아마도 마이오섬유의 구조, 기능의 복합적인 상태를 유지시켜 주는 주된 역할을 하는 것으로 알려지고 있다.

표 12-3 근육의 유전성 장애

근육의 유전성 질병
1. 근육 영양장애(muscular dystrophies)
Duchenne형 및 Becker형(X-연결 열성)
안면 견갑상완(상염색체성 우성)
사지-대(limb-girdle) (비정형: 대부분 상염색체성 열성, 일부 상염색체성 우성)
근긴장성(myotonic)(상염색체성 우성)
2. 악성 고체온(malignant hyperthermia)(아마 다중인자)
3. 가족성의 주기적 마비(familial periodic paralysis) (상염색체성의 우성, 3가지 유전적 변종)
4. 글라이코젠 저장 질병(GSD)
산 말테이스 결핍(Pompe의 질병, GSD II형, 상염색체의 열성)
탈분지효소의 결핍(debrancher enzyme deficiency)(Cori질병, GSD III형, 상염색체성 열성)
근육 가인산분해효소의 결핍(McArdle질병, GSD V형; 상염색체성 열성)
근육 인산프럭토인산화효소의 결핍(Tarui질병, GSD VII형, 상염색체성 열성)
5. 아데닐산탈아미노화효소(adenylate deaminase)의 결핍(상염색체성 열성)
6. 마이토콘드리아의 근장애(myopathies)
마이토코드리아의 기질 운송의 장애(카르니틴 대사의 장애), 기질, 활용
호흡사슬 에너지보존 및 이전 등의 장애

12.2 홀몬의 생화학

12.2.1 홀몬의 발견

다중세포 생물체의 생존은 분화된 세포기능의 조정과 상호협력에 따라 좌우된다. 또한 외적 또는 내적인 여러 변화에 대항하여 형태적 상태나 생리적 상태를 안정된 범위내로 유지하여 개체로서의 생존을 유지하려는 성질인 **항상성** (**homeostasis**) 의 조건을 파괴시키려는 외부위협에 대처하는 능력에 따라 좌우된다. 이러한 과정 중에, 한 세포가 수용체의 중계로 다른 세포에 신호를 보내어 배출되는 화학신호로 세포 간의 의사를 소통하게 된다. 화학적인 신호의 전달체로는 신경전달물질과 홀몬의 두 가지가 있으며, 이들은 세포 사이의 의사소통기능을 수행한다. 신경전달물질은 신호를 보낸 **신경단위** (**neuron**) 에서 다른 신경단위 또는 신경단위에 영향을 미치는 물질로 대단히 짧은 거리를 움직여 목표지역에 도달하게 되며, 특수지역의 신경연접부나 교차점내에서 기능하게 된다. 반면에 홀몬은 혈액을 이용하여 먼 목표의 세포에 운송되는 정보전달체로 기능한다. 그들이 세포의 틈새공간에 배출되기 때문에 **내분비** (**endocrine**) 라 부르고, 외부환경에 배출시키는 **외분비** (**exocrine**) 와 구별하게 된다.

홀몬은 그리스어의 hormaein (들뜸) 으로부터 유래하고 있으나, 꼭 그렇지만 않은 것은 어떤 홀몬은 주로 방해기능에 영향을 주는 것도 있기 때문이다. 또 내분비가 잘못 표현된 것은 어떤 홀몬 (스테로이드, 프로스타글랜딘) 은 관을 통하여 외부환경으로 배출되어 생식활동이나 상처의 치유에 영향을 주기 때문이다. 신경전달물질과 홀몬은 사용하는 체계에서 서로 다르게 된다. 그래서 신경계와 내분비체계는 몇몇 신호전달체를 공통으로 사용하는 경우 (노에피네프린, 도파민) 에 수용체-중계에 의하여 영향을 나타낸다.

12.2.2 홀몬의 종류와 분자구조

홀몬은 그 구조적인 차이에 따라 네 가지 형태로 분류한다: 1. 아민홀몬, 2. 펩타이드, 단백질 또는 당단백질홀몬, 3. 스테로이드 홀몬, 4. **에이코사노이드** (**eicosanoid**) . 아민 홀몬은 몇 가지 신경전달물질로 기능하는 신경계에 상대물질을 갖기도 한다.

1. 아민홀몬

아민홀몬 (**amine hormone**) 은 아미노산에서 유래된 것으로, 대부분의 경우 어버이 화합물의 적은 변형을 통하여 얻어진다. 표 12-4에 중요한 아민홀몬, 원래 아미노산, 합성장소 및 주된 작용 등을 표시하였다. 흉선홀몬 (thyroid) 을 제외하고, 모든 아민홀몬들은 신경계의 안팎에서 합성되고, 탈카복실화된 생성물들이다. 신경계 내부에서 그들은 중요한 신경전달물질이고, 신경계 밖에서 그들을 합성하는 세포들로는 변형된 후부신경연접부 뉴런 (예, 부신피질), 혈액유도세포 (예, 호염기세포) 또는 아민전구체 동화 및 탈카복실화 (APUD, amine precursor uptake and decarboxylation) 세포, (예, 장 크로뮴친화성 세포) 등이다. 그들이 어디로 분비되는가에 상관없이, 아민홀몬은 신체 여러 부분에 위치한 특수 수용체지역을 통하여 그들의 영향을 나타내고 있다. 이러한 체계적인 **수용체** (**receptor**) 들 (표 12-4) 과 그들의 하위형태들은 아마도 중추 또는 주변신경계에서 동일한 상대 홀몬을 가지게 된다. T_3를 제외한 모든 아민홀몬들은 보통 평활근의 활성에 관여하는 빠른 체

표 12-4 아민 홀몬의 특성

홀몬	어버이 아미노산	합성되는 주된 장소	신경계에서 신경전달물질	주요작용
도파민	Tyr	시상하부 · 부신수질	예	신장혈관 확장: 시상하부 홀몬 분비의 방해(D_2), 알도스테론 합성의 방해(D_1)
에피네프린	Tyr	부신수질	미량	심장혈관과 대사영향(α-와 β-아드레날린 수용체를 통하여)
노에피네프린	Tyr	신경말단 주변: 부신수질	예	심장혈관과 대사영향(α-와 β-아드레날린 수용체를 통하여)
히스타민	His	비반세포: 호염기성; 재생세포	예	체계적인 혈관확장(H_1H_2): 모세관의 증가, 소화기의 배출증가(H_2), 심장의 속도증가(H_2)
세로토닌	Trp	비반세포: 간, 교감신경 말단: 혈소판에 보관	예	피부혈관확장과 골격근육에서 혈관수축, 양성 변이온성 및 변시성예, 신진대사조절
3,5,3´-트라이아이오도타이로닌(T_3)	Trp	타이록신으로부터 주변 변환(T_4); 갑상선	예	다양한 영향(대사조절)

계적인 영향을 나타내게 된다. 아민들은 친수성이기 때문에, 그들의 수용체는 목표세포의 외부표면에 존재한다. 전부는 아니지만, 대부분의 아민홀몬들의 영향은 세포내의 이차전달체에 의해서 전달된다.

2. 펩타이드 및 단백질홀몬

펩타이드, 단백질 또는 당단백질의 홀몬은 발생학적으로 **내배엽 (entoderm)** 또는 **외배엽 (ectoblast)** 으로부터 유도된다. 그동안 펩타이드가 세 개에서부터 200개 이상의 아미노산을 가진 40개 이상의 홀몬들이 확인되었다. 표 12-5에 중요한 홀몬들, 홀몬후보물질, 아미노산의 수 및 합성장소들을 정리하였다.

표 12-5 사람의 여러 가지 펩타이드 홀몬의 특성

홀 몬	아미노산의 수	주된 합성지역	보조합성지역
엔지오텐신 II	8	혈액	시상하부, 중추신경
옥시토신	9	시상하부	
성장억제(somatostatin) 홀몬	14	시상하부	중추신경, 장, 섬. 신장, 갑상선
게스트린	17	장	중추신경
시크리틴	27	장	
글루카곤	29	섬(β-세포)	장, 중추신경
β-엔돌핀	31	뇌하수체	시상하부, 장, 태반
칼시토닌	32	갑상선(G-세포)	중추신경, 장
인슐린	51	섬(β-세포)	중추신경
외피성장인자(EGF)	53	침샘	신장
인터루킨	변화성	백혈구세포	
성장홀몬(GH)	191	태반	
프로락틴	198	시상하부	

모든 펩타이드홀몬과 많은 단백질홀몬들은 N-말단에 선도서열 (신호펩타이드) 를 가지고 큰 크기의 **전전구홀몬 (preprohormone)** 으로 합성된다. 선도서열은 미성숙한 전구체가 소포체의 내강 (lumen) 에 들어가면서 제거되며, 얻어진 **전구홀몬 (prohormone)** 은 전사후 과정을 거치고, 골지체에 의해서 포장되어 분비형 작은 알갱이가 된다. 전사후 과정은 특별한 지역의 단백질가수분해에 의한 절단이 관여되고, 이때 보통 쌍의 염기성 아미노산 (Lys-arg, Arg-Lys, Arg-Arg, Lys-Lys) 이 분비알갱이에서 펩타이드내부가수분해효소 (endopeptidase) 에 의해서 얻어진다. 인슐린의 합성을 예로 들면, 전전구인슐린의 23개아미노산의 선도서열이 제거되어 전구인슐린이 얻어지고, 이때 두 쌍의 염기성 잔기 (Lys-Arg와 Arg-Arg) 를 가지게 되며, 다음 이들이 절단되어 인슐린과 C-펩타이드로 배출된다. 마찬가지로, 내부적으로 만들어지는 진정제는 그들의 해당하는 전구홀몬의 지역-특수부위의 절단으로 얻어진다. 세포에서 분비가 자극되면 전구홀몬의 모든 주된 조각은 활성이 있거나 또는 불활성이거나 칼슘에 좌우되는 **세포외 유출작용 (exocytosis)** 에 의해서 밖으로 배출된다.

비록 몇 펩타이드홀몬이 여러 해부학적으로 다른 합성지역을 갖기는 하지만, 보통은 단지 한 개의 중요한 순환홀몬의 공급처가 존재한다. 종속적인 지역에서 같은 홀몬의 존재는 그 지역에서 필요하여 기능하는 지역적인 홀몬으로 인식되고 있다. **시상하부 (hypothalamus)** 에서 만들어진 **성장억제홀몬 (somatostatin)** 은 혈액을 통하여 운반되어 전방의 **뇌하수체 (anterior pituitary)** 로 보내지고, 그곳에서 성장홀몬 (GH) 의 분비를 억제하게 된다. 성장억제홀몬은 역시 중추신경계의 신경연접부로 분비될 때 방해성 신경전달물질로 기능하고 있다. 또 췌장섬세포에서 분비되는 성장억제홀몬은 지역적으로 인슐린과 글루카곤의 분비를 방해하고, 또한 소화기장내의 점막질에서 만들어지는 성장억제홀몬은 **게스트린 (gastrin)**, **시크리틴 (secretin)**, 그리고 **소화기방해폴리펩타이드 (GIP)** 의 분비를 지역적으로 방해한다.

펩타이드홀몬은 그들의 높은 정보량 때문에 세포내의 전령체 또는 세포외 효소들에 기능하는 제한된 수의 선조 분자들로부터 진화되어 왔을 것으로 보고 있다. 그래서 어떤 것들은 아미노산의 순서에서 동위성 (homology) 으로 나타나고 있으며, 이는 같은 진화적인 뿌리를 갖고 있음을 나타낸다. 몇 가지 펩타이드홀몬가족이 확인되고 있으며, 이들에는 **오피오멜라노코틴 (opiomelanocortin)** 가족으로, **엔돌핀 (endorphin)**, **아데노신 부신피질자극홀몬 (ACTH-SH)** 이 있고, **체유선발육홀몬 (somatomammotropin)** 가족에 **성장홀몬 (GH)**, **황체자극홀몬 (prolactin)** 등이 있고, 인슐린가족에는 인슐린, 인슐린 같은 성장인자, **소마토메딘 (somatomedin)**, **릴렉신 (relaxin)** 들이 있으며, **시크리틴 (secretin)** 가족에는 **시크리틴 (secretin)**, **글루카곤 (glucagon)**, **글라이센틴 (glicentin)**, **소화기방해폴리펩타이드 (GIP)** 등이 포함되고 있다. 가족에 속하는 홀몬들은 구조와 기능이 서로 연관되고 있다. 그래서 시크리틴가족의 구성홀몬은 목표세포에서 분비활동을 자극하고, 반면 인슐린가족의 홀몬들은 세포의 성장을 자극하고 있다.

이와 같은 구조와 기능의 보존 (preservation) 은 더욱 원시적인 형태의 생명체에서도 추적되었다. 예를 들면, "α-짝지움 (mating) 인자"는 효모에서 생식성 페로몬으로 기능하며, 인척이 되고, 80%의 아미노산의 순서가 같은 포유류의 **생식선자극홀몬-분비홀몬 (gonadotropin, Gn RH)** 과 원시적으로 인척이 된다. 더욱이 포유류의 **부신피질자극홀몬-분비홀몬 (corticotropin, CRH)** 은 경골어 (teleost) 의 유로텐신 (urotensin) I과 관련되고, 양서류의 쇼베진 (sauvagine) 의 구조와 같으며, 또 포유동물에 투여 시 고혈압을 일으키거나, **혈관확장 (vasodilation)** 과 부신피질자극홀몬을 분비시킨다. 어떤 박테리아에서는 세린단백질가수분해효소를 합성하는데, 당단백질홀몬의 소단위체와 구조적으로 유사한 것으로 알려지고 있다. 그래서 당단백질홀몬은 원래 세포외부의 단백질가수분해효소에 의해서 진화된 것으로 보인다.

3. 스테로이드홀몬

스테로이드홀몬은 네 종류가 있으며, 구조와 그 작용에서 서로 다르다. 그들은 **엔드로젠 (androgen)** (C19), **에스트로젠 (estrogen)** (C18), **프로제스틴 (progestin)** (C21) 그리고 **코티코스테로이드 (corticosteroid)** (C21) 등이다. 이들은 모두 콜레스테롤로부터 합성되고, 적어도 한 개의 펩타이드홀몬에 의해서 조절되는 **중배엽 (mesoderm)** -유도세포에 의해서 만들어진다. 스테로이드홀몬의 합성 및 구조는 제8장에서 이미 논의되었다. 홀몬 형태의 바이타민 D_3의 구조는 콜레스테롤에서 유도된 스테롤이며, 제3장에 이미 기술되었다.

홀몬의 합성은 콜레스테롤에서 시작되고, 대부분의 경우 순환되는 저밀도지질단백질 (LDL) 로부터 얻어진다. 그러나 모든 **스테로이드생성 (steroidogenic)** 세포는 아세트산으로부터 세포내에서 콜레스테롤의 합성이 가능하다. 합성의 과정은 제8장에서 이미 기술하고 있다. 흥미 있는 사실은 콜레스테롤을 **프레그놀론 (pregnolone)** 으로 전환시키는 데 필요한 세 개의 효소가 모두 스테로이드홀몬-생성조직에 존재하지만, 이 효소들의 스테로이드를 변형시키는 조직인 간이나 지방세포에는 존재하지 않고 있다. 효소의 존재가 조직에 따라 선택적으로 분포되어 있으며, 동시에 스테로이드의 생성은 조직에 따라 특이성의 정도에 차이를 갖게 된다.

스테로이드홀몬은 콜레스테롤처럼 소수성이고, 채액에서 제한된 용해도를 갖게 된다. 목표세포에 이동하기 위하여 홀몬의 인식 및 취득을 위하여 혈액에 녹는 상태가 필요하다. 간은 쉽게 스테로이드를 황산염이나 글룩유론산과 결합시켜 물에 녹도록 하고 있다. 그러나 대부분의 목표세포가 특수한 설파테이스 (sulfatase) 나 굴룩유로니데이스 (glucuronidase) 를 갖지 못하기 때문에 이러한 결합물은 활성이 없는 상태가 되며, 그래서 변형된 스테로이드는 오줌으로 배설된다. 또 간은 부착하는 혈청단백질을 준비하여 간접적으로 스테로이드를 용해시키게 된다.

혈액에서 스테로이드를 운반시키는 세 가지 단백질로는 알부민, **코티코스테로이드-부착글로뷸린 (CBG)** 그리고 **테스토스테론-에스트라다이올-부착글로뷸린 (TeBG)** 등이 존재한다. 알부민은 비특이성으로 광범위한 부착수용능력을 가지나, 낮은 부착력을 가지고 있다. CBG는 코티코스테로이드, 특히 코티솔에 높은 부착력을 가진다. TeBG는 성스테로이드에 특이하게 작용하며, 엔드로젠이 우선 부착된다. 그래서 혈액에서 스테로이드홀몬은 전적으로 단백질에 부착된 상태로 존재한다.

스테로이드는 소수성일수록 더 광범위하게 단백질에 부착된다. 그래서 성스테로이드는 거의 모두 단백질에 부착된 상태로 존재한다. 그러나 알도스테론은 상당량이 단백질에 부착되지 않은 상태로 존재한다. 이러한 단백질에서 부착능력의 차이는 목표세포의 막을 이들 스테로이드가 침투하기 쉬운 정도의 차이와 밀접하게 관련되고 있다. 스테로이드는 더 소수성일수록 세포에 더 빨리 침투하게 된다.

비록 운반단백질에 부착되지 않은 스테로이드형태가 활성을 갖는 형태이기는 하지만, 역시 빠른 대사에 더욱 쉽게 접근되는 형태를 선호하게 된다. 스테로이드는 주로 간에서 대사가 이루어지고, 간에서 물질의 부착이나 변형으로 활성을 상실하게 된다. 간에서 홀몬기능의 효력이 상실되는 현상은 왜 스테로이드홀몬을 구강투여 시 효과가 없게 되는지를 설명해 주고 있다. 그들은 간의 문맥체계를 통하여 운반되고, 그곳에서 곧바로 대사된다. 스테로이드의 구조를 일부 변형시킴으로써 간에서 불활성화되는 것을 약간 저지시킬 수 있다. 그 예로 코티솔의 위치1에 이중결합을 도입하여 **프레드니솔론 (prednisolon)** 으로 만들든지, 에스트라다이올에 17α-에티닐그룹을 도입시켜 **에티닐에스트라다이올(ethinylestradiol)** 을 만들든지, 테스토스테론의 19C의 제거로 프로제스틴을 만드는 경우, 구강투여 시 활성이 있는 홀몬을 만들어낼 수 있다.

12.2.3 홀몬의 조절과 수용체

목표세포는 홀몬을 선택적으로 또 우선적으로 부착하고 인식할 수 있는 특수한 수용체를 가지며, 대개 한 개의 홀몬에 한 가지 형태의 수용체가 존재한다. 그러나 어떤 종류의 홀몬은 한 가지 이상의 수용체가 존재할 수도 있다. 예를 들면, 카테콜아민에 α1-, α2-, β1-, β2-아드레날린성 (adrenergic) 수용체가 가능하다. 또 주어진 세포에서 어떤 홀몬의 경우 수용체의 수는 10,000에서 100,000 이상까지 다양하게 존재한다.

수용체에 의한 홀몬의 인식 (부착) 과정은 여러 가지 세포내에서 기능을 하기 위한 첫 단계가 되며, 홀몬의 작용지역에 신호가 전달되어 최종적으로 홀몬의 영향이 미치도록 하게 된다. 부착특이성은 효소에서 기질과의 관계처럼 열쇠와 자물쇠의 관계로 설명되고 있으며, 홀몬은 열쇠로 그리고 수용체는 자물쇠로 정확이 구조적으로 서로 꼭 들어맞아야 기능하게 되는 특이성을 나타내고 있다. 홀몬은 구조적인 방법으로 그 자체의 수용체만 부착되도록 허용하고, 수용체의 기능을 표현하기 위하여 열쇠로 여는 것과 같은 것이다. 수용체는 흔히 홀몬에 좌우되는 조절단백질로 볼 수 있고, 기능적으로 세포에서 주된 효소체계와 연결되고 있으며, 그래서 홀몬의 부착은 수용체를 통하여 중계된 효소반응의 활성화 또는 기능적으로 핵내부의 염색체지역과 연결되어 한 개나 그 이상의 구조유전자의 발현을 개시하도록 하게 한다. 다시 말하면, 홀몬-감응세포는 감지기인 수용체가 적절한 신호인 특정홀몬을 받아들이므로 세포내의 특수기능을 수행하도록 프로그램되어 있다고 볼 수 있다.

일반적으로 홀몬에 대한 수용체의 수는 그 홀몬이 세포에 얼마나 잘 감응되는지에 따라 결정된다. 몇 가지 인자들이 세포에서 수용체의 수에 영향을 주게 된다. 1. 세포의 유전자형 (genotype) 이 수용체의 합성을 할 수 있는지, 그렇다면 얼마나 또 어떤 형태의 수용체를 만들어야 하는지를 결정하게 된다. 어떤 **내분비환자 (endocrinopathies)** 는 수용체부족 또는 수용체기능의 결손으로 나타난다. 2. 세포의 발육상태에 따라 수용체의 수가 좌우된다. 3. 홀몬자체가 세포에서 수용체의 수의 중요한 조절자가 된다. 이러한 조절은 대응조절 하거나 비정형조절을 한다.

대응조절 (homologous control) 은 홀몬이 자기 자신의 수용체의 수에 영향을 줄 수 있을 때 일어난다. 수의 감소, 즉 "**감소조절 (down regulation)**" 은 목표세포가 항상 상향된 수준의 홀몬에 노출될 때에 일어난다. 감소조절은 수용체합성이 감소될 때 관여되고, 세포가 과도한 홀몬의 자극에 대하여 세포 자신을 보호하려고 함을 의미한다. 인슐린, 카테콜아민, 생식선자극홀몬분비홀몬 (GnRH), 내부적인 진통제 그리고 상피세포성장인자 (EGF) 는 그들의 수용체를 감소조절 시킨다. 수용체 수의 증가인 **증가조절 (up regulation)** 도 역시 일어날 수 있다. 항체자극홀몬은 유전세포에서 그의 수용체를 증가조절시킨다.

비정형조절 (heterologous control) 은 더 널리 사용되고 있으며, 어떤 홀몬이 다른 홀몬의 활동에도 영향을 줄 때 나타나는 메커니즘이다. 어떤 홀몬은 다른 홀몬의 수용체의 생성을 감소시키도록 하므로 반대의 작용을 한다. 성장홀몬이 좋은 예로, 인슐린수용체의 수를 감소시키는 원인이 된다. 더욱 자주 나타나는 것으로 비정형 홀몬에 의해서 수용체의 수가 증가되기도 한다. 에스트로젠은 프로제스테론, 옥시토신 그리고 황체형성홀몬 (LH) 의 수용체의 수를 증가시키고, 또한 갑상선홀몬 (thyroid hormone) 은 몇 개의 조직에서 β-아드레날린성 수용체의 수를 증가시키고 있다.

홀몬의 수용체는 세포에서 위치와 부착되는 홀몬의 형태에 근거해서 세 가지 형태로 구분된다. 1. 세포내부에 진입한 다음 **T_3 (Triiodothyronine)** 를 부착하는 **핵수용체 (nuclear receptor)** 가 있고, 2. **세포질수용체 (cytosolic receptor)** 는 세포에 확산에 의해 내부로 들어온 스테로이드 홀몬을 부착하게 된다. 3. 세포에 진입되지 못하는 수용성홀몬을 받아들이는 **세포표면의 수용체 (cell surface receptor)** 가 있다. 이들에는 펩타이드, 단백질, 당단백질 그리고 카테콜아민 등이 있다. 이들 각 형태의 수용체의 활동에 대한 메커니즘은 각각 세포에서 다른 **후수용체 (post-receptor)** 또는 **이차신호전달체 (second messenger)** 와 회합되기 때문에 서로 다르게 된다.

1. 핵수용체

갑상선홀몬인 T_3는 목표세포의 핵에 수용체를 갖게 되는 유일한 홀몬이다. T_3수용체는 비히스톤이고, 산성단백질 (M.W. 50,000) 로 연결된 DNA조각과 복합체를 만들게 된다 (그림 12-14). 아직 그 작용메커니즘이 완전히 밝혀지지 않고 있으나, T_3의 부착으로 mRNA의 합성이 증가하게 된다. 그런 다음 라이보솜에서 많은 단백질을 번역시키게 된다. 아마도 이 단백질은 효소이거나 또는 그 소단위체일 것으로 예상하고 있다. 수용체는 T_4 (tetraiodothyronine) 보다 T_3에 10배나 더 강력한 부착력을 가지고 있다. 대부분은 아니지만 상당히 많은 흉선 목표세포가 세포질에서 T_4를 T_3로 변형시키고, 세포내의 높은 T_3 농도를 얻게 되며, 그래서 핵에 선택되는 것을 선호하게 된다. 세포질에는 역시 T_3와 T_4가 부착되는 단백질을 가지며, 세포내부홀몬의 보존을 위하여 이러한 단백질이 필요하다. 그림 12-15는 갑상선 홀몬의 활동의 메커니즘에 관련되어 일어나는 세포내부에서의 작용을 나타내고 있다.

2. 세포질수용체

스테로이드홀몬들은 목표세포내부에 수용성수용체를 가지고 있다. 이들 수용체는 수용성단백질 (M.W.70,000~ 100,000) 로 존재한다. 세포질에서 홀몬이 수용체에 부착되게 되면 스테로이드-수용체 복합체는 핵으로 이동하게 된다. 이 홀몬에 의해 유도된 수용체의 활성화는 수용체에서 입체구조의 변화에 의해서 이루어진다. 핵으로 이동한 다음에 홀몬-수용체 복합체는 "**수납체 (acceptors)**" (그림 12-14) 라고 부르는 특수한 크로마틴부착단백질에 부착되게 된다. 수납체는 히스톤이 아니고, 크로마틴의 연결DNA에 있는 산성단백질로 홀몬부착지역에서 멀리 떨어진 지역의 홀몬-수용체 복합체에 부착하게 된다. 크로마틴의 수납체에 홀몬-수용체 복합체의 부착으로 수납체에 의해 조절되는 특수한 유전자의 발현을 조절시키도록 한다. 대부분의 경우에 유전자의 발현은 수납체가 부착되면 유발되고 코드화되는 단백질을 합성하게 된다. 다른 경우의 예로, 글루코코티코이드의

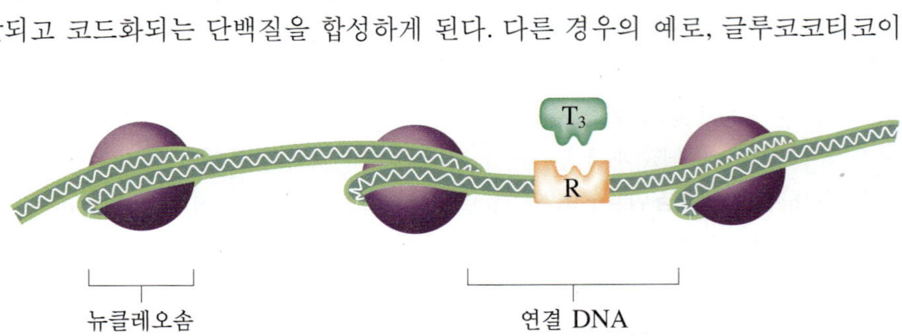

그림 12-14 크로마틴 연결 DNA조각에서 T_3수용체 복합체 (R) 의 부착. 뉴클레오솜은 DNA (146염기) 에 의해서 휘어 감긴 히스톤으로 구성되고 있다. 이들은 40~60염기쌍의 연결 DNA조각에 의해서 분리되고 있다. 이 연결 DNA에 있는 수용체의 복합체에 T_3의 부착지역이 제공된다.

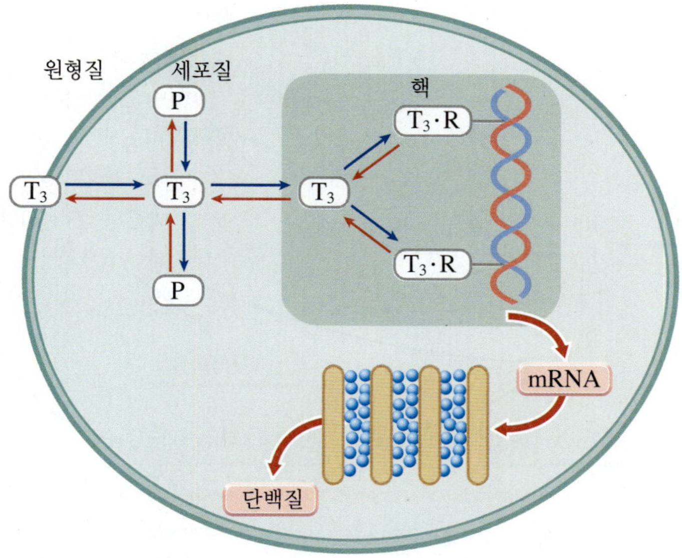

■■ 그림 12-15 ■■ 갑상선홀몬 T_3활성의 세포내부에서의 작용. T_3는 목표세포의 세포질로 확산되어 유입된다. 그곳에서 비수용체 부착단백질 (P) 과 헐겁게 연결되고 있다. 부착되지 않은 T_3는 확산되어 핵내부로 진입되고, 크로마틴의 연결 DNA조각에 있는 높은 흡착수용체 (R) 에 부착하게 된다. 이 접착의 상호작용은 mRNA의 형성을 자극하게 되고, T_3유도단백질의 합성이 일어나게 된다.

경우 유전자의 발현이 억제되고, 특수한 단백질의 합성이 방해된다. 그러나 두 경우 모두 홀몬활동의 표현은 특별한 단백질의 출현에 따라 좌우되기 때문에 일반적으로 스테로이드의 영향이 분명하기 전 수시간의 잠복기를 가지고 있다. 그러나 몇몇의 합성된 스테로이드는 약리적인 영향이 세포막의 유동성과 곧바로 관여되고 있다.

크로마틴에서 홀몬-수용체 복합체가 해리된 다음에, 이 복합체는 핵을 떠나게 되고, 붕괴되기도 하고, 또 수용체의 재활용은 수용체의 감소를 방지하지만, 자체에 의해서 수용체의 수준을 조절하지는 않는다. 어떤 홀몬 (에스트로젠, 엔드로젠) 은 자신의 수용체의 합성을 자극함으로써 목표세포에 영향을 주고, 그들이 차지하는 수용체의 공급을 계속 유지하게 해 준다. 다른 홀몬인 프로제스테론은 이러한 능력이 없고, 이들 홀몬 수용체의 계속 공급은 비정형조절 (에스트로젠) 에 의해서 이루어지고 있다 (그림 12-16) .

3. 세포표면수용체

목표세포는 수용성홀몬을 세포표면의 원형질막에 붙박이된 수용체들에 의해서 확인하게 되며, 홀몬-감지지역이 세포외부공간에 노출되고 있다. 펩타이드, 단백질 또는 당단백질 그리고 에피네프린이 이러한 형태의 수용체를 가진다.

적어도 세 가지의 다른 형태의 세포표면수용체가 존재한다. 첫째는 세포막에 내재되고 있는 **아데닐산고리화효소 (adenyl cyclase)** 의 복합체이고, 두 번째는 세포막에 부착된 단백질인산화효소이며, 마지막으로 세포막에 부착된 **포스파티딜이노시톨-4,5-이인산 (PIP2)** 의 인산다이에스터레이스가 있다. 처음 두 형태는 홀몬에 의해서 활성화되면 세포내부의 단백질을 인산화시키는 효소이며, 반면에 세 번째 형태는 세포내부에서 이온화된 칼슘의 수준에 영향 또는 동시에 단백질의 인산화에 영향을 주는 것이다.

칼슘과 cAMP는 "이차신호전달체" 로서, 홀몬이나 다른 생리적인 영향에 의해서 마련된 신호를 세포내부의 영향물질이 효소나 대사경로의 활성에 특수한 형태의 변화로 전달시키게 되는 것이다. 이런 전달체가 존재하는 거의 대부분의 체계에서 칼슘이나 cAMP는 이차신호물질로 기능한다. 칼슘과 cAMP는 비록 그들의 상호작용에 영향을 주는 특수한

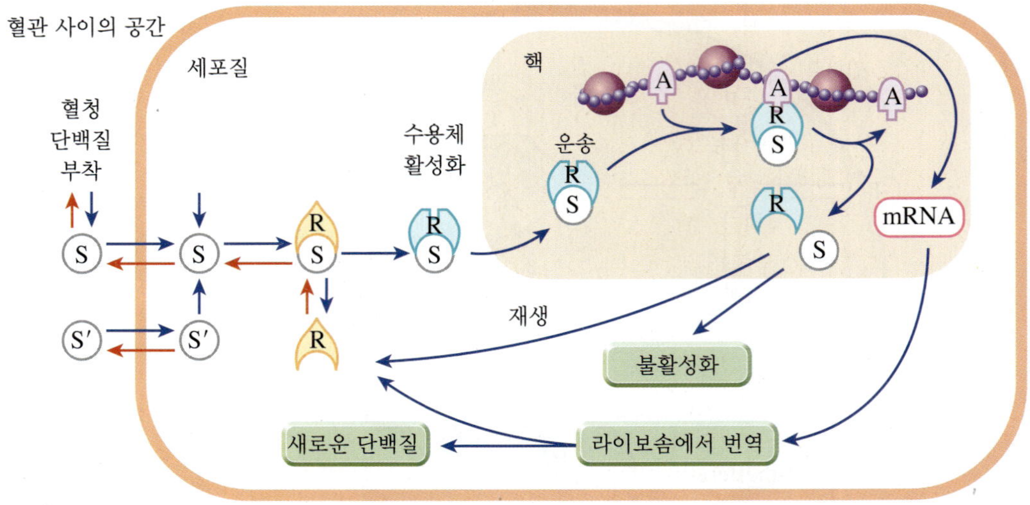

■ **그림 12-16** ■ 스테로이드홀몬의 작용메커니즘. 스테로이드홀몬 S와 S′은 확산에 의해 목표세포내부로 진입하게 된다. 어떤 세포는 다른 형태의 홀몬 S′보다 S형태의 홀몬에 더욱 잘 감응한다. 세포질에서 S′은 S로 변환가능하다. 활성된 형태의 S는 특수수용체에 활발하게 부착되고, 홀몬-수용체의 상호작용으로 수용체분자를 활성화시켜서 핵으로 이동할 수 있도록 한다. 홀몬-수용체 복합체가 크로마틴에 연결된 DNA의 수납체에 부착함으로써 mRNA를 자극하게 되고, 스테로이드유발 단백질의 합성이 자극되게 된다. 유도된 단백질은 스테로이드의 수용체인 자신의 단백질일 수도 있다. 수용체에서 떨어지게 되면 수용체가 재활용되거나 파기되게 되며, 스테로이드는 대사되어 분해 된다.

성질이 한 세포형태에서 다른 세포형태로 변하기는 하지만, 가끔 상승효과를 가지고 기능한다. 인슐린과 몇 가지 성장인자는 수용체의 점유에 대한 정보를 수용체인 마치 다른 수용체가 타이로신단백질인산화효소의 활성화로 연결시키듯이, 아데닐산고리화효소에서처럼 얼마간 유사한 방법으로 신호를 세포의 내부로 전달하게 된다. 타이로신인산화효소는 몇몇 **발암성유전자 (oncogene)** 가 발현시키는 유전자산물이고, 아마도 어떤 발암성바이러스가 이러한 효소를 활성화시키므로 세포의 성장조절이 불가능하게 된 암세포화의 메커니즘과 관계가 있다.

이노시톨-1,4,5-삼인산 (IP3) 과 다이아실글리세롤은 칼슘의 조절에 영향을 주는 많은 체계와 밀접하게 관련되고 있으며, 몇몇 경우에서 그들은 칼슘과 함께 이차전달체로 행동한다.

3′5′-고리형 구아노신일인산 (cGMP) 도 아마 다른 세포에서 신호전달체로 시작과정에서 기능하고 있다. 구아닐산고리화효소와 cGMP에 좌우되는 단백질인산화효소가 많은 세포에서 존재하지만, 해당하는 cAMP-관련효소들보다 훨씬 낮은 농도로 존재한다. 구아닐산고리화효소의 생리적으로 중요한 활성제 그리고 cGMP에 좌우되는 단백질인산화효소들의 기능은 대부분의 조직에서 아직 확인되지 못하고 있다. 또한 아직도 발견되지 않은 세포내부의 다른 전달체계가 있을 것으로 예측하고 있다.

ATP로부터 cAMP의 합성은 대부분의 동물세포에서 원형질막의 내부표면에 존재하는 아데닐산고리화효소에 의해서 촉매된다. 이 반응에서 빠른 PPi의 이인산가수분해효소에 의한 가수분해에 의해서 반응이 진행방향으로 완성되는 것이 거의 확실하다. cAMP의 생성은 많은 화합물에 의해서 영향을 주고 있고, 세포내부에서 다양한 행동으로 이어진다. 생리적인 감응에 대한 특이성은 cAMP에 있지 않고, 세포표면의 여러 가지 리간드에 대한 특수한 수용체, 즉 구아노신삼인산-부착조절단백질 (G-단백질) 그리고 아데닐산고리화효소 등이 포함된 아데닐산고리화효소체계에 있다. 이 체계는 개별적으로 cAMP합성의 속도를 증가시키거나 감소시키는 다양한 생리적인 자극을 조정하게 된다. 세포내부에서 cAMP는 보통 cAMP에 좌우되는 단백질인산화효소 또는 인단백질의 인산가수분해효소에 의해서 촉매되는 탈인산화 등에 의해서 중계되는 단백질인산화의 원인이 된다.

cAMP-발생체계의 구성을 그림 12-17에 보여주고 있다. 이 cAMP-발생체계의 특징은 처음에 전달체인 홀몬이나 신경전달물질을 위하여 원형질막의 특수한 수용체에 존재한다. 두 가지 형태의 수용체들인 Rs와 Ri들이 아데닐산고리화효소에 기능적으로 연결되고 있다. Rs에 적절한 리간드가 부착하면 아데닐산고리화효소를 자극하게 되고, 반면에 Ri에 부착하면 효소를 방해하게 된다.

Rs나 Ri에 리간드로 부착되는 아데닐산고리화효소의 영향은 단백질 Gs와 Gi 각각에 의해서 중계되고 있다. 이들 G단백질은 세포막을 통하여 정보전달을 중계하는 조절단백질의 가족에 소속된다. 그들은 ras발암성유전자 생성물과 GTP부착 세포막단백질과 서로 관련되고 있다. 그동안 세 개의 G-단백질, Gs, Gi 그리고 **트랜스듀신 (transducin)** 의 특성이 잘 연구되었다. 트랜스듀신은 눈의 레티나에서 빛에 의해서 활성화된 cGMP-인산다이에스터레이스(phospho-diesterase) 체계의 구성성분이 된다. 이 체계는 아데닐산고리화효소체계와 유사하지만, 다른 점은 빛이 리간드로, 로돕신은 세포막수용체로, 또 cGMP-인산다이에스터레이스는 영향물질로, 그리고 G-단백질은 변환기로 작동된다는 점이다.

G-단백질 (그리고 트랜스듀신) 은 삼량체로 α-, β- 그리고 γ-소단위체로 구성된다. β-(M.W. 35,000) 와 γ- (M.W. 10,000) 소단위체는 구조적으로 유사하고, 기능적으로 Rs와 Ri를 구별하기 힘들 정도다. γ의 기능은 알려지지 않고 있으나, β는 고리화효소를 실질적으로 방해시키는 소단위체이다. Gs와 Gi의 소단위체는 Gsα (M.W. 45,000) 그리고 Giα (M.W. 41,000) 의 삼량체로, 독특한 구조의 단백질들이다. 그들은 GTP와 부착하고, 아데닐고리화효소와 상호작용하며, ADP-라이보실화지역을 갖는다.

3. 내분비체계의 구성

신경체계와 내분비체계는 성장을 촉진시키고, 개체로서 생존을 유지시키려는 항상성

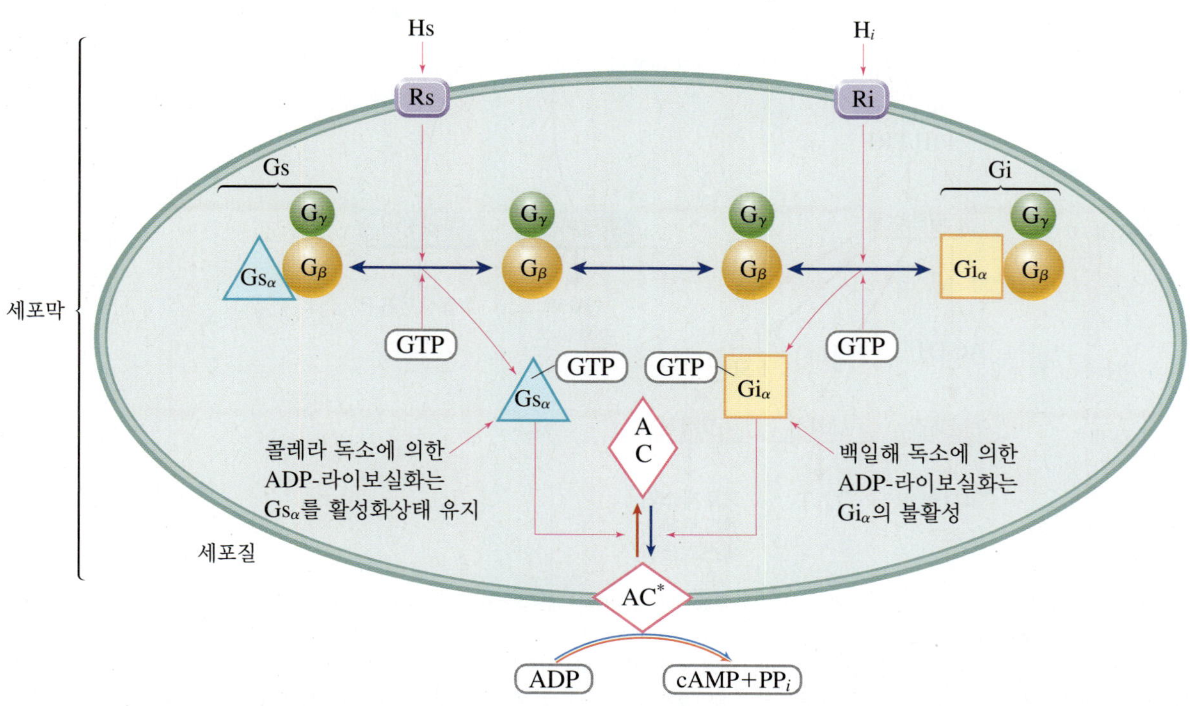

그림 12-17 구아닌뉴클레오타이드-부착단백질(G)에 의한 아데닐산고리화효소 활성의 이중조절. s와 i는 자극과 방해를 나타낸다. H와 R은 홀몬과 그 수용체를 표시한다. 홀몬(H_S)이 수용체에 부착하게 되면 Gsα를 활성화시켜 GTP가 부착된 상태가 되고, 아데닐산고리화효소(AC)를 활성화시키게 된다. 활성화된 아데닐산고리화효소(G*)는 ATP로부터 cAMP를 생산하게 된다. 그와 반대작용이 방해제에(H_I) 의해서 합성을 억제시키게 된다.

(homeostasis) 조건을 유지하며, 개체를 번식시키기 위한 활동 등을 서로 긴밀하게 협조적인 방법으로 운영시킴으로써 체내에서 대단히 중요한 기능을 수행하고 있다. 항상성에서 절박한 혼란상황에 대처하려는 생리적인 과정에 빨리 적응하려는 필요성은 주로 신경계에 의해서 지원된다. 반면에, 내분비체계는 더욱 지속되고 정밀하게 조정됨으로써 장기적인 적응에 대비하게 한다. 이 두 체계는 적절한 유기적인 적응을 하기도 하고, 또 서로 독립적으로 기능하기도 한다. 신경계를 예로 들면, 글루코스의 지속적인 공급에 크게 의존한다. 글루코스의 순환되는 수준이 여러 가지 홀몬들의 조절하에 놓이게 되지만, 반면에 신경계의 성숙은 흉선홀몬에 의해서 조절되고 있으며, 성인의 정신적인 예민함의 유지는 흉선홀몬과 글루코코티코이드의 활용능력에 따라 좌우된다. 반대로 정도의 차이가 있기는 하지만 인슐린, 글루카곤, 칼시토닌, 부갑상선홀몬 그리고 알도스테론들은 신경체계의 조절이 전혀 없거나 일부 적게 받고 있다. 반면에 시상하부펩타이드나 부신수질 (adrenal medulla) 홀몬들은 전적으로 신경계에 의해 좌우된다. 매우 의미 있는 것은 신경계의 조절에서 비교적으로 독립적인 홀몬들이 신경의 기능에 크게 영향을 주는 물질들인 글루코스, 칼슘, 소듐 그리고 포타슘 등의 수준을 조절하는 기능을 가지고 있다.

내분비체계의 조직은 중추신경과 관련시켜 잘 설명될 수 있다. 중추신경계와 관련하여 그들의 참여 정도에 따라 세 종류의 수준 (level) 의 내분비조직으로 구별될 수 있다 (그림 12-18).

첫째 수준은 신경세포에서 유도된 것으로, 시상하부, **부신수질 (adrenal medulla)**, 갑상선 C-세포, 위나 장의 **크롬친화성 (enterochromaffin)** 세포가 포함된다. 시상하부와 부신수질은 아직 그들의 신경계와 연결이 유지되고 있어서 신경체계의 내분비성 연장으로 본

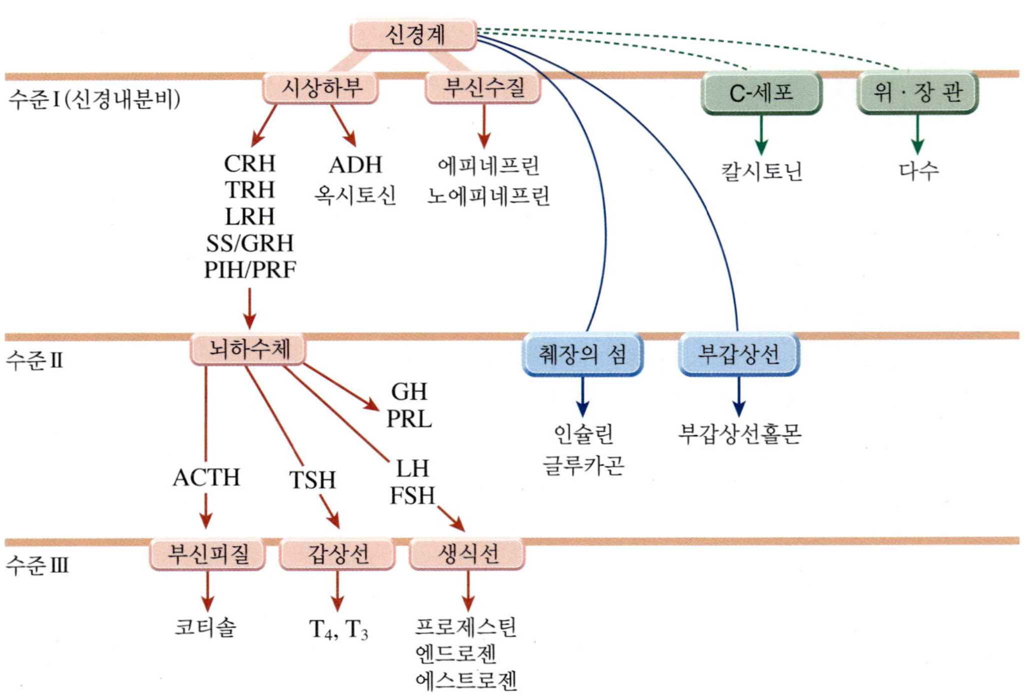

■ 그림 12-18 ■ 내분비체계의 구성. 내분비체계는 세 가지 수준으로 구별된다. 수준 I에서 내분비조직은 태아에서부터 얻어지고, 신경조직은 뇌하수체, 부신피질, 갑상선 C-세포, 그리고 소화기 장의 점액세포를 포함하고 있다. 이러한 조직에서 얻어진 홀몬들은 신경전달물질과 비슷하게 그들의 영향은 빠른 공격이나 단기간에 일어나게 된다. 수준 II의 내분비조직은 신경조직에 의해서 직접 또는 간접적으로 영향을 받게 된다. 이들은 시상하부, 췌장섬, 부갑상선이 포함된다. 이들 조직에서 만들어진 홀몬은 폴리펩타이드, 단백질 또는 당단백질들로, 짧고 긴 영향을 모두 미치게 된다. 수준 III의 조직은 부신피질, 갑상선, 생식선 등으로, 이들 내분비조직은 시상하부에 의해서 강력하게 좌우된다. 이들 조직에서 만들어진 홀몬들은 적고 소수성 분자들로 최종적으로 목표세포의 유전자발현에 영향을 주게 된다. 그들의 영향은 공격에서 느리고, 장기간에 걸친 것 들이다. 비록 수준 III의 조직이 중추신경에 의해서 직접 조절되지는 않지만, 조절에서 시상하부에 의하거나, 간접적으로 시상하부에 의해서 수행된다.
: 중추신경계에 의한 신경조절, — 신경조절 중요, --- 중추신경의 조절이 적거나 없음, → 홀몬의 조절.

다. C-세포와 장세포들은 APUD (amine precursor uptake and decarboxylation) 세포이고, 신경성 연결이 결손되고 있다. 이들 네 개의 조직은 펩타이드와 아민홀몬을 생성하거나, 신경전달물질과 같이 빠른 공격이나 단기간의 영향에 대처하게 된다.

두 번째 수준은 내분비 조직, 뇌하수체, 췌장의 섬 그리고 부갑상선들로, 신경계의 조절에서 여러 변하는 정도에 의존하게 된다. 뇌하수체는 홀몬의 합성과 분비의 조절이 시상하부에 많이 의존되고 있기 때문에 신경계에 크게 의존하게 된다. 반대로 췌장의 섬과 부갑상선은 신경의 신호 없이도 그들의 홀몬을 합성하고 분비한다. 그렇지만, 홀몬분비의 속도는 자율성 신경자극에 의해서 영향을 받게 된다. 이들은 가끔 단백질합성의 조절에 관여하면서 폴리펩타이드, 단백질 그리고 당단백질을 만들어 내고 있다.

세 번째 수준의 내분비조직은 **부신피질 (adrenal cortex)**, 갑상선소포 (thyroid follicle) 그리고 생식선 (gonad) 으로, 모두가 뇌하수체홀몬의 자극에 의해서 크게 좌우된다. 그래서 비록 이들 주변의 내분비조직이 해부학적으로 또 기능적으로 중추신경계와 분리되어 있기는 하지만, 그들은 간접적으로 시상하부에 의해 좌우되고, 그래서 신경계에 좌우된다. 그들은 낮은 분자량의 홀몬 (스테로이드, 아이오딘화된 아민) 을 생산하며, 또 유전자 발현의 조절에 관여하는 장기적인 영향을 미치게 된다.

12.2.4 홀몬과 비만

비만은 고지방 고탄수화물의 섭취가 많은 반면, 운동량이 많지 않은 사람들에게 나타나며, 개인의 먹는 습관 및 운동의 정도 등 개인의 행동양식에 따라 신체구도가 결정됨을 알 수 있다. 사람의 지방세포에서만 만들어지는 **렙틴 (leptin)** 단백질의 발현은 체지방의 함량에 따라 반비례하고 있다. 그러므로 사람의 비만은 렙틴이 적을 때에 나타나는 현상이라고 하기 보다는 "렙틴에 대한 저항성 (leptin resistance)" 이라고 볼 수 있다. 렙틴저항성은 뇌에서 렙틴수용체가 감소하거나, 혈액-뇌 장벽 (blood-brain barrier) 을 통과하여 중추신경계로 이동하는 수용체들이 포화되었기 때문에 발생한다. 렙틴에 대한 반응이 감퇴되면 동시에 뇌하수체에서 36개 아미노산으로 이루어진 **뉴로펩타이드 Y (neuropeptide Y)** 를 분비하게 되고, 식욕을 자극하여 지방을 다시 축적하게 한다 (그림 12-19).

비만은 펩타이드홀몬에 의해서 에너지원의 대사와 체중, 그리고 식욕이 상호 밀접한 관계를 가지고 조절되고 있다. 렙틴단백질 이외에도 다른 펩타이드 홀몬들이 식욕조절에 관여한다. 인슐린의 수용체는 뇌하수체에 존재하며, 렙틴 수용체와 같이 작용하여 뉴로펩타이드 Y의 분비를 억제하여 식욕을 줄이게 한다.

공복상태의 위에서 분비되는 식욕을 자극하는 홀몬인 **그렐린 (Ghrelin**, 그림 12-20) 은 식사 전후에 양이 단시간에 급격하게 증가한다. 한편 위장에서는 식욕을 억제하는 홀몬인 $PYY_{3\text{-}36}$을 분비시킨다 (그림 12-21) . 요약하면, 그렐린이 단독으로 식욕을 촉진하는

1 Tyr — Pro — Ser — Lys — Pro — Asp — Asn — Pro — Gly — 10 Glu — Asp — Ala —

Pro — Ala — Glu — Asp — Met — Ala — Arg — 20 Tyr — Tyr — Ser — Ala — Leu —

Arg — His — Tyr — Ile — Asn — 30 Leu — Ile — Thr — Arg — Gln — Arg — 36 Tyr — NH_2

(C-말단카복실그룹은 아마이드화됨)

그림 12-19 뉴로펩타이드 Y의 일차구조. 식욕을 자극하여 지방의 축적을 유도한다.

Gly — Ser — X — Phe — Leu — Ser — Pro — Glu — His — Gln(10) —

Arg — Val — Gln — Gln — Arg — Lys — Glu — Ser — Lys — Lys(20) —

Pro — Pro — Ala — Lys — Leu — Gln — Pro — Arg(28)

(X=세린이 7-옥타노산으로 변조됨)

그림 12-20 식욕자극홀몬 그렐린 (grhelin). 공복상태에서 분비되고, 식욕을 자극한다.

Ile(3) — Lys — Pro — Glu — Ala — Pro — Gly — Glu(10) —

Asp — Ala — Ser — Pro — Glu — Glu — Leu — Asn — Arg — Tyr(20) —

Tyr — Ala — Ser — Leu — Arg — His — Thr — Leu — Asn — Leu(30) —

Val — Thr — Arg — Gln — Arg — Tyr(36)

그림 12-21 식욕억제 홀몬 $PYY_{3\text{-}36}$의 일차구조.

반면 렙틴, 인슐린 그리고 $PYY_{3\text{-}36}$은 뇌하수체로부터 뉴로펩타이드 Y의 분비를 조절하고 상호작용함으로써 식욕을 저하시키게 된다.

지방세포에서는 렙틴과 더불어 108개의 아미노산으로 이루어진 **레지스틴 (resistin)** 이라는 홀몬을 분비한다. 이 홀몬은 지방세포에 대한 인슐린의 작용을 억제하는 능력을 가진다. 실제로, 당뇨의 반대효과를 나타내는 **티아졸리딘다이올 (thiazolidinediol)** 은 레지스틴의 생산을 감소시킨다. 놀랍게도, 레지스틴은 피하지방에서보다 복부지방에서 더 많이 합성되므로 복부지방과 II형 당뇨가 상호밀접한 관련이 있다는 것을 설명할 수 있다. 레지스틴이 다른 조직에서 인슐린 반응을 조절하는지는 아직 밝혀지지 않고 있다.

비만과 당뇨를 일으키는 홀몬의 메커니즘은 전근대시대 (premodern) 에는 오히려 선택적으로 습득되었음을 알 수 있다. 예를 들어, 체중을 줄이는 것보다 늘리는 것이 쉬운 이유는 굶주림에 대처할 수 있는 좋은 방법이 비만이기 때문이다. 고대 인류가 진화함에 따라 대사의 조절방향은 가능하면 많은 양의 음식을 섭취하도록 진화되었고, 굶주림에 대비하여 필수영양분을 흡수하고, 지방과 같은 비상에너지원은 필요할 때까지 저장하게 되었다. 그러나 현대 서구문명에서 굶주림은 드문 일이 되었고, 영양가가 있는 음식을 쉽게 섭취할 수 있으므로, 위와 같은 유전적 진화의 결과로 비만이 만연하게 되었다.

12.3 생체감각의 생화학

12.3.1 오감의 체계

생명체가 생존에 필요한 모든 생리적인 활동을 내외부에 서로 연결시키는 작용은 생체감각체계를 통하여 이루어진다. 생물체가 진화하는 동안에 초기에는 외부로부터의 위기상황의 인식이나 이를 전달하는 방법으로 시각, 청각, 후각, 미각 및 감각 등의 오감을 통하여 수행하고 진화되었으며, 오랜 기간을 지나면서 종에 따라 어떤 특정의 감각시스템이 월등하게 발전하게 되었다. 또한 어떤 감각체계는 필요에 따라 퇴화된 것을 찾아 볼 수 있다.

특히 사람의 감각체계는 생존의 수단으로 자기를 보호하는 신호의 감지기능을 넘어서, 마음을 기쁘게 하고 이를 누리게 되는 문화의 혜택을 누리도록 발전하였다. 보고, 듣고, 느끼고 하는 행동이 인간의 삶의 질을 높이는 단계까지 발전하게 하였다. 시각을 통한 색의 조화나 구도의 구성으로 느끼는 시각의 세계는 생활의 모든 분야에서 높은 영향력을 미치게 되었고, 발전되고 향상된 시각체계는 인간의 생활을 훨씬 풍부하게 해 주고 있다.

원래 적으로부터 공격에 대한 감지장치의 수단으로 사용되었던 청각체계는 적과 우리를 구별하는 장치로 필요하였으며, 인류는 상대방과 의사소통의 방법으로 언어를 발전시키게 되었고, 또한 청각체계의 발전은 음의 복잡한 조화를 들어서 기쁜 음악으로 기억시키고, 만들게 됨으로써 삶의 질이 한없이 풍부하게 발전하였다.

후각의 체계는 역시 우리 일상생활의 질에 대단히 큰 영향을 미친다. 어떤 물질의 냄새가 좋으면 후각체계를 활성화시켜 우리가 느낌을 긍정적으로 취급하게 한다. 좋은 포도주 또는 잘 익은 과일은 모두 후각의 수용체를 활성화시키게 해 주며, 뇌에 전달되어 기억되도록 한다. 또한 독특한 냄새는 어렸을 때나 감정적인 순간의 기억을 회상하게 해 주고, 나중에 이들이 긍정적인지 또는 부정적인지 기억을 되살리게 해 주기도 한다. 후각의 상실은 심각한 장애로, 다른 수준의 음식을 구별하지 못하게 되며, 경고성 신호, 혹은 불이 났을 때 연기 같은 것을 감지할 수 없게 한다. 냄새는 포유류 신생아에서 어미의 젖을 찾아 우유를 얻게 되는 절대적으로 필요한 역할도 해 준다. 후각은 역시 성장한 동물에게도 매우 중요하다. 주로 냄새를 통하여 주위를 확인하고 관찰할 수 있기 때문이다. 특히 개의 후각 상피세포는 사람보다 4배나 큰 것으로 밝혀졌다.

포유류의 진화과정에서 미각은 독성물질과 음식물을 비교하는 수단으로 발전하였으며, 일반적으로 식물이 스스로 채식동물로부터 보호하기 위하여 독성물질은 쓴맛을 갖도록 진화되었다. 부패한 음식물을 피하거나 음식물을 구별하는 수단으로서의 미각은 생존에 중요한 수단으로 기능하고 있다. 또한 음식물의 섭취는 사람에게 기본적인 영양을 보충해 주는 것은 물론, 이를 즐기고 느낄 수 있도록 하여 생활을 더욱 풍부하도록 해 주고 있다.

기계적인 충격이나 압력, 온도의 변화 그리고 공기의 압력을 감지하는 감각도 생존에 위해한 상황을 감지하여 피하게 해 주고, 적을 인지하는 방법으로 발전하였다.

이러한 감각의 체계에 대한 자세한 생화학적인 메커니즘은 근래에 수용체에 대한 연구와, 이러한 단백질 등의 유전자의 확인으로 급격히 발전하게 되었다. 이렇게 감각체계에서 감각의 내용을 감지하고 전달하는 수용체는 전달하는 수단이 서로 다른 방법으로 채택되고 있고, 신호전달의 다양한 방법이 연구되면서 그 메커니즘이 밝혀지게 되었다.

후각, 미각 그리고 시각은 세포막에 내재된 단백질수용체 중에서 **7TM수용체 (7TM receptor)** 를 이용하는 감각체계이다. 한편 청각, 기계적인 충격, 압력으로 만져서 느끼는 감각체계는 **이온통로 (ion channel)** 를 활용하여 감지하고 있다.

12.3.2 후각, 시각 및 맛의 체계

1. 후각의 원리

모든 생명체가 그들의 환경에서 화학물질을 확인하고, 측정할 수 있다. 적정한 음식물을 확인하고, 부적절한 음식물을 피할 수 있는 것은 생존에 중요한 보호방법인 것이 명백하다. 물고기는 적은 수의 **후각수용체(olfactory receptor)**를 가지고, 반면에 쥐는 100개 정도를 가지고 있다. 그런데 사람은 쥐보다 얼마간 적은 수의 후각수용체를 가지고 있는데, 그것은 진화과정에서 일부의 유전자가 필요의 정도에 따라 상실된 것으로 보인다.

각 후각수용체는 단지 한 개 형태의 냄새의 수용체를 가지고 있으며, 각 수용체는 냄새물질의 제한된 수만 감지한다. 그때 후각수용체세포는 신경과정을 통하여 뇌의 주된 후각지역에 있는 미세부위의 후각구근(공뿌리)에 신호를 보내게 된다. 이렇게 후각수용체가 활성화되면 **사구체(glomeruli)**를 통하여 뇌에 전달하게 된다. 같은 형태의 수용체를 보유한 수용체세포는 신호를 같은 신경과정을 갖는 사구체에 보낸다. 후각 구근의 미세부위는 수용체로부터 신호를 다른 뇌의 부분에 보내게 되고, 이곳에 여러 후각정보들이 합쳐지고, 어떤 복합적인 구도를 형성하게 된다. 그래서 봄에 라일락꽃의 향기를 경험하고, 이러한 냄새의 기억을 다른 때에도 회상할 수 있게 해 준다(그림 12-22).

후각수용체가 냄새나는 물질에 의해서 활성화되면 전기적인 신호는 후각수용체세포를 자극시켜 신경의 전달과정을 거쳐 뇌에 보내지게 된다. 각각의 후각수용체는 처음 연결되어 있는 G-단백질을 활성화시킨다. 대신 G단백질은 cAMP의 생성을 자극시키게 된다. 이 이차전달체분자는 이온통로를 활성화시키고, 열리게 하며, 세포는 활성화되게 된

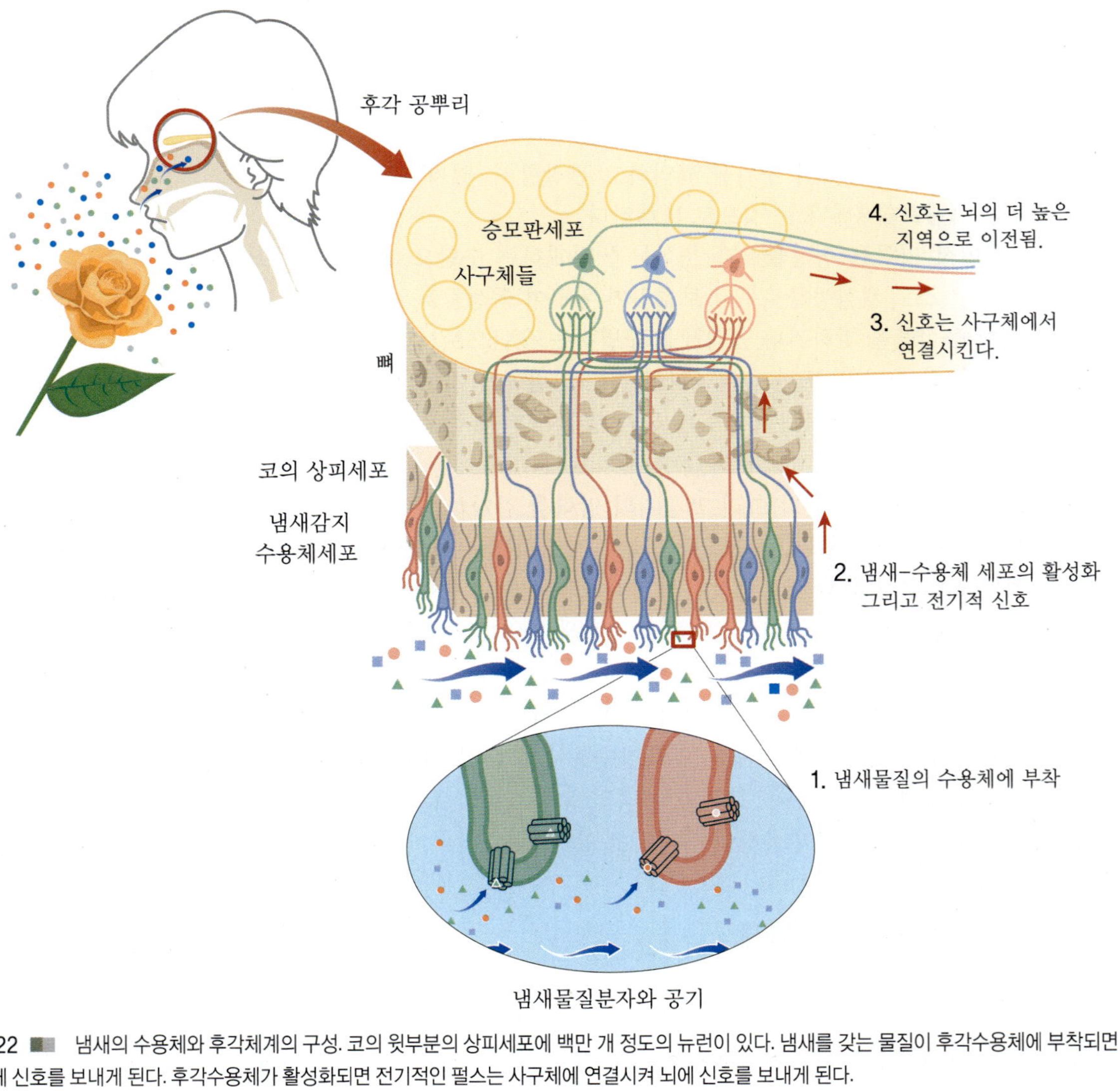

■ 그림 12-22 ■ 냄새의 수용체와 후각체계의 구성. 코의 윗부분의 상피세포에 백만 개 정도의 뉴런이 있다. 냄새를 갖는 물질이 후각수용체에 부착되면 감각 뉴런은 후각의 공뿌리에 신호를 보내게 된다. 후각수용체가 활성화되면 전기적인 펄스는 사구체에 연결시켜 뇌에 신호를 보내게 된다.

다. 엑셀(Axel)과 버크(Buck, 2004년 노벨생리의학상)는 후각수용체의 큰 가족이 G-단백질-연계된 수용체들에 속하고 있음을 발견하였다.

모든 후각수용체는 관련 단백질이나 어떤 구체적인 특징, 왜 그들이 냄새를 갖는 다른 물질에 의해서 자극되는가를 설명하는 것이 서로 다르다. 각 수용체는 아미노산의 사슬이 세포막에 내재되어 있고, 막을 7번이나 횡단하여 7TM수용체로 존재한다. 세포표면의 사슬은 냄새를 나게 하는 물질이 부착할 수 있는 공간을 확보하고 있다. 물질이 부착하게 되면 수용체단백질의 입체모양이 변경되고, G-단백질의 활성화로 이어진다.

후각수용체세포는 신경과정의 신호를 후각의 공모양의 미세지역에 보내며, 그곳에는 2,000개의 잘 정의된 사구체들이 존재한다. 그래서 후각수용체세포의 형태에 따라 두 배나 되는 사구체가 존재한다. 같은 형태의 수용체를 갖는 수용체세포가 그들의 과정을 같은 사구체에 집중시키는 것을 관찰하게 되었다. 같은 수용체를 갖는 세포로부터 같은 사구체에 집중을 확인하고, 사구체가 놀랄만한 특이성을 나타냄을 발견하게 되었다.

후각수용체세포의 사구체에서 신경과정뿐만 아니라, 다음 단계의 신경세포와의 수준, 승모판(주교모자모양, mitral) 세포의 접촉을 확인하게 되었다. 각 승모판세포는 단지 한 개의 사구체로부터만 활성화되고, 정보의 흐름의 특수성이 유지되는 것으로 보인다. 긴 신경의 전달과정을 통하여 승모판세포는 정보를 뇌의 여러 부분에 보내게 된다. 대신 이러한 신경신호는 뇌의 피질의 미세지역에 도달함을 확인하게 되었다. 여러 형태의 냄새 수용체로부터 보내진 정보들은 각 냄새에 독특한 무늬모양(pattern)으로 조합하여 처리하게 된다.

후각체계가 운용되는 일반적인 원리는 다른 동물의 감각체계에서도 적용된다. **페로몬(pheromone)**은 특히 동물에서 다른 사회적 행동으로 동물에 영향을 준다. 페로몬은 코의 상피세포의 다른 부분에 위치하는 두 개의 G-단백질-연계된 수용체의 가족에 의해 감지되었다. 혀의 공모양의 미각세포에도 맛의 감각과 연계된 다른 종류의 G-단백질-연계된 수용체를 가지고 있음이 밝혀졌다.

2. 후각수용체의 유전자

후각체계는 다섯 가지 감각 중에서 처음으로 분자기술이 적용되어 설명되고 있는 연구분야가 되고 있다. 엑셀과 버크는 사람의 유전자의 3%를 차지하는 후각수용체들을 코드하는 유전자를 밝혀내게 되었다. 냄새의 수용체는 엑셀과 버크에 의해서 1,000개의 다른 유전자가 밝혀지게 되었다. 이들 수용체는 후각수용체세포에 위치하고 있으며, 코의 상피세포의 위쪽 부분의 적은 지역을 차지하고 있으면서 들여 마신 냄새분자를 감지한다.

엑셀과 버크는 독립적으로 한 개의 후각수용체세포에는 한 개의 후각수용체유전자에 의해서만 발현됨을 발견하였다. 각 후각수용체세포에는 한 형태의 후각수용체만 존재한다. 그래서 후각수용체의 수만큼 많은 형태의 후각수용체를 갖는 세포들이 존재한다. 단일 후각수용체세포로부터 전기적인 신호를 입력하면서 각 세포는 단지 한 개의 냄새나는 물질에 대하여 반응하지 않고, 몇 개의 관련된 물질들의 강도의 변화에 감응됨을 보였다. 각 후각수용체가 단지 한 개의 후각수용체유전자에 의해서 발현된다는 발견은 예상을 매우 벗어난 것이었다.

버크 등은 특수한 냄새물질에 대하여 개별적인 수용체세포의 민감성을 조사하게 되었다. 각 세포들을 제거하면서 남아 있는 세포가 정확히 어떤 후각수용체를 발현시키는지 조사하였다. 특수한 냄새물질이 세포가 가지고 있는 특별한 수용체 형태에 감응하는지를 연결시키게 되었다. 대부분의 냄새는 다중의 복잡한 냄새분자들로 구성되고 있다. 이것은 마치 색에서 모자익이나 쪽모이누비이불처럼, "냄새의 무늬모양(pattern)"을 형성하는 조합의 코드가 된다. 이것이 우리가 대략 10,000가지의 다른 냄새를 기억하고 인식하는 기초가 된다.

3. 시각의 감각체계

우리가 물체를 본다는 것은 그 물체가 반사하는 빛, 광자를 눈세포의 광수용체가 감지하는 것으로부터 시작된다. 포유동물이 갖는 광수용체는 밝은 빛과 색상을 감지하는 **고깔모양(cone)의 세포**와 희미한 흑백의 색깔을 구별하는 **막대모양(rod)의 세포**에 존재한다. 사람에는 대략 3백만 개의 고깔세포와 10억 개의 막대세포를 가지며, 막대세포의 광수용체는 **옵신(opsin)**이라는 단백질과 **11-시스-레티널(11-cis-retinal)**이 결합하여 만든 **로돕신(rhodopsin)**에 의해서 기능하게 된다.

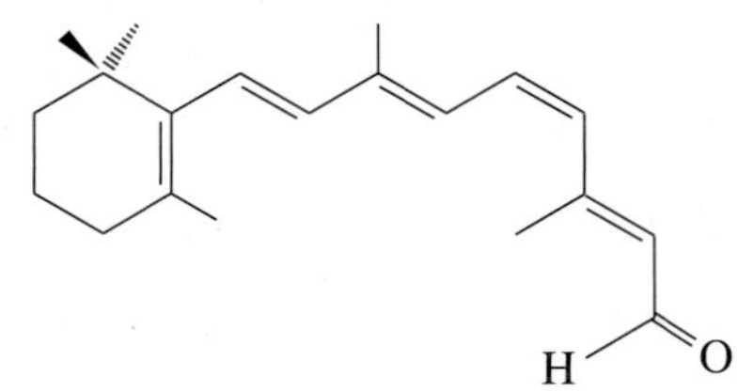

11-시스-레티널

옵신단백질은 세포막에 걸쳐진 7TM수용체단백질의 광수용체로 기능하게 된다. 색상을 감지하는 기능은 11-시스-레티널에서 수행하며, 알데하이드그룹이 옵신단백질의 라이신의 ϵ-아미노그룹과 쉬프염기를 만들고, 막내재단백질 옵신의 중앙에 자리하고 있다.

4. 시각의 메커니즘

시각의 감응체계에서는 빛의 흡수에 의한 11-시스-레티널의 이성화로 시스-형태가 all-트랜스-레티널로 변화하게 된다. 빛의 광자에너지는 11-시스-레티널의 쉬프염기의 질소원자를 이성화시킴으로써 탄소결합의 회전과 동시에 아래쪽에서 위쪽으로 5Å 정도 위치의 변경을 유도하게 된다(그림 12-23). 이렇게 얻어진 초기의 로돕신분자가 **베도로돕신(bathorhodopsin)**이고, 빛의 활성화를 통하여 얻어진 **메타로돕신(metarhodopsin) II**로 변경되면 이 막내재단백질은 신호전달경로에서 리간드가 부착된 7TM수용체로 작용하여 신호를 세포내부로 전달시키게 된다. 이미 홀몬의 신호전달경로에서 언급하였듯이 G-단백질의 신호전달경로가 작동하게 된다. 이때 로돕신에 부착된 G-단백질복합체를 **트랜스듀신(transdusin)**이라고 한다(그림 12-24). 신호전달의 자극은 메타로돕신II를 통하여 트랜스듀신의 α-소단위체의 GDP가 GTP로 바뀌고, 동시에 β-와 γ-소단위체는 α-소단위체와 서로 분리시키게 된다. α-소단위체에 방해제가 부착되면서 cGMP인산다이에스터레이

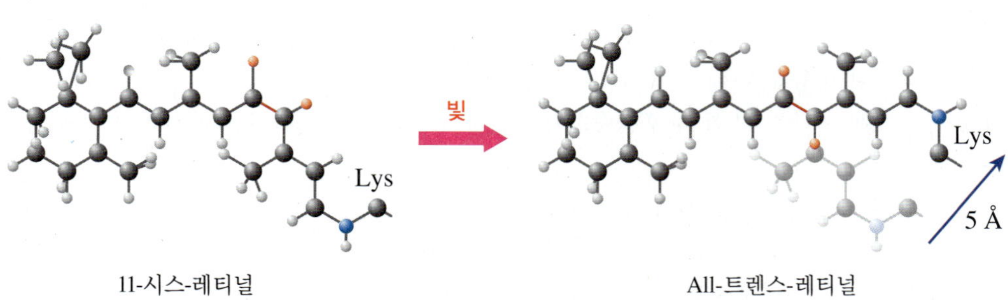

그림 12-23 레티널의 이성화반응과 구조 변경. 빛에 의해서 일어나는 이성화반응으로 11-시스-레티널은 all-트랜스-레티널이 된다. 이때 C—C분자의 회전으로 쉬프염기의 질소원자가 5Å 정도의 위쪽으로 옮기게 된다. 레티널을 갖는 옵신단백질은 활성화되어 신호가 세포내부로 전달되게 된다.

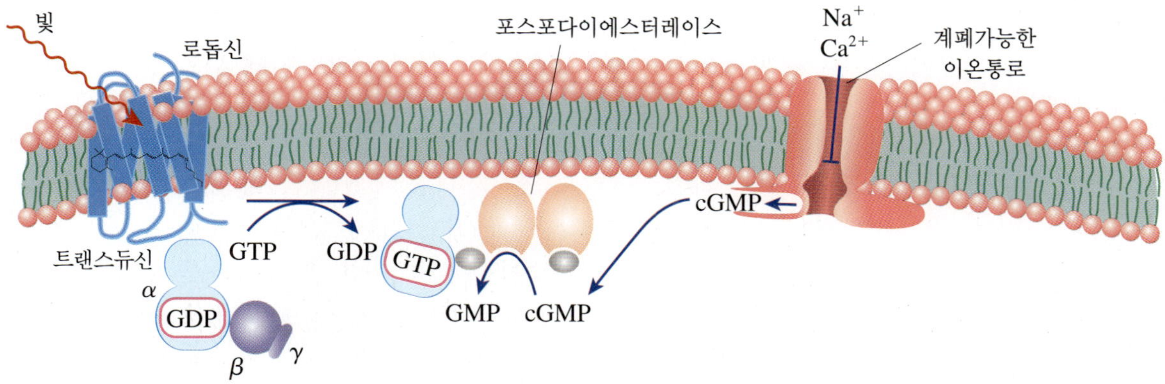

■ **그림 12-24** ■ 7-TM수용체와 시각신호의 전달. 빛에 의한 로돕신의 활성은 세포 안쪽의 트랜스듀신의 α-소단위체의 GDP가 GTP로 변하고, α-소단위체는 β-와 γ-소단위체가 서로 분리된다. 이때 β-소단위체는 cGMP를 소비하게 되고, GMP가 얻어진다. cGMP-개폐이온통로는 cGMP를 트랜스듀신에 공급하고, 이온통로의 폐쇄가 일어난다. 이때 활동전위의 시작으로 세포질의 Ca^{2+}농도가 감소하게 된다.

스를 활성화시키고, cGMP가 가수분해되어 GMP가 얻어진다. 이때 cGMP-개폐 이온통로는 주변에 cGMP를 공급하면서 농도가 급감되어 이온통로가 폐쇄되고, 세포막의 초극성화를 가능하게 하여 증폭된 신호를 시신경에 전달하게 된다.

사람 망막의 고깔(cone) 세포는 세 개의 독특한 광수용체를 가지며, 이들은 청, 녹 및 적색에 해당하는 파장인 426, 530 그리고 560 nm에서 최대의 흡수를 나타내게 된다. 이 세 개의 광수용체단백질의 아미노산들은 대략 40%의 같은 순서의 로돕신을 가지고 있다. 이 세 개의 광수용체의 세포막에서 구조를 관찰해 본 결과 세포막내부에 들어가는 세 부분의 위치에서 한 개씩의 아미노산의 순서가 바뀌면서 최대흡수차가 서로 다른 광수용체가 만들어지게 됨을 확인하게 되었다.

5. 맛의 감지체계

맛을 내는 물질 중에 짠맛과 단맛은 그 냄새를 확인하지 못하는 것으로, 우리가 일상적으로 접하는 맛들로는 몸에 이득이 되는 단맛(주로 글루코스 또는 설탕), 짠맛(Na^+) 그리고 우마미(맛나니) 맛이 있고, 몸에 해가 될 수 있는 쓴맛(퀴닌)과 신맛(H^+) 등이 있다. 음식에서 맛이 있다고 느껴지는 우마미의 맛은 글루탐산과 아스파트산의 맛으로, 글루탐산의 향기의 증폭제로 글루탐산의 소듐염(MSG)이 있다.

맛은 혀의 **미각아(taste buds)**를 통하여 감지되고, 여러 가지 맛은 다른 생화학적인 전달메커니즘 때문에 다른 맛으로 감지되게 된다. 맛을 감지하는 미각아는 감각의 뉴런이 가진 혀의 표면으로 연장된 **미세융모(microvilli)**에 의해서 감지되고 있다. 맛을 갖는 물질에 의한 자극은 감각뉴런을 통하여 운송되는 전기적인 펄스를 뇌에 전달하게 된다(그림 12-25).

6. 맛의 전달메커니즘

냄새에서와 마찬가지로 7TM수용체가 특히 단맛과 쓴맛의 감지에 관여되고 있으며, 미각아에서 특수한 G-단백질의 α-소단위체의 유전자가 발현됨을 밝혀내게 되었다. 이 G-단백질의 α-소단위체를 **거스트듀신(gustducin)**이라 한다. 사람 유전체의 연구결과 가능성이 있는 7TM수용체의 유전자들이 탐색되었고, 그 중 하나의 유전자를 T2R1이라고 부른다. 각각의 맛의 수용체세포는 많은 다른 수의 T2R가족의 유전자들을 발현시키고 있다. 이때 많은 맛을 갖는 물질들은 같은 신경세포를 자극하게 되고, 따라서 쓴맛만 감지하고, 같은 쓴맛을 갖는 화학성분은 구별하는 능력이 없는 것으로 알려지고 있다.

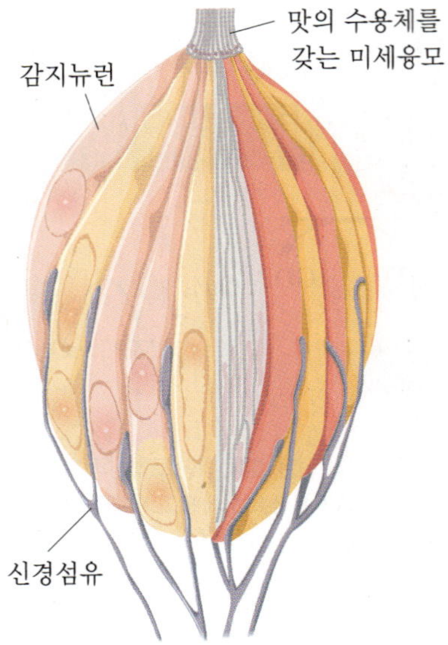

그림 12-25 맛을 감지하는 혀의 미각아의 구조. 혀의 표면에 존재하는 미세융모에 있는 맛의 수용체가 맛을 내는 물질과 부착하게 되면 감각뉴런은 신경섬유를 통하여 자극을 전기적인 펄스의 형태로 뇌에 보내게 된다.

단맛과 우마미맛의 감지는 이종이량체의 7TM수용체에 의해서 수행된다. 단맛의 맛-수용체세포에는 수용체가 세 가지 있으며, T1R1, T1R2 그리고 T1R3들이 존재한다. 단맛의 수용체는 우마미맛을 감지하기도 하며, 우마미맛의 수용체는 T1R1과 T1R3로 구성된다.

짠맛은 주로 소듐이온의 이온통로를 통하여 전달시키고 있으며, 7TM수용체를 사용하지 않고 있다. 소듐이온의 통로를 통한 신호의 이동은 현저한 전류의 흐름을 생성시킴으로써 가능하다. 소듐이온 통로는 4개의 소단위체로 구성되고, 짠맛을 무력화시키는 기능의 **아밀로라이드 (amiloride)** 에 민감하다고 하여 이 통로를 "아밀로라이드 (amiloride) -민감한 Na^+통로"라고 부른다. 아밀로라이드는 소듐에 대한 감지뉴런의 활성화를 현저하게 낮추는 기능을 하는 것으로 알려지고 있다. 이 아밀로라이드-민감한 소듐이온통로에는 두 개의 나선형소단위체가 세포막에 내재되고 있으며, 세포외부에는 큰 부위의 폴리펩타이드를 가지고 있다 (그림 12-26) . 세포막에 내재되는 폴리펩타이드는 세포막 사이에 구멍을 만들어 이온통로를 제공하게 된다.

신맛을 감지하는 체계는 이온통로와 상호작용으로 수소이온의 이동이 세포막을 통한

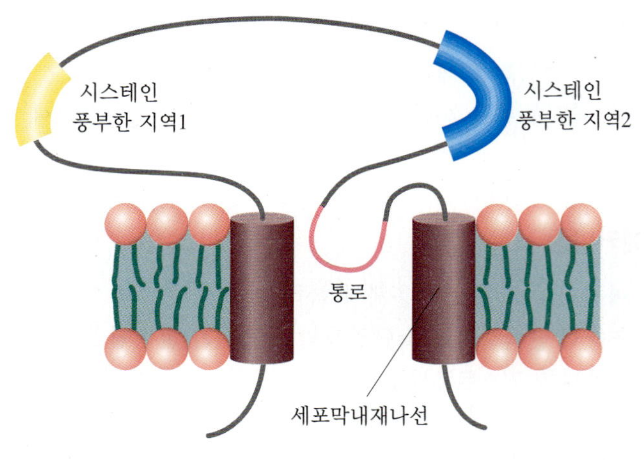

그림 12-26 아밀로라이드-민감성 소듐통로의 구조. 맛을 감지하는 혀의 수용체는 4개의 소단위체의 단백질로 막 안팎에 걸쳐 존재한다. 두 개의 소수성 막내재소단위체와 세포막의 내부에 N-과 C-말단 부분이 있으며, 시스테인을 많이 갖는 세포막 외부의 큰 두 개의 소단위체가 존재한다.

전류를 생성시키게 하고, 이로 인하여 감각뉴런의 세포막을 극성화시킴으로써 전류의 차이를 발생시키게 된다. 매운맛과 뜨거운 맛의 감지는 감촉의 인지메커니즘과 서로 비슷하다.

12.3.3 청각과 촉각의 체계

사람은 주파수가 200~20,000 Hz의 소리를 들을 수 있으며, 이는 시간으로 5~0.05 ms에 해당한다. 청각과 촉각은 수용체가 아직 완전히 규명되지 못한 상태이며, 모두 기계적인 자극을 감지하여 인지하는 것으로 보인다. 포유동물은 두 귀로 소리를 감지하는데, 이는 청각의 가장 중요한 기능으로, 소리의 발원지를 예측하게 해 준다. 한 귀로 소리를 감지하고 동시에 다른 귀로 소리를 듣게 되는데, 이 과정에서 두 소리 사이에 지연된 시간으로 소리의 발생지역을 예측하게 된다. 귀는 서로 떨어져 있어 감지하는 시간의 차이가 0.7 ms이면 감지가 가능하고, 사람은 훨씬 적은 0.02 ms의 짧은 지연된 시간도 감지하여 소리의 발생장소를 짐작할 수가 있다. 대부분의 야생동물은 사람보다 더 민감한 청력체계를 가지고 있는 것으로 알려지고 있다.

소리의 파동은 안쪽 귀의 달팽이관의 액체가 채워진 막 주머니인 **와우각 (cochlea)** 의 내부에서 측정하게 되며, 와우각 내부의 특수한 뉴런인 머리카락모양의 세포 (hair cell)에 수용체가 존재한다. 와우각에는 16,000개 정도의 머리카락모양의 세포를 가지며, 각 머리카락모양의 세포마다 20~ 300개의 육면체의 한 묶음의 **부동섬모 (stereocilia)** 로 구성되고 있다 (그림 12-27). 소리의 파동은 머리카락모양 세포막에 전위차를 발생시켜 머리카락 묶음이 3Å 움직일 때 세포막에 전위차의 변화가 유발되고, 바로 연결된 이온통로에 영향을 주는 것으로 보인다 (그림 12-28).

감촉은 피부가 느끼는 압력이나 온도에 의한 자극 때문이고, 이때 아밀로라이드-민감한 Na^{+}이온통로가 관여된다. 반면에 높은 온도, 산 등에 의한 고통스러운 느낌은 다른 전달체계를 활용하는 것으로 보인다. 피부로부터 고통의 신호는 척추에 있는 고통처리체계나 또는 뇌에 전달되는데, 특수한 뉴런인 **노시셉터 (nociceptor)** 가 이 기능을 수행하고 있다. 고추의 매운맛을 내는 성분인 **켑사이신 (capsaicin)** 은 이를 감지하는 바닐로이드수용체1을 이용하여 고통의 신호를 전달하는 것으로 밝혀지고 있는데, 구체적인 메커니즘은 아직 밝혀지지 않고 있다.

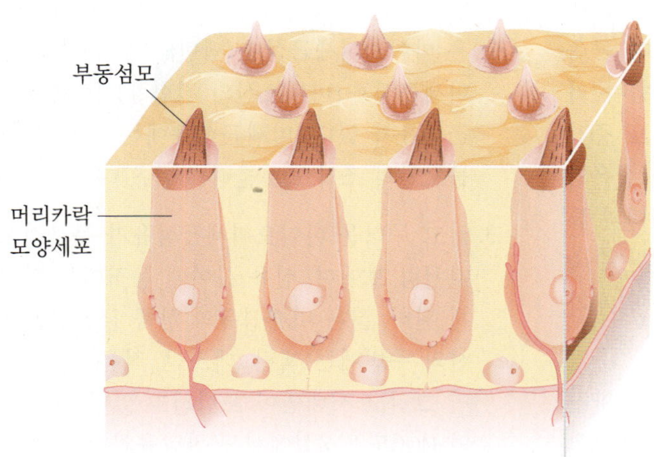

그림 12-27 청각체계의 와우각 내부의 머리카락모양세포. 머리털모양 세포와 특수한 뉴런인 부동섬모 (stereocilia) 가 소리의 파동의 자극으로 얻어진 전위차를 발생시켜 뇌에 전달하게 된다.

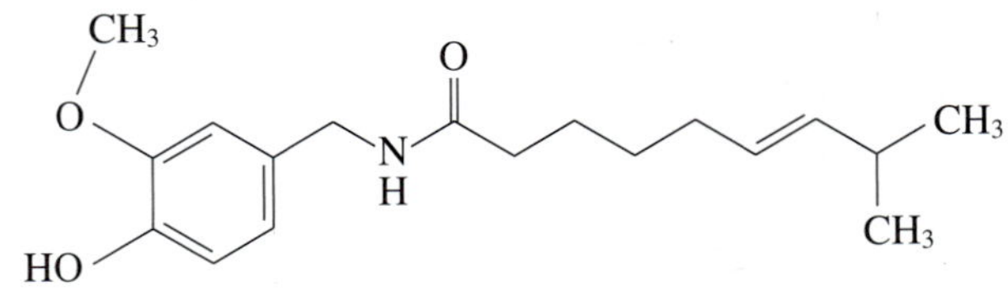

캡사이신

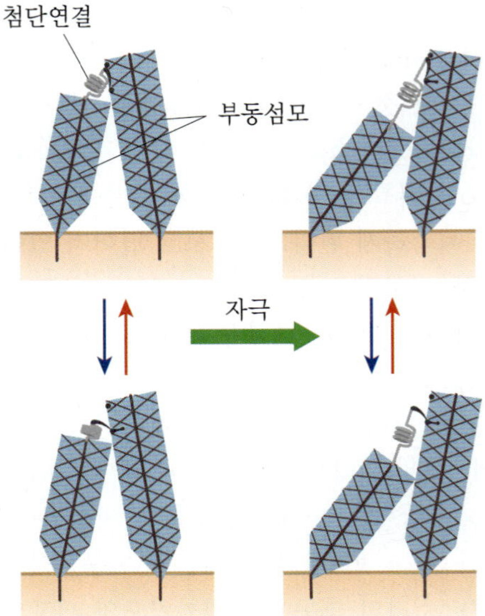

■ 그림 12-28 ■ 머리카락모양 세포의 소리의 전달 메커니즘. 머리카락 묶음의 근처의 큰 쪽으로 기울게 되면 이를 연결시킨 첨단연결 (tip-link) 은 이온통로를 열리게 한다. 이렇게 기계적인 머리카락모양 묶음의 운동은 세포막을 통한 전류의 흐름으로 연계시켜 소리의 정보를 뇌에 전달하게 된다.

단원요약

1. 세포골격단백질에는 미세근섬유, 중간미세근섬유 그리고 미세소관이 있으며, 이를 세포골격이라고 한다. 근육을 구성하는 주된 단백질은 액틴과 마이오신이며, 두 가닥 홑섬유가 머리에서 꼬리로 연결된 상태이다. 또 중간섬유에는 바이멘틴, 데스민, 케라틴, 신경교의 원섬유의 산성단백질과 신경섬유단백질로 나누어진다. 액틴과 튜불린 그리고 부속단백질로 마이오신과 다이네인은 수축의 조절과 에너지공급을 위하여 화학기계적인 연계가 필요하다.

2. 포유동물에서 신축운동은 골격근육, 심장근육, 평활근과 근상피성근육에서 일어난다. 근육세포에는 미세근섬유의 모임인 섬유다발로 구성되고, 이를 근원섬유라고 한다. 근원섬유는 세로로 융합된 근모세포의 연장으로 만들어진다. 개개의 섬유는 근형질로 둘러 쌓여 있다. 엷은 마이오미세근섬유 (액틴의 중합체) 와 두터운 마이오미세근섬유 (마이오신의 집합체) 두 종류의 마이오미세근섬유가 있다. 미세근섬유에는 근소포체라 부르는 그물모양의 조직으로 둘러 쌓여 있다.

3. 엷고 두터운 마이오미세근섬유가 부분적으로 겹쳐져서 띠처럼 보이며, 섬유 사이에 움직이는 연결교를 형성하게 된다. 엷은 미세섬유의 한쪽 끝은 Z선이라고 하고, Z선의 주변에는 액틴, 데스민, 적은 양의 바이멘틴, 필라민 그리고 시네민이 포함되고 있다. 중간섬유의 단백질인 데스민은 Z선에서 근원섬유의 직경에 걸쳐 그물모양의 조직을 만든다. 한 Z선에서 다른 선으로 연장된 미세근섬유의 기능성 기본단위를 근섬유분절 (sarcomere) 이

라고 한다. 엷은 미세섬유의 말단 사이의 지역은 H띠이고, 두터운 미세근섬유의 지역의 A띠는 Z선의 사이에 놓이게 된다. 특수단백질인 마이오네신이 포함된 지역에는 M선이 있으며, 크레아틴인산화지역의 활성지역이 된다.

4. 공모양의 엷은 마이오미세근섬유는 G-액틴분자의 중합체이다. 이 폴리펩타이드는 374 잔기의 아미노산 중에 37번째 히스티딘이 N^3메틸화되고 있다. G-액틴단위체는 소수성 상호작용과 이온결합으로 직선의 섬유상 F-액틴섬유로 중합된다. 두 액틴사슬은 오른쪽으로 도는 이중나선이다. 엷은 마이오미세근섬유는 액틴이 주축이 되고, 두 개의 조절단백질인 꼬인코일모양의 이량체인 트로포마이오신과 서로 다른 삼량체로 구성된 트로포닌을 포함하고 있다. 트로포마이오신은 마이오신이 액틴에 부착하지 못하도록 하는 역할을 한다.

5. 두터운 마이오미세근섬유는 골격근육의 반을 차지하는 마이오신으로, ATPase의 활성을 가지며, 액틴의 부착으로 효소활성이 수백 배 증가된다. 마이오신의 구조는 α-나선의 꼬인코일로 전체 길이의 반을 차지하는 무거운 사슬과 나머지는 N-말단에 공모양의 머리를 가지며, 두 개의 머리 중에서 적은 펩타이드사슬 하나는 머리부분에 부착되어 있다. 이 마이오신분자의 머리부분에 엷은 마이오미세근섬유와 상호작용은 물론 ATP가수분해활성지역도 존재한다. N-말단 머리부분이 무거운 메로마이신 (HMM) 지역이고, 꼬리부분은 가벼운 메로마이신 (LMM) 이 된다. 마이오신의 특성은 액틴에 단단히 결합되고 ATPase의 활성을 가지므로 힘을 생성하게 된다. 목부분에 조절능력을 갖는 가벼운 사슬이 있다. 마이오신은 분자가 꼬리-꼬리의 한쪽으로 결합하여 평행으로 달리는 두터운 근섬유의 마이오신을 구성한다.

6. 사람의 유전체에 20개 정도의 액틴 유전자들이 여러 염색체에 분포되고 있다. 마이오신 무거운 사슬 유전자는 사람의 염색체 17에 위치한다. 마이오신 무거운 사슬 (MHC) 의 유전자는 6개이고, 두 개의 MHC가 심장근육, 배아근육, 신생아근육 그리고 성인의 역동적이고 빠른 섬유II형과 완만하고 느린 섬유I형이 서로 다른 일차구조를 갖는다. 여러 근육단백질의 소단위체에서 다중성이 주어지고 소단위체의 다른 조합에 의해서 얻어지는 사차구조는 크게 구성되고 있다.

7. 근육의 수축 시에는 근섬유분절 길이의 변화가 일어나며, 연결교가설에 의하면 두터운 그리고 엷은 미세근섬유사이에서 연결교가 만들어지고, 서로 미끄러져 지나가면서 근육의 수축이나 팽창이 이루어진다. 이때 미끄러짐이 일어나기 위하여 연결교가 지속적으로 만들어지고 또 부서지는 연결교회로의 되풀이를 통하여 수축작용이 발생된다. 근육수축과정에서 수축되는 동안 근형질에서 칼슘의 농도가 증가하게 되고, α-모터뉴런의 자극이나 직접적인 전기충격에 의해서 일어난다. 얻어진 작동전위는 아세틸콜린을 모터 말단-평판의 신경후부연접부에 분비하도록 자극하게 된다. 근소포체의 ATP에 좌우되는 칼슘 펌프의 소단위체의 분자량은 100,000D가 되고, 활성을 위하여 30개의 인지질분자가 필요하다. 근소포체의 칼슘농도의 증가는 엷은 미세근섬유의 TnC에 대한 Ca^{2+}의 부착을 증가하게 된다. 이때 TnC는 구조적 변화를 가져오고, 트로포마이오신이 액틴과 마이오신 간의 부착을 방해하지 못하게 하고, 기능성 액틴-마이오신의 연결교가 형성되도록 한다. 이러한 칼슘에 의한 연결교의 형성의 시작을 "근육수축의 활성화"라고 한다.

8. 근육의 운동은 마이오신의 머리의 움직임 때문이라고 보고 있으나, 마이오신 머리의 움직임이 없이 S_2지역의 단축으로 긴장이 발생되어 수축이 이루어진다는 모델도 제시되고 있다. ATP가수분해와 마이오미세근섬유 움직임과의 관계의 그럴듯한 메커니즘은 "화학기계적인 변환"이다. 이 메커니즘은 S_2수축모델에도 적용될 수 있다. 액토마이오신 연결교회로에서 작용의 순서는 90°이완상태와 45° 변이의 과정에서 교각은 단단히 붙게 되고, 긴장이 조성된다. 강력한 ATP의 부착으로 마이오신에 자유에너지가 공급된다. 마이오신과 액틴이 상대적인 서로의 움직임으로 교각이 45°의 긴장되지 않은 상태에 도달한다. 이때에 근육의 수축이 일어난다.

9. 근육수축과정에서 마이오신의 ATPase에 의해서 소비되는 ATP는 ATP의 재합성에 의해서 공급되고 있다. 각 연결교의 회로에서 한 개의 ATP분자의 가수분해가 필요하다. 느린 섬유는 높은 산화성 능력 때문에 β-산화를 통한 지방산을 우선 사용한다. 반면에 빠른 섬유는 해당과정에 주로 의존하게 된다. 글라이코젠이 운동으로 모두 소진 되면 지방산의 산화가 주된 에너지원으로 사용된다. 빠른 섬유는 주로 해당과정에서 에너지를 이용하게 된다.

10. 마이토콘드리아와 마이오근섬유의 ATPase 사이에서 에너지의 이동은 인산크레아틴에 의해서 매개된다. 마이토콘드리아의 호흡이 자극되면 ADP를 배출하면서 ATP에서 인산크레아틴이 얻어지며, 세포내의 여러 활용되는 지역에 운송되어 크레아틴과 ATP를 만들게 된

다. 인산크레아틴은 에너지이동수단으로 또 에너지의 저장수단으로 기능하게 된다. 인산크레아틴은 혐기성 해당과정과 산화성 신진대사를 자극하고, 바로 운동 초기의 4~5초 동안에 사용된다.

11. 엑토마이오신체계에서 수축조절의 주된 메커니즘은 골격근육과 심장근육운동에서 마이오신과 액틴의 상호작용에 Ca^{2+}의 직접적인 영향으로 조절되고, 평활근과 비근육체계에서 칼슘자극에 의한 마이오신 가벼운 사슬의 칼슘조절을 통한 인산화로 수행된다. 골격근육에서 cAMP에 의해 좌우되는 인산화효소에 의해서 Ca^{2+}펌프의 단백질을 인산화시킴으로써 펌프의 속도의 증가가 이루어진다. 심장근육에서 cAMP에 의한 인산화효소의 활성화로 칼슘통로단백질의 인산화를 활성화시키며, Ca^{2+}의 대량유입이 가능하게 하고, 근소포체에서 Ca^{2+}의 분비를 증가시키게 된다.

12. 역동적증후군에서는 힘을 사용 시 근육의 퇴화로, 근육수축 운동 후에 혈액에서 글라이코젠인산화의 결핍으로 젖산이 비정상적으로 낮게 나타나고, 산화적인산화의 장애에서 비정상적으로 높게 나타난다. 마비성 중증근무력증은 자동면역의 장애 때문에 모터끝-평판에 아세틸콜린의 수용체의 수가 항수용체 항체에 의해서 감소되어 나타난다. 심한신체장애 (DMD) 는 비정상적인 DNA유전자가 원인이다.

13. 세포가 생존을 유지하기 위한 세포 간의 화학적인 신호는 대단히 짧은 거리를 움직여서 기능하는 신경전달물질과, 먼 목표의 세포에 혈액을 통하여 정보를 전달시키는 홀몬이 있다. 홀몬이 세포의 틈새의 공간에 배출되기 때문에 내분비라고 한다. 신경계와 내분비체계는 신호전달체계를 공통으로 사용하는 경우 수용체중계에 의해서 영향을 미치게 된다.

14. 홀몬은 구조적인 차이에 따라 아민홀몬, 펩타이드단백질홀몬, 스테로이드홀몬, 에이코사노이드 등의 네 가지가 있다. 아민홀몬은 아미노산이 변형된 것으로, 신경계의 안팎에서 합성되고, 신경계내부에서는 신경전달물질로 기능한다. 아민홀몬은 특수한 수용체를 통하여 영향을 나타내고 있다. T_3를 제외한 모든 아민홀몬은 평활근의 활성에 관여한다. 대부분의 아민홀몬은 세포내의 이차전달체를 통하여 신호를 전달한다.

15. 3개에서 200개 이상의 아미노산을 갖는 홀몬이 40개 이상 확인되었다. 펩타이드홀몬과 단백질홀몬은 N-말단에 선도서열을 가지고 전전구홀몬으로 합성된다. 선도서열은 소포체의 내강에서 제거되어 전구홀몬이 얻어진다. 전사 후 과정에서 특수단백질가수분해효소에 의해서 펩타이드 일부가 절단되면 기능이 가능한 홀몬이 얻어진다. 펩타이드홀몬은 높은 정보량 때문에 제한된 수의 선조분자로부터 진화되었다. 펩타이드홀몬가족으로 오피오멜라노코틴가족인 엔돌핀, 아데노신부신피질자극홀몬이 있다. 체유선발육홀몬 가족에 성장홀몬, 황체자극홀몬이 있다. 인슐린가족에 인슐린, 인슐린 같은 성장인자, 소마토메딘, 릴렉신 등이 있으며, 시크리틴가족에는 시크리틴, 글루카곤, 글라이센틴, 소화기방해펩타이드가 있다.

16. 스테로이드홀몬에는 구조와 그 작용이 다른 엔드로젠, 에스트로젠, 프로제스틴 및 코티코스테로이드 등의 4종류가 존재한다. 모두 콜레스테롤로부터 합성되고, 적어도 한 개의 펩타이드홀몬에 의해서 조절되는 중배엽유도 세포에 의해서 만들어진다. 혈액에서 스테로이드운반단백질로 알부민, 코티코스테로이드부착글로뷸린 그리고 테스토스테론-에스트라다이올부착글로뷸린이 있다.

17. 홀몬은 기능을 수행하기 위하여 부착하고 인식하는 수용체를 가지게 된다. 홀몬과 수용체는 효소와 기질과의 구조적인 관계처럼 독특한 부착능력을 가지고 있다. 수용체기능의 결손은 내분비질환으로 이어지고, 홀몬 자체가 수용체의 수를 조절하게 된다. 홀몬이 자기 자신의 수용체의 수에 영향을 주는 대응조절이 있고, 홀몬이 다른 수용체의 생성을 감소시키도록 하는 조절을 비정형 조절이라고 한다.

18. 홀몬의 수용체는 세포에서 위치와 부착되는 홀몬의 형태에 의해서 세 가지 종류가 있다. 핵수용체는 T_3를 부착하여 기능하고, 세포질수용체는 확산에 의해서 내부로 들어오는 스테로이드홀몬을 부착하게 되며, 세포에서 진입하지 못하는 홀몬에 감응하는 세포표면수용체가 존재한다.

19. T_3갑상선홀몬은 목표세포의 핵에 수용체를 갖게 되는 유일한 홀몬이다. T_3산성단백질은 DNA에 복합체를 만들어 mRNA의 합성을 증가하게 된다. 세포내의 T_4는 흉선목표세포에 의해서 T_3로 변형되어 핵에 선택되는 것을 선호하게 된다.

20. 스테로이드홀몬은 세포내부에 수용성수용체를 가진다. 스테로이드-수용체 복합체는 핵으로 이동하게 된다. 수용체의 활성화는 입체적 구조변화에 의해 작동하며, 핵에서 크로마틴 부착단백질 수납체에 부착하여 특수한 유전자의 발현을 조절시키게 된다.

21. 펩타이드, 단백질 또는 당단백질 및 에피네프린은 세포표면에 원형질막의 내재단백질인 수용체에 의해서 신호를 세포내부로 전달하게 된다. 세포표면수용체에는 아데닐산고리화효소 그리고 세포막에 부착된 단백질인산화 효소로 홀몬에 의해 활성화되면 세포내부의 단백질을 인산화시키고, 세 번째 형태로 포스파티딜이노시톨-4,5-이인산의 인산다이에스터레이스는 세포내부의 이온화된 칼슘의 수준에 영향 또는 동시에 단백질의 인산화에 영향을 준다.

22. 홀몬자극에 의한 cAMP의 생성은 세포내부에 다양한 행동으로 나타난다. 세포내부에서 cAMP는 cAMP에 좌우되는 단백질인산화효소 또는 인단백질인산가수분해효소에 의해서 촉매되는 탈인산화 등에 의해서 이루어지는 단백질인산화의 원인이 된다. 아데닐산고리화효소의 영향은 단백질 Gs와 Gi에 의해서 중계되고, 이들 G 단백질은 정보전달의 조절단백질로 ras발암성유전자 생성물과 GTP부착단백질과 서로 관련되고 있다. G단백질인 Gs, Gi 그리고 트랜스듀신 등의 특성이 잘 연구되었다.

23. 신경계와 내분비체계는 성장을 촉진하고, 개체로서 생존을 유지시키려는 항상성 조건을 유지하기 위하여 긴밀히 협조하여 운영되고 있다. 절박한 혼란상황에 대처는 주로 신경계에 의해서 수행하고, 반면에 내분비체계는 지속되고, 정밀하게 조정되어 장기적인 적응에 대비하게 된다. 인슐린, 글루카곤, 칼시토닌, 부갑상선 그리고 알도스테론 등은 거의 신경계의 조정을 받지 않고 있으나, 시상하부펩타이드나 부신수질홀몬들은 신경계에 의해서 전적으로 조절이 좌우된다. 내분비체계의 중추신경계의 참여의 정도에 따라 세 종류의 수준의 내분비조직으로 구별된다. 첫째는 신경세포에서 유도된 부신수질, 갑상선, C-세포, 위나 장의 크롬친화성세포가 있다. 부신수질은 신경계와 연결되고 있고, C-세포와 장세포들은 신경계와 연결되어 있지 않다. 두 번째 수준은 뇌하수체, 췌장의 섬 그리고 부갑상선들로 신경계의 조절에 의존하게 된다. 세 번째 수준의 내분비조직은 뇌하수체가 홀몬에 의해 크게 좌우되는 부신피질, 갑상선소포 그리고 생식선들이다.

24. 사람의 지방세포에서 만들어지는 렙틴단백질홀몬의 발현은 체지방의 함량에 따라 변하고 있다. 렙틴에 대한 반응이 감퇴되면 뇌하수체에서 뉴로펩타이드 Y가 분비되고, 식욕을 자극하여 지방을 축적시키게 된다. 공복상태에서 분비되는 식욕을 자극하는 홀몬으로 그렐린은 식사전후에 양이 단시간에 급격히 증가하게 된다. 위장에서 식욕을 억제하는 홀몬인 $PYY_{3\text{-}36}$을 분비하며, 렙틴, 인슐린과 함께 뉴로펩타이드 Y의 분비를 조절하고, 식욕을 억제하게 된다.

25. 생명체가 필요한 모든 생리적 활동을 내외부에 서로 연결시키는 작용은 생체감각체계를 통하여 수행한다. 외부로부터 위기상황의 인식이나 또 전달하는 방법으로 시각, 청각, 후각, 미각, 및 감각 등이 발전하였다. 사람에서 감각체계는 자기를 보호하는 신호감시기능을 넘어서, 마음을 기쁘게 하고 또 만족하는 여러 가지 문화적인 혜택을 누리는 수준으로 발전하게 되었다. 청각체계는 의사소통을 위한 언어를 발전시키게 되었고, 음악을 창조하고 즐기게 발전하였다. 후각체계는 처음에는 적을 인식하는 수단으로 발전되었으나, 그동안 퇴화되면서 좋은 냄새를 기억했다가 다시 회상할 수 있는 방법으로, 좋은 냄새인지 아닌지를 구별할 수 있게 해 주고 있다. 포유류의 진화과정에서 미각은 독성물질과 음식물을 비교하는 수단으로 먹지 못할 음식물을 구별하게 해 주고 있다. 이러한 감각체계의 생화학적인 메커니즘은 수용체에 대한 연구로 큰 진전을 보이게 되었으며, 신호의 전달방법에 따라 후각, 미각, 시각은 세포막에 내재된 수용체로 7TM수용체를 사용하고 있다. 청각이나 기계적인 충격을 감지하는 능력은 이온통로를 통하여 수행하게 된다.

26. 후각수용체는 한 개 형태의 냄새의 수용체를 가지며, 후각수용체가 냄새를 가지는 휘발성 유기물질에 의해서 활성화되면 G-단백질을 활성화하고, cAMP의 생성을 자극하게 된다. 이차신호전달체분자는 이동통로를 활성화시키고 열리게 하여 세포를 활성화시킨다. 후각수용체는 G-단백질에 연계된 수용체에 속하고 있다. 냄새를 갖는 물질이 후각수용체에 부착되면 감각뉴런은 후각의 공뿌리 세포에 신호를 보내게 되고, 전기적인 펄스는 2000개 정도의 사구체에 연결되어 뇌에 신호를 보내게 된다. 같은 수용체를 갖는 잘 정리된 세포로부터 같은 사구체에 집중됨을 확인하고, 사구체가 놀랄만한 특이성을 나타냄을 확인하였다. 승모판세포는 단지 한 개의 사구체로부터만 활성화되고, 그래서 정보의 흐름의 특수성이 확인되었다.

27. 후각수용체를 코드하는 1000개의 다른 유전자가 밝혀지게 되었다. 각 후각수용체세포에는 한 형태의 후각수용체만 존재한다. 또한 한 개의 세포는 한 개의 냄새나는 물질만을 감응하지 않고 몇 개의 관련된 물질들의

강도의 변화에 따라 감응됨을 보여주고 있다. 냄새는 다중의 복잡한 냄새분자로 구성되기 때문에 10,000가지의 다른 냄새를 기억하고 인식할 수가 있다.

28. 포유동물의 광수용체로는 밝은 빛과 색상을 감지하는 3백만 개의 고깔모양의 세포와 10억 개의 희미한 흑백의 색깔을 구별하는 막대모양의 세포가 존재한다. 막대세포의 광수용체는 옵신단백질이고, 11-시스-레티널과 결합하여 로돕신에 의해 기능을 수행한다. 옵신단백질은 세포막에 걸쳐 7TM-광수용체단백질로 기능한다.

29. 빛의 흡수는 11-시스-레티널의 이성화로 all-트랜스-레티널로 변하게 된다. 빛의 광에너지는 11-시스-레티널의 라이신의 ϵ-아미노그룹의 쉬프염기를 이성화시킴으로써 탄소결합의 회전과 동시에 위치의 변형을 유발시킨다. 초기의 로돕신은 베도로돕신이고, 빛의 활성화로 메타로돕신II로 변경된다. 이때 신호는 세포내부로 전달되고, G-단백질의 신호경로를 자극하게 되며, 트랜스듀서의 α-소단위체에 방해제의 부착으로 cGMP의 인산다이에스터레이스를 활성화시키고, cGMP의 개폐이온통로는 폐쇄되고, cGMP의 급격한 농도의 저하는 세포막의 초극성화로 증폭된 신호를 시신경에 보내게 된다. 망막의 고깔세포는 세 개의 독특한 광수용체를 가지며, 색상을 구별하게 해 주고 있다.

30. 맛은 단맛, 짠맛 그리고 우마미맛이 있고, 몸에 해가되는 쓴맛과 신맛이 있다. 맛은 혀의 미각아에 있는 미세융모를 통하여 전기적인 펄스로 신호를 뇌에 보내게 된다. 맛을 감지하는 7TM수용체는 G-단백질의 α-소단위체로 거스트듀신을 포함한다. 수용체의 유전자 중에 T2R1이 있으며, 각각의 맛의 수용체 세포는 많은 다른 수의 T2R가족의 유전자를 발현시킨다. 단맛의 수용체 세포에는 세 종류로 T1R1, T1R2 그리고 T1R3유전자들이 존재한다. 짠맛과 신맛은 소듐이온통로를 통하여 전달시키며, 7TM수용체를 사용하지 않는다. 신맛을 감지하는 체계는 이온통로와 상호작용으로 수소이온의 이동으로 세포막에 전류를 생성하고, 감각뉴런 세포막의 극성화를 통하여 전위차를 발생시킨다.

31. 청각과 촉각은 기계적인 지극을 감지하여 인지하는 것으로 보인다. 소리의 파동은 귀에서 달팽이관의 액체가 채워진 막주머니인 와우각의 내부에 10,000개 정도의 머리카락모양의 세포의 수용체에서 감지된다. 이때 머리카락모양의 세포마다 20∼300개의 한 묶음의 부동섬모가 파동에 의해서 움직일 때 전위차를 발생시키고, 연결된 이온통로에 영향을 주는 것으로 보인다. 피부로부터 고통의 신호는 척추에 있는 고통처리체계나 뇌에 전달시키는데, 특수한 뉴런인 노시셉터에 의해서 인지하는 기능을 수행한다.

어휘

가벼운 메로마이신 (LMM, light meromysin)
감소조절 (down-regulation)
거스트듀신 (gustducin)
게스트린 (gastrin)
고깔모양세포 (cone cell)
그렐린 (ghrelin)
근모세포 (myoblast)
근소포체 (sarcoplasmic reticulum)
근상피성근육 (myoepithelia)
근섬유분절 (sarcomere)
근원섬유 (myofibril)
근형질 (sarcoplasma)
근형질 (sarcoplasm)
내배엽 (entoderm)
내분비 (endocrine)
내분비환자 (endocrinopathies)
뇌하수체 (anterior pituitary)
뉴로펩타이드 Y (neuropeptide Y)
노시셉터 (nociceptor)
느린 섬유 (ST, slow twitch)
다이스트로핀 (dystropin)
대응조절 (homologous control)
데스민 (desmin)
띠 (band)
레지스틴 (resistin)
렙틴 (leptin)
로돕신 (rhodopsin)
마비성중증근무력증 (myasthenia gravis, MG)

마이오네신 (myonesin)
마이오인산화효소 (myokinase)
막대세포 (rod cell)
메타로돕신 (metarhodopsin)
무거운 메로마이오신 (HMM, heavy meromyosin)
미각아 (taste buds)
미세근섬유 (filament)
미세소관 (microtuble)
미세융모 (micorvilli)
바이멘틴 (vimentin)
발암성유전자 (oncogene)
빠른섬유 (FT, fast twitch)
베도로돕신 (bathorhodopsin)
β-엑티닌 (β-actinin)
부동섬모 (stereocilia)
부신수질 (adrenal medulla)
비정형조절 (heterologous control)
사구체 (glomeruli)
생식선자극홀몬분비홀몬 (gonadotropin, GnRH)
성장억제홀몬 (somatostatin)
7-TM수용체 (7-TM receptor)
세포골격 (cytoskeleton)
세포외유출작용 (exocytosis)
세포질수용체 (cytosolic receptor)
세포표면수용체 (cell surface receptor)
섬유다발 (fiber)
소화기방해폴리펩타이드 (GIP)
수용체 (receptor)
수납체 (acceptor)
스테로이드생성 (steroidogenic)
시네민 (synemin)
시상하부 (hypothalamus)
시크리틴 (secretin)
신경단위 (neuron)
심장근육층 (myocardium)
아데노부신피질자극홀몬 (corticotropin, CRH)
아데닐산고리화효소 (adenylate cyclase)
아밀로라이드 (amiloride)
와우각 (cochlea)
에이코사노이드 (eicosanoid)
에티닐에스트라다이올 (ethynilestradiol)
액틴 (actin)
엑토마이오신 (actomyosin)
엔드로젠 (androgen)
엔돌핀 (endorphin)
역동적증후군 (dynamic syndrome)
연결교 (cross-bridge)
연결교가설 (cross-bridge hypothesis)
연결교회로 (cross-bridge cycle)
오피오멜라노코틴 (opiomelanocortin)
옵신 (opsin)
외배엽 (ectoblast)
외분비 (exocrine)
이차신호전달체 (second messenger)
이온통로 (ion channel)
11-시스-레티널 (11-cis-retinal)
전구홀몬 (prohormone)
전전구홀몬 (preprohormone)
중배엽 (mesoderm)
증가조절 (up-regulation)
크롬친화성 (enterochromaffin)
테스토스테론-에스트라다이올-부착글로뷸린 (TeBG)
트로포닌 (troponin)
트로포마이오신 (tropomyosin)
트랜스듀신 (transducin)
티아졸리딘다이올 (thiazolidinediol)
T_3 (triiodothyronine)
칼모듈린 (calmodulin)
칼시퀘스트린 (calsequestrin)
켑사이신 (capsaicin)
코티코스테로이드 (corticosteroid)
코티코스테로이드부착글로뷸린 (corticosteroid binding globulin, CRH)
페로몬 (pheromone)
포스파티딜이노시톨-4,5-이인산 (PIP2)
프레그놀론 (pregnolon)
프레드니솔론 (prednisolon)
프로제스틴 (progestin)
필라민 (filamin)
항상성 (homeostasis)
핵수용체 (nuclear receptor)
혈관확장 (vasodilation)
화학기계변환 (chemomechenical transduction)
황체자극홀몬 (prolactin)
황체형성홀몬 (leuternizing hormone)
후수용체 (post-receptor)

참고문헌

분자모터단백질

Molley J. E., and Veigel, C. 2003. Myosin motors walk the walk. Science 300, 2045.

Harrington, W. F. and Rodgers, M. E. 1984. Myosin, Annu. Rev. Biochem. 53, 35.

Kamm, K. E., and Stull, J. T. 1985. The function of myosin and myosin light chain kinase phosphorylation in smooth muscle. Annu. Rev. Pharmacol. Toxicol. 25, 593.

Lazarides, E. 1982. Intermediate filaments. Annu. Rev. Biochem. 51, 219.

근육운동의 메커니즘

Geeves, M. A., and Holmes, K. C. 1999. Structural mechanism of muscle contraction. Ann. Rev. Biochem. 68, 687.

Huxley, H. E., 1998. Getting to the grips with contraction: The interplay of structure and biochemistry. Trends. Biochem. Sci. 23, 84.

Ikemoto, N. 1982. Structure and function of the calcium pump protein of sarcoplasmic reticulum. Annu. Rev. Physiol. 44, 297.

Gibbons, I. R. 1988. Cilia and flagella of eukaryotes. J. Cell. Biol. 91, 107.

에너지와 운동의 조절

Bessman, S. P. and Carpenter, C. L. 1985. The creatine phosphate energy shuttle. Annu. Rev. Biochem. 54, 831.

Eisenberg, E., and Hill, T. L. 1985. Muscle contraction and free energy transduction in biological system. Science 227, 999.

펩타이드홀몬

Niall, H. D. 1982. The evolution of peptide hormones. Annu. Rev. Physiol. 44, 615.

스테로이드홀몬

Carson-Jurica, M. A., Schrader, W. T. and O'Mally, B. W. 1990. Steroid receptor family-Structure and functions. Endocr. Rev. 11, 201.

홀몬의 수용체 및 작용

Berridge, M. J. 1985. The molecular basis of communication within the cell. Sci. Am. 253, 142.

Wilson, J. D. and Foster, D.W. 1985. Textbook of Endocrinology 7th. eds. Saunders.

내분비체계

Cowley, M. A., Smart, J. L., Rubinstein, M., Cerdan, M. G., Diano, S., Horvath, T. L., Cone, R. D. and Low, M. J. 2001. Leptin activates anorexigenic POMC neurons through a neural network. in the arcuate nucleus. Nature 411, 480.

Friedman, J. 2002. Fat in all the wrong places. Nature 415, 268.

Schriat, R.F. and Thews, G. eds 1983. Human physiology, Springer-Verlag

후각

Buck, L. and Axel 1991. A novel multigene family may encode ordorant receptors: A molecular basis for order recognition. Cell 65, 175.

Reed, R. R. 2004. After the holy grail: Establishing a molecular mechanism for mammalian olfaction. Cell 116, 329.

Axel, R. 1995. The molecular logic of smell. Sci. Am. 273 (4) ;154.

Buck, L. 2005. Unraveling the sense of smell (Nobel lecture) . Angew. Chem. Int. Ed. Engl. 44, 6128.

Zhao, G. Q., Zhang, Y., Hoon, M. A., Chandrashekar, J., Erlenbach, I., Ruba, N. J. P., and Zuker, C. S. 2003. The receptors for mammalian sweet and umami taste. Cell 115, 255.

Herness, M. S. and Gilbertson, T. A. 1999. Cellular mechansims of taste transduction. Annu. Rev. Physiol. 61, 873.

Nombaserts, P. 2001. The human repertorie of ordorant receptor genes and pseudogene. Annu. Rev. Genomics Hum. Genet. 2, 493.

Ronett, G. V. and Moon, C. 2002. G proteins and olfactory signal transduction. Ann. Rev. Physiol. 64, 189.

시각

Stryer, L. 1988. Molecular basis of visual excitation. Cold Spring Harbour Symp. Quart. Biol. 53, 283.

Stryer, L. 1996. Vision: from photons to perception. Proc. Natl. Acad. Sci. U.S.A. 93, 557.

Menon, S. T., Han, M., and Sakmar, T. P. 2001. Rhodopsin structural basis of molecular physiology. Physiol. Rev. 81, 1659.

Nathans, J. 1989. The genes for color vision. Sci Am. 260, 42.

미각

Dulac, C. 2000. The physiology of taste, Vintage 2000. Cell 100, 607.

Margolskee, R. F. 2002. Molecular mechanism of bitter and sweet taste transduction. J. Biol. Chem. 277, 1.

청각 및 촉각

Hudspeth, A. J. 1997. How hearing happens. Neuron 19, 947.

Carterina, M. J. Schumacher, M. A., Tominaga, M., Rosen, T. A., Levine, J. D. and Julius, D. 1997. The capsaicin receptor: A heat-activated ion channel in the pain pathway. Nature 389, 816.

연습문제

1 연결교는 근육의 팽창과정에서 어떤 역할을 하게 되는가?

2 마이오신분자 구조를 확인하기 위하여 어떤 효소들이 사용되었으며, 효소에 의한 절단으로 어떤 정보를 얻게 되었는가?

3 환자로부터 심근의 파열된 정도를 알아보는 방법으로 어떤 효소들을 확인하는가? 이들 효소의 확인으로 어떤 정보를 얻을 수 있는가?

4 근원섬유구조에서 Z선은 무엇을 말하는지 설명하시오

5 포유동물에서 수축하는 근육의 종류는 어떤 것들이 있는가?

6 골격근육, 심장근육 그리고 평활근, 비근육체계에서 근육수축의 조절은 어떤 방법으로 수행되는가?

7 근육세포를 둘러싸고 있는 세포질막은 무엇인가?

8 수납체의 기능에 관하여 설명하시오,

9 근육수축작용에 사용되는 에너지화합물로 인산크레아틴의 역할을 설명하시오.

10 트로포마이오신은 액틴에 부착된 이중나선으로 그 기능은 무엇인가?

11 심장근육과 골격근육의 일차구조상에서 그 특징을 설명하시오.

12 펩타이드홀몬은 어떻게 진화되었을까?

13 세포의 신호전달체계에서 이차신호전달 물질을 어떤 것들이 있는가?

14 인슐린 가족에는 어떤 홀몬들이 있는가?

15 홀몬수용체의 종류와 그 기능들에 관하여 설명하시오.

16 세린단백질가수분해효소와 당단백질홀몬과의 관계를 설명하시오.

17 스테로이드홀몬은 왜 구강으로 투여하면 안 되는지 또 구강으로 투여하기 위하여 어떤 방법이 적용되는지 설명하시오.

18 내분비체계를 구성하는 네 가지 수준은 무엇인가?

19 홀몬수용체의 수를 조절하는 두 가지 방법에 관하여 설명하시오.

20 비만을 억제하는 방법으로 홀몬을 이용한 약물은 어떤 것이 가능한지 설명하시오.

21 G-단백질과 아데닐산고리화효소의 관계를 설명하시오.

22 식욕을 증진시키는 홀몬은 어떤 것들이 있는가?

23 신경계와 내분비체계의 신체에서 기능과 항상성과의 관계를 설명하시오.

24 후각, 미각, 시각은 어떤 수용체를 통하여 신호물질을 감지하는가?

25 사람과 개의 후각체계는 어떻게 진화되었을까?

26 이온통로를 활용하여 감지하는 감각체계는 어떤 것들이 있는가?

27 근소포체 내부에서 칼슘의 모임장소로 기능하는 것은 무엇인가?

28 트랜스듀신의 기능에 관하여 설명하시오.

29 복부지방과 당뇨가 관련이 있다는 이유는 무엇 때문인가?

30 페로몬은 어떻게 감지되는가?

31 아밀로라이드-Na^+통로에 관하여 설명하시오.

32 트로포닌의 구조와 기능에 관하여 설명하시오.

33 카페인독성에 관하여 설명하시오.

34 아데노신과 관상동맥확장 물질의 관계에 관하여 설명하시오.

35 DMD유전자에 관하여 설명하시오.

36 유로텐신I은 어떤 기능을 하는 물질인가?

37 세포내에서 스테로이드를 물에 녹도록 어떤 조치를 하는가? 또 다시 기능이 재생되도록 하는데 어떤 효소들이 사용되는가?

찾아보기

ㄱ

ㅂ

ㅅ

ㅇ

ㅈ

ㅍ

ㅎ

저자대표 : 양철학

고문주 · 김동규 · 김상진 · 김영준 · 김종수 · 박세연
서영완 · 송재경 · 이종호 · 정대일 · 최석정 · 최성호
하배진 · 홍성옥 · 홍인석 (가나다순)

생명의 분자 세계
생화학

|저 자 양철학 외
|펴 낸 이 주 정 희
|펴 낸 곳 자유아카데미
|주 소 경기도 파주시 문발동 527-2
파주출판도시
|전 화 031-955-1321
|팩 스 031-955-1322
|전자우편 main@freeaca.com(대표)
editor@freeaca.com(편집)
|홈페이지 www.freeaca.com
|등 록 제406-2003-017호, 1980. 7. 12
|제1판1쇄 2013년 2월 25일 발행
|정 가 39,000원

저자와의 협의하에 인지생략

ISBN 978-89-7338-601-7 93430

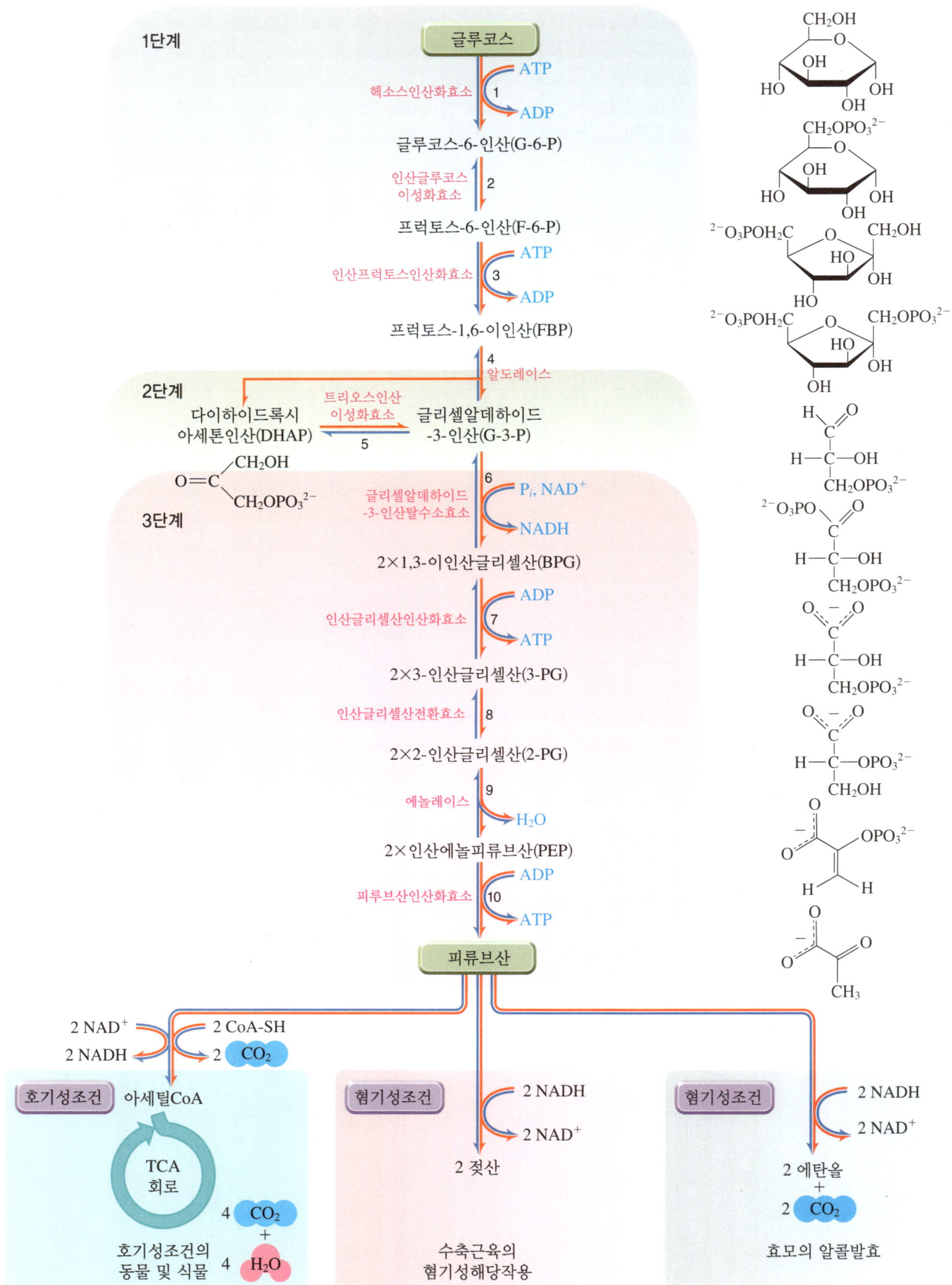
1단계
글루코스
ATP
헥소스인산화효소
1
ADP
글루코스-6-인산(G-6-P)
인산글루코스 이성화효소
2
프럭토스-6-인산(F-6-P)
ATP
인산프럭토스인산화효소
3
ADP
프럭토스-1,6-이인산(FBP)
4
알도레이스
2단계
다이하이드록시 아세톤인산(DHAP)
트리오스인산 이성화효소
5
글리셀알데하이드 -3-인산(G-3-P)
3단계
6
글리셀알데하이드 -3-인산탈수소효소
P_i, NAD^+
NADH
2×1,3-이인산글리셀산(BPG)
ADP
인산글리셀산인산화효소
7
ATP
2×3-인산글리셀산(3-PG)
인산글리셀산전환효소
8
2×2-인산글리셀산(2-PG)
9
에놀레이스
H2O
2×인산에놀피루브산(PEP)
ADP
피루브산인산화효소
10
ATP
피루브산
2 NAD+
2 NADH
2 CoA-SH
2 CO2
호기성조건
아세틸CoA
TCA 회로
4 CO2
+
4 H2O
호기성조건의 동물 및 식물
혐기성조건
2 NADH
2 NAD+
2 젖산
수축근육의 혐기성해당작용
혐기성조건
2 NADH
2 NAD+
2 에탄올
+
2 CO2
효모의 알콜발효

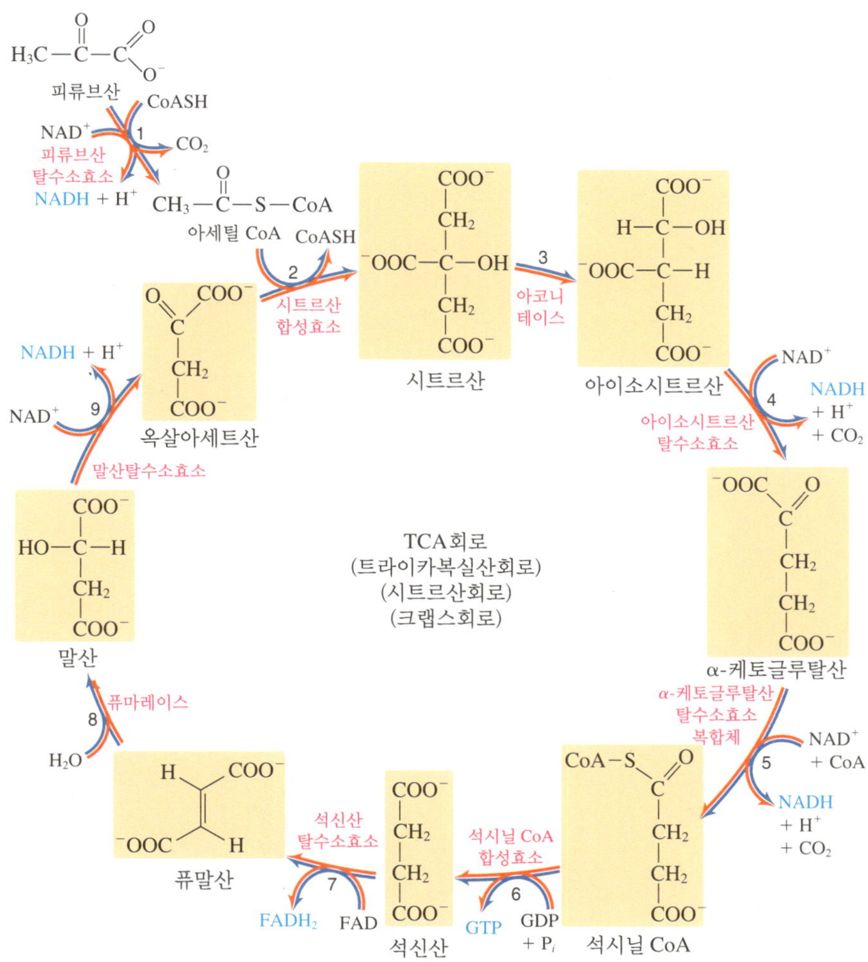

피류브산
CoASH
NAD⁺
1
CO2
피류브산
탈수소효소
NADH + H⁺
CH3—C—S—CoA
아세틸 CoA
CoASH
2
시트르산
합성효소
시트르산
3
아코니
테이스
아이소시트르산
NAD⁺
4
NADH
+ H⁺
+ CO2
아이소시트르산
탈수소효소
α-케토글루탈산
α-케토글루탈산
탈수소효소
복합체
NAD⁺
+ CoA
5
NADH
+ H⁺
+ CO2
석시닐 CoA
석시닐 CoA
합성효소
6
GTP
GDP
+ Pi
석신산
석신산
탈수소효소
7
FADH2
FAD
퓨말산
8
H2O
퓨마레이스
말산
말산탈수소효소
9
NAD⁺
NADH + H⁺
옥살아세트산
TCA회로
(트라이카복실산회로)
(시트르산회로)
(크랩스회로)